"十一五"国家重大出版工程规划项目
中国城市化建设丛书

绿色建筑设计与技术

GREEN BUILDING DESIGN AND TECHNOLOGY

总编 齐 康
主编 杨维菊
主审 陈衍庆

东南大学出版社
南京

内容摘要

本书主要探讨绿色建筑设计理念与设计方法以及与之相匹配的应用技术。全书共分为19章，第1章绪论，第2章中国传统建筑的绿色经验，第3章绿色建筑的规划设计，第4章我国不同气候区域的绿色建筑设计特点，第5章不同建筑类型绿色建筑设计手法，第6章绿色建筑的技术路线，第7章绿色照明，第8章可再生能源利用与空气、雨、污水的再利用，第9章绿色建筑与景观，第10章绿色建筑与声环境，第11章绿色建筑与绿色建材，第12章绿色建筑能耗计算与模拟分析，第13章绿色建筑耗能检测方法，第14章既有建筑的绿色生态改造，第15章绿色建筑性能的智能设计，第16章国内外绿色建筑评价体系和标准，第17章国外绿色建筑实例分析，第18章国内绿色建筑实例浅析，第19章中国绿色建筑的发展与展望。本书内容丰富，理论性强，具有较强的实用价值。可作为建筑院校教师、本科生、研究生以及相应的工程设计、施工和管理等技术人员参考书，也可作为注册建筑师考试复习参考用书。

图书在版编目(CIP)数据

绿色建筑设计与技术 / 杨维菊主编. —南京：东南大学出版社，2011.6

（中国城市化建设丛书）

ISBN 978-7-5641-2603-2

Ⅰ.①绿… Ⅱ.①杨… Ⅲ.①建筑设计—无污染技术 Ⅳ.①TU201

中国版本图书馆CIP数据核字(2010)第264414号

东南大学出版社出版发行

（南京市四牌楼2号 邮编：210096）

出版人：江建中

网　　址：http://www.seupress.com

电子邮箱：press@seu.edu.cn

全国各地新华书店经销　利丰雅高印刷（深圳）有限公司印刷

开本：787mm×1092mm　1/16　印张：53　字数：1700千字

2011年6月第1版　2011年6月第1次印刷

ISBN 978-7-5641-2603-2

定价：380.00元

本社图书若有印装质量问题，请直接与读者服务部联系。电话（传真）：025-83792328

序

随着全球经济的发展，伴随而来的是能源与资源的肆意浪费，有害污染物的大量排放，使得我们赖以生存的环境遭到严重的破坏，生态环境和能源、资源出现了严重的问题。特别是接踵而来的自然灾害（如：洪水、干旱、疾病等）以及由能源紧缺引起的一系列问题已在全球显现，并愈演愈烈。在这种背景下，如何促进资源和能源的有效利用，减少污染，保护资源和生态环境，是我们面临的关键问题。对建筑业而言，将可持续发展的理念融合到建筑全寿命周期过程中，发展绿色建筑和节能建筑，已受到了全世界的关注，也成为我国今后建筑业发展的必然趋势。

我国提倡建设绿色建筑正是对"全球能源危机，环境破坏"做出的回应。近年来，国内外许多建筑设计师、土木和设备工程师及相关方面的专家和技术人员对节能技术、生态技术、可再生能源利用技术等都非常重视，并深入了解建筑材料生产的能源消耗及建筑寿命周期内的建造成本。在建筑设计过程中融入绿色建筑的设计理念，将建筑技术与绿色建筑设计方法相结合，寻求符合我国国情的绿色建筑技术。

中国是世界上最大的发展中国家，也是能耗大国，相关资料显示我国目前的建筑能耗已占全国总能耗近30%。尤其是伴随着建筑总量的不断攀升和居民舒适度要求的提高，建筑能耗呈急剧上扬的趋势。因此，我们应该从理念上和行动上积极推动绿色建筑的发展，提高人们对绿色建筑的理解。

绿色建筑的许多理念和方法在我国几千年传统建筑的实践中早已应用，逐渐形成了一套适应当地气候特点的建筑设计方法，至今仍然具有适用性，例如充分利用当地材料，而不是盲目使用新材料、新技术来设计绿色建筑，因为某些新材料与新技术在材料开采、制造和运输过程中的能耗可能已大大超过使用阶段所节约的能源。这不符合绿色建筑全寿命周期中最大限度节约资源的原则。同时，传统建筑的一些设计手法，如建筑选址和功能布局等，现在看来仍是极为有效的建筑节能设计手段。因此，我们在吸取传统建筑精华，创新、改造以适应现代建筑要求的同时，也应延续传统建筑的文脉。传统建筑给我们最大的启示就是顺应自然。对于绿色建筑设计，主要关注点在于如何选择适应当地气候条件和资源的适宜技术，而非单纯的高技术叠加。

绿色建筑设计上的创新需要建筑团队各专业之间的良好协作和配合，建筑师理应成为团队的创意者、组织者和协调者。因此，建筑师要善于学习，加强对绿色建筑的研究和探索。

为了给广大建筑专业的本科生、研究生、建筑师和各专业设计师提供绿色建筑设计相关的理论知识和绿色建筑实践的成功范例，近三年来，经过本书几十名作者的撰写，十多位专家的审阅以及各位编辑人员工作人员的组织和编校，终于完成了这本"十一五"国家重大出版工程规划项目。本书由国内著名的十几所高等建筑院校、建筑科研院、建筑设计研究院等单位的知名教授、建筑师和土木设备工程专家共同完成，是一本理论性和实践性较强的绿色建筑与技术应用的参考书。书中介绍了绿色建筑设计中技术整合的优势，并选择了一些国内外的优秀建筑设计案例来诠释绿色建筑技术整合的思想、理念和设计方法。但各种技术都有着自身的应用局限性，如果我们在设计中仅考虑单一技术，其带来的效益往往是有限的，因而，如何将多种绿色建筑技术整合成一个系统，使之发挥最大效率已成为当代建筑师设计绿色建筑时不得不思考的问题。

让我们在中国城市化进程中，在肩负着繁重而艰巨的设计和建造任务时，能对绿色建筑的发展始终保持科学的精神，不断探索。我们的目标是——寻找适合中国国情的绿色建筑发展之路。

2011年3月16日

前 言

本书是"十一五"国家重大出版工程规划项目。从2007年1月至2010年12月历时三年撰写完成。在撰写工作中邀请了国内几十名对绿色建筑有较深研究的专家、学者、研究员和工程技术人员等参加。本书主要探讨绿色建筑设计理念与设计方法以及与之相匹配的应用技术，并由这两方面的专家共同合作，有针对性地提出相关问题并加以讨论与解答。作为绿色建筑技术的应用，书中有大量近年来国内外建成的绿色建筑工程，包含居住建筑和公共建筑以及城市综合体建筑规划等。本书的特点是理论性、技术性、实用性较强，既有理论的分析，又有理念的创新，同时也是国内外新技术、新材料的展示和实践经验的总结。

全书共分为19章，第1章绪论，第2章中国传统建筑的绿色经验，第3章绿色建筑的规划设计，第4章我国不同气候区域的绿色建筑设计特点，第5章不同建筑类型绿色建筑设计手法，第6章绿色建筑的技术路线，第7章绿色照明，第8章可再生能源利用与空气、雨、污水的再利用，第9章绿色建筑与景观，第10章绿色建筑与声环境，第11章绿色建筑与绿色建材，第12章绿色建筑能耗计算与模拟分析，第13章绿色建筑能耗检测方法，第14章既有建筑的绿色生态改造，第15章绿色建筑性能的智能设计，第16章国内外绿色建筑评价体系和标准，第17章国外绿色建筑实例分析，第18章国内绿色建筑实例浅析，第19章中国绿色建筑的发展与展望。

绿色建筑是建筑业今后发展的必由之路，是建筑业最具挑战性的课题，也应该说是世界各国环境问题的重要解决途径。我们希望通过以上章节的理论、实践等多方面的探讨，反映国内外对绿色建筑建设与技术应用的前沿状况以及了解绿色建筑的发展和展望，明确我们的奋斗目标。本书将对我国绿色建筑的推动做出一份贡献，同时也为学习和研究绿色建筑设计或从事相关工作的人员提供参考。

本书内容丰富、资料翔实、指导覆盖面广泛，是一本理论与实践相结合的技术图书，可作为建筑院校教师、本科生、研究生以及相关的工程设计、施工和管理等技术人员的参考书，也可作为注册建筑师考试复习参考用书。

本书在编写过程中，参考了大量相关书籍与资料，并得到国内许多知名高等院校、科研单位和设计单位的大力支持，谨此表示感谢！

限于时间和水平，书中定有不少疏漏和不尽完善之处，希望读者提出批评指正，以便再版时修改。

杨维菊

2011年3月

目　　录

第1章　绪　论 ·· 1
　1.1　绿色建筑的概念 ··· 1
　1.2　绿色建筑的发展及现状 ··· 3
　　1.2.1　西方绿色建筑的发展 ·· 3
　　1.2.2　西方发达国家绿色建筑的实践探索 ·· 6
　　1.2.3　中国绿色建筑的发展与现状 ·· 10
　1.3　绿色建筑的设计理念、原则与方法 ··· 11
　　1.3.1　绿色建筑设计理念 ··· 12
　　1.3.2　绿色建筑的设计原则 ·· 13
　　1.3.3　绿色建筑的设计方法 ·· 14

第2章　中国传统建筑的绿色经验 ·· 16
　2.1　中国传统建筑中体现的绿色观念 ··· 16
　　2.1.1　"天人合一"——一种整体的关于人、建筑与环境的和谐观念 ················· 16
　　2.1.2　"师法自然"——一种学习、总结并利用自然规律的营造思想 ················· 17
　　2.1.3　"中庸适度"——一种瞻前而顾后的资源利用与可持续发展理念 ············· 18
　2.2　中国传统建筑中体现的绿色特征 ··· 20
　　2.2.1　自然源起的建筑形态与构成 ·· 20
　　2.2.2　低技术策略下的经验与传承 ·· 23
　　2.2.3　高适应性特征的地域原创 ··· 24
　　2.2.4　可持续发展的材料利用与构造模式 ·· 26
　　2.2.5　有调适特点的微气候环境 ··· 26

第3章　绿色建筑的规划设计 ·· 28
　3.1　从田园城市到绿色城市规划 ·· 28
　　3.1.1　田园城市开启的现代城市规划 ·· 28
　　3.1.2　功能主义导向的灰色城市规划 ·· 30
　　3.1.3　生态观念下的绿色城市规划 ·· 30
　3.2　绿色城市设计概述 ··· 33
　　3.2.1　绿色城市设计发展梗概 ·· 33
　　3.2.2　不同规模尺度的绿色城市设计生态策略 ··· 34
　　3.2.3　适应不同气候条件的绿色城市设计生态策略 ·· 35
　　3.2.4　案例研究——广州海鸥岛地区城市设计策略研究 ····································· 38
　　3.2.5　结语 ·· 41
　3.3　绿色规划设计 ·· 41
　　3.3.1　绿色规划理念的概念与发展 ·· 41
　　3.3.2　绿色规划的目标与任务 ·· 45
　　3.3.3　绿色规划的内容与策略 ·· 46
　　3.3.4　绿色社区规划设计 ··· 51
　　3.3.5　绿色规划实践与反思 ·· 57

第4章 我国不同气候区域的绿色建筑设计特点 ... 60
4.1 严寒地区绿色建筑设计特点 ... 60
4.1.1 严寒地区气候特征 ... 60
4.1.2 严寒地区绿色建筑设计要点 ... 62
4.2 寒冷地区绿色建筑设计特点 ... 69
4.2.1 寒冷地区气候特征 ... 69
4.2.2 绿色建筑设计基本原则 ... 70
4.2.3 寒冷地区绿色建筑设计要点 ... 71
4.3 夏热冬冷地区绿色建筑设计特点 ... 76
4.3.1 概述 ... 76
4.3.2 夏热冬冷地区绿色建筑设计的总体思路 ... 77
4.4 夏热冬暖地区绿色建筑设计特点 ... 85
4.4.1 夏热冬暖地区气候特征 ... 85
4.4.2 夏热冬暖地区绿色建筑背景 ... 86
4.4.3 夏热冬暖地区绿色建筑设计的目标与思路 ... 87
4.4.4 夏热冬暖地区绿色建筑设计的技术策略 ... 89
4.5 温和地区绿色建筑设计特点 ... 93
4.5.1 温和地区建筑气候特点 ... 93
4.5.2 温和地区绿色建筑的阳光调节 ... 94
4.5.3 温和地区绿色建筑的自然通风设计特点 ... 96
4.5.4 温和地区太阳能与建筑一体化 ... 98
4.5.5 温和地区绿色建筑项目实例——昆明世博INTEGER智能生态建筑展览馆 ... 100

第5章 不同建筑类型绿色建筑设计手法 ... 105
5.1 居住建筑 ... 105
5.1.1 绿色居住建筑的节地与空间利用设计手法 ... 105
5.1.2 绿色居住建筑节能与能源利用体系 ... 106
5.1.3 节水与水资源利用体系 ... 116
5.1.4 节材与材料资源利用体系 ... 118
5.1.5 环境保护体系 ... 123
5.2 办公建筑 ... 126
5.2.1 办公建筑的使用特点 ... 126
5.2.2 绿色生态办公建筑设计要点 ... 127
5.2.3 绿色融于设计 ... 134
5.2.4 绿色办公生活 ... 138
5.3 文化教育建筑 ... 139
5.3.1 概述 ... 139
5.3.2 绿色建筑设计的四个层次 ... 142
5.3.3 总体布局策略 ... 144
5.3.4 空间组织策略 ... 145
5.3.5 常用设计手法 ... 146
5.3.6 材料与设备 ... 153
5.4 酒店建筑 ... 157
5.4.1 酒店建筑与可持续发展 ... 157
5.4.2 前期评估及场地规划 ... 158
5.4.3 酒店的可持续建筑设计 ... 160

		5.4.4	酒店建筑的节能设计	162
		5.4.5	酒店建筑的低碳开发	164
		5.4.6	绿色环保建材使用	166
		5.4.7	酒店可持续运营管理	166
	5.5	医院建筑		167
		5.5.1	绿色医院建筑的概述	167
		5.5.2	绿色医院建筑的设计原则与理念	170
		5.5.3	绿色医院设计策略	172
	5.6	纪念性建筑		182
		5.6.1	纪念性建筑的设计构思与理念	183
		5.6.2	纪念性建筑的流线与功能组织	188
		5.6.3	纪念性建筑的造型艺术设计	189
		5.6.4	纪念性建筑景观与环境艺术设计	190
		5.6.5	结语	191
	5.7	体育建筑		193
		5.7.1	体育建筑概述	193
		5.7.2	体育建筑绿色环保的必要性	195
		5.7.3	体育建筑绿色设计	196
		5.7.4	体育建筑绿色技术	201
		5.7.5	结语	209
	5.8	机场建筑		210
		5.8.1	类型定义与特点	210
		5.8.2	总体规划与绿色设计策略	210
		5.8.3	建筑系统	211
		5.8.4	机电系统与新能源利用	219
		5.8.5	结语	223
	5.9	商业建筑		223
		5.9.1	规划和环境设计	223
		5.9.2	建筑设计	225
		5.9.3	室内空间环境设计策略	227
		5.9.4	结构设计中的绿色理念	228
		5.9.5	围护结构节能	228
		5.9.6	空调通风系统节能技术	231
		5.9.7	采光照明系统	231
		5.9.8	可持续管理模式	233
		5.9.9	防火与节能	233
		5.9.10	结语	233

第6章 绿色建筑的技术路线 235

	6.1	绿色建筑围护结构技术		235
		6.1.1	外墙体节能技术	235
		6.1.2	屋面节能技术	241
		6.1.3	门窗节能技术	244
		6.1.4	楼地面节能技术	246
	6.2	绿色建筑遮阳技术		247
		6.2.1	现代建筑遮阳形式	248

6.2.2 建筑遮阳基本形式选择与比较 ……………………………………………………… 253
6.3 绿色建筑通风与采光技术 ………………………………………………………………… 261
　　6.3.1 绿色建筑的通风技术路线 ……………………………………………………… 261
　　6.3.2 绿色建筑的采光技术路线 ……………………………………………………… 266
6.4 绿色建筑暖通技术 ………………………………………………………………………… 269
　　6.4.1 暖通与空调的健康与舒适 ……………………………………………………… 269
　　6.4.2 暖通空调的高能效技术路线 …………………………………………………… 270
　　6.4.3 暖通空调技术的环境友好性 …………………………………………………… 275
6.5 高舒适低能耗建筑暖通新技术 …………………………………………………………… 276
　　6.5.1 辐射采暖制冷系统 ……………………………………………………………… 276
　　6.5.2 置换式新风系统 ………………………………………………………………… 281
　　6.5.3 冷热源系统 ……………………………………………………………………… 283
6.6 外墙外保温系统防火技术 ………………………………………………………………… 284
　　6.6.1 外保温系统防火安全性分析 …………………………………………………… 285
　　6.6.2 外保温材料和系统防火试验研究 ……………………………………………… 288
　　6.6.3 外保温系统大尺寸模型防火试验研究 ………………………………………… 290
　　6.6.4 外保温系统防火等级划分及适用建筑高度 …………………………………… 296

第7章 绿色照明 ………………………………………………………………………………… 300
7.1 绿色照明标准 ……………………………………………………………………………… 300
　　7.1.1 产品能效标准 …………………………………………………………………… 300
　　7.1.2 设计标准 ………………………………………………………………………… 301
7.2 绿色照明设计 ……………………………………………………………………………… 302
　　7.2.1 天然光的利用 …………………………………………………………………… 302
　　7.2.2 照明器材的选用 ………………………………………………………………… 303
　　7.2.3 照明标准、照明方式的选择 …………………………………………………… 306
　　7.2.4 照明环境的设计 ………………………………………………………………… 307
　　7.2.5 照明配电和照明控制 …………………………………………………………… 309
7.3 绿色照明应用示范工程 …………………………………………………………………… 310
7.4 绿色照明系统经济效益分析 ……………………………………………………………… 314
　　7.4.1 寿命周期成本(LCC)方法概述 ………………………………………………… 315
　　7.4.2 绿色照明系统全寿命周期成本因素分析 ……………………………………… 315
　　7.4.3 绿色照明系统寿命周期成本估价的目标 ……………………………………… 316
　　7.4.4 绿色照明系统寿命周期成本估价的计算 ……………………………………… 316

第8章 可再生能源利用与空气、雨、污水的再利用 …………………………………………… 318
8.1 被动式太阳能利用 ………………………………………………………………………… 318
　　8.1.1 被动式太阳能建筑及其热利用技术 …………………………………………… 318
　　8.1.2 太阳能热水器(系统)应用及建筑一体化 ……………………………………… 333
8.2 太阳能光伏发电 …………………………………………………………………………… 342
　　8.2.1 光伏发电系统 …………………………………………………………………… 342
　　8.2.2 太阳电池组件产品 ……………………………………………………………… 347
　　8.2.3 光伏建筑一体化 ………………………………………………………………… 352
　　8.2.4 光伏发电技术在建筑上的应用 ………………………………………………… 357
8.3 地源热泵 …………………………………………………………………………………… 372
　　8.3.1 概述 ……………………………………………………………………………… 372

8.3.2 地源热泵系统特点 … 374
8.3.3 地源热泵应注意的问题 … 376
8.3.4 夏热冬冷地区土壤源热泵空调系统的应用 … 378
8.4 空气冷热资源利用 … 379
8.4.1 空气的特性 … 379
8.4.2 空气作为冷热源的评价 … 380
8.4.3 空气作为冷热源的关键技术问题及配套的技术措施 … 382
8.4.4 空气作为冷热源应用的条件、范围及方式 … 389
8.4.5 案例介绍 … 392
8.5 雨水、污水回收与再利用 … 394
8.5.1 雨水收集利用 … 394
8.5.2 建筑中水回用 … 397
8.5.3 农村生活污水处理组合型技术 … 399

第9章 绿色建筑与景观 … 404
9.1 可持续景观设计 … 404
9.1.1 可持续景观设计的构成 … 404
9.1.2 可持续景观评价体系 … 406
9.1.3 集约化景观设计策略 … 407
9.1.4 可持续景观的技术途径 … 418
9.1.5 结语 … 427
9.2 绿色建筑与景观绿化 … 427
9.2.1 绿化与建筑的配置 … 427
9.2.2 室外绿化体系的构建 … 429
9.2.3 室内绿化体系的构建 … 434
9.2.4 屋顶绿化和垂直绿化体系的构建 … 438

第10章 绿色建筑与声环境 … 443
10.1 声环境的范畴及声学模拟技术 … 443
10.1.1 建筑及环境声学的范畴 … 443
10.1.2 房间声学计算机模拟 … 444
10.1.3 环境声学计算机模拟 … 444
10.1.4 缩尺模型 … 445
10.2 声环境与综合的建筑环境可持续性 … 445
10.2.1 高密度城市环境中的噪声问题 … 445
10.2.2 利用自然的手段控制噪声 … 447
10.2.3 建筑围护结构 … 447
10.2.4 声学材料 … 447
10.2.5 绿色技术的噪声问题 … 448
10.2.6 建筑环境的声质量与声景的研究 … 448
10.3 声学及噪声标准和规范 … 448
10.3.1 噪声法规的原则及现状 … 449
10.3.2 我国声学及噪声标准和规范概述 … 450
10.4 声学材料全寿命周期的分析 … 451
10.4.1 分析方法 … 451

10.4.2　建筑类型的比较 ………………………………………………………………… 453
10.4.3　公寓式住宅建筑围护结构的比较 ………………………………………………… 454
10.4.4　典型房间 …………………………………………………………………………… 455
10.5　环境噪声屏障全寿命周期的评估模型 ……………………………………………………… 456
10.5.1　从制造到出厂寿命周期的分析(摇篮→门) ………………………………………… 456
10.5.2　出厂到拆除的寿命周期(门→坟墓) ………………………………………………… 458
10.5.3　总指标 ……………………………………………………………………………… 459
10.6　风力发电机的噪声影响 ……………………………………………………………………… 459
10.6.1　方法 ………………………………………………………………………………… 459
10.6.2　地形的影响 ………………………………………………………………………… 461
10.6.3　建筑物排列的影响 ………………………………………………………………… 462
10.6.4　声源高度的影响 …………………………………………………………………… 463

第11章　绿色建筑与绿色建材 ………………………………………………………………………… 465
11.1　绿色建筑对建筑材料的要求 ………………………………………………………………… 465
11.1.1　绿色建筑与建筑材料的关系 ……………………………………………………… 465
11.1.2　绿色建筑材料基本概念 …………………………………………………………… 465
11.1.3　绿色建筑对建筑材料的要求 ……………………………………………………… 466
11.2　绿色建材的评价体系与方法 ………………………………………………………………… 467
11.2.1　绿色建材的评价体系 ……………………………………………………………… 467
11.2.2　绿色建材的评价方法 ……………………………………………………………… 468
11.3　绿色建材制备与应用技术 …………………………………………………………………… 469
11.3.1　水泥 ………………………………………………………………………………… 469
11.3.2　混凝土 ……………………………………………………………………………… 471
11.3.3　建筑玻璃 …………………………………………………………………………… 474
11.3.4　建筑卫生陶瓷 ……………………………………………………………………… 475
11.3.5　墙体材料的绿色化 ………………………………………………………………… 478
11.3.6　建筑木材的绿色化 ………………………………………………………………… 480
11.3.7　建筑石材 …………………………………………………………………………… 481
11.3.8　建筑竹材 …………………………………………………………………………… 483
11.3.9　绿色屋顶材料 ……………………………………………………………………… 484
11.3.10　化学建材的绿色化 ………………………………………………………………… 485
11.4　绿色建材发展趋势 …………………………………………………………………………… 487
11.4.1　绿色建材发展的现状 ……………………………………………………………… 487
11.4.2　绿色建材的发展趋势 ……………………………………………………………… 487

第12章　绿色建筑能耗计算与模拟分析 ……………………………………………………………… 489
12.1　绿色建筑综合能耗计算 ……………………………………………………………………… 489
12.1.1　概述 ………………………………………………………………………………… 489
12.1.2　《绿色建筑评价标准》中对建筑能耗的要求 ……………………………………… 489
12.1.3　建筑模型 …………………………………………………………………………… 489
12.1.4　能耗模拟软件 ……………………………………………………………………… 490
12.1.5　建筑综合能耗计算中存在的问题 ………………………………………………… 491
12.1.6　工程实例 …………………………………………………………………………… 491
12.2　绿色建筑自然通风模拟 ……………………………………………………………………… 493

		12.2.1 概述	493
		12.2.2 自然通风的原理	493
		12.2.3 《绿色建筑评价标准》中对自然通风的要求	493
		12.2.4 自然通风的模拟概述	494
		12.2.5 自然通风的模拟流程	495
		12.2.6 案例	497
	12.3	既有建筑绿色改造中自然采光优化应用模拟分析	500
		12.3.1 概述	500
		12.3.2 遮阳措施的选择	501
		12.3.3 物理模型	501
		12.3.4 模拟分析	502
第13章	绿色建筑耗能检测方法		506
	13.1	绿色建筑的耗能特点	506
		13.1.1 建筑能耗	506
		13.1.2 绿色建筑的耗能特点	507
	13.2	居住建筑的热计量方法	507
		13.2.1 居住建筑热计量方法	507
		13.2.2 居住建筑集中采暖可再生能源检测	509
	13.3	公共建筑的暖通空调耗能检测方法	509
		13.3.1 公共建筑暖通空调耗能构成与形式	509
		13.3.2 公共建筑可再生能源检测方法	510
		13.3.3 公共建筑暖通空调常规能源检测方法	511
		13.3.4 公共建筑暖通空调能效比计算	511
	13.4	绿色建筑照明、热水和用电设备耗能检测方法	512
		13.4.1 绿色建筑照明耗能检测方法	512
		13.4.2 绿色建筑热水耗能检测方法	513
		13.4.3 绿色建筑用电设备能耗检测方法	514
第14章	既有建筑的绿色生态改造		516
	14.1	既有建筑室外物理环境控制与改善	516
		14.1.1 室外风环境控制与改善	516
		14.1.2 室外热环境控制与改善	517
		14.1.3 室外光环境控制与改善	518
		14.1.4 室外声环境控制与改善	518
	14.2	既有建筑围护结构节能综合改造	519
		14.2.1 外墙节能改造	519
		14.2.2 外窗节能改造	522
		14.2.3 屋面节能改造	523
		14.2.4 楼板节能改造	525
		14.2.5 增加外遮阳	525
	14.3	既有建筑室内物理环境的控制与改善	527
		14.3.1 室内空气环境控制与改善	527
		14.3.2 室内热环境控制与改善	529
		14.3.3 室内声环境控制与改善	529

	14.3.4 室内光环境控制与改善	530
14.4	既有建筑暖通空调节能改造	533
	14.4.1 采用高效热泵	533
	14.4.2 空调输送系统变频改造	534
	14.4.3 蓄冷蓄热技术	535
	14.4.4 热回收利用	535
	14.4.5 空调末端节能改造	535
	14.4.6 智能控制与分项计量	537
14.5	既有建筑绿色改造中的可再生能源利用	538
	14.5.1 太阳能热水应用	538
	14.5.2 太阳能光伏发电应用	539
	14.5.3 浅地层热泵	540

第15章 绿色建筑性能的智能设计 … 542

15.1 建筑性能的智能设计发展趋势 … 542
15.2 建筑幕墙智能化设计方法 … 543
    15.2.1 某办公大楼双层玻璃幕墙特点及建筑性能基本要求 … 543
    15.2.2 某办公大楼双层玻璃幕墙动态耗能分析与智能设计 … 544
    15.2.3 某大楼双层玻璃幕墙CFD(计算流体动力学)分析与智能设计 … 546
    15.2.4 玻璃幕墙的模拟分析与智能设计 … 548
    15.2.5 双层玻璃幕墙智能设计策略 … 549
15.3 智能设计与可再生能源建筑实例 … 551
    15.3.1 可再生能源建筑围护结构 … 552
    15.3.2 室内舒适度调节系统 … 553
    15.3.3 太阳能与建筑一体化 … 554
    15.3.4 建筑自动化部分 … 554
    15.3.5 实测结果 … 554

第16章 国内外绿色建筑评价体系和标准 … 556

16.1 中国绿色建筑评价标准 … 556
    16.1.1 中国绿色建筑评价标准的诞生 … 556
    16.1.2 中国《绿色建筑评价标准》的内容 … 556
16.2 美国的LEED体系和标准 … 558
    16.2.1 LEED的起源、发展和最新动态 … 558
    16.2.2 LEED评价标准简介 … 558
    16.2.3 LEED在我国的发展情况 … 563
    16.2.4 LEED在中国的适用性 … 565
16.3 加拿大绿色建筑新评价体系(LEED® NC & CS 2009) … 565
    16.3.1 加拿大能源与环境设计主导认证体系的发展历史 … 566
    16.3.2 新评价体系的内容 … 566
    16.3.3 新评价体系的特点 … 567
16.4 瑞士可持续建筑标准 … 568
    16.4.1 Minergie标准的背景 … 568
    16.4.2 与其他主要绿色建筑标准的比较 … 570
    16.4.3 结论 … 571
16.5 英国及其他国家绿色建筑评价标准 … 571

16.5.1 英国BREEAM绿色建筑评价标准 ... 571
16.5.2 世界其他国家和地区绿色建筑评价标准 ... 572

第17章 国外绿色建筑实例分析 ... 573
17.1 美国绿色建筑实例 ... 573
17.1.1 哈佛绿色校园促进会和哈佛校园可持续发展的新探索 ... 573
17.1.2 Genzyme中心，革新设计改变人们的工作与生活 ... 578
17.1.3 美国戴尔儿童医疗中心 ... 584
17.2 德国绿色建筑实例 ... 587
17.2.1 法兰克福商业银行大厦 ... 587
17.2.2 马普协会总部大楼 ... 592
17.2.3 弗莱堡太阳船 ... 595
17.2.4 德国汉堡联合利华总部大楼（Unilever Headquarters in Hamburg, Germany） ... 599
17.2.5 德国联邦环境署大楼 ... 603
17.3 英国绿色建筑实例 ... 608
17.3.1 诺丁汉大学朱比丽生态校园 ... 610
17.3.2 BedZED零能耗发展社区 ... 614
17.3.3 Lighthouse零碳建筑 ... 618
17.4 丹麦绿色建筑实例 ... 621
17.4.1 丹麦哥本哈根Hedebygade街区 ... 621
17.4.2 Big "8 House"和谐公寓 ... 624
17.5 瑞典绿色建筑实例 ... 629
17.5.1 "卡桑"怀特建筑师事务所办公楼 ... 629
17.5.2 瑞典皇家工学院南校区综合教学楼 ... 630
17.6 瑞士绿色建筑实例国际自然保护联盟总部保护中心 ... 632
17.6.1 设计理念和目标 ... 633
17.6.2 建筑设计 ... 633
17.6.3 设备工程 ... 635
17.6.4 可再生能源的一体化利用 ... 636
17.6.5 结构材料 ... 636
17.6.6 室内 ... 637
17.7 加拿大绿色建筑实例 ... 637
17.7.1 温哥华会议中心扩建工程(Vancouver Convention Centre Expansion Project) ... 637
17.7.2 不列颠哥伦比亚癌症研究中心(BC Cancer Agency Research Centre) ... 642
17.7.3 加拿大文托住宅区(The Vento Residences) ... 645
17.8 澳大利亚绿色建筑实例(墨尔本市政府2号办公楼) ... 649
17.8.1 项目概况 ... 649
17.8.2 设计目标 ... 649
17.8.3 启示与借鉴 ... 649
17.9 法国绿色建筑实例（阿谢尔火车站改造） ... 652
17.9.1 阿谢尔火车站 ... 652
17.9.2 为什么选择阿谢尔火车站作为试点项目？ ... 652
17.9.3 阿谢尔火车站改造前的状况 ... 652
17.9.4 阿谢尔火车站改造目标 ... 652
17.9.5 阿谢尔火车站在改造中的创新设计和特色 ... 653
17.9.6 改造后的阿谢尔火车站的一些节能技术数据 ... 655

17.10 日本绿色建筑实例 ... 656
17.10.1 建筑节能 ... 656
17.10.2 废旧资源的再生利用 ... 661
17.10.3 建筑与环境的共生 ... 662
17.10.4 结语 ... 662

第18章 国内绿色建筑实例浅析 ... 664

18.1 清华大学节能中心示范楼 ... 664
18.1.1 建筑外围护结构设计 ... 664
18.1.2 智能围护结构 ... 665
18.1.3 室内环境控制系统方案 ... 666
18.1.4 能源和设备系统方案 ... 667
18.1.5 可再生能源利用 ... 669
18.1.6 植被屋面 ... 670

18.2 环保部履约中心大楼 ... 670
18.2.1 风场环境优化 ... 671
18.2.2 高性能的外围护结构 ... 672
18.2.3 高效节能的机电设备系统 ... 672
18.2.4 可再生能源 ... 672
18.2.5 长效的节能措施 ... 672

18.3 科技部大楼 ... 673
18.3.1 建筑概况 ... 673
18.3.2 建筑方案优化 ... 674
18.3.3 高效的机电系统 ... 674
18.3.4 生活水系统与雨水回收 ... 675
18.3.5 空调水系统 ... 676
18.3.6 空调风系统 ... 676
18.3.7 可再生能源利用 ... 678
18.3.8 楼宇智能化 ... 678

18.4 台湾绿色建筑实例 ... 678
18.4.1 暨南国际大学研究生宿舍 ... 678
18.4.2 台湾电力公司材料处北部储运中心 ... 683

18.5 上海市建筑科学研究院绿色建筑工程研究中心办公楼 ... 686
18.5.1 项目概况 ... 686
18.5.2 技术目标 ... 686
18.5.3 绿色建筑技术策略 ... 686
18.5.4 推广价值 ... 691

18.6 深圳市建筑科学研究院建科大楼 ... 692
18.6.1 项目概况 ... 692
18.6.2 场地的可持续利用策略 ... 692
18.6.3 节水技术运用策略 ... 693
18.6.4 节能和可再生能源的应对策略 ... 693
18.6.5 人性化办公空间 ... 695
18.6.6 材料、资源与室内环境质量 ... 695
18.6.7 声环境控制措施 ... 696
18.6.8 结语 ... 696

18.7 南京锋尚国际公寓 697
　　18.7.1 南京锋尚的设计理念与建筑风格 697
　　18.7.2 南京锋尚国际公寓的技术体系 698
　　18.7.3 南京锋尚的物理环境模拟计算 700
18.8 南京聚福园住宅小区 702
　　18.8.1 项目概况 702
　　18.8.2 绿色建筑特征 702
　　18.8.3 建筑节能的有关数据 711
　　18.8.4 结语 713
18.9 苏州朗诗国际街区 713
　　18.9.1 项目概述 714
　　18.9.2 绿色建筑特征 715
　　18.9.3 绿色建筑成本增量分析(该工程按三星级绿建标准评价) 721
　　18.9.4 创建绿色建筑的思考 721
18.10 无锡山语银城住宅小区 721
　　18.10.1 项目概况 721
　　18.10.2 小区总体规划和建筑设计中的被动式节能技术 723
　　18.10.3 节能65%标准条件下围护结构热工设计研究 724
　　18.10.4 分户式太阳能热水系统和建筑一体化应用 726
　　18.10.5 雨水回收及景观水处理技术 727
　　18.10.6 园林景观的本土化生态技术 728
　　18.10.7 其他绿色节能技术应用 729
18.11 杭州绿色建筑科技馆 730
　　18.11.1 建筑整体优化设计 730
　　18.11.2 智能围护结构 731
　　18.11.3 能源设备系统 732
　　18.11.4 室内环境控制系统 733
　　18.11.5 可持续生态系统 735
　　18.11.6 智能控制系统 736
18.12 中冶赛迪大厦 736
　　18.12.1 项目概况 736
　　18.12.2 美国能源与环境设计先锋奖 LEED 认证 737
　　18.12.3 技术体系 737
18.13 "2010年上海世博会"绿色建筑实例 742
　　18.13.1 上海世博会生态规划设计 743
　　18.13.2 沪上生态家 753
　　18.13.3 宁波滕头案例馆 758
　　18.13.4 日本馆 761
　　18.13.5 法国馆 764
　　18.13.6 法国阿尔萨斯馆 766
　　18.13.7 上海世博会的绿地景观 769
　　18.13.8 上海世博会的景观设计 775
18.14 大庆市林甸县胜利村绿色农宅 781
　　18.14.1 基本信息 781
　　18.14.2 设计策略 781
　　18.14.3 生态技术 782

18.14.4　有效性分析 ………………………………………………………………… 784
18.15　苏南蒋巷村生态环境建设 …………………………………………………………… 786
　　　18.15.1　项目概况 …………………………………………………………………… 786
　　　18.15.2　整体思路 …………………………………………………………………… 786
　　　18.15.3　技术目标 …………………………………………………………………… 787
　　　18.15.4　绿色建筑技术策略 …………………………………………………………… 788
　　　18.15.5　推广价值 …………………………………………………………………… 790
18.16　四川省蒲江县鹤山镇梨山村节能示范住宅 …………………………………………… 790
　　　18.16.1　示范住宅概况 ………………………………………………………………… 790
　　　18.16.2　节能示范内容 ………………………………………………………………… 792
　　　18.16.3　示范住宅现场测试与分析 …………………………………………………… 795
　　　18.16.4　示范住宅评估 ………………………………………………………………… 798
　　　18.16.5　示范住宅推广 ………………………………………………………………… 802
18.17　西藏自治区定日县扎西宗乡示范农宅 ………………………………………………… 803
　　　18.17.1　基地条件 …………………………………………………………………… 803
　　　18.17.2　现状和需求 …………………………………………………………………… 804
　　　18.17.3　技术应用 …………………………………………………………………… 804
　　　18.17.4　技术评估 …………………………………………………………………… 807
　　　18.17.5　结论与讨论 …………………………………………………………………… 808
18.18　深圳南海意库3号楼——旧厂房的绿色改造 ………………………………………… 808
　　　18.18.1　老树逢冬——产业转型，既有建筑有待改造 …………………………………… 808
　　　18.18.2　春风乍起——产业转型与复兴的机遇 ………………………………………… 809
　　　18.18.3　老枝的历史价值——城市文脉的传承与可持续 ……………………………… 809
　　　18.18.4　新绿迎春——城市更新的绿色改造实践 ……………………………………… 810
　　　18.18.5　硕果累累——经济效益、环境效益和社会效益的统一 ……………………… 815
　　　18.18.6　后记与展望 …………………………………………………………………… 815

第19章　中国绿色建筑的发展与展望 …………………………………………………………… 818
19.1　中国建筑事业发展的现状和挑战 ……………………………………………………… 818
　　　19.1.1　高速度、高密度、高强度的城镇化 ……………………………………………… 818
　　　19.1.2　高能耗带来的高碳排放压力 ……………………………………………………… 818
　　　19.1.3　环境污染及资源危机 ……………………………………………………………… 819
　　　19.1.4　特殊的高硫排放压力 ……………………………………………………………… 820
19.2　中国绿色建筑发展战略 …………………………………………………………………… 820
　　　19.2.1　国家层面的可持续发展战略 ……………………………………………………… 820
　　　19.2.2　国家层面的节能减排战略 ………………………………………………………… 820
　　　19.2.3　国家层面的绿色建筑战略 ………………………………………………………… 821
19.3　中国绿色建筑发展推进机制 ……………………………………………………………… 825
　　　19.3.1　组织机构建设：中国绿色建筑委员会 …………………………………………… 825
　　　19.3.2　交流平台建设：绿色建筑大会 …………………………………………………… 825
　　　19.3.3　评价制度建设：绿色建筑评价与标识管理 ……………………………………… 827
19.4　中国绿色建筑的未来展望 ………………………………………………………………… 827

后　记 ……………………………………………………………………………………………… 829

第1章 绪　论

1.1　绿色建筑的概念

回顾人类的建筑史,从最初的建筑是人们用来遮风避雨、抵御恶劣自然环境的掩蔽所,发展到今天的现代建筑,在人们享受现代文明的同时,人类社会也面临着一系列重大环境与发展问题的严重挑战。人口剧增、资源过度消耗、气候变异、环境污染和生态破坏等问题威胁着人类的生存和发展。在现实面前,人们逐渐认识到建筑带来的人与自然的隔离及建筑活动对环境的影响,建筑能否重新回归自然,实现建筑与自然的共生？"绿色建筑"的概念也就应运而生。

在国际范围内,绿色建筑的概念目前尚无统一而明确的定义,国外许多学者、建筑师对于"绿色建筑"都有各自的理解。

克劳斯·丹尼尔斯(Klaus Daniels)在著作《生态建筑技术》(The Technology of Ecological Building)一书中,对绿色建筑做了如下定义:"绿色建筑是通过有效地管理自然资源,创造对于环境友善的、节约能源的建筑。它使得主动和被动地利用太阳能成为必需,并在生产、应用和处理材料等过程中尽可能减少对自然资源(如水、空气等)的危害。"此定义简洁概要,并具有一定的代表性。

艾默里·罗文斯(Amory Lovins)在《东西方观念的融合:可持续发展建筑的整体设计》(East Meets West: Holistic Design for Sustainable Building)一文中做出了对绿色建筑的相关阐述,"绿色建筑不仅仅关注的是物质上的创造,而且还包括经济、文化交流和精神上的创造","绿色设计远远超过了热能的损失、自然的采光通风等因素,它已延伸到寻求整个自然和人类社区的许多方面"[①]。

詹姆斯·瓦恩斯(James Wines)在《绿色建筑学》(Green Architecture)一书中回顾了20世纪初以来亲近自然环境的建筑发展,以及近年来走向绿色建筑概念的设计探索,总结了包含景观与生态建筑的绿色环境建筑设计在当代发展中的一般类型,以及更广泛的绿色建造业与生活环境创造应遵循的基本原则[②]。

杨经文在他的专著《设计结合自然:建筑设计的生态基础》中指出:生态设计牵扯到对设计的整体考虑,牵扯到被设计系统中能量和物质的内外交换以及被设计系统中原料到废弃物的周期,因此我们必须考虑系统及其相互关系。同时他指出:"大多数建筑师缺乏足够的生态学和环境生物学方面的知识,而且目前也没有一个完整统一的理论来指导,对于什么是生态(绿色)建筑也各执一词。"这在一定程度上反映了当前绿色建筑学的研究现状。同时值得注意的是,绿色建筑技术已不再是单纯地为建筑单体提供技术保障的某一单项技术,而是一个技术群。它应该是为建筑具备"绿色"属性提供技术上的可能性和可行性的整套技术体系,因而亦被认为是满足自然生态良性循环规律的"绿色"技术体系(图1.1)。

英国建筑设备研究与信息协会(BSRIA)指出,一个有利于人们健

图1.1　杨经文设计的梅纳拉商厦
资料来源:http://arch.m6699.com/upload_files/other/_20081127171125_72096.jpg

---

① 刘志鸿. 当代西方绿色建筑学理论初探. 新建筑, 2003(03): 3-4, 20.
② 王蔚, 邹颖.《绿色建筑学》一书阐释的环境建筑与绿色原则. 世界建筑, 2005(05): 67.

康的绿色建筑，其建造和管理应基于高效的资源利用和生态效益原则。

由于各国经济发展水平、地理位置和人均资源等条件不同，国际上对于绿色建筑的定义和内涵的理解也就不尽相同，存在一定差异，中国的国情也决定了其特殊性。

归纳起来，绿色建筑就是应用环境回馈和资源效率的集成思维去设计和建造的建筑，也是一种象征着节能、环保、健康、高效的人居环境，以生态学的科学原理指导建筑实践，创造出人工与自然相互协调、良性循环、有机统一的建筑空间环境，它是满足人类生存和发展要求的现代化理想建筑[1]。在目标上，它追求人、建筑和自然三者的和谐共生与平衡发展；在方法上，它主张"设计追随自然"；在技术上，它提倡应用可促进生态系统良性循环、不污染环境、高效、节能和节水的建筑技术。在目的上，首先是要解决人类可持续发展所必需的自然资源问题，为环境得以持续、稳定、均衡的发展提供保障；其二是控制和约束人类消耗自然资源的规模、水平与效率；其三是传承与发展在建筑中得以表达，实现人类生存观的修正、优化与进步；其四，是以科学的发展观实现人类社会的可持续发展，通过科技水平的提高和高新技术的应用、推广，降低资源消耗，达到和谐、宜居的生态人居环境建设水平，发现新资源、再生资源、循环资源以及可替代资源，缓解并最终解决制约和威胁人类社会发展进步的自然资源与环境的瓶颈问题[2]。

同时，绿色建筑有利于资源节约（包括提高能源效率、利用可再生资源、水资源保护）；它充分考虑其对环境的影响和废弃物最低化；它致力于创造一个健康舒适的人居环境，致力于降低建筑的使用和维护费用；它从建筑及其构件的寿命周期出发，考虑其性能和对经济、环境的影响。目前，世界各国普遍重视绿色建筑的研究，许多国家和组织都在绿色建筑方面制定了相关的政策和评价体系，有的已着手研究编制相关的标准[3]。

所谓"绿色建筑"，并不是简单意义上进行了充分绿化的建筑，或其他采用了某种单项生态技术的建筑，而是一种深刻、平衡、协调的关于建筑设计、建造和运营的理念。绿色建筑的核心内容是尽量减少能源和资源的消耗，减少对环境的破坏，另外，也指在生态和资源方面有回收利用价值的一种建筑形式。它推崇的是一套科学的整合设计和技术应用手法。它强调建筑在规划、设计时就要充分考虑利用环境自然资源，并且在不破坏环境基本生态平衡的条件下进行建造，同时还强调在整个建筑建造的过程中应充分考虑建筑物与周围环境的协调，并遵循可持续发展的原则，体现绿色建筑理念，整合最佳的设计构思，集成低能耗的围护结构，考虑太阳能利用、地热利用、自然通风与采光、雨水利用、绿化配置、绿色建材和智能控制等高新技术，充分展示人与建筑、环境与技术的和谐统一，以达到最大限度地减少能源的消耗以及对环境的污染，让建筑能够为人们提供健康、适用和高效的使用空间，并实现最高效率的能源利用。其实，它也是实现"以人为本"，以人、建筑和自然环境的协调发展为目标，利用天然条件和人工手段创造良好、健康的居住和工作环境，充分体现向大自然索取和回报之间的平衡。

绿色建筑，也称为可持续发展建筑、生态建筑、回归大自然的建筑、节能环保建筑等。虽然提法不同，但是基本的内涵是相同的，即减轻建筑对环境的负荷，节约能源和资源，提供安全、健康、舒适、性能良好的生活空间和工作环境，与自然环境亲和，做到人、建筑与环境的和谐共处，永续发展。

我国《绿色建筑评价标准》中绿色建筑的定义是，"在建筑全寿命周期内，最大限度地节约资源（节能、节地、节水、节材），保护环境和减少污染，为人们提供健康、适用和高效的使用空间与自然和谐共生的建筑"。更直接的解释就是以消耗最少的能源、资源与环境损失来换取最好的人居环境的建筑。

今天对绿色建筑的概念理解不再局限于建筑业，不再孤立地考虑建筑自身系统的可行性，而是在建筑与环境相互协调的基础上，以自然生态系统良性循环为基本原则，综合考虑生态环境、社会经济、历史文化、生活方式、建筑法则和适宜的技术等多种因素。所以绿色建筑又可成为绿色建筑体系[4]。它已经远远超过单纯的节能和追求生态，基本上成为已全面涵盖能源、资源、污染、环境、舒适度等要素的一个综合体，一个大的集成系统工程。

---

[1] 吴秀鉴. 绿色建筑设计探析. 山西建筑, 2003, 29(06): 9–10.
[2] 饶戎. 建立绿色建筑科学体系的探索. 中国建设报, 2006, 05/12(3).
[3] 李百战, 丁勇, 刘猛. 绿色建筑的发展概述. 暖通空调, 2006(11): 27–32.
[4] 李学征. 中国绿色建筑的政策研究：[硕士学位论文]. 重庆：重庆大学, 2006.

1.2 绿色建筑的发展及现状

1.2.1 西方绿色建筑的发展

早在 20 世纪初，西方已经开始考虑建筑如何适应地域和气候的影响。1913 年，为了充分利用太阳能，法国住宅部官员 A·雷研究了 10 个大城市住宅的日照问题。1932 年，英国皇家建协在协会期刊上发表了名为《建筑定位》(The Orientation of Building)的研究成果。20 世纪 40~50 年代，气候和地域条件成为一些建筑师设计的重要影响因素，路易斯·康（Louis Kahn）、保罗·鲁道夫（Paul Rudolph）、奥斯卡·尼迈耶(Oscar Niemeyer)等建筑师的许多建筑作品中都充分体现了这一点(图 1.2，图 1.3)。即使是在现代主义建筑盛行的时代，尽管"国际式"成为设计的主流，仍有一些建筑大师的作品中蕴含着朴素的生态思想。例如，弗兰克·劳埃德·赖特(Frank Lloyd Wright)将建筑视为"有生命的有机体"，他所设计的建筑体现了生态设计的原则(图 1.4)。在《自然的住宅》(The Nature House)一书中，赖特强调了整体概念的重要性，认为建筑必须同所在的场所、建筑材料以及使用者的生活有机地融为一体[①]。

1963 年，维克托·奥戈亚(Victor Olgyay)完成的《设计结合气候：建筑地方主义的生物气候研究》

图 1.2 路易斯·康设计的印度经济管理学院
资料来源：http://upload.wikimedia.org/wikipedia/commons/3/33/Louis_Kahn_Plaza.jpg

图 1.3 保罗·鲁道夫设计的绿色住宅
资料来源：http://www.flickr.com/photos/73172555@N00/3355235888/in/set-72157615269620134/

图 1.4(a) 弗兰克·劳埃德·赖特设计的草原别墅
资料来源：Tanin Thomson. Frank Lloyd Wright: A Visual Encyclopedia. San Bernandino: Macsource Press, 2006.

图 1.4(b) 弗兰克·劳埃德·赖特设计的流水别墅
资料来源：http://www.home-designing.com/wp-content/uploads/2009/10/waterfall-outside-falling-water1-582x455.jpg

---

① 刘志鸿. 当代西方绿色建筑学理论初探. 新建筑, 2003(03): 3-4, 20.

(Design with Climate: Bioclimatic Approach to Architectural Regionalism),概括了20世纪初至60年代建筑设计与气候、地域关系研究的各种成果,提出"生物气候地方主义"的设计理论,认为建筑设计遵循"气候—生物—技术—建筑"的设计过程。他的理论对以后的建筑设计产生了巨大的影响。可以看出,早期的绿色建筑设计主要注重建筑设计与地域、气候之间的关系研究。

20世纪50~60年代,《寂静的春天》(Silent Spring)、《设计结合自然》(Design with Nature)等一批专著相继问世,生态世界观开始成为人与自然和谐相处的行为准则,这促使人们对传统建筑观念进行反思,西方建筑界开始着手这方面的研究工作[①]。

20世纪70年代初期,石油危机的爆发,使得人们清醒地意识到,以牺牲生态环境为代价的高速文明发展史是难以为继的,耗用自然资源最多的建筑生产必须改变发展模式,走可持续发展之路。人们开始关注绿色生态建筑的设计,认识到设计和建造节能环保型建筑的重要性。此时,各种关于被动节能、环境适宜设计的思想和理论不断出现。在美国,许多建筑师开始重新审视乡土设计策略和许多已被现行工业化抛弃的传统建筑设计手段。当时引发了兴建太阳能建筑的热潮,太阳能住宅成为建筑师们设计和研究的热点,同时有关地热能、风能、围护结构节能等各种建筑节能技术应运而生。一批在绿色建筑和可持续发展领域具有影响的建筑师们就是从那一时代开始,在节约能源和提供舒适的人居环境之间努力地寻找完美的结合点。许多研究机构和小组展开了各种实验性研究,其中以澳大利亚建筑师西德尼·巴格斯(Sydney Baggs)和美国建筑师马尔科姆·威尔斯(Malcolm Wells)等为代表的当地掩土建筑设计研究把生态建筑推向一个新的阶段(图1.5)。正如英国建筑师戴维·皮尔森(David Pearson)指出的那样:"生态建筑运动是与健康建筑相关的最先进的运动。生态建筑强调设计的目的在于适应人类的生理、物质和精神需要,从整体

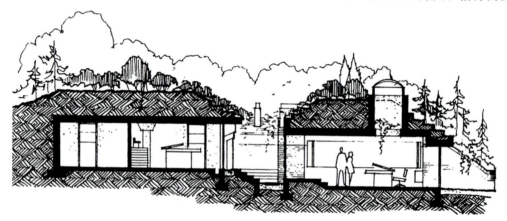

图1.5(a) 马尔科姆·威尔斯设计的地下办公室图纸

图1.5(b) 马尔科姆·威尔斯设计的佛得角住宅
资料来源:http://www.malcolmwells.com/designs.html

---

① 刘志鸿. 当代西方绿色建筑学理论初探. 新建筑, 2003(03): 3-4, 20.

角度来看待人与建筑的关系，进而研究建筑学问题。"[①]

进入 80 年代，绿色建筑的发展重新回落低谷。由于世界范围内能源价格的回落，很多低成本、被动节能的技术显得没什么必要，建筑行业重新回到高能耗、粗放型的设计和建造模式。绿色建筑的发展速度比起上个时代大大减缓，绿色建筑在整个 80 年代的发展步伐是缓慢的。绿色建筑不再像这一概念最初诞生时那样时髦了。很多秉持绿色建筑理念的建筑师无法获得设计和建造绿色建筑的实践机会，或者即使有机会，却无法获得经济和社会效益，因此导致了从事绿色建筑的专业人士数量减少。20 世纪 80 年代，召开了若干讨论绿色建筑的会议，其中规模最大的是一年一度的太阳能会议"The Annual Solar Convention"。从表面上看，整个 20 世纪 80 年代绿色建筑在工程实践上没有取得重大的进展，但是在思想理论、人才、组织等方面慢慢地积蓄力量，最终催生了 20 世纪 90 年代席卷整个西方建筑界的绿色建筑大潮。

20 世纪 90 年代，一系列重要的事件极大地推动了绿色建筑运动的普及，加深了专业人士和普通大众对绿色建筑的认识，并且最终产生了具有里程碑意义的绿色建筑评估标准，使得绿色建筑事业走上标准化、规模化、可操作化的道路。

在这一时期，出版了大量关于绿色建筑的著作，其中包括迈克尔·J·克劳斯比(Michael J. Crosbie)所著的《绿色建筑：可持续发展设计导引》(Green Architecture: A Guide to Sustainable Designs)。在威尔夫妇(Brenda Vale & Robert Vale)所著的《绿色建筑：为可持续发展的未来而设计》(Green Architecture: Design for a Sustainable Future)一书中，作者在大量实践的基础上，对绿色建筑的设计进行了概括和总结，提出 6 个原则：① 节约能源，减少建筑能耗；② 设计结合气候，通过建筑形式和构件来改变室内外环境；③ 能源、材料的循环利用；④ 尊重用户，体现使用者的愿望；⑤ 尊重基地环境，体现地方文化；⑥ 运用整体的设计观念来进行绿色建筑的设计和研究。这本书在一定程度上反映了当前人们对绿色建筑的认识程度。应该讲，西方对绿色建筑的研究，无论在理论上还是实践中，都已取得了很大成果。但是，研究大多基于建筑单体的设计，没有真正从整个生态系统的角度认识建筑学的发展，因此还不能从根本上解决建筑环境的可持续发展问题[②]。

20 世纪 90 年代，绿色建筑理念的回归很大程度上是由于全球范围内环境的不断恶化。人们对于环境的关注在建筑领域的直接表现就是越来越多的人开始重新审视绿色建筑的思想[③]。

1992 年 6 月 3 日至 14 日在巴西里约热内卢召开了联合国环境与发展大会，即著名的里约地球峰会。这次大会标志着世界范围内各国团结一致，致力于解决日益严峻的地球环境恶化和发展问题的开始，使可持续发展这一重要思想在世界范围内达成共识。绿色建筑渐成体系，并在不少国家实践推广，成为世界建筑发展的方向。本次大会共有 172 个国家参加，其中 108 个国家的元首亲自出席，另外还有 2 400 余个非政府组织参加大会，与会者超过 17 000 人。大会主要议题包括：① 系统地研究全球生产规律，尤其是产生环境有害物质的规律；② 可再生能源；③ 发展公共交通系统以降低排放；④ 水资源日益匮乏问题。

大会取得的关键成果之一是就气候变化问题达成了共识，并直接催生了后来的《京都协议》。大会还取得了很多其他的丰硕成果，并最终发表了 5 部纲领性文件：① RIO Declarations on Environment and Development (《关于环境与发展的里约热内卢宣言》)；② Agenda 21(《21 世纪议程》)；③ Convention on Biological Diversity(《保护生态多样性公约》)；④ Forest Principles(《森林法则》)；⑤ Framework Convention on Climate Change (《气候变化框架公约》)。

里约地球峰会为 90 年代绿色建筑事业的蓬勃发展奠定了基础和氛围，人类对于环境问题的关注在建筑领域的具体实现就是绿色建筑。

90 年代初的美国，在鲍勃·伯克比利(Bob Berkebile)的领导下，美国建筑师协会(AIA)成立了第一个环境委员会，并由美国环境保护署和美国能源部出资资助。环境委员会开始科学系统地研究建筑业对环境的影响，同时关注的范围超出了单纯的建筑节能，涵盖了更广阔的领域，例如建筑材料的选择、建筑使用的

---

① 宋晔皓. 欧美生态建筑理论发展概述. 世界建筑, 1998(01): 67–71.
② 刘志鸿. 当代西方绿色建筑学理论初探. 新建筑, 2003(03): 3–4, 20.
③ Jason F. McLennan. The Philosophy of Sustainable Design. Ecotone Publishing Company LLC, 2004.

其他资源(比如水)等。由于绿色建筑在组织上的准备取得了长足的进展，逐渐出现了一个专门负责和领导美国绿色建筑事业的委员会。有识之士在 AIA 的平台上呼吁成立一个这样的组织，并且要具有足够的开放性和代表性。除了建筑师，其他建筑从业人员，例如建筑材料生产厂商、施工单位、建筑部件商等都应在这个委员会中有代表。这一提议后来被证明是美国绿色建筑发展史上具有里程碑意义的事件。终于，在 1993 年，美国绿色建筑委员会(United States Green Building Council，简称 USGBC)宣告成立，标志着美国绿色建筑事业第一次拥有了一个非政府的权威组织者和领导者[①]。

在绿色建筑相关组织成立和发展壮大的同时，有关绿色建筑的会议也在西方国家不断召开，数量和质量同 20 世纪 80 年代相比都有很大提高。一些雄辩的绿色建筑师和先行者们在各种会议上纷纷发表演说，影响了大量建筑从业人员，吸引了大批专业人士加入绿色建筑大军。

也许，具有决定意义的是绿色建筑的设计和建筑实践，在 20 世纪 90 年代得到长足的发展。大量的建筑师在世界各地设计了各种类型的提倡"绿色、节能、环保、生态"理念的建筑，直接为绿色建筑的思想和理念找到了实践的平台和物质载体——真正的绿色建筑。与此同时，绿色建筑组织者们也不遗余力地宣传这些绿色建筑。这一时期不断见诸于各种建筑专业出版物甚至是大众媒体的绿色建筑，包括 1991 年在美国马里兰州建设完成的切斯皮克湾基金会的菲利普·马瑞尔环境中心（The Chesapeake Bay Foundation Philip Merrill Environmental Center）等（图1.6），1995 年在美国堪萨斯城建设完成的德鲁姆斯中心(Deramus Pavilion)等(图1.7)。

图 1.6　菲利普·马瑞尔环境中心

资料来源：http://www.womansday.com/var/ezflow_site/storage/images/media/images/05－wd0609－philip－merrill－center/639041－1－eng－US/05－wd0609－Philip－Merrill－Center.jpg

图 1.7　德鲁姆斯中心

资料来源：http://www.bnim.com/work

美国建筑师协会设计了一个年度"十佳绿色建筑"以奖励在绿色和环境设计与建筑艺术之间取得完全结合的项目，并在建筑业内取得了广泛而深远的影响。随着这些绿色建筑实践的发展，建筑行业逐渐认识到哪些绿色建筑设计手段是行之有效的，而哪些只能是纸上谈兵。设计和建设案例的积累从实践角度有力支撑了在过去几十年形成的绿色建筑的理论、思想和方法，并在一定程度上改变了建筑行业的传统建设方式。

整个 20 世纪 90 年代是西方绿色建筑发展史上的关键 10 年，可持续发展的思想得到大力推进。结合这一全球趋势，绿色建筑的研究也空前活跃，从单纯的思想和观念发展到触手可及的真实建筑项目，并制订了为广大建筑业人士所熟知且可行的评价标准，绿色建筑终于进入了健康发展的新世纪！

1.2.2　西方发达国家绿色建筑的实践探索

30 多年来，绿色建筑由理念到实践，在发达国家逐步完善，形成了较成体系的设计方法和评估方法，各种新技术、新材料层出不穷。一些发达国家还组织起来，共同探索实现建筑可持续发展的道路，例如：加拿大"绿色建筑挑战"（Green Building Challenge)行动，采用新技术、新材料、新工艺，实行综合优化设

---

① 美国绿色建筑委员会网站：http://www.usgbc.org

计，使建筑在满足使用需要的基础上所消耗的资源、能源最少[①]。

日本颁布了《住宅建设计划法》，提出"重新组织大城市居住空间(环境)"的要求，以满足21世纪人们对居住环境的需求，适应住宅需求变化。

美国在科技研究和革新方面投入巨大，并已在可持续建筑领域取得了显著的成果，例如太阳能光电系统、日光照明技术、低碳排量建筑、计算机模拟与设计、玻璃技术、地源热泵制冷、自然通风、燃料电池、热电联产等[②]。美国联邦政府已经颁布了很多绿色建筑政策，并已取得了显著成效。1992年颁布了能源政策法案和13 123号总统令，都要求在2010年之前实现建筑能耗在1985年的基础上降低23%，减排CO_2达2 800万t。另外，美国在绿色建筑实践探索中，有很多成功的典范。例如：美国俄亥俄州东北的OBERLIN学院最近推出一项环保建筑设计，它所需能源之一半是由曲面屋顶上板状太阳能光伏发电设备供应的，板的倾角可自动追踪太阳行迹；另一部分屋顶则为绿化所覆盖，具有迅速吸纳太阳能、缓和雨水排放流速的特点，是理想的自然隔声、绝热层。同时，它具有供应物和消耗物平衡，食物和废弃物等量，生活和设施体系的生成品均安全分解、拆卸、处置、回收、再使用的特征[③]（图1.8）。

图1.8 OBERLIN学院曲面屋顶上的太阳能装置
资料来源：http://www.neogbc.org/index.php?id=21

目前，美国正在考虑成立一个至少包括国家事务和预算管理局、能源部、环境保护局、国防部等部门在内的、更加权威的绿色建筑联合组织来引导绿色建筑的发展。这个组织要对绿色建筑的发展提供战略性指导，对绿色建筑相关的发展和实施政策进行认识，包括对行政法规的使用性进行识别。这其中包括高能技术的应用，健康的室内环境设计，水处理系统设计，建筑试运转，促进评测方法的应用，建造过程监控，标准实施监控以及汇报等过程[④]。

澳大利亚针对商业办公楼的绿色建筑评估工具近年来发展得很快，其绿色建筑委员会的评估系统"绿色之星"已被誉为新一代的国际绿色建筑评估工具。这是目前第一套利用环境、社会和经济效益平衡论来推动可持续发展产业的评估工具[⑤]。

英国已制订了一系列政策和制度来促进高能效技术在新建筑和既有建筑改造中的应用。在低碳排量建筑方面，英国政府也采取了一些新的规划和经济激励政策，不断推动绿色建筑的研究与改革，促进绿色建筑科技的发展。

在建筑设计方面，英国有很多世界级的建筑大师致力于绿色建筑的设计，并已设计出独具特色的、世界一流的低碳排量建筑。例如，在威尔士加的夫港口的未来屋设计中，建筑师巧妙地应用环境友好型材料，使得建筑对居住者在生活方式和环境方面的改变具有超强的适应能力[⑥]（图1.9）。

在研究方面，英国有很多优秀的学术研究机构致力于可持续发展和绿色建筑的研究和创新。例如，剑桥大学(University of Cambridge)的马丁建筑研究中心多年来致力于城市与建筑的可持续发展研究，他们研究的方向主要是针对可持续建筑产业和城市发展的三个方面：环境、人文以及社会经济学。牛津大学

---

① 万蓉,刘加平,孔德泉.节能建筑、绿色建筑与可持续发展建筑.四川建筑科学研究,2007,33(02):150-152.
② 于春普.关于推动绿色建筑设计的思考.建筑学报,2003(10):50-52.
③ 王艳宾.浅析绿色建筑.黑龙江科技信息,2008(33):303.
④ 李博.绿色建筑及其设计策略.太阳能,2008(10):40-43.
⑤ 李百战,姚润明,丁勇,等.国外绿色建筑发展概述与实例介绍.见：智能与绿色建筑文集2.北京：中国建筑工业出版社,2006.
⑥ 李百战,丁勇,刘猛.绿色建筑的发展概述.暖通空调,2006(11):27-32.

（University of Oxford）的环境改造学院资助了相关的多项学科和先进技术研究，其中有一项 40%住宅计划。该计划用以检验可持续发展和绿色建筑的相关政策、技术和社会效应是否达到国家目标。英国诺丁汉大学（University of Nottingham）的朱比利分校的校园就是在一个废旧工业用地上建成的具有代表性的应用可持续发展和生态设计概念的可持续建筑实例。

法国在 20 世纪 80 年代进行了包括改善居住区环境为主要内容的大规模居住区改造工作。

德国在 20 世纪 90 年代开始推行适应生态环境的居住区政策，大力发展拥有公共绿地和具有环境友好性的建筑，以切实贯彻可持续发展的战略。目前德国是欧洲太阳能利用最好的国家之一，在弗赖堡市就有超过 400 幢建筑拥有小型太阳能发电站（图 1.10）。

在德国，拥有大量分散的发电站，这些发电站都具有高能效、低成本、低排放的特点，而使用光电板的发电站已经实现了零排放，正是这些发电站为德国提供了可靠的、绿色的电力（图 1.11）。

在基础设施方面，德国非常注重种植屋面、多孔渗水路面、各种排水设施和露天花园等低污染、低环境影响的基础设施的利用，使雨水资源能够充分利用，同时又能给人们提供安全的居住环境。种植屋面可以减少约 50%的冬季供暖负荷和夏季空调负荷（图 1.12）。

在奥地利，目前约有 24%的能源由可再生能源提供。在很多示范项目中，大量应用了降低资源消耗和减少投资成本的技术。最突出的例子有 PREPARE 项目（图 1.13）。

图 1.9　威尔士加的夫港口的未来屋

资料来源：http://www.beady.com/roundtheworld/images/I%20photos/Welsh%20museum%20future%20house.jpg

图 1.10　弗赖堡太阳能屋

资料来源：http://club.newzgc.com/bbs/showdoc.asp?bid=36&id=82061

图 1.11　德国勃兰登堡州里伯罗泽太阳能发电站

资料来源：http://www.landscape.cn/Upfiles/BeyondPic/2009-08/20098215529530987.jpg

图 1.12　德国达姆施特大型集合住宅的种植屋面

资料来源：http://www.kenmeffanarchitect.com/illuninaiting%20links+architecture+products%207.htm

图 1.13(a)　奥地利绿色住宅"太阳馆"(Solar Tube)
资料来源：http://www.housedesignnews.com/home-design-ideas/solar-tube-house-by-driendl-architects-in-austria/

图 1.13(b)　奥地利舍瑙运动场利用太阳能
资料来源：http://www.tisun.com/Produkte/Referenzen-Solaranlagen/Tourismus-Freizeit-und-Sport

瑞典实施了"百万套住宅计划"，在居住区建设与生态环境协调方面取得了令人瞩目的成就。另外，充分利用太阳能、风能、水力作为能源生产的基础，其最大的太阳能应用项目就是将生物沼气和太阳能结合提供能量。

在欧洲，还启动了针对学校建筑能效设计集成的项目，其目标是要降低学校建筑 50%~60% 的热能消耗，降低 30%~50% 的电能消耗，减少 50% 的 CO_2 排放量。该项目的示范工作在丹麦、挪威、瑞典、德国、西班牙、意大利、希腊 7 国进行。在示范项目中，将会应用隔热玻璃、热回收、自然冷却、日光通道优化、高能效照明系统、被动式太阳能利用、热泵、高效通风系统技术[1]。

各发达国家利用经济激励政策对于促进绿色建筑的发展也是很有效的。这些政策为使用高能效技术的建筑提供减税制度。此外，一些专门针对寿命周期评价的系统在荷兰、德国、法国、加拿大等国家已逐渐发展完善。

绿色建筑评价领域进行的研究工作，包括美国的 LEED、英国的 BREEAM 和 Eco Homes、澳大利亚的 NABERS 国家房屋环境评分系统、加拿大绿色建筑评价标准、法国可持续发展评价规范、德国可持续发展评价规范、荷兰的 ECO Quantum 等，各具特色。由于地域性的限制，各国对于建筑与环境的关系标准不统一，评价体系也存在着一些局限性。

各国绿色建筑标准体系的共同点：

（1）目标一致。各国的评价标准都是在可持续发展原则指导下进行的，旨在为社会提供持续普遍的标准；指导绿色建筑的决策与选择。提高公众的环保产品和环保标准意识，提倡与鼓励好的绿色建筑设计，提高了绿色建筑的市场效益，推动了其在市场范围的普及。

（2）关注点一致。各国的评价标准都有明确清晰的组织体系，可以将建筑的可持续发展和评价标准联系起来，而且都具有一定数目的包括定性和定量的关键问题可供分析。评价体系中都还包括一定数量的具体指导因素或者综合性指导因素，为评价进程提供更清晰的指导[2]。

绿色建筑在 21 世纪已经成为建筑行业的主流思想，"绿色、节能、环保、生态、可持续"的理念已经广为接受。绿色建筑在西方国家已经基本完成了思想普及，进入到以设计和建设实践为核心、以不断探索

---

[1] 李百战，姚润明，丁勇，等. 国外绿色建筑发展概述与实例介绍. 见：智能与绿色建筑文集 2. 北京：中国建筑工业出版社，2006.
[2] 阮仪. 国际绿色建筑评价体系. 绿色中国，2005(10)：34-35.

并深化绿色设计和建筑技术为特色、以不断完善绿色建筑的评估标准为潮流的崭新发展阶段。

1.2.3 中国绿色建筑的发展与现状

1.2.3.1 中国绿色建筑的背景

在中国，早在远古时代，人类就知道依附自然、利用自然，追求安全舒适的生存环境。人们认识到人与自然是不可分割的整体，在"天人合一"思想指导下的建筑与城镇建设，都体现了人与自然和谐统一的原则。如今，随着科学技术的进步和社会生产力的高速发展，加速了人类文明的进程。同时，人类社会也面临着一系列重大环境与发展问题的严重挑战。人口剧增、资源过度消耗、气候变异、环境污染和生态破坏等问题威胁着人类的生存和发展。今天，在城市发展和建设过程中，我们必须优先考虑生态环境问题，并将其置于与经济和社会发展同等重要的地位上；同时，还要考虑有限资源的合理利用问题，即要改变以牺牲环境为代价、掠夺性甚至是破坏性的发展模式，要提倡良性循环的生态型发展模式，促使经济与社会、环境协调发展[①]。另外我们也看到，现代的建筑技术为人类文明的发展作出了贡献，但大量消耗自然资源，也带来了自然界的报复，如资源枯竭、环境污染和物种消亡等一系列的问题。

据有关资料显示，中国的建筑能耗呈逐年递增趋势。目前各种化石能源已露出枯竭的趋势，而且燃料所排放的二氧化碳及其他废气、废物等对环境造成污染，使得地球温暖化过程加快，全球异常气候的出现周期缩短，各种疾病威胁人类的生存。

就中国能源消费状况而言，在化石能源资源探明储量中，90%以上是煤炭，人均消费量也仅为世界平均水平的1/2；人均石油储量仅为世界平均水平的11%，天然气仅为4.5%。就土地的消耗而言，中国人均耕地只有世界人均耕地的1/3，水资源仅是世界人均占有量的1/4；物耗水平与发达国家相比，钢材消耗高出10%~25%，每拌和1 m³混凝土要多消耗水泥80 kg，卫生洁具的耗水量高出30%以上，而污水回收率仅为发达国家的25%[②]。

另外，我国当前的能源资源现状制约了经济的发展，主要有以下几个方面：一是人均能源拥有量低、储备量低；二是我国的能源结构以煤为主，约占75%，全国年耗煤量已超过13亿t，而燃煤效率低，对环境污染严重，造成了我国大气污染和酸雨严重；三是能源资源分布不均，经济发达地区能源短缺、农业商业能源供应不足，造成北煤南运、西气东输、西电东送；四是能源利用效率低，有关研究表明，我国能源终端利用效率仅为33%，比发达国家低10个百分点[③]。

目前，中国正处于城镇化水平和城市建设高速发展时期，每年新建建筑面积约20亿m²，城镇建设投资高昂，规模巨大。这些建筑在建造和使用过程中，耗用了大量能源和资源，例如，建筑能耗约占全社会总能耗的30%，如果加上建材的生产能耗16.7%，则总计占到全社会总能耗的46.7%；建筑用水约占城市用水的47%；建筑使用钢材约占全国用钢量的30%，水泥约占25%。面对中国建设事业的飞速发展，怎样在城乡建设中坚持可持续发展观，切实做到节约土地、节约能源、节约资源、节约材料和保护环境，对于建设"两型"社会意义重大。事实表明，中国要走可持续发展道路，发展节能与绿色建筑已刻不容缓[④]。

中国近二十多年来，在建筑节能工作中做出了相当大的努力并取得了可喜的成就，以墙体材料革新为切入点，目前已初步建立起以50%为目标的建筑节能设计标准体系，制定了国家和地方的建筑节能标准与相关国家政策。通过组织技术攻关，现已初步形成了建筑节能的技术支撑体系，并通过建设建筑试点示范工程等措施使建筑节能工作得到了长足的发展[⑤]。

"十一五"期间，中国新建建筑要严格实施节能50%的设计标准。其中，北京、天津等少数大城市率先实施节能65%的标准。我国将全面开展供热体制改革，在各大中城市普遍推行居住及公共建筑集中采暖

---

① 韩立波. 浅谈绿色建筑. 中小企业管理与科技, 2008(11).
② 李百战, 丁勇, 刘猛. 绿色建筑的发展概述. 暖通空调, 2006(11): 27-32.
③ 黄献明. 绿色建筑的生态经济优化问题研究：[博士学位论文]. 北京：清华大学，2006.
④ 孙志娟. 绿色建筑面临的技术与经济问题. 四川建筑科学研究, 2007, 33(05): 171-173.
⑤ 吴志强, 邓雪. 中国绿色建筑发展的战略规划研究. 建设科技, 2008(06): 20-22.

按热表计量收费，在小城市试点。鼓励采用蓄冷、蓄热空调和节能门窗，加快太阳能、地热等可再生能源在建筑中的利用。我国目前单位建筑面积采暖能耗远高于气候条件相近的发达国家。所以我们的责任是大的，任务是重的，需要我们共同努力，才能够推进可持续发展的绿色建筑[1]。

随着经济迅猛发展和人们环保意识的提高，建筑的可持续发展逐渐成为普遍关注的问题，建筑环境受到越来越多的重视，绿色建筑的概念越来越为人们所接受。建筑设计从观念上再次认识到顺应自然，强调和谐共存的意义。

1.2.3.2 中国绿色建筑发展历程

中国绿色建筑的发展迟于西方发达国家，绿色建筑的概念被普遍接受并加以实践，不过十年左右的时间。但就在这有限的发展时间里，中国绿色建筑取得了长足的进步，其中重要的事件有：① 2004年2月25日《绿色奥运建筑标准及评估体系研究》项目顺利通过验收，作为我国第一套建筑行业绿色标准，首先应用于奥运建设项目；② 2004年8月27日建设部颁布实行《全国绿色建筑创新管理办法》；③ 2004年9月29日建设部科学技术司发出了《关于组织申报首届全国绿色建筑创新奖的通知》，并印发了《全国绿色建筑创新奖励推荐书(工程类)》和《全国绿色建筑创新奖励申报书(技术和产品类)》；④ 2004年10月18日建设部颁布施行《全国绿色建筑创新实施细则(试行)》；⑤ 2004年11月9日公布《全国绿色建筑创新奖》评审要点；⑥ 2005年2月7日公示53个拟推荐受奖的"全国绿色建筑创新奖"项目，其中包括28项技术与产品类的技术与产品，工程类的14项综合工程，4项节能工程，7项智能工程；⑦ 在2005年3月28~30日召开的首届国际智能与绿色建筑技术研讨会暨技术与产品展览会上公布获奖项目及获奖单位；⑧ 2005年6月发布《建设部关于推进节能省地型建筑发展的指导意见》；⑨ 2005年10月建设部和科技部联合印发通知《绿色建筑技术导则》，是我国第一个颁布的关于绿色建筑的技术规范；⑩ 2005年修订了《民用建筑节能管理规定》，颁布实施了《公共建筑节能设计标准》《关于新建居住建筑严格执行节能设计标准的通知》(建科〔2005〕55号)；⑪ 2006年召开了第二届国际智能、绿色建筑与建筑节能大会；⑫ 2006年6月1日起实施《绿色建筑评价标准》(GB/T 50378—2006)，这是我国第一部系统的绿色建筑评价标准，在中国绿色建筑发展史上具有里程碑意义[2]；⑬ 2007年召开第三届国际智能、绿色建筑与建筑节能大会；⑭ 2007年颁布《绿色建筑评价技术细则》(试行)和《绿色建筑评价标识管理办法》(试行)；⑮ 2007年9月印发实行建设部《绿色施工导则》；⑯ 2007年10月印发实行建设部科技发展促进中心《绿色建筑评价标识实施细则》(试行)；⑰ 2008年颁布《绿色建筑评价标识管理办法》；⑱ 2008年7月《绿色建筑评价技术细则补充说明》(规划设计部分)；⑲ 2008年召开第四届国际智能、绿色建筑与建筑节能大会；⑳ 2009年召开了第五届国际智能、绿色建筑与建筑节能大会；㉑ 2010年召开了第六届国际智能、绿色建筑与建筑节能大会。

由以上可见，中国关于绿色建筑的建设还处于研究探索和试验阶段，许多相关的技术研究领域还是空白。伴随着可持续发展思想在国际社会的认可，绿色建筑理念在我国也逐渐受到了重视，绿色建筑确实是今后建筑发展的一个重要方向。

1.3　绿色建筑的设计理念、原则与方法

建筑设计是建筑全寿命周期中最重要的阶段之一，它主导了后续建筑活动对环境的影响和能源与资源的消耗。绿色建筑是将可持续发展观引入建筑设计的结果，要实现绿色建筑设计，建筑师不仅需要可持续发展的思想和设计理念，而且还要掌握多层次、多专业、多学科的整体设计模式和设计技术。

设计阶段如要真正体现绿色建筑的价值观，将对建筑项目的可持续发展起到决定性作用，也可以较小的成本最大限度地降低能源和资源的消耗。建立绿色建筑的理念是进行绿色建筑设计的先决条件，采用绿色建筑设计的方法和技术是实现绿色建筑的重要保证，而绿色建筑的推行又必然要应用新技术、新材料、

---

[1] 潘月红，刘风雷. 浅谈绿色建筑节能技术. 工业建筑, 2009, 39(S1): 143-144.
[2] 吴秀鋆. 绿色建筑设计探析. 山西建筑, 2003, 29(06): 09-10.

新设备、新工艺和可再生能源。

1.3.1 绿色建筑设计理念

绿色建筑是将可持续发展的思想引入建筑领域的结果，将成为未来建筑的主导趋势。

绿色建筑设计理念可包括以下几个方面：

（1）节约能源。充分利用太阳能，采用节能的建筑围护结构和技术，提高建筑的保温隔热性能和采暖、空调制冷热系统效率（图1.14）。根据自然通风的原理设计建筑形式，使建筑能够有效地利用夏季主导风向。建筑采用适应当地气候条件的平面形式及总体布局。

图1.14　奥地利Zurndor的住宅，利用喷射聚氨酯泡沫作为外保温隔热层
资料来源：［德］克里斯汀·史蒂西. 建筑表皮. 贾子光，张磊，姜琦，译. 大连：大连理工大学出版社, 2009: 130–131.

图1.15　荷兰代尔夫特图书馆屋顶绿化
资料来源：http://tsg.qdbhu.edu.cn/Article/UploadFiles/200908/20090808082512372.jpg

（2）节约资源。绿色建筑应优化设计，选择适用的技术、材料和产品，合理利用并考虑资源的配置。要减少资源的使用，并促进资源的综合利用，力求使资源可再生利用。

（3）回归自然。绿色建筑外部要强调与周边环境相融合，和谐一致。充分利用场地周边的自然条件，保留和利用地形、地貌、植被与自然水系，保护历史文化与景观的连续性，做到保护自然生态环境（图1.15）。

（4）舒适和健康的生活环境。绿色建筑应合理考虑使用者的需求，努力创造优美、和谐的环境。建筑内部不使用对人体有害的建筑材料和装修材料，室内空气清新，提高室内舒适度，改善环境质量，降低环境污染，使居住者感觉良好，身心健康。

（5）绿色建筑的建造特点。对建筑的地理条件有明确的要求，土壤中不存在有毒、有害物质，地温适宜，地下水纯净。建筑中应尽量采用天然材料。绿色建筑还要根据地理条件，设置太阳能采暖、热水、发电以及风力发电装置，以充分利用环境提供的可再生能源[①]。

绿色建筑的设计观念对提高建筑质量、改善环境、提高空间使用率都有着不可低估的作用。21世纪是绿色生态时代，绿色建筑的兴起是社会发展和人类生活水平提高的客观要求，是可持续发展的新探索，它必将开辟建筑史上的新篇章。

---

① 乔世军，何林. 绿色建筑设计理念与节能技术应用. 城市建筑，2008(10)：102–103.

1.3.2 绿色建筑的设计原则

理性的设计思维方式和科学程序的把握,是提高绿色建筑的社会、经济和环境三大效益的基本保证。绿色建筑在设计过程中,必须针对其各个构成要素,确定相应的设计原则和设计目标。绿色建筑中最核心的就是它的设计思想所蕴涵的设计原则。从建筑的选址、规划设计、功能设定、材料和技术的应用、设备的安装,到建筑建成后的运营、维护等,绿色建筑的思想都以人为中心,与自然融为一体,贯穿建筑的整个使用周期[①]。

(1) 整体及环境优先。建筑应作为一个开放体系与其环境构成一个有机系统,建筑设计要追求最佳环境效益。建筑要体现对自然环境和社会生态环境的关心和尊重,主要表现在保持当地文脉,保护历史文化与人文景观的连续性,充分考虑当地气候特征的生态环境、建筑风格、规模与周围环境相协调;应尽可能减少对自然环境的负面影响,如减少有害气体和废弃物的排放,减少对生态环境的破坏,重视建筑场地对地形、地势的利用,加强建筑对当地技术、材料的利用,加强绿化、减少环境污染,用独特的美学艺术让建筑体现时代精神[②]。

(2) 资源节约与综合利用。绿色建筑应体现对能源的节省,尽可能利用可再生能源,如太阳能、风能等(图1.16)。选择适宜的技术、材料和产品,合理利用和优化资源配置,减少对资源的占有和消耗,因地制宜,充分利用地方材料与资源,最大限度提高资源、能源和原材料的利用效率,积极促进资源的综合利用,延长建筑物的耐久性和整体使用寿命。

图1.16(a) 奥地利某太阳能住宅的平板集热器与立面整合　　图1.16(b) 布雷根茨节能住宅立面的太阳能光电系统

资料来源:[德]克里斯汀·史蒂西. 太阳能建筑. 贾子光,张磊,姜琦,译. 大连:大连理工大学出版社,2009:31~35.

(3) 健康、舒适的环境。绿色建筑应合理考虑使用者的需求,保证建筑的适用性,体现对人的关怀,增强用户与自然环境的沟通,努力创造优美、和谐的环境,提高建筑室内舒适度,改善室内环境质量。主要体现在创造良好的通风对流环境,增加建筑的采光系数,保证室内一定的温、湿度,创造良好的视觉环境及声环境,建立立体绿化系统,净化环境。

(4) 关注建筑的全寿命周期。建筑从最初的规划设计到随后的施工、运营管理及最终的拆除,形成了一个全寿命周期。关注建筑的全寿命周期,意味着不仅在规划设计阶段充分考虑并利用环境因素,而且确保施工过程中对环境的影响最低,运营管理阶段能为人们提供健康、舒适、低耗、无害空间,拆除后又对环境危害降到最低,并使拆除材料尽可能再循环利用[③]。

---

① 于春普. 关于推动绿色建筑设计的思考. 建筑学报,2003(10):50–52.
② 吴秀鋆. 绿色建筑设计探析. 山西建筑,2003,29(06):09–10.
③ 中国建筑科学研究院. 绿色建筑技术导则(建科〔2005〕199号),2005.

(5) 建筑节能设计。建筑节能需要多学科技术、多部门环节的相互沟通配合，需根据节能建筑的所在区域选择适合的建筑节能设计标准，按照标准进行建筑热工的节能设计和建筑节能设计的综合评价，然后再进行空调采暖和通风的节能设计，使建筑在增强围护结构隔热保温性能和提高空调、采暖设备能效比的同时，在保证相同的室内热环境参数方面有更好的性能。加强建筑物用能系统的运营管理，利用可再生能源，在保证建筑物室内环境质量的前提下，减少采暖供热、空调制冷，控制照明、热水供应的能耗[①]。

1.3.3　绿色建筑的设计方法

(1) 强调因地制宜，充分考虑建筑场地的环境条件，让城市的历史文脉、自然地理特征得以沿袭。

在项目的规划与总图设计阶段，选址和保护周围环境是绿色建筑设计的主要内容，同时还要注意对当地历史和传统文化生活方式的讨论。在城市规划阶段，生态控制论的技术方法可以有效地提高规划的质量。

在设计阶段，无论是生物气候设计，还是生物气候缓冲层的设计策略，都强调应用被动设计的方法，来解决建筑节能和建筑通风。这种被动设计方法，包括一些仿生建筑的设计，极大地影响着建筑的形态，比如建筑的朝向、几何形状、外围护的材料与色彩，等等。当然因地制宜还体现在设计中重视对当地建筑材料和太阳能、风能等资源的利用。

建筑与地域文化是当前建筑创作讨论中的一大热点话题，更多的是强调场所的重要性，提倡的是重视当地气候条件、材料、地域资源和社会文化的建筑创作，应该说因地制宜的绿色设计的原则，与建筑地方多样性的创作是殊途同归。

(2) 强调整体环境的设计方法。1999年国际建协第20届大会通过的北京宪章中指出："建筑单体及其环境历经了一个规划、建筑、维修、保护、整治、更新的过程。建筑环境的寿命周期恒长持久，因而更依赖建筑师的远见卓识。将建筑循环过程的各个阶段统筹规划。"这里给出了整体设计的概念，就是从全球环境与资源出发，应用经济可行的各种技术和建筑材料，构筑一个建筑全寿命周期的绿色建筑体系[②]。

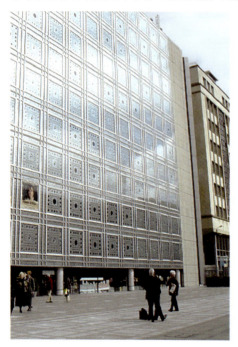

图1.17　让·努维尔设计的阿拉伯世界研究中心，立面通过光敏控制的"光圈"来调节采光
资料来源：http://www.ztbs.com/Uploads/4bdabb49442b3eb874ae5.jpg

(3) 应用高技术和优质的材料，就要应用寿命周期评价方法予以权衡，进行技术选择。目前欧美应用的高技术绿色建筑设计方法往往和智能建筑设计相结合。按欧洲智能集团对智能建筑的理解是：使其用户发挥最高效率，低保养成本和最有效地管理其建筑本身的资源。这和绿色设计的理念是一致的。智能建筑的系统集成方法在改善建筑能源和室内环境的设计中，往往采用主动式设计方法，尽管要花费较大的成本，但从建筑全寿命周期来评估，经济上还是可行的（图1.17，图1.18）。当然很多常规技术依然被大量使用，而且是行之有效的。

(4) 建筑的全寿命周期设计方法。该方法对于建筑设计的要求不再仅仅是三维空间效果的创作，而对于建筑的节能、通风、采光，以及环境影响等的评估、预测难度更大了，应用计算机模拟与计算要求更高了。这方面的技术还有待进一步开发，使其进入简便、实用的阶段。

(5) 建筑技术与建筑艺术创作。现代建筑最大的发展就是现代科学思维在设计中的融入和新材料、新技术在建筑中的应用。而绿色建筑设计对建筑设计的思维又是一个革命性的变化，体现生态的美学价值（图1.18）。绿色设计要求建筑的形式和功能的自然

---

①② 于春普. 关于推动绿色建筑设计的思考. 建筑学报，2003(10)：50–52.

图 1.18（a） 阿拉伯世界研究中心室内
资料来源：http://www.ztbs.com/Uploads/4bdabb4906d11fdfb5172(1).jpg

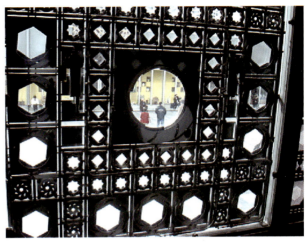
图 1.18（b） 阿拉伯世界研究中心立面细部
资料来源：http://www.ztbs.com/Uploads/4bdabb49442b3f8fe1928.jpg

亲和，特别是一些高技术的引入，又能够使人的体验充满智力的感受[①]。

走可持续发展的道路是建筑师的核心责任。建筑设计对推行绿色建筑至关重要。改变创作理念，利用现代科技手段实现精细化设计是必由之路。绿色建筑并不仅仅满足节水、节地、节能、空气污染的几个指标，一定要有个性化设计的要求。因此，从总体规划到单体设计的全过程必须从地域性、经济性和阶段性出发选择适宜的技术路线。

（6）个性化的定性分析中地域性特点和项目自身的特点是很重要的两个因素。在夏热冬暖地区（南方地区）遮阳和自然通风对节能的贡献率大于围护结构的保温隔热，这与北方地区非常关注体形系数和围护结构的热工性能有着不完全相同的技术路线。同样为住宅项目，别墅类项目的重心是提高舒适度下的资源高效利用，对温湿度控制、室内空气品质、热水供应等的要求很高，往往有条件使用多种新材料、新设备，能承受较高的运行管理费用；而经济适用房强调的是以较低成本满足使用需求并降低运行管理费用，因此会在节能、节水、节材、节地等方面采用不同的设计方法和技术措施。

（7）加强环境绿化。绿化可以创造空间、美化环境、营造良好的生活氛围。建筑设计中可用绿化覆盖地面，由于绿地大量水分蒸发，往往可以造成比较凉爽、舒适的环境，高大的乔木在地面上形成了较大树荫，减少路面吸热，绿化可净化空气，提高空间的含氧量。将绿化量化标准引入设计规范，注意环境绿化，创造出良好的区域微气候。设计中的立体绿化包括墙面绿化、屋顶绿化和阳台绿化，可以用绿色爬藤阻挡强烈阳光直射在外墙上，降低外墙面温度，保证室内温度的稳定性（图1.19）。屋顶绿化采用蓄水覆土种植，屋面上种植花草和低矮灌木，可形成空中花园。在炎热的夏季，不但可使屋面免遭阳光直射，形成适宜的室内温度[②]。

图 1.19 建筑立面绿化
资料来源：http://bj.house.sina.com.cn/overseas/japan/2009-07-24/1654321313.html

---

[①] 于春普. 关于推动绿色建筑设计的思考. 建筑学报, 2003(10): 50-52.
[②] 冯美歌, 廖其会. 绿色生态建筑设计方法. 四川建筑, 2005, 25(06): 36-37.

第 2 章　中国传统建筑的绿色经验

中国传统建筑在其演化过程中，不断利用并改进建筑材料，丰富建筑形态与营造经验，形成稳定的构造方式和匠艺传承模式。这是人们在掌握当时当地自然条件特点的基础上，在长期的实践中依据自然规律和基本原理总结出来的，有其合理的生态经验、理念与技术。

传统技术的经验主义以及缺乏科学理论的建构确实存在于传统民居的演变过程中，尤其是面对当代科学技术的蓬勃发展时显现了突出的尴尬和不适应性。一方面，由于社会经济的迅速发展，传统建筑如民居等面临着居民改善人居环境、提高生活品质的迫切需求。另一方面，建筑形式及材料发生了根本的改变，民居中的生态建筑经验所依附的构筑手段、建筑实体以及由此所围合的空间形式均可能荡然无存；同时，由于现代建筑材料与建筑技术的日新月异，亦使得许多传统民居中的绿色经验来不及总结、提炼或发扬，就已经在"重建"与"更新"中失传了。因此，面对当今社会的现代化进程与人类对自然生态环境的回归愿望，传统民居中所固有的绿色建筑经验迫切需要进行研究、借鉴与转化，以便在特定的经济环境条件下继承和发扬这些宝贵的建构经验，并将其应用于现代人居环境的建设，从而创造出适于人类可持续发展的绿色人居环境[①]。

2.1　中国传统建筑中体现的绿色观念

中国传统建筑无论是聚落选址、布局，还是单体构造、空间布置、材料利用等方面，都受到自然环境的影响。"在世界上的任何地方，其地形、气候、文化与住宅或居住的形式之间的深刻关系都不如在中国及日本的建筑体系中，在地盘控制和构造处理等方面所表现的那样完善。"[②]这些传统建筑既体现了当时用当地最经济的材料得到最大的舒适，又体现了人与自然直接而又融洽的和谐关系，并留下了许多宝贵的传统营造技术。

传统营造技术的特点是基本符合生态建筑标准的，通过对"被动式"环境控制措施的运用，在没有现代采暖空调技术、几乎不需要运行能耗的条件下，创造出了健康、相对适宜的室内外物理环境。因此，相对于现代建筑，中国传统建筑（特别是民居）具有一定的生态特性或绿色特性。

中国古代提出一些朴素的伦理思想，是以"天人合一"、"天人统一"为哲学基础的。《易经》、《管子》、西汉的董仲舒、明代的王阳明等都有相关的论述。古代的生态道德准则，大体是"尊重动物、珍惜生命；仁爱万物；以时养杀，以时禁发"等。这些内容实际上纠正了生态伦理学的奠基者、法国哲学家施韦兹的一个错误观点即"以往的全部道德规范都是调节人与人之间的关系的"说法，而应该把它们扩展到生物界，用道德的纽带把一切有生命的物质联系起来。

由于中国古代文明是以长期的农业经济为基础孕育出来的，这种"靠天吃饭"的农业自然经济，使中国人对自然的认识在敬畏自然的状态中终于找到了一条最好的生存道路，即顺应自然、尊重自然、人与自然和谐共存，从而形成了传统建筑生成和发展的自然生态观。几千年来，中国传统建筑的发展，始终是以尊重自然为前提的，而人们的创造力也是先融入自然和社会历史传统再表现出来的。崇尚天地、适应自然，对自然资源既合理利用又积极保护成为中国传统建筑发展的主要特征。

2.1.1　"天人合一"——一种整体的关于人、建筑与环境的和谐观念

相比之下，中国人的祖先具有早熟的"环境意识"，这是因为中国古代社会是以农业文明为先导的。

---
① 赵群. 传统民居生态建筑经验及其模式语言研究：[博士学位论文]. 西安：西安建筑科技大学，2004.
② [英]李约瑟. 中国科学技术史. 北京：科学出版社，1992.

由于农耕生活的影响，人们祈盼风调雨顺，五谷丰登，希望与自然建立起一种亲和的关系。在"万物有灵"的观念支配下，与人息息相关的自然，包括天地、日月、风云、山川都成了人们"祭祀"的崇拜对象，这种对自然的崇拜，经过漫长的历史过程而积淀为民族的文化心理结构，在哲学上表现为"天人合一"思想。

天人关系也就是人与自然的关系。中国古代哲学中所谓的"天"，是指大自然，所谓的"天道"就是自然规律；而"人"是指人类，"人道"就是人类的运行规律。古人认为尽管天、地、人均各有其内在含义，但最终都统一于生生不息、经久恒亘的自然规律。因此，"天人合一"指的是人与自然之间的和谐统一，体现在人与自然的关系上，就是既不存在人对自然的征服，也不存在自然对人的主宰，人和自然是和谐的整体。如《黄帝内经》"人室相扶感应说"，及《周易》"人天共生"论，都明确地强调了人与自然共处的积极性。"天人合一"不仅体现了古代人的生活理想，而且从根本上成就了中国古代的文化精神，当然这个理想也直接影响着作为文化载体之一的建筑的发展演变，是其生态观和审美观形成的重要因素。因此，在聚落建设和建筑营造活动中，表现出重视自然、顺应自然、与自然相协调的态度，因地制宜，力求与自然融合的环境意识。

如中国传统的住宅、聚落选址，其基本的原则和格局是"负阴抱阳，背山面水"。所谓"负阴抱阳"，即基址后面有主峰来龙山，左右有次峰或岗阜，称左辅右弼山，即青龙、白虎砂山，山上要保持丰茂的植被；一般宅与村前面要有月牙形的池塘，镇与城等规模大者要有弯曲的水流。水的对面还有一个对景案山。总体的轴线最好是坐北朝南。而基址则正好处在这个山水环抱的中央，地势平坦而具有一定的坡度（图2.1）。

可以看出，这样一种有得天独厚的自然环境和较为封闭的空间，是有利于形成良好的生态和局部小气候的：背山，可以屏挡冬日北来的寒流；面水，可以迎接夏日南来的凉风；朝阳，可以争取良好的日照条件；近水，可以取得方便的水运交通及生活、灌溉用水，并能养殖；而良好的植被可以保持水土，调整小气候。总之，好的基址容易在农、林、牧、副、渔的多种经营中形成良性的循环，自然也就变成一块人皆向往的吉祥福地了[①]。

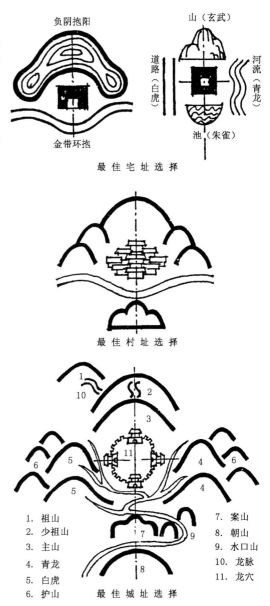

图2.1　风水观念中宅、村、城的最佳选址图
资料来源：王其亨. 风水理论研究. 天津：天津大学出版社，2005：27.

2.1.2 "师法自然"——一种学习、总结并利用自然规律的营造思想

"人法地，地法天，天法道，道法自然。"归根到底，人要以自然为师，就是要遵守自然规律，即所谓"自然无为"。要做到这一点，首先就要认识自然规律。因而造就了中国古人对大地景观的深刻认识，对四时季节变化的敏感。针对这一特点，英国学者李约瑟曾评价说"再没有其他地方表现得像中国人那样热心体现他们伟大的设想'人不能离开自然'的原则。皇宫、庙宇等重大建筑当然不在话下，城乡中无论集中

---

① 尚廓. 中国风水格局的构成、生态环境与景观——风水理论研究. 天津：天津大学出版社，1992：26.

的,或是散布在田园中的房舍,也都经常地呈现一种对'宇宙图案'的感觉,以及作为方向、节令、风向和星宿的象征主义。"

汉代长安城,史称"斗城",因其象征北斗之形。从秦咸阳、汉长安到唐长安,其城市选址和环境建设,都在实践中不断地汲取前代的宝贵经验,至今仍有借鉴学习之处。

汉长安选址于龙首原北麓,其城址特点为地势较高,背原临河,在城西南上林苑中开凿了方圆四十里的昆明池,以蓄南山之水,作为城市用水和漕运用水之水源,是长安城巨大的蓄水库,漕运是京城粮食和物资的供应线,每个朝代都视为生命线,汉长安开郑渠(西自上林苑昆明湖,东至黄河)、漕渠、明渠,昆明池池水一方面由西南入城经未央宫中的沧池后再经明渠向东出城;一方面分支注入沿城的漕渠而再向东注入郑渠和黄河相通,既便漕运,又可供农业灌溉(图2.2)。昆明池共有四个口:南为水源入口,昆明池的水源为滮水;西口用于调节水量,当水位高时,由此泄入沣河;北口和东口为出水口,用以供应汉长安内外之用。在滮水建石闼堰,它把滮水的主要水截流向北流入昆明池。建设这一多功用完备的城市水环境系统,关键在于:① 昆明池——人工蓄水、调水、供水的"心脏",

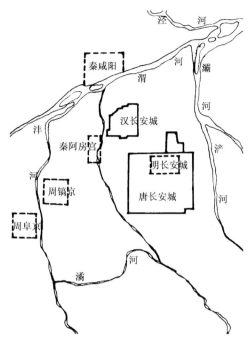

图2.2 汉唐长安城及周边环境关系图
资料来源:潘谷西.中国建筑史.北京:中国建筑工业出版社,2009.

这是一举数得的城市蓄水、引水工程;② 人工沟渠——城市的主要供水管网系统;③ 石闼堰——使"心脏"运作的泵站。

这一城市水环境系统,既解决了供水调蓄、交通运输、灌溉养殖,又解决了防火排水、造园绿化和军事防御;更重要的是它改善了城市环境和生态,使这一政治经济中心城市具有很高的都邑生境位。据《汉书·朱博传》载:当时城内御使府中的柏树上,"常有野鸟数千,栖宿其上,晨去暮来,号曰朝夕鸟。"可见,当时汉长安城的生态环境是何等的好,城市水系中河湖池沼的自然利用和有效的漕运沟渠的人工调节,对自然生态的良性循环具有积极的作用[1]。

唐长安城位于汉代长安城东南,地势东南高、西北低,而城中间地势最低,整个城址地呈簸箕形。其都邑生态环境为:① 一带——南北走向的园林带。② 二阜——大明宫阜地、乐游原。③ 三苑——西内苑、东内苑、禁苑。④ 五渠——龙首渠、黄渠、永安渠、清明渠、漕渠。⑤ 六冈——九一地龙首原;九二地帝王大明宫;九三地、九四地兴庆宫南和东市之南;九五地乐游原(分布于延兴门、青龙寺、兴善寺……);九六地大雁塔冈地;其他皆在城外。⑥ 七寺——大雁塔、小雁塔、大兴善寺、玄都观、青龙寺、大庄严寺、网极寺。⑦ 八水——东有灞、浐;西有沣、涝、滈;北为泾、渭;南为潏水。

在五渠中,龙首渠、永安渠、清明渠主要是解决城内供水问题。这样由五渠、八水以及曲江池和苑囿中的湖地、壕池形成具有一定调蓄能力的城市水系,灌溉、漕运,以防旱涝。据吴庆洲先生估算研究,(汉)昆明池以湖深2 m计可蓄水3 549.7万 m^3,相当于一座中型水库。而唐长安城沟渠、湖池蓄水总量仅592.74万 m^3。计算一下,唐长安城面积以85 km^2计,汉长安城以35 km^2计(公元202年),城市蓄水能力,汉长安为1.0142 m^3/m^2,唐长安城仅0.069 73 m^3/m^2,汉长安城几乎为唐长安城的15倍[2]。从这点上看,不难理解秦、汉、唐为何在此定都,而后世又被迫迁都的根本所在了。

2.1.3 "中庸适度"——一种瞻前而顾后的资源利用与可持续发展理念

"天人合一"的理想直接导致了"中庸适度"的发展目标。在中国人看来,只有对事物的发展变化进

---

[1] 雷冬霞,马光.都邑发展与水环境——从西安城市水环境的历史变迁看可持续发展城市生态基础.华中建筑,2003(1):61-62.
[2] 吴庆洲.中国古代城市防洪研究.北京:中国建筑工业出版社,1995.

行节制和约束，使之"得中"，才是事物处于平衡状态长久不衰而达到"天人合一"的理想境界的根本办法。"中庸适度"的发展目标是把建筑的发展连同经济的发展、自然的承受力一起结合起来考虑的综合的目标。它代表着一种辩证的思维方式，强调对立面的相互转化和事物的发展变化。因为事物的发展一旦突破中界线就要向两极发展，最后必然走到自身的反面。司马光曾说："天地生财只有此数"，认为自然资源只有一定的数额，不在官则在民，非此即彼。所以不如维持较低水平的消费，以尽力延长余额耗尽为其长远目标。所谓"务本节用"、"以防匮乏"、"终身宜计，毋快目前"、"谨盖藏以裕久远"，就是这种目标的体现。这种提倡节约，为后来人着想的发展目标，对传统建筑特别是民居的影响，不仅表现在不追求房屋的过高过大，还表现在建筑风格上的朴素与简洁。

"中庸适度"的原则表现在中国古代建筑中的很多方面，"节制奢华"的建筑思想尤其突出，如传统建筑一般不追求房屋过大。倡导礼治的孔子曾主张"卑宫室"（《论语·泰伯》），强调"以之居处有礼，故长幼辨也；以之闺门之内有礼，故三族和也；以之朝廷有礼，故官司爵序也；……是故宫室得其度。"以尚俭著称的墨子也曾倡言："为宫室之法，曰：高足以辟润湿，边足以围风寒，上足以待雪霜雨露，宫墙之高足以别男女之礼，谨此则止。是故圣王作，为宫室便于生。"（《墨子·辞过》）《吕氏春秋》中记载"室大则多阴，台高则多阳，多阴则蹶，多阳则痿，此阴阳不识之患也。是故先王不处大室，不为高台"。汉代大儒董仲舒集前人大成，在《春秋繁露》中说"高台多阳，广室多阴，远天地之和也，故人弗为，适中而已矣"。他还强调"天子之宫……故适形而正"（《艺文类聚·居处部》）。

凡此"宫室得其度"、"便于生"、"适中"及"适形"等，实际上都有具体的宜人尺度控制。除了诸多典籍有关建筑礼制等级的尺度规定（如《考工记》、《礼记》）者外，以合于人体尺度构成亲切的室内空间，如《国语·周语》有云："其察色也，不过墨丈寻常之间。""室"或"间"的尺度，如《论衡·别通篇》"宅以一丈之地以为内"，内即内室，或内间，是以"人形一丈，正形也"为标准而权衡的。这样的室或间又有丈室、方丈之称。这样的室或间构成多开间的建筑，进而组成宅院或更大规模的建筑群，遂有了"百尺"、"千尺"这个重要的外部空间尺度概念，而后世风水形势说则以"千尺为势，百尺为形"作为外部空间设计的基准（图2.3）。

"天人合一"的思想渊源形成了中国传统建筑中人、建筑、自然融为一体的设计理念，人是建筑的主体，建筑空间更关注人体的基本尺度，从而在空间上更注重实用性。建筑与自然的关系是一种崇尚自然、因地制宜的关系，从而达到一种共生共存的状态。

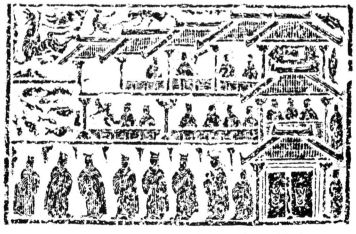

图2.3 以人之形为基准的古代建筑尺度构成
资料来源：王其亨. 风水理论研究. 天津：天津大学出版社, 2005: 125.

2.2 中国传统建筑中体现的绿色特征

关于绿色建筑,也可以理解为是一种以生态学的方式和资源有效利用的方式进行设计、建造、维修或再使用的构筑物。绿色建筑与一般建筑的区别主要表现在四个方面:一是低能耗;二是采用本地的文化、本地的原材料,尊重本地的自然和气候条件;三是内部和外部采取有效连通的办法,对气候变化自动调节;四是强调在建筑的寿命周期内对全人类和地球的负责[①]。而传统建筑,在这些方面都有值得今天参考借鉴的地方。

2.2.1 自然源起的建筑形态与构成

在中国传统建筑形态生成和发展的进程之中,自然因素在不同的发展时期所起的作用和影响虽不相同,但总体上呈现出从被动地适应自然到主动地适应和利用自然,以至巧妙地与自然有机相融的过程。概括来讲,对传统建筑形态的影响可分为两个方面:自然因素和社会文化因素。

自然源起的传统建筑形态的形成和发展决定于两个方面的条件:人的需求和建造的可能性。在古代技术条件落后的条件下,建筑形态对自然条件有着很强的适应性,这种适应性是环境的限定结果,而不由人们主观决定。不论中外,东方和西方,还是远古时代和现代,自然中的气候因素、地形地貌、建筑材料均对建筑的源起、构成及发展起到最基本和直接的影响。

就我国而言,从南到北跨越了热带、亚热带、暖温带、中温带和亚温带五个气候区。通常东南多雨,夏秋之间常有台风来袭,而北方冬春二季为强烈的西北风所控制,比较干旱。我国位于亚洲的东南部,东南滨海而西北深入大陆内部。我国的地形是西部和北部高,向东、南部逐渐降低。其中有世界最高的青藏高原和峭壁深谷的西南横断山脉,有坡陀起伏的丘陵地区,有面积辽阔的沙漠和草原,有土壤肥沃的冲积平原,也有河流如织的水乡。由于地理、气候的不同,我国各地建筑材料资源也有很大差别。中原及西北地区多黄土,丘陵山区多产木材和石材,南方则盛产竹材(图2.4)。

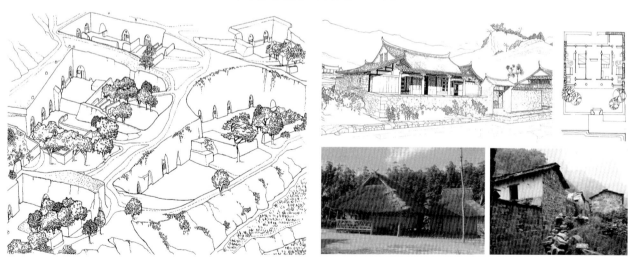

图 2.4 黄土窑洞、江南木构、傣族竹楼、太行石屋
资料来源:李燕,陈雷.中国传统民居.北京:中国建筑工业出版社,2009.

如此巨大的自然因素差异正是传统建筑地域特征形成的初始条件,建筑上的原始地域差异随着各地地域文化的发展而强化,逐渐形成地域建筑各要素之间独特的联系方式、组织次序和时空表现形式,从而组成了我国丰富多彩的传统建筑形态。这种形态一般可分解为空间形态、构筑形态和视觉形态,三者相互依存、相互影响,从而形成建筑形态的统一体。

---

① 西安建筑科技大学绿色建筑研究中心.绿色建筑.北京:中国计划出版社,1999.

2.2.1.1 气候、生活习俗与空间形态

传统民居的空间形态受地方生活习惯、民族心理、宗教习俗、区域气候特征的影响，其中气候特征对前几方面都产生一定的影响，同时也是现代建筑设计中最基本的影响因素，具有超越其他因素的区域共性。"建筑物是建造在各种自然条件之下，从一个极端封闭的盒子到另一个极端开放的露天空间。在这两种极端情况之间存在着相当多的选择。"[①] 天气的变化直接影响了人们的行为模式和生活习惯，反映到建筑上，相应的形成了或开放或封闭的不同建筑空间形态。

在气温相对宜人的地区，人们的室外活动较多，建筑在室内外之间常常安排有过渡的灰空间，如南方的厅井式民居都具备这种性质。灰空间除了具有遮阳的功效，也是人们休闲、纳凉、交往的场所。而在干热干冷地区，人们的活动大多集中于室内，由此供人们交往的大空间主要布置在室内，与外界的关系相对独立，建筑较封闭（图 2.5）。同时，传统建筑常常利用建筑围合形成的外部院落空间解决采光、通风、避雨和防晒问题。如以北京四合院为代表的北方合院式民居，以吐鲁番民居为代表的高台式民居。

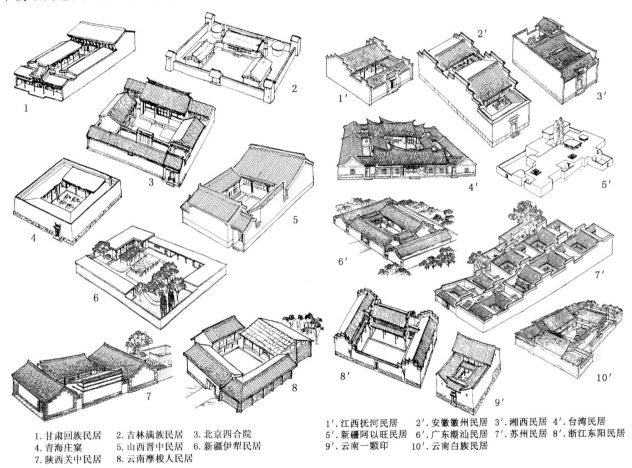

1. 甘肃回族民居　2. 吉林满族民居　3. 北京四合院
4. 青海庄窠　5. 山西晋中民居　6. 新疆伊犁民居
7. 陕西关中民居　8. 云南摩梭人民居

1′. 江西抚河民居　2′. 安徽徽州民居　3′. 湘西民居　4′. 台湾民居
5′. 新疆阿以旺民居　6′. 广东潮汕民居　7′. 苏州民居　8′. 浙江东阳民居
9′. 云南一颗印　10′. 云南白族民居

图 2.5　北方院落和南方天井比较图

资料来源：李燕，陈雷. 中国传统民居. 北京：中国建筑工业出版社，2009.

除了利用地面以上的空间，传统建筑还发展地下空间以适应恶劣气候，尤其在地质条件得天独厚的黄土高原地区，如陕北地区的窑居建筑。因此对地域传统建筑模式的学习，首先是学习传统建筑空间模式对地域性特色的回应，这是符合"绿色"精神的。

2.2.1.2 自然资源、地理环境与构筑形态

构筑形态强调的是建造的技术方面，它是通过建筑的实体部分，即屋顶、墙体、构架、门窗等建筑构

[①] 汪芳. 国外著名建筑师丛书（第二辑）　查尔斯·柯里亚. 北京：中国建筑工业出版社，2003.

件来表现的。建筑的构筑形态包括材料的选择和其构筑的方式,很明显它与特定的环境所能提供的建筑材料有着密切的关系,特别是在人类的初始阶段,交通和技术手段尚不发达,我们的祖先只能就地取材,最大限度地发挥自然资源的潜力,从而形成了特定地区的独特构筑体系。

构筑技术首先表现在建筑材料的选择上。古人由最初直接选用天然材料(如黏土、木材、石材、竹等)发展到后来增加了人工材料(如瓦、石灰、金属等)的利用。有了什么样的材料,必然有以有效地发挥材料的力学性能和防护功能相应的结构方法和形式,传统民居正是按当时对材料的认识和要求来取舍的,并根据一定的经济条件,尽量选用各种地方材料而创造出丰富多彩的构筑形态。

木构架承重体系是传统民居构筑形态的另一个重要特征,一方面是由于木材的取材、运输、加工等都比较容易;另一方面木构架虽然仅有抬梁式、穿斗式和混合式等几种基本形式,但是可根据基地特点做灵活的调节,对于复杂的地形地貌具有很大的灵活性和适应性。因此,在当时的社会经济技术下,木构架体系是具有很大优越性的。传统民居在木构架的使用和发展中,积累了一整套木材的培植、选材、采伐、加工和防护等宝贵的经验。就技术水平而言,无论在高度、跨度以及解决抗震、抗风等问题,还是在力学施工等方面,经过严密的综合形成了系统的方法(图2.6)。

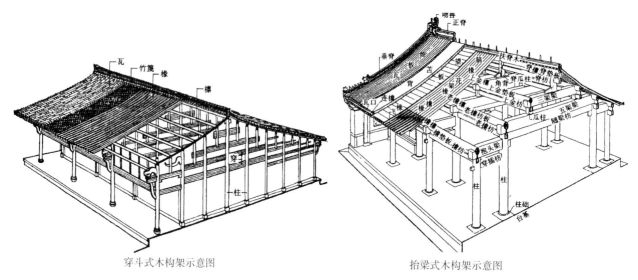

穿斗式木构架示意图　　　　　抬梁式木构架示意图

图2.6　抬梁与穿斗——木构建筑的两种基本结构方式
资料来源:潘谷西.中国建筑史.北京:中国建筑工业出版社,2009.

图2.7　黛瓦粉墙的安徽宏村民居
资料来源:作者自摄

2.2.1.3　环境"意象"、审美心理与视觉形态

建筑是一种文化现象,它必然受到人的感情和心态方面的影响,而人的感情和心态又是来源于特定的自然环境和人际关系。克里斯提·诺伯格·舒尔兹(Christian Norberg-Schulz)认为:每一个特定的场所都有一个特定的性格,就像它的灵魂一样,它统辖着一切,甚至造就了那里人们的性格。当然建筑也不例外地符合这个场所"永恒的环境秩序"[①]。这种特定场所的内在性格潜移默化地影响着世代生息于这里的地人们,并在他们头脑中形成了一个潜在的关于这个环境的整体"意象",这也许就是人们最初的审美标准。此外,视觉形态还从心理上影响人们的舒适感觉,如南方民居建筑的用色比较偏好白色,白色在色彩学上属于冷色,能够给人心理上凉爽感,这可能是南方炎热地区多用冷色而少用暖色的根本原因之一(图2.7)。

---

① 黄薇.建筑形态与气候设计:从荒漠地区传统建筑的分析探讨现代地方性建筑的创作:[硕士学位论文].北京:清华大学,1987.

2.2.2 低技术策略下的经验与传承

2.2.2.1 "经验积累"的产生和完善过程

现代设计方法论认为"设计问题"是可以通过分析、归纳而显现的，是可以运用科学技术手段来加以解决的。所以"设计问题"的罗列常常是清晰和条理化的，一一对应的策略和解决办法也是非常明确的。

而传统建筑在其生成过程中，"问题"的把握却是自然的、直观的、模糊的和整体的，对于"问题"所采取的策略也非"解决式"的，而是"调和式"的。尤其值得注意的是，这种"调和式"的解决方式并不是事先设计好的，而是在建造过程中完成的。可以说传统民居的发展过程就是其建筑经验形成和完善的过程。人们为满足居住环境的需求，需要由低级到高级解决众多问题，解决一个问题就积累了某种建造经验。这些经验经过长期的历史考验，为无数代人所修改和提高，在继承的过程中不断得到完善和发展。具体地说，"问题"的解决（相当于"设计的形成"）是在建造过程中由"整体制约"、"经验介入"和"现场临机处理"而完成的。

每一建筑的营造，必须要考虑同村、同族或是同宗亲人的利益和村落的整体利益，这涉及整个村落成员对地理与气候、风水与信仰、生活方式与文化观念等因素的共识，是一种"整体制约"的方式，也可以认为是一种系统内部自我调节的方式。

东方式的整体关联的思维方式是"整体制约"中的重要背景因素。在原始先民无法辨认人与自然、主观与客观之区别的情况下，自然界中那神秘莫测且反复无常的变化使他们相信世间万物与人类活动的依存关系，他们感到此一事物和彼一事物之间那种不可分割的联系。同样，房屋建造和村落的发展也被自觉地按照一种整体的模式进行，否则，人们就会将种种灾祸和不祥归结于此。从这一意义上，中国传统建筑注意群体的塑造和整体关系建构的精神在民居建筑中也是普遍存在的。

在民居建筑的营造过程中，过去经验的介入无不贯穿始终。大多数民居建筑对过去的经验是主动的顺应和全面的沿用，而且，其中沿用的成分大于变异的成分。这是由于传统民居的生成环境，从地域上、社会形态上以及时代延续上都决定了传统建筑注定只能是过去经验的沿袭，而不可能在空间形态和整体关系上有质变和飞跃。具体来说，传统建筑在择地和选址中，遵循的是祖先经验积累下来的风水古训和特殊信仰；在房屋类型的选择上，是约定俗成地对历史承脉下来的类型不断地加以重复和模仿；在建造和材料的选择上，则基本沿用相同的技术手段和当地所固有的材料；在室内外环境及装饰处理的过程中，人们的行为则更多地折射出一种文化的教化。

正因为有了在整体制约和过去经验介入的条件下而形成的传统聚落或民居建筑的整体性结构，所以结构中也才有了许多整体与个体、个体与个体之间的关系，而这些关系对于整体来说是拓扑可变的。因此，这种可变性就给房屋建造过程中的现场临机处理提供了极大的可能。没有设计图纸的工匠们以自己丰富的经验和胸有成竹的技术手段去满足使用者的特殊要求和解决施工过程中出现的问题，这种解决方式没有定式、没有规矩，有时甚至不用征得主人的同意，它极大地调动了建造者们的主观能动性和创造性。现场临机处理真正体现了设计是在过程中完成的这一非理性的方式。事实上，民居建筑的确表现出极大的随机性和丰富多彩的变化。

2.2.2.2 "经验为本"的传承方式

在传统营造技术体系的发展和传承中，工匠的作用是非常大的。他们既是房屋的建造者，又是技术的传承者和传播者，同时还是技术规则的总结者、遵守者和调整者。因为有了工匠，传统建筑的技术经验与规则才可能得以总结和流传下来；因为有了工匠，房屋的建造才会采用一致或相似的建造方式与技术体系从而使所有房屋的建造都纳入了一种秩序当中。此外，还有一部分人只负责选址相地，民间称之为风水先生，其工作仅仅属于设计整体中的一小部分工作。主要承担房屋设计与施工的是民间匠人，其中，木工的工头扮演着极其重要的角色。

传统民居营建的知识技术是以人的经验为蓝本而传播的。各地老百姓和民间匠人在长期的实践中，摸索总结出经验和绝技，借助于操作示范和歌谣口诀等形式承传下来。一方面，营建的基本技法、造型风格以及工匠人才的分布，在很大程度上是以血缘为脉络的，师徒之间往往是父子关系或亲戚关系（宫廷中的

图 2.8 言传身授的匠艺传承模式
资料来源：钦定书经图说 垂典百工图. 天津：天津古籍出版社，2007.

专业工匠，甚至被编为世袭的户籍，子孙不得转业）。以血缘为脉络的经验承传，往往是前人教育后人，后人遵循前人，后人以努力效仿、忠实重复古代的形制、原形为己任，这种纵向的历史承传，使各地民居逐渐形成独特的传统风格。另一方面，由于生活中的地缘关系，独特的传统风格会部分地越过血缘障碍，而形成一种区域性的地方风格，这种以地缘为范围的经验承传，体现了一种横向的空间承传，使传统风格在一定的空间范围内社会化。这两个纵横交织的过程和向度，使民居技术的传统性和地方性交相辉映，彼此加强，形成一种超越时空的稳定性(图 2.8)。

2.2.2.3 有生态建筑经验的建筑形态

正是由于传统民居生成和传承的这种"经验为本"的模式，使得传统技术中生态观念的传承与发展，并未从理论上固定成为一个系统，而是一种生态建筑经验。但是用现代建筑环境技术的观点来审视，这些经验又是人们在掌握自然条件特点的基础上，在长期的实践中依据自然规律和基本原理总结出来的。

因此，传统民居的生态并不能够定量精确分析其和外部环境之间的能流、物流及彼此间的平衡，而是从总体上着眼于和环境的共生共存方式，利用建筑物自身形态、布局、朝向、空间关系以及地方材料的采用和处理等的被动式生态技术来实现目的，其生态效应具有一定的偶然性。

传统建筑的生态建筑经验是和建筑形态结合在一起的，传统营造技术不仅是构造与结构的技术，更是空间与形式的技术，是以经验的方式体现在具体的建筑形态中的。

在自然形成和经验积累基础上形成的传统建筑，体现出一种本土化材料、本土化技术和工艺、本土化文化共生的特征，它常常是简约的、朴素的、高效的、节俭的，呈现出今天所谓的低技术特征。

2.2.3 高适应性特征的地域原创

传统建筑特别是民居，是农业、手工业社会的产物，虽然有无可奈何的成分，但是确实建立在可利用的资源、对自然的改造能力有限的基础之上，因此在形成和发展的过程中对环境的破坏是有限的。且其舒适性的提高多依靠被动式措施，对能源和资源的依赖较少，与气候、文化、地域特征的相关性比较大。因此，相对于现代居住建筑而言，传统民居正是适应当地气候及其他自然条件的有机产物，它的生成和发展，是人们长期适应自然环境的结果。

从原始聚落开始，人类就认识到居所首先是一种自然形态，是遮风雨、御寒暑的庇护所，是有一定使用空间的遮掩体。《墨子·辞过》中说："古之民未知为宫室时，就陵阜而居，穴而处，下润湿伤民，故圣王作为宫室。为宫室之法，曰：(室)高足以辟润湿；边足以围风寒；上足以待霜雪雨露。"这说明传统建筑形式("高"、"边"、"上")的功能要求皆与气候相关。可以说，无论是原始的穴居和巢居，还是发展成熟的传统民居都充分表现出适应气候的要求和特征，它在"自力更生"最大限度地庇护人类的同时，也保护了人类生存的环境。

2.2.3.1 气候的适应

位于低纬度湿热地区的建筑形态往往表现为峻峭的斜屋面和通透轻巧、可拆卸的围护结构，以及底部架空的建筑形式。例如云南、广西的傣、侗族民居和吊脚楼民居，能很好地适应多雨、潮湿、炎热的气候特点(图 2.9)。而位于高纬度严寒地区的民居，其建筑形态往往表现为严实墩厚、立面平整、封闭低矮，这些有利于保温御寒、避风沙的措施完全适应当地不利的气候条件(图 2.10)。再如干热的荒漠地区，其居住建筑形态表现为内向封闭、绿荫遮阳、实多虚少，通过遮阳、隔热和调节内部小气候的手法来减少高温天气对居住环境的不利影响(图 2.11)。总之，传统建筑以其务实的气候观，产生了适应于不同地域气候特征的建筑形式。

2.2.3.2 地形地貌的适应

人们对待自然地形的态度，是产生传统建筑形式的重要理由。传统建筑为克服自然地形的限定，解决的办法可以称得上是千变万化。这关系到各民族群体聚居的环境情况，各民族群体在文化和象征意义上如何接受环境，以及他们对舒适的不同定义。在工艺技术不发达、控制环境能力受限制的情况下，古

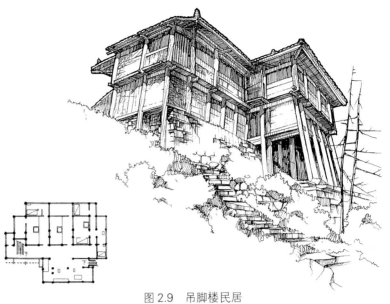

图 2.9　吊脚楼民居
资料来源：李燕，陈雷.中国传统民居.北京:中国建筑工业出版社，2009.

图 2.10　藏族碉楼
资料来源：李燕，陈雷.中国传统民居.北京:中国建筑工业出版社，2009.

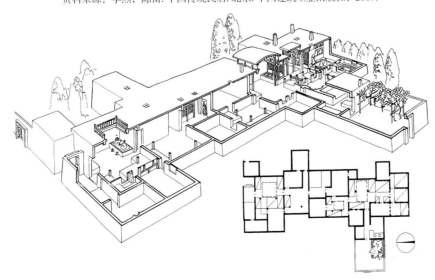

图 2.11　新疆阿以旺民居
资料来源：李燕，陈雷.中国传统民居.北京:中国建筑工业出版社，2009.

代先民往往没有能力去主动掌握和改造四周的自然，只能去适应环境。我国地形地貌上的复杂多样对建筑、村镇聚落形态产生十分明显的影响。中国的传统文化一向崇尚农业生产，平整的土地尽量留给农田，坡地沟坎则修建住宅，建筑基地的地形往往比较复杂，并且由于建造住房都由各家各户单独进行，没有能力对自然地形做出较大改变，一般是顺应山形水势，趋利避害地选择建造场地，因势利导地适应地形地貌，以营造良好室外微气候为目标。对于趋利避害地选择建造场地，我国一直有自己的风水理论，尽管其中有着浓厚的迷信色彩，但是也有生态、气候方面的合理内涵，特别是在指导古代村落选址和布局方面，发挥了关键而积极的作用。例如前文中提及的中国传统建筑选址和营建过程中普遍采用的"负阴抱阳"的格局，按照阴阳五行说，山属静为阴，水属动为阳(此外还有"高为阴、低为阳"的概念)，"背山面水"的模式正是这一格局的典型，因此滨水、背山、向阳的建筑场地一直是古代先民首选的"风水宝地"。从微气候的角度来看，其目的是选择一处避风、向阳又靠近水源的场所来建造居住环境。而且这一模式本身还包含了许多同构的类型，它们不一定有山有水，正所谓"一层街衢一层山，一层墙屋一层砂，门前街道即是堂，对面屋宇即为山"。实践中的例子如在相对平缓的地区形成背靠依托、面临全局、处于有利地位的内向聚落。

又如在传统建筑营建过程中往往通过对建筑层数、层高以及地坪的调整，形成前低后高、左右翼环抱的大形势。我国地形多样，有平原、河谷、高原、丘陵、沙漠等，从我国的地形地貌来看，平原只占国土面积的12%，各种沟、洼、坡地占70%以上，特别是西南地区山多地少，能够直接利用的平坦建房场地并不是很多，为保护耕地和水土，我国传统民居都能够顺应山形水势进行建设。这样做不仅创造了风格各异的建筑形态，还减少了对地表的破坏，减少了土石方和建造能耗，从而达到了保护生态环境的目的，减少了对居住环境的不利影响。

2.2.4　可持续发展的材料利用与构造模式

在建筑的范畴中，可资应用的材料和相应的结构技术，对建筑形式的构成有很大影响。无论何种形式的住屋都得承受气候或其他自然灾害所造成的威胁，如严寒、酷热、潮湿和日晒，其结构也同样逃不开重力、风雨的作用。如何在地面上覆盖出一个生存庇护空间，通常需要用一定量的材料与合理的结构相结合。在原始落后、经济水平低、交通运输困难的情况下，对于建造住屋所需的材料，人们首先是就地取材，并最大限度地发挥当地材料的物质性。加上建筑需要的材料数量多、所占造价比重大，传统建筑的建造，一般不可能花费大量人力、物力和财力，到遥远的地方去购买体量大、分量重的建材。这就使得就近从自然界获取建筑材料成为传统建筑的一条原则，不少自然材料只需在建筑现场临时作简单加工就可作为建筑材料，按一定的科学与美学规律加以结构组合，构成某种形式的建筑实体。

不同的自然资源条件，给人们提供了不同的建屋材料。如果一个地区的石材开采方便，那么石料就成为该地的最主要建筑用料；如果土质有一定黏性或土质略带粉沙性，土则成为主要的建筑材料；如果盛产竹木，那竹木就成为该地的主要建材。以墙体为例，有黄土地区的夯土墙和土坯墙，有木材较多地区的木板墙和原木墙，有江南的空斗砖墙和木骨草泥墙，有云南地区的编竹墙，以及南方石头较多地区的石墙。而且，同样是石墙，在不同的地方所用的材料也有区别，如块石、卵石、条石、石板等。以土木结构为主的中国建筑，实际上包含着土、木、砖、石并举的用材原则。按可持续发展的观念，它有以下几个方面的特点：① 物尽其用，高效用材。利用当地资源作为建材，免除了远距离运输的烦恼，相应的减少了能源消耗。而对材料的综合利用，则提高了材料的利用率。② 构造和材料的高度协调。在传统居住区中充分利用不同材料的特性，将不同材料进行组合或重叠使用，以合理有效的构造方式发挥材料的特长和共同作用，无疑是传统建筑对材料使用的智慧所在。③ 材料的再生与重复利用。对材料使用的经济性还表现在，翻新或重建时对建筑材料的回收及重复使用。例如，即使是破损的砖也要敲碎，作为三合土用于地基材质中。

2.2.5　有调适特点的微气候环境

研究表明，中国一些传统建筑如北方的窑洞、南方的天井院等的确是"冬暖夏凉"的健康居所。造成这种结果的主要原因在于民居的舒适性并不是表现在单一指标的绝对值上，且往往这种舒适在健康的要求下也降低了标准[①]。我们知道，热舒适是以人体的感知为标准的，其影响因素包括室内空气干球温度、湿度、风速和平均辐射四个客观环境因素以及人体的活动量和衣着两个人为因素。因此热舒适不能用单一因素进行定义，它是各因素变量平衡后所构成的一个范围。

随着室内气候的控制调节技术在第二次世界大战后得到迅猛发展和普及，人工的技术手段已经成为现代建筑的通用语言。而这种依赖于技术和能源的恒态舒适的代价却是高昂的，不仅让生态环境不堪重负，而且随着"空调病"的出现，空调环境对人体健康的负面影响也逐渐引起人们的重视。这种恒态舒适没有考虑适应性、文化差异、气候、季节、年龄、性别的不同，没有考虑到人们对热环境的期望和态度引起的心理状况对热舒适的影响，因此并不是特别令人满意。此外，人体感知刺激的空间广度是有限的，特别是人体处于静止状态的时候，例如睡眠。因此在通过付出能量得到舒适空间中，往往只有人体感知的一小部分才有实际意义，而其他大部分空间的舒适消耗浪费掉了。所以，如果为了获得小范围空间的舒适，就不得不提高大范围空间的舒适水平，将会产生大量的"舒适浪费"。例如，在冬季临近外窗的位置就寝，而外窗的密闭性和保温性能又不甚理想，近窗处与远窗处之间就必然存在很大的温度梯度，为了提高就寝处的温度就不得不提高整个房间的温度，尽管房间的平均温度高于舒适温度，但人体所感知的空间范围内仍然有可能低于舒适要求，如此获得的舒适的代价就会很高。而传统民居就是尽可能使用自然舒适度较高的空间或者空间中自然舒适度较高的部分来获得高效的舒适感觉的。我国北方传统民居中的火炕就是很好的实例：寒冷冬季夜晚室外气温可降至-30℃以下，在没有暖气及火炉供暖的情况下，由于传统建筑外围护结构的保温和气密性能有限，即使室内在窗前和墙角也可能会结霜甚至冰冻，但是人就寝在温暖的炕上，身体与表面温度较高的蓄热体接触，就可以获得相对理想的热舒适。这种舒适的成本要比通过集中供暖或空调来提高整个房间的温度而获得舒适的成本低得多。恒态、均质的舒适空间不仅造成了能源的极大浪费，而且恒态、均质的舒适空间与人体感官的生理要求也不契合。英国剑桥大学马特尼建筑与城市研究中心的研究成果已经显示：对气候的适度变化适应机会的存在能减轻人的生理和心理压力，换言之，室内气候的动态变化能对人体的舒适感觉起到增进作用。建筑不应成为恒温箱，动态的室内气候对人体产生适度的冷热等方面的刺激不仅是合理的也是必要的。除此之外，与外界气候呈现波相同或相近的动态室内气候还能减少对外界气候的修正量，从而减少能量的输入，降低舒适的成本。因此，相对于现代建筑环境而言，传统建筑通过被动式的建筑手段营造了舒适性和健康性动态统一的室内热湿环境。

---

① 王怡. 寒冷地区居住建筑夏季室内热环境研究：[博士学位论文]. 西安：西安建筑科技大学，2003.

第3章 绿色建筑的规划设计

3.1 从田园城市到绿色城市规划

工业革命前的城市发展缓慢,城市大都是按照一定的空间模式或地方传统设计出来的,物质空间的形式与功能构成是城市设计的主要内容。虽然像意大利的威尼斯、中国丽江城市没有表现出整体空间设计的痕迹,城市自然水系与地形的线性要素还是主导着城市空间形态的演进,城市局部重要的节点空间仍表现出经过有意识的空间组织与设计。多数对现代城市有影响的城市空间形态都是建立在某种具有整体意义设计基础之上的,无论是中国北京的格网城市、美国华盛顿的轴线空间,还是法国巴黎的环形放射形式,追求城市空间系统视觉形式上的壮观、华美与建筑风格上的特色是早期城市设计的重要内容。若将能够影响城市整体空间系统形态变化的行为理解为规划,那么早期的城市规划是一种建立在物质空间系统设计基础上的专业工作。

3.1.1 田园城市开启的现代城市规划

19世纪末,工业革命引发的区域人口向城市聚集的潮流,提高了城市人口密度,加剧了城市工人居住环境的恶化,人与人之间的关系开始变得冷漠,城市卫生状况变得很差,交通混杂且堵塞,当时西方最发达的城市伦敦最为典型,几百万人拥挤在泰晤士河边简陋的斗室中生活与工作,彼此互不关心与谅解,当时的城市空间形态被伦敦郡议会议长 A P. P. Rosebery 勋爵称为是"渗入消化系统的象皮病",以英国政治活动家 W.Cobbertt 提出"制止人口向城市迁移"的对策,代表根治城市畸形发展的主流观点。此时城市规划关注的重点开始从城市发展的空间形态转向城市生活工作环境问题。

1898年,E·霍华德提出了田园城市(Garden City)理论,从人的角度来审视城市发展的合理形态,理论建立在人的需求与经济运作可行性分析基础之上,试图从社会改革的途径,用一种城乡一体的新空间结构取代城乡分离的城市空间结构。为了说明新城市空间形态田园城市是未来城市人的必然选择,霍华德将城市、乡村、城-乡结合的空间形态比喻为吸引人的磁铁,翔实解析了各种结构形态的优势与不足(图3.1),推导出田园城市——一个城乡结合体——拥有城市与乡村吸引人的磁力,同时又能克服城市与乡村的不足。1919年英国田园城市和城市规划协会将田园城市定义为:"田园城市是为安排健康的生活和工业而设计的城市;其规模

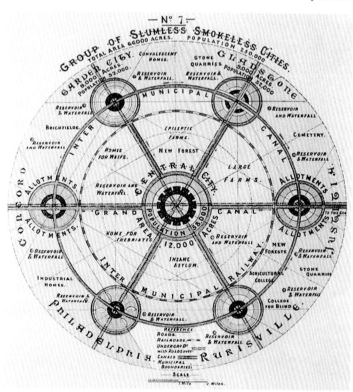

图 3.1 田园城市模型
资料来源:http://Upload.wikimed.org/

适中，可能满足各种社会生活的需求；它被乡村包围，全部土地归公众所有或者托为社区代管。"①

"田园城市不是城郊，而是城郊的对立物；不是乡村避难所，而是为生动的城市生活提供的完整基础"，被芒福德称为是一种"社会城市"，因其理论涉及社会、经济、工程、园林、空间布局等多个方面，现代城市规划的综合性特点首次体现出来，规划的重点从传统的空间转换为人，人的选择、人的需求、建设运作上人的经济行为成为理论分析的基础，因而田园城市理论被世人认为是标志现代城市规划的开启，为现代城市规划理论发展建立了基石。在田园城市理论出现之前，带有某种具有预先"规划"指导下建设的城市，虽然发展形成的城市物质空间表现出轴线、格网、几何形广场等明显按某种"规划蓝图"实施而呈现的空间形态，但是其"规划"考虑的主要因素是物质空间与空间中的功能安排，表现出的是一种注重物质空间的"设计"，而非现代意义上的城市规划。霍华德在其《明日的田园城市》著作中设想的理想城市，除了给出明确的物质空间形态外，还涉及城乡社会空间特点、城市土地获取、城市经济运营、城市规模、行政管理、市政工程、道路交通与公共设施等，虽然许多内容在书中只是简单的描述，其理论建议的城市发展模式已表现出现代城市规划综合性的特点，这在后续莱切沃斯(Letchworth)田园城市实践中表现得更加具体。

霍华德将田园城市比喻为解决城市发展问题的万能钥匙（The Master Key），最早出书时，他打算用这个作为书名。霍华德提出的田园城市不只是停留在理论概念上，还描绘出一个环形放射形的空间发展模型，这种被霍华德称为"无贫民窟无烟尘"的城市模型是由1个母城和6个子城市构成，虽然田园城市的结构模型图看起来比较粗略，其模型还是较清晰地表达了现代城市规划系统性的特征，这是规划史上首次用一个完整结构模型描述出人类社会要发展建设城市的整体结构，霍华德将母城和子城市间的交通联系、城市中各种用地结构安排、城市必需的公共设施与市政设施区位等纳入到结构中，其模型揭示出现代城市规划的逻辑是将城市视为一个整体的系统，区域与城市、总体规划与局部详细规划、道路与用地等，都是建立一个完整逻辑系统框架下城市规划工作的组成部分。另一方面，田园城市理论的推理过程示范出现代城市规划发展的另一个基础，即规划逻辑上的理性。霍华德"三磁力"论演绎了当时社会人的发展价值观取向，推理出城乡结合的理想城市形态更易被社会接受（表3.1）；为证明其提倡的"集体提升增值"的城

表3.1 "三磁力"论理论(The Three Magnets)模式分析

	城市磁力	乡村磁力	城市—乡村磁力
优势	社会发展机遇多	接近自然	田园城市，城乡结合体，拥有城市与乡村的优势，克服城市与乡村的不足，是理想的城市空间发展形态，其主要优势在：自然美、社会机会多，工资高、低赋税，低物价、无繁重劳动，敞亮的住宅与花园，无污染、无贫民窟，明媚阳光、新鲜空气与水，自由合作，接近田野与公园，排水良好
	娱乐活动与场所多	阳光明媚、空气清新	
	高收入	拥有树木、草坪、森林	
	就业机会多	地租低	
	道路照明良好	没有社会压力	
	壮观建筑与广场	拥有英国人欣赏的田园风光	
不足	远离自然	缺少社会性	
	远距离上班、超时劳动	工作不足、土地闲置	
	高地租、高物价	工资低	
	失业大军、贫民窟	缺乏娱乐活动	
	社会隔阂严重	没有集体精神	
	空间污染	村宅拥挤、村庄荒芜	
	排水昂贵	缺乏排水设施	

---

① 为1919年田园城市和城市规划协会与霍华德协商后，对田园城市下的定义(引自金经元译本译序)。

市形态可行，霍华德举例按每英亩地买价为40英镑，假设这个买价相当于30年租金，如人口32 000人，以当时的市场能接受的价格，证明田园城市的开发，其土地增值完全可以满足发展需求，其经济上投入产出的分析，说服了英国田园城市协会(Garden City Association)以15.56万英镑购买了3 818英亩土地，开始实施建设第一个田园城市莱切沃斯（Letchworth，1903年）；为说明规划科学性，霍华德规划推理中引入量化概念，母城与子城的人口规模、城市支出细目、可靠的净收益估算等量化分析，提高了理论城市实施的可信度。田园城市理论分析成为后来的规划分析的典范。

田园城市理论表示出现代城市规划已不再是一种单纯的空间规划，规划的综合性、系统性与分析逻辑的理性是其规划工作开展的基石。田园城市倡导的规划是将城市人视为"社会人"，人的价值观、人的选择意愿与社会集体的利益，成为现代城市规划最为重要的判断标杆。

3.1.2　功能主义导向的灰色城市规划

二战后，欧美国家的城市进入新一轮快速更新与扩展时期，与工业化进程同步的城市规划理论受"机器逻辑"的影响，城市被看做是用于居住和工作的集合机器，柯布西埃的"光辉城市"表明了那个时代发展的野心，倡导提高城市密度，城市群落布局采用强烈的几何形式，鼓励城市竖向高层化发展，以寻求更多的建筑空间与更大的城市绿地。

1928年，国际现代建筑协会(CIAM)成立，一个宣扬柯布西埃理念的团体，其哲学基础是将城市视为"居住、工作、交通、游憩"四个功能构成的机器，建议了一种新的城市规划发展模式，即以大规模的主干街道方格网为基础，以明确的功能分区为城市组织单元，城市发展被理解成城市空间的增长。这种建筑学"现代主义"影响下的城市规划，遵循功能机械主义原理，城市复杂的功能关系被简化为几个主要功能块及功能间的简单关联，最为典型的CIAM城市是巴西利亚(Brasilia)，被Peter Hall称为是准柯布西埃城市(the Quasi-Corbusian City)，这是由一个现代建筑运动先锋人物卢西奥·科斯塔(Lúcio Costa)建筑师设计的，而非规划师设计，在没有任何社会经济、人口、土地利用发展预测与分析的情况下，一个空间形态"宏伟"的形式主义方案被地方政府接受，一个类似飞机的对称图形平面形式、强烈而壮观的纪念性轴线、两翼对称分布的居民区、中央林荫道两侧高耸林立的大楼，完美地体现出现代主义运动所追求的城市功能空间发展形态，推土机式的开发方式，类似美国西部开发的场景，发展建设速度令人难以置信。

当人们将城市视作机器时，城市发展的复杂需求被简化为简单的功能要素，城市要素引发的发展需求成为规划的主要依据，现代功能主义影响下的"功能分区"式的规划，将城市推向发展扩张阶段，工业区、居住区的迅速扩张，造成快速发展的单一功能区出现。1950年代的美国城市更新运动，这是摧毁地方文脉的推倒式重建，外加高速公路扩张推动下的城市蔓延。1970年代，国际现代建筑代表人物雅马萨奇(Minoru Yamasaki)设计的现代建筑运动典范之作——普鲁伊特-伊戈(Pruitt-Igoe)被炸毁，标志着前者城市更新运动的结束，而城市住区扩张式郊区化蔓延却一直在延续，失控的扩张、不断吞食城市周边的土地、消耗水源与能源、邻里间陌生、环境景观破坏、通勤远程、生活单调、城市生态系统危机……这种图景被美国学者称为灰色城市(Gray City)，称其发展方式是一种城市生态灾难(An Ecological Disaster)。

现代建筑运动倡导城市与建筑的功能发展导向，在功能主义影响下，城市人被视为"经济人"，人的经济、物质需求扩张欲望主导着城市发展方式，更大城市空间、更多的经济产出、更多的人口、更快速的发展，直接导向城市灰色区域的蔓延。现今中国城市单一功能的开发区、新城居住区的扩张，正在演绎西方的灰色发展方式。

3.1.3　生态观念下的绿色城市规划

工业化的发展极大地增强了人类社会改变自然环境的能力，在推动地区经济发展的同时，城市蔓延式扩张、能源的消耗与污染物排放的增长速度如同城市化，正在改变着人类生存的环境。2008年，联合国环境规划署(UNEP)报告称：1980—1990年，全球冰川平均每年退缩0.3 m，2006年后这一退缩的速度升至每年1.5 m。在2008年6月版的《自然》(Nature)杂志上，来自美国劳伦斯利弗莫尔国家实验室、澳大利亚天气与气候中心、南极气候和生态系统合作研究中心的气候模型显示，在1961—2003年期间，海平面升高了6.35 cm，全球气候变化将给人类社会造成巨大的灾难。

从当今社会所发现的最早城市耶利哥至今，城市的发展已经历了1万多年的历程，城市的发展经过了农业文明、工业文明两大阶段，开始进入生态文明。农业文明的前工业城市，发展十分缓慢，以传统农业为基础的经济发展方式是循环式的，与自然环境是和谐的；然而300年工业文明的发展历程，仅少数几个西方国家的发展就消耗了地球资源的60%以上，地球上的CO_2气体浓度被人为增加了5倍，使得人类社会的发展方式面临前所未有的挑战。生态文明是人类社会经历工业文明后的必然选择，现代工业城市的发展方式将转变为生态城市（Eco-city）型的发展方式，当今国际倡导的智能家居（Smart Living）、健康社区（Healthy Community）、低碳城市（Low Carbon City）与和谐环境（Balance Environment）的发展方式[①]，都是寻求一种以发展与环境和谐为宗旨的人居生态系统（A Human Ecosystem），又称绿色城市（Green City）。

依据生态规划理念，城市中起决定因素的"经济人"，将被"环境人"所取代，规划参照的首位要素，即以满足人发展需求的规模增长，转为为发展中的人与环境的和谐。城市发展的"灰"与"绿"是发展策略与方式的不同，反映出人类社会发展阶段需求与模式的变化，灰色规划更多的是以发展追求的结果为目标，而绿色规划是以建立和谐的发展关系为目标（表3.2）。

表3.2 灰色城市（Gray City）与绿色城市（Green City）

规划内容	灰色城市（Gray City）	绿色城市（Green City）
能源生产	集中生产，石化与核能源	多种形态的可再生能源
用水供给	下埋式市政管网	雨水、地表水循环利用
空间环境	建筑机械能风，无城市整体系统	风规划、绿廊、交错的建筑分布
垃圾处理	集中处理、填埋、焚化、污水处理	堆肥、再用、生态化、社区处理
生物多样	被建设碎化、减少	生态区、廊道、网络、斑块
侵蚀控制	物质屏障、拒绝变化	避开发展、生态减缓、接受变化
交通系统	构建交通系统，适应交通增长	提高交通效率、增加选择性
土地利用	功能区化、规模化发展	功能混合、紧凑发展
绿化环境	系统发展公园、广场	发展自然绿色系统，增加可达性
公共设施	按地区需求无序配置发展	发展与地区需求协调
城市景观	构建地区物质性标志景观	保护与构建城市与自然和谐的环境景观

绿色城市规划是建立在城市生态环境系统安全基础之上，关注城市发展与自然环境的和谐，对环境影响小，利用城市资源高效，绿色城市发展模式是以实施3R措施为标杆，即减排（Reduce）、再利用（Reuse）和循环利用（Recycle）。传统城市规划的工作重点，开始从城市空间功能的合理性转向城市空间中人的活动行为的合理性，这种合理性越来越倾向于指标化，即规划发展的终极目标是可衡量的，以加拿大温哥华2020绿色城市规划（Vancouver 2020: An Action Plan for Becoming the World's Greenest City by 2020）为例，与基准年（2007年）相比，到规划目标年（2020年），城市步行、自行车、公共交通方式的出行量超过总出行量的50%，人均垃圾填埋与焚烧量减少40%，每个市民生活在5分钟可步行到达绿色开敞空间（公园、滨区、绿廊和其他自然空间）的区域内，人均水消耗量减少33%，现有城市中增植150 000棵树，建筑气体排放减少33%，创造20 000个绿色就业岗位……这些目标年的量化指标（2020 Target）成为城市物质空间规划的重要依据，若要实现既定目标，现实规划如何安排，便成为绿色城市规划的重要内容。

---

① 这四种发展方式为2010年上海世界博览会国际城市实践区倡导的未来城市发展方式。

绿色代表自然环境与生命，绿色给城市带来和谐、优美与活力。绿色城市，是在大地上的人居生态系统（A Human Ecosystem），由演进400万年的人居生活系统（Living System）与自然要素构成的生态系统（Ecosystem）。绿色城市发展强调城市人活动形态与城市地域所赋予的自然环境特色相协调，等同于生态城市，是当今国际城市发展所追求的理想形态。国外如德国弗赖堡（Freiburg）、丹麦凯隆堡（Kalundborg）、美国西雅图（Seattle）、英国牛津郡（Oxfordshire）、日本北九州市生态城、巴西库里蒂巴（Curitiba）、阿联酋马斯达尔（Masdar）生态城，国内如上海东滩、天津中新生态城、深圳光明新区、北川新县城、南京生态岛、北京奥林匹克公园以及上海世博园，都在努力探寻绿色城市发展与绿色规划路径。从国内外城市绿色发展实践来看，在城市绿色发展与规划上形成的共识如下：① 环境导向与发展导向相结合；② 转变传统规划研究方式，以未来为规划基准；③ 倡导3R措施，即减排（Reduce）、再利用（Reuse）和循环利用（Recycle）；④ 应用再生能源，节能、节水；⑤ 提高步行、自行车与公共交通出行的比例；⑥ 建设城市生态绿色系统，提高人与自然接触的可达性；⑦ 倡导城市功能发展应紧凑高密和混合；⑧ 扩大绿色经济与绿色就业；⑨ 保护地方传统文化特色，物质空间形态应与地域环境特色协调；⑩ 追求公共空间环境活力与特色营造。

显然，绿色城市规划更关注城市空间里的人类发展活动的合理性，规划已打破传统用地与空间结构规划限制。关注实现增长与幸福两者均衡发展的弗赖堡，倡导公交导向型发展的库里蒂巴，实现绿色产业发展转型的北九州市……其绿色城市发展规划策略变得越来越综合，城市发展中的3R效益成为评价城市发展的重要标尺。在众多国际生态城市建设实践中，最集成当今先进技术，构建最绿的生态城市是阿联酋的马斯达尔，这是一个占地6.4 km²，由阿联酋皇室斥资150亿~300亿美元打造的世界首座"零排放"生态城市，发展重要目标之一是占领生态文明时代的社会经济发展先机，提升阿布扎比（Abu Dhabi）在世界能源市场变革中的竞争地位。

马斯达尔生态城(图3.2)完全以太阳能与风能等可再生新能源为城市经济发展基础，发展上不仅强调了建设一座零排放和零废弃物的城市，更注重通过投入各种不同的新能源技术，兴建有"中东麻省理工学院"之称的马斯达尔学院，以鼓励创新，为可持续的城市发展奠定基础。利用沙漠的烈日和波斯湾的海风建风电与光电发电厂，大量种植的棕榈树和红树制造生物提供生物能源，海水淡化、雨水收集与污水循环再利用技术确保城市用水供给；倡导绿色建筑设计来降低建筑对电能的依赖，建设具有世界先进水平的自然界CO_2捕获网络，大大降低了城市的碳足迹。

作为"马斯达尔创始"（Masdar Initiate）的城市发展创新项目，马斯达尔规划发展区控制在6.4 km²的范围内，拥有4万居民，每日通勤人口达到5万人次，城市用地的30%为居住，24%为商务办公，19%为交通用地，13%为商业用地，6%为学校用地，8%为文化与娱乐用地。在城市空间系统规划上，与传统城市规划相比，马斯达尔城市规划的"绿色"创新具有以下特色：

（1）形态紧凑和谐。城市整体空间形态控制在边长约2.5 km正方形范围内，斜向公共交通走廊，串联重要的公共中心与重要设施；城区布局坐东朝西南走向，以获取最佳的采光与蔽荫效果；市区内建筑控制在5层以下，外围设置围墙，形成一个与传统城市相似的低层高密紧凑型城市；街道限制在3 m宽、70 m长，以维持微气候稳定并促进空气流通；通过城区内遍布的大量植栽、水景设施和利用风塔设施，营造城区自然气息的同时达到降低气温的目的。

（2）交通宜人低碳。全城禁止汽车通行，根据实际需求设计3类交通方式，马斯达尔到阿布达扎比采用轻轨，城内交通利用轨道建立个人快速运输系统(Personal Rapid Transit)为主，提供2 500组车辆，满足每日15万人次的交通需求，个人步行出行200 m内就能够抵达基本的交通设施，短程兴建步道系统，鼓励步行。

（3）环境特色宜居。利用狭窄林荫街巷将城市公共广场、住区、餐馆、戏院、商业编织成网络，麦地那式的建筑风格、阿拉伯式的露天广场、风塔等能够体现当地民族传统特色要素充实在宜人尺度的城区中，在构建地区公共空间功能活力、保持地方传统文化特色、营造宜人生活环境方面的绿色规划特色得到充分体现。

绿色城市规划将人视为"环境人"，人是城市的主体，也是环境的部分，人与环境间的和谐是城市发展的基础，也是发展的目标。现今的城市规划正在从传统的发展需求导向的功能系统规划转向环境目标导向的城市生态系统规划，城市生态环境健康、社会和谐进步、经济高效低碳、区域发展协调等量化指标成为绿色规划与发展的基准与发展目标，因而绿色规划内容将变得越来越综合，更多地将环境、交通、信息等创新技术整合到规划中来，规划重点从传统城市空间系统中的功能安排，转向如何调适城市发展目标实现的路径与空间安排。城市规划范式从以往环境保护前提下如何促进城市社会经济发展，将逐渐转变为保持发展前提下如何保护城市生态环境健康。

图3.2　马斯达尔生态城

资料来源：http://www.constructionweekonline.com/pictures/gallery/Projects/Masdar-City.jpg

3.2　绿色城市设计概述

3.2.1　绿色城市设计发展梗概

可持续发展的人类共识显著推动了城镇建筑学的发展。1970年代以来，在全球环境变迁的背景下，常规能源供给的有限性和环保压力的日益增加使许多国家掀起了开发利用可再生能源（如太阳能、风能、地热等）的热潮。在国际建筑界，基于可持续性的被动式和低能耗的绿色建筑设计和城市设计得到广泛关注。

从价值取向的角度来看，工业革命以来城市设计的发展历程大致可划分为三个阶段：1920年代以前，由于在相当一段时间里，欧洲的快速城市化进程忽略了城市环境的艺术属性，所以奥地利学者Sitte于19世纪初提出城市设计应该遵循美学和艺术准则，就得到较为广泛的认同；1920至1960年代，在现代建筑运动、特别是《雅典宪章》的影响下，以经济和功能为价值取向的城市设计逐渐成为主流；1970年代以来，城市发展由于过度的人工化建设而使得城市环境罹患"城市病"，在世界性的对可持续发展的日益关注的背景下，城市设计开始转向对生态要素及其人工与自然系统相关性的关注，于是，贯彻整体优先和生态优先准则的绿色城市设计应运而生。

绿色城市设计的要义是如何在设计理论和方法上贯彻低碳节能和环境友好的思想，融合特定的生物气候条件、地域特征和文化传统，同时应用适宜和可操作的生态技术，以达到营造具有可持续性的城镇建筑环境的目的。在操作层面上，绿色城市设计向上与同一层次的城市规划中的专项规划相协调，向下则为绿色建筑规划和设计提供了城市尺度的依据。

在绿色城市设计观念的发展方面，1974年E·F·舒马赫的论著《小的是美好的》为自给自足设计提供了哲学基础；在城市设计的方法和技术层面，I·L·麦克哈格的"设计结合自然"思想在城市规划设计的自然生态基础及其自然环境整合方面，为城市设计建立了一个新的基准；在绿色景观规划设计方面，J·O·西蒙兹则提出了可以实际操作的技术方法。1984年荷夫的著作《城市形态及其自然过程》倡导"用生态学的视角去重新发掘我们日常生活场所的内在品质与特性"，该书原一版序作者柯莱在第二版序言中认为，在1960到1990年代的历史进程中，继麦克哈格之后，荷夫在《城市和自然过程》一书中所表达的态度和观点、解决问题的提议和分析的案例，"在改变世界的观点中占有一席之地"。1990年代，吉沃尼在《建筑和城市设计中的气候考虑》中系统分析了气候的成因以及城市、建筑的影响因素，并就不同的气候区域提出了城市和建筑设计策略。

2000年，蒂莫西·比特雷(Timothy Beatley)在《绿色城市主义》一书中提出绿色城市设计的主张[①]，其中

[①] Timothy Beatley. Green Urbanism: Learning from European Cities. California: Island Press，2000：5-10.

包括：减少城市生态足迹、建设自然有机和循环共生以及自给自足的城市、鼓励健康和可持续的生活方式、建设宜居型邻里社区等，丰富和发展了绿色城市主义的理论架构和方法体系。2005年6月，在第六届亚洲太平洋建筑国际学术讨论会上，著名城市设计专家乔纳森·巴奈特（Jonathan Barnett）提出了有关绿色城市设计生态基础设施的六项原则，进一步显示出当代城市设计的绿色转向。目前，欧洲一些国家如瑞典等在城市节能、节地、绿色交通和自然资源如雨水、风和太阳能的研究和综合应用上已经取得初步成果。

美国在绿色建筑标准（LEED）构建方面取得突出成果，欧洲则在实验性生态建筑和技术方面的研究处于领先地位。以赫佐格、福斯特、罗杰斯和杨经文等为代表的一批建筑师在城市和建筑设计实践中运用生态技术并产生世界性的影响。1994年，澳大利亚就Jerrabomberra Valley1994—2020年的城镇发展开展了城市设计竞赛，政府设想以此来探索澳大利亚未来的城市可持续发展之路。在思想和概念发展中，美国索莱利提出的城市建筑生态学（Arcology）理论，舒马赫提出的"中间技术"概念，富勒倡导的"少费多用"思想（Ephemeration）和盖娅运动均为此做出了开拓性的贡献。

相关的设计规范、技术标准和节能建筑体系的研究、规范制定和市场推广工作也在积极推行中，例如，从2009年5月起，英国规定新建住宅必须将2007年4月颁布的《可持续住宅规范》作为评估标准；美国很多城市则对公共建筑强制执行LEED标准，相关的机构组织逐步完善。中国最近则提出了节能、节水、节材、节地和环境保护"四节一环保"的城镇健康发展方向，因此绿色设计将是包括中国在内的许多国家城镇建设发展的必由之路。

在国内相关研究方面，重庆大学黄光宇先生对山地城市与生态城市的探讨、华中科技大学李保峰教授对冬冷夏热地区城市与建筑设计生态策略研究，以及西安建筑科技大学刘加平教授等对绿色建筑技术和窑洞建筑的理论与实践探索等，都推进了绿色可持续概念在我国城市建设实践中的应用与发展。

1997年，东南大学王建国教授首次提出"绿色城市设计"概念和学术框架[①]，并结合国家自然科学基金开展研究和实践；2002年又将研究拓展到不同地域和气候条件下的绿色城市设计研究，其中包括湿热地区、干热地区、冬冷夏热地区和寒冷地区的城市设计。以下结合不同层级的和适应不同气候条件的绿色城市设计生态策略方面加以阐述与分析。

3.2.2 不同规模尺度的绿色城市设计生态策略

城市是由各种相互联系、相互制约的因素构成的巨系统。在日常生活中不难发现宏观的生态策略和规划设计理念常常在中观、微观开发建设中被肢解，而一些局部地段或单个建筑物对生态的关注却常常不能与更高层次的城市环境产生良好的互动，甚至被周边恶劣的环境所吞噬。因此，建立从宏观（区域—城市级）到中观（片区级）再到微观（地段级）的完整空间层级的城市设计关系非常重要。在中国，城市发展建设主要与法定的总体规划和详细规划相关，因此，实施绿色城市设计需要与我国法定的城市规划编制层次相对应，以促使"生态优先"准则能够为处在快速城市化进程中的中国城市建设提供指导。

3.2.2.1 区域—城市级绿色城市设计

区域—城市级绿色城市设计的工作对象主要是已经城市化的地域，一般是指城市的建成区范围。它的内容有：一是整个城市物质形态和形体空间设计，类似传统的物质形态规划；二是市域范围内的用地形态、景观体系、空间结构、天际线、开放空间体系和艺术特色等。其设计目标是为城市规划各项内容的决策和实施提供一个基于公众利益的形态设计准则，其成果具有政策取向的特点。在操作中，它一般与规划过程相结合，成为总体规划的一个分支。

在此层面上，应从"整体优先"的理念出发，就城市总体生态格局入手，从本质上去理解城市的自然过程，综合城市自然环境和社会方面的多种因素，协调好城市内部结构与外部环境的关系。具体包括以下三方面内容：首先，需重点处理好城市总体山水格局的建构，充分考虑地形地貌、水文植被、自然气候要素等与城市人工要素的相互作用机理，处理好城市与自然环境的关系。其次，结合城市重大工程性项目

---

① 王建国. 生态原则与绿色城市设计. 建筑学报, 1997(7): 8-12.

(如绿带、水系和道路系统)和生态基础设施的建设,使之与城市风道、景观连续性、局地气候改善等诸多因素相结合,建设一个整体连贯的并能在生态上相互作用的城市开放空间网络系统。再次,鉴于城市结构与形态对城市环境影响巨大,需针对我国城市建设普遍存在无序的"摊大饼式"的发展情况,对城市内部结构作根本性的调整,鼓励适度集中与分散相结合,如从集中发展走向有机分散,从中心城走向卫星城模式,从单一城市化走向城乡融合等。

3.2.2.2 片区级绿色城市设计

片区级绿色城市设计主要涉及城市中功能相对独立的和具有相对环境整体性的街区。它可以是城市的中心商务区(CBD)、居住区、历史地段及城市标志性节点空间等。其目标是,基于该地区对于城市整体的价值,为保护或强化该地区已有的自然环境和人造环境的特点和开发潜能,提供并建立适宜的操作技术和设计程序。

在基于"生态优先"的操作中,片区级绿色城市设计关键是在总体城市设计确定的基础上,与分区规划和控制性详细规划相结合,保护和强化该地区已有的环境特点与开发潜能,重点关注以下内容:

(1)针对目前大规模的新区(城)建设,妥善处理好其与老城区生态系统的衔接关系。在区域系统内重组城市建设、农业与自然环境的关系,并根据对各种内外条件的综合考察进行科学选址;根据新区(城)的规模、功能等界定其与老城区的承接关系,因地制宜合理选用外延型扩展、隔离型扩展或飞地型扩展模式;利用新技术重建能量的循环流,选择绿色交通模式和政策;选择适宜的开发建设模式,合理调整城市建筑空间组织与布局,避免人为的非生态现象出现。

(2)关注旧城改造和更新中的复合生态问题。合理解决旧城产业结构的调整,循序展开棕地的开发与治理,严格控制老城区的规模和建筑物密度,适度增补一定面积的绿地水体开放空间;同时,重视旧城具有生物气候调节功能的缓冲空间的建设,提高城市绿量,加强对地形地貌等的利用,重建城市绿色"风道",缓减城市"热岛效应",提高城市环境品质。

3.2.2.3 地段级绿色城市设计

地段级绿色城市设计主要落实到一些较小范围的形体环境建设项目和具体建筑物上,例如城市的街道、广场、大型建筑物及其周边外部环境的设计,主要应从以下两方面加以考虑:

(1)利用生态设计中环境增强原理,尽量增加局部的自然生态要素并改善其结构。例如根据气候和地形特点,利用建筑周边环境及其本身的形体来处理通风和光影关系,组织垂直绿化、屋顶绿化及综合的立体绿化;在南方热带地区,适当增加用于降温的水面,以达改善环境之目的。

(2)建筑物设计应注意建设和运行管理中与特定气候和地理条件相关的生态问题,最普遍、最具实用意义的被动式设计(Passive Design)。热带气候和寒带气候对城市建筑的能耗影响极大,为此,在这些地区设计建筑物时一般不应使用大面积的玻璃幕墙,以此避免能源的过度消耗、减少光污染。建筑与局部环境设计也应与特定的生物气候条件和地理环境相适应,热带建筑群设计可以采用具有遮蔽阳光和雨水作用的连廊;而在寒带城市,同样需要通过城市设计安排好建筑物和道路的布局,避免不利风道的形成;增加建筑之间的室内连廊,降低空气流通速度以保持城市空间的温度。

3.2.3 适应不同气候条件的绿色城市设计生态策略[1]

"气候王国才是一切王国的第一位。"[2] 特定地域的生物气候条件是城市形态最为重要的决定因素之一,它不仅造化了自然界本身的特殊性,还是人类行为与地域文化特征的重要成因,也是城市建设面临的自然挑战,在很大程度上决定了一个城市的结构形态、开放空间设计、街道与建筑群体布局等。"形式追随气候"应成为绿色城市设计的重要准则之一。由于我国地域辽阔,气候跨度大,在城市设计时常将之简化为湿热地区、干热地区、冬冷夏热地区和寒冷地区。

---

[1] 参见徐小东,王建国.绿色城市设计——基于生物气候条件的生态策略.南京:东南大学出版社,2009:124–148.
[2] 陈慧琳.人文地理学.北京:科学出版社,2001:10–11.

图 3.3　拉曼科塔规划总平面
资料来源：澳大利亚 Images 公司. T·R·哈姆扎和杨经文建筑师事务所. 宋晔皓，译. 北京：中国建筑工业出版社，2001.

3.2.3.1　湿热地区的城市设计策略

湿热地区的气候是一种"高温高湿的组合"，并易于受到飓风和洪水的袭击。因此，湿热地区绿色城市设计的重点在于最大限度地提供良好的自然通风条件，提高环境的热舒适性并降低制冷所需的能源消耗；同时，也应最大限度地减轻热带风暴和洪水危害。在基地选择时要选取通风良好区域，避免因地形等条件所导致的空气滞留，尽量避免洪涝自然灾害的侵袭。湿热地区城市应尽可能采用分散式结构，尽端开敞以利于通风；建筑物密度应维持在相对较低的水平，鼓励不同高度的建筑物交错布置，减少高层板式建筑，以提高城市通风性能。城市绿地、水体开放空间应形成良好网络，贯穿城市建成区，并与主导风向相适应，形成城市通风廊道，从而增强城市通风能力，缓减城市"热岛效应"。

长期以来，杨经文结合湿热气候条件建立起一整套"生物气候"设计理论，并总结了适应湿热气候条件的城市设计策略。在他主持设计的拉曼科塔规划和城市设计项目中（图3.3），应用"生态土地利用叠图"技术分析用地的生态承载力，帮助确保各类设施的布置能够最小限度地影响用地的地形、植被和水文情况，力求将人工系统与该地段的自然植被和景观等结合在一起①。该方案通过减少低效的小汽车交通、增加公共交通和铁路交通等高效方式以节约交通能耗，鼓励步行，采用两条贯通整个设计地段的超宽、超长的有顶步行道，确保所有组团的居民能便捷地使用它们。一条轻轨铁路线同样贯穿整个用地，可方便地连接周围建筑群。

3.2.3.2　干热地区的城市设计策略

干热地区的气候总体表现为干旱、高盐碱化、大面积高温和强烈的太阳辐射以及由其引发的热压力、刺眼的光线和沙尘暴等。该地区城市设计应以保障城镇建筑环境夏季热舒适性为目标，在基地选择时应选择适宜的海拔、坡度和方位，以降低太阳辐射的影响；尽可能地利用大型水域或灌溉区，通过水汽蒸发降温；采用紧凑发展模式，尽量减少水平交通，节约能源。从设计策略看，基于干热气候特征，城市布局宜采用密集而紧凑的结构形态，以产生更多的阴影，有利于降低建筑物白天的气温；街道网络布置的原则则是在夏季尽量为行人提供阴凉并减少建筑物的曝晒。在经济性原则下提供尽可能多的水体和绿色开放空间，通过水汽蒸发降温并提高空气湿度。

马斯达尔太阳城②由诺曼·福斯特设计，计划于2015年完成，其目标是建设全球第一座完全依赖太阳能、风能实现能源自给自足，污水、汽车尾气和二氧化碳零排放的环保城。城区内外建有大量太阳能光电设备以及风能收集利用设施，以充分利用沙漠中丰富的阳光和海上的风能资源；在城市周边种植棕榈树和红杉木，形成环城绿带，在改善环境的同时也可以提供制造生物燃料的原材料。此外，太阳城还采取了多项绿色降温手段，例如用覆盖在城区上空的由特殊材料制成的滤网为城内纵横交错的狭窄街道提供林荫；在城区建立"风塔"装置，利用风能、空气流动和水循环形成天然空调，并利用城区密布的河道和喷泉降温增湿；结合狭窄的街道，配以绿色植物以减少阳光直射和增加阴凉（图3.4）。

图 3.4　马斯达尔太阳城总体鸟瞰图
资料来源：http://xmwb.news365.com.cn/xz/200802/t20080207_1751355.htm

---

①　详见澳大利亚 Images 公司. T·R·哈姆扎和杨经文建筑师事务所. 宋晔皓，译. 北京：中国建筑工业出版社，2001：31-32.
②　参见 http://xmwb.news365.com.cn/xz/200802/t20080207_1751355.htm.

3.2.3.3 冬冷夏热地区的城市设计策略

冬冷夏热地区的气候特点是夏季比较炎热干燥，冬季寒冷，全年温差显著。这种气候夏季需要降温，冬季需要保暖，并且冬夏两季主导风向不同，需采取特殊的城市和建筑设计策略。基地选择的原则是既要保证冬季日照良好和夏季通风流畅，在东南方向没有大的地形起伏；又要能防止夏季高温和冬季寒流，在西北方向最好有高大地形或成片防护林。该气候区宜采用一种由各类建筑类型混合排列的"夏天暴露分散，而冬天紧凑"的城市结构模式，安排不同长度和高度的建筑物使它们尽可能地面对夏季主导风向由南向北逐级递升布置。综合考虑城市空间和建筑物内部通风效果，比较理想的街道网络方向是与主导风向成30°~60°，在我国东西走向的街道则更能满足上述要求。开放空间设计时应充分考虑特定气候和自然条件，通过双极调控原则积极加以调适。

徽州地区的先人针对当地气候特点，在防寒祛暑的两难之中选择了以适应夏季气候(防暑)为主，兼顾冬季(防寒)的指导原则。古镇渔梁、瞻淇等道路系统大都沿水系和山脉展开，有一条贯穿全村的主街与水系平行，且与村落的主朝向相垂直，村落的大多数生活性街道均与水系垂直，能很好地迎纳白天从河面吹来的习习凉风，而夜间则能接受从附近山坡上吹来的山谷风，从而能够缓减夏日无风时的闷热酷暑(图3.5)。

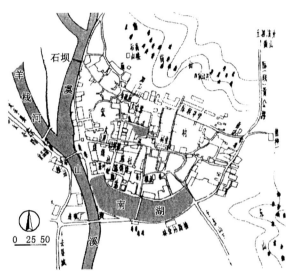

图3.5(a) 宏村水系图

资料来源：单德启. 黟县宏村规划探源. 建筑史论文集(第八辑). 北京：清华大学出版社，1987.

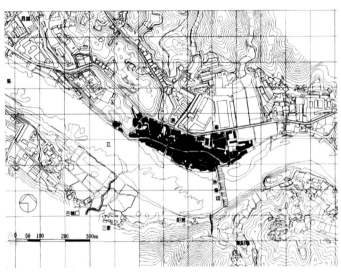

图3.5(b) 渔梁总体布局

资料来源：东南大学建筑系，歙县文物管理所. 徽州古建筑丛书：渔梁. 南京：东南大学出版社，1998.

3.2.3.4 寒冷地区的城市设计策略

寒冷地区的气候夏天凉爽舒适，冬天气温常在0℃以下，自然条件严峻，该地区居民一年中会有很长一段时间与严寒、黑暗与冰雪相伴。寒冷地区夏季的舒适性一般仅需良好的通风就能保证室内的舒适，寒地城市设计主要以保护和改善城市生态环境、减少冬季热能损耗以及降低由于室外寒冷、降雪和刮风对人体造成的不适为设计的出发点；城市结构形态尽量集中紧凑。在确保建筑享有充分日照的前提下，合理提高建筑密度，这样有利于减少交通需求和节约能源。街道网络设计的重要任务在于防风，合理确定建筑物间距，科学布置乔木、灌木、天桥、玻璃廊道等防风隔断，留出足够风道。开放空间设计应尽可能提高其在冬季的利用率，避免将它建造在阴暗区和可能频繁产生近地高速风的地段，能获取阳光并免受风的侵袭；也可通过植物的合理配置与组织来获取舒适的外部环境。

为了克服气候因素的制约，加拿大许多城市针对寒冷地区的特点在规划设计中采取充分措施，例如，在为加拿大圣琼斯郡制定的"寒地城市设计导则"中就包括了一些适应气候的策略，如保持日照、防风、防雪处理等，并在街道、公园和开放空间、住宅和商业建筑以及停车场、绿化配置等方面提出设计导则以及适宜的色彩、材质和照明等方面的指导[1](图3.6)。

---

[1] 冷红，袁青. 发达国家寒地城市规划建设经验探讨. 国外城市规划，2002(12)：61.

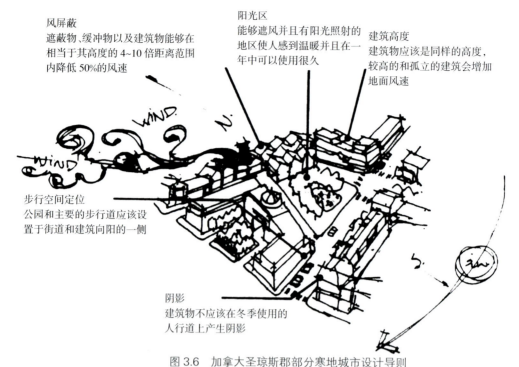

风屏蔽
遮蔽物、缓冲物以及建筑物能够在相当于其高度的4~10倍距离范围内降低50%的风速

阳光区
能够遮风并且有阳光照射的地区使人感到温暖并且在一年中可以使用很久

建筑高度
建筑物应该是同样的高度，较高的和孤立的建筑会增加地面风速

步行空间定位
公园和主要的步行道应该设置于街道和建筑向阳的一侧

阴影
建筑物不应该在冬季使用的人行道上产生阴影

图3.6 加拿大圣琼斯郡部分寒地城市设计导则
资料来源：转引自冷红，袁青. 发达国家寒地城市规划建设经验探讨. 国外城市规划，2002(12).

3.2.4　案例研究——广州海鸥岛地区城市设计策略研究[①]

3.2.4.1　项目背景与城市设计目标

海鸥岛为珠江主航道和莲花山水道所环绕，地处珠江入海口，面临狮子洋，是一个典型的珠三角河流冲积而成的内河岛(图3.7，图3.8)。其距番禺市桥中心城区约10 km，全岛面积约36 km²。本城市设计研究结合广州市对海鸥岛项目的总体定位，深化并贯彻上位规划所确定的海鸥岛功能定位，为海鸥岛的中长期开发提供基本框架和规划指南。

图3.7　广州海鸥岛总平面
资料来源：海鸥岛城市设计项目组

图3.8　海鸥岛总体鸟瞰图
资料来源：海鸥岛城市设计项目组

[①]　广州海鸥岛地区城市设计项目由东南大学建筑学院王建国、董卫、阳建强等和SASAKI公司共同合作完成。

主要表现为以下9个方面：① 明确海鸥岛开发规划的性质定位与发展目标；② 确定合理的开发规模与环境容量；③ 处理好海鸥岛与周边地区发展的协调关系；④ 保护和加强海鸥岛的生态环境与格局；⑤ 加强人文与自然旅游资源的保护与开发；⑥ 科学合理地进行功能布局与土地利用；⑦ 科学有序地组织道路交通及市政安排；⑧ 寻求有效的农村居民点城市化途径；⑨ 进行重点地段的城市设计与景观意向设计。

3.2.4.2 建立社会、经济和环境"三重底线"的均衡价值

全面和均衡考虑社会、经济、环境要素在未来项目实施运作中的相关性和作用是本城市设计策略研究的核心所在。首先，从"快城慢岛"理念出发，在区域范围内处理好社会、经济建设的平衡，以休闲、旅游等产业为主，实现对广州城区经济方式的补充和协调。其次，从珠江三角洲来看，强调对海鸥岛的优越自然条件和生态价值的尊重和适度利用，关注其战略性的生态敏感性及其对策。制定切实有效的湿地、农田的保护和利用，风力发电，物态多样性保存、绿色交通等环保措施。再次，以不损害当地居民利益为出发点，通过保留、改造村落等措施在岛内安置当地居民就业，尊重其生活习惯，改善其生活条件。

3.2.4.3 基于绿色和可持续准则的城市设计思想

绿色城市设计倡导城市发展与自然过程有机结合，建立正确的发展观和面对未来的理性精神，倡导"整体优先"、"生态优先"准则，坚持走温和发展之路。为此，在海鸥岛城市设计时我们主要从以下4个方面加以考虑与实践：

（1）从宏观区域角度将海鸥岛置于城市总体发展战略中。规划力求创造一个有助于环保和经济多样性的示范社区，使海鸥岛成为本地区国内外游客的旅游胜地。这是因为海鸥岛拥有一流的环境品质和独特的生态系统，将成为珠江三角洲一颗真正的"绿色明珠"。在将海鸥岛开发为高质量、低密度的生态文化旅游区的同时，应将环境影响降到最低，同时作为城市的游览及休闲设施，应体现与纯生态保护区的差别，提高自然生态的可达性和利用率，将可持续发展的原则贯穿于旅游策划的全过程。从总体层面海鸥岛功能性质可定位为：可持续策略主导下的、具有自然生态和水乡田园风光特色的"伊甸园"；绿色产业、文化艺术、多层次的人居需求，创造和引领21世纪高品质城市生活方式的实验基地；独特的自然要素系统及关系的优化和改善，尊重海鸥岛自然和历史演进过程；区域性的、具有核心竞争力的旅游胜地；符合大区域经济社会发展需求下的土地使用和空间结构定位。

（2）坚持"快城慢岛"规划设计理念。所谓"快城慢岛"概念是指相对于城市中高效紧张的生活方式，海鸥岛具有在紧邻新城市中心的同时又远离尘嚣、接近自然的空间性质。海鸥岛应该成为一个与城市生活迥然相异的地区，而这种差异又应与周边城市功能形成互补，成为与广州新城区高密度、高效率和快节奏工作生活方式相对峙的一块自然、宁静、悠闲、民风淳厚、需要慢慢品味的度假之地。最终将之建设成珠江三角洲的几何绿心、珠江中的最大绿洲和广州新城中心的生态绿地；由休闲、旅游、生态和文化主导的海鸥岛功能与广州主城区、南沙和未来新城中心高效快节奏的生活方式和发展经济理性的对峙，确立田园、绿洲、水乡、观光和休闲性生活方式。

（3）建立适应市场机制且富有弹性的规划结构。为满足未来多方位发展需要提供一个灵活的空间结构框架，在保护环境的同时，规划设计方案应满足产业、人口、经济和交通等发展的需要。因为目前海鸥岛开发建设意象的相对不确定性及其在广州城市建设时序上的相对滞后，所以，本项目的一项重要且基本的任务是要为海鸥岛下一步发展和开发建设制定引导控制性的控规和城市设计导则与政策。坚定的市场导向是长期成功的保证，理想状态的生态游览应结合使用的要求，因而必须在设施的短期使用和日常长期使用之间寻求平衡点，以优化财政投入。

（4）以人为本，坚守道德标准和社会平等。海鸥岛上居民基本上是农民，人口结构简单。规划以不损害当地居民利益为出发点，尊重其生活习惯，改善其生活条件，通过保留、改造村落等措施在岛内安置当地居民就业。在保留该岛的农业资源、村落形态及其自然景观的基础上对环境加以整治，开发有益于保护地方生态的农业旅游项目。保护当地历史遗存，尊重当地的生活方式和精神需求，以期获得当地居民的广泛认同和积极投入。

3.2.4.4 生态质量和能源保存策略

（1）贯彻可持续发展和生态优先思想的绿色城市设计策略。在项目选择、开发容量确定、功能配置和

布局上采取生态优先和环境保护的策略，进一步细分划定岛内的生态敏感度分区，并采取不同的城市设计手段，实现最大程度的自然能源(风能和太阳能)的利用，通过一定方式将污染源排除出岛，让居民享受到改善过的气候舒适性，减少自然灾害。同时，凸现水面、河港、岸线、农田、沼泽湿地等地域性特色，特别要加强林地培育，既形成岛南北两端大地景观的重要组成部分，同时也是加强城市生态安全的重要措施，可以有效缓解来自广州东南方向的低空空气污染。

(2) 利用特定的自然资源和条件构建科学、合理、健康的城市格局。开展现状资源和生态调查，从本质上理解海鸥岛地区的自然演进过程，并将其作为本次城市设计的研究基础，做到根据生态原则来利用土地和开发建设，同时，协调好城市内部结构与外部环境的关系，在空间利用方式、强度、结构和功能配置等方面与自然生态系统相适应。由此构建独一无二的海鸥岛用地和空间景观结构。

(3) 创造一个整体连贯而有效的自然开敞绿地系统。以往国内规划设计多注重面积指标和服务半径，使开放绿地空间只能处于建筑、道路等安排好后"见缝插绿"的配角位置。为此，我们在海鸥岛项目中贯彻了"生态优先"的绿色城市设计理念，特别加强了在生态上相互作用的整体绿地系统的建立。在岛的南端规划了一个作为生态廊道和暂息地功能定位的生态岛，同时，结合城市开敞空间、公园路及其相关的"绿道"和"蓝道"网络的设计，使两者互相渗透，具有良好的景观连接度，从而真正具有生态板块的作用，为广州新城中心区提供真正有效的"氧气库"和舒适、健康的外部休憩空间。

(4) 建设环境保护与能源循环系统。海鸥岛的供水来自番禺，规划为保证用水的充足性，降低成本，节约资源，根据用地具体条件提出适宜就地开发地下和地表水资源的设想。利用天然湿地和人工湿地进行废水处理，防治洪涝灾害。

在每个岛上采用替代或可再生能源能够减少石油资源对岛上环境的危害，同时有助于海鸥岛的可持续发展，加强其生态示范性。在可能的情况下，尽量使用替代能源，例如太阳能、风能和地热。

(5) 建立绿色交通体系。规划使海鸥岛拥有一个由主干道、小路、公共交通和水路构成的综合性绿色交通网络，鼓励使用公共交通和其他减少石油消耗的交通方式。道路设计上采用自由和景观式的方法，主环路特定区段以变截面的方式穿越自然生态区域，使车行道在分与合的过程中融入自然环境，主要步行区域分别位于沿主环路两侧和滨水地带，可供游人漫步或骑自行车游览。同时在自然生态区设置独立的步行系统，减少与其他地块的直接联系，保持片区的环境特色。

3.2.4.5 海鸥岛城市设计策略

(1) 强调水、绿和海鸥岛地形地貌等自然要素在生态、景观、空间、文化等方面对城市特色塑造的突出作用。因地制宜将其规划成简洁有力而富有弹性的用地结构，并以此建立岛上空间结构框架。

(2) 保留海鸥岛用地范围内的部分典型村落遗存并加以有效改造利用，延续原有形态肌理及历史文脉。农业岛上保留部分农田作为观光和科教示范性农业用地。

(3) 岛上原有河道曾经是海鸥岛对外交通和生活的命脉，需要有计划地疏浚河道、净化水质，并根据新的用地功能调整适度改造发展。整治后的水道不仅可以更好地发挥其生态作用，而且通过河岸景观塑造和设施建设，成为海鸥岛的主要交通和观光通路。

(4) 分别将生态、文化、社区、人居和农业功能安排在新规划布局的5个岛上，城市设计分别就不同的功能主题和环境要求合理调整用地结构，合理组织城市空间。

(5) 将开放空间规划系统作为海鸥岛物质环境秩序感和建筑协调性建立的基础，保持街廓完整性，美化社区内部环境。在保持城市环境富有生活气息的前提下对街区设施进行统一规划和管理。

(6) 景观构思方面，海鸥岛在空间规模尺度上远远超出人们对一般空间的体验认知能力，所以对其在外部形象性方面的表达主要侧重在海鸥岛的南、北两个洲头，通过在生态岛南端建立高大的发电风车阵列，塑造出海鸥岛能源环保的外部景观意象。而北端海鸥潭的观景休憩节点则构建了海鸥岛与对岸莲花山风景区的山水空间互动和历史关联性，它给广州珠江游游客和经由莲花山港口出港游客带来了对海鸥岛的第一印象。沿珠江和莲花山水道的海鸥岛东西两侧主要创造海鸥岛绿色生态主题的外部形象。

(7) 在海鸥岛特殊功能定位前提下，岛上建筑布局形态、密度分布、容积率等总体上呈现由南向北从微到强渐次变化的格局，并遵循整体和生态优先的原则。

(8) 海鸥岛中社区岛和文化岛内的建筑与一般城市中开发建设关注建筑组合关系有所不同,除了运用建筑学一般的秩序、比例、尺度美学原则外,还必须配合岛内周边环境自然结构和法则。农业、人居和生态岛中的少量建筑设计则更多的关注建筑与自然景观之间的关系。

总体而言,海鸥岛城市设计突破传统开发方式,强调一、二、三产业的融合与协调发展,实现多种生态策略和生态技术的组合,强调了在区域规模上的互补协调以及一定范围内的能源自给和自循环。与以往的应用范围一般较小、问题相对简单不同,海鸥岛既考虑了区域层面上的生态问题,又通过微观城市设计策略实现日常生活中的人文关怀和延续。

3.2.5 结语

当今的城市设计遵循的思想和原则已经在全球气候变化的背景下发生了重大转变,而其核心就是"绿色"、"生态"和环境友好。当然,绿色城市设计所遵循的不仅仅是狭隘的自然生态原则,还包括社会、文化和经济在内的复合生态整体。20世纪人类社会发展与演进历程中所犯下的最大失误就在于忽略了自然生态系统的保护与维系。因此,自觉保护自然生态学条件和生物多样性,以及在城市地区修复生态环境,保护生态敏感区,减少人工环境的不利影响,是城市设计工作者具有道德意义的崇高职责和目标[1]。诚如荷夫所言,"我们的目标是发现一种新的和有建设性的方法来对待城市的物质环境。并迫切需要寻找一种可替换的城市景观形态,以适合人们日益增长的对能源、环境和自然资源保护问题的关注。"

绿色城市设计涉及社会生活、经济和管理的各个部门,其编制过程及其后的运作、管理都需要教育和技能培训。客观地说,自然要素在根本上是与城市环境建设所体现的商品化相对立的,也是不可能完全商品化的,城市生态建设投资往往是"社会公益性质"的,而其非商品的属性使得它很难产生直接的经济效益或回报,也在一定程度上导致其实践缺乏原动力,亟待制定相应的引导、激励机制和政策,并使之与新颁布的《城乡规划法》接轨,进而具备法律效力。

近十年来,国内学者和技术人员所开展的相关城市设计案例研究已初步验证了绿色城市设计理念和方法的实际可行性。并就宏观、中观和微观三个不同层次的绿色城市设计要点展开了理论与实践方面的研究,如东南大学完成的北京焦化厂和唐山焦化厂改造规划设计、重庆大学城中心区城市设计、厦门钟宅湾城市设计、南京中山陵博爱园城市设计以及上文介绍的广州海鸥岛地区旅游策划和城市设计等案例研究,这些成果为所在城市政府规划和建设管理部门技术管理提供了参考。

3.3 绿色规划设计

当前,绿色建筑的研究和实践在世界范围内已经得到广泛开展,而城市建设和规划方面的生态化、可持续发展等也得到了极大的重视。土地利用、自然生态保护、城市格局、人居环境、交通方式、产业布局等都是城市规划研究的重点,对生态城市建设和可持续发展有着举足轻重的影响。如果说绿色建筑是城市走向绿色生态的一个个节点,那么绿色规划就是使之成为一个整体的关系链,规划本身达到科学合理和绿色生态是关系到最终结果的关键环节。

3.3.1 绿色规划理念的概念与发展

3.3.1.1 绿色规划的概念

绿色规划(Green Planning)是以城市生态系统和谐和可持续发展为目标,以协调人与自然环境之间关系为核心的规划设计方法。绿色规划与生态规划(Eco-planning)、环境规划(Planning for Environment)等概念有着相似的目标和特点,即注重人与自然的和谐,但由于翻译上的简化和对内涵理解的偏颇,往往会出现绿色规划与绿地(系统)规划、生态(系统)规划或景观环境设计等概念混淆的情况。

---

[1] 王建国. 走向新世纪的绿色城市设计. 重庆建筑,2009(03): 55.

绿色规划概念实际上源于绿色设计(Green Design)理念，是基于对能源危机、资源危机、环境危机的反思而产生的。绿色规划旨在改变城市发展的方式，避免用地无序蔓延、资源浪费、环境污染、城市病凸显等问题。与绿色设计一样，绿色规划也应具有"3R"核心，即 Reduce（减耗）、Reuse（重新利用）和 Recycle（循环回收），强调减少物质和能源消耗，减少有害物质排放，对各类物质资源进行回收循环和再次利用。同时，由于研究对象城市本身是一个相对复杂的生态系统，并且包含了许多人类活动的基本条件，因此绿色规划的理念逐渐拓展到人文、经济、社会等诸多方面。其关键词除了洁净、节能、低污染、回收和循环利用之外，还有公平、安全、健康、高效等。以城市生态系统论的观点来看，绿色规划就是要促成城市生态系统内各要素的协调平衡，具体来说包括保护自然生态，减少城市活动对生态环境的破坏；改变经济增长方式，科学合理利用资源，推行循环再利用，强调经济增长与生态环境的协调；改善人文生态，保护历史文化遗产，改善人居环境；强调社会生态，保障社会公平等。

3.3.1.2 绿色规划的启蒙与发展

绿色规划设计的理念随着城市的演进和规划学科的发展，经历了从自发协调意识到多学科综合研究的演变过程，有着深厚的思想渊源。

1）西方城市规划中的绿色足迹

西方现代科学和现代工业在人类中心主义价值观的指导下，发展了控制自然的技术和改造自然的实践，而自然主义观点的出现使这种情况得到逐渐的改变，19世纪生态学和植物学的发展更是引起了人们对自然界的兴趣，绿色生态的思想逐渐开始传播。

19世纪末，在资本主义社会城市问题凸显，生存环境恶化，社会矛盾突出的背景下，英国人霍华德提出了"田园城市"理论。他认为，田园城市是"为了安排健康的生活和工作而设计的城镇"，并对城市中农业、工业和城市用地之间的相互关系和运作方法提出了设想，他主张"自然之美——水清洁、无烟尘、空气清新、田野与城市相融；社会公正——无贫民窟、社会机遇平等、充分就业；城乡和谐——城市繁荣和乡村发展互动取代城乡分离"[①]。"田园城市"理论独创性地提出了城乡结合作为区域进行整体研究，提出了对城市规模、布局、人口等的关注和见解，以及对绿带、花园等的重视。作为城市发展史上最重要的规划理论之一，田园城市理论带有强烈的社会生态色彩和重视自然生态的特点。

1929年美国人C.A.佩里提出"邻里单位"（Neighborhood Unit）的理念，为城市社区规划提供了理论基础。"邻里单位"首次提出了按照合理规模的单元来配置绿地、公共空间、设施和住宅，住宅具有最佳朝向和间距等概念，人车分流，为居民提供了安全、环境优美、具有归属感的社区。这一理念大大改善了人居生态，其影响十分深远。直至今日，社区规划的许多原则仍然来自"邻里单位"理念，而这一理念对城市绿色住区的规划建设有着重要意义。

二战以后，英国等一些国家进行了大规模的新城建设运动[②]，以疏解伦敦为代表的大城市的人口和产业。针对大城市出现的诸如交通拥堵、环境恶化、犯罪、失业、缺乏个性等"城市病"，新城建设运动提出了实践上的对策。新城的社会和物质环境得到改善，土地利用率和经济性得到提高，居民拥有工作和选择住房的机会，人居环境得到重视，同时还强调尊重原本的自然环境。

1969年麦克哈格(I.L.McHarg)在《设计结合自然》(Design With Nature)中提出了生态设计的方法，并深刻地阐述了人与自然的关系，抨击了"现代技术由于轻率和不加思考地应用科学知识或技术设施，已经损坏了环境和降低了它的可居住性"[③]。他分析了西方人本主义与东方的自然主义的分歧，认为应将设计"结合"自然，从而"避免各自的极端"。他认为，"我们每一个人都按照自然规律生活着，从而与生命的起源相联系，……也是和所有的生命联系着的。……从最初至今，地球这颗行星是一切进化过程和无数生活在上面的'居住者'唯一的家。……从这个意义来讲，生态学就是关于家的科学。"他认为生态设计不是

---

① 参见[英]埃比尼泽·霍华德. 明日的田园城市. 金经元, 译. 北京: 商务印书馆, 2000.
② 又称新城市运动（New Town Movement），起源于霍华德田园城市思想，主要是为了解决战后城市人口和工业过分集中以及城市重建的问题。英国政府将新城确定为优先发展方向，并在1946年通过了《新城法案》（New Towns Act），新城和卫星城得到大力发展。
③ [美]刘易斯·芒福德(Lewis Mumford)在《设计结合自然》的绪言中对麦克哈格的评价中提及。

某个职业或学科所特有的，它是一种与自然相作用和相协调的工作方法。麦克哈格的生态设计方法主要是提出针对土地的使用范围、类型、方式的调查和研究，"对土地必须要了解，然后才能去很好地使用和管理它，这就是生态的规划方法"①。麦克哈格的理论为城市生态学的发展开辟了一条技术路线。

2）世界范围的生态城市研究

绿色城市与生态城市的概念通常被认为是可以互换的。除了一些将"绿色"或"生态"概念进行狭义理解的情况之外，绿色、生态经常被一同提及。1971年联合国人与生物圈计划（Man and the Biosphere，简称MAB）明确提出从生态学角度研究城市，将城市作为一个人类生态系统来研究，并提出了生态城规划的5项原则，从整体上概括了生态城市规划的主要内容，也成为后来生态城市理论发展的基础②。1975年理查德·瑞杰斯特（Richard Register）在美国加州伯克利成立了城市生态学研究会，其宗旨是"重建与自然平衡的城市"。在其1987年的著作《生态城市伯克利：为一个健康的未来建设城市》中，对"生态城市"原理和应用做出系统阐述并在学术界受到一致推荐。他阐述了生态城市的概念、标准、区域背景和空间形态，建设新的生态城市和将现有的城镇转化为生态城市的方法、步骤等重要内容。并以美国城市伯克利为例，形象、具体地说明了在规划、建筑、交通、能源、政策、经济和市民行为等方面，如何进行生态城市的规划、建设和管理。瑞杰斯特提出生态城市的关键是"紧凑、便利和多样性"，认为生态城市就是生态健康的城市，它所寻求的是人与自然的健康发展，并充满活力和持续力③。

前苏联生态学家亚尼斯基（O. Yanitsky）则提出了理想的生态城设计思想，他认为生态城市是一种理想的城市模式，是按生态学原理建造起来的人类聚居地，它以实现自然、技术、人文融合，物质、能源、信息高效利用为目标，其所有的生态要素都进入一种良性循环，人的创造力和生产力得到最大限度的发挥，居民的身心健康和环境质量得到最大程度的保护。亚尼斯基将生态城市完美化、理想化，实际上代表了一种"生态城市理想说"④。

1990年由"城市生态"（Urban Ecology）组织促成在美国伯克利召开了第一届国际生态城市大会（ECOCITY 1），之后1992年澳大利亚阿德莱德（Adelaide）、1996年塞内加尔达喀尔/约夫（Dakar/Yoff）、2000年巴西库里提巴（Curitiba）、2002年中国深圳、2006年印度邦加罗尔（Bangalore）、2008年美国旧金山（San Francisco）相继召开了7届国际生态城市大会，对全球的生态城市理论研究和建设实践产生了广泛的影响。

从19世纪80年代开始，我国生态城市的理论研究也得到广泛开展。我国学者马世骏和王如松提出了城市社会—经济—自然复合生态系统学说；王如松等认为，生态城市的建设要满足人类生态学的满意原则、经济生态学的高效原则、自然生态学的和谐原则；黄光宇等认为，生态城市是根据生态学原理综合研究城市生态系统中人与"住所"的关系，并应用科学与技术手段协调现代城市经济系统与生物的关系，保护与合理利用一切自然资源与能源，提高人类对城市生态系统的自我调节、修复、维持和发展的能力，使人、自然、环境融为一体，互惠共生；沈清基认为，城市生态规划在应用生态学的观点、原理、理论和方法时，不仅关注城市的自然生态，而且也关注城市的社会生态。

生态城市的提出是基于人类生态文明的觉醒和对传统工业化和工业城市的反思，但随着研究的深入和社会经济的发展，生态城市已经超越了保护自然环境的层面。当前，生态城市的理论研究和实践已经在包括我国在内的世界范围广泛开展。在生态城市的系统说成为主流之后，生态城市逐渐成为最恰当地全面表达人类理想城市的综合性的概念。

3）"天人合一"思想与中国的山水城市

中国自古以来就有"天人合一"的思想，这实际上体现了中国哲学家和思想家对人与自然之间关系的关注。老子说："人法地，地法天，天法道，道法自然。"强调人为听任万物之自然。庄子则明确提出"天地与我并生，而万物与我为一"的天人合一的思想。道家的天人合一思想，强调贬抑人为，提倡人与自然和

---

① [美]伊恩·伦诺克斯·麦克哈格. 设计结合自然. 黄经纬，译. 天津：天津大学出版社，2006.
② 黄肇义，杨东援. 国内外生态城市理论研究综述. 城市规划，2001，25(1).
③ [美]理查德·瑞杰斯特. 生态城市伯克利：为一个健康的未来建设城市. 沈清基，沈贻，译. 北京：中国建筑工业出版社，2005.
④ 董宪军. 生态城市论. 北京：中国社会科学出版社，2002.

谐相处①。这种思想不仅为谋求人与自然和谐相处提供了一种精神境界，而且也成为中国传统文化审美意境的一种终极追求。

"天人合一"论对于我国古代城市规划中的选址、格局、改造以及园林建设和风水学说等方面都产生了重大的影响。事实上，无论是皖南古村落还是苏州的古典园林，其选址、布局、建筑形态、环境设计中都体现了天人合一的中国传统哲学思想和对大自然的向往与尊重。

我国传统文化中的"天人合一"思想构成了"山水城市"的哲学渊源。从古人择居建园的追溯中可以看到，"山水城市"的思想核心是人、城市与自然的和谐。钱学森先生提出："山水城市"就是把山水诗词、古典园林与山水画融入城市大区域建设之中。吴良镛先生则从人居环境的角度认为，"山水"泛指自然环境，"城市"泛指人工环境。山水城市是融合古代与现代城市建造理论，以中国传统建筑理念为内涵，以现代高科技技术为手段，以特定的城市地理环境为条件，而形成的具有中国特色和风格的城市。

4) 可持续发展与当代绿色风潮

由于全球生态危机日益严重，物种消亡、臭氧层空洞、温室气体排放、资源枯竭、气候异常等自然环境问题接踵而至，城市发展建设中"城市病"顽疾不化，人类社会发展的前景黯淡。可持续发展的思想就起源于对日益严重的全球性危机的反思。在1987年由挪威前首相布伦特兰夫人领导的"世界环境与发展委员会"（WCED）发表的《我们共同的未来》（Our Common Future）中首次提出可持续发展的定义，即：在满足当代需求的同时，又不损害人类后代满足其自身需求能力的发展模式。可持续发展战略从三大原则和七大体系出发，科学系统地阐述了发展与资源环境之间的辩证关系，强调社会、经济、环境协同发展，并明确了全球化的环境责任。可持续发展是当今世界发展的主题，其真谛在于综合考虑政治、经济、社会、技术、文化、美学各个方面，提出整合的方法②。

20世纪中后期，随着国际社会对人类生存危机的认识不断加深，许多国家都掀起了绿色风潮，从工业设计到城市建设的各个领域都在进行着绿色革命。一些国家成立了"绿党"，他们奉行的4个基本主张是：生态可持续（Ecological Sustainability）、基层民主（Grass-Root Democracy）、社会正义（Social Justice）和世界和平（World Peace）。在各种非政府组织和政党的带动下，一场广泛涉及环境、生产生活方式、社会、政治等各个领域的绿色革命席卷世界。1972年6月5日，在瑞典斯德哥尔摩进行的联合国人类环境大会发表了"人类环境宣言"，发出"为了这一代和将来世世代代而保护和改善环境"的号召，6月5日定为"世界环境日"。其后1992年，巴西里约热内卢召开联合国环境与发展大会，讨论并通过了《关于环境与发展的里约热内卢宣言》、《21世纪议程》，提出了人类"可持续发展"的新战略和新观念：人类应与自然和谐一致，可持续地发展并为后代提供良好的生存发展空间；人类应珍惜共有的资源环境，有偿地向大自然索取。2002年又在南非的约翰内斯堡举行了世界可持续发展峰会，提出了全球可持续发展《执行计划》和《约翰内斯堡可持续发展承诺》。此外一些例如《京都议定》、《保护生物多样性公约》等全球性的公约陆续得到执行，以可持续发展为核心的绿色思潮逐渐成为主流思潮，城市和建筑也在这种思潮的影响下走上绿色发展之路。1996年6月在土耳其伊斯坦布尔第二届人居大会上通过的《人居议程》对可持续的人类住区提出设想：人人享有适当的住房、健康而安全的环境、基本服务、富有成效且自由选择的工作。2005年6月，联合国环境规划署（UNEP）在旧金山的世界环境日庆典活动中，与会代表签署了《城市环境协定——绿色城市宣言》，呼吁促进城市的可持续发展、保护自然环境、提高城市贫民的生活质量、减少垃圾、确保饮用水安全以及科学治理城市。20世纪中后期以来，许多生态城、绿色城市的试点在世界范围出现，我国的上海（东滩生态城）、天津（中新生态城）、苏州（苏州工业园区）、深圳（光明新区）、南京（江心洲生态岛）等都先后开展了生态绿色城市的研究和实践，绿色城市已经成为当今城市可持续发展的必然选择。

---

① 张世英. 中国古代的"天人合一"思想. 求是，2007(07).
② 国际建协. 北京宪章（国际建协第20届大会，北京，1999年6月通过）. 世界建筑，2000(1).

3.3.2 绿色规划的目标与任务

3.3.2.1 绿色规划的目标

从规划目标上来说，绿色规划是以可持续发展为核心目标的生态优先的规划方法。传统的规划设计往往以美学、人的行为、经济合理性、工程施工等为出发点进行考虑，而生态和可持续发展的内容则作为专项规划或者规划评价来体现。因此往往出现两种情况，一是在学科综合方面，由生态学专家和环保部门编制的专业规划往往与城市规划部门的规划设计难以结合，造成生态规划"墙上挂挂"的情况；二是在规划与建设过程中，虽然环境评价具有项目否决权，但在面临巨大经济利益的时候往往会出现先建设后评价而后亡羊补牢的情况，从而造成自然生态的破坏。如果在规划设计的早期阶段就将生态因素结合考虑，以可持续发展为设计要点，就有可能消减对生态系统平衡的不利影响，减少与专业规划和评价体系的矛盾。也就是说，尽管环境保护和生态系统平衡的概念已经得到极大的重视，但是绿色生态理念在设计初始阶段的引入和规划建设全过程的贯彻仍然是值得研究的问题。

绿色规划要求在规划设计的全过程中综合考虑自然生态、社会生态、人文生态的协调，是从绿色建筑到生态城市的中间过程，是把点联结成面的逻辑和方法。绿色规划的目标是综合性的，包括完善城市功能，合理利用土地，形成科学、高效和健康的城市格局；对自然生态进行充分的保护，保护生态环境的多样性和连续性；改善人居环境，形成生态宜居的社区；推行绿色出行方式，形成高效环保的公交优先的交通系统；采用循环利用和无害化技术，形成完善的城市基础设施系统；提倡功能和用地的混合性、多样性，提高城市活力；提倡公众参与，保障社会公平等。由于基础条件、发展阶段及政策导向的不同，世界各地在推行相关规划策略时的侧重点也不相同。有的以倡导能源和资源的合理利用为特点，例如德国弗赖堡通过发展公共交通、提倡绿色出行以及鼓励使用可再生资源，尤其是太阳能等方式，推行了高效的可持续发展策略；有的以自然生态环境保护为出发点，例如荷兰赫尔辛基推行的环境优先政策以及环境建筑评估方法（Pimwag）；有的以应对各类城市问题和改善人居环境为导向，例如中国香港的一系列住宅和环境计划；还有关注人类健康的"健康城市"计划[1]，关注居住社区的"共同住宅"（Cohousing）计划[2]，关注绿地景观的"园林城市"[3]，等等。随着认识的不断深入和城市的进一步发展，绿色规划和策略的目标也逐步向更为全面的方向发展，从对新能源的开发到对节能减排和可再生资源的综合利用，从对自然环境的保护到对城市社会生态的关心，从单一领域的出发点到城市综合的绿色规划策略——毕竟城市本身就是一个各种要素相互关联的复杂生态系统。从这一角度来说，绿色规划的目的就是要达到城市"社会—经济—自然"生态系统的和谐，而其核心和共同特征是可持续发展。由此可见，绿色规划的目标具有多样性、关联性的特点，同时又具有统一的核心内涵。

3.3.2.2 绿色规划的主要任务

绿色规划的内容十分广泛，依照城市生态学的分类，涵盖了自然生态、经济生态、社会生态三个子系统的内容。自然生态方面包括降低人工行为的影响，保护和修复自然环境，资源和能源的科学利用；经济生态方面包括提高产业综合效益，发展循环经济；社会生态方面包括社会公平与和谐。其中自然生态是城市可持续发展的基础，经济生态是动力，社会生态是关系到人的因素，绿色规划既要关注每个方面自身的问题，还要追求三者之间的协调发展。事实上，一项绿色规划策略的提出，通常都涉及多个方面的问题，其提出与实施的过程也是与自然、社会和经济等各方面要求环环相扣的。我国曾针对国民经济发展、土地资源利用、城乡总体规划之间的协调统一问题，提出了城市规划"三规合一"的理念。近年来一些城市将生态环境保护规划也加入到协调的范围之内，以期形成"四规合一"。"四规合一"的理念体现了城市发

---

[1] "健康城市"是世界卫生组织"城市与健康计划"提出的概念，主要以市民的身心健康为核心，对城市建设的各个方面提出要求，可以认为是生态城市建设的一个重要方面，但由于单纯从卫生和健康角度提出，其内涵显然不够全面。

[2] "Cohousing"计划始于20世纪60年代的丹麦，之后在英美等国得到推广，其推崇更传统的邻里环境、资源共享和可持续的生活方式，被视为一种自下而上的生态社区组织模式。

[3] "园林城市"是我国于1992年提出的一种城市建设荣誉称号，以园林绿化的改善为核心内容和评价标准。在此基础上，2004年又提出"生态园林城市"标准，更全面地对生态环境保护提出了具体要求。

展中经济社会、土地资源、城乡建设和生态环境四者协调一致的要求，而这种协调一致、和谐发展也正是绿色规划的主要任务[①]。

城市生态学关注的是城市生态系统的平衡安全，子系统间人流、物流、能量流、信息流、资本流等关系以及系统的总体高效。城市生态学的系统思想为绿色规划提供了逻辑推理与效果评估的理论基础和途径，但是由于城市生态学内容和研究对象上与规划学科有着一定的差异，决定了城市生态学与城市规划设计实施之间需要语汇的转换，也就是需要将生态学原理纳入到规划设计和实施过程，通过规划设计的手段、方法、策略准确表达出来。这一过程正是绿色规划的核心任务。城市规划学科研究的本体是空间[②]，绿色规划的研究对象实际上是空间的自然、经济、社会属性，其任务就是使空间的各类属性之间达到势力均衡和综合效益最大化。

由此可见，绿色规划设计应当从自然、经济、社会属性协调发展的角度出发，针对空间及其相关属性提出发展与改革策略。从广义生态的角度来说，绿色规划的主要任务和策略的提出应当针对空间的生态属性的最优化。

3.3.3 绿色规划的内容与策略

3.3.3.1 调研分析阶段

一般性规划的前期阶段应对周边自然生态条件(地质、水文、气候、植被、生物群落、生态用地等)以及生态环境影响情况(工矿企业污染、人居影响、水土流失、物种减少等)进行调研，结合生态学的原理与方法对生态安全、生态容量、土地承载力等进行评估，对规划区及周边进行生态要素分析和土地生态分级。分析的内容应当包括：① 山体、水体、农田、林地等自然环境要素对空间结构的影响和制约；② 气候、水文、地质等对生态安全的要求；③ 人流、物流、能量流、信息流、经济流等各类生态流的情况；④ 目前人类活动和人工环境对自然生态的影响和破坏；⑤ 土地的生态分级和建设适宜性空间划分；⑥ 本地生物群落和物种分布情况；⑦ 资源和能源的配置与使用情况；⑧ 人文历史和社会经济发展情况。

生态分析的结论主要包括土地利用方面(生态适宜度评价)，空间利用方面(生态敏感区和空间控制分级)，建设发展规模方面(生态容量)，结构和布局方面(生态安全)等内容。

在传统的城市规划方法中，对社会和经济情况相对重视，而对生态方面的分析则十分不足。近年来，在生态学方法和 GIS 分析等技术手段介入之后，对土地利用方面的分析研究已经有了很大的进步，从地形、地质、交通流等因子进行考虑的用地评价已经得到普遍认可。但是，对生态系统结构和生态流的综合评判往往还只局限于生态专项规划中，在一般性规划的前期阶段难得一见。除了技术手段和理念的不足之外，长期形成的经济社会至上和狭义的人本主义也是对生态基础条件忽视的重要原因。在着手进行空间规划设计之前的生态学研究是十分重要的，尤其在城市和区域的层面上，对生态系统的基础分析往往是绿色规划和生态城市建设的关键。

3.3.3.2 规划原则和目标的确立

在前期分析的基础上，提出规划的原则和分阶段的目标。当前，许多规划设计都提出了生态优先和可持续发展的原则，但容易流于形式口号，事实上，针对本土特色和项目特色提出的原则和目标，被认为是最具实用性和可操作性的。除了一般性和普适性的生态原则之外，可以针对某些主要矛盾和急需解决的问题进行强化研究。许多被推崇的生态绿色规划案例，都有其独具特色为人称道的特殊目标。例如巴西的库里蒂巴就成功展示了快速有效的公共交通系统和以公共交通为核心的规划设计理念。

3.3.3.3 规划设计策略与措施

绿色规划并非生态专项规划，其策略和措施的提出仍然要针对城市规划的研究对象，例如土地利用、空间布局、交通运输等。在绿色规划设计过程中，生态优先和可持续发展的理念是区别于一般规划设计的

[①] "三规合一"一般是指国民经济和社会发展规划(或产业发展规划)、土地资源利用规划、城乡总体规划三者的协调一致；"四规合一"则加入了生态环境保护规划。目前一些城市已经开展了"四规合一"的研究和实践，如重庆等城市进行的"四规叠合"工作。

[②] 段进. 城市空间发展论. 第二版. 南京：江苏科学技术出版社，2006.

重要特点。

1) 土地利用和空间结构

区别于传统的经济社会导向型的土地利用规划模式,从生态角度出发的土地利用模式有着一些新的途径。以生态控制来组织城市空间和土地利用的案例出现在许多临近生态敏感区的城市,例如荷兰著名的"绿色心脏"兰斯塔德(Randstad)地区,由城市、绿色心脏(受到法律保护的大型开敞空间)、农田和大海构成的城市网空间结构就是由生态空间控制而形成(图3.9)。而国内学者提出的"反规划"方法强调通过优先进行不建设区域的控制,来进行城市空间规划,也是一种生态优先的景观规划途径和对传统城市规划方法的思路改革(图3.10)。在城市空间形态上,"山水城市"、"紧缩城市"、"间隙式空间布局"等理念都是出自对自然和社会生态的思考。而与生态学结合的生态位适宜度评价、生态足迹压力分析等在城市用地布局方面也提供了新的方法和思路。在自然生态视角下,对土地利用和空间布局上需要考虑的有:原有自然生态空间的保护和延续;适度开发土地,集约用地,节约土地资源;注重人工环境与自然环境的协调,保证"绿色"、"蓝色"的数量和质量,控制各类生态廊道;选择符合生态原则的发展模式和空间形态。

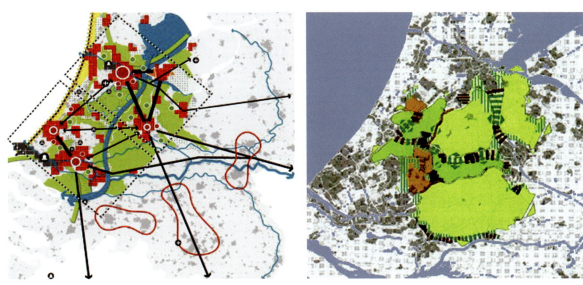

图3.9 荷兰著名的"绿色心脏"兰斯塔德
资料来源:荷兰住房、空间规划和环境部网站 Randstad 2040(http://www.vrom.nl)

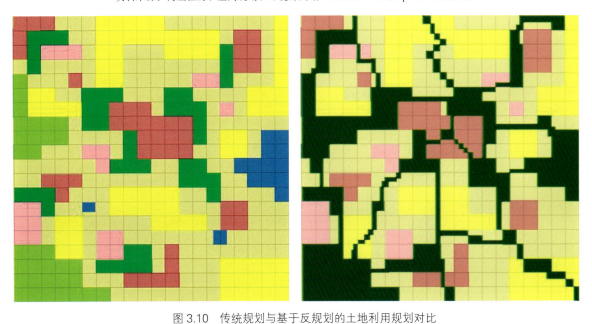

图3.10 传统规划与基于反规划的土地利用规划对比
资料来源:俞孔坚,等.科学发展观下的土地利用规划方法——北京市东三乡之"反规划"案例.中国土地科学,2009(3).

绿色建筑设计与技术

图 3.11 GEOS 能源零净耗社区（Geos Net-Zero Energy Mixed-Use Neighborhood）采用混合利用模式

资料来源：美国景观设计师协会 ASLA 官方网站公布的 2009 年分析与规划奖资料.

除了先进的建筑技术以外，许多绿色生态城市的案例都采用了具有能源和资源意识的城市规划方法，也就是将太阳、风向、水资源等作为规划选址和布局的考虑因素，将自然通风、清洁能源利用、结构性节能以及水资源的获取和循环利用作为追寻的目标（图 3.11）。

同时，绿色规划还提倡土地的混合利用，其好处是节省土地资源，缩短出行距离，有利于提高土地经济性和功能的多样化等。目前，土地的混合使用已经为许多城市所接受，在城市中心区和居住社区建设中得到实践应用。

2）交通模式和道路系统

私人小汽车的大量使用带来交通拥堵、温室气体排放、能源浪费、噪音污染等众多的生态难题，因此被环保主义者们视为"噩梦"，过度依赖小汽车的美国模式也成为遭到诟病的交通模式。在已有的绿色规划项目和生态城市研究中，绝大部分都提到了绿色交通的重要性。归纳起来大致有以下几个方面的措施：① 提倡以各类公共运输为核心的交通系统，如巴西库里蒂巴的 BRT 模式和道路网（图 3.12）；② 提倡自行车和电动车出行的模式，如法国巴黎推出的"无人自行车租赁系统"（图 3.13）；③ 通过改善交通条件，减少不利影响，如美国波士顿的"大隧道"工程（图 3.14）；④ 通过合理布局，调整就业空间分布，鼓励区内就业等方式，缩短出行距离（图 3.15）。

在城市不断发展的过程中，交通相关的问题十分严重，出行需求与污染排放，交通量增大与交通拥堵，能源需求与能源危机等矛盾突出，尤其在以汽车化为特点的美国，已经成为城市发展难以逾越的瓶颈。我国近年来小汽车数量迅速增加，已经给城市带来巨大压力，在出台相关抑制措施的基础上，许多城市把目光投向大力发展以地面公交、地铁、轻轨为代表的公共交通设施，以改善城市交通和环境污染情况。

图 3.12 巴西库里蒂巴的快速公交系统

资料来源：[西]米格尔·鲁亚诺. 生态城市 60 个优秀案例研究. 吕晓慧，译. 北京：中国电力出版社，2007.

图 3.13 法国巴黎无人自行车出租服务

资料来源：http://www.e-info.org.tw

图 3.14 美国波士顿的中心干线计划图，或称 "BIG DIG"
将波士顿整个高架交通系统全部改为地下高速公路，堪称美国迄今为止耗资最大也是最复杂的高速公路计划.
资料来源：开放式课程计划 http://www.myoops.org

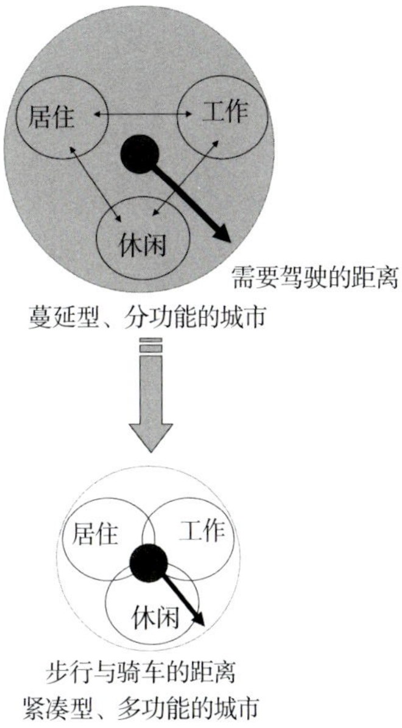

图 3.15 混合功能社区对出行的影响图示
资料来源：诸大建．生态文明与绿色发展．上海：上海人民出版社，2008.

除了出行方式和工具的变革之外，城市道路系统也是需要重视的方面。在许多生态城市规划中明确提出了将机动车交通与步行和自行车道分开的思路，尤其是在社区内以密集的步行道和自行车道组织交通，形成安静优美的社区环境。这实际上是将不同类型的交通流进行分段，进而减少机动车出行的方法。同时对道路网密度的研究也受到关注，"小地块密路网街区"[1]的模式在一些案例中得到实践，以提高通行效果和控制空间尺度。此外，城市道路的绿色隔离、道路廊道对热岛效应的缓解、道路对生态显现的作用等，也都是绿色规划可能涉及的内容。

3）绿地生态系统

一些从字面理解绿色规划的人，可能会把绿色规划理解为绿地规划，这并不足为奇，因为绿地系统的确是绿色规划的一个重要方面。正是由于植物的绿色代表着健康和生机，因此才会采用"绿"来代表这种倡导生命、美和公平的设计思想[2]。在我国有"花园城市"、"园林城市"、"森林城市"[3]这样的概念，正是在强调绿地系统的相关规划建设。传统的绿地系统规划只在面积和服务半径方面考虑，而绿色视角的规划则更关注整体性、系统性以及物种的本土性和多样性。一方面，绿地、水系、湿地、林地等开敞空间被视为生态的培育和保护基础，设计中尽量避免过多的人工环境，对本地的动植物物种进行保护，通过自然原生态的设计提高土壤、水系、植物的净化能力。另一方面，自然绿地的下垫层拥有较低的导热率和热容量，同时拥有良好的保水性，对缓解城市热岛效应有重要的作用。

尽管绿地空间的自然生态属性对绿色规划来说十分重要，其社会属性和对人类活动的作用也不可忽视——绿地和开敞空间系统为人的活动提供了高品质和健康的场所。因此，绿地和开敞空间的可达性和环境品质也是绿色规划所提倡的。

这其中需要注意的有两个认识上的误区：一是认为所有绿地空间都应是自然生态绿地，而禁止在绿地内进行休闲活动和相关建设，使绿地成为"绿色沙漠"。事实上，一些城市已经开始对绿地上的建设"松口"，在严格保护基本生态绿地的基础上，允许引入人的活动并进行景观、场地、配套设施的建设。这种

---

[1] 王轩轩，段进．小地块密路网街区模式初探．南方建筑，2006(12)．
[2] [美]理查德·瑞杰斯特．生态城市伯克利：为一个健康的未来建设城市．沈清基，沈贻，译．北京：中国建筑工业出版社，2005．
[3] 从2004年起，全国绿化委员会、国家林业局提出创建"森林城市"并制定了相关评价指标。同时，每年举办一届中国城市森林论坛。

基于人与自然共生的理念，往往能够达到生态效应和社会效应的协调。二是认为生态绿地就是完全不作为的废弃地，而忽略了生态修复的重要性。特别是对于城市内部和周边已受到影响的地区，采用适当的手法完善来培育恢复自然生态也是很重要的。通过合理配置植物种类，恢复能量代谢和循环，防止外来物种侵入等手段，可以使已遭受生态破坏的地区获得生态修复。

4）人居环境与社区模式

人居环境是绿色规划最关注的方面之一，无论是生态城市理论、人居环境理论等研究层面，还是邻里社区、生态小区的实施层面，居住都是永恒的主题。许多著名的生态城、生态村和生态社区都在人居环境方面取得了突出的成果，甚至连生态建筑的发展也大量的着眼于住宅建筑。作为城市物质空间的最重要组成和与人关系最直接的一个方面，社区无疑是绿色规划的焦点。20世纪90年代兴起的新城市主义运动[①]提出的城市社区模式，在结合了邻里单元、公交导向、步行尺度、适度集约和生态保护的理念后，成为受到广泛接受的绿色人居模式。新城市主义社区的主张包括：

（1）交通——提倡通过步行和自行车来组织社区内交通，通过便捷的公共交通模式解决外部交通需求，而公共空间和服务设施便捷完备，减少对外出行量，实现公共服务的自给自足。

（2）尺度——小街区，密路网，疏解交通，营造步行尺度的公共空间。

（3）混合集约——服务设施功能混合，提倡邻里、街道和建筑的功能混合和多样性，提倡功能和用地的适当积聚。

（4）生态友好——降低社区的开发和运转对环境的影响，保护生态，节约土地，使用本地材料等。

（5）归属感——通过加强人的交流和社区安全，营造社区的归属感和人情味。在许多案例中，鼓励人与人的交流以及提倡公众参与，这被认为是绿色社区的重要标准。发源于丹麦的"共同住宅"（Cohousing）已经在英国和美国得以发展，它推崇传统的集体居住氛围和共享的服务设施，强调居民之间的交流和建设中的公众参与。

随着生态理念和技术的发展，社区规划关注的内容进一步向生态绿色拓展，涵盖了基于生物气候条件的规划设计、绿色交通解决模式、环境系统控制、环境模拟（噪声、采光、通风模拟）、资源的循环利用、节能和减排措施等方面。

5）基础设施与生态技术

伴随着资源危机和生态破坏的加剧，能源、资源的集约循环使用和环境污染控制已经成为绿色规划关注的焦点和学科发展的技术前沿。基础设施是城市生态系统中能量流、物质流的载体，是生态循环的重要环节，因此绿色规划对基础设施和工程技术的要求也越来越高。在基础设施方面主要措施有：

（1）开发利用可再生能源。可再生能源（尤其是太阳能技术）在城市环境中的利用已经进入到实践阶段，出现了许多成功实施的案例（图3.16，图3.17）。德国的弗赖堡就是太阳能利用的代表，其太阳能主动和被动式利用在城市范围内得到普及。而众多被冠以太阳城（村、区）的生态城项目也都是着力关注太阳能利用[②]。从规划角度来讲，许多城市制定了新能源使用的策略，对城市供电、供热方式进行合理化和生态化建设。例如广州2009年发布的《广州市新能源和可再生能源发展规划（2008—2020）》就将太阳能、水电与风电、生物质能等作为新能源发展的重点领域，与此同时对城市基础设施进行统筹规划和优化调整。

（2）能源综合利用和节能技术。节能技术不仅应用在建筑领域，也应用在城市规划领域，其中包括城市照明的节能技术、热能综合利用和热泵技术[③]、通过系统优化达成的系统节能技术等。

---

① 新城市主义主张借鉴二战前美国小城镇规划传统，塑造具有城镇生活氛围的紧凑社区，以取代郊区蔓延的发展模式。1993年在美国召开了新城市主义协会（CNU）的第一次会议，1996年CNU第四次大会上通过了《新城市主义宪章》，提出了地区、邻里、街区三个层面上的设计原则。

② 著名的案例有诺曼·福斯特及其合作者在奥地利林茨设计的太阳城（Solar City）、在德国雷根斯堡设计的太阳区（Solar Quarter），以及在阿联酋马斯达尔设计的太阳城等，在《生态城市60个优秀案例研究》一书中部分提及。

③ 热泵技术是一种节能型空调制冷供热技术，分为地源热泵和水源热泵技术，它是一种转移冷量和热量的设备系统。以花费一部分高质能为代价，从自然环境中获取能量，并连同所花费的高质能一起向用户供热，从而有效地利用了低水平的热能。其特点有：高效节能、稳定可靠、无污染、冷暖双用、寿命长易维护等。

图3.16 屋顶采用被动式太阳能板的集合住宅
资料来源：[法]多米尼克·高辛·米勒. 可持续发展的建筑和城市化——概念、技术、实例. 邹红燕, 邢晓春, 译. 北京: 中国建筑工业出版社, 2008.

图3.17 德国巴伐利亚州的一家集中式太阳能电厂
资料来源：人民网—环保频道 http:// www.people.com.cn

（3）水资源循环利用。主要包括中水回用系统和雨水收集系统。中水回用系统开辟了第二水源，促进水资源迅速进入再循环。中水可用于厕所冲洗、灌溉、道路保洁、洗车、景观用水、工厂冷却水等，达到节约水资源的目的。雨水收集系统在绿色规划中也得到了广泛使用，例如德国柏林波茨坦广场的戴姆勒·克莱斯勒大楼周边就采用了雨水收集系统，通过屋顶绿化吸收之后，剩余的水分收集在蓄水池中，每年雨水收集量可达 7 700 m³[①]。

（4）垃圾回收和再利用。包括垃圾的分类收集、垃圾焚化发电、可再生垃圾的利用等措施，促进城市废物的再次循环。对城市基础设施来说，一是提供充足的分类收集设施，二是建设能够处理垃圾的再生纸、发电等再利用设施。

（5）环境控制。包括防止噪声污染、垃圾无害化处理、光照控制、风环境控制、温度湿度控制、空气质量控制等。随着虚拟模拟技术的引入，对噪声、光照、风速、风压等可以进行计算机模拟，依据结果对规划方案进行修正。

绿色规划的内容与策略种类繁多，其核心是处理人与自然环境的关系；而伴随着生态绿色理念的发展，其影响已经进入社会、经济、人文的各个方面。当前，绿色规划策略已经拓展到包括历史文脉的继承和保护，发展循环经济，提倡公众参与城市特色与活力研究等方面。然而，与传统的规划设计方法和城市经济学、城市社会学、城市人类学等研究的内容相比，其最大的特点还是体现在城市发展与自然生态环境的系统协调上。目前看来，大多数的绿色规划并不是一揽子解决所有问题，即使像巴西库里蒂巴那样受到推崇的全面政策，也是经历了几十年的一系列长期规划和多方参与逐渐形成的。从城市发展模式到公交导向的交通解决方案，到房地产开发战略，长期持久的规划和政策造就了如今看到的巴西生态之都。因此，在确定生态原则的基础上，绿色规划可以重点针对某个方面进行规划设计，以解决主要矛盾和重大问题。当然，前提是在一个长期的、系统的体系内进行规划，正如库里蒂巴市市长贾米·勒讷（Jaime Lerner）所说："我们不能为了解决一个问题，而引发更多的问题，要努力把所有问题连接成一个问题，用系统的眼光去对待，用综合规划的办法去解决。"

3.3.4 绿色社区规划设计

3.3.4.1 概述

在绿色规划和生态城市建设的实践案例中，绿色社区的设计数量众多且卓富成效。社区作为城市构成

---

① 数据来源于：[法]多米尼克·高辛·米勒. 可持续发展的建筑和城市化——概念、技术、实例. 邹红燕, 邢晓春, 译. 北京: 中国建筑工业出版社, 2008.

的基本单元，包含了城市的许多特征，具有一定的代表性；按照城市设计的分类①，绿色社区设计属于分区级设计，上与城市级规划衔接，下与地段级的建筑群、建筑环境设计关联，具有较强的关联性；城市社区作为城市最重要的功能单元，与人类的活动紧密相关。因此，绿色社区成为既具有代表性，又具有关联性，同时受到最多关注的对象。而由于其规模大小适宜灵活的开发方式，因此又具有较强的可操作性。

城市社区理论最早在英国新城市运动中实践；佩里在总结前人的基础上提出"邻里单元"理论，为城市社区建设提供了新的思路；新城市主义在社区建设上的主张和实践则为生态型社区的发展做出尝试。在西方发达国家，随着城市整体质量的下降，城市社区出现了交通拥堵混杂，绿地开敞空间不足或使用不便，空间尺度失衡，缺乏特色、功能单一等弊病，对生态环境的破坏也日益凸现。在我国，传统的居住小区模式也引起了关于环境破坏、能耗巨大、忽视历史文脉、缺乏交流活动场所、过度封闭等方面的讨论。伴随着生态保护和绿色技术的发展，绿色生态社区的规划有了实施的基础，并且已经出现了较为成功的案例。目前我国有生态示范小区、生态住区、生态细胞、绿色节能小区、绿色社区创建等多种形式和概念，这都是生态绿色社区建设的尝试。但不可否认的是，流于概念或者片面关注景观环境的情况也不在少数。如何在生态原则下进行全面的绿色社区规划成为绿色城市规划的重要环节。

3.3.4.2 绿色社区规划策略与方法

通过对绿色社区规划过程和案例的分析我们可以得到以下8个方面的规划策略和方法：

1）空间利用与生态评估

城市社区面临的首要问题是进行土地和空间的安排。与城市规划一样，社区规划对项目选址及周边地区应当进行生态环境的评估，以保证与整个城市和区域范围生态系统的协调。生态评估的因子范围十分广泛，包括地形地貌、生物气候、地质条件、水资源、能源、动植物种等自然环境信息，还包括周边城市历史文脉、居民人口构成、产业分布、交通条件等社会经济信息。通过对这些信息的综合评价，可以得出对土地和空间利用的原则性框架，并在此框架内细化落实为土地利用、建筑朝向与布局、生态空间控制等措施。针对不同的生态环境特点，可以采取不同的规划设计出发点，例如基于生物气候的规划、基于生态空间控制的规划、基于历史文脉延续的规划、基于地形的规划等，都可以形成特色鲜明的社区规划。利用遥感技术和GIS系统的数据库信息叠加方法，可以相对综合地进行多因子评价，从而得到一个较为全面的生态制约框架。这一框架不仅对土地利用和空间划分起到限制作用，而且也是建筑布局、绿地和公共空间选址、道路网组织等的限制和依据。通常在此过程中应当结合项目的生态条件和分析结论，提出项目的绿色规划原则和目标。在

图 3.18 芬兰赫尔辛基维基(VIIKKI)行政区的总平面图
为了保护沼泽湿地而修改了的规划，同时开放田野的传统农业景观.
资料来源：[法]多米尼克·高辛·米勒.可持续发展的建筑和城市化——概念、技术、实例.邹红燕, 邢晓春, 译.北京：中国建筑工业出版社, 2008.

一些特殊生态条件地区，策略往往有所侧重(图 3.18)。通过与其他方面的分析进行整合，可以得到一个生态优先的规划设计要素框架，依据这一框架可以制定出土地和空间的控制利用方案，并为后续设计提供规划控制的对象。

2）交通组织与TOD社区

在用地和空间划分总体方案的基础上，结合地质条件、交通出行量预测、空间尺度等基础资料，确定交通组织方案。针对社区面积和人口容量的不同，交通组织形式也是多样的，但是社区交通有着一些共同的原则：社区内部机动车出行应当尽可能减少；步行和自行车出行应当得到鼓励；公共交通是解决交通拥堵的良药；空间尺度和舒适性对交通方式选择上有重要影响等。许多生态社区规划都对交通组织提出了具

---

① 王建国. 现代城市设计理论和方法. 南京：东南大学出版社, 1991.

体策略，主要有：通过在街区外围设置机动车停车库和道路宽度分级处理，将机动车交通控制在外部出行阶段；在社区内部设置自由舒适的步行和自行车道，对车行道进行慢速限制(10 km/h)，以提供步行和自行车的优先权；改善步行设施条件、在公共空间设置方便的自行车停车场，改善流线沿途的生态景观环境，提高步行和自行车出行的环境条件；将交通组织与土地利用结合起来，保证公共性较强的服务设施和开敞空间位于交通便利、可达性高的区域；提高对外交通起始点的可达性，鼓励公共交通出行；与城市交通系统无缝对接，规划便捷高效的对外交通方式和路径(图3.19)。

图3.19 奥地利林茨Puchenau花园城市平面
外围为机动车道和停车场，社区内以密集的步行道和自行车道代替机动车道，加之良好的绿化景观，营造了安全友善的社区交通空间.
资料来源：[西]米格尔·鲁亚诺.生态城市60个优秀案例研究.吕晓慧，译.北京：中国电力出版社，2007.

在规划实践中有一种开发模式将对交通的考虑上升到了核心地位，那就是开始于美国的TOD社区开发模式。TOD(Transit Oriented Development)，指交通导向的开发。TOD社区是公共交通导向的社区开发模式，被认为是新城市主义的实践模式之一。社区的门户中心位于公共交通站点处，服务设施、公共开敞空间、绿地等在站点周边布置，社区内部采取步行的空间尺度，可以方便地从门户中心到达社区的各处。这种规划方法有利于土地资源的集约利用，提高了公共交通出行的比例，对社区内功能的使用和均好配置也较为有利。当然关于绿色交通的一些做法也遭到了争议，例如社区步行道路无法满足消防要求，TOD模式在分片开发中遇到的权属利益分配难题等，需要结合项目的实际情况加以选择和改进。但是不可否认，TOD模式为城市人口向外围地区疏解提供了一种经济实用和交通便捷的开发模式。

3) 高密度与低密度的选择(图3.20)

正如城市面临集中与疏散的选择一样，社区的物质空间形态也面临选择。低层高密度的社区在偏爱独立住宅的欧美地区是多数选择。面对人口增长和土地集约利用的问题，采用低能耗的低层联排住宅的方式成为多数生态绿色社区的选择。通过提高密度缓解了土地和经济压力，而通过住宅高度控制和建筑节能技术缓和了景观和生态破坏方面的矛盾。然而面对大城市的更大的集约用地压力以及类似我国这样的人口压力，低层高密度的做法依然难以满足要求。于是高层低密度的做法开始在城市中心土地效益压力较大的区域出现。高层低密度的关键在于通过提高建筑高度缓解土地和经济压力，通过住宅间的大片绿地开敞空间和建筑技术来缓解生态破坏的问题。尽管高层低密度社区已经通过首层架空和环境塑造等方式来提高生态环境的品质和整体性，但不可否认的是高层建筑对环境的不利影响更大，其垂直交通、温度控制、建设过程、材料等方面的能耗和环境污染控制与低层建筑相比难有优势，其远离生态环境的做法也不符合亲近自然的原则。高层低密度在土地压力极高的地区是一种实用和无奈的选择，需要

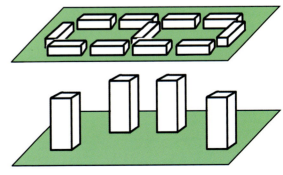

图3.20 低层高密度和高层低密度是两种背景下的不同选择
资料来源：马宁绘制

严格控制的是借机提高密度和忽视生态塑造的做法。

4）服务设施和公共空间

按照新城市主义的社区配套模式，社区应当具有完备的服务设施，并且服务设施应该在社区的任何地方都可以步行到达；社区的公共开敞空间具有良好的可达性，一般步行5分钟之内到达。在实践中，服务设施的位置可能因开发片区大小而发生变化，在小规模居住区式开发中，应尽量提倡周边设施共享，避免用地浪费和重复建设。在服务设施和公共空间的用地方式上，绿色规划倡导混合利用模式，就是将各种商店、办公、医疗、餐饮、宾馆等各类功能集约混合，以提高土地的经济效益和活力。其中需要注意的是餐饮功能，由于易带来空气污染和垃圾处理的问题，因此需要采用特殊的环保技术和经营流线组织方式，避免对其他功能的环境干扰。公共开敞空间为居民活动提供了场所，应当注重其均好性和使用的公平，同时通过景观生态建设来协调和缓冲人的活动与自然环境的关系(图3.21)。

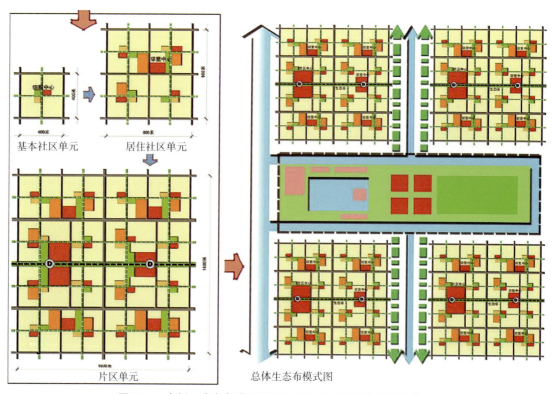

图3.21　中新天津生态城居住社区服务设施及公共空间构成
资料来源：中新生态城总体规划，2008

5）建筑组合与布局

社区住宅建筑的组合和排布方式对建筑采光、通风、节能都有着重要的影响。建筑组合的方式主要有条列式、院落式、自由式，自由式布局中又有细胞组团式、有机式、发散式等。一方面，不同的建筑组合方式的出发点也不同，包括景观、心理习惯、光照等，而在采光率、温度控制、自然通风等方面的生态效果也各有不同。另一方面，建筑组合形式的多样化也是不同的社会构成、经济效益和人类活动的空间反映。

在绿色社区规划中，建筑的朝向、间距、位置可以通过模拟（Simulation）技术进行评判和修正（图3.22）。目前对于噪音环境、风环境、日照情况等都可以通过计算机辅助设计进行模拟分析，在此基础上进行舒适性、能耗等方面的判断，从而使得对规划布局方案的调整有据可依。

6）景观与环境设计

自然水体对微气候、空气质量和社区景观环境的调节作用已经得到了验证。将自然水体引入社区内部，进而形成景观和街道网络的中心，这种方法反复出现在绿色社区规划中，例如荷兰阿尔芬的伊克鲁尼亚生态群落社区规划就是以一个巨大的贮水湖为中心设计景观和公共空间，营造了一种田园生活的社区感受。贮水湖周边保持了相当数量的生态湿地，每户宅前的人工铺地也采用本地木材，达到了人工与自然的

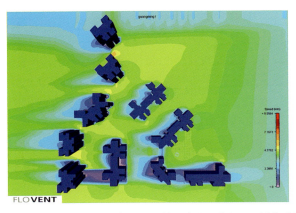
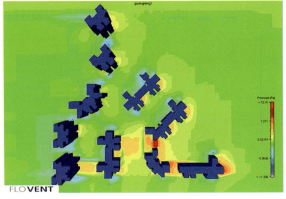

图 3.22　深圳某小区室外风环境分析（风速和风压模拟分析，以对建筑朝向布局、公共空间布局等进行评价和优化）
资料来源：深圳市光明新区某住宅小区规划设计.

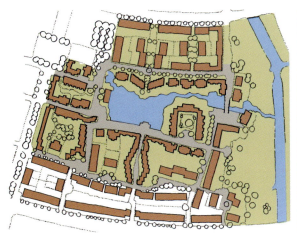

图 3.23　荷兰伊克鲁尼亚生态群体项目围绕中心巨大的生态贮水湖进行空间组织
资料来源：《城市设计纲领》网站 http://www.urbandesigncompendium.com

和谐（图3.23）。

生态绿地空间对环境污染和破坏有改善和调节的作用，是生态支撑系统的重要组成部分。生态绿地及其植被通过蒸发作用增加空气的湿度，缓解热岛效应，吸附灰尘，贮存碳并释放氧气，是生态的净化器和调节器。对生态绿地空间的保护性设计体现在：保证绿地面积；经过生态保护和修复，维持生物物种多样性；绿地分布与社区空间结构的相对关系，保证生态绿地的调节作用。

屋顶绿化和增加地面透水性也是效果显著的生态环境策

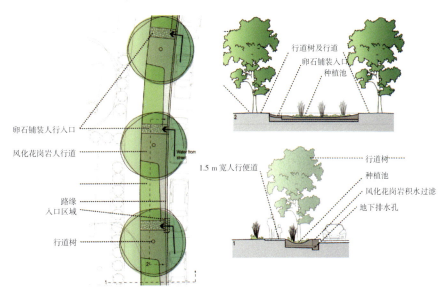

图 3.24　GEOS 能源零净耗社区的步行道和雨水渗透收集细部设计
资料来源：大卫·卡恩工作室，迈克尔·塔韦尔建筑事物所. Geos 能源零净耗社区. 城市环境设计, 2009(08)

略，屋顶绿化增加了表面保水性，减弱了由于屋顶透水性丧失而造成的设施负荷；采用松软通透的材料铺装地面，增加了地面的透水性，一方面可以起到水资源生态净化的作用，另一方面还可以缓减城市热岛效应（图 3.24）。

绿地生态系统除了具有平衡、调节生态的作用，还具有景观学的意义，除了自然生态环境之外，人造景观环境也是绿色社区规划的重要内容。景观绿地、停车场绿化、小游园、广场等为社区居民提供了公共的活动场地。舒适的与自然相协调的景观设计，能够为社区带来活力和归属感。

7) 环境污染控制与资源循环利用

城市社区是生活污染的源头，而与居住生活密切相关的特性又提出了生态环境健康良好的要求，社区环境污染的控制就十分必要了。环境污染控制的措施主要有以下3个方面，一是减少产出和排放，促进生态系统的自身循环；二是通过生态设施促进和完善社区内循环；三是回收再利用。

对社区生活垃圾，发达国家尤其是日本在分类收集方面有不少成功的实践。将可回收利用垃圾、有机垃圾、不可回收利用的垃圾进行分类收集，方便了垃圾焚烧发电、有机质肥料还田以及无害化处理，既防止了污染又实现了资源的回收利用。城市社区设立的垃圾箱和收集系统应当推行分类收集处理，通过社区外围设置的、与社区相对隔离的垃圾处理站或中转站作无害化处理后再进入回收利用或城市垃圾处理系统。

噪声污染主要来源于交通噪声，解决的方法主要有：采用降噪的路面材料降低分贝，以乔木树林等生态要素屏蔽道路噪声的传递，通过空间布局和交通结构调整减少外围机动车交通对社区内部的影响。

空气污染源较多，主要有交通、工业废气等。主要的解决方式有：提倡公共交通、减少出行距离、推行绿色出行方式的相关策略，以及通过产业升级、设备更新、规划布局安排等降低工业废气影响的策略。同时对社区建设的材料、施工进行全过程污染控制，降低碳排放量。

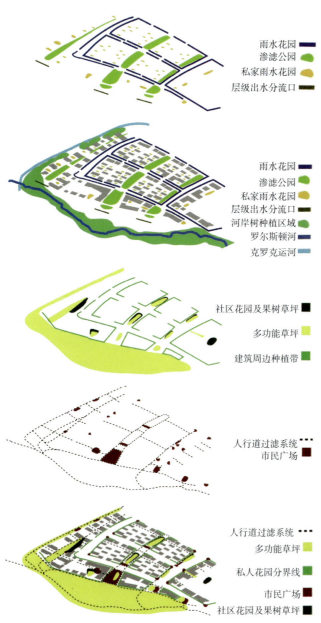

图3.25 GEOS能源零净耗社区的综合雨水收集系统
由屋顶、人行道、草坪、花园、广场、水系共同形成的雨水收集系统，为公园、公共场所提供景观水、清洁用水等。
资料来源：大卫·卡恩工作室，迈克尔·塔韦尔建筑事物所.Geos能源零净耗社区.城市环境设计，2009(08)

在大多数生态社区案例中，对水资源的综合利用和中水系统是被广泛采用的方式。雨水一方面可以通过具有良好透水性的大面积的草坪、软性土壤渗入地下，补充地下水；另一方面也可以通过建设大面积的雨水收集系统，将集中的雨水作为景观水补水以及浇灌等的水源(图3.25)。对于生活污水，通过建设中水系统，使生活污水净化无害化，作为社区道路清洁的水源。

8) 能源节约和综合利用

节能不单体现在建筑上，应用于整个社区的节能措施会产生更大的效益。例如社区照明系统的合理适度分布，地下空间和公共空间的自然采光，利用集中的太阳能和热交换系统提供能源和温控，以社区共享的方式使用公共设施和设备，减少能源浪费等(图3.26)。一些建筑上的节能技术如集中式太阳能集热、热泵中央空调等，如果应用在社区范围，就需要通过规划设计配套系统工程，做好社会分配工作。例如欧洲一些城市建造了利用家庭垃圾的集中供热系统，为了减少能源输送过程的损耗，这些能源工厂一般建设在

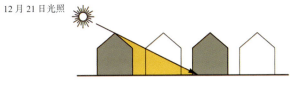
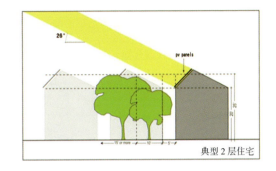

图 3.26　GEOS 能源零净耗社区的被动式太阳能技术应用和分析

通过屋顶被动太阳能系统的应用，减少了 30% 的天然气使用，同时为住户提供 100% 的电量。
通过对建筑间距朝向、太阳能光电板位置以及高大树木位置的分析，提高太阳能系统的效率。
资料来源：美国景观设计师协会 ASLA 官方网站公布的 2009 年分析与规划奖资料

社区外围边缘地带。

在绿色社区的规划过程中，常常会遇到一些特殊条件如山地地形、滨水空间，或者一些特殊需求如工业型社区、高科技园区，或面对一些特定的目标如低碳社区、零能耗社区等，需要根据占主导地位的生态要素进行专门分析，并作为切入点进行规划，其他生态要素都以之为主要目标进行安排。绿色社区是生态城市的基本组成单元，又是操作性很强的一个层面，可以预见绿色社区的规划研究和实践成果将进一步深入并逐渐进入推广和普及阶段。

3.3.4.3　绿色社区评价体系与标准

当前对于绿色社区没有统一的量化评判标准，但各地制定了许多不同的地方标准。例如美国的 LEED 标准延伸而来的 LEED-ND 绿色住区评价系统，是"依据精明增长与新城市主义原理所构建的绿色住区选址与建设原则，……结合 LEED 先前在绿色建筑方面的要求，形成整合不同层面要求的绿色住区评价标准"。[1] LEED 标准是一个开放型的体系，受到了较多的认同，LEED-ND 是其针对社区开发的评估分册。此外，世界各国大多制定了针对绿色建筑的评价体系，例如荷兰的 Eco Quantum、英国的 BREEAM、法国的 ESCALE、澳大利亚的 NABERS 等，多数也涉及建筑环境和社区层面的要求。我国在 2001 年制定了《绿色生态住宅小区建设要点与技术导则》，2006 年又制定了《绿色建筑评价标准》，成为我国绿色社区规划的两个主要标准，而针对社区规划的一些专项规划，主要还是采用国家的专项技术指标来控制，并没有形成完整体系的绿色社区评价标准。针对绿色社区技术评估体系的研究已经得到重视，如清华大学、全国工商联房地产商会等单位编写的《中国生态住区技术评估标准》就针对生态住区提出了选址与环境、能源与环境、室内环境质量、住区水环境、材料与资源 5 个方面制定了评估体系、方法和评分标准[2]。

3.3.5　绿色规划实践与反思

3.3.5.1　公共交通解决方案

推行公共交通已经成为绿色规划和城市交通发展的共识，然而，究竟采取何种公共交通方式较优呢？前面提到的著名的库里蒂巴模式就提供了公共交通作为城市主要出行模式的示范案例。库里蒂巴采用了高品质、高效率、低能耗、低污染、低成本的平面公共交通形式，也就是之后发展出来的 BRT 模式（图

---

[1] 黄献明. 精明增长+绿色建筑——LEED-ND 绿色住区评价系统简介. 城市环境设计, 2008（3）.
[2] 聂梅生, 秦佑国, 江亿, 等. 中国生态住区技术评估手册. 第四版. 北京: 中国建筑工业出版社, 2007.

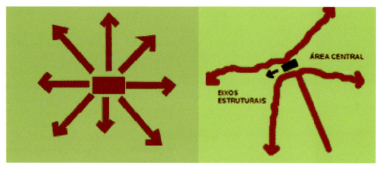

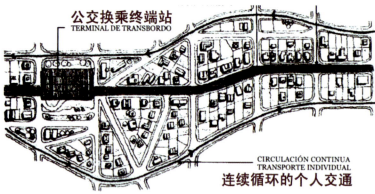

图 3.27　库里蒂巴的土地利用和空间布局与其公共交通系统相适应
资料来源：[西] 米格尔·鲁亚诺. 生态城市 60 个优秀案例研究. 吕晓慧, 译. 北京: 中国电力出版社, 2007.

3.27)。这种城市快速公交系统建设成本低廉，运量可观，节省时间，同时也有助于改善城市交通混杂的情况，被认为是一种切实可行的绿色交通模式。经过与 ITS（智能交通系统）的整合和改进，BRT 已经在世界许多城市开始使用。但是由于这一系统对城市道路的独占和城市钟摆效应造成的出行量波动的不利影响，针对 BRT 的争论也十分激烈。实际上，由于人口密度、城市布局、道路基础情况等的差异，BRT 并非城市交通的"万金油"。库里蒂巴案例中，其城市形态、用地布局、道路设施、道路网设计都与 BRT 系统进行了结合关联的设计，其示范意义在于提供了一种以公共交通为基础的城市交通组织形式和城市发展模式。在我国，许多城市的道路格局已经确定，在用地、设施等难以与 BRT 系统相衔接的情况下，后加的 BRT 系统反而占用了城市道路资源。虽然 BRT 的效率得到一致认可，但是在人流量波动和车、路矛盾激化的情况下，BRT 是否适合所有城市，值得商榷。实际上，当前中国一些城市就出现了 BRT 系统运营上的困难。相比造价较为低廉的 BRT 系统，一些大城市选择了投资较大、周期较长的地铁轨道交通。究竟哪种方式更为高效和生态，目前难以进行量化的评价，只有通过针对城市的生态条件分析和交通需求的预期来进行选择。一些城市选择了混合的交通模式，而将 BRT 作为普通公交的补充，这种做法的必要性和总体绩效还有待于进一步的研究。

3.3.5.2　高密集城市绿色规划的典范

中国香港作为世界上土地资源最稀缺的城市之一，却拥有 23 个郊野公园和 4 个海岸公园。在这个城市化率接近 100% 的区域内，陆地面积的 67.4% 是林地、灌木林和草地。香港模式实际上是："高效的交通体系支持下的分布式高密集城市，具有很低的土地开发率和很高的资源利用率"①。这种高密集状态下的生态状况，得益于政府高效、透明、公正的公共政策和实施手段。去过香港的人一定会对便捷、高效、安全的交通体系留下印象。尽管香港的汽车拥有量、人口密度超过内地许多大城市，但交通拥堵的程度却相对较轻。这一方面得益于政府在公众参与的基础上，提出了符合香港情况的交通对策：道路立交、人车分流和地铁与公交结合的公共出行方式。另一方面，香港采取了严格的交通管理和交通导向的城市发展模式，使得土地利用的发展与交通系统相互协调。在高效的交通体系支撑下，香港依然没有采取摊大饼的蔓延方式，对公共开敞空间、生态山地、林地等的严格控制，使香港拥有大量具有生态修复能力的生态开敞空间。在城市内部，香港采取了住宅发展密度控制的方法，以分情况管制的措施体现了经济效益、开发强度、生态保护的综合利益。香港模式提供了一种在高度密集式发展前提下达到开发与保护平衡的思路。从另一角度看，绿色规划和生态保护的标准和限度并非统一和绝对的，而是一个相对的概念，在高密集发展的城市也可以用绿色规划理念来指导政策和措施。

3.3.5.3　低碳规划的新趋向

近年来，随着气候变化和温室气体排放的日趋激烈，如何减少 CO_2 的排放已经从意识形态领域正式进

---

① 邹经宇, 张晖. 适合高人口密度的城市生态住区研究——关于香港模式的思考. 新建筑, 2004(04).

入物质规划的领域。低碳经济、低碳社会、低碳城市、低碳生活,"低碳"已经成为绿色风潮的新动向之一。事实上,自从《京都议定书》第一次以法规的形式限制温室气体排放开始,低碳概念就一直被全世界关注和讨论。从美国退出协定,到欧盟承诺减排,到允许排放权交易,低碳的概念逐渐深入人心。由于采用了易于比较的统一的碳排放标准,低碳经济被认为是目前最可行的、可量化的可持续发展模式。当前,无论是以伦敦为代表的欧盟城市,还是国内新兴的生态城试点,都提出了低碳化的目标。低碳化要求能源高效利用、清洁能源开发、追求绿色GDP,其核心是能源技术和减排技术创新、产业结构和制度创新以及人类生存发展观念的根本性转变。目前,低碳在技术上已经在进行实践探索,但真正的困难不在技术而在发展阶段的制约、能源选择的制约和产业结构体制的制约,低碳规划不仅仅是技术的应用,更重要的是体现在经济层面的产业和生产力结构转变,制度层面的国家和地区政策支持以及意识形态层面的生活方式与认识的转变。

3.3.5.4 能耗与污染控制的时空观

在绿色设计对能耗和污染的评估控制上,全过程控制的概念早已产生。一个研究对象的能耗情况或一个过程产生的污染情况,不能简单地从该对象本身和本环节计算,而应该进行从源头到末端的全过程考虑。这种思路给绿色规划的评估带来困难:如何从原材料加工—产品制造—运输销售—安装调试—使用—报废—回收利用或丢弃,这样一个复杂和漫长的过程中,计算出其综合能耗。由于全过程控制涉及的部门多、学科杂、时间长,因此,对于单一学科部门来说十分困难,还需要研发部门、生产部门、销售部门和使用者共同协作,综合知识和信息,才有可能达到目标。但全过程的概念也时刻提醒我们,不能被现时眼前的表面低能耗和低污染迷惑,必须站在全过程角度去评价。同时,从空间角度来看,能耗与污染已经成为区域乃至全球化的概念,能耗与污染难以用通常所知的空间边界进行划分和隔离。正如《京都议定书》中欧盟采用集团方式计算碳排量一样,能耗和污染同样具有空间上的共享性。同时,在规划中也应注意空间维度上的社会公平,将污染从发达地区转移到不发达地区的做法,无疑也是社会不公平的体现。

参考文献

[1] [英]埃比尼泽·霍华德. 明日的田园城市. 金经元,译. 北京:商务印书馆,2002.

[2] Peter Hall.Cities of Tomorrow: An Intellectual History of Urban Planning and Design in the Twentieth Century (Updated Edition).Oxford:Blackwell Publishers,1996.

[3] 顾朝林. 气候变化、碳排放与低碳城市研究进展. 低碳生态城市(第一期,创刊号),2009(11):2-4.

[4] 仇保兴. 我国城市发展模式转型趋势—低碳城市. 低碳生态城市(第一期,创刊号),2009(11):2-4.

[5] 中国城市科学研究会. 中国低碳生态城市发展报告. 北京:中国建筑工业出版社,2010.

[6] 生态文明贵阳会议组委会. 生态文明建设的探索与实践. 见:2010生态文明贵阳会议案选编. 生态文明贵阳会议,2010.7

[7] Abu Dhabi Future Energy Company. Masdar City:One Day All Cities Will Be Built Like This. 资料来源:http://www.masdar.ae/ar/Brochures/download.aspx?

第4章 我国不同气候区域的绿色建筑设计特点

4.1 严寒地区绿色建筑设计特点

4.1.1 严寒地区气候特征[①]

我国严寒地区地处长城以北，新疆北部，青藏高原北部。包括我国建筑气候区划的Ⅰ区全部，Ⅵ区中的ⅥA、ⅥB和Ⅶ区中的ⅦA、ⅦB、ⅦC（图4.1）。

图4.1 我国建筑气候区划图
资料来源：《民用建筑热工设计规范》（GB 50176—93）

严寒地区包括黑龙江、吉林全境，辽宁大部，内蒙中部、西部、北部及陕西、山西、河北、北京北部的部分地区，青海大部，西藏大部，四川西部、甘肃大部，新疆南部部分地区。

严寒地区气候的特点如下：

（1）冬季漫长严寒，年日平均气温低于或等于5℃的日数大于144~294天；1月平均气温为-31℃~-10℃。

（2）夏季区内各地气候有所不同。Ⅰ区夏季短促凉爽，7月平均气温低于25℃；ⅥA、ⅥB区凉爽无夏，7月平均气温低于18℃；ⅦA区夏季干热，为北疆炎热中心，日平均气温高于或等于25℃的日数可达72天；ⅦB区夏季凉爽，较为湿润；ⅦC区夏季较热；ⅦA、ⅦB、ⅦC区7月平均气温为18℃~28℃，山地偏低，盆地偏高。

（3）气温年较差大，Ⅰ区为30℃~50℃；ⅥA、ⅥB区为16℃~30℃；ⅦA、ⅦB、ⅦC区为30℃~40℃。

（4）气温日较差大，年平均气温日较差为10℃~18℃。Ⅰ区3~5月平均气温日较差最大，可达25℃~30℃。

[①] 中国建筑业协会建筑节能专业委员会，北京市建筑节能与墙体材料革新办公室. 建筑节能：怎么办？第2版. 北京：中国计划出版社，2002.

(5) 极端最低气温很低，普遍低于-35℃，漠河曾有全国最低气温记录-52.3℃。

(6) 极端最高气温区内各地差异很大，Ⅰ区为19℃~43℃；ⅥA、ⅥB区为22℃~35℃；ⅦA、ⅦB、ⅦC区为37℃~44℃，山地明显偏低，盆地非常高。

(7) 年平均相对湿度为30%~70%，区内各地差异很大。西部偏干燥，东部偏湿润。最冷月平均相对湿度：Ⅰ区为40%~80%；ⅥA、ⅥB区为20%~60%；ⅦA、ⅦB、ⅦC区为50%~80%。最热月平均相对湿度：Ⅰ区为50%~90%；ⅥA、ⅥB区为30%~80%；ⅦA、ⅦB、ⅦC区为30%~60%。

(8) 年降水量较少，多在500 mm以下，区内各地差异很大。Ⅰ区为200~800 mm，雨量多集中在6~8月；ⅥA、ⅥB区为20~900 mm，该区干湿季分明，全年降水多集中在5~9月或4~10月，约占年降水总量的80%~90%，降水强度很小，极少有暴雨出现；ⅦA、ⅦB、ⅦC区为10~600 mm，是我国降水最少的地区，降水量主要集中在6~8月，约占年总量的60%~70%，山地降水量年际变化小，盆地变化大。

(9) 太阳辐射量大，日照丰富。Ⅰ区年太阳总辐射照度为140~200 W/m²，年日照时数为2 100~3 100 h，年日照百分率为50%~70%，12月~翌年2月偏高，可达60%~70%；ⅥA、ⅥB区年太阳总辐射照度为180~260 W/m²，年日照时数为1 600~3 600 h，年日照百分率为40%~80%，柴达木盆地为全国最高，可超过80%；ⅦA、ⅦB、ⅦC区年太阳总辐射照度为170~230 W/m²，年日照时数为2 600~3 400 h，年日照百分率为60%~70%。

(10) 每年2月西部地区多偏北风，北、东部多偏北风和偏西风，中南部多偏南风；6~8月东部多偏东风和东北风，其余地区多为偏南风；年平均风速为2~6 m/s，冬季平均风速1~5 m/s，夏季平均风速2~7 m/s。

(11) 冻土深，最大冻土深度在1 m以上，个别地方最大冻土深度可达4 m。

(12) 积雪厚，最大积雪深度为10~60 cm，个别地方最大积雪深度可达90 cm。

上述各部分的气候特征值见表4.1[①]。

表4.1 严寒地区气候特征值

气候区		Ⅰ区	ⅥA、ⅥB区	ⅦA、ⅦB、ⅦC区
气温(℃)	最冷月	-31~-10	-17~-10	-22~-10
	最热月	8~25	7~182	21~28
	年较差	30~50	16~30	30~40
	日较差	10~16	12~16	10~18
	极端最低	-27~-52	-26~-41	-21~-50
	极端最高	19~43	22~35	37~44
日平均气温≤5℃的天数		148~294	162~284	144~180
日平均气温≥25℃的天数		0	0	20~70
相对湿度(%)	最冷月	40~80	20~60	50~80
	最热月	50~90	30~80	30~60
	年平均	50~70	30~70	35~70
年降水量(mm)		200~800	20~900	10~600
年日照时数(h)		2 100~3 100	1 600~3 600	2 600~3 400
年日照百分率(%)		50~70	40~80	60~70
风速	冬季(m/s)	1~5	1~5	1~4
	夏季(m/s)	2~4	2~5	2~7
	全年(m/s)	2~5	2~5	2~6

---

① 中国建筑业协会建筑节能专业委员会，北京市建筑节能与墙体材料革新办公室.建筑节能：怎么办？第2版.北京：中国计划出版社，2002.

4.1.2 严寒地区绿色建筑设计要点

绿色建筑设计应在满足建筑功能、造型等基本需求条件下，注重地域性，尊重民族习俗，考虑节能、节地、节水、节材、保护环境和减少污染，为人们提供健康、适用、高效和舒适的使用空间，与自然和谐共生的建筑。严寒地区绿色建筑设计除满足传统建筑的一般要求，以及《绿色建筑技术导则》和《绿色建筑评价标准》的要求外，尚应注意结合严寒地区的气候特点、自然资源条件进行设计，具体设计时，应根据气候条件合理布置建筑、控制体型参数、平面布局宜紧凑、平面形状宜规整、功能分区兼顾热环境分区、合理设计入口、围护结构注重保温节能设计。

4.1.2.1 根据气候条件合理布置建筑

1）充分利用太阳能

太阳能是永不枯竭的洁净能源，太阳辐射是自然气候形成的主要因素，也是建筑外部热条件的主要因素。建筑物周围或室内有阳光照射，就受到太阳辐射能的作用。在严寒地区的冬季，太阳辐射是天然热源，因此建筑基地应选在能够充分吸收阳光的地方，争取扩大室内日照时间和日照面积，尽可能多地利用太阳能。不仅有利于节约能源，而且能改善室内卫生条件，益于身体健康。

严寒地区建筑冬季利用太阳能主要依靠垂直南墙面上接收的太阳辐照量。冬季太阳高度角低，光线相对于南墙面的入射角小，为直射阳光，不但可以透过窗户直接进入建筑物内，而且辐照量也比地平面上要大。我国严寒地区太阳能资源丰富，太阳辐射量大。在冬季，争取太阳辐射是争取天然热源，充分利用太阳能将是绿色建筑节能的主要途径之一。

（1）建筑布局。建筑布局应科学合理地利用基地及周边自然条件，如地形地貌、树林植被、水系河流资源等，保持建筑及其环境对大自然的亲和性，体现人与自然和谐、融洽的生态原则；建筑布局要充分重视对阳光、空气、水及自然风的组织利用，以达到充分利用可再生能源及减少严寒的气候对建筑物能耗的目的。对于严寒地区建筑群体布局除应考虑周边环境、局部气候特征、建筑用地条件、群体组合和空间环境等因素，尤其应着重注意考虑充分利用太阳能。

（2）朝向。选择建筑物朝向，首先应以当地气候条件为依据，同时要考虑局地气候特征。在严寒地区，应使建筑物在冬季能最大限度地获得太阳辐射，夏季则尽量减少太阳直接射入室内。严寒地区的建筑物冬季能耗，主要由围护结构传热失热和通过门窗缝隙的空气渗透失热，再减去通过围护结构和透过窗户进入的太阳辐射得热构成。在整个采暖期内，这部分太阳辐射得热是客观存在和可以利用的，而太阳辐射得热显然与建筑朝向有关。研究结果表明，同样的多层住宅（层数、轮廓尺寸、围护结构、窗墙面积比等均相同），东西向比南北向的建筑物能耗要增加5.5%左右[1]。各朝向墙面上可能接受的太阳辐射热量，取决于建筑物墙面上的日照时间、日照面积和太阳照射角度，同时还与日照时间内的太阳辐射强度有关。以哈尔滨为例，冬季1月各朝向墙面上接受的太阳辐射照度，以南向最高为3 095 W/(m²·日)，而在东西向则为1 193 W/(m²·日)，北向为673 W/(m²·日)[2]。此外，在各朝向墙面上获得的日照时间的变化幅度很大。由于太阳直射辐射强度一般是上午低、下午高，所以无论冬季或夏季，墙面上接受的太阳辐射热量，都是偏西的朝向比相应的偏东的朝向稍高一些。因此，为了冬季最大限度地获得太阳辐射，在严寒地区以选择南向、南偏西、南偏东为最佳。表4.2东北严寒地区最佳和适宜朝向建议。

表4.2 部分严寒地区建筑朝向建议表[3]

地区	最佳朝向	适宜朝向	不宜朝向
哈尔滨	南偏东15°~20°	南至南偏东20°、南至南偏西15°	西北、北
长春	南偏东30°、南偏西10°	南偏东45°、南偏西45°	北、东北、西北
沈阳	南、南偏东20°	南偏东至东、南偏西至西	东北东至西北西

---

[1] 中国建筑业协会建筑节能专业委员会.建筑节能技术.北京:中国计划出版社,1996.
[2][3] 建筑设计资料集编委会.建筑设计资料集(1).北京:中国建筑工业出版社,1994.

此外，确定建筑物的朝向还应考虑利用当地地形、地貌等地理环境，充分考虑城市道路系统、小区规划结构、建筑组群的关系以及建筑用地条件，以利于节约建筑用地。从长期实践经验来看，南向是严寒地区较为适宜的建筑朝向。但在建筑设计时，建筑朝向受各方面条件的制约，不可能都采用南向。这就应结合各种设计条件，因地制宜地确定合理建筑朝向的范围，以满足生产和生活的要求。

（3）间距。决定建筑间距的因素很多，如日照、通风、防视线干扰等，显然建筑间距越大越好，但考虑到我国土地资源紧张的实际情况及土地利用的经济性问题，无限加大建筑间距是不实际的。根据严寒地区所处地理位置与气候状况，以及居住区规划实践表明：在严寒地区，只要满足日照要求，其他要求基本都能达到。因此，严寒地区确定建筑间距，应主要以满足日照要求为基础，综合考虑采光、通风、消防、管线埋设与空间环境等要求为原则。

2）注重冬季防风，适当考虑夏季通风

在夏季，自然风能加强热传导和对流，有利于建筑的通风散热，便于夏季的房间及围护结构散热和改善室内空气品质；而在冬季，自然风则增加冷风对建筑的渗透，增加围护结构的散热量，增加建筑的采暖能耗。在严寒地区由于建筑布局不合理，往往会造成住区局部风速过大，不仅严重影响居民冬季的户外活动，同时也对建筑节能产生不利影响，增加建筑的冷风渗透，降低室内热环境质量。因此，对于严寒地区的建筑，做好冬季防风是非常必要的。具体措施如下：

（1）选择建筑基地时，应避免过冷、过强的风。一般来说，基地不宜选在山顶、山脊，这些地方风速往往很大；更要避开隘口地形，在这种地形条件下，气流向隘口集中，形成急流，流线密集，风速成倍增加，成为风口。

（2）建筑总体布局应有利于冬季避风。建筑长轴应避免与当地冬季主导风向正交，或尽量减少冬季主导风向与建筑物长边的入射角度，以避开冬季寒流风向，争取不使建筑大面积外表面朝向冬季主导风向。

有资料显示，不同的建筑布置形式对风速有明显的影响：在平行于主导风向的行列式布置的建筑小区内，因狭管效应，风速比无建筑地区增加15%~30%；在周边式布置的建筑小区内，风速则减少40%~60%。因此在冬季风较强的地区，可考虑使建筑围合，选择周边式的建筑布局（图4.2），同时应

（a）单周边　　　　（b）双周边

图4.2　周边布置基本形式①

资料来源：金虹，咸真珍，赵华.哈尔滨地区居住小区风环境模拟分析及规划布局对策//绿色建筑与建筑技术.北京：中国建筑工业出版社，2006.

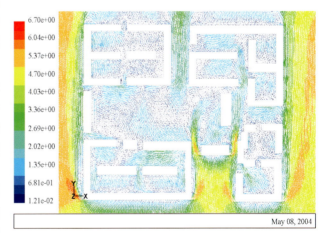

图4.3　哈尔滨市闽江小区1.5 m高度处速度矢量图②

资料来源：金虹，咸真珍，赵华.哈尔滨地区居住小区风环境模拟分析及规划//绿色建筑与建筑技术.北京：中国建筑工业出版社，2006.

合理地选择建筑布局的开口方向和位置，避免形成局地疾风。这种布置形式形成近乎封闭的空间，具有一定的空地面积，便于组织公共绿化休息园地，组成的院落比较完整。对于多风沙地区，可阻挡风沙及减少院内积雪，它是一种有利于减少冷风对建筑作用的组合形式。周边布置的形式还有利于节约用地，但是这种布置形式有相当一部分房间的朝向较差。

图4.3所示为哈尔滨闽江小区风环境模拟分析图。闽江小区属于哈尔滨周边式布局的典型类型，从图

---

① ② 金虹，咸真珍，赵华.哈尔滨地区居住小区风环境模拟分析及规划布局对策.见：绿色建筑与建筑技术.北京：中国建筑工业出版社，2006：601—605.

中可以看出，闽江小区的南入口处的风速要比来流风速更大，达到 5.6 m/s。1 号组团处于北侧，由于前方 3 号组团的遮挡，入口风速本身就很小，内部西侧区域虽然形成了两个小的涡流，但由于风速都在 1.8 m/s 以下，不会对行人造成过多影响。2 号组团由于来流风未受任何遮挡，而且该组团入口正对来流风向，因此，入口处风速达到 3.9 m/s，在该组团内部左侧区域形成了两处明显的涡流，其东侧两个区域的风速小。3 号组团内最后排东侧建筑迎风面一侧风速达到 3.8 m/s，在冬季入户前居民会稍感不适，且建筑前不可多作停留。4 号组团两侧由于靠近闽江小学的空地处，无任何建筑物的遮挡。因此，在西侧入口处风速偏大，且南部空间产生了风速较大的涡流，北部空间相对来讲，风速较小，有舒适的室外环境。总体来讲，中心绿地的风环境属于比较优秀的。总之，住区风环境是住区物理环境的重要组成部分，应该引起人们的关注，在住区设计时对风环境进行分析，充分考虑建筑物可能会造成的风环境问题，并及时加以解决，将有助于创造良好的户外活动空间，节省建筑能耗，获得舒适、生态的居住小区。合理的风环境设计，应该根据当地不同季节的风速、风向进行科学的规划布局，做到冬季防风和夏季通风，并充分利用由于周围建筑物的遮挡作用在其内部形成的风速较高的加速区和风速较低的风影区，分析在不同季节进行不同活动的不同人群对风速的要求，进行合理、科学的布置，创造舒适的室外活动环境。在严寒地区尤其要根据冬季风的走向与强度设置风屏障(如种植树木、建挡风墙等)。

4.1.2.2 控制体形系数

严寒地区绿色建筑的体形设计不仅要考虑建筑物的外部形象，更应注重建筑与环境的关系，尽可能减少建筑对环境的影响，促进建筑节能及减少 CO_2 排放。因此，建筑体形应在满足建筑功能与美观的基础上，尽可能降低体形系数。所谓体形系数，即：建筑物与室外空气接触的外表面积与建筑体积的比值，即 $S=F_0/V_0$。它的物理意义是单位建筑体积占有多少外表面积（散热面）。由于通过围护结构的传热耗热量与传热面积成正比，显然，体形系数越大，说明单位建筑空间的热散失面积越大，能耗就越高；反之，体形系数较小的建筑物，建筑物耗热量必然较小。当建筑物各部分围护结构传热系数和窗墙面积比不变时，建筑物耗热量指标是随着建筑体形系数的增长而线性增长的[①]（图 4.4）。有资料表明，体形系数每增大 0.01，能耗指标约增加 2.5%。可见，体形系数是影响建筑能耗最重要的因素。从降低建筑能耗的角度出发，应该将体形系数控制在一个较低的水平。

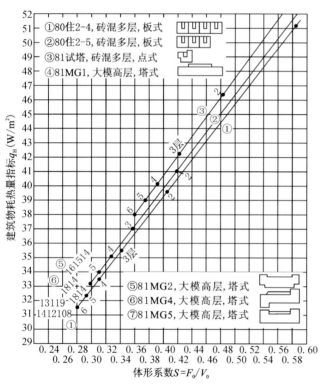

图 4.4 建筑物耗热量指标随体形系数的变化

资料来源：杨善勤，等. 建筑节能. 北京: 中国建筑工业出版社, 1999.

4.1.2.3 平面布局宜紧凑，平面形状宜规整

建筑布局应充分考虑自然调节的作用，采用有利于保温防寒的集中式平面布置。图 4.5 为一典型的严寒地区建筑平面布局[②]，由图可看出，各房间集中分布在走廊的两侧，平面进深大，形状较规整。

平面形状对建筑能耗的影响很大，因为平面形状决定了相同建筑底面积下建筑外表面积。相同建筑底面积下，建筑外表面积的增加，意味着建筑由室内向室外的散热面积的增加。假设各种平面形式的底面积相同，建筑高度为 H，此时的建筑平面形状与建筑能耗的关系见表 4.3 由表可看出，平面为正方形的建筑周长最小、体形系数最小。如果不考虑太阳辐射、且各面的平均传热系数相同时，正方形是最佳平面形

---

①② 金虹. 房屋建筑学. 北京: 科学出版社, 2002.

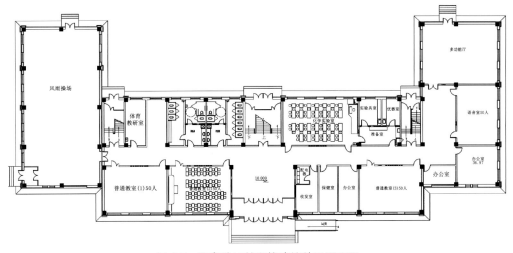

图 4.5 严寒地区某学校建筑首层平面图
资料来源：金虹.房屋建筑学.北京：科学出版社，2002.

表 4.3 建筑平面形状与能耗的关系

平面形状					
平面周长	$16a$	$20a$	$18a$	$20a$	$18a$
体形系数	$\dfrac{1}{a}+\dfrac{1}{H}$	$\dfrac{5}{4a}+\dfrac{1}{H}$	$\dfrac{9}{8a}+\dfrac{1}{H}$	$\dfrac{5}{4a}+\dfrac{1}{H}$	$\dfrac{9}{8a}+\dfrac{1}{H}$
增加	0	$\dfrac{1}{4a}$	$\dfrac{1}{8a}$	$\dfrac{1}{4a}$	$\dfrac{1}{8a}$

资料来源：金虹.严寒地区城市低密度住宅节能设计研究：[博士学位论文].哈尔滨：哈尔滨工业大学，2003.

式。但当各面的平均有效传热系数不同、且考虑建筑在白日将获得大量太阳能时，综合建筑的得热、散热分析，则传热系数相对较小、获得太阳辐射量最多的一面应作为建筑的长边，此时正方形将不再是建筑节能的最佳平面形状。

可见，平面凹凸过多、进深小的建筑物，散热面(外墙)较大，对节能不利。因此，严寒地区绿色建筑应在满足功能、美观等其他需求基础上，尽可能紧凑平面布局，规整平面形状，加大平面进深。

4.1.2.4 功能分区兼顾热环境分区

空间布局在满足功能合理的前提下，应进行热环境的合理分区。

建筑中不同房间的使用要求及人在其中的活动状况各不相同，因而，对这些房间室内热环境的需求也各异。在设计中，应根据使用者对热环境的需求而合理分区，即将热环境质量要求相近的房间相对集中布置。这样做，既有利于对不同区域分别控制，又可将对热环境质量要求较低的房间（如楼梯间、卫生间、储藏间等）集中设于平面中温度相对较低的区域，把对热环境质量要求较高的主要使用房间集中设于温度较高区域，从而获得对热能利用的最优化。

严寒地区冬季北向房间得不到日照，是建筑保温的不利房间；与此同时，南向房间因白昼可获得大量的太阳辐射，导致在同样的供暖条件下同一建筑产生两个高低不同的温度区间：北向区间与南向区间。在空间的布局中，显然应把主要活动使用的房间布置于南向区间，而将阶段性使用的辅助房间布置于北向区间。这样，不仅在白昼可以充分获得日照，而且节省了为提高整个建筑室温所需要的能源。辅助房间由于使用时间短，对温度要求较低，置于北侧并不影响使用效果，可以说位于北向的辅助空间形成了建筑外部与主要使用房间之间的"缓冲区"，从而构成南向主要使用房间的防寒空间，使南向主要使用房间在冬季能获得舒适的热环境。

4.1.2.5 合理设计入口

入口是建筑的主要开口之一，它是指包括外门在内的整个外入口空间，是使用频率最高的部位。严寒地区冬季，建筑的入口成为唯一开口部位。伴随着入口门的开启势必会带入大量的冷空气，因此，对入口的设计应以减小对流热损失为主要目标。在入口的设计中应既不使室外的冷空气直接吹入建筑中，又要最大限度地防止建筑室内热量的散失。

1) 入口的位置与朝向

入口在建筑中的位置应结合平面的总体布局，它是建筑的枢纽，通常处于建筑的功能中心。同时因它是连接室外空间与室内空间的桥梁，是室内外的过渡空间，它既是室内外空间相互渗透的"眼"，也是"进风口"，其特殊的位置及功能决定了它在整个建筑节能中的地位。严寒地区建筑入口的朝向应避开当地冬季的主导风向，以减少冷风渗透，同时又要考虑创造良好的热工环境。因此，在满足功能要求基础上，应根据建筑物周围风速分布布置建筑入口，从而减少建筑的冷风渗透，减少建筑能耗。

2) 入口的形式

从节能的角度讲，严寒地区建筑入口的设计主要应注意采取防止冷风渗透及保温的措施，可采取以下做法：

（1）设门斗。门斗可以改善入口处的热工环境。首先，门斗本身形成室内外的过渡空间，其墙体与其空间具有很好的保温功能。其次，它能避免冷风直接吹入室内，减少风压作用下形成空气流动而损失的热量，由于门斗的设置，大大减弱了风力，门斗外门的位置与开启方向对于气流的流动有很大的影响（图4.6）。此外，门的开启方向与风的流向角度不同，所起的作用也不相同。例如：当风的流向与门扇的方向平行时，具有导风作用；当风的流向与门扇垂直或成一定角度时，具有挡风作用，并以垂直时的挡风作用为最大（图4.7）。因此，设计门斗时应根据当地冬季主导风向，确定外门在门斗中的位置和朝向以及外门的开启方向，以达到使冷风渗透最小的目的。

（2）设挡风门廊。挡风门廊适于冬季主导风向与入口成一定角度的建筑，显然，其角度越小效果越好（图4.8）。

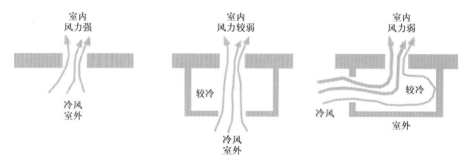

图 4.6　外门的位置对入口热工环境的影响与气流的关系[①]
资料来源：金虹. 严寒地区城市低密度住宅节能设计研究. 北京：科学出版社，2002.

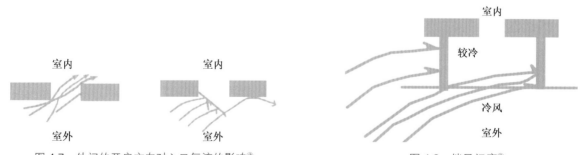

图 4.7　外门的开启方向对入口气流的影响[②]　　　图 4.8　挡风门廊[③]
资料来源：金虹. 严寒地区城市低密度住宅节能设计研究. 北京：科学出版社，2002.

[①②③]　金虹. 严寒地区城市低密度住宅节能设计研究：[博士学位论文]. 哈尔滨：哈尔滨工业大学，2003.

此外,在风速大的区域以及建筑的迎风面,建筑应做好防止冷风渗透的措施。例如在迎风面上应尽量少开门窗和严格控制窗墙面积比,以防止冷风通过门窗口或其他孔隙进入室内,形成冷风渗透。

4.1.2.6 围护结构注重保温节能设计

气候对建筑物影响甚大。气温直接决定着建筑围护结构热工性能计算及采暖和空调负荷计算中使用的各项气候参数,从而也决定着建筑物外围护结构保温或隔热设计,决定着建筑室内通风或空调的设计等,建筑设计只有同当地气候条件相适应,才能避免使用中出现的不合理与浪费现象。

建筑围护结构包括墙、门窗、屋顶、地面等。严寒地区建筑围护结构不仅要满足强度、防潮、防水、防火等基本要求,还应考虑保温防寒的要求。

建筑保温是严寒地区绿色建筑设计十分重要的内容之一。严寒地区建筑中空调和采暖的很大一部分负荷,是由于围护结构传热造成的,冬季采暖设备的运行是为了补偿通过建筑围护结构由室内传到外界的热量。围护结构保温隔热性能的好坏,直接影响到建筑能耗的多少。可见,对围护结构进行节能保温设计,将降低空调或采暖设备的负荷,减小设备的容量或缩短设备的运行时间,既节省日常运行费用、节省能源,又使室内温度要求得到满足,改善建筑的热舒适性,这正是绿色建筑设计的一个重要方面。

为提高围护结构的保温性能,通常采取以下6项措施:

1)合理选材及确定构造型式

选择容重轻、导热系数小的材料,如聚苯乙烯泡沫塑料、岩棉、玻璃棉、陶粒混凝土、膨胀珍珠岩及其制品、膨胀蛭石为骨料的轻混凝土等可以提高围护构件的保温性能。其中轻混凝土具有一定强度,可做成单一材料保温构件,这种构件构造简单、施工方便;也可采用复合保温构件提高热阻,它是将不同性能的材料加以组合,各层材料发挥各自不同的功能。通常用聚苯板、聚氨酯、岩棉板等容重轻、导热系数小的材料起保温作用;而用强度高、耐久性好的材料,如砖、混凝土等作承重或护面层,让不同性质的材料各自发挥其功能作用(图4.9)。在这种结构中,保温材料设置的位置是构造设计中必须考虑的问题。

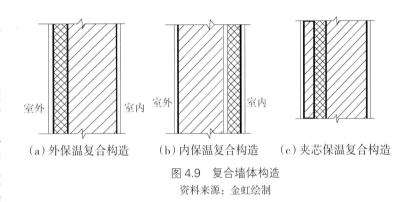

图4.9 复合墙体构造

资料来源:金虹绘制

严寒地区建筑,在保证围护结构安全的前提下,优先选用外保温结构,但是不排除内保温结构及夹芯墙的应用。由于内保温的结构墙体与保温层之间的构造界面容易结露,因此采用内保温时,应在围护结构内适当位置设置隔气层,并保证结构墙体依靠自身的热工性能做到不结露。

2)防潮防水

冬季由于外围护构件两侧存在温度差,室内高温一侧水蒸气分压力高于室外,水蒸气就向室外低温一侧渗透,遇冷达到露点温度时就会凝结成水,构件受潮。此外雨水、使用水、土壤潮等也会侵入构件,使构件受潮受水。

围护结构表面受潮、受水时会使室内装修变质损坏,严重时会发生霉变,影响人体健康。构件内部受潮、受水会使多孔的保温材料充满水分,导热系数提高,降低围护材料的保温效果。在低温下,水分在冰点以下结晶,进一步降低保温能力,并因冻融交替而造成冻害,严重影响建筑物的安全和耐久性。

为防止构件受潮受水,除应采取排水措施外,在靠近水、水蒸气和潮气一侧应设置防水层、隔气层和防潮层。组合构件一般在受潮一侧布置密实材料层。

3)避免热桥

在外围护构件中,由于结构要求,经常设有导热系数较大的嵌入构件,如外墙中的钢筋混凝土梁和柱、过梁、圈梁、阳台板、雨棚板、挑檐板等。这些部位的保温性能都比主体部位差,热量容易从这些部位传递出去。散热大,其内表面温度也较低,当低于露点温度时将出现凝结水,这些部位通常称为围护构件中的"热桥"(图4.10)。为了避免和减轻热桥的影响,首先应避免嵌入构件内外贯通,其次应对这些部位采取局部保温措施,如增设保温材料等,以切断热桥(图4.11)。

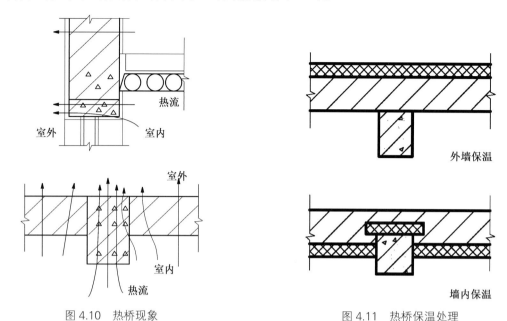

图4.10　热桥现象
资料来源:金虹.房屋建筑学.北京:科学出版社,2002.

图4.11　热桥保温处理
资料来源:金虹.房屋建筑学.北京:科学出版社,2002.

4)防止冷风渗透

当围护构件两侧空气存在压力差时,空气将从高压一侧通过围护构件流向低压一侧,这种现象称为空气渗透。空气渗透可由室内外温度差(热压)引起,也可由风压引起。由热压引起的渗透,热空气由室内流向室外,室内热量损失。风压则使冷空气向室内渗透,使室内变冷,为避免冷空气渗入和热空气直接散失,应尽量减少外围护结构构件的缝隙,例如墙体砌筑砂浆饱满,改进门窗加工和构造,提高安装质量,缝隙采取适当的构造措施等。

提高门窗气密性的方法主要有两种[1]:

(1)采用密封和密闭措施。框和墙间的缝隙密封可用弹性软型材料(如毛毡)、聚乙烯泡沫、密封膏,以及边框设灰口等。框与扇间的密闭可用橡胶条、橡塑条、泡沫密闭条,以及高低缝、回风槽等。扇与扇之间的密闭可用密闭条、高低缝及缝外压条等。窗扇与玻璃之间的密封可用密封膏、各种弹性压条等。

(2)减少缝的长度。门窗缝隙是冷风渗透的根源,以严寒地区传统住宅窗为例,一个1.8 m×1.5 m的窗,其各种接缝的总长度达11 m左右。因此为减少冷风渗透,可采用大窗扇,扩大单块玻璃面积以减少门窗缝隙;同时合理减少可开窗扇的面积,在满足夏季通风的条件下,扩大固定窗扇的面积。

5)合理缩小门窗洞口面积

窗的传热系数远远大于墙的传热系数,因此窗户面积越大,建筑的传热耗热量也越大。对严寒地区建筑的设计应在满足室内采光和通风的前提下,合理限定窗面积的大小,这对降低建筑能耗是非常必要的。我国严寒地区传统民居南向开窗较大,北向往往开小窗或不开窗,显然,这是利用太阳能改善冬季白天室内热环境与光环境及节省采暖燃料的有效方法。

我国《民用建筑节能设计标准》中限定了窗墙面积比,严寒地区各地也分别制定了设计标准,对窗墙面积比进行了限定。以哈尔滨为例,北向的窗墙面积比限值为0.25;东西向窗墙面积比限值为0.3;南向窗墙面积比限值为0.45[2]。

在国外,欧美一些国家为了让建筑师在决定窗口面积时有一定灵活性,他们不直接硬性规定窗墙面积比,而是规定整幢建筑窗和墙的总耗热量。如果设计人员要开窗大一些,即窗户耗热量多一些,就必须以

---

[1] 金虹.严寒地区城市低密度住宅节能设计研究:[博士学位论文].哈尔滨:哈尔滨工业大学,2003.
[2] 黑龙江省建设厅,黑龙江省质量技术监督局.黑龙江省居住建筑节能设计标准2007.

加大墙体的保温性能来补偿。若墙体无法补偿时，就必须减小窗户面积，显然也是间接地限制窗面积。

门洞的大小尺寸，直接影响着外入口处的热工环境，门洞的尺寸越大，冷风的侵入量越大，就越不利于节能。从这个意义上讲，门洞的尺寸应越小越好。但是外入口的功能又要求门洞应具有一定大的尺寸，以满足居民日常使用及搬运家具等要求。所以，门洞的尺寸设计应该是在满足使用功能的前提下，尽可能地缩小尺寸，以达到节能要求。

6）合理设计建筑首层地面

在围护结构中，地面的热工质量对人体健康的影响较大，已引起国内外建筑界和医务界的广泛重视。我国目前大量应用的普通水泥地面具有坚固、耐久、整体性强、造价较低、施工方便等优点，但是其热工性能很差，存在着"凉"的缺点。所谓"凉"有两个方面：一是地面表面温度低；二是当人们在地面上瞬间或较长时间停留时，地面表面从脚部吸热量多而人体感觉凉。根据实测发现，在温度为23℃的普通水泥地面(凉性)上的失热量，等于温度为18℃木地面的失热量；温度为15℃的木地面比温度为23℃的普通水泥地面的吸热量大[①]。可见，地面温度是衡量地面热工性能的又一重要指标。因此，对于严寒地区建筑的首层地面，还应进行保温与防潮设计。

严寒地区，建筑外墙内侧0.5~1.0 m范围内，由于冬季受室外空气及建筑周围低温土壤的影响，将有大量的热量从该部位传递出去，这部分地面温度往往很低，甚至低于露点温度，不但增加采暖能耗，而且有碍卫生，影响使用和耐久性。因此在外墙内侧0.5~1.0 m范围内应铺设保温层。为避免分区设置保温层造成的地面开裂问题，建议地面全部保温，有利于提高底层用户的地面温度，由于周边地面传热较大，因此规定全部保温时，周边地面保温材料热阻应满足当地节能标准规定的对周边地面的要求。为避免采暖地沟在非采暖期造成底层地层结露，要求地沟盖板上部保温。地下室保温需要根据地下室用途确定是否设置保温层，当地下室作为车库时，其与土壤接触的外墙可不保温。当地下水位高于地下室地面时，地下室保温需要采取防水措施。

4.2 寒冷地区绿色建筑设计特点

4.2.1 寒冷地区气候特征

寒冷地区地处我国长城以南，秦岭、淮河以北，新疆南部、青藏高原南部(见图4.1)。

寒冷地区主要包括天津、山东、宁夏全境，北京、河北、山西、陕西大部，辽宁南部、甘肃中东部、河南、安徽、江苏北部，以及新疆南部、青藏高原南部、西藏东南部、青海南部、四川西部的部分地区。

气候的主要特征是：冬季漫长而寒冷，经常出现寒冷天气；夏季短暂而温暖，气温年较差特别大；以夏雨为主，因蒸发微弱，相对湿度很高。

寒冷地区气候的特点：

（1）冬季较长且寒冷干燥，年日平均气温低于或等于5℃的日数为207~90天。Ⅱ区1月平均气温为-10℃~0℃；ⅥC区1月平均气温在-15℃~-2℃之间；ⅦD区1月平均气温为-20℃~-5℃。

（2）夏季区内各地气候差异较大。Ⅱ区的平原地区较炎热湿润，高原地区夏季较凉爽，7月平均气温为18℃~28℃，年日平均气温高于或等于25℃的日数少于80天；年最高气温高于或等于35℃的日数约为10~20天。ⅥC区凉爽无夏，7月平均气温低于18℃。ⅦD区夏季干热，吐鲁番盆地夏季酷热，7月平均气温为18℃~33℃，年日平均气温高于或等于25℃的日数约为120天；年最高气温高于或等于35℃的日数可达97天。

（3）气温年较差较大，Ⅱ区气温年较差可达26℃~34℃；ⅥC区气温年较差可达11℃~20℃；ⅦD区最大，气温年较差可达31℃~42℃。

---

① 陈庆丰.建筑保温设计.哈尔滨建筑大学建筑系教材，1999.

(4) 年平均气温日较差较大，Ⅱ区年平均气温日较差为7℃~15℃；ⅥC区年平均气温日较差为9℃~17℃；ⅦD区年平均气温日较差为12℃~16℃。

(5) 极端最低气温较低，Ⅱ区极端最低气温为-13℃~-35℃；ⅥC区极端最低气温为-12℃~-30℃；ⅦD区极端最低气温为-21℃~-32℃。

(6) 极端最高气温各地差异较大，Ⅱ区极端最高气温为34℃~43℃；ⅥC区极端最高气温为24℃~37℃；ⅦD区极端最高气温为40℃~47℃。

(7) 年平均相对湿度为50%~70%；年雨日数为60~100天，年降水量为300~1 000 mm，日最大降水量大都为200~300 mm，个别地方日最大降水量超过500 mm。

(8) 年太阳总辐射照度为150~190 W/m²，年日照时数为2 000~2 800 h，年日照百分率为40%~60%。

(9) 东部广大地区12月~翌年2月多偏北风，6~8月多偏南风，陕西北部常年多西南风；陕西、甘肃中部常年多偏东风；年平均风速为1~4 m/s，3~5月平均风速最大，为2~5 m/s。

(10) 年大风日数为5~25天，局部地区达50天以上；年沙暴日数为1~10天，北部地区偏多；年降雪日数一般在15天以下，年积雪日数为10~40天，最大积雪深度为10~30 cm；最大冻土深度小于1.2 m；年冰雹日数一般在5天以下；年雷暴日数为20~40天。

ⅦC区冬季严寒，夏季较热；年降水量小于200 mm，空气干燥，风速偏大，多大风和风沙天气；日照丰富；最大冻土深度为1.5~2.5 m。

上述各部分的气候特征值见表4.4。

表4.4 寒冷地区气候特征值

气候区		Ⅱ区	ⅥC区	ⅦD区
气温(℃)	最冷月	-10~0	-10~0	-10~-5
	最热月	18~28	11~20	24~33
	年较差	26~34	14~20	31~42
	日较差	7~15	9~17	12~16
	极端最低	-13~-35	-12~-30	-21~-32
	极端最高	34~43	24~37	40~47
日平均气温≤5℃的天数		90~145	116~207	112~130
日平均气温≥25℃的天数		0~80	0	120
相对湿度(%)	最冷月	40~70	20~60	50~70
	最热月	50~90	50~80	30~60
	年平均	50~70	30~70	35~70
年降水量(mm)		300~1 000	290~880	20~140
年太阳总辐射照度(W/m²)		150~190	180~260	170~230
年日照时数(h)		2 000~2 800	1 600~3 000	2 500~3 500
年日照百分率(%)		40~60	40~80	60~80
风速	冬季(m/s)	1~5	1~3	1~4
	夏季(m/s)	1~5	1~3	2~4
	全年(m/s)	1~6	1~3	2~4

资料来源：中国建筑业协会建筑节能专业委员会.建筑节能：怎么办？第2版.北京：中国计划出版社，2002：53-91.

4.2.2 绿色建筑设计基本原则

绿色建筑设计应综合考虑建筑全寿命周期的技术与经济特性，采用有利于促进建筑与环境可持续发展的场地、建筑形式、技术、设备和材料。绿色建筑设计遵循因地制宜的原则，结合建筑所在地域的气候、资源、生态环境、经济、人文等特点进行，同时体现共享、平衡、集成的理念，规划、建筑、结构、给水排水、暖通空调、电气与智能化、经济等各专业应紧密配合。

绿色建筑设计强调全过程控制，各专业在项目的每个阶段都应参与讨论、设计与研究。绿色建筑设计强调以定量化分析与评估为前提，重视进行方案设计阶段的绿色建筑设计策划。提倡在规划设计阶段进行如场地自然生态系统、自然通风、日照与自然采光、围护结构节能、声环境优化等多种技术策略的定量化分析与评估。定量化分析往往需要通过计算机模拟、现场检测或模型实验等手段来完成，这样就增加了对各类设计人员特别是建筑师的专业要求，传统的专业分工的设计模式已经不能适应绿色建筑的设计要求。因此，绿色建筑设计是对现有设计管理和运作模式的创造性变革，是具备综合专业技能的人员、团队或专业咨询机构的共同参与，并充分体现信息技术成果的过程。

绿色建筑鼓励结合项目特征在设计方法、新技术利用与系统整合等方面进行创新设计，如：① 有条件时，优先采用被动式技术手段实现设计目标；② 各专业宜利用现代信息技术协同设计；③ 通过精细化设计提升常规技术与产品的功能；④ 新技术应用应进行适宜性分析；⑤ 设计阶段宜定量分析并预测建筑建成后的运行状况，并设置监测系统。

当然，在设计创新的同时，应保证建筑整体功能的合理落实，同时确保结构、消防等基本安全要求。

绿色建筑设计并不忽视建筑学的内涵，尤为强调从方案设计入手，将绿色设计策略与建筑的表现力相结合，重视与周边建筑和景观环境的协调以及对环境的贡献，避免沉闷单调或忽视地域性和艺术性的设计。绿色建筑的建设不但要和环境融合，更要经济实惠，让投资人有适当的回报。在这样的过程当中，最重要的是如何达到资源利用的最高效率。各种资源效率中最重要的是能源效率，能源效率越高，越能节省寿命周期费用，不但提高绿化效果，还能增加投资绿化建设的吸引力。因此提高能源效率是进行绿色建筑建设的基本条件之一。

4.2.3 寒冷地区绿色建筑设计要点

从气候类型和建筑基本要求方面，寒冷地区绿色建筑与严寒地区的设计要求和设计手法基本相同，一般情况下寒冷地区可以直接套用严寒地区的绿色建筑。除满足传统建筑的一般要求，以及《绿色建筑技术导则》(建科〔2005〕199号)和《绿色建筑评价标准》(GB/T 50378)的要求外，尚应注意结合寒冷地区的气候特点、自然资源条件进行设计，具体设计应考虑以下几个方面：

4.2.3.1 建筑节能设计方面(表4.5)

表4.5 寒冷地区绿色建筑在建筑节能设计方面应考虑的问题

	Ⅱ区	ⅥC区	ⅦD区
规划设计及平面布局	总体规划、单体设计应满足冬季日照并防御寒风的要求，主要房间宜避西晒	总体规划、单体设计应注意防寒风与风沙	总体规划、单体设计应以防寒风与风沙，争取冬季日照为主
体形系数要求	应减小体形系数	应减小体形系数	应减小体形系数
建筑物冬季保温要求	应满足防寒、保温、防冻等要求	应充分满足防寒、保温、防冻的要求	应充分满足防寒、保温、防冻要求
建筑物夏季防热要求	部分地区应兼顾防热，ⅡA区应考虑夏季防热，ⅡB区可不考虑	无	应兼顾夏季防热要求，特别是吐鲁番盆地，应注意隔热、降温，外围护结构宜厚重
构造设计的热桥影响	应考虑	应考虑	应考虑
构造设计的防潮、防雨要求	注意防潮、防暴雨，沿海地带尚应注意防盐雾侵蚀	无	无

续表 4.5

	Ⅱ区	ⅥC区	ⅦD区
建筑的气密性要求	加强冬季密闭性，且兼顾夏季通风	加强冬季密闭性	加强冬季密闭性
太阳能利用	应考虑	应考虑	应考虑
气候因素对结构设计的影响	结构上应考虑气温年较差大、大风的不利影响	结构上应注意大风的不利作用	结构上应考虑气温年较差和日较差均大以及大风等的不利作用
冻土影响	无	地基及地下管道应考虑冻土的影响	无
建筑物防雷措施	宜有防冰雹和防雷措施	无	无
施工时注意事项	应考虑冬季寒冷期较长和夏季多暴雨的特点	应注意冬季严寒的特点	应注意冬季低温、干燥多风沙以及温差大的特点

建筑围护结构节能设计，例如建筑体形系数、窗墙面积比、围护结构热工性能、外窗气密性、屋顶透明部分面积比等，达到国家和地方节能设计标准的规定，是保证建筑节能的关键，在绿色建筑中更应该严格执行。

由于我国寒冷地区有一定地域气候差异，各地经济发达水平也很不平衡，节能设计的标准在各地也有一定差异；此外，公共建筑和住宅建筑在节能特点上也有差别，因此体形系数、窗墙面积比、外围护结构热工性能、外窗气密性、屋顶透明部分面积比的规定限值应参照各地以及建筑类型的要求。

鼓励绿色建筑的围护结构比国家和地方规定的节能标准更高，这些建筑在设计时应利用软件模拟分析的方法计算其节能率，以便判断其是否可以达到《绿色建筑评价标准》(GB/T 50378)中优选项的标准。

4.2.3.2 根据气候条件合理布局方面

寒冷地区绿色建筑设计时应综合考虑场地内外建筑日照、自然通风与噪声要求等方面，在设计中仅仅孤立地考虑形体因素本身是不够的，需要与其他因素综合考虑，才有可能处理好节能、省地、节材等问题。建筑形体的设计应充分利用场地的自然条件，综合考虑建筑的朝向、间距、开窗位置和比例等因素，使建筑获得良好的日照、通风采光和视野。在规划与建筑单体设计时，宜通过场地日照、通风、噪声等模拟分析确定最佳的建筑形体。

1）精心设计建筑布局和朝向

单体建筑物的三维尺寸及形状对周围的风环境影响很大。从节能的角度考虑，应创造有利的建筑形态，降低风速，减少能耗热损失。同时，从避免冬季季风对建筑物侵入来考虑，应减小风向与建筑物长边的入射角度。建筑物高度、长度的变化对局部气流和风环境也有较大影响。建筑单体设计时，在场地风环

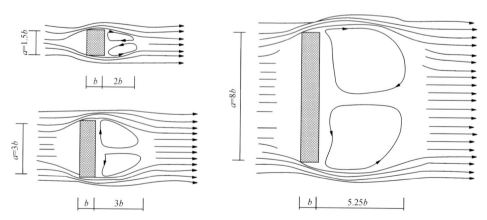

图 4.12 建筑物长度对气流的影响
资料来源：中国建筑业协会建筑节能专业委员会.建筑节能技术.北京：中国计划出版社,1996.

境分析的基础上，宜通过调整建筑物的长宽高比例，使建筑物迎风面压力合理分布，避免背风面形成涡旋区(图4.12，图4.13)。

利用计算机日照模拟分析，以建筑周边场地以及既有建筑为边界前提条件，确定满足建筑物最低日照标准的最大形体与高度，并结合建筑节能和经济成本权衡分析。

在确定建筑物的最小间距时，要保证室内一定的日照量。建筑物的朝向对建筑节能也有很大影响，从节能考虑，建筑物应首先选择长方形体形，南北朝向。同体积不同体形获得的太阳辐射量也是很不一样的。朝向既与日照有关，也与当地的主导风向有关，因为主导风向直接影响冬季住宅室内的热损耗与夏季室内的自然通风(图4.14)。

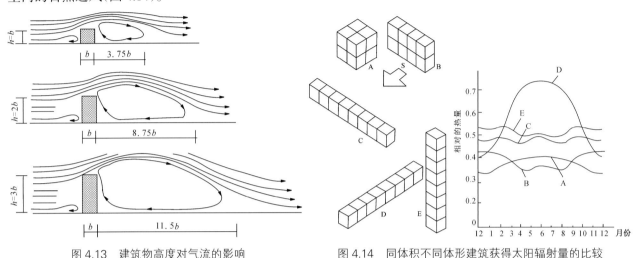

图4.13 建筑物高度对气流的影响　　　　图4.14 同体积不同体形建筑获得太阳辐射量的比较

资料来源：中国建筑业协会建筑节能专业委员会.建筑节能技术.北京：中国计划出版社,1996.

建筑朝向的选择，涉及当地气候条件、地理环境、建筑用地情况等，必须全面考虑。应根据建筑所在地区气候条件的不同，采用最佳朝向或接近最佳朝向。当建筑处于不利朝向时，应做补偿设计。

寒冷地区朝向选择的总原则是：在节约用地的前提下，要满足冬季能争取较多的日照，夏季避免过多的日照，并有利于自然通风的要求。建筑朝向应结合各种设计条件，因地制宜地确定合理的范围，以满足生产和生活的要求。我国寒冷地区部分地区建议建筑朝向见表4.6。

表4.6 我国寒冷地区部分地区建议建筑朝向表

地　区	最佳朝向	适宜朝向	不宜朝向
北京地区	南至南偏东30°	南偏东45°范围内 南偏西35°范围内	北偏西30°~60°
石家庄地区	南偏东15°	南至南偏东30°	西
太原地区	南偏东15°	南偏东至东	西北
呼和浩特地区	南至南偏东 南至南偏西	东南、西南	北、西北
济南地区	南、南偏东10°~15°	南偏东30°	西偏北5°~10°
郑州地区	南偏东15°	南偏东25°	西北

2) 控制体形系数

寒冷地区绿色建筑设计更应注重建筑与环境的关系，尽可能减少建筑对环境的影响，建筑应在满足建筑功能与美观的基础上，尽可能降低体形系数。

体形系数对建筑能耗影响较大，依据寒冷地区的气候条件，建筑物体形系数在0.3的基础上每增加0.01，该建筑物能耗约增加2.4%~2.8%；每减少0.01，能耗约减少2%~3%。如寒冷地区建筑的体形系数放宽，围护结构传热系数限值将会变小，使得围护结构传热系数限值在现有的技术条件下实现的难度增大，同时投入的成本太大。适当地将低层建筑的体形系数放大到0.52左右，将大量建造的4~8层建筑的体形系数控制在0.33左右，有利于控制居住建筑的总体能耗。高层建筑的体形系数一般控制在0.23左右。为了给建筑师更灵活的空间，将寒冷地区体形系数适当放宽控制在0.26(≥14层)。

以北京地区为例，通过计算典型多层建筑模型的耗热量指标，来研究体形系数对居住建筑耗热量指标的影响。改变体形系数是通过增减建筑模型的层数得到的(表4.7)。

表4.7 体形系数对建筑耗热量指标的影响

体形系数	0.366	0.341	0.324	0.313	0.304	0.297	0.291	0.287
耗热量指标(W/m^2)	23.24	22.04	21.24	20.67	20.24	19.9	19.64	19.42
体形系数减少量	0.025	0.017	0.011	0.009	0.007	0.006	0.004	0.004
耗热量指标减少量(W/m^2)	1.2	0.8	0.57	0.43	0.34	0.26	0.22	0.18
体形系数每减少0.01，耗热量减少百分比	2.1%	2.1%	2.4%	2.3%	2.4%	2.2%	2.8%	2.3%
体形系数	0.283	0.28	0.277	0.275	0.273	0.271	0.266	0.261	0.258
耗热量指标(W/m^2)	19.24	19.08	18.95	18.84	18.74	18.65	18.44	18.2	18.04
体形系数减少量	0.003	0.003	0.002	0.002	0.002	0.005	0.005	0.003	/
耗热量指标减少量(W/m^2)	0.16	0.13	0.11	0.1	0.09	0.21	0.24	0.16	
体形系数每减少0.01，耗热量减少百分比	2.8%	2.3%	2.9%	2.7%	2.4%	2.3%	2.6%	2.9%	平均值 2.5%

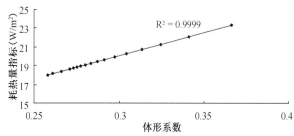

图4.15 建筑耗热量指标与体形系数的关系

资料来源：住房和城乡建设部标准定额研究所.居住建筑节能设计标准应用技术导则——严寒和寒冷、夏热冬冷地区.北京：中国建筑工业出版社，2010.

从表4.7数据可以看出：建筑的耗热量指标随着体形系数的减小而减小，并且体形系数每减少0.01，建筑的耗热量指标就会减少2.1%~2.9%，平均减少2.5%。并且通过数据拟合发现，建筑的耗热量指标与体形系数的线性关系较强，其拟合曲线如图4.15所示。

一旦所设计的建筑超过规定的体形系数时，则要求提高建筑围护结构的保温性能，并进行围护结构热工性能的权衡判断，审查建筑物的采暖能耗是否能控制在规定的范围内。

3) 合理确定窗墙面积比，大幅度提高窗户热工性能

当前和近期内，普通窗户(包括阳台门的透明部分)的保温隔热性能比外墙差很多，夏季白天通过窗户进入室内的太阳辐射热也比外墙多得多，窗墙面积比越大，则采暖和空调能耗也越大。因此，从节约的角度出发，必须限制窗墙面积比。在一般情况下，应以满足室内采光要求作为窗墙面积比的确定原则。

寒冷地区人们无论是在过渡季节还是在冬、夏两季普遍有开窗加强房间通风的习惯。一是自然通风改善了室内空气品质；二是夏季在阴雨降温或夜间，室外气候凉爽宜人，加强房间通风能带走室内余热和积蓄冷量，可以减少空调运行时的能耗。这都需要较大的开窗面积。此外，南窗大有利于冬季通过窗口直接获得太阳辐射热。参考近年小康住宅小区的调查情况和北京、天津等地标准的规定，窗墙面积比一般宜控制在0.35以内；如窗的热工性能好，窗墙面积比可适当提高。寒冷地区中部和东部，冬季一般室外平均风速都大于2.5 m/s，西部冬季室外气温比严寒地区偏高3℃~7℃，室外风速小，尤其是夏季夜间静风率高，如果南北向窗墙面积比相对过大，则不利于夏季穿堂风的形成。另外窗口面积过小，容易造成室内采光不足。西部冬季平均日照率≤25%，阴雨天很多，这一地区增大南窗的冬季太阳辐射所提供的热量对室内采暖的作用有限，而且经过DOE-2程序计算和工程实测，单位面积的北窗热损失明显大于南窗。窗口面积太小，所增加的室内照明用电能耗，将超过节约的采暖能耗。因此，寒冷地区西部进行围护结构节能设计时，不宜过分依靠减少窗墙面积比，重点是提高窗的热工性能。

近年来，居住建筑的窗墙面积比有越来越大的趋势，这是因为商品住宅的购买者大都有希望自己的住宅更加通透明亮。考虑到临街建筑立面美观的需要，窗墙面积比适当大些是可以的。但在增大窗墙面积比的同时，首先考虑减小窗户(含阳台透明部分)的传热系数，如采用单框双玻或中空玻璃窗，并增设活动遮

阳；其次才是考虑减小外墙的传热系数。要避免进一步增大窗墙热工性能的差距。大量的调查和测试表明，太阳辐射通过窗户直接进入室内热量是造成夏季室内过热的主要原因。日本、美国、等国家以及中国香港地区都把提高窗的热工性能和遮阳控制作为夏季防热、降低住宅空调负荷的重点，居住建筑普遍窗外安装有遮阳设施。因此，应该把窗的遮阳作为夏季节能的一个重点措施来考虑。

因为夏季太阳辐射西（东）向最大。不同朝向墙面太阳辐射强度的峰值，以西（东）向墙面为最高，西南（东南）向墙面次之，西北（东北）向又次之，北向墙为最小。因此，严格控制西（东）向窗面积比限值、尽量做到东西向不开窗是合理的。

对外窗的传热系数和窗户的遮阳太阳辐射透过率做严格的限制，是寒冷地区建筑节能设计的特点之一。在放宽窗墙面积比限值的情况下，必须提高对外窗热工性能的要求，才能真正做到住宅的节能。技术经济分析也表明，提高外窗热工性能，所需资金不多，每平方米建筑面积约10~20元，比提高外墙热工性能的资金效益高3倍以上。同时，放宽窗墙面积比，提高外窗热工性能，给建筑师和开发商提供了更大的灵活性，更好地满足这一地区人们提高居住建筑水平的要求。

另外，门窗还是建筑立面隔声薄弱环节，而当前随处可见的大面积外凸飘窗不利于隔绝噪声，应综合立面造型、外界噪声情况、采光通风要求等确定窗口大小。只要能满足规定的采光、通风要求，门窗应尽量开小。建筑师在立面设计中常用通长带形窗，但往往到施工完毕才发现由于带形窗横跨相邻房间，噪声不能被完全阻断造成互相影响，因此要做好此处的隔声构造设计。由于噪声传播有方向性，所以将开窗方向避开噪声源形成锯齿状、波浪状窗也可以减少噪声传入。

寒冷地区住宅的南向的房间大都是起居室、主卧室，常常开设比较大的窗户，夏季透过窗户进入室内的太阳辐射热构成了空调负荷的主要部分。因此，部分寒冷地区建筑的南向外窗（包括阳台的透明部分）宜设置水平遮阳或活动遮阳。在南窗的上部设置水平外遮阳，夏季可减少太阳辐射热进入室内，冬季由于太阳高度角比较小，对进入室内的太阳辐射影响不大。有条件的最好在南窗设置卷帘式或百叶窗式的外遮阳。东西窗也需要遮阳，但由于当太阳东升西落时其高度角比较低，设置在窗口上沿的水平遮阳几乎不起遮挡作用，宜设置展开或关闭后可以全部遮蔽窗户的活动式外遮阳。

冬夏两季透过窗户进入室内的太阳辐射对降低建筑能耗和保证室内环境的舒适性所起的作用是截然相反的。活动式外遮阳容易兼顾建筑冬夏两季对阳光的不同需求，所以设置活动式的外遮阳更加合理。窗外侧的卷帘、百叶窗等就属于"展开或关闭后可以全部遮蔽窗户的活动式外遮阳"，虽然造价比一般固定外遮阳（如窗口上部的外挑板等）高，但遮阳效果好，最能兼顾冬夏，应当鼓励使用。

有些建筑由于体形过于追求形式新异，造成结构不合理、空间浪费或构造过于复杂等情况，引起建造材料大量增加或运营费用过高。为片面追求美观而以巨大的资源消耗为代价，不符合绿色建筑的基本理念。在设计中应控制造型要素中没有功能作用的装饰构件的应用。应用没有功能作用的装饰构件主要指：① 不具备遮阳、导光、导风、载物、辅助绿化等作用的飘板、格栅和构架等，且作为构成要素在建筑中大量使用；② 单纯为追求标志性效果，在屋顶等处设立塔、球、曲面等异形构件；③ 女儿墙高度超过规范要求2倍以上；④ 不符合当地气候条件，不利于节能的双层外墙（含幕墙）的面积超过外墙总建筑面积的20%。总之，建筑造型应简约，应符合建筑功能和技术的要求，结构及构造合理，同时不宜采用纯装饰性构件。不符合绿色建筑原则的做法，应该在建筑设计中避免。这一原则不仅仅在寒冷地区建筑设计中需要注意，也适用于其他气候区。

4.2.3.3 围护结构保温节能设计方面的考虑

建筑保温是寒冷地区绿色建筑设计十分重要的内容之一。寒冷地区建筑中空调和采暖的很大一部分负荷，是由于围护结构传热造成的，冬季采暖设备的运行是为了补偿通过建筑围护结构由室内传到外界的热量。围护结构保温隔热性能的好坏，直接影响到建筑能耗的多少。对围护结构进行节能保温设计，将降低空调或采暖设备的负荷，减小设备的容量或缩短设备的运行时间，既节省日常运行费用、节省能源，又使室内温度要求得到满足，改善建筑的热舒适性，这正是绿色建筑设计的一个重要方面。建筑围护结构包括墙、门窗、屋顶、地面等。寒冷地区建筑围护结构不仅要满足强度、防潮、防水、防火等基本要求，还应考虑保温防寒的要求。

另外，从节能的角度出发，居住建筑不应设置凸窗，但节能并不是居住建筑设计所要考虑的唯一因素，因此设置凸窗时，凸窗的保温性能必须予以保证，否则不仅造成能源浪费，而且严寒地区冬季室内外温差大，凸窗更加容易发生结露现象；寒冷地区北向的房间冬季凸窗也容易发生结露现象，影响房间的正常使用。

凸窗热工缺陷的存在往往会破坏围护结构整体的保温性能，更为严重的热工缺陷和热桥还有导致室内结露的危险。这些特殊的构造部位都是潜在的热桥，在做外保温的时候要格外注意。

通过数值模拟分析，住房和城乡建设部标准定额研究所[1]对不同保温情况下的凸窗热桥部位的温度场分布进行比较。因此建筑节能标准要求建筑构造部位的潜在热工缺陷及热桥部位必须加强，进而采取相关的技术措施以保证最终的围护结构热工性能。

4.3 夏热冬冷地区绿色建筑设计特点

4.3.1 概述

4.3.1.1 夏热冬冷地区的建筑气候特点

按建筑气候分区来划分夏热冬冷地区包括上海、浙江、江苏、安徽、江西、湖北、湖南、重庆、四川、贵州10省市大部分地区，以及河南、陕西、甘肃南部、福建、广东、广西3省区北部，共涉及16个省、市、自治区，约有4亿人口，是中国人口最密集，经济发展速度较快的地区。

该地区最热月平均气温25℃~30℃，平均相对湿度80%左右，炎热潮湿是夏季的基本气候特点。夏季，连续晴热高温，太平洋副热带高压从中国东部沿海登陆，沿长江向西扩展，直到四川泸州、宜宾之间，笼罩整个夏热冬冷地区时间长达7~40天以上。这是夏季最恶劣的天气过程，最高温度可达40℃以上，最低气温也超过28℃，全天无凉爽时刻。白天日照强、气温高、风速大，热风横行，所到之处如同火炉，空气升温，物体表面发烫。夜间，静风率高，带不走白天积蓄的热量，气温和物体表面温度都居高难降。重庆、武汉、南京、长沙等城市的"火炉"之称由此而来。

夏季也有舒适的时候，那就是晴雨相间的天气过程。一般是晴2~3天后降雨1~2天，这种天气过程中，尽管晴天最高温度可上升到35℃左右，但夜间气温可降到24℃以下，雨前虽有短暂的闷湿感，但很快会过去，降雨和雨后初晴时空气清爽宜人。

夏季第3种常见天气过程是持续阴雨。这种天气过程可持续5~20天，也是夏季一种不舒适的天气过程。尽管天空云层厚，日照弱，气温最高不超过32℃左右。但昼夜温差小，只有3℃~5℃，尤其是空气湿度大、气压低、相对湿度持续保持在80%以上，使人感到闷湿难受，而且使室内细菌迅速繁殖。长江下游夏初的梅雨季节就是这种天气过程。

该地区最冷月平均气温0℃~10℃，平均相对湿度80%左右，冬季气温虽然比北方高，但日照率远远低于北方，北方冬季日照率大多超过60%。该地区由东到西，冬季日照率急剧减小：东部上海、南京只有40%左右；中部武汉、长沙约30%~40%；西部大部约20%。重庆只有13%，贵州遵义只有10%，四川盆地只有15%~20%，整个冬季天气阴沉，雨雪绵绵，几乎不见阳光。该地区冬季基本的气候特点是阴冷潮湿。

该地区冬夏两季都很潮湿，相对湿度都在80%左右，但造成冬夏两季潮湿的基本原因是不一样的。夏季是因为空气中水蒸气含量太高；冬季则是空气温度低，日照严重不足。

4.3.1.2 夏热冬冷地区的居民生活习惯和室内热舒适性

该地区居民的传统生活习惯是在夏季与过渡季节开窗进行自然通风，冬季主要采用太阳能被动采暖。在过渡季节和夏季非极端气温时，这样的生活习惯可以保证一定的室内热舒适性和室内空气质量。但在

---

[1] 住房和城乡建设部标准定额研究所.居住建筑节能设计标准应用技术导则——严寒和寒冷、夏热冬冷地区.北京：中国建筑工业出版社，2010.

冬、夏两季极端气温条件下，若不采用采暖、空调系统，室内热环境甚至都不能满足基本的居住条件，更谈不上居住的舒适性了。在夏季连续的晴热高温天气中，该地区室内温度可超过30℃，甚至高达36℃~37℃；冬季室内外温差只有1℃~4℃，室内阴冷，温度不到12℃（卫生标准的下限），整个冬季平均只有8.5℃，人在室内会感到寒气逼人。此外，冬夏两季比较大的空气相对湿度也严重影响了室内热舒适性，在夏季梅雨季节和冬季阴雨天，室内闷湿感或阴冷感都非常强烈。

近年来随着经济发展和生活水平的提高，人们也不断地改善着该地区的室内热舒适性。从20世纪90年代初开始，电暖气、空调设备迅速普及，2006年上海、重庆、武汉等大城市，家庭空调拥有率已超过90%；各大中城市的各类公建均安装空调设施。建筑内热舒适性开始明显改善，但随之而来的采暖空调能耗也急剧上升。

在夏热冬冷地区为了提高室内热舒适度，除高档星级宾馆、高档商务建筑外，一般政府办公建筑、教育文化及体育建筑、商业建筑、居住建筑采暖和空调主要以间歇性采暖和空调模式运行。

以南京市的气候环境、人体舒适度以及相应的节能策略研究为例：

按照《中国建筑热环境分析专用气象数据集》提供的典型气象年逐时参数，取夏季服装热阻为0.5 clo、冬季服装热阻为1.5 clo、春秋季节服装热阻为0.8 clo，计算南京市全年室外PMV指标，如图4.16所示：图中PMV指标位于−0.5~0.5的区域为全年的绝对热舒适区，PMV指标高于1为人体感觉热，PMV指标低于−1为人体感觉冷；考虑到心理期望等因素在内的PMV指标位于−1~1的区域为全年可接受的热舒适区。

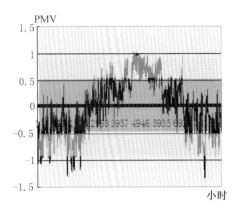

图4.16 南京市气候舒适度随时间变化图
资料来源：冯雅、许锦峰绘制

从图4.16中可以看出：南京市春秋季节舒适度最高，但也有部分时段气候不舒适，这也是很多人感觉南京春秋季节较短的原因；南京具有典型的夏季炎热、冬季寒冷的气候特点，但南京夏季绝大部分时段气候都是位于可以接受的范围内的，可采用被动式热环境控制策略控制舒适度；南京冬季寒冷时段较长，冬季寒冷对人体热舒适的影响大于夏季炎热对人体热舒适的影响，在考虑被动式热环境控制策略时应首先考虑冬季的保温、防寒要求，然后考虑夏季的隔热、降温。

从以上分析可知，由于夏热冬冷地区气候特征，冬季和夏季部分时间段内，室内舒适度能够基本满足人们生活要求。夏热冬冷地区的建筑形成了"朝阳—遮阳"、"通风—避风"的特点。城镇居民的习惯在通过自然通风、遮阳、引入阳光等方法满足舒适度的情况下，尽量少启用空调和采暖系统。同时，由于建筑的功能、室内热环境的要求不同，造成了办公建筑、教育文化及体育建筑、商业建筑、居住建筑等，对室内热环境有不同的要求，对主动式改善室内热环境设备的运行、管理需求差异也是很大的。

4.3.2 夏热冬冷地区绿色建筑设计的总体思路

1）绿色建筑规划设计

（1）建筑选址

建筑所处位置的地形地貌将直接影响建筑的日照得热和通风，从而影响室内外热环境和建筑耗热。

绿色建筑的选址、规划、设计和建设应充分考虑建筑所处的地理气候环境，以保护自然水系、湿地、山脊、沟壑和优良植被丛落为原则，有效地防止地质和气象灾害的影响。同时应尊重和发掘本地区的建筑文化内涵，建设具有本地区地域文化特色的建筑。

传统建筑的选址通常涉及"风水"的概念，重视地表、地势、地物、地气、土壤、方位和朝向等。夏热冬冷地区的传统民居常常依山面水而建，利用了山体阻挡冬季的北风、水面冷却夏季南来的季风，在建筑选址时已经因地制宜地满足了日照、采暖、通风、给水、排水的需求。

通常而言，建筑的位置宜选择良好的地形和环境，如向阳的平地和山坡上，并且尽量减少冬季冷气流的影响。但是，在当今现代社会，规划设计阶段对建筑选址的可操作范围常常很有限，规划设计阶段的绿色建筑理念更多的是根据场地周边的地形地貌，因地制宜地通过区域总平面布置、朝向设置、区域景观营造等来实现。

（2）规划的总平面布置

考虑建设区域总平面布置时，应尽可能利用并保护原有地形地貌，既减少场地平整的工程量，减少对原有生态环境景观的破坏。场地规划应考虑建筑布局对场地室外风、光、热、声等环境因素的影响，考虑建筑周围及建筑与建筑之间的自然环境、人工环境的综合设计布局，考虑场地开发活动对当地生态系统的影响。

建筑群的位置、分布、外形、高度以及道路的不同走向对风向、风速、日照有明显影响，考虑建筑总平面布置时，应尽量将建筑体量、角度、间距、道路走向等因素合理组合，以期充分利用自然通风和日照。

（3）朝向

建筑朝向对建筑节能和室内舒适度的重要性不言而喻。好的规划方位可以使建筑更多的房间朝南，充分利用冬季太阳辐射热，降低采暖能耗；也可以减少建筑东、西向的房间，减弱夏季太阳辐射热的影响，降低制冷能耗。建筑最佳朝向一般取决于日照和通风两个主要因素。就日照而言，南北朝向是最有利的建筑朝向。从建筑单体夏季自然通风的角度看，建筑的长边最好与夏季主导风方向垂直；但从建筑群体通风的角度看，建筑的长边与夏季主导风方向垂直将影响后排建筑的夏季通风；故建筑规划朝向与夏季主导季风方向一般控制在30°~60°之间。实际设计时可以先根据日照和太阳入射角确定建筑朝向范围后，再按当地季风主导方向进行优化。优化时应从建筑群整体通风效果来考虑，使建筑物的迎风面与季风主导方向形成一定的角度，保证各建筑都有比较满意的通风效果；这样也可以使室内的有效自然通风区域更大，效果更好。

建筑的主朝向宜选择本地区最佳朝向或接近最佳朝向，尽量避免东西向日晒。朝向选择的原则是冬季能获得足够的日照并避开主导风向，夏季能利用自然通风和遮阳措施来防止太阳辐射。然而建筑的朝向、方位，以及建筑总平面设计应考虑多方面的因素，尤其是公共建筑受到社会历史文化、地形、城市规划、道路、环境等条件的制约，要想使建筑物的朝向对夏季防晒和冬季保温都很理想是有困难的，因此，只能权衡各个因素之间的得失轻重，选择出这一地区建筑的最佳朝向和较好朝向。通过多方面的因素分析、优化建筑的规划设计，采用本地区建筑最佳朝向或适宜朝向，尽量避免东西向日晒。

根据有关资料，总结出我国夏热冬冷地区节能设计实践，不同气候区主要城市的最佳、适宜和不宜的建筑朝向，见表4.8。

表4.8 我国夏热冬冷地区主要城市建筑朝向选择

地区	最佳朝向	适宜朝向	不宜朝向
上海	南向—南偏东15°	南偏东30°—南偏西15°	北,西北
南京	南向—南偏东15°	南偏东25°—南偏西10°	西,北
杭州	南向—南偏东10°~15°	南偏东30°—南偏西5°	西,北
合肥	南向—南偏东5°~15°	南偏东15°—南偏西5°	西
武汉	南偏东10°—南偏西10°	南偏东20°—南偏西15°	西,西北
长沙	南向—南偏东10°	南偏东15°—南偏西10°	西,西北
南昌	南向—南偏东15°	南偏东25°—南偏西10°	西,西北
重庆	南偏东10°—南偏西10°	南偏东30°—南偏西20°	西,东
成都	南偏东20°—南偏西30°	南偏东40°—南偏西45°	西,东

（4）日照

建筑物有充分的日照时间和良好的日照质量，不仅是建筑物冬季充分得热的前提，也是使用者身体健康和心理健康的需求，这在冬季日照偏少的夏热冬冷地区尤其重要。建筑日照时间和质量主要取决于总体规划布局，即建筑的朝向和建筑间距。较大的建筑间距可以使建筑物获得较好的日照，但与节地要求相矛盾。因此，在总平面设计时，要合理布置建筑物的位置和朝向，使其达到有良好日照和建筑间距的最优组合，例如建筑群采取交叉错排行列式，利用斜向日照和山墙空间日照等。从建筑群体的竖向布局来说，前排建筑采用斜屋面或把较低的建筑布置在较高建筑的阳面方向都能够缩小建筑的间距；在建筑单体设计中，也可以采用退层处理、合理降低层高等方法达到这一目的。

当建设区总平面布置不规则、建筑体形和立面复杂、条式住宅长度超过50 m、高层点式住宅布置过密时，建筑日照间距系数难以作为标准，必须用计算机进行严格的模拟计算。由于现在不封闭阳台和大落地窗的不断涌现，根据不同的窗台标高来模拟分析建筑外墙各个部位的日照情况，精确求解出无法得到直接日照的地点和时间，分析是否会影响室内采光也很重要。因此在容积率已经确定的情况下，利用计算机对建筑群和单体建筑进行日照模拟分析，可以对不满足日照要求的区域提出改进建议，提出控制建筑的采光照度和日照小时数的方案。

（5）地下空间利用

合理设计建筑物地下空间，是节约建设用地的有效措施。在规划设计和后期的建筑单体设计中，可结合实际情况（如地形地貌、地下水位的高低等），合理规划并设计地下空间，用于车库、设备用房、仓储等。

（6）配套设施

在配套设施规划建设时，在服从地区控制性详细规划的条件下，应根据建设区域周边配套设施的现状和需求，统一配建学校、商店、诊所等公用设施。配套公共服务设施相关项目建设应集中设置并强调公用，既可节约土地，也可避免重复建设，提高使用率。

（7）绿化

绿化对建筑环境与微气候条件起着十分重要的作用，它能调节气温、调节碳氧平衡、减弱城市温室和热岛效应、减轻大气污染、降低噪音、净化空气和水质、遮阳隔热，是改善小区微气候、改善室内热环境、降低建筑能耗的有效措施。建筑环境绿化具有良好的调节气温和增加空气湿度的效应，这主要是因为植物（尤其是乔木）有遮阳、减低风速和蒸腾的作用。植物在生长的过程中，根部不断地从土壤中吸收水分，又从叶面蒸发水分，这种现象称为"蒸腾"。同时，植物吸收阳光作为动力，把空气中的二氧化碳和水进行加工变成有机物做养料，这种现象称为"光合"。蒸腾作用和光合作用都吸收太阳辐射热。树林的树叶面积大约是树林种植面积的75倍；草地上的草叶面积大约是草地面积的25~35倍。这些比绿化面积大上几十倍的叶面面积都是起蒸腾作用和光合作用的。所以，就起到了吸收太阳辐射热、降低空气温度的作用。

环境绿化必须考虑植物物种多样性，植物配置必须从空间上建立复层分布，形成乔、灌、花、草、藤合理利用光合作用的空间层次，将有利于提高植物群落的光合作用能力和生态效益。

植被绿化的物种多样性有利于充分利用阳光、水分、土壤及肥力，形成一个和谐、有序、稳定、优美、长期共存的复层、混交的植物群落。这种有空间层次、厚度的植物群落所形成的丰富色彩，自然能引入各种鸟类、昆虫及其他动物形成新的食物链，成为生态系统中能量转化和物质循环的生物链，从而产生最大的生态效益，真正达到生态系统的平衡和生物资源的多样性。

生态绿化及小区景观环境应从周边整体环境考虑，应反映出小区所处的城市人文自然景观、地形地貌、水体、植被、建筑形式及社区功能等特色，使生态小区景观绿化体现出自然环境、人文环境的融合。

夏热冬冷地区植物种类丰富多样。植被在夏季能够直接反射太阳辐射，并通过光合作用大量吸收辐射热，蒸腾作用也能吸收掉部分热量。此外，合适的绿化植物可以提供遮阳效果，降低微环境温度；冬季阳光又会透过稀疏枝条射入室内。墙壁的垂直绿化和屋顶绿化可以有效阻隔室外的辐射热；合适的树木高度和排列可以疏导地面通风气流。综上，建设区域内的合理绿化可以降低气温、调节空气湿度、疏导通风气流，从而有效地调节微气候环境，削弱热岛效应。夏热冬冷地区传统民居中就常常种植高大落叶乔木和藤蔓植物，调节庭院微气候，夏季引导通风，为建筑提供遮阳。

绿化环境设计中，应做到：① 在规划中尽可能提高绿地率；② 绿化植物尽量选用适应当地气候和土壤条件、维护少、耐候性强、病虫害少、对人体无害的乡土植物；③ 铺装场地上尽可能多种植树木，减少硬质地面直接暴露的面积；④ 低层、多层房屋墙壁，栽种爬墙虎之类的攀藤植物，进行垂直绿化；⑤ 将草坪、灌木丛、乔木合理搭配，形成多层次的竖向立体绿化布置形式；⑥ 在建筑物需要遮阳部位的南侧或东西侧配置树冠高大的落叶树，北侧宜以耐阴常绿乔木为主，乔灌木结合，形成绿化屏障；⑦ 绿化灌溉用水尽量利用回收的雨水。

（8）水环境

绿色建筑的水环境设计包括给排水、景观用水、其他用水和节水4个部分，提高水环境的质量，是有效利用水资源的技术保证。强调绿色建筑生态小区水环境的安全、卫生、有效供水，污水处理与回收利用，已成为开发新水源的重要途径之一，目的是节约用水，提高水循环利用率。

在夏季水体的蒸发会吸收部分热量；水体也具有一定的热稳定性，会造成昼夜间水体和周边区域空气温差的波动,从而导致两者之间产生热风压,形成空气流动,可以缓解热岛效应。

夏热冬冷地区降雨充沛的区域,在进行区域水景规划时,可以结合绿地设计和雨水回收利用设计,设置喷泉、水池、水面和露天游泳池,利于在夏季降低室外环境温度,调节空气湿度,形成良好的局部小气候环境。

因此,在进行绿色建筑设计时,要求给水系统的设计必须首先在小区内的管网布置上,符合《建筑给排水设计规范》(GBJ15)、《城市居住区规划设计规范》(GB 50180),以及《住宅设计规范》(GB 50096)中有关室内给水系统的设计规定,保证给水系统的水质、水压、水量均具有有效的保障措施,并符合《生活饮用水卫生规范》(GB5749)的规定。提高人们对节水重要性的认识,呼唤全社会对节水的关注,禁止使用国家明令淘汰的用水器具,采用节水器具、节水技术与设备。

在进行水系统规划设计时,应重点考虑以下内容:① 当地政府规定的节水要求、该地区水资源状况、气象资料、地质条件及市政设施等的情况;② 用水定额的确定、用水量估算(含用水量计算表)及水量平衡问题;③ 给排水系统设计方案与技术措施;④ 采用节水器具、设备和系统的技术措施;⑤ 污水处理方法与技术措施;⑥ 雨水及再生水等非传统水源利用方案的论证、确定和设计计算与说明;⑦ 制定水系统规划方案是绿色建筑给排水设计的必要环节,是设计者确定设计思路和设计方案的可行性论证过程。

如条件许可,水景的设计应尽量模拟天然水环境,配置本土水生植物、动物,使水体提高自净的能力。

(9)雨水收集与利用

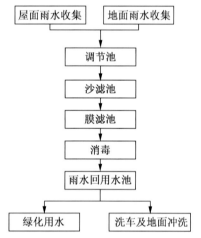

图4.17 雨水收集利用流程

资料来源:李梅.城市雨水收集模式和处理技术.山东建筑大学学报,2007(06).

利用屋面回收雨水,道路采用透水地面回收雨水,经处理后,用作冲厕、冲洗汽车、庭院绿化浇灌等(图4.17)。

透水地面包括自然裸露地面、公共绿地、绿化地面和镂空面积大于或等于40%的镂空铺地(如植草砖铺地)。透水地面增强地面透水能力,可缓解热岛效应,调节微气候,增加区域地下水涵养,补充地下水量,以及减少雨水的尖峰径流量,改善排水状况。

环境设计时,对人行道、自行车道等受压不大的地面,采用透水地砖;对自行车和汽车停车场,可选用有孔的植草土砖;在不适合直接采用透水地面的地方,如硬质路面等处,可以结合雨水回收利用系统,将雨水回收后进行回渗(图4.18,图4.19)。

透水混凝土路面能广泛适用于不同的地域及气候环境,开发透水混凝土路面工程成套技术,既可以解决雨水收集问题和噪音环保问题,又能够使资源再生利用,是一项新型节能环保技术,值得大力推广应用。

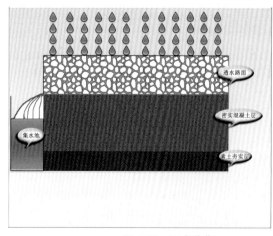

图4.18 雨水收集

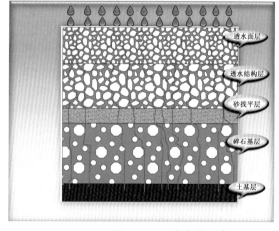

图4.19 雨水自然下渗

资料来源:龚应安.透水性铺装在城市雨水下渗收集中的应用.水资源保护,2009(06).

(10) 风环境

夏热冬冷地区加强夏季自然通风，改善区域风环境的一些具体做法如下：

① 总平面布置

宜将较低的建筑布置在东南侧(或夏季主导风向的迎风面)，并且自南向北，对不同高度的建筑进行阶梯式布置，不仅在夏季可以加强南向季风的自然通风，而且在冬季可以遮蔽寒冷的北风。后排建筑高于前排建筑较多时，后排建筑迎风面可以使部分空气流下行，改善低层部分自然通风。

当采用穿堂通风时，宜满足下列要求：a. 使进风窗迎向主导风向，排风窗背向主导风向；b. 通过建筑造型或窗口设计等措施加强自然通风。增大进/排风窗空气动力系数的差值；c. 当由两个和两个以上房间共同组成穿堂通风时，房间的气流流通面积宜大于进/排风窗面积；d. 由一套住房共同组成穿堂通风时，卧室、起居室应为进风房间，厨房、卫生间应为排风房间。进行建筑造型、窗口设计时，应使厨房、卫生间窗口的空气动力系数小于其他房间窗口的空气动力系数；e. 利用穿堂风进行自然通风的建筑，其迎风面与夏季最多风向宜成60°~90°角，且不应小于45°角。

在采用单侧通风时，要有强化措施使单面外墙窗口出现不同的风压分布，同时增大室内外温差下的热压作用。进/排风口的空气动力系数差值增大，可加强风压作用；增加窗口高度可加强热压作用。

当无法采用穿堂通风而采用了单侧通风时，宜满足下列要求：a. 通风窗所在外窗与主导风向间夹角宜为40°~65°；b. 应通过窗口及窗户设计，在同一窗口上形成面积相近的下部进风区和上部排风区，并宜通过增加窗口高度以增大进/排风区的空气动力系数差值；c. 窗户设计应使进风气流深入房间；d. 窗口设计应防止其他房间的排气进入本房间；e. 宜利用室外风驱散房间排气气流。

此外，建设区域总平面布置中各方向的建筑外形对通风也有影响。因此南面临街不宜采用过长的条式多层(特别是条式高层)；东、西临街宜采用点式或条式低层(作为商业网点等非居住用途)，不宜采用条式多层或高层，避免建筑单体的朝向不好且影响进风的缺陷；北面临街的建筑可采用较长的条式多层甚至是高层(可以提高容积率，又不影响日照间距)。总之，总平面布置不应封闭夏季主导风向的入风口。

② 适当调整建筑间距

一般而言，建筑间距越大，自然通风效果就越好。建筑组团中，如果条件许可，能结合绿地的设置，适当加大部分建筑间距，形成组团绿地，可以较好地改善绿地下风侧建筑通风效果。另一个好处就是，建筑间距越大，接受日照的时间也更长。

③ 采取错列式布局方式

最为常见的建筑群平面布局就是"横平竖直"的行列式布局，虽然整齐划一，但这样室外空气流主要沿着楼间山墙和道路形成通畅的路线运动，山墙间和道路上的通风得到加强，但建筑室内的自然通风效果被削弱。如果采取错列式布置，使道路和山墙间的空气流通而不畅，下风方向的建筑直接面对空气流，其通风效果自然更好一些。此外，错列式布局可以使部分建筑利用山墙间的空间，在冬季更多地接收到日照。

④ 采用计算机模拟

利用计算机进行风环境的数值模拟和优化。其计算结果可以以形象、直观的方式展示，通过定性的流场图和动画了解小区内气流流动情况，也可通过定量的分析对不同建筑布局方案的比较、选择和优化，最终使区域内室外风环境和室内自然通风更合理。

(11) 建筑节能与绿色能源

① 建筑节能

建筑能耗主要是建造过程中的能耗和建筑使用中的能耗。建筑的使用能耗主要是空调采暖、电气照明、电气设备能耗。当前各种空调采暖、电气、照明的设备品种繁多、各具特色，但采用这些设备时都受到能源结构形式、环境条件、工程状况等多种因素的影响和制约，为此必须客观全面地对能源进行分析比较后合理确定。

当具有电、城市供热、天然气、城市煤气等两种以上能源时，可采用几种能源合理搭配作为空调、家用电器、照明设备的能源。通过技术经济比较后采用复合能源方式，运用能源的峰谷、季节差价进行设备选型，提高能源的一次能效。

夏热冬冷地区大部分属于长江流域，具有丰富的水资源，水源热泵是一种以低位热能作为能源的中小型热泵机组，具有可利用地下水、地表水、或工业余废水作为热源供暖和供冷，采暖运行时的性能系数COP一般大于4，优于空气源热泵，并能确保采暖质量。水源热泵需要稳定的水量，合适的水温和水质，在取水这一关键问题上还存在一些技术性难点，目前也没有合适的规范、标准可参照，在设计上应特别注意。采用地下水时，必须确保有回灌措施确保水源不被污染，并应符合当地的有关保护水资源的规定。

建筑节能是建筑可持续发展的需要，它包含利用自然能源，创造"高舒适、低能耗"建筑的各个方面，是生态住宅的核心和重要的组成部分。它不仅涉及建筑与建筑围护结构的热工设计和采暖空调设备的选择，也与小区的总体规划、建筑布局与建筑设计及环境绿化等有密切的关系。我国现阶段提出的建筑节能50%或65%，就是通过建筑与建筑围护结构的热工节能设计和采暖空调的节能设计及设备的优选，使住宅建筑在较为舒适的热环境条件下，比没有进行建筑节能设计的相同住宅建筑，在同样热环境条件下节省能耗50%或65%。随着人民生活质量的提高和社会经济的发展，人们更需要舒适的热环境，室内采暖制冷的能耗将越来越大，建筑节能也就更为必要，建筑节能的标准也会相应提高。国家制订了《夏热冬冷地区居住建筑节能设计标准》(JGJG134)，作为建设部行业标准的实施细则。编制这些标准和规定的宗旨，是通过建筑与建筑热工节能设计及暖通空调设计，采取节能措施，在保证室内热环境舒适的前提下，将采暖和空调能耗控制在规定的范围，达到节能的目标。

当具有天然气、城市煤气等能源时，通过技术经济比较后采用燃烧设备的燃烧效率和能耗指标应到达国家及地方现行有关标准的要求，有利于运行费用的降低，能取得较好的经济效益。城市的能源结构若是几种共存，空调也可适应城市的多元化能源结构，运用能源的峰谷、季节差价进行设备选型，提高能源的一次能效，可使用户得到实惠。但采用天然气、城市煤气等能源时不得超过国家及地方现行有关大气环境的污染排放标准要求。

② 太阳能利用设计

太阳能是夏热冬冷地区建筑已经广泛利用的可再生能源，利用的方式有被动式和主动式两种。

被动式利用太阳能是指直接利用太阳辐射的能量使其室内冬季最低温度升高，夏季则利用太阳辐射形成的热压进行自然通风。最便捷的被动式利用太阳能就是冬季使阳光透过窗户照入室内并设置一定的贮热体，调整室内的温度；建筑设计时也可结合封闭南向阳台和顶部的露台，设置日光间，放置贮热体及保温板系统。

主动式利用太阳能是指通过一定的装置将太阳能转化为人们日常生活所需的热能和电能。目前，太阳能热水系统在夏热冬冷地区已经得到了大量应用。主动式利用太阳能的建筑在设计时，要把太阳能装置和建筑有机地结合起来，即从建筑设计开始就将太阳能系统包含的所有内容作为建筑不可或缺的设计元素和建筑构件加以考虑，巧妙地将太阳能系统的各个部件融入建筑之中。

(12) 绿色能源的利用与优化

提倡可再生能源的利用，目的是鼓励采用太阳能、地热能、生物质能等清洁、可再生能源在小区建设中的应用，是建设资源节约型的"高舒适、低能耗"住宅不可缺少的重要组成部分，把能源发展方向和我国能源现时具体条件相结合，应当提倡和鼓励。

① 有条件的地区应尽量使用太阳能热水系统。太阳能集热系统装置应与建筑物设计相协调；系统的管理布置应与住宅的给水设施配套，系统中的管道、阀门等配件应选用寿命长、抗老化、耐锈蚀的产品，同时便于维护管理。② 有条件的小区应鼓励采用太阳能制冷系统。建筑及环境宜采用被动蒸发冷却技术，改善小区热环境。③ 采用户式中央空调的别墅、高档住宅宜采用地源或水源热泵系统，利用地热能、水资源等绿色能源。④ 地热能、水资源的利用应符合本地区环保的规定，合理开发应用。

2) 绿色建筑单体设计

(1) 建筑平面设计

合理的建筑平面设计符合传统生活习惯，有利于组织夏季穿堂风，冬季被动利用太阳能采暖以及自然采光。例如，居住建筑在户型规划设计注意平面布局要紧凑、实用，空间利用合理充分、见光、通风。必须保证使一套住房内主要的房间在夏季有流畅的穿堂风，卧室、起居室一般为进风房间，厨房和卫生间为排风房间，满足不同空间的空气品质要求。住宅的阳台能起到夏季遮阳和引导通风的作用；如果把西、南立面的阳台封闭起来，可以形成室内外热交换过渡空间。如将电梯、楼梯、管道井、设备房和辅助用房等布置在建筑物的南侧或西侧，可以有效阻挡夏季太阳辐射；与之相连的房间不仅可以减少冷消耗，同时可以减少大量的热量损失。

在此前用计算机模拟技术对日照和区域风环境辅助设计和分析后，可以继续用计算机对具体的建筑、建筑的某个特定房间进行日照、采光、自然通风模拟分析，从而改进建筑平面、户型设计进。

（2）体形系数控制

体形系数是建筑物接触室外大气的外表面积与其所包围的体积的比值。空间布局紧凑的建筑体形系数小，建筑体形复杂、凹凸面过多的点式低、多层及塔式高层住宅等空间布局分散的建筑外表面积和体形系数大。对于相同体积的建筑物，其体形系数越大，说明单位建筑空间的热散失面积越高。因此，出于节能的考虑，在建筑设计时应尽量控制建筑物的体形系数，尽量减少立面不必要的凹凸变化。但如果出于造型和美观的要求需要采用较大的体形系数时，应尽量增加围护结构的热阻。

具体选择建筑节能体形时需考虑多种因素，如冬季气温、日照辐射量与照度、建筑朝向和局部风环境状况等，权衡建筑得热和失热的具体情况。一般控制体形系数的方法有：加大建筑体量，增加长度与进深；体形变化尽可能少，尽量规整；设置合理的层数和层高；单独的点式建筑尽可能少用或尽量拼接以减少外墙面。

（3）日照与采光设计

绿色建筑的规划与建筑单体设计时，应满足现行国家标准《城市居住区规划设计规范》(GB 50180)对日照的要求，应使用日照软件模拟进行日照分析。控制建筑间的间距是为了保证建筑的日照时间。按计算，夏热冬冷地区建筑的最佳日照间距是1.2倍邻近南向建筑的高度。

不同类型的建筑如住宅、医院、中小学校、幼儿园等设计规范都对日照有具体明确的规定，设计时应根据不同气候区的特点执行相应的规范、国家和地方法规。

汶川地震灾后重建邛崃中学校外窗布局方案对教室内采光系数影响的计算机模拟结果参见冯雅[①]的相关论述。经过模拟分析采光质量，包括亮度和采光的均匀度，并与建筑设计进行交互优化调整。经过采光模拟既可以优化采光均匀度又可以与照明专业分析灯具的开启时间和使用习惯，以及照明的智能控制策略，进而实现整体节能。我们在定量地计算模拟分析时甚至能够纠正感性认识的错误。比如我们在采用能耗分析软件研究发现西向的水平遮阳措施对改善西向房间的热工性能也有很大帮助，纠正了通过感性认识一般认为西向水平遮阳措施对房间遮阳帮助不大的认识，进而调整相应的设计策略(图4.20)。

图4.20 邛崃中学西向墙上的水平遮阳板
资料来源：冯雅. 四川地震灾后重建绿色学校设计. 建设科技, 2010(09).

应充分利用自然采光，房间的有效采光面积和采光系数除应符合国家现行标准《民用建筑设计通则》(GB 50352)和《建筑采光设计标准》(GB/T 50033)的要求外，尚应符合下列要求：① 居住建筑的公共空间宜自然采光，其采光系数不宜低于0.5%；② 办公、宾馆类建筑75%以上的主要功能空间室内采光系数不宜低于现行国家标准《建筑采光设计标准》(GB/T 50033)的要求；③ 地下空间宜自然采光，其采光系数不宜低于0.5%；④ 利用自然采光时应避免产生眩光；⑤ 设置遮阳措施时应满足日照和采光标准的要求。

《建筑采光设计标准》(GB/T 50033)和《民用建筑设计通则》(GB 50352)规定了各类建筑房间的采光系数最低值。一般情况下住宅各房间的采光系数与窗地面积比密切相关，因此可利用窗地面积比的大小调节室内自然采光。房间采光效果还与当地的天空条件有关，《建筑采光设计标准》(GB/T 50033)根据年平均总

---

① 冯雅. 四川地震灾后重建绿色学校设计. 建设科技, 2010(09).

照度的大小，将我国分成 5 类光气候区，每类光气候区有不同的光气候系数 K，K 值小说明当地的天空比较"亮"，因此达到同样的采光效果，窗墙面积比可以小一些，反之亦然。

(4) 围护结构设计

建筑围护结构主要由外墙、屋顶和门窗、楼板、分户墙、楼梯间隔墙构成。建筑外围护结构与室外空气直接接触，如果具有良好的保温隔热性能，便可减少室内、室外的热量交换，从而减少所需要提供的采暖和制冷能量。

① 建筑外墙

夏热冬冷地区面对冬季主导风向的外墙，表面冷空气流速大，单位面积散热量高于其他三个方向外墙。因此在设计外墙保温隔热构造时，宜加强其保温性能，提高传热阻。

要使外墙取得好的保温隔热效果，不外乎设计合适的外墙保温构造、选用传热系数小且蓄热能力强的墙体材料两个途径。

a. 建筑常用的外墙保温构造为外墙外保温。外保温与内保温相比，保温隔热效果和室内热稳定性更好，也有利于保护主体结构。常见的外墙外保温种类有聚苯颗粒保温砂浆、粘贴泡沫塑料（EPS、XPS、PU）保温板、现场喷涂或浇注聚氨酯硬泡、保温装饰板等。其中，聚苯颗粒保温砂浆由于保温效果偏低、质量不易控制等原因，其使用将逐步减少。

b. 自保温能使围护结构的围护和保温的功能合二为一，而且基本能与建筑同寿命；随着很多高性能的、本地化的新型墙体材料（如江河淤泥烧结节能砖、蒸压轻质加气混凝土砌块、页岩模数多孔砖、自保温混凝土砌块）的出现，外墙采用自保温形式的设计越来越多。

② 屋面

冬季屋面散热在围护结构热量总损失中占有相当的比例，夏季来自太阳的强烈辐射又会造成顶层房间过热，使制冷能耗加大。在夏热冬冷地区，夏季防热是主要任务，因此对屋面隔热要求较高。要想得到理想的屋面保温隔热性能，可综合采取以下措施：a. 选用合适的保温材料，其导热系数、热惰性指标应满足标准要求；b. 采用架空形保温屋面或倒置式屋面等；c. 采用屋顶绿化屋面、蓄水屋面、浅色坡屋面等；d. 采用通风屋顶、阁楼屋顶和吊顶屋顶等。

③ 外门窗、玻璃幕墙

外门窗、玻璃幕墙是建筑物与外界热交换、热传导最活跃、最敏感的部位。冬季，其保温性能和气密性能对采暖能耗有重大影响，是墙体失热热损失的 5~6 倍；夏季，大量的热辐射直接进入室内，大大提高了制冷能耗。因此外门窗、幕墙设计应该是外围护结构设计的关键部位。

减少外门窗、幕墙设计能耗的设计可以从如下几个方面着手：

a. 合理控制窗墙面积比、尽量少用飘窗。综合考虑建筑采光、通风、冬季被动采暖的需要，从地区、朝向和房间功能等方面合理控制窗墙面积比。如北墙窗，应在满足居室采光环境质量要求和自然通风的条件下适当减少窗墙面积比，其传热阻要求也可适当提高，减少冬季热损失；南墙窗在选择合适玻璃层数及采取有效措施减少热耗的前提下可适当增加窗墙面积比，更利于冬季日照采暖。不能随意开设落地窗、飘窗、多角窗、低窗台等。

b. 选择热工性能和气密性能良好的窗户。窗户良好的热工性能来源于型材和玻璃；型材的种类有断桥隔热铝合金、PVC 塑料、铝木复合型材等；玻璃的种类有普通中空玻璃、Low-E 玻璃、中空玻璃、真空玻璃等。其中，Low-E 中空玻璃可能会影响冬季日照采暖。一般而言，平开窗的气密性能优于推拉窗。

c. 合理设计建筑遮阳。建筑遮阳可以降低太阳辐射、削弱眩光，提高室内热舒适性和视觉舒适性，降低制冷能耗。因此，夏热冬冷地区的南、东、西窗都应该进行遮阳设计。

建筑的遮阳技术由来已久，形式多样。夏热冬冷地区的传统建筑常采用藤蔓植物、深凹窗、外廊、阳台、挑檐、遮阳板等遮阳措施。

建筑遮阳设计首选外遮阳，其隔热效果远好于内遮阳。如果采用固定式建筑构件遮阳时，可以借鉴传统民居中常见外挑的屋檐和檐廊设计，辅以计算机模拟技术，做到冬季满足日照、夏季遮阳隔热。

活动式外遮阳设施夏季隔热效果好，冬季可以根据需要关闭，也可兼顾冬季日照和夏季遮阳的需求。

4.4 夏热冬暖地区绿色建筑设计特点

4.4.1 夏热冬暖地区气候特征

夏热冬暖地区地处我国南岭以南，即海南、台湾全境，福建南部，广东、广西大部以及云南西南部和元江河谷地区，夏热冬暖地区与建筑气候区划图中的Ⅳ区完全一致。

夏热冬暖地区的气候特点[1]：

（1）夏热冬暖地区大多是热带和亚热带季风海洋性气候，长夏无冬，温高湿重，夏季非常炎热（图4.21）。一般夏季会从4月持续至10月，大部分地区一年中近半年温度能保持在10℃以上。气温年较差和日较差均小；雨量丰沛，多热带风暴和台风袭击，易有大风暴雨天气；太阳高度角大，日照较小，太阳辐射强烈。

图 4.21　气候特征
资料来源：申杰绘

（2）夏热冬暖地区很多城市具有显著的高温高湿气候特征（我国南方大多湿热气候主要以珠江流域为湿热中心），以广州（图4.22）为典型代表城市。夏热冬暖地区1月平均气温高于10℃，7月平均气温为25℃~29℃，极端最高气温一般低于40℃，个别可达42.5℃；气温年较差为7℃~19℃，年平均气温日较差为5℃~12℃；年日平均气温高于或等于25℃的日数为100~200天。

（3）夏热冬暖地区年平均相对湿度为80%左右，四季变化不大；年降雨日数为120~200天，年降水量大多在1 500~2 000 mm，是我国降水量最多的地区；年暴雨日数为5~20天，各月均可发生，主要集中在4~10月，暴雨强度大，台湾局部地区尤甚，日最大降雨量可在1 000 mm以上。

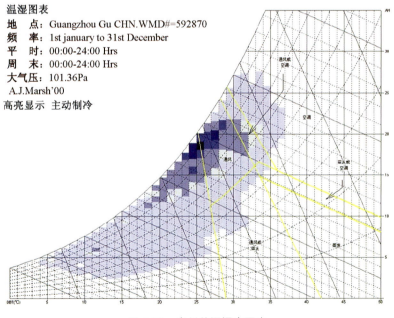

图 4.22　广州的温湿度图表
资料来源：申杰绘

（4）在夏热冬暖地区，夏季太阳高度角大，日照时间长，但年太阳总辐射照度为130~170 W/m²，在我

---

[1] 中华人民共和国建设部.《建筑气候区划标准》(GB 50178—93).国家标准,1994(2).

表4.9 夏热冬暖地区气候特征值

气候区		ⅣA区	ⅣB区
气温(℃)	最冷月	10~21	11~17
	最热月	26~29	25~29
	年较差	7~19	10~17
	日较差	5~9	8~12
	极端最低	−2~3	−7~3
	极端最高	35~40	38~42
日平均气温≥25℃的天数		100~200	
相对湿度(%)	最冷月	70~87	65~85
	最热月	77~84	72~82
年降水量(mm)		1 200~2 450	800~1 540
年太阳总辐射照度(W/m²)		130~170	
年日照时数(h)		1 700~2 500	1 400~2 000
年日照百分率(%)		40~60	30~52
风速(m/s)	冬季	1~7	0.4~3.5
	夏季	1~6	0.6~2.2
	全年	1~6	0.5~2.8

国属较少地区之一，年日照时数大多在1 500~2 600 h，年日照百分率为35%~50%，12月~翌年5月偏低。

(5) 夏热冬暖地区10月~翌年3月普遍盛行东北风和东风，4~9月大多盛行东南风和西南风，年平均风速为1~4 m/s，沿海岛屿风速显著偏大，台湾海峡平均风速在全国最大，可达7 m/s以上。受海洋的影响较大，临海地区尤其如此。白天的风速较大，由海洋吹向陆地；夜间的风速略低，从陆地吹向海洋。

(6) 夏热冬暖地区年大风日数各地相差悬殊，内陆大部分地区全年不足5天，沿海为10~25天，岛屿可达75~100天，甚至超过150天；年雷暴日数为20~120天，西部偏多，东部偏少。

该区的二级区对建筑有重大影响的气候特征值符合下列条件：

(1) ⅣA区30年一遇的最大风速大于25 m/s；年平均气温高，气温年较差小，部分地区终年皆夏。

(2) ⅣB区30年一遇的最大风速大于25 m/s；12月~翌年2月有寒潮影响，两广北部最低气温可降至−7℃以下；西部云南的河谷地区，4~9月炎热湿润多雨；10月~翌年3月干燥凉爽，无热带风暴和台风影响；部分地区夜晚降温剧烈，气温日差较大，有时可达20℃~30℃。

上述各部分的气候特征值见表4.9[①]。

夏热冬暖地区建筑基本要求应符合下列规定：① 建筑物必须充分满足夏季防热、通风、防雨要求，冬季可不考虑防寒、保温。② 总体规划、单体设计和构造处理宜开敞通透，充分利用自然通风；建筑物应避西晒，宜设遮阳设施；应注意防暴雨、防洪、防潮、防雷击；夏季施工应有防高温和暴雨的措施。③ ⅣA区建筑物尚应注意防热带风暴和台风、暴雨袭击及盐雾侵蚀。④ ⅣB区内云南的河谷地区建筑物尚应注意屋面及墙身抗裂。

4.4.2 夏热冬暖地区绿色建筑背景

4.4.2.1 相关的建筑节能规范

夏热冬暖地区的热环境较差，高温高湿的气候特点使创造建筑室内舒适宜人的环境极为困难。一方面高温持续时间长、温度波动较小；另一方面高温高湿的组合，使得人们生活、工作备受煎熬，不得不通过降低节奏来应对气候。

实际上，在空调技术和设备出现以前，并没有行之有效的方法能将夏热冬暖地区炎热气候的温度降低、湿度去除。而随着空调的出现，人们对生活舒适性的渴求以及经济实力的提升促使空调迅速普及。夏热冬暖地区的建筑能耗因而达到了非常惊人的程度。据统计，深圳市的空调能耗已占全市用电量的1/3，而且峰谷耗电达到2:1。

节能是绿色建筑的重要内容。我国从20世纪80年代起，从居住建筑到公共建筑，从新建建筑节能到

---

① 中国建筑业协会建筑节能专业委员会,北京市建筑节能与墙体材料革新办公室.建筑节能:怎么办? 第2版.北京：中国计划出版社,2002.

既有建筑节能改造，民用建筑的节能工作逐步开展。目前夏热冬暖地区执行的建筑节能设计规范或标准为：《民用建筑热工节能设计规范》(GB 50176—93)、《夏热冬暖地区居住建筑节能设计标准》(JGJ 75—2003)、《建筑照明设计标准》(GB 50034—2004)、《公共建筑节能设计标准》(GB 50189—2005)。夏热冬暖地区的民用建筑以建筑节能50%为目标。

总体而言，夏热冬暖地区建筑节能的实施比我国其他地区要晚，有许多建筑节能设计方法和规律还需要得到进一步的研究和探讨。对于绿色建筑设立的相关政策法规尚不够完备，某些地方政府对于绿色建筑的重要性和紧迫性还缺乏足够的认识，管理机构不够健全，缺乏必要的绿色建筑经济鼓励政策，而且缺少配套完善的建筑节能法律法规支撑。

4.4.2.2 当地传统建筑的特征

夏热冬暖地区的传统建筑建造时，没有现代空调制冷技术可用，完全依靠被动式的建筑设计手段，充分利用当地自然环境资源与气候资源来保证室内的热舒适。为适应当地高温高湿的气候，形成了独具特色的地方建筑风格与技术体系。在选址、规划、单体设计和围护结构构造做法等方面，蕴含丰富的气候适应性经验与技术。

传统建筑在选址和布局过程中，充分考虑复杂的地形、可利用的季风、水路风和山谷风等，在实现良好景观的同时，也利用周围水体及绿化进行降温。前高后低的围合，有利于夏季通风，并阻挡冬季寒风。夏热冬暖地区的传统建筑非常重视自然通风，借此形成各种独特的建筑语言和空间组合方式，天井、冷巷、廊道、中庭、镂空墙、通风窗和隔栅等被有效合理地运用，达到良好的通风效果。室内层高较高也是一个显著的特点。大小适宜的窗户，大量的各种遮阳设施，使建筑的光影变化形成强烈的韵律感，创造出特有的建筑美学效果。

传统建筑在材料使用与构造设计上注重建筑防热，屋顶和外墙多采用重质材料，外砖墙厚240 mm，屋面采用一定形式的隔热措施。

4.4.2.3 当前绿色建筑发展的难点

1）新建建筑设计缺乏绿色意识

在新建建筑的建筑规划设计过程中，会受到多方面条件的制约，包括用地条件、商业利益等。建筑师在这些因素的左右下很难重视绿色建筑设计，甚至会忽略建筑的一些基本要求，如朝向、通风和采光等。商业开发中经济利益的强大驱使，往往会过于强调规划容积率，导致建筑群体组合难以保证充分的自然通风，也很难顾及如何改善室内热环境、如何防西晒、如何利用太阳能与风能等可再生能源。而且在商业房地产开发中，由于片面重视景观效果，住宅开窗面积越来越大，甚至大量使用飘窗台，又未能充分考虑遮阳，带来了严重的阳光辐射，以致室内光热环境较差。与此同时，窗扇可开启面相对较小，通风效果较差。总体来说，新建建筑的设计过程，由于各方面因素的影响以及绿色意识淡薄等原因，发展绿色建筑的道路依然是任重道远。

2）既有建筑绿色改造数量大、难度高

由于20世纪70年代后对于节约工程造价的关注，夏热冬暖地区建筑的外墙普遍采用180 mm厚黏土实心砖墙或空心大板，热工性能显然不满足国家热工设计规范的要求。建筑屋顶上女儿墙的增高，使原来大量采用的通风屋面发挥不了通风隔热的作用。建材的热工性能普遍偏低：墙体使用的实心黏土砖不仅生产能耗高、自重大，而且热工性能较差；钢窗或早期的铝合金窗的气密性、水密性均不佳；选用的单层平板玻璃的保温隔热性能相当差。综合而言，这些既有建筑的热工性能普遍较差，在冬季没有良好的保温，夏季没有足够的通风隔热，居处热舒适的改善完全依靠居民购买风扇、空调等设备进行调控。夏热冬暖地区的既有建筑改造没有引起充分的重视，工作尚未全面展开。

4.4.3 夏热冬暖地区绿色建筑设计的目标与思路

4.4.3.1 基本目标

建筑的建成环境对于自然界存在着一个依存关系。绿色建筑设计时，需要体现一种适应地域气候特点和保护自然环境的谦恭态度。气候和地域条件原本就是影响建筑设计的重要因素，建筑师应针对各种不同气候地域的特点,进行适应于气候的建筑设计。夏热冬暖地区的绿色建筑设计,在以人为本考虑人的需求前提之下,尽量减少建筑对自然环境施加的影响,促进建筑对自然环境产生积极作用,使之与生物圈的生态系统融合为一体。

1) 正确对待舒适性

正确对待建筑的舒适性是将设计与气候、地域和人体舒适感受结合起来,把设计的出发点定位为满足人体舒适要求,以自然的方式而不是机械空调的方式满足人们的舒适感。因为恒定的温、湿度舒适标准并不是人们最舒适的感受,空调设计依据的舒适标准过于敏感,忽视了人们可以随温度的冷暖变化的生物属性。事实上,人能接受的舒适温度处在一个区间中。人体本来就具备对于自然环境的适应性,完全依赖机械空调形成的"恒温恒湿"环境不仅不利于节能,而且也不利于满足人对建筑舒适的基本需求[①]。

2) 加强遮阳与通风

为了削减夏热冬暖地区湿热气候的不利影响,应尽量增加建筑的遮阳和通风[②]。在夏热冬暖地区,外遮阳是最有效的节能措施,适当的通风则是通过建筑设计达到带走湿气的重要手段。尽管遮阳与通风在夏热冬暖地区的传统建筑中得到了大量的运用,但对于当代的绿色建筑设计而言,这两种方法都值得重新借鉴与提升。如何通过控制太阳直射光线达到遮阳的效果,在《太阳光控制和遮荫设备》一书中,研究了相当多建筑师的设计,并从科学角度进行了总结归纳,值得借鉴。

夏热冬暖地区居住建筑已经有规定,明确了在不同窗墙比时外窗的"综合遮阳系数"限值。"综合遮阳系数"是考虑窗本身和窗口的建筑外遮阳装置综合遮阳效果的一个系数,其值为窗本身的遮阳系数与窗口的建筑外遮阳系数的乘积(表4.10)。

表4.10 夏热冬暖地区居住建筑外窗的综合遮阳系数限值

外墙太阳辐射吸收系数≤0.8	外窗的综合遮阳系数(S_W)				
	平均窗墙面积比 C_M≤0.25	平均窗墙面积比 0.25<C_M≤0.3	平均窗墙面积比 0.3<C_M≤0.35	平均窗墙面积比 0.35<C_M≤0.4	平均窗墙面积比 0.4<C_M≤0.45
K≤2.0,D≥3.0	≤0.6	≤0.5	≤0.4	≤0.4	≤0.3
K≤1.5,D≥3.0	≤0.8	≤0.7	≤0.6	≤0.5	≤0.4
K≤1.0,D≥2.5 或 K≤0.7	≤0.9	≤0.8	≤0.7	≤0.6	≤0.5

由于夏热冬暖地区不少地区处于湿热气候的控制下,因此建筑设计中的通风设计就显得至关重要。通过建筑群体的组合、形体的控制、门窗洞口的综合设计,可以形成良好的通风效果。在印度著名建筑师柯里亚设计的甘地纪念馆里,建筑师利用建筑群体组合形成丰富变化的空间,同时利用水体的大面积开敞空间组织通风,创造了宜人的小气候(图4.23)。建筑群体和单体都要注意通风,而夏热冬暖地区的建筑遮阳

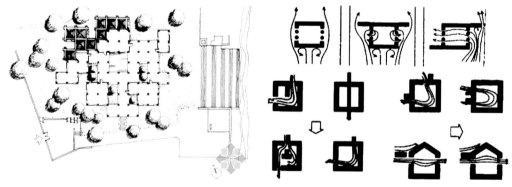

图4.23 柯里亚设计的甘地纪念馆利用水体的大面积开敞空间创造了宜人的小气候
资料来源:[美]B·吉沃尼.人·气候·建筑.陈士鳞,译.北京:中国建筑工业出版社,1982.

---

① 清华大学建筑节能研究中心.中国建筑节能年度发展研究报告2009.北京:中国建筑工业出版社,2009.
② [美]G·Z·布朗,马克·德凯.太阳辐射·风·自然光 建筑设计策略.常志刚,刘毅军,朱宏涛,译.北京:中国建筑工业出版社,2008.

构件设计要协调解决采光、通风、隔热、散热等问题。这是因为遮阳构件的遮阳问题与窗户的采光与通风之间存在着一定的矛盾性。遮阳板不仅会遮挡阳光,还可能影响建筑周围的局部风压,使之出现较大的变化,更可能影响建筑内部形成良好的自然通风效果。如果根据当地的夏季主导风向特点来设计遮阳板,使遮阳板兼作引风装置,这样就能增加建筑进风口风压,有效调节通风量,从而达到遮阳和自然通风的目的。

3) 空调设计意义重大

由于高温高湿气候的特征,夏热冬暖地区成为极为需要空调的区域,这也意味着,这个地区的空调节能潜力巨大[①]。实现空调节能,一方面要提高空调系统自身的使用效率;另一方面,合理的建筑体形与优化的外围护结构方案也是必不可少的。

4.4.3.2 被动技术与主动技术相结合的思路

技术的选择决定绿色建筑的设计水平。绿色技术一般包括主动与被动两种技术,在满足人的舒适度需要的前提下,被动技术的目标是尽量减少能源设备装机容量,主要依靠自然力量和条件来有效地弥补主动技术的不足或是提高主动技术的效率,这是贯穿整个建筑构思的整合过程。针对夏热冬暖地区的现状和存在的问题,应采用被动技术与主动技术相互配合的方式进行绿色建筑设计。

被动技术与主动技术相结合的绿色建筑设计理念,关注高温高湿的气候特点与各类建筑类型,在建筑的平面布局、空间形体、围护结构等各个设计环节中,采用恰当的建筑节能技术措施,从而实现提高建筑中能源利用率,降低建筑能耗。主动技术可以降低建筑的能耗,我们更提倡因地制宜的主动技术,而不是简单地、机械地叠加各种绿色技术和设备。

4.4.3.3 创造绿色的美学艺术

通过合理的绿色建筑设计营造具有湿热气候特点的建筑美学效果,并不追求怪诞的建筑造型与建筑美学效果,更需要注意避免受"新、奇、特"视觉冲击的影响,将绿色建筑设计回归至建筑与环境和谐的本源上。通过改变人类自身的生活方式和思维定式,减少对自然不合理的索取,以此实现人与自然、人与人、人与社会的和谐相处。

4.4.4 夏热冬暖地区绿色建筑设计的技术策略

4.4.4.1 绿色建筑设计技术策略的选择

绿色建筑设计技术策略的选择一定要从因地制宜的角度出发,而且要注重前人的成果,将其传承提高。

1) 学习传统建筑的绿色技术

夏热冬暖地区有千年以上的建筑历史,古人在建筑如何适应气候上体现了极大的智慧。当代建筑类型、形态与材料构造的发展,使得很多过去的策略与技术难以直接运用,因此,如何借鉴传统绿色技术并将其转化为现代建筑语汇至关重要(表4.11)。

表4.11 传统建筑中值得借鉴的绿色建筑技术手段

类 别	技 术	作 用
建筑空间形态	借鉴冷巷、骑楼的空间组织,产生自身阴影,使建筑之间的庭院或巷道形成"荫凉"的区域,这些荫凉区域同时为人们提供了舒适的开放空间	增加自然通风
建筑单体造型	借鉴风兜等造型方式来有效组织自然通风;同时,可以考虑学习传统建筑窗框、门边均用石材收边处理的方法进行防潮;借助于这些技术手段形成相应的造型特色	增加自然通风 加强防潮加固 形成有地域特色的造型
建筑材料构造	在现有生产条件允许的情况下,可以使用一定量的传统、当地建筑材料	形成微气候调节 富有文化传统特色

2) 采用适宜的绿色建筑设计技术

夏热冬暖地区绿色建筑设计所选择的技术策略应是适应性、整体性的,而且具有极强的操作性。既能

---

① 林宪德. 绿色建筑 生态·节能·减废·健康. 北京:中国建筑工业出版社,2007.

学习、借鉴与提升传统建筑中有价值的绿色技术，又能利用当代发展的绿色建筑模拟工具，并有针对性地选择先进设备（表4.12）。

表4.12 夏热冬暖地区绿色建筑设计技术策略表

	推荐采用	应采用，但应慎重审核	不推荐采用
被动技术	利用建筑布局加强自然通风与自然采光，避免太阳的直接照射		
	利用建筑形体形成自遮阳体系，充分利用建筑相互关系和建筑自身构件来产生阴影，减少屋顶和墙面得热，可将主要的采光窗置于阴影之中形成自遮阳洞口		
	建筑表皮采用综合的遮阳技术，根据建筑的朝向来合理设计		
	在建筑群体、单体及构件里形成有效、合理的自然通风		
	在建筑单体与周边环境里引入绿色植物		
主动技术	合理的空调优化技术：应根据建筑类型考虑空调使用的必要性与合理性，并理性选择空调的类型	可再生能源使用（如太阳能、地热能技术）	双层玻璃幕墙技术
	雨水、中水等综合水系统管理		
	设置能源审计监测设备		

3) 建设必要的保障性措施

绿色建筑设计应尽早引入绿色建筑理念并在全过程进行贯彻。研究表明，越是在项目前期，如规划、方案阶段考虑绿色建筑的策略，带来的增量成本就越低。同时，建立政府主导、各负其责的推进机制。

4.4.4.2 被动技术策略

1) 建筑的总体布局

被动技术首先关注的是建筑选址及空间布局。在规划设计中应注意太阳辐射，在夏季及过渡季节充分有效利用自然通风，适当考虑冬季防止冷风渗透。

建筑应选择避风基址建造，同时顺应夏季的主导风向以尽可能获取自然通风。由于冬夏两季主导风向不同，建筑群体的选址和规划布局则需要协调，在防风和通风之间取得平衡。不同地区的建筑最佳朝向不完全一致，广州建筑的最佳朝向是东南向，图4.24是根据广州气候条件绘制的朝向图。

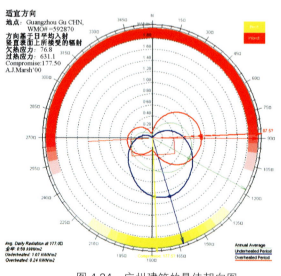

图4.24 广州建筑的最佳朝向图
资料来源：申杰绘

建筑规划的总体布局还需要营造良好的室外热环境。借助于相应的模拟软件，可以在建筑规划阶段实时有效地指导设计。在传统的建筑规划设计中，外部环境设计主要从规划的硬性指标要求、建筑的功能空间需求以及景观绿化的布置等方面考虑，所以难以保证获得良好的室外热环境。计算机辅助过程控制的绿色建筑设计有效地解决了这个问题。

2) 建筑外围护结构的优化

建筑的围护结构是气候环境的过滤装置。在夏热冬暖地区的湿热气候下，建筑的外围护结构显然有别于温带气候的"密闭表皮"的设计方法，建筑立面通过适当的开口获取自然通风，并结合合理的遮阳设计躲避强烈的日照，同时能有效防止雨水进入室内。这种建筑的外围护结构更像是一层可以呼吸、自我调节的生物表皮。

需要注意的是，夏热冬暖地区的建筑窗墙比也需要进行控制，大面积的开窗会使得更多的太阳辐射进入室内，造成热环境的不舒适。马来西亚著名生态建筑设计师杨经文根据自己的研究提出建筑的开窗面积不宜超过50%[①]。

---

① 吴向阳. 杨经文. 北京：中国建筑工业出版社，2007.

3）不同朝向及部位的遮阳措施

在夏热冬暖地区，墙面、窗户与屋顶是建筑物吸收热量的关键部位。由于全年降雨量大、降雨持续时间长、雨量充沛，因此在屋顶采用绿化植被遮阳措施具备良好的天然条件。通过屋面的遮阳处理，不仅减少了太阳辐射热量，而且减小了因屋面温度过高而造成对室内热环境的不利影响。目前采用的种植屋面措施，既能够遮阳隔热，还可以通过光合作用消耗或转化部分能量。此外，建筑的各部分围护结构均可以通过建筑遮阳的构造手段，运用材料构成与日照光线成某一有利角度，达到阻断直射阳光透过玻璃进入室内与防止阳光过分照射和防止对建筑围护结构加热升温，遮阳还可以防止直射阳光造成的强烈眩光和室内过热。正是因为遮阳在夏热冬暖地区的重要作用，所以这里的建筑往往呈现出相应的美学效果（图4.25）。大小适宜的窗户，综合交错的遮阳片，变化强烈的光影效果，气候特征赋予了夏热冬暖地区的建筑以独特的风格与生动的表情。

在20世纪的广州，旅德归来的夏昌世教授在几十余年间坚持将建筑遮阳技术与立面造型紧密结合，在华南理工大学等大学校园内的各类建筑进行大量的遮阳技术实验与实践，很多建筑保留至今（图4.26）。在这些建筑中，夏昌世教授分析了围护结构的墙、窗与太阳高度角之间的关系，然后设计相应的遮阳系统，并有效地解决通风、防水等问题；采用双层屋面的整体遮阳系统对建筑屋顶进行设计。他的一系列遮阳技术被称为"夏氏遮阳"。

图 4.25 夏热冬暖地区应生成特有的建筑美学效果 　　　　图 4.26 夏氏遮阳建筑（设计人：夏昌世）
资料来源：深圳双年展成果　　　　　　　　　　　　　　　资料来源：深圳双年展成果

和其他地区一样，夏热冬暖地区建筑的各个朝向的遮阳方式有所不同。南窗采取遮阳措施是非常必要的。不同纬度地区的太阳高度角不同，南向遮阳可以采用水平式或综合式，遮阳板的尺寸要根据建筑所处的地理经纬度以及遮阳时的太阳高度角、方位角等因素计算确定水平遮阳的尺寸。夏热冬暖地区东西窗的遮阳，当太阳高度角降低，水平遮阳对阳光的遮挡难以发挥作用，此时应采用垂直遮阳。而且由于夏热冬暖地区夏季主导东南风，垂直遮阳能有效引导东南风进入室内。此外，对东、西立面采用可调节遮阳，选择和调整太阳光的强弱和视野，使用更为灵活。随着技术的进步和智能化普及，建筑遮阳将会具备完善的智能控制系统。遮阳构件可调性增强，更便于操作，达到最有效的节能。位于深圳大梅沙的万科中心，由美国建筑师斯蒂文·霍尔（Steven Holl）设计完成。这栋大楼主体建筑仿佛浮于地景之上，主体建筑的立面被大面积的金属遮阳片所包裹，金属遮阳片上模拟出叶片的肌理（图4.27）。遮阳系统包括固定与可调节两大

图 4.27 深圳万科中心的外立面遮阳设计
资料来源：万科房地产有限公司

图 4.28 深圳万科中心遮阳设施的节点设计
资料来源：万科房地产有限公司，黄凯燕等绘

类型（图 4.28）。风格简洁统一，遮阳系统形成了建筑设计的重要特色。

4）组织有效的自然通风

在总体建筑群规划和单体建筑设计中，应根据功能要求和湿热的气候情况，改善建筑外环境，包括冬季防风、夏季及过渡季节促进自然通风以及夏季室外热岛效应的控制。同时合理地确定建筑朝向、平面形状、空间布局、外观体形、间距、层高及对建筑周围环境进行绿化设计，改善建筑的微气候环境，最大限度地减少建筑物能耗量，获得理想的节能效果。

5）采用立体绿化

绿化是夏热冬暖地区一种重要的设计元素，它为建筑作品带来清新的特点。在各类建筑物和构筑物的立面、屋顶、地下和上部空间进行多层次、多功能的绿化，以改善局地气候和生态服务功能、拓展城市绿化空间、美化城市景观。立体绿化是在建筑与绿化之间建立一种平衡，因此设计应该追求绿化与建筑的整体统一。马来西亚建筑师杨经文坚持在高层建筑中引入绿化设计系统，在有些高层建筑中，例如梅纳拉大厦，空中庭院中的植物是从楼的一侧护坡开始，沿着高层建筑的外表面螺旋上升，形成了连续的立体绿化空间（图 4.29）。

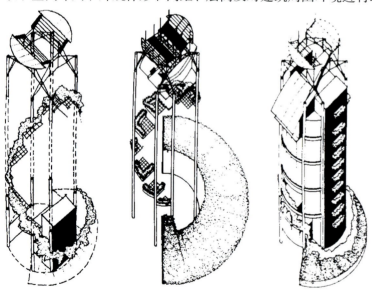

图 4.29 杨经文设计的梅纳拉大厦，空中庭院中的植物，从楼的一侧护坡开始，沿着建筑表面螺旋上升
资料来源：[英]艾弗·理查兹.T·R哈姆扎和杨经文建筑师事务所：生态摩天大楼．汪芳，张翼，译．北京：中国建筑工业出版社，2005．

4.4.4.3 主动技术策略

1）有效降低空调能耗

首先通过合理的节能建筑设计，增加建筑围护结构的隔热性能和提高空调、采暖设备能效比的节能措施，建立建筑节能设计标准体系，初步形成相应的法规体系和建筑节能的技术支撑体系。

改善建筑围护结构，如外墙、屋顶和门窗的保温隔热性能，可以直接有效地减少建筑物的冷热负荷，是建筑设计上的重要节能措施。在经济性、可行性允许的前提下可以采用新型墙体材料。而且，由于不同季节对外窗性能要求不一样，因此门窗的节能设计显得十分重要，可以主要从减少渗透量、减少传热量和减少太阳辐射三个方面进行。针对门窗的节能措施主要包括5个方面：尽量减少门窗面积；设置遮阳设施；提高门窗气密性；尽量使用新型保温节能门窗；合理控制窗墙比。

2）应用可再生能源

可再生能源是可以可持续利用的能源资源，如水能、风能、太阳能、生物质能和海洋能等。我国除了水能的可开发装机容量和年发电量均居世界首位之外，太阳能、风能和生物质能等各种可再生能源资源也都非常丰富。目前，太阳能、地热能和风能都开始应用于建筑之中，并出现了一些操作性较强的技术。不过，夏热冬暖地区的太阳辐射资源量并非充沛，而且阳光照射时间并不稳定，加上可再生能源发电储能设备以及并网政策尚不完备，如何在建筑中使用可再生能源，如采用太阳能光伏发电系统、探索太阳能一体化建筑，还需进行测算。而地热能与风能在建筑中的应用也需要因地制宜地使用。

3）综合水系统管理

通过多种生态手段规划雨水管理，减少热岛效应，减轻暴雨对市政排水管网的压力。结合景观湖进行雨水收集，所收集雨水作为人工湖蒸发补水之用。道路、停车场采用植草砖形成可渗透地面；步行道和单车道考虑采用透水材料铺设；针对不同性质的区域采取不同的雨水收集方式。

与雨水资源相比，中水回用具有水量稳定、基本不受时间和气候影响等优点。中水系统是建筑内排放的污水资源，经处理达标后回用于冲厕、灌溉绿化和喷洒道路等。节水器具应结合卫生、维护管理和使用寿命的要求进行选择。例如感应节水龙头比一般的手动水龙头节水30%左右。

4.5 温和地区绿色建筑设计特点

4.5.1 温和地区建筑气候特点

4.5.1.1 温和地区的定义

1）《建筑气候区划标准》中的温和地区[①]

根据《建筑气候区划标准》(GB 50178—93)对我国7个主要建筑气候区划的特征描述，温和地区建筑气候类型应属于第Ⅴ区划。

该区立体气候特征明显，大部分地区冬温夏凉，干湿季分明；常年有雷暴、多雾，气温的年较差偏小，日较差偏大，日照较少，太阳辐射强烈，部分地区冬季气温偏低；该区建筑气候特征值符合下列条件：

（1）1月平均气温为0℃~13℃，冬季强寒潮可造成气温大幅度下降，昆明最低气温曾降至-7.8℃；7月平均气温为18℃~25℃，极端最高气温一般低于40℃，个别地方可达42℃；气温年较差为12℃~20℃；由于干湿季节的不同影响，部分地区的最热月在5、6月份；年日平均气温低于或等于5℃的日数为0~90天。

（2）年平均相对湿度为60%~80%；年雨日数为100~200天，年降水量在600~2 000 mm；该区有干季（风季）与湿季（雨季）之分，湿季在5~10月，雨量集中，湿度偏高；干季在11月~翌年4月，湿度偏低，风速偏大；6~8月多南到西南风；12月~翌年2月东部多东南风，西部多西南风；年平均风速为1~3 m/s。

（3）年太阳总辐射照度为日140~200 W/m²，年日照时数为1 200~2 600 h，年日照百分率为30%~60%。

2）《民用建筑热工设计规范》对温和地区的定义[②]

在《民用建筑热工设计规范》(GB 50176—93)中温和地区的划分标准是：最冷月平均温度0℃~13℃，最热月平均温度18℃~25℃，辅助划分指标平均温度≤5℃的天数为0~90天。我国属于这一区域的有云南省大部分地区、四川省、西昌市和贵州省部分地区。

---

① 中华人民共和国建设部. 建筑气候区划标准(GB 50178—93). 北京：中国计划出版社，1994.
② 中华人民共和国建设部.《民用建筑热工设计规范》(GB 50176—93). 北京：中国计划出版社，1993.

4.5.1.2 温和地区建筑气候特点

1)气候条件舒适,通风条件优越

温和地区气温冬季温暖夏季凉快,年平均湿度不大,全年空气质量好,但是昼夜温差大。以昆明为例,最冷月平均气温7.5℃,最热月平均气温19.7℃;全年空气平均湿度74%,最冷月平均湿度66%,最热月平均湿度82%;全年空气质量优良,2007年主城区空气质量日均值达标率100%;全年以西南风为主,夏季室外平均风速2.0 m/s,冬季室外平均风速1.8 m/s。因此,自然通风应该作为温和地区建筑夏季降温的主要手段。

2)太阳辐射资源丰富

温和地区太阳辐射全年总量大、夏季强、冬季足。以昆明为例,全年晴天较多,日照数年均2 445.6 h,日照率56%;终年太阳投射角度大,年均总辐射量达54.3 J/m²,其中雨季26.29 J/m²,干季28.01 J/m²,两季之间变化不大。丰富的太阳能资源为温和地区发展太阳能与建筑相结合的绿色建筑提供了优越的条件。

根据冬夏两季太阳辐射的特点,温和地区夏季需要防止建筑物获得过多的太阳辐射,最直接的方法是设置遮阳;冬季则相反,需要为建筑物争取更多阳光,应充分利用阳光进行自然采暖或者太阳能采暖加以辅助。基于温和地区气候舒适、太阳辐射资源丰富的条件,自然通风和阳光调节是最适合于该地区的绿色建筑设计策略,低能耗、生态性强且与太阳能结合是温和地区绿色建筑的最大特点。

4.5.2 温和地区绿色建筑的阳光调节

阳光调节作为一种绿色节能设计方法非常适合温和地区气候特点。阳光调节的功能可以通过确定朝向和设置遮阳来实现。阳光调节的措施包括:建筑的总平面布置、建筑单体构造形式、遮阳及建筑室内外环境优化。

温和地区绿色建筑阳光调节主要是指:夏季做好建筑物的阳光遮蔽,冬季尽量争取阳光。

4.5.2.1 温和地区建筑布局与自然采光的协调

1)温和地区建筑的最佳朝向

温和地区建筑的朝向的选择应有利于自然采光,同时需要考虑自然通风的需求。采光朝向与通风朝向的协调在后一章有详细的讨论。

温和地区大部分处于低纬度高原地区,距离北回归线很近;海拔偏高,日照时间比同纬度其他城市相对长。空气洁净度好,在晴天的条件下,太阳紫外线辐射很强。根据当地的居住习惯和相关研究表明,在温和地区,南向的建筑能获得较好的采光和日照条件。以昆明为例,当地的居住习惯是喜好南北朝向的住宅,尽量避免西向,主要的居室朝南布置;且由昆明日照与建筑的关系知道:如果考虑墙面的日照时间和室内日照面积,建筑物的朝向以正南、南偏东30°、南偏西30°的朝向为最佳;东南向、西南向的建筑物能接收较多的太阳辐射;而正东向的建筑物上午日照强烈,朝西向的建筑物下午受到的日照比较强烈[①]。

2)有利于自然采光的建筑间距

影响建筑得到阳光的最大因素是前方建筑与后方建筑之间的距离,它的大小会直接影响到后方建筑获得阳光的能力,因此建筑需要获得足够阳光就必须与其他建筑间留有足够的距离。

日照的最基本目的是满足室内卫生的需要,因此提出了衡量日照效果的最低限度,即日照标准,作为日照设计依据,只有满足了日照标准,才能进一步对建筑进行自然采光优化。例如,昆明地区采用的是日照间距系数为0.9~1.0的标准,即日照间距 $D=(0.9\sim1.0)H$,H 为建筑计算高度,所以昆明地区建筑之间的最小距离为 $D=(0.9\sim1.0)H$,在这个基础上才能对建筑的自然采光进行优化。

这里需要注意的是:满足了日照间距并不意味着建筑能获得良好的自然采光,有可能实际上为获得良好自然采光的建筑间距是大于日照间距的,国内的一些研究在利用软件对建筑物日照情况进行模拟发现,当建筑平面不规则、体形复杂、条式住宅超过50 m、高层点式建筑布置过密时,日照间距系数是难以作

---

① 毕家顺.昆明地区日照与建筑物的关系研究.成都信息工程学院学报,2004(6).

为标准的[1];相反,一般有良好自然采光的建筑都能满足日照标准,因此在确定建筑间距时不应单纯地只满足日照间距,还应考虑到建筑是否能获得比较良好的自然采光。对于建筑实际的采光情况,可利用建筑光环境模拟软件来进行模拟,如 ECOTECT、RADIANCE 等。这些软件可以对建筑的实际日照条件进行模拟,帮助建筑师们分析建筑的采光情况,从而确定更为合适的建筑间距。

温和地区的建筑在确定建筑间距时除了需要注意以上问题以外,还应考虑到此时的建筑间距是否有利于建筑进行自然通风。在温和地区最好的建筑间距应该是:能让建筑在获得良好的自然采光的同时又有利于建筑组织起良好的自然通风。

4.5.2.2 夏季的阳光调节

温和地区夏季虽然并不炎热,但是由于太阳辐射强,阳光直射下的温度较高,且阳光中较高的紫外线含量对人体有一定的危害,因此夏季阳光调节的主要任务是避免阳光的直接照射以及防止过多的阳光进入到室内。避免阳光的直接照射及防止过多阳光进入到室内最直接的方法就是设置遮阳设施。

在温和地区,建筑中需要设置遮阳的部位主要是门、窗以及屋顶。

1)窗与门的遮阳

在温和地区,东南向、西南向的建筑物接收太阳辐射较多;而正东向的建筑物上午日照较强;朝西向的建筑物下午受到的日照比较强烈,所以建筑中位于这四个朝向的窗和门需要设置遮阳。对于温和地区,由于全年的太阳高度角都比较大,所以建筑宜采用水平可调式遮阳或者水平遮阳结合百叶的方式。以昆明为例,夏季(6、7、8月)平均太阳高度角为64°58′,冬季(12、1、2月)为36°79′,合理地选择水平遮阳确定尺寸后,夏季太阳高度角较大时,能够有效地挡住从窗口上方投射下来的阳光;冬季太阳高度角较小时,阳光可以直接射入室内,不会被遮阳遮挡;如果采用水平遮阳加隔栅的方式,不但使遮阳的阳光调节能力更强(图4.30),而且有利于组织自然通风(图4.31[2],图4.32[3])。

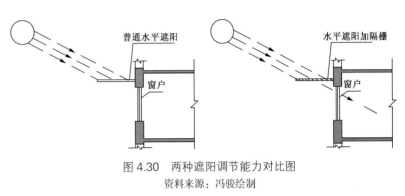

图4.30 两种遮阳调节能力对比图

资料来源:冯骏绘制

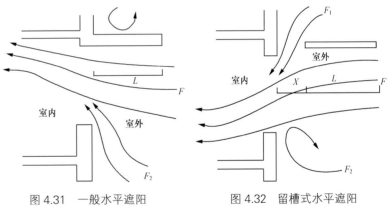

图4.31 一般水平遮阳　　图4.32 留槽式水平遮阳

资料来源:王丁丁.建筑设计与自然通风:[硕士学位论文].郑州:郑州大学,2007.

2)屋顶的遮阳

温和地区夏季太阳辐射强烈,太阳高度角大,在阳光直接照射下温度很高,建筑的屋顶在阳光的直射下,如果不设置任何遮阳或隔热措施,那么位于顶层的房间就会非常热。因此温和地区建筑屋顶也是需要设置遮阳的地方。

屋顶遮阳可以通过屋顶遮阳构架来实现,它可以实现通过供屋面植被生长所需的适量太阳光照的同时,遮挡过量太阳辐射,降低屋顶的热流强度,还可以延长雨水自然蒸发时间,从而延长屋顶植物自然生长周期,有利于屋面植被生长。这样将绿色植物与建筑有机地结合在一起,不仅显示了建筑与自然的协调性,而且与园林城市的特点相符合,充分体现出了绿色建筑的"环境友好"特性(图4.33[4])。另外,还可以

---

[1]　林波荣.绿色建筑标准与住宅节能与环境设计.绿色建筑大会论文选登,2008(2).
[2][3]　王丁丁.建筑设计与自然通风:[硕士学位论文].郑州:郑州大学,2007.
[4]　建筑节能—绿色建筑论坛.http://www.topenergy.org/bbs/

图 4.33　屋面绿化遮阳　　　　　　　　图 4.34　太阳能集热器作为屋面遮阳

资料来源：建筑节能—绿色建筑论坛. http://www.topenergy.org/bbs/

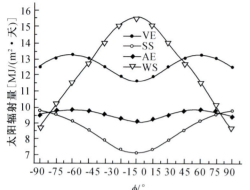

$\phi=0$ 时墙面朝正南方，$\phi=90$ 时墙面朝正东，$\phi=-90$ 时墙面朝正西
VE—vernal equinox（春分），SS—summer solstice（夏至），
AE—autumnal equinox（秋分），WS—winter solstice（冬至）

图 4.35　昆明 4 个季节代表日在不同方位上墙面接收到的太阳辐射量

资料来源：杨卫国，夏红卫. 竖直墙面不同方位上太阳辐射量的计算分析. 西南师范大学学报，2008(4).

在建筑的屋顶设置隔热层，然后在屋面上铺设太阳能集热板，将太阳能集热板作为一种特殊的遮阳设施，这样不仅挡住了阳光直射还充分利用了太阳能资源，也是绿色建筑"环境友好"特性的充分体现(图4.34)。

4.5.2.3　冬季的阳光调节

温和地区冬季阳光调节的主要任务是让尽可能多的阳光进入室内，利用太阳辐射所带有的热量提高室内温度。

1）主朝向上集中开窗

在建筑选取了最佳朝向为主朝向的基础上，应该在主朝向和其相对朝向上集中开窗开门，使在冬季有尽可能多的阳光进入室内。以昆明为例，建筑朝向以正南、南偏东30°、南偏西30°的朝向为最佳，当建筑选取以上朝向时，是可以在主朝向上集中开窗的。有研究表明，在昆明地区西南方向和东南方向之间的竖直墙面夏季接收的太阳辐射量少而冬季接收的太阳辐射量多，如图 4.35[①]所示。为了防止夏季过多的太阳辐射，此朝向上的窗和门应设置加格栅的水平遮阳或可调式水平遮阳。

2）窗和门的保温

外窗和外门处通常都是容易产生热桥和冷桥的地方。在温和地区，冬季晴朗的白天空气温暖，夜间和阴雨天时气温比较低，但在冬季不管是夜晚和阴雨天还是温暖晴朗的白天室内温度都高于室外，有研究表明昆明地区的冬季，在各种天气状况下，其日均气温和平均最低气温均是室内高于室外。因此温和地区的建筑为防止冬季在窗和门处产生热桥，造成室内热量的损失，就需要在窗和门处采取一定的保温和隔热措施。

3）设置附加阳光间

温和地区冬季太阳辐射量充足，因此适宜冬季被动式太阳能采暖，其中附加阳光间是一种比较适合温和地区的太阳能采暖的手段。例如，在昆明地区，住宅一般都会在向阳侧设置阳台或是安装大面积的落地窗并加以遮阳设施进行调节。这样不仅在冬季获得了尽可能多的阳光，而且在夏季利用遮阳防止了阳光直射入室内。其实这种做法就是利用了附加阳光间在冬季能大面积采光的供暖特点，并利用设置遮阳解决了附加阳光间在夏季带入过多热量的缺点。

4.5.3　温和地区绿色建筑的自然通风设计特点

在温和地区自然通风与阳光调节一样，也是一种与该地区气候条件相适应的绿色建筑节能设计方法。

---

① 杨卫国，夏红卫. 竖直墙面不同方位上太阳辐射量的计算分析. 西南师范大学学报，2008(4).

自然风作为一种绿色资源，不但能够疏通空气气流、传递热量，为室内提供新鲜空气，创造舒适、健康的室内环境，而且在当今能源危机的背景下风还能够转化为其他形式能量，为人们所利用。

建筑内部的通风条件是决定人们健康、舒适的重要因素。通风可以使室内空气得到更新，在室内产生气流从而对人体产生直接的影响；它还能通过对室内温度、湿度及内表面温度的影响对人体产生间接影响。

4.5.3.1 温和地区的建筑布局与自然通风的协调

1）有利于自然通风的朝向

在温和地区选择建筑物的朝向时应尽量为自然通风创造条件，因此应按地区的主导风向、风速等气象资料来指导建筑布局，并且还应综合考虑自然采光的需求。例如，在昆明地区，除冬季的阴、雨天（约15天）之外，其他时候都有良好的通风条件，全年均能看作通风季节，考虑到全年主导风为西南风，因此南向和西南向是有利于通风的朝向，同时注意到昆明地区有利于自然采光的朝向为正南、南偏东30°、南偏西30°，所以建筑物选择南向、西南向，这样不仅有利于自然通风，而且也满足了自然采光的需求。

当自然通风的朝向与自然采光的朝向相矛盾时，需要对谁优先满足进行权衡判断。例如，某建筑有利通风的朝向虽然是西晒比较严重的朝向，但是在温和地区仍然可以将此朝向作为建筑朝向。那是因为虽然夏季此朝向的太阳辐射强烈，但是室外空气的温度不高，在二者的共同作用下，致使室外综合温度并不高，这就意味着决定外围护结构传热量的传热温差小，所以通过围护结构传入室内的热量并不多。这也可以解释为什么温和地区虽然室外艳阳高照，太阳辐射十分强烈，但是在室内很凉快。如果在此朝向上采取遮阳措施那么可以改善西晒的问题。另一方面，由于有良好的通风可以进一步带走传入室内的热量，这样非但不会因为西晒而造成过多的热量进入到室内，而且还创造了良好的通风条件。

2）有利于居住建筑自然通风的建筑间距

建筑间距对建筑群的自然通风有很大影响。要根据风向投射角对室内风环境的影响来选择合理的建筑间距。在温和地区，应结合地区的日照间距和风向资料来确定合理的建筑间距，具体的做法是首先满足日照间距，然后再满足通风间距。当通风间距小于日照间距时，应按日照间距来确定；当通风间距大于日照间距时，可按通风间距来确定。除了通风和日照的因素外，节约用地也是确定建筑间距时必须遵守的原则。例如，昆明地区为满足冬至日至少能获得1 h的日照，采用了日照间距系数为0.9~1.0的标准，即日照间距$D=(0.9~1.0)H$，H为建筑计算高度。考虑到为获得良好的室内通风条件，选择风的投射角在45°左右较为适合，据此，建筑的通风间距以$(1.3~1.5)H$为宜。分析日照间距和通风间距的关系可知通风间距大于日照间距，因此昆明地区的居住建筑间距可按通风间距来确定。需要注意的是，对于高层建筑是不能单纯地按日照间距和通风间距来确定建筑间距的，因为$(1.3~1.5)H$对于高层建筑来说是一个非常大的建筑间距，在现实情况中采用这样的间距明显是不可行的。这样就需要从建筑的其他设计方面入手解决这个问题，如利用建筑的各种平面布局和空间布局来实现高层建筑通风和日照的要求。

3）有利于自然通风的建筑平面布局

建筑的布局方式不仅会影响建筑进行通风的效果而且还关系到土地的节约问题。有时候通风间距比较大，按其确定的建筑间距也就偏大，这样势必造成土地占用量过多与节约用地原则相矛盾。如果能利用建筑平面布局就可以在一定程度上解决这一矛盾。例如，采用错列式的平面布局，相当于加大了前、后建筑物之间的距离。因此当建筑采用错列式布局时，可适当地缩小前、后建筑物之间的距离，这样既保证了通风的要求又节约了用地（图4.36，图4.37）。

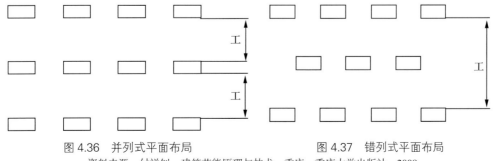

图4.36　并列式平面布局　　　　　图4.37　错列式平面布局

资料来源：付祥钊. 建筑节能原理与技术. 重庆：重庆大学出版社，2008.

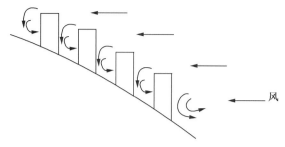

图 4.38 高低错落的空间布局

资料来源：付祥钊．建筑节能原理与技术．重庆：重庆大学出版社，2008．

在温和地区，从自然通风角度来看，建筑物的平面布局以错列式布局为宜。

4）有利于自然通风的建筑空间布局

温和地区的建筑在空间布置上也要为自然通风创造条件，合理地利用建筑地形，做到"前低后高"和有规律的"高低错落"的处理方式。例如，利用向阳的坡地是建筑顺其地形高低排列一幢比一幢高，在平地上建筑应采取"前低后高"的排列方式，使建筑逐渐加高。也可采用建筑之间"高低错落"的建筑群体排列，使高的建筑和较低的建筑错开布置。这些布置方式，使建筑之间挡风少，尽量不影响后面建筑的自然通风和视线，同时也减少建筑之间的距离，节约土地（图 4.38）。

4.5.3.2 温和地区的单体建筑设计与自然通风的协调

温和地区单体建筑的平、立面设计和门窗设置应有利于自然通风，但必须协调处理南、北向窗口的构造形式与隔热保温措施，避免风雨的侵袭，降低能源的消耗。例如，在昆明南向、西南向是利于建筑自然通风和自然采光的朝向，宜在这两个朝向上设置窗户和阳台，但是为了防止窗和门在冬季过多地损失热量和夏季过多地获得热量，需要为它们采取一定的保温、隔热及遮阳措施，降低窗和门造成的能耗；其他朝向的围护结构也应满足热工节能指标。

在温和地区，单体建筑设计中，除了满足围护结构热工指标和采暖空调设备能效指标外，还应考虑下列因素：① 布置住宅建筑的房间时，最好将老人用卧室布置在南偏东和南偏西之间，夏天可以减少积聚的室外热，冬天又可获得较多的阳光；儿童用房宜南向布置；起居室宜南或南偏西布置，其他卧室可朝北；厨房、卫生间及楼梯间等辅助房应朝北。② 房间的面积以满足使用要求为宜，不宜过大。③ 门窗洞口的开启位置除有利于提高居室的面积利用率与合理布置家居外，最好能注意有利于组织穿堂风，避免"口袋屋"的平面布局。④ 厨房和卫生间进出排风口的设置主要考虑主导风向和对相邻室的不利影响，避免强风倒灌现象和油烟等对周围环境的污染。⑤ 从照明节能角度考虑，单面采光房间的进深不宜超过 6 m。

4.5.3.3 温和地区的通风策略

1）夏季的通风策略

温和地区夏季通风可采取的策略是：白天打开室内门和外窗组织穿堂风进行全面通风；夜间外窗可打开，关闭部分房间的门，降低室内风速，避免组织穿堂风和进行大范围通风。采用这样的策略的原因是：白天空气温湿度都不高，空气品质好，其热湿状态比较理想，可以直接将空气引进室内进行降温除湿；晚上由于昼夜温差大，气温比较低，继续通风的话不但不会使人感觉凉爽，反倒会使人感觉偏冷。

2）冬季的通风策略

温和地区冬季通风可采取的策略是：冬季不宜进行大面积通风，但可进行太阳能通风。由于温和地区有丰富的太阳能资源，这为太阳能通风提供了非常好的条件。冬季晴天或中午气温较高时，利用太阳辐射将空气加热后送入室内可以起到供暖的作用。目前在温和地区，太阳能在建筑方面的应用还主要是在太阳能热水系统上，如果能将太阳能资源应用在建筑通风和空调系统上，那将进一步降低温和地区建筑的能耗。

4.5.4 温和地区太阳能与建筑一体化

温和地区全年室外空气状态参数理想，太阳辐射强度大，为创造太阳能通风和使用太阳能热水系统提供了得天独厚的条件。但是太阳能与建筑的实质性结合是使用太阳能通风技术和太阳能热水系统的前提条件。

4.5.4.1 太阳能集热构件与建筑的结合

在太阳能建筑中太阳能集热器是关键的构件，但是它的整体式安装或整齐排放对建筑外观形象具有一定的负面影响，所以要实现建筑与太阳能结合的一个前提是：将太阳能系统的各个部件融入建筑之中，使

图 4.39 太阳能板外遮阳　　图 4.40 太阳能与体育场的结合　　图 4.41 太阳能板外遮阳

资料来源：建筑节能—绿色建筑论坛. http://www.topenergy.org/bbs/

之成为建筑的一部分，太阳能一体化建筑才能真正的实现（图 4.39[①]，图 4.40[②]，图 4.41[③]）。太阳能利用与建筑的理想结合方式应该是集热器与储热器分体放置，集热器应视为建筑的一部分，嵌入建筑结构中，与建筑融为一体，储热器应置于相对隐蔽的室内阁楼、楼梯间或地下室内；其次，除了集热器与建筑浑然一体之外，还必须顾及系统的良好循环和工作效率等问题；再次，未来太阳能集热器的尺寸、色彩除了与建筑外观相协调外，应做到标准化、系列化，方便产品的大规模推广应用、更新及维修[④]。

4.5.4.2　太阳能通风技术与建筑的结合

温和地区全年室外空气状态参数理想，太阳辐射强度大，为实现太阳能通风提供了良好的基础。在夏季，通过太阳能通风将室外凉爽的空气引入室内可以降温和除湿；在冬季，中午和下午温度较高时，利用太阳能通风将室外温暖的空气引入室内，可以起到供暖的作用，同时由于有了新鲜空气的输入改善了冬季为了保温而开窗少、室内空气品质差的问题。

在温和地区，建筑设计师应能够利用建筑的各种形式和构件作为太阳能集热构件，吸收太阳辐射热量，让室内空气在高度方向上产生不均匀的温度场造成热压，形成自然通风。这种利用太阳辐射热形成的自然通风就是太阳能热压通风。

一般情况如果建筑物属于高大空间且竖直方向有直接与屋顶相通的结构是很容易实现太阳能通风的，如建筑的中庭和飞机场候机厅。若在屋顶铺设有一定吸热特性的遮阳，那么遮阳吸热后将热量传给屋顶使建筑上部的空气受热上升，此时在屋顶处开口则受热的空气将从孔口处排走；同时在建筑的底部开口，将会有室外空气不断进入补充被排走的室内空气，从而形成自然通风（图 4.42）。在这里若

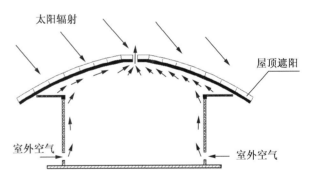

图 4.42　太阳能通风示意图

资料来源：冯骏绘制

将特殊的遮阳设施设置为太阳能集热板则可以更进一步地利用太阳能，作为太阳能热水系统或者太阳能光伏发电系统的集热设备。

4.5.4.3　太阳能热水系统与建筑的结合

太阳能与建筑一体化最普遍的形式是太阳能热水系统与建筑的集成。目前，太阳能热水系统是国家大力推广的可再生能源技术，在我国已经涌现了很多关于太阳能热水系统方面的研究，并且一些相关技术已经比较成熟，这些研究和技术为在有条件的地区普及太阳能热水系统奠定了良好的基础。

[①②③]　建筑节能—绿色建筑论坛. http://www.topenergy.org/bbs/
[④]　魏生贤. 基于与太阳能建筑结合的室内热环境研究：[硕士学位论文]. 昆明：云南师范大学，2006.

温和地区作为一个拥有丰富太阳能资源的地区一直都在大力发展太阳能热水系统，并取得了一定成果。例如在云南省太阳能热水器得到了大范围的推广应用，在当地，政府规定新建建筑项目中11层以下的居住建筑和24 m以下设置热水系统的公共建筑，必须配置太阳能热水系统。可见，将太阳能热水系统技术集成于建筑之中已经成为了该地区建筑设计的重要组成部分，目前云南已经成为中国最大的太阳能应用省份。

太阳能热水系统与建筑结合，就是把太阳能热水系统产品作为建筑构件进行安装，使其与建筑有机结合。不仅是外观、形式上的结合，重要的是技术性能的结合。同时要有相关的设计、安装、施工与验收标准，从技术标准的高度解决太阳能热水系统与建筑结合问题，这是太阳能热水系统在建筑领域得到广泛应用、促进太阳能产业快速发展的关键。

太阳能热水系统与建筑结合，包括外观上的协调、结构集成、管线布置和系统运行等方面[①]。

（1）在外观上，实现太阳能热水系统与建筑完美结合、合理布置太阳能集热器。无论在屋面、阳台或在墙面都要使太阳能集热器成为建筑的一部分，实现两者的协调和统一。

（2）在结构上，妥善解决太阳能热水系统的安装问题，确保建筑物的承重、防水等功能不受影响，使太阳能集热器具有抵御强风、暴雪、冰雹、雷电等的能力。

（3）在管路布置上，合理布置太阳能循环管路以及冷热水供应管路，尽量减少热水管路的长度，建筑上事先留出所有管路的接口、通道。

（4）在系统运行上，要求系统可靠、稳定、安全、易于安装、检修、维护，合理解决太阳能与辅助能源加热设备的匹配，尽可能实现系统的智能化和自动控制。

4.5.5　温和地区绿色建筑项目实例——昆明世博INTEGER智能生态建筑展览馆

4.5.5.1　项目概况

世博INTEGER（中文名"世博IN家"）智能生态建筑展览馆[②]作为世博生态社区的重要组成部分，其建设目的是为世博生态社区的大规模开发建设而寻求适合昆明本地条件的绿色建筑技术和生活形态模型。它是由当地地产开发商与英国绿色建筑设计机构INTEGER合作，以美国绿色建筑委员会"绿色建筑评价体系"（"LEED"，"绿色生态住宅评估标准"和"健康住宅设计"）为基础，结合世博生态社区自然地理条件，以及昆明地区经济发展水平，制定完成世博生态社区操作规程，在此基础上共同建设"昆明世博INTEGER智能生态建筑展览馆"。昆明世博INTEGER展览馆占地3.2亩，总建筑面积约3 200 m²，由1幢多功能展览厅、4幢智能生态概念住宅以及原有池塘改造而成的湿地景观系统组成。

4.5.5.2　设计策略

1）建筑气候条件

昆明地处北纬25°，东经102.7°，海拔1 891 m，全年阳光充沛，四季如春，气候宜人。但太阳辐射强度大，夏季阳光直射下气温较高，且阳光中较高的紫外线含量对人体有一定危害。从昆明的居住习惯来说喜好南北向的住宅，尽量避免西向，主要居室朝南布置，因为夏季太阳高度角较大，阳光直射进房间较少，而冬季由于太阳高度角较小，南向的房间获得较多的阳光，有利于提高室内温度，在夏、冬两季南向房间都能具有良好的舒适度。

2）争取阳光与创造通风

针对昆明的气候特点，在概念住宅中都把争取尽可能多的南向房间以获得充足的自然通风和适宜的阳光作为一个基本设计策略。

住宅一　图4.43面宽29 m，全部主要房间都沿着南向展开，南向开设大面积玻璃，采用保温的辐射中空玻璃，最大程度获得阳光，冬季中空玻璃良好的保温特性可以减少玻璃的散热量。北向主要布置辅助用房，降低开窗面积以减少北向热量耗散，设置高窗，形成对流。冬季将室外温暖的空气引入室内提

---

① 张树君. 太阳能热水系统与建筑结合标准和图集. 建筑节能, 2007(9).
② 华峰. 昆明世博"IN的家"概念住宅生态设计策略. 时代建筑, 2006(4).

升室内温度,夏季良好的自然通风带走室内热量。中庭设计不仅创造出高品位空间气氛,而且采用具有良好的热工效应,冬天夜晚向室内供应热量,夏季能够组织起良好的通风使室内维持适宜的温度,因此能耗得以降低。

1. 外观 2. 一层平面 3. 二层平面 4. 三层平面 5. 顶层平面 6. 餐厅 7. 夜景 8. 全景

图 4.43 住宅一

资料来源:华峰.昆明世博"IN的家"概念住宅生态设计策略.时代建筑,2006(4).

住宅二 图 4.44 面宽 9 m,进深达到 18 m,位居坡地,设计时充分利用地形特点,在长方形建筑体量的中部挖出一个 6 m×6 m 的中心庭院,经过这样的处理,北向主要居室有了阳光的沐浴,住宅变成了一个大面宽的住宅。这个庭院的顶面和一个侧面用玻璃幕墙做围护结构,顶面的玻璃幕墙由电动控制开启。这个玻璃覆盖庭院在设计的节能概念中起非常重要的作用,直射阳光和从周围散发出的热量使庭院内的气温升高。在冬天可以保持住热量,在夏天开启顶部玻璃幕墙与周边房间开启的窗一起形成自然通风,带走多余的热量。这种天井设计结合了阳光调节和自然通风两种与温和地区气候特点相适应的绿色建筑设计手法,具有革新的意义。

住宅三 图 4.45 是一种典型的小面宽、大进深的连排住宅的原形,面宽仅 7.2 m,进深达 18 m,是一

1. 立面局部 2. 室内庭院 3. 东立面 4. 全景 5. 一层平面 6. 二层平面 7. 四层平面

图 4.44　住宅二

资料来源：华峰. 昆明世博"IN 的家"概念住宅生态设计策略. 时代建筑，2006(4).

种节约用地的住宅类型。通常来说，这类房子不可避免地会出现较多的无阳光居室，住宅中部采光较差，并且还会有部分无阳光房间，无论是居住的舒适性还是节约能源上均存在不足。但是设计师采用了特殊的措施和手法来克服这些问题。首先在三层的中部挖了一个小天井，围绕天井是走道、一个小庭室和楼梯间，给住户带来了一处舒适的能见到天空的小空间。主卧室位居北向，具有良好的私密性，通过屋顶天窗（电动控制开启）接纳阳光。楼梯平台处接近平台标高的部位开有一个小窗，为一楼的卫生间带来了自然光，并且加强了空间的趣味性。庭院外栏板处有一长条形采光井，给进深很大的起居室兼餐厅补充光线。另外，三层的公共卫生间也采用了天窗获取自然光。这些精心设计的采光井和天窗巧妙地解决了一些房间的自然采光和日照要求。

住宅四　图 4.45 采用竹材料作为主要的建造材料。采用当地优质竹为原料，此技术体现了绿色住宅"亲和生态"的主题和"可持续性"原则。虽然，竹体系住宅目前尚处于试验阶段，尚缺乏足够的产品和设计规范支撑，但其良好的生态效应将为其他绿色建筑的使用提供良好的借鉴。

3）减少外表面积，减少传热量

建筑体量采用简洁、方正设计，减少了外围护结构表面积，能有效降低房屋通过外围护结构的传热量，达到节约能源的目的。

4）节约用地

住宅一、二、三都是基于坡地的设计，合理地利用架空层以充分保护分水岭，保持尽量多的透水地面。3 幢住宅作为独立住宅建造，但设计上都考虑为联排屋规划的可能性，以节约用地。

5）外墙保温

住宅一、二外墙采用传统的黏土空心砖加聚苯乙烯外墙保温材料，内墙均为轻质隔墙。住宅三、四与

1. 宅三全景 2. 宅三室内 3. 宅四全景 4. 宅四楼梯间

图 4.45 住宅三、住宅四

资料来源：华峰. 昆明世博"IN 的家"概念住宅生态设计策略. 时代建筑，2006(4).

结构体系相适应，外墙采用的都是轻型保温材料。

6) 太阳能低温热水地板辐射采暖系统

在概念住宅中除了进行外墙保温设计之外，还采用了太阳能辅以电能的低温热水地板辐射供暖，采用这一系统尚带有一定的试验性。因为昆明冬季有其自身特点，大部分时间较为温暖，做好外围护结构保温措施就可以维持室内温度，保证居住的舒适性；另一方面，气温很低的时候不多(冬天约 15 天)且不连续(约 2~3 天)，所以在住宅中进行采暖是否合理还有待商榷。但是将太阳能与住宅结合起来示范是非常有意义的。

参考文献

[1] 中国建筑业协会建筑节能专业委员会，北京市建筑节能与墙体材料革新办公室. 建筑节能：怎么办？第 2 版. 北京：中国计划出版社，2002.

[2] 建筑设计资料集编委会. 建筑设计资料集(1). 北京：中国建筑工业出版社，1994.

[3] 中国建筑业协会建筑节能专业委员会. 建筑节能技术. 北京：中国计划出版社，1996.

[4] 金虹，咸真珍，赵华. 哈尔滨地区居住小区风环境模拟分析及规划布局对策. 见：绿色建筑与建筑技术. 北京：中国建筑工业出版社，2006：601~605.

[5] 杨善勤等. 建筑节能. 北京：中国建筑工业出版社，1999.
[6] 金虹. 房屋建筑学：[硕士/博士学位论文]. 哈尔滨：北京：科学出版社，2002.
[7] 金虹. 严寒地区城市低密度住宅节能设计研究：[博士学位论文]. 哈尔滨：哈尔滨工业大学，2003.
[8] 黑龙江省建设厅，黑龙江省质量技术监督局. 黑龙江省居住建筑节能设计标准，2006.
[9] 陈庆丰. 建筑保温设计：[博士学位论文]. 哈尔滨：哈尔滨建筑大学，1999.
[10] 建设部，科技部. 绿色建筑技术导则. 2005.
[11] 杨善勤. 民用建筑节能设计手册. 北京：中国建筑工业出版社，1997.
[12] 刘加平. 建筑物理. 第3版. 北京：中国建筑工业出版社，2000.
[13] 杨善勤. 民用建筑节能设计手册. 北京：中国建筑工业出版社，1997.
[14] 涂逢祥等. 建筑节能. 北京：中国建筑工业出版社，1999.
[15] 冯雅，高庆龙. 四川地震灾后重建绿色学校设计. 建设科技，2010(9).
[16] 姚洪文. 夏热冬冷地区建筑节能设计策略. 城市建设，2010(1).
[17] 清华大学建筑设计研究院. 建筑设计的生态策略. 北京：中国计划出版社，2001.
[18] 李梅，李佩成. 城市雨水收集模式和处理技术. 山东建筑大学学报，2007(12).
[19] 龚应安，陈建刚等. 透水性铺装在城市雨水下渗收集中的应用. 水资源保护，2009(6).
[20] 西安建筑科技大学绿色建筑研究中心. 绿色建筑. 北京：中国计划出版社，1999.
[21] 绿色奥运建筑课题组. 绿色奥运建筑评估体系. 北京：中国建筑工业出版社，2003.
[22] 田蕾，秦佑国，林波荣. 建筑环境性能评估中几个重要问题的探讨. 新建筑，2005(3).
[23] 石文星. 建筑物综合环境性能评价体系——绿色设计工具. 北京：中国建筑工业出版社，2005.
[24] 陆雍森. 环境评价. 上海：同济大学出版社，1999.
[25] 中华人民共和国国家标准. 绿色建筑评价标准(GB 50378—06). 北京：中国建筑工业出版社，2006.
[26] 江苏省建筑科学研究院. 间歇模式下建筑热动态特性与建筑科学用能研究(内部资料)，2010.
[27] 刘加平. 建筑物理. 北京：高等教育出版社，2006.
[28] 美国绿色建筑委员会. 绿色学校评估手册. 北京：中国建筑工业出版社，2007.
[29] 李俊奇，车武. 德国城市雨水利用技术考察分析. 城市环境与城市生态，2005，15(1).
[30] 中华人民共和国建设部. 建筑气候区划标准(GB 50178—93). 北京：中国计划出版社，1994.
[31] 清华大学建筑节能研究中心. 中国建筑节能年度发展研究报告2009. 北京：中国建筑工业出版社，2009.
[32] [美]G·Z·布朗，马克·德凯著. 太阳辐射·风·自然光. 建筑设计策略. 常志刚，刘毅军，朱宏涛，译. 北京：中国建筑工业出版社，2008.
[33] 林宪德. 绿色建筑：生态·节能·减废·健康. 北京：中国建筑工业出版社，2007.
[34] 吴向阳. 杨经文. 北京：中国建筑工业出版社，2007.
[35] 付祥钊. 建筑节能原理与技术. 重庆：重庆大学出版社，2008.
[36] 毕家顺. 昆明地区日照与建筑物的关系研究. 成都信息工程学院学报，2004(6).
[37] 张一平. 昆明城市建筑物外壁表面热力效应研究——不同季节建筑物外墙壁面表温和近旁气温时空分布特征. 地理科学，2004(10).
[38] 张一平. 低纬高原城市冬季南北朝向室内温湿特征的初步分析. 热带气象学报，2001(8).
[39] 王丁丁. 建筑设计与自然通风：[硕士学位论文]. 郑州：郑州大学，2007.
[40] Ward I C, Altan H. Evaluation of Single and Double Glazed Facades in a Temperate Climate. 刘念雄，译. 建筑科学，2006(11).
[41] 杨卫国，夏红卫. 竖直墙面不同方位上太阳辐射量的计算分析. 西南师范大学学报，2008(4).
[42] 华峰. 昆明世博"IN的家"概念住宅生态设计策略. 时代建筑，2006(4).
[43] 柯尊友. 昆明市机场航站楼自然通风可行性研究：[硕士学位论文]. 哈尔滨：哈尔滨工业大学，2007.
[44] 林波荣. 绿色建筑标准与住宅节能与环境设计. 绿色建筑大会论文选登，2008(2).
[45] 魏生贤. 基于与太阳能建筑结合的室内热环境研究：[硕士学位论文]. 昆明：云南师范大学，2006.
[46] 张树君. 太阳能热水系统与建筑结合标准和图集. 建筑节能，2007(9).
[47] 中华人民共和国建设部. 民用建筑热工设计规范(GB 50176—93). 北京：中国计划出版社，1993.
[48] 建筑节能—绿色建筑论坛. http://www.topenergy.org/bbs/

第5章 不同建筑类型绿色建筑设计手法

5.1 居住建筑

5.1.1 绿色居住建筑的节地与空间利用设计手法

5.1.1.1 居住建筑用地的规划设计

1）用地控制

居住建筑用地应选择在无地质灾害或无洪水淹没等危险的安全地段，并尽可能利用废地（荒地、坡地、不适宜耕种土地等），减少耕地占用。周边的空气、土壤、水体等不应对人体造成危害，确保卫生安全。居住区在设计过程中，应综合考虑用地条件、套型、朝向、间距、绿地、层数与密度、布置方式、群体组合和空间环境等因素，来集约化使用土地，突出均好性、多样性和协调性。

2）密度控制

居住建筑用地对人口毛密度、建筑面积毛密度（容积率）、绿地率进行合理的控制，达到合理的标准。

3）群体组合和空间环境控制

居住区的规划与设计，应综合考虑路网结构、公建与住宅布局、群体组合、绿地系统及空间环境等的内在联系，构成一个完善的、相对独立的有机整体。

合理组织人流、车流，小区内的供电、给排水、燃气、供热、电讯、路灯等管线宜结合小区道路构架进行地下埋设，配建公共服务的设施及与居住人口规模相对应的公共服务活动中心，方便经营、使用和社会化服务。绿化景观设计注重景观和空间的完整性，应做到集中与分散结合、观赏与实用结合，环境设计应为邻里交往创造不同层次的交往空间。

4）朝向与日照控制

居住建筑间距，以满足日照要求为基础，综合考虑地形、采光、通风、消防、防震、管线埋设、避免视线干扰等因素。日照一般应通过与其正面相邻建筑的间距控制予以保证。不能通过正面日照满足其日照标准的，对居住建筑日照间距的控制不应影响周边相邻地块特别是未开发地块的合法权益（主要包括建筑高度、容积率、建筑物退让等）。各地的居住建筑日照标准应按国家及当地的有关规范、标准等要求执行。一般应满足：

（1）当居住建筑为非正南北朝向时，住宅正面间距应按地方城市规划行政主管部门确定的日照标准不同方位的间距折减系数换算（表5.1，表5.2）。

表5.1 不同方位日照间距折减系数

方 位	00~150（含150）	150~600（含600）	>600
折减系数	1.0	0.9	0.95

注：① 表中方位为正南向（00）偏东、偏西的方位角；② 本表仅适用于无其他日照遮挡的条式住宅建筑。

表5.2 不同气候区域的光照时间

建筑气候区划	Ⅰ、Ⅱ、Ⅲ、Ⅳ气候区		Ⅳ气候区		Ⅴ、Ⅵ气候区
	大城市	中小城市	大城市	中小城市	
标准日	大寒日				冬至日
日照时数（h）	≥2		≥3		≥1
有效日照时间带（h）	8~16				9~15
计算起点	底层窗台面				

(2)应充分利用地形地貌的变化所产生的场地高差、条式与点式住宅建筑的形体组合以及住宅建筑高度的高低搭配等,合理进行住宅布置,有效控制居住建筑间距,提高土地使用效率。

5)地下与半地下空间控制

地下或半地下空间的利用与地面建筑、人防工程、地下交通、管网及其他地下构筑物统筹规划、合理安排。同一街区内公共建筑的地下或半地下空间应按规划进行互通设计。充分利用地下或半地下空间做地下或半地下机动停车库(或用做设备用房等),地下或半地下机动停车位达到整个小区停车位的80%以上。

配建的自行车库,采用地下或半地下形式,部分公建(服务、健身娱乐、环卫等)宜利用地下或半地下空间,地下空间结合具体的停车数量要求、设备用房特点、机械式停车库、工程地质条件以及成本控制等因素,考虑设置单层或多层地下室。

6)公共服务设施控制

城市新建居住区应按国家和地方城市规划行政主管部门的规定,同步安排教育、医疗卫生、文化体育、商业服务、金融邮电、社区服务、市政公用和行政管理等公共服务设施用地,为居民提供必要的公共活动空间。居住区公共服务设施的配建水平,必须与居住人口规模相对应,并与住宅同步规划、同步建设、同时投入使用。

社区中心宜采用综合体的形式集中布置,形成中心用地(表5.3)。

表5.3 社区中心设置内容及标准

社区中心等级	设置内容	服务半径(m)	服务人口(人)	建筑面积(m^2)	用地面积(m^2)
居住社区级中心	文化娱乐、体育、行政管理与社区服务、社会福利与保障、医疗卫生、邮政电信、商业金融服务、其他	400~500	30 000	30 000~40 000	26 000~35 000
基层社区级中心	文化娱乐、体育、行政管理与社区服务、社会福利与保障、医疗卫生、商业金融服务、其他	200~250	5 000~10 000	2 000~2 700	1 800~2 500

7)竖向控制

小区规划要结合地形地貌合理设计,尽可能保留基地形态和原有植被,减少土方工程量。地处山坡或高差较大基地的住宅,可采用垂直等高线等形式合理布局住宅,有效减少住宅日照间距,提高土地使用效率。小区内对外联系道路的高程应与城市道路标高相衔接。

5.1.1.2 居住建筑设计的节地

住宅设计要选择合理的单元面宽和进深。户均面宽值不宜大于户均面积值的1/10。住宅套型平面应根据建筑的使用性质、功能、工艺要求合理布局。套内功能分区要符合公私分离、动静分离、洁污分离的要求。功能空间关系紧凑,便能得到充分利用。住宅单体的平面设计力求规整。电梯井道、设备管井、楼梯间等要选择合理尺寸,紧凑布置,不宜凸出住宅主体外墙过大。套型功能的增量,除适宜的面积外,尚应包括功能空间的细化和设备的配置质量,与日益提高的生活质量和现代生活方式相适应。

居住建筑的体形设计应适应本地区的气候条件,住宅建筑应具有地方特色和个性、识别性、造型简洁,尺度适宜,色彩明快。住宅建筑配置太阳能热水器设施时,宜采用集中式热水器配置系统。太阳能集热板与屋面坡度应在建筑设计中一体化考虑,以有效降低占地面积。

5.1.2 绿色居住建筑节能与能源利用体系

5.1.2.1 建筑构造节能系统

1)墙体节能技术

(1)体形系数控制技术。为了减少因建筑物外围护结构临空面的面积大而造成的热能损失,体形系数不应超过规范规定值。为了减小建筑物的体形系数,在设计中可以采用如下措施:

①建筑平面布局紧凑,减少外墙凸凹变化,即减少外墙面的长度;②加大建筑物的进深;③增加建

筑物的层数；④ 加大建筑物的体量。

（2）窗墙比控制技术。要充分利用自然采光，同时要控制窗墙比。居住建筑的窗墙比应以基本满足室内采光要求为确定原则。建筑窗墙比不宜超过规范规定值。

（3）外墙保温技术。保温隔热材料轻质、高强，具有保温、隔热、隔声、防水性能，外墙采用保温隔热材料，能够增强外围护结构抗气候变化的综合物理性能。

2）门窗节能技术

外门窗选择优质的铝木复合窗、塑钢门窗、断桥式铝合金门窗及其他材料的保温门窗。门窗开启扇在条件允许时尽量选用上下悬或平开下悬，尽量避免选用推拉式开启。外门窗玻璃选择中空玻璃、隔热玻璃或 Low-E 玻璃等高效节能玻璃，各种玻璃的传热系数和遮阳系数应达到规定标准。选择抗老化、高性能的门窗配套密封材料，以提高门窗的水密性和气密性。

3）屋面节能技术

屋面保温可采用板材、块材或整体现喷聚氨酯保温层，屋面隔热可采用架空、蓄水、种植等隔热层。种植屋面应根据地域、建筑环境等条件，选择适应的屋面构造形式。推广屋面绿色生态种植技术，在美化屋面的同时，利用植物遮蔽减少阳光对屋面的直晒。

4）楼地面节能技术

楼地面的节能技术，可根据底面不接触室外空气的层间楼板、底面接触室外空气的架空或外挑楼板以及底层地面，采用不同的节能技术。层间楼板可采取保温层直接设置在楼板上表面或楼板底面，也可采取铺设木龙骨(空铺)或无木龙骨的实铺木地板。底面接触室外空气的架空或外挑楼板宜采用外保温系统。接触土壤的房屋地面，也要做保温。

5）管道技术

（1）设备管线与结构体的分离技术。住宅结构墙体与设备管线的使用寿命是不同的，结构主体部分的使用年限是 50 年以上，管道设备的寿命一般在 10~30 年，精装修住宅能够实现在不损伤结构墙体的前提下进行内装修施工，即结构墙与设备管线的分离技术（SI 技术）(图 5.1)。

（2）水管的敷设。排水管道可敷设在架空地板内，采暖管道、给水管道、生活热水管道可敷设在架空地板内或吊顶内，也可局部墙内敷设(图 5.2，图 5.3)。

（3）干式地暖的应用。干式地暖系统区别于传统的混凝土埋入式地板采暖系统，也称为预制轻薄型地板采暖系统，是由保温基板、塑料加热管、铝箔、龙骨和二次分集水器等组成的一体化薄板，板面厚度约为 12 mm，加热管

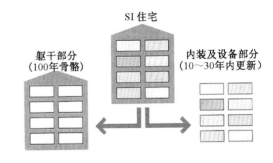

图 5.1 住宅概念图

资料来源：住房和城乡建设部住宅产业化促进中心，日本国际协力机构(JICA)，中国建筑设计研究院，等.中国寒冷地区住宅节能设计与施工指南.北京：中国建筑工业出版社，2009: 67.

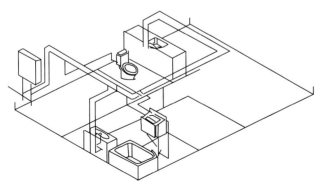

图 5.2 管道铺设在顶棚立体图

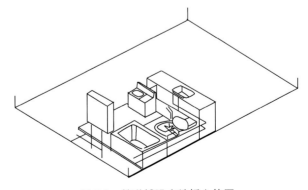

图 5.3 管道铺设在地板立体图

资料来源：住房和城乡建设部住宅产业化促进中心，日本国际协力机构（JICA），中国建筑设计研究院，等.中国寒冷地区住宅节能设计与施工指南.北京：中国建筑工业出版社，2009: 67.

外径为7 mm。

干式地暖系统具有温度提升快、施工工期短、楼板负载小、易于日后维修和改造等优点。

干式地暖系统的典型构造做法有架空地板做法和直接铺地做法(图5.4,图5.5)。

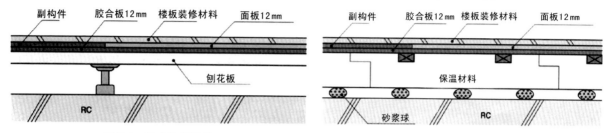

图5.4　架空地板做法　　　　　　　　　图5.5　直接铺地做法

资料来源:住房和城乡建设部住宅产业化促进中心,日本国际协力机构（JICA）,中国建筑设计研究院,等.中国寒冷地区住宅节能设计与施工指南.北京:中国建筑工业出版社,2009: 67.

（4）风管的敷设

① 新风换气系统。新风换气系统可提高室内空气品质,但会占用室内较多的吊顶空间,因此需要内装设计协调换气系统与吊顶位置、高度的关系,并充分考虑换气管线路径、所需换气量和墙体开口位置等,在保证换气效果的同时兼顾室内的美观精致。② 水平式排风系统。

6）遮阳系统

利用太阳照射角各种工况综合考虑遮阳系数。考虑居住建筑所在地区的太阳高度角、方位角、建筑物朝向及位置等因素,确定外遮阳系统的设置角度。应用木制平开,手动或电动平移式铝合金百叶遮阳技术。选用叶片中夹有聚氨酯隔热材料的手动或电动卷帘。低层住宅有条件可以采用绿化遮阳,高层塔式建筑和主体朝向为东西向的住宅,其主要居住空间的西向外窗应设置活动外遮阳设施,东向外窗宜设置活动外遮阳设施。窗内遮阳推广应用具有热反射功能的窗帘和百叶；设计时选择透明度较低的白色或者反光表面材质,以降低其自身对室内环境的二次热辐射。内遮阳对改善室内舒适度,美化室内环境及保证室内的私密性均有一定的作用(图5.6~图5.9)。

图5.6　外遮阳做法　　　　　　　　　图5.7　外遮阳兼防盗做法

资料来源：尹伯悦摄

图5.8　外电动遮阳做法　　　　　　　图5.9　外水平遮阳做法
资料来源：尹伯悦摄　　　　　　　　　资料来源：长沙远大集团公司

5.1.2.2 电气与设备节能系统

1) 供配电节能技术

居民住宅区供配电系统的节能，主要通过降低供电线路和供电设备的损耗实现。

在建设供配电系统时，通过合理选择变电所位置、正确地确定线缆的路径、截面和敷设方式，采用集中或就地补偿的方式，提高系统的功率等，降低供电线路的电能损耗；采用低能耗材料或工艺制成的节能环保的电气设备，降低供电设备的电能损耗；对冰蓄冷等季节性负荷，采用专用变压器供电方式，以达到经济适用、高效节能的目的。

（1）紧凑型箱式变电站供电技术。地埋式变电站应优先选用非晶体合金变压器。

（2）节能环保型配电变压器技术。配电变压器的损耗分为空载损耗和负载损耗。居民住宅区一年四季、每日早中晚的负载率各不相同，故选用低空载损耗的配电变压器，具有较现实的节能意义。

（3）变电所计算机监控技术。在大型居民住宅区推荐使用变电所计算机监控系统，通过计算机、通信网络对建筑物和建筑群的高压供电、变压器、低压配电系统、备用发电机组的运行状态和故障报警进行监测，并检测系统的电压、电流、有功功率、功率因数和电度数据等，实现供配电系统的遥测、遥调、遥控和遥信，为节能和安全运行提供实时信息和运行数据；可减少变电所的值班人员，实现无人值守，可有效地节约管理成本。根据运行数据分析、研究不同类型的变电所、变压器的运行状况和节能成效，对今后居民住宅区的供配电系统建设，提供实践经验。

2) 照明节能技术

（1）照明器具节能技术。高效照明器具，包括以紧凑型荧光灯、细管型荧光灯、高压钠灯、金属卤化物灯等为主的高效电光源；以电子镇流器、高效电感镇流器、高效反射灯罩等为主的照明电器附件；以调光装置、声控、光控、时控、感控等为主的光源控制器件等。

在满足照明质量的前提下，宜选择高效电光源，对居民住宅、配套车库等公共建筑推广使用紧凑型荧光灯、T8荧光灯和金属卤化物灯，有条件时，应采用更节能的T5荧光灯。

延时开关通常分为触摸式、声控式和红外感应式等类型，在居住区内常用于走廊、楼道、地下室、洗手间等场所的自动照明、换气等用途，是简单、安全、有效的节能电器。

经测算，使用相当民用电60%的低价电蓄热或蓄冰时，费用比分体空调节省约30%。

① 降低电压节能。即降低小区路灯的供电电压，达到节能的目的，降压后的线路末端电压不应低于198 V，且路面应维持"道路照明标准"规定的照度和均匀度。

② 降低功率节能。是在灯回路中多串一段或多段阻抗，以减小电流和功率，达到节能的目的。一般用于平均照度超过"道路照明标准"规定维持值的120%以上的期间和地段。采用变功率镇流器节能的，宜对变功率镇流器采取集中控制的方式。

③ 清洁灯具节能。清洁灯具可以减少灯具污垢造成的光通量衰减，提高灯具效率的维持率，延长竣工初期节能的时间，起到节能的效果。

④ 双光源灯节能。是指一个灯具内安装两只灯泡，下半夜保证照度不低于下一级维持值的前提下，关熄一只灯泡，实现节能。

（2）居住区景观照明节能技术

① 智能控制技术。采用光控、时控、程控等智能控制方式，对照明设施进行分区或分组集中控制，设置平日、假日、重大节日等，以及夜间不同时段的开、关灯控制模式，在满足夜景照明效果设计要求的同时，达到节能效果。

② 高效节能照明光源和灯具的应用，应优先选择通过认证的高效节能产品，鼓励使用太阳能照明、风能照明等绿色能源；积极推广金属卤化物灯、半导体发光二极管（LED）、T8/T5荧光灯、紧凑型荧光灯（CFL）等高效照明光源产品，配合使用光效和利用系数高的灯具，达到节能的目的。

（3）地下汽车库、自行车库等照明节电技术

① 光导管技术。光导管照明系统主要是由采光罩、光导管和漫射器三部分组成；是通过采光罩高效采集自然光线，导入系统内重新分配，再经过特殊制作的光导管传输和强化后，由系统底部的漫射装置把

自然光均匀高效地照射到任何需要光线的地方，从而得到由自然光带来的特殊照明效果，是一种绿色、健康、环保、无能耗的照明产品。

② 棱镜组多次反射照明节电技术，用一组传光棱镜，安装在车库的不同部位，并可相互接力，将集光器收集的太阳光传送到需要采光的部位。

③ 车库照明自动控制技术，采用红外、超声波探测器等，配合计算机自动控制系统，优化车库照明控制回路，在满足车库内基本照度的前提下，自动感知人员和车辆的行动，以满足灯开、关的数量和事先设定的照度要求，以期合理用电。

（4）绿色节能照明技术

① LED 照明技术，又称发光二极管照明技术，它是利用固体半导体芯片作为发光材料的技术。LED 光源具有全固体、冷光源、寿命长、体积小、高光效、无频闪、耗电小、响应快等特点，是新一代节能环保光源；但 LED 灯具存在光通量较小、与自然光的色温有差距、价格较高的缺点；另外，由大功率颗粒组成的 LED 灯具指向性很强，PN 结温升较高，对灯具散热要求高，并且限于技术原因，大功率 LED 灯具的光衰很严重，部分实验性产品，半年的光衰可达 50%左右。

② 电磁感应灯照明技术，电磁感应灯又称无极放电灯，它没有电极，依据电磁感应和气体放电的基本原理而发光；没有灯丝和电极，具有十万小时的高使用寿命，同时免维护；显色性指数大于 80，宽色温从 2 700 K 到 6 500 K，具有 80 lm/W 的高光效，具有可靠的瞬间启动性能，同时低热量输出；适用于道路、车库等照明。

3）智能控制技术

（1）智能化的能源管理技术。智能化能源管理系统，通过居住区智能控制系统与家庭智能交互式控制系统的有机组合，以可再生能源为主、传统能源为辅，将产能负荷与耗能负荷合理调配，减少投入浪费，降低运行消耗，合理利用自然资源，保护生态环境，以实现智能化控制、网络化管理、高效节能、公平结算的目标(图 5.10)。

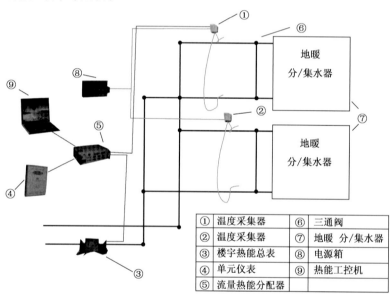

图 5.10 水源热泵智能化控制图
资料来源：北京鲁能服务有限公司

（2）建筑设备智能监控技术。采用计算机技术、网络通信技术对居住区内的电力、照明、空调通风、给排水、电梯等机电设备或系统进行集中监视、控制及管理，以保证这些设备安全可靠地运行。

按照建筑设备类别和使用功能的不同，可将其划分为供配电设备监控子系统、照明设备监控子系统，以及电梯、暖通空调、给排水设备和公共交通管理设备监控子系统等。

（3）变频控制技术。变频控制技术是运用技术手段，来改变用电设备的供电频率，进而达到控制设备输出功率的目的。

变频传动调速的特点是：在不改动原有设备的情况下，实现无级调速，以满足传动机械要求；变频器具有软启、软停功能，可以避免启动电流冲击对电网的不良影响，在减少电源容量的同时还可以减少机械惯动量，减少机械损耗；不受电源频率的影响，可以开环、闭环手动/自动控制；在低速时，定转矩输出、低速过载能力较好；电机的功率因数随转速增高、功率增大而提高，使用效果较好。

5.1.2.3 给排水节能系统

通过调查收集和掌握准确的市政供水水压、水量及供水可靠性的资料，并根据用水设备、用水卫生器具和水嘴的供水最低工作压力要求，合理确定直接利用市政供水的层数。

1）小区生活给水加压技术

对市政自来水无法直接供给的用户，可采用集中变频加压、分户计量的方式供水。小区生活给水加压系统可采用水池+水泵变频加压、管网叠压+水泵变频加压及变频射流辅助加压三种供水技术。为避免用户直接从管网抽水造成管网压力过大波动，有些城市供水管理部门仅认可水池+水泵变频加压及变频射流辅助加压两种供水技术。通常情况下，可采用射流辅助变频加压供水技术。

（1）水池+水泵变频加压系统。当城市管网的水压不能满足用户的供水压力时，就必须用泵加压。通常，通过市政给水管经浮球阀向贮水池注水，用水泵从贮水池抽水经变频加压后，向用户供水。在此供水系统中虽然水泵变频可节约部分电能，但是不论城市管网水压有多大，在城市给水管网向贮水池补水的过程中，都白白浪费了城市给水管网的压能。

（2）变频射流辅助加压供水系统。变频射流辅助加压供水技术工作原理：当小区用水处于低谷时，市政给水通过射流装置既向水泵供水又向水箱供水，水箱注满时进水浮球阀自动关闭，此时市政给水压力得到充分利用，且市政给水管网压力也不会产生变化；当小区用水处于高峰时，水箱中水通过射流装置与市政给水共同向水泵供水，此时市政给水压力仅利用50%~70%，且市政给水管网压力变化很小。

2）高层建筑给水系统分区技术

给水系统分区设计中，应合理控制各用水点处的水压，在满足卫生器具给水配件额定流量要求的条件下，尽量取低值，以达到节水节能的目的。住宅入户管水表前的供水静压力不宜大于0.20 MPa；水压大于0.30 MPa的入户管，应设可调式减压阀。

（1）减压阀的选型

① 给水竖向分区可采用比例式减压阀或可调式减压阀。② 入户管或配水支管减压时，宜采用可调式减压阀。③ 比例式减压阀的减压比宜小于4；可调式减压阀的阀前后压差不应大于0.4 MPa，要求安静的场所不应大于0.3 MPa。

（2）减压阀的设置

① 给水分区用减压阀应两组并联设置，不设旁通管；减压阀前应设控制阀、过滤器、压力表，阀后应设压力表、控制阀。② 入户管上的分户支管减压阀，宜设在控制阀门之后、水表之前，阀后宜设压力表。③ 减压阀的设置部位应便于维修。

5.1.2.4 暖通空调节能系统

1）室内热环境和建筑节能设计指标

（1）冬季采暖室内热环境设计指标，应符合下列要求：

① 卧室、起居室室内设计温度取 16℃~18℃；② 换气次数取 1.0 次/h；③ 人员经常活动范围内的风速不大于 0.4 m/s。

（2）夏季空调室内热环境设计指标，应符合下列要求：

① 卧室、起居室室内设计温度取 26℃~28℃；② 换气次数取 1.0 次/h；③ 人员经常活动范围内的风速不大于 0.5 m/s。

（3）空调系统的新风量，不应大于 20 m³/(h·人)。

（4）通过采用增强建筑围护结构保温隔热性能和提高采暖、空调设备能效比的节能措施，在保证相同的室内热环境指标的前提下，与未采取节能措施前相比，居住建筑的采暖、空调能耗应节约50%。

2）住宅通风技术

住宅通风设计应组织好室内外气流，提高通风换气的有效利用率，应避免厨房、卫生间的污浊空气进入本套住房的居室，也应避免厨房、卫生间的排气从室外又进入其他房间。住宅通风采用自然通风、置换通风相结合技术。住户平时采用自然通风，空调季节使用置换通风系统换气。

（1）自然通风。自然通风是一种利用自然能量改善室内热环境的简单通风方式，常用于夏季和过渡（春、秋）季建筑物室内通风、换气以及降温。通过有效利用风压来产生自然通风，因此首先要求建筑物有较理想的外部风速。为此，建筑设计应着重考虑以下问题：建筑的朝向和间距、建筑群布局、建筑平面和剖面形式、开口的面积与位置、门窗装置的方法及通风的构造措施等。

(2) 置换通风。在建筑、工艺及装饰条件许可且技术经济比较合理的情况下可设置置换通风。采用置换通风时，新鲜空气直接从房间底部送入人员活动区，在房间顶部排出室外。整个室内气流分层流动，在垂直方向上形成室内温度梯度和浓度梯度。置换通风应采用可变新风比的方案。置换通风有中央式通风系统和智能微循环式通风系统两种方式。通常采用智能微循环式通风系统。

① 中央式通风系统。中央式通风系统由新风主机、自平衡式排风口、进风口、通风管道网组成一套独立的新风换气系统。通过位于卫生间吊顶或储藏室内的新风主机彻底将室内的污浊空气持续从上部排出，新鲜的空气经过滤由客厅、卧室、书房下部等地方不间断送入，使密闭空间内的空气得到充分的更新。

② 智能微循环式通风系统。智能微循环式通风系统由进风口、排风口和风机三个部分组成。功能性区域(厨房、浴室、卫生间等)的排风口与风机相连不断将室内污浊空气排出，利用负压由生活区域(客厅、餐厅、书房、健身房等)的进风口补充新风进入，并根据室内空气污染度，人员的活动和数量、湿度等自动调节通风量，不用人工操作。这样就可以在排除室内污染的同时减少由于通风而引起的热量或冷量的损失。

3) 住宅采暖、空调节能技术

在城市热网供热范围内，采暖热源应优先采用城市热网，有条件时，宜采用电、热、冷联供系统。应积极利用可再生能源，如太阳能、地热能等。

(1) 设备选择。小区住宅的采暖、空调设备，优先采用符合国家现行标准规定的节能型采暖、空调产品。小区装修房配套的采暖、空调设备为家用空气源热泵空调器，空调额定工况下能效比大于2.3，采暖额定工况下能效比大于1.9。一般情况下，小区普通住宅装修房配套分体式空气调节器，高级住宅及别墅装修房配套家用(商用)中央空气调节器。

(2) 采暖、空调和通风节能设计要点

① 居住建筑采暖、空调方式及其设备的选择，应根据当地资源情况，经技术经济分析，以及用户对设备运行费用的承担能力综合考虑确定。一般情况下，居住建筑采暖不宜采用直接电热式采暖设备。居住建筑采用分散式(户式)空气调节器(机)进行制冷(及采暖)时，其能效比、性能系数应符合国家现行有关标准中的规定值。② 在统一设计空调器室外机安放位置时，应充分考虑其位置有利于室外机夏季排放热量、冬季吸收热量。并应防止对室内产生热污染及噪声污染。③ 房间气流组织应尽可能使空调送出的冷风或暖风吹到室内每个角落，不直接吹向人体。对复式住宅或别墅，回风口应布置在房间下部。空调回风通道应采用风管连接，不得用吊顶空间回风。各空调房间均要有送、回风通道，杜绝只送不回或回风不畅。住宅卧室、起居室(厅)应有良好的自然通风。当住宅设计条件受限制，不得已采用单朝向型住宅的情况下，应采取户门上方通风窗、下方通风百叶或机械通风装置等有效措施，以保证卧室、起居室(厅)内良好的通风条件。④ 置换通风系统中送风口设置高度 $h<0.8$ m，出口风速宜控制在 $0.2\sim0.3$ m/s；排风口应尽可能设置在室内最高处，回风口的位置不应高于排风口。

4) 采暖系统设计

寒冷地区的电力生产主要依靠火力发电，火力发电的平均热电转换效率约为33%，再加上输配效率约为90%，采用电散热器、电暖风机、电热水炉等电热直接供暖，是能源的低效率应用，远低于节能要求的燃煤、燃油或燃气锅炉供暖系统的能源综合效率，更低于热电联产供暖的能源综合效率。

(1) 热媒输配系统设计

① 供水及回水干管的环路应均匀布置，各共用立管的负荷宜相近。② 供水及回水干管优先设置在地下层空间，当住宅没有地下层，供水及回水干管可设置于半通行管沟内。③ 符合住宅平面布置和户外公用空间的特点。④ 一对立管可以仅连接每层一个户内系统，也可连接每层一个以上的户内系统。同一对立管宜连接负荷相近的户内系统。⑤ 除每层设置热媒集配装置连接各户的系统外，一对共用立管连接的户内系统，不宜多于40个。⑥ 采取防止垂直失调的措施，宜采用下分式双管系统。⑦ 共用立管接向户内系统分支管上，应设置具有锁闭和调节功能的阀门。⑧ 共用立管宜设置在户外，并与锁闭调节阀门和户用热量表组合设置于可锁封的管井或小室内。⑨ 户用热量表设置于户内时，锁闭调节阀门和热量显示装置

应在户外设置。⑩ 下分式双管立管的顶点，应设集气和排气装置，下部应设泄水装置。⑪ 氧化铁会对热计量装置的磁性元件形成不利影响，管径较小的供水及回水干管、共用立管，有条件宜采用热镀锌钢管螺纹连接。⑫ 供回水干管和共用立管，至户内系统接点前，不论设置于任何空间，均应采用高效保温材料加强保温。

（2）户内采暖系统的节能设计

① 分户热计量的分户独立系统，应能确保居住者可自主实施分室温度的调节和控制。② 双管式和放射双管式系统，每一组散热器上设置高阻手动调节阀或自力式两通恒温阀。③ 水平串联单管跨越式系统，每一组散热器上设置手动三通调节阀或自力式三通恒温阀。④ 地板辐射供暖系统的主要房间，应分别设置分支路。热媒集配装置的每一分支路，均应设置调节控制阀门，调节阀采用自动调节和手动调节均可。⑤ 当冬夏结合采用户式空调系统时，空调器的温控器应具备供冷或供暖的转换功能。⑥ 调节阀是频繁操作的部件，要选用耐用产品，确保能灵活调节和在频繁调节条件下无外漏。

5.1.2.5 新能源利用系统

1）太阳能光伏发电技术

目前，居住区内的太阳能发电系统分为三种类型：并网式光伏发电系统、离网式光伏发电系统和建筑光伏一体化发电系统（图5.11~图5.14）。应用光伏系统的地区，年日照辐射量不宜低4 200 MJ，年日照时数不宜低于1 400 h。

图5.11 昌吉"水木融成小区"光伏发电塔
资料来源：新疆特变电工房地产有限公司

图5.12 德国纽伦堡市垃圾太阳能山图
资料来源：尹伯悦摄

图5.13 住建部机关大院光伏发电

图5.14 住建部机关大院光伏电逆变器
资料来源：尹伯悦摄

（1）并网式光伏发电系统。太阳能电池将太阳能转化为电能，并通过与之相连的逆变器直流电转变成交流电，输出电力与公共电网相连接，为负载提供电力。

（2）离网式光伏发电系统。太阳能发电系统与公共电网不连接，独立向负载供电。离网式系统一般均配备蓄电池，采用低压直流供电，在居住区内常用于太阳能路灯、景观灯或供电距离很远的监控设备等。由于铅酸蓄电池易对环境造成严重污染，已逐渐被淘汰，可使用环保、安全、节能高效的胶体蓄电池或固体电池(镍氢、镍镉电池)，但其购买和使用成本均较高；虽然可节省电费，但投入产出比很低。

（3）建筑光伏一体化发电系统。它将太阳能发电系统完美地集成于建筑物的墙面或屋面上，太阳能电池组件既被用做系统发电机，又被用做建筑物的外墙装饰材料；太阳能电池可以制成透明或半透明状态，阳光依然能穿过重叠的电池进入室内，不影响室内的采光。

2）太阳能热水技术

（1）太阳能建筑一体化热水技术要求

① 太阳能集热器本身整体性好、故障率低、使用寿命长。② 贮水箱与集热器尽量分开布置。③ 设备及系统在零度以下运行不会冻损。④ 系统智能化运行，确保运行中优先使用太阳能，尽量少用电能。⑤ 集热器与建筑的结合除满足建筑外观的要求外还应确保集热器本身及其与建筑的结合部位不会渗漏。

图5.15 北京阳台山老年公寓屋顶上太阳能热水器
资料来源：尹伯悦摄

（2）太阳能热水器选型及安装部位。太阳能热水器按贮水箱与集热器是否集成一体，一般可分为一体式和分体式两大类，采用何种类型应根据建筑类别、建筑一体化要求及初期投资等因素经技术经济比较后确定。一般情况下，6层及6层以下普通住宅采用一体式太阳能热水器，高级住宅或别墅采用分体式太阳能热水器，集热器安装位置根据太阳能热水器与建筑一体化要求可安装在屋面、阳台等部位。一般情况下集热器均采用U型管式真空管集热器(图5.15)。

3）被动式太阳能利用

被动式太阳房是指不依靠任何机械动力，通过建筑围护结构本身完成吸热—蓄热—放热过程从而实现利用太阳能采暖的目的的房屋，一般而言，可以直接让阳光透过窗户直接进入采暖房间，或者先照射在集热部件上，然后通过空气循环将太阳能的热量送入室内。

（1）太阳能被动式利用应与建筑设计紧密结合，其技术手段依地区气候特点和建筑设计要求而不同，被动式太阳能建筑设计应在适应自然环境的同时尽可能地利用自然环境的潜能，并应分析室外气象条件、建筑结构形式和相应的控制方法对利用效果的影响，同时综合考虑冬季采暖供热和夏季通风降温的可能，并协调两者的矛盾。

（2）被动式太阳能的利用有效地节约了建筑耗能，应掌握地区气候特点，明确应当控制的气候因素；研究控制每种气候因素的技术方法；结合建筑设计，提出太阳能被动式利用方案，并综合各种技术进行可行性分析；结合室外气候特点，确定全年运行条件下的整体控制和使用策略。

4）空气源热泵热水技术

空气源热泵热水技术是根据逆卡诺循环原理，采用少量的电能驱动压缩机运行，高压的液态工质经过膨胀阀后在蒸发器内蒸发为气态，并大量吸收空气中的热能，气态的工质被压缩机压缩成为高温、高压的液态，然后进入冷凝器放热，把水加热，如此不断地循环加热，可以把水加热至50℃~65℃。在这个过程中，消耗了1份的能量(电能)，同时从环境空气中吸收转移了约4份的能量(热量)到水中，相对于电热水器而言，节约了75%的电能。空气源热泵技术与太阳能热水技术相比，具有占地少、便于安装调控等优点;与地源热泵相比,它不受水、土资源限制。该技术主要用于小区别墅及配套公建的生活热水系统,或作为太阳能热水系统的辅助热源,其设计要点如下:① 优先采用性能系数(COP)高的空气源热泵热水机组(COP 全年应平均达到 3.0~3.5)。② 机组应具有先进可靠的融霜控制技术,融霜所需时间总和不超过运行周期时间的 20%。③ 空气源热泵热水系统中应配备合适的、保温性能良好的贮热水箱且热泵出水温度不超过 50℃。

5) 地源热泵技术

有效利用地热能,可节约居住建筑的能源消耗,下列地源热泵系统可作为居住区或户用空调(热泵)机组的冷热源:① 土壤源热泵系统;② 浅层地下水源热泵系统;③ 地表水(淡水、海水)源热泵系统;④ 污水水源热泵系统。

同时,要确保地下资源不被破坏和不被污染,必须遵循国家标准《地源热泵系统工程技术规范》GB 50366 中的各项有关规定。特别要谨慎地采用浅层地下水(井水)作为热源(汇),并确保地下水全部回灌到同一含水层。

地源热泵技术又称土壤源热泵技术,是一种利用浅层常温土壤中的能量作为能源的先进的高效节能、无污染、低运行成本的既可供暖又可供冷的新型空调技术。地源热泵是利用地下常温土壤或地下水温度相对稳定的特性,通过深埋于建筑物周围的管路系统或地下水与建物内部完成热交换的装置。小区住宅所选用的地源热泵系统主要有地下水地源热泵系统和地埋管地源热泵系统。

(1) 技术特点

① 地热泵利用的是可再生能源,永无枯竭。地热泵从浅层常温土壤中取热或向其排热,浅层土壤之热能来源于太阳能,它永无枯竭,是一种可再生能源。

② 高效节能,运行费用低。在供暖时,其能量 70%以上来自土壤,制热系数高达 3.5~4.5,而锅炉仅为 0.7~0.9,可比锅炉节省 70%以上的能源和 40%~60%运行费用;供冷时要比普通空调节能 40%~50%,运行费用降低40%以上。具有高节能、低运行费用的特点。

③ 地热泵技术可实现分户计量、可分期投资,不设室外机。它和普通家用空调一样,实行单独电费计量,克服了锅炉采暖和中央空调制冷时的分户计量难题。没有室外机,建筑物立面更整洁、更美观。

(2) 设计要点

① 在水温适宜、水量充足稳定、水质较好、开采方便且不会造成地质灾害,以及得到当地水资源行政管理部门认可的条件下,空调系统的冷、热源可优先选用地下水地源热泵系统。

② 地下水换热系统应根据水文地质勘测资料进行设计,地下水被利用后,应采取可靠的回灌措施,将利用过的地下水全部回灌到同一含水层,并不得污染地下水。同时,热源井的设计应符合现行国家标准《供水管井技术规范》(GB 50296—99)的规定。

③ 选择的地下水地源热泵机组性能应符合现行国家标准《水源热泵机组》(GB/T 19409—2003)的相关规定,且还应满足地下水地源热泵系统运行参数的要求。

④ 当有合适的浅层地热能资源且经过技术经济比较可以利用时,可采用地埋管地源热泵系统。

⑤ 地埋管换热系统设计应进行全年动态负荷计算,最小计算周期不得小于一年,在此计算周期内,地源热泵系统总释热量与其总吸热量相平衡。地埋管换热器有竖直埋管和水平埋管两种形式,一般通过综合现场可用地表面积、岩土类型和热物性参数及钻孔费用等因素确定换热器埋管方式。

⑥ 选择的地埋管地源热泵机组性能应符合现行国家标准《水源热泵机组》(GB/T 19409—2003)的相关规定,且还应满足地埋管地源热泵系统运行参数的要求(图 5.16)。

图 5.16 新疆昌吉回族自治州"水木融成小区"地源热泵
资料来源:尹伯悦摄

5.1.3 节水与水资源利用体系

5.1.3.1 分质供水系统

根据当地水资源状况，因地制宜地制定节水规划方案。按高质高用、低质低用的原则小区一般设置两套供水系统：生活和消防给水系统；水源采用市政自来水；景观和绿化及道路冲洗给水系统，水源采用中水及收集、处理后的雨水。

5.1.3.2 节水设备系统

1）变频调速技术及减压阀降压技术

小区加压供水系统，采用变频调速技术及在 6 层及 6 层以上建筑物需要调压的进户管上加装可调式减压阀，以控制卫生器具因超压出流而造成水量浪费。根据研究，当配水点处静水压力大于 0.15 MPa 时，水龙头流出水量明显上升。高层分区给水系统最低卫生器具配水点处静水压大于 0.15 MPa 时，宜采取减压措施。

2）节水卫生器具

（1）住宅采用瓷芯节水龙头和充气水龙头代替普通水龙头。在水压相同的条件下，节水龙头比普通水龙头有着更好的节水效果，节水量为 30%~50%，大部分在 20%~30%之间。且在静压越高、普通水龙头出水量越大的地方，节水龙头的节水量也越大。因此，应在建筑中（尤其在水压超标的配水点）安装使用节水龙头，以减少浪费（图5.17）。

（2）配套公建采用延时自闭式水龙头和光电控制式水龙头。延时自闭式水龙头在出水一定时间后自动关闭，可避免长流水现象。出水时间可在一定范围内调节。

（3）采用 6 L 水箱或两档冲洗水箱节水型坐便器（图5.18）。

图 5.17　上海某海军干休所饮用水站
资料来源：尹伯悦摄

图 5.18　日本节水型坐便器
资料来源：孙克放摄

（4）采用节水型淋浴喷头。通常大水量淋浴喷头每分钟喷水超过 20 L，而节水型喷头则每分钟只喷水 9 L 水左右，节约了一半的水量。

5.1.3.3 中水回用系统

在建筑面积大于 2 万 m² 的居住小区设置中水回用站，对收集的生活污水进行深度处理。处理水质达到国家《杂用水水质标准》。中水作为小区绿化浇灌、道路冲洗、景观水体补水的备用水源。

1）中水回用处理常用方法

（1）生物处理法。利用水中微生物的吸附、氧化分解污水中的有机物，包括好氧和厌氧微生物处理，一般以好氧处理较多。其处理流程为：原水—格栅—调节池—接触氧化池—沉淀池—过滤—消毒—出水。

（2）物理化学处理法。以混凝沉淀（气浮）技术及活性炭吸附相结合为基本方式，与传统的二级处理相比，提高了水质，但运行费用较高。其处理流程为：原水—格栅—调节池—絮凝沉淀池—活性炭吸附—消毒—出水。

(3)膜分离技术。采用超滤(微滤)或反渗透膜处理,其优点是 SS 去除率很高,占地面积与传统的二级处理相比,大为减少。

(4)膜生物反应器技术。膜生物反应器是将生物降解作用与膜的高效分离技术结合而成的一种新型高效的污水处理与回用工艺。其处理流程为:原水—格栅—调节池—活性污泥池—超滤膜—消毒—出水。

2)中水处理工艺流程选择

对于中水处理流程选择的一般原则是,当以洗漱、沐浴或地面冲洗等优质杂排水(CODcr 150~200 mg/L, BOD_5 50~100 mg/L)为中水水源时,一般采用物理化学法为主的处理工艺流程即可满足回用要求。当主要以厨房、厕所冲洗水等生活污水(CODcr 300~350 mg/L, BOD_5 150~200 mg/L)为中水水源时,一般采用生化法为主或生化、物化相结合的处理工艺。而物化法一般流程为混凝—沉淀—过滤。

3)规划设计要点

(1)中水工程设计,应根据可用原水的水质、水量和中水用途,进行水量平衡和技术经济分析,合理确定中水水源、系统形式、处理工艺和规模。

(2)小区中水水源的选择要依据水量平衡和经济技术比较确定,并应优先选择水量充裕稳定、污染物浓度低、水质处理难度小、安全且居民易接受的中水水源。当采用雨水作为中水水源或水源补充时,应有可靠的调贮量和超量溢流排放设施。

(3)建筑中水工程设计必须确保使用、维修安全,中水处理必须设消毒设施,严禁中水进入生活饮用水系统。

(4)小区中水处理站按规划要求独立设置,处理构筑物宜为地下式或封闭式。

5.1.3.4 雨水利用系统

城市雨水利用是一种新型的多目标综合性技术,可实现节水、水资源涵养与保护、控制城市水土流失和水涝、减少水污染和改善城市生态环境等目标。小区雨水利用主要有两种形式:屋面雨水利用系统;小区雨水综合利用系统。收集处理后的雨水水质应达到国家《杂用水水质标准》。

1)屋面雨水利用技术

利用屋面做集雨面的雨水收集利用系统主要用于绿化浇灌、冲厕、道路冲洗、水景补水等(图 5.19)。分为单体建筑物分散式系统和建筑群集中式系统。由雨水汇集区、输水管系、截污装置、储存、净化和供水等几部分组成。同时还设渗透设施与贮水池溢流管相连,使超过储存容量的部分雨水溢流渗透。

(1)屋面雨水水质的控制

① 屋面的设计及材料选择是控制屋面雨水径流水质的有效手段。对油毡类屋面材料的使用加以限制,逐步淘汰污染严重的品种。另外屋面绿化系统也可提高雨水水质并使屋面径流系数减小到 0.3,有效地削减雨水径流量。

图 5.19 北京阳台山老年公寓屋面雨水收集
资料来源:尹伯悦摄

② 利用建筑物四周的一些花坛和绿地来接纳屋面雨水,既美化环境,又净化了雨水。在满足植物正常生长的要求下,尽可能选用渗滤速率和吸附净化污染物能力较大的土壤填料。一般厚 1 m 左右的表层土壤渗透层有很强的净化能力。

(2)屋面雨水处理常用工艺流程及选择

① 屋面雨水—初期径流弃流—景观水体。仅用于景观水体的补充水。

② 屋面雨水—初期径流弃流—雨水贮水池沉淀—消毒—雨水清水池。用于绿化浇灌、道路冲洗、景观水体补水。

③ 屋面雨水—初期径流弃流—雨水贮水池沉淀—过滤—消毒—雨水清水池。用于绿化浇灌、道路冲洗、景观水体补水、冲厕。

2)小区雨水综合利用技术

利用屋面、地面做集雨面的雨水收集利用系统主要用于绿化浇灌、道路冲洗、水景补水等。该系统主要用在建筑面积大于 2 万 m^2 的小区。它由屋面、地面雨水汇集区、输水管系、截污装置、储存、净化和供水等几部分组成。同时还设渗透设施与贮水池溢流管相连，使超过储存容量的部分溢流雨水渗透。

（1）雨水水质控制。屋面雨水水质控制如前所述，路面雨水水质控制的方法如下：

① 改善路面污染状况是最有效的控制路面雨水污染源的方法。

② 设置路面雨水截污装置。为了控制路面带来的树叶、垃圾、油类和悬浮固体等污染物，可以在雨水口和雨水井设置截污挂篮和专用编织袋等，或设计专门的浮渣隔离、沉淀截污井。这些设施需要定期清理；也可设计绿地缓冲带来截留净化路面径流污染物。

③ 设置初期雨水弃流装置。设计特殊装置分离污染较重的初期径流，保护后续渗透设施和收集利用系统的正常运行。

（2）雨水渗透。采用各种雨水渗透设施，让雨水回灌地下，补充涵养地下水资源，是一种间接的雨水利用技术。它还有缓解地面沉降、减少水涝等多种效益。

① 分散式渗透技术。设施简单，可减轻对雨水收集、输送系统的压力，补充地下水，还可以充分利用表层植被和土壤的净化功能减少径流带入水体的污染物。但一般渗透速率较慢，而且在地下水位高、土壤渗透能力差或雨水水质污染严重等条件下应用受到限制。

② 集中式回灌技术。深井回灌容量大，可直接向地下深层回灌雨水，但对地下水位、雨水水质有更高的要求，尤其对用地下水做饮用水源的小区应慎重。

（3）雨水回用处理常用方法及处理工艺流程选择。雨水回用处理工艺可采用物理法、化学法或多种工艺组合法等。雨水回用处理工艺流程应根据雨水收集的水质、水量及雨水回用水质要求等因素，经技术经济比较后确定。

（4）规划设计要点

① 低成本增加雨水供给。合理规划地表与屋面雨水径流途径，最大限度降低地表径流，采用多种渗透措施增加雨水的渗透量。合理设计小区雨水排放设施，将原有的单纯排放改为排、收结合的新型体系。

② 选择简单实用自动化程度高的低成本雨水处理工艺。一般情况下采用如下工艺：小区雨水—初期径流弃流—贮水池沉淀—粗过滤—膜过滤—紫外线消毒—雨水清水池。

③ 提高雨水使用效率。采用循序给水方式，即设有景观水池的小区其绿化及道路冲洗给水由景观水提供，消耗的景观水再由处理后的雨水供给。同时绿化浇灌采用微灌、滴灌等节水措施。

5.1.4 节材与材料资源利用体系

建筑节材可通过建筑结构、建筑材料、建筑装修、建筑施工、废弃材料再生循环利用、住宅产业化等六个方面来实现。

5.1.4.1 建筑结构系统

住宅结构体系的选择必须符合地方经济发展水平和材料供应状况，选用的结构形式应有利于减轻建筑物自重，构成大空间，便于灵活分隔布置。

5.1.4.2 建筑材料系统

1）材料选择

（1）建材本地化。施工现场 500 km 以内企业生产的建筑材料重量，应占所用建筑材料总重量的 70% 以上。

（2）可再循环使用材料。在保证安全和不污染环境的前提下，可再循环使用材料使用重量应占所用建筑材料总重量的 10% 以上。

（3）在保证性能的前提下，提高以废弃物为原料生产的建筑材料的使用比例。

（4）全部采用商品混凝土。商品砂浆的使用比例应不低于国家相关规定。商品混凝土集中搅拌，比现场搅拌可节约水泥 10%~15%，减少砂石消耗 5%~7%。

2）材料资源利用技术

（1）结构材料（表5.4）

表 5.4 结构材料

材 料	特 点	适用场合
高强混凝土	有效节省混凝土用量,减小构件截面尺寸,扩大建筑物的使用空间	大跨度结构建筑和高层住宅
高性能混凝土	提高混凝土的密实度和耐久性,延长建筑物的使用寿命	高层住宅和承受恶劣环境条件的住宅
高强钢筋	强度高、韧性好,具有明显的技术经济性能优势	6层以上的住宅大力推广使用HRB400及其以上的高强钢筋

（2）新型墙体材料

① 应采用非黏土砖和新型砌块取代传统黏土砖，推广砌块应用技术和加气混凝土应用技术。外围护砌块应有良好的防水、防冲刷性能，并具备与外饰面材料有可靠的黏结性能。

② 墙板材料。应采用满足环保、轻质、隔音、隔热、占空间小、能灵活布置、施工方便、抗震性能好的墙板材料。

（3）保温隔热材料

① 居住建筑使用的保温隔热材料应具有抗冻、耐水、防火、耐热、耐腐蚀等特性，并具有一定的强度。

② 应在住宅屋面、外墙等做保温隔热的部位，全面使用高效节能、耐久性好的保温隔热材料（图5.20）。

图 5.20 外墙外保温构造图
资料来源：孙克放摄

外墙保温隔热材料推广应用聚苯乙烯泡沫塑料、泡沫玻璃、膨胀珍珠岩、纳米陶瓷微珠保温隔热涂料；屋面保温隔热材料推广使用挤塑泡沫板、聚氨酯泡沫塑料。

（4）防水材料

① 选用满足节能、节材和环保要求的新型防水材料。

② 防水材料应具有良好耐水性、抗裂性、温度适应性、耐老化性和可施工性。

（5）新型可回收利用管材

① 推广应用可回收利用、不污染环境的新型绿色环保管材替代污染大、耐腐蚀性能差的镀锌钢管。

② 居住建筑应大力推广应用新型管材。

5.1.4.3 建筑技术系统

1）土建和装修设计一体化技术

土建和装修设计一体化技术是指从规划设计、建筑设计、施工图设计等环节统筹考虑土建与装修步骤和程序，坚持专业化设计和施工，避免了"二次装修"带来的不适用、不经济、不安全、不节材、不环保等弊端。

土建和装修一体化设计施工的前提是要求建筑师进行土建和装修的一体化设计。土建设计方案确定后，装修设计单位就应提前介入，针对住宅套内的平面布置、设备及管线的位置，提出相应的装修方案图,两个方案相互补充完善并进行调整。重点解决土建、设备与装修的衔接问题,解决界面的联系,真正达到装修的标准化、模数化、通用化,为装修的工业化生产打下基础,改变土建、装修相互脱节的局面,使室内空间更趋合理。

土建和装修一体化设计、施工,可以事先统一进行建筑构件上的孔洞预留和装修面层固定件的预埋,避免了在装修施工阶段对已有建筑构件的打凿、穿孔,既保证了结构的安全性,又减少了噪声和建筑垃圾;可以保证建筑师在建筑设计阶段,尽可能依据最终装修面层材料的尺寸调整建筑物的尺度,最大限度地保证装修面层材料使用整料,减少边角部分的材料浪费,节约材料,节省装修施工时间和能量消耗,并降低装修施工的劳动强度。

2)工业化集成式装修技术

工业化集成式装修技术是指装修部品由工厂批量生产,成套供应,现场组装,具有省时、省工、省材和保证质量的优点。

工业化集成式装修技术使居住建筑工程建设向工业化生产、装配化施工转变。在土建工程施工时,门套、窗套、窗台板、壁橱门、窗柜,甚至整个厨房、卫生间部件已纷纷从工厂流水线上"下线"。每套卫浴产品中,除了坐便器、浴缸等设备外,底盘、墙板、天花板、灯具等一应俱全。一天可拼装完成一个四五平方米的卫生间。

工业化集成式装修,要做到材料(地面、墙面、顶棚、管线等)的集成和部品(厨房、卫生间、隔断墙、木制品等)的集成。

5.1.4.4 建筑施工系统

1)建筑施工技术

主要的建筑施工技术包括高效钢筋应用技术、预应力混凝土技术、粗直径钢筋连接技术等(表5.5)。

表5.5 主要的建筑施工技术

技术类型	技术性能	主要特点	使用推广情况
高效钢筋应用技术	HRB400级钢筋是目前国内重点推广的新钢种之一,包含20 MnSiV、20 MnSiNb和20 MnTi三个品种	直径12 mm以下的小直径HRB400级钢筋没有明显的屈服点,使用时应防止表面严重擦伤,且钢筋的弯曲度应满足标准规定	目前在国内得到越来越多的应用
无黏结预应力成套技术	由单根钢绞线涂抹建筑油脂外包塑料套管组成,可像普通钢筋一样配置于混凝土结构内,待混凝土硬化达到一定强度后,通过张拉预应力筋并采用专用锚具将张拉力永久锚固在结构中	用较小的结构高度实现大跨度跨越;可在保证净空的条件下显著降低层高,从而降低总建筑高度,节省材料和造价;在多层大面积楼盖中采用该技术可提高结构性能、简化梁板施工工艺、加快施工速度、降低建筑造价	混凝土楼盖结构使用较多
粗直径钢筋直螺纹机械连接技术	直螺纹钢筋机械连接技术,包含镦粗直螺纹和滚轧直螺纹两种方式	质量稳定,性能可靠,接头可达到行业标准Ⅰ、Ⅱ级的要求;现场可提前预制,连接作业施工方便、快捷	技术成熟、使用经验越来越丰富

2)模板及脚手架技术

(1)模板。模板要保证结构和构件各部分形状、尺寸及相互间位置的正确性,接缝严密,不得漏浆。模板要具有足够的强度、刚度及稳定性,以保证在混凝土自重、施工荷载及混凝土侧压力的作用下,不破坏、不变形。模板要构造简单、模数化、装拆方便,且能多次重复使用。少用木模,多用钢模、竹模,延长模板寿命,统一管理、集中堆放,提高生产效益。

(2)脚手架。脚手架各部件要有足够的强度,能安全地承受上部的施工荷载和自重,要有足够的坚固性和稳定性,不得发生变形、倾斜和摇晃现象。脚手架要构造简单、装拆方便、损耗小,且能多次重复利用。拆除的脚手杆或配件,应分类堆放并进行保养。脚手架要就地取材,尽量节约架子用料。

5.1.4.5 废弃材料再生循环利用系统

1) 工业废渣利用技术

利用火山渣、沸石、页岩等资源和粉煤灰、煤矸石等工业废渣生产的建筑砌块、非黏土砖等新型墙体材料；推广使用淤泥生产的新型墙体材料。利用煤矸石、矿渣、粉煤灰、磷石膏等工业废渣制造的保温隔音隔热材料，发展各种轻质、高强、多功能墙材。利用粉煤灰水泥，促进粉煤灰等废弃物在预拌混凝土和预拌砂浆中的综合利用；利用尾矿废石、钢渣、矿渣等固体废物制成的人工砂来代替天然砂。

2) 生物质新材料利用技术

废弃植物纤维(农作物秸秆、废弃木质材料、废弃竹材等)在建筑工程材料中的应用技术，是采用廉价的废弃植物纤维作为主要原材料之一，开发研究绿色环保型植物纤维增强水泥基建筑材料及其应用综合技术，推广利用农作物废弃的天然木质纤维(植物纤维稻草、农作物秸秆等)生产的轻质墙板和其他性能优良的复合材料。

3) 一般废弃物再生利用技术

一般废弃物(废木屑、废塑料和废纸等)的再生利用技术，是利用回收废弃塑料制品生产的保温材料和建筑构件，利用废木屑压合生产的成品板材。

4) 建筑废弃物再用技术

分类处理建筑施工、旧建筑拆除和场地清理时产生的固体废弃物，将其中可再利用材料、可再循环材料回收和再利用。废钢筋、废铁丝和各种废钢配件等金属，处理后可再加工制造成各种规格的金属材料。在保证性能和环保的基础上，推广使用废木材制成的木芯板、三夹板等建筑装饰材料。砖、石、混凝土等废料经破碎后，可以代砂，用于砌筑砂浆、抹灰砂浆、浇混凝土垫层等。骨料再生技术，在满足使用性能的前提下，推广使用和利用建筑废弃物再生骨料制作的混凝土砌块、水泥制品和配制再生混凝土。

5.1.4.6 住宅产业化

住宅产业化是指用工业化生产的方式来建造住宅，提高住宅生产的劳动生产率，在降低成本、降低物耗的同时，提高住宅的整体质量和品质。住宅产业化包含三个方面：① 住宅建筑的标准化；② 住宅建造的工业化；③ 住宅生产与经营的商品化。住宅建设产业化的核心是提高住宅建设工业化水平，满足新世纪现代住宅建设需求。住宅产业化的核心目标是提高住宅性能。

工业化住宅特点：① 工厂化生产具有效率高、速度快、质量好、经济合理的特点；② 满足部品化、模块化、标准化、规模化的技术要求；③ 满足节能减排、清洁生产、绿色施工等节能减排的环保要求；④ 具有功能集成和产品的性能或品质较高的特点。

1) 住宅建筑标准化

住宅建筑的标准化包括住宅设计的标准化、建筑体系的定型化、部品的通用化和系列化。住宅建筑标准化就是在住宅设计中采用标准的设计方案、建筑体系和部品，按照一定的模数标准规范住宅构件和产品，形成标准化、系列化的住宅部品，减少住宅设计中随意性，并简化施工手段。因此，住宅建筑的标准化关键在于建筑体系的定型化和住宅部品的通用化和系列化。

2) 住宅建筑工业化

住宅产业化最终要通过住宅生产的工业化体现出来，是否实现了生产的工业化是判断住宅产业化与否的重要标志，也是衡量产业化程度的重要指标。生产的工业化，一是建立符合中国国情的住宅建筑标准化体系，实现住宅部品、构配件的标准化、模数化和通用化，并具备系列化的开发、生产和供应能力；二是实现新型的、工业化的建筑结构体系的广泛应用，使建筑结构体系朝着安全、环保、节能和可持续发展方向发展；三是要通过集约化的组织将住宅及其构建、部品纳入工厂预制，实现大规模、工厂化生产（图5.21，图5.22）；四是形成现场施工的技术服务体系，采用机械化的现场集成配制，取代"湿作业"（图5.23~图5.28）。

（1）建筑工业化的基本特征

① 设计标准化。设计标准化是建筑工业化的前提条件，它是将房屋的构配件或某一类型的房屋采取标准化设计，以便与建筑产品能进行批量生产。

图 5.21 工厂化加工预应力构件
资料来源：尹伯悦摄

图 5.22 工厂化预制构件

图 5.23 施工吊装机械化
资料来源：孙克放摄

图 5.24 加工机械化
资料来源：孙克放摄

图 5.25 装配式混凝土结构节点

图 5.26 装配式混凝土结构
资料来源：蒋勤俭摄

图 5.27 预应力叠合板梁柱结构体系节点
资料来源：南京大地普瑞预制房屋有限公司

② 构件工厂化。构件工厂化是建筑工业化的手段，它是将房屋的构配件由现场转入工厂制造，以提高建筑物的施工速度并保证产品的质量。

③ 施工机械化。施工机械化是建筑工业化的核心，它是将标准化的设计和定型化的建筑构配件以生产、运输、安装运用现代化的机械化生产方式来完成，从而达到减轻工人劳动强度，提高建设速度的目的。

④ 组织管理科学化。组织管理科学化是实现建筑工业化的保证，它是将建筑工厂中的各个环节、相互间的矛盾通过统一的、科学的组织管理来加以协调，避免出现混乱，以达到缩短工期，保证工厂质量，提高投资效益的目的。

工业化的建筑体系包括专用体系和通用体系，要推广先进适用的成套建筑技术体系，重点解决标准化、系列化、配套化的技术问题，使其所构成的体系有利于标准化、工业化生产和机械化施工，形成系统、相互配套、符合产业现代化发展方向的完整体系。

（2）住宅建筑工业化技术系统

① 结构技术。结构技术是住宅产业化的核心支柱之一，反映在工业化住宅的结构体系，主要包括装配式混凝土结构体系和预应力叠合梁、板、柱体系，钢结构和轻钢结构体系、木结构结构体系，预制混凝土结构体系主要包括：装配整体式混凝土框架体系、装配整体式混凝土剪力墙体系、装配整体式混凝土框架—剪力墙体系。

② 建筑部品集成技术。建筑部品集成技术是决定住

图 5.28 长沙远大的轻钢结构体系
资料来源：长沙远大集团

宅产品综合性能的关键手段，它解决什么样的住宅部品集成在一起能达到最佳性能的问题，包括：住宅的节能、节水、节地、节材性能，热工性能，隔声性能，耐久性能，安防性能，防火性能，防水性能，防潮性能等。可以建设部《住宅部品与产品选用指南》及《住宅性能评定技术标准》等为参考进行优质部品的选择，也可参考本导则相关内容。

③ 工厂化技术。住宅产业化的标志之一就是彻底改变传统的劳动密集型的建造方式，实现工厂化制造房屋。这种方式是将大量施工现场的手工湿作业在车间生产线上完成，车间的生产指令来自于设计的专用数据，以计算机控制的方式完成精确生产。很明显，工厂化制造将从根本上解决传统施工方式大量靠手工技能来保证施工质量的问题。但工业化制造并不局限于工厂化制造，工厂化制造只是工业化制造的一种高端的方式。未来应根据产品的特点进一步加大工业化生产的程度，而且随着规模效应的增大，工业化制造的成本优势也将不断体现出来。

④ 装配式施工。装配式施工是房屋产品质量的决定环节，技术关键是提高技术工人以及施工管理者的专业素质。主要是建立技术工人和施工管理者完善的培训体系，以实际操作为主，以理论学习为辅。

5.1.5 环境保护体系

5.1.5.1 室外环境保护系统

1) 水体保护技术

应确保居住区水景的水质满足景观性和功能性要求，起到调节小区环境湿度、温度的作用。采用物理、化学方法对水体进行处理，防止水体变质和富营养化发生。利用水生动植物净化水体达到动植物的互生互养，保持水体的生态平衡。

2) 绿化种植技术

（1）居住小区园林绿化应与周围城市环境总体相协调；小区建筑布置与绿化系统应留有视廊，绿化景观应与小区建筑风格相一致。

（2）绿化景观应结合原有地形地貌进行，应综合考虑土方平衡。

（3）选择适应当地气候条件的树木花草进行生态化种植，禁止移植古树名木。采用先进的种植技术和防病虫害技术，提高植物的成活率。

（4）屋顶绿化。选择适于屋顶平台栽植的花草、灌木，植于分层营养种植土上，增大绿化覆盖率，起到清洁空气、调节小气候的作用。

（5）垂直绿化。利用檐、墙、杆、栏等栽植藤本植物、攀缘植物和垂吊植物，达到防护、绿化和美化的效果，垂直绿化具有占地少、见效快、绿化率高的特点。

垂直绿化应选择浅根、耐贫瘠、耐旱、耐寒的强阳性或强阴性的藤本、攀缘和垂吊植物，且速生、常绿。

3) 防止污染技术

（1）防止住区光污染。住宅及居住小区配套公共建筑，不宜使用大面积玻璃幕墙，小区夜间照明不宜过亮。小区交通道路设置应合理，光污染严重地段，可设置屏障，种植树木，减少光污染强度。防止住区噪声污染。

① 在居住区设计和建设中，对交通、设备、施工、商业、娱乐和生活噪声，必须采取防噪、消声等成套技术，有效地进行综合治理，防止影响居民正常生活。对居住区户外环境噪声规定：昼间≤55 dB(A)；夜间≤45 dB(A)。② 优化总体规划设计，减少住区组团出入口数量，避免车辆横穿居住组团，加强对居住区交通管理。③ 合理设置道路声屏障，临街布置对噪音不敏感的建筑。

（2）防止空气污染

① 必须对建筑场地土壤中氡浓度进行测定。② 室内外所用建筑材料和装修材料，必须符合环保要求；应大量采用绿色建材，防止放射性物质对人体的不良影响。

4) 垃圾收运处理技术

（1）垃圾袋装分类收集。主要道路及公共场所均匀配置分类垃圾废物箱，其间距应小于 80 m；垃圾废物箱应是防雨、密闭容器，采用耐腐蚀材料制作，防止污染，利于清洁和环保。

图 5.29　生化垃圾综合处置流程示意图
资料来源：厦门市荣佳实业有限公司

图 5.30　生化垃圾降解设备

图 5.31　旋转压缩收集系统设备
资料来源：厦门市荣佳实业有限公司

图 5.32　采用先进设备处理前后对比
资料来源：厦门市荣佳实业有限公司

（2）提倡垃圾就地减量化处理，推广应用有机垃圾生化处理技术（图 5.29~图 5.32）。

5.1.5.2　室内环境保护系统

1）污染物控制技术

（1）对居住建筑污染物控制，应遵守国家安全卫生和环境保护的有关规定，选用低毒性、低污染的建筑材料和装饰材料。

（2）无机非金属建筑材料和装修材料的放射性指标限量必须符合相应标准规定。人造木板及饰面人造木板，必须测定其游离甲醛的含量或游离甲醛的释放量。

（3）通过控制室内污染和有效降低室内有害物浓度两个途径，改善室内空气质量。室内污染物控制不得超过国家规定标准。

（4）推广应用中央吸尘技术，快捷方便地排除室内灰尘，保持室内卫生环境优良。

2）噪声控制技术

在关窗状态下，起居室、卧室、书房噪声：昼间≤45 dB(A)；夜间≤35 dB(A)。楼板和分户墙的空气声计权隔声量≥45 dB，楼板计权标准化撞击声声压级≤70 dB。户门的空气声计权隔声量≥30 dB；外窗的空气声计权隔声量≥25 dB，沿街时≥30 dB。

（1）提高门窗的隔声性能，采用双层窗或中空玻璃窗等。

（2）分户墙宜采用隔声效果好的复合结构填充墙；楼板宜采用浮筑式楼面隔声。

（3）户式中央空调主机安装，必须进行隔声降噪处理。

（4）用水房间的噪音防治：

① 防止卫生器具产生噪音，选用节水消声型洁具，降低冲水水压。② 应采用内表面光滑、比重大的给水管道材料，管道布置应合理，减少流水噪声，在供水支管上安装橡胶隔震过滤器等减震装置，减少水锤作用。③ 选用带有内螺纹导流结构隔声效果好的新型排水管道管材，合理布置排水管道。④ 供水泵选用低噪声水泵机组，在进出水管上安装减震装置，减少设备运行噪声。

3）通风、湿度、温度控制技术

住宅内普遍存在一些特殊的空气污染源，因此有必要采取换气措施将污染物质排放到室外或从室外吸收新鲜的空气来稀释这些污染物质的浓度，从而将室内的污染物质浓度控制在容许范围之内。

换气可分为自然换气和机械换气两种方法，机械通风调节可采用微量置换新风、集中管道新风、地埋管通风等技术。

机械换气设备选择方案如下：

（1）墙壁式换气扇。是一种小风量的局部换气扇，多用于H3换气，在外墙上打孔直接安装（图5.33，图5.34）。墙壁式换气扇容易安装而且无需风道，初期成本低廉；消耗电力也少，运转成本低。

（2）风道式换气扇。是一种通过风道将各个房间的排气集中起来后一起排放的系统。风道式换气扇均可用于H1和H3换气方式的排气（图5.35，图5.36）。另外，由于风道式换气扇需要风道，因此风道贯通部分的吊顶高度还需要适当降低。由于风道中的阻力造成的静压较大，它的电力消耗也会比墙壁式换气扇多。

（3）全热交换器。适用于H1换气方式，即给排气同时进行。热交换器的换气系统主要有用于较大换气量的旋转型热

图5.33　墙壁式换气扇

资料来源：住房和城乡建设部住宅产业化促进中心，日本国际协力机构（JICA），中国建筑设计研究院，等.中国寒冷地区住宅节能设计与施工指南.北京：中国建筑工业出版社，2009: 67.

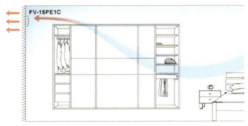

图5.34　墙壁式换气扇应用示意

资料来源：住房和城乡建设部住宅产业化促进中心，日本国际协力机构（JICA），中国建筑设计研究院，等.中国寒冷地区住宅节能设计与施工指南.北京：中国建筑工业出版社，2009: 67.

图5.35　风道式换气扇

资料来源：住房和城乡建设部住宅产业化促进中心，日本国际协力机构（JICA），中国建筑设计研究院，等.中国寒冷地区住宅节能设计与施工指南.北京：中国建筑工业出版社，2009: 34.

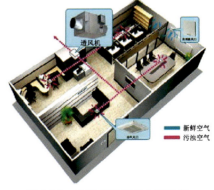

图5.36　风道式换气扇应用示意

资料来源：住房和城乡建设部住宅产业化促进中心，日本国际协力机构（JICA），中国建筑设计研究院，等.中国寒冷地区住宅节能设计与施工指南.北京：中国建筑工业出版社，2009: 34.

交换器和用于较小换气量的静止型全热交换器。

① 旋转型热交换器。旋转型热交换器的核心部件是转轮，它以特殊复合纤维或铝合金箔做载体，覆以蓄热吸湿材料而构成，并加工成波纹状和平板状形式，然后按一层平板、一层波纹板相间卷绕成一个圆柱形的蓄热芯体，在层与层之间形成了许多蜂窝状的空气通道（图5.37）。

② 静止型全热交换器。静止型全热交换器一般是采用多空纤维性材料作为基材，对其表面进行特殊处理后制成带波纹的传热传质单元，然后将单元体交叉叠积，并用胶将单元体的峰谷与隔板黏结在一起而构成的（图5.38）。

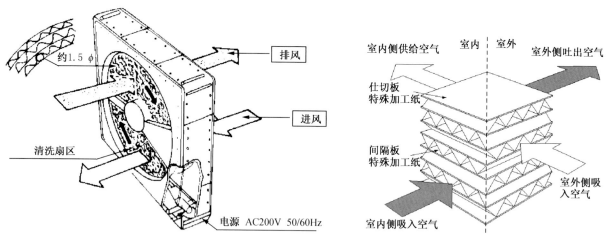

图5.37　旋转型热交换器　　　　　　　图5.38　静止型全热交换器

资料来源：住房和城乡建设部住宅产业化促进中心，日本国际协力机构（JICA），中国建筑设计研究院，等．中国寒冷地区住宅节能设计与施工指南．北京：中国建筑工业出版社，2009：35．

由于全热交换系统的给排气是同时进行的，排气中的热量和水分会被全热交换器回收，因此，与直接将室外空气导入室内的方式相比，全热交换器在冷热负荷的减少和送出的空气所引起的冷热不均的问题上得到缓解。

另外，有的全热交换器可以进行全热交换模式和普通换气模式的调节。例如，在过渡季节，当室内温度较高而室外温度较低的情况下，可以调节到普通换气模式，以便减轻空调的负荷。

5.2　办公建筑

5.2.1　办公建筑的使用特点

研究办公建筑的绿色生态技术，我们首先需要明确办公建筑的自身特点，在使用要求上有何具体要求，以便针对其特点做出相应的设计策略。办公建筑是除住宅建筑之外的另一大类建筑。人们要居住，满足生活的基本要求；要工作来谋生并实现自己的社会价值，要参与文化娱乐活动满足精神需求。生活和工作是人生两大内容，于是办公建筑的重要性可见一斑。

办公建筑有以下三个主要特点：

（1）空间的规律性：不管是小空间办公模式还是大空间办公模式，其空间模式基本上都是由基本单元组成，基本单元重复排列，相互渗透相互交融，有机联系使工作交流通畅，总的来说，其空间要同时适于个人操作与团队协作。

（2）立面的统一性：空间的重复排列自然导致了办公建筑立面造型上的单元重复及韵律感。办公空间对于自然光线和通风的高质量需求使得立面必然会有大量的规律的外窗，其围护结构必然要暴露于自然之中和自然亲密接触，而不是与自然隔绝。

(3) 耗能大且集中：现代办公建筑的使用特征是使用人员相对比较密集，使用人群相对比较稳定、固定，使用时间比较规律。这三种特征导致了在"工作日"和"工作时间"中能耗较大。其内部能耗均发生在这个时间段，对周边环境的影响也集中体现在这一时间段。办公建筑全年使用时间约为200~250天，每天工作8 h，设备全年运行时间为1 600~2 000 h。以北京某办公楼为例，该楼单位面积全年用电量为100~200 kW·h/(m²·a)，其中，空调系统所占耗能比重最大，达到37%，其次是照明能耗和办公设备耗能分别占28%和22%，电梯除上下班高峰外的其他时间使用率不高，用电量所占比重约为3%。

生态建筑设计没有现成的公式可以套用，更不能把生态当做插件插入建筑设计，亦不应把绿色当做标签。好的绿色生态设计需要设计师秉持积极的心态，利用建筑的特点，有效地将生态环保融入设计之中。一些局限往往能激发灵感成为生态设计的有利因素。绿色生态不仅仅是技术，更是一种理念，是将健康生活可持续下去的保证。

5.2.2 绿色生态办公建筑设计要点

简言之，绿色建筑即消耗最少的能源、水和其他资源，不与周围环境发生冲突，并能让使用者感到舒适且具有一定建筑美学效果的建筑。绿色生态办公建筑设计要点可以概括为：① 减少能源、资源、材料的需求，将被动式设计融入建筑设计之中，尽可能利用可再生能源如太阳能、风能、地热能以减少对于传统能源的消耗，减少碳排放；② 改善围护结构的热工性能，以创造相对可控的舒适的室内环境，减少能量损失；③ 合理巧妙地利用自然因素如场地、朝向、阳光、风及雨水等营造健康生态适宜的室内外环境；④ 提高建筑的能源利用效率；⑤ 减少不可再生或不可循环资源和材料的消耗。

以上是办公建筑的五个突出的特点，特点往往能够成为激发设计的因素，而一些不利条件也能成为有利条件。

5.2.2.1 采光与遮阳塑造光环境

"朝九晚五"是典型的上班族的习惯，既然办公建筑通常是在白天使用的，那么它便成了最应该充分利用自然光线采光的场所。自然光线的利用不仅是节能的需要，更是使用者身心健康的保证。"即使是最埋头苦干的员工都会时不时地抬起头来看看，当他们抬起头来看的时候，应该看到有意思的办公照明，最理想的是窗外的景色(CIBSE Lighting Guide)。"人们希望能够看到窗外一天中天空的变化，感受时光的变化，感受四季的变化。理想的办公建筑的采光首先应该充分考虑自然采光，还要考虑自然采光与人工照明的互动，光线不仅应该符合各种类型工作的要求，而且应该能够激发员工的工作激情和灵感。

人工照明的减少显然意味着能耗的减少，设计时应充分采用自然光线，并利用智能化的手段实现人工照明和自然采光的互动。在必须采用人工照明时，应避免照度不足，也应避免过度照明带来能源浪费。为满足不同工作对于照度的要求，办公空间比较有效且节能的人工照明方式是一般照明与局部照明相结合。使用高效能的灯具和节能灯也能够大大降低办公建筑中电费的开支。

为了降低空调能耗和办公室眩光，往往需要在建筑物南向和东西向设置遮阳装置。但是不恰当的遮阳设计会造成冬季采暖能耗和照明能耗的上升。因此，外窗遮阳方案的确定，应通过动态调整的方法，综合考虑照明能耗和空调能耗，最终得到最佳外遮阳方案。外遮阳设计流程见图5.39。

此外，在尽可能利用自然光的同时，办公空间的采光设计还需要注意防止眩光的产生。例如英国BedZED社区（英国第一个零能耗生态社区，住宅和小型办公室相结合），办公全部位于北向，获得均匀自然采光的同时防止

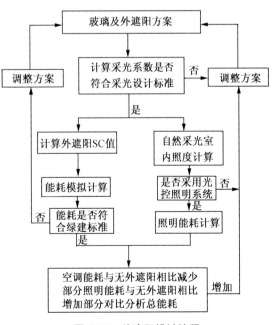

图5.39 外遮阳设计流程
资料来源：中国建筑设计研究院节能中心

了眩光对于办公带来的不利影响，住宅则顺理成章地面南获得充足的日照，两者相得益彰（图5.40）。麦当劳芬兰总部办公大楼（图5.41）清晰地解读了自然采光和遮阳的辩证关系，通透的建筑为工作人员营造了明亮舒适的光环境，"室内的任何一个位置都能看到室外，每一层都是开放和透明的，周围的景观始终都能反映于室内。"建筑平面为圆形，其向阳的半圆面为双层围护结构，即幕墙外设置横向木格栅，与带形玻璃窗相对应的高度横向格栅较稀疏。双层围护结构不仅达到了有效的自然采光、防止眩光，而且在夏季可以防止过多热量进入室内，这在下一节将详细论述。

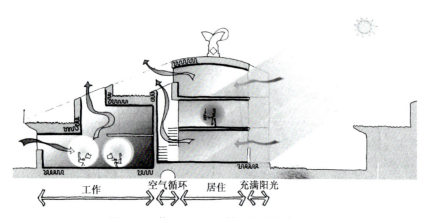

图5.40 英国BedZED社区住宅与办公楼采光
资料来源：[英]Bill Dunster. 走向零能耗. 史岚岚，等译. 北京：中国建筑工业出版社，2008.

图5.41 芬兰麦当劳总部大楼
资料来源：方海摄

5.2.2.2 空间与室内舒适度

影响舒适度的因素主要有：温度、湿度、风、辐射及采光。这些气候因子之间存在一定的相关性。例如，改善通风情况的同时也降低了温度和湿度。因此，不能孤立分析这些因子，否则会造成技术的堆砌。办公空间的设计应结合不同功能空间对舒适度的要求。

当前，较常见的办公空间模式是细胞式和开放空间式（图5.42，图5.43）。细胞式适合小空间办公，细胞似的办公室沿廊子阵列，通常为两排，最多三排，这种办公形态的私密性相对较强，但空间受局限灵活性不强。图5.44为较早期的开放空间办公模式，沿窗户周边的办公条件相对较好，而内部的座位其采光和通风条件都较差。这种办公可以容纳大量员工，但是它过于重视经济效益而缺乏对员工的关怀。绿色办公的核心内容不仅仅是对环境的关怀同时亦是对使用者的关怀，在为当代人营造美好生活环境的同时不应以牺牲后代的资源和环境为代价。建筑的空间、形体、材料与构造、设备系统的设计都对节能和创造舒适的室内环境起到了一定的作用。

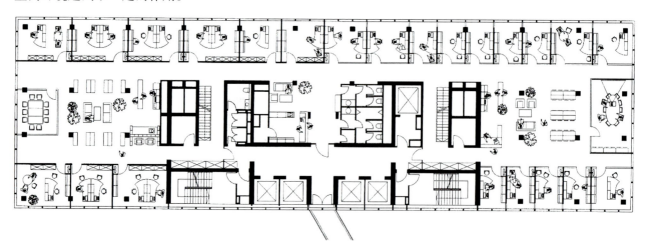

图5.42 细胞式办公空间示意
资料来源：Hascher Rainer(EDT), Jeska Simone(EDT), Klauck Birgit(EDT). Office Buildings. Springer Verlag, 2002.

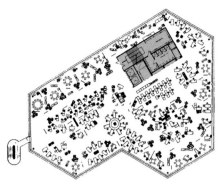

图 5.43 开放式办公空间模式
资料来源：Hascher Rainer(EDT), Jeska Simone(EDT), Klauck, Birgit (EDT). Office Buildings. Springer Verlag, 2002.

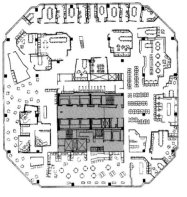

图 5.44 早期的开放式空间办公模式
资料来源：Hascher Rainer(EDT), Jeska Simone(EDT), Klauck Birgit(EDT). Office Buildings. Springer Verlag, 2002.

有数据显示，3 m 高的办公室其沿外立面 7.5 m 范围内的空间的采光和通风较好。建筑进深不超过建筑层高 5 倍，且不超过 14 m 时，可以充分利用"穿堂风"进行双面通风。因此，在建筑设计中可以将对采光需求较高的空间位于建筑外围和上层，对进深较大的建筑应使用风压和热压相结合的通风形式。

对建筑空间的划分还可以采用温度分区法，即将主要空间设置于南面或东南面，充分利用太阳能，保持室内较高的温度，把对热环境要求较低的辅助性房间如走廊、卫生间、设备用房、过厅等布置在较易散失热量的北面，并适当减少北墙的开窗面积。

建筑内部空间可以被区分为两种温区：舒适区和缓冲区。办公室和会议室为舒适区的范畴，这个区域的通风可以由机械控制，温度总是保持在舒适的工作温度。而中厅和周边的走廊等空间可以充当缓冲区，这个区域可以不设置专门的通风系统和直接的温度调节系统，因此温度的变动会相对大一些。在冬季，舒适区由使用能源的系统进行加温，而缓冲区不加温。但是缓冲区可以由太阳日照被动得热，又有舒适区的毗邻，因此也不感到寒冷。而夏季，只要保证恰当的遮阳避免直接日照，缓冲区亦不会太热。缓冲区的设置同时避免了建筑内外的温差过大造成人的免疫力降低。这两个区域的理想的工作原理是：舒适区的加热和通风系统都是统一控制的。在夏季和冬季，冷热空气分别通过管道进入室内。夏季时，热空气在白天直接排出室外；冬季时，室外空气通过热交换机变成暖空气进入室内。夏季的夜晚，两个温区的系统以一种简单高效的方法共同作用为室内降温。以中厅式办公为例，当室外较为凉爽时，作为缓冲区的中厅的窗户可打开，使位于其顶部的热空气散出。同时，舒适区各房间由发动机制动的窗户会打开——一个是朝向室外的窗户，另一个是走廊隔断上的气窗。当热空气从中厅由下至上升起时，新鲜的冷空气也整晚源源不断地进入办公室。空气的流动带走两个区域大部分的热空气，所以第二天一整天大楼的空气都能保持凉爽清新。在这个降温系统中，只有温度感应系统、中央控制系统和机械制动气窗的运行需要消耗能量。

5.2.2.3 被动式设计与表皮

被动式设计，在凡是可以运用的地方就尽量去运用！

由于办公建筑的使用一般集中在白天，这为我们利用被动式设计创造生态绿色的办公环境提供了很好的条件，从而使室内空间尽量少的依赖空调系统。被动式设计是可以不拘一格的。看到下面这句话我们会深受鼓舞，"正确的建筑围护结构和一丁点的创意，就可以使人类以最少的化石能源，在几乎任何地方居住。"[①]被动式设计由被动式太阳能设计起源，实际上我们可以利用一切可利用的自然因素如日照、风、温度的日变化和季节变化、地热、水温、湿度等，使得建筑通过表皮与气候相互作用、调节。紧凑的建筑结构可以减少建筑物的表面积，从而降低热量损失。围护结构应该具有良好的绝缘性和密闭性，从而实现热桥最小化。一扇窗户的设计，不单是一个立面形式的问题，而应该根据房间的尺度、对光线和热量的需求，确定它的位置、方向、大小和形式。窗户既要考虑接收阳光又要考虑可以调节遮挡过量阳光，组织良

---

① ［美］休·罗芙(Sue Roaf), 曼纽尔·福安特(Manuel Fuentes), 斯蒂芬妮·托马斯(Stephanie Thomas). 生态建筑设计指南. 栗德祥, 邹涛, 等译. 北京：中国林业出版社, 2008:29.

好的通风系统，适当的遮阳系统可以阻止建筑在夏季里吸收过多热量。自然光的使用降低了照明用电量，中央控制系统自动控制各个系统的运转，优化了能源使用率。

双层呼吸式幕墙在办公建筑中受欢迎的动因归纳如下：① 美学上使建筑更加通透，办公内部空间的规律导致立面的规律，玻璃幕墙比较适合于现代办公；② 改善了室内环境；③ 即使地处闹市也能较好地阻隔噪音；④ 降低能源消耗。

双层呼吸式幕墙的构造层次一般为：① 外层皮：通常是强化的单层玻璃，而且可以全为玻璃幕墙，也可以是玻璃百叶，能够打开也可完全密闭；② 内层皮：隔热双层中空玻璃单元(白玻、Low-E 玻璃、镀膜玻璃等)，这层可以不完全是玻璃幕墙；③ 空气间层：可以是自然通风或机械通风，宽度根据功能而定，至少 200 mm，宽的可到 2 m 以上，这个宽度会影响立面的维护；④ 内层皮的窗可开启，带动房间内的通风；⑤ 空气间层内设可调节的遮阳系统。双层呼吸式幕墙的构造特点综合了通透的视野、良好的保温隔热性能、良好的遮阳性能、良好的通风性能等优点。吸收太阳辐射热，空气间层温度升高，烟囱效应使至少 25%的热自然排掉。另外，封闭的空气间层中空气流速较低，内侧温度较高，良好的保温隔热性能使得窗边的舒适度提高。

屋顶和外立面一样具有多重功能。它不仅具有遮挡和绝缘作用，还能通风、采光、遮阳、收集雨水和太阳能集热、发电、种植植物。屋顶基本由钢筋混凝土板、水蒸气扩散层、保温层、聚合材料的屋顶膜和屋顶环保系统组成。屋顶环保系统有种植屋面、蓄水屋面、架空通风屋面等。种植屋面具有较好的适应性，可较好地美化环境调节微气候，其构造层次包括过滤排水层、腐殖质层和植被层。如位于西雅图市中心的盖茨基金会总部大楼(图 5.45)，

图 5.45　盖茨基金会总部大楼鸟瞰
资料来源：http://www.gatesfoundation.org

体现了基金会致力于创新、健康的社区和工作场所以及资源保护的决心。其"绿色屋顶"(种植屋面)面积有 60 000 平方英尺(1.4 英亩)，是西雅图最大的"绿色屋顶"，并且利用屋顶进行雨水收集，每年有 120 万加仑的雨水被收集储存再利用，减少对城市水供应的依赖。

5.2.2.4　系统与能源效率

目前，办公楼建筑主要存在以下问题：① 常规能源利用效率低，可再生能源利用不充分；② 无组织新风和不合理的新风的使用导致能耗增加；③ 冷热源系统方式不合理、冷冻机选型偏大、运行维护不当；④ 输配电系统由于运行时间长、控制调节效果差，导致电耗较高；⑤ 照明及办公设备用电存在普遍的浪费现象。

因此，在优化建筑围护结构、降低冷热负荷的基础上，应提高冷热源运行效率，降低输配电系统的电耗，使空调及通风系统合理运行，降低照明和其他设备电耗，这一系列无成本、低成本可以有效降低建筑能耗。针对以上问题，需制定一系列指标分项约束建筑物的围护结构、采光性能、空气处理方式、冷热源方式、输配电系统、照明系统和可再生能源利用率(表 5.6)。

建筑是为人类活动而建，当然不能忽视人类活动的影响。办公空间有潜在的高使用率和办公机器得热。人体散热和机器散热这两部分内在热辐射不容忽视。实践证明，这两部分得热加上日照辐射热、地热以及建筑的高密闭性，就可为建筑提供充足的热量，如图 5.46 为 Forum Chriesbach 低碳办公楼在冬夏两季的室内外温度情况，红线示意室内温度，蓝线示意对应的室外温度，此办公楼没有利用传统能源而仅利用地热、太阳辐射、人体及机器散热等获得。当然，这种密封良好的建筑一般都应有较好的通风系统，室内过少的通风不仅危及建筑结构而且对人的健康危害很大。为了保证低能耗，建筑要控制通风量，但每小时每立方的室内应该至少有约 40%左右的新风量。在夏季，室内得热加上太阳辐射量吸收，会使房间温度过高，因此夏季要做好遮阳措施，避免额外太阳热量吸收，并利用夏季夜间自然通风以提供白天的舒适度，减少白天耗能。

表5.6 公共建筑的能耗指标汇总

能耗指标	约束对象	约束内容	目标值	指标特色
SRL	围护结构	建筑物耗冷量、耗热量	SRL≥1（设计方案的材料热工参数、遮阳系数、窗墙比均满足节能要求）	以参考建筑作为评价基准，加入新风和内外分区的影响
H daylighting	建筑采光性能	自然采光满足小时数	被评建筑自然采光满足小时数不低于参考建筑	—
AHC	空气处理合理用能	新风量不超标 过渡季利用新风 排风热回收 避免房间冷热抵消	AHC≥1（设计方案要满足室内温湿度设定参数恰当、空调分区合理、空气处理过程恰当）	分析空调箱利用新风的能力，考虑了空调系统分区是否合理
ECC	冷热源方式	能源转换方式 设备选型和匹配	热电厂、市政输送、建筑物制冷供热过程能量转换效率较高	考虑不同能源种类的能质系数
TDC	输配系统	系统形式 设备选型	TDC>5（空调箱送回风机总压头不高于1 200 Pa，水泵扬程不超过30 m，风机水泵效率均应高于70%）	把风系统和水系统统一考虑
LEE	照明系统	照明系统总功率	照明功率密度值满足节能要求	考查总功率
ERE	可再生能源	可再生能源的净收益	可再生能源的净收益与总能源消耗量的比值较高	扣除可再生能源获取过程的能耗

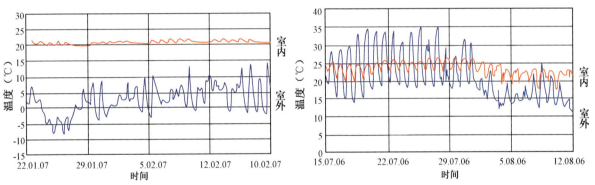

图5.46 Forum Chriesbach 低碳办公楼在冬夏两季的室内外温度情况
资料来源：WSA，Cardiff University

热回收是利用建筑通风换气中的进、排风之间的空气焓差，达到能量回收的目的。这部分能量往往至少占30%以上。新风与排气组成热回收系统，是废气利用、节约能源的有效措施。

太阳能和地热能取之不尽，清洁安全，是理想的可再生能源。在发达国家，这两者作为绿色环保能源得到大面积推广。我国太阳能资源比较丰富，理论上的储量相当于每年17 000亿t标准煤。太阳能光电光热系统与建筑一体化设计，例如可以和建筑屋面、墙体结合起来，既能够提供建筑本身所需电能和热能（太阳能供暖、太阳能供热水甚至太阳能供冷），又可以减少占地面积。地热系统是利用地层深处的热水或蒸汽进行供热，并可利用地层一定深度恒定的温度对进入室内的新风进行冬季预热或夏季预冷。

5.2.2.5 挖掘水利用的潜力——净水、灰水及黑水

办公建筑用水量主要体现在使用人数和使用频率上，主要包括饮用水、生活用水、冲厕水以及比例较小的厨房用水。节水不仅仅要求更新节水设备，更要求每位使用者养成节水的习惯。中水的回收利用已经是比较成熟的技术，但在国内由于有些城市并没有中水系统，单个建筑设置中水回收不仅造价高而且并不一定有效，这就需要城市提供建筑节能绿色的基础设施系统。雨水经屋顶收集处理后可用于冲洗厕所，可以浇灌植被。如 Forum Chriesbach 低碳办公楼，为了净化通过绿色屋顶系统土壤的雨水，将水注入一个水

池中。该水池其实是一座三隔间的生物处理厂（与建筑相邻）。取自二次沉淀室的处理水仍很混浊，通过管道回流到建筑内。池水溢出后将在邻近的地面坑内沉淀，并逐渐渗入土壤中。保持并使用雨水井使其回流到现场土壤内的过程十分简单，但却是控制溢出水的重要途径。但目前，城市中由于渗透性土壤大都密封在建筑和路面下方，因此溢水和积水的发生频率越来越高，灾害性越来越大。黑水进行固液分离，干燥后可以作为有机肥料来肥沃土壤茁壮植被。

5.2.2.6 探索材料的深度——尽量发挥资源的能量

从荷兰新锐设计团体 Droog Design 的一个小小的设计说起，他们为 Oranienbaum 设计的橘子饼干和包装盒，在盒内附赠橘子的种子，吃完饼干后，人们可以利用包装盒来培育橘子种子。Droog Design 的思维方式不完全以制造为目的，他们总是秉持"资源回收"的观念，试图去开发一件物品更进一步的价值，延续其使用生命。这些创意往往隐藏在不经意的小点子中，却意义非凡。这种创意在建筑设计中同样适用，而且意义更加重大，因为建筑材料的开发绝不是一滴半点的节能。另外，从日常的生活办公的废料中也可开发出可为建筑所利用的材料，例如不仅利用废纸可以生产保温材料，而"从蓝色到绿色"的运动发起了回收废旧牛仔裤以制造被称为 Ultra Touch 的天然棉质纤维绝缘材料作为建筑的保温材料。总的来说，对于材料的深度利用体现在 3R 上面，即：Reduce，Re-use，Recycle（减少使用，再利用，循环使用）。

《绿色建筑评价标准》要求，在保证性能的前提下，使用以废弃物为原料生产的建筑材料，其用量占同类建筑材料的比例不低于30%。可考虑采用的废弃物建材包括利用建筑废弃物再生骨料制作的混凝土砌块、水泥制品和配制再生混凝土；利用工业废弃物等原料制作的水泥、混凝土、墙体材料、保温材料等建筑材料。

办公建筑以简洁为宜，尽可能使用可再生材料，使用的材料应经久耐用、维护成本低、减少装修，甚至管道系统、管件和电缆等均可外露，还便于检修。减少装修的另一个好处就是可减少空气的污染。为了营造一个无毒的室内环境，同时较好的保护室外环境，在建筑内部不要使用任何施工用溶剂型化学品及含有其他有害物质的材料或产品。为保证室内空气环境，应对现场达标性进行监测。现场监理人员应定期对材料进行检查，收集标签和产品数据表，并安排专家对其进行检查。

此外，建筑外围护材料的选择还应注意避免对与周围环境的光污染。光伏玻璃作为一种新型材料，不仅可以作为建筑外围护结构，而且可以发电为使用者提供能源。

5.2.2.7 整体设计

实现绿色建筑要分三个层面。第一层面，在建筑的场址选择和规划阶段考虑节能，包括场地设计和建筑群总体布局。这一层面对于建筑节能的影响最大，这一层面的决策会影响以后各个层面。第二层面，在建筑设计阶段考虑节能，包括通过单体建筑的朝向和体型选择、被动式自然资源利用等手段减少建筑采暖、降温和采光等方面的能耗需求。这一阶段的决策失当最终会使建筑机械设备耗能成倍增加。第三层面，建筑外围护结构节能和机械设备系统本身节能（表5.7）。

表5.7 节能建筑三层面考虑的典型问题

层面层次	采暖		降温	照明
第一层面 选址与规划	① 地理位置		① 地理位置	① 地形地貌
	② 保温与日照		② 防晒与遮阳	② 光气候
	③ 冬季避风		③ 夏季通风	③ 对天空的遮挡状况
第二层面 建筑设计	基本建筑设计	① 体形系数	① 遮阳	① 窗
		② 保温	② 室外色彩	② 玻璃种类
		③ 冷风渗透	③ 隔热	③ 内部装修
		被动式采暖	被动式降温	昼光照明
	被动式自然资源利用	① 直接受益	① 通风降温	① 天窗
		② 特隆布保温墙体	② 蒸发降温	② 高侧窗
		③ 日光间	③ 辐射降温	③ 反光板

续表 5.7

层面层次	采暖	降温	照明
第三层面 机械设备和电气系统	加热设备 ① 锅炉 ② 管道 ③ 燃料	降温设备 ① 制冷机 ② 管道 ③ 散热器	电灯 ① 灯泡 ② 灯具 ③ 灯具位置

生态设计不是建筑设计的附加物，不应把它割裂看待。目前普遍的一个误区是建筑设计完成后把生态设计作为一个组件安装上去。事实上，从建筑设计之初就应该考虑生态的因素，并以此作为出发点，衍生出一套适合当地气候特点的建筑设计方案。一种手段不应孤立地存在，它常常能够达到多种功效。例如太阳能光电板发电为建筑提供电能的同时亦可以作为遮阳板来阻挡过多的太阳辐射（图 5.47）。减少能源需求的同时能够缩小供热和制冷系统的设备规模，甚至能够完全摒弃传统的供热制冷系统，如 Forum Chriesbach 低碳办公楼——无需采用传统系统，仅利用地热以及人体散热及办公设备等产生的热量并采用热回收设备便可满足冬季供热。

图 5.47　兼有遮阳功能的太阳能光电板
资料来源：WSA，Cardiff University

5.2.2.8　低碳三要素

1) 减少能源需求

建筑的整个寿命周期建造、使用、拆除各个阶段都要消耗能源。建筑的经济效益主要通过建筑的建设成本、建筑整个寿命周期内的运行与维护成本、建筑寿命周期结束时拆除和材料处理成本，以及建筑设计功能增加的相对值进行评价。从设计初期就应将能源的概念引入，可以大大降低整个建筑寿命周期内的各项成本。总的来讲，降低能源需求最有效的方法是"被动式设计"（图 5.48）。例如，根据太阳、风向和基地环境来调整建筑的朝向；最大限度地利用自然采光以减少使用人工照明；提高建筑的保温隔热性能来减少冬季热损失和夏季多余得热；利用蓄热性能好的墙体或楼板以获得建筑内部空间的热稳定性；利用遮阳设施来控制太阳辐射；合理利用自然通风来净化室内空气并降低建筑温度；利用具有热回收性能的机械通风装置。

2) 降低灰色能源的消耗

制造和运输建筑材料的过程中会消耗大量能源，建造过程也同样消耗大量能源，我们称之为"灰色能源"，比起建筑中使用的供热制冷能源来讲它是隐性的消耗。当上述显性能源消耗降低时，隐性能源的消耗比例自然升高。灰色能源消耗占有相当的比重，所以要想真正地实现可持续发展便不能忽视这部分能源消耗。在一些生态建筑中，例如 Forum Chriesbach 低碳办公楼，在整个寿命周期中，它的灰

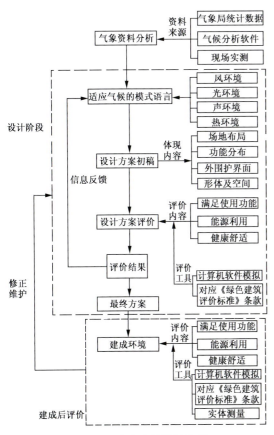

图 5.48　生态建筑设计流程
资料来源：中国建筑设计研究院节能中心

色能源消耗近乎于占总能源消耗的一半（图 5.49）。所以，尽量使用当地材料，减少运输过程中的能源消耗；减少对于建筑材料的消费，从而减少灰色能源的消耗以及温室气体的排放。

3）可替代能源和可再生能源

太阳能可以用来产生热能和电能。太阳能光电板技术发展迅速，如今其成本已经大大降低，而且日趋高效。太阳能集热器是一种有效利用太阳能的途径，目前主要用来为用户提供热水。地热能也是一种不容忽视的能源，由于地表一定深度后其温度相对恒定且土壤蓄热性能较好，所以利用水或空气与土壤的热交换既能够在冬季供热也可在夏季制冷，同时冬季供热时能够为夏季蓄冷，夏季制冷时又为冬季蓄了热。如在 Forum Chriesbach 低碳办公楼中便有效利用了地热来预热和预冷进入室内的新风（图 5.49）。此外，生物质燃料的利用能够替代传统的矿物燃料来降低二氧化碳排放量。

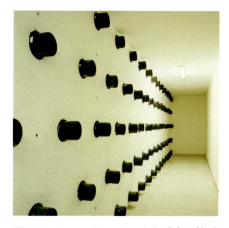

图 5.49 Forum Chriesbach 低碳办公楼利用地热来预热(冷)入室的新风
资料来源：WSA, Cardiff University

5.2.3 绿色融于设计

在设计中本着以"绿色"或生态作为目标的理念是至关重要的。事实上，这种理念应该成为当今设计界的重要目标(杨经文)。

5.2.3.1 小型办公建筑实例

Kresge 基金会指挥部（图 5.50~图 5.53）；建筑师：Valerio Dewalt Train Associates；完成时间：2006 年；建设地点：美国密歇根。

该建筑获得了 LEED 金奖。其可持续特征主要包括以下几点：① 封闭循环的地热地冷系统；② 被动式太阳能设计；③ 充分的自然采光；④ 全面的雨水管理系统及蓄水池；⑤ 湿地；⑥ 种植屋面；⑦ 本土适应性强的植被等。

基地原来是个可以自给自足的农场，Kresge 基金会指挥部充分利用原有的条件，保留了 19 世纪的农舍，把自然和人工、历史和当代有机结合起来。保留的农舍位于场地最高点，漂浮在绿地之上。而新建建筑的三分之二面积都位于农舍标高之下，成为环境的有机部分。这里不仅仅是办公场所，从建筑的造型到家具，每个元素都相互关联，都是从大的语境中衍生出来的。

基地中拆除建筑的石头都得以回收利用，以钢丝编网内置石头堆砌成墙。建造中产生的废料都进行了分类处理，回收利用。保留的建筑有一间农舍、一间谷仓和几间敞篷。除农舍外其他的建筑都进行了移位，但为了保留原农场的感觉都尽可能少地移动。这些建筑都被赋予了新的功能并和新建筑渗透融合。湿

图 5.50 Kresge 基金会指挥部大楼外景之一

图 5.51 Kresge 基金会指挥部大楼外景之二

资料来源：Keith Moskow. Sustainable Facilities GreenDesign. Construction and Operations, 2008.

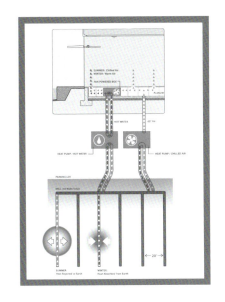
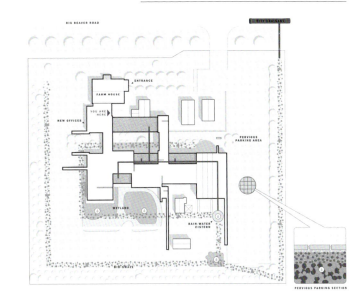

图 5.52　美国 Kresge 基金会指挥部大楼地源热泵系统示意图　　图 5.53　美国 Kresge 基金会指挥部总平面图

资料来源：Keith Moskow. Sustainable Facilities GreenDesign. Construction and Operations，2008.

地环境调节着整个小群落的微气候，院落生态环境很好，吸引了许多野生动物的到来。

这个建筑向我们展示了生态的办公场所应该是与环境相共生的，而不是剥离环境而存在的，良好的室内室外环境同等重要，而小型办公更应该重视室外环境的塑造。

5.2.3.2　典型办公建筑实例

Forum Chriesbach 低碳办公楼（图 5.54~图 5.56）；建筑师：Bob Gysin + Partner BGP；完成时间：2006年9月；建设地点：瑞士苏黎世。

Forum Chriesbach 科技研发中心属于瑞士联邦环境科学技术研究所（Eawag），位于苏黎世 EMPA 校园内，它极具说服力地向我们展示了什么是真正的"绿色建筑"，使我们理解到，虽然经过深加工的材料或产品通常都是能源密集型的，但如果它们能帮助我们节约更多的能源，或者可以回收再利用，那么这种能源和材料的平衡就体现了一种可持续性。这座建筑消耗的能量和一个普通一口之家相当，而

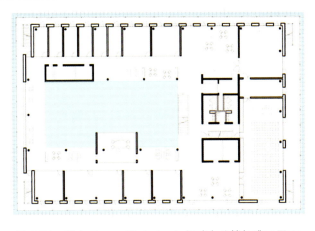

图 5.54　瑞士 Forum Chriesbach 低碳办公楼标准层平面

资料来源：www.holcimfoundation.org

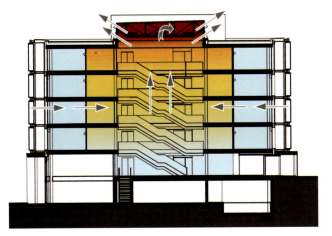

图 5.55　瑞士 Forum Chriesbach 低碳办公楼剖面　　图 5.56　瑞士 Forum Chriesbach 低碳办公楼内景

资料来源：www.holcimfoundation.org　　　　　　　　资料来源：肖晓丽摄

面积却要大40倍。它还能为自身提供1/3的电力。由于没有配备取暖和制冷系统，建筑内部产生的CO_2几乎为零。

办公楼五层，中间有一个通高的中厅，中厅不仅提供自然通风同时将充足的自然光线引进建筑，它是室内外温差的缓冲区(图5.56~图5.58)。开放的楼梯设置其中，积极鼓励人们尽量多地使用楼梯而少用电梯。这个建筑的特点是既不采用传统供暖也不采用传统的制冷系统，依赖被动能源而不是化石燃料等不可再生资源，因此具有节能的优点。五层高的中厅较好地运用了热压效应，夏天的晚上，当室外凉爽下来的时候，建筑外围的窗户自动开启将冷空气抽进室内，进行空气交换后空气温度升高，热空气因浮力上升，从中厅的天窗排出室外——这是建筑的夜间冷却策略。办公室可从阳光充足的中厅和室外两面采光，因此光线充足，大大节约了电能。

图5.57 瑞士Forum Chriesbach低碳办公楼外立面
资料来源：肖晓丽摄

图5.58 瑞士Forum Chriesbach低碳办公楼外墙内侧的"永久型护栏"和百叶窗系统
资料来源：www.holcimfoundation.org

外立面(图5.57，图5.58)由三个部分组成：墙体、"永久型护栏"和百叶窗系统。墙体厚45 cm，由预制的木框板材和30 cm厚的矿物棉绝缘质制成。外表面是蓝色铱金混凝土板，可以在夏季帮助通风和散热。窗框为木质框架，玻璃窗三层。百叶窗板呈水蓝色，由1 232片玻璃组成，每片高2.8 m，宽1 m，厚24 mm。这种窗板由两层玻璃碾压制成。玻璃整体呈蓝色，内侧带有透明圆点，这种设计有利于接收阳光。百叶窗的自动调节可以优化室内的温度和光线，将照明、取暖和制冷的能耗降到最小。大楼的气象站向中心控制系统传送天气数据，控制系统调整百叶窗的角度以控制光照。晴朗的冬日里，百叶窗板大致与阳光保持平行，确保最大的进光量。光线充足的夏日里，百叶窗可以阻挡阳光直射，只允许照明所需的光线进入室内。至于晴朗的春天或秋天，窗板的位置则是根据全球光照值来确定的。阴天，窗板通常会与建筑外立面垂直。控制系统中配置了一个滞后设备，避免窗板位置跟随流云的漂浮而调整。在大风和寒冷天气里(-8℃或更冷)，窗板会垂直于外立面且保持不动。窗板倾斜角度最大可达到距垂直方向前后45°。每一面都根据光线的变化自行调整角度以保证最大的光照。

夏季时，埋于地下的管道系统利用地下恒定的温度来预冷室内新风(图5.59)。冬季时，这个系统用于预热供给室内的新风。窗户的U值是0.5 W/m²K，墙和屋顶的U值是0.12 W/m²K。在大部分时间里办

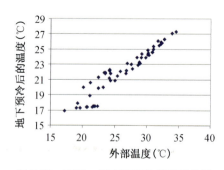

图5.59 夏天，埋于地下的管道系统利用地下恒定的温度预冷室内新风
资料来源：WSA, Cardiff University

公楼内人体产生的热量，办公设备、照明和太阳辐射产生的热量对于营造一个舒适的热环境已经很充足了。三分之一的屋面铺设了太阳能光电板来发电为建筑供给电能。因为能源效率高的设备往往发热量也比较低，所以高能效的照明灯具和设备不仅有效地减少了用电负荷而且还降低了制冷负荷。此外，屋顶种植绿化，雨水被收集到花园的景观水池中，用来调节小气候并灌溉植物，利用中水冲马桶，尿液分离用于科学研究。

5.2.3.3 高层办公建筑实例

马来西亚建筑师杨经文的高层建筑作品是一系列连续发展的设计，体现了面向21世纪的适宜建筑形式，是以生态原则为基础的可持续建筑。他将生态策略、场所创造与公共交流共同体现在具有表现力的延续性或节点性的空间上。浮在空中的庭院，是自然通风整体系统的重要组成部分，为建筑引入新鲜的空气，促进空气的流动来降温，茂盛的热带植被带来清爽和阴凉。如15层的办公建筑梅纳拉大厦，一组连续的空中庭院切入到圆柱体体量中，螺旋状的楔入体表面覆盖了厚厚的植被（图5.60）。同时他在这些空间中艺术性地安放了人的行为，这些行为是和建筑的主体办公功能相对应的，更加公共性、更为活跃、更能体现城市生活的乐趣。他意识到"街道层面的活动与城市摩天大楼的高楼层的活动之间的空间连续性是很弱的"。他将城市空间向上延伸，渗透入摩天大楼中，创造"竖直的场地"。运用生物气候学的"太阳轨迹"进行设计，选择方位，适当利用自然光并遮阳。又如东京奈良超高层塔楼（图5.61），电梯和核心筒被保护起来，布置在东西轴上，这是光线的主要方向，可以最大限度地接收太阳照射。而更凉爽的南北轴向采用大尺度的明亮玻璃和外庭空间。遮蔽阳光墙体调解下的电梯间与休息厅拥有良好的自然通风和采光，虽然设计中安装了空调，办公空间也尽可能拥有良好的自然通风。"导风墙"是杨经文运用自然通风的一项重要策略，到UMNO大厦发展革新为引导气流的翼型墙体系统（图5.62），在迎风面引入自然气流，保证室内环境舒适度。

5.2.3.4 由旧建筑改造的办公建筑实例

西门子设计&Messe GmbH 德国慕尼黑；建筑师：Thomos Herzog & Jose Luis Moro。

建筑师将一座废弃的黑暗的工厂改造成适于办公的场所，新的办公场所有着优质的自然采光，

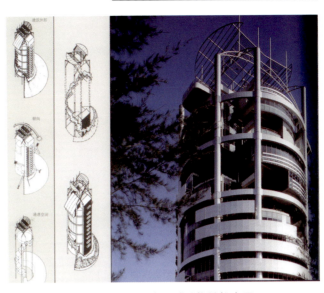

图5.60 杨经文设计的梅纳拉大厦

资料来源：吴庆洲. T·R·哈姆扎和杨经文建筑师事务所：生态摩天大楼. 北京：中国建筑工业出版社，2005.

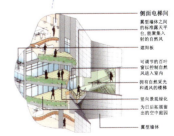

图5.61 东京奈良超高层塔楼　　图5.62 UMNO大厦为引导气流的翼型墙体系统

资料来源：吴庆洲. T·R·哈姆扎和杨经文建筑师事务所：生态摩天大楼. 北京：中国建筑工业出版社，2005.

图 5.63　德国慕尼黑由废弃厂房改建的办公建筑
资料来源：Hascher Rainer(EDT), Jeska Simone(EDT), Klauck Birgit (EDT). Office Buildings. Springer Verlag, 2002.

室内开敞舒适，适宜于久坐工作人群，虽然是大空间但设计避免了低噪音干扰。建筑师在室内增加了一层双向跨度的双层膜结构，形如蚕茧，构成了建筑的第二层皮肤。空间分为上下两部分，如图5.63、图5.64所示，在上部空间中膜结构与外层墙体形成空气隔热层，又为室内提供了均匀充足的光线；在下部空间人们的活动区域，在建筑内部对应于原来外窗的部位设置了木框玻璃窗而不是膜结构，这样既可保证良好的视野、自然通风，又是对膜结构的保护。在原楼面之上架起新楼面，之间有400 mm高的空腔，既充当了保温隔热层，又可用于综合布线。开启扇只设在人们能够直接往外看的地方。屋脊处设一通长的带形天窗，大大改善了大空间的采光条件。原外墙和膜结构之间的封闭空气层形成了温度缓冲区。夏季时可以由立面上和屋顶天窗开启扇来通风排热。冬季时空气层可被动得热，在极冷天气状况下启动供热系统。当室内湿度过高时，缓冲区便会自动机械通风。膜结构的另一优点就是可以吸声，所以室内的声环境也相当好。使用的膜是完全可以降解回收利用的，并可以阻燃不熔化。

5.2.4　绿色办公生活

随着信息技术的发展，已经有一些公司不依赖于传统的办公楼，员工可以在任何有网络的地方、任何时间工作，他们可以不花费大量资金来建造办公大楼，这些总部往往用来开会、培训、沟通交流，甚至被称作为"大咖啡店"。而传统行业的办公楼也从单一功能向复合功能发展，例如餐饮、康体的融入使办公更加人性化，功能更加合理完善；或是由单一办公向集群办公转变，与客户的近距离是企业发展的优势。办公建筑的选址应尽可能接近便利的公共交通，鼓励使用公共交通，鼓励以步代车、以自行车为主的出行方式。建设部2007年9月提供的统计数据显示，目前，我国交通能耗已占全社会总能耗的20%，如不加以控制，将达到总能耗的30%，超过工业能耗[1]。据统计，每百公里的人均能耗，公共汽车是小汽车的8.4%，电车为3.4%~4%，地铁为5%。如果有1%的个体小汽车出行转乘公共交通，仅此一项全国每年将节省燃油0.8亿L。

办公室有两大典型的消费：纸张和电子设备（如电脑、打印机、复印机等）。废纸虽然可以回收但在

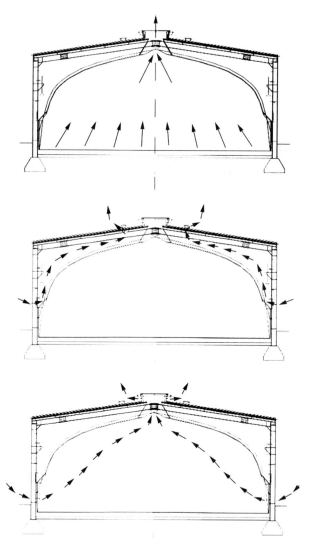

图 5.64　厂房外墙及屋顶和膜结构形成空气隔热层
资料来源：Hascher Rainer(EDT), Jeska Simone(EDT), Klauck Birgit(EDT). Office Buildings. Springer Verlag, 2002

---

[1] http://house.people.com.cn/GB/98384/99153/6283911.html

再生的过程中又需要耗费能源产生碳排放。绿色办公生活应尽量减少纸的使用，用电子文件代替纸质文件，减少打印、复印、传真，在循环回收之前做到物尽其用。办公电子设备不要长时间待机，应养成关机的习惯。绿色办公空间与使用者的绿色办公生活方式共同协作才能产生真正的绿色办公。

5.3 文化教育建筑

5.3.1 概述

5.3.1.1 文化教育建筑的发展历程

文化是"人文教化"的简称。有人才有文化，文是基础和工具，包括语言文字，教化是人群精神活动和物质活动的共同规范，是共同规范产生、传承、传播及得到认同的过程和手段。文化与人类社会密切相关，人类文明社会出现后就有了文化。同时，文化是通过学习和教育得到并传承的，而不是通过遗传而天生具有的。因此文化教育类建筑的历史几乎和人类文明史一样悠久。在古埃及人和苏尔美人的神庙和宫殿中就存放了各种文字记录的泥板或莎草纸，这就是图书馆的前身。在古希腊各种类型的文化教育建筑几乎都已出现，如剧场、博物馆、图书馆、讲堂，等(图5.65)。

文化教育建筑是大型公共建筑中的一种，在古代科技水平较落后的情况下，少有主动式设备调节室内气候，要解决结构、采光、保温、通风等诸多问题难度很大，只有财力人力雄厚的皇帝贵族才有实力建造这种建筑。今天，文化教育建筑的发展水平已经成为衡量一个城市或地区发达程度的重要因素，像悉尼歌剧院、罗浮宫博物馆金字塔、北京国家大剧院这些文化建筑都已成为所在城市的标志性建筑(图5.66)。

图 5.65 希腊雅典阿迪库斯露天剧场，大约公元前 160 年建造
资料来源：http://www.flickr.com/photos/wmute/3813210170/sizes/o/

图 5.66 巴黎罗浮宫博物馆玻璃金字塔入口
资料来源：顾震弘摄

从总量上来说，文化教育建筑相对居住、办公和商业建筑要少得多，占地、耗能、污染排放也小得多，但不可忽视的是文化教育建筑的社会意义。居住办公建筑的受众是特定的目标人群，而文化教育建筑的受众则广得多，甚至有可能是全体市民；因此具有极强的示范效应。这些建筑不仅满足各自的功能，还扮演着教育民众的角色。通过它们，可以对民众接受绿色低碳理念起到潜移默化的效果，这是普通的大量民用建筑所不能代替的。

5.3.1.2 文化教育建筑的特点

文化教育建筑又可分为文化类和教育类建筑，文化类建筑是供人欣赏各种艺术作品或表演的建筑，主要包括博览建筑和观演建筑，前者包括美术馆、博物馆、各类主题展馆，后者包括歌剧院、舞剧院、戏院、电影院等，而教育类建筑则是进行教育活动的建筑，如教学楼、讲堂、图书馆等。

普通民用建筑的绿色设计手法如减小建筑体形系数、利用朝向加强自然采光和通风、设置建筑外遮阳、采用新型保温墙体门窗和空调设备等对此类建筑同样适用。文化教育机构中非教学功能的建筑可以划归各自对应的建筑类型，如学校的宿舍属于居住类建筑，行政楼属于办公类建筑，其绿色设计手法可参见相应章节内容。特定的文化教育建筑又具有诸多自身特点，并对建筑的空间、功能都有相应的特殊要求，因此在设计中需要针对这些特点采用绿色设计对策。首先大多数文化教育建筑都具有空间大、人流量多的特点，尤其是某些高峰时段，例如教学楼的课间休息、影剧院散场、特殊节事的主题展览等，例如世博会展馆，瞬时的人流量极大（图5.67），较高的疏散要求使得此类建筑空间不宜向高空发展，只能通过增大占

图5.67 上海世博会的广场上挤满了排队等候进馆参观和参观结束的人群
资料来源：顾震弘摄

地面积实现疏散要求。同时大量人流也需要较大的交通面积，造成较高的能耗。应在充分利用有限土地资源的同时，尽量通过自然手段，节约人工照明和空调的使用。文化教育建筑的另一特点是建筑功能往往会对光照有较特殊的要求。博物馆和美术馆的展厅需要避免直射光，以避免眩光影响观看效果；教室需要充足的照度同时又要避免黑板的眩光；剧场需要迅速改变不同效果的光环境；图书馆的阅览区需要充足的照明，而储藏书籍的区域又要避免直射光线损害图书。如果较多依赖人工照明解决问题，必然造成能耗的增加。除了上述共同特点外，不同类型的文化教育建筑又有各自独特的设计要求（图5.68）。

博览建筑主要包括博物馆、美术馆等，除了光环境以外，对室内温湿度也有较高要求，以保护展品。根据展览对象的不同，还会对展品的储运有特殊的空间要求，如古生物博物馆需要高空间，航空博物馆需要大跨度空间，遗址博物馆需要满足本体保护环境的空间等。同时，博览建筑通常需要一定的室外展览区域，这对于场地设计提出了较高的要求。

观演建筑主要包括歌剧院、戏剧院、影院、音乐厅和会堂等，这类建筑厅堂空间大，人员集中，由于特殊的功能要求，室内环境更多依靠人工照明和机械通风，大量人员集中在一个大空间内，对室内热环境和声环境都提出了很高的要求。

图书馆建筑中，书籍的阅读和存放对光线的要求有很大不同。图书的阅览需要充足的光照，同时书籍的保护又要求尽量避免阳光照射，不同的要求使得图书馆的采光和遮阳设计相对复杂。书库的温湿度调节是另一个需要重点考虑的问题，和美术藏品类似，书库需要有良好的防潮、防火、防虫、防霉条件，以满足保存大量纸质书籍的要求。

教育建筑是服务于教学功能的建筑，包括大、中、小学校的教学楼和实验楼、托儿所、幼儿园等（图5.69）。由于学生观看黑板的需要，教室甚至比图书馆的采光要求更高。此外，学生课间活动和疏散需占据较多交通空间，这些空间总的使用时间较短，但使用次数频繁，采用人工方式调节物理环境的效率会很低，该空间的设计将直接影响到建筑的舒适度和能耗。

第5章 不同建筑类型绿色建筑设计手法

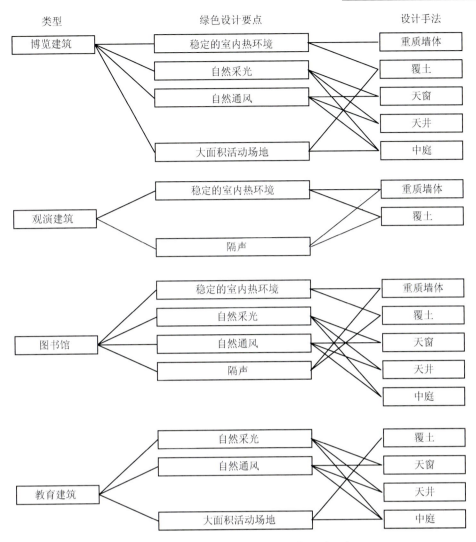

图 5.68　各类文化教育建筑的绿色设计要点
资料来源：顾震弘绘

(a) 幼儿园

(b) 诺丁汉大学校园

图 5.69　幼儿园和诺丁汉大学校园

资料来源：诺丁汉大学校园（http://www.bioarch.tv/progetti/jubilee-campus-university.php）幼儿园插图（www.archdaily.com）

5.3.2　绿色建筑设计的四个层次

通常建筑设计从宏观到微观一般可分为四个层次：总体布局、空间组织、设计具体化和材料设备，而绿色建筑则需要考虑节能、节地、节水、节材和环保（四节一环保）等几方面内容，综合来说，在不同阶段要重点考虑的问题侧重点也有所不同，表5.8显示了这些绿色建筑要求反映在不同设计层面上的情况。

表5.8　各个层面建筑设计面临的主要生态性要求

	节能	节地	节水	节材	环保
总体布局	√	√			√
空间组织	√	√			
设计具体化	√		√	√	
材料设备	√		√	√	√

5.3.2.1　总体布局

不同于居住建筑严格的朝向和日照要求，办公建筑的体形系数控制、文化教育建筑的设计往往可以相对自由。文化教育建筑的总体布局需要重点关注两个问题：一是建筑对于土地的利用效率，二是建筑形体的设计。建筑占地面积越小、绿地面积越大，对环境的损害越小。但如前分析，文化教育建筑很难向高空发展。因此，要提高土地利用率，可充分利用地下空间。这不仅能减少用地，还能降低能耗，但同时也会带来一些问题，地下室通常采光通风条件不佳，造成阴暗潮湿的室内环境，而解决这些技术问题往往需要增加投资，加大建筑的运行费用，这是制约建筑向地下发展的主要因素。建筑体形设计的方式则关系到建筑的能耗和通风。集中式的布置方式通过减少散热面积降低冬季采暖能耗，适用于北方寒冷气候区域。而南方湿热气候下的建筑则以分散式布局为宜，通过加强自然通风散热。位于夏热冬冷地区的建筑，既不宜过分分散造成冬季能耗过大，又要考虑建筑外墙有足够的可开启面夏季通风散热，尤其是对夏季盛行风的利用，对于低层和多层建筑而言，风压通风的效果远好于热压通风的效果，因此采用面向夏季盛行风向的板式形体的建筑自然通风效果优于采用内中庭的集中式形体[①]。

5.3.2.2　空间组织

文化教育建筑的功能相对于居住和办公建筑复杂得多，复杂的功能需要多样化的空间形态，按照绿色建筑设计的要求，组织这些空间的重要性不言而喻。空间组织包括功能配置和交通流线组织。功能配置主要是解决功能在空间中的分布问题。从节能与生态的角度来看，不同的分布会产生不同的后果。功能—空间—人流量—能耗四者具有正相关性。就结构合理性而言，小空间设置在建筑下部，大空间设置在建筑上层比较好，但从节能的角度来看，大空间设置在靠近地面入口区域更合理，解决好这一矛盾是功能配置的一个显在问题。建筑内的不同功能需要通过交通流线串联成一个完整系统，合理的交通流线可以提高建筑使用效率，进而也减少建筑的能耗。在满足功能要求的基础上，原则上应尽量减少纯粹交通功能的面积，例如将主要房间的入口尽量设在短边，适当增加建筑进深减少面宽，结合公共空间设置交通空间，等等。现代文化教育建筑又往往处于城市基础设施系统之中，因此不仅建筑自身要形成完整的交通流线，还要考虑与外部环境交通系统的整合，如直接将地铁人流引入建筑地下空间，将人行天桥人流引入建筑二层空间，将建筑屋顶平台与城市广场整合，等等。

5.3.2.3　设计具体化

空间布局确定后还要通过建筑设计加以具体化，建筑设计几乎对绿色建筑的各个方面都有影响，其中又以节能、节水和节材的关系最为密切。文化建筑作为大型公建不同于住宅和办公楼，往往倾向于个性化的形式设计（图5.70），这些个性化的设计需要遵循特定的策略，以实现生态环保的要求。表5.9列举了在文化教育建筑设计中较常采用的绿色建筑设计策略及相对应的生态功效。

图5.70　中国国家图书馆方案
资料来源：http://www.chinagb.net/zt/jishu/60years/20century/20090917/53581.shtml

---

① Dominique Gauzin-Mülle3r, Sustainable architecture and urbanism, Birkhäuser, 2002.

5.3.2.4 材料设备

建筑设计的实现需要具体的物质载体，材料设备就是这一载体。随着现代科技的发展，涌现出大量的新型建材和设备。在选择材料和设备的过程中需要遵循以下原则：

1）尽量选择当地的建筑材料和产品

选用当地产品的原因，一方面在于节省运费，减少由于运输造成的浪费，更重要的原因在于当地产品更适应本地气候条件，用低廉的成本实现较好的性能，同时减少浪费和污染，例如木材和竹子(图5.71)。

表 5.9 常用绿色文化教育建筑设计策略的生态功效

	节能	节地	节水	节材	环保
减少建筑外表皮不必要的凹凸	√			√	
可按具体功能灵活划分的通用空间		√		√	
充分利用浅层地热资源的设计	√				√
有利于雨水回用的设计			√	√	√
有利于可再生能源利用的设计	√				√

图 5.71 木屋(左)和竹屋(右)

资料来源：北欧木屋(www.archdaily.com) 竹屋(http://helen8621.spaces.live.com/)

2）尽量选择建筑全寿命运行成本较低的材料和设备

作为一种现代工业产品，建筑的寿命是相对较长的，一般在50~100年，除非由于人为原因提前拆除。建筑在运行过程中的能耗远大于材料生产的能耗，因此应尽量选择性能优良质量可靠的材料和设备。优质材料虽然生产的成本和损耗高于廉价材料，但运行稳定，损耗更低，总体来说更利于节能环保。例如采用断热处理的铝合金型材比普通铝合金型材加工复杂许多，但节能效果明显，因此应优先考虑采用[①]。

3）尽量选择可回收再利用的材料和设备

规模越大的建筑对材料和设备的需求量也越大，而且由于这类建筑的独特性，经常大量采用定制材料和专用设备，如果这些非标准的材料设备难以在建筑拆除后重复利用就将造成巨大的浪费，并对环境造成威胁。从绿色设计的角度出发，应尽量选择可重复利用的材料和设备。例如相对于钢结构，混凝土结构虽然成本低廉，但无法重复利用，而钢结构构件可以在建筑拆除后重新作为炼钢原料，所以更适合绿色建筑。

4）尽量选择经过实践检验可靠的材料和设备

如前所述，今天科技飞速发展，各种新型建材和设备层出不穷，但并非最新就等于最好，很多新技术出现时间较短，尚未经过长时间实践的检验，而建筑寿命又远长于普通工业产品，如果不加选择的采用所谓的最新科技，很可能三五年后问题才暴露出来，这时维修或者更新的难度和代价都很大。例如低温地板辐射式热交换器的舒适性高能耗低，用于北方地区室内的建筑采暖热交换效果很好，但将其移植到南方作为夏季制冷方式就产生了新问题。由于南方空气湿度大，即使是高温水管也极易结露，造成建筑墙体和顶

---

① Randall Thomas. Sustainable urban design: an environmental approach. London: Spon Press, 2003.

棚的霉变，严重的甚至会导致装修层的损坏。在选用这些新型材料或者设备前应明确了解其优缺点，对于使用情况尚不确定的应慎重采用。

5.3.3 总体布局策略

5.3.3.1 场地分析

场地对建筑的影响一方面表现为空间界面的限定，另一方面也表现为物理环境的限定，这些物理环境包括地形（含标高、坡度、坡向、陡崖等）、气候（含温度、湿度、日照、风向等）、水文（含水域、流向、水质等）、植被（含物种、分布、郁闭度等）；还有声、空气、电磁等环境要素。在设计之初，需要对场地进行分析以初步确定适合建设的区域及容量分布[①]。

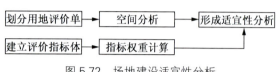

图 5.72 场地建设适宜性分析
资料来源：顾震弘绘

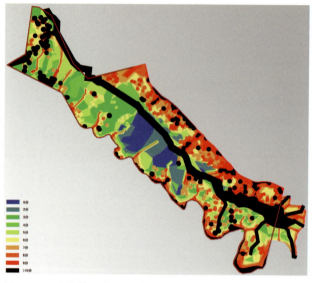

图 5.73 南京佛手湖国际建筑艺术实践展（CIPEA）二期适建性分析综合分值
资料来源：顾震弘绘

春秋时，管子就提出"凡立国都，非于大山之下必于广川之上。高毋近旱而水用足，下毋近水而沟防省。因天材，就地利，故城郭不必中规矩，道路不必中准绳"。虽然环境的概念由来已久，但长期以来多是凭设计师的经验。在众多设计项目中普遍存在不顾场地现有自然条件，先按照最高容积率排布建筑，再利用建筑周边的空地设计景观，现状自然植被一概铲平，这种人工景观不是基于生态提高，而是从视觉效果出发，以吸引业主消费为主要目的。直到现代环境科学尤其是 20 世纪 60 年代后生态学的确立，对建设场地进行科学分析的方法才开始逐渐形成。近年来我国在这方面的研究也取得了很大进展，其中基于 GIS 技术将土地质量与特定的土地利用要求进行比较，以确定土地利用适宜度的方法得到长足发展（图 5.72，图 5.73）。

5.3.3.2 建筑布局

在确定了适宜建设场地及容量后，就可进行进一步的建筑布局。文化教育建筑大致有两种基本的平面形状，一种是进深长度受采光因素限制的长条形，一种是进深长度不受采光限制的团块状形。

长条形平面适应于单位面积要求不大而数量相对较多的功能组合，如教室、阅览室、展廊等，进深方向一般保持在 10~20 m 的范围，面宽方向可自由延长，通常在长度达到一定程度后会进行弯折，形成 L 形、口字形、工字形、王字形等平面形式，以提高交通效率。团块形状适应于空间要求较大的功能，如会堂、展厅等，由于进深较大，自然采光和通风的能力都较差，需要人工照明和机械设备实现通风换气。采用第一种模式可以更充分的利用自然采光和通风，对于面积在 500 m² 以下的功能应尽量选用这种平面形式。但这种模式需要有充足的场地支持，现实中城市用地往往没有这么充裕，而且超过 500 m² 的单个空间也时常会出现，因此团块状平面反而更为常见。当采取团块形状平面时，为了加强自然采光和通风，可以在剖面上利用不同空间高度的差异形成的高差设置外窗。深圳大芬美术馆（图 5.74）位于用地紧张的城市地段，团块形状的平面不可避免，因此建筑师充分利用不同展厅的高差，既形成了错落有致的体量，又充分利用了自然采光。

[①] G Z Brown, Mark DeKay. Sun, Wind & Light: architectural design strategies. second edition. New York: John Wiley & Sons, 2001.

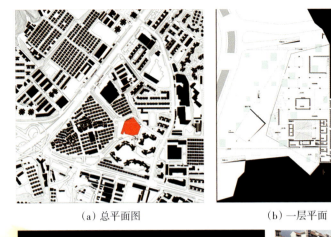

(a) 总平面图　　(b) 一层平面　　(c) 二层平面

(d) 剖面　　(e) 鸟瞰照片　　(f) 展厅

图 5.74　深圳大芬美术馆
资料来源：http://www.23id.com/Article/Pavilion/200811/132.html

5.3.4　空间组织策略

5.3.4.1　功能配置

路易斯·康在宾夕法尼亚州费城大学理查医学研究中心（Medical Research Laboratory，1957—1961）设计中，首次提出服务与被服务空间的概念。被服务空间也称主空间，对文化教育建筑来说主要就是展室、厅堂、阅览室、教室等；而服务空间也称辅空间，主要是门厅、走廊、楼电梯、洗手间设备空间等为主空间提供使用支持的空间。现代文化教育建筑往往是多重功能的复合，展示、教育、研究相结合，这些功能既有联系又自成一体，常用的策略是将多种功能并置，通过交通廊道相联系，这样可以避免单一建筑体量过于庞大造成房间采光设计困难。

建筑设计通常把服务性空间布置在核心部位，而将使用功能围绕其布置，这样交通空间最小，使用效率最高。但对于有些文化建筑则不宜采用这种空间组织方式，一方面如前所述建筑对人员疏散要求较高，需要较大面积的交通空间满足等候和疏散要求；另一方面从绿色设计的角度来看，将主要功能空间直接对外也会带来较高的能耗。通过将主要功能空间布置在建筑核心部分，服务空间布置在其四周，作为与外部气候环境的过渡，可以降低建筑的冷热散失，减小能耗（图 5.75）。

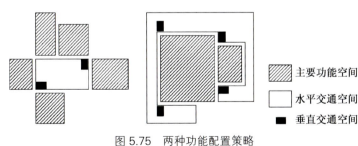

图 5.75　两种功能配置策略
资料来源：顾震弘绘

中国国家大剧院就采用了主要功能居于核心的功能配置策略，建筑由一座玻璃幕墙壳体将三个主要观演功能空间——歌剧院、音乐厅、戏剧院覆盖其中，三个主功能空间之间的空隙就是交通和服务用空间，这种空间组织方式可以保证无论室外环境变化如何，音乐厅内部的环境都是最稳定，同时暖通的损

 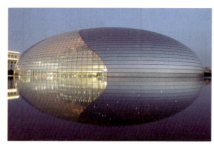

图 5.76　国家大剧院地面层平面和立面
资料来源：http://photo.zhulong.com/proj/detail11760.htm

耗也可以降到最低(图 5.76)。

5.3.4.2　交通流线组织

如前所述，文化教育建筑的交通流线组织面临着两难：一方面从效率角度出发交通流线应越短越好，但另一方面文化教育建筑的人员疏散要求很高，需要大面积的交通空间。再结合前面重要空间位于核心的策略，就产生了一种特有的交通流线组织方式——由坡道组织交通流线，坡道既解决垂直交通问题，又可作为水平疏散廊道。因此，在文化教育建筑中的应用很多。

1959 年建成的赖特设计的纽约古根海姆美术馆就采用了环形坡道作为主要交通流线的设计。随着计算机在建筑设计的广泛运用和建筑施工技术的发展，采用这种方式的建筑实例层出不穷，斯蒂文·霍尔设计的芬兰赫尔辛基当代美术馆、凡·贝克和博斯联合工作室(Van Berkel & Bos UN Studio) 设计的梅赛德斯·奔驰博物馆、BIG 事务所(Bjarke Ingels Group)设计的上海世博会丹麦国家馆等均采用了这一方式(图 5.77)。

（a）芬兰赫尔辛基当代美术馆　　（b）梅赛德斯·奔驰博物馆

（c）上海世博会丹麦国家馆

图 5.77　采用坡道组织交通流线的文化建筑
资料来源：(a)(c)顾震弘摄，(b) http://www.archdaily.com

5.3.5　常用设计手法

与建筑生态性要求直接相关的设计要点可归纳如下：稳定的室内热环境、自然采光、自然通风、隔声和适宜的活动场地。针对上面分析的文化教育建筑五个设计要点，常用的建筑设计手法也可归纳为五种：重质墙体、覆土、天窗、天井和中庭(图 5.78)。

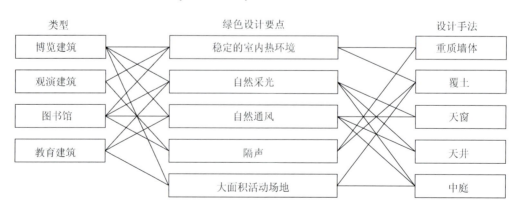

图 5.78　文化教育建筑的常用绿色设计手法
资料来源：顾震弘绘

5.3.5.1 重质墙体

无论是展品还是图书的储藏都需要较为严格的室内环境,机械通风和空调设施常常是必须的,但完全依赖机械通风和空调,一方面能耗较大,另一方面,一旦由于某种原因设备停止工作将对藏品造成损害。为了减少对机械设备的依赖,提高围护结构的热惰性可以提高建筑室内的热稳定性。热惰性指标 $D=R \cdot S$,其中 R 为热阻值,与材料的厚度和导热系数有关。厚度越大,导热系数越小,热阻值越大,S 为材料的蓄热系数,通常容重越大越密实的材料蓄热系数越大,如夯土、钢筋混凝土、砂浆等,而保温材料的蓄热系数则较低,因此虽然保温材料的热阻值高但热惰性指标却并不高,而厚混凝土、砖甚至夯土墙体和楼板的热惰性较高,可以提高室内空间的热稳定性。同时采用重质墙体可以提高建筑的隔声性能,这对于观演建筑具有重要意义。

彼得·卒姆托(Peter Zumthor)设计的奥地利布列根茨美术馆坐落在康斯坦茨湖畔,相对其梦幻般玻璃表皮的知名度,该建筑出色的结构设计更具启示性。建筑主体共6层,其中地上4层地下2层,1层是入口层,2至4层为展厅,地下层为库房和设备用房。该建筑没有采用通常的梁柱框架结构,而是利用3片厚混凝土墙支撑起厚达70 cm的整块混凝土无梁厚板楼面,楼面内铺有热水管,利用楼板辐射方式进行冬季采暖,同时采用地板送风方式对房间进行换气(图5.79)。

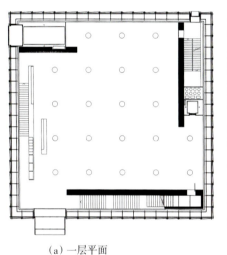
(a) 一层平面

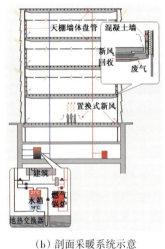
(b) 剖面采暖系统示意

(c) 大厅

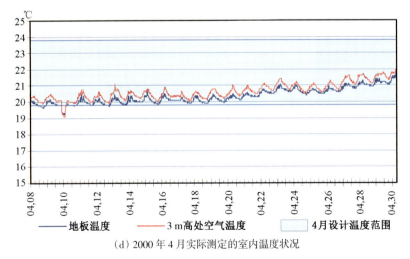
(d) 2000年4月实际测定的室内温度状况

图5.79 布列根茨美术馆

资料来源:Peter Zumthor Works. Buildings and Projects, 1979—1997

许多历史建筑墙体都设计得相当厚重,这些旧建筑虽然已经陈旧,但是热工性能却仍然是优秀的。因此在这些旧建筑改造再利用的项目中,往往会保留建筑的外围护结构,而只对内部空间进行重新设计。瑞士建筑师赫佐格和德穆隆(Herzog & De Meuron)设计的德国杜伊斯堡库珀斯穆勒德国当代艺术博物馆就是由这样一座老工业建筑改造而成,建筑师完整保留了原有建筑厚重的外墙体,只是通过拆除内部的部分楼板和墙体达到大空间的使用要求,这些厚重的砖墙很好地实现了博物馆建筑的热工要求(图5.80)。

采用重质墙体的建筑显然不及框架结构的室内布置灵活,因此不适用于经常需要变化室内空间分割的建筑。即便是固定室内空间划分的建筑,采用固定厚重墙体也是对设计人员的一大考验。只有建筑师与各工种的技术人员通力合作协调一致,才能实现建筑的结构、空间的限定、各种设备管线布置的高度统一。

图 5.80　库珀斯穆勒德国当代艺术博物馆
资料来源：http://news.a963.com/news/detail/2007-08/13240.shtml

5.3.5.2　覆土

覆土建筑（图 5.81）的存在由来已久，但多是特定气候、特定地理条件的产物，如我国的西北地区大量存在的窑洞。覆土建筑由于埋藏在地下，冬暖夏凉，热舒适性好，同时地表面仍然有绿色植被覆盖，可以将建筑对环境的负面影响降到最小，同时提供大面积的室外活动场地。因此，在可持续发展热潮兴起的今天又重新成为建筑设计的重要方法之一[①]。

古纳尔·比克兹（Gunnar Birkerts）设计的美国密歇根大学法学院图书馆扩建工程就是完全采用覆土技术的典型案例。老图书馆是模仿伦敦四法学院的歌特式建筑，占据了一整个街区，只在东南角有少量可建设场地，常规地面做法难以满足新增功能要求。为使新建筑不与老建筑冲突，并且保留该地区珍贵的绿地景观，建筑师将所有加建部分完全埋在地下，地上没有任何突出地面的建筑，只有一组巨大的 V 形窗井暗示着地下建筑的存在。该 V 形窗井一面是镜子，一面是玻璃，通过反光镜引入自然光线和室外景观使地下空间的使用者拥有和地面建筑类似的感受（图 5.82）。

图 5.81　新加坡绿色艺术学校　　　　　　　　　图 5.82　密歇根大学法学院图书馆扩建
资料来源：http://www.redbots.cn/sciences/2008/12/28/6175.htm　　　资源来源：http://www.flickr.com/search/

覆土建筑在节能、节地优点突出的同时，也有造价高、工程复杂的缺点，尤其是建筑的防潮、防水、通风、采光都比地面建筑复杂。这些问题解决不好，不但不能发挥出覆土建筑的优势，甚至还会对建筑的使用带来更多的问题。因此相对于全地下的覆土建筑，在山坡地的半地下建筑更为常见。法国特拉松文化与游

---

①　[美]约翰·卡尔莫迪，雷蒙德·斯特林.地下建筑设计.于润涛，等译.北京：地震出版社，1993.

客中心设计中利用场地的高差,部分建筑埋在土中,部分建筑露出地面,由于埋在土中的建筑具有良好的热稳定性,不需要空调就可以将室温维持在舒适范围内(图 5.83)。由于覆土建筑需要深入潮湿的地下,因此通风问题尤为重要,与覆土建筑相匹配的往往会采用天窗、天井和中庭的设计手法以解决其通风问题。

5.3.5.3 天窗

博览建筑对于采光往往有着相对严格的要求,为了避免眩光,博物馆和美术馆通常不宜采用普通建筑的侧窗采光,而天窗在此类建筑中则较为常见。如果建筑采用覆土方式则天窗的重要性更加突出。

西班牙建筑师拉斐尔·莫尼欧(Rafael Moneo)是博物馆设计的大师,也是运用天光的大师。他设计的斯德哥尔摩现代艺术与建筑博物馆采用了多达 56 个大大小小的采光天窗[①]。经这些天窗引入的光线经漫反射形成了近乎完美的室内光环境,将博物馆的眩光控制在最低程度(图 5.84)。

(a)从山坡下看建筑

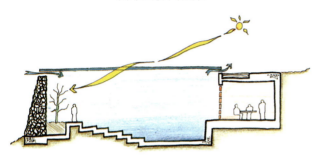

(b)冬季通过玻璃的温室效应加热室内空气

(c)夏季打开遮阳帘反射日光,通过山体降温

图 5.83 法国特拉松文化与游客中心

资料来源:Energy efficient buildings: architecture, engineering, and environment

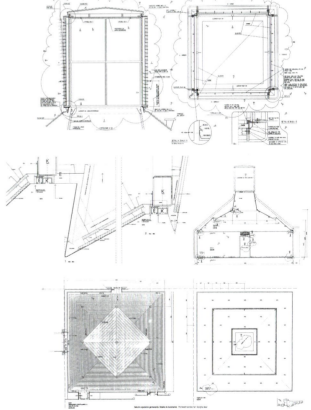

(a)主展厅采光单元外景

(b)主展厅内景

(c)主展厅剖面详图

图 5.84 斯德哥尔摩现代艺术与建筑博物馆

资料来源:Rafael Moneo, El Croquis, 1967—2004

---

① Rafael Moneo. El Croquis, 1967—2004, 2004.

约瑟夫·保罗·克莱修斯(Josef Paul Kleihues)设计的芝加哥当代艺术博物馆扩建工程,除了采用单元式的方形天窗,还在主展厅设计了 4 条人字形剖面的条形天窗,通过这 4 组条形天窗将光线均匀投射在展厅天棚上,形成良好的室内光环境[①](图 5.85)。

采光效率高,避免眩光是天窗的优点,但在高纬度地区,由于冬季的太阳高度角较低,为了进一步提高天窗的采光效率,可以通过光线反射板进一步提高天窗的采光性能(图 5.86)。

虽然天窗很适合博物馆和图书馆采用,但同时也要注意它的局限性:只能对建筑顶层采光,不便于清洗,开关不便,夏季热辐射较大等。相应的对策是将天窗做在共享空间以扩大其采光区域,将玻璃做成带一定的倾角以使雨水自然冲刷掉存留的灰尘,设电动开窗器,增加外遮阳设计等(图 5.87)。

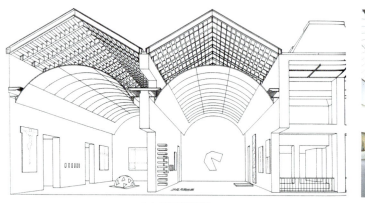
(a) 展厅剖透视

(b) 展厅内景

图 5.85 芝加哥当代艺术博物馆扩建

资料来源:Energy efficient buildings: architecture, engineering and environment

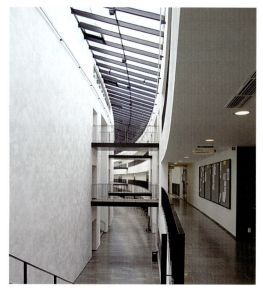

图 5.86 带光线反射板的天窗　　　　图 5.87 结合共享空间的倾斜天窗

资料来源:顾震弘摄

5.3.5.4 天井

天井是高宽比显著大于 1 的四面围合的院子。当风在天井上吹过时,气压较低,而天井下的静止空气气压较高,由此产生的气压梯度会带动产生空气流动。如果天井一侧的窗户或者门打开,空气就会流动到天井并将热气带出建筑。因此天井也是我国南方传统民居的重要设计手段。对覆土建筑而言,天井的重要性更高。

---

① Dean Hawkes, Wayne Forster. Energy efficient buildings: architecture, engineering and environment. New York: W. W. Norton & Company, 2002.

除了带动空气流动形成自然通风以外，天井还可以提高建筑的自然采光效率。不同于天窗的顶面采光，天井仍然是侧窗采光，因此不存在天窗的诸多难题，同时又能够避免普通侧窗采光的眩光。天井的设置会增加建筑的体形系数，增大散热面，因此在北方寒冷地区使用较少，而更适用于南方湿热气候地区。

英国建筑师大卫·奇普菲尔德（David Chipperfield）设计的良渚文化博物馆新馆是一座极简主义建筑，建筑的体量采用四个形状相同高度不等的矩形体量相互错动形成，外表面只采用一种黄色石材，大片的封闭墙面上完全不开窗，以达到纯粹的效果，而建筑内部则设置了数个大大小小的天井，这些天井满足了设计需要达到的文化气氛，又能实现自然采光通风的效果（图5.88）。

(a) 建筑外景

(b) 天井内景

图 5.88　良渚文化博物馆新馆
资料来源：http://www.kf361.com/s/n/20080529/4934.shtml

由于天井是四面围合的内院，因此需要解决好排水问题。如果天井的地面同时又是下层建筑屋顶，并且可以上人的话，要保证室内外在同一水平面，同时又要排水，需要进行特殊的竖向设计。

5.3.5.5　中庭

中庭也可以被认为是增加了屋顶的天井，因此可以通过设计取得与天井类似的热压通风效果。同时由于中庭不受风霜雨雪的影响，因此成为各类公共建筑设计中的重要手法。由于玻璃中庭的温室效应，因此中庭相对天井在北方寒冷地区运用较多，而在南方湿热地区的运用则较受限制。迈克尔·霍普金斯（Michael Hopkins）设计的英国诺丁汉大学朱比利校区大量采用了中庭，这些中庭提高了教学楼的采光效率，降低了建筑能耗，同时也为学生提供了课间活动的空间（图5.89）。

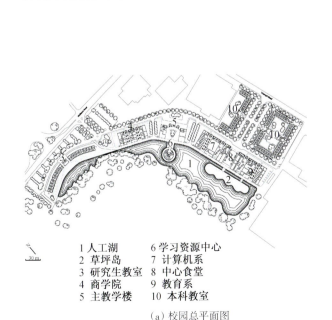

1　人工湖　　6　学习资源中心
2　草坪岛　　7　计算机系
3　研究生教室　8　中心食堂
4　商学院　　9　教育系
5　主教学楼　10　本科教室

(a) 校园总平面图

1　人工湖
2　学习资源中心
3　主教学楼
4　100座阶梯教室
5　200座阶梯教室
6　300座阶梯教室
7　屋顶平台
8　通风器

(b) 主教学楼轴测图

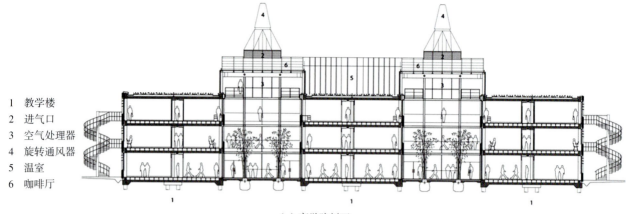

1 教学楼
2 进气口
3 空气处理器
4 旋转通风器
5 温室
6 咖啡厅

（c）商学院剖面

（d）主教学楼剖面外景　　　　（e）商学院中庭

图 5.89　诺丁汉大学朱比利校区
资料来源：http://www.bioarch.tv/progetti/jubilee-campus-university.php

图 5.90　斯德哥尔摩大学图书馆中庭
资料来源：顾震弘摄

英籍瑞典建筑师拉尔夫·厄斯金（Ralph Erskine）设计的斯德哥尔摩大学图书馆位于主教学楼的北侧，设计师设计了一座三层高的中庭与教学楼相连，既作为图书馆的前厅，又是教学楼学生课间交流的场所（图5.90）。

由于中庭的高度较高，一般在两层以上，为保证下部的光照，在设计中往往需要设计大面积的天窗。建筑师对于中庭温室效应在夏季的负面影响必须予以足够的重视，否则中庭夏季的空调降温将耗能巨大。一般来说，可以采取以下手段加以解决，一是增加活动外遮阳，减少夏季直射阳光的照射，二是拔高中庭，增大热压差，顶部增设通风器，利用通风尽快将热量带出建筑，从而减少热辐射对下部使用空间的影响（图5.91）。

综合以上五种设计手法，就可以应对文化教育

图 5.91 各种形式的通风器

资料来源：左上图顾震弘摄，其余来自 Energy efficient buildings: architecture, engineering and environment

类建筑的主要诉求。需要强调的是现实中的建筑常常是集成上述多种功能的综合性文化建筑，如文化中心、科技活动中心等，因此建筑设计师需要综合采取多种手段以应对相应的问题。

5.3.6 材料与设备

5.3.6.1 绿色建材

文化教育建筑选用的材料一方面应满足建筑自身功能要求，由于建筑规模较大，经常出现大空间，低自重高强度的现代化新型材料被大量采用；另一方面这类建筑又要体现文化内涵，因此有悠久历史的传统建筑材料如砖、石材、木材也被广泛使用。从对建材的要求来说文化教育建筑的限制是比较少的。因此我们在设计中应尽量采用绿色建材。所谓绿色建材是指采用清洁生产技术、少用天然资源和能源、大量使用工业或城市固态废物生产的、便于回收再利用、有利于环境保护和人体健康的建筑材料。绿色建材有以下5个方面的基本特征：① 其生产原料尽可能少用天然资源、大量使用工业固体废物；② 采用低能耗制造工艺和无污染环境的生产技术；③ 产品运输过程中污染小；④ 产品的使用是以改善生产环境、提高生活质量为宗旨，如抗菌、节能等；⑤ 产品可循环利用或回收利用，无污染环境的废弃物(图5.92)。

(a) 天然材料——竹子　　(b) 天然鹅卵石　　(c) 废弃的砖瓦　　(d) 藤条编制

图 5.92　各种形式的绿色建筑材料

资料来源：王明摄

绿色建材不能仅靠厂家自我标榜，需要得到权威机构的认证。中国环境标志——"十环"标志是目前我国最权威的绿色标志，由国家环保总局认证中心认证，它可以受理认证 57 个类别的产品。此外中国建材行业协会也有绿色建材产品标志的认证。

5.3.6.2　设备

由于文化教育建筑对室内物理环境较高的要求，单纯依靠自然采光和通风难以完全满足要求，而对于机械设备的依赖又会造成较高的能耗，因此选择合适的设备解决方案至关重要。

1）地源热泵系统

地源热泵的概念，最早于 1912 年由瑞士的专家提出，1946 年美国在俄勒冈州波兰特市中心区建成第一个地源热泵系统。20 世纪 50 年代，欧洲出现了研究地源热泵的第一次高潮，但由于当时的能源价格低，因而未得到推广。1970 年代初第一次能源危机促使这种技术受到重视，许多公司开始了地源热泵的研究、生产和安装。随着发达国家能耗和环保相关法律制订越来越严格，地源热泵的发展迎来了第二次高潮，以瑞士、德国和北欧国家为代表，大力推广地源热泵供暖和制冷技术。1980 年代后期，地源热泵技术已经趋于成熟，生产呈现逐年上升趋势，瑞士和瑞典的年递增率超过 10%。美国的地源热泵生产和推广速度很快，成为世界上地源热泵生产和使用的头号大国。地源热泵是利用浅层地能提高冷热源生产效率的技术，地源热泵利用了土壤的蓄热蓄冷能力，冬季把热量从地下土壤中转移到建筑物内，夏季再把建筑使用散发的热量转移到土壤中，一个年度形成一个冷热循环，因此尤其适用于同时需要进行采暖制冷的建筑。地源热泵仅是冷热源提供方式，对暖通的末端设备没有要求，末端无论是采用强制对流、自然对流还是辐射式热交换方式均可，因此适应性很强。

地源热泵在文化教育建筑的适用性会考虑以下问题：首先，受制于场地条件，场地过于拥挤、建筑容积率过高的项目会遇到埋管空间不足的困难，因此地源热泵不适用于高层、超高层建筑。文化教育建筑由于层数有限，容积率不会过高，一般不存在这一问题。其次，地源热泵不能长期连续运行，因为土壤不像空气散热速度快，如果连续运行会造成土壤持续升温或降温，最终导致热泵机组效率下降甚至停机，因此不适用于宾馆、火车站等需要全天运行的建筑，文化教育建筑白天使用，夜间关闭，所以一般也不存在这一问题。再次，中央空调系统的调节是个难题，地源热泵也不例外，虽然可以采用大小机组合、变频等手段，但最低功率只能低至满负荷功率的 10%，一旦运行就必须持续一段工作时间，这一点相对分体式空调或 VRV 空调机组来说是个不小的劣势，对于冷热量需求不稳定、空间小而多、频繁开关机的建筑，如住宅、Soho 办公等，这一问题更加突出。文化教育建筑的使用时段相对固定，冷热量相对稳定，调节问题就不是很突出。

综上所述，地源热泵是非常适合用于文化教育建筑的。上海世博会的世博轴建筑就是利用黄浦江天然水源和地源提供全部空调能源，将水源热泵和地源热泵作为空调系统冷热源可省去冷却塔补充水，大幅度提高空调制冷效果。

2）热湿独立控制新风系统

目前空调工程中常用的除湿方法基本上是冷冻除湿，这种方法首先将空气温度降低到露点以下，除去空气中的水分后再通过加热将空气温度回升，由此带来冷热抵消的高能耗。此外为了达到除湿要求的低露点，要求制冷设备产生较低的温度使得设备的制冷效率低，因而也导致高能耗。溶液除湿方式能够将除湿从降温中独立出来，利用较低品位能源进行除湿，同时减少显热冷负荷，不仅能够保证室内环境质量，而且还能降低空调能耗。此外为保证室内空气质量，需要有足够的新风，随之而来的新风负荷是空调系统高能耗的又一原因。为了降低能耗，在设备层的进风口处安装"逆流式热回收器"，新风机组可实现全热回收效率超过80%的高效热回收，充分利用排风中的余热同时又保证新风不被污染。

3）大空间局部热湿环境控制——地板送风（UFAD）

传统的中央空调系统通常采用顶棚送风（上送风）的方式，送风气流与室内空气的充分混合，由吊顶送出的空气吸收室内产生的全部热湿负荷并稀释污染物，使空间内所有区域的温湿度基本一致。文化教育建筑往往有大空间，尤其是剧场、会堂、展厅，空间高度很大，而使用者只集中在靠近地面的高度，传统中央空调为了少量局部区域的舒适度却要对整个空间采暖或制冷，不仅效率低、效果差，而且不够健康。针对这种情况，20世纪60年代的德国出现了地板送风的概念。送风口与地面平齐设置，架空地面下容纳管道，送风通过地板送风口进入室内，与室内空气发生热交换后从房间上部的出风口排出。70年代在欧洲开始应用到办公楼建筑，80年代中期，在发达国家开始大量应用[①]。就冷热源和空气处理设备而言，地板送风系统与上送风空调系统是相似的。地板送风系统主要的不同在于：它是从地板下部空间送风；供冷时的送风温度较高；在同一大空间内可以形成不同的局部气候环境；室内气流分布为从地板至顶棚的下送上回气流模式。风口靠近地面便于使用者直接调节角度、风量和舒适度。下送上回的气流组织形式，有利于排除余热、余湿和污染物，从而保证工作区较高的换气效率和空气质量。而且节能效果明显，据测算地板送风系统的能耗是传统空调系统能耗的34%。在达到相同的工作区温湿度环境时，地板送风系统比传统空调系统的送风温度高约4℃，地板送风系统仅需处理整个空调房间显热得热的64%。此外采用地板送风系统还可降低5%~10%的楼层高度。

SHP Leading Design事务所设计的美国俄亥俄州辛辛那提市快乐山脊蒙台梭利学校（Pleasant Ridge Montessori）是获得LEED银级认证的项目。该项目采用南北朝向的教室布局，同时采用了下送上回的通风系统，天棚由外向内倾斜降低，这样既不影响暖通风道的设置，又可充分利用建筑空间高度，还不影响自然采光，是优秀的绿色设计实例（图5.93）。

(a) 教室剖面下送上回通风系统示意

(b) 活动室内景

图5.93 辛辛那提市快乐山脊蒙台梭利学校
资料来源：http://www.shp.com

4）照明

文化教育建筑对光照的要求很高，不仅对照度有要求，对显色性也有较高要求。白炽灯和卤钨灯虽然显色性很好，但是由于能效不佳正逐渐被淘汰。荧光灯效率要高得多，但需要配套镇流器，设备体积大，同时显色性不好，适于普通教室和办公用房的照明。三基色荧光灯的显色指数可达88%，比普通荧光灯提高20%，发光效率提高了30%，适用场合更为广泛，正在逐渐取代普通荧光灯。

---

① 杨娟，刘卫华. 地板送风空调系统研究现状及发展. 制冷与空调，2009, 9(6): 1-5.

图 5.94 中国电影博物馆的 LED 灯光照明效果
资料来源：http://picasaweb.google.com

比荧光灯更先进的是发光二极管(LED)灯具，近年来大功率 LED 灯具发展迅速，相比较传统光源，LED 灯具有发光效率高、显色性好、响应速度快、寿命长等优点，唯一的问题是价格昂贵，在不能大面积推广使用的情况下，可用于建筑的重点区域，如博物馆的展品照明。

由美国 RTKL 公司和北京市建筑设计研究院合作设计的中国电影博物馆是目前世界上最大的国家级电影专业博物馆，整个博物馆设有 20 个主题展厅，为配合电影光影变幻的主题，展厅需要各种色彩的照明以烘托展览内容。室内设计大量运用了 LED 光源照明，不仅可以满足丰富的色彩效果要求，而且能耗很低，效果受到一致好评(图 5.94)。

5) 光伏建筑一体化(BIPV)

解决传统化石能源替代问题的根本解决办法在于可再生能源的利用，虽然可再生能源的种类繁多，如地热、风能、潮汐能、太阳能、生物质能，等等，但真正可大规模用于建筑的却只有太阳能，利用光伏建筑一体化技术(简称 BIPV,Building Integrated Photovoltaic)将太阳能光伏发电组件安装在建筑的围护结构外表面，可以将建筑从单纯的耗能单位变为产能单位。

针对光伏发电与文化教育建筑的适用性问题进行简略的分析。首先，太阳能由于能量密度较低，需要大面积无遮挡的区域安装光电板，高密度高容积率的建筑可提供的屋顶面积很小，因此不适用。而文化教育建筑往往占地面积较大而层数不高，可以提供足够的屋顶面积，适合安装光伏发电板。其次，太阳能发电不够稳定，需要并网回输到公共电网才能最大限度的发挥功效，如果是远离城市的建筑受输电线路的影响较难实现；文化教育建筑往往建在基础设施良好人口稠密的城市地区，发电回输电网的难度较小。再次，目前光伏发电板的价格还较高，虽然各国政府纷纷出台补贴政策支持这种绿色能源的开发利用，而且依靠后期发电足以回收初期投资，但一次性投资建设压力仍然是比较大的，而文化教育建筑往往由政府或财力雄厚的机构投资建设，对成本的敏感性相对较低，因此运用的阻力也小得多。

由著名建筑师崔恺主持设计的北京首都博物馆吸取了中国传统大屋顶挑檐的形式特征，大面积的屋顶向建筑四个方向出挑，几乎覆盖整个场地。超大面积的平屋顶为光伏发电提供了良好的平台，设计安装了 5 000 m² 的光伏发电组件，峰值发电功率达 300 kW（图 5.95）。同济大学建筑设计研究院设计的上海世博会主题馆，顶部覆盖有面积约 26 000 m² 的多晶硅太阳能光伏发电组件，装机容量达到了 2 825 kW，是目前世界上单体面积最大的太阳能屋顶。为了与建筑形式相协调，光电板按照菱形方式排布，真正做到了建筑一体化(图5.96)。

6) 节水设备

节水设备大致包括雨水回收、中水回用和节水洁具等三类。雨水收集可分为屋面雨水收集和地面雨水收集两大部分，屋面雨水收集可通过屋面雨水排水管将雨水收集到一些储存设备内。地

图 5.95 北京首都博物馆屋顶光伏发电板
资料来源：http://www.86ne.com/Solar/200504/Solar_97021.html

面雨水收集可通过增加地面植被，改进地面硬化方法和增加地面雨水渗透系数来实现。文化教育建筑一般屋面面积较大，有条件的情况下应尽量设计雨水回收设施。中水是指城市污水或生活污水经处理后达到一定的水质标准，可在一定范围内重复使用的非饮用水，可以用于冲洗厕所、灌溉园林和农田、道路保洁、洗车、城市喷泉、冷却设备补充用水，等等。如果建设了中水处理系统，则生活污水就可达到零排放，雨水进入到雨水收集系统，最终只有污水排放，没有生活污水后可以减少一半的管道铺设量。但是对于文化教育建筑来说生活污水的产生量比较小，很难满足需要，为建筑单独配套建设中水处理是极不经济的，更合理的办法是建设独立的管线到区域的中水处理中心，由更高一级的处理设施进行中水处理。

 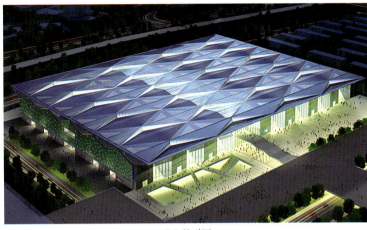

(a) 外立面　　　　　　　　　　　　　　(b) 俯瞰图

图 5.96　上海世博会主题馆

资料来源：(a) 顾震弘摄，(b) http://hrjcw.com/UploadFile/2009113204116626.jpg

5.4　酒店建筑

5.4.1　酒店建筑与可持续发展

5.4.1.1　我国酒店建设与绿色酒店发展概况

根据我国国家旅游局 2009 年 9 月公布的数据，截至 2008 年底，全国共有星级饭店 14 099 家，拥有客房 159 万间，其中五星级占 9.9%，四星级占 23.2%，三星级占 40.7%[1]。

整个亚太地区中国的酒店建设项目占 50%，客房数目占 60%。2008 年北京、上海、澳门所规划的客房总数仅次于拉斯维加斯、华盛顿特区和迪拜。过去五年，星级酒店数量增加了 5 249 家，客房数量增加了 61 万间。从星级酒店发展水平看，在我国呈现"东多西少"态势：东部地区星级酒店数量约占 57%，中部地带约 29%，西部地带约 14%[2]。

据不完全统计，洲际酒店集团、香格里拉酒店集团、喜达屋国际酒店集团等三家跨国巨头在我国的饭店客房数已突破 1 万间；凯悦、万豪、洲际等全球排名前 10 位的酒店集团已进入到除青海以外的所有区域，并开始布点中国二三线城市市场。

以一家拥有 150~180 间客房的三星级酒店为例，开房率按 65%~70% 计算，年消耗一次性用品为 7.5 万~8.2 万（件）套，年总费用 26 万~30 万元。一座拥有 300 间客房的饭店，一年的能耗量折成标准煤在 3 000 t 以上。据有关资料，国内饭店每年的能耗占其营收的 5%~13%，能源与维修两项费用占总营业收入的 8%~15%，有的甚至更高。每平方米面积的年用电量为 100~200 度，是普通城市居民住宅楼用电水平的 10 多倍，耗电水平高于国外发达国家耗电平均值的 25%。一家三星级以上的酒店平均耗水量每人每天约 1 t。

20 世纪 80 年代末期，欧洲首次出现"绿色酒店"概念。1995 年，加拿大制定了世界上第一部酒店业《绿叶分级评定标准》。90 年代中期，国外"绿色酒店"的理念传入中国，在北京、上海、广州等一些大城市的外资、合资酒店和一些国外管理集团管理的酒店开始实施"绿色行动"。1999 年国内首次提出建设绿色饭店标准的计划。

2002 年 3 月原国家经贸委颁布了由中国饭店协会起草的我国第一个绿色饭店国家行业标准——《绿色饭店等级评定规定》(SB/T10356—2002)。2007 年在借鉴国内外相关标准，结合了饭店业开展绿色行动的

---

[1] 《2008 年中国星级饭店统计公报》.
[2] 以上数据根据《2008 中国旅游统计年鉴》、《2008 中国饭店业务统计》、《2008/2009 中国酒店业的发展趋势》计算整理出.

经验的基础上,由商务部等联合制订了国家标准《绿色饭店标准》(GB/T 21084—2007),并于2008年3月起实施。该标准规定了绿色饭店的基本要求、绿色设计、安全管理、节能管理、降耗管理、环境保护、健康管理和评定原则,引导宾馆、饭店发展绿色经营方式、提供绿色服务产品、营造绿色消费环境。上述这些标准的重点在于酒店的评级和绿色经营管理,对于推动酒店业绿色环保起到了积极的作用。

5.4.1.2 酒店建筑可持续设计所关心的问题

酒店建筑在其使用过程中会消耗大量能源、水和其他资源,通过有效的管理和消费倾向宣传引导,能够有效地降低各种资源消耗,饭店建设中倡导"绿色管理"能够为饭店带来可观的经济效益、良好的社会效益和环境效益,这已经在国际上诸多品牌酒店中达成共识。本文讨论研究的重点是酒店建筑可持续设计所关心的问题,即如何通过规划和建筑设计手段,使酒店建筑在建设和未来几十年的使用过程中,最大限度地满足酒店经营的要求,节约运营维护成本,保持市场的吸引力和赢利能力,同时最大限度地减少对环境的负面影响。

5.4.1.3 酒店可持续设计的特殊市场意义

发达国家的调查显示,越来越多的酒店客人开始关注酒店的绿色环境,客人愿意支付8%~10%的价格差异而选择一座绿色环保的酒店。国际性跨国大公司在选择集团签约酒店时,已把具有相关绿色认证作为一个必要条件。换句话说,如果酒店达不到相关绿色可持续认证,将可能彻底失去这类高端客户!

5.4.2 前期评估及场地规划

5.4.2.1 选址

选址是酒店可持续性设计流程的第一步。场地必须与开发的初衷吻合,并且符合建筑本身的要求。国际上可持续酒店选址通常需要考察研究以下七方面因素:

(1)场地具有的生态特征:通过了解场地的水文学和地质学特征,以评估侵蚀的速度,并判断场地是否有足够的稳定性承载建筑物;评估、预测开发项目计划对地形及生态环境的影响和破坏程度。

(2)场地的文化意义:场地内的历史文化设施保护,以及潜在的文化发展。

(3)场地开发的潜力发掘:充分考虑场地的生态和文化意义,以决定场地是否应该按照开发建议进行开发。

(4)场地周边的基础设施,如道路、输电线、水厂及污水处理厂:这个问题对于判断多重负面影响很关键。如果场地远离现有的基础设施,那么延伸基本的基础设施至场地会产生一定的负面影响,选址时应尽量避免这样的负面影响;从给水、供能及处理污物上讲,待开发项目应能形成区域内的自给自足。

(5)场地的环境状况:应了解该场地开发前的用途和状况,如是否曾经用于工业设施,场地内是否有水土污染现象、是否存在强电磁场、场地上的植被是否表现出衰退等;同时还应考虑被动式太阳能设计和可回收能源的空间,如果场地远离电网,那么这个问题会成为关键。

(6)现有建筑物的改造及材料回收:如果场地上有废弃建筑物,应尽量考虑将其改造或升级,成为开发内容的一部分;如果这些建筑物无法修缮,则应考虑回收改造一些建筑材料为新的开发服务。

(7)周围区域未来的土地用途对开发项目的影响:了解周围区域的发展规划,计划开发工业区还是商业区,分析未来的开发是否提升或降低场地的价值和美感;同时还要考虑周边区域的开发对场地日照、给水、供电的影响,以及随之而来的空气、水的污染,增加噪音和交通问题。

5.4.2.2 承载力

在旅游业内,承载力指的是某个场地或目的地在其环境破坏出现之前容纳旅游者及配套设施数量的最大值。一旦超过了阈值,旅游业需要的资源及产生的污染就开始破坏自然环境。承载力在选址过程中扮演重要的角色,因为开发商要从一开始就考虑建筑物及旅游者数量的阈值;考虑若干个备选场地;在最终决策前考虑缓解对环境的负面影响所需的人力及财力。

生态的敏感度因生态系统而异。比如海滨及湿地与草原相比更富于变化但也更脆弱。同样地,岩壁比山林更稳定亦缺少变化。另外,旅游业是个灵活的行业,旅游者的数量随季节波动明显。考虑到这些因素,一个场地的承载力取决于:① 旅游者造访次数;② 旅游者造访的方式及停留的时长;③ 旅游活动

④ 该区域本土居民的数目；⑤ 设施设计；⑥ 目的地管理策略；⑦ 周边环境的特征和质量。

虽然承载力的概念在理论上行得通，但实际应用起来却困难重重。在思考阈值水平时，有必要考虑何种程度的活动算是过度，而何种程度的环境改造可以接受（图5.97）。研究自然资源管理学的人士常常遵循"可接受改造的限度"这一原则，为的是对自然区域内引发人类行为的改造活动设定可计算的极限值。该原则被广泛用于自然公园和保护区的管理。

5.4.2.3 环境影响评估（EIA）

下面研究开发建议对环境的潜在影响，如何避免或消除这样的影响。为此而采用的手段被称为环境影响评估（EIA）。

图5.97 某滨海酒店景观设计
资料来源：http://www.mangrovetreeresort.com

① EIA是预测和评估开发建议对环境产生影响的一种方式；② 在决定开发建议是否应该实施前识别和计算对环境的直接及间接影响；③ 修订开发建议为避免及减小对环境的潜在影响创造了机遇。

EIA针对的是识别对环境的影响，即由开发建议引起的环境状况的改变。这样的变化与假设未被开发的环境状况进行对比。自然环境并非静止不变：在所有的生态系统中存在着各式各样、或紧或慢的变化，并且需要对场地的自然变化做出假设。譬如对某海滨度假区进行EIA，那就有必要对海岸线的自然变化速度、沿海植被的生态演替、侵蚀及沉积的方式等进行研究。但是，如果对某岩壁上的旅游中心（一般来讲这样的生态系统不如海岸富于变化）进行EIA，对目前环境状况进行描述就已经足够了。

西方发达国家大多要求项目开展EIA，并且把环境影响陈述书作为报建材料的一部分提交给建设部门。但如果由开发商来开展EIA，那客观性有多强就是个疑问，因为开发商最为关心的是保证开发建议能够通过审批。因此需要有外部专业机构完成EIA，并进行客观审查，以保证环境影响评估的客观可信性[①]。

5.4.2.4 建筑布局

一旦选定场地，将对环境的负面影响最小化的措施也确定，那么开发商应该考虑建筑物在场地上的位置：① 建筑物应该被放置在场地上生态和文化意义最淡薄的部分；② 为了将被动式太阳能设计的空间最大化，建筑物的位置及朝向将以一年中太阳运行的轨迹及周围建筑物投影的形状为根据；③ 建筑物可以实现美感最大化为目的摆放，但是同样保证私密性和安全性；④ 布局应该利用自然条件的优势，如：现有的树木可以用来遮阳并在夏日降低而在冬日增加太阳能获取量；⑤ 可以给建筑物加上露台以匹配自然的地貌样式，而不是将场地平整；土质的护坡道可以有效地挡风并且有助于被动式太阳能设计（图5.98）。

图5.98 深圳万科总部（包含酒店），首层全部架空，力求获得最大的城市开敞空间，项目获得LEED认证
资料来源：卢求摄

---

① 根据《Industry as a partner for sustainable development-Tourism》World Travel & Tourism Council (WTTC)；《Sustainable Hotel Siting, Design and Construction》Scott Mycock 2008；《Sowing the Seeds of Change-an environmental teaching pack for the hospitality industry》2001 EUHO-FA, IH&RA 等文献整理.

5.4.3 酒店的可持续建筑设计

可持续酒店建筑指在获得舒适和健康美好的建筑环境的同时，在建设和使用过程中最大限度地减少占用或破坏资源，并获得经济上最佳的回报。

酒店建设需要较大规模投资，获得赢利是酒店建设最主要的目的之一，因而酒店建筑中绿色可持续策略与技术的应用，必须能够帮助投资者获得更多收益，减少日常运营维护费用，减少全寿命周期成本，才能被市场接受。酒店市场定位的准确与否，建筑设计的好坏，内部功能解决，客人舒适度和精神上的愉悦与满足，生态可持续策略与技术应用的好坏，直接影响到酒店的经营与投资回报。

可持续酒店设计成功需要投资方、管理公司、设计师三方密切合作。

5.4.3.1 酒店的分类与特点

国际上酒店分类方法很多，目前及未来一段时间之内中国市场上发展的主要类型有以下四种：① 商务酒店；② 旅游度假酒店；③ 经济型酒店；④ 特色精品酒店。

每种类型之中又有低中高甚至豪华等不同级别。四种类型的酒店根据使用特点的不同，其建筑和配比要求，客房大小，空间关系，室内装修艺术效果，舒适度要求有很大区别。酒店绿色可持续策略与技术的应用，必须是在深入研究上述需求的基础之上，通过整合设计（IDP）的工作方法，建筑、结构、设备各专业密切配合，才能达到预先设定的目标与效果。

现代商务酒店需要满足居住、商务、办公、餐饮、会议等功能，通常要求现代高效、简洁、舒适，对于客房走廊长度，会议餐厅客房之间便捷的联系有较高的要求。经济型商务酒店则提供基本功能，有限服务和较低的房价。

旅游度假酒店需要满足放松、休闲、娱乐、家居、餐饮和地域文化、自然风光的体验等功能，通常要求最大限度地发挥旅游资源的优势，营造独特的体验经历，结合自然景观，人文传统地方特色等，创造舒适宜人难忘的空间与环境效果（图5.99）。

经济型酒店是房价适中的中小规模酒店，客户通常为中小企业商务人士、休闲及自助游客人。经济型酒店的概念产生于20世纪80年代的美国，提供整洁的客房和较少服务，满足商旅客人的最低要求。近些年来，中国经济型酒店的扩张也非常迅速。世界著名的经济型酒店品牌陆续进入，中国本土的经济型酒店品牌也同时开始发展起来。到2008年底，国内经济型酒店数量达到2 805家，客房数为312 930间。依靠电子商务、电子支付的背后支撑，中国经济型酒店行业发展迅猛。

特色精品酒店是近年来在欧美兴起的一种特型酒店，它强调酒店的艺术设计感，它抛弃传统的酒店形式，利用艺术设计创造独特的体验。此类酒店以鲜明的个性风格代替传统酒店似曾相识的面孔，深深地打动和吸引了一批批追求新异体验的前沿消费者（图5.100~图5.102）。其中的一个分支是生活时尚酒店（Lifestyle Hotel）。

图5.99 东南亚某度假酒店，符合气候环境要求，富有地方建筑文化特色
资料来源：Starwoodhotels

图5.100 美国某特色精品酒店，设计风格独特，富有感染力
资料来源：Viceroyhotelgroup

图 5.101 美国某特色精品酒店	图 5.102 美国某特色精品酒店
资料来源：Viceroyhotelgroup	资料来源：Viceroyhotelgroup

每种酒店都有其特殊的要求，生态可持续策略与技术的应用必须围绕其特点展开。

5.4.3.2 控制酒店建筑的总体量

通常国际上四星级商务酒店客房面积为 32~34 m²/间，相应均摊客房建筑面积在 65~80 m²/间，因此，300 间客房的四星级商务酒店建筑面积在 2 万 m² 左右是适宜的。五星级酒店客房面积为 40~45 m²/间。因此 300 间客房的五星级酒店 3 万 m² 左右就可以了。很多酒店设计在面积规模上过大，造成很大浪费，投资过高，后期运营成本高，投资难以回收。因此控制酒店总面积和总体量，这是可持续发展、节能减排确保投资回报的首要环节。

同时，酒店建筑体积也是影响能耗的重要环节，如德国在建筑审批过程中，不仅控制建筑面积，同时也控制空间体积。有效地控制建筑体积，减少空间浪费，对于形成舒适宜人的环境，减少建造成本与材料，节约能源与减少排放有重要意义。

5.4.3.3 提高平面使用效率，减少空间浪费

酒店是一种功能性很强的建筑，客房区、公共区、后台服务区三大动线组织设计是关键。

在与管理过多家酒店的经验丰富的酒店管理者沟通时，他们常常反映，近年来中国酒店业发展迅速，新建酒店层出不穷，很多酒店只注重外观形象，内部功能有很多问题，使用不便。相反有些优秀建筑师早期设计建设的酒店，功能安排合理，初看起来没有什么特殊的，但深得酒店经营方的赞誉。

酒店设计很重要的一项指标是盈利面积（Profitable Area）与总建筑面积之比。酒店的盈利面积指客房、餐厅、大堂吧、会议、宴会厅、健身中心、SPA 等区域。一座设计优秀的酒店可盈利面积应该在 80% 以上。酒店设计需要对功能有深入的了解，图5.103 是酒店餐饮部分的功能关系图。

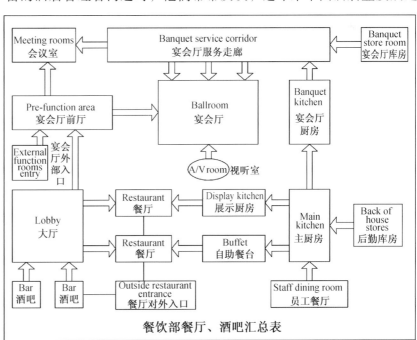

图 5.103 酒店餐饮部分功能关系图
资料来源：5+1 洲联集团—五合国际

5.4.4 酒店建筑的节能设计

5.4.4.1 酒店建筑的能耗特点

酒店建筑的能耗主要包括：采暖能耗，空调与通风能耗，照明能耗，生活热水，办公设备，电梯，给排水设备等。根据《中国建筑节能年度发展研究报告》2009年的数据，大型酒店单位面积电耗为121 kW·h/m^2，还不包括采暖能耗。

决定酒店的能耗量主要取决于建筑被动节能设计，能源系统和空调等系统设计，控制系统与模式，运营使用管理等。

酒店建筑的全年能耗中大约50%~60%消耗用于空调制冷与采暖系统，20%~30%用于照明。而在空调采暖这部分能耗中，大约20%~50%由外围护结构传热所消耗（夏热冬暖地区大约20%，夏热冬冷地区大约35%，寒冷地区大约40%，严寒地区大约50%）。

酒店的功能非常复杂，包括文化、物质、心理和生理等方面内容。不同功能的空间，如客房、餐厅、酒吧、会议、大堂等，对舒适度的要求有很大区别，因而在建筑设计和空调采暖通风系统设计上，都需要针对不同功能空间的使用特点，选择相应的解决方案。

酒店建筑从使用上看有明显的间歇性特点，通常客房的入住率在50%~70%左右，一些季节性强的酒店，淡季旺季入住率差异更加明显。其他餐厅、会议等区域更是有明显的使用时段，因而其空调采暖、通风设计必须与其相适应。

5.4.4.2 避免不必要的节能技术与设备的堆砌

目前国内绿色节能建筑出现的最大偏差是不顾实际效果盲目堆砌各种所谓节能技术与设备，造成高能耗建筑和后期高昂的维护成本。建筑节能与否，唯一衡量标准是在达到设定的舒适度指标条件下，每平方米建筑面积的能耗指标，更准确科学的定义是单位建筑面积每年一次性能源消耗指标。而绝对不是采用了多少节能技术设备系统。

5.4.4.3 被动式节能设计优先

被动式节能措施是指通过群体规划布局、单体建筑设计本身，有效利用自然条件，克服不利因素，为创造舒适的室内环境，节约能耗或为主动式节能创造有利的条件。

1）总平面规划设计

酒店建筑的总平面规划设计是建筑节能设计的重要内容之一，这一阶段设计要对建筑的总平面布置、建筑平、立、剖面形式、太阳辐射、自然通风等气候参数对建筑能耗的影响进行分析。也就是说，在冬季最大限度地利用自然能来取暖，多获得热量和减少热损失；夏季最大限度地减少得热并利用自然能来降温冷却，以达到节能的目的。

特别注重入口大堂和餐厅室外庭院的冬季防风和夏季遮阳效果，这两方面对酒店的舒适体验和价值提升意义重大。

朝向选择的原则是冬季能获得足够的日照并避开主导风向，夏季能利用自然通风并防止太阳辐射。然而建筑的朝向、方位以及建筑总平面设计应考虑多方面的因素，尤其是公共建筑受到社会历史文化、地形、城市规划、道路、环境等条件的制约，要想使建筑物的朝向对夏季防热、冬季保温都很理想是有困难的，因此，只能权衡各个因素之间的得失轻重，选择出这一地区建筑的最佳朝向和较好的朝向。通过多方面的因素分析、优化建筑的规划设计，采用本地区建筑最佳朝向或适宜的朝向，尽量避免东西朝向日晒。

2）建筑体形系数控制

严寒、寒冷地区建筑外围护结构能量损失占比例很大，严寒和寒冷地区建筑体形的变化直接影响建筑采暖能耗的大小。建筑体形系数越大，单位建筑面积对应的外表面面积越大，传热损失就越大。严寒、寒冷地区建筑的体形系数应小于或等于0.40。如果这一点规定不能得到满足，则必须采用《公共建筑节能设计标准》第4.3节的权衡判断法来判定建筑是否满足节能要求。

在夏热冬冷和夏热冬暖地区，建筑体形系数对空调和采暖能耗也有一定的影响，但由于室内外的温差远不如严寒和寒冷地区大，而且夏季空调能耗占总能耗比例上升，所以体形设计要兼顾冬季保温和夏季散热通风要求，有较多的自由度，建筑师能够设计出较丰富生动的建筑群体和单体造型。

3）控制外围护结构的传热系数

北方严寒、寒冷地区建筑节能主要考虑建筑的冬季防寒保温，建筑围护结构传热系数对建筑的采暖能耗影响最大，因而提高外围护结构传热系数的指标是节能最有效，投资相对小的措施。北京及华北大部分地区属寒冷地区，根据公共建筑节能设计标准要求，其外围护结构传热系数和遮阳系数限值见表5.6。

表5.6 寒冷地区围护结构传热系数和遮阳系数限值［资料来源：公共建筑节能设计标准（GB50189—2005）］

围护结构部位		体形系数 ≤ 0.3 传热系数K[W/(m²·K)]		0.3 < 体形系数 ≤ 0.4 传热系数K[W/(m²·K)]	
屋面		≤0.55		≤0.45	
外墙（包括非透明幕墙）		≤0.60		≤0.50	
底面接触室外空气的架空或外挑楼板		≤0.60		≤0.50	
非采暖空调房间与采暖空调房间的隔墙或楼板		≤1.5		≤1.5	
外窗（包括透明幕墙）		传热系数K W/(m²·K)	遮阳系数SC （东、南、西向/北向）	传热系数K W/(m²·K)	遮阳系数SC （东、南、西向/北向）
单一朝向外窗 （包括透明幕墙）	窗墙面积比≤0.2	≤3.5	—	≤3.0	—
	0.2<窗墙面积比≤0.3	≤3.0	—	≤2.5	—
	0.3<窗墙面积比≤0.4	≤2.7	≤0.70/—	≤2.3	≤0.70/—
	0.4<窗墙面积比≤0.5	≤2.3	≤0.60/—	≤2.0	≤0.60/—
	0.5<窗墙面积比≤0.7	≤2.0	≤0.50/—	≤1.8	≤0.50/—
屋顶透明部分		≤2.7	≤0.50	≤2.7	≤0.50

注：有外遮阳时，遮阳系数=玻璃的遮阳系数×外遮阳的遮阳系数；无外遮阳时，遮阳系数=玻璃的遮阳系数。

在夏热冬冷和夏热冬暖地区，室内外温差没有严寒、寒冷地区那么大，通过外围护结构损失的能量没有那么多，同时在过渡季和夏季需要考虑室内向外散热，过度提高外围护结构传热系数的指标要求，综合效果并不一定好。

4）避免热桥构造，消除结露危险，提高建筑的气密性

由于围护结构中窗过梁、圈梁、钢筋混凝土抗震柱、钢筋混凝土剪力墙、梁、柱等部位的传热系数远大于主体部位的传热系数，形成热流密集通道，如果在此不采取充分隔热措施，就会形成热桥，造成能量损失。不利条件下还会形成结露，导致发霉，严重影响室内健康环境。

提高严寒地区和寒冷地区建筑的气密性是提高建筑舒适性和节能的重要环节，有条件的项目应通过"鼓风门"等方法检测建筑的气密性，配合红外热敏成像等技术设备，综合诊断改善建筑的保温性能（图5.104~图5.105）。

图5.104 德国斯图加特会展中心酒店，设计符合寒冷气候环境建筑的节能设计要求
资料来源：卢求摄

图5.105 德国斯图加特会展中心酒店细部
资料来源：卢求摄

5）窗墙比的控制，模拟计算寻优

透明玻璃窗是建筑保温隔热的薄弱环节，高性能保温隔热玻璃的造价相对较高。因而在设计初期业主和建筑师就需要明确，采用较大玻璃面积外墙设计，同时达到室内舒适环境和节能要求，需要采用高性能保温隔热玻璃，遮阳和其他空调技术设施，需要较大投资支持。如果不能做到这一点就必须严格控制窗墙比。

对于复杂的建筑需要进行计算机模拟，根据当地的气候条件，太阳辐射的强度，对不同开窗面积，不同玻璃性能，遮阳设施的组合进行比较，在保证室内舒适度的前提下，计算能耗量，以确定最佳方案。

5.4.4.4 重点空间的舒适度与节能设计

酒店大堂、中庭餐饮、会议等空间是酒店建筑最富于艺术表现力的空间，同时也是舒适度和节能设计容易出问题的区域。随着时代的演变，酒店大堂及中庭等空间更多地具有客厅、休憩、等候、茶饮和私密交谈等功能，而不是简单交通功能和高大辉煌的空间。这些功能需要较高的舒适度，特别是对分层空间温度空气流速，空间界面温度，阳光舒适度，声舒适度等方面的要求。

这些特效的空间设计需要综合权衡建筑的艺术效果，实用功能性和舒适节能方面的要求，选择最佳解决方案。设计过程中宜运用 FLUENT，StarCCM+ 等专业软件，对未来空间的舒适度指标，如温度场、风速场、空气龄场、PMV 场等，进行系统模拟，对房间的气流组织，室内空气品质（IAQ）进行全面综合评价，以保证其舒适度的要求，同时在此基础之上建筑师和暖通工程师共同确定适当的设备系统和末端形式的选择，以达到空间艺术、舒适度和节能的最佳效果。

5.4.4.5 酒店空调系统最具节能潜力的 10 个方面

酒店由于季节性和使用间歇性大，因而需要空调系统能够灵活可调，且反应快速。影响酒店空调系统能耗的主要有采暖锅炉、制冷机水泵、新风机和控制系统。在新建酒店空调系统设计和既有酒店建筑空调系统改造方面，节能潜力最大的有以下 10 个方面：① 冷热源系统的优化与匹配。综合考虑可再生能源利用的实际效果和与其他系统的配合而不是盲目采用多种技术，使系统过于复杂，整体效率降低，反而增加能耗；② 根据建筑运行荷载精心选择不同功率大小制冷机组搭配，使制冷机组总能在较高 CPO 状态下运行；③ 采用变频水泵，根据冷热负荷需要调节送水量；④ 根据室外空气温度情况，在过渡季节，以及夏日夜间和早晨时段，尽量采用室外空气降温减少空调开启时间；⑤ 采用适当的传感与控制系统，要求做到房间里无人时，空调与新风系统自动降到最低要求标准，有条件时，应做到门窗开启时，空调或暖气系统自动关闭；⑥ 保证输送管线有足够的保温隔热措施减少输送过程能量损耗；⑦ 定期清洗风机盘管等设备，减少阻力和压力损失。美国有数据显示，某酒店 111 500 m^2，四台新风处理机组，总功率 2.023 kW，清洗风机盘管后风压损失减少 14%，能效提高 25%，2005 年节约电费 40 000 美元；⑧ 空调整体智能化控制系统，根据末端要求情况利用水资源等系数，准确控制制冷机的开启和水泵运行。在某些季节和时段只对餐厅等空间运行制冷，而对客房和走廊大堂等只进行送风；⑨ 必要的热回收设备；⑩ 设计师需要关心项目的实际使用情况，了解建筑使用后物业管理方式与问题，进行实际能耗跟踪测评统计和用户反馈，有针对地进行精细化系统设计，而不是只按规范，使设备过大或搭配不合理[①]。

5.4.5 酒店建筑的低碳开发

5.4.5.1 碳排放量的计算

人类进入工业社会以后，城市工业生产、加工制造、交通建设等各领域往往大量燃烧或使用一次性能源，由此产生并排放出大量 CO_2 气体，导致地球气候环境迅速变暖。于是，最终可能引发灾害性气候与环境变化频频发生，严重威胁人类正常的生存环境。对此，国际上已达成共识，要发动全球各国人民从各方面减少 CO_2 气体的排放，保护人类共同的生存空间。

建筑业的 CO_2 气体的排放量约占人类温室气体排放总量的 30%。以德国 DGNB 为代表的世界上第二代

---

① 根据《Energy-efficiency and conservation in hotels-towards sustainable tourism》Royal Institute of Technology Sweden；《Energy saving study in a hotel HVAC system》Department of Mechanical Engineering, Hong Kong University of Science and Technology；《Application Solution Reducing Energy Consumption in Hotels》2008 Spinwave Systems 等文献整理。

可持续建筑评估技术体系，首次对建筑的碳排放量提出完整明确的计算方法。在此基础之上提出的碳排放度量指标(Common Carbon Metrics)计算方法已得到包括联合国环境规划署(UNEP)机构在内多方国际机构的认可。

5.4.5.2 建筑物碳排放的四大方面与计算方法

DGNB体系对建筑物碳排放量首次提出了系统而可操作的计算方法。建筑全寿命周期主要表现在建筑的材料生产与建造、使用期间能耗、维护与更新、拆除和重新利用这四大方面，建筑物碳排放表现在建筑全寿命周期中上述四大方面对于一次性能源的消耗进而产生CO_2气体排放。建筑物的碳排放四大方面与计算方法分别为：

（1）材料生产与建造：考虑原料提取，材料生产，运输，建造等各方面过程中的碳排放量。计算方法是根据DIN276体系将建筑分解，按结构与装修的部位及构造区分对待，计算所有应用在建筑上KG300和KG400组别的建筑材料及建筑设备的体积，考虑材料施工损耗及材料运输等因素，与相关数据库进行比较，得出每种材料和设备在其生产过程中相应产生的CO_2当量。所有应用在建筑上的材料碳排放量相加得出总量。材料碳排放量的计算时间按100年考虑，每年的碳排放量即为其1/100。这样就可计算出建筑物的材料生产与建造部分每年的碳排放量。单位是kg CO_2- Equivalent / ($m^2 \cdot$年)。

（2）使用期间能耗：主要包含建筑采暖，制冷，通风，照明等维持建筑正常使用功能的能耗。对于建筑使用部分的碳排放量计算，要根据建筑在使用过程中的能耗，区分不同能源种类（石油、煤、电、天然气及可再生能源等），计算其一次性能源消耗量，然后折算出相应的CO_2排放量。

（3）维护与更新：指在建筑使用寿命周期内，为保证建筑处于满足全部功能需求的状态，为此进行必要的更新和维护、设备更换等。材料和设备的寿命与更新及维护间隔频率，按照VDI2067和德国可持续建筑导则(Leitfaden Nachhaltiges Bauen)相关规定计算。计算所有建筑使用周期内(按50年计算)需要更换的材料设备的种类体积，对比相关数据库，可以得到建筑在使用寿命周期内维护与更新过程中的碳排放量数据。

（4）拆除和重新利用：DGNB对建筑达到使用寿命周期终点时的拆除和重新利用的CO_2排放量计算采用如下方法，将建筑达到使用寿命周期终点时所有建筑材料和设备进行分类，分为可回收利用材料和需要加工处理的建筑垃圾。对比相应的数据库，可以得到建筑拆除和重新利用过程中的碳排放量数据。

依据DGNB相关的技术体系和方法，可以对酒店建筑的碳排放量进行科学计算[①]（图5.106，图5.107）。

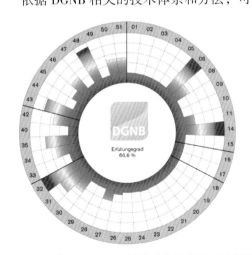

图5.106 德国DGNB可持续建筑评估体系达标图

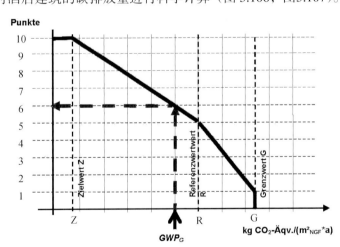

图5.107 德国DGNB建筑碳排放量计算图表

资料来源：德国可持续建筑委员会

5.4.5.3 如何减低酒店碳排放量

降低酒店碳排放量要通过科学设计，系统使用低碳建筑材料，降低建筑全寿命周期中维护更新材料的

---

① 有关DGNB资料见 http://www.dgnb.de; www.dgnb-china.com

碳排放量，降低建筑拆除和重新利用过程的能耗，特别要降低酒店使用过程中能量消耗和水资源消耗。

我国要建设和推广低碳建筑，首先，除了近期要进一步完善建筑节能体系之外，中长期需要建立自己的数据库，对各种不同建筑材料如钢材、水泥、玻璃、铝制品和内部装修材料，以及建筑设备（空调等）在生产过程中的能耗量做出全面统计和分析。对不同地区厂家生产的各种建筑材料单位能耗进行标识和追踪，建造时才能有更节能、减碳的方案可选择。其次，我国需要设计、研发和建立适合国内市场需求且经济成本上可行的建筑技术体系。通过这种体系，更有效地降低 CO_2 排放量，使之成为切实降低建筑物碳排放量的建筑结构体系，如建立轻钢、新型轻质混凝土结构、复合材料结构体系等的追踪，使建筑材料的碳排放量计算有科学依据。最后在设计和开发过程中，需要综合考虑各方面因素，如要求减少 CO_2 排放量、进行建筑开发的规划设计、建筑结构的造型、建筑材料的选择等。

5.4.6 绿色环保建材使用

5.4.6.1 保证健康室内空气环境

国际上对绿色环保建材的要求最新发展体现在两方面，一个方面是保证室内空气质量，控制甲醛和有害挥发性有机化合物（TVOC），甲醛和 TVOC 主要潜在包含在人造板家具、涂料、胶粘剂、壁纸、地毯衬垫等。酒店工程都是精装修，因而绿化环保建材应用对室内空气质量至关重要。① 需要设计师以及施工标书编制机构对此有足够重视和相应专业知识，在设计和标书中对所有材料的要求，包括黏结剂等辅助材料的环保性要提出明确的量化指标要求；② 在施工过程中所有材料要求提供第三方权威检测机构出具的检测证书，并全程备案；③ 装修完成后进行室内空气质量检测。

5.4.6.2 减少大气污染排放

环保建材要求的另一个方面是衡量建筑对宏观环境的影响，即建筑中所有使用的建筑材料及设备，考量其生产过程中能源的消耗和有害气体的排放量，对地球环境可能产生的影响。可持续建筑不仅要求减少 CO_2 排放，同时也要求减少 NO_2、SO_2 等其他有害气体对臭氧层的破坏，减少磷化物和重金属的排放，以避免对全球环境造成更严重的破坏。世界上第二代绿色建筑评估体系"德国 DGNB 可持续建筑评估体系"对此有系统全面的评估方法，相关的建筑材料的环保性能数据，可以在德国官方数据库（http://www.nachhaltigesbauen.de）查到。

通过对建筑中所有使用建材与设备建立档案和量化记录，根据数据库提供的参数就可计算出每种建筑材料相应折套每年排放有害物质的数量，核算建筑中所有建材和设备，即可计算出建筑每年排放有害物质的总量。

如果在设计过程中就能进行这项计算工作，就可以考核不同建筑及结构形式，不同建筑材料的应用，将会对环境产生较多或较少的负面影响，从而达到在这一项考核指标方面减少污染保护环境的目的。

5.4.6.3 强调就地取材

国际上可持续建筑强调使用本地建筑材料，通常要求主要建筑材料来源在 500 km 范围以内。就地取材有利于减少交通运输 CO_2 和其他污染物的排放，同时有利于形成地方特色的建筑风格，这一点对于酒店建筑也是非常重要的。

5.4.7 酒店可持续运营管理

酒店的运营管理对于酒店建筑与设施的节能、绿色环保效果影响巨大。我国在 2008 年由国家质量监督检验检疫总局和国家标准化管理委员会联合发布了《绿色饭店标准》（GB/T 21084—2007），对酒店可持续运营管理提出了系统的方法和标准。

5.4.7.1 酒店可持续管理组织架构

酒店需要设立创建绿色酒店的组织机构，由经过专业培训的高层管理者负责；设立绿色行动专项预算；有明确的绿色行动目标和量化指标；为员工提供绿色酒店相关知识培训；有倡导节约、环保和绿色消费的宣传行动，对消费者的节约、环保消费行为提供鼓励措施。

5.4.7.2 酒店建筑的能耗管理

酒店建筑的运行节能是节能工作非常重要的环节,具体应从下列 8 个方面入手:① 水、电、气、煤、油等主要能耗部门有定额标准和责任制;② 主要用能设备和功能区域安装计量仪表;③ 每月对水、电、气、煤、油的消耗量进行监测和对比分析,定期向员工报告;④ 定期对空调、供热、照明等用能设备进行巡检和及时维护,减少能源损耗;⑤ 积极引进先进的节能设备、技术和管理方法,采用节能标志产品,提高能源使用效率;⑥ 积极采用可再生能源和替代能源,减少煤、气、油的使用;⑦ 公共区域夏季温度设置不低于 26℃,冬季温度不高于 20℃;⑧ 水、电、气、煤、油等能源费用占营业收入百分比达到先进指标。

5.4.7.3 酒店减少废弃物与环保

国际上酒店业对于减少垃圾产生与促进环保已形成一定有效机制与办法,通常从以下 13 个方面推进:① 减少酒店一次性用品的使用;② 根据顾客意愿减少客房棉织品换洗次数;③ 简化客房用品的包装;④ 改变洗涤品包装为可充灌式包装;⑤ 节约用纸,提倡无纸化办公;⑥ 有鼓励废旧物品再利用的措施;⑦ 减少污染物排放浓度和排放总量,直至达到零排放;⑧ 引进先进的环保技术和设备;⑨ 不使用可造成环境污染的产品,积极选择使用环境标志产品;⑩ 采取有效措施减少固体废弃物的排放量,固体废弃物实施分类收集,储运不对周围环境产生危害;危险性废弃物及特定的回收物料交由资质机构处理、处置;⑪ 避免过度包装,必须使用的包装材料尽可能采用可降解、可重复使用的产品;⑫ 积极采用有机肥料和天然杀虫方法,减少化学药剂的使用;⑬ 采用本地植物绿化饭店室内外环境。

5.5 医院建筑

5.5.1 绿色医院建筑的概述

5.5.1.1 绿色医院建筑的内涵

社会的发展带来生态和人文环境的破坏,导致危害健康、引发疾病,同时促成了医院建设规模的不断扩大。绿色医院建筑正是在能源与环境危机和新医疗需求的双重作用下诞生的。绿色医院建筑是一个发展的概念,其内涵涉及绿色建筑思想与医院建筑设计的具体实践,内容十分宽泛而复杂。医院建筑是功能复杂、技术要求较高的建筑类型。绿色医院建筑的内涵具有复杂与多义的特征,只有全面正确地理解其内涵,才能在医院建设中贯彻绿色理念,使其具有可持续发展的生命力。

绿色医院建筑的内涵包括以下几个方面:首先是资源和能源的科学保护与利用,关注资源、节约能源的绿色思想,要求医院建筑不再局限于建筑的区域和单体,更要有利于全球生态环境改善。建筑物在全寿命周期中应该最低限度地占有和消耗地球资源,最高效率地使用能源,最低限度地产生废弃物并最少排放有害环境的物质。其次是对自然环境的尊重和融合,创造良好的室内外空间环境,提高室内外空间环境质量,营造更接近自然的空间环境,运用阳光、清新空气、绿色植物等元素使之成为与自然共生、融入人居生态系统的健康医疗环境,满足人类医疗功能需求、心理需求的建筑物。再次是建筑本体的生命力,包括使用功能的适应性与建筑空间的可变性,以适应现代医疗技术的更新和生命需求的变化,在较长的演进历程中可持续发展。新时期的绿色医院建筑要求其不仅能够维持短期的健康,还应该能够满足其长远的发展,为医院建筑注入了动态健康的理念。

5.5.1.2 我国绿色医院建筑的历程演进

我国绿色医院建筑的发展是伴随医疗技术和建筑技术的发展进程逐步走向绿色化的。中华医学具有悠久的历史,崇尚自然、尊重生命的医疗模式对我国医院建筑的形态具有很大影响,其发展过程可根据医院建筑的历程演进分为以下四个时期。

1)萌芽期

绿色生态思想在我国医院建筑的设计中古已有之,最早可以追溯到周朝,医疗功能多依赖于宗教建筑,以医传教。选址多在环境幽雅、空气清新,又可以就地取材的风水宝地。三国时期,相传有"行医不受报酬",采取"以药换医"、"植树换医"的"杏林"模式医院,其环境就近自然山林,景色优美,利于疾病治疗,药物可就地取材,自然疗法,物尽其用,简易可行。这种模式可以看做是医院建筑绿色化的早期实践,其中蕴含着绿色医疗环境及其可持续发展的哲理,体现了社会效益、经济效益、环境效益的协调统一[①]。

到了唐宋时期,医院进一步发展,并初具规模,宋朝京师开封拥有了300人的医院,医院开始对环境和各类空间的功能有较为明确的划分,厅堂和廊庑相结合的庭院式模式构成了最初的布局。这种布局形式已经具有减少交叉感染、保证人的生理健康的朴素绿色思想。

2)探索期

鸦片战争以后,随着西方传教士的文化入侵,以生物医学模式为基础的西医学随之引入,我国进入了近代医院的探索时期。由于功能的专业分科,医院大多采用分科、分栋的分散式布局形式,规模较小,建筑物大多是低层的小型建筑,如改造前的南京鼓楼医院(图5.108)。这时的医院建筑是低技术水平条件下医院功能的自然反映,其中也体现着注重洁污分区和利用自然通风采光的绿色思想。

图5.108 南京鼓楼医院
资料来源:http://www.nanjingkangai.com/Contact.htm

3)发展期

新中国成立后,我国开始把医疗卫生事业纳入国民经济和社会发展的计划,医院建设进入发展时期。医院建筑规模不断扩大,建筑布局也逐渐摆脱了前苏联中轴对称模式的影响,开始根据功能更加灵活地进行设计。这一时期医院建筑设计多数具有较为完整的总平面规划,布局开始趋于集中,主体建筑多呈"王"字形、"工"字形组合,如北京宣武医院、上海闵行医院和江苏省苏州市九龙医院(图5.109)。其中蕴含了加强功能部门间联系和节约土地的绿色思想。

4)繁荣期

改革开放带来了社会经济、科技文化和人们生活日新月异的变化,也带来了我国医院建设的大发展,在这个时期我国医院建筑绿色化的重点是进一步提高工作效率和环境品质。传统的"工"字形、"王"字形平面已经不能适应新时期的医

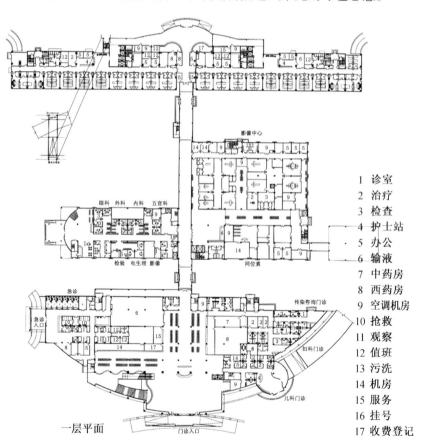

图5.109 江苏省苏州市九龙医院
资料来源:中国卫生经济学会医疗卫生建筑专业委员会,中国建筑学会建筑分会医院建筑专业委员会.中国医院建筑选编 第三辑.北京:清华大学出版社,2004.

---

① 罗运湖.医院建筑设计的绿色思考.城市建筑,2008(7):7-8.

疗需求。全国各地开始以建造高层病房楼、医技综合楼为特征的老医院改扩建热潮；而且有些新建医院还不同程度地考虑了医院的空间应变性需要，如1984年建成的北京中日友好医院是拥有1 000张床位的大型综合医院（图5.110），它采用了多翼式的布局模式，保留了足够的开放端和发展用地，成为我国现存医院建筑中考虑应变的较好范例。

近几年，与国外医疗机构的广泛交流开阔了人们的视野，我国新建一批大规模的综合医院中越来越多地引入了国外先进设计理念，建筑形态开始呈现多样化的发展趋势。例如：在布局上，广东省佛山第一人民医院和大庆人民医院采用了高层集中式病房和低层网络型门诊医技的组合形式（图5.111，图5.112），上海儿童医院进行了模块化的尝试，上海长征医院则采用了完全垂直集中式等；医院护理单元模式也出现了复廊式、三角形、组团式等多种形式。而这个时期人的多方面需求在空间环境设计时也被给予了更多的关注。如有的院区设计了供病人休憩健身的园林绿化景观区；而有的医院设计了促进公共交流的中庭，少床病室呈现出增加的趋势。

与此同时，医院建筑设计也开始注意能源节约，重视全球生态问题。另外，一些先进的工程技术也被越来越多地应用到医院建筑中：无障碍设计、医院的气源供应、生物洁净技术、视频音频通讯、物流传输、动力设备、智能技术等，大大提高了医院的运作效率，也促进了医院环境的改善。由此可见，我国医院建筑绿色化进入了繁荣期（图5.113，图5.114）。

图5.110 北京中日友好医院
资料来源：罗运湖.现代医院建筑设计.北京：中国建筑工业出版社，2002.

图5.111 广东省佛山市第一人民医院
资料来源：中国中元国际工程公司.优秀项目作品选.北京：机械工业出版社，2008.

图5.112 大庆市人民医院
资料来源：张姗姗摄

图5.113 中南大学湘雅医院医疗大楼住院部

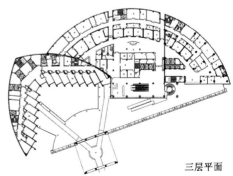

图5.114 复旦大学附属中山医院综合楼

资料来源：中国卫生经济学会医疗卫生建筑专业委员会、中国建筑学会建筑分会医院建筑专业委员会.中国医院建筑选编 第三辑.北京：清华大学出版社，2004.

5.5.2 绿色医院建筑的设计原则与理念

5.5.2.1 自然原则——关注生态环境

绿色医院建筑是规模合理，运作高效，可持续发展的建筑。尊重环境，关注生态，与自然协调共存是其设计的基本点。绿色医院建筑要与建筑所在的自然条件和生态环境相协调，抛弃"人类中心论"的错误观念，将人和建筑看做自然环境的一部分。人们对待环境的态度变破坏为尊重，变掠夺为珍惜，变对立为共存，只有这样，才能实现绿色医院建筑的可持续发展。绿色医院建筑设计的自然原则主要体现在以下三个方面。

1) 利用自然资源

合理利用自然，改变过去掠夺式开发和利用的方式，在不破坏自然的前提下适度地利用自然因素，为建筑创造良好的环境。充分利用阳光、雨水、地热、自然风等自然条件为建筑服务。例如：在黄土高原人们利用窑洞达到冬暖夏凉的目的，山区的人们利用竹筒等将山泉引入家中，南方的民居则充分利用自然通风，降低室内的温度和湿度，在房屋周围种植树木遮阳防风。充分利用阳光、太阳能、风能、潮汐能、地热能等可再生能源，有效使用水资源，科学进行绿化种植及利用其他无害的自然资源。

2) 消除自然危害

自然界存在着种种不利于人类生存发展的因素，建筑最初的目的就是防寒蔽日，躲避野兽，减少自然中有害因素对人的影响。因此在营造人工环境时，必须注意制定相应有效的对策。在绿色医院建筑设计中也要注意到防御自然中的不利因素，通过制定防灾规划和应急措施达到医院建筑的安全性保证，通过做好隔热、防寒、遮蔽直射阳光等构造设施的设计等，满足建筑防寒、防潮、隔热、保暖等要求，营造宜人的生活环境。对于地域性特征的不利因素，最好的办法是参考当地原有的解决办法，那是人们在长期与恶劣环境斗争过程中形成的一些消耗能量最少、对自然界破坏最小的方法，来实现最大的舒适性。

3) 营造自然共生

人类最初是生活在大自然中的一个物种，在人类文明逐渐发展的过程中，人类却与大自然逐渐隔离了，特别是到了近现代，随着建筑技术和空调技术的发展，人们已经把自己囚禁于人工建筑物之中，与自然接触越来越少。人类的建筑物已经大量的排斥了其他生物的生存，水泥地面让植物无法生长，玻璃大楼成了飞鸟的墓地，城市扩张需要的耗材已经砍光了山林，挖空了矿藏。然而，人类始终是大自然中的一个物种，现在各种流行的富贵病、空调病等都说明，人们应该接近自然，融入自然，只有这样才能更好地生活在这个地球上。

绿色医院建筑设计要符合与自然环境共生的原则，这就要求人们关注建筑本身在自然环境中的地位、人工环境与自然环境的设计质量等问题。人为建造不是强加于自然，而是融合于自然之中，达到与自然共生的目标。建筑师应当转变角色，从传统设计者转变为建筑与环境共生的策划者、协调者和营造者。认识到保护全球生态系统的重要性，重视对气候条件、自然资源的节约和利用，注意保持建筑周边生态系统的平衡。减少建筑对自然的污染，实施建筑环保战略，使用绿色健康建材，减少建筑的固体、液体、气体及噪音污染。绿色医院建筑还应考虑到对可再生能源(包括太阳能、地热能、风能等)的利用。

5.5.2.2 人本原则——保证健康安全

建筑是为人类服务的，以人为本、尊重人类是绿色医院建筑设计的一个重要原则。绿色医院建筑对人的尊重不仅局限于对患者的尊重，而且关注到对医护人员的爱护以及给予探视家属足够的关怀。

在绿色医院建筑的设计和建造过程中，节能环保不能以降低生活质量、牺牲人的健康和舒适性为代价。尊重自然，保护环境，都要建立在满足人类正常的物质环境需求的基础上，对人类健康、舒适、方便的追求必须放在与保护环境同等重要的地位。建筑物的一个主要目的是为人类生活提供健康、舒适的生活环境——创造优美的外部空间，改善室内环境品质，提高舒适度，降低环境污染，满足人们生理和心理的需求[①]。

---

① 王传杰.医院建筑中现代化与人性化的综合表现——创造人性化医疗色彩空间.中国医院建筑与装备,2007,8(1).

人性化设计是绿色建筑中体现人本原则，展开人文关怀的重要方面。医院建筑是为了人们的健康服务的，其特殊性使得在设计中强调"以人为本"的设计理念更加重要。在医院建筑的设计中包含以下方面的要求：① 基于人体工程学原理。从人体舒适度的角度出发，在医院建筑中创造舒适的室内外空间和微气候环境，营造理想的医院建筑内部微气候环境，尽量借助阳光、自然通风等自然方式调节建筑内部的温湿度和气流。② 以行为学、心理学和社会学为出发点。考虑人们心理健康和生理健康的环境需求，并创造合理健康的环境。③ 提高自主性。建筑空间的使用者可以对自己的居住环境进行适当调节，满足不同使用者不断变化的使用要求。④ 在绿色医院建筑的人性化设计中，不能忽略建筑所在地的地域文化、风俗特征和生活习惯，要从使用者的角度考虑人们的需要。每一个地方都有其特有的地域文化，新建筑的建筑风格与规模要和周围环境保持协调，保持历史文化与景观的连续性。只有考虑到地域差异，才能做出适合当地人使用的建筑。

5.5.2.3 效益原则——强调高效节约

强调医院建筑的效益原则就是要考虑资源能源的节约与有效利用。资源、能源节约与有效利用，是绿色医院建筑设计中表现最为突出的一个方面。只有实现了高效节约，才能减少对自然环境的影响和破坏，实现真正的绿色和可持续发展。资源、能源节约与有效利用的设计，其具体内容和技术途径主要体现在以下三个方面。

（1）实施节能策略，包括设计节能、建造节能和使用节能。设计节能主要是指在建筑的设计过程中考虑节能，诸如建筑总体布局、结构选型、围护结构、材料选择等方面考虑如何减少资源能源的利用；建造节能主要是在建造过程中通过合理有效的施工组织，减少材料和人力资源的浪费，以及旧建筑材料的回收利用等；使用节能则主要是指在建筑使用中合理管理能源的使用，减少能源浪费，如加强自然通风、减少空调的使用等，使建筑走向生态化和智能化的道路。

（2）利用新型能源和循环可再生能源技术，提高能源的利用率。例如，在城市能源供应系统中利用天然气代替煤炭，就可以大大增加能源的利用率。新型的供热系统，与城市工业、发电业等合作，增加能源综合利用效率，从整体上提高能源利用率。自然能源和循环可再生能源的运用技术关键在于其与建筑的有机结合方面（建筑形式、建筑构件的配合等）。

（3）结合当地的地域环境特征。在基地分析与城市设计阶段，应该从地域的具体条件出发，优化设计目标，寻求一种综合成本与环境负荷的方案，以最小的代价获得绿色建筑的最大效益。绿色医院建筑应充分利用建筑场地周边的自然条件，尽量保留和合理利用现有适宜的地形、地貌、植被和自然水系。在建筑的选址、朝向、布局、形态等方面，充分考虑当地气候特征和生态环境。在与自然的协调设计中，最为突出的是建筑被动式气候设计和因地制宜的地方场所设计。此外，绿色环保方面的技术内容，也是关注的重点[①]。

资源、能源的节约与有效利用的设计，要求设计师建立体系化节能的概念，从设计到使用全面控制能源的消耗。所有使用的能源都应当向清洁健康或者可循环再生方向发展，以避免形成更大的浪费和环境污染。

而绿色医院建筑的高效节约设计原则主要是针对医院建筑功能运营方面的经济性要求而采取的设计策略，它的根本思想是通过医院建筑设计充分利用各种资源，包括：社会资源（人力、物力、财力等）和自然资源（物质资源、能源等），这从另一个角度来说也就是节约资源，从而实现医院建筑与社会和自然的共生。具体的设计范围很宽泛，从前期的投资、规模定位、布局，到流线设计和具体的空间选择，直到建筑的解体再利用，这整个过程中都包含高效节约的设计内容。

5.5.2.4 系统原则——立足整体考量

绿色医院建筑的设计应该将医院建筑跟周围的环境看做一个整体，从系统的角度去分析、考虑，如何实现建筑的绿色化。

---

① 中国建筑科学院. 绿色建筑在中国的实践. 北京：中国建筑工业出版社，2007:14-15.

广义的绿色建筑设计要从三个层面展开：

第一，建筑所在区域和城市层面，在这一层面要全面了解城市的自然环境、地质特点和生态状况，并将其作为城市开发工作的指导，完成重大项目建设环境报告的制定与审批，做到根据生态原则来规划土地的利用和开发建设。同时，协调好城市内部结构与外部环境的关系，在城市总体规划的基础上，使土地的利用方式、强度、功能配置等与自然生态系统相适应，完善城市生态系统，做好城市的综合减排、综合防灾。

第二，建筑建设用地层面，这一层面的主要内容是与区域和城市层面对城市整体环境所确立的框架相接续，研究城市改造和更新过程中的复合生态问题，在四维时空框架内整合城市机能，化解城市功能需求和生态网络完整性之间的各种矛盾。

第三，建筑单体层面，主要内容是处理局部和整体的关系，协调建筑与自然要素的关系，利用并强化自然要素。基于此层面，将把绿色建筑的理论落实到具体建筑中，从建筑布局、能源利用、材料选择等方面结合具体条件，选择适当的技术路线，创造宜人的生活环境。

绿色医院建筑是可持续发展的建筑，有着新型的伦理观——横向上关注代内全体成员的利益，纵向上关注代际历时性利益的公正。这种新型的伦理观的核心就是整体性，是各种利益的整体平衡。基于这一观点，绿色医院建筑的设计在实际操作中需处理好一些常见的矛盾：

首先是整体利益与局部利益的矛盾。从绿色医院建筑环境的角度看，任何封闭环境不可能单独达到理想目标，必须与周围环境协同发展、互利互惠，实现优势互补，共同达到绿色节能的目标。否则相互之间的制约将形成建筑和城市绿色化的瓶颈。因此，在建筑设计中必须注重对整体效益的把握，局部利益必须服从于整体利益。绿色医院建筑设计是面向社会、面向自然的设计，只有从大的环境整体上的实现才是真正的实现。

其次是长期利益与短期利益的矛盾。当代利益相对于后代利益而言是短期的利益，从可持续发展的角度考虑，不能为了当代人的利益而损害后代人的利益。在绿色医院建筑的设计、建造和使用过程中，都必须站在历史的高度，用长远的眼光看待问题，实现建筑在整个使用周期中的效益最大化。

总之，绿色医院建筑要真正实现其绿色化，就必须掌握其特定目标的调整和侧重，对目标体系进行"优化"。绿色医院建筑目标体系的优化是指在满足特定的各种约束条件（如地域气候特征、经济状况、技术条件、文化传统等）前提下，合理地对各分项目标的内涵及重要度进行调整和组合，在自然、人本、效益、系统四大原则的框架内，获得现实可行的最佳方案。绿色医院建筑所包含的四个设计原则，各有其侧重点和指向特征，但彼此之间又存在着相互交叉的地方，在设计时必须相互融合，统筹考虑。

5.5.3 绿色医院设计策略

5.5.3.1 可持续发展的总体策划

随着医疗体制的更新和医疗技术的不断进步，医院功能日趋完善，医院建设标准逐步提高，主要体现在床均面积扩大、新功能科室增多、就医环境和工作环境改善等方面。绿色医院的设计理念要体现在该类建筑建设的全过程，总体策划是贯彻设计原则和实现设计思想的关键。

1）规模定位与发展策划

医院建筑的高效节约设计首先要对医院进行合理的规模定位，它是医院良好运营的基础。如果定位不当，将造成医院自身作用不能充分发挥和严重的资源浪费。正确处理现状与发展、需要与可能的关系，结合城市建筑规划和卫生事业发展规划，合理确定医院的发展规划目标，有效地对建设用地进行控制，体现规划的系统性、滚动性与可持续发展，实现社会效益、经济效益与环境效益的统一。

随着人口不断增长，医院的规模也越来越大，应根据就医环境合理地确定医院建筑的规模，规模过大则会造成医护人员、病患较多，管理、交通等方面突显问题；规模过小则资源利用不充分，医疗设施难以健全。随着人们对健康的重视和就医要求的提高，医院的建设逐渐从量的需求，转化为质的提高。我国医院建设规模的确定不能臆想或片面追求大规模和形式气派，需要综合考虑多方面因素，注重宏观规划与实践的结合，在综合分析的基础上做出合理的决策。

要制定出可行的实施方案，主要考虑的内容是医院在未来整体医疗网络中的准确定位、投资决策、项目的分阶段控制完成等，它是各方面关联因素的综合决策过程。在这个阶段，需要医院管理人员及工艺设备的专业相关人员密切参与配合，他们的早期介入有利于进行信息的沟通交流（如了解设备对空间的特殊技术要求，功能科室的特定运作模式等），尽可能避免土建完工后建筑空间与使用需求之间的矛盾冲突和重新返工造成极大浪费的现象产生。统筹规划方案的制订应该有一定的超前性，医院建筑的使用需求在始终不停地变化之中，但对于一幢新的医院建筑一般需要四五十年的使用寿命，设备、家具可以更新，但结构框架与空间形态却不易改动，因此，建筑设计人员应该与医院院方共同策划，权衡利弊，根据经济效益性确定不同投资模式。另外，我国医院的建设首先确定规模统一规划，分期或一次实现进行，全程整体控制是比较有效与合理的发展模式。在医院建筑分期更新建设中，应该通过适当的规划保证医院功能可以照常运营，把医院改扩建带来的负面影响减至最小，实现经济效益与建设协调统一进行。医院建设的前期策划是一个实际调查与科学决策的过程，它有助于医院建筑设计工作者树立整体动态的科学思维，在调查及与医院相关人员的交流等过程中提高对医疗工作特性的认识，奠定坚实的工作基础，使持续发展的具体设计可以更顺利地进行。

2）功能布局与长期发展

随着医疗技术的不断进步、医疗设备的不断更新、医院功能不断完善，医院建筑提供的不仅是满足当前单纯的疾病治疗空间和场所，而应该注意到远期的发展和变化，为功能的延续提供必要的支持和充分的预见，灵活的功能空间布局为不断变化的功能需求提供物质基础。随着医疗模式的不断变化医院建筑的形式也发生着变化，一方面是源于医疗本身的变化；另一方面，医院建筑中存在着大量的不断更新的设备、装置。绿色医院建筑的特征之一就是近远期相结合，具备较强的应变能力。医院的功能在不断地发生改变时医院建筑也要相应地做出调整。在一定范围内，当医院的功能寿命发生改变时，建筑可以通过对内部空间调整产生应变能力以满足功能的变化，保证医院建筑的灵活性和可变性，真正做到以"不变"应"万变"的节约、长效型设计[①]。

（1）弹性化的空间布局。医院建筑的结构空间的应变性是对建筑布局应变性的进一步深化，从空间变化的角度看基本分为调节型应变和扩展型应变两种。调节型应变是指保持医院自身规模和建筑面积不变，通过内部空间的调整来满足变化的需求；扩展型应变主要是指通过扩大原有医院规模和面积来满足变化的需求。两种方式的选择是通过对建筑原有的条件的分析和比对而决定的。在设计中，绿色医院建筑应该兼有调节型应变和扩展型应变的特征，这样才能具有最大限度的灵活性应变，适应可持续发展的需要。

调节型应变在结构体系和整体空间面积不变的条件下可以实现，简便易行，大大地提高效率节省资源。要实现医院的调节型应变关键是在建筑空间内设置一定的灵活空间用于远期发展，而调节型应变要求空间具有匀质化的特征，以使空间更容易被置换转移和实现功能转换融合，即要求医院空间具有较好的调整适应度。例如：空间的标准化设计，空间尺度、面积、高度的发展预留，空间的简易灵活分隔等。因此在医院空间设计时应适当转变原有固定空间的设计模式，转而考虑医院不同功能空间之间的交融和渗透，寻求空间的流动和综合利用。医院空间的使用并不是完全单一的，例如：门诊空间就是一个复杂的综合功能空间，可以通过一定的景观、绿化、屏风、地面铺装、高低变化等软隔断进行空间分隔，并可依据功能使用的情况变化而不断调整，医院候诊空间、科室相近的门诊空间等也可以采用类似的方法来实现空间更大的应变性。因此，灵活空间的设置可以依据近似功能空间整合的方式进行。例如：医院护理单元病房空间标准化处理既有利于医护人员加深对环境的熟悉程度从而提高工作效率，也有利于空间的灵活适应性。

扩展型应变主要是通过面积的增加来实现，扩展型空间应变的关键是保证新旧功能空间的统一协调，扩展型空间应变包括水平方向扩展和竖直方向扩展两个方面。医院的水平扩展需要两个基本条件：一方面要预留足够的发展用地，考虑适当留宽建筑物间距，避免因扩展而可能造成的日照遮挡等不利影响；另一方面使医院功能相对集中，便于与新建筑的功能空间衔接，考虑前期功能区的统一规划等。医院竖直方向扩展一般不打乱医院建筑总体组合方式，优点是利于节约土地，特别适用于用地紧张，原有建筑趋于饱和

---

① 罗运湖. 现代医院建筑设计. 北京：中国建筑工业出版社，2002:74-80.

的医院建设,缺点在于竖直方向扩展需要结构、交通和设备等竖直方向发展的预留,而在平时的医院运营中它们尚未充分发挥作用,容易造成一定的资源浪费,如近期有扩建的可能则是一种较好的应变手段,或者可以采取竖向预留空间暂做他用,待到需要的时候再通过调整使用用途的方式进行扩展。

(2) 可生长设计模式。医院建筑是社会属性的公共建筑,但又与常规的公共建筑有所不同。由于其功能的特殊性,使用频率较高,发展变化较快,功能的迅速发展变化,大大缩短了建筑的有效使用寿命,如果医院建筑缺乏与之适应的自我生长发展模式,很快就会被废弃。从发展的角度讲,建筑限制了医疗模式的更新和发展;从能源角度讲,不断地新建会造成巨大的浪费,因此医院建筑在设计中应该充分考虑到建筑的生长发展。建筑的可生长性主要是从两个层面考虑,一是为了适应医学模式的发展,满足医院建筑的可持续发展,而不断地在建筑结构、建筑形式和总体布局上做出探索变化,即"质"变;二是建筑基于各种原因的扩建,即"量"变。医疗建筑的生长发展是为了适应疾病结构的变化和医疗技术的进步发展。延长建筑的使用寿命是绿色建筑的重点之一,无论是质变还是量变关键是前期的规划准备和基础条件,医院应该预留足够的发展空间,建筑空间也应便于分隔,适度预留,体现生长型绿色医院建筑的优越性和可持续性。

3) 节约资源与降低能耗

近几十年我国城市迅速发展扩大,城市的高速发展不可避免的带来许多现实问题,诸如城市发展理念不符合一般的城市可持续发展规律,城市中心区建筑密度过高,用地紧张,公共设施不完善,道路低密度化等问题。其中对建筑设计影响最大的应该是建设用地的紧张,高密度造成的环境破坏,因此随着我国功能部门的分化和医院规模的扩大,为了节约土地资源、节省人力、物力、能源的消耗,医院建筑在规划布局上相应地缩短了流线,出现了整合集中化的趋向,原有医院建筑典型的"工"字形、"王"字形的分立式布局已经不能满足新时期医院发展的需要。其建筑形态进一步趋于集中化,最明显的特征就是大型网络式布局医院的出现以及许多高层医院的不断产生。纵观医院建筑绿色化的发展历程,医院建筑经历了从分散到集中又到分散的演变,它反映了绿色医院建筑的发展趋势。应该注意到医院建筑的集中化、分散化交替的发展模式是螺旋上升的发展方式,当前我们所倡导的医院建筑分散化不是简单地回归到以前的布局及分区方式,而是结合了现代医疗模式的变化发展,更为高效、便捷、人性化的布局形式,做到集约与分散的合理搭配,力求实现医院建筑的真正绿色化设计(图5.115)。

图 5.115 圣詹姆斯医院
资料来源:[英]托尼·蒙克. 医院建筑. 张汀,徐良,卢昀伟,等译.
大连: 大连理工大学出版社,2005.

(1) 便捷、高效、合理的集中化处理。面对当前建设用地紧缺、不可再生资源的大量流失,采取集中化的处理是为了达到有限资源的最优化利用,实现高效节能的设计初衷,同时集中化处理也是考虑到医疗病患的特殊情况,为了方便病患的就医就诊,尽可能地减少流线的反复冗长,做到高效便捷的功能使用,势必会将医院建筑的功能集中化处理。这也是以人为本设计理念应该考虑和解决的问题,另外集中式布局有利于提高医院的整体洁净等级,是现代化医院设计的理想模式,但必须以合理的分区、分流设计和必要的技术措施为保证,集中式的布局原则是国际标准的现代化医院的最基本的标志之一。因此集中化处理更加适合现代的医疗模式,便捷、高效地实现对病患的救治。

(2) 人性、绿色、高质量的适度分散化处理。医院建筑的集中化处理固然会带来诸多好处,但有些建筑由于过度集中也带来了许多负面效应。建筑的过于集中化使医院空间环境质量恶化,造成了医疗环境的紧张感、压迫感,缺少自然环境和活动场所等。如果过于成片集中布置,许多房间将没有自然采光与通风，这将不得不使用空调从而造成大量的能源浪费。因此，集中化处理不是全盘的集约压缩，是综合考虑满足医院建筑基本使用功能的前提下做出的合理、适度的处理手法。现代的医院建筑不仅要满足人们就医就诊的基本功能，同时要创造健康、舒适的休养环境，这也是绿色医院建筑需要实现的重要目标，树立"以人为本"的设计理念，考虑使用者的适度需求，努力创造优美和谐的环境，保障使用的安全，降低环境污染，改善室内环境质量，满足人们生理和心理的需求，为有效地帮助病患更好地恢复创造条件。因此环境品质的保证就要求建筑布局的适度分散化处理，除了特殊的功能部门宜采取集中设置外，一般不宜采用大进深的平面和高层集中式的布局，提倡采用低多层高密度的布局，充分利用自然采光、通风来实现高效与节约的绿色设计。

在医院建设费用提高的同时能耗也在不断提高，已经成为能耗最大的公共建筑之一。绿色医院的建设需要考虑建筑寿命周期的能耗，从建筑的建造开始到使用运营都做到尽量减少能耗和资源。医院的耗能不仅使医院日常支出增大，医疗费用增加，而且使目前卫生保健资金投入与产出之间的差距越来越大，加剧了地区供能的矛盾与医院用能的安全。节能、可持续设计思想是绿色建筑的基础，应充分利用建筑场地周边的自然条件，尽量保留与合理利用现有适宜的地形、地貌、植被和自然水系，尽可能减少对自然环境的负面影响，减少对生态环境的破坏。为了减少建筑在使用过程中的能耗，真正达到与环境共生，尽量采用耐久性能及适应性强的材料，从而延长建筑物的整体使用寿命，同时充分利用清洁、可再生的自然能源，例如太阳能、风能、水体资源、草地绿化等，来代替以往的旧的不可再生能源提供建筑使用所需的能源，大大减轻建筑能耗对传统资源的压力，提高能源的利用效率，同时也降低环境污染，减小建筑对有限资源的依赖，让建筑变成一个自给自足的绿色循环系统。

5.5.3.2 自然生态的环境设计

1) 营造生态化绿色环境

与自然和谐共存是绿色建筑的一个重要特征。拥有良好的绿色空间是绿色医院建筑的鲜明特征，自然生态的空间环境既可以屏蔽危害、调节微气候、改善空气质量，还可以为患者提供修身养性、交往娱乐的休闲空间，有利于病人的治疗康复。热爱自然、追求自然是人类的本性，庭院化设计是绿色医院建筑的标志之一，是指运用庭院设计的理念和手法来营造医院环境。空间设计庭院化不论是对医患的生理还是心理都十分有益，对病人的康复有极大好处。注意医院绿化环境的修饰，是提高医院建筑景观环境质量的重要手段。如采用室内盆栽、适地种植、中庭绿化、墙面绿化、阳台绿化、屋顶绿化等都能为病人提供赏心悦目、充满生机的景观环境，达到有利治疗、促进康复之目的（图5.115）。环境是建筑实体的延伸，包括生态环境和人文环境。

医院建筑的环境绿化设计应根据建筑的使用功能和形态进行合理的配置达到视觉与使用均佳的效果。

综合医院入口广场是院区内主要的室外空间，具有人流量大、流线复杂的特点，景观与绿化设计应简洁清晰，起到组织人流和划分空间的作用。广场中央可布置装饰性草坪、花坛、花台、水池、喷泉、雕塑等，形成开敞、明快的格调，特别是水池、喷泉、雕塑的组合，水流喷出，水花四溅，并结合彩色灯光的配合，增加夜景效果（图5.116）。如果医院广场相对较小，可根据情况布置简单的草坪、花带、花坛等，起到分隔空间、点缀景观的作用。广场周围环境的布置，注意乔木、灌木、矮篱、色带、季节性草花等相结合，充分显示出植物的季节性特点，充分体现尺度亲切、景色优美、视觉清新的医疗环境（图5.117）。

住院部周围或相邻处应设有较大的庭院和绿化空间，为病患提供良好的康复休闲环境及优美的视觉景观。住院部周围的场地绿化组织方式有两种：规则式布局和自然式布局。规则式布局方式常在绿地中心部分设置整形的小广场内布置花坛、水池、喷泉等作为中心景观，广场内并放置坐椅、亭、架等休息设施（图5.118）；自然式布局则充分利用原有地形、山坡、水体等，自然流畅的道路穿插其间，园内的路旁、水边、坡地上可有少量的园林建筑，如亭、廊、花架、主题雕塑等园林小品，重在展现祥和美好的生存空间，衬托出环境的轻松和闲逸（图5.119）。植物布置方面应充分体现植物的季相变化，植物种类丰富，常绿树和落叶树、乔木和灌木比例得当，使久住医院的病人能感受到四季的更替及景色的变化。例如：德国库塞尔医院，充分利用地形的平缓高差，分级布置了车道、绿荫车场、前庭园艺区及主入口和门诊医技楼，其后为住院部后山密林景区。在功能区之间以适当的绿化分隔，屏蔽了不利的街道噪音和视线的干扰，也使

图5.116 某医院住院部前广场空间
资料来源：李跃进,郁鹏,付蓉.鲁班奖=专业设计+严谨程序+把关管理.中国卫生工程,2006(8):15.

图5.117 奥格斯堡—格京根老年康复医院庭院
资料来源：[德]克里斯廷·尼克·韦勒,汉斯·尼克.德国新医院设计.李丹,周艳娟,译.沈阳:辽宁科学技术出版社,2011.

图5.118 尼泊姆克爱尔福特,天主教医院内院
资料来源：[德]克里斯汀·尼克·韦勒,汉斯·尼克.德国新医院设计.李丹,周艳娟,译.沈阳:辽宁科学技术出版社,2011.

图5.119 香港医学研究中心
资料来源：[英]托尼·蒙克.医院建筑.张汀,徐良,卢昀伟,等译.大连:大连理工大学出版社,2005.

住院部与医疗前区相对独立，医疗前区秩序井然，充满活力，病房区环境优美，安静祥和，利于病人疗养。

医院的室外环境应有较明确的分区与界定以满足不同人群的使用，创造安全、高品质的空间环境。为了避免普通病人与传染病人的交叉感染，应设置为不同病人服务的绿化空间，并在绿地间设一定宽度的隔离带，隔离绿化带以常绿树及杀菌力强的树种为主，以充分发挥其杀菌、防护的作用，并在适当的区域设置为医护人员提供的休息空间和景观环境。

2）融入自然的室内空间

室内空间的绿色化是近年来医院设计的重要趋势之一。我国的医院建筑规模和人流量均较大，室内空间需要较大的尺度和宽敞的公共空间。绿色医院建筑的内部景观环境设计一方面要注重空间形态的公共化。随着医疗技术的进步，其建筑内部使用功能也日趋复合化。为适应这种变化，医院建筑的空间形态应更充分地表现出公共建筑所特有的美感，中庭和医院内街的形态是医院建筑空间形态公共化的典型方法。不同的手法表达了丰富的空间形式，为服务功能提供了场所，也为使用者提供了熟悉方便的空间环境，为消除心理压力、缓解焦躁情绪起到积极的作用，同时表达了医院建筑不仅为病患服务、也为健康人服务的理念。

(a) (b)

图 5.120　米德尔塞克斯医院内街

资料来源：[英]托尼·蒙克. 医院建筑. 张汀，徐良，卢昀伟，等译. 大连：大连理工大学出版社，2005.

内部环境的绿色设计另一方面体现在室内景观自然化。人对健康的渴望在患者身上表现得尤为强烈，室内绿化的布置、阳光的引入是医院建筑空间环境设计的重要方面。建筑中的公共空间中应综合运用艺术表现手法和技术措施，创造良好的自然采光与通风并配之相应的植物，可以将适宜的植物引进室内，拥有室内外空间相连接的因素，从而达到内外空间的过渡，既可提供优美的空间环境又可以改善室内环境质量，有效防止交叉感染（图 5.120(a)）。在较私密的治疗空间内更要注重阳光的引入和视线的引导，借助绿体设计增加空间的开阔感和变化，使室内有限的空间得以延伸和扩大（图 5.120(b)）。让患者尽量感受阳光和外面的世界，体验生活的美好和生命的意义，帮助治疗与康复。也可以利用一些通透感强的建筑界面将室外局部景色透入室内，让室外的绿化环境延伸到室内空间。室内外空间相互渗透、交融，人在室内就犹如置身于山水花木之中，做到最大限度的与自然和谐共生。

2）构建人性化空间环境

人性化的医院空间环境设计是基于病人对医疗环境的需求而进行的建筑设计。建筑中渗透着人们的审美情感，绿色医院建筑的意义更多地是以情感的符号加以体现。建筑的色彩、造型都是因人而异的情感符号，对空间形态、色彩的感知是人们主观认识的能动发挥，形成对生存环境的综合认知（图 5.121，图 5.122）。因此，通过医院建筑人性化设计表达的情感更能张扬主体的生命力。

医院是治疗人们身心病痛的场所，但人们往往把去医院视为畏途，因为医院让很多人联想到疾病和痛苦，心理学与人文学的紧密联系使设施先进的现代医院同样应该具有人文色彩，拯救生命、解除病痛的过程本身就充满了人性美。

绿色医院建筑应较其他类型的公共建筑设计更加细腻精致，绝大多数的患者在心理上是脆弱和敏感的，这是生物的本能反应，忧虑、急躁、无助都是病人常出现的情绪。室内空间是人与建筑直接对话亲密接触的场所，室内空间的感受将直接决定人对建筑的认识，他们需要的是带有美感的空间，而创造美感则需要精通美的原则——和谐、比例、均衡、强调、节奏等。

病患在就医的过程之中会有来自社会、家庭的压力，同时因为对医院环境的不熟悉，会产生一定的心理焦虑和恐惧感，尤其是住院患者，在心理上表现出强烈的焦虑和忧郁，严重影响医治效果。从人性化设计思想出发，引入家居化的设计是体现人文关怀的有效措施。家居化设计从日常活动场所中汲取设计元素，结合医院本身的功能特点进行设计，以期最大限度地满足患者的生理、心理和社会行为的需求，使医院环境成为让人精神振奋或给人情绪安慰的空间。通过建筑设计的手段给医院空间环境注入一些情感因

图 5.121　给人以温馨安全的中庭空间

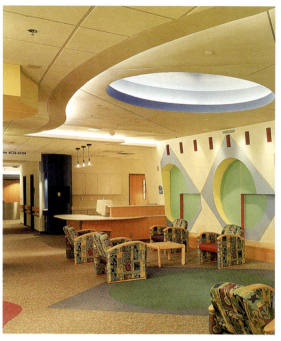

图 5.122　优雅清新的等候空间

资料来源：[英]托尼·蒙克. 医院建筑. 张汀，徐良，卢昀伟，等译. 大连：大连理工大学出版社，2005.

素，从而淡化高技术医疗设备及医院氛围给人带来冷漠与恐惧的心理。在绿色医院设计时，必须"以人为本"，尽量满足人们各种需求，为医院内的人们提供一个高品质的医疗空间环境。

人性化的医疗环境包括安全舒适的物理环境和美观明快的心理环境。首先要在采光、通风、温湿度控制、洁净度保证、噪声控制、无障碍设计等方面综合运用先进的技术，满足不同使用功能空间的物理要求；其次是在空间形态、色彩、材质等方面引入现代的设计理念创造丰富的空间环境。在绿色医院设计时，除需对标志性予以考虑外，还应注意视知觉给人带来的影响。儿童观察室、儿童保健门诊装扮成儿童健康乐园，采用欢快的蓝色，配以色彩斑斓的卡通画等孩子喜欢的物品或色彩，对消除孩子的恐惧感具有积极的作用(图 5.123)；妇科、产科门诊采用温暖的粉红色，配以温馨的小装饰，让前来就诊的孕产妇从思想上消除紧张和恐惧，使人感到平安、舒适、信任；妇女保健、更年期门诊采用优雅的紫罗兰，打消了更年期妇女焦虑不安的情绪等。除了对颜色本身的设计外还需要对光环境予以充分重视，只有良好的光环境，建筑色彩才能够完美的展示给人们，才能为使用者提供一个愉悦欢快的医院环境。冬暖夏凉、四季如春、动静相宜、分合随意、探视者和病患者共用的公共空间是绿色医院建筑中富有特色的人性化空间。

图 5.123　儿童病区候诊空间

资料来源：引自黑俊杰，王海燕. "方案设计管理"的理念、措施和绩效. 中国卫生工程，2007(7)：21.

5.5.3.3　复合多元的功能设置

医院的建筑形态，主要取决于医学及医疗水平、地区医疗需求、医院营运机制以及建筑标准等要素。在一个地区、一定时期内，构成的要素具有一定的稳定性。然而医院建筑形态必然随时间的推移而发生变化，在时空坐标上呈现为动态构成的趋势。由于构成要素具有相对稳定性，在建成运营后的一段时期内能够满足基本的医疗功能要求，通常将这一期限称之为医院的功能寿命，又可称为医院建筑的形变周期。如超过这个期限，医院建筑就将发生功能和形态的变化，医院建筑的发展过程就是由一个稳定走向新的稳定的过程。绿色医院建筑的特征是具有较长的寿命周期，其功能与形态的变化与需求发展同步而行。

1) 医院自身的功能完善

医疗功能的复合化直接影响到医院建筑外部形态和内部空间。很多医院随着经营效益的增加，逐步走向创立品牌、突出特色的发展道路。随着医疗服务范围的扩展、建筑规模的扩大而产生功能复合化的形态日益明显。医疗功能的复合化即融门诊、住院、医技、科研、教学、办公为一体，形成有较大规模的医院综合体。综合医院的"大而全"特征日趋显著，除了包括综合医院常规的功能外，还容纳了越来越多的其他辅助功能。如日本圣路加医院是由教学设施医疗区、超高层公寓和写字楼三个街区组成的综合医疗城(图 5.124)；广州市第八人民医院设置了独立的图书馆(图 5.125)，体现了现代综合医院的功能完善和扩展。这类大型综合医院多采用集中式布局，有利于节约用地和缩短流程减少就诊和救治时间，提高效率。设计的重点在于解决复杂的功能关系，设置明确的功能分区，建构清晰的流线和空间领域，同时还要处理好大型建筑体量与城市的关系。

图 5.124　日本圣路加医院
资料来源：董黎，吴梅. 医疗建筑. 武汉：武汉工业大学出版社，1999.

图 5.125　广州市第八人民医院
资料来源：王蕴. 广州市第八人民医院迁建工程. 名筑，2006(夏季)：70.

2) 针对社会需求的功能复合

随着社会经济的快速发展和人民生活水平的逐渐提高，人们的健康观念不断更新，健康意识不断增强，医院面对的不再是病患，也包括很多健康人群。在综合医院中增设了健康体检中心、健康教育指导、日常保健等功能，是现代医院服务全社会的显著特征之一(图 5.126)。

将康复功能纳入医院建筑是近年来解决"老龄化"社会问题的有效措施。该方式最早出现在日本和韩国，在不同规模的医疗设施中解决医疗救治与老人看护康复功能相结合的问题，很好地体现了社会福利和全民保健的效能。这类医疗设施不仅要注重医疗救治的及时

图 5.126　芝加哥同日外科健康指导中心
资料来源：精彩康复医疗空间 16 例. 中国卫生工程，2006(9)：73.

性，还要更加关注治疗的舒适性和建筑环境的品质(图5.127)。

3) 新医学模式下的功能扩展

新医学模式更关注人的心理需求，医院的运行理念从"医治疾病"转化为"医治患者"。强调对于整体医疗环境的建设，为患者提供完善的辅助医疗空间和安定、舒适的医疗环境，即使不能完全治愈的患者，也可通过良好的整体医疗环境建立较好的心态和战胜疾病的意志，从而配合医院的治疗，得到一定程度的康复。

重庆的新桥医院在骨科病房设置了功能康复室，患者在完成手术治疗以后在专家的指导下进行肢体行动功能的康复治疗，有效地提高了患者的治愈率；在儿科病区设置了泡泡浴治疗室，一方面作为脑瘫或其他脑损伤患儿的辅助治疗手段，另一方面作为正常儿童的保健和智力潜能开发，使医疗和保健有机结合，为儿童提供周到全面的治疗和健康保健服务。

许多医院的产科病房设置宾馆式的家庭室、孕妇训练室等。日本的很多医院里设置了安慰护理病区(临终关怀病区)，在延长患者生命的同时通过谈心关怀、音乐疗法等精神护理减轻患者的不适感，最大限度地体现人性化。这类功能扩展会导致医院建筑的部门空间有所增加以及空间形态的改变，新增空间应在空间形态上有别于同部门治疗室并与之有紧密的联系。

图 5.127　芝加哥残肢康复研究所康复室
资料来源：精彩身体康复空间16例. 中国卫生工程，2006(11)：72.

5.5.3.4　先进集约的技术应用

1) 应用先进建筑技术严格保护环境和高效节约能源

生存环境的恶化与能源的匮乏使人们越来越重视环保与节能的重要性。建筑的环保与节能是绿色建筑设计的宗旨，随着技术的进步与经济的发展，在建筑设计中，除了通过原有一些基本技术手段实现环保和节能外，大量现代先进技术的应用，使能源得到了更高效的利用。在绿色医院设计中，主要通过空调系统、污水处理、智能技术、新建筑材料等方面进行环保和节能设计。防止污染使得医院正常运营需要综合多种建筑技术加以保障，应用于污染控制的环境工程技术设计，应立足现行相关标准体系和技术设备水平，充分了解使用需求，以人为本、全面分析、积极探索，采取切实有效的技术措施，从专业方面严格控制交叉感染、严防污染环境，建立严格、科学的卫生安全管理体系，为医院建筑提供安全可靠的使用环境。

(1) 控制给排水系统污染。医院给排水系统是现代化医疗机构的重要设施。医院给水系统主要体现在医院正常的使用水和饮用水供应，排水系统主要体现在医院各部分的污水和废水的排放。院区内给排水及消防应根据医院最终建成规模，规划好室内外生活、消防给水管网和污水、雨水管网，污水雨水管网应采用分流制。

给水、排水各功能区域应自成体系、分路供水，避开毒物污染区。位于半污染区、污染区的管道宜暗装，严禁给水管道与大便器(槽)直接相连及以普通阀门控制冲洗。消防与给水系统应分设，因消防各区相连，如与给水合用，宜造成交叉污染。如供水采用高位水箱，水箱必须设在清洁区，水箱通气管不得进入其他房间，并严禁与排水系统的通气管和通风道相连。排至排水明沟或设有喇叭口的排水管时，管口应高于沟沿或喇叭口顶，且溢水管出口应设防虫网罩。医护人员使用的洗手盆、洗脸盆、便器等均应采用非手动开关，最好使用感应开关。

地漏应设置在经常从地面排水的场所，存水弯水封应经常有水补充，否则造成管道内污浊空气窜入室内。除淋浴、拖布池等必须设置地漏的场所外，其他用水点尽可能不设地漏。诊室、各类实验室等处不在同一房间内的卫生器具不得共用存水弯，否则可能导致排水管的连接互相串通，产生病菌传染。各区、各房间应防止横向和竖向的窜气而交叉感染。

排水系统应根据具体情况分区自成体系，且应污水废水分流；空调凝结水应有组织排放，并用专门容器收集处理或排入污染区的卫生间地漏或洗手池中；污水必须经过消毒灭菌处理，也可根据需要和实际情况采用热辐射及放射线等方法处理，达标排放，其他处理视具体状况综合确定。污水处理站根据具体条件设在隔离区边缘地段，便于管理与定期化验。污水处理系统宜采用全封闭结构，对排放的气体应进行消毒和除臭，以消除气溶胶大分子携带病原微生物对空气的污染，避免病原微生物的扩散。

（2）医疗垃圾污染处理。医院建筑污染垃圾应就地消毒后就地焚烧。垃圾焚烧炉为封闭式，应设在院区的下风向，在烟囱最大落地浓度范围内不应有居民区。若医院就地焚烧会产生环境问题，可由特制垃圾车送往城市垃圾场的专用有害垃圾焚烧炉焚烧。医疗垃圾多带有病原微生物，一旦流入露天场所，不仅传播疾病，而且污染地下水源。为彻底堵塞病毒存活可能，根据医院污水的特点及环保部门的有关制度与法规，在产生地进行杀菌处理，最好采用垃圾焚烧办法。

（3）绿色医院建筑的空调系统设计需应用生物洁净技术。采暖通风需考虑空气洁净度控制和医疗空间的正负压控制的问题。规范规定负压病房应考虑正负压转换平时与应急时期相结合。负压隔离病房、手术室、ICU采用全新风直流式空调系统应考虑在没有空气传播病菌时期有回风的可能性以节省医院的运转费用。因此在隔离病房的采暖通风的设计与施工中应考虑使用相关的新技术、新设备，生物洁净室的设计最关键问题是选择合理的净化方式，常用的净化气流组织方式分为层流式和乱流式两大类。层流洁净式较乱流洁净式造价高，平时运行费用较大，选用时应慎重考虑。层流洁净式又分为水平层流和垂直层流，在使用上水平层流多于垂直层流，其优点是造价较经济，易于改建[1]。

（4）信息智能技术在医院建筑的日常工作运行和应对突发卫生事件中发挥重要作用，其主要技术体现在网络工程。随着医疗建筑在我国的蓬勃发展，营造良好的设施、幽雅的环境、优质的医疗服务已成为医疗运营必不可少的手段。智能化建设的目的正是为了满足上述需求，将先进的计算机技术、通信技术、网络技术、信息技术、自动化控制技术、办公自动化技术等运用其中，提供温馨、舒适的就医和工作环境，并降低能量消耗、实现安全可靠运行、提高服务的响应速度。

网络工程对于绿色医院建筑的建设具有重要的意义。现代化的诊疗手段、高科技的办公条件和便捷的网络渠道，都为医院的正常运营提供了至关重要的支持。网络工程使各科室职能部门形成网络办公程序，利用网络的便捷性开展工作，更加快捷和实用。网络工程在门诊和体检中心的应用更加广泛，电子流程使患者得到安全、快捷、无误的服务，最后的诊治结果也可以通过网络来查询[2]。

医院的智能化是衡量其先进水平的重要标志。现代综合医院的智能设施是医疗技术集约化的显著特征之一。实现智能化一般需设置如下智能化系统：楼宇设备管理系统，包括楼宇自动控制系统、火灾自动报警及消防联动系统、广播系统、安保监控及防盗系统、通道管理（门禁）系统等；综合医疗信息管理系统，包括LED显示屏系统、触摸屏信息查询系统、液晶媒体展示系统；医院专用系统，包括手术监控系统、闭路电视示教系统、医护对讲系统、门诊叫号系统；通讯及计算机网络系统，包括综合布线系统、计算机网络系统、有线电视系统；中央集成管理系统IBMS，即智能化系统集成。从SARS事件以后很多医院设置了公共卫生信息系统，包括公共卫生事件监测系统、公共卫生事件决策系统、医院救治信息系统，为医院提供了有效应对突发公共卫生事件的能力。

2）集成现代医疗技术

医疗技术是随着科学进步而发展的。20世纪中期，医院以普通的X光和临床生化为主。随后相继出现了CT、自动生化检验、超声、激光、核医学、磁共振和加速器等诊断治疗设备，而且更新周期越来越短，人工肾、ICU、生物洁净病房等特殊治疗科室也不断出现。医疗技术的进步带来了医疗功能的扩展，为疾病的诊疗开辟了新的途径，也为医院建筑设计提出了新的要求。如核医疗部、一体化手术部、高洁净

---

[1] 陈惠华，萧正辉．医院建筑与设备设计．北京：中国建筑工业出版社，2006：470-488．
[2] 黄丽洁．信息时代医院建筑医疗服务效率探究．城市建筑，2008(7):17-20.

度病房等都需要合理的空间布局和先进的建筑技术来提供保障，医疗设备和治疗方式的变化必然影响医院建筑的形态改变(图5.128，图5.129)。

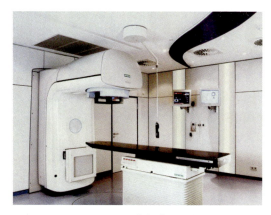

图5.128　直线加速器治疗室
资料来源：公开、透明的卡尔斯鲁厄核医疗中心.
中国卫生工程，2008(12)：19.

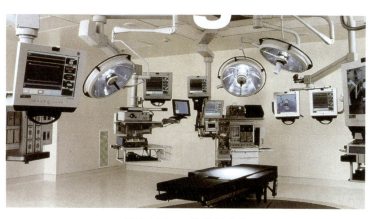

图5.129　一体化手术室
资料来源：初冬.一体化功能手术室，能带给医院什么.
中国卫生工程，2006(9)：36.

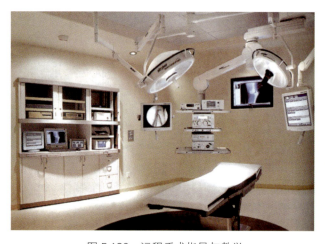

图5.130　远程手术指导与教学
资料来源：唐芳.以手术室、危重病房为重点的医院网络监控方案.
中国卫生工程，2007(9)：66.

远程医疗是在现代医疗科学技术支持下实现的医院功能的大范围扩展。远程医疗Telemedicine是指在计算机网络环境下，特别是在Internet环境下，在医疗管理信息系统和基础上，对异地开展远程医疗咨询与诊断、远程专家会诊、在线检查、远程手术指导、医疗信息服务、远程教学和培训等活动，乃至建立一家基于网络的虚拟医院(图5.130)。远程医疗系统的建设是十分必要的。首先它方便了患者，使患者的医疗突破地域限制以及能得到多个专家的综合意见；其次方便了医生，对于疑难杂症，多专家的计算机会诊及手术指导可以提高医治的准确率和成功率，并有效实现医学资源在全国乃至全球范围内的共享。上述先进的医疗技术在完善了医院服务职能的同时降低了患者的就诊率和入院率，从而节省了大量的人力、物力资源和能源，为医院建筑的绿色化提供了可能性与便利性。

随着社会经济的高速发展和医疗技术的日新月异，医院建筑的规划与建筑设计也面临着前所未有的挑战。进入21世纪后，世界的生态环境破坏和能源匮乏的形势十分严峻，而对于耗能巨大、功能复杂的医院建筑，实现其绿色化已成为急需解决的世界问题。我国绿色医院建筑设计研究已走向了繁盛期，正与世界各国共同携手努力实现绿色、生态、可持续发展的医院建筑。

5.6　纪念性建筑

纪念性建筑是供人们凭吊、瞻仰、纪念用的特殊建筑，它是一种高雅的建筑艺术作品，是精神的象征和支柱，但凡优秀的纪念性建筑，它将给人以振奋、鼓励、回忆和精神上的寄托和慰藉。

在历史的长河中有众多的纪念性建筑，它们铭刻下历史的印记，赋予着历史的纪念，成为历史文物建筑。曾经作为历史的事件、社会活动所使用过的建筑，随历史的推移而富有纪念性。同时这些纪念性建筑也显示了城市文化价值的特色，是城市历史文化遗产中重要的组成部分。现存许多历史悠久的纪念性建筑已成为所在城市的重要标志和重要文物。这些创作的典范值得我们今天在设计中加以深层思考与研究，包括它的设计理念、设计方法和生态观。

近十多年来我们做了18项的纪念馆和纪念碑建筑,感想很深,受教育、受启发很大,懂得尊重历史的传承。在建筑创作设计中求创新,使自己的设计作品上升为一种情感,一种新的理念,一种以人为本的设计思路,持续发展、积极向上的动力。

纪念性建筑有不同的类型,其常见类型分为人物型的纪念馆、纪念堂、纪念碑,有重要事件的纪念馆,历史遗址纪念馆等,它们的特征就是要有一定的纪念性,要有思想性和个性化的特点。

5.6.1 纪念性建筑的设计构思与理念

构思是建筑设计创作的源泉,构思是设计创作的灵魂。每个纪念性建筑都通过空间营造和外在的形貌来表达设计者的主观意念,以及特定时代的政治、经济、文化艺术的特征和设计思潮,从而体现纪念性建筑的时代精神。在中国现有保存完好、最具震撼力的纪念性杰作,那就要数由近代著名建筑师吕彦直设计的南京中山陵(图 5.131),在当时的时代背景和政治文化下,设计者以歌颂孙中山先生伟大功绩为主题思想,立意新颖,构思的出发点是把陵园总平面布置为钟形(图5.132)。它是根据孙中山先生遗嘱中"现在革命尚未成功"、"深知欲达到此目的,必须唤起民众"的警句来进行创作设计,赞颂了为拯救国家民族,奋斗不息的伟大先行者孙中山先生的崇高思想和光辉业绩,设计的寓意至为深切。

图 5.131 南京中山陵
资料来源:http://bbs.oldbeijing.tv/

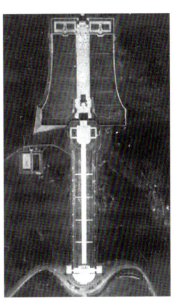

图 5.132 中山陵总平面
资料来源:http://bbs.oldbeijing.tv/

孙中山陵墓选择在南京紫金山东侧茂密的绿树林中,这个选址也是当初孙中山先生本人早已做出的选择,从中表明他试图通过葬身南京,而提醒民众要遵照他的遗嘱,继承他未完的事业,及继续其改造国家的未意之志。

1929年建成后的中山陵,陵墓建筑坐北朝南,依山建造。墓室位于海拔158 m处,由陵园入口至墓室距离700 m,高差 70 m(图5.133)。中山陵的创作构思是把主体与郁郁葱葱的绿树林环抱在一起,达到与环境融为一体的效果,使总体环境有充分的空间展开,富有层次。同时配有一系列的建筑、绿化和平台花坛等,从而充分表现出孙中山先生的雄伟气魄,令人肃然而神怡。

中山陵总体布局基本上吸收了中国古代陵墓总体布局的特点,采用了轴线对称的平面。引用了传统的建筑配置方式,但摒弃了古代陵墓的封闭格局,神秘、哀伤的基调及压抑感,代之的是开放的平面布局,严肃开朗,又平易近人的气氛,反映出先生的民主性[1]。

---

[1] 齐康. 创意设计——齐康及其合作者建筑设计作品选集. 北京:中国建筑工业出版社,2010.

绿色建筑设计与技术

纪念性建筑不同于一般的建筑，要有一定的思想性。从形式和内容上讲，首先应突出它的陵墓的纪念功能。尤其是通过设计者的思路和创作激情赋予纪念性建筑一定的精神感召力，以及体现被纪念者的伟大气魄。

南京雨花台革命烈士纪念群是南京又一座具有影响的标志性建筑，坐落在南京城南著名的历史名胜区。革命时期和国内革命战争年代，这里成了国民党反动势力残杀共产党人和革命人士的场地，先后有十余万革命者在此就义，他们的鲜血曾经染红了这块土地。

1980年代初，在杨廷宝先生的主持下，以全国设计竞赛为基础，经过长期与专家们的研究，形成了初步的构思，1982年开始正式实施。在雨花台纪念建筑群的设计构思上，首先是考虑如何处理好建筑人造群体与环境组合，形成有序的空间程序(图5.134)，如何在这个序列中创造变化，形成空间程序是探索的课题，整个墓地由5个小山头组成，林木葱郁，风景宜人。

图 5.133 中山陵鸟瞰
资料来源：http://bbs.oldbeijing.tv/

图 5.134 南京雨花台
资料来源：齐康.创意设计——齐康及其合作者建筑设计作品选集.
北京：中国建筑工业出版社，2010.

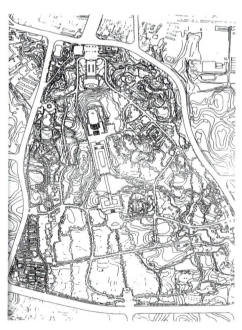

图 5.135 雨花台总平面
资料来源：齐康.建筑思迹.哈尔滨：
黑龙江科学技术出版社，1999.

在考虑纪念建筑群体与环境有机结合上，我们的立意是以"轴线"统一自然山丘与建筑群(图5.135)。并通过建筑与自然的围合，建筑与建筑的围合、半围合，直到最终空间的开敞，渐次达到空间序列的高潮。从忠魂亭到北殉难处，整个中轴线长达1 000余米，是我国现代纪念建筑中最长的轴线。

在雨花台革命烈士群的设计探讨研究中，我们沿用传统历史形式的空间及其氛围，如中国古代建筑群体的轴线是依据一层层、一进进的空间围合形成的，它在序列上，有主从，有层次，这种特征也是东方建筑重要的组成。"轴线"在人们意识观念中存在着强烈的印象。建筑轴线有对称和不对称，有意念的，有精神的，有虚的，也有实体。设计者以求在新的环境氛围中寻求新的概念，这在当时是一种探索。建筑群体依照杨廷宝先生定下的带有传统特色的现代建筑形式，对传统建筑形式加以变化，以简洁的手法表达传统建筑精神，利用围合以及空间的开敞和封闭达到空间序列的高潮，这是当时构思的主题和设想。

另外，纪念性建筑要具有一定的象征性，它是一座永恒的、具有纪念性和艺术性的纪念作品。一代伟人周恩来总理，为中国的革命事业付出了他毕生的精力与心血。他是那么的高尚，那么的伟大和平易近人。人们怀念他，瞻仰他，悼念他，在淮安建造了"周恩来纪念馆"以表达人民对他的哀思。

纪念性建筑不仅要记述史实，还要抒发感情。这些感情不是凭空而来的，它是与纪念主题紧密相关的。周恩来纪念馆（图5.136）地址选在伟人的故乡淮安，这里曾留下他童年时代的足迹。淮安人民怀着对周总理敬佩和爱戴的心情，欢迎他回归故里，同时决定把周总理纪念馆用地选在历史上中间圈城之中，也是城市的南北干道，南为现有城北边。这里曾是北城墙根，用地水面比较宽广，东西约800 m，南北约400 m，大部分为水面，经过填土形成纪念半岛，面积3万 m²。纪念半岛为南北走向，建筑群以轴线对称式布局，长266.5 m，最宽处96 m。半岛正南对岸建景点——瞻台（图5.137），这也是纪念馆中轴线上的对景，又是城市道路的对景，这样纪念馆建筑群同淮安市的规划和发展进行了有机的结合。

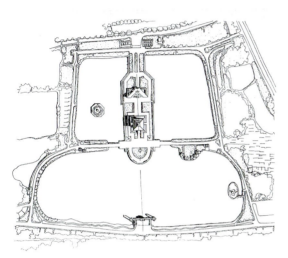

图 5.136　周恩来纪念馆总平面

图 5.137　由瞻台望纪念馆

资料来源：齐康. 建筑思迹. 哈尔滨：黑龙江科学技术出版社，2010.

纪念馆总体布局充分利用了自然水面和水中陆地，组织纪念性空间序列，创造出水天一色的视觉效果，体现出周总理伟大、光辉、亲切的形象与博大的胸怀。

回忆当初我们设计组每个老师都怀着对周总理的深情厚谊，经过精心研究，曾作了多轮的方案设计，并探求使用和形象特征。后经多方案比较，最后确定以建筑为主题，以简洁、朴素、明朗的处理，显现总理的伟大形象，体现作品的性格，表现地方性、民族性和世界性（图5.138，图5.139）。我们在纪念馆设计上以白色和蔚蓝色为基调，力图创造出纯洁、神圣、宁静的环境气氛，以此体现周总理高贵的人格和精神。建成的纪念馆设计观念新，同时对建筑创作，特别是对艺术表现提出了新的要求。

图 5.138　周恩来纪念馆鸟瞰

资料来源：http://www.csmjsh.com/

图 5.139　周恩来纪念馆

资料来源：齐康. 建筑思迹. 哈尔滨：黑龙江科学技术出版社，1999.

现今的淮安周恩来纪念馆，水是那么宁静，天是那么浩瀚，水天一色，建筑融于自然之中，水、天、大地、建筑交相呼应，显示它是人民的建筑、自然的建筑、时代的建筑。

南京梅园新村纪念馆，1945年以周恩来为首的中共代表团与国民党进行和平谈判时住地，1991年建成（图5.140）。梅园新村纪念馆以"建筑环境的和谐，历史环境的再现"作为创作的中心思想，一方面将纪念馆融合到城市环境中，另一方面使参观者融景生情，进而对历史事件的纪念。设计方案力图在历史的真实性和现实的纪念性之间取得均衡。建筑外形象征性地表现出当年梅园新村的面貌，并以灰砖墙、门窗等构件加强这种真实感，同时以大片实墙面和雕塑突出纪念性格，建筑表现颇有新意。

图 5.140　梅园新村纪念馆
资料来源：齐康.建筑思迹.哈尔滨：黑龙江科学技术出版社，2010.

纪念馆在设计构思中还注意不自我突出，避免哗众取宠，以青灰面砖和黑色机瓦的二层坡顶建筑形象统一在里弄街坊的环境之中，用宜人的比例、亲切的尺度，构成了一座典雅的具有地方特色的时代建筑。

同时，利用内庭院中西院墙上部，以现代手法设计了一组透空窗，令人联想起当年国民党特务在钟岗里宿舍楼的"狼犬的眼睛"。内庭院迎面墙上设计了周恩来总理生前喜爱的梅花做的窗饰。作为纪念馆中心的周恩来青铜塑像，是那么的神似，矫健的步伐、伟大的身影，出自周恩来从容步出梅园新村的历史照片（图5.141）。

图 5.141　周恩来青铜塑像
资料来源：齐康.创意设计——齐康及其合作者建筑设计作品选集.北京：中国建筑工业出版社，2010.

现今再看梅园纪念馆，没有壮观的立面，没有名贵的材料，没有华丽的装饰，却有一种亲切的参与感、满足感，作品表现出了周总理的人格，不张扬、不炫耀。

纪念性建筑的构思，它包含了人的感觉、人的感情、人的精神，以及事件与事物留下的痕迹，都会在创作者的构思中产生意义。侵华日军南京大屠杀遇难同胞纪念馆（一、二期工程）（图5.142），记载了日本侵略军在南京大屠杀的罪恶行径，它是刽子手狰狞面目的大暴露，是家仇、国仇的见证，更是每一个中国人世世代代不可忘却的耻辱和悲哀。活活被枪杀和埋葬在这里的30万死难者，他们是我们的同胞兄弟姐妹。

图 5.142　侵华日军南京大屠杀遇难同胞纪念馆入口
资料来源：http://www.ccots.com.cn/

侵华日军南京大屠杀遇难同胞纪念馆工程分两期进行。1985年8月为纪念抗日战争胜利40周年，南京市政府决定建设纪念馆，地点选在南京当年掩埋死难者的13个墓地之一——江东门。建筑构思和立意主要想用环境来纪念，并以创造一种特定的场所表现方式。

南京大屠杀纪念馆入口的纪念墙镌刻着醒目的中英日三国文字，阴刻"遇难者300 000"（图5.143），含义深刻，感情强烈，鲜明地点出了纪念的主题。处于此情此景，使人精神为之震动，步上台阶，空间渐小，光线转暗，这一过渡的结束是转入主庭园的豁然开朗，形成第一个高潮，那满目碎石、枯树给整个气氛定下了基调，观众情绪逐渐集聚，慢步走到第一个尸骨陈列室，空间又一次骤然变化，阴暗、恐怖的气氛十分浓烈。最后进入主要展厅，使前面纷乱的情感准备在这里得以释放，这是最后的高潮，具有使人精神振奋，化悲痛为力量的象征意义。整个设计空间节奏完整、丰富，所有节奏上的变化都是在悲愤、严肃的气氛下完成，颇有感染力，具有一定的创新[①]（图5.144）。

另外，设计由上而下，俯览全景，地面铺有卵石广场。创意将大片的卵石象征着死亡、荒凉而凄惨，与周边的青草构成一种生与死的对比。2 m高50 m长的错落围墙上铭刻了当年屠杀的情景，惨不忍睹（图5.145）。空旷的卵石广场上，站着一个饱经风霜、骨瘦如柴的母亲，在枯树的映衬下，是那样的凄凉和无助。这种场景的处理，我们把它立意为一种对日军"烧光、杀光、抢光"暴行的暗示，把悲剧的情感和环境加以互为衬托，更显事件的悲惨和对日本侵略者犯下这种罪恶的不可饶恕。

在二期工程中，我们设计构思在尸骨馆的对面，砌筑一面"哭墙"，刻上死难者的名字。表示它既是一块纪念死者的高墙，又是一座丰碑，中间的细缝给人一种"劈开"的概念，下部摆上一个简朴的花圈，把一种无声的纪念和有声的哀悼交融在一起。在入口的场地上树有纪念标志碑，刻上1937.12—1938.1，让人们铭记"前事不忘，后事之师"（图5.146）。

图5.143　南京大屠杀纪念馆入口的纪念墙

资料来源：齐康.创意设计——齐康及其合作者建筑设计作品选集.
北京：中国建筑工业出版社，2010.

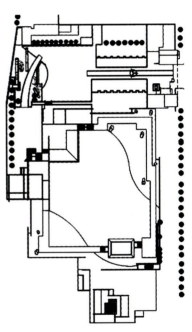

图5.144　南京大屠杀遇难同胞纪念馆总平面

资料来源：齐康.创意设计——齐康及其合作者建筑设计作品选集.
北京：中国建筑工业出版社，2010.

图5.146　纪念标志碑

资料来源：http://www.panoramio.com/

图5.145　南京大屠杀纪念馆雕刻围墙

资料来源：http://club.pchome.net/

---

① 齐康.建筑思迹.哈尔滨：黑龙江科学技术出版社，1999.

绿色建筑设计与技术

纪念性建筑的构思是全部艺术作品的灵魂，没有一个较高水平的理念或意念，那将会失去它的价值。

5.6.2 纪念性建筑的流线与功能组织

纪念性建筑设计成功的关键之一是它的流线、功能组织的畅通无阻，直接影响纪念性建筑。

中山陵建有牌坊、墓道、陵门、碑亭、祭堂和墓室（图5.147），形成一系列引人注目的中心，造成瞻仰过程中人的心理、感受、情绪上的逐步加强，以至达到高潮点，创造出紧凑、连续的空间序列，并拥有足够的空间领域，长达数百米的大台阶引导人们的视觉注意力，这些宽大满铺的平缓石级，把孤立的、尺度不大的个体建筑联成大尺度的整体，恰如其分地创造了总理陵墓所需要的气势。

图5.147 中山陵主要建筑
资料来源：http://bbs.oldbeijing.tv/

在南京雨花台烈士陵园的设计探讨研究中，考虑传统历史形成的空间及其氛围，是标志地区风格特征之一。

雨花台烈士纪念群具有强烈的中国传统特色。整个建筑群分四段：前面的纪念馆和馆前广场，接着是拱桥，中部是喷水池和浮雕，最后是高台之上的纪念塔（图5.148）。所有空间都串联在一条强烈的中轴线上，我们利用地形的高低起伏和走势，安排一系列变化丰富的体量。从入口进入馆前广场，空间开阔，坐落在高处正面的纪念馆朴素、庄严，建筑的民族风格极为浓重，造型典雅，尤其是重檐坡顶的形式，处理精致。素白色广场和纪念馆在四周的绿树包围中，是那样的庄严、优美，人们的情感第一次为之共鸣（图5.149）。

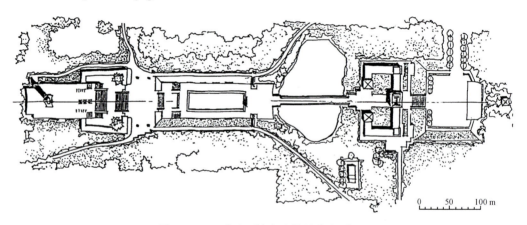

图5.148 雨花台烈士纪念馆轴线序列
资料来源：齐康.建筑思迹.哈尔滨：黑龙江科学技术出版社，1999.

图5.149 雨花台烈士纪念馆设计草图
资料来源：齐康.建筑思迹.哈尔滨：黑龙江科学技术出版社，1999.

我们现在看到的雨花台烈士陵园的进出口程序是逆向的，使大量从城市来的人流逆向而进，这是历史造成的，也是遗憾的。从南入口的转向，才使空间序列顺行，群体与环境的有机结合，将建筑与自然围合，开敞与封闭空间相结合，达到空间序列的高潮。从整体上看它已逐步改变了空间的序列感，即反方向的自北向南的空间感，两种序列都有自身的特点。

走进侵华日军南京大屠杀遇难同胞纪念馆，一片荒凉、凄惨的景象印入眼前。沿着环绕的参观路线，布置了13块纪念石，每块代表一处在南京的掩埋地。当参观者进入纪念展馆时，可以感受到一种进入墓室之感，一种墓冢的象征。高低错落的石墙面，寸草不生的卵石广场，枯树，形似墓冢的纪念馆，近50 m长的浮雕，营造出沉闷、悲惨和凄凉交织的场景，以强烈的纪念氛围激起人们正义、善良的感情，探求世界永久的和平，寻求人们走向共同的友谊[①]。

淮安周恩来总理纪念馆分主馆和附馆，主馆平面呈正方形，建筑面积为1 918 m²，4层，总高26 m，设计采用方形围合式的平面，流线巡回的做法，即以展览生平介绍为主，有序厅及各时期革命年代的战争、事件、事迹的陈列室，以陈列的内容表现伟人的一生(图5.150)。

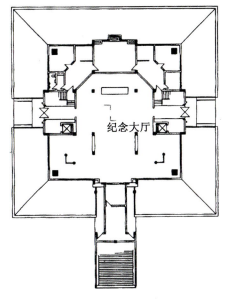

图5.150 淮安周恩来纪念馆一层平面图
资料来源：齐康.建筑思迹.哈尔滨：黑龙江科学技术出版社，1999.

5.6.3 纪念性建筑的造型艺术设计

不同时期，不同时代的建筑风格沿着成网的干道向城市四周推开，从城市的骨架、城市的肌理可以寻找出城市发展的文脉和城市文化发展的轨迹。南京可以寻找出这种文化沉淀的轨迹，它浸透了南京的文明和文化，并将这些印刻的痕迹深深地留在城市中，留在人们的生活中。它们影响、传流、教育和启迪着人们。

纪念性建筑的造型，是根据它所叙述的人、事件和纪念的级别来设计的，它要代表那个时代的特色和文化氛围。

南京中山陵的建筑形式基本与宫殿式近似，从中把我国古代宫殿琉璃瓦大屋顶与近代钢架和钢筋混凝土结构技术相结合。并采用近代新材料代替了传统的木构架建筑特有的结构构件斗拱的作用，并得以简化(图5.151)，建筑外部造型比例、尺度处理均较成功，具有一定的形式美。从外观的形象上表达了一种庄严气氛和永垂不朽的精神。在单体建筑中，运用了稳重的构图、纯朴的色彩，建筑采用统一的花岗石墙面，深蓝色琉璃瓦屋顶，其质感和色彩在蓝天绿树的相映之下，较之传统帝陵的红墙黄瓦，另有一番清高、肃穆、庄严的气氛(图5.152)。

图5.151 中山陵简化的传统构件
资料来源：http://www.piaojia.cn/

图5.152 中山陵蓝屋顶与花岗石的协调
资料来源：http://bbs.oldbeijing.tv/

[①] 齐康.纪念的凝思.北京：中国建筑工业出版社，1996.

陵门做成歇山式石建筑，五间三拱门，顶盖蓝色琉璃瓦，而主体建筑祭堂用新材料、新技术，借用旧形式加以革新。平面近方形，出四个角室，构成外观四个坚实的柱墩子，有很强的力度感。重檐歇山蓝琉璃瓦顶，赋予建筑形象一定的壮观和特色，祭堂内部以黑花岗石立柱和黑大理石护墙，衬托中部孙中山汉白玉的坐像，构成宁静、肃穆的效果。

建筑群造型古博淡雅，色彩和谐，端庄而丰富，它既不是传统法式的再现，又不脱传统韵味，它是中国古典建筑艺术与近代建筑技术的结晶，也为中国近代建筑的发展和中国建筑师的创作开拓了新路，它的成功是中国第一代建筑师的骄傲。

图 5.153　雨花台烈士纪念馆
资料来源：齐康.创意设计——齐康及其合作者建筑设计作品选集.北京：中国建筑工业出版社，2010.

作为纪念性建筑，中山陵的设计是成功的，它对中国陵墓建筑的研究有着深刻的影响和参考价值。今天的中山陵已成为我国人民反帝反封建斗争，争取民族独立和人民民主的革命纪念地，受到全国人民、海外侨胞和国际友好人士的衷心敬仰。

在雨花台烈士陵园纪念馆的设计中，我们不用皇家黄色、蓝色琉璃，而在立面造型中，考虑用白、青灰的石材、石板，透明的玻璃，显现纯洁的心灵，用白色来表示一种悼念烈士的心情（图5.153）。

在雨花台的整体构思中，除设计纪念馆和纪念碑，我们还运用了群体雕塑、单体雕塑，以及大片的花圈雕塑引道，把雕塑与建筑群相融合，塑造了革命先烈为了党的事业，为了人民的安康，在毒刑拷打面前英勇不屈、视死如归、大义凛然、刚正不阿的形象。并利用陵园中轴线中部喷水池的前方竖有一对雕塑，分别表示战士、年轻女子对烈士沉痛悼念的主题（图 5.154）。布局上采用了阙的形式，以白色花岗石凿成，造型简练，富有装饰性，雕塑后方以石墙和地形相衔接，同时也使雕塑更具有建筑味，尺度上与整个建筑群取得了呼应，对渲染气氛起了很大的作用，进一步烘托了人们的思念。

图 5.154　雨花台烈士陵园年轻女子雕像
资料来源：齐康.创意设计——齐康及其合作者建筑设计作品选集.北京：中国建筑工业出版社，2010.

5.6.4　纪念性建筑景观与环境艺术设计

纪念性建筑意和境，情与景互相融合了一个艺术整体，它以有形表现无形，以有限的表现无限的，以物质表现精神。

在中山陵建筑群中，设计师倡导了纪念建筑，应与自然环境、自然景观，相互呼应、相互映衬，从而让人们在瞻仰活动中感受到视觉的、自然生态的、意念的情绪变化。以此来塑造绿色的空间，合理配置选用各类植物共同来烘托、突出纪念堂、碑。再如，中山陵周围环境通过乔灌草的季相变化、色彩变化和植物体型变化，营造了主体纪念性建筑的空间感，对人们来说，有四季不同的景观，也带来了不同的思绪（图5.155）。

另外，在四周配置松、柏、杉等象征着中山先生的英魂万古长青。那开花的植物采用开白色、黄色的品种，高贵而淡雅，也表达了人民对孙先生的缅怀之意，通过植物更好地点题。

中山陵纪念群在景观设计时，也充分利用了植物的质感及自然的地势曲线来衬托建筑的形体，使其与环境相协调，力求把纪念群和背景的紫金山脉有机地融合在一起。

现今,南京中山陵已经过80多年的绿化、植树,现在树木已郁郁葱葱,有了大片的绿荫,自然生态也给祭祀的人、旅游者以肃穆、瞻仰的心情。同时绿色生态也改善了空气的质量。我们知道中国传统的陵墓和庙宇周边都多种植松、柏,常常是苍松翠柏呈行列式的布置。这是一种永恒纪念的象征。

我们在设计淮安周恩来纪念馆时,则多用水杉,它挺拔、快速成长,再配以松柏,景观环境的效果非常好。

而我们在设计南京雨花台烈士陵园纪念馆轴线时,则在两侧山头看到,由于半个世纪来,人们怀念烈士,每年清明都来这里种植常青树,以示对烈士的哀悼,已形成一种环抱的氛围,气势磅礴。在纪念碑的平台上有6棵大雪松,全部被保留(图5.156),它将纪念碑烘托得高高耸立,使碑高42.3 m,崇高而与日月同辉,而在近水池的两壁的护坡上采用迎春、探春的绿色植物,使人们近水而感到烈士的亲和,在护坡边站着一对男女哀悼像,其基座设计则低低的,台阶也设计得低低的,台阶已近水边,在不同的地段用不同的尺度,配以不同的自然植被,近人近水,仰望天空追思无限。

图 5.155 中山陵的绿化景观
资料来源:http://www.51555155.com/

图 5.156 雨花台烈士陵园纪念碑旁保留的雪松
资料来源:http://ido.3mt.com.cn/

纪念性建筑被绿树所围抱,环境优美,从某种意义上讲它也是一种情感的表示,是世人对死难者的哀悼,是对亲人的怀念,也由此而唤起人们无尽的哀思。

5.6.5 结语

作为纪念性建筑,在世界各地不论古代或现代,我们可以发现由于不同地区民族文化的多样性,其作品也不一样,它代表了不同地区历史背景、文化特色等,我们要从它们的"根"和"过程"去考虑问题,以实现建筑的本土性、民族性。

建筑师的实践是十分艰难和困惑的,尤其是纪念性建筑。它不是单纯的艺术作品,而是政治、经济、文化、科技,以至宗教的综合表现,我们要实现它的创意,赋予它灵感。历史上有许多设计优秀的纪念物,从他们的作品中可以看出,设计者都考虑到将纪念物的设计与环境结合得非常适当。

历史在发展,艺术表现的追求也在变化,从希腊古建筑开始,那些结合得好的雕塑,更多是具象,而新建筑开始时,与时俱进也有许多抽象的雕塑。当前我们国家在雕塑上具象与抽象同时并举(图5.157,图5.158)。有的城市雕塑被人们称之为"装

图 5.157 南京大屠杀纪念馆中的雕塑
资料来源:http://www.3608.com/

图 5.158　雨花台烈士群雕
资料来源：齐康.创意设计——齐康及其合作者建筑设计作品选集.北京：中国建筑工业出版社，2010.

图 5.159　罗斯福纪念碑方案
资料来源：齐康.纪念的凝思.北京：中国建筑工业出版社，1996.

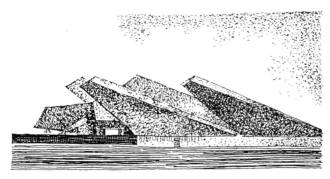

图 5.160　古巴吉隆滩战役纪念馆方案
资料来源：齐康.纪念的凝思.北京：中国建筑工业出版社，1996.

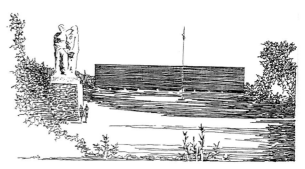

图 5.161　意大利福斯阿提诺墓窟方案
资料来源：齐康.纪念的凝思.北京：中国建筑工业出版社，1996.

置"，有许多不明确的甚至混淆的地方。而中国古代的雕塑更多的取其神取其意，意义可以更多地引发人的联想和深远的思维。

再看看历史上比较有名的纪念建筑，也许会给我们以启发和联想。二次大战后罗斯福纪念碑的方案竞赛（图 5.159）。以及 1961 年古巴吉隆滩战役的方案竞赛，其造型的设计大大突破了以往的纪念性建筑，吉隆滩方案的第一名是用已沉浸的船，用抽象的石块在海滩上砌筑（图 5.160）。这种新的思维必然会带来新的形象设计，它可以突破和超越任何时期的创作观念。又如意大利东北部的 Saraium，Redipuglia 建一座纪念馆，设计者为乔瓦尼（Ciovanni）。那是埋葬了 10 万死难者的墓地，它在沿山坡的台阶上铭刻死难者的事迹，而登到坡顶则一无所有。看到的只是无际的天空，达到了"此时无声胜有声"的境界。同样在意大利罗马郊外修建的福斯阿提诺墓窟（Fosse Areleatine），建筑师是阿庇列等（图 5.161）。在埋葬的 335 个牺牲于法西斯屠刀下的死难者墓地上直接加上庞大的屋盖，利用入口的隧道和地下侧光，创造出极为悲惨的地下墓地。我们在南京侵华日军大屠杀遇难同胞一、二期工程设计时，也受到这些设计的影响和感染。可见纪念性建筑随着时间、空间、地点、意义可以采取不同的手法，来实现预期的效果。

同样在纪念性建筑中，我们运用了大量的绿色植物来衬托我们的建筑，包括绿色生态、绿色环境、绿色建材，等等。这些都是我们在设计创作中不可忽略的部分，同时我们应注意不能将生态环境、绿色植物的应用简单化、庸俗化，而应提高到精神层面中，我们以上的几个纪念性建筑的设计就说明了这一点。

5.7 体育建筑

5.7.1 体育建筑概述

改革开放以来,我国经济高速发展,人民生活水平快速提高,对体育建筑的需求正在逐渐增大。1995年《中华人民共和国体育法》和《全民健身计划纲要》的颁布实施,以及北京第29届奥运会的成功举办,极大地促进了全国范围内体育建筑的发展。体育建筑作为体育事业和体育产业发展重要的物质基础,得到了国家和各级政府的高度重视,其中一个重要的体现是对体育设施的投入不断加大,使体育建筑的发展处于一个快速增长期,有力地推动了体育事业和体育产业的发展。体育场馆建设一方面改善了当地体育发展的条件,另一方面,对提升城市形象,扩大城市知名度,带动地方社会经济发展发挥了重要作用(图5.162,图5.163)。

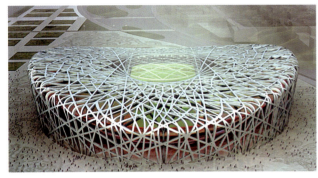

图 5.162 国家体育场成为北京标志性建筑之一
资料来源:北京市规划委员会,北京水晶石数字传媒.国家体育场.北京:中国建筑工业出版社,2003.

图 5.163 济南奥体中心体育场
资料来源:http://image.pt.tuke.com/image5/middle/8964/e4/C77437898.jpg

体育建筑是指"为体育竞技、体育教学、体育训练和健身娱乐等活动之用的建筑物"(摘自《体育建筑规范》JGJ 31—2003),是人民日常工作生活中必不可少的设施,是人民生活品质高低的标志之一。体育建筑主要包括体育场、综合体育馆、各种单项体育场馆(如:专用足球场、曲棍球场、游泳馆等)、训练馆、训练场等。由于体育建筑种类繁多,各种需求及技术要求参差不齐,无法一概而论,所以,下文所指体育建筑主要是以体育竞技建筑为主。

体育建筑具有占地大、规模大、跨度大、空间大、能耗大、功能庞大等"六大"特点。

图 5.164 新疆体育中心
资料来源:水晶石数字科技有限公司绘制

(1)占地大:体育建筑体量大,需要较大用地满足建筑本身平面功能的布置,其中体育场如满足举行田径、足球等比赛项目,需要额外设置配套的室外练习场。作为大量人流聚散场所,短时间内大量观众进出场馆是体育建筑另一特点,需要足够的用地和空间满足人员集散、停车、各种人流(如:运动员、贵宾、媒体、安保、场馆运营、观众等人群)和车流等交通流线组织的需求。上述因素造成体育建筑需要占用较大规模的用地,以满足赛事及大型活动的需要。目前新建的市级及市级以上的体育设施多数以体育中心(公园)的方式进行建设,包括体育场、体育馆、游泳馆及相关的配套训练设施,最小占地规模也要在30 hm²左右,个别规模大的体育中心(公园)占地往往接近100 hm²。如新疆体育中心(图5.164)包括一个3.5万人体育场、一个6 000人综合体育馆、一个室内田径馆、一个网球训练馆及运动员公寓,占地约33 hm²。济南奥体中心(图5.165)包括一个6万人体育场、一个1万人体育馆、一个4 000人游泳馆、一个4 000人

绿色建筑设计与技术

图 5.165　济南奥林匹克体育中心
资料来源：http://www.google.com

图 5.166　悉尼奥运会主体育场
资料来源：王兵摄

网球场以及一些室外运动场地，占地约 81 hm²。

（2）规模大：体育建筑在满足全民健身需要的同时，主要的建设目标是满足观众观看体育赛事活动的需要。根据其地区属性、赛事等级，观众规模从数千人至数万人不等，建筑面积从数万平方米至数十万平方米，如悉尼奥运会主体育场（图 5.166），观众人数最多达到 11 万人，北京奥运会主体育场，观众人数最多达到 9 万人，建筑规模近 25 万 m²。同时，由于体育建筑的大空间特性，与办公楼、旅馆等建筑相比，相同建筑面积，体育建筑的空间体量会更大。

（3）跨度大：体育建筑一般由比赛场地、观众席以及为观众和其他人群提供服务的附属用房组成。如体育馆比赛场地最小尺寸一般要满足篮球比赛的需要，长宽尺寸约为 38 m×20 m，比赛场地四周设置少则数千，多则过万的观众坐席区。而且整个比赛大厅要求观众视线无遮挡，不可能设置承重构件，所以体育建筑通常需要采用大跨度的空间结构形式。如北京五棵松篮球馆，其比赛大厅的结构跨度为 120 m×120 m。南京奥林匹克体育中心体育场（图 5.167）跨越东西看台上空的变断面三角桁架梁跨度为 372 m。

图 5.167　南京奥体中心体育场看台罩棚巨型钢拱券
资料来源：建筑创作，2010(12)：封面图

（4）空间大：以体育馆为例，比赛场地净高一般按照该场地承接比赛项目所需最高净空确定，通常不小于12.5 m。对于大型、特大型体育馆，观众数量大，观众坐席多，坐席排数多，需设二层甚至三层观众坐席才能满足使用要求，进一步增加了平面尺寸及建筑室内净高。如国家体育馆（图 5.168）观众人数1.8 万人，比赛大厅平面尺寸 145 m×114 m，观众看台最后一排标高 26 m，比赛场地净空平均为33 m 左右。

（5）能耗大：如上文所述，体育建筑，尤其是体育馆、游泳馆作为一种大型公共建筑，体量大、空间大，在很大程度上依靠机械通风、空调及人工照明，不可避免地具有高能耗的特点。其能源消耗主要体现在空调系统与照明系统，空调采暖能耗和照明能耗约占总能耗的 80%[1]，单位建筑面积能耗约是普通居住建筑的 10 倍，其节能潜力巨大。

（6）功能庞大：体育建筑根据体育赛事要求划分为八个功能区：场馆运营区、观众区、赛事管理区、

---

① [1] Public Technology Inc. US Green Building Council. 绿色建筑技术手册. 北京：中国建筑工业出版社，1999.

图 5.168　国家体育馆
资料来源：王兵摄

图 5.170　第二代体育建筑：北京工人体育馆
资料来源：北京市建筑设计研究院.北京市建筑设计研究院作品集
1949—2009.天津：天津大学出版社，2009：69.

 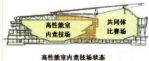

图 5.169　第一代体育建筑：雅典大理石体育场
资料来源：http://www.google.com

图 5.171　第三代体育建筑：日本琦玉体育馆
通过机械传动机构可将 9 000 个坐席移动 70 m，实现体育场、馆间转换
资料来源：http://www.google.com

运动员及随队官员区、贵宾及官员区、赞助商区、新闻媒体区、安保区。每个分区之间既要相互结合，共同构成一个完整的建筑，又要求相对独立，互不干扰。

自 1896 年在希腊雅典召开第一届奥运会至今 100 多年以来，随着社会的发展，奥运会规模的扩大，竞技水平的不断提高，体育建筑也经历了从一代走向另一代的革命性演变，由第一代（图5.169）的全室外化比赛场地发展到根据比赛项目的特点，室内室外场馆共存的第二代（图5.170），以及大量使用活动坐椅、可开启屋顶体现结构技术的第三代体育场馆（图5.171）。尤其是 1984 年洛杉矶奥运会成功的商业动作，使奥运会逐渐摆脱了体育比赛的单一概念，成为促进世界交流，带动区域经济发展的载体，体育建筑正在向网络信息化、休闲产业化、功能多样化、使用舒适化以及绿色环保低碳方向的第四代体育场馆发展。

5.7.2　体育建筑绿色环保的必要性

近几百年来，人类社会的发展过于片面追求生产力水平的提高，忽视了对环境的保护。为此，1987 年联合国世界环境发展委员会提出了"可持续发展"的概念，即"满足当代人的需求又不危及后代人满足其需求的发展"。可以断言，21 世纪建筑一定是一种绿色的、可持续发展的建筑，因为我们的地球已不可能再无限制地为建筑提供土地，人类在建筑过程中对生态环境的影响和对能源资源的消耗已接近极限。

绿色建筑可以概括为在建筑寿命周期中，以最节约能源、最有效利用资源的方式，建造最低环境负荷情况下，最安全、健康、高效及舒适的居住空间，达到人及建筑与环境共生共荣、永续发展。

由于 CO_2 过度排放，人类赖以生存的地球环境正发生着巨大变化，全球气候变暖、海平面上升，自然灾害频发等诸多问题已经直接影响到人们的生活，减少 CO_2 排放量已被全世界所共识，低碳建筑这个建筑领域的新词汇正是在这样的背景下诞生的，并已成为绿色建筑重要的组成部分。

体育建筑是城市主要的标志性建筑，是城市发展的重要节点。从某种意义上讲，一个城市全球化的象征不仅仅是高楼林立、交通发达、财富云集，这个城市体育商圈的大小，以及它所提供的多种文化交融平台的大小同样是城市国际化进程的表现。体育商圈是以大型体育场馆为中心，开展体育竞赛、体育表演、体育休闲等活动，形成以体育为核心的娱乐、购物、办公、商务、旅游等多功能的综合性体育商务中心。所以体育建筑是城市经济发展的要求，是城市建设的重要组成部分，从规划选址，到外观造型、文化传承以及新材料、新技术等，不论是城市管理者，还是普通市民都给予了高度关注，体育建筑往往会成为地区建筑高水平集成，地区建筑的典范。所以，在体育建筑中大力提倡绿色设计，对于提高民众绿色意识，引导带动其他建筑的绿色设计，具有一定的示范和推动作用。

奥运会作为有史以来最大的体育盛会，及对社会和经济的巨大的影响力，使其成为新理念、新科技的综合体。悉尼以及北京奥运会成功的经验已经预示出，绿色概念及可持续发展将是现代体育建筑迈向21世纪的重要主题之一[①②]。体育馆建筑本身具有体量大、能耗高的特点，在当前强调"绿色"与"低碳"的大背景下，必须对绿色环保与节能减排问题加以考虑，尽可能使用成熟的绿色与低碳技术，实现可持续发展。合理有效地利用土地、科学的环境质量评价、广泛使用太阳能等绿色清洁能源、雨水搜集、中水回用、绿色建材、自然通风与采光、空间的灵活性等都是绿色建筑的重要内容，也是未来体育建筑的发展方向。

5.7.3 体育建筑绿色设计

目前我国建筑的绿色设计正处在起步时期，在体育建筑前期规划设计阶段引入绿色理念，对体育建筑的可持续发展意义重大。体育建筑的绿色设计主要包括建筑选址、场地规划设计、交通规划、绿化设计、建筑设计、单座容积、赛后利用等7个方面。

5.7.3.1 建筑选址

"仓廪实而知礼节，衣食足而知荣辱"。随着人民生活水平的不断提高，在解决温饱之后，不可避免的会出现更多的文化体育诉求。2003年，国务院公布《公共文化体育设施条例》，将体育设施的建设纳入国民经济和社会发展计划，体育建筑逐渐成为城市建设中重要的公共配套设施，成为人们日常工作生活的重要组成部分。

由于体育建筑体量规模巨大，功能复杂，短时间内聚散人员众多等特点，体育建筑的选址既要考虑城市总体规划要求，又要兼顾其自身特点，保证选址符合城市的总体发展，满足赛事活动的顺利举行，保证体育建筑的赛后利用，实现体育建筑的可持续发展，所以体育建筑选址是体育建筑绿色设计的重要内容。

体育建筑选址有三种可能性，并分别具有如下特点：

（1）选址在城市区域：体育建筑用地周边为城市建成区，如北京工人体育馆（图5.172）、上海8万人体育场（图5.173）、广州天河体育中心（图5.174）等。城市综合环境、消费人群、交通市政等设施相对成熟，在体育建筑举行赛事及大型活动时非常便于观众的到达，同时也非常有利于平时的赛后利用。但举行赛事及大型活动时对城市交通干扰大，增加交通拥堵，影响城市的正常秩序。

（2）城市边缘区域：体育建筑用地处在城市建成区与郊区之间，如北京奥林匹克公园、济南奥林匹克体育中心等。城市综合环境、消费人群、交通市政设施等较成熟，在体育建筑举行赛事及大型活动时较便于观众的到达，对城市干扰较小，赛后利用较好，目前国内大多数体育中心均选址在城市边缘区域。

图5.172　第二代体育建筑：北京工人体育馆
资料来源：北京市建筑设计研究院.北京市建筑设计研究院作品集1949—2009.天津：天津大学出版社，2009：67.

---

① 韩伟强.绿色环保体育建筑——悉尼奥运会体育中心场馆与环境.中外建筑，2004(05)：72-74.
② 范珑，贺克瑾，孙敏生，等.生态技术在体育建筑设计中的应用// 全国暖通空调制冷2002年学术年会资料集.广东珠海，2002.

图 5.173 上海 8 万人体育场
资料来源：http://www.google.com

图 5.174 广州天河体育中心
资料来源：http://www.google.com

（3）远离城市区域：体育建筑用地远离城市建成区，如悉尼奥运会主场馆。交通不便利，举行赛事及大型活动时对城市干扰小，但不便于赛后利用。

为保证体育建筑赛时、赛后的使用，节约建设投入以及日常运营费用，体育建筑用地周边应具备较好的市政、交通条件。对于大型体育中心，其建设用地宜选择在城市边缘区，临近城市主干道和城市轨道交通，该区域应具备一定的城市氛围同时又交通便利，这样一方面能够保证大型赛事活动人员的快速疏散，同时对整个城市影响较小，另一方面又能在一定程度上为体育设施的赛后利用提供便利条件。通过对目前已建成的体育设施赛后使用情况

图 5.175 悉尼奥运会，奥运主场赛后门可罗雀，空无一人
资料来源：王兵摄

分析，我们不难发现体育建筑选址与体育建筑赛后利用之间存在着一定的关联。例如：2000 年悉尼奥运会体育中心主赛区由于选择远离市区的位置，而且周围没有形成足够的城市氛围，悉尼奥运会后该中心赛区使用效率低，门可罗雀（图 5.175）；2008 年北京奥运会主赛区选址在城市边缘区，交通便利，周边地区人口密集，配套设施完善，城市氛围浓，北京奥运会后，该赛区成为北京市民又一个重要的公共活动中心和旅游观光地，仅国家体育场平均每天接待参加活动以及观光人员数量达到 2 万~3 万人，自北京奥运会结束后半年统计，共接待约 350 万人，实现经营收入约 2.1 亿元人民币。

体育建筑选址除要重点考虑上述所提的赛后利用外，还要满足国家和地方关于土地开发与规划选址相关的法律、法规、规范的要求，符合城市规划的要求，要综合考虑土地资源、市政交通、防灾减灾、环境污染、文物保护、节能环保、现有设施利用等多方面因素，体现可持续发展的原则，达到城市、建筑与环境有机地结合。

体育建筑应选择在具有适宜的工程地质条件和自然灾害影响小的场地上建设；建设用地应位于 200 年一遇洪水水位之上，或临近可靠的防洪设施；应尽量避开地质断裂带等对建筑抗震不利以及易产生泥石流、滑坡等自然灾害的区域。建设用地应远离污染区域；用地周边的大气质量、电磁辐射以及土壤中的氡浓度应符合国家有关规范的要求。如利用原有工业用地作为建设用地，还应进行土壤化学污染检测评估，并对其进行土壤改良，使其满足国家有关规范的要求。

5.7.3.2 场地规划设计

体育建筑占地大，场地内设施多，各种交通流线复杂，景观环境要求高。与其他建筑类型相比，体育

建筑的场地设计有其自身特点，在体育建筑整体设计中占有相当的分量，是体育建筑设计中不容忽视的重要环节。而且，场地设计中存在较多可进行绿色设计的内容，合理的规划不仅影响到体育建筑的外环境，更是建筑节能的基础，在体育建筑的规划阶段，就应从节能角度进行考量，合理利用风、光、水、绿色植物等要素，创造有利于体育建筑节能的区域小气候。例如：应结合当地气候条件，选择最佳的建筑朝向和间距获得更多日照，保证冬季有适量的阳光射入体育建筑室内，并避开冷风，而夏季能尽量减少太阳直射，并保证良好通风。可利用建筑的布局和人工微地形营造、优化场馆周边环境质量。环境设计中，可在上风向设置大面积水面、树林，夏季降低自然风的温度，增加空气中含氧量和负离子浓度，提高新风质量，减轻能源负荷，为自然通风的利用创造条件；冬季降低寒风的强度，减少建筑的热损失。建筑可适当下沉，并与覆土相结合，以改善保温隔热性能。运用下沉庭院、天井、内部道路，为建筑最大限度采用自然通风和自然采光创造条件（图5.176）。

（1）根据场地内外的环境，科学合理地进行规划布局，在满足功能使用、城市景观和规划条件要求的前提下，建筑应尽量紧凑布局，提高设施使用效率，节约土地资源。如深圳市深圳湾体育中心，将体育场、体育馆、游泳馆三个建筑集中布置在一个屋盖下，形成一个完整的建筑，既创造了独特的城市景观，又最大限度地节约了土地资源（图5.177）。

图5.176 慕尼黑奥林匹克体育中心
充分利用地形地貌、水面、绿化等与建筑完美结合，形成宜人的区域小气候
资料来源：http://www.google.com

图5.177 深圳湾体育中心
资料来源：水晶石数字科技有限公司绘制

（2）在场地规划设计中，应尽量根据地形地势进行设计，维持场地原有地形地貌的自然特征，避免大挖大填，因地制宜，减少土方量。如充分利用山坡设计观众看台，利用场地内地势高差实现观众与其他人群（贵宾、运动员、媒体、赛事官员等）和机动车互不交叉、人车分流等。根据景观规划，保留场地内大树、古树、名树等现状绿化，如不可避免，应采用保护性移植，避免大砍大伐，并采取场地环境恢复措施，减少因建设开发而引起的环境变化。

（3）场地内绿化率不应低于当地规划部门的要求，并在此基础上尽量提高；减少大面积草坪，提高乔木覆盖率；采取雨洪利用、雨水收集、透水地面等措施，保护场地及周围原有水环境，建成后场地的保水率/原有土地保水率≥0.8，以保证雨水渗透对地下水的补给，提高建设用地的生态价值，维持生态平衡，保护生物多样性。

（4）优化室外环境设计、有效配置绿化及水景，采用反射率小的地面铺装材料和屋面材料，最好将一定比例的平屋面设计成植被屋面，减少场地内地面铺装和建筑物的热容量。提高夏季室外热舒适，减少热岛效应。

（5）优化建筑布局，保证场地内良好的风环境，保证舒适的室外活动空间和室内良好的自然通风条件，减少气流对区域微环境和建筑本身的不利影响，对场地风环境进行典型气象条件下的模拟预测，优化规划设计方案，避免局部出现旋涡和死角，从而保证室内有效的自然通风。

（6）尽量减少对周围居住建筑冬季日照的不利影响，保证公共活动区域和绿地大寒日不小于60%的区域获得日照，为公共区域中的硬质地面和不透水地面提供适当的遮阳设施。

(7) 总平面规划中需对环境噪声进行预测分析，保证环境噪声达到国家标准，对产生噪声的建筑物及对噪声敏感的建筑物合理布局，并采用适当的隔离或降噪措施，减少噪声干扰。

5.7.3.3 交通规划

由于体育建筑在举行体育赛事及大型活动时将有大量人员参加，需要更多快捷方便的城市交通设施以满足人员集散要求。体育设施周边的城市交通应以发展公共交通系统为主，尽量减少对自备汽车的依赖，节约能耗，减少污染。并力争保证乘坐车辆进出体育设施的人员使用周边各种公共交通系统的比例达到60%。

体育设施用地内停车场应遵循节约土地资源的原则，结合实际情况，采取分散与集中、地上与地下相结合的方式设置，减少停车场地设置对环境的不利影响，地面停车比例不宜超过总停车量的30%。

5.7.3.4 绿化设计

在规划建设中，对用地内原有绿地与树木应保护和利用，尽量减少对场地及周边原有绿地的功能和形态的改变。对建设用地中已有的名木及成材树木应尽量采取原地保护措施；无法原地保留的成材树木采用异地栽种的方式保护。

图 5.178　巴黎贝西体育馆外墙
采用草皮绿化方式处理既增加绿化面积，又美观节能
资料来源：王兵摄

通过合理规划，保证建设用地的绿化率达到或高于国家及地方规定的标准。用地中绿地的配置与分布合理，创造舒适、健康的微气候环境。绿化植物的选择应满足地方化、多样化的原则，乔木、灌木与草皮应合理搭配，并以乔木为主。在可能的情况下，应考虑设置垂直绿化（图 5.178）和屋顶绿化（图 5.179）。屋顶绿化和垂直绿化不仅可以有效地增加绿化面积，美化环境，创造和周边环境更为和谐的城市景观，还可以提高建筑外围护结构的保温性能，减少城市热岛效应。

图 5.179　北京工业大学五人制足球馆屋顶绿化
资料来源：水晶石数字科技有限公司绘制

5.7.3.5 建筑设计

（1）科学确定体育建筑的功能定位，包括建筑规模和赛事等级。并根据功能定位合理设计观众席位和比赛、热身场地。目前国内大多数体育场馆在大部分时间均以全民健身和大型活动为主，应根据场馆的实际情况，合理地配置固定和活动坐席数目的比例，如美国洛杉矶的体育馆在赛场四周布置了活动看台（图 5.180）。学校及社区体育场馆宜以活动坐席为主。在基地为坡地时，可充分利用现有地形地势，将看台顺应地形布置，也可采用下沉式建筑布局或覆土的建筑形式，减小建筑规模，削减无效空间，并大大降低外围护结构能耗。观众坐席应尽量增加活动坐席的比例，一方面可提供更大的场地，满足健身、大型活动的需要；另一方面，可降低建设资金投入和长期运营维护费用。

（2）单座容积是指体育馆观众厅容积与观众坐

图 5.180　洛杉矶 STAPLES 体育馆比赛场地
四周布置可伸缩的活动看台，满足多功能使用的需要
资料来源：王兵摄

图 5.181 国家体育馆外围护结构
资料来源：付毅智绘制

席数的比值。单座容积数值高就意味着观众厅容积大。观众厅容积大会增加空调负荷，加大室内热工损耗，并造成室内混响时间过长；观众厅容积过低则会造成室内空间过于压抑。一般体育馆单座容积宜控制在 10~20 m^3/座之间。

（3）建筑外围护结构是保持室内环境热舒适度和降低能耗的重要因素。体育建筑的大空间特性，决定其具有大面积的外围护结构，这就要求外围护结构必须具有良好的保温性能。体育建筑外围护结构一般采用金属复合墙体（屋面）和通透性材料（如玻璃）等，而且随着设计手法的不断发展，玻璃幕墙保温性能的不断提高，玻璃等透光材料在体育建筑外围护设计中的使用更加普遍（图 5.181）。不可否认，尽管玻璃幕墙的保温性能有很大的提高，如高性能真空玻璃，其传热系数可以达到 0.93 W/(m^2·K)，但考虑到经济方面的因素，玻璃幕墙等通透性材料形成的外围护结构与常规的实心墙体围护结构相比，在保温性能方面还存在着较大的差距。所以单纯从节能角度出发，体育建筑的外围护结构应利用能耗动态模拟技术对不同的方案进行模拟预测和比较，综合确定外围护结构的设计方案。

5.7.3.6 赛后利用

体育建筑与其他类型建筑相比，以功能需求复杂、集中使用人数多，使用频率普遍较低、闲置时间长为特点，是一种建筑工艺相对复杂、结构技术难度大、技术设备及网络系统要求高、建设投入资金大、回报周期长的建筑类型。据不完全统计，体育建筑一次性建设投资仅占其全寿命周期（暂以建筑使用年限 50 年计）投入的 20% 左右，大量的资金使用在长期维护和折旧上。根据国内外多年的经验，结合体育建筑本身的使用性质，可以得出：体育建筑解决自身的经济平衡或赢利是很困难的，尤其对于体育产业不够发达的地区。所以不考虑体育场馆的赛后利用，仅为体育赛事需要而建设，大多数体育场馆的使用效率偏低，长时间闲置，造成资金和社会资源的浪费，不符合社会利益和经济利益。赛后利用是指体育场馆在全寿命周期内的整体运营使用，旨在实现利用效率最大化、经济效益和社会效益最大化。所以，结合赛后利用的模式，明确功能定位，增加赛后利用设施，提高建筑的灵活性，是体育建筑绿色设计的重要内容。

1）赛后利用的策略

为了促进体育产业蓬勃发展，走入良性循环的轨道，应从资金筹措、市场运作、多种经营等方面探索体育建筑建设的模式。体育建筑的赛后利用是经营者和建筑师共同关注的问题，借鉴国外成功经验，考虑中国的具体情况，对于体育产业发达地区，赛事活动频繁的体育场馆，应以体育赛事作为赛后利用的基本出发点；对于体育产业欠发达地区的体育场馆，应围绕体育主题，形成以体育产业为中心的赛后利用模式，将大型赛事、活动与多种经营相结合，形成以大型赛事活动为主的、服务大众的全民健身娱乐休闲场所。赛后利用要因地制宜，充分考虑人口规模、规划选址、地区经济发展状况、区域特色；充分考虑我国幅员辽阔，气候各异的特点，选择适宜的运动项目；要因人制宜，充分研究建筑所处人文环境的特点，了解人们的需求，赛后利用具体方案设置做到有的放矢，因此，在功能使用方面，要结合具体情况，避免功能单一化，要强调建筑使用的人性化和灵活性。在紧紧围绕体育产业运营和开发的同时结合社会经济活动的需求变化，适时开展相关产业的业务拓展，进行多元化经营（图5.182）。

图 5.182 巴塞罗那奥运会主体育馆大型文体演出
资料来源：http://www.google.com

2）赛后利用方式

借鉴国内外成功经验，考虑地区的具体情况，体育建筑按照平时使用的侧重点不同可分成三大类：

（1）专业型。专业型体育场馆是指以单一赛事（项目）为主的体育建筑，在赛后利用中可以发挥其专业场地、专业器材、专业人员的专业优势和权威效应，承接相应的职业联赛，最成功的案例就是NBA的主客场循环赛制。如北京五棵松篮球馆、首钢体育馆（BBA主场）、北京射击中心、自行车馆、天津泰达体育场（足球专业场）等。这类体育场馆赛后利用成功的关键在于专业性，这样易于形成一部分相对较为固定的消费人群，带来稳定的收益。

（2）综合型。综合型体育场馆是集比赛、观演、展示等功能为一体的体育建筑。在体育产业欠发达地区的大中型体育场馆中，大多数为综合型体育场馆。此类型体育场馆的赛后利用要充分利用自身大空间和多功能的特点，发挥地区性建筑的优势，围绕体育主题，将赛事、大型活动、展示与多种经营相结合，形成以赛事活动为主的、服务大众的全民健身娱乐休闲场所。场馆建设，尤其是永久设施的建设要按照赛后利用的总体需求进行设计，并尽可能通过设置临时设施及局部改造等方式，满足专业比赛的需求。尽量做到"以体育赛事活动及全民健身为主导，商业服务设施为辅，并为体育赛事活动及全民健身服务"的赛后利用原则（图5.183~图5.185）。

（3）全民健身型。对于规模不大，又缺少专业性赛事活动的小型体育场馆，开辟为全民健身的场所，无疑是最稳妥的赛后利用方案，通过场地的多功能布置，可以分时段或季节变化使用功能，甚至可以采取俱乐部的会员制，提升场馆赛后利用的档次。

图5.183 体育馆餐厅
资料来源：王兵摄

图5.184 墨尔本多克兰兹体育场穹顶餐厅
资料来源：王兵摄

图5.185 体育馆包厢
资料来源：王兵摄

5.7.4 体育建筑绿色技术

5.7.4.1 自然通风与自然采光

随着空调和照明技术的不断发展，通风与自然采光的利用曾经被人们忽视，但能源危机、封闭式空调所带来的室内空气品质差以及疾病传播等问题，使自然通风与自然采光重新得到人们的重视。合理利用自然通风与自然采光，可以减少能源消耗，改善室内空气品质和光环境的舒适度，满足人们对舒适健康室内环境的需求。体育场馆在大量时间段内主要是全民健身活动，与赛时相比其对于室内光环境和热工环境的要求较低，为减少能耗，体育场馆应尽量设置自然通风和自然采光的条件。

1）自然通风

自然通风是指利用自然的手段（热压、风压等）来促使空气流动而进行的通风换气方式。干燥、清新的室外空气引入体育建筑内部可消除余热和余湿，能有效降低空调系统负荷，省电节能，而且占地面积小、投资少，运行费用低，同时大大提高了室内的空气品质，在体育建筑中已被广泛采用。

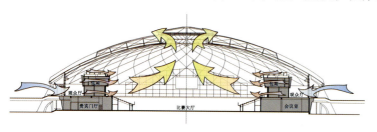

图 5.186　新疆奥林匹克体育中心体育馆利用热压原理进行自然通风
资料来源：杨海鑫绘制

由于体育建筑体量大，可利用建筑内部空气的热压差——即通常讲的"烟囱效应"——来实现建筑的自然通风。利用体育建筑外墙开启窗扇、建筑物内部上下贯穿的竖向空腔如楼梯间和拔风井道等满足自然风进风的要求；在建筑上部结合屋面、天窗以及侧高窗设排风口，将污浊的热空气从室内排出。室内外温差和进、出风口的高差越大，则自然通风作用越明显（图5.186）。

由于体育场馆的通风路径较长，风能损失较大，单纯依靠自然的风压、热压往往不足以实现良好的自然通风。而对于恶劣的室外环境，直接自然通风还会将室外污浊的空气和噪声带入室内，不利于人体健康。这种情况下，可采用机械辅助式自然通风系统。该系统有一套完整的空气循环通道，辅以符合生态理念的空气预处理手段（如深层土壤预冷或预热，深井水换热等），并借助一定的机械方式来加速场馆内通风。北京奥林匹克网球中心、日本长野综合体育馆即采用了这种方式[①]。

随着新型结构和技术的发展，体育场馆利用自然通风的限度不断被扩展，最具代表性的即是活动屋盖的应用[②]。它能根据天气条件灵活调节屋面开合，通过屋顶的开启和闭合补充室外新鲜空气，调节室内微气候，在利用自然通风的同时也为体育场馆提供了自然采光，降低了使用机械通风及人工照明的能耗。但是，活动屋盖的设计、维护复杂，初期投资和日常运行费用高，其意义更多地在于节能减耗而非经济效益。目前此技术应用较多的是美国和日本，如日本的福冈体育馆、大分体育馆、美国的西雅图体育馆、加拿大多伦多的超级穹顶、墨尔本多克兰兹穹顶等（图5.187）。[③~⑤]

图 5.187　墨尔本多克兰兹体育场穹顶采用水平滑动式平移活动屋盖
资料来源：王兵摄

体育建筑是较为特殊的公共建筑类型，无论规划、环境、建筑设计都有自身特点，自然通风系统只有有效结合这些特点，并对自然通风技术充分考虑，才能产生相适的、有效的通风解决方案。针对体育建筑的特殊性，自然通风的应用策略需密切结合当地气象条件和环境特点，根据场馆的不同使用性质和使用阶段确定。竞赛型体育建筑（体育馆等）以机械通风为主，可应用自然通风原理，增加通风的"绿色"环节，应用能量回收技术，节省采暖能耗等策略；全民健身型体育建筑（体育馆等）则应以自然风为主、机械通风为辅，可以采取扩大通风口面积、优化通风路径等手段；同时应考虑不同季节、不同空间性质以及昼夜差别，采用不同通风策

---

① 史立刚, 刘德明. 健康型体育设施设计研究. 新建筑, 2004 (05): 66–69.
② 温晓霞. 体育建筑生态节能设计初探. 山西建筑, 2009, 35(4): 262–263.
③ 易涛. 绿色体育建筑若干问题探讨：[硕士学位论文]. 北京: 北京工业大学, 2005.
④ 王晶, 曾坚. 大型体育场馆的生态节能设计分析. 建筑师, 2008(03): 70–73.
⑤ 华怡建筑工作室. 世界建筑典藏 2. 北京: 机械工业出版社, 2003.

略[①]。此外，利用计算流体力学(Computational Fluid Dynamics, CFD)的手段来辅助和优化设计也是目前的一个趋势[②]。

2) 自然采光

体育建筑(体育馆等)人工照明不但消耗巨大电能，其产生的散热问题同时也增大了室内空调负荷，合理有效地利用自然光，尤其是在非正式比赛和全民健身的情况下，可以有效地减少照明用电和空调能耗[③]。虽然自然采光在节能方面有着诸多优势，但在已建成的体育馆建筑中自然采光技术却未得到有效的应用，这主要由两方面因素导致，其一，体育馆在正式比赛和大型活动的情况下，由于电视转播的需要，通常采用人工照明，对于已设置了自然采光的体育馆等，还应采取遮光措施；其二，屋面构造复杂，设置采光天窗易增加漏水隐患，同时采光方式选用不当，还会产生严重的眩光、光幕、照度不均等问题，影响体育建筑的赛后利用。

体育建筑目前常用的自然采光包括高侧面采光和顶部采光两种方式，顶部采光又分为利用天窗、透明屋面材料、光导管以及活动屋盖采光等四种方式。对于体育馆，优先选择屋顶采光方式，采光区域宜集中在比赛区域上空，应均匀布置，采光区域面积的控制应综合考虑各种因素，以满足平时全民健身及日常维护无需人工照明，面积选择过大，虽然可以提高比赛大厅内平时采光效果，但会相应增加能耗，增大白天比赛及大型活动时遮光的难度；所以，采光区域面积宜控制在20%以内（屋顶采光区域面积与屋顶面积比值），同时还应符合《公共建筑节能设计规范》的要求。

体育建筑对自然采光的眩光等不利光环境更加敏感，设计师需特别注意。所谓眩光是指人眼可视范围内出现过高亮度或过大对比度时，使人感到刺眼并影响辨识能力的现象。眩光不仅在生理上影响人眼视觉能力，还会在心理上产生不良影响，产生负面情绪。在体育建筑自然采光设计时应通过采光窗设置、漫射采光材料技术手段加以避免。对于大多数常见的室内体育项目而言，屋顶采光区域宜沿比赛、训练场地的长轴方向设置，采光材料通常选用彩釉玻璃、磨砂玻璃、透光率较低的单层聚碳酸酯板、中空聚碳酸酯板、PTFE(玻璃纤维)膜、ETFE(乙烯——四氟乙烯共聚物)膜等。另外，合理地设置遮阳措施，也是控制眩光的有效途径。常规的水平遮阳、垂直遮阳等遮阳方式都可以有效地解决体育建筑眩光问题。电动开启遮光帘装置，可以在短时间内实现完全开合，更适用于体育建筑不同使用功能切换时对室内照明环境的控制（图5.188，图5.189）。

图 5.188 国家体育馆比赛大厅
上部屋面采光窗面积约为7%，较好地兼顾了赛事及活动与平时的需要
资料来源：王兵摄

图 5.189 广州体育馆比赛大厅
整个屋面全部为采光屋面，不仅能耗大，而且白天如举行需电视转播的赛事及活动，屋面需采取遮光措施
资料来源：王兵摄

[①] 李华东. 高技术生态建筑. 天津：天津大学出版社，2002.
[②] 薛志峰，等. 超低能耗建筑技术及应用. 北京：中国建筑工业出版社，2005.
[③] 刘洋. 上海市娱乐体育建筑发展研究：[博士学位论文]. 上海：同济大学，2006.

图 5.190　北京奥林匹克公园中心区地下车库光导管采光罩

图 5.191　北京科技大学体育馆比赛大厅屋顶采用光导管进行自然采光

资料来源：王慧明摄

随着科学技术的发展，出现了新型自然采光技术，即光导照明系统。电力照明的照度分布均匀性差，视觉效果差，并容易产生视觉疲劳。而光导照明系统发出的光为全色光，光线柔和，照度分布均匀，仅视觉效果好，而且长时间观看不易疲劳，实验证明，自然光条件下的视觉对比灵敏度高于人工光 5%~20%以上。

光导照明系统是将室外自然光线通过采光罩，经光导管传输至室内漫射装置，把自然光均匀高效地照射到室内需要照明的地方。漫射装置透光性较强，光线柔，不易产生眩光，而且封闭结构可以有效地防灰尘和飞虫进入，并具有良好的隔热和隔声功能。系统由采光、光导和漫射三个部分组成。光导装置主要由光导管与弯管组成，光导管是由特殊材质制作的，具有超强反射和会聚光线的作用。北京科技大学体育馆、北京奥林匹克公园中心区地下车库屋顶采用光导管将自然光引入室内实现自然采光（图 5.190），取得了良好的效果。北京科技大学体育馆（图 5.191）在比赛场地上空利用屋面设置了 148 个光导管，在室外临界照度值为 2 万 lx 时，室内比赛场地地面临界照度值为 150 lx，白天可以不开灯就能满足体育教学的需要。北京奥林匹克公园中心区地下车库采用了 19 套光导管，全年可节电近 2 万度，节能效果显著。

光导照明系统可以根据功能需要，通过开关或者小型遥控器，控制遮光片进行旋转，对室内光照度进行任意调节，甚至可以完全关闭。控制装置还可以根据不同场合，不同时间段，与人工照明系统进行工作模式的切换，实现不同工作场合的多种照明工作模式，充分利用自然光，自动调节室内照度，最大限度地节约能源。

5.7.4.2　遮阳技术

遮阳的主要目的是夏季防止太阳辐射直接或间接进入室内，防止阳光过分照射和加热建筑的围护结构。有效的遮阳能改善体育建筑内的热环境，大幅度降低空调能耗，同时还能防止眩光。遮阳和建筑的完美结合往往还能为体育建筑造型设计起到画龙点睛的作用[①]。

体育建筑优先采用外遮阳方式，可与建筑造型进行一体化设计。外遮阳从调节方式上可分为固定式和活动式，后者可根据使用要求灵活调节，节能效果更好，但一次性投资和日后维护费用高，目前在国内尚未得到广泛的使用。从布局方式上又可分为水平遮阳（图 5.192）和垂直遮阳（图 5.193）。水平

图 5.192　国家体育馆采用与建筑一体化设计的铝合金水平遮阳板和彩釉玻璃水平遮阳板实现外遮阳

资料来源：王兵摄

---

① ［美］彼得·布坎南著. 伦佐·皮亚诺建筑工作室作品集（第 4 卷）. 蒋昌芸，译. 北京：机械工业出版社，2002.

图 5.193　墨尔本板球场立面垂直外遮阳
资料来源：王兵摄

方式适用于低纬度、太阳高度角较大地区的夏季遮阳，在北京地区，宜布置在建筑的东南向、南向和西南向。垂直方式适用于遮挡从侧面射来的阳光，可遮挡太阳高度角较低的光线，宜布置在建筑的东、西方向。

内遮阳方式可以防止太阳的直射，但只是把太阳辐射热量转换为其他形式的热量，仍然散发到室内，因此多用于控制采光，对降低空调能耗作用不大。外墙遮阳可在夏季防止太阳照射在外墙表面，减小向室内的传热量。外墙的遮阳一般靠建筑本身的结构件实现，需要建筑师的巧妙设计，实现立面的有效遮阳效果，也可以通过布置花草，垂直绿化，用植物来实现遮阳。

5.7.4.3　节水措施

中国是世界上最缺水的国家之一。建筑在开发、维护和使用过程中消耗的水资源巨大，节水刻不容缓[1]。大型体育建筑的节水技术，通常包括以下三个方面。

1）雨水、中水的开发利用

开辟非传统水源是目前节水的热点，第二水源包括雨水、中水等非传统水源，可替代等量的自来水，这样就相当于节约了城市供水量。雨水收集利用技术在世界范围内已经得到了广泛的应用，从绿色建筑角度考虑，一些西方发达国家的地方法规中已将该技术作为一种政府行为强制执行。雨水利用的方式概括有以下三个方面：一是利用建筑屋顶面、广场面集水等手段进行雨水收集；二是草地、透水路面的铺装、增加雨水入渗或进行人工回灌，补充日益匮乏的地下水资源，减轻城市排水工程的负担；三是利用雨水可解决缺水地区人畜饮水问题。

体育建筑占地大，具有大面积的屋顶、室外聚散广场和绿化，非常适宜采用雨水回收利用以及雨水入渗技术。雨水利用指的是采用不同方法将体育场馆屋面及广场地面雨水收集起来，经过一定的净化处理后，获得符合规定水质标准的水并使之得到使用的过程。雨水净化处理工艺应根据径流雨水的水质、水量和处理水质标准来选择。经收集处理后的雨水一般用于场馆周围的绿化、草坪灌溉、冲洗地面或道路、洗车、景观、人工湿地补水、建筑施工等用水，有条件的还可作为冲厕和消防等补充用水。如国家体育场采用了技术先进的雨洪利用系统，建有6个雨水储水池，总储量达到1.2万 m^3，雨水年处理能力达到5.8万t，处理后的中水主要用于比赛热身场地草坪灌溉、空调水冷却、冲厕、绿化、消防用水等。北京奥林匹克公园中心区建造了一套完整雨洪利用系统（图 5.194），雨洪利用设计面积达到 97 hm^2，综合利用率达到80%，每年补充地下水 32 万 m^3，补充水系景观用水 9 万 m^3，收集的雨水可提供 5 万 m^3 的绿化灌溉用水。

中水来源于建筑生活排水，包括生活污水和生活废水。体育建筑中的生活废水包括冷却排水、沐浴排水、盥洗排水等杂排水，为优质杂排水[2]。由于体育建筑内设有大量卫生间、淋浴等用水设施，可供利用的生活废水量尤为可观，经净化处理后，达到规定的水质标准，成为中水，可用于冲厕、绿地浇灌、道路清洁、车辆冲洗、建筑施工、景观以及可以接受其水质标准的其他用水。如国家游泳中心（水立方），平均

---

[1]　刘晓峰，郭斌. 关于绿色建筑及绿色建筑节水问题的研究. 科技传播，2009(10): 40-41.
[2]　李向军. 节水措施在绿色建筑设计中的应用. 给排水设备，2009(08): 51-55.

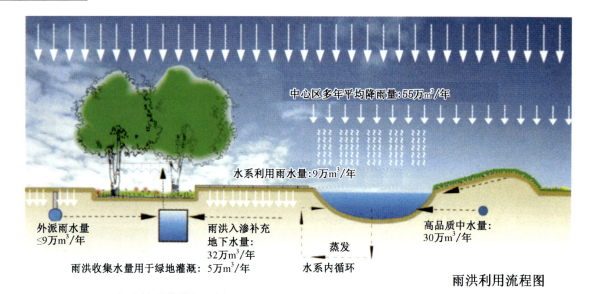

图 5.194 北京奥林匹克公园中心区雨洪利用系统示意图
资料来源：北京市"2008"工程建设指挥部办公室，北京市规划委员会. 2008奥运工程建设贯彻落实三大理念成果, 1995.

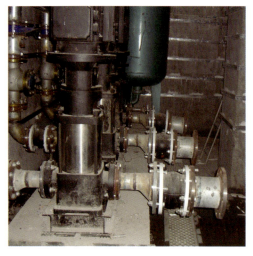

图 5.195 国家游泳中心中水泵房
资料来源：龚京蓓摄

图 5.196 足球场草皮喷灌
资料来源：http://www.google.com

每年可以回用雨水约 1 万 m^3，仅对洗浴废水回收利用一项就可实现每年节约用水近 4.5 t（图 5.195）。

此外，还有空调冷凝水的回收利用，适合作为冷却塔的补充水。

2）高效灌溉方式

体育建筑通常具有较大的室外景观绿化，体育场、足球场等室外场地具有大面积的自然草皮场，需要消耗大量的水进行维护。在绿化灌溉设计中，水源应优先采用地表水、雨水及经过处理后的中水。采用高效灌溉方式也是重要节水途径，如采用喷灌方式比地面漫灌方式省水 30%~50%。高效灌溉不仅节水，还节省劳力、省地、适应性强，并有利于美化环境、调节小气候。节水灌溉技术有喷灌、微灌、滴灌等方式，其中，喷灌有固定式、半固定式和喷灌机等，微灌有旋转式、折射式和脉冲式三种，滴灌分为地表滴灌和地下滴灌。对于足球场、橄榄球场等草地运动场地，由于其用途和要求的特殊性，草坪灌溉系统的设计、安装及器材的选择有别于一般公共绿地，运动场中不能有任何高于草皮地面的障碍物，灌溉系统需采用地埋、自动升降式，系统采用自动控制；喷洒均匀度高，以满足草坪的用水要求（图 5.196）。国家体育场（鸟巢）的绿化即采用微灌和滴灌方式，体育场草坪设置适度感应探头，能自动智能控制，实现高效节水。

为了减少水的蒸发量，还可采用夜间进行灌溉的方式。

3）节水器具和设备

应用节水器具在建筑节水措施中是最简单易行的，也是效果最为明显直接的，体育建筑也不例外。

一套好的设备能够对水资源的节约产生非常大的作用，例如，普通的淋浴喷头每分钟喷水 20 L，而节水型喷头每分钟则只需约 9 L，节约了约 1/2 的水量。目前体育场馆中应用的节水器具主要包括无水小便器、自动冲水大便器、节水龙头、节水冷却器、水温调节器及节水型淋浴喷嘴淋浴器等。其中无水小便器利用化学方法对尿液进行回收利用，无异味，无水小便器的一个滤盒可使用1万人次，至少可节水30 t；节水水龙头节水量达到33%~60%；3 L和6 L两档节水型虹吸式排水坐便器节水量为20%~30%；水温调节器及节水型淋浴喷嘴淋浴器节水量约为50%。这些节水器具的节水效果都远远超过《绿色建筑评价标准》中"采用节水器具和设备，节水率不低于8%"的指标要求，是绿色建筑设计中有效可行的节水措施[1]。

除了节水器具外，优质管材、阀门也能起到事半功倍的作用。选用优质的管材、阀门，使用低阻力优质阀门和倒流防止器等，可避免因管道锈蚀、阀门的质量问题导致大量的水跑冒滴漏[2]。

在大型体育建筑中，为避免饮水的二次污染导致浪费，还可采用末端直饮水处理设备。

5.7.4.4 高效空调系统

体育建筑需要大量采用空调系统，因此空调系统的节能仍是体育建筑节能不可忽视的重要部分。

在空调系统设计阶段，正确计算各部分的参数，合理的设备选型，避免选型过大，这不仅可节约初投资，也是保证设备能在最佳工况点运行从而节约运行费用的前提。

空调系统节能可分为冷热源及设备系统的节能、空调系统运行节能两个部分。前者包括采用热电冷三联供系统、热泵、冰蓄冷或水蓄冷、蒸发冷却等技术。对于专业训练型体育建筑，由于常年运行，负荷较为稳定，可采用热泵和蓄冷技术。热泵是通过动力驱动做功，从低温环境（热源）中取热，将其温度提升，再送到高温环境（热汇）中放热的装置。可在夏季为空调提供冷源或在冬季为建筑采暖提供热源，是利用可再生能源的有效途径之一。根据热源类型，热泵分为地源热泵、水源热泵和空气源热泵。蓄冷技术是指利用夜间的低价电蓄冷水或冰，到白天用电高峰期时融冰水，将所蓄冷量释放出来，满足场馆供冷的需求，实现白天空调使用少耗电或"零耗电"。其作用实际上不是"节能"，而是合理用能。此外，根据体育建筑特点和使用性质，还可采用热空气回收系统、高效送风末端等方式。

体育建筑中空调系统运行节能主要是通过调试和正确的管理，使风机与泵达到最佳运行工况，降低风机和水泵能耗。变频技术投资低、节能率高，只要设计合理，运行管理得当，风机和水泵变频投资的回收期只需要1~2年。

体育建筑室内空间很大，如一个万人体育馆，室内空间体积往往会达到10万 m^3 左右，采用常规建筑上送下回的空调送风方式无疑将造成较大的能源浪费。所以对于体育建筑，坐椅下送风将是优先选择的空调送风方式（图5.197）。此种送风方式的送风口距离观众很近，能源的利用效率很高，用较少的能耗就能满足观众区的热舒适性和空气品质的要求。但要注意送风风速不宜过大，宜控制在0.25 m/s以下，送风口均匀布置，必要时在风口前设置均压器来实现送风的均匀性。

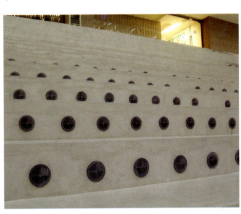

图5.197 施工过程中国家体育馆观众席看台坐椅下送风口
资料来源：王兵摄

5.7.4.5 可再生能源

2006年1月1日我国开始施行《中华人民共和国可再生能源法》。可再生能源包括：地热能、太阳能、风能、水能、生物质能、海洋能等非化石能源。随着国家对可再生能源应用的重视，近几年已建和在建的部分体育建筑，根据所在地的地理位置、气候条件、周边场地环境等因素，结合建筑的规模和功能，因地制宜地采用可再生能源技术。在奥运场馆建筑中，采用地（水）源热泵等技术，实现场馆供能的成功案例，已经充分说明这些技术在场馆中应用是可行的。

事实上，地（水）源热泵技术在体育建筑中应用还存在一些需要解决的问题。尽管我国体育产业近几年得到了长足的发展，但尚未形成规模效应，已建成的大部分体育建筑依然存在着利用率较低、闲置时间较长的问题。另外，体育建筑的空调系统有其特有的运行方式，因而在运行管理上与其他如商业建筑等有着明显的不同，目前国内体育建筑（专业训练型除外）的空调系统，普遍具有运行时间短、使用率低的特点。

---

[1] 王若竹,莫畏,钱永梅. 节水及水资源利用措施在绿色建筑设计中的应用. 中国给水排水,2009,25(14): 22-24.
[2] 陈健. 我国绿色建筑给排水节能新技术的应用. 山西建筑,2008,34(26): 182-183.

由此造成能耗不稳定，变化较大，不利于地（水）源热泵技术的应用。

为了能够在应用中最大限度地提高利用率，要根据场馆所在地的气候及水文地质条件、建设规模、投资预算、场馆功能定位等多种因素选用。既要考虑满足正常赛事用能，又要兼顾赛事空闲期的赛后利用需要，合理配置系统规模。根据全国各地的体育场馆使用情况分析，大多数场馆为了解决在赛事空闲时期的场馆利用，在场馆建设上，除了满足正常体育赛事外，在平时都具有展会、演出、超市、办公等商业运营功能。这样既降低了场馆的闲置率，又为经营者增加了商业收入，以保证场馆的正常运行和维护。场馆的商业化运营，必然对暖通空调系统产生需求，增加了系统的运行时间和相应的能耗，可以充分利用地（水）源热泵技术节能减排和降低运行费用的优势，服务于场馆建设和运营。

1）地源热泵技术

在一般情况下，体育建筑建设规模和占地面积较大，其周边场地也较为开阔，非常适合采用土壤源热泵技术作为暖通空调系统的冷热源。

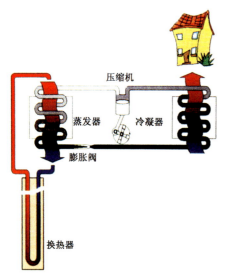

图5.198　地源热泵冷热源系统示意图
资料来源：北京市"2008"工程建设指挥部办公室，北京市规划委员会.2008奥运工程建设贯彻落实三大理念成果.2009:15.

土壤源热泵（GCHP）系统是利用土壤的蓄热性能，将土壤作为热源或热汇，通过埋于地下的高强度塑料管（埋地换热器）与热泵机组构成闭式环路。在夏季，水（或防冻液溶液）通过管路进行循环，把室内热量取出来，释放到土壤中，此时土壤作为热泵机组的"冷源"，冬季循环介质把土壤中的热量取出来，供给室内采暖，此时土壤作为热泵机组的"热源"。由于较深的土壤层在未受干扰的情况下常年保持恒定的温度，远高于冬季的室外温度，又低于夏季的室内温度，因此土壤源热泵系统可实现采暖和制冷功能，可大量节约能源，减少排放。国家体育场利用8 000 m² 左右的足球场草皮下的土壤资源，设计了先进的地源热泵冷热源系统（图5.198），采用2台制冷、制热量分别为750 W/台和940 W/台的螺杆机，为夏季制冷和冬季采暖提供冷热源，充分利用了可再生能源，达到了节约能源的目的。

2）水源热泵技术

体育建筑周边如果场地受限，且地下水资源较为丰富，可以考虑采用水源热泵技术实现暖通空调供能。

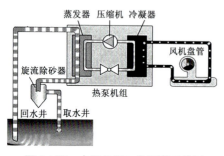

图5.199　水源热泵工作原理系统图
资料来源：http://www.google.com

水源热泵系统是利用了地下水资源作为冷热源的开式系统（图5.199）。利用地表30 m以下的水温度具有较恒定的特性，使得热泵机组运行更可靠、稳定，也保证了系统的高效性和经济性。水源热泵通过输入少量的高品位能源（如电能），实现低温位热能向高温位转移。地下水分别在冬季作为热泵供暖的热源和夏季空调的冷源，即在冬季，水源热泵把地下水中的热量提取出来，提高温度后，供给室内采暖；夏季，把室内的热量提取出来，释放到地下。通常水源热泵消耗1 kW的能量，用户可以得到4.5 kW以上的热量或冷量。该系统由于抽取地下水资源作为冷热源，除需要钻打抽水井，还需要相应的回灌井，以保证地下水资源不被破坏。国家体育馆应用了水源热泵系统作为暖通空调补充系统，采用单井抽灌式低位能量采集方式，共设置3口冷热源井，单井标准循环水量为100 m³/h。一台热泵主机负责常年制备生活热水，两台热泵主机负责在冬季提供内区制冷负荷，夏季一部分空调再热负荷。实现了能源的循环利用，最大限度地节约了常规能源。

通过对已经成功运行的地（水）源热泵系统的检测，采用该项技术的暖通空调系统，较常规空调系统具有较高的能效比。如：地源热泵系统冬季采暖的性能系数为3.0以上，夏季制冷性能系数4.0以上；水源热泵系统的采暖制冷性能系数略高于地源热泵系统，具有相当可观的节能效益。

5.7.4.6 太阳能光伏发电

太阳能光伏发电系统是利用光伏组件半导体界面的"光伏效应"将太阳光辐射能直接转换为电能的一种新型发电技术。

体育建筑的屋面一般较大，在屋顶上设置太阳能电池板是较好的选择，近年来，太阳能光伏建筑集成与并网发电得到快速发展。将建筑物与光伏集成并网发电具有多方面的优点，如：无污染、不需占用昂贵的土地、降低施工成本、不需要能量储存设备、在用电地点发电避免或减少了输配电损失等，好的集成设计会使建筑物更加洁净、美观，容易被建筑师、用户和公众所接受。国家体育馆利用屋面布置了 1 000 m² 的太阳能光伏电池板（图 5.200），发电容量为 100 kW，所产生的电能主要用于本建筑地下车库的照明用电。在 25 年寿命周期内，可产生 232 万度绿色电能，累计节约标准煤约 905 t，减排 CO_2 约 2 352 t。

由于太阳能光伏系统和建筑的完美结合体现了可持续发展的理念，许多国家高度重视，相继制定了符合本国国情的屋顶光伏计划。如美国和欧盟都制定了百万屋顶光伏计划，即到 2010 年美国和欧盟都将有百万屋顶装有光伏组件并网发电。日本也宣布到 2010 年光伏发电装机容量达到 5 GW，主要用于屋顶光伏并网系统。近年来我国加大了对该产业的扶持力度，多次出台财政扶持政策，太阳能光伏发电又迎来了新一轮的快速增长。

太阳能光伏发电系统的运行方式基本上可分为独立运行和并网运行两大类。光伏发电产品主要用于3大方面：一是为无电场合提供电源；二是太阳能电器产品，如各类太阳能充电器、太阳能路灯和太阳能草坪灯等；三是并网发电，这在发达国家已经大面积推广实施。

据预测，太阳能光伏发电在 21 世纪会占据世界能源消费的重要席位，不但要替代部分常规能源，而且将成为世界能源供应的主体。预计到 2030 年，可再生能源在总能源结构中将占到 30%以上，而太阳能光伏发电在世界总电力供应中的占比也将达到 10%以上；到 2040 年，可再生能源将占总能耗的 50%以上，太阳能光伏发电将占总电力的 20%以上；到 21 世纪末，可再生能源在能源结构中将占到 80%以上，太阳能发电将占到 60%以上。这些数字足以显示出太阳能光伏产业的发展前景及其在能源领域重要的战略地位。

太阳能是永不枯竭的绿色优质的可再生能源，除利用光伏电池进行光电转换外，还可进行光热转换，如太阳能热水、太阳能空调等，具有非常广阔的利用前景。在北京国奥村，利用建筑屋顶花园，将太阳能集热管设计成为花架构件的组成部分（图 5.201），与屋顶花园浑然一体。6 000 m² 的太阳能热水系统，奥运会期间能为 17 200 名运动员提供洗浴热水，奥运会后，供应全区近 2 000 户居民的生活热水需求。据测算，该太阳能热水系统年节电约 500 万 kW·h。

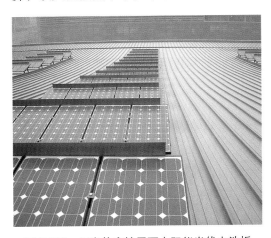

图 5.200 国家体育馆屋面太阳能光伏电池板
资料来源：王兵摄

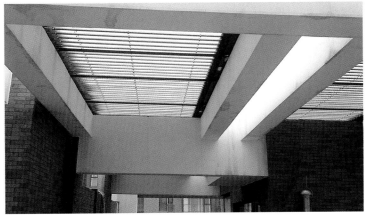

图 5.201 北京国奥村屋面太阳能集热管
资料来源：李伟摄

5.7.5 结语

需要进一步说明的是，绿色建筑不是以完全牺牲建筑的舒适性，使人类回归到原始状态，而单纯地追求保护生态环境，零能耗，零排放；而以大量的资源能源消耗和破坏生态环境的代价所获得的无节制的舒适性也不符合绿色建筑要求。我们所追求的是一种平衡，一方面希望消耗最少的能源和资源，给环境和生态带来的影响最小，同时又能够为使用者提供适度健康舒适的建筑环境。

5.8 机场建筑

5.8.1 类型定义与特点

伴随着人类文明的发展，经济和技术的进步，以及人们越来越多的出行需求，交通工具和交通运输服务设施得以飞速发展，从而也使交通运输建筑的类型和规模都得到了空前的发展。对于广大旅客来讲，由于出行意味着人们到达或离开某一个地方，因此交通运输建筑所产生的门户作用和出行体验是其他类型的建筑无法替代的。机场建筑作为交通运输建筑的重要组成部分，已经成为现代城市建设中的重要环节。

随着经济社会的发展和人民生活水平的提高，航空运输快捷、舒适、安全的优势得到了越来越多的认可，市场需求高速增长。近年来我国航空市场业务量持续增长，这有力地推动了航空运输业的全面发展。机场是航空运输系统的重要组成部分，按照不同的使用需求，可有不同的等级和种类、比如枢纽机场航站楼、干线机场航站楼和支线机场航站楼等。

机场建筑设计既有一般公共建筑类似的一面，也有其自身特有的一面。它的主要特点体现在以下几个方面：

1）功能优先

机场建筑首先应符合交通工具的各类技术要求，建筑自身是由诸多子系统共同组成的集合体，需要地面服务、地勤支持、机场管理、机队配合等共同发挥作用，同时还需要完善与铁路、公路、水运等其他各类交通工具之间的高效可靠驳接，其功能要求极其复杂。为了保证交通运输的秩序和效率，机场类建筑必须按照行业和政府的有关条例规定提供必需的功能流程。功能流程的优劣是评判机场建筑好坏的重要指标。高效运行是机场建筑绿色设计的前提与首要条件。

2）规模浩大

随着航空业的飞速发展，机场建筑在功能构成和规模上都得到了空前的发展。由于数量和规模的需要，无论在总量和个体上，机场建筑都将消耗巨大的土地资源，占用大量的城镇建设用地。由于人流集散和形象的需要，机场建筑的空间体量都相对较大，因此也常常会造成较高的日常维护费用和能源消耗负担。

3）动态变化

体现在以下几个方面：① 交通工具及其配套技术上的进步引起建筑的变化，如机型加大等；② 城市发展和旅客吞吐量的增长带来建筑的变化；③ 行政管理和市场需求的变化产生建筑的变化，如安全措施、商业经营等。

5.8.2 总体规划与绿色设计策略

一座绿色的建筑本身是针对特定环境的适应性建筑，绝非置之四海而皆准。必须充分考虑当地的地理、气候特征，通过对当地环境的基础性分析，针对地域性的气候特点，采取相对应的策略，这完全有赖于对当地特定环境、未来发展的深入分析。绿色建筑设计必须首先从规划入手，规划阶段的绿色理念与总体策略已为将来的单体建筑设计奠定了基调。

机场类建筑的新建、扩建项目一般占地巨大，其建设过程、使用过程都必然将对周边环境产生巨大影响，在前期阶段建立系统的绿色规划理念和技术策略将为未来的绿色建筑设计、建设指明方向，奠定基础。

环境友好与可持续发展应成为总体规划上的首要目标。其主要内容包括：

（1）建立与环境协调一致的生态策略。保持与周边环境友好的协调关系，完善景观、绿化规划，适应、促进、改善周边已有环境建设；在建设过程中减少对当地环境和居民的影响，使自身发展与区域的生态环境协调一致，严格控制噪声影响、空气污染，提高与周边地区自然环境的相容性和适应性。

（2）与先期工程在建设、使用、发展等方面协调一致，与城市的总体规划、发展相适应。

（3）在满足运行安全和效率的前提下，尽量节约用地，降低建设成本，提高土地综合效益，并为中、远期发展留有余地和灵活性。

（4）合理规划用地分区，实行集约化规划设计，确保土地资源利用效率，并为周边商业开发、经济、环境的可持续发展创造条件。

（5）促进、形成相关产业链的发展，带动周边经济的发展，为更大范围内的区域性可持续发展提供最大的灵活性和便利条件。

（6）利用计算机模拟技术，可以在规划阶段对整个建筑用地，乃至周边环境、地形、地貌、气候进行模拟，寻求最佳的规划布局和适应性解决方案以适应环境、利用环境，为绿色建筑单体建设创造最佳条件（图5.202，图5.203）。

图5.202 北京首都国际机场总平面航拍实景图
资料来源：北京首都国际机场T3航站楼初步设计报告

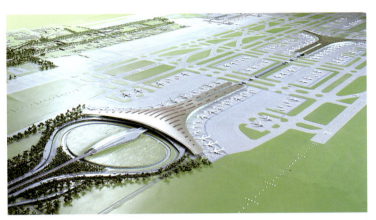

图5.203 北京首都国际机场T3航站楼设计模型
资料来源：北京首都国际机场T3航站楼初步设计报告

5.8.3 建筑系统

一座绿色建筑并不见得是所有绿色技术的总汇，特定条件的适应性和解决特定矛盾的合理性更应受到关注，立足于我国国情，这一点显得尤为重要。绿色建筑的技术策略是一项系统工程，是针对特定条件和特定需求的性能化设计。针对机场类建筑的技术特点，结合其公众服务的功能特点，对其重点技术环节做一简要阐述。

昆明新机场航站楼是我国当前正在建设的大型机场项目，在工程设计与建设中，民航总局对绿色机场建设提出了战略性要求，设置了相关专职机构，针对绿色机场设计与实施，系统地提出了建设资源节约型、环境友好型、科技型和人性化服务机场的指导方针。由民航总局牵头，组织相关政府机构、科研单位、建筑设计单位、工程管理单位、工程施工单位、运营单位等各相关机构，制定相关的绿色机场实施战略及评价标准、专项课题研究和技术落实措施。这也标志着我国对大型机场建筑的绿色设计已逐步提升到强制性、规范化的高度。在下面的论述中，将重点以昆明新机场航站楼为例对相关绿色技术的具体应用进行实例分析。当然，绿色设计是因时因地的动态设计，不能简单地套用，但其中的绿色理念和技术方法仍是值得借鉴的。

5.8.3.1 外围护系统

机场类建筑一般空间体量巨大，其外围护结构性能对建筑节能至关重要。如何从建筑功能和当地自然条件出发，利用新技术、新材料、新工艺实现性能优越的围护功能是所面临的主要问题。

外围护系统一方面要赋予建筑具有表现力的建筑外部形象，另一方面要实现自身的围护、节能效果，同时，还要为实现自然采光、自然通风等各项技术措施提供条件，共同创造以人为本的高品质室内环境。片面地追求形式是不可取的，过分地牺牲形象同样也令人无法接受，如何将节能技术、生态材料与建筑表现相融合是建筑师面临的课题。

1) 幕墙系统

大型机场建筑的主体内部公共空间一般为大跨度的高大空间,可供大量人流集散,通透开敞的玻璃幕墙因而得到广泛应用。玻璃幕墙可为室内空间赢得最大限度的自然采光,并可提供一定的自然通风条件,使视野更加开阔,室内环境更加舒适。但玻璃幕墙的运用必须要与当地自然气候条件相适应,不能简单地从形式出发,照搬套用。在一座建筑上的运用,也往往需要根据不同区域、不同功能、不同标准进一步优化组合,合理控制幕墙种类和比例。在技术应用上,应基于特定环境和功能需求,合理选择幕墙形式,制定相应性能标准。高性能玻璃、断桥隔热型材、外遮阳系统已成为较为常见的手段,双层幕墙、幕墙一体化太阳能发电技术等也有广泛应用,但低成本、被动式策略的适宜性技术更应得到重视和开发,这有赖于对具体特定自然条件的深入分析和系统的技术整合。

在昆明新机场航站楼设计中,充分利用昆明地区优越的自然气候条件,较大面积地使用了玻璃幕墙。玻璃幕墙的应用可最大限度地利用自然光线,减少人工照明开启的时间,达到节能降耗的目的,同时其不可替代的视觉感受也是创造人性化室内环境的重要手段。玻璃幕墙在航站楼主要应用在旅客集中的南中心区(值机区、迎候区等主要公共区域)、各指廊二层、三层公共候机区域,而机坪层各类后勤用房则采用普通砌块墙体。航站楼玻璃幕墙面积占航站楼外幕墙总面积的77%(图5.204~图5.207)。

昆明新机场航站楼公共候机区域玻璃幕墙采用Low-E镀膜中空玻璃(人员可接近处增加夹胶),一方面可保证幕墙热工性能,另一方面兼顾幕墙系统的遮阳、阳光透射、反射性能。Low-E镀膜中空玻璃在航站楼玻璃幕墙中的应用量约为总量的80%。

针对昆明地区日照强烈,在保证基本的热工条件下,重点处理了玻璃幕墙的遮阳性能。在充分利用自然采光的条件下,可有效降低空调负荷,达到节能降耗的目的,同时又为旅客提供了良好的室内外视觉效

图 5.204 美国沙里宁国际机场实景图
资料来源:昆明新机场航站楼初步设计报告

图 5.205 昆明新机场航站楼中央指廊效果图
资料来源:昆明新机场航站楼初步设计报告

图 5.206 上海浦东机场二期实景图
资料来源:昆明新机场航站楼初步设计报告

图 5.207 香港赤鱲角国际机场实景图
资料来源:昆明新机场航站楼初步设计报告

果，创造人性化的环境空间。

（1）优化幕墙系统构造。将旅客候机区玻璃幕墙向外倾斜12°夹角，可进一步减少阳光直射，加强遮阳效果。同时可减小光线的镜面反射，提高视觉舒适度。

（2）建筑屋面挑檐遮阳。有效利用屋面檐口水平出挑深度（一般5~6 m，南侧中心区最大出挑30余米），对建筑外幕墙系统的整体遮阳性能效果明显。

（3）幕墙系统的外置构造遮阳。利用玻璃幕墙水平结构横梁，结合设置玻璃幕墙系统外遮阳板构造，遮阳板向外水平出挑800 mm，对遮阳性能提供了更加微观的调节和适当的补充。

第(2)(3)两项遮阳设施对于入射角大于50°的太阳直射辐射遮挡效果尤为显著，可以使全年累计建筑空调负荷减少约10%。

（4）提高玻璃材料自身遮阳性能。采用Low-E镀膜玻璃，并根据具体的部位、朝向，结合不同密度的釉面玻璃表面处理方式，进一步提高了幕墙玻璃的遮阳性能。

（5）幕墙系统内遮阳构造：为保证在实际运营中对不利季节、不利方位的阳光照射强烈的局部区域进行有效控制，幕墙系统设计中在各重点部位预留了可调控内遮阳系统的安装条件，实现对特殊时段、区段（玻纤/聚纤材质遮阳布）进行强化处理，降低日照对室内环境的不良影响。

在深圳宝安国际机场T3航站楼工程中采用了独特的双层皮围护结构。它的内外两道幕墙可起到保温、隔热及控制太阳辐射热作用；在内外层皮之间形成的相对封闭的空间，可作为通风道，来带走或储存热量。在夏季，可利用烟囱效应对空腔进行通风，使幕墙之间的热空气不断排走，达到降温目的，有利于节约制冷能耗；在冬季，双层幕墙之间又可形成阳光温室，提高建筑内表面的温度，降低供热能耗。

2）屋面系统

对于机场建筑这类大空间建筑来讲，轻型屋面系统是较适宜和常用的技术手段。屋面系统及其构造一般需系统解决防尘、防潮、隔汽、保温、隔热、隔声、吸音等各项技术性能要求，其基本性能指标应根据当地自然条件及建筑自身性能需求制定。

对于开间、进深均较大的大型开放空间，需重点解决建筑靠近内部中心区域的自然采光、自然通风问题，这一区域往往是室内环境质量和耗能控制的重点和难点。配合整体建筑造型，穿插各类采光、通风天窗是一种有效手段，可为室内环境创造良好的自然采光条件，利用建筑手段引导、强化内部空间的自然通风，对于大空间的节能减耗都具有积极意义。对于消防而言，它还是排烟的主要途径，是重要的消防安全措施。

北京T3航站楼设计中，在研究了北京的自然环境条件，将东南向作为机场屋顶天窗的最佳日光方位。所有天窗位置的朝向都统一对准东南方，以最大限度地利用太阳能，并利用特殊的天窗挑檐可有效地减少直接透射阳光。这样的设计可以向办票大厅提供充足的自然光，同时又避免了过多的太阳热。

早晨，人们在办票大厅可以享受到直射的阳光，而在中午，阳光还可以通过遮阳装置被反射和扩散到大厅；在炎热的下午，过多的太阳光可以被全部隔断。同时，单向采光天窗布局还有助于乘客辨别在航站综合楼中的方位。它们帮助引导离港旅客从陆侧到达空侧的指廊，以及到港的旅客从空侧到达陆侧。

在昆明新机场航站楼中，也利用屋面天窗作为自然采光、自然通风、自然排烟的有效途径。在旅客集中的南侧中心区就设置了屋面天窗82个，洞口面积约4 400 m²；在南北贯穿全楼的屋面中脊设置天窗总面积约3 400 m²，合计的屋面天窗总面积可达8 000 m²以上，约占覆盖室内空间屋面部分（不含挑檐）总面积的6%。屋面天窗的开启通过分区、分组以及天窗多角度开启的不同模式的自动控制，实现在不同外部环境条件下的适应性控制策略。

机场建筑的外围护系统设计是建筑构造节能的重要内容，需根据具体的环境特点，结合建筑功能及结构、机电条件，通过系统的能耗分析进行计算与模拟。目前，可通过建筑环境模拟技术，完成建筑冷热负荷及能耗计算与模拟，对外围护系统方案进行量化比较，进而对外围护系统设计提供改进意见和设计依据。同时，根据国家规范相关规定，可通过建筑节能权衡判断对围护系统的节能效果进行必要的验证。

5.8.3.2 自然采光

自然采光是对太阳能最直接、最有效的利用方式，它不仅可大大降低人工照明的耗能，同时也可营造舒适的室内环境，为旅客提供愉悦的心理、生理享受。自然采光不仅是节能环保的技术策略，更是体现人性化服务的重要内容。

自然采光设计需实现以下三个目标：① 最大限度地利用自然光源，尽量减少人工照明的使用；② 尽量减少供冷季节的太阳辐射得热；控制供暖季节的热量散失；③ 提高室内视觉舒适度。

目前已有多种计算机采光模拟软件可针对各个具体项目进行实体模拟（如 Square One 公司开发的生态建筑设计软件 Ecotect，Lawrence Berkeley National Laboratory 开发的室内采光模拟软件 Desktop Radiance 等），通过建立虚拟采光模型，设计、评估、分析建筑的照明、采光方案，评估能耗效果，并据此采取相应的调控措施（如反光板、反光镜、集光装置、可控遮光设施、眩光控制等），满足视觉舒适度要求，创造人性化室内环境。

上述各项技术和措施在昆明新机场得到了广泛应用。通过采光日照的计算机模拟，对航站楼各个主要旅客集散区域进行分区、分时段的系统分析。根据计算机模拟结果，可以从自然采光角度，为建筑外幕墙设计、屋顶采光天窗设计以及不同区域的人工照明设置及其控制提供系统的理论和量化依据，从而指导建筑设计向着有利于节能的方向发展。最终在昆明新机场航站楼的三层、二层、B_1层等主要旅客公共区域(不含内区)，全年可满足自然采光要求的时间与全年总日照有效时间（每日白天 10 h）的比例大于40%（图 5.208，图 5.209）。

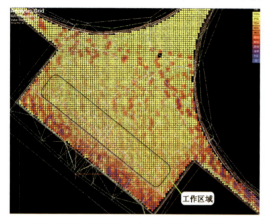

图 5.208 值机大厅自然采光照度分布图
资料来源：昆明新机场航站楼自然通风与自然采光模拟分析报告

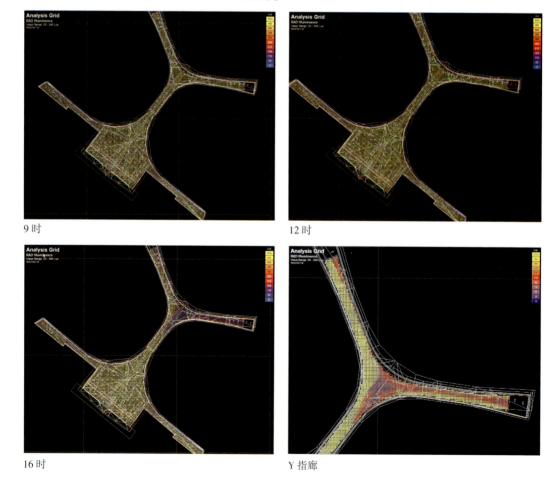

9时　　　　　　　　　　　　　12时

16时　　　　　　　　　　　　　Y指廊

图 5.209 昆明新机场航站楼计算机模拟分析——三层自然采光照度分布图
资料来源：昆明新机场航站楼自然通风与自然采光模拟分析报告

在充分利用自然采光的同时，从室内环境舒适度的角度，还需加强采光均匀度的控制，在可能出现太阳直射或照度过大的屋脊天窗下方应采取必要的室内遮阳措施。在昆明新机场航站楼设计中，通过计算机模拟，重点考察了值机大厅和安检大厅视觉的光学舒适度。该区域平均照度 8 500 lx，最低照度 7 200 lx，照度比1.18，控制在1.5倍范围内，照度分布相对均匀，可满足采光视觉舒适度的要求。

5.8.3.3 自然通风

自然通风可以在不消耗不可再生能源的情况下降低室内温度、带走潮湿气体达到人体热舒适，有利于减少能耗、降低污染，并且可以提供新鲜、清洁的自然空气，有利于人的生理和心理健康。所以在节约能源、保证室内空气品质双重需求下，自然通风这项古老的技术重新受到重视。自然通风从其通风机理可分为风压通风和热压通风两种，其中热压通风更具有普遍性。一般从室内环境的舒适度要求来看，春秋过渡季节较适宜自然通风，这需要针对具体建设地点，进行必要的气候分析后确定。

自然通风策略需要根据当地气候条件，综合考虑建筑布局、室内综合热源、外窗开启以及诸多建筑外部环境条件，如空间质量、环境噪声质量等多种因素。如何利用建筑内部、外部条件，创造和促进烟囱效应实现自然通风，如何与建筑形式相协调，是首先必须解决的重要课题。

计算机模拟技术现已成为研究自然通风的有效手段。通过建立数学物理模型，由计算机辅助完成复杂的系列数值求解计算并进行图形处理，实现模拟结果可视化。可具体分析原有建筑、扩建建筑及其周围建筑环境，研究周边环境条件；并针对具体建筑模型，分析建筑布局、建筑构造、太阳辐射、气候、室内热源以及开启外窗等因素，建立室内热环境分析模型，进行室内气流组织及分布模拟计算，合理选择、确定自然通风区域，形成有组织、可诱导自然通风。

在昆明新机场航站楼设计中，充分利用当地优越的自然条件，将自然通风作为重要的节能措施。通过计算机模拟技术对航站楼室内热环境及风环境进行CFD模拟分析，确定合理的自然通风区域；在满足室内舒适度的前提下，通过核算自然通风量，明确各类开启装置的量化指标，制定建筑一体化的自然通风策略和控制策略；通过对幕墙、屋面开启窗的分区、分组以及天窗多角度开启的不同模式的自动控制，实现在不同外部环境条件下的适应性控制手段；通过对各类建筑条件、机电条件的系统计算，对使用效果和节能效果进行模拟和评估。

按照自然通风计算机模拟要求，昆明新机场各主要公共区域的建筑、机电设计均采取相应措施，有效组织和利用自然通风保证良好的室内环境条件，从而大大降低了空调能耗（图 5.210~图 5.213）。

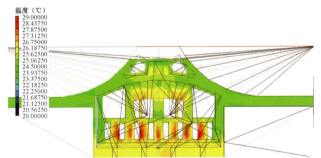

图 5.210 昆明新机场航站楼计算机模拟分析——三层温度分布图

资料来源：昆明新机场航站楼自然通风与自然采光模拟分析报告

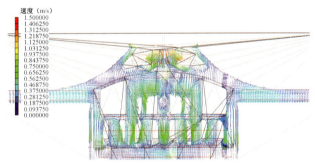

图 5.211 昆明新机场航站楼计算机模拟分析——三层风速矢量图

资料来源：昆明新机场航站楼自然通风与自然采光模拟分析报告

由于采用了自然通风，昆明新机场航站楼的空调运行能耗大大降低。航站楼在夏季和过渡季大部分时间能够通过自然通风满足室内的热舒适性要求。昆明新机场航站楼的自然通风季节为3月~11月计三个季度（过渡季和夏季），合计为270天。航站楼过渡季和夏季逐时负荷如图 5.214 所示，即全年第 2 160 h 到 8 760 h 的负荷分布。其中不满足自然通风条件的 200 h 临界负荷为 4 450 kW。

根据初步分析，在分析时段的三个季度内，三个季度能耗为逐时能耗的总和约为 1 731.2 万 kW·h，除去其中最大负荷不满足的 200 h 总能耗，在上述 3 月~11 月三个季度利用自然通风可节约总能耗为 1 637.8 万 kW·h。可见，全年除了 1 月、2 月和 12 月室外气温普遍低于 10℃的寒冷时段以外，在 3 月~11 月的时

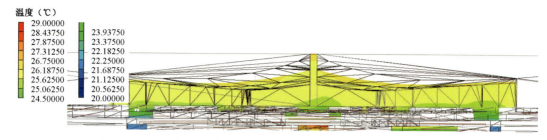

图 5.212　昆明新机场航站楼计算机模拟分析——室内立面温度分布图
资料来源：昆明新机场航站楼自然通风与自然采光模拟分析报告

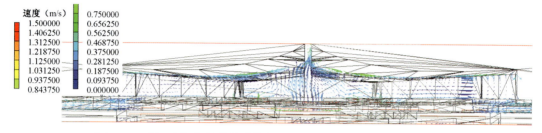

图 5.213　昆明新机场航站楼计算机模拟分析——室内立面风速矢量图
资料来源：昆明新机场航站楼自然通风与自然采光模拟分析报告

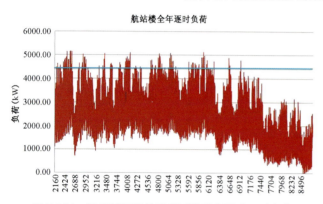

图 5.214　昆明新机场航站楼过渡季和夏季逐时负荷
资料来源：昆明新机场航站楼自然通风与自然采光模拟分析报告

段内，采用自然通风所节省的能耗与不采用自然通风的总能耗之比可达 94.5%。初步估算，与电制冷技术方案相比，每年约可节约电能 650 万 kW·h。而与机械通风方案相比，也可节省机械通风电耗约 420 万 kW·h。

自然通风需根据建筑使用条件和周边环境制定相应的策略，即便在同一座建筑中也需要针对不同的条件和需求进行具体的分析。在昆明新机场航站楼设计中，考虑到空侧噪音和空气质量的问题，对于不宜直接开启外窗通风的区域，采用了有组织的机械通风模式。即通过空气处理设备，对室外风进行过滤但不需进行冷却处理而直接送到各空调区域，再通过天窗或排风设备排出室外。这在一定程度上也起到了节能减排的作用。

5.8.3.4　景观设计

景观设计是建筑设计的重要内容，也是绿色设计的最直接体现。大型机场建筑的人流量巨大，其外部交通组织一般都较复杂，景观必须是与建筑功能、建筑形式、外部空间组织相融合的一体化设计，不仅是建筑外部形象的组成部分，更是改善建筑外部环境质量的重要手段。

景观设计是植根于特定场所的产物，须配合环境保护和水土保持的相关环保策略和要求，结合特定的自然地形、地貌，通过对周边动植物生态环境状况的调查，从广域角度促进当地生物链的保护、恢复与发展，在此基础上，还应进一步营造人文景观环境。

北京 T3 航站楼设计中，保持并延续了机场进场路两侧杨林大道绿化这一公认的最具有北京地域特色的景观链条，重点强化旅客在行进过程中的景观体验。当旅客从进场路沿轴线向尽端望去，两侧茂密高耸的树木将焦点引向雄伟壮观的航站楼正立面。楼前轨道车站被高架空中，设计成与自然地势连续的优雅曲面，悬浮在 15 hm² 的椭圆形绿色景观之上，仿佛生长在绿色的地景之中，优美的站台棚架此时更像一个植物园温室。而连接不同航站楼之间的旅客捷运系统的沟槽两侧，则布满具有地方风格的绿色植物，形成一个绿色的垂直边界。同时在轨道两侧地面铺植低矮的植物，避免碎石地面的单调，绿色"峡谷"让乘坐捷运系统的旅客充分感受绿色带来的生机与活力。

昆明新机场航站楼设计中，则更注重体现地域自然资源，强调与自然地势的结合。将停车楼设于地下，利用停车楼屋面设置大面积屋顶绿化和水景，形成航站楼前景观绿化主景区。其内构建层层升高的景观台地，其形式类似云南的梯田，种植云南各色鲜花，在靠近航站楼一侧的曲线型水面，倒映着航站楼具有浓厚云南傣家风情的主楼形象，充分展现七彩云南的地方特色。它不仅从形式上起着美化空间的作用，更利用水体和植被，改善周边环境质量(隔热、降温、降噪)，同时也有利于延长建筑使用寿命，调节人的神经系统，缓解旅客疲劳，提高了机场服务质量，并提供了一个表达昆明地域文化内涵的平台，体现着人与自然和谐发展的理念。

在景观设计的技术环节则应注意结合当地自然环境和条件，选择适合当地生长环境的植物，合理搭配树种，合理规划水景。同时，中水利用、再生污水、雨水回收等技术应得到充分发挥。此外，将室外绿化、水体景观设计，有机地延续到室内环境景观设计中来，使景观设计贯穿室外、室内，形成完整的景观链，对于改善建筑内部环境质量大有裨益。

5.8.3.5 建筑材料

合理选择建筑材料对整个绿色建筑设计和建设具有十分重要的现实意义。不合理地使用材料，将造成对自然资源的过多消耗，而长途的材料运输过程也将消耗大量能源。在保证技术性能标准的基础上，应尽量适应当地的社会生产及建设的特点和需要。在建材的选择上注重本土化，结合必要的技术引进和研发，将大大有利于降低建设成本，降低运行、维护、管理费用，也有利于节约用材，降低运输过程中所产生的材料、能源消耗，进而减少对环境的负面影响。同时，也可为当地的新产业、新产品提供巨大商机，利用和拓展当地技术产业的研发，对促进地方经济的发展也具有现实而积极的作用，这是建筑社会责任的体现，也是可持续发展的重要内容。从目前我国实际建设情况来看，建筑材料的选择、使用还有赖于与业主、施工单位、运营管理等各部门的充分协调，并受到社会生产整体水平的制约。

关于建筑材料在设计阶段应重点注意的内容和措施包括：① 建筑模数化与标准化；② 当地材料利用与开发；③ 建筑材料的回收与再循环利用；④ 环保生态材料应用；⑤ 节能材料应用；⑥ 固体废弃物处理与回收。

机场建筑体量巨大，各类工程用材的消耗量极大。在设计初始，大力倡导模数制标准化设计，尽量减少非标构件的数量，可大大降低材料损耗，不仅是环保节约之道，对于减少造价，加快工期也大有裨益。同时，对于贯彻建筑一体化设计原则也将起到重要作用。

在北京T3航站楼及昆明新机场航站楼设计的全过程中，贯彻模数制设计原则，通过合理的网格规划和标准模数设计，极大地提高了建筑构件的工厂化预制水平，将现场制作降至最低，大大加强了产品材料的加工精度，减少材料的浪费。通过精确设计先期解决界面和协调问题，避免日后返工，从而减少浪费。

在昆明新机场航站楼设计也中沿用了模数化设计原则，其中可供参考的基本模数为：① 航站楼钢筋混凝土柱网：12 m×12 m~12 m×18 m 矩形网格；② 航站楼钢结构柱网：36 m×36 m；③ 航站楼幕墙系统基本模数：3.0 m×0.8 m；3.0 m×1.6 m；④ 航站楼主体建筑金属屋面：定制的机械成型产品；⑤ 航站楼公共区墙面基本标准模数：3.0 m× 0.8 m；1.5 m×0.4 m；⑥ 航站楼公共区地面基本控制模数：0.75 m× 0.75 m；⑦ 航站楼吊顶基本控制模数：2.0 m× 0.75 m；⑧ 停车楼标准柱网：9.0 m×9.0 m~ 9.0 m×18.0 m。

对于新型建筑技术与材料的应用，在昆明新机场建设中，希望引入建筑全寿命周期评估（Life Cycle Assessment, LCA）的方法，对各种节能技术措施、建筑材料进行量化分析与比较，实现机场全寿命周期的技术、经济分析与比较。

从理论上讲，新机场的寿命周期技术、经济评价基本上是可行的、必要的，但由于机场一类大型工程项目不仅涉及基本的土建、机电设计、施工，还包括多项节能技术措施，如自然通风、自然采光、太阳能利用等。目前阶段尚很难有效收集所有相关设备、产品在生产、建设、回收等各阶段的基础技术数据，如能源消耗和资源消耗指标等。由于目前LCA理论尚处于发展阶段，国际上还没有统一的环境影响评价方法，同时其评价指标具有很强的时间和空间限制性，国外数据清单、评价数据并不能直接在国内应用。而我国的LCA研究起步较晚，虽已经开始逐步建立能源和主要建材产品的清单数据，着手研究不同建筑结构体系、不同围护结构方案和冷热源方案的寿命周期环境影响，但都基本还处于科研层面，难以应用在实际生产和工程上。

在昆明新机场航站楼设计中，从工程实际情况出发，采取将复杂问题分步解决的手段，利用LCA方法，对航站楼绿色设计的主要节能应用技术，如自然通风、自然采光、太阳能利用、余热回收、减震隔震技术等，通过与常规技术进行比较，重点分析各项节能技术措施与常规技术之间存在差异的部分，采用环境影响回收期（以能耗回收期为主）和成本回收期作为评价指标，从寿命周期角度，在环境性和经济性两个方面，分析各种技术实际应用性能和效果，以此判定技术方案的优劣和成效，确定所采用方案的节能和经济效果。考察的时间尺度可设定为建筑的寿命周期，分为三个主要阶段：建造阶段、运行阶段和更新维护阶段。其中建造阶段包括建材的生产和运输、建筑的建造施工，建材回收。这一方面可有效降低研究难度、缩短研究时间，大大提高建筑全寿命周期评估的可操作性，另一方面也可以对重点技术环节作出科学、准确的评价，为科学决策创造条件。这方面的评估与分析将通过在今后的施工、运营、维护等各个环节逐步进行补充和完善，最终形成较为完整建筑全寿命分析成果。

5.8.3.6 人性化设计

机场建筑是大量人流集散场所，通过合理的建筑组织和高效的运营机制将各类旅客运送到各自目的地是首要任务。而在此过程中，如何满足旅客的各种需求，提供人性化的服务，对于机场建筑这一特定建筑类型来讲是一个突出的问题。"人文关怀"应成为机场建筑中绿色设计的一项重要内容。对于机场建筑这一特定的大型功能性公共建筑而言，毫无疑问，提高建筑功能的使用效率和服务水平，对于建筑本身的节能降耗将具有直接的作用，同时它还必然具有更为广泛和深远的社会影响和巨大的社会效益。

1）公共交通系统的综合利用与一体化设计

加强与城市公共交通系统的衔接，与城市的总体规划和发展相适应。努力实现城市道路、轻轨、长途客运交通、铁路、航空的资源共享与综合利用，形成一体化无缝衔接的综合交通设计。

2）便捷的旅客流程

优化建筑布局，采用高效内部运输设施，简化旅客流程，缩短旅客步行距离。根据具体运营需求和特点，在充分保障各类主要流程安全、便捷运转的基础上，同时为各种特殊人群提供相应的专用区域和设施，为旅客出行提供最为便利的条件。

3）舒适的室内环境

配合机电专业设计，统一整合建筑空间环境、景观环境、光环境、热环境、声环境等相关设计内容，创造安全、舒适的室内环境，提供具有地方特色的建筑体验，带给旅客极大的审美享受。

4）消防性能化设计

机场建筑由于功能需求，往往空间巨大，对某些超大空间的消防设计按照当前国内消防规范将很难开展，消防性能化设计成为常用的技术手段，这对于切实保障旅客及运营人员的环境安全至关重要。可采用国际消防工程界普遍接受的计算流体力学模拟软件FDS、区域模拟软件CFAST及STEPS软件等进行建筑消防的各项模拟分析，根据功能需求，为不同区域提供不同的消防安全措施。目前，对于以大空间为主体的机场建筑来讲，消防性能化设计已成为制定消防策略的基本方法，在实际工程中已得到广泛应用。

5）完善的公共服务设施

当前的机场类建筑除了单纯的交通运输功能之外，多元化服务功能的趋势越来越明显。在旅客出发、到达的流程之中，需重点分析不同旅客在建筑内部停留期间的各类需求，提供完善的旅客服务功能和设施，并在总体功能布局和旅客使用的细节设计上都需充分考虑人性化设计内容。以昆明新机场航站楼为例，其旅客服务设施主要包括：① 公共卫生间；② 酒店及旅游咨询服务中心；③ 旅客更衣室；④ 母婴休息室、残疾人候机室及无人陪伴孤老候机室；⑤ 吸烟室；⑥ 室外休息区；⑦ 医疗急救室及隔离病房；⑧ 儿童活动区；⑨ VIP、CIP专用候机区；⑩ 两舱旅客服务；⑪ 室内公共运输系统；⑫ 问询；⑬ 饮水处等小型自助服务设施；⑭ 服务型商业设施（钟点客房、金融邮政服务、商务中心、儿童看护、行李寄存等）。

6）标识系统

对于大型机场类建筑而言，随着建筑功能及建筑空间的日益综合化、复杂化，标识系统的作用愈显突出。标识引导系统作为一项专题的系统设计内容，可为建筑内部人流和交通起到非常有效的组织和引导作用，已是实现功能流程不可或缺的重要组成部分。一套规范、简单、易懂、识别性强且非常有逻辑性的标识引导系统设计，可引导各类人流按照各自流程，顺利使用、通过各类功能区域，并最终到达目的地，使首次光顾的旅客也能够像经验丰富的旅客一样便利地使用(图5.215)。

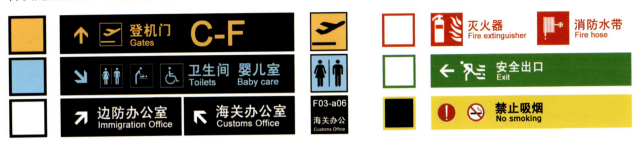

图 5.215　昆明新机场航站楼的标识设计
资料来源：昆明新机场航站楼初步设计报告

7) 商业服务

为旅客提供良好、全面的商业服务，是机场建筑中的一项基本功能。在保证基本的交通职能基础上，可充分利用大量人流集散的优势，为运营管理部门创造最大化的商业收入。需要首先通过制定全方位的商业经营策略和策划来实现。

8) 无障碍设计

无障碍设计是人性化设计的重要内容，作为人流集散中心，机场建筑必须具备完善的无障碍设施，全面满足各类建筑及专项无障碍设计的各项要求，保障各类残障人士的使用需求。机场建筑专用无障碍设计规范正在根据建筑功能和使用功能的需求进行不断更新和修正。

5.8.4　机电系统与新能源利用

建筑节能是绿色设计的核心，而机电技术设计则成为节能降耗的关键。机电绿色节能技术需建立在对特定建筑的经济、技术性能综合分析之上，不能简单照搬，如基于地方性自然资源优势的地源、水源热泵技术，湖水、海水冷却技术，基于地方峰谷电价制度的冰/水蓄冷技术，以及地方气候条件和建筑自身特定功能需求的地道冷却通风技术，等等。

5.8.4.1　暖通空调节能设计

针对机场建筑一般体型复杂、室内空间高大、连续等特点，通过采取合理设置空调分区、应用变风量系统、设置分层空调、变水量系统等技术策略，实现对楼内各主要公共区域进行具体分析和控制，根据服务区域的使用情况调节相应系统，适应楼内负荷变化，达到节能减耗的目的。可通过计算机动态模拟分析的手段，对楼内空调冷热负荷及空调系统进行全年动态模拟分析，利用CFD等技术对重点区域进行模拟分析和效果验证。

在昆明新机场航站楼设计中，由于建筑造型及室内空间结构均比较复杂，使用传统的负荷计算方法(如冷负荷系数法)很难获得较准确的计算结果，动态模拟计算方法是解决上述计算难点的最佳途径。

因此在工程设计中，采用了动态模拟分析软件DeST，对航站楼的空调冷热负荷及空调系统进行了全年动态模拟分析，辅助完成了以下设计任务：① 完成围护结构热工性能优化及权衡判断；② 完成围护结构冷热负荷计算，与室内发热指标结合，为空调设备选型提供相对准确的数据基础；③ 通过空调系统全年模拟分析，预测各空调系统供冷、供热、通风时间段及对应外温条件，为确定冷热源运行时间提供依据；④ 通过空调系统全年模拟分析，获得系统风量全年分布统计，确定是否采用变风量设计；⑤ 通过空调系统全年模拟分析，获得不同新风比工况运行时间全年分布统计，确定采用何种可调新风比(两位调节、连续调节)的系统形式。

1) 合理分区设置空调系统

机场建筑内部功能复杂，需根据不同建筑空间、不同功能区域，对楼内空调系统按照服务区域功能要求、温湿度控制要求、使用时间、朝向、内外区等进行合理分区，为系统合理、灵活运行及分区控制创造前提条件。

2) 应用变风量系统

为适应不同区域(如售票大厅、商业/零售、办公区、附属用房等)不同的空调要求；以及由于人流量较大的变化而导致的同一区域在不同季节、时段的空调负荷变化，设置变风量空调系统，以节省空调能耗。按照功能需求，将大片空调区域合理划分为若干较小区域，当各区域空调负荷发生变化时，改变各区域空调送风量，确保空调区域温度在设计范围内。通过风机变频等控制手段，使得空调机组在低负荷时的送风量减少，降低空调机组送风机能耗，达到节能的目的。

3) 设置分层空调

机场建筑内部主空间多为高大开敞空间，对于普通的高大空间，侧送风方式是采用最广泛的一种空调方式，但对于跨度也较大的空间，两侧对喷喷口射程不够，通常做法会将喷口布置在顶棚网架内，而这种形式会将空间上空大量的余热带入人员活动区，引入空调系统，不利于空调节能。同时由于空间高度较大，在人员活动区域空调效果将大大降低。

按照分层空调原则，利用空气密度随着垂直方向温度变化而自然分层的现象，只对下部人员活动区进行空气调节，可避免能量浪费，有效降低空调负荷，垂直空间高度越大，节能效果越明显。

分层空调可通过在侧墙布置喷口，通过喷口射流来形成。在局部面积较大的开敞高大区域，则需要根据跨度和喷口射程要求，在中间区域布置若干个竖向送风的机电设备单元，喷口布置在其四周，向四周区域喷射冷空气来降温。这种立管综合了建筑、设备、电气等专业用途，形成了一种以机电专业为主的服务性"立管"，在香港国际机场航站楼、北京首都国际机场T3航站楼、昆明新机场航站楼等项目中都已有广泛应用，称之为Binnacle(罗盘箱)。

罗盘箱内部系统集成了通风管道、进出风口、消火栓、水炮、配电盘等多种暖通设备、给排水设备、电气设备、通讯设备，并辅助配备了多类航显、标识、广告等功能服务设施。罗盘箱送风能够很好地形成分层空调，即只对人员活动区进行空气调节，非人员活动区内则允许温度等参数自由波动，从而可以降低空调负荷，以利于节能；同时，人员活动区内的空气品质也明显好于非人员活动区。罗盘箱送风是一种应用于高大空间的较好的空调送风形式。它既可解决远距离送风的困难，对比将喷口设置在顶棚内的常规做法，又为建筑表现提供了最大自由度，也更加节能。

在昆明新机场航站楼设计中，航站楼内值机大厅、到达大厅、候机厅、到达指廊等高大空间区域，均采用分层空调设计的方法。值机大厅和到达大厅采用侧部喷口送风；在候机厅、到达指廊布置机电设备单元，采用顶部喷口送风，只对人员活动区进行空气调节，避免能量浪费。同时利用CFD技术，对重点区域的气流组织进行模拟分析，以验证空调效果。

计算机模拟结果表明，值机大厅的温度场基本达到设计效果，气温25℃~26℃的范围基本覆盖了活动区域，模拟的温度分布如图5.216所示。从图得知，空间温度分布呈明显分层状态，上部空间由于屋顶及玻璃幕墙负荷大，温度偏高均在26℃以上，下部(地上4 m以下区域)温度分布在设计范围内，基本实现了分层空调设计思想。水平切面为2 m高位置。

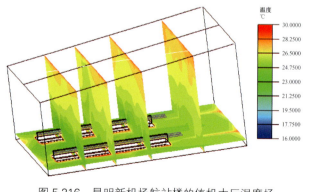

图5.216 昆明新机场航站楼的值机大厅温度场
资料来源：昆明新机场航站楼初步设计报告

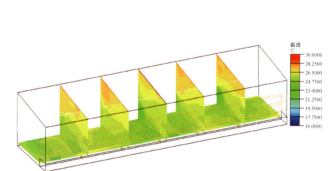

图5.217 昆明新机场航站楼的到达大厅温度场
资料来源：昆明新机场航站楼初步设计报告

 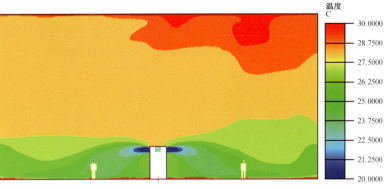

图 5.218　北京国际机场 T3 航站楼机电设备单元　　　图 5.219　昆明新机场航站楼机电单元送风温度场
资料来源：昆明新机场航站楼初步设计报告　　　　　　资料来源：昆明新机场航站楼初步设计报告

模拟结果表明，到达大厅的温度场基本达到设计效果，气温 26℃ 的范围基本覆盖了活动区域，模拟的温度分布如图 5.217 所示。从图得知，空间温度分布呈明显分层状态，基本实现了分层空调设计思想。水平切面为 2 m 高位置（图 5.218，图 5.219）。

5.8.4.2　照明及电气节能设计

1）照明设计节能

（1）灯具选型。首先应充分利用自然采光，将自然光引入到旅客公共区。当需要人工照明时，将针对建筑功能分区、分时控制，合理选择光源、配光及节能灯具，使节能光源、高效灯具使用率达到 100%。

① 办公室等人员经常使用的房间采用 T5、T8 三基色高效荧光灯；② 行李处理区、公共区大屋顶等大空间场所采用寿命长、便于清洁的金卤灯；③ 节能镇流器的应用：根据灯具形式配置电子镇流器或节能型电感镇流器；④ 限制小功率节能灯的 3 次谐波不超过 33%；⑤ 限制灯具配光角度在 30° 以内，要求灯具采用暗光技术控制眩光，配光具有较高的中心光强等特点；⑥ 室内灯具增加防护等级，减少光源光通量衰减，延缓灯具老化速度，降低污染程度。

（2）照明控制。通过设置智能照明分区、分时控制系统，结合自然采光条件，并通过传感器自动控制、声控、红外及手动控制等有效控制方式，并使照明节能技术和管理相结合，减少照明系统日常运行的用电量。相关措施如下：① 依据日光分析，重点针对各主要公共空间，制定全楼的日光与人工照明相结合的照明控制策略，结合亮度传感器设置，控制灯具的点亮时间，充分利用自然采光照明；② 可根据航班/车次信息合理规划各公共区域点亮照明的布光强度；③ 公共区灯具分支路电源布线及控制；④ 员工卫生间采用人体移动传感器控制点亮照明；⑤ 机电管廊、员工走道及机电用房等非公共区设场景照明开关，可根据需求设置相应的照度；⑥ 除疏散指示标志常明外，所有灯具均受控，消灭长明灯；⑦ 后勤区、办公区内尽量做到单灯单控，最大限度地提高利用效率；⑧ 部分要求照度范围较宽、照度精度较高的多功能房间可采用调光灯具及调光控制；⑨ 走道、楼梯等人员短暂停留的公共场所可采用节能自熄开关；⑩ 广告灯箱、大型商业区内照明结合时钟系统自动控制。

针对楼内各个典型区域照度标准、标准照明功率密度值 LPD 进行计算和分析，确保计算照明功率密度值小于《建筑照明设计标准》中 LPD 规定的目标值。

2）电气设备节能

① 合理布置变配电所，应尽量靠近负荷中心以缩短配电半径并减少线路损耗；② 供配电系统简单可靠，提高供电系统的功率因数及治理谐波，减少无功损耗；③ 节能变压器的应用，合理选择变压器容量，使其工作在高效低耗区；④ 配合设备工艺要求，采用变频技术对电动机运行进行控制，达到节能效果。

建筑设备监控系统的应用，全方位地对楼内的各类机电设备进行监视和最佳控制，达到在满足需求的前提下最大限度地节能。

3）楼宇自控管理系统的应用

① 建筑设备监控系统的应用，可全方位地对楼内的空调机组、新风机组、风机及水泵等各类机电设

备进行监视和最佳控制,达到在满足需求的前提下最大限度地节能,有报道建筑物配置建筑设备监控系统至少节能20%。② 配合设备工艺要求,采用变频技术对电动机运行进行变速控制,以达到节能效果。应用有变风量空调箱、变频水泵、变频风机、电梯、自动扶梯及自动步道。③ 配合设备工艺要求,控制充分利用自然通风;控制最小新风比;控制空气品质。④ 无人值守的变配电所内风机根据室内温度自动启停。⑤ 幕墙窗、屋面天窗等根据室内 CO_2 浓度及室外风雨传感器自动启停。⑥ 扶梯、步道变频控制,设置光控探测,无人使用时,低速或停运。⑦ 对水、电、气等能源进行统计计量,辅助节能降耗管理。

5.8.4.3 节水与水资源利用

建筑物用水是对水资源的直接消耗,随着水资源越来越缺乏,节约水资源已经成为当今社会的主题。

(1)使用节水设备。合理选用节水龙头、节水便器、节水淋浴装置等,使节水设备使用率达到100%。

(2)水的输送及生活热水加热。对生活热水系统管道进行有效设计,减少热水设备的储存及输配过程的热损失。按楼内热水系统负荷特点,可选用局部热水加热器和集中式设备结合的方式。

(3)用水计量。除在入户总供水管上设置总计量水表外,餐饮用水点、零售区商业用水点、承包招租区用水点等处均设置分户水表单独计量。

(4)中水的利用。为节约水资源,实现污水资源化以及在楼内更有效地实施节约用水的措施,可采用中水回用策略,在楼内单独设置或与周边建筑设施统一建设集中中水处理系统的办法,经处理后的中水回送至楼内用于绿化、景观水池补水、路面与地面冲洗、冲厕等用途。各主要用户的中水总供水干管上均设置水表,便于计量用水量。

(5)雨水回收利用。雨水一般主要来自于屋面、道路、绿地等3种主要汇流介质,其中以屋面雨水水质较好,径流量大,同时便于收集利用。机场类建筑一般都具有较大面积的屋面系统,雨水回收价值较高。利用屋顶做集雨面的雨水集蓄利用系统可用于楼内外的非饮用水,如浇灌、清洁、冲厕、冷却循环中水系统,可节约饮用水,减轻城市排水和处理系统的负荷,减少污染物排放量和改善生态与环境等多种效益。雨水集蓄利用系统由雨水汇集区、输水管系、截污装置、储存、净化和配水等几部分组成,设渗透设施与贮水池溢流管相连,使超过储存容量的部分溢流雨水渗透。可利用蓄水池来保存雨水,并可提供良好的景观,对于改变周边的微观环境也具有积极意义。

5.8.4.4 可再生能源利用

由于世界对能源需求的日益增长、常规能源的日益短缺、石油价格不断上涨、全球气候变暖以及环境的压力,世界各国为寻求能源安全和人类社会可持续发展,将战略目光转向可再生能源的开发。太阳能、风能作为可再生能源已受到社会各界的广泛关注。机场建筑往往作为一个国家、地区的门户而备受关注,具有广泛的社会示范作用和不可推卸的社会责任。由于不同地区所处地理位置和自然条件的差异,可再生能源的利用需要结合环境条件、建筑规模、性质、使用要求等具体分析,而不能一概而论。我国《绿色建筑评价标准》中针对公共建筑的可再生能源利用设定了一个标准,即可再生能源产生的热水量不低于建筑生活热水消耗量的10%,或可再生能源发电量不低于建筑用电量的2%。考虑到机场建筑的能耗基数较大,要达到这一标准具有相当难度,但结合具体条件的局部设置仍具有一定研究、开发的空间。

目前人们对太阳能的转换、收集、储存运输等方面的应用研究,正在取得显著的进展。综合各类太阳能利用经济性能,太阳能在建筑中的应用技术主要可以分为3个方面:

(1)太阳能光热技术。在适宜功能、适宜部位设置。此项技术已经较为成熟,并已广泛用于民用。可利用太阳光热技术将太阳能转换为生活热水热源,为旅客提供更舒适的卫生、洗浴服务功能,丰富人性化服务功能。

(2)太阳能光电技术。综合考虑其经济性能,结合机场建筑的使用功能特点,可利用屋面、天窗、幕墙外遮阳、绿化景观等部分适宜区域和构件,采用太阳能光伏发电技术,设置光伏发电板。所发电量可并入市政电网,也可用于辅助性用途,如楼前景观照明、次要道路照明、屏幕显示、引导等。由于太阳能光伏发电技术前期投入的成本较高,国家虽有一定的扶持补贴制度,但成本高、回收周期长仍是制约其广泛应用的重要因素。

在昆明新机场航站楼设计中,利用地下停车楼顶层的采光天窗,采用光伏建筑一体化设计,水平铺设太阳能光伏发电板，所发电量用于供电重要性、连续性要求相对较低的车道及车库区普通照明。太阳能发电的功率约为125 kW，约占停车楼总用电负荷的5.4%。

(3) 自然光的光导照明技术。自然光光导照明系统通过采光装置聚集室外的自然光线并导入系统内部，再经过特殊制作的导光装置强化与高效传输后，由系统底部的漫射装置把自然光线均匀导入到室内。可利用光导管将太阳光导入到地下公共空间，实现室内自然采光，有效地减少白天建筑物对人工照明能源的消耗。

除太阳能外，风能也成为重要的能量来源。由于各地自然条件差异较大，需结合建设环境特点和优势，结合建设成本，选择适宜方式。就目前建筑方面的实际应用来看，基本还处于试验性的推广阶段，示范意义大于实用意义。

5.8.5 结语

机场建筑作为大量人流集散的公共建筑，一般对空间体量的需求较大，其能耗往往是普通建筑的数倍，相应的综合环境影响也远高于普通建筑；同时，由于机场建筑自身的公共服务功能，也常常备受公众瞩目，肩负着更大的社会责任。机场建筑在节能、环保、优质服务的前提下高效、良好运行，具有社会效益与经济效益的双重意义。

目前，在我国政府的大力倡导下，民航总局现已对绿色机场设计、施工标准、实施指南及其评价体系展开了系统性研究，并已逐步落实到当前的机场设计与建设当中。这些举措显示了国家、政府的决心，也代表了社会的迫切需求，必将对机场建筑的建设起到巨大的推动作用。

5.9 商业建筑

改革开放以来，我国商业发展迅猛，商业建筑日趋增多。商业建筑的类型出现新变化：一是商业种类逐渐细化，百货商场、专卖店、超级市场、折扣店、购物中心、便利店等，不同的业态和销售模式产生了不同的建筑形式；二是商业朝着集中化、综合化的方向发展，将文化、娱乐、休闲、餐饮等功能引入到商业建筑中来。这两种变化也出现交叉、重叠，专卖店加盟百货商场以提高商品档次，超级市场、折扣店进驻购物中心以满足消费者一站式购物的需求。商业建筑规模大，人员流动性大，功能复杂，每天使用时间较长，全年营业不休息，所有设备常年运转，而且由于自身功能要求的特殊性，对某些节能措施存在矛盾性，这些都使商业建筑的节能更加复杂。消费者对感官以及舒适度的要求也不断提高，与此相伴的能源与资源消耗也节节攀升。再加上商界的建筑节能意识差，片面追求高舒适度，过多采用人工环境，盲目追求高新技术和产品，节能技术利用不够充分，高能耗高排放等问题，都严重制约商业的进一步发展。因此，对商业建筑的绿色节能设计已经刻不容缓。

5.9.1 规划和环境设计

5.9.1.1 选址与规划

商业建筑在前期规划中，首先要进行深入调研，寻求所在区位内缺失的商业内容作为自身产业定位的参考。对于地块的选择，应当优先考虑基地环境，物流运输的可达性，交通基础设施、市政管网、电信网络等是否齐全，减少初期建设成本，避免重复建设而造成浪费。

在场地的规划中，合理利用地形，尽量不破坏原有地形地貌，避免对原有环境产生不利影响，降低人力物力的消耗，减少废土、废水等污染物。规划时应充分利用现有的交通资源，在靠近公共交通节点的人流方向设置独立出入口，必要时可与之连接，以增加消费者接触商业建筑的机会与时间(图5.220，图5.221)。

多数城市中心区经过长时间的经营和发展，各方面的条件都比较完备，基础设施齐全，消费者的认知程度较高，逐渐形成了商圈，不仅本地市民光顾，外来旅游者也会慕名前来消费。成功的商圈，有利于新建商业建筑快速被人们所熟悉，分享整个商圈的客流，而著名的商业建筑也同样可以提升商圈的知名度，增添新的吸引力。

图 5.220 柏林火车总站上的购物中心
资料来源：[德]施苔芬妮·舒普. 大型购物中心. 王婧，译. 沈阳：
辽宁科学技术出版社，2005.

图 5.221 香港太古城内的出租车停靠点
资料来源：http://www.abbs.com.cn

在商圈内各种商业设施繁多，应使它们在商品档次、种类、商业业态上有所区别，避免对消费者的争夺，从而影响经济效益，造成资源的浪费。若干大型商业设施应集中在一定的商圈范围内，以便相互利用客源。但各自间也要保持适度的距离，过分集中将会造成人流局部拥挤，使消费者产生回避心理。

5.9.1.2　环境设计

比较理想的商业建筑环境设计不仅可以给消费者提供舒适的室外休闲环境，而且，环境中的树木绿化可以起到阻风、遮阳、导风、调节温湿度等作用（图 5.222）。商业建筑环境设计中，绿化的选择应多采用本土植物，尽量保持原生植被。在植物的配置上应注意乔木、灌木相结合，不同种类相结合，达到四季有景的效果（图 5.223）。

图 5.222 美国加州某商业街中心绿化

图 5.223 美国某商业建筑庭院绿化

资料来源：杨维菊摄

良好的水生环境不仅可以吸引人流，还可以很好地调节室内外热环境，有效降低能耗。部分商业建筑在广场上设置一些水池或者喷泉，达到了较好的景观效果。但这种设计不宜过多过大，而且应该充分考虑当地的气候和人的行为心理特征（图 5.224）。

环境设计中还要充分考虑绿化与硬质铺地的合理搭配，绿化较少会单调乏味并失去气候调节功能（图 5.225）。商业建筑为了获得大面积的室外广场，建筑周边都采用不透水的硬质铺装，这些都阻碍了雨雪等降水渗透到地下。地下水得不到应有的补偿，长久下去就会形成地下水漏斗区，导致土壤承载力下降，威胁到商业建筑的安全。不透水地面也失去了蒸发功能，无法通过蒸发来调节温度与湿度，造成夏季城市热岛效应加剧。

水循环设计要求商业建筑的场地要有涵养水分的能力。场地保水的策略可分为"直接渗透"和"贮集

图 5.224　美国某商业街喷泉
资料来源：杨维菊摄

图 5.225　南京中央商场门前的硬质铺地
资料来源：梁博摄

图 5.226　卵石、砾石与草坪结合的被覆地设计
资料来源：吴修民摄

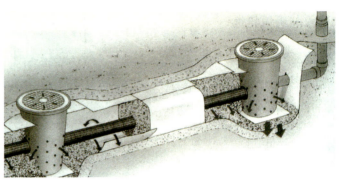

图 5.227　日本透水渗透排水管路
资料来源：林宪德. 绿色建筑——生态·节能·减废·健康. 北京：中国建筑工业出版社，2007.

渗透"两种，"直接渗透"就是利用土壤的渗水性来保持水分；"贮集渗透"则模仿了自然水体的模式，先将雨水集中，然后低速渗透。对于商业建筑来说，前者更加适用（图 5.226，图 5.227）[①]。另外，硬质铺地在心理上给人的感觉比较生硬，绿化和渗透地面更容易使消费者亲近。

5.9.2　建筑设计

5.9.2.1　建筑平面设计

建筑物的朝向选择是与节能效果密切相关的首要问题。南向有充足的光照，商业建筑选择坐北朝南，有利于吸收更多的热量。在冬季，接收的太阳辐射可以抵消建筑物外表面向室外散失的热量。然而，到了夏季，南向外表面积过大会导致建筑得热过多，加重空调负担，在设计中可以采用遮阳等措施解决好两者之间的矛盾。

在进行商业建筑平面设计时，应将低能耗、热环境、自然通风、人体舒适度等因素与功能分区统一协调考虑。将占有较大面积的功能空间放置在建筑的端部，设置独立的出入口，几个核心功能区间隔分布，中间以小空间连接，缓解大空间的人流压力（图 5.228）。

图 5.228　南京水游城平面示意图
资料来源：http://www.aquacity-nj.com

[①] 林宪德. 绿色建筑——生态·节能·减废·健康. 北京：中国建筑工业出版社，2007.

另外，商业建筑要区分人流和物流，细化人流种类，各种流线尽可能不要交叉，同种流线不出现遗漏和重复，提高运作效率，防止人流过分集中或分散引起的能耗利用不均衡。

商业建筑的辅助空间，如库房、卫生间、设备间等，热舒适度要求低，可将它们安排在建筑的西面或西北面，作为室外环境与室内主要功能空间的热缓冲区，降低西晒与冬季冷风侵入对室内热舒适度的影响，同时应将采光良好的南向、东向留给主要功能空间。

5.9.2.2 建筑造型设计

规整的商业建筑体形在一定程度上有利于建筑的节能。商业建筑体形系数小，可以有效地减少与气候环境的接触，降低室外不良气候对室内热环境的影响，减少供冷与供暖的能耗。但过分规整的建筑形体，又显得呆板乏味，难以形成活跃的商业氛围。一味迁就规整的造型，也有可能造成室内空间利用上的不合理，从而导致使用上的不便。商业建筑形体上可适当采取高低落差，体块穿插等手法，不仅可以在视觉上丰富建筑轮廓，还能利用自身高起的部分对西晒形成遮挡[①]。

在商业建筑的造型上，不同内部功能采取不同的材质和虚实处理手法，对室内舒适度等要求较高，而且需要通过人工照明营造室内商业氛围的空间，采用实墙处理将更有利于人工控制室内物理环境；公共与交通部分主要供消费者休息、空间过渡之用，可以采用通透的处理手法，既能使消费者享受到充足的阳光，又有利于稳定室内热环境。

5.9.2.3 中庭设计

中庭是商业建筑不可缺少的功能空间，在它顶部一般都设有天窗或是采用透光材质的屋顶，引入自然光，减少人工照明能耗。夏天，利用烟囱效应，将室内有害气体以及多余的热量进行集中，统一排出室外；冬天，利用温室效应将热量留在室内，提高室内的温度（图5.229，图5.230）。

中庭高大的空间也为种植乔木等大型植物提供了有利条件。合理配置中庭内的植物，可以调节中庭内的湿度。有些植物还具有吸收有害气体和杀菌除尘的作用。另外，利用落叶植物不同季节的形态还能达到调节进入室内太阳辐射的作用（图5.231，图5.232）。

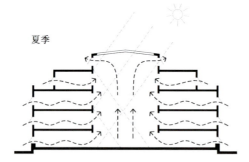

图5.229 夏季中庭利用烟囱效应通风降温
资料来源：梁博改绘

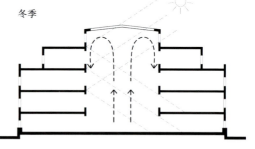

图5.230 冬季中庭受辐射温度上升
资料来源：梁博改绘

图5.231 香港某购物中心中庭天窗采光和绿化
资料来源：杨维菊摄

图5.232 香港某购物中心室内绿化
资料来源：杨维菊摄

---

① 康富利.上海地区商业综合体设计节能策略初探：[硕士学位论文].上海：同济大学，2007.

5.9.2.4 地下空间利用

商业用地寸土寸金,商家要发挥土地利用的最大效益,就要实现土地的立体式开发。目前全国的机动车数量在不断地攀升,购物过程中的停车问题成为影响消费者购物心情与便捷程度的重要因素。发展地下停车库,可以很好地解决这个问题。以前地下建筑只作为辅助空间来开发,现在很多商业建筑利用地下一二层的浅层地下空间,发展餐饮、娱乐等功能,而将地下车库布置在更深层的空间里,在获得良好经济效益的同时,也实现了节约用地的目标(图 5.233)。

商业建筑还可以将地下空间与地铁等地下公共交通进行连接,借助公共交通的便利资源,使消费过程变得方便快捷,减少搭乘机动车购物时给城市交通带来的压力,达到低碳生活的目的(图 5.234)。

图 5.233 南京新街口商圈的地下美食街
资料来源:http://www.zeya.net

图 5.234 南京新街口商圈地下的地铁出口
资料来源:http://www.zeya.net

5.9.3 室内空间环境设计策略

5.9.3.1 室内空间设计

消费者的大部分商业行为都是在商业建筑室内完成的。商业建筑室内空间设计首先要吸引消费者的购买欲望,并且在长时间的购物过程中身心都感觉比较舒适。在室内空间的设计中,可以采取室外化的处理手法,将自然界的绿化引入到室内空间,或者将建筑外立面的装饰手法应用到商业建筑的室内界面上(图 5.235,图 5.236)。

图 5.235 种植植物的室内商业街
资料来源:[德]施苔芬妮·舒普. 大型购物中心. 王婧,译. 沈阳:辽宁科学技术出版社,2005.

图 5.236 清水砖墙装饰的室内界面
资料来源:梁博摄

有些商业建筑承租户更替频率比较高，因此在租赁单元的空间划分上应该尽量规整，各方面条件尽量保持均衡，而且做到可以灵活拆分与组合，满足不同承租户的需求，便于能耗管理。

5.9.3.2 室内材料选择

商业建筑室内装饰材料的选用，首先要突显商业性、时尚性，同时还应重点考虑材料的绿色环保特性。

商业建筑室内是一个较封闭的空间，往来人员多，空气流通不畅；柜台、商铺装修、更换频繁，应该选用对环境和人体都无害的无污染、无毒、无放射性材料，并且可以回收再利用。

在设计过程中，同时应该避免铺张浪费、奢华之风，用经济、实用、适合的材料创造出新颖、绿色、舒适的商业环境。在具体工程项目中应考虑尽量使用本土材料，从而可以降低运输及材料成本，减少运输途中的能耗及污染。

5.9.4 结构设计中的绿色理念

以全寿命周期的思维概念去分析思考，合理选择商业建筑的结构形式与材料。内部空间的自由分割与组合对商业建筑非常重要，在满足结构受力的条件下，结构所占的面积也要尽可能的少，以提供更多的使用空间；较短的施工周期，有利于实现尽早盈利；商业建筑还时常需要高、宽、大等特殊空间。基于以上几点考虑，目前钢结构已成为商业建筑最具优势的结构形式。虽然钢结构在建设初期投入的成本相对较高，但它的刚度好，支撑力强，有时代感，更能突显建筑造型的新颖、挺拔。而且在后期拆除时，这些钢材可以全部回收利用，从这一角度讲，钢结构要比混凝土结构节能环保得多（图5.237）。

在国外，小型商业建筑也有采用木结构形式的，木材在生产加工过程中，不会产生大量污染，消耗的能量也低得多。木材属于天然材料，给人的亲和力是其他材料无法代替的，对室内湿度也有一定的调节能力，有益于人体健康。木结构在废弃后，材料基本上可以完全回收（图5.238）。但是选用木结构时应该注意防火、防虫、防腐、耐久等问题。此外，可以将木结构与轻钢结构相结合，集中两种结构的优点，创造舒适环保的室内环境。

图 5.237 香港名荟城的钢结构
资料来源：http://www.abbs.com.cn

图 5.238 木结构给人以温馨感

5.9.5 围护结构节能

5.9.5.1 外墙与门窗节能

商业建筑重视外立面的装饰效果，在外围护结构的设计上，不仅要考虑造型美观的因素，还应该注意保温性能的要求。商业建筑的实墙面积所占比例并不多，但西、北向以及非沿街立面实墙面积较大。目前，一般是墙面用干挂石材内贴保温板的传统做法，还有采用新型保温装饰板，它将保温和装饰功能合二为一，一次安装，施工简便，避免了保温材料与装饰材料不匹配引起的节能效果不佳，减少了施工中对材料的浪费，节省了人力资源和材料成本。这些保温装饰板可以模仿各种形式的饰面效果，避免了对天然石材的大量开采。

商业建筑立面一般比较通透、明亮，橱窗等大面积的玻璃材质较多，通透的玻璃幕墙给人以现代时尚的印象，夜晚更能使建筑内部华美的灯光效果获得充分的展现，吸引人们的注意。但从节能角度考虑，普通玻璃的保温隔热性能较差，大面积的玻璃幕墙将成为能量损失的通道。解决玻璃幕墙的绿色节能问题，首先就要选择合适的节能材料。

现有的节能玻璃种类很多，节能效率、特性都不尽相同。商业建筑白天的使用时间较多，因此应该选用防太阳辐射较好的玻璃。常用玻璃的防太阳辐射效果从强到弱依次为热反射玻璃、吸热玻璃、普通玻璃。反射玻璃将大部分可见光反射到室外，虽然节约了空调能耗，却导致自然采光不足，增加了人工照明能耗，而且容易造成光污染。吸热玻璃与热反射玻璃类似，也会对自然采光造成影响。

采用Low-E玻璃可以让低热能的可见光照入室内，将热能较高的近红外辐射阻挡在室外。夏季，Low-E玻璃可以将日光中的远红外光挡在室外，减少得热；到了冬季，又可以将室内的远红外辐射反射回室内，保持室内的温度[1]。

玻璃幕墙有显框与隐框之分，幕墙的框料也是能量流失的薄弱环节。可选用断热型材，框料间由绝热材料连接，防止冷热桥的形成，兼顾了不同材料的绿色节能特性。这类材料强度高、刚性好、耐腐蚀，而且颜色多样，装饰性强，还可以回收再利用，有利于节能环保，同时可以和其他装饰材料复合使用。

影响门窗能量损失的另一个重要因素就是窗墙面积比。商业建筑的门窗面积越大，空调采暖的负荷就越高。商业、产品展示等功能为营造室内环境，更多的是选用人工照明和机械通风，因此这些部分对开窗面积要求并不高。在中庭、门厅、展示等公共部分则往往会大面积的开窗。所以商业建筑门窗要选择节能门窗，夏季隔热、遮阳，冬季室内要保持一定的温度，采用采暖设备以及其他防止冷风入侵的措施，都十分必要。

5.9.5.2 屋顶保温隔热

商业建筑一般为多层建筑，占地面积较大，这就导致其屋顶面积很大。与外墙不同的是，屋顶不仅要具有抵御室外恶劣气候的能力，还必须做好防水，并能承受一定的荷载。屋顶与墙体构造不同，与外界交换的热量也更多，相应的保温隔热要求比墙体更高。

发掘屋顶的景观潜力，与实用功能相结合，利用绿色节能技术，设置屋顶花园是提高商业建筑屋顶保温隔热性能的有效方法之一，并且可以提高商业建筑的休闲品位。

创建屋顶花园首先要解决防水和排水。及时排水不仅可以防止商场屋顶渗漏，而且能够预防植物烂根。屋顶花园的防水层构造必须具备防根系穿刺的功能，防水层上铺设排水层[2]。还应注意考虑屋顶花园的最大荷载量，尽量采用轻质材料，树槽、花坛等重物应该设置在承重构件上。

在植物的选择上应该以喜光、耐寒、抗旱、抗风、植株较矮、根系较浅的灌木为主，少用高大乔木。

另外，架空屋顶、通风屋面等也是实现商业建筑屋面保温隔热的良好措施。

5.9.5.3 建筑遮阳

商业建筑采用通透的外表面较多，为了控制夏季太阳对室内的辐射，防止直射阳光造成的眩光，必须采用遮阳措施。由于建筑物所处的地理环境、窗户的朝向，以及建筑立面要求的不同，所采用的遮阳形式也有所不同。

1) 内遮阳和外遮阳

内遮阳造价低廉，操作、维护都很方便，但它是在太阳光透过玻璃进入到室内后再进行遮挡、反射，部分热量已经滞留室内，从而引起商场室内温度上升。外遮阳可以将阳光与热量一同阻隔在室外。在国外，外遮阳通常可以获得10%~24%的节能收益，而用于遮阳的投资则不足2%[3]。外遮阳多结合商业建筑造

---

[1] 李海英,白玉星,高建岭,等.生态建筑节能技术及案例分析.北京:中国电力出版社,2007.
[2] 李百战.绿色建筑概论.北京:化学工业出版社,2007.
[3] 李海英,白玉星,高建岭,等.生态建筑节能技术及案例分析.北京:中国电力出版社,2007.

型一同设计，在获得良好节能效果的同时也加强了立面装饰感（图 5.239，图 5.240）。

2）水平遮阳、垂直遮阳与综合性遮阳

水平遮阳与垂直遮阳对于不同角度的入射阳光有着不同的遮挡效果，水平遮阳比较适用于商业建筑南向遮阳（图 5.241）。而从门窗侧面斜射入的太阳光，水平遮阳则很难达到遮阳效果，这时就要采取垂直遮阳的措施（图 5.242）。综合性遮阳是将水平遮阳与垂直遮阳进行有机结合，对于太阳高度角不高的斜射阳光效果较好。

图 5.239　南京新城市广场中庭布幔遮阳
资料来源：梁博摄

图 5.240　澳大利亚某商场丝网印刷玻璃外遮阳形成的装饰效果
资料来源：李忠摄

图 5.241　某商店大型屋顶形成的水平遮阳
资料来源：李忠摄

图 5.242　苏州圆融时代广场的垂直遮阳
资料来源：梁博摄

3）固定遮阳和活动遮阳

固定遮阳结构简单、经济，但只能对固定角度的阳光有良好的遮挡效果，活动遮阳则可以根据不同光线、不同角度甚至是使用者的不同意愿进行调节（图 5.243）。遮阳系统与温感、光感元件结合，能够根据光线强弱与温度高低自动调节，使商业建筑室内光热环境始终处于较为舒适的状态（图 5.244）。

遮阳形式之间存在着交叉、互补。外立面可选用根据光线和温度自动调节的外遮阳系统，然后根据门窗的不同朝向选取具体的构造形式。商业建筑中庭顶部和天窗可选用半透光材料的内遮阳形式，既保证遮阳效果，又可使部分光线进入室内，满足自然采光需求，还可以适当提高中庭顶部空气温度，加强自然通风效果。

图 5.243　太阳能电池板活动遮阳
资料来源：http://www.newenergy.org.cn

图 5.244　南京东方商城屋顶电动遮阳卷帘
资料来源：梁博摄

5.9.6　空调通风系统节能技术

有关资料表明，空调制冷与采暖耗能大约占到了公共建筑总能耗的 50%~60%[1]。商业建筑的空调与通风系统有很多相似和相通之处，新风耗能占到空调总负荷的很大一部分，除了提高空调的能效之外，处理好两者之间的关系，也有利于降低空调的能耗。

5.9.7　采光照明系统

商业建筑消耗在采光照明上的能源占到了总能源的 1/3 以上。其中，夏秋季节，照明系统能耗占总能耗的比例为 30%~40%；冬春季节，则要占到 40%~50%，节能潜力很大[2]。

5.9.7.1　人工照明

商业建筑的人工照明主要是为了烘托商业气氛（图 5.245，图 5.246）。自然采光很难实现这部分功能，而且商业建筑每日的人流高峰多集中于傍晚，也需要使用人工照明。

优质高效的光源是照明的基础，发光体发出的光线对人体应该是无害的，其次是使用先进的照明控制

图 5.245　照明烘托商品展示
资料来源：梁博摄

图 5.246　南京东方商城室内光环境
资料来源：杨维菊摄

---

[1] 刘永顺. 北京地区公用建筑节能策略模拟研究：[硕士学位论文]. 北京：北京工业大学，2008.
[2] 王丹. 商店常用光源照明质量及环保性研究：[硕士学位论文]. 重庆：重庆大学，2006.

技术，使亮度分布均匀，并拥有宜人的光色和良好的显色性。人眼在全色光照射下不易感到疲劳，自然光为全色光，选用与自然光近似的光源，也有助于提高顾客对商品的识别性。此外还应该控制眩光和阴影。在选用灯具时，应采用无频闪的光源，频闪会使视觉疲劳，导致近视。

商业建筑可选用的光源主要包括卤钨灯、荧光灯、金卤灯。经过实验比较发现，陶瓷金卤灯在显色性、光效、平均照度、平均寿命等方面都达到了较高水平，在相同面积下，功率密度低、用灯量少、房间总功率小，而且在全寿命周期中产生的污染物与温室气体非常少，是一种理想的环保节能灯具[1]。LED灯色彩丰富，色彩纯度高，光束不含紫外线，光源不含水银，没有热辐射，色彩明暗可调，发光方向性强，安全可靠，寿命长，节能环保，非常适用于商业建筑。

选用智能化的照明控制设备与控制系统，同时与商业建筑内安保、消防等其他智能系统联动，实现全自动管理，将有效节约各部分的能源和资源。

建筑设计是一门艺术，人工照明是其中的重要部分，在考虑照明系统节能的同时不能只满足基本的照明需求，更需要建筑师与相关专业人员合作探讨，创造出生态、节能、健康，又具有艺术气息的人工照明系统。

5.9.7.2 自然采光

自然采光对于商业建筑的意义不仅在于减少照明能耗，还意味着安全、清洁、健康。在太阳的全光谱照射下，人们的生理与心理都会得到比较愉悦的感觉。阳光可以拉近人与自然的距离，满足人们回归自然的心理，还能促进儿童的生长发育，具有杀菌作用，增强人体的免疫能力。

自然采光可分为侧窗采光与天窗采光。商业建筑多数都采用天窗采光。天窗采光可以使光线最有效地进入商业建筑的深处，通常采用平天窗。为保证采光效果，天窗之间的距离一般控制在室内净高的1.5倍，天窗的窗地比要综合考虑天窗玻璃的透射率、室内需要的照度以及室内净高等多方面因素，一般取5%~10%，特殊情况可取更高[2]。设计天窗时应注意防止眩光，还要结合一定的遮阳设施，防止太阳辐射过多进入室内（图5.247，图5.248）。

另外，商业建筑的地下空间在进一步利用后也对自然光有着一定的要求，但现有的采光系统较难实现。近年来导光管、光导纤维、采光隔板和导光棱镜窗等新型采光方式陆续出现，它们运用光的折射、反射、衍射等物理特性，满足了这部分空间对阳光的需求。

图5.247 澳大利亚某商场的天窗采光
资料来源：李忠摄

图5.248 南京东方商城的天窗采光
资料来源：杨维菊摄

---

[1] 王丹. 商店常用光源照明质量及环保性研究：[硕士学位论文]. 重庆：重庆大学, 2006.
[2] 李海英, 白玉星, 高建岭, 等. 生态建筑节能技术及案例分析. 北京：中国电力出版社, 2007.

5.9.8 可持续管理模式

5.9.8.1 购物中心的周期性特点

消费者平时的工作、休息，一般都是以一星期为一个周期。消费者的作息时间决定了商业建筑的人流量一般以一周循环变化。周一到周五属于工作时间，人流量少，而且多集中到晚上，周四开始，人流慢慢变多，持续上升，在周六的下午和晚上达到最高值，周日依然保持高位运转，但逐渐降低，到周日晚间营业结束降至最低点，然后开始新一周的循环。

就每一天的营业情况来说，也同样存在着一定的规律性。一般来说，商业建筑早晨10点开始营业，到中午之前这段时间人流不多，从中午开始，消费者逐渐增多，到晚上达到一个高潮。不同功能也都存在周期性变化。

另外一个周期性特点就是每年的节假日、黄金周。元旦、春节、五一、十一、清明、中秋、端午等节日，再加上国外的圣诞节、情人节等，一年中每隔一段时间就会有一个假期，让忙碌的人们能够获得更多的休息，由此催生的假日经济带来了更多的消费机遇。

针对以上周期性特点，管理者应该合理安排，利用自动以及手动设施控制不同人流、不同外部条件下的各种设备的运行情况，避免造成能耗浪费或舒适度不高。

5.9.8.2 购物中心节能管理措施

建立能耗管理措施，就是要建立一套智能型的节能监督管理体系。对各种能耗进行量化管理，直观显示能耗情况。对于独立的承租户进行分户计量，能够精确到户的能耗都应按每户实际用量收取，有利于提高承租户自身的节能积极性。根据能耗总量，研究设定平均能耗值，对节能的商户采取鼓励政策。对水、电、煤气、热等各种能耗指标，进行动态监视，并把每种能源按照不同用途进行细化，精确掌握各部分的能耗情况，根据具体情况进行节能，一旦某个系统出现能耗异常也可以及时发现，而且因为系统的相对独立性，即使出现异常也不会影响到其他系统的使用。管理者还应定期对整个购物中心进行能耗等方面的检查，及早发现并解决问题。

5.9.9 防火与节能

近年来，随着保温材料等节能措施的不断应用，由其引发的火灾也频频发生。商业建筑人员密集，货物集中，一旦发生火灾，将造成巨大的生命与财产损失。商业建筑的节能应与防火措施紧密结合。

5.9.9.1 保温材料

有机保温材料保温性能良好，但多数防火性能较差，燃烧时还会产生有毒气体和烟尘，导致人员中毒、窒息，保温材料在外墙上都是相连贯通的，一旦起火，将会迅速蔓延整个建筑。商业建筑设计保温材料时，应更多考虑难燃和不燃的无机保温材料。如果必须使用可燃的有机保温材料，必须对材料进行阻燃处理，使其满足防火要求。

5.9.9.2 中庭

在发生火灾危险时，中庭及其上部的通风口能够快速有效地将室内的浓烟及有害气体排出室外，避免室内人群因浓烟窒息。但是中庭的拔风作用也会对火势起到加强效果，要注意在中庭周边设置防火卷帘，防止火势借中庭空间窜至其他楼层，在中庭还应布置灭火设施。

另外，在选择照明设施等设备时，应尽量选择发热量小的产品，提高能源的转化效率，防止产生过多的热量，造成火灾隐患。同时，还能减少能源浪费和空调负荷。商业建筑外立面经常被巨大的广告牌包围，不仅造成外立面的混乱，也是火灾隐患，一旦出现火情，也为及时扑救带来很大困难。因此在进行商业建筑的设计时，要特别注意。

5.9.10 结语

我国的《公共建筑节能设计标准》已于2005年7月1日开始实施，有关绿色建筑的评价标准也已经制订，中国的节能建筑已由居住类扩展到办公类、旅馆类、展览类和商业类等不同类型的公共建筑。目前，推广绿色建筑、低碳经济已是我国发展的必然趋势，也是贯彻、执行可持续发展基本国策的重要方面。希望商业类建筑的绿色设计理念能被人们重视，并建造更多的符合国家绿色标准的商业建筑设施，给人们带来更加舒适、绿色的生活体验。

参考文献

[1] [英]艾弗·理查兹. 生态摩天大楼. 北京: 中国建筑工业出版社，2005.

[2] 方海. 芬兰新建筑. 南京: 东南大学出版社，2002(5).

[3] 林桂岚. 设计不安于室. 北京: 生活·读书·新知三联书店，2007.

[4] Rainer Hascher. Office Buildings: A Design Manual. Birkhäuser Architecture，1998.

[5] 肖晓丽，[英]Phil Jones. 欧洲低碳建筑设计. 建筑技艺，2009(12):183.

[6] http://www.holcimfoundation.org

[7] 齐康. 创意设计——齐康及其合作者建筑设计作品选集. 北京: 中国建筑工业出版社，2010.

[8] 齐康. 建筑思迹. 哈尔滨: 黑龙江科学技术出版社，1999.

[9] 齐康. 纪念的凝思. 北京: 中国建筑工业出版社，1996.

第6章 绿色建筑的技术路线

6.1 绿色建筑围护结构技术

建筑围护结构热工性能的优劣，是直接影响建筑使用能耗大小的重要因素。我国根据一月份和七月份的平均气温划分为严寒地区、寒冷地区、夏热冬冷地区、夏热冬暖地区和温和地区等五个不同的建筑气候区。各地的气候差异很大，建筑围护结构应与建筑所处气候环境相适应。墙体的保温隔热应根据具体的气候环境，加以考虑。在严寒地区、寒冷地区围护结构的保温是重点；在夏热冬冷地区，建筑围护结构既要考虑冬季保温性能又要考虑夏季隔热性能；在夏热冬暖地区，隔热和遮阳是重点。

6.1.1 外墙体节能技术

在建筑中，外围护结构的传热损耗较大，而且在外围护结构中墙体所占份额又较大；所以，墙材改革与墙体节能技术的发展是绿色建筑技术的一个重要环节，发展外墙保温技术与节能材料又是建筑节能的主要实现方式。

外墙保温技术一般按保温层所在的位置分为外墙外保温、外墙内保温、外墙夹心保温、单一墙体保温和建筑幕墙保温等5种做法。

6.1.1.1 外墙材料

我国过去在建筑的建造中长期以实心黏土砖为主要墙体材料，用增加外墙砌筑厚度来满足保温要求。这对能源和土地资源是一种严重的浪费。一般的单一墙体材料往往又难以同时满足承重和保温隔热要求，因而在节能的前提下，应进一步推广节能墙材、节能砌块墙及其复合保温墙体技术。

6.1.1.2 外墙外保温

所谓外墙外保温，是指在外墙的外侧粘贴保温层，再做饰面层。该外墙可以用砖石、各种节能砖或者混凝土等材料建造。外墙保温做法可用于新建墙体，也可用于既有建筑的节能改造。外墙外保温做法，能有效地抑制外墙和室外的热交换，是目前较为成熟的节能技术措施。外墙外保温技术的优点如下：① 由于构造形式的合理性，它能使主体结构所受的温差作用大幅度下降，温度变化减小；对结构墙体起到保护作用，并能有效消除或减弱部分"热桥"的影响，有利于结构寿命的延长；② 由于采用外墙外贴面保温形式，墙体内侧的热稳定性也随之增大，当室内空气温度上升或下降时，墙体内侧能吸收或释放较多的热量，有利于保持室温的稳定，从而使室内热环境得到改善；③ 有利于提高墙体的防水性和气密性；④ 便于对既有建筑物的节能改造；⑤ 避免室内二次装修对保温层的破坏；⑥ 不占室内使用面积，与外墙内保温相比，每户使用面积约增加 1.3~1.8 m^2。[①]

因此，从有利于结构热稳定性方面来说，外保温与内保温相比具有明显的优势。但选择外墙外保温技术的关键在于复合围护结构是否具备良好的防水透气性。

外墙外保温是目前积极推广的一种建筑保温节能技术，它将成为墙体保温的主要形式之一。一般采用的外墙保温系统有：

1) 胶粉 EPS 聚苯颗粒保温浆料外保温系统

胶粉 EPS 颗粒保温浆料外保温系统由界面层（黏结层）、胶粉 EPS 颗粒保温浆料保温层、抗裂砂浆薄抹面层和饰面层组合。胶粉 EPS 颗粒保温浆料经现场拌和后喷涂或涂抹在基层上形成保温层，薄抹面层中

---

① 涂逢祥, 等. 坚持中国特色建筑节能发展道路. 北京：中国建筑工业出版社，2010.

铺玻纤网格布(图6.1~图6.3)。

2)EPS板薄抹灰外保温系统

EPS板薄抹灰系统由EPS板保温层,薄抹面层和饰面涂层构成,EPS板用胶粘剂固定在基层上,薄抹面层中铺玻纤网格布(图6.4,图6.5)。

3)EPS板现浇混凝土外保温系统

EPS板现浇混凝土外保温系统以现浇混凝土为基层,EPS板为保温层(图6.6,图6.7)。

4)硬泡聚氨酯保温系统

用聚氨酯现场发泡工艺将聚氨酯保温材料喷涂在基层墙体上,聚氨酯保温材料面层用轻质找平材料进行找平。饰面层可采用涂料或面砖,但聚氨酯在墙面现场喷涂材料的厚度和垂直度不易控制。一般可用预制好的聚氨酯板块在现场粘贴、固定,上加玻纤网格布或钢丝网,再做防水的面层和抗裂的处理,上做涂料等(图6.8,图6.9)。

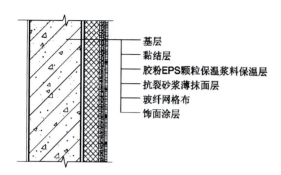

图6.1 胶粉EPS颗粒保温浆料外保温系统做法之一
资料来源:肖虎绘

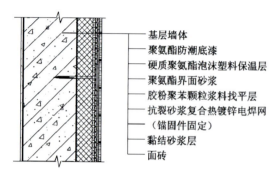

图6.2 胶粉EPS颗粒保温浆料外保温系统做法之二
资料来源:肖虎绘

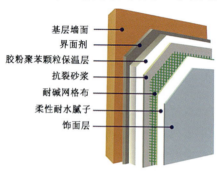

图6.3 胶粉聚苯颗粒外墙外保温做法示意
资料来源:http://www.cqtdgm.com/html/1/cpzs/news_899_3282.html

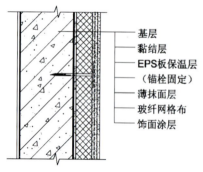

图6.4 EPS板薄抹灰外保温系统
资料来源:肖虎绘

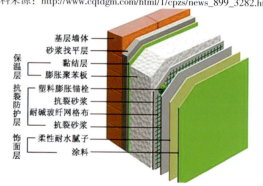

图6.5 EPS板薄抹灰外墙外保温做法示意
资料来源:http://www.whkf.net/html/lunwenpingxuan/2009/1013/7858_2.html

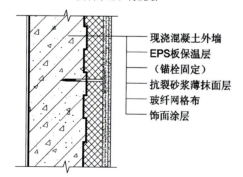

图6.6 EPS板现浇混凝土外保温系统
资料来源:肖虎绘

图6.7 EPS板现浇混凝土外墙外保温做法示意
资料来源:http://www.whkf.net/html/lunwenpingxuan/2009/1013/7858_3.html

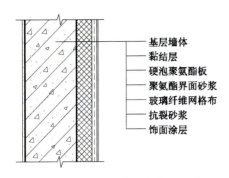

图 6.8 硬泡聚氨酯板保温系统
资料来源：肖虎绘

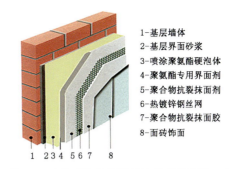

图 6.9 喷涂硬泡聚氨酯外墙外保温做法示意
资料来源：http://www.whkf.net/html/lunwenpingxuan/2009/1013/7858_5.html

目前，外墙外保温已成为墙体保温的主要形式，该技术成熟，应用广泛。模塑型和挤塑型聚苯乙烯泡沫塑料板、聚氨酯板等保温材料已得到广泛应用，其他如加气混凝土、保温砂浆、保温砌块、节能砖等都有了很大发展。另外，现场喷涂和浇注保温材料技术以及预制保温装饰一体化技术也在外墙外保温中得以应用。

需要指出：EPS、XPS 及聚氨酯（PU）属有机保温材料，燃烧性能一般为 B_2 级。根据民用建筑外保温系统及外墙装饰防火规定，在中、高层和高层建筑保温系统应用中受到限制。对此，江苏省建科院推出了发泡陶瓷保温板，由于发泡陶瓷保温材料的燃烧性能达到 A 级，是用作外墙外保温层及配合 EPS、XPS、PU 外保温层防火隔离带的理想材料。施工中，相应选用的保温材料请参考公安部消防局《关于进一步明确民用建筑外保温材料消防监督管理有关要求的通知》（宁公消〔2011〕29 号）。

6.1.1.3 外墙内保温

外墙内保温，是将保温材料用在外墙的内侧，它的优点在于：对饰面和保温材料的防水和耐候性等技术的要求不高，施工简便，造价相对较低，而且施工技术及检验标准比较完善。

外墙内保温的缺点：① 如果采用内保温做法会使内、外墙体分别处于两个温度场，建筑物结构受热应力影响较大，结构寿命缩短，保温层易出现裂缝等；② 内保温难以避免热桥，使墙体的保温性能有所降低，在热桥部位的外墙内表面容易产生结露、潮湿甚至霉变现象；③ 采用内保温，占用室内使用面积，不便于用户二次装修和墙上吊挂饰物；④ 在既有建筑进行内保温节能改造时，对居民日常生活干扰较大；⑤ XPS 板、EPS 板和 PU 均属于有机材料与可燃性材料，故在室内墙上使用将受到限制；⑥ 在严寒和寒冷地区，处理不当，在实墙和保温层的交界面容易出现水蒸气冷凝。

6.1.1.4 外墙夹心保温

夹心保温外墙一般以 240 mm 砖墙为外侧墙，以 120 mm 砖墙为内侧墙，内外之间留有空腔，边砌墙边填充保温材料。内外侧墙也可采用混凝土空心砌块，做法为内侧墙 190 mm 厚混凝土空心砌块，外侧墙 90 mm 厚混凝土空心砌块，两侧墙的空腹中同样填充保温材料。保温材料的选择有聚苯板（EPS 板）、挤塑聚苯板（XPS 板）、岩棉、散装或袋装膨胀珍珠岩等。两侧墙之间可采用砖拉接或钢筋拉接，并设钢筋混凝土构造柱和圈梁连接内外侧墙。夹心保温墙对施工季节和施工条件的要求不高，不影响冬季施工（图 6.10，图 6.11）。

图 6.10 外墙夹心保温
资料来源：杨维菊摄

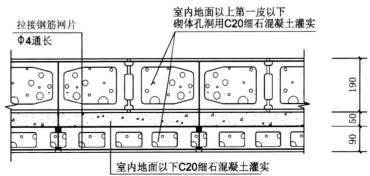

图 6.11 外墙夹心保温构造
资料来源：改绘自 http://info.tgnet.cn

夹心保温墙多用于寒冷地区和严寒地区，夏热冬冷和夏热冬暖地区可适当选用。夹心保温砌块一般在低层和多层承重墙体中使用，对框架和高层剪力墙系统仅用作填充墙材料。夹心保温墙的缺点是施工工艺较复杂，特殊部位的构造较难处理，容易形成冷桥，保温节能效率较低。

6.1.1.5 自保温墙体

墙体自保温体系是以混凝土空心砌块、蒸压砂加气混凝土、陶粒加气混凝土等与保温隔热材料合为一体，能够起到自保温隔热作用(图6.12，图6.13)。其特点是保温隔热材料填充在砌块的空心部分，使混凝土空心砌块具有保温隔热的功能。由于砌块强度的限制，自保温墙体一般用作低层、多层承重外墙或高层建筑、框架结构的填充外墙。

图6.12 自保温墙体
资料来源：http://www.topenergy.org/

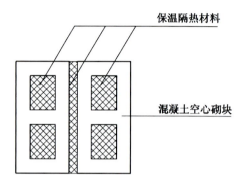

图6.13 自保温隔热混凝土空心砌块
资料来源：改绘自http://www.njyfxt.com/

6.1.1.6 细部保温

对于外保温而言，飘窗、跃层平台、外窗周边墙面、女儿墙和外墙出挑部件等部位的"断桥"措施常被建筑师和施工单位所忽视，以上部位应采取相应的保温措施(图6.14)。

6.1.1.7 建筑幕墙保温

目前，国内很多既有和新建公共建筑大量应用建筑幕墙，但建筑幕墙的保温性能较为薄弱，应在设计中采取相应的保温措施。我国2005年开始实施的《公共建筑节能设计标准》(GB 50189—2005)把非透明幕墙和透明幕墙的热工设计要求分别纳入外墙和外窗中，非透明幕墙的传热系数应达到常规外墙的指标，透明幕墙应根据窗墙面积比，满足于外窗相同的传热系数和遮阳系数指标[1]。

1) 非透明幕墙的保温

非透明幕墙包括石材幕墙、金属幕墙和人造板材幕墙等。在构造上，主体结构和幕墙板之间都有一定距离，因此，其节能可以通过在

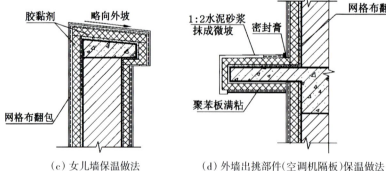

(a) 飘窗局部保温做法　　(b) 外窗周边墙面保温做法

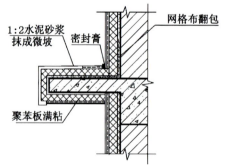

(c) 女儿墙保温做法　　(d) 外墙出挑部件(空调机隔板)保温做法

图6.14 细部保温构造
资料来源：改绘自《外墙外保温建筑构造(三)(06J 121—3)》

---

[1] 俞力航.非透明幕墙的节能技术.建设科技 2005(23).

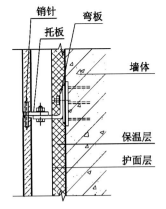

图 6.15 保温层设置在主体结构外侧
资料来源：肖虎绘制

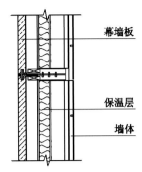

图 6.16 保温层设置在空气层中
资料来源：肖虎绘制

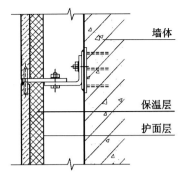

图 6.17 保温层设置在幕墙板内侧
资料来源：肖虎绘制

幕墙板和主体结构之间的空气间层中设置保温层来实现。另外，也可以通过改善幕墙板材料的保温性能来实现，如在幕墙板的内部设置保温材料，或者选用幕墙保温复合板。新建建筑中，不建议采用内保温的方式将保温层设置在主体结构内侧，以免占用室内空间。

非透明幕墙具体的保温做法依保温层的位置不同而主要分为三种：

（1）将保温层设置在主体结构的外侧表面，类同于外墙外保温做法。可选用普通外墙外保温的做法，保温材料可采用挤塑聚苯板（XPS板）、膨胀聚苯板（EPS）、半硬质矿（岩）棉和泡沫玻璃保温板等。保温板与主体结构的连接固定可采用粘贴或机械锚固，护面层的作用仅用于防潮、防老化，并有利于防火[①]。其应用厚度可根据地区的建筑节能要求和材料的导热系数计算值通过外墙的传热系数计算确定（图 6.15）。

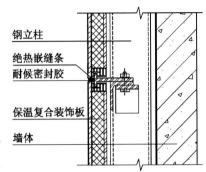

图 6.18 外墙外保温复合装饰板干挂节点
资料来源：肖虎绘制

（2）在幕墙板与主体结构之间的空气层中设置保温材料。在水平和垂直方向有横向分隔的情况时，保温材料可钉挂在空气间层中。这种做法的优点是可使外墙中增加一个空气间层，提高了墙体热阻，保温材料多为玻璃棉板。导热系数计算值可取 0.04×1.15=0.052 W/(m·K)（图 6.16）。

（3）在幕墙板内部填充保温材料。保温材料可选用密度较小的挤塑聚苯板或膨胀聚苯板，或密度较小的无机保温板。这种做法要注意保温层与主体结构外表面有较大的空气层，应该在每层都做好封闭措施（图 6.17）。

另外，目前开发应用了各种幕墙保温复合板，即在幕墙板内部置入保温芯材，如聚苯板（EPS）、挤塑聚苯板（XPS）、矿（岩）棉、玻璃棉或聚氨酯，以获得相应的热阻（图 6.18）。

2）透明幕墙的保温

透明幕墙主要是玻璃幕墙。普通的玻璃幕墙一般为单层，保温性能主要与幕墙的材料相关，选择热工性能好的玻璃和框材并提高材料之间的密闭性能是节能的关键。这类似于门窗洞口的节能技术，在后文门窗节能技术中详细介绍。另外，还可通过双（多）层结构体系和遮阳体系等构造做法来实现透明幕墙的节能。

双层玻璃幕墙也叫通风式幕墙、可呼吸式幕墙或热通道幕墙等，由内、外两层玻璃幕墙组成，两层幕墙中间形成一个空气间层，有利用机械通风的"封闭式内循环体系"和利用自然通风的"敞开式外循环体系"两种类型（图 6.19）。基本的节能原理是：

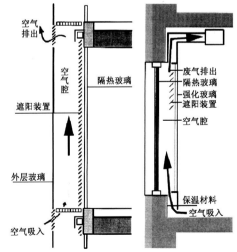

（a）敞开式外循环体系　（b）封闭式内循环体系

图 6.19 双层玻璃幕墙系统
资料来源：http://www.topenergy.org/

---

① 俞力航. 非透明幕墙的节能技术. 建设科技 2005(23).

在夏季，利用空气间层的烟囱效应，通过自然通风换气以降低室内温度；在冬季，将通道上下关闭，在阳光照射下产生温室效应，提高保温效果。

一般两层幕墙之间的通道宽度在 500 mm 左右，高度最好不低于 4 m，以免烟囱效应不明显，影响自然通风。[①] 但是也不用整个幕墙作为一个通道，在高层建筑中可以两层或三层为一组，分组通风。

同时，可以利用置于通风间层中的遮阳百叶将阳光辐射挡在室外(图 6.20)。

(a) 玻璃幕墙中间设自动卷帘

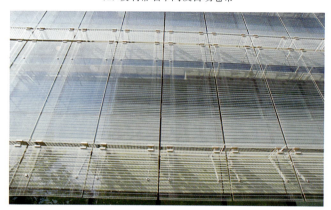

(b) 两层皮中间的遮阳卷帘立面　　　　　　　　(c) 中庭周围的玻璃幕墙

(d) 入口立面　　　　　　　　(e) 入口中庭玻璃顶与玻璃幕墙

图 6.20　北京中青旅大厦立面玻璃幕墙

资料来源：杨维菊摄

---

① 董勇. 玻璃幕墙的节能技术. 中国玻璃，2007(6)：25—28.

6.1.2 屋面节能技术

在建筑围护结构中,随着建筑层数的增加,屋顶所占面积比例减少。因此,加强屋顶保温及隔热对建筑造价影响不大,但屋顶保温能有效改善顶层房间的室内热环境,而且节能效益也很明显。屋面有多种形式,常用的屋面分为平屋面和坡屋面两种形式,平屋面又分为上人屋面和不上人屋面,屋面隔热保温及防水做法有倒置式屋面和架空屋面等。在坡屋面下应铺设轻质高效保温材料;平屋面可以考虑采用挤塑聚苯板与加气混凝土复合,有利于保温层厚度减小,屋盖自重减轻;上人屋面和倒置式屋面可在防水层上铺设挤塑聚苯板的保温做法①。

6.1.2.1 传统保温平屋面

传统平屋面的一般做法是将保温层放在屋面防水层之下、结构层以上,形成多种材料和构造层次结合的保温做法,其构造层次如图6.21所示。

6.1.2.2 倒置式保温屋面

倒置式屋面与传统屋面相对而言,传统的屋面构造把防水层置于整个屋面的最外层,而倒置式保温屋面是把保温层放在防水层之上,并采用憎水性的保温材料,如挤塑聚苯板和硬质聚氨酯泡沫塑料板等(图6.22)。硬质聚氨酯泡沫塑料板导热系数小,约为0.03 W/(m·K),是目前保温性能较好的材料之一,而且密度可以控制,施工方便,既可现场发泡生成,亦可做成预制板材进行现场粘贴,并做好板缝之间的防水处理。

倒置式屋面在施工中应选用挤塑聚苯板或聚氨酯现场发泡屋面做法,而不可使用普通的模塑聚苯板。

该屋面优点是工艺简单,施工方便,保温和防水性好,不需设排气孔,抗老化性能好。

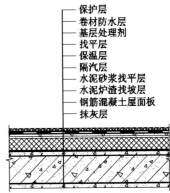

图 6.21 传统保温平屋面
资料来源:杨维菊.建筑构造设计(下册).北京:中国建筑工业出版社,2005.

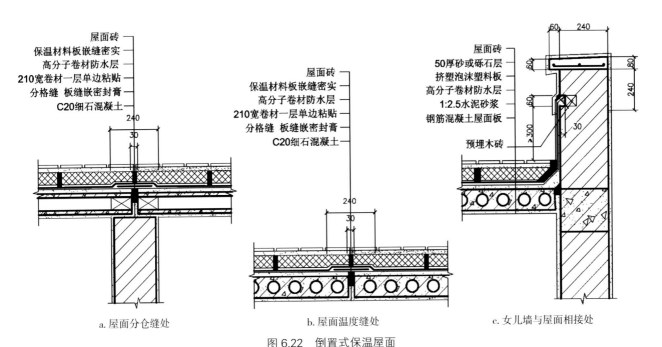

图 6.22 倒置式保温屋面
资料来源:杨维菊.建筑构造设计(下册).北京:中国建筑工业出版社,2005.

---

① 杨子江.建筑屋面节能技术.工业建筑,2005,35(2).

6.1.2.3 屋面绿化

屋面绿化是一种融建筑艺术和绿化为一体的现代技术，它使建筑物的空间潜能与绿化植物多种效益得到结合，是城市绿化发展的新领域。城市建筑实行屋面绿化，可以大幅度降低建筑能耗，减少温室气体的排放，同时可增加建筑的绿地面积，既美观，又可改善城市气候环境。研究表明，屋面绿化能显著降低城市热岛效应，改善顶层房间室内热环境，降低能耗。

平屋面种植屋面的构造是在屋面结构层上依次进行水泥砂浆找平、做防水层、保温层、砾石层（或专用塑料排疏板）、保湿种植土层和种植绿化植物（图6.23）。

坡屋面绿化保温隔热性能效果会更好些（图6.24）。夏季绿化屋面与普通隔热屋面比较，室内温度相比要差2.6℃。因此，屋面绿化作为夏季隔热措施有着显著效果，可以节省大量的空调用电量[①]。

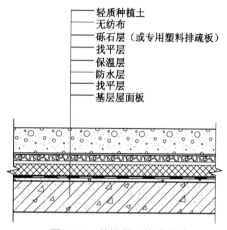

图6.23 种植屋面构造做法
资料来源：改绘自建设部干部学院. 实用建筑节能工程技术措施.
北京：电力出版社，2008.

图6.24 坡屋面绿化
资料来源：董卫绘制

另外，屋面在其建筑表面用植物覆盖可以减轻阳光曝晒引起的材料热胀冷缩，保护建筑防水层；同时屋面绿化也对刚性防水层避免干缩开裂、缓解屋面热胀冷缩影响，对柔性防水层和涂膜防水层减缓老化、延长寿命十分有利。

屋面结构均布活荷载标准值在3.0 kN/m²以上的屋面可做地被式绿化，均布活荷载标准值在5.0 kN/m²的屋面可做复层绿化，对大灌木、乔木绿化应根据具体实际情况，采用相应的荷载标准值。屋面绿化布局应与屋面结构相适应，采用结构找坡，分散荷载，控制栽植槽高度；宜采用人造土、泥炭土、腐蚀土等轻型栽培基质；复层栽植时，宜只提高乔灌木的基质厚度，栽植较高乔木的部位，结构应采用特殊的加强措施，满足荷载力的要求。绿化屋面的结构形式要合理、安全，要满足建筑防水技术要求及现行建筑节能规范要求。屋面植物配置以浅根系的植物品种为宜，如草坪中的佛甲草，小灌木中的黄杨、沙地柏，花灌木中的月季等，要求耐热、抗风和耐旱。

6.1.2.4 蓄水屋面

蓄水屋面就是在刚性防水屋面的防水层上蓄水深度0.3~0.5 m。其目的是利用水蒸发时，能带走大量水层中的热量，消耗屋面的太阳辐射得热，从而有效地减弱屋面向室内的传热量并降低屋面温度（图6.25、图6.26）。

经实测，深蓄水屋面的顶层住户夏日室内温度，比普通屋面的顶层住户要低2℃~5℃[②]。因此，蓄水屋面是一种较好的屋面隔热措施，也是改善屋面热工性能的有效途径，有利于节能。同时，还可以避免屋面板由于温度变化引起的胀缩裂缝，可提高屋面的防水性能，增大了整个屋面的热阻和温度的衰减倍数，从而降低屋面内表面的温度。由于上述优点，蓄水屋面现已被大面积的推广采用。这其中蓄水屋面除增加结构的荷载外，还要做好屋面的防水构造，控制水深，减少屋面荷载。

[①] 杨子江. 建筑屋面节能技术. 工业建筑，2005，35（2）.
[②] 许鸣，王沁芳. 苏锡常地区建筑围护结构节能现状分析. 山东建材，2008（5）.

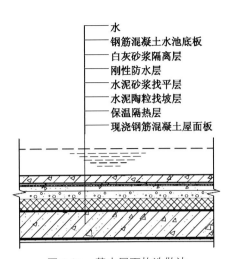

图6.25 蓄水屋面构造做法
资料来源：改绘自中国建筑标准设计研究所.平屋面建筑构造(二).北京：中国建筑工业出版社，2003.

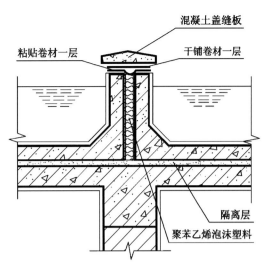

图6.26 蓄水屋面分仓缝构造做法
资料来源：改绘自http://zxgfw.com

6.1.2.5 架空屋面

架空屋面在夏热冬冷地区和夏热冬暖地区用得较多，架空通风隔热间层设于屋面防水层之上，架空层内的空气可以自由流通。其隔热原理是：一方面利用架空板遮挡阳光，另一方面利用风压将架空层内被加热的空气不断排走，从而达到降低屋面内表层温度的目的（图6.27）。

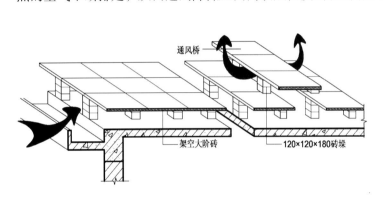
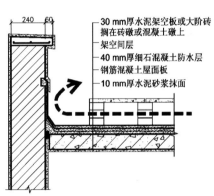

a. 架空板屋面通风示意　　　　　　　　　　　　　　b. 屋顶架空板女儿墙处通风示意

图6.27 架空屋面
资料来源：杨维菊.建筑构造设计(下册).北京：中国建筑工业出版社，2005.

6.1.2.6 浅色坡屋面

平屋面和坡屋面是目前用得较多的两种形式（图6.28）。在太阳辐射最强的中午时间，深暗色平屋面仅反射30%的日照，而非金属浅色的坡屋面至少能反射65%的日照。据有关资料提供，反射率高的屋面大约节省20%~30%的能源消耗。美国环境保护署U.S. Environmental Protection Agency(EPA)和佛罗里达太阳能

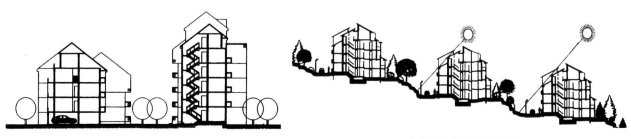

（a）无地势高差的坡屋面　　　　　　　　　　（b）依山就势布置的坡屋面

图6.28 带阁楼的坡屋面剖面
资料来源：http://www.topenergy.org/

中心 Florida Solar Energy Center 的研究表明，使用聚氯乙烯膜或其他单层材料制成的反光屋面，能减少 50%以上的空调能源消耗[1]，在夏季高温酷暑季节节能减少 10%~15%。因此，平屋面的隔热效果不如坡屋面。但坡屋顶若设计构造不合理、施工质量不好，可能出现渗漏现象。

6.1.3 门窗节能技术

门窗是建筑围护结构的重要组成部分，尽管门窗的面积只占建筑外围护结构面积的 1/3~1/5 左右，但传热损失约占建筑外围护结构热损失的 40%左右。窗户是室内外热交换最薄弱的环节。另外，门窗的保温性和气密性对采暖能耗有重大影响，新型的节能门窗，在满足室内足够的采光、通风和视觉要求之外，还要满足隔热保温性能，即冬天能保温，减少室内热量的流失；夏天能隔热，防止室内温度过高。

门窗节能的好坏与所采用的门窗材料有关。外门应选用隔热保温门。外窗也应选用具有保温隔热性能的窗，如中空玻璃窗、真空玻璃窗和低辐射玻璃窗等；窗框的型材主要选用断热铝合金、塑钢和铝木复合等[2]。增强外门窗的保温隔热性能，是改善室内热环境质量和提高建筑节能水平的重要环节。

6.1.3.1 门窗框的材料

门窗框一般占窗面积 20%~30%，门窗框型材的热工性能和断面形式是影响门窗保温性能的重要因素之一。框是门窗的支撑体系，由金属型材、非金属型材和复合型材加工而成。金属与非金属的热工特性差别很大，应优先选用热阻大的型材。从保温角度看，型材断面最好设计为多腔框体，因为型材内的多道腔壁对通过的热流起到多重阻隔作用，特别是辐射传热强度随腔数量增加而成倍减少。但对于金属型材(如铝型材)，虽然也是多腔，但保温性能的提高并不理想。为了减少金属框的传热，可采用铝窗框作断桥处理，并采用导热性能低的密封条等措施，以降低窗框的传热，提高窗的密封性能（图 6.29）。

图 6.29　断热的铝合金窗
资料来源：杨维菊摄

6.1.3.2 门窗的玻璃材料

外窗透明部分可选择主要有中空玻璃、真空玻璃和 Low-E 玻璃等，其中 Low-E 玻璃的镀膜对阳光和室内物体所受辐射的热射线起到有效阻挡，因而，使夏季室内凉爽，冬季则室内温暖，总体节能效果明显。

1）中空玻璃

中空玻璃由两片或多片玻璃组合而成（图 6.30），玻璃与玻璃之间的空间和外界用密封胶隔绝，使玻璃层间形成有干燥气体空间的构件，由于中间不对流的气体可阻断热传导的通道，从而限制了玻璃的温差传热，因此中空玻璃可有效地降低玻璃的传热系数，达到节能的目的。

图 6.30　中空玻璃窗
资料来源：杨维菊摄

---

[1] 马昌. 节能技术在建筑外围护结构设计中的应用. 中华建设，2008(12).
[2] 孙成建. 对甘肃地区三步建筑节能围护结构保温措施的探讨. 建筑科学，2007(23)：12.

中空玻璃单片玻璃 4~6 mm 厚，中间空气层的厚度一般以 12~16 mm 为宜。在玻璃间层内填充导热性能低的气体，因而能极大地提高中空玻璃的热阻性能，控制窗户失热，以降低整窗的传热系数值，而且窗户看上去更清晰、明亮。中空玻璃的特点是传热系数较低，与普通玻璃相比，其传热系数至少可以降低 50%，所以中空玻璃目前是一种比较理想的节能玻璃。

2）热反射镀膜中空玻璃

它是在玻璃表面镀上一层或多层金属、非金属及其氧化物薄膜，使其具有一定的反射效果，能将太阳辐射反射回大气中而达到阻挡太阳辐射进入室内的目的，从而降低玻璃的遮阳系数 Sc。热反射玻璃的透过率要小于普通玻璃，6 mm 厚的热反射镀膜玻璃遮挡住的太阳能比同样厚度的透明玻璃高出一倍[①]。所以，在夏季白天和光照强的地区，热反射玻璃的隔热作用十分明显，能有效限制进入室内的太阳辐射。

3）Low-E 玻璃

Low-E 玻璃又称低辐射镀膜玻璃，是利用真空沉积等技术，在玻璃表面沉积一层低辐射涂层，一般由若干金属或金属氧化物和衬底层组成，因其所镀的膜层具有极低的表面辐射率而得名。

与热反射镀膜玻璃一样，Low-E 玻璃的阳光遮挡效果也有多种选择，而且在同样可见光透过率情况下，它比热反射镀膜玻璃多阻隔太阳热辐射 30%以上。与此同时，Low-E 玻璃具有很低的 U 值，故无论白天或夜晚，它同样可阻止室外大量的其他热量传入室内，或室内的热量传到室外。

4）真空玻璃

真空玻璃，是将两片平板玻璃四周密封起来，将其间隙抽成真空并密封排气口，其工作原理与玻璃保温瓶的保温隔热原理相同。

标准真空玻璃夹层内的气压一般只有几帕，因此中间的真空层将传导和对流传递的热量降至很低，以至于可以忽略不计，因此这种玻璃具有比中空玻璃更好的隔热保温性能。标准真空玻璃的传热系数可降至 1.4 W/(m²·K)，是中空玻璃的 2 倍，但目前真空玻璃的价格是中空玻璃的 3~4 倍。

6.1.3.3 提高门窗的气密性

从建筑节能的角度讲，在满足室内换气的条件下，通过窗户缝隙的空气渗透量过大，就会导致热耗增加，因此必须控制门窗缝隙的空气渗透量。做好扇与扇、扇与框之间，窗框与窗洞之间的接缝处理。

窗户的气密性与开启方式、产品质量和安装质量相关，窗型选择尽量考虑从固定窗→平开窗→推拉窗的顺序。平开窗，其通风面积大，由于工艺要求，型材设计接缝严密，气密性能远优于推拉窗。其次应选用合格的型材和优质配件，减小开启缝的宽度达到减少空气渗透的目的，为提高外门窗气密水平，全周边采用高性能密封技术，以降低空气渗透热损失，提高气密、水密、隔声、保温和隔热等性能，要重点考虑密封材料、密封结构及室内换气构造（图 6.31）。密封条和密封毛条则应考虑耐老化性。其他在窗框与窗洞之间的密封性应重视，两者接缝处除采用水泥砂浆填塞，还应在连接部位填充保温性能良好的发泡材料，表面使用密封膏，以保证结合部位的严密无缝。

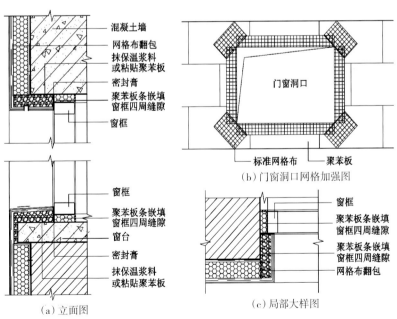

图 6.31 做好门窗洞口的密封和保温

资料来源：杨维菊. 建筑构造设计（下册）. 北京：中国建筑工业出版社，2005.

---

① 齐双姐. 办公建筑的遮阳设计——以南京为例：[硕士学位论文]. 南京：东南大学，2009.

6.1.4 楼地面节能技术

楼地面的热工性能不仅对室内气温有很大的影响，而且与人体的健康密切相关。人们在室内的大部分时间脚步都与地面接触，地面温度过低不但使人脚部感到寒冷不适，而且容易患上风湿、关节炎等疾病。良好的建筑楼地面构造设计，不但可以提高室内热舒适度，而且有利于建筑的保温节能，同时也可提高楼层间的隔声效果[1]。由于楼地面的位置不同，可以分为层间楼板和底层地面。

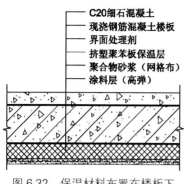

图6.32 保温材料布置在楼板下
资料来源：杨维菊绘

层间楼板可以采用保温层直接设置在楼板表面上或者楼板底面，保温层宜采用硬质挤塑聚苯板、泡沫玻璃等板材，或强度符合要求的保温砂浆（图6.32，图6.33）。也可以采取铺设木龙骨（空铺）或无木龙骨的实铺木地板来达到保温效果[2]（图6.34）。

底层地面的构造做法为面层、垫层和地基。楼板层的构造层一般为面层、找平层和楼板。当这两种基本构造不能满足节能要求时，可增设结合层、保温层、找平层等其他构造层（图6.35）。保温地面主要增设保温填充层，厚度应根据选用的填充材料经热工计算后确定。保温地面有两种情况：不采暖地下室上部地面和接触室外自然的地面，包括接触室外空气的地面（如：外挑部分、过街楼、底层架空的楼面），以及直接接触土壤的周边地面（从外墙内侧算起2.0 m范围内的地面）。

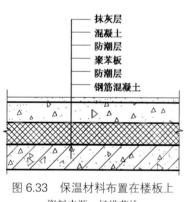

图6.33 保温材料布置在楼板上
资料来源：杨维菊绘

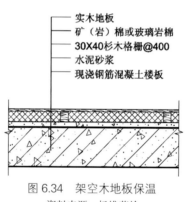

图6.34 架空木地板保温
资料来源：杨维菊绘

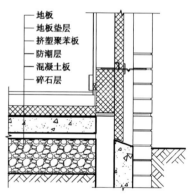

图6.35 保温板铺在防潮层上
资料来源：杨维菊绘

当建筑物为不采暖地下室地面时，在地下室上部设计吊顶铺岩棉保温板，可满足节能要求，而且防水性能也较好（图6.36）。当为接触室外自然地面时，应做松散的保温板材、板状或整体保温材料，如焦砟、硬质聚氨酯泡沫板及憎水珍珠岩板、聚苯板等微孔复合砌块等[3]（图6.37）。

近几年，低温辐射地板采暖系统在很多建筑中开始应用。这种采暖方式具有舒适、节能、环保等优点，更重要的是低温辐射地板采暖系统室内地表温度均匀，室温由下而上随着高度的增加温度逐步下降，这种温度曲线正好符合人的生理需求，给人以脚暖头凉的舒适感受。同时，地板采暖可促进居住者足部血液循环，从而改善全身血液循环，促进新陈代谢，并在一定程度上提高免疫能力。此外，"足热头

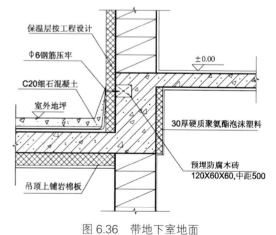

图6.36 带地下室地面
资料来源：改绘自孙成建. 对甘肃地区三步建筑节能围护结构保温措施的探讨. 建筑科学，2007(23)：12.

---

① 李海英，白玉星，高建岭，等. 生态建筑节能技术及案例分析. 北京：中国电力出版社，2007.
② 马昌. 节能技术在建筑外围护结构设计中的应用. 中华建设，2008(12).
③ 孙成建. 对甘肃地区三步建筑节能围护结构保温措施的探讨. 建筑科学，2007(23)：12.

第 6 章 绿色建筑的技术路线

寒"的环境可以避免犯困,有利于增强记忆力、提高学习和工作效率[1]。

低温辐射地板采暖系统的构造做法是将改性聚丙烯(PP-C)等耐热耐压管按照合理的间距盘绕,铺设在 30~40 mm 厚聚苯板上面,聚苯板铺设在混凝土地层中,可分户独立供热,便于调节和计量,充分体现管理上的便利和建筑节能的要求(图 6.38,图 6.39)。低温辐射地板采暖系统,有利于提高室内舒适度以及改善楼板保温隔热性能[2]。

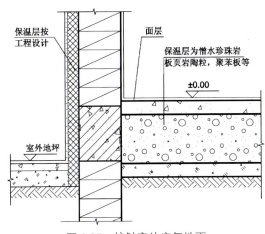

图 6.37 接触室外空气地面
资料来源:改绘自孙成建.对甘肃地区三步建筑节能围护结构保温措施的探讨.建筑科学,2007(23):12.

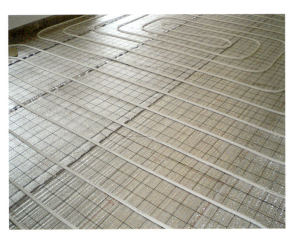

图 6.38 低温辐射供暖地板实例
资料来源:杨维菊摄

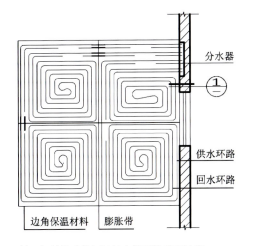

(a)低温辐射供暖楼(地)板水管环路平面示意

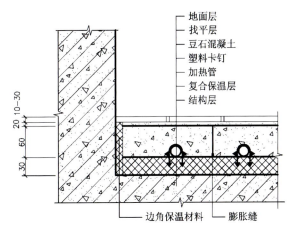

(b)低温辐射供暖楼(地)板①节点示意

图 6.39 低温辐射供暖地板构造
资料来源:杨维菊.建筑构造设计(下册).北京:中国建筑工业出版社,2005.

6.2 绿色建筑遮阳技术

建筑遮阳的目的是阻断阳光透过玻璃进入室内,防止阳光过分照射和加热建筑围护结构,防止眩光,以消除或缓解室内高温,降低空调的用电量。因此,针对不同朝向在建筑设计中采取适宜合理的遮阳措施是改善室内环境、降低空调能耗、提高节能效果的有效途径。而且良好的遮阳构件和构造做法是反映建筑高技术和现代感的重要组成因素。从节能效果来讲,遮阳设计是不可缺少的一种适用技术,在夏季和冬季都有很好的节能和提高舒适性的效果。特别是夏季,强烈的太阳辐射是高温热量之源,而遮阳是隔热最有

---

[1] http://baike.baidu.com/view/1551508.htm?fr=ala0_1
[2] 杨维菊.建筑构造设计.北京:中国建筑工业出版社,2005.

效的手段。有相关资料表明,窗户遮阳所获得的节能收益为建筑能耗的10%~24%,而用于遮阳的建筑投资则不足2%[①]。

建筑采取遮阳措施,不但降低夏季外窗的太阳辐射透过率,大幅度降低空调设备的能耗,还可明显地改善自然通风条件下的室内热环境。据资料统计,有效的遮阳可以使室内空气最高温度降低1.4℃,平均温度降低0.7℃,使室内各表面温度降低1.2℃,从而减少使用空调的时间,获得显著的节能效果。尤其对于炎热地区,窗户外遮阳是建筑节能的最主要技术措施。当外窗夏季的辐射透过率不大于0.3,再辅以墙体隔热和提高空调设备能效比等措施,就可以达到国家建筑节能50%的指标要求。但在冬天,太阳辐射得热又是提高室内热环境质量的一个有利因素。

6.2.1 现代建筑遮阳形式

随着经济的发展,建筑技术的日趋成熟,建筑遮阳呈技术化发展趋势,功能也呈复合化发展。具体表现为三个主要方向:① 遮阳形式的表皮化;② 遮阳功能的多样化;③ 遮阳与建筑一体化设计。

6.2.1.1 遮阳形式的表皮化

随着科技的发展和生态环境保护意识的增强,建筑表皮不再是一个简单的内外空间分隔,其功能变得日趋复杂,它要行使诸如遮阳、采光、通风、保温、防潮、视觉阻隔、防火、隔声等功能,成为室内与室外空间的过滤器。一方面单层的建筑表皮在目前的技术水平下很难同时满足这些复杂的情况和要求,将建筑表皮按照不同功能等级分成不同的功能层,成为多层建筑表皮系统,就可以较好地行使这些功能。另一方面,对开放的空间和开阔外部视野的追求,使得建筑表皮上的窗洞越开越大或者形成大面积的玻璃幕墙。玻璃建筑将室内外空间融为一体,使人们充分感受自然景观、自然光线的同时,也带来建筑内部空间的采暖和制冷能耗提高的隐患。为减少玻璃幕墙热损失和光污染,当前有效的办法是增加建筑表皮上可调节遮阳设施的面积,甚至满布于整个建筑表皮,成为多层表皮系统中的可调节表皮层。依据遮阳层在表皮系统中的位置可分为三类:建筑外遮阳、建筑内遮阳和建筑中间遮阳[②]。

1)外遮阳表皮层

可调节遮阳表皮层位于其他表皮层的最外部,是最常见的组合方法,按遮阳构件形状分为水平式、垂直式、综合式等几种常见形式,构成外遮阳层。其优点是太阳能辐射在遮阳层上所产生的热量停留在建筑的外部,散热性能好;其缺点是对遮阳层的清洁、保养和维护较难。北欧五国驻柏林的大使馆玻璃墙外安装了绿色的可自动调节的铜制水平遮阳板,形成一个带流线型的、动态的外遮阳表皮(图6.40)。外遮阳覆盖了大部分的立面,遮阳板可根据需要进行调节。又如北京清华大学低能耗示范楼立面上的遮阳板,也可自动调节(图6.41)。

(a)玻璃幕墙外安装铜制可调节的水平遮阳板　　　　(b)建筑立面遮阳板细部

图6.40　北欧五国驻德大使馆

资料来源:叶佳明摄

---

① 邓可祥,谢华.透光型围护结构对建筑能耗的影响.新型建筑材料,2008(12):68-69.
② 孙超法.当代可调节遮阳设计趋势.工业建筑,2007,37(03):15.

(a) 建筑东立面和南立面遮阳板　　　　　　(b) 建筑立面遮阳板细部

图 6.41　清华大学低能耗示范楼

资料来源：杨维菊摄

2) 内遮阳表皮层

将可调节遮阳层置于建筑表皮内侧，其缺点是：由于太阳辐射产生的热量留在室内，其隔热的效率不高，但因构件位于室内，便于维护和清洁。多米尼克·佩罗（Dominique Perrault）在设计法国国家图书馆时，将垂直旋转的遮阳木板固定于距内表面后 90 cm 处，构成内遮阳表皮。通过旋转竖向遮阳木板形成不同角度，调节进入房间内的光线大小，既避免太阳能辐射对书的损坏，又能在满足必要的自然采光要求的同时不断变化遮阳木板角度，为巨大的玻璃体量带来新的活力（图 6.42）。

图 6.42　法国国家图书馆安装了可旋转竖向遮阳木板

资料来源：http://tupian.hudong.com

3) 中间遮阳双层表皮

目前，较为广泛运用的双层表皮常将遮阳层置于建筑的两个表皮层之间，双层玻璃间形成的空气层与可调节遮阳层共同作用，满足建筑的遮阳、自然通风和自然采光要求。在双层表皮结构中，遮阳体被置于外层表皮和内层表皮之间，被外层的玻璃保护起来，免遭风雨的侵蚀，起到遮阳和热反射的作用。因此位于表皮中间的遮阳层既具有类似外遮阳的节能性，又比外遮阳多了一个容易清洁维护的优点。

双层表皮结构已成为欧洲高层办公建筑中的一种新趋势，其核心是热通道幕墙，由一单层玻璃幕墙和一双层玻璃幕墙组成，两层幕墙之间为缓冲区，在缓冲区上下两端有进风和排风装置。外层幕墙的进风装置，提供新鲜空气进入两层幕墙之间的空腔，可开启的窗户设置在内层幕墙上。这样即使把最高层的办公室的窗户打开，也不会受到强风的吹袭而又能获得自然通风。

在德国首都柏林原东、西德之间的查理检查站附近，有一栋称为 GSW Building 的办公大楼。由于建筑进深较小，因此显得十分挺拔，整个楼体就像架在黑色的矮楼层上。建筑立面用双层玻璃幕墙，幕墙内有屏风般可折叠的遮阳板，色彩缤纷。屋顶则有像白色机翼的薄膜风帆，将节能设施与外观造型巧妙结合（图 6.43）。

GSW 大楼为了节能，利用精巧的进、排气热流来储存温

图 6.43　GSW 大楼表皮色彩丰富，随气候变化而变换

资料来源：http://www.chuangyi.org.cn/cysh/world_info.aspx?ID=9568

度。德国柏林的 GSW 大厦双层表皮之间采用彩色打孔的薄铝板作为遮阳设施，铝板通过控制可以旋转或滑动到一侧，其每扇的规格为 600 mm×2 900 mm。双层玻璃幕墙系统的特殊设计，可以确保室内的空气新鲜以及天然光线的最佳利用。在 81 m 高的大厦屋顶，冠以一片白色风帆，它同时也是整个节能构想的要素。

可调节遮阳形式的表皮化在取得更强的气候调节能力的同时，也已成为当代注重生态建筑的外部形象特点。遮阳层在智能联动控制下，能够自动调节遮阳的面积和位置，色彩丰富的遮阳层从早到晚都随着外界气候环境变化而旋转、折叠、平移、收放、变形、变色，以及由此产生丰富的色彩反射及光影变换，丰富了建筑的动感形象，并赋予建筑生命和活力。

6.2.1.2 遮阳功能的多样化

当前作为可调节遮阳层或建筑表皮上的可调节遮阳构件，其功能已超越了遮挡太阳辐射这单一的功能向多功能发展，成为具有多功能的综合装置，即在遮阳的同时还能起到其他的作用，如引导自然光、产生电能、促进自然通风、隔绝外界噪声、防尘土、安全防护等。目前主要的有导光遮阳板的应用，遮阳与发电载体的结合，还有多功能材料的开发与运用。

1) 导光遮阳板

遮阳层(构件)虽然能阻绝太阳辐射热的侵入，但也可能影响室内的自然采光，甚至造成人们在心理或视野上的障碍，因此在遮阳设计时，要避免遮阳板(片)对所需光线或视线的遮挡。可以将遮阳板(片)向阳部分做成具有反射能力的光面，通过一定的物理折射方式，使其在遮挡光线的同时又能按需要折射太阳光线至室内的深处，照亮内部空间，避免眩光的产生。

托马斯·赫尔佐格(Thomas Herzog)设计的建筑工业养老基金会扩建工程，很好地体现了建筑遮阳的导光与遮阳的双重功能。这一组办公建筑的功能相对简单，但是体现了高效的能源利用，减少不可再生能源的能耗。作为办公建筑，一个突出的能耗就在采光照明上。为了尽可能利用自然光线进行照明，建筑的南北立面分别设计了不同的自然光线利用系统，可根据不同的季节、气候条件、一天内不同时段等进行自动调节。南侧由于直射阳光会造成室内眩光问题，需要考虑两方面：一是如何有效遮挡强烈的太阳直射光；二是如何将太阳光放射到建筑深处。最终的设计是一组两个联动的镰刀形遮阳构件，镰刀形构件上有反光板，设计得非常巧妙。两个镰刀由连轴各自固定在支撑杆件上，能够自由活动，连轴动力是电控马达。上面的"镰刀"略大，是遮阳的主要构件。当中午的光线过于强烈的时候，马达能够驱"大镰刀"呈向上的竖直状态，而"小镰刀"则呈迎向太阳的态势。当光线不足时，马达又能驱动"大镰刀"与"小镰刀"折叠呈水平状。此时，构件本身遮阳效果减少到最少，将太阳光线反射到天花板。完全做到在有效遮挡太阳直射光的同时，最大限度地利用太阳光。由于德国阴天较多，因此在利用"镰刀"形构件的同时，在窗户内部设置了人工照明系统，模拟最佳的天光照明效果，利用反光板将灯光反射到天花板。在建筑北侧，天光光源是首选，建筑师在建筑的北侧也设计了简易的固定反光系统(图 6.44，图 6.45)。

2) 光电遮阳板

将太阳能光电与可调节遮阳板结合，构成复合功能的太阳能综合利用装置。不断调节角度的遮阳板追踪太阳光线，最大限度地吸收太阳能，在遮阳的同时通过光电技术将太阳能转化成电能，成为能生产电能的遮阳板(图 6.46)。

3) 多功能材料

随着科学技术的发展，具有特殊性能的遮阳材料不断出现。如利用具有控制阳光特性的夹层玻璃做遮阳构件，不仅可以减少阳光穿透的能量，还可以减弱使人眩目的太阳可见光，在反射大部分太阳辐射热的同时却能让漫射光穿过玻璃遮阳板，使得透明遮阳成为可能。建筑师佐伦·皮阿诺(Renzo Piano)在设计法国里昂国际城时(图 6.47)，用高性能夹层玻璃构成的可调节水平遮阳板覆盖建筑的南面，在夏季，不断调节角度的玻璃遮阳板在遮阳的同时，也起到引导自然通风的作用；在冬季玻璃遮阳板关闭，起到调节气温的功能。传统的可调节遮阳主要通过机械运动来实现遮阳，现在利用化学运动调节遮阳已成为可能，电致变色玻璃和光致变色玻璃等新产品都属于此类。当在光线不强时又完全恢复透明的状态，达到最大透光率[①]。

---

① 孙超法. 当代可调节遮阳设计趋势. 工业建筑，2007，37(03)：15.

第 6 章 绿色建筑的技术路线

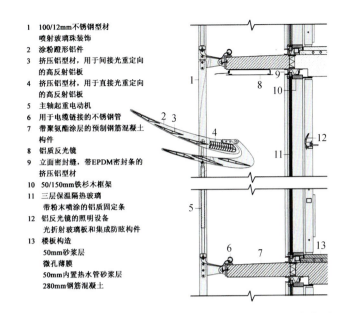

1. 100/12mm不锈钢型材
   喷射玻璃珠装饰
2. 涂粉蹬形铝构件
3. 挤压铝型材，用于间接光重定向
   的高反射铝板
4. 挤压铝型材，用于直接光重定向
   的高反射铝板
5. 主轴起重电动机
6. 用于电缆链接的不锈钢管
7. 带聚氨酯涂层的预制钢筋混凝土
   构件
8. 铝质反光镜
9. 立面密封缝，带EPDM密封条的
   挤压铝型材
10. 50/150mm铁杉木框架
11. 三层保温隔热玻璃
    带粉末喷涂的铝质固定条
12. 铝反光镜的照明设备
    光折射玻璃板和集成防眩构件
13. 楼板构造
    50mm砂浆层
    微孔薄膜
    50mm内置热水管砂浆层
    280mm钢筋混凝土

图 6.44 建筑工业养老基金会外立面采光构件
资料来源：[德]克里斯汀·史蒂西.建筑表皮.贾子光，张磊，姜琦，译.大连：大连理工大学出版社，2009.

图 6.45 建筑工业养老基金会反光系统构件细部构造
资料来源：[德]克里斯汀·史蒂西.建筑表皮.贾子光，张磊，姜琦，译.大连：大连理工大学出版社，2009.

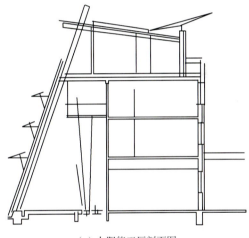

（a）德国某太阳能工厂光电外遮阳板　　（b）太阳能工厂室内　　（c）太阳能工厂剖面图

图 6.46 光电遮阳板
资料来源：赫尔佐格，朗，克里普纳.立面构造手册.大连：大连理工大学出版社，2006：300-301.

图 6.47 法国里昂国际城窗户及遮阳细部
资料来源：http://photo.zhulong.com/proj/detail14881.htm

6.2.1.3 遮阳构件与建筑的一体化设计

遮阳构件是建筑功能与艺术和技术的结合体，精心设计的遮阳构件一方面具有完善的遮阳功能，另一方面具有令人赏心悦目的心理功效。如今很多建筑师都十分注重建筑遮阳美学与功能的结合，将遮阳与建筑一体化设计。在设计的过程当中，打破建筑各功能构件框架、采光口、屋顶、阳台、外廊和墙面的界限，将遮阳作为建筑的有机部分进行综合设计，使遮阳构件与建筑浑然天成。建筑大师雅克·赫尔佐格（Jacques Herzog）、皮埃尔·德·梅隆（Pierre de Meuron）和让·努维尔（Jean Nouvel）设计的两幢办公楼很好地体现了遮阳构件与建筑一体化设计。

1）雅克·赫尔佐格和皮埃尔·德·梅隆设计的位于慕尼黑的办公楼

图 6.48 为慕尼黑的一座办公楼，其沿街外立面为大面积玻璃幕墙。为避免夏季阳光的过度直射，建筑师在立面设计了弧线形的黑色金属遮阳构件，优雅而精致。白色遮阳卷帘藏在构件的上部，构件两侧有导轨，可以通过导轨对卷帘进行引导和定型。首层面向街道，采用折臂式遮阳卷帘，在提供遮阳的同时，又不妨碍底层对于街道的开放性。建筑形体简单大方，与周围街区建筑和谐，而其整齐精致的遮阳构件构成的立面，带有明显的现代气息[①]。

2）让·努维尔设计的位于巴塞罗那的阿格巴塔（Torre Agbar）

阿格巴塔（Torre Agbar）于 2005 年年初竣工，其子弹形的独特造型如今已成为了巴塞罗那的地标之一。这座塔楼是双层表皮构造体系，内层为钢筋混凝土壳体结构，外挂彩色波形铝板，外层为玻璃百叶，二者间隔一个 70 cm 宽的空气层（图 6.49）。外层的玻璃百叶独特设计对这个塔楼的外观起着不可替代的作用。有建筑师评价，如果没有外层那张玻璃百叶网，阿格巴塔只能是一个耸立在空中马赛克的巨石，但是罩上了这样一层"波光粼粼"的表皮，建筑的轮廓就变得像被水撑满了一样，流动起来。阿格巴塔的玻璃百叶绝大部分为半透明（只有在窗或门的部位为透明以便于室内采光），半透明百叶减

（a）慕尼黑某办公楼立面遮阳

（b）外立面遮阳构件细部

图 6.48　慕尼黑某办公楼采用弧线形金属遮阳构件
资料来源：刘念雄. 欧洲新建筑的遮阳. 世界建筑，2002(12)：51.

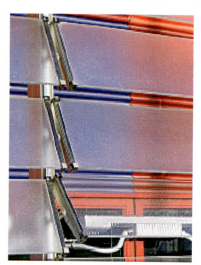

图 6.49　阿格巴塔楼立面及表皮细部
资料来源：李芳. 节能构件与建筑立面一体化设计研究：[博士学位论文]. 上海：同济大学，2007：22.

---

① 李芳. 节能构件与建筑立面一体化设计研究：[博士学位论文]. 上海：同济大学，2007：38-39.

弱了强烈的直射阳光，起到一定的遮阳效果，并给立面蒙上半透明的表皮，使整座建筑变得优雅柔和。玻璃百叶的倾斜角度也不尽相同，根据方位和高度变化，以控制内层表皮风压来达到自然通风。百叶与波形铝板之间的空气层是一个热量缓冲带，空气流动可以及时带走热量，从而降低室内温度。作为建筑立面的有机组成部分，遮阳构件与建筑立面并非简单的"叠加"，而更注重建筑的整体效果，从而营造出让人耳目一新的立面效果。

整体遮阳与传统的针对采光口的遮阳形式相比较，二者各有利弊：

（1）对于办公建筑而言，整体遮阳有利于控制建筑立面的整体效果以及智能化整体控制，节能效果明显；但对于住宅类等建筑而言，整体遮阳不利于根据需要灵活控制，因此更适合单独控制的针对门、窗、阳台或者走廊等的易于单独操控的遮阳系统。

（2）对于玻璃幕墙建筑而言，整体遮阳往往采用双层表皮，形成空气间层，起到热缓冲的作用，进一步达到隔热的效果。

（3）整体遮阳会对建筑的采光、通风有一定的影响。因此，在设计过程中，要考虑对采光、通风的控制。而单独控制的遮阳系统由于具有灵活性的特点，这方面受到的影响较小。

以上提到的两种遮阳系统都有利弊，设计师根据不同的需要进行选择，以达到实用和节能的平衡。可调节遮阳形式的表皮化和遮阳功能的多样化丰富了可调节遮阳的内涵。需重新审视可调节遮阳的基本概念，可调节遮阳是指那些改变自身位置、形状、密度、颜色或结构的建筑表皮或建筑表皮上的装置，其目的是增加或衰减、拒绝或诱导、转化或贮存建筑表皮的外部气候资源(太阳能、光、自然风等)，为建筑内部空间提供良好的气候环境。如今，可调节遮阳表皮层(构件)正与其他建筑表皮层组合，形成多层的建筑表皮，试图消除人工环境与自然环境的界限，回应我们当今社会对生态环境的关注，并以动态的建筑表皮回应当今多元的、不断变化的时代。

6.2.2 建筑遮阳基本形式选择与比较

遮阳设施的材料、位置、构成将影响遮阳效果，有的场合会因为遮阳设计不当而带来无法改变的缺陷而形成遗憾。因此，建筑师只有熟知遮阳的形式、构成、特性及其使用范围等，才能在设计中合理选用。

遮阳种类繁多，按照不同的角度可以做不同的分类。从遮阳发展历程角度来看，包括绿化、屋檐、院子等都具有遮阳的作用，属于广义上的遮阳(图6.50)。一般这些建筑遮阳形式更多地从建筑设计的角度应用，对于其遮阳效果的判定和分析并没有具体的计算方法与步骤。而且查阅国家相关规范和标准《公共建筑节能设计标准》(GB 50189—2005)、《国家建筑设计标准图集》、《全国民用建筑工程技术措施节能专篇》等，只对建筑外遮阳的形式、材料、特征和遮阳系数的确定与计算等做了相关的规定和说明。因此，本节

图 6.50(a) 德国汉堡某办公楼绿化遮阳
资料来源：叶佳明摄

图 6.50(b) 中川古村落利用屋檐和院落遮阳
资料来源：庞旭摄

主要针对采光窗洞的狭义的遮阳，对其基本形式和作用做详细的介绍和阐述。

6.2.2.1 遮阳的基本形式与选择

遮阳按构件相对于窗口的位置分析，通常遮阳可以分为外遮阳、内遮阳、玻璃自遮阳和绿化遮阳。而外遮阳按遮阳构件的形状可分为五种：水平式、垂直式、综合式、挡板式和百叶式；按照遮阳的可控性，又可分为固定遮阳和可调节遮阳两类。

1）建筑内遮阳

内遮阳是建筑外围护结构内侧的遮阳。内遮阳因其安装、使用和维护保养都十分方便而应用普遍。内遮阳的形式和材料很多，包括百褶帘、百叶帘、卷帘、垂直帘、风琴帘多种款式，有布、木、铝合金等多种材质。用户可选择的样式很多。相比较而言，浅色的内遮阳卷帘的遮阳效果较好，因为浅色反射的热量多而吸收少。

但是，内遮阳的隔热效果不如外遮阳。内遮阳装置反射部分阳光，吸收部分阳光，透过部分阳光，而外遮阳只有透过的那部分阳光会直接到达窗玻璃外表面，只有部分可能形成冷负荷。尽管内遮阳同样可以反射掉部分阳光，但吸收和透过的部分均变成了室内的冷负荷，只是对得热的峰值有所延迟和衰减。

当然，室内窗帘在实用功能上不仅出于遮阳的考虑，而且还有私密性的需要，即遮挡外来视线。而且窗帘还是改善室内空间品质的重要手段之一，因此在居住建筑中室外遮阳不可能完全代替室内窗帘。而办公建筑与居住建筑相比，从隐私性上来说，办公空间是一个半公开半私密的空间，窗帘等内遮阳设施就可以根据需要设置了。

事实上，很多情况下内遮阳和外遮阳是结合在一起的。这样结合内外遮阳的优点，既有很好的节能效果，又有很强的灵活性；既可以同时使用也可视不同情况分开使用。

2）建筑外遮阳

建筑外遮阳是位于建筑围护结构外边的各种遮阳装置的统称。按遮阳构件形状分为水平式、垂直式、综合式、挡板式四种基本形式。本章节对它们的概念、主要技术要点及适用范围做了详细的比较和介绍，见表6.1~表6.3。

表6.1 水平式外遮阳形式与构造

形式	构成	效果	组成	范围	示例
整体板式	钢筋混凝土薄板，轻质板材	遮阳效果好，但影响采光	与建筑整体相连	南立面	
固定百叶式	钢筋混凝土薄板，轻质板材	遮阳的同时可以导风或排走室内热量，较少影响采光	与建筑整体相连	南立面	
拉蓬式	高强复合布料，竹片，羽片	遮阳效果好，对通风不利，适用范围广，要维修	建筑附加构件	南立面，东立面	
可调节羽板式	钢筋混凝土薄板，轻质板材，PVC塑料，竹片，吸热玻璃	遮阳好，不影响采光，导风佳，适用广，是一种宜推广的遮阳方式	与建筑整体相连，建筑附加构件	任何立面	

表6.2 垂直式外遮阳形式与构造

形式	构成	效果	组成	范围	示例
整体板式	钢筋混凝土薄板	遮阳效果不佳	与建筑整体相连	南立面	
可调节羽板式	钢筋混凝土薄板，轻质板材，吸热玻璃	遮阳好，利于导风，不影响视觉与采光，是宜推广的遮阳方式	建筑附加体（整体相连）	东西立面	

表 6.3 综合式外遮阳形式与构造

形 式	构 成	效 果	组 成	范 围	备注表	示 例
整体固定式	钢筋混凝土薄板	遮阳效果好,但影响视线	与建筑整体相连	任何立面	作为综合遮阳手段	
局部可调节式	竖向固定	遮阳极好,造价高	与建筑整体相连	东西立面		
	横向固定	遮阳较好,易于导风	与建筑整体相连			

表6.1~表6.3资料来源：建设部工程质量安全监督与行业发展公司，中国建筑标准设计研究院.全国民用建筑工程设计技术措施节能专篇(2007)——建筑.北京：中国计划出版社,2008.

外遮阳能非常有效地减少建筑得热，但是效果与遮阳构造、材料、颜色等密切相关，同时也存在一定的缺陷。由于直接暴露于室外，使用过程中容易积灰，而且不易清洗，日久其遮阳效果会变差（遮阳构件的反射系数减小，吸收系数增加）。并且外遮阳构件除了考虑自身的荷载之外，还要考虑风、雨、雪等荷载，由此带来腐蚀与老化问题。

建筑外遮阳设置在墙体外侧，因此对建筑外立面整体美观有一定的影响。在建筑方案设计时，遮阳设计宜同步进行，提高对外遮阳措施的重视程度，将遮阳构件与建筑选型结合起来考虑。马来西亚著名建筑师杨经文早期的作品就注意到立面遮阳的效果，如梅纳拉大厦（1989—1992），中央广场大厦(1992—1996)，槟榔屿MBF大厦(1990—1993)，梅纳拉UMNO大厦(1995—1998)都具有类似的以遮阳、朝向来考虑节能的设计，体现了生物气候特征(图6.51)。尤其是梅纳拉大厦，将遮阳设计作为建筑设计的一个重要组成部分，总体设计建筑遮阳系统，将"竖直景观设计"（绿化）引入到建筑立面与空中庭院之中。1995年获阿卡汗建筑奖，其获得的评价是"大胆设计了一个适应热带气候的高层建筑，其意义重大。他摒弃了普通商业办公建筑采用诸如幕墙结构的传统做法，诠释出一种新的建筑语言……"由此可见，一个成功的建筑也必须包含合理的遮阳设计。

(a) 槟榔屿MBF大厦

(b) 中央广场大厦

(c) 梅纳拉UMNO大厦

图6.51 高层建筑遮阳设计

资料来源：《大师》编辑部.杨经文.武汉：华中科技大学出版社,2007.

3) 玻璃自遮阳

玻璃自遮阳利用窗户玻璃自身的遮阳性能，阻断部分阳光进入室内。玻璃自身的遮阳性能对节能的影响很大，应该选择遮阳系数小的玻璃。遮阳性能好的玻璃常见的有吸热玻璃、热反射玻璃、低辐射玻璃。这几种玻璃的遮阳系数低，具有良好的遮阳效果。值得注意的是，前两种玻璃对采光有不同程度的影响，而低辐射玻璃的透光性能良好。此外，利用玻璃进行遮阳时，必须是关闭窗户的，会给房间的自然通风造成一定的影响，使滞留在室内的部分热量无法散发出去。所以，尽管玻璃自身的遮阳性能是值得肯定的，但是还必须配合百叶遮阳等措施，才能取长补短(图 6.52)。

4) 绿化遮阳

绿化遮阳借助于树木或者藤蔓植物来遮阳，是一种既有效又经济美观的遮阳措施，特别适合用于低层建筑(图 6.53)。绿化遮阳有种树和棚架攀附植物两种做法。种树要根据窗口朝向对遮阳形式的要求来选择和配置树种。植物攀附的水平棚架起水平式遮阳的作用，垂直棚架起挡板式遮阳的作用。

图 6.52　德国慕尼黑某办公楼遮阳表皮
资料来源：叶佳明摄

图 6.53　低层建筑常用绿化遮阳方式
资料来源：叶佳明摄

不同于建筑构件遮阳，植物通过光合作用将太阳能转化为生物能，植物叶片本身的温度并未显著提高；而遮阳构件吸收太阳能后温度会显著升高，其中一部分热量还会通过其他方式向室内传递。

绿化遮阳最为理想的遮阳植被是落叶乔木，茂盛的树叶可以遮挡夏季灼热的阳光，而冬季温暖的阳光又会透过稀疏的枝条射入室内，这是普通固定遮阳构件无法具备的优点。

表 6.4　各种遮阳措施遮阳系数比较

遮阳设施位置和种类		遮阳系数
位置	种类	
自遮阳	普通玻璃	0.76
	吸热玻璃	0.47
	热反射玻璃	0.26
内遮阳	深绿色塑料百叶	0.62
	白色活动软百叶	0.46
	白色窗帘	0.41
	白色棉麻百叶	0.30
外遮阳	白色百叶，45°倾角	0.14
	深绿色小型百叶片	0.13

资料来源：建设部工程质量安全监督与行业发展公司，中国建筑标准设计研究院. 全国民用建筑工程设计技术措施节能专篇(2007)——建筑. 北京：中国计划出版社出版，2008.

5) 各种遮阳措施遮阳系数比较

各种遮阳设施的实际遮阳系数见表 6.4。一般来讲，室内百叶只可挡去 17% 太阳辐射热，而室外南向仰角 45 度的水平遮阳板，可轻易遮去 68% 的太阳辐射热，两者间的遮阳效果相差甚大。装在窗口内侧的布帘、软百叶等遮阳设施，其所吸收的太阳辐射热，大部分将散发给室内空气。而装在外侧的遮阳板，吸收的辐射热，大部分将散发给室外的空气，从而减轻了室内温度的影响。如图 6.54 内外遮阳得热比较。显然，外遮阳和玻璃遮蔽是外墙节能的重要手段，玻璃材质中，高反射率的反射玻璃和吸热玻璃效果较好(唯反射率太大的反射玻璃会造成眩光污染的公害)；相比之下，遮阳板、遮阳百页等外遮阳的效果较好。

遮阳的种类繁多，在做建筑设计时应该根据建筑所在的地区气候特征、墙体的朝向选择不同的遮阳方式，同时通过对各种遮阳方式的遮阳效果、视觉和通风影响、经济性等因素的综合对比和考虑见表6.5，外遮阳是一种较为理想的遮阳方式，是建筑节能的第一步，是可持续性建筑设计的首选。

另外，我们在设计中，特别是对夏热冬冷地区，要兼顾夏季空调和冬季取暖，一般固定的外遮阳设施在夏季可使外窗的太阳得热显著降低，减少空调能耗，但在冬季也减少了透过窗户进入室内的太阳热辐射，增加了采暖能耗。注意冬夏太阳，角度不同，设计良好的遮阳可以做到冬季不遮挡入射阳光，故在条件允许的情况下，应优先采用活动式的外遮阳方式。活动式外遮阳的可调节性保证了住户的灵活控制，既可以阻挡夏季太阳辐射，也不会因为遮阳而影响冬季的日照，这是夏热冬冷地区室外遮阳的理想方式。

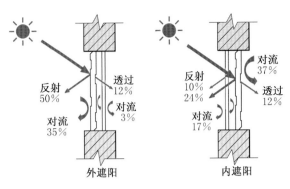

图 6.54 内外遮阳方式太阳辐射得热比较

资料来源：徐尧. 高舒适低能耗办公建筑的设计与技术应用研究：[博士学位论文]. 南京：东南大学, 2006.

表 6.5 外遮阳、内遮阳、玻璃自遮阳优缺点比较

类型	简图	优点	缺点	常用材料
外遮阳		将太阳辐射直接阻挡在室外，节能效果好，为推广技术	直接暴露在室外，对材料以及构造的耐久性要求比较高，价格相对较高，操作、维护不便	钢筋混凝土薄板，玻璃钢，金属，木材或PV硬塑料
内遮阳		将入射室内的直射光漫射，降低了室内阳光直射区内的太阳辐射，对改善室内温度不平衡状态及避免眩光有积极作用。不直接暴露在室外，对材料及构造耐久性要求降低，价格相对便宜，操作、维护方便	遮阳构件位于建筑室内，无法避免遮阳材料本身的吸热储热，并在夜间放热，遮阳效果不直接	窗帘，卷帘，活动百叶
玻璃自遮阳	—	通过镀膜、着色、印花或贴膜的方式降低玻璃的遮阳系数	造价高，有可能影响室内采光，不影响立面造型，维护成本较高	选用遮阳系数较大的玻璃，玻璃可调节系统

活动式遮阳具有最好的遮阳效果，遮阳的程度也可以根据居住者的意愿进行调节。但由于易受风雨损坏，加以安装与维修困难，这种活动式遮阳的做法还是存在部分的欠缺。但活动式外遮阳方式将是今后夏热冬冷地区建筑遮阳技术发展的主要方向之一。

同时在具体的工程中，建筑遮阳的设计可以统一考虑，尤其是外遮阳的整体设计与安装，要做到既能达到很好的遮阳效果，又能增加建筑的整体现代感。

6.2.2.2 建筑遮阳的作用与影响

建筑遮阳功能上的意义在于减少太阳辐射得热、避免产生眩光、改善夏季室内环境气候等，正是这些因素的相互作用而综合减少建筑的能耗。另外，建筑遮阳对现代建筑外观上富有光影美学效果，遮阳的应用是对建筑功能和审美的综合提升。

1）降低太阳辐射得热

外围护结构的保温隔热性能受许多因素的影响，其中影响最大的指标就是遮阳系数。一般来说，遮阳系数受到材料本身特性和环境的控制。遮阳系数就是透过有遮阳措施的围护结构和没有遮阳措施的围护结

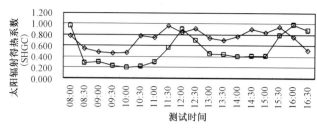

(a) 综合遮阳板外窗太阳辐射得热系数比较

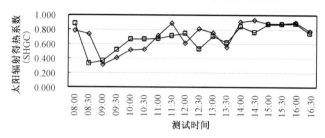

(b) 垂直遮阳板外窗太阳辐射得热系数比较

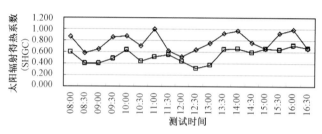

c. 水平遮阳板外窗太阳辐射得热系数比较

图 6.55 太阳辐射得热系数比较

资料来源：田智华. 建筑遮阳性能的实验检测技术研究[D]:[博士学位论文]. 重庆：重庆大学, 2005

构的太阳辐射热量的比值。遮阳系数愈小，透过外围护结构的太阳辐射热量愈小，防热效果愈好。如图 6.55 所示，为重庆大学供热、供燃气、通风及空调工程专业，为做建筑遮阳性能的实验检测技术研究中的一项关于有遮阳板外窗与无遮阳板外窗太阳辐射得热系数比较，通过设置遮阳板，外窗的辐射得热明显降低。由此可见，遮阳板对遮挡太阳辐射热的效果是相当大的，玻璃幕墙建筑设遮阳装置更是效果明显。根据《公共建筑节能设计标准》（GB 50189—2005），重庆与南京同属夏热冬冷地区，对遮阳的要求也有一定的相同性，遮阳必须满足夏季防热要求，同时兼顾冬季保温，不遮挡冬季采光，宜采用活动遮阳。如表 6.6 夏热冬冷地区公共建筑围护结构传热系数和遮阳系数指标。

2）调节室内温度

建筑遮阳对防止室内温度上升有明显作用，据资料表明，对房间实验观测表明：在闭窗的情况下，有、无遮阳，室温最大差值达 2℃，平均差值 1.4℃。而且有遮阳时，房间温度波幅值较小，室温出现最大值的时间延迟，室内温度场均匀。因此，遮阳对空调房间可减少冷负荷，对有空调的建筑来说，遮阳更是节约电能的主要措施之一。对以玻璃幕墙建筑来说，室外遮阳体系解决了由于大量的阳光照射所产生的明显的"温室效应"带来的增加能耗的问题。建筑外遮阳的使用，能够引导自然通风，调节室内小气候，减少空调的使用，从而减少耗电量。图 6.56 是位于法国加勒市的农业信贷大楼，该楼在设计过程中考虑到研究如何发挥室内空调的最佳效率，其能耗在使用外遮阳系统前后比较如下：

按照建筑东南面置于阳光 12 h 计算，单层玻璃的能耗为 559 W·h/m²；单层玻璃，但带有室外遮阳系统的能耗为 287 W·h/m²；能够节约的能耗为 272 W·h/m²。

表 6.6 夏热冬冷地区围护结构传热系数与遮阳系数（公共建筑）

围护结构部位		体形系数≤0.3 传热系数 K[W/(m²·K)]		0.3<体形系数≤0.4 传热系数 K[W/(m²·K)]	
外墙（包括非透明部分）		≤0.60		≤0.50	
外墙（包括透明幕墙）		传热系数 K [W/(m²·K)]	遮阳系数 Sc （东、南、西北/北）	传热系数 K [W/(m²·K)]	遮阳系数 Sc （东、南、西北/北）
单一朝向外窗（包括透明幕墙）	窗墙比≤0.2	≤3.5	—	≤3.0	—
	0.2<窗墙比≤0.3	≤3.0	—	≤2.5	—
	0.3<窗墙比≤0.4	≤2.7	≤0.70/-	≤2.3	≤0.70/-
	0.4<窗墙比≤0.5	≤2.3	≤0.60/-	≤2.0	≤0.60/-
	0.5<窗墙比≤0.7	≤2.0	≤0.50/-	≤1.8	≤0.50/-

注：有外遮阳时，遮阳系数=玻璃的遮阳系数×外遮阳的遮阳系数；无外遮阳时，遮阳系数=玻璃的遮阳系数。

仅是整个建筑的东南面使用 67.5 m² 的室外遮阳系统，按照一年日照 800 h 计算，每年可以预见的节约量即可达到 800×0.272×67.5=14 688 kW。

由此可见，室外遮阳体系对于大型建筑内减少大量能耗、节约能源起到了极为关键的作用[1]。

3) 改善室内光环境

在不同季节，不同的时间段，人们在办公空间内对太阳光的需求是不一样的。在早晚我们希望尽可能多地接受阳光的照射，减少日间人工照明。而在炎热的正午，我们则希望避开刺眼的阳光。另外，即使在同一时间段，不同的使用者、不同的使用功能对阳光的需求也不同，在建筑外立面保持相

图 6.56 法国农业信贷银行大楼
资料来源：http://archiguide.free.fr/PH/FRA/Orl/StJeanBrayeSiegCreditAgricoleAnPa%20Al.jpg

对固定的前提下，遮阳设施就可以成为具有充分灵活性的建筑要素，起到阳光调节器的作用，直接服务于办公者对于阳光的特定需求，为工作人员创造因人而异的光环境。

从天然采光的观点来看，遮阳措施会阻挡直射阳光，防止眩光，使室内照度分布比较均匀，有助于视觉的正常工作。对周围环境来说，遮阳可分散玻璃幕墙的玻璃(尤其是镀膜玻璃)的反射光，避免了大面积玻璃反光造成光污染。但是，由于遮阳措施有挡光作用，从而会降低室内照度，在阴雨天更为不利。实验表明，在一般遮阳条件下，室内照度可降低 20%~58%，其中水平和垂直遮阳板可降低照度 20%~40%，综合遮阳板降低 30%~50%（图 6.57）。因此，在遮阳系统设计时要有充分的考虑，尽量满足室内天然采光的要求。从这点看，建筑采用可变化的遮阳系统比采用固定遮阳更加利于建筑采光，即能满足建筑夏季遮阳，同时在需要收起的时候亦可收起，满足室内采光等要求，使用灵活便捷。

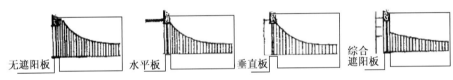

图 6.57 遮阳板与采光
资料来源：建筑工程部建筑科学研究院物理研究室. 炎热地区建筑降温. 北京：中国工业出版社, 1965.

4) 引导自然通风

遮阳设施对房间通风有一定的阻挡作用。在开启窗通风的情况下，室内的风速会减弱 22%~47%，但风速的减弱程度和风场流向与遮阳设施的构造情况和布置方式有关(图 6.58)。在有风的条件下，遮阳板紧贴窗上口使室内气流向上运动，吹不到人的活动范围里，同时它对玻璃外表面上升的热空气有阻挡作用，不利散热。但是因势利导地利用遮阳板的导风功能，可以起到改善室内风环境的作用，图 6.57 为哈桑·发赛对百叶的导风作用的分析，直观地说明了这一点。因此，在遮阳的构造设计时应加以注意。合理的遮阳设施通过减少空调用量，促进引导自然通风来改善人与自然界的交流与和谐共存，减少各种现代病的产生与

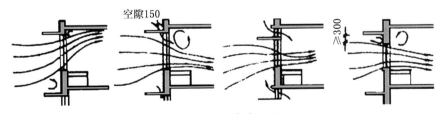

图 6.58 遮阳板与通风
资料来源：建筑工程部建筑科学研究院物理研究室. 炎热地区建筑降温. 北京：中国工业出版社, 1965.

---

[1] 虞政. 公共建筑的光控、遮阳节能以及建筑立面. 建筑创作, 2003(11)：136.

传播，如建筑综合征等，还使用者以自然健康的建筑空间和物理环境。

5）美化建筑外观

很多建筑师由于对遮阳设施的作用认识不够，认为建筑做外遮阳会破坏室内的通风、采光等，甚至破坏建筑的立面造型。因此在很多现代办公建筑上都没有做什么外遮阳设施，特别是玻璃幕墙建筑，一味追求光亮统一的外表，认为玻璃幕墙设计只能平板化，无法设计外遮阳等遮阳设施。但是由国外的许多优秀案例我们可以发现金属玻璃幕墙能以轻巧的金属板设计成优美的遮阳形式并成为建筑造型有趣的一部分。金属遮阳构件的节点设计力求交接精细，比例优美，充分表现出了金属的细腻、光洁的质感，使之无论从整体还是局部都能给人以美的享受，体会到人的尺度和视角，使"遮阳美学"功能发挥到极致。遮阳系统在玻璃幕墙的玻璃墙体上形成光影效果，体现出现代建筑艺术美学效果。正如弗里次·格里芬和玛丽埃塔·米勒在《阴影美学》一文中所描述的："遮阳设计不仅仅是对舒适度的控制，它能够成为而且已经成为一种美学设计的载体……为了获得建筑的整体感，这些因素必须与基本的建筑意义结合起来，并且成为建筑形式优美的一个传达者……例如遮阳设施，可以成为创造建筑形体的调节者。遮阳设施是建筑形式的一种表达性媒介。"建筑遮阳的合理运用，精心设计，可以美化建筑外观，提升建筑品味，丰富建筑风格，增加建筑节奏与动感，体现建筑地域性、文化性。

（1）建筑风格多样化。即遮阳系统结构体系的多样性能使建筑师选择多样化的建筑立面风格。多种颜色的选择又能进一步烘托出整体建筑的风格，使建筑本身的各种色彩相互协调，同时保证与周边环境之间的相互呼应。新的技术创新使得遮阳材料的多样性，如织物的遮阳柔和，金属百叶外遮阳帘使建筑增加了金属质感（图6.59~图6.61）。

（2）建筑立面动态化。可调节的建筑遮阳使得建筑立面表皮化。遮阳可收可放，绝对不影响人的视觉，也不破坏建筑的整体效果。而且仅在需要打开的情况下打开，建筑外观变成一个"柔性"立面，建筑处于静中有动，刚柔结合（图6.62）。在欧洲建筑界，已经把外遮阳系统作为一种活跃的立面元素，加以利用，甚至称之为双层立面形式：一层是建筑物本身的立面，另一层则是动态的遮阳状态的立面形式。这种具有"动感"的建筑物形象不是因为建

图 6.59 法国国立路桥大学

资料来源：http://commons.wikimedia.org/wiki/File:ENSG4.JPG

图 6.60 法国伽利略办公楼

资料来源：http://img.architectcom.com/img/201008/
f2ad4b62a407b8f1c81b74c4e8c2c83.jpg

图 6.61 智利雀巢公司社会模块

资料来源：http://img.architectcom.com/img/201003/
1985be45f66ed4c35c77883629527d2.jpg

筑立面的时尚需要，而是现代技术解决人类对建筑节能和享受自然需求而产生的一种新的现代建筑形态。沃尔德玛尔·延施曾经做过一项可变的建筑表皮的实验。任何对建筑表皮物理性能的控制与改变，尤其影响到能量平衡的特征都直接与内部舒适度和能量的消耗问题有关。该项目的目的是改善建筑外表皮，改变它们的状态，从而控制通过表皮的辐射量。这一过程包括调节从外部辐射进入建筑物的热能(太阳屏蔽)以及建筑内部热量向外的散发(保温)。该项目的目标就是确定遮阳的强度以及内部观察到的遮蔽下的视觉效果。在模拟不同表面的使用情况时，可以针对具有不同形式及不同朝向、具有强烈对比的类型进行研究。有很多形式可以加以考虑。研究者开发了一种模拟照明装置，以使阴影效果可视化并通过整体测量记录阴影值。通过以不同方式布局的试件传递的光线可以直接达到模拟装置的探测表面，其数据可以直接得到记录，和分置打开的角度之间有着密切的相关性。这些原始数据可以通过照相的方法记录，通过计算机进行更进一步的分析。

（3）反映地域性和文化性。当前，建筑技术与生产方式的全球化，使得建筑地区特色逐渐衰退，建筑文化多样性遭到扼杀。但是1999年国际建协的《北京宪章》明确了建筑是诠释历史、传承文脉的重要手段和媒介。建筑内容的地域文化象征意义不容忽视。而遮阳构件作为建筑立面元素之一，直接或间接地反映了建筑师对历史文化的继承和理解程度。建筑师在遮阳设计时，应利用现代技术，把传统材料、民族性格等地方因素融入到本地区的遮阳理念中，实现现代建筑地区化与乡土建筑的现代化，从而推动世界建筑的多样性。如图6.63伦佐·皮亚诺设计的位于新卡里多尼亚的吉巴欧文化中心，其创作构思来源于当地海边由树叶织成的棚屋，按照比棚屋形式大得多的尺度，选取原生材料，用现代技术建造，却极具当地土著文化的魅力，曾被评论为"展现的是一种高技术与本土文化、高技术与高情感的结合"。

图6.62 切罗基族工作室
资料来源：http://photo.zhulong.com/proj/photo34659_3.htm

图6.63 吉巴欧文化中心
资料来源：http://www.zhjieneng.net/showart.asp?id=1226

遮阳属于建筑技术的范畴，对于遮阳基本概念、形式、作用的认识是建筑师进行遮阳设计的基础。遮阳与建筑艺术的有机结合富有挑战性。我们要善于借鉴国内外成功经验，如著名建筑师伦佐·皮亚诺、雅克·赫尔佐格和马来西亚建筑师杨经文等在遮阳设计方面都有其独特的成功之处，充分发掘遮阳美学上的作用，在建筑设计中，遵循"以人为本"和节能的原则，把建筑设计、建筑技术和环境意识结合起来，探索出遮阳与艺术融为一体的建筑精品。

6.3 绿色建筑通风与采光技术

6.3.1 绿色建筑的通风技术路线

风在古代人的观念中是组成世界的基本元素之一。很早以前人类就在实践中发展了各种方法来防止风带来的负面影响以及充分利用风来使自己的生活环境更为舒适，其实这也是动物的本能之一，白蚁窝的自然通风系统都达到了惊人的完美程度。长久以来，风(即空气的流动)已经被广泛地用来使室内变得凉爽和舒适，可惜这方面很多的传统技术和方式在工业革命后被抛弃不再使用，但在环境问题日益严重和人与自然关系不断得到重视的今天，人们重新开始研究如何利用风——人类古老的朋友来取得降低能耗的效果，同时更大限度地使室内居住者和工作人员感到舒适并有益于健康。

6.3.1.1 不同要求的通风方式

通风是指室内外空气交换,是建筑亲和室外环境的基本能力。通风的最大益处首先是建筑内部环境空气质量的改善。除了在污染非常严重以至于室外空气不能达到健康要求的地点,应该尽可能地使用通风来给室内提供新鲜空气,有效地减少"病态建筑综合征(SBS)"的发生。从通风要求上来区分,通风可以分为卫生通风和热舒适通风。卫生通风要求用室外的新鲜空气更新室内由于居住及生活过程而污染了的空气,使室内空气的清新度和洁净度达到卫生标准。从间隙通风的运行时间周期特点分析,当室外空气的温湿度超过室内热环境允许的空气温湿度时,按卫生通风要求限制通风;当室外空气温湿度低于室内空气所要求的热舒适温湿度时,强化通风,目的是降低围护结构的蓄热,此时的通风又叫热舒适通风。热舒适通风的作用是排除室内余热、余湿,使室内处于热舒适状态。当然,热舒适通风同时也排除室内空气污染物,保障室内空气品质起到卫生通风的作用。

6.3.1.2 不同动力的通风与应用

1)自然通风

动力主要来自于室内外空气温差形成的热力和室外风具有的压力。热力和风力一般都同时存在,但两者共同作用下的自然通风量并不一定比单一作用时大。协调好这两个动力是自然通风技术的难点。自然通风的益处是能减低对空调系统的依赖,从而节约空调能耗,正是由于自然通风具有不消耗商品能源的特性,因此受到了建筑节能和绿色建筑的特别推荐。但自然通风保障室内热舒适的可靠性和稳定性差,技术难度大。

在自然通风的使用方面,工程实际中存在简单粗糙、轻率放弃自然通风的现象:当局部空间自然通风达不到要求时,就整个空间、整栋建筑都放弃自然通风;当某个时段自然通风达不到要求时,就全年8 760 h都放弃自然通风。实际上,通过努力大多数时间和空间,自然通风是可以满足要求的。通常认为自然通风没有风机等动力系统,可以节省投资。实际上,有的工程为满足自然通风的要求,土建建造费用增加是非常显著的。当然,综合初投资、运行费、节能和环保,自然通风无疑是应该优先使用的。

2)机械通风

机械通风依靠通风装置(风机)提供动力,消耗电能且有噪声。但机械通风的可靠性和稳定性好,技术难度小。因此在自然通风达不到要求的时间和空间,应该辅以机械通风。

3)混合通风

当代建筑中最常用的是混合使用自然通风和机械通风。混合通风将自然通风和机械通风的优点结合起来,弥补两者的不足,达到可靠、稳定、节能和环保的要求。在很多情况下做到在全年只利用自然通风就达到要求几乎是不可能的。尽可能地在能采用自然通风的时间和空间里使用好自然通风,在充分利用自然通风的同时也配置机械通风和空调系统。混合通风大致有如下四种方式:① 从通风时间上讲,以自然通风为主,机械通风只是在需要的时候才作为辅助手段使用;② 从通风空间上讲,根据建筑内各区的实际需要和实际条件,针对不同的区域采用不同的通风方式;③ 在同一时间、同一空间自然通风和机械通风同时使用;④ 自然通风系统和机械通风系统互相作为替换手段,例如在夜间使用自然通风来为建筑降温,白天则使用机械通风来满足使用需要。

6.3.1.3 控制通风的核心思想[1]

由于在不同的时间和空间,通风有其不同的正面和负面的作用。通风的作用是正面的还是负面的取决于室内外空气品质的相对高低。只有当室外空气的品质全面优于室内时,通风才能起到全面改善室内空气环境的正面作用;反之,如室外发生空气污染事件或室外空气热湿状态不及室内时,则需要杜绝或限制通风,如果此时进行通风,不仅使室内的热舒适性降低,而且消耗对新风处理的能量,则通风就起了负面的作用。

通风要分析思考以下问题:① 此时此地是应该采用卫生通风,还是热舒适通风?通风量多大?② 此时此地自然通风能否保障要求的通风量?③ 如能保证,自然通风系统应该怎样设计和运行?④ 若不能保证,机械

---

[1] 付祥钊,肖益民. 建筑节能原理与技术. 重庆:重庆大学出版社,2008:9.

通风应该怎样辅助自然通风,才能既保障要求的通风量,又尽可能地减少机械通风系统的规模和运行时间?

通过思考这些问题,可以归纳出控制通风的核心思想是:把握通风的规律,认清通风的作用,了解通风的需求,在各个时间和空间上正确采用通风方式,合理控制通风量,最大限度地发挥通风的正面作用,抑制负面影响。

6.3.1.4 居住建筑的通风

住宅是人们生活的基地,是为人服务的。住宅可持续发展的主要内容,首先应是保证人们的身体健康。住宅的自然通风对保证室内热舒适要求、提高空气品质都是非常有利的,良好的自然通风能够有效利用室外清洁凉爽的空气,及时排出建筑室内的余热,可以降低夏季空调能耗,节能潜力非常显著。建筑中人们从心理上渴望保持良好的自然通风,亲近自然在人们对居住环境的要求中显得越来越重要。因此住宅进行合适的通风对人的健康是十分有利的。

住宅总体设计时就需要考虑好自然通风的问题。在住宅的平面设计方面,首先要组织好南北穿堂风,厨房和卫生间更要有良好的自然通风,贮藏室也应有自然通风[①]。此外在城市规划和建筑设计中,还必须重视地域性气候特色。我国广大地区是温带,在春秋季的温度是很适合自然通风的。在设计中,住宅的排列要迎着主导风向开口,如图 6.64 所示。高层住宅的布局不要形成狭窄低端造成"风闸效应",影响两侧建筑的自然通风。要为建筑自身的自然通风创造良好的条件,而不能盲目地推行全部采用机械通风的技术。我国传统民居因地制宜,结合不同气候创造了各式各样的自然通风方式,特别是大小院落起着通风聚气的作用,都是值得借鉴的经验。

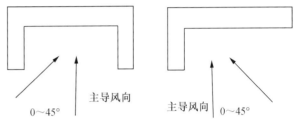

图 6.64 建筑适宜布局

资料来源:付祥钊,肖益民. 建筑节能原理与技术. 重庆:重庆大学出版社,2008: 9.

住宅在所有的时间、空间内不可能全部进行自然通风,因此在这些时间和空间内需要通过机械通风来达到通风的要求,比如安装通风换气扇,住宅集中新风系统,等等。

对于绿色住宅的通风换气应注意以下一些问题:① 建筑和通风设计应组织好室内气流,室外新鲜空气应首先进入居室,然后到厨房、卫生间,避免厨房、卫生间的空气进入居室。② 空调、采暖房间可设置通风换气扇,保证新风量要求。③ 应使用带新风口或新风管的房间空调器及风机盘管等室内采暖空调设备。④ 夏、冬季尽量采用间歇机械通风方式。夏季的早、晚和冬季温度较高的中午,应尽可能开窗进行自然通风换气。⑤ 在满足室内热舒适的情况下,合理采用混合通风,以减少能耗和提高室内空气质量。

6.3.1.5 公共建筑的通风

优秀的建筑不应该完全依赖用能源的大量消耗来满足日渐对舒适性的要求的提高,舒适性完全可能通过对通风的合理的驾驭以更小的代价获得——建筑设计中对通风的把握不应该是低效和牵强的。

实际上,当新鲜空气沿着合适的通道顺畅地流向人们希望的方向时,通风是协调与优美的。它创造一种效率、带来一种美感,将建筑导向生态化的轨道。

自然通风是当今建筑普遍采用的一项改善室内热环境,节约空调能耗的技术。因此在建筑的设计阶段就必须考虑到自然通风的需求。不同的公共建筑在从规划

图 6.65 岭南民居利用天井自然通风

资料来源:http://www.baidu.com

---

① 蔡震钰. 要重视建筑的自然通风. 中国住宅设施,2003.

到环境到建筑设计时都有着不同的特征。自然通风的基本原理只有与具体的公共建筑的特点相结合,才能产生与之相适应的、行之有效的生态设计方法。

公共建筑的通风,通常满足以下节能原则:① 应优先采用自然通风排除室内的余热、余湿或其他污染物;② 体育馆比赛大厅等人员密集的高大空间,应具备全面使用自然通风的条件,以满足过渡季人们活动的需要(图 6.66);③ 当自然通风不能满足室内空间的通风换气要求时,应设置机械进风系统、机械排风系统或机械进排风系统;④ 应尽量利用通风消除室内余热余湿,以缩短需要冷却处理的空调新风系统的使用时间;⑤ 建筑物内产生大量热湿以及有害物质的部位,应优先采用局部排风,必要时辅以全面排风。

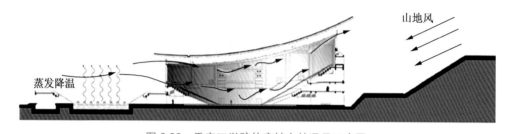

图 6.66　重庆工学院体育馆自然通风示意图
资料来源:李晋.体育馆的自然通风设计方法研究.昆明理工大学学报(理工版),2008(4).

6.3.1.6　绿色建筑通风技术路线

不消耗能源而取得令人满意的通风效果,当然是最理想的结果,但这需要通过外部气候条件的配合和精心合理的建筑设计来实现。比较著名的例子如英国考文垂大学的兰开斯特楼,因为功能要求和用地条件的限制,建筑平面进深较大,利用外墙上的窗户形成穿堂风有一定的困难;而且周围道路上的交通噪音和尾气污染对建筑的影响也较大,因此建筑不得不采用全封闭的窗户。但是,建筑师在比较完整的平面上,除中庭外还设置了四个采光井,提供自然采光的同时作为通风井来将热空气抽出,同时将新鲜空气吸入楼板中的管道。进入室内的新鲜空气吸收热量后上升,然后采用外墙上的通风"烟囱"以及采光井排出。空气的排风口装设有特别设计的风帽,这些风帽能够保证各种室外条件下室内空气都能顺利排出,而不因为外界气压的变化将废气压回管道中。这些通风设施由 BEMS 控制系统控制,在夜间也能将空气吸入室内,带走热惰性材料如混凝土楼板等在白天吸收的热量。此外,这一 BEMS 系统具有"自学"功能,能够通过记录一段时间的人工干预结果来"学会"怎样去调节通风率满足人的需要。通过这些设计,这一密封的建筑不需要机械通风,每年能源消耗量为 64 kW·h/m^2,而且将二氧化碳的排放量减少到 20 kg/m^2,能耗比常规空调建筑减少了近 85%。

对于通风生态化设计,可以将常见的生态式通风方式分成大循环、小循环、微循环三类[①]。它们在不同层面上实现建筑生态化通风发挥各自的作用。这里提出的大循环,指的是从建筑物尺度上考虑的通风设计,主要表现为建筑造型上对通风的考虑。小循环,指的是从房间尺度上考虑的通风设计,主要表现为替换式通风等形式。最近国外正在流行这种"替换式通风(displacement ventilation)"。在这种方式下,比室内气温约低 1℃ 的空气从地板下以很低的速率(一般 0.2 m/s)提供。这些空气被使用者体温、计算机设备和照明光源加热,然后上升通过天花板或高窗排出,提供更好的空气质量和舒适程度,但并不是所有的空间都适合这样的方式,而且它也带来结构处理上的复杂性。微循环,指的是从建筑构件尺度上考虑的通风设计,主要表现为双层幕墙等形式。在新时代的建筑中,通风生态化设计正在被日益广泛地采用,它在不同尺度上把握建筑的形体、结构与构造,降低了能耗,提升了建筑内部空气环境质量,最大限度地改善建筑内部微气候,保护使用者的健康。

对于绿色建筑的通风设计,有如下要点[②]:① 对建筑自然通风以及供暖和降温问题的考虑应该从用地分析和总图设计时开始。植物,特别是高大的乔木能够提供遮阳和自然的蒸发降温;水池、喷泉、瀑布等既是园林景观小品,也对用地的微气候环境调节起到重要作用。在对城市热岛效应的研究过程中,人们发

[①] 张楠,孙明宝,等.新时代公共建筑的通风生态化设计.房材与应用,2005(3).
[②] 李华东.高技术生态建筑.天津:天津大学出版社,2002.

现热岛内的树林可以降低周围一定范围内的温度达2℃~3℃。良好的室外空气质量也增加了建筑利用自然通风的可能性(图6.67)。②在可能的条件下，不要设计全封闭的建筑，以减少对空调系统的依赖。③建筑的布局应根据风玫瑰来考虑，使建筑的排列和朝向有利于通风季节的自然通风。④在进行平面或剖面上的功能配置时，除考虑空间的使用功能外，也对其热产生或热需要进行分析，尽可能集中配置，使用空调的空间尤其要注意其热绝缘性能。⑤建筑平面进深不宜过大，这样有利于穿堂风的形成。一般情况下平面进深不超过楼层净高的5倍，可取得较好的通风效果。⑥在许多办公建筑中穿堂风可看作是主要通风系统的辅助成分。建筑门和窗的开口

图6.67 利用园林景观减轻热岛效应
资料来源：http://www.baidu.com

位置，走道的布置等应该经过衡量，以有利于穿堂风的形成。考虑建筑的开口和内部隔墙的设置对气流的引导作用。⑦单侧通风的建筑，进深最好不超过净高的2.5倍。⑧每个空间单元最小的窗户面积至少应该是地板面积的5%。⑨尽量使用可开启的窗户，但这些窗户的位置应该经过调配，因为并不是窗户一打开就能取得很好的通风效果。⑩中庭或者风塔的"拔风效应"对自然通风很有帮助，设计中应该注意使用。⑪应将通风设计和供暖/降温以及光照设计作为一个整体来进行。室内热负荷的降低可以减少对通风量和效率的要求。利用夜间的冷空气来降低建筑结构的温度。⑫在可能的条件下，应充分利用水面、植物来降温。进风口附近如果有水面，在夏季其降温效果是显著的。其他如太阳能烟囱、风塔等装置也有利于提高通风量和通风效率。风塔是古老的自然通风装置之一，在当代建筑中的运用如霍普金斯事务所和Ove Arup & Partners工程设计事务所合作设计的诺丁汉大学丘比利校区的建筑设计。类似的风塔在英国诺丁汉内陆税收总部等建筑中也得到使用，这些系统甚至能回收排出空气中84%的热量(图6.68)。⑬在气候炎热的地方，进风口尽量配置在建筑较冷的一侧(通常是北侧)。⑭考虑通过冷却的管道(例如地下管道)来吸入空气，以降低进入室内的空气温度。在热空气供给室内之前，可以利用底层1~3 m以下的恒温层来吸收热量，更深层的地下水可以在维持建筑的热平衡中起到重要的作用(实例如柏林国会大厦改建)(图6.69)。良好的通风是另一个自然降温的有效手段，可以配合使用冷辐射吊顶，它能减弱室内温度的分层现象，使温度的分布更均匀。⑮保证空气可以被送到室内的每一个需要新鲜空气的点，而且避免令人不适的吹面风。⑯尽量回收排出的空气中的热量和湿气。⑰对于机械通风系统的通风管道，仔细设计其尺寸和路线以减少气流阻力，从而减少对风扇功率的要求。此外还需要注意送风口和进风口位置的合适与否以及避免送风口和进风口的噪音，同时注意通风系统应该能防止发生火灾时火焰的蔓延。

图6.68 英国诺丁汉内陆税收总部建筑风塔
资料来源：http://www.chinagb.net/case/public/office/20070427/20943.shtml

图6.69 柏林国会大厦改建工程
资料来源：http://www.baidu.com

绿色建筑的通风受空间、时间和建筑使用特点的影响。

1）空间对通风的影响

在建筑设计阶段应考虑到建筑自然通风，从建筑群的设计到建筑单体的设计均贯彻自然通风的思想。建筑群的布局从建筑平面和建筑空间两方面去考虑，对于夏热冬冷地区，错列式建筑群布置的自然通风效果好，而对于我国严寒和寒冷地区周边式的建筑群布置自然通风效果好。建筑群的布置要合理利用地形，做到"前低后高"和有规律的"高低错落"的处理方式；建筑单体的平、立面设计和门窗设置应有利于自然通风；在合理布置建筑群的基础上正确地选择建筑朝向和间距；选择合理的建筑平、剖面形式，合理地确定房屋开口部分的面积与位置、门窗的装置与开启方法和通风构造，积极组织和引导穿堂风。

2）时间对通风的影响

当前有这种现象，当自然通风在某一时段不能满足要求时，就放弃自然通风的方式，从而在全部时段都采用机械通风的方式。这种做法太简单化了，不可能一年四季，全天采用自然通风都能起到正面的作用，这必须取决于室外空气的品质。过渡季节采用自然通风，在一天内，对于住宅，为了降低室内气温，在白天，特别是午后室外气温高于室内时，应要限制通风，避免热风进入，遏制室内气温上升，减少室内蓄热；在夜间和清晨室外气温下降、低于室内时强化通风，加快排除室内蓄热，降低室内气温。

3）建筑使用特点对通风的影响

不同的建筑有不同的特点，公共建筑的使用时间大部分是在白天，当室外的空气热湿状态不及室内时就需要限制或杜绝通风，尤其是在炎热的夏天和寒冷的冬天。夏季夜间，为了消除白天积存的热量，夜间不使用公共建筑，仍应进行通风。而对于居住建筑则应改变全天持续自然通风的方式，宜采用间歇通风即白天限制通风，夜间强化通风的方式。

综上所述，绿色建筑的通风需要根据实际情况，在不同的时间和空间发挥正面的作用，避免负面的作用，同时在不同的时空中通风应具有可调性，从而既保证了舒适和卫生的要求，又节约能源。

6.3.2　绿色建筑的采光技术路线

6.3.2.1　绿色建筑采光设计的目标

绿色建筑的采光是指建筑接受阳光的情况。采光以太阳能直接照射到室内最好，或者有亮度足够的折射光也不错。这里的采光指的是自然采光，不包括人工照明。绿色建筑采光设计的目标有以下四个方面：

1）满足照明需要

人类的大部分活动都是在建筑中进行的，因此建筑采光设计首先就应该满足照明的需要。住宅建筑的卧室、起居室和厨房要有直接采光，达到视觉作业要求的光照度即可。高层写字楼中，天然光在满足建筑设计及工作要求的同时，要避免过强或过弱的光线和同一工作区内的强度变化过大和眩光、避免光幙反射等。

2）满足视觉舒适度的要求

舒适的视觉环境要求采光均匀，亮度对比小，无眩光。高层建筑的高层部分几乎没有什么遮挡物，完全可以提供一个良好的光环境。这样不仅能够满足生活在高层建筑中人们日常生活的视觉要求，而且对于高层写字楼里的上班族来说，除了有利于视力的保护外，还能保护他们的身心健康。

3）满足节能要求

现代高层写字楼中的建筑照明所消耗的电力占总电力消耗的30%左右，而且相同照度的自然光比人工照明所产生的热量要小得多，可以减少调节室内热环境所消耗的能源。因此，采用自然光是节能的有效途径之一。

4）满足环境保护的要求

建筑的采光设计还应该秉承环保理念，自然光线除了照明和视觉舒适以外，还能清除室内霉气，抑制微生物生长，促进体内营养物质的合成和吸收，改善居住和工作、学习环境等。当然，在采光设计中还要考虑到光污染问题，尽量采用技术与构造相结合的玻璃幕墙，最大限度地降低光污染，保护环境。

6.3.2.2 居住建筑的采光

作为绿色居住建筑，其首先应注重自然采光。自然光具有一定的杀菌能力，是人体健康所必需的，其不仅可以预防肺炎等传染性疾病，还可以调节人体的生物钟节奏，并且对人体的心理健康也起着很重要的作用。自然光在建筑设计中能创造出丰富的空间效果和光影变化，给人以立体、层次、开敞的感觉。充分利用自然光，不仅能够节约照明所消耗的电能，还能够改善建筑空间的生态环境，对降低建筑能耗和建设节约型城市具有非常重要的意义。

住宅采光以太阳光直接照射到室内最好，或者有亮度足够的折射光也不错。风水学对室内采光，强调阴阳之和，明暗适宜。所谓"山斋宜明静不可太敞，明净可爽心神宏，敞则伤目力"，"万物生长靠太阳"。所以风水学中很重视住宅的日照情况，并称"何知人家有福分？三阳开泰直射中"，"何知人家得长寿？迎天沐日无忧愁"。英国也有句谚语"太阳不来的话，医生就来"。这都充分证明了住宅采光与日照的重要性。

住宅采光的房间不外乎卧室、客厅、餐厅、厨房，还有卫生间。如果阳光照射不到或通风不好，那么室内就会潮湿或产生异味。长此以往，或多或少都会对人体健康产生影响。所以采光、日照和通风是优良家居室内环境卫生最具代表性的问题，至关重要。

电灯照明虽然可以满足人类的采光需求，但满足不了人们的心理需求。电灯照明无法取代自然采光。日光照明的历史和建筑本身一样悠久，但随着方便高效的电灯的出现，日光逐渐为人们所忽视。直到最近，人们才开始重新审视自己一味追求的物质享受，过度消耗地球自然资源的不理智行为。许多经济学家、科学家和环保学家大力主张并断言，如果建筑在更大程度上依靠日光照明的话，将降低对能源的需求和消耗，同时也会降低成本。

绿色住宅建筑的采光可以依据以下三个方面来设计：

1) 优化建筑位置及朝向

我国位于地球北半球，南向采光时间较长，照度较高；东西朝向容易让阳光直射入房间，造成室温增高和出现眩光，必须采取遮挡措施；而建筑的北面主要是依靠天空中的漫反射光来采光；面南背北是我国建筑的最佳朝向。因此需合理地确定建筑位置与朝向，使每幢建筑都能接收更多的自然光同时又不能使室内产生眩光。

2) 利用窗地比和采光均匀度来控制采光标准

在我国相关的建筑设计规范中都有对采光设计的规定，基本上是以窗地比作为采光的控制指标。GB 50096—1999住宅设计规范除了对窗地比做出规定以外，还对采光系数最低值作出了规定，居室、卧室、厨房窗地比不小于1:7，采光系数最低值为1%，楼体间窗地比不小于1:12，采光系数最低值为0.5。在2001年修订的BG/T 50033—2001建筑采光设计标准对建筑的采光系数做出了更加详细的规定，同时提出了采光均匀度的控制指标，所以建筑的采光设计不但要控制建筑的窗地比，还要对采光的均匀度进行校核[①]。

3) 控制开窗的大小和眩光的产生

建筑眩光的产生是由于室内采光不均匀造成的，光线与背景对比过于强烈就容易造成眩光。在我国的采光设计标准中，对采光均匀度的要求中规定：相邻两天窗中线间的距离不宜大于工作面至天窗下距离的2倍。显然两天窗中间的顶棚面过大会产生眩光。假如将两个窗户中间的顶棚面取消，采用一个大的天窗，是否就可以避免眩光的产生呢？对于这一问题还有待进一步讨论。对于眩光的产生还受到建筑室内的形状、墙面的颜色、采光面的位置等诸多因素的影响，我国在采光设计标准中规定采光系数的最低值与平均值之比不能小于0.7。房间内表面应有适宜的反射比，顶棚0.7~0.8，墙面0.5~0.7，地面0.2~0.4等要求。由此看出，单一地靠开窗的形式和大小来解决眩光的产生并不容易做到。所以除了考虑建筑的性质、室内墙面的颜色及反光率之外，还应配合一定的人工采光来解决眩光的产生。

作为绿色建筑的采光，很多建筑都采用了采光的节能新技术，如光导照明系统、太阳日光反射装置系统等等，既节能又满足光环境舒适度要求。

---

① 杨志达.建筑采光设计的几个误区.山西建筑，2009.5.

6.3.2.3 公共建筑采光

直到 50 年前，自然采光还是最主流的形式，后来随着技术的进步和人们对技术的迷信，建筑的进深越来越大，被牺牲的则是建筑使用者的健康和与自然景观的联系。根据美国有关机构的统计和调查，办公建筑照明所消耗的电力占总电力消耗的 30%左右（Scientific American，2001/3）。因此，通过建筑设计充分发掘建筑利用自然光照明的可能性是节能的有效途径之一。此外，促使人们利用自然采光的另一个重要原因是自然光更适合人的生物本性，对心理和生理的健康尤为重要，因而自然光照程度成为考察室内环境质量的重要指标之一。

图 6.70　深圳建科大楼阴天时室内自然采光效果
资料来源：清华大学建筑节能研究中心. 中国建筑节能年度发展研究报告 2010. 北京：中国建筑工业出版社，2010：3.

影响自然光照水平的因素如窗户的朝向、窗户的倾斜度、窗户面积、窗户内外遮阳装置的设置、平面进深和剖面层高、周围的遮挡情况（植物配置、其他建筑等）、周围建筑的阳光反射情况等。因此在公共建筑采光设计时应充分考虑这些因素。

公共建筑采光应根据建筑功能和视觉工作要求，选择合理采光方式，确定采光口面积和窗口布置形式，创造良好的室内光环境。公共建筑采光设计要形成建筑内部与室外大自然相通的生动气氛，对人产生积极的心理影响，并减少人工照明的能源耗费。公共建筑类型繁多，采光各具特色，其中博览建筑的观赏环境和教室、办公室等建筑的工作环境对采光要求较高。此外，公共建筑的形式与采光的关系也很密切(图 6.70)。

6.3.2.4 绿色建筑的采光技术路线

在建筑设计中对采光进行考虑时，有如下要点：① 采光问题的考虑应该从总图设计和平面布局时就开始。在现场考察时，对用地外障碍物、建筑等要仔细调查。如果外部障碍物过于遮挡用地，则要适当考虑减少建筑的平面进深。② 窗户的数量和面积应该仔细斟酌，要根据建筑形象处理要求、自然光照、自然通风和能耗问题综合考虑后确定。大面积的窗户可以透过更多的自然光，同时也带来更大的热损失或者热获得，增加室内热负荷。一般来说，窗户面积最好是室内面积的 20%左右，这是一个比较合理的经验值。③ 对人的心理舒适度而言，室内可看见的天空面积是个重要的因素，而不仅仅是光照度。窗户的高度最好能使室内使用者看见更大面积的天空。④ 在普通的开窗情况下，一般日光照射深度为窗户高度的 2.5 倍。⑤ 透明屋顶将提供更良好、更广泛的自然光照，其采光面积是相同面积的垂直窗户的 3 倍左右，但问题是可能会引起室内温度过高。⑥ 从建筑布局的角度来讲，中庭对采光有着特殊的作用，现在几乎成了商业建筑的标准配置。中庭的形式和形状对自然光照的影响很大，在设计中需要考虑中庭屋顶的形式及其透明程度、中庭的空间形式(如果中庭是向上逐渐扩大的，将能获得更多的自然光线)、中庭的宽度和高度的比例、中庭周围墙面的颜色(反射性好的色彩有利于低层空间获得光线)。

自然采光毕竟要受到各种自然条件以及建筑功能、形式和热效能等因素的制约，因此在自然采光不能满足要求时需要进行人工照明。

综上所述，绿色建筑采光技术路线主要有两方面的内容：① 多方位的采光设计考虑。在建筑总图设计和平面布局时就应考虑采光问题。在现场考察时，对用地外障碍物或者建筑等要仔细调查。如果外部障碍物过于遮挡用地，则要适当考虑减少建筑的平面进深。对于单个的房间，要结合房间的功能结合窗墙比和采光均匀度的要求进行窗户的设计。② 应用新技术。近年来国内外建筑光学工作者提出了不少利用天然光的方法和设想，例如，使用平面反射镜的一次反射法、导光管法、棱镜组多次反射法、光导纤维法、卫星反射镜法和高空聚光法，等等。在绿色建筑中可以根据实际情况利用这些新的技术达到舒适、节能的目的。

6.4 绿色建筑暖通技术

随着绿色建筑的发展，暖通与空调标准也随之提高。绿色建筑暖通与空调的设计应围绕着"以人为本、环境友好"这一核心思想，按照舒适、健康、高能效以及环保的技术路线进行。

6.4.1 暖通与空调的健康与舒适

6.4.1.1 常规暖通与空调存在的问题

营造健康舒适的室内人居环境，是绿色建筑追求的重要目标之一。一个健康舒适的人居环境，是室内温度、湿度、气流、空气品质、采光、照明、噪声等多因素相互作用的集合。上述因素中，温度、湿度、气流、空气品质依靠暖通与空调手段调节实现，而噪声、污染则要避免在调节过程中产生。因此营造绿色建筑的室内环境，暖通空调技术起着重要的作用。

随着人们生活水平的提高，建筑设备和装饰材料的增多，室内污染物的来源和种类日趋复杂。然而为了减少建筑能耗，许多建筑物被设计得非常封闭，使用空调的房间也控制新风供应。其后果是室内空气品质恶化，出现了众所周知的"空调病"，被称为病态建筑综合征(Sick Building Syndrome,SBS)。另外，虽然一些建筑设计有良好的通风系统，但在长期使用的过程中，没有定期对空调系统进行清洗。据调查，九成左右的中央空调系统处于污染状态，近半数污染状况严重。空调系统的温、湿度十分适合微生物尤其是真菌的生长繁殖，通风管道内积存的大量灰尘、污物也是病菌滋生和传播的温床。

暖通空调最早是针对工业化生产的工艺性需要，在应用到民用建筑领域后，部分设计要求和评价并没有及时加以应对改进。暖通空调使用中的弊病既源于技术上的落后，也存在设计和使用观念上的问题。因此，要实现绿色建筑营造健康舒适的人居环境目标，需要建筑师们将绿色建筑的暖通空调设计理念真正地贯彻执行下去。

6.4.1.2 舒适性暖通空调的技术路线

绿色建筑的暖通空调设计的核心思想是"以人为本"和"环境友好"。技术上，主要应遵循以下要点加以实现：① 加强舒适性暖通空调评价体系的研究。针对绿色建筑健康舒适的人居环境理念，改进建筑温、湿度的规范要求，提出更适宜的建筑环境标准体系和控制策略，而非单一地追求恒温恒湿的室内环境。② 全面合理的运行控制。健康舒适的暖通空调系统不仅停留在设计上，还要应对各种影响因素的变化，在运行过程中需要科学的调节控制。③ 室内空气品质和热舒适度的控制。通过合理的暖通空调设计和运行检测，使室内空气质量满足人体的健康舒适要求。④ 绿色材料的选择以及材料的回收利用[1]。在空调设计上，禁止使用 HCFCs 和 Halons 产品，减少使用 CFCs 制冷剂，禁止使用对人体有害的石棉类保温材料。选择可回收利用的管材以及保温材料，重复使用暖通空调系统中的材料，包括保温材料、管道、密封材料、胶黏剂、油漆涂料等。并且结合当地具体情况，选取经济性良好的环境友好型材料。⑤ 新风的供应。绿色建筑的暖通空调应在保障室内新风供应的基础上，进行节能管理控制，可采用排风冷热回收技术，减少空调能耗。⑥ 暖通空调系统的清洁与维护[2]。空调进行清洗不仅可以改善室内空气品质，还可以提高系统能效，延长使用寿命。一般空调清洗后可增加 10% 左右的风量，节电约 4%~5%。中央空调风道清洗不同于一般的清洗工程，不能采用化学清洗，必须使用机械清洗方法。可使用专门的智能化机械设备，包括风道监测机器人、风道清扫机器人、风道清洗专用抽吸集尘设备、风道吹扫喷雾设备等。虽然《空调通风系统清洗规范》GB 19210—2003 和《公共场所集中空调通风系统卫生规范》分别于 2003 年 6 月和 2003 年 8 月出台，但由于高额的清洗费用，并且缺乏专门的监察机构，使得规范无法较好地贯彻执行。这是绿色建筑必须要注意的问题。

---

[1] 卜增文, 刘俊跃. 实现绿色建筑暖通空调设计的技术措施. 制冷与空调, 2004(1).
[2] 周锐. 绿色空调设计运行方式探讨. 制冷与空调, 2007(5).

6.4.2 暖通空调的高能效技术路线[①]

绿色建筑必须做好节能减排的工作，暖通空调能耗控制是实现建筑节能减排的重要手段。随着建筑舒适程度要求的提高，暖通空调能耗逐渐成为建筑能耗中最主要的一部分；相对于建筑其他的能耗环节，暖通空调以及相关设备的节能潜力较大。

绿色建筑节能主要技术路线有——冷热源的利用、冷热介质的输配以及设备的节能运行管理。

6.4.2.1 冷热源的利用

从建筑节能角度，冷热源在工程层面上可以定义为：热源是能够提供热量的物体或空间；冷源是能够提供冷量(吸收热量)的物体或空间；冷热源设备是从冷热源获取冷热量的设备。冷热源从工作原理上可分为自然冷热源和能源转换型冷热源，对应的冷热源设备是自然冷热源利用设备和冷热量产生设备。自然冷热源利用设备的工作原理是通过做功将冷热源能量品位提升，使之能提供给需求空间，如各种热泵，可将其工作原理简称为"冷热提取"。能源转化型冷热源设备的工作原理是将其他的能源转换为热能，可将其工作原理简称为"能源转换"。"能源转换"受制于能量守恒定律，其效率不可能超过1；"冷热提取"不属于能源转换，其效率(能效比)不受能量守恒定律制约，可以远超过1。目前建筑最常用的热源来自煤、石油、天然气等化石燃料燃烧或者是利用电能产生的热量。我国电力大多数来自火力发电，也间接来源于化石燃料。而绿色建筑的任务之一就是减少对化石能源的依赖，使用可再生的清洁能源代替。而且化石能源燃烧产生的热量品位可高达几千摄氏度，利用其需求温度为20℃左右的建筑供暖是极大的能量品质浪费，利用电能获取热源的效率更低。因此建筑获取冷热量的技术路线应该从"能源转化"改变为"冷热提取"。绿色建筑可以发展利用的几种主要冷热源技术如下：

1) 太阳辐射的利用

太阳辐射作为热源，其容量的时空差异性大。我国拥有丰富的太阳能资源，每年地表吸收的太阳能相当于170 000亿t标准煤的能量，约等于上百个三峡工程发电量的总和，相比欧洲大部分地区，有着很大的优势。同时，太阳辐射的获取技术难度小，经济性好。目前太阳能应用存在的主要困难是能量密度小，需要很大空间设置太阳能采集器，这在建筑密集的城市是有难度的，甚至由此影响了其原本良好的社会允许性和环境友好性。而且太阳辐射量随机性大，稳定性较差。

针对以上问题，可以通过蓄热设备解决太阳辐射变化与热负荷变化难以耦合的困难，必要时可设置辅助热源；针对其能量密度小的特点，可利用大面积的建筑外表面设置太阳能采集器；针对其高品位的特点，可以开发太阳能光伏电池、太阳能吸收式制冷等技术用于绿色建筑。建筑师在设计大规模利用太阳能的建筑时，应该具有太阳能与建筑一体化的设计理念。在设计之初，就要将太阳能系统作为建筑重要的设计元素予以考虑，使太阳能设施与建筑完美融合，而不是成为建筑的附加构件，从而达到绿色建筑环保节能的要求，并且将适用性、经济性、舒适性、美观性融于一体(图6.71)。

 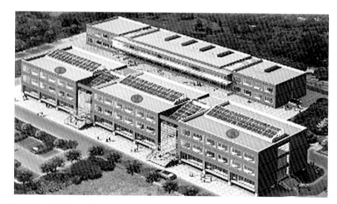

图6.71 中硅研发楼光伏建筑一体化示范电站项目
资料来源：http://www.baidu.com

[①] 付祥钊，肖道民. 建筑节能原理与技术. 重庆：重庆大学出版社，2008.

2）夜空冷源的利用

夜空温度由空气温度和空气中水蒸气的分压力决定。水蒸气分压力越低，夜空温度越低，这是夏季可贵的天然冷源。夜空冷源有着良好的环境友好性，其容量取决于建筑可利用的夜空空间角——夜空空间角是夜空资源的量度。夜空冷源的品位主要取决于夜间的晴朗程度，具有可靠性、稳定性、持续性、经济性等方面的优势，是绿色建筑值得利用的一种冷源。

目前，利用夜空冷源的主要问题有：如何解决夜空集冷器与太阳能采集器共用空间的问题，建筑内部如何向夜空散热，以及如何实现夜间采集冷量的蓄存与调节。相信随着以上问题的解决，夏季夜空冷源良好的开发利用价值将逐渐得以体现。同时也需要指出，冬季夜空是巨大的耗热源，冬季为建筑遮挡夜空以减少热损失有着良好的节能价值。

3）空气作为冷热源

空气具有良好的流动性、自膨胀性和可压缩性。空气作为冷热源可靠性较好，而且设计上灵活，适用范围较广。空气作为冷热源需要解决以下问题：品位低甚至是负品位，随着天气过程而变化，空气源热泵要有适应冷热源品位变化造成的品位提升幅度显著变化的能力；空气源热泵供冷、供热能力，能效比都与建筑需用冷、热量的变化规律相反，如何合理地配置空气源热泵容量是其应用的关键；城市建筑密度的增加，空气源热泵数量的增加都使热泵处的空气容易形成局部涡流，空气源品位下降不仅影响能效，甚至使热泵不能运行；冬季除霜问题；噪音以及环境负效应问题。

针对这些问题，主要采取以下技术措施加以解决：当空气源处于正品位时，尽量用通风措施向室内提供冷热量；尽力避开在负品位梯级较小时利用空气源热泵提供冷热量；蓄能调节，以余补欠；合理设置辅助冷热源；运行调控，防霜除霜；在适宜区域应用，空气作为冬季热源在严寒地区使用能效是不高的。

4）水作为冷热源

常用来做冷热源的水体主要包括滞留水体(湖泊、池塘、水库水等)，江河水以及地下水。水库、水塘作为冷热源的特点是水体量有限，水温受太阳辐射、天空辐射和气温影响大。研究成果表明，夏秋季节滞留水体竖向分布特点是上热下冷，深度超过 4 m 的滞留水体是优良的自然冷源。水体利用技术上，作为夏季供冷，理想的取回水方式是底层取水，回水回到与回水温度相同的水层，简称"底层取水，同温层回水"。同温层回水技术难度较大，较简单的取水方式是底层取水，表层回水。

江河水作为冷热源的特点与滞留水体不同。由于湍流作用的影响，水面空气温度和太阳辐射引起的换热、水体和接触土壤的热传导等因素，对江河水温度断面分布影响小，取水时通常不考虑水深对温度的影响。江河水利用上应考虑综合利用，以及取水、输水、水处理费用和能耗的分摊。部分江河水温不能直接供冷供热，需要热泵提高品位。热泵最好能直接使用江河原水，减少水温损失，提高能效并减少工程费用，在直接利用江河水时需预防泥沙堵塞冷凝器。

地下水作为冷热源，主要用于地下水较为丰富的地区，地下 100 m 以内的浅层地下水温主要受当地气候条件的影响，大多与当地年平均温度相近，一般只需用热泵稍作品位提升，即可向室内供冷供热，且能效比较空气和岩土作为冷热源的能效比高。地下水利用的主要问题是环境友好性和社会允许性的限制，地下水利用难以达到 100%回灌，而且影响地下水的原始分布和地下压力分布，易致使地下水位降低，引起地面沉降，并可能将地下有害元素抽出到地表。因此地下水的可持续利用，环境友好性的利用需要进一步研究。

5）岩土作为冷热源

岩土与空气、水等流体的最基本区别是：岩土是固体，没有流动性，热量的传输主要依靠导热，传热能力不及空气和水，热交换困难。但另一方面，由于岩土没有流动性，传热不易，因而长期蓄热性能好。

通过对岩土层纵向温度分布的研究发现，地下 0.5 m 深度以下，日周期温度波动不再明显；在 5 m 深度以下，年周期温度波动可忽略不计，稳定在当地年平均气温水平上，该温度可称为岩土的原始温度。当从岩土提取冷热量时，岩土的原始温度场会发生变化，停止提取后，也需要相当长的时间才能基本恢复原始状态。利用岩土作为冷热源时要充分考虑这一特性，不能只从原始温度评价岩土作为冷热源的可行性。

利用岩土作为冷热源时，负荷特征是非常关键的因素。目前，对于地埋管换热器的埋深，普遍存在的问题是没有考虑换热器所承担的负荷变化特性，盲目增大埋管深度。当负荷动态变化使得地埋管换热器的未换热层保持在一定深度范围内时,继续增加埋管深度已经失去意义。此外,换热器的单位长度换热量只能作为方案阶段的评估参考,而不能作为实际确定地埋管埋深的依据。从层换热理论看,换热器的单位长度换热量是动态变化的,且不同埋深的单位长度换热量差异也很大。因此,使用岩土作为冷热源,建筑负荷特性分析是确定地埋管换热器合理埋深的关键技术环节。

6.4.2.2 建筑冷热输配系统的节能

以水和空气为载体的暖通空调,通过管网系统进行冷热输配。大型公共建筑中输配系统的动力装置——水泵、风机耗电占空调系统中耗电的20%~60%。目前,建筑冷热输配系统普遍存在如下问题:动力装置的实际运行效率仅为30%~50%,远低于额定效率;系统主要依赖阀门来实现冷热量的分配和调节,造成50%以上的输配动力被阀门所消耗;系统普遍处于"大流量,小温差"的运行状态,尤其是在占全年大部分时间的部分负荷工况下,未能相应减小运行流量以降低输配能耗。分析表明,建筑冷热输配系统的运行能耗可能降低50%~70%,是建筑节能尤其是大型公共建筑节能中潜力最大的部分。

输配系统节能的首要问题是泵和风机与输配管网的匹配。需要通过合理的设计与运行调节,使泵与风机的实际运行工作状态处于设备的高效区。在设计上要重视管网的水力计算,做好管网的水力工况以及变工况情况下的分析;在设备选择上不要仅把最大工况作为唯一标准,而是通过合理调配,使得设备在全年工况下运行于高效区;以良好的设计作为基础,在运行上跟踪负荷的变化特点加以合理调节;应减少管网的阀门调节,尤其是要避免使用调小最不利环路和主干管上的阀门开度的方式来实施调节,应以调节动力设备的转速为主要手段。

根据泵与风机的能耗特点,绿色建筑的输配系统主要可采用三种技术手段降低泵或风机运行功率:

1) 减小泵或风机的工作流量

减少输配系统工作流量可以从两个技术角度实现,一种是增大输送介质温差,另一种是根据部分负荷工况采取变流量的调控措施。增大输送介质温差的"大温差"冷热输配系统,是指空调送风或送水的温差比常规空调系统采用的温差大。对这些携带冷量的介质,采用较大的循环温差后,循环流量将减小,可以节约一定的输送能耗并降低输送管网的投资(虽然有时要付出加大换热器面积或采用高效换热器的代价,但总的说来投资是可以节省的)。大温差冷热输配技术,在国际上尚属于新技术范畴,指导设计的具体方法较少,但由于其具备的节能潜力,随着研究的深入以及设计方法的成熟,大温差系统必然会得到广泛的应用。

而根据部分负荷量采取变流量的调控措施,主要包括变水量系统和变风量系统。变水量系统主要通过设计和调节水泵的运行工况,控制上主要采用供、回水干管压差保持恒定的压差控制、末端(最不利)环路压差保持恒定的末端环路压差控制和供、回水干管温度保持恒定的温差控制等三种方式,不同控制策略运行特性与节能效果不同,应根据具体情况加以考虑。

变风量系统(Variable Air Volume System, VAV)基本技术原理很简单,通过改变送入房间的风量来满足室内变化的负荷,在空调部分负荷运行下,风量的减小可使风机能耗降低。由于变风量系统通过调节送入房间的风量来适应负荷的变化,同时在确定系统总风量时还可以考虑同时使用情况,所以能够节约风机运行能耗和风机装机容量,系统的灵活性较好,易于改、扩建,尤其适应于格局多变的建筑。此外,变风量系统属于全空气系统,具有全空气系统无凝结水污染的优点。变风量系统也存在一定的缺点,在系统风量变小时,有可能不满足室内新风量的要求,影响房间气流组织;在湿负荷变化较大的场合,难于保证室内湿度要求;系统的控制要求高,且系统运行难以稳定;噪声较大,投资较高等;这就要求设计者在设计时考虑周密,并设置合理的自动控制措施,才能达到既满足使用要求又节能的目的。

2) 减小泵的工作扬程或风机的工作全压

泵的工作扬程或风机的工作全压用于克服输配介质在管网中流动的各种压力损失。因此,应避免各种不必要的压力损失。过多地依靠阀门(包括各种平衡阀)实现冷热量的分配与调节将使得很大一部分的动力被阀门节流所消耗。因此,在设计上尽可能地考虑管网设计的水力平衡,尽可能少地设置运行调控必需的阀门,有助于输配系统的节能。

3) 提高泵或风机的工作效率

在现有的泵、风机的制造水平和效率水平下,泵或风机的工作效率与其工况点有关。泵或风机的工况点由泵或风机的性能以及管网特性共同决定。因此，应通过泵或风机与管网系统的合理匹配和调节，使其工况点处于高效区。

6.4.2.3 其他建筑设备节能技术

建筑设备的节能技术主要包括两方面，一方面是建筑设备的选取、管理和运行方面的方法理念等"软技术"；另一方面则是建筑设备节能可采用的系统设施等"硬技术"。

对于绿色建筑而言，最基础的节能措施就是根据建筑所在位置的全年气候变化特点，对其进行准确的负荷特性计算，根据计算结果选取真正适合建筑的暖通空调系统，并且确定不同季节时段、不同负荷下的设备运行策略；而事实上，许多建筑从设计到运行正是忽略了这一点。

绿色建筑暖通空调的节能目标，不仅取决于优秀的暖通空调设计和先进节能技术，其运行管理也是其中重要的环节。针对大型的暖通空调系统结构复杂、设备众多、用能相对集中、能耗水平高、弹性相对大的特点，其节能运行管理应从制度和技术方面双管齐下。制度方面，在对空调系统的能耗进行独立计量甚至分项计量的基础上，审计空调系统用能状况，确定整体节能潜力的大小，进而采用定额管理、合同管理、目标管理等措施，对运行管理者进行约束和激励，达到管理节能的目的。此外，还应对运行管理人员、设备操作人员进行专业节能培训。对于建筑的使用者，也要加强其对舒适性室内环境的正确理念的理解，对于舒适性室内环境调节，并不是一味地追求"冷"或"热"的温度感觉，那样既不利于节能，也不利于使用者的舒适与健康。

建筑内暖通空调可采用的节能技术路线还包括以下方面：

1) 变制冷剂流量的多联机系统

变制冷剂流量的多联机空调(热泵)是由一台或多台风冷室外机组和多台室内机组构成的直接蒸发式空调系统，可同时向多个房间供冷或供热。目前，多联机主要有单冷型、热泵型和热回收型，并以热泵型多联机为主。多联机空调系统具有使用灵活、扩展性好、外形美观、占用空间小、可不用专设机房等突出优点，目前已成为中、小型商用建筑和家庭住宅中最为活跃的空调系统形式之一。

在能效特性方面，多联机的系统能效比COP与一般空调机组如"风冷冷水机组+风机盘管系统"相较而言并没有明显优势，影响其运行的因素主要有三个方面。① 室内外机组之间相对位置，在适宜的几何范围位置内，多联机系统的性能比"风冷冷水机组+风机盘管系统"好，如果超出限定范围，多联机系统性能则比"风冷冷水机组+风机盘管系统"低，更达不到"大型水冷冷水机组+风机盘管系统"的能效水平。② 多联机的运行性能与建筑负荷特性有关，多联机适合负荷变化较为均匀一致、室内机同时开启率高的建筑。研究表明，逐时负荷率(逐时负荷与设计负荷之比)为40%~70%所发生的小时数占总供冷时间的60%以上的建筑较适宜于使用多联机系统，此时系统具有较高的运行能效，而对于餐厅这类负荷变化剧烈的建筑则不适宜采用多联机系统。③ 容量规模对多联机系统能效的影响，变制冷剂多联机系统节能的主要原因在于系统处于部分负荷运行时，压缩机低频(小容量)运转，其室外机换热器得到充分利用，可降低制冷时的冷凝温度(提高制热时的蒸发温度)，从而提高系统的COP。但目前多联机系统大都由一台变容量室外机组和多台定容量的室外机组组合，通过集中的制冷剂输配管路与众多的室内机组构成庞大的单一制冷循环系统。部分负荷运行时，定容量室外机组停止运行，其对应的室外换热器不参与制冷循环，使得系统的部分负荷性能更接近于定容量系统，因此，多联机系统不适宜将室外机组并联得过多，而以单一变容量机组构成的系统运行性能最佳(图6.72)。

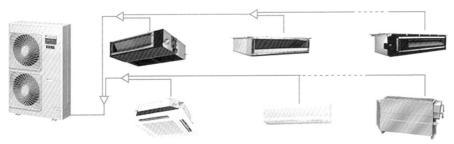

图 6.72 多联机空调系统

资料来源：http://www.baidu.com

2)"免费供冷"技术

"免费供冷"技术分为冷却塔"免费供冷"技术和离心式冷水机组"免费供冷"。冷却塔免费供冷技术是指室外空气湿球温度较低时,关闭制冷机组,利用流经冷却塔的循环水直接或间接地向空调系统供冷,提供建筑物所需的冷量,从而节约冷水机组的能耗,是近年来国外发展较快的节能技术。由于冷却水泵扬程、水流与大气接触时污染等问题,间接供冷形式使用较多。这种方式比较适用于全年供冷或供冷时间较长的建筑物。离心式冷水机组的"免费供冷"是巧妙利用外界环境温度,在不启动压缩机的情况下进行供冷的一种方式,适用于秋冬季仍需要供冷的项目,并且冷却水温度低于冷冻水温度。"免费供冷"离心式冷水机组可提供45%的名义制冷量,因此无需启动压缩机,故机组能耗接近于零,性能系数COP接近于无穷大。若室外湿球温度超过10℃时,则返回到常规制冷模式。该"免费供冷"冷水机组有着换热效率高、系统简单、维护方便、机房空间小的优点,适用于冷却水温度低于冷冻水出水温度的秋冬季节仍需供冷的场合。

需要注意的是,"免费供冷"不能与热回收同时使用;"免费供冷"技术也不适用于湿度控制要求较高的空调系统(如计算机机房的空调等),因为其提供的冷水水温稍高;"免费供冷"技术可避免户外冷却水结冰,但建议用户仍采用一定的防冻措施。

3)温度湿度独立控制的空调系统

夏季房间既有余热,又有余湿,常规舒适性空调处理余湿的方法有一个共同点,通过空调箱、风机盘管、室内机设备采用冷凝去湿的方法,将被处理空气处理至低于室内露点温度(也必然低于室内干球温度),进行热湿联合处理,使其能够同时除去房间的余热和余湿。空调系统承担着排除室内余热、余湿、CO_2与异味的任务,由于排除余湿、CO_2、异味所需要的新风量与变化趋势一致,可以独立于排除余热装置单独处理。温湿度独立控制空调系统中,采用温度与湿度两套独立的空调控制系统,分别控制、调节室内的温度与湿度,可以满足不同房间热湿比不断变化的要求,避免了室内湿度过高(或过低)的现象。温度湿度独立控制空调系统在冷源制备、新风处理等过程中比传统的空调系统具有较大的节能潜力,实测结果表明,这种空调系统比常规空调系统节能30%左右。

4)建筑热回收技术

建筑中有可能回收的热量有排风热(冷)量、内区热量、冷凝器排热量、排水热量等。这些热量品位比较低,因此需要采用特殊措施来回收。

空调通风系统中,新风负荷能耗占了较大比例,且建筑有新风进入,必有等量室内空气排出。因此,对于排风有组织的建筑,可将新风与排风进行热湿交换,从排风中回收热量或冷量,减少新风的能耗,即排风的热回收技术。排风的热回收包括显热回收和全热回收两种形式,评价的重要指标是热回收效率,新风中显热和潜热能耗的比例构成则是选择显热和全热交换器的关键因素。回收装置和系统形式上主要有轮转式全热交换器与热回收系统、板翅式热交换器及热回收系统,以及热管式热交换器和热回收系统。排风热回收系统还可以通过中间热媒循环(新风和排风侧各设一个换热盘管,通过管路连通循环)方式、空气热泵方式进行。

空调冷凝热回收是将常规空调系统通过冷却塔或直接排出的在制冷过程中产热的冷凝热量通过一定手段加以回收,比较容易实现的利用是用作生活热水预热或游泳池水加热等。该部分冷凝热回收可采用以下三种方案:冷却水热回收,此方案是在冷却水出水管路中加装一个热回收换热器;排气热回收,此方案在冷凝器中增加热回收管束以及在排气管上增加换热器的方法来回收热量。

内区排热量回收,建筑物内区无外围护结构,四季无外围护结构冷热负荷,而内区的人员、灯光、发热设备等形成全年余热,冬季,建筑物外区需要供热而内区可能需要供冷。因此,可采用水环式水源热泵系统将内区的余热量转移至外区,为外区供热。内区热量还可以利用双管束冷凝器的冷水机组进行回收。

排水热回收,建筑排水中蕴含着大量的热量,据测算,城市污水全部充当热源可以解决城市近20%建筑的采暖。利用热泵技术可将污水中的热量提取出来用作生活热水加热或采暖。

6.4.3 暖通空调技术的环境友好性

6.4.3.1 暖通空调存在的环境问题

暖通空调是绿色建筑中与能源、环境紧密结合的一个环节，有责任把节约能源、利用清洁能源、环境无害化、城市生态化等可持续发展思想贯穿于每一个实际工程中。具体到技术层面，主要是针对暖通空调系统存在的环境问题加以分析解决，设计出具有良好环境友好性的暖通空调系统。

暖通空调系统对环境的污染主要有两个方面，一是生态环境影响；二是人居环境影响——包括系统对城市小区环境和对建筑内环境的影响。暖通空调系统环境影响的评价主要考虑以下三个方面：一是供应单位冷热量产生的 CO_2、SO_2 等环境污染物排放情况；二是由于冷热量的提取，冷热源温度上升或下降对生态环境的影响，如对生物种群和微生物生存和繁殖的影响等；三是其他环节的环境影响。

6.4.3.2 暖通空调对于生态环境的影响

关于减少 CO_2 的排放的问题，实际上是通过节能技术加以实现的，在上文已经有所阐述。本节主要强调暖通空调系统的冷热源污染问题。暖通空调系统对于生态环境的影响主要存在于冷热源部分，这是由于大部分建筑的冷热源系统与外界环境直接联系，存在冷热量甚至物质的直接交换，在一定程度上改变原有的环境。

水作为使用广泛的冷热源，其环境污染根据水源的不同而相异。对于滞留水体，如湖泊、水库等，主要的环境限制是供冷供热引起的水温变化对水体原有生态的影响。根据国家《地表水环境质量标准》GB3838—2002 中的规定，将地表水域分为5类，并规定了人为活动对其影响的允许范围。实际设计上必须依据规范，通过实验及模拟等手段，校核冷热源设备产生的影响是否满足规定，并注意对水体的影响尽量均匀，避免局部水温有较大的改变。对于江河水，一般规模的冷热源设备不会对其产生明显的影响，其环境友好性较好，需注意冷热源设备引入污染物质进入水体的问题。利用地下水源的环境影响则比较复杂，对于抽取的水量能否100%的回灌这一问题，仍存在着不同的观点。就地下水资源的保护而言，抽取浅层地下水作为冷热源的风险是很大的，其地下水量和空间分布的改变程度以及影响情况是难以估计的，可能会致使地面沉降，引起地质结构的变化。并且地下水多含有硫化氢（H_2S）等地下有害元素，可能随着地下水的抽出，给地上环境带来破坏，因此地下水利用的环境友好性必须谨慎评估。

岩土作为冷热源可能的环境问题是地下换热器带来的地温变化，设计上注意结合建筑的负荷特性，合理设计地下换热器，控制其运行工况。这样既有利于系统的节能运行，又给予岩土适当的恢复，避免产生显著的温度变化，是可以满足环境友好性要求的。

6.4.3.3 暖通空调对于人居环境的影响

暖通空调系统与人的生活环境结合密切，对人居环境的影响不可忽视。这类影响主要来自两方面，一方面是对人居环境空间和视觉上带来的影响，另一方面则是对人居环境的污染。

空间和视觉影响来源于暖通空调系统的设计和构建，如太阳能技术具有良好的环境友好性，但是设计上仍要注意将太阳能设施与建筑合理结合，避免无序的安装影响建筑的形象乃至城市的景观。夜空作为冷热源与太阳能的环境问题相似，也是要避免设计建造给环境带来负面影响。

对人居环境的污染，也是绿色建筑必须要解决的问题。暖通空调系统产生的环境问题主要体现在冷却塔、风冷热泵、多联机和分体机的室外部分等设备上。对于常规冷水机组的冷却塔装置，容易滋生军团菌等微生物，污染室外公共环境，而且冷却塔的噪音和美观问题都可能给整个城市环境带来负面影响。这就要求在设计上，要充分考虑室外机组的布局，应尽量避免因机组产生的温度变化给公共区域带来不利的舒适性影响。冷却塔军团菌的影响因素复杂多变，从防控角度上对公共场所冷却塔水军团菌污染的控制最重要的还是从源头上把关，注意冷却塔的选址，尽量远离人群，远离建筑物新风口，避免在建筑物的上风侧设立冷却塔，冷却塔周围环境应有利于散热、清洗和设置防护设施，尽量防止生成气雾及扩散[1]。噪音与美观的问题同样要注重冷却塔的位置，条件允许的情况下可在附近种植植物以吸收噪音，技术上可以采用下

---

[1] 冯文如，宋宏，马林，等. 冷却塔水军团菌影响因素分析. 中国热带医学，2007,7(8).

沉式冷却塔的设计形式，具有美观、减少噪音和散热影响的优点[①]。此外，城市中空调使用密集的公共区域，其环境的负效应表现在，冬季设备周围的温度下降而夏季设备周围温度上升，使得环境热舒适性降低。

针对暖通空调系统的环境问题，可采用针对的技术措施，其中最重要的，还是建筑师在设计时不仅要从节能舒适角度考虑空调系统，要分析经济技术成本，还要将可能的环境影响考虑全面，方案比较和技术采用要充分考虑环境成本的因素。此外，在暖通空调的环境问题上，还应从城市的角度规模化整体化地进行考虑，例如建筑 CO_2 气体排放以及城市热岛效应等问题，而这些环境问题又会反过来作用暖通空调系统的性能，这是绿色建筑不可忽略的问题。

6.5 高舒适低能耗建筑暖通新技术

高舒适低能耗暖通技术的策略是将室内的热环境控制和湿环境、空气品质的控制分开。采暖制冷系统负责室内显热负荷、承担将室内温度维持在舒适范围内的任务，而通风系统则负责室内所需新鲜空气的输送、室内湿环境调节以及污染物的稀释和排放等任务。热环境控制采用天棚辐射采暖制冷的方法，即以辐射的方式，保持室内的温度在舒适范围（20℃~26℃）内以及让人体感觉更加舒适和健康。空气品质和湿环境控制采用置换式新风方式，可用最少的空气量保证室内空气品质和承担室内湿负荷。新风须从房间下部送入，以非常低的速度（小于0.25 m/s）和略低于室温（低2℃左右）的温度缓慢地充满整个房间供人呼吸，并排走室内污浊空气。

6.5.1 辐射采暖制冷系统

6.5.1.1 辐射采暖制冷原理

在任何一个环境里，任何一个绝对温度高于零度的物体都会向外界以电磁波的方式发射具有一定能量的粒子（也叫光子），这个过程就叫做"辐射"。热辐射的波段为 0.1~100 μm，其波段包括一部分紫外线波段、可见光波段（0.35~0.75 μm）和部分红外线波段。自然界所有物体温度都会高于绝对零度，因此都有发射辐射波的能力，只不过物体不同，发射与吸收辐射波的能力也不同。物体自身温度越高，辐射能力越强；物体之间距离越近，辐射强度越高，在我们所认知的宇宙间太阳系，太阳的辐射能力最强。一个物体向另一个物体热辐射的过程实际上是一个能量转移的过程，其结果是辐射源一方能量减少，被辐射一方能量增加。这个过程也就是一种热交换过程，是热传递过程的一种。

辐射是完全不同于热对流和热传导的热传递方式。辐射采暖（制冷）是指提高（降低）围护结构内表面中一个或多个表面的温度，形成热（冷）辐射面，依靠辐射面与人体、家具及围护结构其余表面的辐射热交换进行供热（冷）的技术方法。辐射面可通过在天花板中设置热（冷）水管道，也可在墙内表面加设热（冷）水管道来实现（图6.73）。

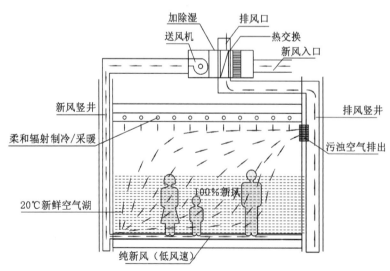

图 6.73 高舒适低能耗的天棚辐射采暖制冷和置换式新风示意
资料来源：曹彦斌绘

[①] 彭金龙,龚波,吴炜. 下沉式冷却塔对周边环境影响的模拟分析. 见：2007年广东省暖通空调制冷学术年会专刊, 2007.

6.5.1.2 天棚辐射采暖制冷系统

天棚辐射采暖制冷系统得益于这样一个事实：辐射比对流更有效，按人体舒适的基本物理条件，人体对热辐射比对空气对流更敏感。创造一个舒适的热辐射环境是非常舒适有效的传热方式，以通过控制室内的表面温度达到人体基本的舒适度。其主要方法是控制天棚的表面温度，而地面材料不限，可用地板也可用地毯，同时外围护结构应拥有良好的隔热措施，以保持所有的内表面温度接近室内温度。

天棚辐射采暖制冷系统虽然表面上与地板采暖类似，但实质上是不同的，在欧洲和北美地区已广泛得到应用。在辐射采暖制冷系统中，热量以直线辐射的形式由高温表面传递到冷表面上。天棚辐射一般以水作为热(冷)媒传递能量，其比热大、占空间小、效率高。热(冷)媒通过特殊结构的系统末端设备——混凝土，将能量传递到其表面，并通过以辐射为主、对流为辅的传热方式直接与室内环境进行换热，极大地简化了能量从冷热源到终端用户(室内环境)之间的传递过程，减少不可逆损失。一般而言，辐射冷却系统在"干工况"下工作，即表面温度控制在室内露点温度以上。这样，室内的热环境控制和湿环境、空气品质的控制被分开，辐射采暖制冷系统负责解决室内显热负荷，承担将室内温度维持在舒适范围内的任务。通风系统则负责解决所需新鲜空气的输送、室内湿环境调节以及污染物的稀释和排放等任务。这一独立控制策略，使得空调系统对热、湿、新风的处理过程有可能分别实现最优化运行，对建筑物室内环境控制的节能具有重要意义。虽然辐射采暖制冷系统有部分热量以对流换热的形式与室内空气进行交换，但绝大部分热量是通过辐射的方式与房间和人体换热，因此天棚辐射采暖制冷系统不允许有过多的吊顶等遮挡辐射面的构造(除非采用辐射吊顶板)。在辐射采暖制冷系统中，供热水的运行温度要低于传统空调，而房间内表面平均温度要高于传统空调；冷冻水的运行温度要高于传统空调，而房间内表面平均温度要低于传统空调，提高了低品质自然热(冷)源的可利用性。在大量的民用建筑中，辐射采暖制冷系统可以承担全部的显热冷热负荷(图6.74)。

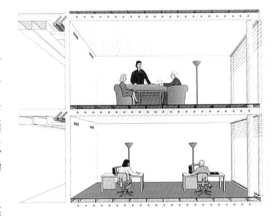

图 6.74 辐射采暖制冷换热示意
资料来源：曹彦斌绘

天棚辐射采暖制冷系统是将通循环水的管子浇铸在混凝土内，它的造价较低并且由于混凝土构件的参与，它具有非常大的蓄热能力和热惯性。

天棚辐射采暖制冷系统构造是：在建筑的混凝土楼板内预埋冷热媒水管，其直径为16~25 mm，间距在200~300 mm之间。水管中的水在冬季采暖季节保持28℃左右，在夏季制冷季节保持20℃~22℃。用这种方法，通过散热和吸热，该系统可以持续24 h以40 W/m²的功率工作，在数小时内可以70~80 W/m²的功率工作。

天棚辐射采暖制冷系统系统还具有职能自我调节的特征：在冬季，当室内温度保持在20℃时，向阳房间太阳的直接辐射会使室内温度上升，室内温度与水管中水的温度差会越来越小，采暖功率越来越低。当室内温度达到26℃时，温差为零，辐射系统的采暖功率则为零，而不需要因为过热而关闭系统，系统自动停止放热。同样，制冷也是如此，在某些时段由于室内负荷和日照造成瞬间超负荷时，热量可以被混凝土板所吸收，因为它有很高的蓄热能力，储存的热量可以在夜间低负荷时由循环水带走。如果用户允许室内温度在舒适的范围内有一定的波动，这种方法将会良好运行并能实现自动调节。当然，由于混凝土结构热惯性大，因此楼板升温往往需要数小时的时间。如果室内温度不在舒适范围内就立即进行采暖或制冷控制，就不会因升温慢造成室温失控。而且系统可以间断式采暖或制冷，在合理的运行方案下，室内温度不会发生什么变化。

天棚辐射采暖制冷系统特点如下：① 巨大的蓄热能力。如 2 300 kg/m³ 钢筋混凝土蓄热系数为 S=15.36 W/(m²·K)，比热容 c=0.92 kJ/(kg·K)，在温度变化2℃时 1 m³ 的钢筋混凝土可吸收 4 232 kJ 的热量，无外供能源情况下，可以 98 W 的能力连续工作 12 h。② 相对造价低。根据设计项目不同，每平方米只有 50~100 元的建设成本，与传统空调系统造价相当或更低。③ 较大的换热面积。可以利用全部暴露的天棚面，换热面积大，单位面积热强度低，辐射柔和舒适。④ 辐射面温度 18~26℃。表面温度在人体舒适范围内，使人在不知不觉中享受舒适。⑤ 供热制冷能力 20~80 W/m²。可以满足常规节能民用建筑的各种制冷需求，应用广泛。⑥ 适用于各类建筑尤其是高大空间。辐射换热可有效到达人的活动区域，避免了传统空调有效距离短的弊端。⑦ 可利用低品位的冷热源。如地热尾水、热电厂冷却水、冷却塔、地下水。由于供热供水温度低、制冷供水温度高，可以利用地热尾水和热电厂冷却水等低温热源进行供热，有条件时，可以直接利用冷却水和地下水制冷而不需要制冷机械，大大降低能源消耗。⑧ 有恒温运行和预冷运行两种方式。根据项目运行特性，可以连续恒温工作，也可以间歇运行。如利用夜间电力价格低的时段预冷（制热），在白天释放冷（热）量，达到降低运行费用和节能的目的。⑨ 直接消除照射在混凝土上的太阳辐射热，减少对室内环境的热工影响。⑩ 避免冷凝工况产生主要靠设计方案的合理和运行的正确来主动防止，而不是靠自控系统检测到可能发生时再调节系统运行。

6.5.1.3 天棚辐射采暖制冷系统设计

1）天棚辐射采暖制冷传热计算

天棚辐射采暖制冷系统的传热过程分为三个部分，盘管内循环水与管壁的对流换热；经管壁、混凝土、装饰层至天棚表面的导热换热；天棚表面与室内环境的辐射、对流综合换热。

（1）盘管内水与管壁的换热属于管内强迫对流换热。换热量 $q(W/m^2)$ 用下式计算：

$$q = \alpha F \Delta t_m \tag{6-1}$$

式中，α 为管内对流换热系数[W/(m²·℃)]；F 为每平方米天棚内管壁面积(m²)；Δt_m 为对数平均换热温差(℃)。

（2）管壁经覆盖层、装饰层与天棚表面的换热属于传导换热。可用下列二维稳态导热微分方程求解换热量 Q_2：

$$\frac{\partial^2 t}{\partial x^2} + \frac{\partial^2 t}{\partial y^2} = 0 \tag{6-2}$$

求解的边界条件是管壁温度 t_b 和天棚表面温度 t_{w1}。

（3）天棚辐射综合传热量 $q_0(W/m^2)$ 由对流换热 q_c 和辐射换热 q_r 两部分组成

$$q_0 = q_c + q_r \tag{6-3}$$

天棚采暖时

$$h_c = 0.87 \times (T_p - T_a)^{0.25} \tag{6-4}$$

天棚制冷时

$$h_c = 2.13 \times (T_a - T_p)^{0.31} \tag{6-5}$$

式中，T_p 为天棚表面平均温度(℃)；T_a 为室内空气温度(℃)；h_c 为对流换热系数[W/(m²·℃)]；天棚辐射换热系数 h_r[W/(m²·℃)]。

$$h_r = 5 \times 10^{-8}[(AUST+273)^2 + (T_p+273)^2] \cdot [(AUST+273)+(T_p+273)] \tag{6-6}$$

$$q_r = h_r(AUST - T_p) \tag{6-7}$$

式中，AUST 为除天棚外室内其他表面加权平均温度(℃)。

综合换热系数 U_0[W/(m²·℃)]

$$U_0 = (q_c + q_r)/(T_a - T_p)$$
$$= h_c + h_r(AUST - T_p)/(T_a - T_p) \tag{6-8}$$
$$q_0 = U_0(T_a - T_p) \tag{6-9}$$

2）设计流程

天棚辐射采暖制冷系统中，采暖与制冷使用同一套盘管系统，并需要新风系统配合控制室内湿度。系统中的采暖、制冷和新风显热是关联在一起的，设计中还要考虑混凝土的巨大热惯性，因此设计方法与传统空调系统有所不同（图 6.75）。

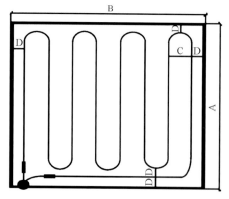

图 6.75　天棚辐射采暖制冷盘管设计主要参数
A. 盘管宽度　B. 盘管长度　C. 盘管间距
D. 盘管边界距离
资料来源：曹彦斌绘

设计流程如下：

① 确定室内设计温度和湿度；② 确定围护结构热工参数：墙体保温、屋顶保温、外窗传热系数、遮阳系数等；③ 利用计算程序计算室内制冷显热和潜热负荷；④ 按照通风需要计算最小新风量；⑤ 按照潜热负荷计算最小新风量；⑥ 取以上两者较大值确定新风量，计算新风显热和潜热制冷量；⑦ 总显热负荷—新风显热确定天棚制冷负荷；⑧ 计算天棚制冷面积和盘管间距；⑨ 利用计算程序计算室内采暖负荷；⑩ 按照通风需要计算最小新风量；⑪ 计算新风显热负荷；⑫ 总显热负荷—新风显热确定天棚采暖负荷；⑬ 根据天棚制冷面积和盘管间距，计算采暖供水温度、流量。

天棚制冷有其独特的特点，最重要的就是要考虑相对湿度。为了避免结露现象，室内空气湿度决定了天棚表面温度，换句话说，就是天棚表面温度不得低于空气露点温度，而天棚表面温度又决定了其辐射制冷能力。

根据一些典型工程的实际情况，天棚辐射制冷时，辐射表面温度不应低于20℃，一般为22℃。根据盘管间距和室内温度的不同，天棚制冷供水温度为18℃~20℃之间，而供回水温差通常取2℃。虽然表面温度限制在20℃就可以在各种民用建筑中不产生冷凝结露现象，为了防止意外情况，我们要求供水温度要高于室内空气露点0.5℃。

作为一种共用立管形式，天棚辐射采暖制冷系统通过分集水器来对室内环路进行控制，故在解决分户计量方面不存在太大问题。但由于与地板辐射采暖系统相反，其管路是安装在天棚结构板中，故若要将分集水器安放在人体可以触及的地方，将有一排塑料管从天花垂到分集器上，有可能影响到室内的美观，所以在设计中最好选择将分集水器放在管道井内或户内不太显眼的房间内。同样，在考虑系统平衡问题时，系统管路设计中要注意同一分集水器连接的各回路的平衡，也可以通过加装一些附属设备来达到各环路的平衡。一般工程中为解决水力平衡问题，应在每一分集水器前设计平衡阀，以保证每个分集水器的资用压力基本相等（图6.76）。

3）防止冷凝结露控制

建筑结露通常分为"表面结露"和"内部结露"两类。所谓表面结露是指当室内的湿空气碰到低于露点温度的壁面时，水蒸气就凝成水珠附着于其上；所谓内部结露是指水蒸气在分压差力的作用下通过建筑结构在低温部位结露，建筑结露应理解为固体材料以及孔隙中的结露现象。天棚辐射制冷时，当天棚表面温度低于室内露点温度时，会产生表面结露现象。结露不仅会影响建筑物的美观，而且会加速对建筑材料的破坏，对建筑物的使用功能影响很大。所以必须采取措施，避免结露现象的发生。

空气湿度是导致天棚结露的一个重要因素，相对湿度高，水蒸气的分压力就大，露点温度就较高，会使得在天棚表面温度与露点温度之间的温差小，甚至高于天棚表面温度，即产生结露现象（图6.77）。

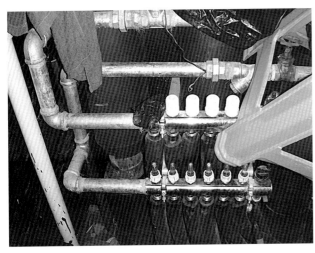

图6.76 分集水器安装
资料来源：史勇摄

图6.77 天棚表面结露现象
资料来源：曹彦斌摄

丹麦的 Fanger 教授认为，在舒适的温度范围内，湿度对人体温暖感的影响很小，当相对湿度为 20%~70% 时，人体几乎感觉不出湿度的变化。考虑到室内空气质量，国际标准 ISO7730 推荐的相对湿度值在 30%~70% 之间。若室内空气温度 26℃ 时，相对湿度在 60%~70% 之间时，对应的露点温度相应为 17.6℃~20.1℃。这样天棚表面温度高于 20℃ 就可以避免结露，而控制室内空气相对湿度的有效手段是使用置换式新风送入含湿量低的空气来承担室内湿负荷。

6.5.1.4 施工技术措施

不同于一般的地板辐射采暖系统，天棚辐射采暖制冷系统采暖制冷的塑料管全部埋在现浇混凝土楼板中，故要绝对保证塑料管材的可靠性。若塑料管材出现性能或质量问题，系统将是不可挽救的，因为现浇混凝土楼板是无法完全凿开或换掉的。

由于塑料管材容易受到锐器以及火源的伤害，所以在以往低温热水地板辐射采暖施工中严禁与其他工序交叉作业。但天棚辐射采暖制冷系统却需要与土建钢筋混凝土工序进行有序的交叉作业，因此施工过程中要加强塑料管道的保护措施。

首先，两工种在工序上需密切配合。由于系统要求在土建每层楼板绑扎钢筋过程中加入一个塑料管绑扎工序，必然会对土建的施工步骤产生一定影响，而且土建每层楼板的施工可能会按流水段施工作业，而塑料管也要求排管后能尽量提早浇筑混凝土，因此，塑料排管的工作必须要与土建紧密结合起来，重新制定合理的施工工序和流水段，尽量减少塑料管暴露时间（图 6.78）。

其次，需加强对塑料管材的保护工作。由于塑料管材的施工过程中交叉作业不可避免，从塑料管材排管完工到浇筑混凝土这段时间，仍有相当多的土建工序需要完成。钢筋的绑扎及焊接，钢筋的毛刺以及大量建筑工人在楼面上工作，这些都是塑料管材保护所要面临的重要问题。

再次，施工的准备问题。由于天棚辐射采暖制冷系统的施工环境比地板采暖要恶劣得多，没有具体的墙体可以参考管材摆放的具体位置，因此需要在模板上准确标注盘管位置和预留孔洞尺寸，标注尺寸允许误差 ±20 mm。天棚盘管绑扎需严格按照模板上标注的位置与方向进行施工，尤其注意对预留孔洞的避让。

冬季施工也可能是需要解决的问题之一。若天棚辐射采暖制冷系统需要冬季进行施工，在达不到塑料管材的施工温度要求时必须按照要求对管材进行加热和保温措施，必要时暂时停止施工。

压力检测是系统质量保证的重要措施。由于塑料管材绑扎后还有许多工序需要进行，管材存在破损的可能性。如果混凝土浇注后才发现管材破损将会给修复造成巨大的困难。为了保证在交叉施工过程中，管材的破坏及时得到报告和修复，在管材施工完至浇注混凝土中间必须密切注意管材中压力的情况。在浇注混凝土时应派专职人员来回巡查，如发现有压力表达不到设计值时，应及时发现问题，解决问题，待浇注完 12 h 后方可泄压。混凝土在浇注完成后，不允许在顶板上或地面上开任何大小的孔洞，以确保天棚辐射采暖制冷系统的安全使用（图 6.79）。

图 6.78 天棚辐射采暖制冷系统塑料管浇注
资料来源：史勇摄

图 6.79 压力监测作业
资料来源：史勇摄

6.5.2 置换式新风系统

6.5.2.1 置换通风原理

近年来,一种新的通风方式——置换通风在我国日益受到设计人员和业主的关注。这种送风方式与传统的混合通风方式相比较,可使室内工作区得到较高的空气品质、较高的热舒适性并具有较高的通风效率。置换通风系统在工业建筑、民用建筑及公共建筑中得到了广泛的应用。

置换通风的基本特征是水平方向会产生热力分层现象。置换通风"下送上回"的特点决定了空气在水平方向会分层,并产生温度梯度。如果在底部送新鲜的冷空气,那么最热的空气层在顶部,最冷的空气层在底部。一般来说,相对于空调房间的混合通风方式而言,置换通风从地板或墙底部送风口所送新风在地板表面上扩散开来,可形成"新风湖",并且在热源周围形成浮力尾流慢慢带走热量。由于风速较低,气流组织紊动平缓,没有大的涡流,因而室内工作区空气温度在水平方向上比较一致,而在垂直方向上分层。由热源产生向上的尾流不仅可以带走热负荷,也将污浊的空气从工作区带到室内上方,由设在顶部的排风口排出。因此从理论上讲,就可以保证人体处于一个相对清洁的空气环境中,从而有效地提高了工作区的空气品质(图6.80)。

图 6.80 置换式通风原理示意图
资料来源:曹彦斌绘

空调节能和室内空气品质是当前暖通空调界面临的两大课题,而置换通风能在一定程度上较好地解决了这两个问题。

由于置换通风的送风口处于工作区,送风温度必须控制在人体舒适范围内,送风温差的合理确定是置换通风空调系统设计的难点之一。如果送风温差设计偏小,则会造成送风量偏大,送风散流装置的尺寸大小和数量增多,设备投资加大;如果送风温差过大,送风温度必然较低,人体头部与脚面之间温差偏大,使人产生冷感,降低人体热舒适性。因此,合理地设计送风量和送风温度是关系到置换通风保证室内空气品质和人体热舒适性的一个重要因素。

地板送风与置换通风其实并不是一个概念,地板送风不一定就是置换通风。这要取决于地板送风的温度和速度。如果温度较高或者速度过大,这都不是置换通风。因为温度过高,会使空气飘起来,不能把室内污染物挤压出去,这不是置换通风;如果速度过大,送风与室内空气混合起来,这当然也不是置换通风(表6.7)。

表 6.7 置换式通风与传统混合式通风的对比

气流组织形式		混合式通风	置换式通风
目标		全室参数一致	人员活动区空气质量
气流动力		气流动量控制	浮力控制
机理		气流强烈掺混	气流扩散浮力提升
气流分布特性		上下均匀	气流分层
流态		高紊流	低紊流或层流
措施	1	大温差,高风速	小温差,低风速
	2	上送,上回	下侧送,上回
	3	风口掺混性好	风口扩散性好
	4	风口紊流系数大	风口紊流小
效果	1	消除全室负荷(余热、污染物)	消除人员活动区负荷(余热、污染物)
	2	空气品质接近回风	空气品质接近送风

6.5.2.2 送风计算

置换式通风的换气效率要高于混合通风，在保证相同的室内空气品质的前提下，所需新风量要少于混合通风所需量，若仍采用混合通风方式确定新风量的经验数值来设计，必将导致新风量大，且浪费了冷量。其所需新风量的计算可采用下列经验公式：

$$L_l = L_m / \eta \tag{6-10}$$

$$\eta = 2.83(1 - e^{-n/3})(Q_o + 0.45Q_l + 0.63Q_e)/Q \tag{6-11}$$

$$Q = Q_o + Q_l + Q_e \tag{6-12}$$

式中，n 为换气次数（次/h）；Q 为总负荷（W）；L_m 为混合通风方式下通风效率为 1 时的新风量（m³/h）；Q_o 为室内人员及电气设备负荷（W）；Q_l 为室内照明负荷（W）；Q_e 为结构及太阳辐射热负荷（W）。

6.5.2.3 置换式通风末端送风装置

置换式通风末端装置主要考虑将新鲜空气以非常平稳而均匀的状态送入室内。实际应用中是在送风分布器的出口处装过滤网，或作孔板形式，这样就保证了送风的均匀性。送风分布器具有一定的开孔度和孔距，面罩上的开孔布置均匀。置换通风末端装置通常有圆柱形、半圆柱形、1/4 圆柱形、扁平形及平壁形等 5 种。在民用建筑中置换通风末端装置一般均为落地安装，当建筑采用夹层地板时，置换通风末端装置可安装在地面上。落地安装是使用最广泛的一种形式。1/4 圆柱形可布置在墙角内，易与建筑配合。半圆柱形及扁平形用于靠墙安装。圆柱形用于大风量的场合并可布置在房间的中央（图 6.81）。

室内的湿负荷和新风负荷及小部分冷负荷主要由置换通风系统承担，室内大部分冷负荷由天棚辐射系统来承担。置换通风与天棚辐射系统结合的精确设计、施工和管理可以创造出一个既无吹风感又有清洁舒适的室内空气环境，并具有显著的节能效果。

采用置换式新风，所有房间新风都从房间下部送出，新风以低于 0.3 m/s 的风速和略低于室内温度 2℃ 的温度流入室内，由于温度较室内偏低 2℃，所以进来的新风总沉于室内下部，而通过人的体表加温、呼吸加温和其他热载体的加温而逐渐上升。

这种气流将新鲜空气送入人的口鼻，带走了人身上的汗味、呼出的废气以及其他混浊气体，最后到达房间的顶部，在那里从排气孔排出，而排出的废气只回收热量不再做循环使用。

图 6.81　置换式通风末端装置
资料来源：史勇摄

为了节约新风，房间里的气体被排送到厨卫，在那里产生强大的换气，带走所有污浊气体和潮湿气体。卧室和起居室的空气置换率是 0.6 h-1~1 h-1，卫生间、厨房的空气置换率为 2 h-1。此外，新风来源于建筑物的顶端，那里的空气较之地面是不易受到污染的。新风在送入室内前，要经过调温调湿、除尘、过滤与消毒，所以送入室内的空气不单单是新鲜的室外空气，而是最适合人体舒适度的新风。

6.5.2.4 热回收装置

空气热回收装置是使进风和排风之间产生显热或全热交换，回收冷（热）量的装置。新风热回收装置的运用使得平衡式通风得以实现，在空调房间引进新风的同时排出房间的空气。新风热回收装置的运用可以调节空调房间的压力，不同的压力状况的实现只需要调节新风与排风的比例即可，新风热回收装置的运用使得新风处理的能耗减少而节能并降低了运行费用（图 6.82）。

新风热回收的方式很多，各种不同方式的效率高低、设备费的大小、维护保养的繁简也各不相同。热回收装置有板式热回收机、转轮式热回收机、热管式热回收机、中间热媒式热回收机、热泵式热回收机和溶液喷淋式热回收

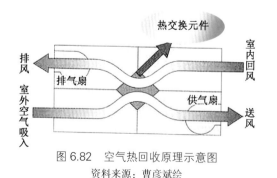

图 6.82　空气热回收原理示意图
资料来源：曹彦斌绘

机等(图 6.83)。

1) 板式热回收机

板式热回收机分为显热热回收机和全热热回收机。板式显热热回收机的基材为铝箔等导热性能好的金属使排风与新风之间进行热交换。板式全热热回收机是采用金属平板膜片与高分子平板膜片组合而成，当隔板两侧气流之间存在温度差和水蒸气分压力差时，两气流之间就产生传热和传质的过程，进行全热交换。其特点是构造简单，过滤除尘，双向换气，无

(a) 板式热回收机　　　(b) 转轮式热回收机

图 6.83　部分空气热回收机

资料来源：曹彦斌绘

互串气，效率高，机体内没有运动部件运行，安全、可靠，各出入口接管便利，安装方便，设备费用较低，适用于一般民用空调工程。

在选用板式显热热回收机时，新风入口温度不宜低于-10℃，否则排风侧出现结霜；当新风温度低于-10℃时，应在热交换器前加新风预热器。新风进入热回收机之前，必须先经过过滤器净化，排风进入热回收机之前，一般也装过滤器，但当排风较干净时，可不装。当排风中含有有害成分时不宜选用板式全热热回收机。

2) 转轮式热回收机

转轮式热回收机是转轮在旋转过程中让排风与新风以相逆的方向流过转轮(蓄热器)而各自转换能量。它既能回收显热，又能回收潜热，排风与新风交替逆向流过转轮，具有自净作用，它可以通过对转轮转速的控制来适应不同的室内外空气参数。转轮式热回收机回收效率高，可达 70%~90%。转轮芯片多为用铝合金箔制造，其表面覆盖着吸湿性涂层，形成热、湿交换的载体，它以 8~10 r/min 的速度缓慢旋转，先把排风中的冷热量收集在蓄热体(转轮芯)里，然后传递给新风，空气以 2.5~3.5 m/s 的流速通过蓄热体，靠新风与排风的温差和蒸汽分压差来进行热湿交换。所以，既能回收显热，又能回收潜热。

蓄热体是由平直形的波纹形相间的两种箔片构成，其相互平行轴向通道，使内部气流形成不偏斜的层流，避免了随气流带进粉尘微粒堵塞通道的现象。光滑的转轮表面及交替改变气流方向的层流，确保了蓄热体本身良好的自净作用。

3) 热管式热回收机

热管式热回收机是一种借助工质(如氨、氟利昂-11、氟利昂-113、丙醇、甲醇等)的相变进行热传递的换热元件，由多根热管组成，利用热管进行空调热回收，温度范围一般为-20℃~+40℃，管材一般为铝或铝合金。

热管是一种高效的传热元件，其导热能力比金属高出几百倍，热管还具有均温特性好、热流密度可调、传热方向可逆等，用它组成热管换热器不仅具有热管固有的传热量大、温差小、重量轻、体积小和热响应迅速等特点，而且还具有安装方便、维修简便、使用寿命长、阻力损失小、进排风流道间便于分隔和互补渗漏等优点。

6.5.3　冷热源系统

6.5.3.1　低品位能源利用

一直延续到今天的传统的建筑供暖(冷)方式有以下缺点：① 所使用的矿物质燃料资源有限；② 能源利用不合理：燃用矿物质燃料(煤、油、气)等燃烧 1 000℃烟气加热低温水 70℃~80℃，而排烟温度达200℃左右，效率极低，能源浪费极大；③ 燃烧产物污染严重，不仅产生大量温室气体 CO_2，同样，烟尘、CO、SO_2 和 NO_x 皆须后期治理；④ 设备功能单一，锅炉只供暖，制冷须另设制冷机组。

自然界地表水(江、河、湖、海)、空气、城市污水、电厂循冷却水等都广泛蕴藏着低温可再生的能量。浅层低温地能，存在于地下几米至数百米内的恒温带中，其温度相对稳定，地域与气候的影响不大，不同地域、不同季节基本恒定在 10℃~25℃之间。这种温度的低温热能在利用时必须在技术和设备上采用特殊措施，而天棚辐射采暖制冷系统供热温度低，制冷温度高，可以高效地利用这样的低温能源。

浅层地下温度场是从远古时期就已经形成的。这个温度场包括：① 地表变温区（地表至地下 30 m 左右）；② 相对恒温区（地下 30 m 左右至地下几百米）。由于太阳热辐射形成的地表高温层向地下移动时温度会逐渐降低，在我国绝大部分地区到达地下 30 m 时温度为 15℃左右，恰好是地下温度场相对恒温区的温度值。

浅层地能(热)是在太阳辐射和地心热产生的大地热流的综合作用下，存在于地壳下近表层数百米内的恒温带中的土壤、砂岩和地下水里的低品位(<25℃)的可再生能源。浅层地能(热)具有可再生、储量巨大、分布广泛等特点。

采用热泵技术可以充分开发利用浅层地能巨大的低品位能源，并具有许多优点：① 使用的是可再生能，通过地下水流动、自然降水和大地热传导等能量补充过程，浅层地能是完全可以再生的。② 能源利用率高，比传统方式节能 50%~75%。③ 真正实现了供暖(冷)建筑使用区域的零排放和零污染。④ 一套设备，既可冬季供暖，又可夏季制冷，并提供日常生活热水，节约总体投资。

6.5.3.2 地源热泵 + 地源直供

地源热泵是一种利用地下浅层地热资源既能供热又能制冷的高效节能环保型空调系统。地源热泵通过输入少量的高品位能源（电能），即可实现能量从低温热源向高温热源的转移。在冬季，把土壤中的热量"取"出来，提高温度后供给室内用于采暖；在夏季，把室内的热量"取"出来释放到土壤中去，并且常年能保证地下温度的均衡。地表浅层地热资源的温度一年四季相对稳定，冬季比环境空气温度高，夏季比环境空气温度低，是很好的热泵热源和空调冷源，这种温度特性使得地源热泵比传统空调系统运行效率要高 40%，因此要节能和节省运行费用 40%左右。另外，地能温度较恒定的特性，使得热泵机组运行更可靠、稳定，也保证了系统的高效性和经济性。

地源热泵技术特点如下：① 环保：使用电力，没有燃烧过程，对周围环境无污染排放；不需使用冷却塔，没有外挂机，不向周围环境排热，没有热岛效应，没有噪音；不抽取地下水，不破坏地下水资源。② 一机三供：冬季供暖、夏季制冷以及全年供生活热水。③ 使用寿命长：使用寿命 20 年以上，地下埋管寿命 50 年以上。

埋管式地源热泵是在地下一定深度内埋入管道，并通入循环介质(通常为加入防冻剂的水)，形成循环介质与土壤间的换热器。在冬季时通过这一换热器从地下获得热量成为热泵热源，而夏季将热量释放到地下，使其成为热泵冷源。由于土壤具有良好的绝热性和热惰性，热量不易散失，这就形成了热量夏存冬取的高效节能系统。

在夏初阶段由于冬季大量取热在地下形成了低温热场(天棚辐射系统供冷需要的温度为 18℃左右)，可以直接供给天棚系统"免费冷源"而不需要启动热泵消耗额外电能。而在冬初又可以利用夏季放热形成的地下高温热场(天棚辐射系统供热需要的温度为 26℃左右)，直接供给天棚系统"免费热源"而不需要启动热泵消耗额外电能。这就是天棚辐射系统与地源热泵结合形成的独特的"免费能源"直供系统。

6.5.3.3 冷凝锅炉 + 冷水机组

在无条件使用热泵系统时可采用传统的锅炉供热+冷水机组供冷系统。由于天棚辐射系统供热温度为 18℃左右，而置换式新风系统的供热温度也只有 35℃左右，因此可以采用高效节能的冷凝式锅炉供热，与传统供热方式相比使用冷凝式锅炉后可节能 10%~15%。

6.6 外墙外保温系统防火技术

近几年，外墙外保温系统的火灾事故时有发生，已经严重威胁到了人们的生命和财产安全，特别是央视大楼大火之后，最终引发了一场关于建筑节能与建筑防火如何兼顾的诘问。建筑节能是基本国策，而建筑防火又是生死攸关的大事，两者息息相关，缺一不可。

针对行业标准 JGJ—144《外墙外保温工程技术规程》防火标准的缺失，建设部早在 2006 年就委托北京振利高新技术有限公司等 8 家单位共同承担了"外墙保温体系防火试验方法、防火等级评价标准及建筑应用范围的技术研究"(06-K5-35)课题。该课题经过3年多时间耗费300多万元经费,汇集了多项防火科研数据,于2007年9月正式通过专家验收,并明确将外墙外保温系统防火试验方法、防火分级及适用高度列入标准。通过课题研究得出5个结论性意见:

① 系统防火安全性应为外墙外保温技术应用的重要条件;② 系统整体构造的防火性能是外墙外保温防火安全的关键;③ 无空腔、设防火隔断和防护保护面层是系统构造防火的三个关键要素;④ 大尺寸窗口火试验是目前检验外墙外保温系统构造防火性能的有效方法;⑤ 外墙外保温系统防火等级划分及适用建筑高度规定是提高防火安全性的有效途径。

自2006年3月开始至今,课题组完成了大量的防火试验研究(包括锥形量热计试验、燃烧竖炉试验、窗口火试验、墙角火试验等)。针对不同构造的外保温系统,先后进行了42次大比例模型火试验,其中,墙角火试验10次,窗口火试验32次,积累了大量的试验数据。

目前,全国各省市和地区正在紧锣密鼓地制定防火技术规程,并且基本都利用了上述国家级课题的研究成果。其中陕西、吉林等省市已经发布了地方防火技术规程,规程中对不同外保温系统对应不同的防火构造措施进行了防火分级和应用范围限定,同时明确了防火试验防火和分级评价标准。这些防火技术规程具有很强的可操作性,不但实现了建筑节能和防火安全的兼顾,同时也是对企业作为创新主体科研成果的认可。

6.6.1 外保温系统防火安全性分析

6.6.1.1 外墙保温材料分类

从材料燃烧性能的角度看,用于建筑外墙的保温材料可以分为三大类:一是以矿物棉和岩棉为代表的无机保温材料,通常被认定为不燃材料;二是以胶粉聚苯颗粒保温浆料为代表的有机-无机复合型保温材料,通常被认定为难燃材料;三是以聚苯乙烯泡沫塑料(包括EPS板和XPS板)、硬泡聚氨酯和改性酚醛树脂为代表的有机保温材料,通常被认定为可燃材料(表6.8)。

表6.8 各种保温材料的燃烧性能等级及导热系数 [W/(m·K)]

材料名称	胶粉聚苯颗粒保温浆料	EPS板	XPS板	硬泡聚氨酯	岩棉	矿棉	泡沫玻璃	加气混凝土
导热系数	0.06	0.041	0.030	0.025	0.036~0.041	0.053	0.066	0.116~0.212
燃烧性能等级	B_1	B_2	B_2	B_2	A	A	A	A

1) 岩棉、矿棉类不燃材料的燃烧特性

岩棉、矿棉在常温条件下(25℃左右)的导热系数通常在(0.036~0.041)W/(m·K)之间,其本身属于无机质硅酸盐纤维,不可燃。虽然,在将其加工成制品的过程中所加入的黏结剂或添加物等有机材料会对制品的燃烧性能产生一定的影响,但通常仍将它们认定为不燃性材料。

2) 胶粉聚苯颗粒浆料的燃烧特性

符合《胶粉聚苯颗粒外墙外保温系统》(JG 158—2004)的胶粉聚苯颗粒保温浆料是一种有机、无机复合的保温隔热材料,聚苯颗粒的体积大约占80%左右,导热系数为0.06 W/(m·K),燃烧性能等级为B_1级,属于难燃材料。胶粉聚苯颗粒保温浆料在受热时,通常内部包含的聚苯颗粒会软化并熔化,但不会发生燃烧。由于聚苯颗粒被无机材料包裹,其熔融后将形成封闭的空腔,此时该保温材料的导热系数会更低、传热更慢,受热过程中材料的体积几乎不发生变化。

3) 有机保温材料的燃烧特性

有机保温材料一般被认为是高效保温材料,其导热系数通常较低。目前我国应用的有机保温材料主要是聚苯乙烯泡沫塑料(包括EPS板和XPS板)、硬泡聚氨酯和改性酚醛树脂板等三种。其中,聚苯乙烯泡沫塑料属于热塑性材料,它受火或热的作用后,首先会发生收缩、熔化,然后才起火燃烧,燃烧后几乎无残留物存在。硬泡聚氨酯和改性酚醛树脂板属于热固性材料,受火或热的作用时,几乎不发生熔化现象,燃烧时成炭,体积变化较小。通常要求用于建筑保温的有机保温材料的燃烧性能等级不低于B_2级。

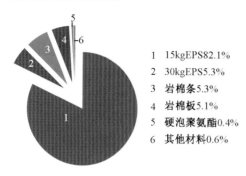

图 6.84 2006 年德国市场外墙外保温系统的市场份额

1 15kgEPS 82.1%
2 30kgEPS 5.3%
3 岩棉条 5.3%
4 岩棉板 5.1%
5 硬泡聚氨酯 0.4%
6 其他材料 0.6%

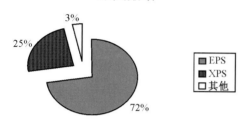

图 6.85 北京地区外墙外保温材料份额

4）保温材料国内外应用现状

外墙外保温系统在欧美已应用了几十年，技术上十分成熟，对其防火安全性能方面的研究也相当充分。至今 EPS 薄抹灰外保温系统仍占据着主要的地位。图 6.84 给出了 2006 年德国市场各种外墙外保温系统所占的市场份额，其中 EPS 系统占 87.4%、岩棉系统占 11.6%。2010 年与德国外保温协会交流的结果是：EPS 的市场份额仍占 82% 左右，岩棉系统占 15% 左右，其余系统占 3%~4%。

2008—2009 年北京住总集团对北京市正在实施的 43 个工程（合计 125.6 万 m^2）所作的调研表明：北京外墙保温应用的有机保温材料占 97%。图 6.85 给出了北京地区外墙外保温的材料份额。

由此可见，我国保温材料的应用情况与国外大致相同，有机保温材料尽管具有可燃性，仍在国内外大量广泛应用。由于技术和经济上的原因，目前还没有找到可以替代它们的高效保温材料，在当前和今后一定时期，有机保温材料仍将是我国建筑保温市场的主流产品。

6.6.1.2 外保温系统的防火性能要求

外墙外保温系统是否具有防火安全性，应考虑以下两个方面的问题：

（1）点火性：在有火源或火种的条件下，材料或系统是否能够被点燃或引起燃烧的产生，系统自身的燃烧性能要求。

（2）蔓延性：当有燃烧或火灾时，材料或系统是否具有蔓延火焰的能力，系统对外部火源攻击的抵抗能力或防火性能要求。

那么，聚苯乙烯和聚氨酯硬质泡沫材料的阻燃性能达到何等程度才能保证整个系统的防火安全？是否需要在现有的技术条件下过多地提高聚苯乙烯和聚氨酯硬质泡沫的阻燃性指标？过高地要求聚苯乙烯和聚氨酯硬质泡沫材料的阻燃性能是否现实和合理？从目前的科学研究和工程实践来看，材料的燃烧性能通常是指材料在规定的实验条件(实验室规模，即小尺寸样品实验)下，材料的对火反应行为。由于规定的实验条件与真实火灾的环境条件相差甚远，因此，材料的燃烧特性与其火灾特性也大相径庭。如普通 PVC 材料在通常条件下燃烧时，具有自熄性，氧指数较高，属难燃材料，但相同的材料，在真实的建筑火灾中，受高温、高热辐射的作用时，仍然能够剧烈燃烧，放出大量的热和有毒气体，从而增大火灾强度和火灾危害，这已被大量火灾案例所证实。

在目前的技术条件下，不能过高地要求聚苯乙烯和聚氨酯硬质泡沫的现有阻燃性指标，但其燃烧性能必须首先达到现有相关标准要求，通过其他措施满足施工过程中的防火安全性要求。作为墙体的保温隔热材料，未进行阻燃处理的普通聚苯乙烯泡沫和硬泡聚氨酯材料被划定为易燃材料，阻燃的聚苯乙烯泡沫和硬泡聚氨酯材料可达到可燃或难燃的等级。国家标准中(GB/T10801.1—2002 和 GB/T10801.2—2002)规定：膨胀聚苯乙烯泡沫塑料(简称 EPS 板)和挤塑型聚苯乙烯泡沫塑料（简称 XPS 板）燃烧性能等级应达到 B_2 级，同时 EPS 板的氧指数应不小于 30%。《膨胀聚苯板薄抹灰外保温系统》(JG 149—2003)和《外保温技术规程》(JG 144—2005)中对 EPS 板也有同样的规定，并在 JG 149 标准中被列为强制性条款。在实验中发现通过对有机保温材料进入施工现场前涂刷界面砂浆的方式能提高可燃材料在存放和施工期间的防火性能，点火性和火焰传播性要比未涂界面砂浆的聚苯板好，防火能力得到一定的提高，涂刷界面砂浆的聚苯板在上墙之后采取防火分仓的构造措施，则效果更好。

在有机保温材料达到上述相关标准要求或增加一定辅助措施后，更应强调系统的整体防火安全性。因为过于追求有机保温材料的阻燃性能不仅大大增加了材料的成本，同时某些阻燃剂在阻止燃烧过程往往会增加材料的发烟量和烟气毒性，可能带来更大的危害，而且保温材料防火等级的评价不能代表系统的整体防火安全性能或火灾发生时的真实状况,即使某些难燃级的材料在条件具备时也能剧烈燃烧,所以应该抓住外保温防火问题的重点。只有外保温系统整体的对火反应性能良好,系统的构造方式合理,才能保证建筑外保温系统的防火安全性能满足要求,对工程应用才具有广泛的实际意义。

很显然,提高保温系统的防火能力才是最终目的。因此,最重要的问题是,如何采取有效的防火构造措施提高外保温系统的整体防火能力以及对不同构造的外保温系统如何予以测试和评价。

6.6.1.3 影响外保温系统防火安全性的关键要素

外保温系统不仅仅是由保温材料组成的,在实际使用情况下它是一个整体,保温材料都是被包罗在外保温体系内部的,应该将保温材料、防护层以及防火构造作为一个整体来考虑。

针对外保温体系的防火安全性能,国际通行的做法是:如果保温材料的防火性能好的话,则对保护层和构造措施的要求可以相对低一些;如果保温材料的防火性能差的话,则要采用防火的构造措施,对保护层的要求相对也高一些,总体上两者应该是平衡的。基于这一思想,目前解决我国外保温防火安全的主要途径应是采取构造防火的形式,这是当前适应我国国情和外保温应用现状的一种有效的技术手段。

由于火灾通常是以释放热量的方式来形成灾害。因此,要想解决外保温系统的火灾问题,归根结底还要从热的三种传播方式——热传导、热对流和热辐射谈起。热作用于外保温系统,最终使其中的可燃物质产生燃烧并使火灾向其他部位蔓延,只要阻断热的以上三种传播方式就能防止火灾的进一步蔓延。因此产生了外保温系统的三种防火构造方式,被称为"构造防火三要素"。

(1)防火隔断构造——可以有效地抑制热传导,这些构造包括防火分仓、隔离带等。

(2)无空腔构造——限制了外保温系统内的热对流作用,因此应尽量避免在系统内形成贯通的空腔,这包括保温材料内外两侧的空腔。

(3)增加防护层厚度——可明显减少外部火焰对内部保温材料的辐射热作用。

图6.86(a)~(c)分别为无空腔系统做法、防火分仓做法和防火保护面层做法举例。

(a)无空腔系统做法举例

(b)防火分仓举例

(c)防火保护面层举例

图6.86 防火构造措施举例

资料来源:北京振利节能环保科技股份有限公司,等.外墙外保温体系防火等级评价标准的技术研究.北京:中国建材工业出版社,2008.

6.6.1.4 外保温防火的技术措施

外保温防火问题的重点是外保温系统防火构造。只有外保温系统整体的对火反应性能良好,系统的防火构造方式合理,才能保证建筑外保温系统的防火安全性能满足要求,对工程应用才具有广泛的实际意义。一味地提高有机保温材料的阻燃性能在当前技术和成本因素的影响下实现起来有一定难度。因此,如何采取有效的防火构造措施提高外保温系统的整体防火能力以及对不同构造的外保温系统如何予以测试和评价是当前需要重点突破的课题。

结合分析,应同时进行以下三个方面的技术研究来解决外保温的防火问题。

(1)通过对国外先进技术的借鉴和针对国情的自主创新标准,开发出具有独立知识产权的、能彻底解决大部分现有系统防火性差的外保温系统。为防火分级后的外保温技术应用提供了更多的选择,这也是外保温行业未来的发展方向。

(2)更为迫切的是通过对各种外保温系统和材料的防火性能进行试验研究,建立适合中国国情的外保温防火试验方法;通过这些试验和对外国相关标准的借鉴,对不同外保温系统进行防火安全性能分级评价和应用范围限定,形成具有强制力的标准;在高层和超高层建筑的外墙上规定使用防火安全性更高的外保温系统,进一步规范外保温市场,减少火灾安全隐患,降低火灾发生时外保温系统对火灾推波助澜的负面作用,逐步达到国际上外保温防火技术的先进水平。

(3)从长期性和重要性而言,外保温建筑投入使用后的危险性不容忽视。但目前火灾发生的现状是近70%以上的与外保温相关的火灾案例发生在施工时段,主要是因为外墙保温的施工处于一个多工种、立体交叉作业的施工工地。施工过程中,裸露的保温材料存在较大的火灾隐患,容易发生因为火花溅落或在建筑物使用中导致火灾的情况,以及被点燃后的火焰蔓延。因而,此时段施工管理显得非常重要,加强施工管理减少该时段的火灾隐患是解决火灾引发的一个重要途径。

6.6.2 外保温材料和系统防火试验研究

防火保护面层厚度对外保温系统防火性能的提高作用是最先得到的试验结论。该结论的发现来源于锥形量热计试验和燃烧竖炉试验,这两种试验在我国具有广泛的试验基础,被接受程度也较高。

6.6.2.1 锥形量热计试验

1) 锥形量热计试验原理

从理论上讲,锥形量热计试验是在屋角试验的基础上设计的,其基本原理也是采用耗氧量热计原理,但却是一种小比例的科学合理的火灾模拟试验。从实用和普及的角度来看,可作为建筑外墙外保温系统防火性能的常规试验方法(图 6.87)。

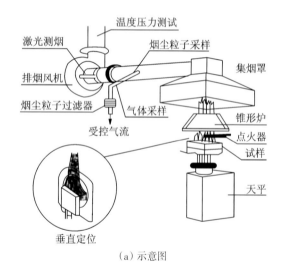

(a)示意图　　　　(b)实物图

图 6.87　锥形量热计试验原理模型

资料来源:北京振利节能环保科技股份有限公司,等. 外墙外保温体系防火等级评价标准的技术研究.
北京:中国建材工业出版社,2008.

2) 试验对比之一

为了探讨不同保温系统的防火性能,分别对聚苯板薄抹灰外墙外保温系统、岩棉外墙外保温系统和胶粉聚苯颗粒外墙外保温系统做了火反应性能试验。

(1)聚苯板薄抹灰外墙外保温系统试件。该试件构造为 10 mm 水泥砂浆基底+50 mm 聚苯板+5 mm 聚合物抹面砂浆(复合耐碱玻纤网格布)。其开放式试件在试验开始 2 s 后聚苯板开始熔化收缩,105 s 时聚合物抹面砂浆(复合耐碱玻纤网格布)层已和水泥砂浆基底相贴,中间的聚苯板保温层已不复存在,只见少许黑色烧结物。其封闭式试件边角产生裂缝,试验开始 52 s 时,从试件裂缝处冒出的烟气被点燃,燃烧持续约 70 s。试验结束后,将试件外壳敲掉,发现里面已空,只可见少许烧结残留物。

(2)胶粉聚苯颗粒外墙外保温系统试件。该试件构造为 10 mm 水泥砂浆基底+50 mm 胶粉聚苯颗粒保温浆料+5 mm 聚合物抹面砂浆(复合耐碱玻纤网格布)。其开放式试件在试验过程中未被点燃,试验结束后观察,发现保温层靠热辐射面颜色略有变深,变色厚度约为 3~5 mm,未发现保温层厚度有明显变化,也未发现其他明显变化。其封闭式试件在试验过程中未被点燃,试件未裂,无明显变化。试验结束后,将试件外壳敲掉后发现保温层靠热辐射面颜色略有变深,变色厚度约为 3~5 mm,未发现其他明显变化。

(3) 岩棉外墙外保温系统试件。该试件构造为 10 mm 水泥砂浆基底+50 mm 岩棉板+5 mm 聚合物抹面砂浆(复合耐碱玻纤网格布)。其开放式试件在试验过程中未被点燃,试验结束后观察,发现岩棉板靠热辐射面颜色略有变深,变色厚度约为 3 mm,岩棉板的厚度略有增加(岩棉板受热后有膨胀现象),试验过程中和结束后,无其他明显变化。其封闭式试件在试验过程中未被点燃,试件未裂,无明显变化。试验结束后,将试件外壳敲掉后也未发现岩棉有明显变化。

不同保温材料火反应后的试块情况见图 6.88。

图 6.88 不同保温材料火反应后的试块情况

资料来源:北京振利节能环保科技股份有限公司,等.外墙外保温体系防火等级评价标准的技术研究.北京:中国建材工业出版社,2008.

(4) 试验结果及评价

① 胶粉聚苯颗粒外墙外保温系统试件不燃烧,保温层厚度无明显变化,只是靠热辐射面的保温层颜色略有变深,变色厚度约为 3~5 mm。这是因为可燃聚苯颗粒被不燃的无机胶凝材料所包裹,在强热辐射下靠近热源一面聚苯颗粒热熔收缩形成了由无机胶凝材料支撑的空腔,这层材料在一定时间内不会发生变形而保持了体型稳定,同时还对下面的材料起到隔热的作用,从而具有良好的防火稳定性能。

② 岩棉外墙外保温系统试验表明,试件不燃烧,发现岩棉板靠热辐射面颜色略有变深,变色厚度约为 3 mm,岩棉板的厚度略有增加。这是因为岩棉为 A 级不燃材料,是很好的防火材料。岩棉板受热后稍有膨胀现象是因为将岩棉挤压成板时添加了约 4%左右的黏结剂、防水剂等有机添加剂,这些有机添加剂在受热后挥发引起岩棉板松胀。

③ 聚苯板外墙外保温系统试件试验表明该系统在高温辐射下很快收缩、熔结,在明火状态下发生燃烧,也就是说在火灾发生时(有明火或高温辐射),这种系统将很快遭到破坏。

综上所述,可以看出聚苯板薄抹灰外墙外保温系统的防火性能最差,而在实际火灾发生时由于是点粘做法(粘贴面积通常不大于40%),系统本身就存在连通的空气层,发生火灾时很快形成"引火风道"使火灾迅速蔓延。燃烧时其高发烟性使能见度大为降低,并造成心理恐慌和逃生困难,也影响消防人员的扑救工作。而且这种系统在高温热源存在下的体积稳定性也非常差,特别是当系统表面为瓷砖饰面时,发生火灾后系统遭到破坏时的情况将更加危险,给人员逃生和消防救援带来更大的安全问题,而且越往高层这个问题就越突出。

3) 试验对比之二

试验以胶粉聚苯颗粒复合型外墙外保温系统模拟墙体的实际受火状态,保温材料包括聚氨酯、聚苯板和挤塑板等三种类型,每种类型又分为平板试件和槽型试件,分别如图 6.89 所示,试件尺寸为 100 mm× 100 mm×60 mm,试件的四周为 10 mm 的耐火砂浆(胶粉聚苯颗粒防火浆料)或水泥砂浆;芯部为保温材料,尺寸为 80 mm×80 mm×40 mm。对比材料采用普通水泥砂浆,试件尺寸为 100 mm×100 mm×35 mm。

胶粉聚苯颗粒复合型外保温系统与普通水泥砂浆在试验中的受火状态相同。

试验结果及评价:当保护层厚度为 5 mm 时,采用不燃性保温材料或不具有火焰蔓延能力的难燃性保

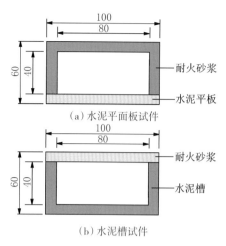

图 6.89 胶粉聚苯颗粒复合型外墙外保温系统试件示意图

(a) 水泥平面板试件
(b) 水泥槽试件

图 6.90 燃烧竖炉试验设备

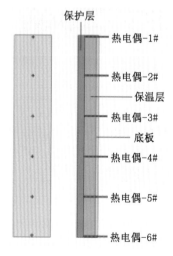

图 6.91 燃烧竖炉试验试件及热电偶测点

图 6.89，图 6.90，图 6.91 资料来源：北京振利节能环保科技股份有限公司，等. 外墙外保温体系防火等级评价标准的技术研究. 北京：中国建材工业出版社，2008.

温材料的各系统，在锥形量热计试验中均未被点燃，热释放速率峰值小于 10 kW/m²，总放热量小于 5 MJ/m²，与普通水泥砂浆的试验结果基本相同。而采用可燃保温材料的系统，在锥形量热计试验中会被点燃，热释放速率峰值大于 100 kW/m²，在实际火灾中具有蔓延火焰的危险性。

6.6.2.2 燃烧竖炉试验

1) 试验原理

燃烧竖炉试验属于中比例的模型火试验，适用于建筑材料的测试，是《建筑材料难燃性试验方法》(GB/T 8625—2005) 标准中用于确定某种材料是否具有难燃性的仪器设备，试验装置包括燃烧竖炉和控制仪器等。在外墙外保温系统中使用竖炉试验的目的在于检验外墙外保温系统的保护层厚度对火焰传播性的影响程度，以及在受火条件下外墙外保温系统中可燃保温材料的状态变化。

在燃烧竖炉试验中，沿试件高度中心线每隔 200 mm 设置 1 个接触保护层的保温层温度测点，如图 6.90、图 6.91 所示。试验过程中，施加的火焰功率恒定，热电偶 5、6 的区域为试件的受火区域。

2) 试验结果及评价

(1) 不同试件各测点温度随保护层厚度的增加而减少，在外保温体系中保护层的厚度直接决定着体系局部的对火承受能力；

(2) 保温层的烧损高度随保护层厚度的减少而增加，无专设防火保护层的聚苯板薄抹灰的保温层全部烧损，聚氨酯薄抹灰的保护层烧损 65%。当胶粉聚苯颗粒保护层厚度在 30 mm 以上时（抗裂层和饰面层厚度 5 mm），在试验条件下（火焰温度 900℃，作用于试件下部面层 20 min），有机保温材料未受到任何破坏。

(3) 试件的构造本身也可以看成是外墙外保温体系分仓构造的一个独立的分仓，所以当分仓缝具有一定宽度且分仓材料具备良好的防火性能时，即当保护层具有一定的厚度时，分仓构造能够阻止火焰蔓延，其表现形式为试件的保温层留有完好的剩余。薄抹灰体系试件由于试验后其保温层被全部烧损，试件本身的这种分仓构造是否具有阻止火焰蔓延的能力，还需要进行大尺寸的模型试验加以验证。

(4) 同等厚度的胶粉聚苯颗粒对有机保温材料的防火保护要强于水泥砂浆。一方面，胶粉聚苯颗粒属于保温材料，是热的不良导体，而砂浆属于热的良导体，前者外部热量向内传递过程要比后者缓慢，其内侧有机保温材料达到熔缩温度的时间长，在聚苯颗粒熔化后形成了封闭空腔使得胶粉聚苯颗粒的导热系数更低，热量传递更为缓慢。另一方面，砂浆遇热后开裂使热量更快进入内部，加速有机保温材料达到熔融收缩温度。

6.6.3 外保温系统大尺寸模型防火试验研究

目前，在我国对建筑外墙外保温进行防火安全性能评价应以火灾试验为基础，因此选择正确合理的试验方法，是客观、科学地评价外墙外保温系统防火安全性能的关键。

小比例试验方法一般只能影响燃烧过程的某个特定方面，而不能全面反应外保温系统的燃烧过程。相对来说，大比例试验方法更接近于真实火灾的条件，与实际火灾状况具有一定程度的相关性。不过，由于实际燃烧过程的因素难以在试验室条件下全面模拟和重现，所以任何试验都无法提供全面准确的火灾试验结果，只能作为火灾中材料行为特性的参考。

通过对国外各类标准的论证分析，我们最终选择了大比例的 UL 1040 墙角火试验和 BS 8414-1 窗口火试验对外保温系统进行检验。

6.6.3.1 防火试验方法简介

1) UL 1040 墙角火试验

UL 1040: 2001《Fire Test of Insulated Wall Construction》(建筑隔热墙体火灾测试)为美国保险商试验室标准。试验模拟外部火灾对建筑物的攻击，用于检验建筑外墙外保温系统的防火性能。其优点在于模型尺寸能够涵盖包括防火隔断在内的外墙外保温系统构造，可以观测试验火焰沿外墙外保温系统的水平或垂直传播的能力，试验状态能够充分反应外墙外保温系统在实际火灾中的整体防火能力。

UL 1040 墙角火试验模型由 2 面成直角的墙体构成，形成 6.10 m×6.10 m×9.14 m 高的大墙角，顶面采用不燃的无机板材遮盖，测试装置代表场地建筑物。试验模型见图 6.92。

保温系统安装于两面墙上，墙体连接到屋顶的方式应代表场地连接的方式。墙角处堆积木材，点燃源为 1.22 m×1.22 m×1.07 m 的木垛，由 12 层木条组成，重量为 347 kg±4.54 kg。该试验方法可用于观测外保温系统受火后的纵向和横向传播范围。

图 6.92　UL 1040 试验模型

试验时，在堆积木材上方及外保温系统的墙体表面均布温度测点和大气环境的温度测点，并从不同角度对试验过程进行摄像记录。

2) BS 8414-1 窗口火试验

英国 BS 8414-1: 2002《Fire performance of external cladding systems Part 1: Test method for non-loadbearing external cladding systems applied to the face of the building》(外部包覆系统的防火性能-第1部分：建筑外部的非承载包覆系统试验方法)主要用于检验外保温系统的纵向传播范围。

试验模拟内部火灾对建筑物的攻击，用于检验建筑外墙外保温系统的火焰蔓延性。其优点与墙角火试验相同，从实际火灾对建筑物的攻击概率来看，更具有普遍意义。图 6.93 为窗口火试验模型。

图 6.93　窗口火试验模型

6.6.3.2 防火试验研究

1) 窗口火试验

（1）系统构造及试验结果

本节对典型的 9 次试验结果进行总结分析。表 6.9~表 6.13 和图 6.94~图 6.95 分别按系统构造、保温层破损状态、试验结果等对试验进行了总结分析。

图 6.92，图 6.93 资料来源：北京振利节能环保科技股份有限公司，等. 外墙外保温体系防火等级评价标准的技术研究. 北京：中国建材工业出版社，2008.

表 6.9　窗口火试验系统构造特点

序号	系统名称	窗口火试验系统构造特点				
		保温材料燃烧性能等级	保温材料厚度(mm)	抹灰(mm)	粘贴方式	防火构造措施
1	EPS 板薄抹灰系统	B_2	80	薄抹灰	点框粘,黏结面积≥40%	无
2-1	EPS 板薄抹灰系统	B_2	—	薄抹灰	点框粘,黏结面积≥40%	岩棉防火隔离带
2-2	EPS 板薄抹灰系统	B_2	50	薄抹灰	点框粘,黏结面积≥40%	聚氨酯防火隔离带
3	胶粉聚苯颗粒贴砌 EPS 板系统	B_2	60	厚抹灰,10 mm 颗粒找平	满粘	无空腔+防火分仓+防火保护面层
4	XPS 板薄抹灰系统	B_2	65	薄抹灰	点框粘,黏结面积≥40%	无

续表 6.9

序号	系统名称	窗口火试验系统构造特点				
		保温材料燃烧性能等级	保温材料厚度(mm)	抹灰(mm)	黏贴方式	防火构造措施
5	挤塑聚苯板薄抹灰系统	B_2	65	薄抹灰	点框粘,黏结面积≥40%	岩棉防火隔离带
6	胶粉聚苯颗粒贴砌XPS板系统	B_2	40	厚抹灰,30mm颗粒找平	满粘	无空腔+防火分仓+防火保护面层
7	XPS板薄抹灰系统	B_1	50	薄抹灰	点框粘,黏结面积≥40%	无
8	酚醛薄抹灰铝单板幕墙系统	B_1	70	薄抹灰	点框粘,黏结面积≥40%	无
9	胶粉聚苯颗粒贴砌酚醛铝单板幕墙系统	B_1	70	厚抹灰,20 mm颗粒找平	满粘	无空腔+防火分仓+防火保护面层

表6.10 试验后保温层烧损状态

1. EPS板薄抹灰系统（无防火构造）

2-1. EPS板薄抹灰系统（复合岩棉防火隔离带）

2-2. EPS板薄抹灰系统（复合聚氨酯防火隔离带）

3. 胶粉聚苯颗粒贴砌EPS板系统

4. XPS板(B_2级)薄抹灰系统（无防火构造）

5. XPS板(B_2级)薄抹灰系统（复合岩棉防火隔离带）

6. 胶粉聚苯颗粒贴砌XPS(B_2级)系统

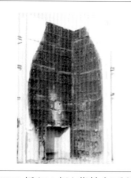

7. XPS板(B1级)薄抹灰系统（无防火构造措施）

8. 酚醛薄抹灰铝单板幕墙系统

9. 胶粉聚苯颗粒贴砌酚醛铝单板幕墙系统

表6.11 窗口火试验结果

序 号	火源测点最高温度(℃)	水平准位线2可燃保温层测点最高温度(℃)	烧损高度(m)	烧损面积(m²)
1	约1 000	475	8	44
2-1	973	299	7.3	约30
2-2	895	166	4.7	约25
3	850	96	0	0
4	—	—	8	44
5	—	—	6.7	约36
6	957	95	2	4
7	991	446	8	约36
8	992	899	8	约25
9	911	103	2	4

表6.12 窗口火试验烧损高度对比表

	1	2	3	4	5
系 统	胶粉聚苯颗粒贴砌EPS板系统	胶粉聚苯颗粒贴砌XPS板系统	胶粉聚苯颗粒贴砌酚醛铝单板幕墙系统	EPS薄抹灰系统	XPS板(B_2)薄抹灰系统
防火构造措施	无空腔+防火分仓+防火保护面层	无空腔+防火分仓+防火保护面层	无空腔+防火分仓+防火保护面层	聚氨酯防火隔离带	防火隔离带
烧损高度(m)	0	2	2	4.7	6.7
系 统	6	7	8	9	10
	EPS板薄抹灰系统	EPS薄抹灰系统	XPS板(B_2)薄抹灰系统	XPS板(B_1)薄抹灰系统	酚醛薄抹灰幕墙系统
防火构造措施	防火隔离带	无	无	无	无
烧损高度(m)	7.3	8	8	8	8

表6.13 窗口火试验烧损面积对比表

	1	2	3	4	5
系 统	胶粉聚苯颗粒贴砌EPS板系统	胶粉聚苯颗粒贴砌XPS板系统	胶粉聚苯颗粒贴砌酚醛铝单板幕墙系统	酚醛薄抹灰幕墙系统	EPS薄抹灰系统
防火构造措施	无空腔+防火分仓+防火保护面层	无空腔+防火分仓+防火保护面层	无空腔+防火分仓+防火保护面层	无	聚氨酯防火隔离带
烧损高度(m)	0	4	4	25	25
系 统	6	7	8	9	10
	EPS薄抹灰系统	XPS薄抹灰(B_2)系统	XPS薄抹灰(B_1)系统	EPS薄抹灰系统	XPS薄抹灰系统
防火构造措施	防火隔离带	防火隔离带	无	无	无
烧损面积(m²)	30	36	36	44	44

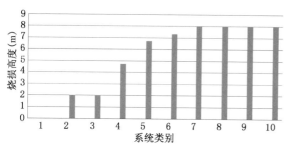

图 6.94　窗口火试验烧损高度对比图

资料来源：北京振利节能环保科技股份有限公司，等. 外保温技术理论与应用. 北京：中国建材工业出版社，2011.

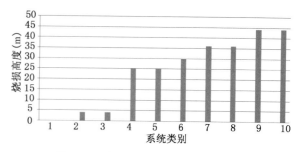

图 6.95　窗口火试验烧损面积对比图

资料来源：北京振利节能环保科技股份有限公司，等. 外保温技术理论与应用. 北京：中国建材工业出版社，2011.

（2）窗口火试验小结

无空腔+防火分仓+防火保护面层的构造措施防火性能优异，在试验过程中无任何火焰传播性，系统机械性能表现优异；防火隔离带构造措施具有一定的阻止火焰纵向蔓延的能力，但是不能阻止火焰横向蔓延，试验过程中系统机械性能表现一般，出现燃烧甚至局部轰然的现象；无任何构造措施的聚苯板薄抹灰系统无任何阻止火焰传播的能力。

通过试验再次表明材料的防火性能不等于系统的防火性能；试验中 B_1 的 XPS 板系统不能阻止火焰的传播，即使是 B_1 的酚醛板在无防火构造措施的条件下也不能阻止火焰的传播，而材料燃烧等级较低的聚苯板经过合理的构造措施，其系统防火性能却表现优异。

2）墙角火试验

（1）系统构造及试验结果

表 6.14~表 6.17 和图 6.96~图 6.97 分别按系统构造、试验过程和试验后系统状态、试验结果等对试验进行了总结分析。

表 6.14　墙角火试验系统构造特点

序号	系统名称	系统构造特点				
		保温材料燃烧性能等级	保温材料厚度(mm)	抹灰(mm)	粘贴方式	防火构造措施
1	EPS 板薄抹灰系统	B_2	80	薄抹灰	点框粘，黏结面积≥40%	无
2	胶粉聚苯颗粒砌筑 EPS 板系统	B_2	60	厚抹灰，10 mm 颗粒找平	满粘	无空腔+防火分仓+防火保护面层
3	胶粉聚苯颗粒贴砌 EPS 板铝单板幕墙系统	B_2	70	厚抹灰，20 mm 颗粒找平	满粘	无空腔+防火分仓+防火保护面层
4	点粘锚固岩棉板铝单板幕墙系统	A	80	无	点粘锚固	无

表 6.15　试验中和试验后系统状态

试验 1	
1. EPS 板薄抹灰系统(墙左侧)(无防火构造)	2. 胶粉聚苯颗粒贴砌 EPS 板系统(墙右侧)
试验过程中　　　　　　试验结束后　　　　　　保温层破损状态	

续表 6.15

试验 2	
3. 胶粉聚苯颗粒贴砌 EPS 板铝单板幕墙系统（墙左侧）	4. 点粘锚固岩棉板铝单板幕墙系统（墙右侧）

| 试验过程中 | 试验结束后 | 保温层破损状态 |

表 6.16 墙角火试验烧损宽度对比表

系 统	1	2	3	4
	胶粉聚苯颗粒贴砌 EPS 板铝单板幕墙系统	点粘锚固岩棉板铝单板幕墙系统	胶粉聚苯颗粒贴砌 EPS 板系统	EPS 薄抹灰系统
防火构造措施	无空腔+防火分仓+防火保护面层	无	无空腔+防火分仓+防火保护面层	无
烧损宽度(m)	0	0	2.4	6.1

表 6.17 墙角火试验烧损面积对比表

系 统	1	2	3	4
	胶粉聚苯颗粒贴砌 EPS 板铝单板幕墙系统	点粘锚固岩棉板铝单板幕墙系统	胶粉聚苯颗粒贴砌 EPS 板系统	EPS 薄抹灰系统
防火构造措施	无空腔+防火分仓+防火保护面层	无	无空腔+防火分仓+防火保护面层	无
烧损面积(m²)	0	0	约 16	54

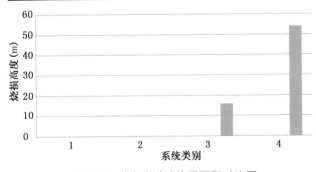

图 6.96 墙角火试验烧损面积对比图
资料来源：北京振利节能环保科技股份有限公司，等. 外保温技术理论与应用. 北京：中国建材工业出版社，2011.

图 6.97 墙角火试验烧损宽度对比图
资料来源：北京振利节能环保科技股份有限公司，等. 外保温技术理论与应用. 北京：中国建材工业出版社，2011.

（2）墙角火试验小结

墙角火试验中胶粉聚苯颗粒贴砌 EPS 板涂料系统烧损面积偏大是由于和 EPS 薄抹灰系统同时试验，试验过程中薄抹灰系统出现了轰然，试验中火源对贴砌系统的攻击已远远超过试验条件的规定，但即使是如此苛刻的环境，试验中贴砌系统也没有出现火焰蔓延的现象。幕墙系统中胶粉聚苯颗粒贴砌 EPS 板系统在试验过程中和试验结束后没有出现任何的燃烧现象，和岩棉系统防火性能表现相当。试验再次验证了构造防火的优势。

3）防火试验的结论

通过对已完成的墙角火试验和窗口火试验，以大量试验数据为基础，得出以下结论：

（1）系统防火安全性应为外墙外保温技术应用的重要条件

当前外墙外保温墙体存在安全隐患已是不争的事实。课题的多次防火试验也很好地说明了当前外墙外保温系统，尤其是薄抹灰聚苯板系统存在的巨大火灾安全隐患。任何生产、生活、经营等活动都应将外墙外保温的安全问题置于首位，在这样一个涉及人民生命财产安全的重大问题面前，必须实事求是的考虑如何提高外墙外保温的防火安全性，这是对社会和行业的负责。

（2）系统整体构造的防火性能是外保温防火安全的关键

有机保温材料的燃烧性能是影响系统防火安全性能的基本条件。对保温材料燃烧性能的要求是达到现有相关标准所要求的技术指标，并满足正常施工过程的安全防火要求，而解决系统的整体构造防火安全性问题才更具现实意义。

（3）无空腔构造、防火隔断构造和增厚防火保护面层是外保温系统构造防火的三个关键要素

大量试验证明，通过外墙外保温构造措施的设计，完全可以解决有机保温材料高效保温与系统防火安全性难以兼顾的问题。构造包括：黏结或固定方式（有无空腔）、防火隔断（分仓或隔离带）的构造、防火保护面层及面层的厚度等。

6.6.4 外保温系统防火等级划分及适用建筑高度

6.6.4.1 防火分级重点考虑的因素

1）保温材料燃烧性能等级

由于保温材料自身的燃烧性能对系统的燃烧性能影响较大，因此，要对保温材料自身的燃烧性能等级提出基本要求，目前已有相关国际标准和国内标准。欧美国家基本上都是要求有机保温材料达到 B_1 级（相当于新标准 GB 8624—2006 的 B/C 级），但由于国内的具体情况，现有标准只能规定外保温所使用的有机保温材料的燃烧性能达到 B_2 级（相当于新标准 GB 862—2006 的 D/E 级）。

2）保温系统热释放速率

保温系统不仅有保温材料，还包括抗裂防护层材料和饰面材料等，在实际使用过程中的最小单元是连续的制品单体。因此，它的燃烧性能比保温材料更接近于实际使用情况。从试验结果来看，热释放速率峰值和总放热量是评价外保温系统抗火能力的关键技术指标，与其火焰蔓延性具有一定的内在对应关系。从本质上讲，热释放速率的大小与保护层的厚度直接相关，而保护层厚度是影响外保温防火性能的关键要素之一，因此，热释放速率峰值是评价外保温系统整体防火安全性能的主要技术参数。

3）保温系统火焰蔓延性

外保温系统的火灾危险性在于火焰蔓延，而 EN13501-1（GB8624—2006）标准中采用的单体燃烧试验方法（EN13823：SBI 试验）是在 ISO 9705 房间墙角火试验方法的基础上衍生的，针对的是建筑室内装修材料，分级依据是材料受火条件下的热释放，没有充分考虑可燃有机保温材料的火焰蔓延性，试验条件下外保温系统的受火状态与实际火灾情景不符。目前已有聚苯乙烯保温板的供应商拿到了 C 级甚至 B 级的检验报告，是否表明 C 级的聚苯乙烯保温板本身就能满足外保温的防火安全性能要求呢？显然是不行的！由于聚苯乙烯保温板属热塑性材料，受火后融化，滴落燃烧物具有引燃性，不能阻止火焰的蔓延。因此，燃烧性能等级不宜作为外保温系统防火安全性能的评价依据。

欧美国家基本上是根据保温材料和制品燃烧性能等级以及系统的火焰蔓延性对外保温系统防火性能进行综合评价，并依据当地法规要求确定其适用建筑范围。但在我国由于材料来源、质量和技术水平问题，我们无法达到欧美国家的要求，所以采用构造防火措施来提高某些系统的防火性能是一条有效途径。在我国，存在多种不同类型的外保温系统构造，防火能力差异较大，而现有材料燃烧性能等级评价不能真实体现这些系统构造的防火性能差异，因此，在保温材料燃烧性能等级满足基本要求的条件下，以热释放速率峰值和火焰蔓延性的技术指标对外保温系统整体构造的防火性能进行分级，并确定不同等级外保温系统的适用建筑高度，是解决我国外保温防火问题的必由之路。

6.6.4.2 系统防火等级划分及适用建筑高度

外保温系统防火等级标准及适用建筑高度应符合表6.18~表6.20的要求。

表6.18 非幕墙式居住建筑外墙外保温系统对火反应性能要求

非幕墙式居住建筑高度 H(m)	对火反应性能		
	热释放速率峰值(kW/m²)	窗口火试验	
		水平准位线温度(℃)	烧损面积(m²)
$H \geq 100$	≤5	$T2 \leq 200$ 且 $T1 \leq 300$ 或 $T2 \leq 300$(当选用保温燃烧性能等级为A级时)	≤5
$60 \leq H < 100$	≤10	$T2 \leq 300$ 且 $T1 \leq 500$	≤10
$24 \leq H < 60$	≤25	$T2 \leq 300$	≤20
$H < 24$	≤100	$T2 \leq 500$	≤40

注:$T1$代表水平准位线1的温度,$T2$代表水平准位线2的温度。

表6.19 非幕墙式公共建筑外墙外保温系统对火反应性能要求

非幕墙式居住建筑高度 H(m)	对火反应性能				
	热释放速率峰值(kW/m²)	窗口火试验		墙角火试验	
		水平准位线温度(℃)	烧损面积(m²)	烧损宽度(m)	烧损面积(m²)
$H \geq 50$	≤5	$T2 \leq 200$ 且 $T1 \leq 300$ 或 $T2 \leq 300$(当选用保温燃烧性能等级为A级时)	≤5	≤1.52	≤10
$24 \leq H < 50$	≤10	$T2 \leq 300$ 且 $T1 \leq 500$	≤10	≤3.04	≤20
$H < 24$	≤25	$T2 \leq 300$	≤20	≤5.49	≤40

注:$T1$代表水平准位线1的温度,$T2$代表水平准位线2的温度。

表6.20 幕墙式建筑外墙外保温系统对火反应性能要求

幕墙式建筑高度 H(m)	对火反应性能				
	热释放速率峰值(kW/m²)	窗口火试验		墙角火试验	
		水平准位线温度(℃)	烧损面积(m²)	烧损宽度(m)	烧损面积(m²)
$H \geq 24$	≤5	$T2 \leq 200$ 且 $T1 \leq 300$ 或 $T2 \leq 300$(当选用保温燃烧性能等级为A级时)	≤5	≤1.52	≤10
$H < 24$	≤10	$T2 \leq 300$ 且 $T1 \leq 500$	≤10	≤3.04	≤20

注:$T1$代表水平准位线1的温度,$T2$代表水平准位线2的温度。

6.6.4.3 系统等级划分及适用高度说明

1)编制的基础

该分级编制的基础来自2006年初立项并于2007年9月验收的《建设部2006年科学技术项目计划》研究开发项目(06-k5-35)"外墙保温体系防火试验方法、防火等级评价标准及建筑应用范围的技术研究"成果。该课题参考了国外大量相关标准和试验方法,结合中国具体情况提出外保温构造整体防火性能是系统防火安全的关键,项目组通过开展锥形量热计试验、燃烧竖炉试验、大尺寸窗口火和墙角火试验研究,获得了大量试验数据。该项目提出了锥形量热计试验和大尺寸窗口火试验为外保温系统防火分级的主要判据指标;提出了外保温系统防火性能分级和适用建筑高度的建议。通过科技查新,该项目所开展的外保温系统防火性能试验研究和防火等级评价填补了我国外保温系统防火安全性研究的空白。研究成果对外保温系统防火试验方法和防火安全性分级标准的制定,建筑节能领域的防火安全设计,打下了良好的基础,具有重要意义。

2）防火分级试验方法及指标

（1）试验方法。总结国外的经验，对建筑外保温系统的防火性能要求应考虑以下两个方面的问题：一是点火性：在有火源或火种的条件下，系统是否能够被点燃以及热释放速率峰值。并且应该同时考虑火灾情况下对逃生影响较大的烟雾和毒气释放问题。这些指标可用小试验取得，以方便检测。这些性能指标可利用锥形量热计试验来检测。二是蔓延性：当有燃烧或火灾时，系统是否具有阻隔火焰蔓延的能力，系统对外部火源攻击的抵抗能力或防火性能要求。该项目测试方法的选择原则是采用代表实际使用的外保温系统（包括构造防火部分）并应与真实火灾有较好的相关性。这样的试验必须使用大尺寸试验才能解决。

由于各类建筑的特点不一，其要求的防火等级也必然有所区别。大尺寸模型火试验状态能够充分反映外保温系统在实际火灾中的整体防火能力，能够对外保温系统工程的整体防火性能进行检验。墙角火试验可以反映出火焰横向蔓延时的破坏程度，窗口火试验可以反映出火焰纵向蔓延时的破坏程度。对应不同的建筑类别，分别制定不同的判定标准，这样就具有普遍意义。

基于以上分析，该分级标准采用了两个最重要的指标对外保温系统进行分级，一是通过锥形量热计试验得出的热释放速率峰值，二是大尺寸模型火试验得出的火焰传播性。

（2）防火分级试验指标。分级判据指标说明见表6.21。

表6.21 外保温系统防火分级试验判据指标说明

防火等级	保温材料燃烧性能	系统火反应性能	
		热释放速率峰值（kW/m²）	火焰传播性（℃）
I	不燃类	≤5（传统的不燃性材料的试验结果，如水泥砂浆，试验中不会被点燃。主要对保护层的材质提出要求）	T2≤300（由于保温层采用了不燃性材料，适当放宽了保护层的材质或厚度要求）
I	难燃或可燃类	≤5（当保温层为有机材料时，防火保护层的材质或厚度对系统的热释放速率峰值有影响。此条要求系统的热释放速率峰值与水泥砂浆相同。对外保温系统的防火保护层材质或厚度提出的要求）	T2≤200 且 T1≤300（由于采用了有机保温材料，对系统构造的阻火性提出要求，保证L2和L1的保温层不出现燃烧现象）
II	难燃或可燃类	≤10（判定材料不燃性的临界值。对于外保温系统同样要求达到该指标。属安全级别）	T2≤300 且 T1≤500（保证L2的保温层不出现燃烧现象，L1的保温层允许出现不剧烈的燃烧现象）
III	难燃或可燃类	≤25（虽然外保温系统的整体对火反应性能不能达到不燃，但燃烧能力有限，即允许轻度的燃烧出现。此时系统的整体燃烧性能不能达到不燃）	T2≤300（保证L2的保温层不出现燃烧现象，对L1未提出要求）
IV	难燃或可燃类	≤100（判定系统整体对火反应性能达到难燃的临界值）	T2≤500（保证L2的保温层不出现燃烧现象，对L1未提出要求）

3）适用高度

根据我国的国情，将不同防火分级的外墙保温系统的适用建筑高度细分为不同的等级。我国的城市建筑高度有多层建筑、小高层建筑到高层建筑乃至超高层建筑，尤其体现在现代化程度比较高的城市中，高层建筑较多，特别是人口和建筑密集程度均比国外相类似的城市高，另外，中国现代化程度比较高的城市消防救援云梯通常在50~60 m之间。在此背景下，防火分级需要根据高度进行细分，如果像德国将可用建筑高度以22 m为界限分两个等级的做法略显粗糙，因此在本等级划分对应不同的建筑类别进行不同的等级划分。

6.6.4.4 外保温工程防火构造措施

外保温工程防火构造措施见表6.22所示。

表 6.22 外保温工程防火构造措施

外保温系统类型	防火构造措施			适用的建筑高度 H(m)		
	防火分仓	防火找平层厚度(mm)	空腔形态	非幕墙式建筑		幕墙式建筑
				居住建筑	公共建筑	
保温浆料系统	不采用	—	无空腔	无限制	无限制	无限制
无网现浇系统	不采用	≥10	无空腔	H<24	不适用	不适用
		≥15		24≤H<60	不适用	
		≥20		60≤H<100	H<24	
		≥25		H≥100	24≤H<50	
		≥30		—	H≥50	
有网现浇系统	不采用	≥20	无空腔	H<100	H<24	不适用
		≥25		H≥100	24≤H<50	
		≥30		—	H≥50	
贴砌聚苯板系统	采用	—	无空腔	H<24	不适用	不适用
		≥10		24≤H<60	不适用	
		≥15		60≤H<100	H<24	
		≥20		H≥100	24≤H<50	H<24
		≥25		—	H≥50	24≤H<100
喷涂 PU 系统	不采用	≥10	无空腔	H<24	不适用	不适用
		≥15		24≤H<60	不适用	
		≥20		60≤H<100	H<24	
		≥25		H≥100	24≤H<50	H<24
		≥30		—	H≥50	24≤H<100
锚固岩棉板系统	不采用	—	—	无限制	无限制	无限制

注：采用面砖饰面时，防火找平层厚度可相应减小 10 mm。

第7章 绿色照明

绿色照明是指通过科学的照明设计,采用效率高、寿命长、安全和性能稳定的照明电器产品(电光源、灯用电器附件、灯具、配线器材以及调光控制设备和控光器件),充分利用天然光,改善提高人们工作、学习、生活条件和质量,从而创造一个高效、舒适、安全、经济、有益的环境并充分体现现代文明的照明。其宗旨是节约电能,保护环境,提高照明质量,保证经济效益。绿色照明的理念最早由美国在20世纪90年代初提出,并作为国家级节能环保计划率先实施。随后,世界许多发达国家和发展中国家也先后制定了"绿色照明"计划,均取得了良好的社会经济和节能环保效益。1996年国家经贸委联合国家计委、科技部、建设部等13个部委和单位,共同组织实施了"中国绿色照明工程"。并且,为了进一步推动中国绿色照明工程的开展,2001年国家经贸委与联合国开发计划署(UNDP)和全球环境基金(GEF)共同实施了"中国绿色照明工程促进项目",目的是通过发展和推广效率高、寿命长、安全和性能稳定的照明电器产品,逐步代替传统的低效照明电器产品,节约照明用电、改善人们的工作、学习、生活条件和质量,建立一个优质高效、经济、舒适、安全,并充分体现现代文明的照明环境。

自"中国绿色照明工程"启动至今,得到社会各界和国内外有关组织和专家的广泛关注和支持,实施效果显著,绿色照明的内涵和外延也在实践中不断充实和扩展。目前,我国照明设计部门和照明用户的照明节电意识普遍增强,照明电器行业产业规模不断扩大,产品结构不断优化,新材料、新工艺、新设备、新光源不断涌现,已出现了一批在国内外有一定知名度的高效照明电器品牌和绿色照明工程项目。作为一个成功的节能范例,绿色照明已被国际社会视为推动节能、保护环境、促进国家可持续发展战略的最有效措施之一。本章从绿色照明标准、绿色照明设计技术、工程示范和经济分析对绿色照明进行阐述。

7.1 绿色照明标准

7.1.1 产品能效标准

"能效"(energy efficiency)一词来源于国外,是"能源利用效率"的简称。能效与能耗是两个不同的概念,能耗是指用能产品在使用时,对能源消耗量大小进行评价的指标;能效即能源利用效率,它反映了产品利用能源的效率质量特性,它评价的是单位能源所产生的输出或做功,是评价产品用能性能的一种较为科学的方法。使用能效,可更客观的反映产品的用能情况,利用它可更科学地进行产品之间能源利用性能的对比。能效标准即能源利用效率标准,是对用能产品的能源利用效率水平或在一定时间内能源消耗水平进行规定的标准。通过实施能效标准,可以不断提高家用电器的能源利用率,用较少的能源来维持或提高现有的生活水平,同时有利于保护环境和保障国家能源供需的平衡。

在国际上能效标准已成为许多国家能源宏观管理的政策手段。国家可以通过能效标准的制定、实施、修订来调节社会节能总量或用能总量。我国能效标准中的能效限定值是强制性的,能效等级将来也可能是强制性的。其中能效限定值是国家允许产品的最低能效值,低于该值产品则是属于国家明令淘汰的产品;能效等级是指在一种耗能产品的能效值分布范围内,根据若干个从高到低的能效值划分出不同的区域,每个能效值区域为一个能效等级。

1997年,我国开始了电气产品能效标准的研究工作,并于1999年11月正式发布我国第一个照明产品能效标准《管型荧光灯镇流器能效限定值及节能评价值》(GB17896—1999)。之后,我国加快了照明产品能效标准的研究和制定工作,先后组织研究制定了自镇流荧光灯、双端荧光灯、高压钠灯和金属卤化物灯以及高压钠灯镇流器、金属卤化物灯镇流器、单端荧光灯等产品的能效标准。到目前为止,我国已正式发布的电气产品能效标准已有11项(表7.1),从数量和质量两方面讲,我国电气产品能效标准的研究水平已位居世界前列。

表7.1 我国已制定的电气照明产品能效标准

序号	标准编号	标准名称	发布日期	实施日期
1	GB17896-1999	管型荧光灯镇流器能效限定值及节能评价值	1999-11-01	2000-06-01
2	GB19043-2003	普通照明用双端荧光灯能效限定值及能效等级	2003-03-17	2003-09-01
3	GB19044-2003	普通照明用自镇流荧光灯能效限定值及能效等级	2003-03-17	2003-09-01
4	GB19415-2003	单端荧光灯能效限定值及节能评价值	2003-11-27	2004-06-01
5	GB19573-2004	高压钠灯能效限定值及能效等级	2004-08-17	2005-02-01
6	GB19574-2004	高压钠灯用镇流器能效限定值及节能评价值	2004-08-17	2005-02-01
7	GB20053-2006	金属卤化物灯用镇流器能效限定值及能效等级	2006-01-09	2006-07-01
8	GB20054-2006	金属卤化物灯能效限定值及能效等级	2006-01-09	2006-07-01
9	GB20052-2006	三相配电变压器能效限定值及节能评价值	2006-01-09	2006-07-01
10	GB18613-2002	中小型三相异步电动机能效限定值及能效等级	2006-12-12	2007-07-01
11	GB21518-2008	交流接触器能效限定值及能效等级	2008-04-01	2008-11-01

我国的电气产品能效等级均分为3级(1级最高),是国际先进水平,市场上只有少数产品能够达到;2级是国内先进、高效产品,是节能评价值,达到2级及以上的产品经过认证可以取得节能认证标志;3级以下为淘汰产品,禁止在市场上出售,是能效限定值。

7.1.2 设计标准

7.1.2.1 我国采光及照明工程建设标准体系

节约能源、保护环境、提高照明品质是我们实施绿色照明的宗旨。节约能源的前提是要满足人们正常的视觉需求,也就是要满足照明设计标准的要求,不应该一味地强调节能而降低照明的数量(照度)和质量(眩光、照度均匀度和颜色等)的要求。我国工程建设的标准体系建立的比较完善,不同的照明场所都已经制订或正在制订相应的设计、测量标准(表7.2)。这些标准均是针对人们的视觉工作需求而制订的,具有一定的科学性和可行性,并尽量和国际标准靠拢,具有一定的先进性。

表7.2 我国的照明设计、测量标准

序号	标准编号	标准名称	发布日期	实施日期	主编单位
1	GB 50033—2001	建筑采光设计标准	2001-07-31	2001-11-01	中国建筑科学研究院
2	GB 50034—2004	建筑照明设计标准	2004-06-18	2004-12-01	
3	GB 50582—2010	室外工作场所照明设计标准	2010-05-31	2010-12-01	
4	GB XXXXX—200X	节能建筑评价标准	待报批		
5	JGJ/T119—2008	建筑照明术语标准	2008-11-23	2009-06-01	
6	CJJ 45—2006	城市道路照明设计标准	2006-12-19	2007-07-01	
7	JGJ 153—2007	体育场馆照明设计及检测标准	2007-03-17	2007-09-01	
8	JGJ/T 163—2008	城市夜景照明设计规范	2008-11-04	2009-05-01	

续表 7.2

序 号	标准编号	标准名称	发布日期	实施日期	主编单位
9	GB/T 23863—2009	博物馆照明设计标准	2009-05-04	2009-12-01	中国建筑科学研究院
10	GB/T 5700—2008	照明测量方法	2008-07-16	2009-01-01	中国建筑科学研究院
11	GB/T 5699—2008	采光测量方法	2008-07-16	2009-01-01	中国建筑科学研究院
12	GB 50034—2004	建筑节能工程施工质量验收规范	2007-01-16	2007-10-01	中国建筑科学研究院
13	JGJ 16—2008	民用建筑电气设计规范	2008-01-31	2008-08-01	东北建筑设计研究院
14	JGJ/T XXX—200X	城市景观照明规划规范	正在制订		清华规划设计研究院

7.2 绿色照明设计

《建筑采光设计标准》和《建筑照明设计标准》为设计人员明确绿色照明的要求和国家有关照明设计规定提供了指引。在本章开篇已提到绿色照明的宗旨是节约电能，保护环境，提高照明质量，保证经济效益。在实现绿色照明的过程中，照明工程设计是其重要的内容之一，它不仅涉及照明器材的选用、照度标准、照明方式以及保证照明质量等内容还应该考虑到照明光源的光线进入人的眼睛，最后引起光的感觉这一复杂的物理、生理和心理过程。所以在绿色照明前提下照明工程设计是一个系统的设计，应该考虑照明系统的总效率，这不仅包括到照明系统的照明效率，也包括人们的生理和心理效率(图 7.1)。

在设计中只有关注到照明系统的总效率才可以创造出优质高效、经济、舒适、安全可靠、有益环境和改善人们生活质量，提高工作效率，保护人民身心健康的照明环境。绿色照明设计的具体内容和设计原则可以从以下几方面进行讨论。

7.2.1 天然光的利用

充分利用天然光是绿色照明的一个重要理念，现在全球每年要消费 2 万亿 kW·h 的电力用于人工照明，生产这些电力要排放十几亿吨的 CO_2 和一千多万吨的 SO_2，电力照明为人类造福的同时，也消耗了大量的能源，并对人类生存环境造成严重的污染。而且，人工照明产生的热效应又使空调的负担加大，再加上电灯、电器的拆换和维修，其带来的运转费用和负担十分庞大，因此，若能尽量采用天然光照明，可以取得明显的节能效果。同时，充分利用天然光还有利于人们精神和健康方面的发展。

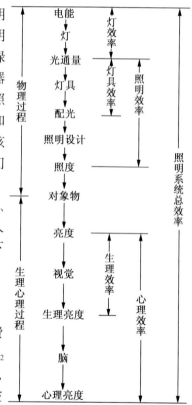

图 7.1 照明过程与效率
资料来源：中国建筑科学研究院. 绿色照明工程实施手册. 北京：中国建筑工业出版社，2003.

充分利用天然光，节约电能，应从被动地利用天然光向积极地利用天然光发展。如在采暖与采光的综合平衡条件下，考虑技术和经济的可行性，尽量利用开侧窗或顶部天窗采光或者中庭采光，使白天在尽可能多的时间利用天然采光。在一些情况下也可以利用各种导光采光设备实现天然光照明，如反射镜方式、光导纤维方式、光导管方式等。

1）镜面反射采光法

所谓镜面反射采光法就是利用平面或曲面镜的反射面，阳光经一次或多次反射，将光线送到室内需要照明的部位。这类采光法通常有两种做法：一是将平面或曲面反光镜和采光窗的遮阳设施结合为一体，既反光又遮阳；二是将平面或曲面反光镜安装在跟踪太阳的装置上，作为定日镜，经过它一次或是二次反射，将光线送到室内需采光的区域。

2）利用导光管导光的采光法

用导光管导光的采光方法的具体做法随系统设备形式、使用场所的不同而变化。整个系统实际上可归纳为阳光采集、阳光传送和阳光照射三部分，如图7.2所示。阳光收集器主要由定日镜、聚光镜和反射镜三大部分组成；阳光传送的方法很多，归纳起来主要有空中传送、镜面传送、导光管传送、光纤传送等；阳光照射部分使用的材料有漫射板、透光棱镜或特制投光材料等，使导光管出来的光线具有不同配光分布，设计时应根据照明场所的要求选用相应的配光材料。

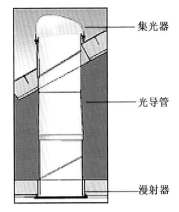

图7.2 导光管系统示意图
资料来源：赵建平绘制

3）光纤导光采光法

光纤导光采光法就是利用光纤将阳光传送到建筑室内需要采光部位的方法。此法是结合太阳跟踪，透镜聚焦等一系列专利技术，在焦点处大幅提升太阳光亮度，通过高通光率的光导纤维将光线引到需要采光的地方(图7.3)。

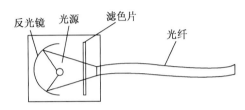

图7.3 光纤系统示意图
资料来源：http://www.ndjet.com/hyltj.asp?id=489

光纤导光采光的核心是导光纤维（简称光纤），在光学技术上又称光波导，是一种传导光的材料。这种材料是利用光的全反射原理拉制的光纤，它具有线径细（一般只有几十个微米，而一微米等于百万分之一米，比人的头发丝还要细）、重量轻、寿命长、可绕性好、抗电磁干扰、不怕水、耐化学腐蚀、光纤原料丰富、光纤生产能耗低，特别经光纤传导出的光线基本上具有无紫外和红外辐射线等一系列优点，以致在建筑照明与采光、工业照明、飞机与汽车照明以及景观装饰照明等许多领域中推广应用，成效十分显著。

4）棱镜传光的采光方法

棱镜传光采光的主要原理是旋转两个平板棱镜，产生四次光的折射。受光面总是把直射光控制在垂直方向。这种控制机构的原理是当太阳方位角、高度角有变化时，使各平板棱镜在水平面上旋转。当太阳位置处于最低状态时，两块棱镜使用在同一方向上，使折射角的角度加大，光线射入量增多。另外，当太阳高度角变大时，有必要减少折射角度。在这种情况下，在各棱镜方向上给予适当的调节，也就是设定适当的旋转角度，使各棱镜的折射光被抵消一部分。当太阳高度最大时，把两个棱镜控制在相互相反的方向。根据太阳位置的变化，给予两个平板棱镜以最佳旋转角。范围内的直射阳光在垂直方向加以控制。被采集的光线在配光板上进行漫射照射。为实现跟踪太阳的目的，对时间、纬度和经度进行数据的设定，操作是利用无线遥控器来进行的。驱动和控制用电是由太阳能蓄电池来供应，而不需要市电供电。

5）光伏效应间接采光照明法

光伏效应间接采光照明法(简称光伏采光照明法)，就是利用太阳能电池的光电特性，先将光转化为电，而后将电再转化为光进行照明，而不是直接利用自然采光的照明方法。

7.2.2 照明器材的选用

7.2.2.1 使用高光效光源

光源种类很多，有不少高效者应予推广。这些高效光源各有其特点和优点，各有其适用场所，在设计中应该因具体条件选择适用的灯具。各种电光源的光效、显色指数、色温和平均寿命等技术指标(表7.3)。

表 7.3 各种电光源的技术指标

光源种类	光效（lm/W）	显色指数（Ra）	色温（K）	平均寿命（h）
普通照明	15	100	2 800	1 000
卤钨灯	25	100	3 000	2 000~5 000
普通荧光灯	70	70	全系列	10 000
三基色荧光灯	93	80~98	全系列	12 000
紧凑型荧光灯	60	85	全系列	8 000
高压汞灯	50	45	3 300~4 300	6 000
金属卤化物灯	75~95	65~92	3 000/4 500/5 600	6 000~20 000
高压钠灯	100~200	23/60/85	1 950/2 200/2 500	24 000
低压钠灯	200		17 50	28 000
高频无极灯	55~70	85	3 000~4 000	40 000~80 000
发光二极管（LED）	70~100	全彩	全系列	20 000~30 000

由表 7.3 可知，低压钠灯光效排序第一，国内几乎不生产，主要用于道路照明；第二是高压钠灯，主要用于室外照明；第三是金属卤化物灯，室内外均可应用，一般低功率用于室内层高不太高的房间；而大功率应用于体育场馆，以及建筑夜景照明等；第四为荧光灯，在荧光灯中尤以三基色荧光灯光效最高，高压汞灯光效较低，而卤钨灯和白炽灯光效就更低。

在不同场所进行照明设计时应选择适当的光源，其具体措施可总结如下：① 尽量减少白炽灯的使用量。白炽灯因其安装和使用方便，价格低廉，目前在国际上及我国其生产量和使用量仍占照明光源的首位，但因其光效低、能耗大、寿命短，应尽量减少其使用量。在一些场所应禁止使用白炽灯，无特殊需要不应采用 100 W 以上的大功率白炽灯。如需采用，宜采用光效稍高些的双螺旋灯丝白炽灯（光效提高 10%~15%）、充气白炽灯、涂反射层白炽灯或小功率的高效卤钨灯（光效比白炽灯提高 1 倍）。② 使用细管径 T8 荧光灯和紧凑型荧光灯。荧光灯光效较高，寿命长，节约电能。目前应重点推广细管径（26 mm）T8 荧光灯和各种形状的紧凑型荧光灯以代替粗管径（38 mm）荧光灯和白炽灯，有条件时，可采用更节约电能的 T5（16 mm）的荧光灯。美国已于 1992 年禁止销售 40 W 粗管径 T12（38 mm）荧光灯。③ 减少高压汞灯的使用量。因其光效较低，显色性差，不是很节能的电光源，特别是不应随意使用能耗大的自镇流高压汞灯。④ 使用推广高光效、长寿命的高压钠灯和金属卤化物灯。钠灯的光效可达 120 lm/W 以上，寿命 12 000 h 以上，而金属卤化物灯光效可达 90 lm/W，寿命达 1 万 h。特别适用于工业厂房照明、道路照明以及大型公共建筑照明。

设计中应根据使用场所、建筑性质、视觉要求、照明的数量和质量要求来选择光源。在照明设计时，主要考虑光源的光效、光色、寿命、启动性能、工作的可靠性、稳定性及价格因素等（表 7.4）。

表 7.4 各种电光源的适用场所及举例

光源名称	适用场所	举例
白炽灯	（1）照明开关频繁，要求瞬时启动或要避免频闪效应的场所 （2）识别颜色要求较高或艺术需要的场所 （3）局部照明、应急照明 （4）需要调光的场所 （5）需要防止电磁波干扰的场所	住宅、旅馆、饭馆、美术馆、博物馆、剧场、办公室、层高较低及照度要求也较低的厂房、仓库及小型建筑等
卤钨灯	（1）照度要求较高，显色性要求较高，且无振动的场所 （2）要求频闪效应小的场所 （3）需要调光的场所	剧场、体育馆、展览馆、大礼堂、装配车间、精密机械加工车间

续表 7.4

光源名称	适 用 场 所	举 例
荧光灯	(1) 悬挂高度较低(例如 6 m 以下)要求照度又较高者(例如 100 lx 以上)的场所 (2) 识别颜色要求较高的场所 (3) 在无天然采光和天然采光不足而人们需长期停留的场所	住宅、旅馆、饭馆、商店、办公室、阅览室、学校、医院、层高较低但照度要求较高的厂房、理化计量室、精密产品装配、控制室等
荧光高压汞灯	(1) 照度要求较高,但对光色无特殊要求的场所 (2) 有振动的场所(自镇流式高压汞灯不适用)	大中型厂房、仓库、动力站房、露天堆场及作业场地、厂区道路或城市一般道路等
金属卤化物灯	高大厂房,要求照度较高,且光色较好场所	大型精密产品总装车间、体育馆或体育场等
高压钠灯	(1) 高大厂房,照度要求较高,但对光色无特别要求的场所 (2) 有振动的场所 (3) 多烟尘场所	铸钢车间、铸铁车间、冶金车间、机加工车间、露天工作场地、厂区或城市主要道路、广场或港口等
发光二极管(LED)	(1) 需要颜色变化的场所 (2) 需要调光的场所 (3) 需要局部照明的场所 (4) 需要低压照明的场所	夜景、博物馆、商场等 旅馆、特种专卖店

7.2.2.2 使用高效灯具

选择合理的灯具配光可使光的利用率提高,达到最大节能的效果。灯具的配光应符合照明场所的功能和房间体形的要求,如在学校和办公室宜采用宽配光的灯具。在高大(高度 6 m 以上)的工业厂房采用窄配光的深照型灯具。在不高的房间采用广照型或余弦型配光灯具。房间的体形特征用室空间比(RCR)来表示,根据 RCR 选择灯具配光形式可由表 7.5 确定。

表 7.5 室空间比与灯具配光形式的选择

室空间比(RCR)	灯具的最大允许距高比 L/H	选择的灯具配光
1~3(宽而矮的房间)	1.5~2.5	宽配光
3~6(中等宽和高的房间)	0.8~1.5	中配光
6~10(窄而高的房间)	0.5~1.0	窄配光

要保证灯具的发光效率节约电能,在设计时灯具的选择应做到以下几点:

(1) 在满足眩光限制要求的条件下,应优先选用开启式直接型照明灯具,不宜采用带漫射透光罩的包合式灯具和装有格栅的灯具。

(2) 灯具所发出的光的利用率要高,亦即灯具的利用系数高。灯具的光利用系数取决于灯具效率、配光形状、房间各表面的颜色装修和反射比以及房间的体形。一般情况下,灯具效率高,其利用系数也高。

(3) 选用高光通量维持率的灯具。因为灯具在使用过程中,由于灯具中的光源的光通量随着光源点燃时间的增长,其发出的光通量下降,同时灯具的反射面由于受到尘土和污渍的污染,其反射比在下降,从而导致反射光通量的下降,这些都会使灯具的效率降低,造成能源的浪费。

7.2.2.3 进行合理的灯具布置

在房间中进行灯具布置时可以分为均匀布置和非均匀布置。灯具在房间均匀布置时,一般采用正方形、矩形、菱形的布置形式(图 7.4)。其布置是否达到规定的均匀度,取决于灯具的间距 L 和灯具的

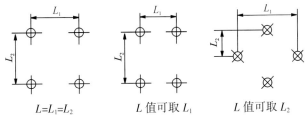

L_1——排布灯中的灯具距离; L_2——两排布灯间的垂直距离

图 7.4 灯具均匀布置形式

资料来源:中国建筑科学研究院.绿色照明工程实施手册.北京:中国建筑工业出版社,2003.

表 7.6　各类灯具的一般距高比

灯具类型	L/H	简　图
窄配光	0.5 左右	
中配光	0.7~1.0	
宽配光	1.0~1.5	
	L/H_c	
半间接型	2.0~3.0	
间接型	3.0~5.0	

表 7.7　各种镇流器的功耗比较表

灯功率(W)	镇流器功耗占灯功率的百分比(%)		
	普通电感	节能型电感	电子型
20 以下	40~50	20~30	<10
30	30~40	<15	<10
40	22~25	<12	<10
100	15~20	<11	<10
150	15~18	<12	<10
250	14~18	<10	<10
400	12~14	<9	5~10
1 000 以上	10~11	<8	5~10

悬挂高度 H(灯具至工作面的垂直距离)，即 L/H。L/H 值愈小，则照度均匀度愈好，但用灯多、用电多、投资大、不经济；L/H 值大，则不能保证照度均匀度。各类灯具的距高比见表 7.6，供设计时参考使用。

为使整个房间有较好的亮度分布，还应注意灯具与顶棚的距离以及灯具与墙的距离。当采用均匀漫射配光的灯具时，灯具与顶棚的距离和顶棚与工作面的距离之比宜在 0.2~0.5 之间。当靠墙处有工作面时，靠墙的灯具距墙不大于 0.75 m；靠墙无工作面时，则灯具距墙的距离为 0.4~0.6 L(灯间距)。

在高大的厂房内，为节能并提高垂直照度也可采用顶灯与壁灯相结合的布灯方式，但不应只设壁灯而不装顶灯，以避免空间亮度明暗不均，不利于视觉适应。对于大型公共建筑，如大厅、商店，有时也不采用单一的均匀的布灯方式，以形成活泼多样的照明，同时也可节约电能。

7.2.2.4　采用节能镇流器

普通电感镇流器价格低、寿命长、但具有自身功耗大、系统功率因数低、启动电流大、温度高、在市电电源下有频闪效应等缺点。从表 7.7 看出，普通电感镇流器的功耗大于节能型电感镇流器和电子镇流器。不同镇流器的性能价格比较见表 7.8。

表 7.8　国产 40 W 荧光灯用镇流器对比表

比较对象	普通电感镇流器	节能型电感镇流器	电子镇流器
自身功耗(W)	8~9(10%~15%)	<5(5%~10%)	3~5(5%~10%)
交效比	1	1	1.15(1)
价格比	1	1.4~1.7	3~7(2~5)
重量比	1	1.5 左右	0.3 左右
寿命(年)	10	10	5~10
可靠性	较好	好	差
电磁干扰(EMI)或无线电干扰(RFI)	几乎不存在	几乎不存在	存在
抗瞬变电涌能力	好	好	差
灯光闪烁度	差	差	好
系统功率因数	0.5~0.6	0.5~0.6(不补偿)	0.9 以上

由表 7.8 可知，节能型电感镇流器和电子镇流器的自身功耗均比普通电感镇流器小，价格上普通电感型比节能型电感和电子型均便宜，节能型电感有很大的优越性，虽然其价格稍高，但寿命长和可靠性好，适合于目前中国经济技术水平，但是目前产量不大，应用不多，现今应大力推广节能型电感镇流器，同时有条件也采用更节能的电子镇流器。

7.2.3　照明标准、照明方式的选择

目前国际的和我国的照度标准，是根据照明要求的档次高低选择照度标准值，一般的房间选择照度标准值，档次要求高的可提高一级，档次要求低的可降低一级。这样选择照度标准值，区别对待，对于照明节能十分有利。

凡符合下列条件之一时，参考平面或作业面的照度值应提高一级：① 当眼睛至识别对象的距离大于 500 mm 时；② 连续长时间紧张的视觉作业，对视觉器官有影响时；③ 识别对象在活动面上，识别时间短促而辨认困难时；④ 视觉作业对操作安全有特殊要求时；⑤ 识别对象的反射比小时或低对比时；⑥ 当作业精度要求较高，且产生差错造成很大损失时；⑦ 工作人员年龄偏大，长时间持续的视觉工作时；⑧ 建筑标准要求较高时。

凡符合下列条件之一时，参考面或作业面的照度应降低一级：① 进行临时工作时；② 当工作精度和识别速度无关紧要时；③ 当反射比或亮度对比特别高时；④ 建筑标准较低时；⑤ 能源比较紧张的地区。

照明方式是指照明设备按其安装部位或光的分布而构成的基本制式。就安装部位而言，有一般照明（包括分区一般照明）、局部照明和混合照明等。按光的分布和照明效果可分为直接照明和间接照明。选择合理的照明方式，对改善照明质量、提高经济效益和节约能源等有重要作用，并且还关系到建筑装修的整体艺术效果。不同照明方式的设计原则如下：① 当照明场所要求高照度，宜选混合照明的方式，利用作业旁边的局部照明，达到高照度、低能耗的要求，则可较一般照明节约大量电能；② 当工作位置密集时，则可采用单独的一般照明方式，但照度不宜太高，一般最高不宜超过 500 lx；③ 如果工作位置的密集程度不同，或者为一条生产线时，可采用分区一般照明的方式，对于工作区可采用较高的照度，而交通区或走道上可采用较低的照度，可以节约大量的电能，但工作区与非工作区的照度比不宜大于 3∶1；④ 在一个工作场所内不应只装设局部照明。例如：在高大的厂房，在高处采用一般照明方式，而在墙壁或柱子上装灯的方式，也可达到节能之目的；或者在有一般照明的情况下把照明灯具安装在家具上或设备上，也不失为一种照明节能方式[①]。

7.2.4 照明环境的设计

照明环境的设计要求包括恰当的照度、亮度分布，良好的眩光控制及光线方向控制以及光源色和显色性等方面的内容。

7.2.4.1 恰当的照度、亮度分布

在工作和生活环境中，如在视野内照度不均匀，将引起视觉不适应，因此要求工作面上的照度要均匀，而工作面的照度与周围环境的照度也不应相差太悬殊，照明节能一定要保证有良好的照度均匀度。照度均匀度用工作面上的最低照度与平均照度之比来评价。建筑照明设计标准中对不同照明方式和规定的一般照明的照度均匀度不宜小于 0.7。采用分区一般照明时，房间的通道和其他非工作区域，一般照明的照度值不宜低于工作面照度值的 1/5。局部照明与一般照明共用时，工作面上一般照明的照度值宜为总照度值的 1/3~1/5。在体育场地内主要摄像方向上，垂直照度最小值与最大值之比不宜小于 0.4；平均垂直照度与平均水平照度之比不宜小于 0.25；场地水平照度最小值与最大值之比不宜小于 0.5；体育场所观众席的垂直照度不宜小于场地垂直照度的 0.25。在办公室、阅览室等长时间连续工作的房间，其室内各表面的照度比如下：顶棚为 0.25~0.9，墙面为 0.4~0.8，地面为 0.7~1.0。照度比系指该表面的照度与工作面一般照明的照度之比。规定照度比的目的是使房间各表面有良好的照度分布，创造良好的视觉环境。为达到要求的照度均匀度，灯具的安装间距不应大于所选灯具的最大允许距高比。

在工作视野内有合适的亮度分布是舒适视觉环境的重要条件。如果视野内各表面之间的亮度差别太大，且视线在不同亮度之间频繁变化，则可导致视觉疲劳。一般被观察物体的亮度应高于其邻近环境的亮度三倍时，则视觉舒适，且有良好的清晰度，而且应将观察物体与邻近环境的反射比控制在 0.3~0.5 之间。为了保证室内有良好的亮度比，减少灯同其周围及顶棚之间的亮度对比，顶棚的反射比宜为 0.7~0.8，墙面的反射比为 0.5~0.7，地面的反射比为 0.2~0.4。此外适当地增加工作对象与其背景的亮度对比，比单纯提高工作面上的照度能更有效地提高视觉功效，且较为经济，节约电能。

7.2.4.2 眩光控制

在照明设计中需要控制的眩光分为直接眩光和反射眩光两种，直接眩光是由光源和灯具的高亮度直接

---

① 中国建筑科学研究院. 绿色照明工程实施手册. 北京: 中国建筑工业出版社, 2003.

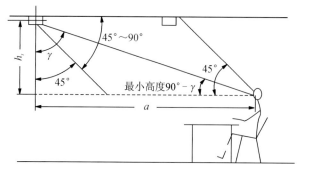

a—观测者到灯具的最大水平距离;h_s—人眼水平位置到灯具的高度

图7.5 限制灯具亮度的眩光区
资料来源:中国建筑科学研究院.绿色照明工程实施手册.
北京:中国建筑工业出版社,2003.

引起的眩光,而反射眩光是通过光线照到反射比高的表面,特别是由抛光金属一类的镜面反射所引起的。

控制直接眩光主要是采取措施控制光源在 γ 角为45°~90°范围内的亮度(图7.5)。主要有两种措施:① 选择适当的透光材料,可以采用漫射材料或表面做成一定几何形状、不透光材料制成的灯罩,将高亮度光源遮蔽,尤其要严格控制 γ 角上边45°~85°部分的亮度;② 控制遮光角,使 90°$-\gamma$ 部分的角度小于规定的遮光角。建筑照明设计标准中对直接型灯具最小遮光角的规定见表7.9。

7.2.4.3 光线的方向控制

由于光照射到物体的方向不同,在物体上产生阴影、反射状况和亮度分布的不同,可以给人们的视觉和心理带来不同的感受。

阴影对人们主观感受的影响可以分为两种情况。第一种为当在工作面上产生手和身体的阴影时,会使对象的亮度和亮度对比降低,影响人们的主观感受。为防止此现象的发生,可将灯具作成扩散性的,并在布置上加以注意。第二种是为了表现立体物体

表7.9 灯具的最小遮光角

灯亮度(kcd/m²)	最小遮光角(°)
1~20	10
20~50	15
50~500	20
≥500	30

的立体感,需要适当的阴影,以提高其可见度。为此,光不能从几个方向来照射,而是由一个方向来照射实现的。当立体物体的明亮部分同最暗部分的亮度比为2:1以下时,形成呆板的感觉,形成10:1的亮度比时,则印象强烈,最理想的是3:1的亮度比。材料是靠产生小的阴影来表现物体的粗糙和凹凸等质感,通常用安装从斜向来的定向光照射时,可强调材质感。

灯具的光照射到光亮的表面上反射到人眼方向上可产生反射眩光。它有两种形式,一是光幕反射,它可使视觉工作对象的对比降低;另一种是视觉工作对象旁的反射眩光。防止和减少光幕反射和反射眩光的措施是:① 合理安排工作人员的工作位置和光源的位置,不应使光源在工作面上产生的反射光射向工作人员的眼睛,若不能满足上述要求时,则可采用投光方向合适的局部照明;② 工作面宜为低光泽度和漫反射的材料;③ 可采用大面积和低亮度灯具,采用无光泽饰面的顶棚、墙壁和地面,顶棚上宜安设带有上射光的灯具,以提高顶棚的亮度。

7.2.4.4 光色和显色性的控制

不同色温的光源,令人产生不同的冷暖感觉,这种与光源的色刺激有关的主观表现称为色表,室内照明光源的色表及其相关色温与人的主观感受的一般关系见表7.10。光源的色表分组和适用场所见表7.11。

表7.10 对照度和色温的一般感觉

照度(lx)	对光源色的感觉		
	暖	中间	冷
≤500	愉快	中间	冷
500~1 000	↑	↑	↑
1 000~2 000	刺激	愉快	中间
2 000~3 000	↓	↓	↓
≥3 000	不自然	刺激	愉快

表7.11 光源的色表分组

色表分组	色表特征	相关色温(K)	适用场所举例
Ⅰ	暖	<3 300	客房、卧室等
Ⅱ	中间	3 300~5 300	办公室、图书馆等
Ⅲ	冷	>5 300	高照度水平或白天需补充自然光的房间,热加工车间

另外在对辨别物体颜色有要求的场所,应保证光源的显色性,以此令人满意地看出物体的本来颜色。

7.2.5 照明配电和照明控制

7.2.5.1 电压质量

照明灯端电压如偏离灯的额定电压，将导致电流、输入功率以及输出光通量的变化，并引起使用寿命的更大改变。为节约电能，保证照明稳定，应尽量稳定照明电压，降低电压偏移和波动。为了节能和保持照度的稳定，各类光源的电压偏移，不宜高于其额定电压的105%；也不宜低于其额定电压的下列数值：① 室内一般工作场所——95%；② 室外的露天工作场地、道路等——90%；③ 应急照明，或用特低电压供电的照明——90%；④ 远离变电所、视觉要求较低的小面积室内工作场所，难以达到(1)款要求的——90%。

同时，电压波动过大、过频，将损害光源使用寿命，导致照度的波动，应当予以限制。提高电压质量的措施可总结如下：① 照明负荷大、视觉要求较高的场所，宜采用照明专用配电变压器。② 照明与电力负荷合用配电变压器时，照明不应与大功率冲击性负荷（如电焊机、锻锤、吊车、空压机等）共用变压器。③ 照明与电力合用配电变压器时，照明应由独立的馈电线供电。④ 当高压侧电压偏移较大、照明视觉要求较高时，配电变压器宜采用自动有载调压变压器。⑤ 视觉要求高的场所，可在照明馈电线路装设自动稳压和调压装置。⑥ 提高配电线路功率因数，不宜小于0.9。⑦ 降低配电干线和分支线阻抗，采用铜芯导线或电缆，适当加大导体截面。

7.2.5.2 照明配电系统

照明负荷电流在配电变压器和配电线路中会产生电能损耗。因此，合理选择变压器参数和导体材料与截面，是实现照明节能的有效方法之一。

要降低照明配电变压器的有功电能损耗，应采取以下措施：① 选用节能型变压器，使负载损耗 ΔP 和空载损耗 ΔP_o 最小。② 适当选大一些变压器容量 S，以降低变压器负载率（S_j/S），从而降低变压器的负载损耗，即上式中的第2项，由于节能型变压器的 ΔP_o 比 ΔP 值小得多，所以第2项数值对 ΔW_T 起主要作用。建议变压器负载率取0.60~0.75为宜，负载率太高，会增加损耗，太小，将加大变压器的费用。③ 提高功率因数 $\cos\phi$：$\cos\phi$ 过低，将大大增加无功功率，而使变压器的计算负荷 S_j 增大，从而加大了负载损耗；同时使 τ 值加大，更增大了负载损耗。$\cos\phi=0.45$ 时比 $\cos\phi=0.9$ 时的负载损耗要增加很多倍。所以必须提高 $\cos\phi$ 到0.9以上。

要降低照明配电线路电能损耗，应采取以下措施：

（1）室内照明配电线路的导体应选用铜，铜的电阻率低，为铝的60%。

（2）合理选用并适当加大导体截面，以降低电阻，减小能耗，要求如下：① 导线、电缆的载流量应大于该照明线路的计算电流；② 应满足线路各种保护要求；③ 应使各段线路电压损失之和小于允许值，以保证灯端电压不低于规定值；④ 为了改善电压质量，降低线路损耗，在符合上述条件基础上，还要适当加大截面，留有必要的余地。

（3）提高照明线路的功率因数 $\cos\phi$，从上式知，提高 $\cos\phi$ 可减小 I_j 值和 τ 值，从而减少能耗。

7.2.5.3 照明控制

照明控制技术是随着建筑和照明技术的发展而发展的，在实施绿色照明工程的过程中，照明控制是一项很重要的内容。照明控制系统方案多种多样，有单一功能的，有多种功能综合的，但都是以节能为中心，综合其他一种或多种目的而设置。

照明控制的主要内容包括：控制、调节、稳定和检测。控制包括自动控制和手控，自控有时钟控制、光控、红外线控制等，还有用微电脑实施智能控制；调节是指通过调节照明的电压，调节光源功率、调节频率等方式，以调节灯的光通输出；稳定是通过稳定灯的输入电压，以达到光的稳定；检测是指监视照明系统的运行状态，测量各种参数。通过照明控制可以实现显著的节能效果、延长光源寿命、改善工作环境、提高照明质量、实现多种照明效果。

除上述内容之外，在绿色照明设计中还应该注意防治频闪效应、限制谐波以实现照明节能并为人们提供舒适、健康的照明环境。

7.3 绿色照明应用示范工程

"绿色照明"工程启动以来,全国上下积极响应,取得了丰硕成果,大量示范性工程的建设为我国绿色照明的进一步推广起到了积极的作用。本节介绍北京奥运中心区地下车库导光管示范工程。

工程概况

我国的天然光资源丰富。以北京地区为例,全年室外水平照度在 5 000 lx 以上的时间平均 3 707 h。合理使用天然采光技术,可以减少大量的照明用电和温室气体的排放,同时降低照明运营费用。2008 年北京奥运会提出了"绿色奥运,科技奥运,人文奥运"的三大理念,从节能、环保、舒适等方面对建筑照明技术提出了更高的要求。奥运中心区地下空间由于覆土层较深,部分区域甚至达到 3 m 以上,传统的采光技术无法解决这类空间的采光问题,因此该区域要利用天然光照明就需要使用采光和导光设备。国外很早就开展了天然导光技术方面的研究,导光管产品在国外较为成熟,在世界很多地方已实现商品化和设计标准化,在国外的许多项目中得到了应用。在我国,这类产品缺乏工程应用的案例,特别是国内目前没有设计和生产该类产品。为此,北京新奥集团有限公司委托中国建筑科学研究院、北京市建筑设计研究院及北京科博华建材有限公司对奥运中心区地下空间的采光及导光技术方案进行了相关研究,并开发出应用于地下车库的大型导光管系统,以保证地下空间的光环境质量,并达到节能的目的。

该工程位于奥林匹克公园中心区内,为一地下车库,地下一层车库的地面标高为-4.5 m,覆土层的厚度为 2.25~3 m(图 7.6)。

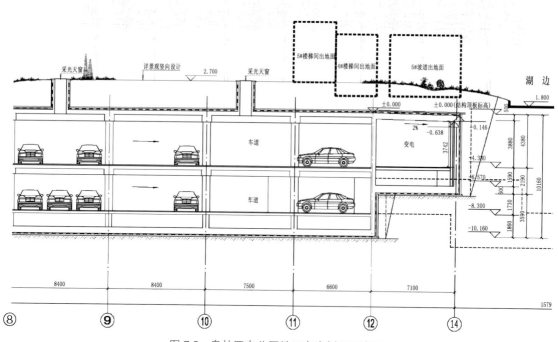

图 7.6　奥林匹克公园地下车库剖面示意图
资料来源:奥运中心区地下空间的采光及导光技术方案

该工程的设计不仅要满足地下空间的采光和照明节能要求,还需要与景观环境协调,故导光管系统工程设计要与地下车库建筑结合为一体。由于各导光管之间的间距大,为满足照度水平和均匀度的要求,导光管技术方案选择了大型导光管系统,并使用了导光管系统与人工照明相结合的技术方案,通过与人工照明的有机结合将不仅可以大大节省空间用电,降低运营费用,还可以提高地下空间的光环境质量。

(1) 工程设计

该工程应用的大型导光管系统与以往国外应用的小尺寸导光管系统有很大的区别。为了保证该系统的性能稳定，并达到最终的采光和节能效果，在导光管系统的设计上需要对关键技术进行研究，在加工制作和安装方面需要采取一系列特殊的工艺技术。由于大型导光管系统在国内外也无应用实例，因此，结合了现有的研究成果，通过计算机模拟及实验等技术手段辅助导光管系统的设计和应用。

通过分析计算，最终确定了管径为 1.2 m，长度为 3.85 m 和 3.35 m 两种导光管系统。集光器材料透射比为 0.89，管壁反射比为 0.96，漫射器材料透射比为 0.88，经计算得到，两种导光管系统的效率分别为 0.579 和 0.593。根据工程的实际情况，由于各导光管之间的间距大（16.8 m），只依靠天然采光难以满足照度水平和均匀度的要求，因此，在方案设计中需要考虑将人工照明与导光管系统相结合，于是设计中对该工程的导光管-人工照明系统进行了优化设计，提出适合该工程的具体实施方案，以达到节约能源的目的。导光管布置位置如图 7.7 所示。设计中对导光管系统和人工照明系统分别进行了设计。

该项目的设计依据为《建筑照明设计标准》(GB 50034—2004) 和《建筑采光设计标准》(GB/T 50033—2001)。在采光设计中依据的是 CIE 规定的传统全阴天空模型，并根据《建筑照明设计标准》(GB 50034—2004)中的规定，将设计目标定位车库的地面照度应达到 75 lx。

车库中共采用了长度为 3.35 m 的导光管系统 C2#11 套，长度为 3.85 m 的导光管系统 C1#9 套，如图 7.7 所示。每套导光系统为一个柱距(8.4 m×8.4 m)的区域提供照明，同时在每套导光系统周围设置人工照明装置，并根据天然光状况利用光电控制来逐步开启人工照明。

该设计的人工照明部分用于为导光管不能照射到的区域提供照明，是常开的。在夜间不能利用天然光时，也能单独满足照度达到 75 lx 的要求。导光管及照明灯具的布置见 7.8。管长为 3.85 m 和 3.35 m 的导光管系统为一个照明单元(8.4 m×8.4 m)提供照明，其地面平均采光系数分别为 0.37% 和 0.38%。当室外水平照度为 20 000 lx 时，车库地面的照度分布见 7.9 其照明效果统计分析结果见 7.12 表。

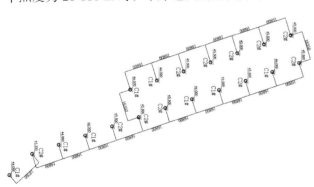

图 7.7 地下车库导光管布置图
资料来源：奥运中心区地下空间的采光及导光技术方案设计图纸

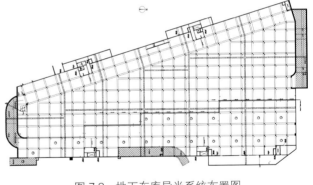

图 7.8 地下车库导光系统布置图
资料来源：奥运中心区地下空间的采光及导光技术方案设计图纸

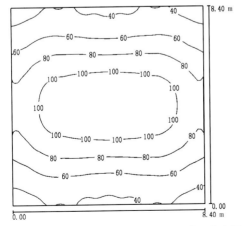

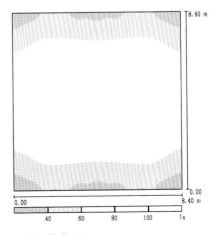

图 7.9 地下车库导光系统的地面照度分布(控制模式 4)
资料来源：奥运中心区地下空间的采光及导光技术方案项目模拟分析结果

表 7.12 导光管采光效果

平均照度(lx)	最小照度(lx)	最大照度(lx)	最小/平均照度(lx)
76	34	120	0.45

表 7.13 照明系统的照明效果

平均照度(lx)	最小照度(lx)	最大照度(lx)	最小/平均照度(lx)
76	48	105	0.63

表 7.14 照度分级及控制模式

控制模式	照度水平(lx)	人工照明
1	<5 000	全开
2	5 000~10 000	开启 1/2
3	10 000~20 000	开启 1/3
4	>20 000	全关

因此，当室外水平照度超过 20 000 lx 时，不需要提供人工照明，天然采光可以满足车库照明的需要。

一个照明单元内(8.4 m×8.4 m)的照明系统的照明效果见表 7.13。

为充分利用天然光，达到照明节能的目的。根据室外天然光照度水平的不同，划分为四种控制模式，利用光电控制器根据照度水平对人工照明进行不同的控制，如表 7.14 所示：

根据室外天然光的状况，及时开关人工照明，以达到节约能源的目的。

模式 1 条件下，人工照明全开，其照度分布见图 7.10。模式 4 条件下，完全依靠天然采光，其照度分布见图 7.9。当模式 2 和模式 3 时，开启部分光源即可满足照明要求，其照度分布见图 7.11。

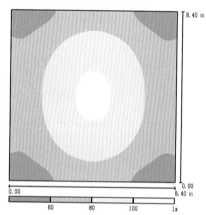

图 7.10 地下车度地面照度分布(控制模式 1)
资料来源：奥运中心区地下空间的采光及导光技术方案项目模拟分析结果

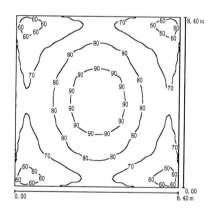

控制模式 2 的照度分布(开启 1/2 人工照明)

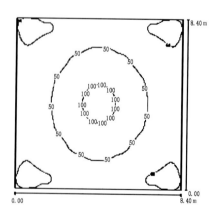

控制模式 3 的照度分布(开启 1/3 人工照明)

图 7.11 控制模式 2 和 3 的照度分布
资料来源：奥运中心区地下空间的采光及导光技术方案项目模拟分析结果

在不同控制模式下，照度的计算结果如表 7.15 所示。

由表 7.15 可见，在各种控制模式下，均能满足车库照明的要求。

天然采光技术在我国有着巨大的利用、开发潜力。合理使用导光管技术将天然光引入地下空间进行照明，对于减少照明用电，缓解我国用电紧张，特别是白天用电高峰期的用电紧张问题具有重要意义。

表 7.15　不同控制模式下的照明效果

控制模式	平均照度(lx)	最小照度(lx)	最大照度(lx)	最小/平均照度(lx)
1	76	48	105	0.63
2	75	55	99	0.73
3	75	53	105	0.71
4	76	34	120	0.45

根据《建筑照明设计标准》(GB 50034—2004)中的规定，车库的地面照度应达到 75 lx。利用《建筑采光设计标准》(GB/T 50033—2001)中关于北京地区室外临界照度和天然光利用时数的资料，该导光管系统的采光效果及天然光利用情况如表 7.16 所示：

表 7.16　采光及照明效果分析

照度标准(lx)	平均采光系数(%)	室外临界照度(lx)	室内平均照度(lx)	天然光利用时数(h)
75	0.37/0.38	5 000	18.5	—
		10 000	37	—
		20 000	74	8

在采光设计时，是按照全阴天空进行采光设计，但是天然光随着时间的变化剧烈，其全年的采光效果是一个动态变化的过程，为了对采光-照明系统全年的光照能量情况进行分析，利用北京市的天然光气候数据，对导光管工程的全年照明及节能效果进行了动态分析。分析结果见图 7.12。

根据以上分析，该工程每年可节约照明用电 24 472 度。由于采用了导光管系统，人工照明时间减少，相当于延长了人工照明系统的使用寿命，减少了更换和维护照明设备的费用。

为了检验系统的性能，中国建筑科学研究院对导光管工程的实际采光效果进行了实测。选择了两个柱网进行测试，表 7.17 是全阴天时的测量结果。表 7.17 中同时给出了计算结果，可以看到，计算和实测结果符合的很好。这说明最终的采光效果与预期目标一致。同时，也选择了晴天进行了测试，测量时间选在了 6 月份中午前后进行。在室外照度达到 95 551 lx 的情况下，室内照度达到了 670 lx，大大超出了所需的照度标准。室内外的实际效果见图 7.13~图 7.16 等。

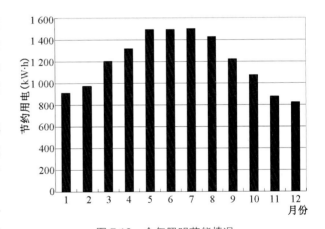

图 7.12　全年照明节能情况

资料来源：奥运中心区地下空间的采光及导光技术方案项目分析结果

表 7.17　全阴天采光实测结果

场　所		平均照度值(lx)	室外照度(lx)	采光系数平均值(%)	采光均匀度
柱网1	实测值	54.6	14 392	0.38	0.50
	换算值	76.0	20 000		
柱网2	实测值	65.8	16 960	0.39	0.50
	换算值	78.0	20 000		
设计计算值(单个柱距)		75	20 000	0.38	0.45

图 7.13　地下车库室外实际效果 1
资料来源：奥运中心区地下空间的采光及导光技术方案课题组

图 7.14　地下车库室外实际效果 2
资料来源：奥运中心区地下空间的采光及导光技术方案课题组

图 7.15　地下车库室内实际效果 1
资料来源：奥运中心区地下空间的采光及导光技术方案课题组

图 7.16　地下车库室内实际效果 2
资料来源：奥运中心区地下空间的采光及导光技术方案课题组

从现场实际效果来看，室内采光效果很好，令人满意。

（2）工程总结

① 该项目为国内首例采用大型导光管系统工程，该系统的研发、设计和加工制作都在国内完成，具有自主知识产权；② 该课题结合工程实践，在设计方法和施工技术上进行了创新，使系统的性能和耐久性得到了保证；③ 实测和计算结果一致，说明地下车库的采光最终采光效果达到了预期的设计要求；④ 该导光管系统的节能效果显著。奥林匹克公园中心区地下车库安装了 19 套导光管，导光管内径 1.2 m，是国内口径最大的导光管。单套导光管系统可为 70 m^2 的车库建筑面积提供照明，其全年可利用的太阳光时数为 3 680 h。按照明功率密度为 5 W/m^2 计算，每套导光管全年可节约 1 288 度电。地下车库 19 套导光系统全年可节约 24 472 度电。

天然导光系统可用于各类场所的昼间照明，尤其是可以应用于传统采光方式难以使用的场所，如地下空间或无窗建筑。该导光管系统具有节能、环保、舒适的优点，不仅可节约大量的照明用电，进而减少温室气体的排放，而且提供了舒适的自然光线，改善了室内光环境，对人体健康大有益处。可以说，该天然导光系统是 2008 年奥运会三大理念的一个具体实践。

7.4　绿色照明系统经济效益分析

对绿色照明系统进行经济效益分析是很必要的，在对照明系统进行设计时，除了要针对方案的照明质量进行比较外，还应对他们的经济效益情况进行分析。以便可以选择既有高照明质量又有很好的经济效益的高效照明方案，做到"节电省钱环保"，使得社会和经济效益达到最高。绿色照明经济效益的分析应从全寿命周期的角度进行考虑，重点研究基于全寿命周期的寿命周期费用(LCC——Life Cycle Cost)方法在绿色照明工程经济分析中的应用。

7.4.1 寿命周期成本(LCC)方法概述

寿命周期成本(LCC)是指一个系统或设备在全寿命周期内，为购置它和维持其正常运行所需支付的全部费用，即产品（设备）在其寿命周期内设计、研究与开发、制造、使用、维修和保障直至报废所需的直接、间接、重复性、一次性和其他有关费用之和。LCC方法在美、日等国进入实用化至今已有30余年，1980年代以来，寿命周期管理及费用分析越来越受到世界各国的重视。美国建筑师协会将LCC定义为：LCC是一种能够考虑在指定时期(或寿命周期)内所有相关经济因素后，对指定方案进行评估或者从众多方案中选择方案的估算技术。从LCC方法定义的阐释中可以看出，该方法同样适用于照明系统全寿命周期的成本估算。

寿命周期成本包括初始化成本和未来成本，在工程寿命周期成本中，不仅包括资金意义上的成本，还应包括环境成本、社会成本。具体内容为：

（1）初始化成本。初始化成本是在设施获得之前将要发生的成本，即建造成本，也就是我国所说的工程造价，包括资金投资成本，购买和安装成本。

（2）未来成本。从设施开始运营到设施拆除期间所发生的成本，包括能源成本、运行成本、维护和修理成本、替换成本、剩余值（任何专售和处置成本）。

（3）运行成本。运行成本是年度成本，去掉维护和修理成本，包括在设施运行过程中的成本。这些成本与建筑物功能和保管服务有关。

（4）维护和修理成本。维护和修理成本之间有着明显的不同。维护成本是和设施维护有关的时间进度计划成本；修理成本是未曾预料到的支出，是为了延长建筑物的生命而不是替换这个系统所必需的。维护和修理成本应该被当作年度成本来对待。

（5）替换成本。替换成本是对要求维护一个设施的正常运行的主要的建筑系统的部件的可以预料到的支出。替换成本是由于替换一个达到其使用寿命终点的建筑物系统或部件而产生的。

（6）剩余值。剩余值是一个系统在全寿命周期成本分析期末的纯价值。剩余值可以是正的，也可以是负的。

不同成本在系统全寿命周期的不同时间占有不同的比例（图7.17）。所以在绿色照明系统中应该运用更科学的方法计算全寿命周期内的经济成本[①]。

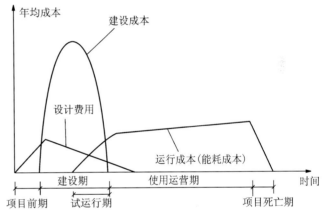

图7.17 项目在寿命周期不同阶段成本发生情况
资料来源：孙哲.绿色建筑全寿命周期技术经济分析：[硕士学位论文].南昌：江西理工大学，2008.

7.4.2 绿色照明系统全寿命周期成本因素分析

要寻找影响照明系统寿命周期成本的关键因素，要从全寿命周期成本的构成开始分析。寿命周期成本被定义为3个范畴：初投资成本(建设成本)、年运行和维护成本、年固定成本(图7.18)。

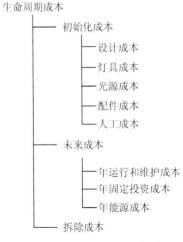

图7.18 寿命周期成本树分析
资料来源：赵建平绘制

---

① 孙哲.绿色建筑全寿命周期技术经济分析：[硕士学位论文].南昌：江西理工大学，2008.

图 7.4.2 中照明系统的初始化成本费包括光源的费用、灯具的费用和配电安装人工费用及安装配件费用。未来成本中年固定投资成本主要是指设备系统的年折旧费用。照明设备与其他机电设备一样，在使用过程中会有损耗，通过设备损耗的情况可以估算出设备的耐用年限，从而确定出设备的折旧年数和折旧率。所谓折旧率就是指在预设的折旧年份内，每年分摊到设备投资成本的百分数。年运行和维护费用包括年光源费和年系统维护费用，年系统维护成本用又包括更改光源人工费和灯具清洁维护费两部分。年能源成本指的是照明系统的年用电量。照明系统的用电量由系统的总功率和系统的点亮时间有关，系统的总功率由光源和镇流器的功率以及光源的总数决定。年平均点灯时间需要根据照明系统的性质、设计场所的功能特征等因素决定。拆除成本包括系统拆除成本、废弃物处理成本，并扣除回收利用材料和构件的价值。

全寿命周期成本不仅包括如上的货币成本，还包括环境成本和社会成本。环境成本是指工程产品系列在其全寿命周期内对于环境的潜在和显在的不利影响，照明系统对于环境的影响可能是正面的，也可能是负面的，前者表现为某种形式的收益，后者则体现为某种形式的成本。社会成本是指工程产品从项目构思、产品建成投入使用直至报废不堪再用全过程中对社会的不利影响。在绿色照明系统中，由于目前环境成本和社会成本较难量化，所以在研究中暂不考虑。

7.4.3 绿色照明系统寿命周期成本估价的目标

寿命周期成本估价在绿色照明系统中的主要应用是确定方案在寿命周期内的费用，并据此对设计方案进行评价和选择。借用英国皇家特许测量师协会在《建筑的寿命周期成本估价》文献中对寿命周期成本估价的目标定义，绿色照明系统寿命周期成本估价的目标可定义为：① 使得投资选择权能够被更有效的估价；② 考虑所有成本而不只是初始化成本的影响；③ 帮助整个照明系统和项目进行有效的管理。

7.4.4 绿色照明系统寿命周期成本估价的计算

任何一个绿色照明系统寿命周期成本估价的计算，首先都要明确系统的各项约束条件，即完成表7.18中的各项内容。

表 7.18 绿色照明系统寿命周期成本估价各项内容

A：初始化成本
　灯具、光源、安装及人工成本
　照明系统的用电量(kW)
　照明系统散热所增加的空调负荷
　增加空调负荷所增加的成本
　对采暖系统初投资的减小
　照明系统所造成的其他初投资费用
　其他设备及电力配件投资
　总成本
　每平方米投资成本
　每平方米照度值
　投资节约成本值

B：未来成本
　照明系统的功率值
　空调系统的功率值
　照明系统所造成的其他年运行成本
　系统的年折旧费用
　替换成本
　年清洗成本
　年维护成本
　年用电量

在全寿命周期成本的计算中，为了精确地组合初始成本和未来成本，所有现金流都统一折现为初始年度的"现值"，才能进行汇总和比较。"现值"的定义为："过去、目前或未来的现金流量作为以基年为初始年的时间均衡价值"。未来成本现值的决定依赖于指出发生的时间。初始化成本在研究周期的 0 年即基年发生。而未来成本可以被分为两个范畴：一次性成本和重复发生的成本。重复发生的成本是在研究周期范围内每年都会发生的成本，许多运行和维护成本都是重复发生的成本。一次性成本不是在研究周期范围内每年都发生的成本，例如许多替换成本都是一次性的成本。

在 LCC 计算中，认为一次性成本都发生在它们实际发生的年末，用下列公式计算未来一次性成本的现值[①]：

$$P = F \times \frac{1}{(1+i)^y}$$

式中，P 为现值；F 为在 y 时刻一次性成本之和；i 为实折现率；y 为时间(用年份的序号表示)。

在 LCC 计算中，所有重复发生的成本都表示为每年末发生的年度支出，未来重复发生的成本的现值用下式表示：

$$P = F_0 \times \frac{(1+i)^y - 1}{i \times (1+i)^y}$$

---

① IESNA Lighting Handbook. 北美照明学会照明手册. 2000.

式中，P 为现值；F_0 为未来重复发生的成本之和；i 为实折现率；y 为时间（用年份的序号表示）。

对于未来成本中每年按一定比例逐年上升的成本，其成本现值的计算可用下式表示：

$$P=\sum_{k=1}^{y} F_v \times \frac{(1+r)^k}{(1+i)^k}$$

式中，P 为现值；F_v 为该项的最初年成本值；y 为时间（用年份的序号表示）；i 为实折现率；r 为该项目成本逐年上升的百分比。

当一个项目全寿命周期内的所有成本都可以通过计算公式转化成现值时，就可以通过将每种成本的现值加起来，并减去转售值或剩余值等先进流入的现值的方法来计算项目系统全寿命周期内的成本，用简单的公式可表示如下：

全寿命周期成本=初始化成本+运行+维护+修理+能源+替换+⋯−剩余值

基于寿命周期成本中费用单元的不同划分，会形成描述形式不同的 LCC 估算模型。例如当将寿命周期成本按初始投资、运营成本、维护成本和残值来考虑时，则可以得到：

$$\text{LCC}=I_0+\sum_{k=0}^{y} O \times P_V+\sum_{k=0}^{y} M \times P_V-S \times P_{VT}$$

式中，I_0 为初始化成本；O 为运营成本；M 为维护成本；S 为残值；P_V 为现值；i 为实折现率；K 为时间变量；T 为寿命周期。

$$P_V=\frac{1}{(1+i)^k}$$

将寿命周期成本估算的方法应用于照明系统，有利于绿色照明工程可持续性的发展，有助于设计者对照明系统经济性的认识，从全寿命周期成本的角度综合考虑投入和产出，从而有利于绿色照明工程的推广。

参考文献

[1] 中国建筑科学研究院. 绿色照明工程实施手册. 北京: 中国建筑工业出版社, 2003.
[2] 孙哲. 绿色建筑全寿命周期技术经济分析: [硕士学文论文]. 南昌: 江西理工大学, 2008.
[3] IESNA Lighting Handbook. 北美照明学会照明手册. 2000.

第8章 可再生能源利用与空气、雨、污水的再利用

8.1 被动式太阳能利用

8.1.1 被动式太阳能建筑及其热利用技术

8.1.1.1 被动式太阳能建筑发展概况

人类所使用的能源主要来自太阳能(Solar)——太阳光辐射的能量。广义上的太阳能是当今地球上许多能量的来源，狭义的太阳能则限于太阳辐射能量中光热、光电和光化学直接转换的范畴。在使用方式上，人们除了直接利用太阳的辐射能外，还大量间接使用太阳能如煤、石油、天然气等。此外，生物质能、风能等也都由太阳能经过某些方式转换而成。相对于常规能源，太阳能具有广泛性、持久性、绿色性等显著的优势。

1）太阳能建筑发展历程

太阳能建筑是指把太阳能的热(辐射)收集利用与建筑的能源消耗相合的一种建筑类型。一般通过建筑朝向的适宜布局、周围环境的合理利用、内部空间优化组合和外部形体的适当处理等方式，对太阳能进行有效地集取—贮存—转化—分配，这便是使用太阳热能的过程。早期人类的建造活动中就非常注重利用太阳辐射来控制、调节建筑室内热环境，并且经历着由感性到理性，由低效到高效的历程。公元前4世纪，古希腊科学家亚里士多德(Aristotle)就曾经提出房屋"北面窗户要小，南面窗户要大，并且要有水平伸出的檐，冬季暖和，夏天可以遮阳"；1 000年前的美洲Anasazi印第安人利用石头和泥土在北美西南沙漠陡峭的大峡谷处建造了自然调节式住宅。由于位于山谷向阳面的自然突出物下方，夏天可以遮挡阳光，冬季低角度的阳光可以从遮挡物的下面照射进来提供采暖，并可利用岩石储热夜间放热（图8.1）。这些建筑现象都蕴含着朴素的太阳能热利用的思想。

图 8.1 Anasazi 印第安人洞穴——早期被动式太阳能建筑的雏形

资料来源：http://www.af96.com/Html/yyfq/210830287.html

最早有记载的太阳能建筑试验实施于1881年，由美国马萨诸塞州的莫尔斯(E.S. Morse)教授进行。他使用"表面涂黑的材料装在玻璃下面，玻璃固定在建筑向阳的一面，墙上设有孔洞，整个设计使得房间里的冷空气从瓦的下边排出房间，然后在玻璃与瓦之间被加热而上升的气层在顶部重新压迫进入房间"。1933年，美国现代太阳能建筑的先驱——威廉·科克和乔治·科克兄弟为芝加哥世博会设计建造一栋发展中心，无意中建成被动式太阳能建筑，受到启发，科克兄弟于1940年在伊利诺伊州设计建成了一幢太阳能住宅，这是美国第一栋实用的被动式太阳房。在他们以后所设计的300多幢房屋中都实施了被动式太阳能建筑采暖的内容。在太阳能建筑发展历程中，特朗勃墙(Tromble Wall，集热蓄热墙)的出现是一个重要的里程碑，这由法国人Felix Trombe博士于1956年首先提出的，并与建筑师米歇尔(M. Michel)共同合作研究成功——利用热工原理与建筑材料的巧妙结合形成热能的收集及转换体系(图8.2)。在此期间，大批具有远见卓识的专业人士从事于被动式太阳能建筑的研究与实践，直至20世纪80年代，太阳能建筑在世界范围内进入实用阶段。尤其在美国，无论是对太阳能建筑的研究、设计优化，还是材料、房屋部件结构的产品开发、应用，抑或是商业运作的房地产开发模式等方面上都在世界范围内均处于领先地位，形成了完整的太阳能建筑产业化体系。在理论领域19世纪80年代初由著名的新墨西哥州洛斯阿拉莫斯科学实验室

图8.2 洛杉矶"树居"——利用现代特朗勃墙技术的被动式太阳能建筑

资料来源：http://villa.soufun.com/2009-05-20/2585986.htm

编制出版了《被动式太阳房设计手册》。在实践领域比较著名的示范建筑有：普林斯顿的凯尔布住宅（新泽西州，窗、附加阳光间和集热蓄热墙的组合式太阳房），科拉尔斯的贝尔住宅（新墨西哥州，水墙集取太阳能）等，这些太阳能建筑均有较高的热能转化率与供给率[①]。

我国有着丰富的太阳能资源，在长期的生产与生活实践中许多地区积累了丰富的太阳能的热利用经验。例如，北方农村的传统住宅多为南北朝向、南向多窗而北向少窗，并采用厚墙、厚屋顶等构造方式，这些建筑形式特征和构造措施都与现代被动式太阳能建筑的设计原则相一致。再如我国陕北地区黄土高原上的窑洞建筑也是很好的被动式太阳能建筑的实例。值得注意的是，过去认为东北地区纬度高、气候严寒，加之太阳能源密度较小，不适宜于发展太阳能建筑。但事实上，由于东北地区建筑的外围护结构保温较好，采暖供煤标准高，因此采取较少投资的太阳能建筑技术措施就能取得较为明显的供暖效果。

虽然国内太阳能建筑理论与实践起步较晚，但发展迅速。1977年，甘肃省民勤县重兴中学建成我国第一栋试验性太阳能建筑。1979年，清华大学建造了太阳能实验室并建立了实验装置，开始对多种集热装置的性能、参数，以及直接吸热式集热墙、水墙、暖房等综合效果进行了分析对比，并建立数学理论模型。20世纪末，由联合国资助的亚洲最大的"太阳能采暖与降温技术试验示范基地"在兰州榆中夏官营建成。另外，甘肃省甘南藏族自治州的民族师专项目作为目前国内最大的太阳能建筑群，占地14.33 hm²，太阳能建筑面积达28 000 m²。据统计，截至2000年年底，我国已建成各类太阳能建筑9.78万 m²（图8.3）。太阳能建筑已成为我国太阳能应用领域重要的分支，在科研上也已由原理和系统分析的方法转移到具体的设计实践以及一体化构件的研发，出现了新的专业方向——"太阳能建筑学"。

2）问题及前景

当代社会，由于人们对舒适的建筑室内环境的追求越来越高，导致建筑供暖和供冷的能耗日益增长。西方发达国家建筑用能已占全国总能耗的30%～40%，对可持续发展形成严重的威胁。这种情形下，

图8.3 世界太阳能"硅谷"——中国太阳谷总部（在山东省德州市）

资料来源：http://job.zhulong.com/news_read.asp?id=113524

---

① 喜文华. 被动式太阳房的设计与建造. 北京：化学工业出版社，2007：2-4.

太阳能无疑是一种非常宝贵的可再生能源。作为世界上能量消耗最大的国家，美国先后通过了《太阳能供暖降温房屋的建筑条例》和《节约能源房屋建筑法规》等鼓励新能源利用的法律文件，同时在经济上采取有效的鼓励机制。我国也已制定《可再生能源法》，鼓励建筑产业对可再生能源太阳能的利用。

但是，太阳能作为一种能源在太阳能建筑的利用过程中也存在着不足：一方面是太阳能能源自身的客观缺陷：① 低密度。太阳辐射尽管波及全球但入射功率却很小。正午垂直于太阳光方向所接受的太阳能在海平面上的标准峰值强度只有 1 kW/m²。因此要保证利用效率就需要较大面积的太阳能收集设备，这带来一系列材料、土地、前期投资等问题。② 不稳定。就某一固定点而言，太阳的入射角与方位角每时每刻发生着变化，一天内太阳辐射量浮动也很大，其强度受各种因素如季节、地点、气候等的影响不能维持常量。另一方面是对太阳能建筑一体化设计的主观意识的匮乏。如何使得太阳能构件产品在保证功能性的前提下与建筑完美结合，在建筑构件化的基础上做到模数化、系列化及多元化，并促进太阳能设备多元化产品的开发将是建筑学领域及相关太阳能热利用领域的共同命题。

上述太阳能源的客观缺陷虽然影响太阳能的有效利用与大规模普及，但并不能扭转太阳能建筑及一体化的发展趋势。针对每一个具体的项目结合当地气候环境采取特定的适宜性对策，是进行太阳能建筑设计的前提，只有在建筑师与专业人员密切配合下，采取与建筑一体化的整合设计，使太阳能设备成为太阳能建筑不可分割的建筑构件，才能创造出多姿多彩的实用型太阳能建筑。随着太阳能系统科技内涵的增加，太阳能建筑将呈现更加理性的外观和表现力（图8.4）。未来的太阳能建筑应是将多项先进能源技术集成的生态环保系统。

图 8.4　春湖公园游客中心，美国，加州，太阳能集热构件与建筑物的一体化构成体系

资料来源：[英]大卫·劳埃德·琼斯. 建筑与环境——生态气候学设计. 王茹，等译. 北京：中国建筑工业出版社，2005：161.

8.1.1.2 日照规律及其与建筑的关系

太阳日照规律是进行任何建筑设计时需要考虑的外部环境因素之一。为使太阳能利用效率最大化的同时能够获得舒适的室内热环境，这就要求一方面合理地设置太阳能收集体系，使太阳能建筑在冬季尽可能多地接收到太阳辐射热；另一方面还应减少太阳在运行过程中对室内热环境稳定性产生的不利影响，控制建筑围护结构的热损失。这两方面相辅相成。因此，我们有必要了解一下太阳基本的日照规律以及太阳能建筑的布局要点。

1）我国太阳能资源

我国地处北半球欧亚大陆的东部，属于温带和亚热带气候区，拥有比较丰富的太阳能资源。我国幅员广大，受气候和地理等条件的影响太阳能资源分布具有明显的地域性。特别是近些年大气污染的日益严重，各地的太阳辐射量呈下降趋势。中国气象科学研究院根据最新研究数据，重新计算了中国太阳能资源分布(图8.5)。以太阳年曝辐射量为依据将中国划分为 4 个太阳能资源区(带)。① 太阳能丰富区：在内蒙古中西部、青藏高原等地，年总辐射在 6 700 MJ/(m²·a)。太阳能的高值中心和低值中心都处在北纬22°~35°这一带。青藏高原是高值中心，而四川盆地是低值中心。② 太阳能较丰富区：北疆及内蒙古东部等地，年总辐射约 5 400~6 700 MJ/(m²·a)。太阳年辐射总量的分布规律是西高东低，南高北低（除西藏和新疆两个自治区外）。③ 太阳能可利用区：分布在长江下游、两广、贵州南部和云南及松辽平原，年总辐射量为 4 200~5 400 MJ/(m²·a)。由于南方多数地区多云多雨，在北纬 30°~40°地区范围内，太阳能的分布情况与一般的太阳能随纬度升高而降低的规律相反，随着纬度的升高而增长。④ 太阳能贫乏区：主要位于我国东北地区，年总辐射量小于 4 200 MJ/(m²·a)。尽管如此，本地区仍然是太阳能利用行之有效的区域。

总体而言，与同纬度的其他国家地区相比，我国绝大多数地区的太阳能资源相当丰富（除四川盆地及其毗邻地区外），比日本、欧洲条件优越得多。特别是青藏高原的西部和东南部地区，其太阳能资源接近世界上著名的撒哈拉大沙漠。

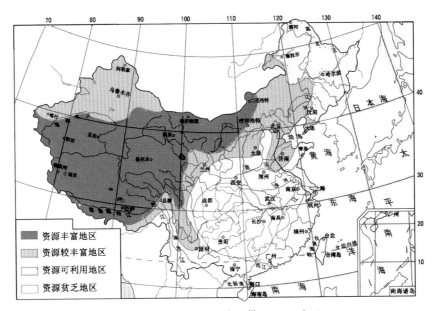

图 8.5　我国太阳能资源带　MJ/(m²·a)
资料来源：根据中国气象科学研究院资料，宋德萱、王旭绘制

2）日照规律

（1）太阳辐射机制与辐射量。太阳是以辐射的方式不断地向地球供给能量。太阳辐射的波长范围很广，绝大部分能量的波长集中在 0.15~4 μm 之间，约占太阳辐射总能的 99%（图 8.6）。其中可见光区（波长在 0.4~0.96 μm 之间）占太阳辐射总能的 50%，红外线区（波长>0.76 μm）占太阳辐射总能的 43%，紫外线区（波长<0.4 μm）占太阳辐射总能的 7%。太阳辐射在进入地球表面之前通过大气层时，太阳能一部分被反射回宇宙空间，一部分被吸收或被散射的过程称作日照衰减。例如，在海拔 150 km 上空太阳辐射能量保持在 100%；当到达海拔 88 km 上空时，X 射线几乎全部被吸收并吸掉部分紫外线；当光线更深地穿入大气层到达同温层时，紫外辐射被臭氧层中的臭氧吸收，即臭氧对地球环境起到保护性的屏蔽作用。当太阳光线穿入更深、更稠密的大气层时，气体分子会改变可见光的传播方向，使之朝各个方向散射。由对流层中的尘埃和云的粒子进一步对太阳光散射称为漫散射，散射和漫散射使一部分能量再次逸出到地球外部空间，一部分能量则向下传到地面。图 8.7 表示各种能量损失的情况，从中我们可以发现，太阳辐射能从进入大气层到地球表面的过程中，真正被地面吸收的太阳辐射能量仅占总能量的 1/20 以下[①]。

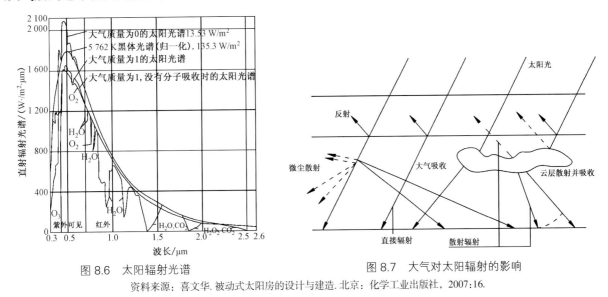

图 8.6　太阳辐射光谱　　　　　　　　　图 8.7　大气对太阳辐射的影响

资料来源：喜文华. 被动式太阳房的设计与建造. 北京：化学工业出版社，2007：16.

---

① 参见宋德萱. 建筑环境控制学. 南京：东南大学出版社，2003：15-17.

(2) 日照变化。地球不停地自转，并且围绕太阳不断进行公转。因此太阳对地球上每一地点、每一时刻的日照都在有规律地发生变化。除公转外，使地球产生昼夜交替的自转是地球与黄道面成 23°27′（南北回归线）的倾斜运动，其入射到地面的交角也在发生着变化。当日照光线与地面接近垂直时，该地区进入盛夏；当日照光线与地面有较大倾角时，该地区进入冬季。日照计算时常采用夏至日及冬至日两天的典型日照为依据，如图 8.8。每年的 6 月 22 日（夏至），地球自转轴的北端向公转轴倾斜成 23°27′。这天北半球日照时间最长、照射面积也最大。而每年的 12 月 22 日（冬至），地球赤道以北地区偏离公转轴 23°27′，这天北半球日照时间最短、照射面积最小。赤道以南地区的季节交替恰好与北半球相反。

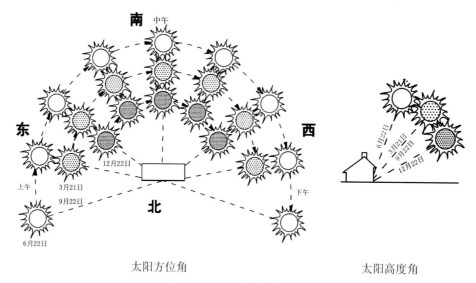

图 8.8 太阳的方位角与高度角

资料来源：[美]丹尼尔·D.希拉. 太阳能建筑——被动式采暖与降温. 薛一冰，管振忠，译. 北京：中国建筑工业出版社，2008：13.

太阳高度角 γ_h 和太阳方位角 α 可用下式计算：

$$\sin\gamma_h = \sin\Phi\sin\delta + \cos\Phi\cos\delta\cos\omega$$

$$\sin\alpha = \cos\delta\sin\omega/\cos\gamma_h \text{ 或 } \sin\alpha = (\sin\gamma_h\sin\Phi - \sin\delta)/\cos\gamma_h\cos\Phi$$

式中：Φ 为当地地理纬度；δ 为计算日赤纬角，（冬至日=23°27′）；ω 为计算时角（正午 $\omega=0°$，每小时变化 15°，正午前为负，正午后为正）。

3）日照与太阳能建筑的关系[①]

(1) 方位。我们可以从以下 3 个方面分析研究太阳光入射方位与建筑物的相互关系。

① 方位与日照辐射量：不同纬度（Φ）的地区，在不同的季节（用赤纬角 δ 表示），正午太阳高度角 γ_h（日最大太阳高度角）存在以下关系：

$$\gamma_h = 90° - (\Phi - \delta)$$

图 8.9 给出了不同 $(\Phi - \delta)$ 值下各朝向垂直面的相对辐照量，即各朝向垂直面的辐照量与南向垂直面辐照量的比值。对于以冬季采暖为主的较高纬度地区，建筑的方位应在南向 30°以内，并且在 15°以内较好。

② 方位与日照时间：根据地球的运行规律与冬、夏季日出至日落，全天太阳方位角的变化范围不同。从日照的时间因素来看，太阳能建筑的方位朝南及略偏东或偏西比较合适。

③ 方位与室温波动：冬季室外最低气温出现于早晨 7 时，最高气温出现于午后。因为午后室外气温及日射辐照量均较大，太阳能建筑若偏西从而导致全天热负荷不均，室温变化较大。因此，为使室内热环境波动较小，太阳能建筑的方位以南略偏东为宜。

(2) 间距。为保证太阳能建筑的集热部分不被其南向建筑物遮挡，必须与其之间留有一定的距离，此间距称为太阳能建筑的日照间距，一般取冬至日作为计算日。因为冬至日时太阳的入射角最大，若能保证

---

① 参见北京土木建筑学会. 新农村建设太阳能热利用. 北京：中国电力出版社，2008：128-130.

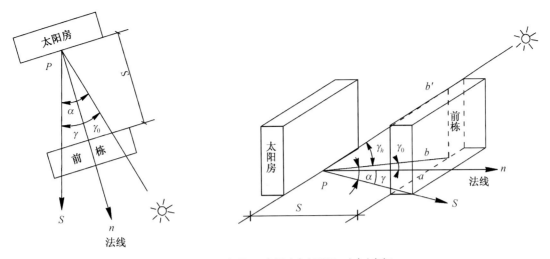

图 8.9 日照间距示意图（左）平面 （右）空间

资料来源：北京土木建筑学会. 新农村建设太阳能热利用. 北京：中国电力出版社，2008:129.

太阳房在日照时间内不被其前方建筑物遮挡，则其他时间均能满足日照间距的要求。图 8.9 所示为位于平坦地面上朝向偏东的太阳能建筑，其前方建筑物高度为 h，若使正午 n 小时内太阳房勒脚下的 P 点以上墙面的阳光不被前方建筑物遮挡，就必须满足正午前 n 小时前方建筑物的阴影落在 P 点，通过 P 点作墙面的法线 Pn，正南方向线 PS，则 $P\alpha$ 即其日照间距 S，S 值可按下式计算：

$$S=h_0\cot\gamma_h\cos\gamma_0$$

式中：h_0 为前栋建筑物的计算高度（m）；γ_h 为计算时刻的太阳高度角（°）；γ_0 为计算时刻太阳光线在水平面上的投影与垂直墙面法线之间的夹角（°）；γ_0 与太阳方位角 α 及墙面的方位角关系如图 8.10 所示。

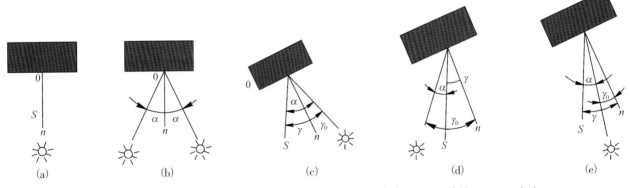

图 8.10 朝向与方位角（a）$\gamma_0=0$，$\gamma=0$，$\alpha=0$；（b）$\gamma_0=\alpha$，$\gamma=0$；（c）$\gamma_0=\alpha-\gamma$；（d）$\gamma_0=\gamma+\alpha$；（e）$\gamma_0=\gamma-\alpha$

资料来源：北京土木建筑学会. 新农村建设太阳能热利用. 北京：中国电力出版社，2008:129.

8.1.1.3 被动式太阳能建筑的成功关键

被动式太阳能建筑是指不需要专门的集热器、热交换器、水泵或风机等主动式太阳能采暖系统中所必需的设备，侧重通过合理布置建筑方位，加强围护结构的保温隔热措施，控制材料的热工性能等方法，利用传导、对流、辐射等自然交换的方式使建筑物尽可能多地吸收、贮存、释放热量以达到控制室内舒适度的建筑类型。相比较而言，被动式太阳能建筑对于建筑师有着更加广阔的创作空间。

事实上，我们所从事的一般建筑设计中无意中从南窗获得太阳热能约占采暖负荷的 1/10 左右。如果我们进一步加大南窗面积、改善围护结构热工性能、在室内设置必要的贮热体，这种情形下的建筑也可被理解为一幢无源太阳能建筑。因此，被动式太阳能建筑和普遍意义上的建筑没有绝对界限。但是，两者在有意识地利用太阳能以及节能效益两个方面存在着显著区别。本质上说，房屋建筑的基本功能是抵御自然界各种不利的气候因素以及外来危险因素的影响，为人们的生产和生活提供良好的室内空间环境。太阳能建筑的目的同样如此：使房屋达到冬暖夏凉，创造舒适的室内热环境。其基本构成也由屋顶、围护结构（墙或板）、地面、采光通风部件、保温系统等组成。所不同的是，太阳能建筑有意识地利用太阳辐射的能

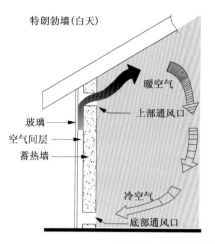
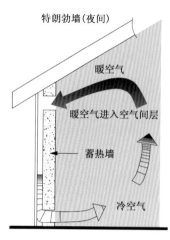

图 8.11 特朗勃墙运行原理示意图
资料来源：宋德萱，王旭绘制

量，以调节、控制室内热环境，集热部件与建筑构件往往高度集成。更重要的是，被动式太阳能建筑是一个动态地集热、蓄热和耗热的建筑综合体，如图 8.11。太阳光能通过玻璃并被室内空间的材料所吸收并向各个方向辐射热能，由于类似于玻璃的选择性媒介具有透过"短波"（即太阳辐射热）而不透过"长波"红外热的特殊性能，这些材料再次辐射而产生的热能就不易通过玻璃扩散到外部。这种获取热量的过程，称之"温室效应"——被动式太阳能建筑最基本的工作原理。所以系统应具备"收集"太阳能的功能，将收集到的热量进行"储存""积蓄"，在适当的时间与空间中把这些热量进行"分配"使用。因此，被动式太阳能建筑成功的关键有以下 6 点：① 建筑物具有一个有效的绝热外壳；② 南向有足够数量的集热表面；③ 室内布置尽可能多的贮热体；④ 主要采暖房间紧靠集热表面和贮热体；⑤ 室内组织合理的通风系统；⑥ 有效的夜间致凉、蓄冷体系[①]。

1）建筑布局

太阳能建筑的总体布局应当考虑充分利用太阳能资源，同时协调建筑（群）形式、使用功能和集热方式这三者之间的关系。建筑平面布置及其集热面应向当地最有利的朝向，一般考虑正南向±15°以内。至于办公、教室等以白天使用为主的建筑（群）在南偏东 15°以内为宜。在某些气候环境下为兼顾防止夏季过热，集热面倾角呈 90°设置。避免周围地形、地物（包括附近建筑物）对太阳能建筑南向以及东、西各 15°朝向范围内的遮阳。另外，建筑主体还应避开附近污染源对集热部件透光面的污染、避免将太阳房设在附近污染源的下风向。

太阳能建筑的体形。首先，避免产生自遮挡，例如建筑物形体上的凸处在最冷月份对集热面的遮挡。对夏热地区的太阳能建筑还要兼顾夏季的遮阳要求，尽量减少夏季过多的阳光射入房内。以阳台为例，一般南立面上的阳台在夏季能起到很好的遮阳作用，但冬季很难完全不遮挡阳光。因此，首先，在冬季寒冷而夏季温和的地区南向立面不宜设阳台或尽量缩小阳台的伸出宽度。特别应避免凹阳台（或称凹廊）在太阳房中的使用，因为它在水平向度及垂直向度均不利于对太阳能的采集。其次，太阳能建筑的体形应当趋于简洁，以正方形或接近正方形为宜。再次，利用温度分区原理按不同功能用房对温度的需求程度合理组织建筑功能空间布局：主要使用空间尽量朝南布置；对于没有严格温度要求的房间、过道等可以布置在北面或外侧。最后，对于采用自然调节措施的太阳能建筑来说层高不宜过高。当太阳能建筑的层高一定时，进深过大则整栋建筑的节能率会降低，当建筑进深不超过层高的 2.5 倍时，可以获得比较满意的太阳能热利用效率。

2）采集体系

采集体系的作用就是收集太阳的热量，主要有两种方式：① 建筑物本身构件：如南向窗户、加玻璃罩的集热墙、玻璃温室等；② 集热器：与建筑物有机结合或相对独立于建筑物。

太阳能建筑的集热件常采用玻璃，这是因为玻璃能通过短波（太阳辐射热）而不能透过长波（常温和低温物体表面热辐射），这种获取热量的过程叫做"温室效应"，玻璃窗就形成了"温室效应"的前提条件。（图 8.12）另外，要注意设计或选用便于清扫以及维护管理方便的集热光面，水平集热面比垂直透光面容易

---

① 参见宋德萱. 建筑环境控制学. 南京：东南大学出版社，2003：177.

积尘和难于清扫，若使用不当会使透光的水平集热面在冬季逐渐变成主要失热面。

3) 贮存体系

蓄热也是太阳能热利用的关键问题，加强建筑物的蓄热性能是改善被动式太阳能建筑热工性能的有效措施之一。有日照时，如果室内蓄热因素蓄热性能好、热容量大，则吸热体可以吸收和储存一部分多余的热能；无日照时，又能逐渐地向室内放出热量。因此蓄热体可以减小室温的波动，也减少了向室外的散热。根据一项对寒冷地区某住宅模型进行模拟计算的结果，由于混凝土蓄热性优于木材，所以采用混凝土地板时，室内的温度波动比采用木地板时要小得多。

蓄热体也可分为两类：(1) 利用热容量随着温度变化而变化的显热材料，如水、石子、混凝土等；(2) 利用其熔解热(凝固热)以及其熔点前后显热的潜热类材料，如芒硝或冰等。应用于太阳能建筑的蓄热体应具有下列特性：蓄热成本低(包括蓄热材料和储存容器)；单位容积的蓄热量大；化学性能稳定、无毒、无操作危险，废弃时不会造成公害；资源丰富，可就地取材；易于吸热和放热(图8.13)。

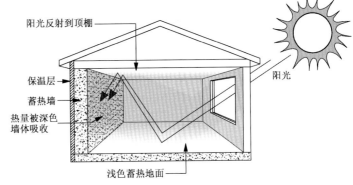

图8.12 太阳辐射的采集体系(南向窗户)
资料来源：宋德萱，王旭绘制

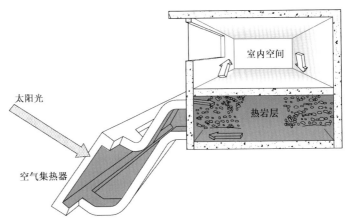

图8.13 太阳光蓄热和放热体系(热岩层)
资料来源：参照北京土木建筑学会. 新农村建设太阳能热利用. 北京：中国电力出版社，2008；宋德萱，王旭绘制

4) 热利用体系

太阳能建筑对于通过各种途径进入室内的热量应当充分利用，以便使太阳能建筑运行效率发挥到最大。主要使用空间宜布置在南面，辅助房间宜设置于北面；同时，应解决好使用空间进深和蓄热问题。为了保证南向主要房间达到较高的太阳能供暖率，其进深一般不大于层高的1.5倍，这样可保证集热面积与房间面积之比不小于30%。为减小太阳能建筑室内温度的波动可选择蓄热性能好的重质墙作为室内空间的分隔墙。在直接受益式太阳房中，楼板和地面都应该考虑其蓄热性。因为地面受太阳照射的时间长、照射的面积大，所以对于底层的地面还应适当加厚其蓄热层。此外，在集热方式和集热部件的选择上还需要综合考虑房间的使用特点。例如，主要在晚上使用的房间应优先选用蓄热性能较好的集热系统，以使晚间有较高的室温；而主要在白天使用的房间应优先选用升温较快，并能保持室温波动较小的集热系统。

5) 保温隔热体系

一个良好的绝热外壳是太阳能建筑成功与否至关重要的前提。为使室内环境冬暖夏凉，必须考虑冬季尽量减少室内的热损失，夏季尽量减少太阳辐射和从室外空气传入室内的热量。因此加强围护结构的保温隔热与气密性是最有效的方法。同时，为了减少辅助性采暖和制冷时的能源消耗量，保温隔热也是不可缺少的。需要注意的是，夏季进入室内的太阳辐射热以及室内产生的热量过多，若不进行充分的排热，高度保温隔热的围护结构就会加重室内环境的恶化。这种情况下可以通过设置遮阳、加强通风等措施，以防止热量滞留在室内，这与谋求建筑物的高隔热性和气密性并不矛盾。下面将建筑围护结构中的典型构件加以分析：

(1) 外墙：墙体的保温隔热一般采用附加保温层的做法。围护结构保温层厚度在一定数值范围内越大其传热损失越小，其位置宜在外围护结构的外表面以减少结露现象改善室内人体舒适感。在热容量大的墙体室外一侧进行隔热（外保温），可以使得混凝土等热容量大的墙体作为蓄热体使用。也可形成夹芯结构，

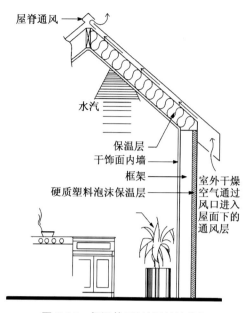

图 8.14　保温体系(外围护结构)
资料来源：参考[美]丹尼尔·D. 希拉. 太阳能建筑——被动式采暖与降温[M]. 薛一冰,管振忠,译. 北京：中国建筑工业出版社,2008：宋德萱、王旭绘制

在围护结构层间进行保温处理(图 8.14)。

（2）基础：对于被动式太阳能建筑而言基础是一个热量损失的部位，且常常被人们所忽视。在特定的气候条件下建筑基础的热交换过大会直接会影响被动式太阳能建筑的采暖效率。所以，作为设计者必须考虑结构基础的稳定性、节能效率、材料的使用等与保温隔热相关的因素(图 8.15)。

（3）外门窗：被动式太阳能建筑中的各个朝向采用适宜的窗墙比。而窗户本身就是建筑围护结构中的薄弱环节，这对提高建筑长期的运行效率至关重要。因此，应当采用高气密性的节能门窗以及诸如中空玻璃、Low-E 玻璃、软镀膜与硬度膜等作为透过性材料，若能配合遮阳系统则效果更佳(图 8.16)。

（4）门斗：除加强对门窗保温隔热措施外，出入口的开启可能会使得大量冷(热)空气进入室内，通常的方法是设置门斗以防止冷风渗透。门斗不可直通对室内热环境要求较高的主要使用空间，而应通向辅助房间或过道，以防不利风直接进入主要使用空间。当出入口在南向并通向主要使用空间时，可将出入口扩大为阳光间。特别在严寒地区应设置供冬季使用的辅助

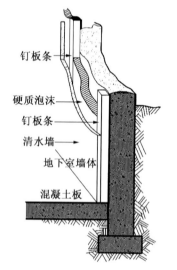

图 8.15　基础保温与隔热措施

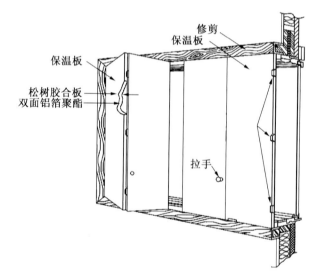

图 8.16　窗户的保温与隔热措施

资料来源：参考[美]丹尼尔·D. 希拉. 太阳能建筑——被动式采暖与降温. 薛一冰,管振忠,译. 北京：中国建筑工业出版社,2008：31,49.

出入口通向辅助房间或过道，以避免出入口的开启引起主要功能房间室温的波动。

特别需要注意的是以上各个关键要素之间相互关联、相互配合，共同组成太阳能建筑围护系统，以实现被动式太阳能建筑的采暖或降温目标。这种关联特征所形成的系统属性贯穿整个太阳能建筑的设计与建造过程。

8.1.1.4　被动式太阳能建筑典型系统

根据其系统热利用的方式不同可分为 4 种类型：① 直接受益式(Direct Gain)：利用南墙直接照射的太阳房，如图 8.17(a)、(b)；② 集热蓄热墙式(Tromble Wall)：利用南墙进行集热蓄热，如图 8.17(c)、(d)；③ 附加阳光间(Synthesize)：即"温室"与上两种相结合的方式，如图 8.17(e)、(f)；④ 对流环路式(Convective Loops)：利用热虹吸作用加热循环，如图 8.17(g)、(h)。

在实际应用中往往是几种系统相互配合使用，尤以前三种形式的应用最为普遍，称为组合式或复合式太阳能热利用。此外，主动式太阳能系统与被动式太阳能系统也常结合在一起使用。

第8章 可再生能源利用与空气、雨、污水的再利用

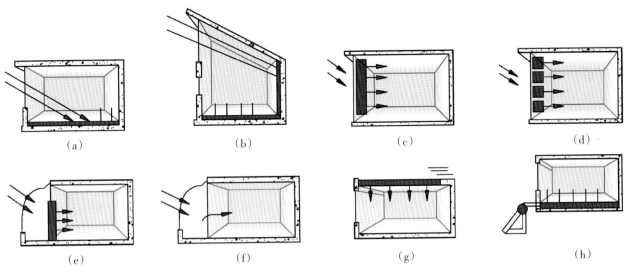

图 8.17 被动式太阳能建筑典型系统图

资料来源：参照北京土木建筑学会.新农村建设太阳能热利用[M].北京：中国电力出版社，2008；宋德萱，王旭绘制

1）直接受益式系统

（1）原理

所谓直接受益式太阳能建筑就是让阳光直接加热室内房间，将房间自身当做一个包括太阳能集热器、蓄热器和分配器的集合体，是一种利用向阳窗户直接接受太阳辐射的被动式太阳能建筑类型。白天阳光透过窗玻璃直接照射到室内的墙壁、地面和家具上，使它们获得热量并蓄存。夜间，当室外温度和房间温度下降时，墙壁、地面等就会散发热量使房间保持一定温度。太阳热能这种集—蓄—放的全过程就是直接受益式太阳房的工作原理，如图 8.18 所示。相对而言，该系统具有结构简单、形式美观、造价较低等优点。但如设计不当将导致室温波动大、舒适性差、辅助能耗增多以及白天室内的眩光等问题。

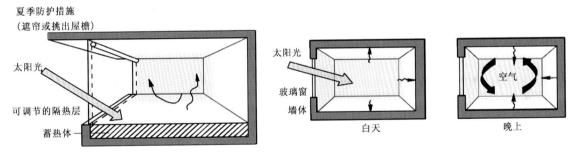

图 8.18 直接受益式工作原理示意图

资料来源：宋德萱，王旭绘制

（2）关键技术

直接式太阳能采暖系统中最主要的一类集热构件是南向玻璃窗，称为直接受益窗。要求密封性能良好，为防止夏季过量直射应配有保温窗帘。另一类主要构件是蓄热体，包括室内的地面、墙壁、屋顶和家具等。围护结构应有良好的保温隔热措施以防室内热量散失。

① 直接受益窗[①]。直接受益窗是直接受益式太阳房获取太阳热能的重要途径，它既是得热部件，又是失热部件。一个设计合理的集热窗应保证在冬季通过窗户的太阳得热量能大于通过窗户向室外散发的热损失，而在夏季尽可能减少日照量。改善直接受益窗的保温状况，可以增加窗的玻璃层数，也可以在窗上增设夜间活动保温窗帘（板）。为防止过大的窗户面积导致直接受益式太阳房室温波动变大，应选择适当的窗户面积，窗墙比大于 0.3、窗地比约为 0.16 较为合适。若集取的太阳热量不够，可将不开窗户的其余南

---

① 参见北京土木建筑学会主编.新农村建设太阳能热利用.北京：中国电力出版社，2008：134-135.

向墙面设计成其他类型的集热设施(表 8.1)。

② 蓄热体。为了更充分地吸收和蓄存太阳热量，减少室温波动，需要在房间内配置足够数量的蓄热物质。蓄热材料应具有较高的体积热容和热导率，应将蓄热体配置在阳光能够直接照射到的区域，并且不能在蓄热体表面覆盖任何影响其蓄热性能的物品。砖石、混凝土、水等都是较好的蓄热材料，例如，重型结构房屋通常所用的墙体厚度大于等于 240 mm，地面厚度大于或等于 50 mm。蓄热体表面积与玻璃面积之比大于或等于 3 时，地面所起的蓄热作用较大，此时地面厚度增至 100 mm 比较有利。

③ 房间内表面的有效太阳能吸收系数(α_a)[1]。直接受益式太阳房房间内表面的有效太阳能吸收系数 α_a 是指太阳房内墙壁、顶棚和地面所吸收的日射量 S_n 与透过南窗玻璃的日射量 S_{or} 比值。其大小与玻璃的反射系数 ρ_r，房间内壁、板的吸收系数 α_w 及南窗面积与房间内隔壁、板表面积的比例等因素有关。特别是地面色彩对提高房间的太阳能吸收起决定性作用(见表 8.2)。

表 8.1 推荐的窗地比值参考值

冬季室外平均气温(℃)	窗地比
-8~9	0.27~0.42(窗有保温措施)
-5~7	0.24~0.38(窗有保温措施)
0~4	0.21~0.33
0~1	0.19~0.29
0~2	0.16~0.25

表 8.2 房间内表面颜色对有效太阳能吸收系数 α_a 的影响

类别	α_a
各表面均为深色	0.88
各表面均为浅色	0.67
地面为深色，其他表面为浅色	0.83

(3) 案例　德国，盖尔森基尔希科学园[2]

这座大楼是众多富有想象力的建筑之一，由艾姆舍公园(Escher Park)国际建筑展览会(IBA)首创。1989年由北莱茵西法利亚的兰德政府提出的一个有关环境保护的十年计划使得这座楼成为科学园的轴心。该科学园是一个技术创新中心，有一个同时被用来收集雨水的湖。西面是一个 300 m 长的拱廊，包含了商店和咖啡厅的共享空间。拱廊的设计灵感来源于 19 世纪的园林建筑以及工业建筑的大空间，占据了大楼坡状玻璃墙后面的 3 层楼。事实上，拱廊与内部空间共同形成了直接得热系统。按照精确的预算有效地进行能源管理是该设计的中心问题。大楼的墙面装有隔热玻璃，能适应季节的变化。冬天，下面的嵌板全部关闭；而到了夏天，这些嵌板滑到上面，提供通风和朝向湖边的通道。"绿色"宗旨成为其不二的选择(图8.19)。

图 8.19　科学园南向透视

资料来源：[英]大卫·劳埃德·琼斯.建筑与环境——生态气候学设计.王茹，等.译.北京：中国建筑工业出版社，2005：101.

2) 对流环路系统

(1) 原理

对流环路系统建筑物的围护结构为两层壁面，壁面间形成封闭的空气层，依靠"热虹吸"作用产生对流环路机制，将各部位的空气层相连形成循环。壁面间的空气在对流循环过程中不断被加热，使壁面材料贮热或在热空气流经部位设计一定的贮热体，在室内温度需要时释放热量从而满足室内温度要求及稳定性的目的。对流环路式系统可以在墙体、楼板、屋面、地面上应用，也可用于双层玻璃间形成的"集气集热器"。相比较而言，系统初次投资较大，施工复杂，技术要求较高，但利用太阳能采暖效果很好，并能兼起保温隔热作用(图 8.20)。

(2) 关键技术

① 集热面：该系统需设置向阳的集热面，其垂直高度一般大于 1.8 m，使集热面内空气层中的空气有足够的向上流速，以获得良好的"热虹吸"效果；空气层宽度一般取 100~200 mm；

---

[1] 参见北京土木建筑学会主编.新农村建设太阳能热利用.北京：中国电力出版社，2008：134-135.

[2] 参见[英]大卫·劳埃德·琼斯.建筑与环境——生态气候学设计.王茹，等.译.北京：中国建筑工业出版社，2005：100-103.

② 风口：在对流循环过程中，如果室内需要被加热的双层壁体内的空气，可以通过风口来控制，风口设置防逆流装置利用风闸的开合来控制室温；

③ 隔热：对流环路在夏季会给室内条件造成灾难，这时可以设计相应的对流环路阻绝板，将对流终止，如设置有效防止反向对流的"U"形管集热器，夏季时可将室内上部风口关闭。这时静止的空气间层是很好的隔热体系，这对夏热冬冷地区尤其重要（图8.21）。

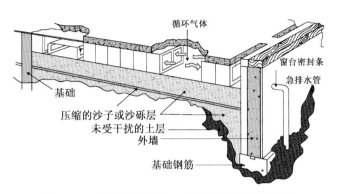

图8.20 对流环路式系统工作原理（下部基础部分）
资料来源：参考[美]丹尼尔·D.希拉著.太阳能建筑——被动式采暖与降温.薛一冰，管振忠，译.北京：中国建筑工业出版社，2008；宋德萱，王旭绘制

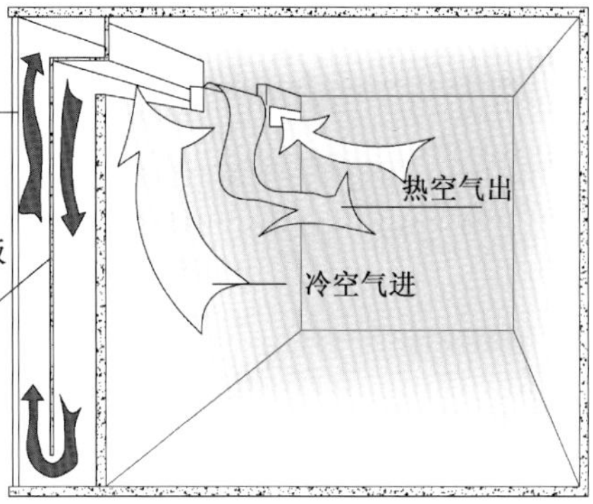

图8.21 防止反向对流的"U"形管集热器
资料来源：宋德萱，王旭绘制

（3）案例　山东，学生生态公寓[①]

山东建筑大学生态公寓采用太阳墙、太阳能烟囱等技术措施，生态公寓立面效果与普通公寓有较大差别。太阳墙通过横竖线条、外窗体块与普通公寓窗、墙、檐口的点、线组合相统一，稳重且有现代气息，符合大学校园风格。高耸的太阳能烟囱成为公寓区的制高点和标志，与教学区、服务区的高点遥相呼应，窗间位置的三组太阳墙板成为生态公寓的明显标志（图8.22~图8.24）。为了达到更高的利用效率，系统采用了被动式太阳能与常规能源相结合的采暖方式，在增加有限投资的情况下，有效提高了利用效率。充分利用太阳能辅助冬季采暖、减少采暖能耗，南向房间均采用较大的窗墙比，以直接受益窗的形式引入太阳热能。为将太阳能引向北向房间而采用对流环路式系统。将南向无法直接利用的、"多余"的太阳能收集起来以空气为介质送至北向房间。这不仅使太阳能得到了有效利用，同时也为

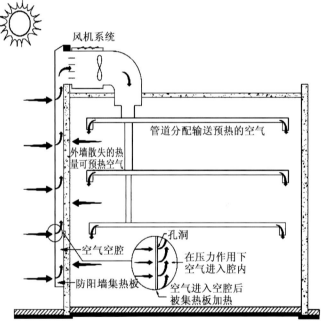

图8.22 剖面运行系统图
资料来源：王崇杰，薛一冰，等.生态学生公寓.北京：中国建筑工业出版社，2007

房间提供了新风，如图8.22。在过渡季节，太阳能蓄热墙几乎可以负担全部的采暖负荷。生态公寓及相对应的普通公寓都安装有总热表，可以读出生态公寓与常规公寓相比节能的多少，并由此算出每年节省的煤炭量。由于学校由自己的锅炉房集中供暖，经济效益非常直观。

3）蓄热墙式系统

（1）原理

利用南向集热蓄热墙吸收穿过透光性材料的热量，通过传导、辐射及对流等方式送至室内，这种用实

[①] 参见王崇杰，薛一冰，等.生态学生公寓.北京：中国建筑工业出版社，2007：87-94.

图 8.23 山东建筑大学生态公寓南立面

图 8.24 山东建筑大学生态公寓蓄热墙细部

图 8.23、图 8.24，资料来源：王崇杰，薛一冰，等.生态学生公寓.北京：中国建筑工业出版社，2007：22，28.

体墙进行太阳能收集和蓄存亦即特朗勃墙系统。通常利用南立面的外墙表面涂以高吸收系数的深色涂料，并以密封的玻璃盖层覆盖，墙体材质应该具有较大的体积热容量和导热系数。

集热蓄热墙的形式有实体式集热蓄热墙、花格式集热蓄热墙、水墙式集热蓄热墙、相变材料集热蓄热墙、快速集热墙等。其中，实体式集热蓄热墙在南向实体墙外覆盖玻璃罩盖并在墙的上下侧开有通风孔，如图 8.25 所示。被集热墙吸收的太阳辐射热可通过两种途径传入室内。其一，通过墙体热传导，把热量从墙体外表面传往墙体内表面，再经由墙体内表面通过对流及辐射将热量传入室内使用空间。其二，加热的夹层空气通过和房间空气之间的对流（经由集热蓄热墙上、下风口）将热量传给房间，类似于上述的对流环路系统。夏季关闭集热墙上部的通风口，打开北墙调节窗和南墙玻璃盖层上通向室外的排气窗，利用夹层的"热烟囱"效应，将室内热空气抽出达到降温的目的。相对于直接受益式太阳房，由于集热蓄热墙体具有较好的蓄热能力，室温波动较小而且舒适感较好。

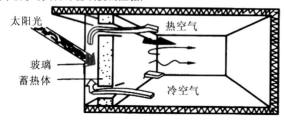
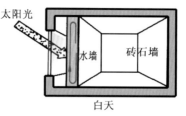
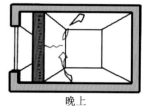

图 8.25 蓄热墙式系统工作原理
资料来源：宋德萱，王旭绘制

（2）关键技术

① 集热蓄热墙的集热效率。集热蓄热墙收集太阳能的能力可用集热效率（集热蓄热墙与玻璃盖层表面接受辐射量的比值）η 表示，当集热蓄热墙盖层玻璃的光学性能一定时，集热蓄热墙的墙体厚度、风口设置及大小、盖层玻璃层数及墙面涂层材料等因素对于集热效率来说至关重要。

② 墙体材料及厚度。实体墙式集热蓄热墙应采用具有较大体积热容量及热导率的重型材料，常用的砖、混凝土、土坯等都适宜做实体墙式集热蓄热墙。在条件一定的情况下，集热蓄热墙墙体的厚度对其集热效率 η、蓄热量、墙体内表面的最高温度及其出现的时间有直接的影响。墙体越厚，蓄热量越大，通过墙体的温度波幅衰减越大，时间也越长。

③ 通风口的设置与大小。有通风口的实体墙式集热墙的集热效率比无风口时高很多，适用于不同区域。对于较温暖地区或太阳辐射资源好、气温日差较大的地区，采用无风口集热蓄热墙既可避免白天房间过热，又可提高夜间室温，减小室温的波动。对于寒冷地区，利用有风口的集热蓄热墙，其集热效率高，

补热量少，可更多节能。当空气夹层的宽度为 30~150 mm 时，其集热效率可随风口面积与空气夹层的横断面积比值的增加略有增加，合适的面积比为 0.8~1.0。减小风口与夹层横断面的面积比，集热蓄热墙的集热效率随之降低，直至风口面积为 0，此时集热效率最低，室温波动最小。

④ 玻璃层数与外墙涂层。玻璃层数越少，透过玻璃的太阳辐射越多，玻璃的层数不宜大于 3 层，在我国以 1~2 层为宜，甚至温暖地区可采用单层。夜间在集热蓄热墙外加设保温板可有效地减少热损失、提高集热效率。据测试，单层玻璃加夜间保温板的集热蓄热墙集热效率与双层玻璃相差很少。为保证热采集效果，外墙应采用吸收系数高的深色无光涂层，如黑色、墨绿色、暗蓝色等。

(3) 案例　美国，科罗拉多 NREL 太阳能研究机构[1]

该太阳能研究机构（NREL）是美国能源部下属的国家可再生能源实验室，位于科罗拉多州南塔布山上的一个海拔较高的半干旱地区。办公区穿过一条使实验室和工作站之间更近便的走廊。日光可以通过阶梯形的通风窗照进屋内 27.4 m 远的地方。这样就能减少办公区照明能源的消耗。实验室有可调节的环境控制器，井式楼板和减振地板，以及在空气控制、高效利用材料方面级别均很高的安全措施。活动的墙壁和灵活实用的网络，令实验室能够根据不同研究的需要扩大、缩小或者重新布置，如图 8.26~图 8.28。机构中应用节能技术，这些技术包括一面太阳能吸热壁——"特朗勃"墙，它将热量散布整座建筑。感光遮阳窗根据日照强度自动升起或降下。

4）附加阳光间

(1) 原理

附加阳光间是一种设置在房屋南部直接获取太阳辐射热的得热措施，适用于广泛的气候区划，尤其是

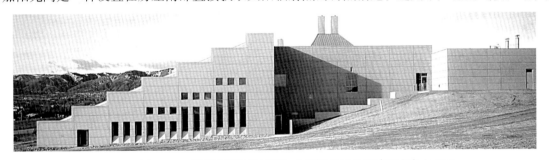

图 8.26　美国科罗拉多 NREL 太阳能研究机构建筑南向立面图
资料来源：[英]大卫·劳埃德·琼斯. 建筑与环境——生态气候学设计. 王茹，等译. 北京：中国建筑工业出版社，2005：90.

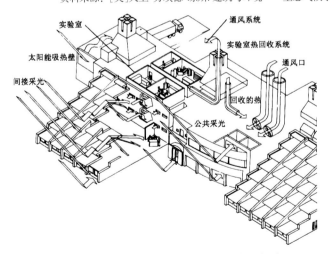

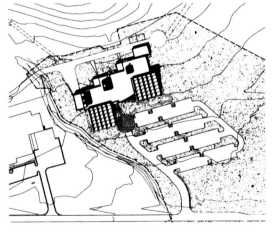

图 8.27　美国科罗拉多 NREL 太阳能研究机构建筑节能运行系统图　　　图 8.28　美国科罗拉多 NREL 太阳能研究机构基地总平面图

资料来源：[英]大卫·劳埃德·琼斯. 建筑与环境——生态气候学设计. 王茹，等译. 北京：中国建筑工业出版社，2005：90.

---

[1] 参见[英]大卫·劳埃德·琼斯. 建筑与环境——生态气候学设计. 王茹，等译. 北京：中国建筑工业出版社，2005：88-91.

寒冷地区效果较为明显。阳光透过南向和屋面的玻璃后转换为聚集的热量被吸热体表面吸收。一部分热量用来加热阳光间，另一部分热量传递到室内使用空间。阳光间既可单独设置也可以与其他太阳能系统联合使用。附加阳光间在为室内空间供暖的同时还可成为室内功能空间外延，其运行的基本道理是基于上述的"温室效应"，并在特定的环境之下将"温室效应"效果强化。一般情况下由于其室内环境温度在白天高于室外环境温度，所以既可以在白天通过对流经门、窗供给房间以太阳热能，又可在夜间作为缓冲区以减少热损失。

（2）关键技术

① 玻璃层数与保温装置。阳光间集热面的玻璃层数和夜间保温装置的选择与当地冬季采暖度日值和辐照量的大小以及玻璃和夜间保温装置等的经济性有关。通常，在度日值小、辐照量大的地区宜用单层玻璃加夜间保温装置；在度日值大、辐照量小的地区宜取双层玻璃并加夜间保温装置；

② 门窗开孔率。附加阳光间和其相邻房间之间的公共墙上的门窗开孔率不宜小于公共墙总面积的12%。一般阳光间太阳房公共墙上门窗面积之和通常在墙体总面积的25%~50%之间，其有效热量基本上均可进入室内，同时又有适当的蓄热效果（使房间空气温度的波动不至过大）。公共墙除门窗外宜用重质材料构成，如用砖砌体其厚度可在120~370 mm之间选择。

③ 重质材料。阳光间内应设置一定数量的重质材料以控制室内热环境温度变化。重质材料应主要设在公共墙及阳光间地面，其面积与透光面积之比不宜小于3:1。如阳光间由轻质材料构成，为防止室内使用空间白天太热和夜间过冷，应用保温隔热墙作分隔墙将阳光间和房间分开。

④ 内表面颜色。阳光间不透光围护结构内界面主要是接受阳光照射较多的公共墙体表面和地面，宜采用阳光吸收系数大和长波发射率小的颜色以减少反射损失和长波辐射热损失。

⑤ 遮阳与排热措施。为防止附加阳光间夏季过热给室内带来灾难，透光屋顶一般需考虑热空气的排出。集热窗中应有一定数量的可开启窗扇以便夏季排热。当房间设有北窗时，可利用横贯公共室内空间及阳光间南外窗的穿堂风进行排热处理。

（3）案例　德国，雷根斯堡别墅；瑞士，比尔公寓式住宅①

瑞士比尔公寓式住宅位于风景很优美的小城郊外，包含8套不同面积的住宅。东南朝向、有陡坡的建筑地点很符合LOGD事务所有关太阳能环保建筑的概念。每个住宅单元都有阳台，最重要的特点在于它的附加阳光间——玻璃房。这些冬季花园位于每个单元的前面并与住宅连为一个整体，形成简单而有效地利用太阳能的方式。小住宅的玻璃房跨越两层而楼上公寓的玻璃房高出了屋顶，夏天特别热的时候，外面的玻璃窗开着形成烟囱效应，吸收来自楼背面穿过整栋建筑的冷空气。冬天阳光好的日子与里屋之间的窗子打开给房间内部升温。以这种方式白天聚集热量，晚上使屋里暖和，可使供暖所需减少到20%~30%。附加阳光间里适合种植亚热带植物。这些植物在设计中是关键因素。它们吸收二氧化碳放出氧气的同时降低气中有害物质的含量并且通过蒸发降低夏季炎热的温度（图8.29~图8.31）。

图8.29　瑞士，比尔公寓式住宅外观

图8.30　瑞士，比尔公寓式住宅附加阳光间内景

资料来源：[英]大卫·劳埃德·琼斯. 建筑与环境——生态气候学设计. 王茹，等译. 北京：中国建筑工业出版社，2005:114-115.

---

① 参见[英]大卫·劳埃德·琼斯. 建筑与环境——生态气候学设计. 王茹，等译. 北京：中国建筑工业出版社，2005:112-115.

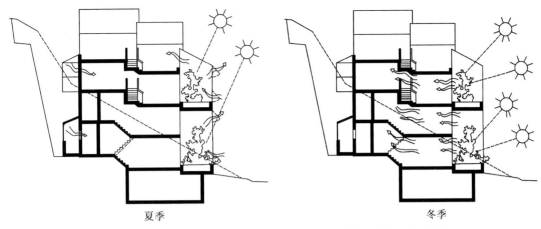

图 8.31 瑞士，比尔公寓式住宅 夏、冬季节附加阳光间运行分析
资料来源：[英]大卫·劳埃德·琼斯. 建筑与环境——生态气候学设计. 王茹，等译. 北京：中国建筑工业出版社，2005：115.

8.1.2 太阳能热水器（系统）应用及建筑一体化

太阳能热水器（系统）是在太阳能热利用中最为普遍的一种热水系统。早在 1958 年，天津大学就建成我国最早的太阳能浴室。从 20 世纪 70 年代末起，我国加快研发与生产太阳能热水器，历经 20 年的时间研发出拥有自主知识产权的产品，并被各种类型的用户终端所接受。据中国太阳能协会数据统计，中国太阳能热水器集热面积已居世界第一。截至 2010 年，我国太阳能热水器年产量将达 3 000 万 m^2，市场保有量达 15 000 万 m^2，千人拥有量达 109 m^2，预计 2015 年，全国住宅用太阳能热水器普及率将达到 20%~30%。太阳能热利用产业已经纳入国家新能源发展战略，国家住房和建设部已将太阳能热水器列入了建筑节能"九五"计划及 2010 年远景规划，太阳能与建筑一体化将成为未来建筑的主流。

8.1.2.1 太阳能热水器系统与设计

1）系统基本组成及构造

太阳能热水器（系统）主要是由集热器、传热介质、管道、贮水箱四部分组成，有些还包括循环水泵、支架、控制系统等相关附件。太阳能热水器（系统）运行过程的实质即为太阳能的转移和利用——在太阳辐射下，集热器将所吸收的太阳能转换成热能，传递给集热器内的传热介质（最常见的是水），传热介质受热后通过特定的循环方式将贮水箱中的水循环加热（图 8.32）。

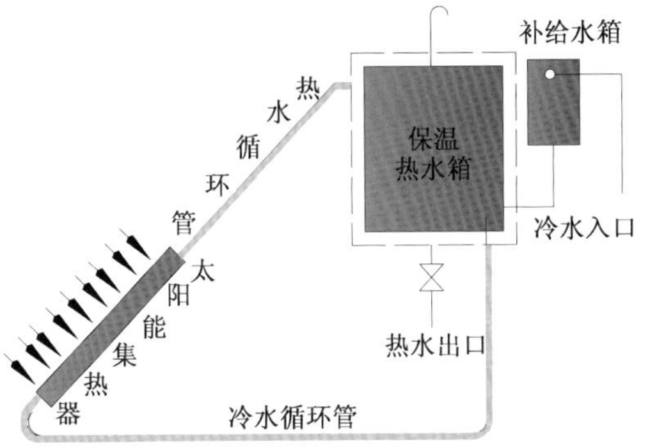

（1）太阳能集热器

① 集热器类别。集热器是太阳能热水系统的核心部件之一，主要可分为平板型和真空管型两大类。目前，用液体作为传热介质的平板型集热器和真空管集热器是最常采用的两种方式（表 8.3、表 8.4、图 8.33）。

图 8.32 太阳能热水器的工作原理
集热器部件将所接收的太阳辐射能转换成热能，并将热能通过流体介质向水传递，从而获得热水
资料来源：宋德萱、王旭绘制

表 8.3 太阳能热水系统元件构成方式

名 称	系统元件连接方式	优 点	缺 点
闷晒式	集热器和贮热水箱合为一体	构造联结简单可靠，热量流程最短	不易与建筑物一体化整合
整体式	集热器和贮热水箱紧密结合	热量流程较短，热效率较高	不易与建筑物一体化整合
分离式	集热器和贮热水箱分离	易于与建筑高度一体化	管线设置较长，热流程较长

表 8.4 平板型集热器与真空管集热器特征

集热器类型	特 征
平板型	吸热体表面基本为平板状的非聚光型集热器
真空管型	采用透明管，并在管壁和吸热体之间设有真空

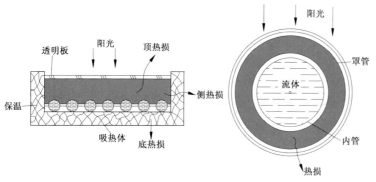
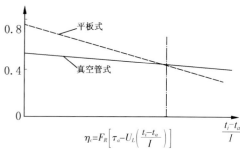

(a) 平板式太阳能集热器　　(b) 全玻真空管式太阳能集热器

图 8.33　两种基本太阳能集热器热流原理图
资料来源：参照北京土木建筑学会. 新农村建设太阳能热利用.
北京：中国电力出版社，2008；宋德萱，王旭绘制

图 8.34　太阳能集热器瞬时效率
资料来源：参照北京土木建筑学会. 新农村建设太阳能热
利用. 北京：中国电力出版社，2008；宋德萱，王旭绘制

1）日太阳辐照量，$H \geqslant 17 \text{ MJ/m}^2$。
2）集热试验开始时贮热水箱内的水温，$h=20\text{℃}$。
3）集热试验期间日平均环境温度，$15\text{℃} \leqslant t_{at} \leqslant 30\text{℃}$。
4）环境空气的流运速率，$v \leqslant 4 \text{ m/s}$。

② 构造及工作原理。太阳能集热器应能有效地吸收太阳能，同时尽可能地减小热损失，一般可分为平板式、热管式、真空管式三种类型。集热器的工作特质要求选择合适的太阳辐射透过性材料，这是构成温室效应的首要条件；同时吸热表面的吸热涂层具有良好的吸热性能；此外，太阳能集热器还需要一定保温措施及耐候性能。表征太阳能集热器集热性能优劣的指标是太阳能集热器的瞬时效率，它表示在集热器处于稳态能量平衡条件下，在任何一段时间间隔内，流体从集热器所获得的有用热量与该时间内投射到集热器面积上的太阳辐射能之比。当今我国用的最广泛的是铜铝复合阳极氧化平板集热器和全玻璃真空管集热器，两者的瞬时效率曲线如图 8.34 所示。当集热器水温与环境温度温差小于 40℃ 时，平板太阳能集热器有较高的收集太阳辐射性能，反之真空管集热器优越[①]。

（2）太阳能热水器（系统）水箱。太阳能热水器贮水箱是太阳能热水器的关键部件，其中通气管使水箱和大气相通；出水管放出热水；贮水箱的容量大小由热水用户的需要确定。家用太阳能热水器容量一般不超过 600 kg，对于大系统的水箱而言，其容量可达 5 t、10 t。太阳能热水器的取水方式有放水法、顶水法和浮球法三种，如图 8.35 所示。

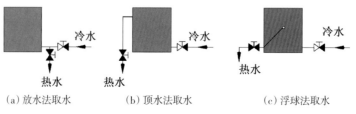

(a) 放水法取水　　(b) 顶水法取水　　(c) 浮球法取水

图 8.35　贮水箱取水方式

2）系统原理与选用

太阳能热水系统是指由冷水进口到热水出口这一整套利用太阳能加热水的装置，系统效率的高低与太阳能集热器的效率有直接关系。但是，集热器并不是影响整个系统性能好坏的唯一因素。系统的构成形式、管道的管径和走向、水箱的位势和保温措施等都会影响太阳能热水系统的工作性能。因此，必须对整个太阳能热水系统进行最优化地选择或设计。

一般来说太阳能热水系统按循环制动方式可分为：自然循环、光电控制直接强制循环、定时器控制直接强制循环、温差控制间接强制循环、温差控制间接强制循环回排、双回路等系统类型。以自然循环系统为例，自然循环热水系统又叫温差循环或热虹吸太阳能热水系统。其工作原理是：工质水在集热器中吸收太阳热能后水温增高，沿循环管道上升进入水箱。处于贮水箱底部和下降管道中的冷水，由于比重较大而

[①] 北京土木建筑学会. 新农村建设太阳能利用. 北京：中国电力出版社，2008：29-30.

流到最低位置的集热器下方。由此,系统在无需任何外力的作用下,周而复始地循环,直至因水的温差造成的重力压差平衡为止。在自然循环系统中,系统的热虹吸作用压力大小,取决于 h 的大小,见图8.36。一般而言,不论水箱的容积和中心距多少,水箱的底部都应略高于集热器的上集管,这样可以保证当夜晚集热器散热时,水箱内的热水不致产生逆向流动而散热降温。在自然循环热水系统中,管道流量大小,除取决于 h 值和集热器进出口水温之外,还与系统的管道布局有很大关系,应采取以下措施:① 等程原则:保证各集热器沿程水的阻力相等,避免某些集热器因管道过长、水阻过大而造成集热器组"短路"(图8.37)。② "一短三大"原则:系统中热水集管长度应该最短,热水集管要大半径转弯、大坡度爬升、大管径集热,可有效地减少散热损失,减少水的阻力。③ 直缓原则:在管道系统中,冷水集管应走直线,转弯缓慢,避免由于弯角度大于90°产生阻塞现象[1]。

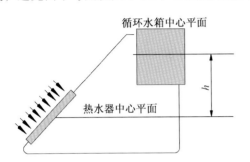

图8.36 自然循环系统水箱位置

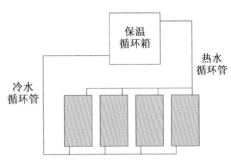

图8.37 集热器等程布置

资料来源:参照北京土木建筑学会.新农村建设太阳能热利用.北京:中国电力出版社,2008;宋德萱、王旭绘制

总之,太阳能热水系统的选取与优化是太阳能建筑设计的重点考虑的对象之一,设计者不仅要考虑集热器的一体化措施等,还要结合建筑功能及其对热水供应方式的需求、环境、气候、太阳能资源、能耗、施工条件等诸因素,结合太阳能热水系统的性能、造价,进行综合技术经济比较后酌情选定,参见表8.5。

表8.5 太阳能建筑热水系统设计选用表(注:表中"√"为适合,"—"为不适合)

建筑物类型		居住建筑			公共建筑		
		低层	多层	高层	宾馆、医院	游泳馆	公共浴室
太阳能热水系统类型	集热与供热水范围						
	集中供热水系统	√	√	√	√	√	√
	集中—分散供热水系统	√	√	—	—	—	—
	分散供热水系统	√	—	—	—	—	—
	系统运行方式						
	自然循环系统	√	√	—	√	√	√
	强制循环系统	√	√	√	√	√	√
	直流式系统	—	√	√	√	√	√
	集热器内传热介质						
	直接系统	√	√	√	√	√	√
	间接系统	√	√	√	√	√	√
	辅助能源安装位置						
	内置加热系统	√	√	√	√	√	√
	外置加热系统	√	√	√	√	√	√
	辅助能源启动方式						
	全日自动启动系统	√	√	√	—	—	—
	定时自动启动系统	√	√	√	√	√	√
	按需手动启动系统	√	—	—	—	√	√

---

[1] 详见北京土木建筑学会.新农村建设太阳能热利用.北京:中国电力出版社,2008:55-56.

8.1.2.2 太阳能热水器与建筑一体化设计

1) 一体化设计思想与设计原则

太阳能建筑一体化的设计思想最初由美国人施蒂文·斯特朗于20世纪提出,发展至今,其思想具有更加广泛的内容和深刻的内涵。简单说来,就是在设计之初将太阳能节能产品和技术纳入建筑设计中,并做到与建筑构件的有机结合,通过统一施工、测试、验收,最后交结用户的全过程。其实质是一种为了实现共同利益,综合多种考虑的设计行为,投入相对最低的投资,获得最好的性能和更多的效益。

对于太阳能热水系统与建筑一体化而言,其关键之处在于将太阳能热水系统元件作为建筑的构成因素与建筑整体有机结合,保持建筑统一和谐的外观,并与周围环境、建筑风格等相协调。从而达到建筑构造合理、设备高效和造价经济的设计目标。要实现太阳能集热器件与建筑深层次的结合,设计师应当从设计的初始阶段就将太阳能热水系统中的"元件"作为建筑构成元素加以考虑,将各个"元件"根据其最佳的运行机理有机地融入建筑之中。首先,太阳能利用与建筑结合的理想方式应该是"集热元件"与"储热元件"分体放置。"集热元件"的尺度、色彩应与建筑外观相协调,或可以作为建筑的功能性、装饰性的表观元素融入建筑主体中;"储热元件"可置于相对隐蔽的阁楼、楼梯间或地下室内;其次,必须兼顾系统内在的工作效率,保持良好的循环;最后,太阳能"集热元件"应实现标准化、系列化、构件化、成品化的目标,以便于大规模地应用与日常更新及维修(图8.38)。太阳能建筑一体化设计应当遵循以下三个原则:

图 8.38 太阳能热水系统与建筑的高度一体化
资料来源:http://www.newenergy.org.cn/html/0051/2005128_816.html

(1)节能效用性:充分利用系统所收集获得的太阳能(某些情况下可与辅助能源相互配合),根据当地适宜的太阳能资源、气候条件、经济承受能力等因素设计合理的集热系统和适宜的集热器面积、配备匹配的贮热水容积,选择完备的控制系统,并确保辅助热源与太阳能的平稳转换,使得系统实现最优化的能源消耗动态比例,这也是太阳能建筑一体化整合的根本目的。

(2)功能适用性:太阳能建筑一体化的整合,特别是对于建筑的构件、部件与热水器元件的一体化设计,一方面要满足作为建筑构件的使用功能,即具有遮风、避雨、防护、遮阳等基本的建筑功能属性;另一方面应根据居民的用水习惯、卫生器具位置等确定合理的热水供应系统。太阳能建筑一体化构成整合只有从以上两个方面同时实现适用性目标,才能形成真正意义上的满足功能需求。

(3)建筑适配性:一体化构件与建筑主体首先选择合理的安装形式,实现标准化、系列化、构件化、成品化的目标;同时在太阳能热利用装置的使用周期内具有便捷的维护措施,便于更换设备和部件。

上述三个原则表明,太阳能热水系统与建筑的一体化设计,应由建筑师、专业人士和太阳能热水系统生产设计部门相互配合共同完成。要求在概念上技术上相互融合渗透、集成一体,形成新的建筑概念和设计方法。

2) 常见的4种太阳能建筑一体化方式

(1)场地一体化体系。对于太阳能建筑一体化设计甚至传统意义上的"设计"而言,首先应当考虑各种场地规划要素和当地气候特征,其中保证建筑物的合理朝向、充足的日照和避免被遮挡最为关键。因此,规划设计过程中将太阳能热水系统作为一项重要的前期设计因素与建筑物朝向、房屋间距、建筑密度、建筑布局、道路、绿化和空间环境等相关条件综合考虑,进行一体化设计。这些要素与建筑物所处建筑气候分区、当地人们的生活习性、审美情趣和社会经济发展水平密切相关。应当注重以下4个方面的综合衡量:
① 太阳能集热器的类别应与系统使用所在地的太阳能资源情况和外部气候条件相适应,在保证系统稳定运行的前提下选择适宜、经济的集热器类型及系统组织,满足全天有不少于4小时的日照时数要求(图8.40)。
② 在场地太阳能热水系统一体化构成中,小品、建筑单体和建筑群体均应与太阳能热水系统紧密结合,主

图 8.39　设置大面积集热器的场地

图 8.40　集热器与场地小品一体化

资料来源：http://www.newenergy.org.cn/html/0051/2005128_816.html

要朝向宜为南北向。③ 太阳能热水系统的集热器与建筑整合的优先部位包括建筑屋面、阳台、墙面等。应当确保这些部位不被遮挡；同时避免凹凸不规则的平面和体形为"L"形、"E"形的平面，以减少安装太阳能集热器的部位受建筑形体或构件自身的遮挡的影响。④ 建筑物周围的环境景观与绿化种植也应避免对投射到太阳能集热器构件的阳光造成遮挡，以保证太阳能集热器的集热效率（图 8.39）。

（2）屋面一体化体系。屋面建筑的重要构件之一，其接受到的阳光最为充足、日照时间最为长久、遮挡也相对较少。因此，屋面与太阳能的集热器一体化整合有着独特的优势。集热器在屋面的合理出现可起到丰富建筑屋顶轮廓线的作用，这也更加要求集热器与屋面进行合理的一体化设计，从而达到形式与内容的统一（图 8.42，图 8.43）。

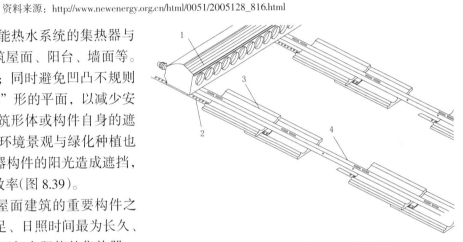
图 8.41　集热器与坡屋面一体化构造
1-集热器；2-固定条；3-瓦；4-侧拉杆
资料来源：丁国华.太阳能建筑一体化研究应用及实例.北京：中国建筑工业出版社，2007：102.

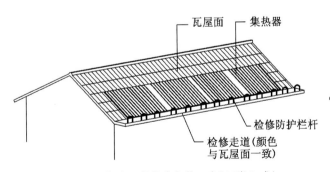
图 8.42　集热器附着式安装示意（下嵌入式）

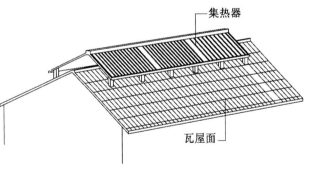
图 8.43　集热器附着式安装示意（重檐式）

资料来源：参照《上海市太阳能热水器工程图集》，宋德萱，王旭绘制

对于坡屋面而言，太阳能集热器"元件"无论是嵌入屋面还是架设于屋面之上，其坡度宜与屋面坡度一致。而屋面坡度又取决于太阳能集热器接收阳光的最佳倾角，尤其对于循环式太阳能热水系统的集热器来说，需要进行一定的倾角处理。所以，集热器与坡屋顶结构进行一体化设计既符合其运行机理，又能够反映出建筑的形式逻辑（图 8.41~图 8.43）。此外，可以充分利用坡屋顶下面的吊顶空间容纳水平管线、储水箱等。当太阳能集热器自身作为屋面板时应保证承重、保温、隔热和防水等基本要求。坡屋面设置集

热器有4种方式：①附着式：太阳能集热器附着于建筑向阳坡屋面，储热水箱置于室内或阁楼内(图8.44(a))。②嵌入式：将太阳能集热器镶嵌于坡屋面内，与建筑坡屋面有机整合；外观、色彩与建筑相协调，且不影响建筑屋面排水、隔热等功能。坡屋顶嵌入式安装是目前太阳能与建筑结合一体化较理想的安装方式，实例较多，见图8.44(b)。由于太阳能集热器(或集热管)、反射板的遮挡，使屋面隔热作用有所加强，从而降低建筑顶层夏季室内温度，也使构造连接的热桥效应减至最小。③屋脊支架式：将整体式家用型太阳能热水器整齐安装于屋脊上，可用于单户或集体大面积供热(图8.44(c))。④支架式：在坡屋顶预先做好支架，在支架上安装太阳能集热器(图8.44(d))。

对于平屋顶而言，集热器或支架与屋顶结构连接构造更加易于解决，问题在于如何使集热器获得合适的倾角最大化利用日照。一般是通过支架和基座固定在屋面上，以满足集热器的方位、倾角、间距等要求。单个集热器可按几何形式排列整齐，各种类型的集热器的有序地排列也可丰富建筑的轮廓。

太阳能集热器与平屋面一体化构成方式有如下几种：①倾斜支架：为使集热器获得良好的日照立体角，一般在平屋顶上布置合适倾角的支架，把与水箱分离的太阳能集热器元件整齐排放于支架上，可以为平屋顶增添造型语汇。此一体化构成方式也可用于大规模供热工程（图8.45，图8.46）。②平改坡支架式：即预先将人字形支架固定于平屋顶或在平屋顶上安装合适倾角的附加坡屋面，再将太阳能集热器元件排列于支架或附加坡屋面上，保温水箱置于平屋顶与支架所构成的三角形空间内。在一些城市的屋面"平改坡"工程中较为常见。

（3）墙面一体化体系。高层建筑的热水使用终端数量较多，其屋顶面积对于集热器的布置显然相对局促，可利用高层的向阳墙壁安装太阳能集热器。特别在太阳能保证率较高的日照资源丰富地区，太阳能集热器与墙面的集成组合越来越趋于成熟：集热器(如真空管)点状布置可增添建筑物细部线条，而从下往上

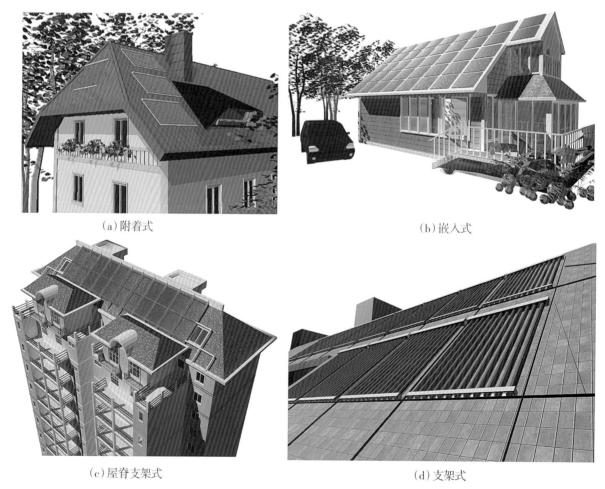

(a) 附着式　　　　　　　　　　(b) 嵌入式

(c) 屋脊支架式　　　　　　　　(d) 支架式

图8.44　集热器附着式安装实例

资料来源：宋德萱、王旭绘制

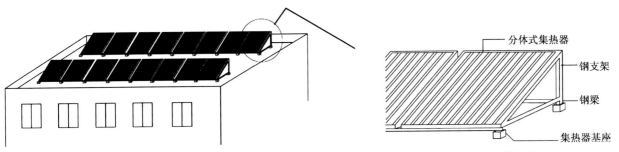

图 8.45(a) 平屋面分体式集热器的整体式布置　　　　　图 8.45(b) 整体式支架

资料来源：参照《上海市太阳能热水器工程图集》，宋德萱，王旭绘制

连片集热器可集中提供整栋楼的热水供应。太阳能集热器与墙体的一体化构成应优先选择东、南、西三个方向，其北面的使用终端可由东、西储热水箱供热（图 8.47~图 8.49）。

通常墙体与太阳能集热器一体化设计需要注意以下 4 点：① 外墙应考虑一定的宽度以保证集热器的安装；② 集热器宜与墙面装饰材料的色彩、分格相互协调一致；③ 高层建筑的太阳能热水系统一般情况下五到六层作为一个自然循环单元，也可每户作为一个自然循环单元；④ 还应注意防止墙体变形、裂缝等不利因素，采取必要的技术措施。

(4) 阳台一体化体系

阳台作为建筑最外侧的南向构件之一，接受的日照时间长、热量收集大，是太阳能集热器元件集成理想的部位。尤其高层建筑由于屋顶面积较少，除墙面外，集热器与阳台构件的一体化整合可解决部分问题。一般系统采用分体式安装：集热器安装于阳台，水箱置于阳台或卫生间内。系统管线短、热损小，高

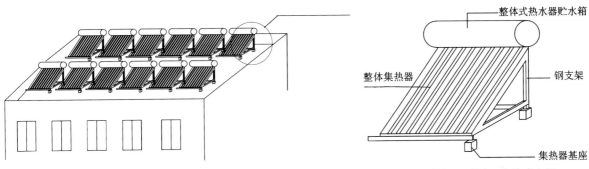

图 8.46(a) 平屋面整体式集热器的分体式布置　　　　　图 8.46(b) 分体式支架

资料来源：参照《上海市太阳能热水器工程图集》，宋德萱，王旭绘制

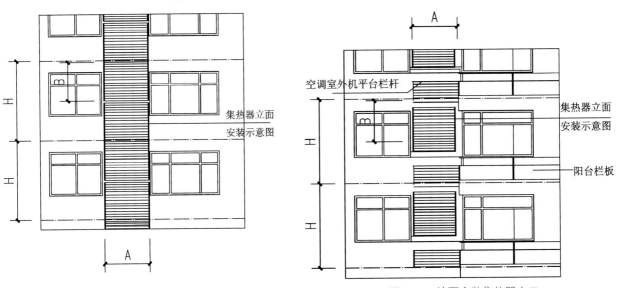

图 8.47 墙面安装集热器之一　　　　　　　　　图 8.48 墙面安装集热器之二

资料来源：参照《上海市太阳能热水器工程图集》，宋德萱，王旭绘制

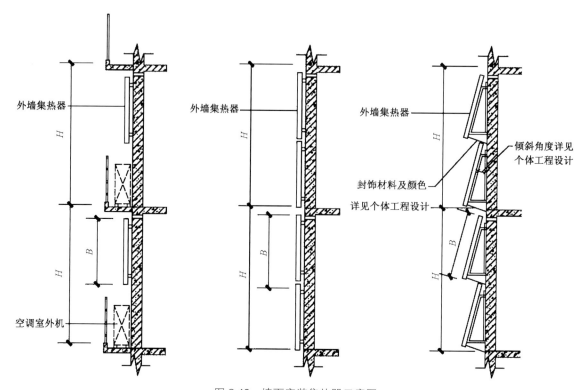

图 8.49 墙面安装集热器示意图
资料来源：参照《上海市太阳能热水器工程图集》，宋德萱，王旭绘制

度协调性，集热器等甚至可以直接构成阳台栏板、栏杆成为符合人体尺度的功能性构件，易与建筑达成一体化目标。太阳能集热器于阳台的有效整合方式可分为壁挂式和嵌入式两种类型：

① 嵌入式：与坡屋顶嵌入式类似，即将太阳能集热器嵌入封闭式阳台构件的外表面与阳台构件的形式充分整合，高度一体化，甚至集热器还可作为阳台栏板或围护构件布设置于阳台上（图8.50）。

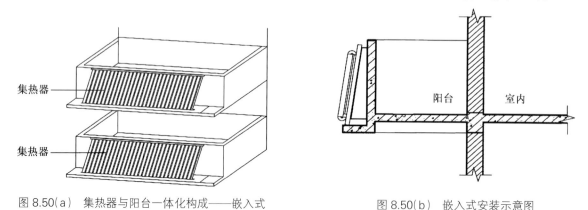

图 8.50(a) 集热器与阳台一体化构成——嵌入式　　　图 8.50(b) 嵌入式安装示意图
资料来源：参照《上海市太阳能热水器工程图集》，宋德萱，王旭绘制

② 外挂式：即将太阳能集热器倾斜悬挂于阳台适当部位，按固定式或活动式两种方式结合。固定式太阳能一体化系统的集热器元件在安装后用户无法改变其位置或角度，所以要求在安装之初就要求集热器元件能获得最佳的角度以期实现入射阳光的最大化收益，并形成有序的立面。例如低纬度地区，由于太阳高度角较大，为接收到较多的日照，构成阳台栏板的太阳能集热器元件应当有适当的倾角。活动式太阳能一体化系统是指集热器可由用户控制而在支架滑轨上滑动，不同季节可调整集热器倾角和方位，使其达到最佳集热效果，具有一定的交互性（图8.51）。

虽然热水器集热元件理论上可部分取代扶手栏板增加建筑表现的多样化，但应当满足其刚度、强度及防护等功能要求。比如，阳台作为一个人经常活动的半室外场所空间，作为阳台栏板的集热器需要考虑微观的人体尺度：低层、多层住宅的阳台栏杆净高不应低于 1.05 m，中、高层住宅的阳台栏杆不应低于

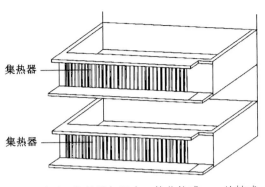

图 8.51(a) 集热器与阳台一体化构成——外挂式

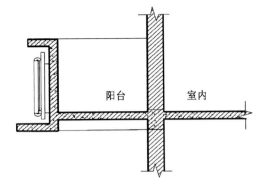

图 8.51(b) 外挂式安装示意图

资料来源：参照《上海市太阳能热水器工程图集》，宋德萱，王旭绘制

1.10 m。此外，与阳台一体化构成的集热器还可以充分吸收太阳光，减少阳台围护对阳光的反射，减少热岛效应的发生，提高人居环境质量。

（5）一体化的太阳能建筑与其他构件。除了将集热器等设置在建筑屋面、阳台栏板、建筑外墙等部位以外，太阳能集热器也可与女儿墙、挑檐、遮阳板、雨篷、凸窗台等能充分接收阳光的建筑构件合理结合。甚至在某些情况下，太阳能集热器自身兼有承担建筑围护体系的功能而直接作为建筑构件。如：屋面板、阳台栏板或墙板等，见图 8.52，图 8.53。此时集热器可被理解为该建筑构件功能的外延，应当具有一定的承载、保温、隔热、防水能力。此外，应采取可靠的技术措施与建筑主体合理联结，在挑檐、入口处设雨篷或进行绿化种植等安全防护设施，避免集热器跨越建筑主体结构的伸缩缝、沉降缝、抗震缝等。

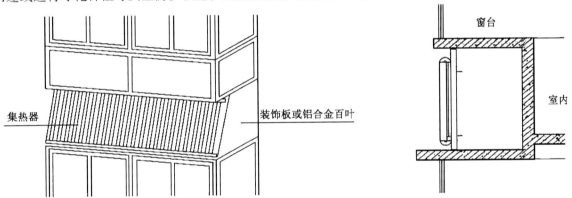

图 8.52 集热器与凸窗一体化

资料来源：参照《上海市太阳能热水器工程图集》宋德萱，王旭绘制

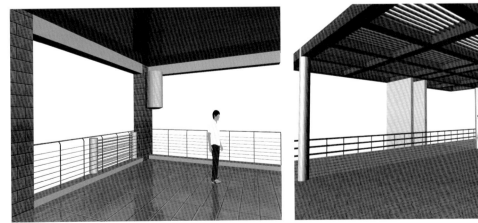

(a) 集热器与扶手构件的一体化　　　　(b) 集热器与屋顶遮阳篷构件的一体化

图 8.53 各种集热器与其他建筑构件的一体化构成方式

资料来源：宋德萱，王旭绘制

太阳能建筑可以凸显独特的风格，表现出一种理性的、高科技的美。按太阳能热水系统与建筑的结合方式与显露程度可分为两种形式——隐藏式和显露式。将太阳能构件进行隐藏、遮挡、淡化，称为隐藏式；反之，经过将太阳能外露元件与建筑造型进行有机地结合，甚至夸张地表现，这些在建筑上明显带有甚至凸显太阳能构件的表现方法称为显露式太阳能一体化建筑，通常情况下建筑集热构件的整合兼有两者属性。

8.1.2.3 我国城市住宅应用太阳能前景广阔

住宅建筑具有独有的特征：构件化、标准化程度高，总使用面积较为集约，并且趋向于工业化的实施模式等，这些特征使得太阳能元件与住宅建筑的一体化整合具有独特优势。因此，住宅是目前实施太阳能建筑一体化最为普遍的建筑类型。但是，目前在住宅能源供应和用能结构上尚存在一些问题：生产加工方式的无序性、行业内部标准的含糊性致使太阳能热水器的整体产业水平低、标准化程度差；而且我国的地域性差别很大，无法做到使用一种能源模式就能解决生活热水的供给。这就要求，一方面，考虑到设备集成、建造成本等综合因素，将原来分散布置的集热器按标准模块组合或集中分布。特别"当集热面积超过 500 m² 时，其单位成本仅为集热面积为 200~500 m² 时的一半、分户布置时的 30%"。可见，开发大型集热单元是提高集成水平、降低成本的有效途径。另一方面，宏观上也需要国家技术部门提供技术规范体系使产品在建筑物中的应用能够实现标准化。例如，我国通过"国家发改委—联合国基金会中国太阳能热水器行业发展项目"研究广义的太阳能热水器标准化问题。这将使太阳能热水器得以实现标准化、产业化，并向高性能的预制装配式发展以突破瓶颈。

据预测，在相当长一段时期内我国住宅建设仍处于总量增长型发展期，房地产业的发展促进了太阳能利用与住宅建筑一体化的发展，利用太阳能为住户提供生活热水将具有切实的生态环境效应与经济效益，是缓解能源压力和实现可持续发展的重要途径。可以预见，在常规发展和生态驱动发展两种模式的推进下，我国太阳能一体化建筑具有极大的提升空间和广阔前景。

8.2 太阳能光伏发电

8.2.1 光伏发电系统

光伏发电是将太阳能直接转化为电能的发电方式，以光伏电池板作光电转化装置，将太阳光辐射能量转化为电能，是太阳能的一次转化。通常，只有光伏电池板不能直接应用来给负载供电，所以还需要一些必要的外围设备、线路、支架等来构成完整的光伏发电系统。其中光伏电池板是电力来源，可以看成是太阳能发电机，其余部分统称为系统平衡器件，简称 BOS（Balance of System）。

8.2.1.1 光伏发电系统的构成

我们日常所使用的电能主要是通过传统电网由集中的大型发电机所产生的电力并通过远距离的输电线路传输提供。目前电力公司直接为终端用户提供的是频率和电压都相对稳定（比如 220 V/380 V，50 Hz）的交变电力。

光伏发电系统作为可再生能源，在并入电网时由于其相对大型集中式发电系统，具有随机性、间歇性和布局分散的特点，属于分布式发电电源。理论上，这种分散的发电系统可以作为集中发电电网的补充。分散式发电系统的另外一个特点是功率相对较小，可以利用存在于建筑和用户附近的光伏能源形式就近并网发电，能够有效地利用当地的资源。这样，发电和消耗的过程都可以在当地进行。因此，在接入电网时逆变器输出的交流电首先应该满足电网对电能质量的要求，同时对电网以及负载安全具备保护功能，为避免对电网带来冲击，多选择在用户端的接入点接入电网。

由于用于建筑光伏系统的分布式电源相对减少了由电压等级的变换、输电线路的电力分配系统造成的损耗，系统的整体效率就会相应增加，光伏电源系统的这种分散特征非常适合这种分散供电策略。根据当地的不同条件，在具体实施时可以选择将光伏电站（容量为 W 到 MW 的范围）连接到适宜的公用电网点并网发电，或安装与公共电网分离的离网系统组成独立电网。

为了最大限度地应用这种分布特征的新能源，很多国家提出了微电网的概念；微电网的最大优点在于将原来分散的分布式电源进行整合，集中接入同一个物理网络中，并利用储能装置和控制装置实时调节以平滑系统的波动，维持网络内部的发电和负荷的平衡，保证系统电压和频率的稳定[1]。

依据和电网的关系，光伏发电系统可以分为独立式发电系统、并网式发电系统以及具备以上两种特征构成微电网系统的一部分。独立发电系统不与电网连接，连接有负载；并网发电系统直接与电网连接，不一定具有直接负载；微电网系统在不与电网连接或与电网连接的情况下都能运行，且都连接有负载。

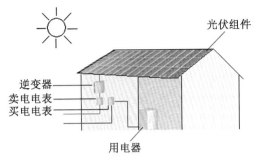

图8.54 住宅用太阳能发电系统
资料来源：SUNTECH

单体光伏组件的直流端电压一般只有几十伏，输出电流较小，输出能量还无法满足一个发电机组单元的需要，这时就将额定电流相同的光伏组件通过串联方式组合在一起，组成光伏组串，然后由光伏组串并联构成光伏阵列。光伏阵列可以根据实际设计和需要，调整组件的数量，使其达到所需要的值。一般户用发电系统容量较小，几十瓦到几千瓦，光伏发电站的容量相对较大，几十千瓦级到兆瓦级；户用发电系统可以是独立发电系统、并网发电系统或微电网系统，光伏发电站多为并网发电系统。

下面以一种典型的住宅用太阳能发电系统为例来说明光伏发电系统的构成(图8.54)。

在该系统中，光伏组件发出的直流电通过逆变器变成适合电网电压的交流电，通过卖电电表将其馈入电网。当用户需要用电时通过买电电表从电网中获得电能直接供用电器使用。

8.2.1.2 独立与并网系统

独立式光伏发电系统与并网式光伏发电系统本质的区别在于是否与公共电网相连接。所以独立式光伏发电系统适合在偏远的无电网设施地区或用户经常迁移的情况下使用。独立式光伏发电系统一般有能量储存设备来储存能量或对系统作平衡，使用较为广泛的储能装置是蓄电池。这些蓄电池可以是铅酸蓄电池、锂离子蓄电池、镍氢电池等。近年来又出现了超级电容器、熔盐电池、飞轮电池等新型的储能设备。由于光伏发电和储能装置都输出的是直流电，如果用电设备是交流用电器，中间必须经过逆变器将直流电转化为合适电压的交流电。根据独立式光伏发电系统能量利用的形式的不同可以分为如下几种：直流系统、交流系统、交直流混合系统[2]。

在独立式光伏发电系统中，关键部分为系统控制器，对蓄电池和负载进行能量管理。典型的直流独立光伏发电系统是太阳能路灯系统，白天光伏组件在光照强度大于一定值的情况下通过系统控制器对蓄电池进行充电，当蓄电池充电完成后系统控制器直接将光伏组件和蓄电池断开，防止蓄电池过充电；晚上蓄电池通过系统控制器对负载供电，当天亮或蓄电池放电至预先设定的放电深度后，系统控制器将蓄电池和负载断开，停止放电。该类光伏系统中有一个很重要的元件是防反充二极管，防止在充电时光伏组件的电压低于蓄电池电压时蓄电池对光伏阵列逆向放电。交流独立光伏发电系统工作原理与直流系统类似，前端结构相同，由于负载为交流负载，蓄电池放电时通过逆变器将直流电变为交流电对负载供电。交直流混合发电系统中有直流和交流两种负载，因此控制器需要控制两套放电系统的工作。在蓄电池数量较多的储能系统中，由于蓄电池个体之间的差异，在充放电过程中会引起各电池的不均衡，从而造成整个储能系统的寿命缩短。因此，在此类储能系统中可以考虑引入蓄电池能量管理系统，通过监测每一个单体蓄电池的各项参数并对异常电池作能量平衡，从而延长整个储能系统的寿命。

根据负载的用途也可以采用无储能装置并且不与电网连接的系统形式，即有光照时系统工作，无光照时系统停机。近年来光伏发电的成本大幅下降，储能装置在总成本中所占比例上升，致使在特殊情况下设计人员在系统设计时省去了储能装置光伏扬水是一个典型的应用案例。光伏扬水系统由光伏发电系统和水

---

[1] 袁越，李振杰，冯宇，等. 中国发展微网的目的、方向、前景. 电力系统自动化, 2010(1):59-63.
[2] 王长贵，王斯书. 太阳能光伏发电实用技术. 北京：化学工业出版社, 2005:13-23.

泵系统构成，为了便于水泵功率控制，在水泵和光伏发电系统之间设置变频器，进行水泵功率调节，以协调水泵用电与光伏发电之间的功率平衡。当光伏发电功率较高时，调节变频器控制水泵运行在高转速下；当光伏发电功率较低时，调节变频器控制水泵运行在低转速下。一般来说，水泵主要工作在白天，单纯的扬水系统可根据实时光伏发电功率确定相应的抽水功率。

并网式光伏发电是目前应用最广泛的发电方式，其设备主要由光伏阵列、并网逆变器及相应的辅助设备构成。工作时，并网逆变器将光伏阵列发出的直流电转化为满足电网接入质量的交流电并入到电网中。由于其不需要储能这一环节，既提高了光伏发电的能量利用率，又节省了储能装置所带来的高成本，使光伏发电的普及成为可能。

由于并网式光伏发电需要接入电网（可以通过电力公司获得收益），所以用户在和电网连接时需要输出电能和输入电能两套计量线路系统。因此，并网式光伏发电系统可分为有储能装置并网式光伏发电系统和无储能装置并网式光伏发电系统（图8.55，图8.56）。

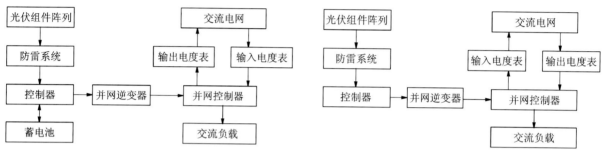

图8.55 有储能装置光伏发电系统
资料来源：王长贵，王斯书.太阳能光伏发电实用技术.
北京：化学工业出版社，2005.

图8.56 无储能装置光伏发电系统
资料来源：王长贵，王斯书.太阳能光伏发电实用技术.
北京：化学工业出版社，2005.

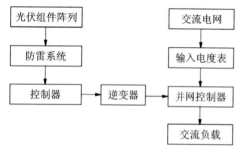

图8.57 准并网发电系统
资料来源：王长贵，王斯书.太阳能光伏发电实用技术.北京：化学工业出版社，2005.

在一些特殊的系统中，光伏发电系统所发电力主要以自用为目的，采用系统不并入公共电网（与电网相连），不足的能量部分从公共电网获得的连接形式。该系统中的关键设备为防逆流装置，该装置加装在系统与电网的连接点处，通过检测逆向电流调节光伏系统的发电功率，达到防止光伏系统的能量向电网逆流的目的。其主要用于隧道照明等负载功率比较稳定，白天也需要消耗电能的情况下（图8.57）。

光伏电站是太阳能发电应用的主要形式之一，在人口密度较低土地资源相对充沛，阳光资源丰富的沙漠或戈壁地区有很好的实用性，其系统容量小到几百千瓦，大到兆瓦级。在大型光伏电站中，多采用固定式支架进行光伏组件的安装。除此之外，也有光伏电站采用太阳追踪式支架，运用计算机联动控制的方式，使每一块光伏组件每时每刻都得到当前光照条件下最大的发电量，这样可以使光伏电站得到比固定式安装多10%~30%的能量。大型光伏电站多采用集中式或组串式并网逆变器，其一般具有控制、最大功率点追踪、电网检测、防孤岛效应、断电保护等功能。

8.2.1.3 光伏阵列的最大功率点跟踪

最大功率点跟踪（Maximum Power Point Tracking, MPPT），是当前采用较为广泛的一种光伏阵列功率点控制方式。这种控制方法实时改变系统的工作状态，以跟踪光伏阵列的最大功率点，实现系统的最大功率输出。光伏阵列输出特性具有非线性特征，其输出受光照强度、环境温度和工作点电压等因素影响。在一定的光照强度和环境温度下，太阳电池可以工作在不同的输出电压，但只有在某一输出电压值时，太阳电池的输出功率才能达到最大值，这时太阳电池的工作点就达到了输出功率的最大点 P_m。光伏电池的 I-V 曲线如图8.58所示。

从图中可以看出，接在以太阳电池为电源的回路中的电阻不符合欧姆定律，而该电路具有开路电压

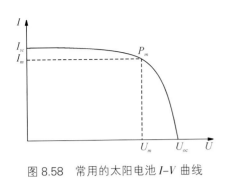

图 8.58 常用的太阳电池 I–V 曲线
资料来源：SUNTECH

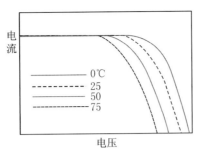

图 8.59 光伏电池在不同温度下的 I–V 曲线（光照强度 1 000 W/m²）
资料来源：SUNTECH

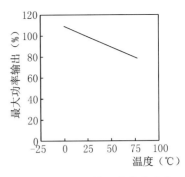

图 8.60 光伏电池最大输出功率与温度的关系
资料来源：SUNTECH

U_{OC}、短路电流 I_{SC} 和最大功率点 (U_m, I_m) 这些特性参数。在稳定的光照条件下，当太阳电池的电压从 0 开始增加时，电池的输出功率亦从 0 开始增加；当电压达到一定值时，功率可达到最大，这时当太阳电池的电压继续增加时，功率将跃过最大值点开始减小，并逐渐减少至 0，此时电压为开路电压 U_{OC}。电池的输出功率达到最大的点，称为最大功率点；该点所对应的电压，称为最大功率点电压 U_m；该点所对应的电流，称为最大功率点电流 I_m。该点所对应的功率，称为最大功率 P_m。光伏电池的最大功率与开路电压和短路电流乘积的比值叫做填充因子，用符号 FF 表示即 $FF = P_m/V_{OC} \cdot I_{SC}$。填充因子是评价一块光伏电池性能优劣的主要参数。对于常用的晶体硅电池，比值一般在 0.75~0.82 之间，而对于薄膜电池，目前多在 0.55~0.66 之间。

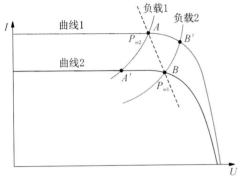

图 8.61 MPPT 跟踪原理示意图
资料来源：赵争鸣,刘建政,孙晓瑛,等. 太阳能光伏发电及其应用. 北京：科学技术出版社,2005:117-120.

在光伏发电系统中，要提高系统的整体效率，一个重要的途径就是实时调整光伏电池的工作点，使之始终工作在最大功率点附近。由光伏发电原理知道，光伏电池的输出特性与温度存在着很大的关系：开路电压随温度的升高而降低，短路电流随温度的升高而略有增大，最大功率随温度的升高而下降。所以温度的变化对系统的发电效率和最大功率点有着很大的影响[1]。

MPPT 的原理如图 8.61 所示，假定图中曲线 1 和曲线 2 为不同光照强度下的光伏阵列输出曲线，A 点和 B 点分别为相应的最大功率输出点；假定某时刻系统运行在 A 点。当外界条件发生变化，此时光伏阵列的输出特性曲线由曲线 1 下降到曲线 2。如果此时保持负载 1 不变，系统将运行在 A' 点，这样就偏离了相应条件下的最大功率点。为了继续追踪最大功率点，应当将系统的负载特性曲线由负载 1 调整到负载 2，以使系统运行在新的最大功率点 B。相反，如果系统的工作条件由曲线 2 上升到曲线 1，相应的工作点由 B 调整到 B'，应该相应的调整负载 2 到负载 1，使系统重新工作在新条件下的最大功率点 A[2]。

8.2.1.4 并网逆变器

并网逆变器是太阳能并网发电系统的关键部件，它的主要功能是把来自光伏阵列的直流电转换为交流电，并传输出电网。当并网逆变器与电网连接后，通过采集电网信息与电网同步，把并网逆变器输出电与电网电压的相位差进行调整以实现与电网电能的匹配。

并网逆变器按输出相数可分为单相逆变器和三相逆变器；按光伏阵列的接入方式分为集中逆变器、组串逆变器、多组串逆变器和微型组件逆变器；按逆变器内部回路方式分为工频变压器绝缘逆变器、高频变压器绝缘逆变器和无变压器逆变器。

工频变压器绝缘方式具有良好的抗雷击和消除尖波的功能，并网特性优良，但由于采用了工频变压器

---

[1] [日]太阳光发电协会. 太阳能光伏发电系统的设计与施工. OHM 出版社,2008:10-12.
[2] 赵争鸣,刘建政,孙晓瑛,等. 太阳能光伏发电及其应用. 北京：科学技术出版社,2005:117-120.

因而比较笨重，成本较高；采用高频变压器绝缘方式的逆变器小而轻、成本较低，但控制复杂；无变压器方式小而轻、成本低、可靠性高，但与电网之间没有绝缘。

并网逆变器主要由 MPPT 模块、逆变器和并网保护器三部分组成。首先，光伏阵列发出的直流电接入到 MPPT 模块中，实现光伏阵列的最大功率点跟踪，保证系统运行在最大能量输出状态。之后，逆变器将直流电转换为与电网的电压、电流相位匹配的交流电。最后，交流电通过并网保护器馈入公用电网。

逆变器的 MPPT 技术现在流行的主要为 DC-DC 变换方式（图 8.62），控制电路通过实时计算光伏阵列的最大功率点，得到该功率点处的电压值，通过 DC-DC 变换实现直流输入端电压的调节，达到最大功率点跟踪的目的。逆变电路主要由 PWM（Pulse Width Modulation）方式控制全桥逆变电路中的开关管，将直流电变换为适合电网的交流电。多数逆变器的并网保护器为工频变压器，这样就消除了电流中的高次谐波并且实现了与电网的隔离，使并网更加安全可靠。但是由于变压器的效率不可能达到 100%，这就造成了逆变器整体效率的降低。当前国外的逆变器厂商普遍采用无变压器的并网方式，在交流侧加入开关式的并网保护器，当控制电路检测到并网异常后，主动脱离电网实现并网保护功能（图 8.63）。

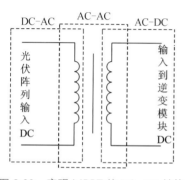

图 8.62　实现 MPPT 的 DC-DC 转换
资料来源：SUNTECH

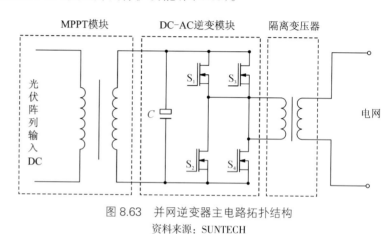

图 8.63　并网逆变器主电路拓扑结构
资料来源：SUNTECH

对于适合建筑光伏发电系统的并网逆变器主要从光伏阵列的接入方式来考虑逆变器的选择。集中式逆变器一般用于大型光伏发电站（>200 kW）的系统中，电压等级相同的光伏组串通过并联的方式连接到同一台集中式逆变器的直流输入端。其最大特点是系统的功率高，成本低。但受光伏组串的匹配性和组件部分遮挡的影响，可能导致整个光伏发电系统的效率和电产能下降。同时整个光伏发电系统的可靠性会受到某一单元工作状态不良的影响。最新的研究方向是运用空间矢量的调制控制，以及开发新的逆变器的拓扑结构，以获得部分负载情况下的高效率。

组串式逆变器已成为现在国际市场上应用较多的逆变器（图 8.64）。组串式逆变器基于模块化概念设计，每个光伏组串（1~5 kW）通过一个逆变器，在直流端进行最大功率点跟踪，在交流端并联，接入电网。在许多大型光伏电厂使用了组串式逆变器，其优点是不受组串间模块差异和部分光伏组件被遮挡的影响，同时减少了光伏组件最佳工作点与逆变器不匹配的情况，从而增加了发电量。技术上的这些优势增加了系统的可靠性和能量的产出效益。同时，在逆变器间引入"主-从"的概念，使得当单个光伏组串产生的电能不能使单个逆变器工作的情况下，将多个光伏组串并联在一起，让其中一个或几个逆变器工作，从而产出更多的电能。目前，由于无变压器式组串逆变器具有成本低、重量轻、效率高等优势，得到了越来越广泛的应用。

多组串式逆变器取了集中逆变器和组串逆变器的优点，可广泛应用于多种容量级别的光伏发电站。在多组串式逆变器中，包含了不同的单独最大功率点跟踪器，这些直流电通过一个普通的逆变器转换为交流电，连接到电网上。光伏组串的不同额定值（如：不同的额定功率、每个组串不同的组件数、组件的不同生产厂家等等）、不同尺寸的光伏组件、不同方向的组串（如：东、南和西）、不同的倾角或受不同的阴影影响，都可以被连在一个共同的逆变器上，同时每一组串都工作在它们各自的最大功率点处。同时，直流电缆长度减少，将局部组件受遮挡而带来的影响和由于组串间的差异而引起的损失减到最小。

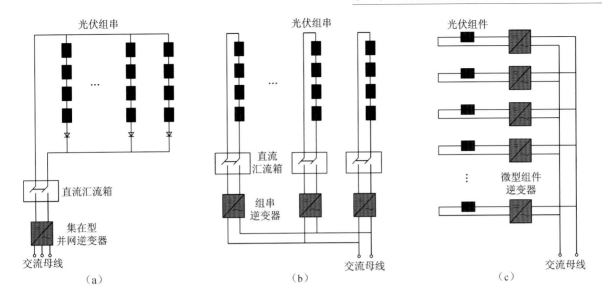

图 8.64 各种形式的逆变器在光伏系统中的应用方法
资料来源：SUNTECH

微型组件逆变器(图 8.65)是将单个或少量的光伏组件与单个逆变器相连，同时每个组件有单独的最大功率点跟踪，这样组件与逆变器更加集成化，特别适合于解决建筑光伏组件安装的差异问题，这种差异性会造成一个组串以及组串间的电流的动态不一致性而引起的系统效率低下。最后，逆变器在交流侧并联接入电网，单个组件的遮影或损坏不对其他组件的正常工作造成影响。这种组件逆变器通常用于总功率较小的光伏发电系统或 BIPV 系统中，总效率略低于组串逆变器，但在系统的电气连接中具有一定的优势。其优点是：消除了组件差异对

图 8.65 一种微型组件逆变器
资料来源：美国 Enphase 公司网站

系统发电带来的影响，应用更加灵活，更容易完成光伏系统的集成；缺点是：逆变器单位功率的价格更贵，寿命和组件不同步，维修和改换难度较大，逆变效率难以超越其他形式的逆变器。

8.2.2 太阳电池组件产品

太阳能光伏发电系统是通过太阳电池吸收阳光，将太阳的光能直接变成电能输出。但是单体太阳电池输出电压太低，输出电流不合适，其本身容易破碎、易被腐蚀、易受环境影响等问题，不能直接用来发电，必须通过封装将其制成组件才可以应用，将其称之为光伏组件(Solar Module 或 PV Module)。

光伏组件的种类繁多，当今实用化的光伏组件主要有：晶体硅电池光伏组件和薄膜电池光伏组件。晶体硅电池光伏组件按其电池种类分为单晶硅电池光伏组件和多晶硅电池光伏组件；按其组件结构可分为不透光的标准光伏组件和透光的夹层玻璃光伏组件。不透光的光伏组件主要用来做光伏发电站；透光的夹层玻璃光伏组件主要作为建筑材料与建筑集成，实现光伏建筑一体化。薄膜电池光伏组件主要有：刚性衬底薄膜电池组件和柔性衬底薄膜电池组件。多数薄膜电池都可以做成刚性或柔性组件，刚性组件多数都制成夹层玻璃形式作建筑材料，柔性组件一般是非常薄的不锈钢或铜带作基层材料，加以封装材料进行层压合成，由于其可弯曲，在一定程度上可折叠，可以应用在一些需要曲面安装或要求携带方便的地方。

8.2.2.1 晶体硅太阳电池

在种类繁多的光伏组件中，晶体硅电池光伏组件约占市场的 80%~90%，其封装材料与工艺也不尽相同，主要分为：环氧树脂胶封、层压封装、硅胶封装等。环氧树脂胶封和硅胶封装主要用来生产小型组件，成本较低，但寿命较短。目前用得最多的是层压封装，因为这种封装方式适合大面积电池片的工业化封装。

单晶硅太阳电池和多晶硅太阳电池统称为晶体硅太阳电池。单晶硅太阳电池的原材料为单晶硅棒，单晶硅棒是由一定晶向的籽晶从熔融的硅料中旋转提升而拉制成，所以为圆柱状，内部晶体的晶向一致，所

以称之为单晶硅。多晶硅太阳电池的原材料为多晶硅锭，多晶硅锭是通过将硅料放在坩埚内熔融冷却而形成的与坩埚形状一样的正方形柱体，内部晶体在小范围内晶向一致而在整个晶体范围内晶向不一致，所以称之为多晶硅。为了在一块组件中能够排列尽量功率大的单晶硅电池，所以需要将单晶硅棒的切面做成带有圆倒角的正方形，而多晶硅锭的切面本身就接近标准的正方形，所以不必进一步加工（图8.66~图8.68）。

 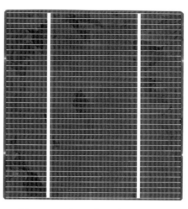 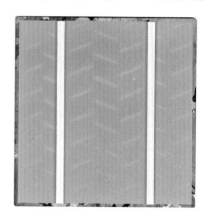

图 8.66 单晶硅电池的外观　　　　图 8.67 多晶硅电池的外观　　　　图 8.68 晶硅电池的背面
资料来源：SUNTECH　　　　　　资料来源：SUNTECH　　　　　　资料来源：SUNTECH

单晶硅具有规则的晶体结构，它的每个原子都理想地排列在预先注定的位置，因此单晶硅的理论和技术能迅速地应用于晶体材料，表现出可预测和均匀的行为特性。但由于单晶硅材料的制造过程必须极其细致而缓慢，所以价格较为昂贵。由于多晶硅的制造工艺没有单晶硅那么严格，所以价格较为便宜。但是由于晶界的存在阻碍了载流子迁移，而且在禁带中产生了额外的能级，造成了有效的电子空穴复合点和P-N结短路，因此降低了电池的性能。

1）常规组件

（1）光伏组件的封装结构。以晶体硅标准光伏组件为例，通过串联得到的太阳电池位于钢化玻璃和TPT(Tedlar Polyester Tedlar)背板之间，中间通过EVA（乙烯和醋酸乙烯酯的共聚物）黏合为一体，然后用密封胶将铝合金边框装在层压件的边上，从背面引出光伏组件的正负电极于接线盒内，最后再从接线盒引出光伏组件的连接线。夹层玻璃光伏组件与标准光伏组件最大的差别是TPT背板由玻璃取代，接线盒多用密封胶安装在组件边缘，导线从组件边缘引出。夹层玻璃组件如果用来做幕墙或天窗时，为了实现保温和增强组件机械强度，多数加工成中空结构，为满足建筑玻璃的安全要求，两层玻璃与中间的电池一般采用PVB黏结。

（2）光伏组件的封装材料。标准光伏组件的面层封装材料通常采用低铁钢化玻璃，其特点是：光透过率高、抗冲击能力强和使用寿命长。这种光伏组件用的低铁玻璃在晶体硅太阳电池响应的波长范围内(320~1 100 nm)透光率达90%以上，同时能耐紫外线辐射。其表面经过处理（绒面化或镀膜等方法）更是可以达到减少反射增加透射的效果，并且减少了玻璃表面造成的光污染。黏结剂是固定太阳电池和保证上下盖板密合的关键材料，通常采用EVA胶膜，其特点是：对可见光有高透光性，抗紫外光老化；具有一定的弹性，可以吸收和缓冲不同材料之间的热胀冷缩；有良好的气密性；具有良好的电绝缘性能和化学稳定性；常温下无黏性，便于裁剪，层压后可以产生永久的黏合密封。背板材料在标准光伏组件中一般用TPT，夹层玻璃光伏组件用钢化玻璃。TPT复合膜具有耐老化、耐腐蚀、气密性好、强度高、与黏结材料结合牢固、层压温度下不起任何变化等优点，能对电池起到很好的保护作用和支撑作用，成为最理想的光伏组件背板材料。在夹层玻璃光伏组件中背板采用钢化玻璃，除具有保护和支撑作用外，还可以透光，成为建筑光伏一体化材料最好的选择。标准光伏组件一般具有边框，以保护组件和方便组件与组件方阵支架的连接固定。边框与黏结剂构成对组件边缘的密封。主要的边框材料为铝合金或不锈钢。除此之外，光伏组件的生产还需要电池连接条、电极接线盒、焊锡等材料。

（3）光伏组件的电气特性。太阳能是一种低密度的平面能源，实际应用中需要大面积的光伏组件方阵来采集。通常，单块光伏组件的输出电压不高，需要用一定数量的光伏组件经过串并联构成方阵，这就需要对光伏组件的电气特性有清楚的了解。

前面讲到太阳电池与普通电池的区别在于短路电流和最大功率点的存在。以晶体硅标准组件为例，现在通用的电池片(单晶硅太阳电池和多晶硅太阳电池)有 125 mm×125 mm 和 156 mm×156 mm 两种规格。其开路电压是由 P-N 结的内建电动势决定的，硅太阳电池的开路电压一般为 0.6 V 左右；短路电流与太阳电池的面积和效率有关，面积越大，效率越高，短路电流越大。转化效率为 16%的晶体硅太阳电池，规格为 156 mm×156 mm，短路电流可以达到 8 A 以上；规格为 125 mm×125 mm，短路电流可以达到 5 A 以上。最大功率点处，晶体硅电池的输出电压一般为 0.48~0.5 V，最佳工作电流比相应的短路电流略有下降。

光伏组件的工作温度范围是-40~80℃，而且电池的性能随着温度的变化而改变。当温度升高时，电池中载流子的活动增强，电流密度有所上升，同时内建电动势略有下降，约为-2 mV/℃。同时考虑电流的上升和电压的下降，峰值功率的温度系数为-0.4%/K~-0.5%/K，这就是正午的时候光伏组件的发电功率大，但开路电压和发电效率却比较低的原因。

在光伏组件中，太阳电池都是经过串并联连接在一起的，除了太阳电池外还有一个非常关键的部件通常称为旁路二极管。旁路二极管的作用就是当光伏组件受到局部遮挡或电池内部出现故障时将问题电池旁路掉，以免造成整个组件效率下降，并防止其热斑效应，对光伏组件和光伏方阵起着极大的保护作用。以 36 片太阳电池串联的晶体硅标准组件为例，其在组件内部与太阳电池的连接如图 8.69，图 8.70 所示。

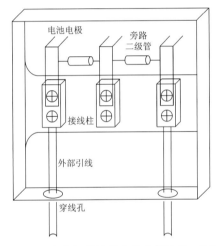

图 8.69 光伏组件接线盒的内部结构示意图
资料来源：SUNTECH

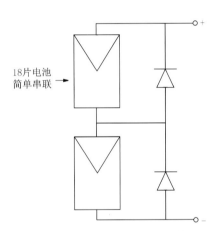

图 8.70 光伏组件的等效电路
资料来源：SUNTECH

由于太阳能电池长期工作于强阳光照射下，光伏组件的输出性能存在一定程度的衰减，因此一般定义其输出功率下降至标称功率的 80%时的使用时间为使用寿命，以目前的电池及封装技术，光伏组件的使用寿命至少在 20 年以上，多数厂家以此标准可确保组件寿命 25 年以上。晶体硅光伏组件最常用的国际试验条件可参考 IEC61215，另外 IEC61730 描述了光伏组件基本的结构要求，从而保证光伏组件在其使用期内，在电工和机械方面工作时的安全性(图 8.71，图 8.72)。

2) 夹胶玻璃组件

太阳电池不但可以用来发电还可以用来遮阳，主要将常规组件背面的 TPT 换成玻璃，并且通过调整太阳电池的多少或在组件中所占的面积，就能实现光伏组件作为建筑材料既用来发电又用来调整建筑玻璃的采光比和控制建筑的得热性能，可谓一举多得。为了让光伏组件直接代替建筑玻璃，表现出良好的保温绝热性能，通常将光伏组件加工为中空玻璃结构或双中空玻璃结构，如图 8.73~图 8.75 所示。

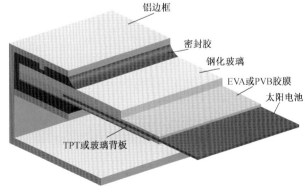

图 8.71 晶体硅标准光伏组件结构图
资料来源：SUNTECH

图 8.72 标准光伏组件
资料来源：SUNTECH

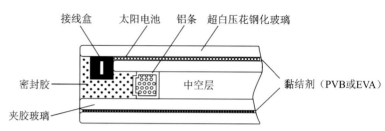

图 8.73 晶体硅中空玻璃组件结构
资料来源：SUNTECH

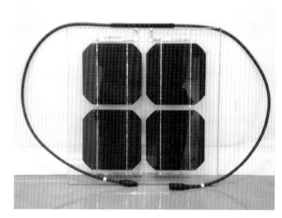

图 8.74 侧面出线的晶体硅夹层玻璃光伏组件
资料来源：SUNTECH

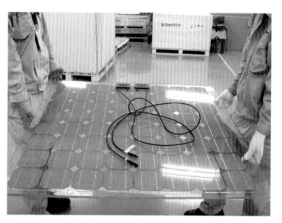

图 8.75 背面出线的晶体硅夹层玻璃光伏组件
资料来源：SUNTECH

为了使该组件能更好地作为建筑元素融入建筑中去，并且表现出很好的外观一致性，通常省去了铝合金边框，并且将接线盒镶嵌在组件的内部，输出导线从组件边上引出。对于这种组件，由于其没有铝边框来方便固定和安装，所以其安装结构需要从组件的特点来专门设计，既要实现组件的牢固固定，又要方便组件之间的电气连接，并且要保持建筑外形的美观。

8.2.2.2 薄膜电池

由于晶体硅材料成本相对较高，而晶体硅太阳电池的硅材料用量较大，使得晶体硅电池的成本一直居高不下。为了降低太阳电池的成本，人们一直在寻找能节省硅材料或完全不用硅材料的方法。现在薄膜电池技术的进步大大改变了这个现状。硅基薄膜电池的硅材料用量只有晶体硅电池的 1%，这就大大解决了硅材料成本的问题。但是由于现在的技术还不是很成熟，硅基薄膜电池的转化效率大大低于晶体硅电池，而且在稳定性和寿命上也较差。就制造工艺和制造成本来说，硅基薄膜电池将非常可能在近几年占据更多的市场份额。除了硅基薄膜电池外，比较成熟的薄膜类电池还有铜铟镓硒系列（CIGS）、碲化镉系列（CdTe）等。

薄膜电池之所以材料用量少，是由其制造工艺决定的。无论采用什么设备，其制造都是镀膜的过程。得到的电池结构如图 8.76 所示。

图 8.76 薄膜电池的结构示意图
资料来源：SUNTECH

从图中可以看出,薄膜电池主要由四部分组成:衬底、导电膜、电池层和背电极构成。其中衬底材料主要有玻璃、不锈钢、塑料等,玻璃材料主要用来做非晶硅、多晶硅薄膜电池的刚性衬底,不锈钢或塑料等材料主要作柔性衬底。导电膜(TCO)主要材料用的是SnO_2,由于其制作相对容易、成本较低、性能优良,在薄膜电池中大量使用。不同的材料,可以制得不同性能的电池层。由于不同的材料制成的电池对阳光吸收的截止波长不同,为了增加电池对光的吸收,可以做成多层不同材料的电池叠加的结构,也称叠层电池。背电极材料一般为铝或银。

1) 硅薄膜组件

从表中可以看出,硅基薄膜电池最有大规模生产的潜力。非晶硅薄膜电池外观一般呈茶色,半透明,外观美观,既能遮挡光线、又能允许部分光线通过,而且在弱光下其发电能力也较好,很适合做建筑窗户等部件。但是非晶硅薄膜电池在安装初期,强光照射下性能衰减严重,发电能力与晶体硅电池相差甚远。为了克服非晶硅电池效率较低、稳定性差等缺点,近年来出现了微晶硅、多晶硅薄膜电池。实验证明,用微晶硅和多晶硅薄膜代替非晶硅做电池的有源层制备出的电池,在长期光照下没有任何衰退现象。所以,发展晶体化的硅基薄膜太阳电池是实现高稳定、高效率、低成本、最有前途的方法(图8.77,图8.78)。

图8.77 非晶硅薄膜电池
资料来源:SUNTECH

图8.78 薄膜电池的透光效果
资料来源:SUNTECH

薄膜电池在颜色和外观方面可以有很大的变化空间,各种颜色都可以实现。由于其颜色的变化是以改变电池的掺杂成分来实现的,所以加工成各种颜色的薄膜电池与原始颜色的薄膜电池相比会有一定的效率损失。薄膜电池的生产工艺是镀膜的过程,其外观也可以根据实际需要加工成不同的形态,所以薄膜电池可以随着建筑的不同需要进行加工,满足建筑的各种需要,真正实现光伏建筑一体化。

2) 化合物薄膜组件

(1) 碲化镉薄膜。碲化镉(CdTe)薄膜电池没有非晶硅电池历史久远,美国的First Solar公司已经进入产业化的生产,近年在欧洲Antech公司也研发出该电池的产业化技术。

这种薄膜电池的制作是通过近空间升华的方法将碲化镉薄膜沉积在玻璃衬底上的,由于空间很近,材料蒸发后运动距离短,材料的利用率很高。在电池制作完成后,也需要将电池进行封装,形成可靠的光伏组件。由于这种电池是直接制作在玻璃衬底上的,并且在制作过程中已经进行了电池的串联,所以就省去了晶体硅组件加工中的前道工序,只需给电池焊接主栅线,然后用EVA将电池与背面玻璃板层压在一起,安装接线盒之后就形成最终的组件,通过终检完成碲化镉薄膜组件的所有生产工序。

(2) 铜铟镓硒薄膜。铜铟镓硒薄膜太阳电池具有生产成本低、污染小、不衰退、弱光性能好等显著特点,光电转换效率居各种薄膜太阳电池之首,接近于晶体硅太阳电池,而成本只是它的三分之一,被称为下一代非常有前途的新型薄膜太阳电池,是近几年研究开发的热点。此外,该电池具有柔和、均匀的黑色外观,是对于外观有较高要求场所的理想选择(图8.79)。

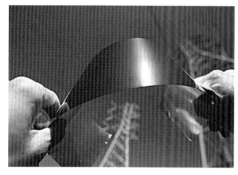
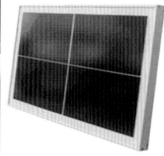

图 8.79 铜铟镓硒薄膜太阳电池和组件

资料来源：http://terry-life.blogbus.com/index_20.html http://baike.solarbe.com/index.php?doc-view-47

这种薄膜电池制备中最难的是 Cu(In, Ga)(S, Se)2 膜的制备。目前主要的方法是使用电化学技术，将镀有 Mo 的玻璃板作为阴极置于电镀液中，电镀液中含有 H_2SeO_3，H_2SO_4，In^{3+}，Na^+，Cu^{2+}，电镀反应的结果，H_2SeO_3 与 In^{3+} 和 Cu^{2+} 反应生成 $CuInSe_2$，之后还要经过硫化处理以及退火处理，最终形成薄膜电池。

CIGS 薄膜电池优势所在：① 薄膜电池的低成本优势，相对于晶体硅电池材料成本便宜；② 相对于其他薄膜电池，CIGS 是目前所推广的薄膜电池中转化效率最高的，目前实验室转换效率可以达到 20% 左右；③ 没有光致衰退效应。无衰退是薄膜太阳能电池最为关注的性能指标，单结非晶硅薄膜电池的衰退达到 25%，非晶微晶叠层薄膜电池的衰退为 10% 左右。CIGS 薄膜电池没有光致衰退效应，这一特点和晶体硅电池相同；④ 最适合 BIPV 的应用。

8.2.3 光伏建筑一体化

8.2.3.1 BIPV 和 BAPV

在常规能源加速耗尽的今天，新能源的开发与利用逐渐在世界上拉开了新的帷幕。光伏发电技术作为太阳能的一次转化，转化效率高，应用方便，转化效率不断提高，正备受青睐。用太阳能光伏发电解决电力不足的根本方法是并网光伏发电形式，并网发电主要有大型光伏电站和光伏建筑两种形式。大型光伏电站以其占用土地之多，需要长距离输电等问题不能全面实行。而光伏建筑由于光伏组件的安装是以建筑为载体，无需专门为其开辟场所，不会对环境造成严重影响等优势，必将成为今后光伏发电应用的主要方式。

现阶段应用较多的是在已建成的建筑上（主要是楼顶），加装太阳能光伏发电系统，称之为建筑与光伏系统相结合，简称 BAPV(Building Attached Photo-Voltaic)。其特点是，支撑结构类似于地面上的光伏发电系统，是一种依附结构，其不构成具有功能的系统，与建筑的结合的关系也不是很密切。

另外一种形式是在建筑规划设计的过程中就考虑到了光伏发电系统的应用，将构件化了的光伏组件作为具有建筑功能作用的外围护结构。主要以建筑的幕墙、玻璃窗、采光顶等形式应用，并将成为主流形式，业界称为建筑与光伏器件一体化，简称 BIPV(Building Integrated Photo-Voltaic)。

BAPV 主要是在原有的建筑上安装光伏发电系统，所以每个系统的设计都要依据现有建筑的具体安装环境和项目情况来定。由于光伏组件的发电能力与其安装倾角有着密切的联系，所以安装倾角的确定就显得至关重要。当光伏组件处于最佳倾角时，其一年中接收的太阳辐照量将达到最大，所发出的电能也将达到最大，可以使光伏组件的利用达到最大化。光伏组件的最佳倾角是由安装地的具体地理位置和地理环境决定的，以北半球为例，某地以向南倾斜最佳安装角安装的太阳电池发电量为 100；其他朝向全年发电量均有不同程度的减少（图 8.83）。

在平顶的建筑上，由于其安装自由度比较大，可以像地面系统一样，选择最佳倾角进行安装。最佳倾角首先取决于安装地的纬度，其次应根据当地的气象资料进行适当的调节，最后确定出最佳安装角度。在斜面屋顶上，由于屋顶已具有自己的倾角，光伏组件的安装应该顺着原有屋顶的倾角，可以做细微的调整，但考虑到抗风和不破坏原有建筑的造型设计，所以应尽量保持原有倾角。

在较密的建筑群中，可能设计的光伏系统在某些时段阳光下投射的阴影的影响，这种局部阴影的影响通常比其遮挡的部分要大。不仅减少光伏系统发电量，同时，使得组件中的电池片中热斑发生的几率上升，需要在系统设计中认真分析系统阴影，并采取措施减少这种影响。

BIPV 主要是在建筑设计的同时就考虑到光伏组件作为建筑的某些替代材料应用在整个建筑的建造中，形成光伏发电系统与建筑的一体化设计。由于建筑作为主体，光伏组件作为建筑的组成部分，必须服从建

图 8.80　无锡蠡湖工业设计园楼顶光伏发电系统
资料来源：SUNTECH

图 8.81　建筑的光伏采光顶
资料来源：SUNTECH

图 8.82　建筑的光伏幕墙
资料来源：SUNTECH

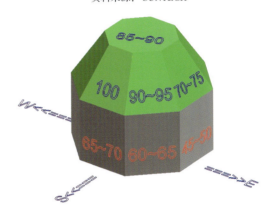

图 8.83　光伏组件不同朝向时的相对发电量示意图
资料来源：SUNTECH

筑的设计需要，其次为了能有效利用光伏发电，光伏组件的倾角和朝向问题也应该重点考虑。为了能满足建筑的外观和采光通风等需要，应该主要考虑光伏组件的结构和外观问题。

8.2.3.2　光伏器件的建筑元素化

1）色差

以目前的生产工艺来讲，各种太阳电池的颜色差异较大，各厂家的同种材质电池颜色也很不相同，即使是同一厂家，其不同批次、不同工艺的产品颜色也存在着差异（尤其是多晶硅太阳电池）。目前光伏组件产品的主要颜色有 5 种（表 8.6）。

表 8.6　太阳电池主要颜色

	太阳电池种类	主要颜色
1	单晶硅电池	黑蓝
2	多晶硅电池	蓝色
3	非晶硅薄膜电池	棕色
4	碲化镉薄膜电池	青色
5	铜铟镓硒薄膜电池	藏青色

太阳电池的颜色主要是由材料决定的，其中，单晶硅晶向一致，电池的颜色一致性较好；多晶硅电池的颜色一致性较差。由于材料本身的多晶向特点，电池表面存在颜色差异明显的花斑，该花斑可以通过制绒工艺和电池表面的镀膜工艺改善（图 8.84，图 8.85）。为了设计需要，也可以定制特殊颜色的晶体硅电池组件。如需进一步改变晶体硅组件的颜色，可以采用彩色背板或彩色夹层的方法对组件外观进行调节。

制作薄膜电池的材料和工艺不同，薄膜电池呈现不同的颜色。由于工艺控制方便，材料均匀性好，薄膜组件的一致性非常好。非晶硅薄膜电池主要以棕色为主，其颜色可以通过添加染色材料在一定范围内调节，从青色到棕红都可以方便地实现（图 8.86，图 8.87）。

2）透光

各组件生产厂家以单位最大发电量而设计生产的常规组件，通常需满足 IEC61215（地面用晶体硅光伏组件——设计鉴定与定型）、IEC61646（地面用薄膜光伏组件——设计鉴定与定型）、IEC61730（光伏组件安全鉴定）。该类用量最大的常规组件通常称为标准组件。标准组件的封装是用面层为 3.2 mm 的低铁超白玻璃，采用白色或黑色 TPT。为了实现组件整体的一致性，采用黑色的太阳电池和黑色 TPT。由于黑色吸收

图 8.84 灰色多晶硅电池双玻光伏组件
资料来源：SUNTECH

图 8.85 金黄色多晶硅电池双玻光伏组件
资料来源：SUNTECH

图 8.86 青色非晶硅薄膜光伏组件
资料来源：SUNTECH

光线能力强，无光线反射，组件升温较快，组件效率比白色 TPT 组件低，该封装的标准组件完全不透光；由于晶体硅电池片不透光，采用白色 TPT 封装的电池片间的间隙部分会有微弱可见光透过，因此在迎光方向可以看到电池之间的缝隙（图 8.88，图 8.89）。

晶体硅电池在与建筑进行一体化设计时，为了保证合理的采光能力，通常采用双层玻璃中间夹电池层来制作光伏组件（图 8.90~图 8.92）。双层玻璃封装的晶体硅光伏组件，其透光能力可以通过调节电池片之间的间隙来控制，但这种间隙由于电池封装生产工艺的限制，通常建议在 5~100 mm 之间，间隙过大容易引起组件在层压过程中的电池移位。当电池数量和排布确定后，如果需要进一步增加组件的遮光比，组件背面可以采用低透光率玻璃或玻璃之间的夹层采用低透光率胶膜等实现。

图 8.87 棕色非晶硅薄膜光伏组件
资料来源：SUNTECH

图 8.88 单晶硅电池黑色 TPT 背板光伏组件
资料来源：SUNTECH

图 8.89 多晶硅电池白色 TPT 背板光伏组件
资料来源：SUNTECH

图 8.90 单晶硅电池双玻组件
资料来源：SUNTECH

图 8.91 单晶硅电池双玻组件
资料来源：SUNTECH

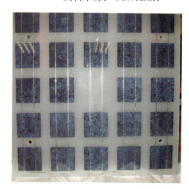
图 8.92 低透光率双玻组件
资料来源：SUNTECH

薄膜光伏组件的透光率通常以改变单体电池的大小和电池之间的距离来实现。以非晶硅组件为例，当单体电池较大，缝隙较小时，组件的透光率低，光学性能主要体现在反射上。当单体电池较小，缝隙相对较大时，透光率高，反射率较高，光学性能体现为半透半反能力，并且可以有效减少可见光的短波部分的入射，在整个采光效果上，可以将直射光转化为散射光，使室内光线柔和明亮(图8.93)。

图 8.93　半透明的非晶硅薄膜组件
资料来源：SUNTECH

3) 外形和尺寸

光伏组件的外形可以根据需要设计成各种样式，不同的组件类型可以加工的组件样式也各有差别。如前面所述，常规晶体硅电池组件有边框结构、特殊要求的多边形边框结构、在民用住宅光伏系统中多应用较广的瓦片结构、双玻组件的无框结构、明框结构、隐框结构以及带有一定弧度的曲面结构等；薄膜组件有常规双层玻璃边框结构、无框结构，柔性衬底的可卷曲结构等(图8.94~图8.97)。

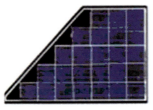

图 8.94　异型边框结构晶体硅电池组件
资料来源：SUNTECH

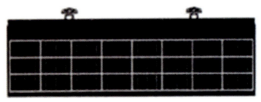

图 8.95　晶体硅电池瓦片组件结构
资料来源：SUNTECH

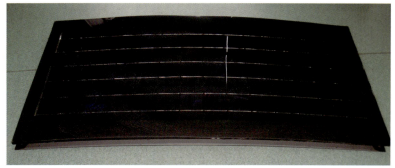 

图8.96 晶体硅电池切片后制作的曲面组件结构
资料来源：SUNTECH

图8.97 晶体硅电池组合后的常规组件结构
资料来源：SUNTECH

晶体硅电池在整片的基础上可以进行分割，也可以在一定范围里组件内部进行创意组合。

光伏组件的外形尺寸主要受3个方面的限制：① 组件的电气性能要求；② 生产工艺或设备；③ 安装现场对组件封装材料的安全限定。目前，用层压的方法生产的组件，晶体硅双层玻璃封装组件达到12 m^2，整体薄膜电池为2.2 m×2.6 m=5.72 m^2，采用"三明治"结构，即在原夹胶光伏玻璃的基础上再采用增加外层钢化玻璃的方法，可以生产3 m×4 m的薄膜组件。

4）热工

光伏玻璃组件由于在工作时，会吸收大量的光能，除被转化为电能的光子外，很大一部分都转化为内能使电池的温度不断升高。因此，其作为建筑的外围构件使用时热工性能十分重要。

光伏组件的安装通常要求具有较好的通风散热环境，而合成中空玻璃后使散热条件变差，会大幅降低光伏系统效率，因此，在对光伏发电系统进行建筑元素化设计时，必须对光伏组件的散热和绝热进行综合考虑。

光伏组件用作建筑材料时，主要为双层玻璃或多层玻璃结构，因此，玻璃的性能在很大程度上决定了光伏组件的热工性能。在设计时应主要考虑4个参数[①]：

(1) 导热系数 U，用来表示当室内温度 T_i 与室外温度 T_0 不相等时，单位面积、单位温差和单位时间内玻璃传递的热量

$$U=\frac{Q_1}{(T_0-T_i)S}$$

式中：Q_1 为由室外传入室内的总热量；S 为发生热传递的总面积。U 值的单位是 W/($m^2 \cdot$K)。

单层玻璃和有机材料背板封装的标准电池组件，其热传递性能与单层玻璃基本等同[5.7 W/($m^2 \cdot$K)]；因此在设计建筑光伏系统时，应确保光伏玻璃组件通风散热的同时，整个系统的热传递性能满足建筑节能设计标准的要求。双玻夹层光伏玻璃组件，热传递系数(U值)与普通夹层玻璃基本等同[5.0~5.5 W/($m^2 \cdot$K)]，但由于光伏玻璃组件前述的特殊性能，热传递系数(U值)比普通双玻夹层玻璃略高，因此在设计建筑光伏系统时，不得影响建筑的节能性能，利用光伏玻璃组件透光不透影、较好的遮蔽性能，但光伏玻璃组件需获得充足的阳光和充分散热。光伏玻璃组件复合成为中空结构后，具备与普通中空玻璃等同的热传递系数 (U值)[1.1~3.2 W/($m^2 \cdot$K)]，再配以Low-E镀膜层后完全能够满足建筑节能的要求，可以直接作为建筑幕墙材料设计，但需要考虑光伏玻璃组件对透视效果的影响，结合建筑美学合理的设计。

(2) 遮阳系数 Sc，用来表征当太阳辐照度是 I，通过单位面积玻璃射入室内的总太阳能等于 Q_2，太阳能总透射比为

$$g=\frac{Q_2}{I}$$

遮阳系数定义为

---

① 罗忆，黄圻，刘忠伟. 建筑幕墙设计与施工. 北京：化学工业出版社，2007:280-303.

$$Sc = \frac{g}{0.889}$$

式中，0.889 为标准 3 mm 透明玻璃的太阳能总透射比。

调整晶体硅组件中的电池间距可以改变光伏玻璃组件的遮阳系数。光伏玻璃组件中太阳电池具有对可见光和红外线辐射很好的阻断性能，光伏玻璃组件太阳电池的覆盖面积比和光伏玻璃组件的遮阳系数的关系为，太阳电池的覆盖面积比越大，遮阳系数越小，反之亦然；如此，可以调节遮阳系数（0.25~0.60）达到相应要求或建筑标准。

（3）可见光透射率 τ，用来表征太阳光中可见光的辐照强度 I_0，通过单位面积玻璃射入室内的可见光辐照度等于 I，则玻璃的可见光透射率定义为

$$\tau = \frac{I}{I_0}$$

晶体硅光伏组件中电池本身不能改变可见光透射率，薄膜电池背电极材料有透可见光和不透可见光的不同产品，因此从需求考虑，可以选择背电极透光的薄膜电池获得一定可见光透光率。当薄膜电池采用透明背电极材料进行制作，对大部分短波段可见光吸收后，其透过的光谱主要在红光波段，由于发电的同时还可以有部分可见光透过，此类电池可用来作蔬菜大棚。光伏玻璃组件中，晶体硅太阳电池可以有效地阻断可见光透过，太阳电池的覆盖面积比变化直接影响光伏玻璃组件的可见光透射率。因此，通过调整太阳电池在光伏玻璃组件中的覆盖面积比，通常可以实现可见光透射率在 5%~85% 的调节。非晶硅薄膜电池可以通过调节激光灼刻的密度，实现光伏组件透光率在 5%~20% 的调节。

（4）可见光反射比 ρ：被物体表面反射的光通量与入射到物体表面的光通量之比，用符号 ρ 表示。

光伏玻璃组件为尽可能多地利用太阳光，组件表面和太阳电池表面都经过减反射处理。如此，光伏玻璃组件的可见光反射率较普通幕墙玻璃明显降低，可以显著缓解因光反射引起的负面影响。

8.2.4　光伏发电技术在建筑上的应用

8.2.4.1　发电与系统设计

太阳能光伏发电技术与建筑相结合有着非常重大的意义，它可以代替部分建筑材料作为建筑的外围护结构来设计，安装在建筑的表面既可以用来遮阳又可以发电，应用恰当的话可以作为装饰元素融入建筑当中；由于光伏发电的输出高峰在中午的一段时间内，正是用电高峰期，对电网可以起到很好的调峰作用；设计适当的光伏组件具有良好的隔热和遮阳效果；将光伏发电系统与建筑相结合，将节省额外的土地，并且可以大规模应用于城市中；可以对建筑进行就地发电，构成分布式电源，减少电力传输中的损失，改善电网的稳定性。

由于光伏系统的工作与周边环境存在着密切的关系，环境因素将直接决定光伏系统是否适合安装，因此，环境条件成为光伏建筑一体化项目规划设计的首要考虑。

环境条件所包含的主要因素有：

（1）地理位置：主要由于纬度的差别带来光伏系统最佳安装倾角的差异，纬度越低，最佳安装倾角越小。

（2）海拔高度：直接影响大气厚度，可以改变大气对太阳光的吸收，也影响了光伏系统的电气设备的使用。

（3）气温：年平均气温、最高、最低气温与光伏系统的效率密切相关。由于太阳电池的负温度系数特性，当温度变化时，将影响光伏系统的转化效率向相反的方向变化。

（4）降水：年降水量、频率、主要集中时间、持续时间与光伏系统能接收到的光照时间有关，并且可以影响光伏组件的表面清洁度。如在某地，上午出现阴雨天较多而下午较少，在系统朝向选择时应考虑适当偏向在下午可多接收阳光的方向。

（5）日照：日照辐射量及直射光、散射光所占比例与光伏系统的发电量和安装倾角对系统的发电产出的影响有关。散射光所占总辐射比例越大，安装倾角对光伏发电的产出影响越小。

（6）风速：平均风速、最大风速主要影响光伏组件的结构、尺寸及系统散热情况带来的对系统效率影响。

（7）高大物体的存在：光伏系统附近高大物体（数目或建筑）的存在将造成阴影投射，影响光伏系统的发电产出，并且对光伏组件的局部遮挡可能引起热斑效应，对光伏系统带来安全隐患。并且高大物体会影响光伏系统周围的空气流动，影响光伏组件的散热，使系统效率受到影响。

（8）落灰：项目周边的扬尘情况决定组件表面的积灰情况，直接影响组件表面的透光能力，另外，根据灰尘的种类和成分的不同，光伏组件的清洗方法也有差异。无机灰尘可直接用清水清洗去除，有机灰尘需要加入有机物清洗液进行去除，在降水较频繁或夜间容易结露地区，可在光伏组件表面镀有机物分解膜，可有效地改善光伏组件的自洁能力。

（9）大气情况：光伏组件的工作情况直接决定于所接收的太阳光能量，太阳光能量的传播与所经过的大气路径和大气成分有关。不同的气体分子或固体粒子对不同波长的光线有不同的折射和散射能力，导致大气的光线透过率不同、透射光光谱不同，从而光伏发电系统电力输出也不同。

（10）雪载荷：是否有积雪影响光伏系统的安装结构的强度要求。国际标准中要求光伏组件可以承受5 400 Pa压强的静载荷，在容易出现积雪的地方，光伏系统的支撑或安装结构应能承受足够的静载荷。

（11）风载荷：国际标准中要求光伏组件至少可以承受2 400 Pa压强的风载荷，在风力较大地区，安装结构应适当加强。

由于光伏发电系统的引入，在建筑设计时应该充分考虑光伏系统的影响因素，采用合适的光伏系统类型。常用的光伏系统与建筑的结合形式有8种（表8.7，图8.98~图8.106）。

表8.7 光伏发电系统与建筑8种结合形式的集成程度

	结合形式	光伏组件	建筑要求	集成程度
1	光伏采光顶	光伏玻璃组件	调节室内采光、遮风挡雨、发电	程度高
2	光伏屋顶	光伏屋面瓦、屋顶专用组件	与屋顶一体化、遮风挡雨、发电	程度高
3	光伏幕墙	光伏玻璃组件（遮光率可调）	造型美观、调节室内采光、遮风挡雨、发电	程度高
4	光伏遮阳板	光伏玻璃组件、普通组件	造型美观、调节室内采光、遮阳、发电	程度较高
5	光伏窗户	光伏玻璃组件（遮光率可调）	造型美观、调节室内采光、遮阳、发电	程度高
6	光伏围护结构	光伏玻璃组件、普通组件	造型美观、发电	程度中
7	屋顶光伏方阵	普通光伏电池	造型美观、发电	程度低
8	墙面光伏方阵	普通光伏电池	造型美观、发电	程度低

图8.98 光伏采光顶
资料来源：SUNTECH

第 8 章　可再生能源利用与空气、雨、污水的再利用

图 8.99　光伏瓦片屋顶
资料来源：SUNTECH

图 8.100　光伏专用组件屋顶
资料来源：SUNTECH

图 8.101　光伏幕墙
资料来源：SUNTECH

图 8.102　光伏遮阳板
资料来源：SUNTECH

图 8.103　晶体硅光伏窗
资料来源：来自日本

图 8.104　非晶硅光伏窗
资料来源：SUNTECH

图 8.105　光伏围护结构　　　　　　　　　　图 8.106　屋顶光伏方阵
　　资料来源：SUNTECH　　　　　　　　　　　　资料来源：SUNTECH

在建筑与光伏一体化设计时，应主要从四个方面着手来考虑光伏发电系统的设计。

（1）总容量的大小。首先应该根据建筑物可安装光伏组件的面积或实际需要的安装面积 A 来确定整个发电系统的总容量。通常，晶体硅不透光光伏组件的单位面积功率 P 为 100~160 W/m^2，双玻璃封装的半透明电池 60~130 W/m^2，薄膜光伏组件的单位面积功率比晶体硅略小 40~80 W/m^2，由此可得到光伏发电系统的容量 $P·A$。

（2）光伏组件的选择。根据建筑物外观需要或总容量需要，来选择合适的光伏组件。晶体硅光伏组件单位面积的功率较大，有效发电寿命一般为 20~25 年（发电功率下降到初始安装功率的 80%），电池与电池之间距离较大，接缝明显，颜色通常为蓝色、灰色或黑色。电池基本不透光，组件的透光性可以由电池的间距来进行调整。非晶硅光伏组件单位面积的功率较小，电池之间没有接缝，透光率固定，一般在 10%~30%左右，颜色一般为棕灰色，也可以根据需求定制颜色，其寿命较短。当光伏组件作为采光玻璃时，应参照相关建筑标准（GB/T2680—1994）。

（3）支撑结构的设计。支撑结构主要是根据建筑结构和最佳倾角来确定的。坡屋顶主要依照屋顶倾角，在屋顶上打孔，将支撑支架固定在屋面上。平顶则仿照地面系统，首先在屋顶上预制安装支撑基础，然后在基础上面安装支撑结构。由于这种设计自由度较大，可以将支架按照最佳倾角来设计。支撑结构一般都为金属材料，为了防雷应该有接地装置，接地电阻不超过 10 Ω。BIPV 建筑主要考虑建筑的功能需要，比如窗户、遮光顶、采光篷、天窗、幕墙等，具体的应用方法类似玻璃，但要重点考虑光伏组件电源线的走线问题，在满足安全的基础上，尽量做到走线的隐蔽和美观。

（4）并网系统的系统电气方案设计。应用于建筑的光伏并网系统，由于安装面积限制，通常装机容量较小，以低压并网系统为主。一个并网发电系统的总体设计主要包括光伏组件的整列排布、光伏组件的串并联设计、直流端汇线箱/直流配电柜设计、交流端交流配电柜设计、逆变器选型、数据采集监控通讯和线路配线设计等方面。并网光伏发电系统最重要的一个部分是逆变器的选型，它直接决定着整个系统的成败。首先应保证逆变器性能的可靠，具备最大功率点跟踪、防雷、防孤岛效应、自动捕捉电网信号、自适应调节、自动保护等功能。当逆变器确定后就要根据光伏发电系统的参数来确定逆变器的具体型号。方法是：首先根据系统的容量和分配情况来确定逆变器的数量和额定功率，然后，应根据逆变器的直流电压和电流的输入范围来决定光伏组件的串并联构成。在一些特殊的设计中，可能由于建筑的光伏系统安装面不在同一平面上，同一时刻各组件接收的能量不同，组件电流不同，如果组件还是简单的串联将会造成系统效率的大大降低，此时需要仔细分析各组件的受光情况，尽量将受光状态相同或接近的组件串联在一起。若差异问题还是无法解决，则应考虑采用组件逆变器，由于每块光伏组件都连接有一个逆变器，每块组件都工作在最大功率点处，最大限度地消除了受光角不同带来的影响。该解决方法在建筑物无法避免阴影影响的情况下尤为适用（图 8.107）。

光伏组件直流汇线箱一般处于室外环境，具体位置因情况而定，防护等级应达到 IP65，其内部应包含：接线端子、防雷模块和直流断路器等，在有数据采集和监控要求的情况下还应安装组串工作状态检测设备。在大型系统中，直流配电柜主要实现各汇线箱的汇流功能和直流侧集中开关功能，交流配电柜主要实现各路交流电的汇流和与电网连接的开关功能。线路设计主要考虑电流的大小和电压，各段电路应尽量实现线损少且导线的用料省。数据采集装置主要包括环境监测和逆变器工作情况监控。环境监测主要测量当地的日照情况、温度情况、组件的温度情况和风力风向等数据。最后这些数据连同逆变器的工作状态一起传送到数据处理终端输出显示（图8.108）。

其实，将光伏发电技术应用在建筑上最为关键的地方是如何使光伏发电和建筑完美地结合，既实现了建筑能够最大限度地发出绿色电能，又实现了光伏发电系统使建筑的外观更美，更具有现代化气息。在光伏发电技术与建筑结合时，要注意以下问题：

图8.107　光伏组件安装朝向不同的光伏系统
资料来源：SUNTECH

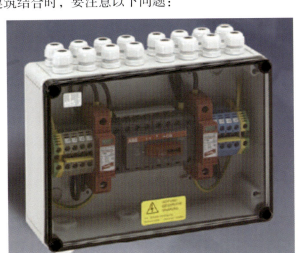

(a)　　　　　　　　　　　　　(b)

图8.108　光伏组件直流汇线箱和环境监控系统
资料来源：SUNTECH

光伏发电系统应该服从建筑的需要，所以其结合形式应该从建筑的设计出发，主要的结合形式有遮阳板、屋顶、天顶、幕墙等。

根据建筑的外观和发电需要选择类型合适的光伏组件，如晶体硅光伏组件光电转化效率高，弱光性差，其电池为蓝色或黑色，透光性差，组件的透光率可以通过调节太阳电池的间距来实现，薄膜光伏组件的光电转化效率较差，弱光性好，温度性能好，其电池为棕黄或棕黑色，透光性较好且均匀。

根据需要安装光伏组件的面积确定支撑结构，如在平屋顶建筑上多采用最佳安装倾角的支架固定安装；坡屋顶多采用沿屋顶倾角铺设安装轨道进行安装，安装高度应保证组件背面通风；光伏幕墙或光伏采光顶采用钢结构或铝合金框架安装。其中金属支撑结构一定要与地有良好的连接，形成可靠的防雷接地。

光伏发电系统的发电能力与光伏组件表面的透光率有密切的关系，如果光伏组件长时间积累大量的灰尘，致使光伏组件的发电能力严重下降。在经常降雨或夜晚有露水的地区，可以采用自洁玻璃表面的光伏组件，其可以自动清除有机污垢但不能清除无机的污垢和灰尘。所以在建筑上安装光伏发电系统时，最好同时安装配套的组件表面清洗装置。

根据前面太阳电池知识的介绍可以知道，光伏发电系统的发电能力会随着光伏组件温度的升高而下降。为了尽量避免光伏组件的升温，应当保证光伏组件有着良好的通风。应用在建筑上的光伏发电系统多为固定式安装，由于光伏组件的朝向不同，光伏组件的发电能力不同，因而光伏组件应尽量做到以最佳倾角安装，且不能受到周围建筑或物体的遮挡。在方案设计的时候还应该充分考虑系统建成后光伏发电系统的各个部分的检修与定期维护的方便。

8.2.4.2 集成创意

建筑师在建筑造型设计时,希望把光伏组件当做建筑元素或构件来选用,最好能在颜色和图案上能够进行不同的组合;构件化的光伏组件可以把建筑造型、光、能量更好地结合起来,作为一种全新的元素用于建筑设计的创意中。事实上光伏电池适当的设计可以用来实现建筑集成创意。

1)北京净雅多媒体光伏幕墙项目

(1)设计理念:基于能量昼夜循环的原理来进行多媒体外墙设计(图8.109,图8.110)。

(2)多媒体幕墙的设计:首先确定要表达的图案,通过图像处理进行"马赛克"化;根据图案的不同灰度来确定最少的图案形状及其类型,然后是相对应的光伏组件设计(图8.111,图8.112)。

图8.109 白天幕墙通过光伏系统将太阳光转化为电能
资料来源:Simone·Giostra

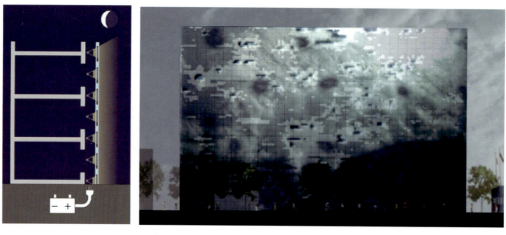

图8.110 夜间幕墙通过多媒体系统将电能转化为光学影像
资料来源:Simone·Giostra

图8.111 LED投影设计图案
资料来源:Simone·Giostra

图8.112 "马赛克"化的图案
资料来源:Simone·Giostra

（3）三种不同透光率的光伏组件方案，首先需要确定所表达的图案与组件尺寸的关系：三种不同透光率的光伏组件构成2 300个像素（单元），根据整个墙面的外形尺寸（58.19 m×33.6 m），确定主要890 mm×890 mm的光伏组件为一基本单元尺寸（图8.113~图8.116）。

该项目的主要创意在于多媒体技术与光伏发电技术的有机结合，并巧妙地利用了不同电池排布的光伏组件对光线的遮挡与透过关系，在幕墙上展示出绚烂的图案（图8.117~图8.119）。

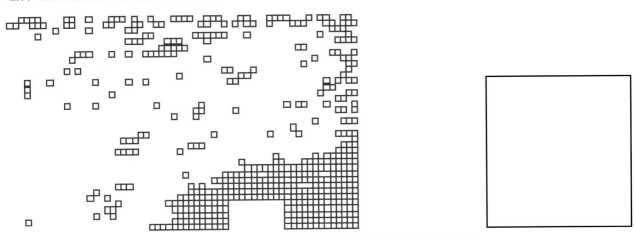

图8.113　采用全透明玻璃作为高透光板及在幕墙中所处区域

资料来源：Simone·Giostra

图8.114　采用太阳电池松散排布的玻璃作为中透光板及在幕墙中所处区域

资料来源：Simone·Giostra

图8.115　采用太阳电池较密集排布的玻璃作为低透光板及在幕墙中所处区域

资料来源：Simone·Giostra

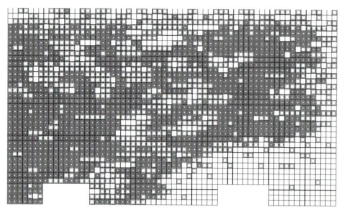

图 8.116 三种不同透光率的玻璃板组成的光伏立面效果图
资料来源：Simone·Giostra

图 8.117 多媒体幕墙在夜晚的显示效果图
资料来源：Simone·Giostra

图 8.118 建成后的净雅大酒店多媒体光伏幕墙
资料来源：SUNTECH

图 8.119 建成后的净雅大酒店多媒体光伏幕墙夜晚实景
资料来源：SUNTECH

2）尚能生态大楼的光伏外墙设计

（1）设计理念：基于不同透光率的组件在发电的同时构成点阵，展现较大规模图案设计。

（2）方案一　通过太阳电池的不同排列方式，形成不同电池密度的光伏组件，以勾勒不同的图案轮廓，构成尚德电力公司 Logo 图案的光伏幕墙设计方案（图 8.120）。

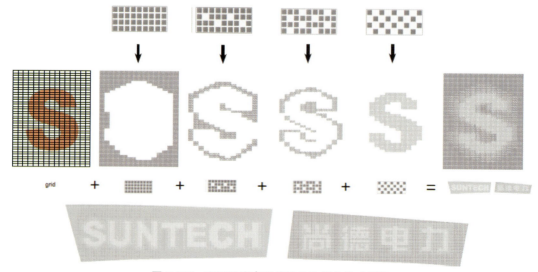

图 8.120 不同透光率光伏组件的组合构成图案
资料来源：SUNTECH

采用晶体硅电池不同密度的方法来设计建筑屋面或墙面图案，比较经济可行的是采用125 mm×125 mm 的光伏电池来设计，其更小的图案虽可以通过切割基本125 mm×125 mm 的电池来做。但该方法使系统成本增加较大，系统质量稳定性受影响，通常应用于较小面积的光伏系统，如太阳能汽车、船等；而建筑墙面只要面积足够大的光伏系统应尽可能不采用切割小于125 mm×125 mm 电池的光伏组件。

按此方案组成一个 Logo 字母（或汉字）的最小光伏组件数量为297个基本光伏组件单元（1 800 mm× 800 mm）以上，且此光伏组件的尺寸同主结构支撑钢结构不一致，幕墙支撑钢结构复杂；同时造成室内区域采光不均匀；光伏组件制造成本高，光伏电气系统的集成难度大，效率低，因而未被采用。

（3）方案二　展现世界地图的光伏幕墙设计方案。此方案设计思路是在这样一个足够大的墙面用光伏组件来构成一个世界地图。为勾勒世界地图的轮廓，字母（或汉字）的最小光伏组件数量为27×11=297个以上，尽管采用了5种模数单元，但由于整个地图的梯度太大，所能够表现的图案实际效果会不理想。同时此方案的设计对支撑结构以及电气系统"方案一"存在同样的缺点，因而又未采用（图8.121）。

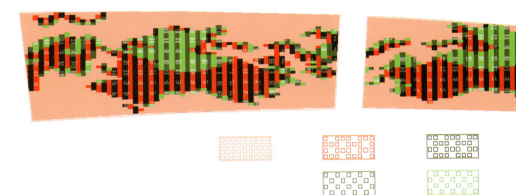

图 8.121　不同透光率光伏组件的组合构成图案
资料来源：SUNTECH

8.2.4.3　应用实例

现代建筑除了要满足建筑投资方、建筑师对建筑形象要求以外，其舒适情况、对环境友好是其主要的建筑功能要求。目前在建筑能源评估方面，能源效益（Energy Efficiency）和绿色建筑评估标准体系（LEED：Leadership in Energy & Environmental Design Building Rating System）是被广泛接受的建筑理念新标准。

BIPV 建筑光伏一体化是提高建筑能源效益和满足节能评估标准的重要实现方法。

1）无锡尚能生态大楼

（1）工程概况

光伏系统总安装面积及装机容量：6 570 m², 710 kWp；项目地址：无锡市，新华路9号；项目类型：光伏幕墙；建筑功能：行政与康乐中心；建筑情况：新建；光伏系统朝向及倾角：南偏西38°，与地面倾角70°；光伏系统工程设计：尚德太阳能电力有限公司。

（2）气候特征

地理坐标：东经120°24′15″，北纬31°30′32″；海拔：约4 m；气候类型：亚热带季风气候；日照时间：约2 000小时。

（3）背景介绍

在人类经历了石油危机、能源危机后，充分认识到可再生能源的意义及重要性。尚德太阳能电力有限公司作为领先的光伏企业，需要在光伏及各种领先新能源技术的应用方面有深入的实践和研究，在节能减排方面做出表率。随着公司的发展，公司急需一个集行政办公、员工餐饮、体育锻炼、公司展示等功能于一体的综合性大型场所，而该场所应该是充满现代气息、汇集世界各种先进的节能技术、具有生命力和艺术感、融会生态理念并且使置身其中的人员感觉舒适，如同身处大自然的环抱中（图8.122）。

（4）建筑理念

这个建筑体现了一个相当简单的理念：绿色，即绿色的建筑表面、高绝热能力、绿色的空间、生态系统的室内配置、绿色的内部建筑风格、仿自然的建筑布局和空中花园设计、绿色的室内采光、蓝天白云的自然天顶和柔和的墙体采光、绿色的能量输出、纯自然能源的一次电力转化、绿色的生命力、会呼吸的幕墙系统、绿色的能量消耗、大量节能负载与控制技术的引入、绿色的空调系统、电源热泵技术的使用和能量的回收。而这一理念正是来源于尚德公司对世界、对未来的承诺：摆脱对石化燃料的依赖，提供清洁、实惠的能源解决方案，与自然和谐共处。

图 8.122　尚能生态大楼的整体样式
资料来源：SUNTECH

（5）设计特点

项目整体由行政中心光伏幕墙和康乐中心光伏幕墙组成，为展开的双翼形设计，表现翱翔。两幢建筑之间通过连廊连接，建筑地上总共 7 层，幕墙总高 37 m。光伏发电系统并入公司内部电网，直接对建筑物进行供电。由于充分考虑光伏幕墙的整体颜色和室内的采光效果，采用深色多晶硅电池，电池的排布密度达到组件的遮光比为 60%，使建筑内部光线均匀柔和。为加强两块幕墙的视觉整体性效果，在两幢建筑之间的连廊处，对幕墙进行斜线分割。

图 8.123　采光天顶及室内采光
资料来源：SUNTECH

（6）能量原理

建筑物所需的能源尽量采用自然能量实现。由于建筑的办公功能、用电时间与光伏系统的发电时间相一致。昼间，建筑内部电能消耗优先由光伏系统提供，光伏发电能量不足时由市电网补充，能量过剩时输入到相邻的厂房，供生产使用。地源热泵是一种能够同时解决供冷、供暖、生活热水三位一体的新型能源系统。利用地下四季温度相对稳定的特性，通过热泵机组完成土壤与建筑物内部热交换。室内空调完全由地源热泵系统提供，大幅降低对电能的消耗。由于光伏幕墙的遮阳作用和优良的保温性能，可以大幅降低夏季的制冷负荷。内部的照明主要通过建筑通透式玻璃顶采集自然光实现（图 8.123，图 8.124）。

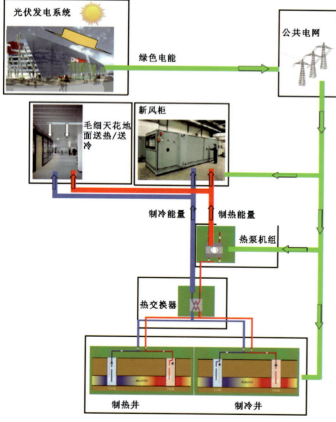

图 8.124　建筑物的主要能量原理
资料来源：SUNTECH

（7）建筑设计过程

由于项目规划时已考虑到光伏系统的引入，在建筑设计时考虑尽量使光伏幕墙获得充足的光照。在初期方案设计时，光伏幕墙的朝向为正西，在光伏系统发电效果和室内采光方面均难以达到能量需求。为获得更多的太阳光照，将西立面偏南调整为南偏西 38°，立面调整为倾角 70°。目前主流太阳电池的基本材料是晶体硅，建筑的外观设计中选取硅的色谱作为设计元素。在考虑室内光照充足的条件，取消了原建筑天顶的光伏系统，改为全景采光顶。在调节光照方面加入了自动遮阳帘系统。在建筑内部，采用生态美学表现建筑本身的有机形态，使空间的灵活性、有机性得以延续和再生。在办公区，每层设计有独特的小花园，在一楼大厅设计有半入户式花园水池和小竹林，充分引入生态的概念（图 8.125、图 8.126）。

图 8.125　办公区域的楼层花园
资料来源：SUNTECH

图 8.126　花园水池和竹林设计
资料来源：SUNTECH

（8）光伏系统设计过程

为供给建筑物充足的绿色电力，考虑光伏系统的最大容量，取消了原方案设计中的光伏幕墙的图案组合设计，采用统一遮阳率的光伏组件。光伏系统的安装采用主钢结构、次钢结构、铝支撑架的方式，光伏组件通过压板固定在铝支撑架上（图 8.127，图 8.128）。为了建筑物的美观，将光伏系统的电源走线完全隐藏，专门开发了腔体式铝支撑架，在满足组件安装结构强度的同时，保证了材料的轻量化和电源走线功能（图 8.129）。

由于光伏组件的安装情况一致性较高，采用集中式逆变器进行集中逆变、集中输出的连接方式。在异

图 8.127　幕墙主钢结构框架
资料来源：SUNTECH

图 8.128　幕墙次钢结构及铝支撑
资料来源：SUNTECH

图 8.129　腔体式铝支撑架内部的走线情况
资料来源：SUNTECH

型组件区域和电压等级达不到集中型逆变器输入电压等级要求的区域,采用组串式逆变器进行系统接入。

(9) 光伏组件设计

光伏幕墙作为建筑室内外的唯一分割,需要充分考虑光伏组件的透光与遮阳性能、保温绝热性能和视觉效果。由于幕墙面积大,建筑内部空间层次较深,晶体硅电池的组合不会引起室内光线栅格的出现,所以优先考虑晶体硅电池。在太阳电池的选择时,主要有边长 125 mm 的单晶硅电池和边长为 156 mm 的多晶硅电池供考虑。从透光效果看,由于多晶硅电池为较规则的正方形,在组件安装后,电池之间的透光缝隙均匀单一,光线通过衍射后在通过适当的距离后混为均匀的光照度;而由于单晶硅电池存在较大的圆形倒角,在加工成光伏组件后,电池的缝隙交叉处出现明显的亮斑,容易使室内采光出现散乱感。单晶硅电池的颜色接近黑色,多晶硅电池接近蓝色,在与天空颜色的协调方面,多晶硅电池更适合该项目。该项目最终选择了多晶硅电池(图 8.130,图 8.131)。

图 8.130　透光率较高的单晶硅组件
资料来源:SUNTECH

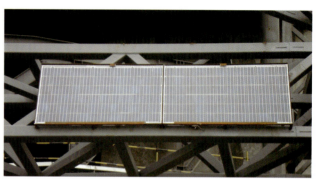

图 8.131　透光率较低的多晶硅组件
资料来源:SUNTECH

在保温绝热方面,简单双层玻璃夹胶结构难以满足 U 值不大于 1 的要求,因此采用中空玻璃结构。通过实验发现单中空层玻璃仍难以达到建筑的保温性能,最终采用了双中空层加镀 Low-E 膜的超绝热结构。

(10) 光伏组串电路设计

在 BIPV 系统中,由于光伏与建筑的结合较紧密,光伏组件之间的连接与走线应尽量简捷方便,线路不宜过长。该项目的组件电极方向为特殊设计,并且对每一串组件进行接线区域划分,采用该技术后,组件连接电缆节省一半左右,并且减轻了铝支撑架的内部空间与重力承受负担。

(11) 安装

光伏玻璃组件的安装通常按照常规玻璃的安装方法进行,按照自下而上的安装顺序,先安装有功率输出组件,最后安装无功率输出的异形装饰组件。安装时,需特别注意的是光伏组件安装时的电源线保护,电源线不可以有表面任何划伤以及过度弯折;不同组串的线路需分别设置在分开的布线槽中,并确保安装后电源线的正确接入与导通(图 8.132,图 8.133)。

图 8.132　有功率输出组件的安装
资料来源:SUNTECH

图 8.133　异形装饰组件安装后的效果
资料来源:SUNTECH

(12) 项目中所采用的其他节能技术

新风系统和毛细冷凝管技术与地源热泵系统相结合，充分发挥了该绿色空调系统的节能作用（图8.134）。为了保持建筑内部的空气新鲜，需要保持内部空气与外界空气的充分交换。如果直接将室内空气排到室外，必将把先前用来给空气加热或降温的能量带走，而同时又需要重新消耗能量调整新进入的空气温度。能量回收转轮可以在室内空气排出前与室外进入的新鲜空气进行充分的能量交换，大大降低因置换新鲜空气造成能量的流失。

地源热泵通过冷热水作为载体，将能量输送到建筑的各个部位；暖通管道利用毛细原理，可以将地源热泵所输送来的能量与室内空气进行充分的能量交换。灯具与天花板进行集成式设计，使灯具成为自然装饰元素，同时保证了顶部的完整。照明系统采用智能化控制，应用日光感应恒照度自动控制系统，可以使照明装置全自动工作，将照度自动调整到工作最合适的水平。

(13) 整个项目的实际运行情况

该项目竣工以来，已经投入运行一年多时间，光伏幕墙的运行发电数据如图8.135所示。

2）北京净雅酒店多媒体光伏幕墙

(1) 工程概况

光伏系统总安装面积及装机容量：约1 960 m²，79 kWp；项目地址：北京市，西翠路19号；项目类型：多媒体光伏幕墙；建筑功能：餐饮中心；建筑情况：新建；光伏系统朝向及倾角：正东；建筑设计：西蒙·季奥斯尔塔工作室(Simone Giostra)& Partners；照明设计和幕墙工程设计：奥雅纳工程顾问公司(ARUP)。

(2) 气候特征

地理坐标：东经116°23′20″，北纬39°57′48″；海拔：约50 m；气候类型：温带季风季候；年平均日照时间：约2 780小时。

(3) 背景介绍

北京净雅大酒店毗邻2008年北京奥运会场馆五棵松体育馆，为了迎接奥运会的到来，采用先进的节能减排和视觉技术，打造一项世界级的餐饮中心而立项建造的。太阳能多媒体幕墙，是一项可再生能源和数字媒体技术的创新性项目，将两种技术有机结合应用在餐饮中心的建筑外立面上将给人带来全新的理念和强烈的视觉冲击。

(4) 建筑理念

这个建筑幕墙的设计主要诠释了能量与光的循环理念。白天，建筑接收太阳辐射，利用光伏组件调节室内采光和得热的同时，将多余的辐射能量通过光—电转化技术变换为电能；夜间将白天接收的太阳辐射能通过电—光转换技术转换回光能反馈到环境中（图8.136）。

图8.134 毛细冷凝管与灯具集成设计的屋顶
资料来源：SUNTECH

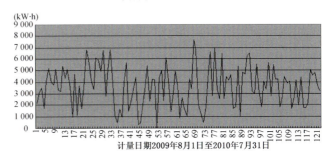

图8.135 光伏幕墙的年发电量变化曲线
（以三天的发电量为单位）
资料来源：SUNTECH

图8.136 幕墙系统的夜晚亮化效果
资料来源：SUNTECH

(5)设计特点

项目为安装在建筑外墙上的幕墙系统,长 58 m,总高 34 m,是目前世界上最大的彩色 LED 显示屏和中国第一套集成在玻璃幕墙的光电系统。整个建筑幕墙通过白天吸收太阳能、晚上用太阳能电量来照亮屏幕,反映出一天循环,以自给自足的能源来运作。超大的屏幕和特有的低分辨率增强了多媒体的视觉效果,相较传统媒体正立面领域的高分辨率屏幕的商业应用,提供了一种具有艺术特色的交流。

其表面玻璃设计,根据 LED 显示与构图的需要,有高透光、中透光和低透光光伏组件三种,其中,中透光光伏组件 704 片,低透光光伏组件 1 070 片。

(6)幕墙设计过程

该幕墙的设计出发点是调节建筑的得热率,同时利用光伏发电系统将光能转化为电能供夜间幕墙的亮化使用。由于幕墙与建筑为分体式,中间夹层与外界畅通。夏季,墙体可以自然通风,防止吸收过多热量,节约了高温天气下建筑降温的能耗,并且有效改善了光伏系统的背面散热,提高了光伏系统的发电效率;冬季,幕墙可以加热与建筑墙体之间的隔离空气层,增强建筑墙体的保温性能,阻止建筑墙体热量的过多散失,降低建筑取暖能耗。幕墙玻璃采用驳接式安装在钢结构上,由于采用无框玻璃设计,不会对 LED 照明投射造成阴影影响(图8.137,图 8.138)。

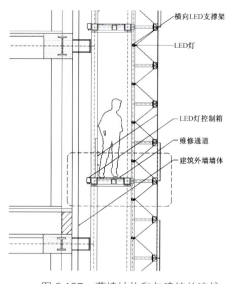

图 8.137 幕墙结构和与建筑的连接
资料来源:Simone·Giostra

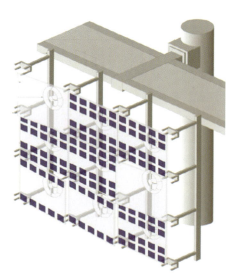

图 8.138 幕墙表面玻璃的安装方式
资料来源:Simone·Giostra

(7)照明系统设计

该多媒体幕墙是一面由 2 292 个彩色(RGB)LED 发光点组成,面积相当于 2 200 m² 的超大动态内容显示屏。超大的屏幕和特有的低分辨率增强了媒体的抽象视觉效果,相较传统媒体的高分辨率屏幕的商业应用提供了一种具有艺术特色的交流形式(图 8.139,图 8.140)。

(8)光伏系统设计过程

光伏系统的设计需要与照明系统以及结构安装和完美结合,在满足视觉效果的同时,尽可能转化多的太阳辐射能量。因此,在光伏系统设计时,首先要满足多媒体屏表现力的基础上,符合结构安装的技术要求:

①设计满足建筑造型要求、随机排布、多种功率密度的光伏组件;②光伏玻璃必须具备特定的透光率以达到适当泛光性要求,具有多媒体的表现屏幕;③无边框的驳接结构,光伏组件必须具备良好的密封性。

为了达到系统的运行稳定,光伏系统的高效转化,采用无储能并网接入方式。逆变器采用对光伏组件所在区域进行分区逆变,最后进行集中并网连接。

(9)光伏组件设计

由于幕墙的视觉效果及多媒体显示的要求,采用无太阳电池、低电池密度、高电池密度的设计,尺寸根据幕墙的玻璃分格和显示点阵进行相应划分为六种规格(图 8.141)。由于幕墙显示系统要求除电池片外,不能存在其他的组件部分对光线造成遮挡,接线盒采用了在电池片背面的设计。为方便组件之间的连接与

第 8 章　可再生能源利用与空气、雨、污水的再利用

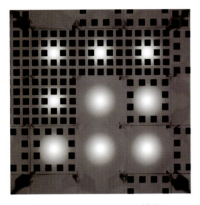

图 8.139　LED 照明模拟
资料来源：ARUP

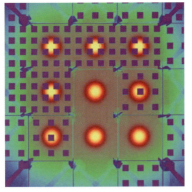

图 8.140　光照强度分布
资料来源：ARUP

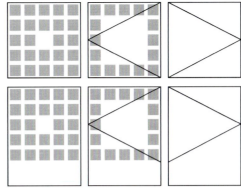

图 8.141　幕墙玻璃的不同样式及尺寸规格
资料来源：SUNTECH

走线，组件的正负极采用分离式双接线盒（图 8.142）。

（10）光伏组件串电路设计

由于光伏组件的分区较多，不同样式的组件分布复杂，首先需要对幕墙进行组件分区，采用多组串式逆变器进行分区逆变。组件所采用的电池一致性较理想，每片组件内部的电池都采用串联方式，在组件连接时可以采用直接的串联。有功率输出的两种组件，建立高电池密度组件功率等于低电池密度组件功率的倍率关系，便于实现在同一系统中的组串电压平衡（图 8.143）。

（11）安装

光伏玻璃种类和规格较多，安装前需要对组件进行详细的编号，根据横向和纵向的位置坐标，确定每一块组件的确切位置。在安装时，需要特别注意对组件安装孔的保护。组件安装采用自上而下的顺序进行，有功率组件采用每隔一行，进行倒置安装，可有利于节省电源线路长度，减少传输中的能量损失。所用电源线全部隐藏在金属桥架内，通过主钢结构，暗敷至直流汇流箱和逆变器的安装位置（图 8.144，图 8.145）。

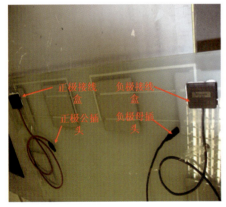

图 8.142　光伏组件的背面设计
资料来源：SUNTECH

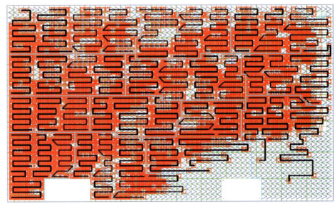

图 8.143　光伏组件串式连接与走线
资料来源：SUNTECH

图 8.144　光伏组件安装现场照片
资料来源：SUNTECH

图 8.145　光伏发电系统的电源接线照片
资料来源：SUNTECH

(12）整个项目的实际运行情况

在项目竣工后，2008年4月正式投入运行，实际工作情况稳定，屏幕显示绚丽，取得了应有的新能源概念宣传和多媒体科技展示效果（图8.146）。

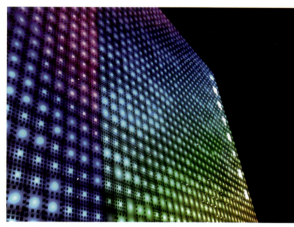

图8.146 净雅多媒体光伏幕墙实景（左：昼，右：夜）

资料来源：SUNTECH

8.3 地源热泵

8.3.1 概述

8.3.1.1 地源热泵技术

地源热泵系统是一种利用浅层地热能，提高热泵工作效率的技术。该技术是建筑工程中利用浅层地能的主要形式。

夏季，通过制冷循环将室内多余热量提取后，释放到地下或地表，给建筑物供冷。冬季，浅层地热能的热量被提取出来，通过热泵提升温度后，给室内供暖。地源热泵的冷热源温度全年相对比较稳定，其供冷、供热系数比传统中央空调高，从而以节约热泵机组的能耗作为一种高效的供热空调冷热源方式，地源热泵系统近几年得到较快的发展。

地源热泵系统主要有四部分组成：浅层地热能换热系统、水源热泵机组（水/水热泵或水/空气热泵）、室内采暖空调系统和控制系统。所谓浅层地热能换热系统是指通过装有水或加入防冻剂的水溶液管路将岩土体或地下水、地表水中的热量采集出来并输送给水源热泵系统。通常有地埋管换热系统、地下水换热系统和地表水换热系统。水源热泵主要有水/水热泵和水/空气热泵两种。室内供暖空调系统主要有风机盘管系统、地板辐射供暖系统、水环热泵空调系统等。

城市污水处理厂的污水，其夏季温度较低，冬季温度较高，十分适合作为热泵的低位热源，已在许多工程中使用，污水源热泵也可以划入广义的地源热泵范畴。

地源热泵技术可应用的地区为：具有丰富的地下水资源、地表水资源或者适合于钻孔布井，并且具有足够布孔面积的土壤资源的地区。地源热泵系统的应用可以全部或部分地替代常规供热空调方式，在有些工程项目中采用地源热泵为主、常规方式调峰的复合式系统，也可以达到较好的节能效果。

8.3.1.2 地源热泵分类

地源热泵供热空调系统利用浅层地热能资源作为热泵的冷热源，按与浅层地热能的换热方式不同分为三类：地埋管换热、地下水换热和地表水换热[①]。三种地源利用方式对应的热泵名称分别叫做：土壤源热

---

① 地源热泵系统工程技术规范. GB50366—2005.

泵、地下水源热泵、地表水源热泵（图8.147）。

1）土壤源热泵

土壤源热泵系统是指利用地下土壤蓄积的热能作为热泵机组的低位热源，通过循环液体（水或以水为主要成分的防冻液）在封闭的地下埋管中流动，实现系统与大地之间的换热。土壤源热泵系统既保持了地下水源热泵利用大地作为冷热源的优点，同时又不需要抽取地下水作为传热的介质，保护了地下水环境不受破坏，是一种可持续发展的建筑节能新技术[①]。

另外，由于土壤源热泵中，地下埋管与土壤的换热主要依靠热传导的换热方式，因此相对于地表水和地下水的水源热泵，其换热效率较低，需要打孔钻井的数量较多，面积也较大，因此初期投资也高。地下埋管装置称之为地埋管换热器，形式包括水平式和垂直式（图8.148）。

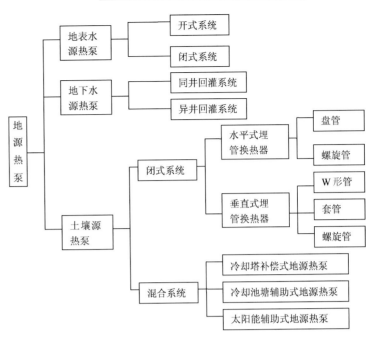

图8.147 地源热泵的组成与分类
资料来源：杨泉琳绘

水平式埋管系统是指利用地表浅层(<10 m)的位置，然后铺入水平换热管等，施工方便。但由于地温变化较大的原因，换热效率较低，占地面积较大。垂直式埋管系统指在地面上竖直方向打深约30~100 m的井，打井深度取决于土质和建筑界面的情况，将换热管竖直埋入地下，实现换热管中的水和土壤的热交换[②]。

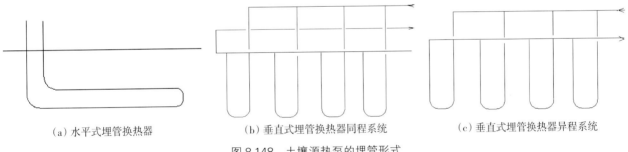

(a) 水平式埋管换热器　　　(b) 垂直式埋管换热器同程系统　　　(c) 垂直式埋管换热器异程系统

图8.148 土壤源热泵的埋管形式
资料来源：杨泉琳绘

2）地表水源热泵

地表水源热泵系统的低位热源指江水、海水、湖泊、河流、城市污水等地表水。在靠近江河湖海等大容量自然水体的地方，适于利用这些自然水体作为热泵的低温热源。这些水体的温度夏季一般低于空气温度，而冬季一般高于空气温度，为提高机组的效率提供了良好条件。

一定的地表水体所能够承担的冷热负荷与水体的流量、面积、水体深度和气温等多种因素有关，需根据具体情况进行计算；在项目决策时，应当对水体资源量进行评估认证。水源热泵的换热对水体可能带来潜在的生态环境影响有时也需要预先加以考虑[③]，以防止对水体产生热污染。

与地表水进行热交换的地源热泵系统，根据传热介质是否与大气相通，分为闭式环路和开式环路系统两种（图8.149）。将封闭的换热盘管按照特定的排列方法放入具有一定深度的地表水体中，传热介质通过换热管管壁与地表水进行热交换的系统称为闭式环路系统。闭式环路系统将地表水与管路内的循环水相隔

①②③ 徐伟. 中国地源热泵发展研究报告. 北京：中国建筑工业出版社，2008.

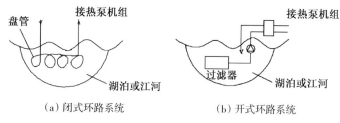

图 8.149 地表水取水形式
资料来源：杨泉琳绘

离，保证了地表水的水质不影响管路系统，防止了管路系统的阻塞，也省掉了额外的地表水处理过程，但换热管外表面有可能会因地表水水质状况产生不同程度的垢结，从而影响换热效率。

地表水在循环泵的驱动下，经水质处理后直接流经水源热泵机组或通过中间换热器进行热交换的系统称为开式环路系统。其中，地表水直接流经水源热泵机组的称为开式直接连接系统；地表水通过中间换热器进行热交换的系统称为开式间接连接系统。开式直接连接系统适用于地表水水质较好的工程，还需要进行除砂、除藻、除悬浮物等必要的处理。

3）地下水源热泵

地下水源热泵系统以地下水作为热泵机组的低温热源，因此，需要有丰富和稳定的地下水资源作为先决条件。地下水源热泵系统的经济性和地下水层的深度有很大的关系。如果地下水位较深，不仅打井的费用增加，而且运行中水泵耗电过高，将大大降低系统的效率。地下水资源是紧缺的、宝贵的资源，对地下水资源的浪费或污染是不允许的，因此，地下水源热泵系统必须采取可靠的回灌措施，确保置换冷量或热量的地下水100％回灌到原来的含水层。

地下水的回灌模式包括同井回灌和异井回灌两种（图8.150）。同井回灌指抽取水与回灌水在同一个井中完成；异井回灌指抽取与回灌过程分别在不同的井中完成。

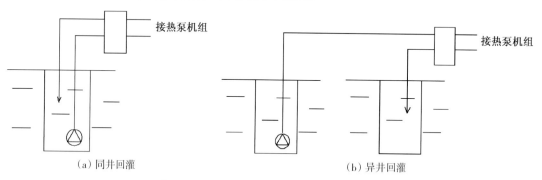

图 8.150 地下水两种回灌模式
资料来源：杨泉琳绘

8.3.2 地源热泵系统特点

8.3.2.1 土壤源热泵

与空气热源泵相比，土壤源热泵系统有以下优点：① 土壤温度全年波动较小且数值相对稳定，热泵机组的季节性能系数具有恒温热源热泵的特性，这种温度特性使地源热泵的主机效率比传统的空调运行效率可能要高 20%~40%左右，具有较好的节能潜力。② 土壤具有良好的蓄能性能，冬、夏从土壤中取出（或放入）的能量分别可以在夏、冬季得到自然补偿，实现热量的"夏储冬用"。③ 地下埋管换热器无需除霜，没有结霜与融霜的能耗损失，节省了空气源热泵的结霜、融霜所消耗的 5%~20%的能耗。④ 地下埋管换热器在地下吸热与放热，减少了空调系统对地面空气与噪声污染。供冷时空调系统的热量不排入大气，缓解了城市热岛效应。⑤ 一机多用，热泵机组既可供暖，亦可制冷，同时还能提供生活热水，一套系统可以发挥原有的供热锅炉、制冷空调机组以及生活热水加热装置的作用。

但从目前国内外对地源热泵的研究及实际使用情况来看，土壤源热泵系统也存在一些缺点，其主要表现在：① 初投资较高。地下埋管换热器的投资约占系统投资的 20%~30%。② 设计技术较为复杂。其设计应根据建筑物的实时负荷，通过地埋管换热计算模型，计算出地埋管全年的进出水温度和土壤全年温度变化，以计算土壤源热泵的节能性和判断土壤热平衡性。地源热泵虽然具有较好的节能潜力，但是如果设计有误，则可能反而增加运行能耗。③ 运行管理技术较为复杂。运行中需要处理好土壤热不平衡问题以及运行中的机组效率保持问题。

8.3.2.2 地表水源热泵特点

地表水源热泵的主要特点为：

（1）地表水的温度变化较大，其变化主要体现在：① 地表水的水温随着全年各个季度的不同时间而变化。② 地表水的水温随着湖泊、池塘的水的不同深度而变化。

水体温度变化范围介于土壤温度和室外大气温度之间。地表水源热泵的效率大致也介于地源热泵和空气源热泵之间。地表水源热泵的一些特点与空气源热泵相似，例如，夏季要求供冷负荷最大时，对应的冷凝温度最高。冬季要求热负荷最大时，对应的蒸发温度最低。许多地区地表水源热泵空调系统也需设置辅助热源(燃气锅炉或燃油锅炉等)。

（2）闭式地表水源热泵系统相对于开式地表水热泵系统，具有如下特点：① 闭式环路内的循环介质（水或添加防冻剂的水溶液）清洁，可以避免系统内的堵塞现象。② 闭式环路系统中的循环水泵只需克服系统的流动阻力。③ 由于闭式环路内的循环介质与地表水之间的换热的要求，循环介质的温度一般要比地表水的温度低 2~7℃，因此将会引起水源热泵的机组的性能降低，即机组的 EER 或 COP 略有下降。

（3）要注意和防止地表水源热泵系统的腐蚀、生长藻类等问题，以避免频繁的清洗而造成系统的运行中断和较高的清洗费用。

地表水源热泵的主要分类为：

1）淡水源热泵系统

以江水、湖水、水库水等地表水体作为低位热源的地表水系统称为淡水源热泵系统。原则上，只要地表水冬季不结冰，均可作为冬季低位热源使用。

与地下水和地埋管系统相比，地表水系统可以节省打井费用。因此在条件适宜的项目中采用地表水系统会有一定的优势。利用地表水作为地源热泵系统的低位热源时，应注意以下几个关键问题：① 应掌握水源温度的长期变化(全年)规律，根据不同的水源条件和温度变化情况，进行详细的水源侧换热计算，采用不同的换热方式和系统配置。② 系统设计时应注意对水质的要求和处理，防止出现换热、管路的腐蚀等问题，同时考虑长期运行时换热效率下降对系统的影响。③ 应注意拟建空调建筑与水源的距离。距离过长，则会使输送能耗过大造成系统整体效率下降。④ 应注意地表水源热泵系统长期运行对河流、湖泊等水源的环境影响。

2）污水源热泵系统

以城市污水作为热泵低位热源的系统称为污水源热泵系统。污水源热泵系统是地源热泵系统的类型之一。城市污水是一种优良的低位热源，它具有以下优点：① 城市污水的夏季温度低于室外温度冬季高于室外空气温度，污水水温的变化较室外空气温度变化小，因而污水源热泵的运行工况比空气热泵的运行工况要稳定。② 城市污水的出水量大、供热规模较大，节能性显著。

污水源热泵系统形式较多，按照是否可以直接从污水中提取冷热能，可以分为直接式和间接式污水源热泵系统；按照其使用污水的处理状态可分为以原生污水源热泵系统和二级出水和中水作为热源/热汇的污水源热泵系统。

3）海水源热泵系统

海洋是一个巨大的可再生能源库，进入海洋中的太阳辐射能除一部分转变为海流的动能外，更多的是以热能的形式存储在海水中，而且海水的热容量又巨大，非常适合作为热源使用。海洋作为一种可再生的冷、热资源，能量取之不尽。我国海岸线较长，一些沿海城市具有很好的利用海水源热泵系统的条件，适合利用海水源热泵为建筑提供冷、热源，以节约能源，减少污染。

海水源热泵系统是水源热泵装置的配置形式之一，即利用海水作为热源或热汇，并通过热泵机组，加热热媒或冷却冷媒，最终为建筑提供热量或冷量的系统。海水中所蕴含的热能是典型的可再生能源，因此，海水源热泵系统也是可再生能源的一种利用方式。

海水作为冷热源的另一种形式是直接利用。工作原理是利用一定深度的海水常年保持低温的特性，夏季把这部分海水取上来在热交换器中与冷冻水回水进行热交换,制备温度足够低的冷冻水供建筑物使用。系统主要由海水取排放系统、热交换器和冷冻水分配管网构成。这种系统仅把海洋当做冷源来使用,可以部分或全部取代传统空调系统中的冷冻机。

海水温度是海水源热泵技术应用成败的关键。利用海水直接供冷要求海水温度在12℃以下。目前国外的热泵技术供热运行时要求海水温度不得低于2℃,而且海水温度越高,热泵机组的制热系数越大,供热效率越高。不同的海水温度在供热系统设计上也存在差异,直接影响到工程投资和运行费用。海水含盐高,具有较强的腐蚀性和较高的硬度。海水源热泵系统的防腐蚀问题也要引起足够的重视。

8.3.2.3 地下水源热泵的特点

近年来,地下水源热泵在我国得到了应用。相对于传统的供暖供冷方式及空气源热泵它具有如下的特点:① 地下水源热泵具有较好的节能性。地下水的温度一般等于当地全年平均气温或高1~2℃左右,冬暖夏凉,可提高机组的供热季节性能系数(HSPF)和能效比(EER)。同时,温度较低的地下水,在夏季的某些时候可以直接用于空气处理设备中,对空气进行冷却除湿处理而节省能量。相对于空气源热泵系统,能够节约15%~40%的能量。② 地下水源热泵具有良好的经济性。其能效比高,所需设备少,初投资低,仅有打井的费用。③ 回灌是地下水源热泵的关键技术。在面临地下水资源严重短缺的今天,如果地下水源热泵不能将100%的井水回灌到原来的含水层,那将带来一系列的生态环境问题:地下水位下降、含水层疏干的地面下沉、河道断流等,会使已经不乐观的地下水源状况雪上加霜。为此地下水源热泵系统必须具备可靠的回灌措施,保证地下水能100%回灌到同一含水层内,否则就不能采用地下水源热泵。

8.3.3 地源热泵应注意的问题

8.3.3.1 土壤源热泵

经过一段时间的发展,工程上已积累了较为丰富的经验。土壤源热泵系统主要是在现场测试、设计方法等方面存在一些问题。

1)现场测试

土壤源热泵系统的现场测试存在的问题是没有相关的国家标准作为测试依据,主要表现在:① 如果按照单位延米换热量进行系统设计,测试过程模拟土壤热泵系统的工况条件没有统一标准。② 在某一特定工况下测试所得的单位延米换热量的数据如何修正,使之与设计工况对应。③ 实测过程中测试仪器的制热及制冷功率、地埋管换热器内的水流速度等参数、测试仪表准确度等没有统一确定。

2)设计方法

当前土壤热泵系统的地埋管换热器的设计主要有两种方法,动态负荷模拟法和单位延米换热量法,其中,动态负荷模拟设计方法,能够较全面的还原土壤热泵系统实际运行的工况,是一种比较精确的设计方法,但是计算过程较为繁琐,不便于设计人员使用;但这可以通过使用模拟计算软件来解决。

另一种是即单位延米换热量法,简便易行,易为设计人员使用,存在的主要问题是没有准确的对单位延米换热量的修正方法,实验时所对应的地埋管的进出水温度和换热量不能换算到设计工况,使得设计状态难以准确控制。同时由于不能获得整个夏季、冬季地埋管换热器的进出水温,无法对所设计的地埋管系统的运行效率做出判断,地源热泵的节能性无法得到保障。

8.3.3.2 地表水源热泵

地表水源热泵推广应用时,主要存在的问题如下[①]:① 地表水水温和水质基础资料缺乏。我国目前建立的地表水水温资料数据库主要是针对热电厂和气候研究所构建的,不能满足江河湖水源热泵系统的设计需要。基础资料的缺乏会影响到整个江河湖水源热泵系统的设计形式和前期的经济性分析的准确性,不能为项目的决策提供准确的依据。② 缺乏地表水热迁移方面的研究。江河湖水源热泵系统在应用过程中会有大量的冷量和热量排入水体中,排入的热量和冷量对特定的水体区域温度场分布产生影响进而可能对热泵系统正常运行和水体的生态环境造成影响。目前这部分内容还没有量化的指标。③ 地表水源热泵的形式和

---

① 徐伟主编. 中国地源热泵发展研究报告. 2008.

规模。地表水源热泵系统供热、供冷面积，在不同使用规模和负荷变化时系统应具有不同的设计形式和机组优化配置，这是直接关系到系统的初投资和运行能耗的重要参数，应当在设计时详细论证。

针对以上问题，在地表水源热泵的推广应用中应开展以下三方面的工作：① 建立针对地表水源热泵系统设计用的地表水体资料数据库。对现有的数据进行整理分类，不足的进行实测。研究参数包括水体的温度、水质等物性参数以及其他评价生态环境的指标。② 开展地表水体扩散迁移问题的研究。对排放一定热（冷）量的热扩散迁移问题进行分析，确定扩散范围及程度，并分析造成这种扩散的主要影响因素，进而指导今后地表水源热泵系统的设计，减少对生态环境的影响。③ 整体系统的设计。水源热泵系统的节能作为一个系统，必须从各个方面进行考虑，主要是如何减少取水工程的能耗，如何控制在冬季低温时的补热量，保障系统整体节能效果。

8.3.3.3 地下水源热泵

目前，地下水源热泵运行中出现的问题主要有三类：回灌阻塞问题、腐蚀与水质问题和井水泵功耗过高的问题。

1) 回灌阻塞问题

地下水属于一种地质资源，若无可靠的回灌，将会引起严重的后果。地下水大量开采引起的地面沉降、地裂缝、地面塌陷等地质问题日渐显著。地面沉降除了对地面的建筑设施产生破坏作用外，对于沿海临海地区还会产生海水倒灌，河床升高等其他环境问题。

对于地下水源热泵系统，若将地下水 100% 回灌到原含水层的话，总体来说地下水的供补是平衡的，局部的地下水位的变化也远小于没有回灌的情况，所以一般不会因抽灌地下水而产生地面沉降。但现在在国内的实际使用过程中，回灌堵塞问题时有发生，不时出现地下水直接从地表排出的情况。

回灌井堵塞和溢出是大多数地下水源热泵系统都会遇到的问题。回灌经验表明：真空回灌时，对于第四纪松散沉积层来说，颗粒细的含水层的回灌量一般为开采量的 1/3~1/2，而颗粒粗的含水层约为 1/2~2/3。回灌井堵塞的原因和处理措施大致有 6 种情况：① 悬浮物堵塞：水中的悬浮物含量过高会堵塞多孔介质的孔隙，从而使井的回灌能力不断减少直到无法回灌，这是回灌井堵塞中最常见的情况。因此，通过预处理控制回灌井中的悬浮物的含量是防止回灌井堵塞的首要方法。在回灌灰岩含水层的情况下，控制悬浮物在 30 mg/L 以内是一个普遍认可的标准。② 微生物的生长：注入水中的或当地的微生物可能在适宜的条件下在回灌井周围迅速繁殖，形成一层生物膜堵塞介质孔隙，从而降低了含水层的导水能力。通过去除水中的有机质或者进行预消毒杀死微生物可以防止生物膜的形成。如果采用氯进行消毒，典型的余氯值为 1~5 mg/L。③ 化学沉淀：当注入水与含水层介质或地下水不相容时，可能会引起某些化学反应，这不仅可以形成化学沉淀堵塞水的回灌，甚至可能因新生成的化学物质而影响水质。在富含碳酸盐地区可以通过加酸来控制水的 pH 值，以防止化学沉淀的生成。④ 气泡阻塞：回灌入井时，在一定的流动情况下，水中可能挟带大量气泡，同时水中的溶解性气体可能由于温度、压力的变化而释放出来。此外，也可能因生化反应而生成气体物质，最典型的如反硝化反应会产生氮气和氮氧化物。气泡的生成在浅水含水层中并不成问题，因为气泡可自行溢出；但在承压含水层中，除防止注入水挟带气泡之外，对其他原因产生的气体应进行特殊处理。⑤ 黏粒膨胀和扩散：这是工程中出现最多的因化学反应产生的堵塞。具体原因是水中的离子和浅水层中黏土颗粒上的阳离子发生交换，这种交换会导致黏粒的膨胀和扩散。由这种原因引起的堵塞，可以通过注入 NaCl 等盐来解决。⑥ 含水层细颗粒重组：当回灌井又兼作抽水井时，反复的抽水和灌水可能引起存在于井壁周围细颗粒介质的重组，这种堵塞一旦形成，则很难处理。因此在这种情况下，回灌井兼作抽水井的频率不宜太高。

2) 腐蚀与水质问题

现在国内地下水源热泵的地下水回路都不是严格意义上的密封系统，回灌过程中的回扬、水回路产生的负压和沉沙池，都会使外界的空气与地下水接触，导致地下水氧化。地下水氧化会产生一系列的水文地质问题，如地质化学变化和地质生物变化。另外，地下水回路材料如不做严格的防腐处理，地下水经过系统后，水质也会受到一定影响。这些问题直接表现为管路系统中的管路、换热器和滤水管的生物结垢和无机物沉淀，造成系统效率的降低和井的堵塞。

腐蚀和生锈也是地下水源热泵遇到的普遍问题之一。地下水对水源热泵机组的有害成分有：铁、锰、钙、镁、二氧化碳、溶解氧和氯离子等。

① 腐蚀性：溶解氧对金属的腐蚀性随金属而异。对钢铁，溶解氧含量大则腐蚀速率增加；铜在淡水中的腐蚀速率较低，但当水的氧和二氧化碳含量高时，铜的腐蚀速率增加。水中游离二氧化碳的变化，主要影响碳酸盐结垢。但在缺氧的条件下，游离的二氧化碳会引起铜和钢的腐蚀。氯离子会加剧系统管道的局部腐蚀。② 结垢：水中以正盐和碱式盐形式存在的钙镁离子易在换热面上析出沉积，形成水垢，严重影响换热效果，即影响地下水源热泵机组的效率。地下水中的 Fe 二价离子以胶体形式存在，Fe 二价离子易在换热面上凝聚沉积，促使碳酸钙析出结晶，加剧水垢的形成，而且 Fe 二价离子遇到氧气发生氧化反应，生成 Fe 三价离子，在碱性的条件下转化为呈絮状物的氢氧化铁沉积而堵塞管道，影响机组的正常运行。③ 浑浊度与含沙量：地下水的浑浊度高会在系统中形成沉积，堵塞管道，影响正常运行。地下水的含砂量高对机组、管道和阀门造成磨损，加快钢材等的腐蚀速度，严重影响机组的使用寿命，而且浑浊度和含砂量高还会造成地下水回灌时含水层的阻塞，影响地下水的回灌，使回水量逐渐降低，影响供水系统的稳定性和使用寿命。为防止管井的堵塞主要采用回扬方法。所谓回扬方法即在回灌井中开泵抽出水中的堵塞物。

3）井水泵功耗过高问题

井水泵的功耗在地下水源热泵系统能耗中占有很大的比重，在不良的设计中，井水泵的功耗可以占总能耗的 25%或更多，使系统的整体性能系数降低，因此有必要对系统的井水泵的选择和控制引起重视。

常用的井水泵控制方法有：设置双限温度的双位控制、变频控制和多井台数控制；推荐采用变频控制。

8.3.4 夏热冬冷地区土壤源热泵空调系统的应用

8.3.4.1 夏热冬冷地区采暖空调负荷特点

夏热冬冷地区最显著的气候特征是四季分明。夏季时间长、气候炎热，最热月平均气温在 28~30℃之间，太阳辐射强度大，湿度大。冬季寒冷，最冷月平均气温在 1~2℃之间。

夏热冬冷地区的采暖空调负荷一般情况下夏季设计冷负荷大于冬季设计热负荷；夏季累计冷负荷大于冬季累计热负荷。若完全依靠地源热泵来供冷，则地埋管和热泵机组的投资较高，也不利于土壤的热平衡。采用辅助冷却复合地源热泵系统，可有效地降低初投资，提高系统的节能效果。

8.3.4.2 夏热冬冷地区系统设计的适宜原则

1）以冬季采暖工况进行地埋管换热器设计

全年的负荷分析表明，夏热冬冷地区建筑物的夏季设计负荷、累计冷负荷均大于冬季设计和累计热负荷，地下埋管换热器夏季排向埋管附近土壤的热量远大于冬季从土壤吸取的热量，要防范夏季过多的热量排入土壤，在运行中维持土壤热平衡是设计阶段和运行阶段都必须考虑的问题。

但如果按照夏季冷负荷来确定地下埋管的长度，为了满足较大的冷负荷的需要，势必要加大地下埋管换热器的配置，增加初投资。由于钻井费用通常很高，会使投资费用大大增加。所以在保证机组效率的同时，减少钻孔长度并且能够满足冷负荷要求是系统配置时应考虑的主导思想。

根据工程经验的总结，这一地区在系统设计时推荐地源热泵与冷却塔联合运行模式。

2）采用地源热泵与冷却塔联合运行模式

地下埋管换热器的长度按照冬季较小的负荷来确定，夏季未能由地埋管承担的排热量由冷却塔来承担。这种系统形式的初投资主要是增加了冷却塔的费用，但是却显著减少了地下埋管的费用。系统总的初投资是减少的。在夏季，热泵运行费用中增加了冷却塔系统水泵和风机的能耗费用，但是由于冷却塔系统有助于地源热泵机组效率的提高，所以热泵压缩机的能耗仍有所降低。

冷却塔排热时的机组效率与当地的气候条件密切相关。夏热冬冷地区室外气候的湿球温度的分布以 25~30℃为主。一般而言，运行过程中能够保持冷却塔出水温度不高于地埋管出水温度，机组的效率不会降低。

从提高运行效率的角度，是采用地埋管运行还是采用冷却热泵系统运行，主要决定于两者之中谁的效率更高。由于冷却塔出水温度由大气的湿球温度决定，一般在初夏、夏末以及夏日的凌晨这些时段湿球温度较低，采用冷却塔运行是有利的。

冷却塔运行的总时间长度与土壤热平衡相关。在实际运行时，应根据建筑负荷的实际状况和土壤温度的变化来做出决策。

8.4 空气冷热资源利用

四季轮回，昼夜交替，室外空气随之具有不同的温度，同时，空气无时无刻无地不存在，取之不尽，用之不竭，因此可以作为建筑冷热资源而利用。夏季，把建筑内多余的热量排向室外空气；冬季，从室外空气中提取热量送往建筑物内；过渡季节，把室外新鲜空气直接送到室内，从而为人们的生产及生活创造一个舒适健康的建筑室内环境。能源和环保是社会实现可持续发展的必备要素，空气作为一种环保的可再生能源，其应用正符合了社会可持续发展的要求。

8.4.1 空气的特性

我们通常所说的室外空气实际上是湿空气，由干空气和一定量的水蒸气混合而成。干空气的成分主要是氮、氧、氩及其他微量气体，多数成分较稳定，少数随季节变化有所波动，但从总体上可看做一个稳定的混合物。水蒸气在湿空气中的含量较少，但会随季节和地区而变化，其变化直接影响到湿空气的物理性质。

8.4.1.1 描述空气的基本物理参数[①]

描述空气的基本物理参数有压力、温度、含湿量、相对湿度和比焓。在压力一定时，其他四个是独立的物理参数，只要知道其中任意两个参数，就能确定空气的状态，从而也可以确定其余两个参数。

湿空气的压力即通常所说的大气压力。湿空气由干空气和水蒸气组成，湿空气的压力应等于干空气的分压力与水蒸气的分压力之和。水蒸气分压力的大小，反映了湿空气中水蒸气含量的多少。水蒸气分压力越大，其含量越多。

温度是表示空气冷热程度的标尺。空气温度的高低对人体的热舒适感和某些生产过程影响较大，因此，温度是衡量空气环境对人和生产是否合适的一个非常重要的参数。

含湿量 d 是指 1 kg 干空气所伴有的水蒸气量。大气压力一定时，空气中的含湿量仅与水蒸气分压力有关，水蒸气分压力越大，含湿量就越大。含湿量可以确切地表示湿空气中实际含有水蒸气量的多少。

相对湿度是指湿空气中的水蒸气分压力与同温度下饱和水蒸气分压力之比，表示湿空气中水蒸气接近饱和含量的程度，亦即湿空气接近饱和的程度。相对湿度的高低对人体的舒适和健康及工业产品的质量都会产生较大的影响，是空气调节中的一个重要参数。

湿空气的比焓是指 1 kg 干空气的比焓与其同时存在的 d kg 水蒸气比焓的总和。湿空气的比焓不是温度的单值函数，而是取决于空气的温度和含湿量两个因素。温度升高，焓值可以增加，也可以减少，或者不变，要视含湿量的变化而定。

8.4.1.2 空气焓湿图及热湿变化基本过程

确定湿空气的状态及其变化过程经常要用到湿空气的焓湿图。湿空气的状态变化基本过程有加热、干式冷却、等焓加湿、等焓减湿、等温加湿及冷却干燥过程。这些状态变化如何实现及在焓湿图上的过程表示(图 8.151)。

1）加热过程（A→B）

利用以热水、蒸汽等作热媒的表面式换热器或电阻丝、电热管等电热设备，通过热表面加热湿空气，空气则会温度升高，焓值增大，而含湿量不变，这一处理过程的 $\varepsilon=+\infty$。

2）干式冷却过程（A→C）

利用以冷水或其他流体作冷媒的表面式冷却器冷却湿空气，当其表面温度高于湿空气的露点温度而又

[①] 韩宝琦. 制冷空调基础知识. 北京：科学出版社，2001.

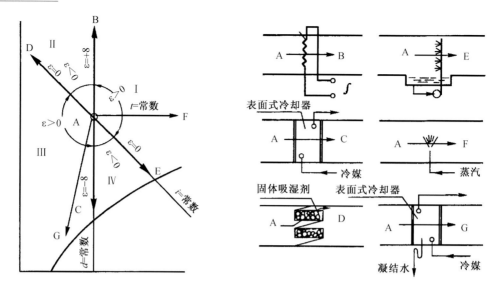

图 8.151 湿空气状态变化基本过程图
资料来源：韩宝琦.制冷空调基础知识.北京：科学出版社，2001.

低于其干球温度时，空气即发生降温、减焓而含湿量不变的干式冷却过程，这一过程的 $\varepsilon=-\infty$。

3）等焓加湿过程（A→E）

利用喷水室对湿空气进行循环喷淋，水滴及其表面饱和空气层的温度将稳定于被处理空气的湿球温度，此时空气经历了降温、含湿量增加而焓值近似不变的过程，因此该过程又称为绝热加湿过程，$\varepsilon=0$。

4）等焓减湿过程（A→D）

利用固体吸湿剂（硅胶、分子筛、氯化钙等）处理空气时，空气中的水蒸气被吸湿剂吸附，含湿量降低，而吸附时放出的凝结热又重新返回到空气中，故吸附前后空气的焓值基本不变，因此，被处理的空气经历的过程是等焓减湿过程，$\varepsilon=0$。

5）等温加湿（A→F）

利用干式蒸气加湿器或电加湿器，将水蒸气直接喷入被处理的空气中，达到对空气加湿的效果。该过程的 ε 值等于水蒸气的焓值，大致与等温线平行，因此该过程被认为可实现等温加湿。

6）冷却干燥（A→G）

利用喷水室或表面式冷却器冷却空气，当水滴或换热表面温度低于被处理空气的露点温度时，空气将出现凝结、降温、焓值降低，该过程即为冷却干燥过程，$\varepsilon>0$。

8.4.2 空气作为冷热源的评价

8.4.2.1 空气作为冷热源的容量及品位评价

容量是指冷热源在确定时间内能够提供的冷量或热量。空气作为冷热源，其容量随着室外环境温度及被冷却介质的不同而不同。在较为不利的室外环境条件下（取蒸发温度为−5℃，冷凝温度为40℃~45℃），被冷却（加热）介质是空气时，单位时间内，消耗 1 kW 的电能，空气可以提供 5~6 kW 左右的冷热量；被冷却（加热）介质是水时，单位时间内，消耗 1 kW 的电能，空气可以提供 6~7 kW 左右的冷热量（取蒸发温度为 5℃，冷凝温度为40℃~45℃）。因此，空气作为冷热源，其容量较大。

品位是指冷热源的可利用程度，品位越高，利用越容易。以建筑物室内空间舒适温度为基准温度，热源温度与基准温度之差为热源品位，基准温度与冷源温度之差为冷源品位，可用下式表示空气品位：

$$\Delta t_h = t_h - t_{hn} = t_h - 18$$
$$\Delta t_c = t_{cn} - t_c = 26 - t_c$$

式中：Δt_h、Δt_c 分别为空气作为热源、冷源的品位（℃）；t_h、t_c 分别表示空气作为热源、冷源的温度（℃）；t_{hn}、t_{cn} 分别表示建筑物室内空间的冬、夏季舒适温度，根据《采暖通风与空气调节设计规范》（GB 50019—2003）取 $t_{hn}=18℃$，$t_{cn}=26℃$。

由上式可知，冬季需要供热的地区，室外空气的温度都是低于18℃的，因此，作为热源，空气是负品位，必须利用品位提升设备(空气源热泵)才能应用。作为冷源，空气的品位随季节不同而不同，过渡季节为零品位或者正品位，可以通过通风技术直接应用；夏季为负品位，需要通过品位提升技术如空气源空调才能应用。

8.4.2.2 空气作为冷热源的可靠性及稳定性评价

可靠性是指冷热源存在的时间，可以分为3类：Ⅰ类任何时间都存在；Ⅱ类在确定的时间存在；Ⅲ类存在的时间不确定。空气、阳光和水是人类生存的基本自然条件，只要人类存在，空气就会存在。因此，空气作为冷热源的可靠性属于Ⅰ类，可靠性极高。

稳定性是指冷热源的容量和品位随时间的变化，可以分为2类：Ⅰ类不随使用时间变化，保持定值；Ⅱ类随使用时间变化。空气作为冷热源的容量不随使用时间而变化，但是品位会随使用时间而变化，且大部分使用时间是负品位，因此，空气作为冷热源的稳定性属于Ⅱ类，较好。

8.4.2.3 空气作为冷热源的持续性与可再生性及易获得性评价

持续性是指在建筑全寿命周期内，冷热源的容量和品位是否持续满足要求，可以分为2类：Ⅰ类建筑全寿命周期可满足要求；Ⅱ类不能保证全寿命周期满足要求。空气作为冷热源，其容量和品位在建筑全寿命周期均可满足要求，因此，持续性好。

可再生性是指冷热源的容量和品位衰竭后，自我恢复的能力。空气无时无刻无地不存在，且具有流动性，因此，空气作为冷热源的可再生性好。

易获得性是指从冷热源向建筑空间提供冷热量的技术难易程度、设备要求、输送距离等。利用空气作为冷热源，空气即取自建筑物外空气环境，输送距离短，其利用技术有通风技术和空气源空调技术，应用设备有通风机及空气源热泵。通风技术主要有自然通风和机械通风，其中机械通风技术较为成熟；自然通风应用历史悠久，在简单的单体建筑中较易应用，而对于复杂的现代建筑或建筑群，尚不能有效地应用。空气源空调技术在气候条件适宜的地区较为成熟，系统简单，年运行时间长。目前研究的热点是进一步提高设备的性能及与建筑的协调性；而在气候条件不适宜的地区，技术尚不完善，尤其是低温运行技术及除霜技术还在研究之中，系统能效比较低。

8.4.2.4 空气作为冷热源的环境友好性评价

环境友好性是指冷热源对环境的影响程度。空气作为建筑冷热源，对室外环境影响主要表现为空气源设备运行时产生的噪声问题及夏季的冷凝热排放问题。噪声问题随着设备技术水平的提高及安装的规范化，基本可以解决。众多文献表明，夏季空气源空调冷凝热的排放是造成城市热岛效应的其中一个原因，但冷凝热究竟对城市热岛效应有多大影响？目前国内外没有这方面的实测研究。但文献①通过建立城市箱体模型计算了城市住宅空调器的使用引起的室外空气温度上升值，并根据武汉市的数据计算得出住宅空调器的使用(开启24 h)会导致武汉市空气温度上升0.2~2.56℃。同时，其研究结果表明室外空气温度上升的程度取决于开启空调温度、空调同时使用系数及城市主导风向的平均风速，其中主导风向的均风速又是主要影响因素(图8.152)。但该模型没有考虑地面及建筑物的蓄热及放热作用，有其局限性。因此，空气源空调夏季排放的冷凝热是否会对城市热岛效应有贡献，还值得商榷。但是，空调冷凝热排放会引起空调机组附近的室外空气温度升高，如果该机组附近(上层及左右)也有空调机组运行，则会相互干扰，影响各自的运行效率。对于高密度建筑群及安装分体式空调器的高层建

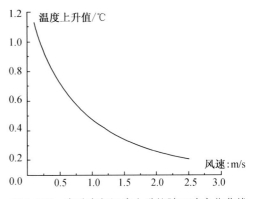

图8.152 室外空气温度上升值随风速变化曲线
资料来源：Yuangao Wen, Zhiwei Lian. Influence of air conditioners utilization on urban thermal environment. Applied Thermal Engineering, 2008.

---

① Yuangao Wen, Zhiwei Lian. Influence of air conditioners utilization on urban thermal environment. Applied Thermal Engineering, 2008.

筑,这种现象尤为显著。要想从根本上解决空气源空调冷凝热对室外环境的不利影响,最有效的办法是对冷凝热进行回收利用,尽量减少其向环境中的排放量。

总的来说,空气作为建筑冷热源,对室外环境不会产生除热以外的其他污染,其噪声水平也可以进行有效地控制,因此,其环境友好性良好。

8.4.3 空气作为冷热源的关键技术问题及配套的技术措施

8.4.3.1 关键技术问题之一及技术措施——空气品位问题:通风技术和热泵技术

空气作为建筑冷热源的品位随季节不同而不同。过渡季节,空气是正品位或者零品位冷源,可以直接利用;供暖季节及供冷季节,空气是负品位冷热源,需要品位提升技术才能应用。当空气是正品位或零品位冷源时,利用空气的关键技术就是自然通风技术。自然通风不但节能,而且还可以改善室内热环境,提高室内空气品质,是一种具有极大潜力的通风方式,利用的关键问题是如何在各种建筑中有效组织自然通风。对于简单结构形式的建筑空间,尤其单个房间建筑,其自然通风设计已相对成熟和可靠[1],但对多空间复杂结构的建筑及高密度的建筑群,自然通风理论研究还未成熟,因此,其系统设计还处于概念设计阶段[2]。自然通风受室外宏观与微观气候、建筑内外布局与结构及建筑内部热源分布的影响较大,因此,其设计是将气候、环境与建筑融为一体的整体设计。

自然通风设计思路可以参考以下步骤进行:① 考察宏观气候即地区气候自然通风的潜力;② 考察微观气候即建筑所在区域气候自然通风的潜力;③ 考虑建筑布局、建筑朝向、建筑间距、建筑内部空间构造、建筑开口面积与位置等建筑条件,与建筑设计师共同确定建筑方案与自然通风方案;④ 自然通风设备选取及控制系统设计。

当空气是负品位冷热源时,利用空气的关键技术是空气源热泵技术。空气源热泵技术是冬季从室外空气中提取热量,提升温度后,为建筑物解决供暖和生活热水的热量供应;夏季从室外空气中提取冷量,降低温度后,为建筑物实现空间供冷需求。在我国目前的煤电效率下,采用空气源热泵技术,只要其能效比大于3,就应是比较节省一次能源的供冷供热技术,与其他供暖方式能源利用系数见表8.8。如果是水力发电,其效率是煤电的3倍,能源利用效率更高。

表8.8 各种供暖方式能量利用系数 E 值比较

序 号	供暖热源	简 图	E 值
1	电采暖	燃料产生的能量100% → 电厂 → 发电33% → 房间;损失67%	0.33
2	锅炉采暖	燃料产生的能量100% → 锅炉 → 70% → 房间;30%	0.70
3	电动热泵	燃料产生的能量100% → 电厂 → 发电33% → 热泵 → 房间;损失67%;COP=3	0.90

但这只是从一次能源利用的角度,考虑到空气源热泵设备这一步,而没有考虑空气源热泵的系统效率。对于房间空调器来说,系统效率几乎等于设备效率,就目前标准及产品来看,发达国家房间空调器的

---

[1] 江亿.住宅节能.北京:中国建筑工业出版社,2006.
[2] 段双平,张国强,彭建国,等.自然通风技术研究进展.暖通空调,2004(3).

平均额定能效比几乎都在 4.0 以上，国内产品的额定能效比为 2.4~3.4。我国于 2009 年实行新的能效限定值，整体式房间空调器为 2.9，分体式为 3.0。对于单元式空气源热泵来说，目前其额定能效比为 2.5~3.3，集中式空气源热泵活塞式为 2.8~3.1，螺杆式为 3.0~3.3。单元式及集中式空气源热泵，机组效率并不等于系统效率，系统效率还涉及系统的设计、安装、运行负荷及维护等方面，只有在负荷较大甚至接近满负荷时系统运行能效比才较高（图 8.153）。某单元式及集中式空气源热泵系统运行能效比变化见表 8.9[①]。

8.4.3.2 关键技术问题之二及技术措施——供冷供热能力与建筑需求规律相反：蓄能及辅助冷热源

空气作为建筑冷热源间接应用时，其关键问题之二就是冷热源的供冷供热能力与建筑需求规律恰好相反：夏季，随着室外空气温度的升高，建筑物所需冷量逐渐增加，室外空气温度越高，建筑物所需冷量越大，而此时室外空气所蕴含的冷量越低，形成了强烈的供求矛盾；冬季同理。解决这一问题的技术主要有蓄能技术、辅助冷热源技术及提高空气源热泵低温适应性技术。

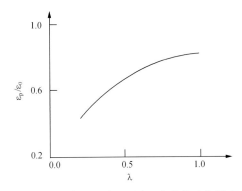

图 8.153 集中式空气源热泵系统运行能效比与设备能效比之比随工作时间变化曲线

注：ε_p 为系统运行能效比，ε_0 为机组能效比，λ 为机组工作时间百分比
资料来源：龚延风. 住宅空调模式的选择研究. 流体机械，2003（11）.

表 8.9 单元式空气源热泵部分负荷时系统运行能效比的变化

系统能效比	系统负荷率（%）				
室外温度（℃）	0.66	0.5	0.4	0.3	0.2
35	2.66	2.62	2.58	2.50	2.40
29	2.93	2.88	2.83	2.76	2.60
25	3.15	3.09	3.04	2.95	2.78

蓄能技术[②]就是利用蓄能设备在空调系统不需要能量或用能量小的时间内将能量储存起来，在空调系统需求量大的时间将这部分能量释放出来。根据使用对象和储存温度的高低，可以分为蓄冷和蓄热。以冰蓄冷系统为例，在夜间用电低谷期，采用电制冷机制冷，将制得冷量以冰（或其他相变材料）的形式储存起来，在白天空调负荷（电价）高峰期将冰融化释放冷量，用以部分或全部满足供冷需求。蓄能技术应用的前提条件是电力系统的分时电价政策，峰谷差价越大，蓄能系统投资回收越快。

蓄能技术有以下特点：

（1）巨大的社会效益。蓄能技术能够移峰填谷，平衡电网峰谷差，因此可以减少新建电厂投资，提高现有发电设备和输变电设备的使用率；减少能源使用（特别是对于火力发电）引起的环境污染，充分利用有限的不可再生资源，有利于生态平衡，同时，提高了电网的运行安全性。

（2）明显的用户效益。第一，利用分时电价政策，可以大幅节省运行费用。即在电价高时少用或不用电，把蓄存的能量释放出来使用，而在电价低时多用电，把制得的冷或热量储存起来。一般情况下，峰谷时段的电价比可达 3:1 或 4:1，因此每年节省的运行电费是相当可观的。第二，可以减少空调主机装机容量和功率达 30%~50%，相应的，附属设备装机容量和功率均可相应减小。由于在空调负荷高峰时，可以依靠放能设备来供冷供热，因此主机的装机容量可以减少，而不必像常规空调系统那样按高峰负荷配置设备。相应的，设备满负荷运行比例增大，可充分提高设备利用率，而且设备运行效率也较高。第三，减少一次电力初投资费用。由于系统设备装机功率下降，电贴费、变压器和高低压配电柜等费用均可减少。另外，由于电力系统的优惠政策，蓄能系统可以争取到电贴费减免的额外优惠。另外，蓄冷系统可作为应急冷源，停电时可利用自备电力启动水泵融冰供冷；蓄热系统减少了粉尘烟尘的污染，减少或免除了消防措施等。因此，蓄能系统在运行管理上具有更大的灵活性和更广的适应性。

（3）蓄能技术的缺点。第一，设备初投资要增加。除要增加蓄能设备外，还必须占用一定的空间以设

---

① 龚延风. 住宅空调模式的选择研究. 流体机械，2003（11）.

② 热泵蓄能网.

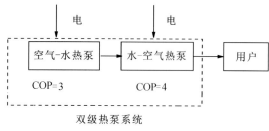

图 8.154 双级热泵系统的能流图
资料来源：马最良，杨自强，姚杨，等.空气源热泵冷热水机组在寒冷地区应用的分析.暖通空调，2001(3).

置蓄能设备。第二，系统运行时间大大延长，夜间要运行，增加了系统管理上的难度。

采用辅助冷热源是另一种解决技术。辅助冷热源有加热器（电加热器、直燃式加热器）、小型锅炉及水源热泵。研究表明，用电加热器作为空气源热泵辅助热源，也远比整个冬季全部直接采用电采暖效率高，北京地区可节省一半的电耗。空气源热泵与水源热泵联合运行在文献[1]中有研究，利用空气源热泵冷热水机组提供10~20℃的水作为水源热泵的低位热源，由水源热泵向室内供暖，从而组成双级热泵系(图8.154)。其中，水源热泵可以是水—水、水—空气及水环热泵。经计算，在我国北方的大部分城市，冬季，空气源热泵冷热水机组可以正常运行提供10~20℃的水给水源热泵，而自身压缩比不超过8。同时，空气源热泵的供热性能系数平均为3，水—空气源热泵供热性能系数平均为4，若不考虑其他损失，由空气源热泵冷热水机组与水—空气水源热泵机组组成的双级热泵系统的供热性能系数达到了2.0。

提高空气源热泵的低温适应性能也是解决此问题的技术之一。空气源热泵在寒冷地区的低温环境中应用时，随着室外空气温度的降低，不但制热量迅速下降不能满足建筑物采暖需要，而且还会出现压缩机压比越来越大，排气温度不断升高，润滑油黏度急剧降低，机组频繁启停，无法正常工作的不适应状况，因此，只有通过改进空气源热泵系统，提高对室外低温空气的适应性，才能解决空气作为热源的供热与建筑需热的矛盾。目前，解决这一问题的技术措施主要有：通过双级压缩（包括准二级压缩）、复叠循环来降低压缩比；采用变频压缩机在制热时加大制冷剂的循环量；用电加热气液分离器及它到压缩机之间的吸气管路，提高蒸发温度和蒸发压力[2]；双级压缩变频空气源热泵技术[3]等。

8.4.3.3 关键技术问题之三及技术措施——冬季在一定气象条件下热泵易结霜：开发智能高效的除霜技术

空气作为建筑冷热源间接应用时的关键问题之三就是空气源热泵冬季在一定气象条件下应用时易结霜。冬季，当空气源热泵室外换热器盘管表面温度低于0℃时，盘管表面会结霜。结霜后，随着盘管表面霜层的增厚，空气流通面积会减小，造成空气流动阻力增大，从而使风机流量减小；同时，霜层增厚加大了盘管表面和空气的换热热阻，恶化了传热效果，导致蒸发器表面温度和蒸发温度下降[4]，严重时热泵不能正常工作。因此，研究热泵结霜的气象条件以及除霜技术措施意义明显。

冬季，室外空气干球温度和相对湿度共同作用决定空气源热泵的运行工况。日本学者对不同空气源热泵机组进行试验，拟合出空气源热泵结霜的室外气象参数范围：$-12.8℃ \leq tw \leq 5.8℃$，$\varphi \geq 67\%$[5]（图8.155）；我国一些学者理论及实验研究表明，室外温度大于等于-3℃，相对湿度大于等于60%，蒸发器会结霜[6]；在室外相对湿度≥65%时，外温在0~3℃时结霜最严重[7]。

此外，空气源热泵能效比随霜层厚度增加呈上凸曲线变化（图8.156），而霜层厚度随室外空气温度变化呈开

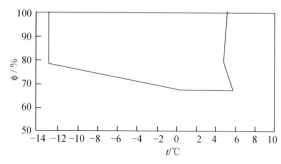

图 8.155 日本学者拟合的空气源热泵结霜的室外空气参数范围
资料来源：韩慧秋，董威.空气源热泵机组除霜问题分析.长春工程学院学报（自然科学版），2003(1).

---

① 马最良,杨自强,姚杨,等. 空气源热泵冷热水机组在寒冷地区应用的分析. 暖通空调, 2001(3)
② 饶荣水,谷波,周泽,等. 寒冷地区用空气源热泵技术进展. 建筑热能通风空调, 2005(4).
③ 田长青,石文星,王森. 用于寒冷地区双级压缩变频空气源热泵的研究. 太阳能学报, 2004(3).
④ 郭宪民,陈轶光,汪伟华,等. 室外环境参数对空气源热泵翅片管蒸发器动态结霜特性的影响. 制冷学报, 2006(6).
⑤ 韩慧秋,董威. 空气源热泵机组除霜问题分析. 长春工程学院学报(自然科学版), 2003(1).
⑥ 张哲,田津津. 空气源热泵蒸发器结霜及换热性能的研究. 流体机械, 2007(9).
⑦ 吴清前,龙惟定,王长庆,等. 风冷热泵冬季运行模拟与理论计算. 能源技术, 2001(5).

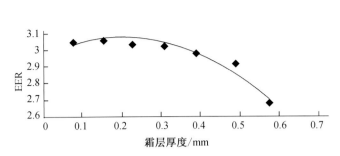

图 8.156　空气源热泵能效比随霜层厚度的变化曲线
资料来源：吴清前，龙惟定，王长庆，等. 风冷热泵冬季运行模拟与理论计算. 能源技术，2001(5).

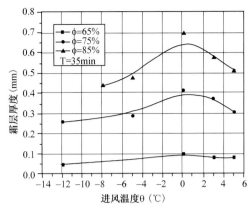

图 8.157　霜层厚度随进风温度及相对湿度的变化曲线
资料来源：郭宪民，陈轶光，汪伟华，等. 室外环境参数对空气源热泵翅片管蒸发器动态结霜特性的影响. 制冷学报，2006(6).

口向下的上凸曲线变化[1]，如图 8.157 所示。空气源热泵只有在能效比大于 3 时才能算是节能运行。综上所述，可以得出空气源热泵冬季运行时结霜的气象条件：Ⅰ区——不结霜区：相对湿度>65%，外温>5℃及外温<-12.8℃，空气源热泵不结霜；Ⅱ区——结霜可以忽略区：外温-12.8℃<t<5℃，相对湿度≤65%，空气源热泵可能结霜，但可以忽略结霜对空气源热泵性能的影响；Ⅲ区——结霜区：相对湿度>65%，外温在-12.8℃<t<5℃，空气源热泵会结霜；Ⅳ区——严重结霜区：外温在-5℃<t<5℃，相对湿度>75%，空气源热泵结霜较为严重，能效比低于 3；尤其是外温在 0℃，相对湿度>80%时，结霜最严重。

了解了空气源热泵结霜的气象条件后，该探讨空气源热泵的除霜技术措施了。目前空气源热泵的除霜方法主要有以下几种：

（1）逆循环除霜——即四通阀换向除霜，正常运行时，机组处于制热模式；除霜时，通过四通阀转换制冷剂流向，机组处于制冷模式，除去室外换热器表面的霜层。这种除霜方法是目前使用最普遍的除霜方法，除霜彻底；但这种方法也存在着无法克服的缺点：影响室内舒适性，除霜时室温会降低 5~6℃；制热模式和除霜模式切换时，系统压力波动剧烈而产生的机械冲击比较大；恢复制热后室内换热器存在热惯性，一段时间内吹不出热风；四通阀换向会产生较大的气流噪声等。

（2）热气旁通除霜——在制冷系统中加设旁通除霜电磁阀，系统正常运行时，旁通电磁阀关闭；除霜时，旁通电磁阀开启，压缩机的高温排气经过旁通回路直接进入室外换热器，通过排气热量把霜层融化。这种除霜方法所需的热量只来自压缩机的输入功率，因此避免了逆循环除霜的缺点，但当霜层太厚时，融霜时间较长，排气过热度和排气温度会过低，从而危及压缩机的安全运行[2]。不过，这种除霜方法用于房间空调器及小型空气源热泵效果还是可以的[3]。

（3）热气旁通显热除霜——与热气旁通除霜不同的是，显热除霜时，压缩机的高温排气通过旁通回路进入电子膨胀阀，经过等焓节流后进入室外换热器，在室外换热器中只进行显热交换而不进行冷凝[4]。这种除霜方法同样避免了逆向循环除霜的缺点，同时改进了热气旁通除霜时气液分离器积聚液体过多的问题，但这种方法目前还没有应用于工程上。

除了上述三种除霜方法外，还有处于研究中的蓄热除霜及变频空调快速除霜。蓄热除霜是指系统中采用了蓄热式的压缩机，以提高机组的综合性能，降低除霜能耗。变频空调除霜是指变频空调系统中采用了速开型电子膨胀阀，除霜时，电子膨胀阀迅速全开，基本无节流作用，相当于电磁阀的功能，系统还处于制热运行模式，部分热量用于除霜，部分热量供给室内。

---

[1]　郭宪民，陈轶光，汪伟华，等. 室外环境参数对空气源热泵翅片管蒸发器动态结霜特性的影响. 制冷学报，2006(6).
[2]　黄东，袁秀玲. 风冷热泵冷热水机组热气旁通除霜与逆循环除霜性能对比. 西安交通大学学报，2006(5).
[3]　石文星，李先庭，邵双全. 房间空调器热气旁通法除霜分析及实验研究. 制冷学报，2000(2).
[4]　梁彩华，张小松，巢龙兆，等. 显热除霜方式与逆向除霜方式的对比试验研究. 制冷学报，2005(4).

此外，通过改变室外换热器表面的性质来抑制结霜也是除霜技术措施的一种。普通室外换热器的表面是亲水性的高能表面，室外温度降低时，冷空气在表面易形成水膜，进而形成致密的霜层。而在换热器的表面涂以疏水性的材料如车蜡、硅脂、硅油等使其变成疏水性表面后，则可以推迟结霜，而且结霜稀疏，容易除去。

8.4.3.4 关键技术问题之四及技术措施——设备在室外造成噪声：提高产品的噪声控制水平及安装水平

空气作为建筑冷热源间接应用时的关键问题之四就是，空气源设备在运行时，无论室内机还是室外机都会给环境带来噪声影响。噪声来源主要三部分：一是风机运转产生的机械振动和气动噪声；二是压缩机运行产生的振动及通过振动传递到结构产生的结构噪声；三是机壳振动及其带来的结构噪声[①]。其中，室外机的噪声影响大于室内机，因此，空气源空调的噪声控制及治理主要集中在室外机，而在室外机的噪声中，由轴流风机产生的空气动力噪声比重较高。

空气源空调的产品噪声由两个标准评价：(1)《家用和类似用途电器噪声限值》(GB 19606—2004)——规定了家用空调器的噪声限值，见表8.10。(2)《蒸气压缩循环冷水(热泵)机组户用和类似用途的冷水(热泵)机组》(GB/T 18430.2—2001)——规定了制冷量不大于50 kW的空气源冷水(热泵)机组的噪声限值，见表8.11。制冷量大于50 kW的空气源冷水(热泵)机组的噪声限值没有规定。

建筑内外的环境允许噪声评价标准由《民用建筑隔声设计规范》(GBJ 118—1988)和《工业企业厂界噪声标准》(GB 12348—1990)确定，分别见表8.12、表8.13。

表8.10 家用空调器噪声限值(声压级)dB(A)

额定制冷量(kW)	室内机		室外机	
	整体式	分体式	整体式	分体式
<2.5	52	40	57	52
2.5~4.5	55	45	60	55
>4.5~7.1	60	52	65	60
>7.1~14	—	55	—	65
>14~28	—	63	—	68

表8.11 制冷量不大于50 kW的空气源冷水(热泵)机组的噪声限值(声压级)dB(A)

名义制冷量(kW)	空气源冷水(热泵)机组的噪声限值(声压级)dB(A)
≤8	65
>8~16	67
>16~31.5	69
>31.5~50	71

表8.12 民用建筑房间的噪声限值

建筑类别		噪声限值 dB(A)
住宅	卧室、书房	40~50
	起居室	45~50
学校	有特殊要求的房间	≤40
	一般教室	≤50
	无特殊要求的房间	≤55
医院	病房、医护人员休息室	40~50
	门诊室	55~60
	手术室	45~50
	听力测试室	25~30
旅馆	客房	35~55
	会议室、多功能厅	40~50
	办公室	45~55
	餐厅、宴会厅	50~60

[①] 徐京辉,庄表中,张杏华.分体空调器室外机减振降噪技术研究.环境技术,1992(5).

表8.13 工业企业厂界噪声标准(GB 12348—1990)

类 别	适用范围	等效声级 dB(A)	
		昼 间	夜 间
Ⅰ	居住、文教机关为主的区域	55	45
Ⅱ	居住、商业、工业混杂区及商业中心区	60	50
Ⅲ	工业区	65	55
Ⅳ	交通干线道路两侧区域	70	55

注:标准同时规定夜间频繁突发的噪声(如排气噪声)其峰值不准超过标准值10 dB(A)

空气源空调的噪声可以从两方面控制:一是提高设备本身的噪声控制水平,二是提高设备的安装水平。

对于房间空调器,目前国内大部分家用分体式空调器产品室内机的噪声水平较低,基本可以满足民用建筑一般房间的要求。同时,针对特殊房间的要求,例如卧室,舒适的睡眠环境则需要25 dB(A)以下的听觉感受,因此国内部分生产厂家开发出卧室专用的睡眠空调,其噪声水平见表8.14。房间空调器的安装可依据《房间空气调节器安装规范》(GB 17790—1999)来执行。

表8.14 几种分体式睡眠空调室内机噪声水平(声压级)dB(A)

生产厂家	空调器名称或系列	室内机运行最低噪声水平(dB)	备 注
格兰仕	"光波美梦宝"系列	22	2008年出品
格 力	睡梦宝	23	2008年出品
美 的	梦静星	22	2008年(定频)
奥克斯	舒睡系列	24	

对于大型空气源空调,噪声实测一般为73~85 dB(A),有的超过90 dB(A)。噪声有以下特点:① 噪声特性均为连续频谱。噪声频谱变化比较平缓,低中频噪声较高,高频噪声变化较快[①]。② 噪声辐射面积大。噪声是开放性的,主要从热泵的两侧和顶部向外辐射,辐射面积和影响范围大,衰减慢。有研究表明,在热泵两侧3 m范围内噪声基本上无衰减,在热泵长度以内距离衰减率为3 dB[②]。

噪声控制有以下途径:(1)降低压缩机和轴流排风机的噪声,这是降噪的积极措施,由制造商改进和提高生产水平来实现。(2)优先选用噪声低、振动小的机组,以不需要采取降噪减震措施或仅采取简单处理措施为前提。(3)安装注意事项:① 机组空间距离及间距——机组尽可能安装在主楼屋面上,其噪声对主楼本身及周围环境影响小;如需安装在裙房屋面上,应与周围可能受影响的建筑物保持一定距离,建议计算公式为

$$r = r_0 \times 10^{(L_0 - L + 3)/20}$$

式中:r 为机组与建筑物需保持的距离(m);L_0 为机组进风噪声测点或排风噪声测点的A声级噪声,(dB),按产品样本数据或实测数据选取;L 为环境所允许的A声级噪声标准(dB),由国家相关标准或规范选取;r_0 为 L_0 测点离机组的距离(m)。实际空间距离若大于计算距离 r,则可满足环境允许噪声标准;否则,就必须采取降噪措施。同时,机组之间必须保证一定的间距,既要方便维修,又要使进、排风不产生短路,而且还要防止进风间的相互干扰,影响机组出力。根据计算,当进风侧水平间距接近机组高度时,便可使机组之间进风相互干扰减小[③]。② 机组上部不应有任何遮挡物,保证排风通畅。③ 防止固体噪声传播——机组和水泵的底座及进出水管处,需要安装减振装置,同时,水系统的主干管,需要安装减振吊架或支架,防止机组和水泵的振动通过楼板或水管等固体传到生活环境中。④ 噪声治理措施。一旦机组安装运行后对周围环境造成噪声影响,则必须进行降噪治理,根据具体情况,可参考以下措施:① 对机

---

① 计育根,夏源龙,胡仰耆. 常用风冷式热泵机组和冷水机组的噪声测量和分析. 暖通空调,1999(3).
② 王庭佛. 多台热泵机组的噪声治理. 暖通空调,2000(6).
③ 计育根,夏源龙,胡仰耆. 常用风冷式热泵机组和冷水机组的噪声测量和分析. 暖通空调,1999(3).

组进行隔声处理——压缩机设置在隔声罩内；降低排风机的转速；或者将机组封闭在隔声装置内。② 对机组进、排风处加设消声装置。

8.4.3.5 关键技术问题之五及技术措施——**系统协调性：设备能效高，不等于系统能效高**

空气作为建筑冷热源间接应用时的关键问题之五就是空气源空调系统的协调性。系统协调性是指空气源设备与空调系统、建筑内部、建筑外观能否配合得当，和谐一致。空调工程中，空调系统由冷热源设备、输配系统及末端设备构成，其中设备能效比固然重要，但系统能效比才是衡量设备与系统是否协调的标准，才是判定一个空调工程是否节能最重要的指标。系统能效比包括系统设计能效比和系统综合部分负荷能效比。系统设计能效比定义为系统设计总冷（热）负荷与系统中所有耗能设备的设计总耗电功率的比值，系统中所有耗能设备包括冷热源主机、输配水泵（冷冻、热水泵及冷却水泵）及所有末端设备。系统综合部分负荷能效比定义为系统运行工况的冷（热）负荷与系统中所有耗能设备的运行总耗电功率的比值，它与系统的气象条件、运行模式及调节特性有关，目前还没有这方面的标准规定其计算公式，本书前面已给出相关文献的实验研究结果。在系统设计能效比中，冷热源的设计能效比对系统设计能效比的影响最大[①]，因此，详细进行设计负荷计算、选用能效比高的冷热源主机并合理匹配主机容量，是提高空调系统设计能效比的关键。文献[②③]对采用空气源设备作为空调系统冷热源的大量工程进行统计分析，给出了空气源空调系统设计能效比，见表 8.15。

表 8.15　空气源空调系统设计能效比

冷热源设备类型	系统设计能效比		服务对象	样本来源地点
	夏 季	冬 季		
空气源热泵冷热水机组	1.79~2.48	—	商场类建筑	重庆市
	1.8~3.6	1.2~3.4	办公类建筑	重庆市
多联机	1.9~3.3	0.7~2.1	办公类建筑	重庆市
	2.54~2.69	采用其他热源	办公类建筑	北京市

空气源空调与建筑内部及建筑外观的协调性是指空气源空调室内、室外设备能够正常高效运行，建筑内部及建筑外观不需要花费任何费用或者只需花费较少费用来装饰空气源设备，空调与建筑达到技术与艺术、功能与美观的完美结合。影响建筑内部美观性的空气源设备有室内机、明装的风机盘管、送风机、排风机及各种风口和管道等。影响建筑外观的空气源设备有空调室外机、空气源热泵冷热水机组、屋顶空调机、外墙排风机、新风口、排风口及各种室外管道等。提高空气源空调与建筑内部及建筑外观协调性的途径有：

（1）提高明装设备的美观性。空调室内机近年来外观美化和创新的速度较快，从形式上来说，已从单一的壁挂式发展为壁挂式、柜式、天花板嵌入式、座吊两用式、落地窗台式、风管式等，其共同特点是追求超薄、高效、气流分布均匀；从外观上来说，以往单调、呆板的白色面板逐步被五彩斑斓的彩色面板所代替，尤其是房间空调器的室内机，用户无需再花费任何费用进行装饰，与室内装修极易协调，实现空调功能的同时彰显了生活的品位。与室内机较快的发展速度相比，空调室外机较为落后，多年来在外观上基本没有多少变化，因此，开发美观大方、小巧玲珑、价格低廉的室外机在人民生活水平不断提高、不断追求建筑美观性的今天显得格外重要。

（2）考虑与建筑风格的协调性。对于普通建筑，应尽可能把空调室外机布置在次要立面或屋顶上，且排列整齐有序，避免立面杂乱无章；尽可能统一外立面上风口的尺寸和形状，必要时可进行适当的装饰，使其颜色与建筑风格相协调；一些位于重要地段的建筑物，可以结合建筑立面、阳台和窗台设计，将空调室外机掩蔽起来，同时还可以起到丰富建筑立面的效果；但是需要注意的是，不同的建筑物有不同的美观性要求，应根据具体建筑的设计风格进行空气源空调的美观性设计，加强与建筑专业的沟通，才能实现与

---

① 肖益民,付祥钊,杨李宁等. 重庆市商场类建筑空调工程设计能效比统计分析. 暖通空调,2007(8).
② 余晓平,付祥钊,杨李宁等. 重庆市办公建筑空调工程设计能效比统计分析. 暖通空调,2007(12).
③ 刘轶. 对建筑空调系统设计能效比的初步计算分析. 暖通空调,2006(8).

建筑的协调，从而提高建筑的品位。例如，对于中国众多的古建筑，现代空调若不加任何改变而进入建筑物，则会显得极为生硬，与建筑风格格格不入。因此，适用于此类建筑的空调尤其要考虑与建筑风格的协调，比如室内机形状可以考虑采用古代柜子模样，面板可以考虑采用中国传统的吉祥图案或传说或寓言故事，室外机可以考虑改变面板颜色或加设外罩，与建筑常采用的红墙碧瓦相呼应，从而使空调与建筑真正融为一体，在使用价值之外增加了欣赏价值和艺术价值。

关于空气源空调与建筑协调性的评价，目前还没有统一的评价标准，多采用主观性较强的专家评审评价法。有文献[1]提出了一种定量评价方法——装饰费用法，该方法采用美观性装饰所需费用作为空调方案美观性的评价指标，在达到具体建筑美观性要求的前提下，装饰费用较少的设计方案其美观性较好。这种评价方法比较客观、简单，并且可以实现美观性评价与经济性评价的相互融合。

8.4.4 空气作为冷热源应用的条件、范围及方式

8.4.4.1 空气作为冷热源的应用条件

空气作为建筑冷热资源，最重要的应用条件就是气候条件。直接应用时主要利用空气作为建筑冷资源，需要的气候条件是室外空气温度处于人体热舒适温度范围，其应用时间主要分布在过渡季节及夏季的夜间时段。常规空调条件下人体热舒适范围为 18~26℃，称为静态热舒适温度范围；同时，研究表明，即使室外气温高于 26℃，但只要低于 30~31℃，人在自然通风的状态下仍然感觉到舒适，这就是所谓的动态（非静态）热舒适，则动态热舒适温度范围为 18~31℃。在我国绝大多数地区，过渡季节室外气温的静态热舒适小时数约占 2 000~3 500 h[2]，动态热舒适小时数 3 000~5 800 h（气象数据来源于《中国建筑热环境分析专用气象数据集》）（图 8.158）。对于住宅建筑，室内发热量小，这段时间完全可以通过直接应用室外空气冷资源消除室内负荷，从而改善室内热环境。由此可见，人们实际上可直接利用室外空气冷热资源的舒适小时数非常长。

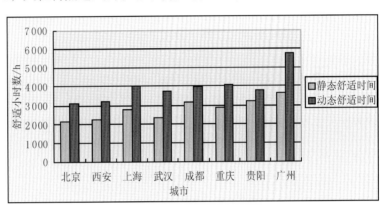

图 8.158 我国不同城市室外气温舒适时间
资料来源：江亿.住宅节能.北京：中国建筑工业出版社，2006.

间接应用空气作为建筑冷资源，需要品位提升设备，此时的应用气候条件包含两个层次的含义，首先是设备基本运行气候条件，是指在冬、夏季设备能够正常运行的室外环境温度、湿度边界条件；其次是设备节能运行气候条件，是指设备在冬、夏季都能够节能运行的室外环境温度、湿度边界条件，所谓节能，是指设备运行能效比大于等于 3.0。

基本运行条件在国家标准里有规定。《房间空气调节器》(GB/T 7725—2004)规定了房间空调器的工作环境温度上下限是干球温度-7~52℃，《蒸气压缩循环冷水(热泵)机组户用和类似用途的冷水(热泵)机组》(GB/T 18430.2—2001)及《蒸汽压缩循环冷水(热泵)机组工商业用和类似用途的冷水(热泵)机组》(GB/T 18430.1—2001)里规定了其他容量的空调机能够正常工作的环境温度：干球温度：-7℃±1℃~43℃±1℃，湿球温度-8℃±0.5℃~15.5℃±0.5℃。但在近些年实际应用和研究中，基本运行条件的下限有下降的趋势。国内有公司开发出在室外-12℃仍可正常运行、COP 达到 2.3 左右的低温空气热泵。文献提出一种双级压缩变频空气源热泵系统，理论和试验研究表明该系统可以在室外-18℃的低温环境中正常运行，COP 高于 2。

节能运行条件目前在国家标准里没有规定，但标准里规定了空气作为建筑冷源时额定制冷工况下的节能运行能效比。《房间空气调节器能效限定值及能源效率等级》(GB 12021.3—2004)里规定了房间空调器的

---

[1] 李兆坚,江亿. 暖通空调设计方案美观性评价分析. 暖通空调,2006(4).
[2] 田长青,石文星,王森. 用于寒冷地区双级压缩变频空气源热泵的研究. 太阳能学报,2004,25(3).

节能运行能效比为大于等于2.9,2009年将实行大于等于3.1的节能运行能效比。《单元式空气调节机能源效率限定值及能效等级》(GB 19576—2004)里规定了单元式空气调节机的节能运行能效比为大于等于2.7。《冷水机组能源效率限定值及能效等级》(GB 19577—2004)里规定了风冷式冷水机组的节能运行能效比为大于等于3.0。关于空气作为建筑热源节能运行的能效比在《公共建筑节能设计标准》(GB 50189—2005)里有规定:当冬季运行性能系数低于1.8时不宜采用。

社会条件——空气作为建筑冷热资源,其应用应符合当地的社会文化风俗及生活习惯。建筑的最高境界是达到"天人合一",即与自然环境和谐一致,最大限度地利用自然赋予人类的各种可再生能源资源,同时对自然环境产生最小限度地不利影响。空气作为建筑可利用的一种免费的、环保的可再生能源,其应用符合社会可持续发展的要求。同时,人类在长时间的发展中,经历了抵御自然、脱离自然及回归自然的不同阶段,充分认识到了人、建筑、自然环境的和谐才是健康舒适的生存理念和生活方式,空气作为建筑冷热资源,不论其直接应用(通风技术)还是间接应用(热泵技术),都符合人们向往自然的生活习惯。

建筑条件——空气作为建筑冷热资源利用时需要的建筑条件也包括两方面含义:一方面是直接应用时的建筑条件,即通风建筑条件,指如何合理利用建筑条件充分实现通风效果;另一方面是间接应用时的建筑条件,指如何在实现利用空气冷热资源后达到设备与建筑的完美协调。

建筑物内的通风尤其是住宅建筑内的通风十分必要,合理的通风不仅会改善建筑内热湿环境,而且会节省建筑运行能耗。通风建筑条件主要是指自然通风所需要的建筑条件,自然通风效果与建筑形体及结构等条件有着密切的关系;而机械通风主要依靠外力进行通风,对建筑没有特殊要求。自然通风根据通风原理的不同可分为风压通风、热压通风及风压和热压相结合通风。通风原理不同,所需要的建筑条件也不同。风压通风是利用建筑迎风面和背风面的压力差实现的通风,通常所说的"穿堂风"就是典型的风压通风应用案例。热压通风是利用建筑内外空气温度差和进出风口高度差形成的空气压差而实现的通风,即通常所说的"烟囱效应",温度差和高度差越大,则热压作用越强。风压和热压综合作用下的自然通风并不是简单的线性叠加,其机理还在探索之中,两者何时相互加强,何时相互削弱目前尚不十分清楚。表8.16列出能够较好利用风压通风和热压通风而需要的建筑条件。

表8.16 通风需要的建筑条件

通风原理优化建筑条件	风压通风	热压通风
建筑群布局方式	行列式(错列式、斜列式)和自由式	
建筑间距	应该适当避开前面建筑的涡流区,涡流区长度由风向投射角注决定	
建筑朝向	尽量使建筑纵轴垂直所在地区夏季的主导风向	
屋顶	采用翼型屋顶形成高压区和低压区,在屋面结构层上部设置架空隔热层	
建筑物开口	进出风口宜相对错开布置,气流在室内的路线会较长 进风口面积宜大于出风口面积,室内流场较均匀 开口宽度为开间宽度的1/3~2/3,开口大小为地板面积的15%~25%时,通风效果最佳	
建筑室内空间	房间功能的合理使用,室外空气宜首先进入人员长期停留的房间,如住宅的卧室和客厅等 室外空气进入建筑内的气流通道上,应避免出现喉部 外门窗上的防蚊纱窗应保持清洁	
建筑竖井		中庭和风塔
特朗勃墙、太阳烟囱		利用太阳能作为动力,通过热压原理实现自然通风

注:风向投射角:风向与建筑外墙面法线的夹角。风向投射角越大,建筑背面的涡流区长度越短。

空气作为建筑冷热资源间接应用时所需的建筑条件可以从两方面来阐释,首先,设备的安装位置应能保证设备的正常高效运行;其次,设备的安装位置应能达到与整体建筑的协调。设备的安装位置随设备容量不同而不同，房间空调器通常安装在建筑的外墙立面上，单元式空调机一般安装在阳台上或庭院中，而大型空气源空调机组一般安装于建筑的屋顶上。单元式空调机与大型空气源空调机组与建筑的协调性较好，而房间空调器与建筑的协调性矛盾近年来在城市环境中较为突出。

房间空调器的安装位置及安装面在《房间空气调节器安装规范》(GB 17790—1999)中有规定：空调器的安装位置应尽量避开自然条件恶劣（如油烟重、风沙大、阳光直射或有高温热源）的地方，尽量安装在维护、检修方便和通风合理的地方。空调器的安装面应坚固结实，具有足够的承载能力。安装面为建筑物的墙壁或屋顶时，必须是实心砖、混凝土或与其强度等效的安装面，其结构、材质应符合建筑规范的有关要求；建筑物预留有空调器安装面时，必须采用足够强度的钢筋混凝土结构件，其承重能力不应低于实际所承载的重量(至少200 kg)，并应充分考虑空调器安装后的通风、噪声及市容等要求；安装面为木质、空心砖、金属、非金属等结构或安装表面装饰层过厚其强度明显不足时应采取相应的加固、支撑和减震措施，以防影响空调器的正常运行或导致安全危险。同时，空调器的安装寿命应不低于产品的使用年限。

房间空调器要实现与建筑的协调应从以下几方面着手：首先，把空调器的设计纳入到建筑设计之中，由设备工程师按最不利情况估算住户的可能最大空调器容量；其次，统一规划空调器室外机的安装位置及安装条件，由设备工程师和建筑师协作完成，比如，既考虑到室外机的进排风分流、噪声、不长时间受阳光直射、冷凝水集中排放等问题，又考虑到建筑外立面的美观与协调问题。

8.4.4.2 空气作为冷热源的应用范围

根据上述气候应用条件分析，空气作为建筑冷热资源直接应用时，适用于我国绝大部分地区过渡季节及夜间时段。

空气作为建筑冷热资源间接应用时，其原则性的应用范围即标准规定的应用范围在《公共建筑节能设计标准》(GB 50189—2005)里有规定：较适用于夏热冬冷地区的中、小型公共建筑；夏热冬暖地区应用时，应以热负荷选型，不足冷量可由水冷机组提供，意味着在该地区应用时冷量有可能不足；寒冷地区应用时，当冬季运行性能系数低于1.8时，不宜采用。

实际研究及应用中，有学者[1]通过建立风冷热泵数学模型，计算出了在45℃的出水温度时，空气—水热泵机组在我国运行时的干工况和结霜工况的分界线：拉萨—兰州—太原—石家庄—济南，此分界线以北区域空气源热泵运行时，不会结霜，以南区域运行时，机组都存在不同程度的结霜。还有研究通过计算平均结霜除霜损失系数，认为该系数越大，空气源热泵应用越不经济，据此把我国使用空气源热泵的地区分为4类[2]：① 低温结霜区——如济南、北京、郑州、西安、兰州等；② 轻霜区——如成都、桂林、重庆等；③ 一般结霜区——如杭州、武汉、上海、南京、南昌等；④ 重霜区——如长沙。

同时，近年来随着空气源热泵低温适应性技术的不断研究与进展，空气作为建筑冷热资源应用范围北扩的趋势是显而易见的。由于北方寒冷地区的气候特点是冬季供暖时间较长，但温度特别低的持续时间相对较短，空气源热泵要想不依靠辅助热源满足该地区采暖需要，同时还满足夏季供冷需要，要求机组必须在-15℃左右的环境中可靠、高效地运行。根据空气源热泵在北方部分地区的实测来看，在室外环境温度为-15℃时，机组的制热性能系数仍有1.88[3]，空气源热泵可以不依靠辅助热源在中小型办公建筑应用，在商业建筑应用时要配置辅助热源，而对于住宅建筑，目前还没有实测结果。

8.4.4.3 空气作为冷热源的应用方式

空气作为建筑冷热资源的应用方式有直接应用和间接应用。直接应用是指不需要任何品位提升设备而直接把室外空气引入到室内，主要利用室外空气的冷量，这类应用方式通常称为通风。通风可以起到降温、除湿及净化建筑内空气的作用。根据是否完全需要外力，通风又分为自然通风、机械通风及机械辅助式自然通风三种利用方式。完全不需要外力，直接把室外新鲜空气引入到建筑内称为自然通风；完全依靠

---

[1] 空气—水热泵冬季运行工况的判定. 筑龙网.
[2] 姜益强,姚杨,马最良. 空气源热泵结霜除霜损失系数的计算. 暖通空调,2000(5).
[3] 庞卫科,马国远,李准,等. 寒冷地区用空气源热泵机组的运行特性研究11. 中国制冷学会2007学术年会论文集. 2007.

外力,把室外空气送入建筑内称为机械通风;部分地依靠外力进行的通风称为机械辅助式自然通风。

间接应用是指依靠品位提升设备把室外空气的热量或冷量提升之后转移到建筑内。这类应用方式所依靠的品位提升设备通常是空气源空调机组。根据设备功能不同,可分为空气源单冷空调器、空气源热泵空调器。根据设备容量不同,可分为房间空调器、单元式空调机及中央空调。根据输配系统的介质不同,有冷剂系统(房间空调器、VRV系统)、水系统(空气源热泵冷热水系统)及风系统(空气源热泵全空气系统)。

8.4.5 案例介绍

8.4.5.1 案例1:低温空气源热泵空调系统的应用

1)项目简介[①]

该项目为秦皇岛市百信图书广场空调设计,建筑长49.2 m,宽35.1 m,总建筑面积6 900 m²;建筑共4层,总高度为15.9 m;1、2、3层是图书市场,4层为办公室。项目自2002年11月开始调试运行。

2)冷热源选择

秦皇岛是全国闻名的度假旅游城市,政府对环境污染问题特别重视。该市供暖期较长,约为5个月。该项目位于市开发区,可利用的供暖资源有:油、城市集中煤气、电。总共提出四个方案进行经济比较:方案1. 空气源热泵空调系统;方案2. 螺杆冷水机组+电锅炉;方案3. 螺杆冷水机组+煤气锅炉;方案4. 螺杆冷水机组+油锅炉。4种方案初投资比较见表8.17。

表8.17 4种方案初投资比较

比较项目	方案1	方案2	方案3	方案4	备注
制冷量(kW)	816	820	820	820	
制热量(kW)	840	660	660	660	
制冷机房(万元)	108	51	51	51	
制热机房(万元)	0	38	26	24	
电气(万元)	18	23	23	23	含控制
机房土建(万元)	0	30	30	30	
合计(万元)	126	132	130	128	

由于秦皇岛夏季供冷期较短,故这里仅比较冬季供暖运行费用,见表8.18。

表8.18 4种方案冬季运行费用比较

比较项目	方案1	方案2	方案3	方案4
机组热效率	2.5	0.95	0.8	0.8
产生1 kW热量需要资源量	0.4 kW·h	1.05 kW·h	0.39 m³	0.14 kg
单位资源费用	0.5元/kW·h	0.5元/kW·h	0.7元/m³	3.2元/kg
产生1 kW热量需要的费用	0.20元	0.52元	0.28元	0.45元

综上比较后,该项目最终选用空气源热泵作为空调系统冷热源,选取清华同方低温空气源热泵机组FS-U-R-360型2台及辅助电加热器3台:DR-90,2台,功率90 kW;DR-60,1台,功率60 kW。

3)实际运行情况

该项目自运行后,进行了较为详细的数据记录,每年11月和次年的2、3月运行费用为3元/m²;每年12月和次年1月运行费用为5元/m²;全年平均为4元/m²。

[①] 甄华斌,范新,冀冠华. 秦皇岛市百信图书广场低温空气源热泵空调系统设计. 见:全国暖通空调制冷2004年学术年会,2004.

4）设计得失分析

在实际运行中发现，电加热器的选型偏大：两台90 kW的电加热器，其中一台只在早晨系统启动时运行30分钟左右，而另一台整个冬季几乎不运行；60 kW的电加热器在气温较低时运行。

8.4.5.2 案例2：热泵噪声的治理

1）项目简介[①]

某大厦主楼为南北两栋高层住宅，热泵机组安装于大厦3层裙房的屋顶，机组型号为30QA-240，外形尺寸为5 750 mm×2 150 mm×2 400 mm。机组距北楼约5 m，距南楼约8 m，如图8.159所示。每台热泵有12个风机，排风量60 000 L/s，制冷制热量620/680 kW，排风余压<50 Pa。两台热泵同时开启时噪声强烈，实测结果如表8.19，测点距离热泵边1.5 m。

对靠近热泵机组北楼住户室内外噪声情况测量见表8.20。

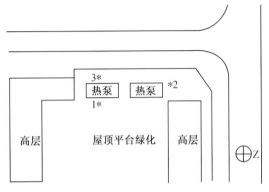

图8.159 热泵机组位置及测点分布
资料来源：张三明，武茜.热泵降噪措施研究与实践.噪声与振动控制，2005(8).

表8.19 热泵机组噪声测量表

测　点	1	2	3
噪声级 dB(A)	73.6	68.5	71.0

表8.20 住户室内外噪声测量结果

测点位置	噪声级 dB(A)	备　注
404室南房室内	59.2	南侧一台机组开启,开窗
604室南房室内	63.0	北侧一台机组开启,开窗
404客厅窗外1 m	62.6	北侧一台机组开启
604客厅窗外1 m	67.5	北侧一台机组开启

由上述测量可见该大厦住宅室内外环境噪声超标都很严重：在一台热泵开启时，对照住宅室内40 dB(A)标准，室内最大超标23 dB(A)；对照住宅室外环境噪声应不超过55 dB(A)标准，室外噪声最大超标12.5 dB(A)。

2）噪声治理

治理目标：考虑到热泵在晚10点以前使用，故噪声控制的目标是满足昼间环境噪声标准，即住宅窗外1 m噪声级小于等于55 dB(A)。

治理依据：当两台热泵同时开启时，顶部风机噪声和底部压缩机噪声及经地面墙面反射的噪声相互叠加形成面声源，对毗邻的住宅窗口影响极大；两台机组所需的总排风量很大，同时又要满足较大的噪声降噪量，若采用隔声装置，要考虑到较大的进排风面积；热泵位于建筑屋顶上，要考虑到如何与周围环境相协调；同时，热泵周围的空间不是很宽敞。

治理措施：基于以上考虑，最终采取了局部开敞式的隔声、强吸声及通风相结合的方案。

隔声罩外形尺寸为5 700 mm×1 700 mm×5 300 mm（长×宽×高），用型钢结构作其支撑骨架，四周留出1 m~1.2 m的检修通道。隔声罩东西两面底部设计进风口，西面上部为出风口，上下部用强吸声结构分割，以防出风与进风短路，见图8.160。屋顶风荷载较大，为防止型钢结构失稳和振动，在屋顶防水层之上现浇一层20 cm高的混凝土底座，并用金属连接件焊牢。隔声罩的主体板材选用50 mm厚彩钢夹芯板，内部敷设100 mm厚的超细玻璃丝棉吸声材料（图8.160）。

3）噪声治理效果

工程实施后结果令人满意，住宅窗外1 m处噪声级为55 dB(A)，达到环境噪声标准，外观与周围环境也十分协调(图8.161~图8.163)。

---

① 张三明,武茜.热泵降噪措施研究与实践.噪声与振动控制,2005(8).

图 8.160　噪声治理后外观之一

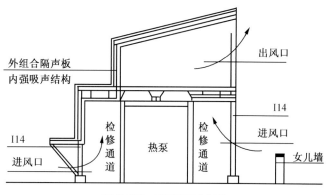

图 8.161　噪声控制方案

图 8.162　噪声治理后外观之二

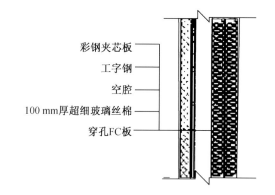

图 8.163　隔声罩结构材料图

图 8.160～图 8.163 资料来源：张三明，武茜. 热泵降噪措施研究与实践. 噪声与振动控制，2005(8).

8.5　雨水、污水回收与再利用

8.5.1　雨水收集利用

8.5.1.1　概述

人类利用雨水的历史悠久，雨水利用已经成为当今世界水资源开发的潮流之一。主要的雨水利用方式包括人工降雨、农村雨水收集利用和城市雨水收集利用。本节主要介绍城市雨水收集利用。

历史上，雨水一般多用于农业用水。城市雨水收集利用在古代也有先例，如南阿拉伯及北非很早就出现了收集雨水用于灌溉、生活及公共卫生设施。我国紫禁城大殿廊内放置的镏金大铜缸（又名"太平缸"）就是用来收集雨水用作消防用水。随着水资源的日益紧缺和城市化进程的加快，雨水利用日益得到人们的重视。雨水的用途由主要用于农村用水拓展到补充城市用水如绿化、喷洒、冲洗等；雨水收集的场所拓展到路面汇流、屋顶、绿地和停车场等。城市的建筑屋面及非机动车道路雨水污染程度较轻，非常适宜于回收再利用。城市建筑屋面及地面具有大面积的不透水面，使雨水收集具备了最为有利的条件。如果利用屋面及地面下现有的雨水排水管，再增加设置相应的雨水贮水池，成为"地下水库"；将收集的雨水经简单处理后，即可用于冲厕、绿化等。每平方公里收集 10 mm 雨水就可以获得 10 000 m³ 的水，城市越大、降雨量越丰富，可望收集的雨水就越多。与用生活污水为原水的建筑中水系统相比，利用雨水的中水系统其管道及处理设施均较简单。世界上很多国家都已经开展了城市雨水收集利用的研究和实践，有非常成熟的经验，并已建立了系统的水质标准，设计规范体系。

雨水水质是限制雨水收集利用的重要因素，城市雨水水质受到大气污染、屋面材料、路面垃圾及城市工业污染等多方面的影响，使得城市雨水并非完全洁净，而是有相当程度的污染。不同城市雨水管道中的雨水水质是不同的，一般来说，雨水的有机物污染物含量接近城市污水处理厂的二级出水，而悬浮物含量则接近于生活污水。屋顶集水系统可收集水质较好的雨水，但由于屋面沉积物、屋面防水材料的析出物及大气污染的影响，降雨初期的屋面径流污染程度较高，往往需要设置初期雨水弃置装置。对于后期径流可稍加处理或不经处理即可直接用于冲洗厕所、灌溉绿地或用作景观水等。路面雨水径流水质与其所承担的交通密度有关，更具有偶然性和波动性。机动车道的雨水径流污染较重，而非机动车道如广场、人行道、居民小区内道路、停车场等收集的雨水则污染较轻。雨水利用过程中要注意控制雨水径流的污染，必须经过适当处理净化后才能回用。

8.5.1.2 雨水收集利用系统与技术

城市雨水的利用首先在发达国家逐步进入到标准化和产业化阶段。而我国城市雨水利用起步较晚，目前主要在缺水地区有一些小型、局部的非标准的应用。雨水利用水质标准是保证水安全及经济合理的水处理流程的基本依据，我国目前没有系统地制定雨水利用水质标准，但可参照相应的用途选用水质标准。如雨水收集处理后用于生活杂用水则可参照《生活杂用水水质标准》(CJ 25.1—1989)。

建筑雨水收集利用系统由集流系统、输水系统、截污净化系统、贮存系统以及配水系统等组成。有时还设有渗透设施，并与贮水池溢流管相连，当集雨较多或降雨频繁时，部分雨水可以通过渗透以补充地下水。建筑雨水收集利用系统如图8.164。

图 8.164 建筑雨水收集利用系统图

资料来源：根据金兆丰，徐竞成. 城市污水回用技术手册. 北京：化学工业出版社，2004:536，张少辉绘

1）雨水集流系统

屋顶(面)集流是最常用的雨水收集方式，主要由屋顶集流面、汇流槽、下水道和蓄水池组成。屋顶集流面可利用自然屋面，也可利用专门设计的镀锌铁皮或其他化工材料处理屋面，以提高收集雨水的效果。屋顶集流的另一方式是屋顶花园集水，此时屋顶类型有平屋顶，也有坡屋顶，为确保屋顶花园不漏水和屋顶下水道通畅，可以考虑在屋顶花园的种植区和水体（水池、喷泉等）中增加一道防水和排水措施。图8.165和图8.166是某城市屋顶花园构造的简图和屋顶花园下部集水管的布置图。地面和路面集水系统比屋顶集水系统简单、经济，通常用于屋顶集水不适合的地点，如用于小区收集雨水，在降雨量小的地区尤其有利。通常在硬化路面适当位置上预留集水沟，通过管道或渠道将水引入地下蓄水池，贮存备用。

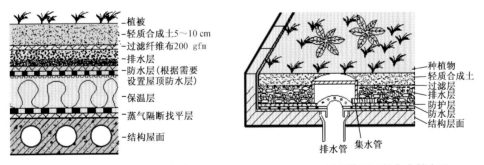

图 8.165 某城市屋顶花园构造　　图 8.166 屋顶花园下部集水管布置

资料来源：根据金兆丰，徐竞成. 城市污水回用技术手册. 北京：化学工业出版社，2004:537

2）输水系统

雨水输水系统是将来自不同面积上的降雨径流通过一定的传输设施将雨水收集贮存备用。通常以截流沟与输水沟(渠)将集水面来水汇集起来，导引到蓄水设施。输水沟(渠)的断面形式可采用U形、半圆形、梯形和矩形等，断面尺寸可用明渠均匀流公式计算确定。利用屋面作为集流面时，可将输水沟布置在屋顶落水管下的地面上，采用混凝土宽浅式弧形断面渠。利用路面作为集流面时，可利用公路的排水沟作为输水沟。一般径流传输主要采用地下管道传输和地表明沟传输。地表明沟可作为小区风景之一，通常模拟天

然水流蜿蜒曲折的轨迹，或构筑特定的造型，有利于美化景观。

3）贮存系统

降雨径流贮存形式多样，最常见的是利用景观水或人工湖等贮水，也可将绿地或花园做成起伏的地形或采用人工湿地等以增加雨水入渗。将雨水的传输贮存与城市景观建设和环境改善融为一体，既能有效利用雨水资源、减少自来水用量和污水处理厂对雨水处理的压力，又能美化城市景观，起到一举三效的作用。

4）雨水径流渗透

另外在小区建设中，采用雨水渗透的方式也是雨水利用的有效方法，它能促进雨水、地表水、土壤水及地下水"四水"之间的转化，维持城市水循环系统的平衡。雨水渗透设施主要类型有：花坛和绿地渗透、地下渗透沟与管渠、渗透路(地)面和渗透井等。对于新建小区，在高程和平面设计中，应统筹考虑雨水渗透利用。如使道路高于绿地高度，道路径流经过绿地初步净化后进入渗透装置。图8.167是典型的小区雨水渗透系统示意图。

5）截污净化系统

雨水净化可在雨水收集过程中进行雨水源头水质控制，或将雨水收到管网末端或贮存池中，再集中净化去除雨水中污染物。源头水质控制常采用过滤工艺，根据过滤能力的不同可分为分散式和集中式两种。分散式过滤器安装于房屋的每个雨水立管下端，如德国WISY公司研制的金属筛网或立管旋流过滤器，安装在雨水立管上能有效地改善水质；集中式过滤器一般体积较大，它将来自不同面积上的径流汇到一起，然后集中过滤。

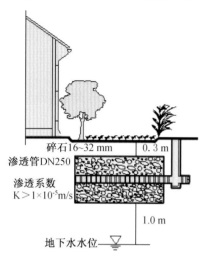

图8.167 典型小区雨水渗透系统示意图

资料来源：金兆丰，徐竟成.城市污水回用技术手册.北京：化学工业出版社，2004.

雨水集中净化的净化程度取决于雨水利用的目的，一般包括：预处理、二级处理、深度处理和贮存。由于雨水的可生化性较差，一般采用物理处理法。如用于各种清洁用途时，可在压力泵出口处的两个闸门之间安装一个初级过滤器，清除水中的悬浮物即可；而作为锅炉用水回用时，则处理程度较高。图8.168为典型的建筑雨水净化利用系统流程图。

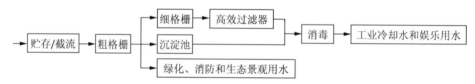

图8.168 典型建筑雨水净化利用系统流程图

资料来源：根据金兆丰，等.城市污水回用技术手册[M].北京：化学工业出版社，2004：542，张少辉绘

图8.169是某小区雨水利用流程图。该小区总建筑面积150 000 m²，小区内有溪流和儿童戏水池，绿化面积约占总用地的35%。该小区将处理后的雨水用于景观用水、绿化用水和洗车用水。整个小区雨水利用流程包括雨水收集、雨水处理和雨水利用三部分。屋面雨水主要通过天沟和雨水立管收集，路面和绿地雨水主要由雨水口收集；在进入后续处理系统之前，设置两道格栅和筛网，以拦截大块杂质；另外设有溢流和超越管道，以排除少量初期雨水，并避免暴雨期间雨水的漫流；处理系统采用膜生物反应器MBR。

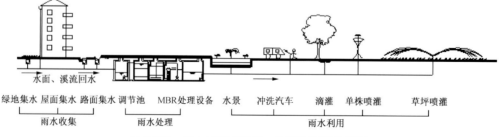

图8.169 某小区雨水收集、处理和利用流程图

资料来源：根据金兆丰，等.城市污水回用技术手册[M].北京：化学工业出版社，2004：546.

8.5.2 建筑中水回用

8.5.2.1 概述

中水(reclaimed water)是指各种排水经处理后，达到规定的水质标准，可在生活、市政、环境等范围内杂用的非饮用水。建筑中水是指在一栋或几栋建筑物内或小区内建立的中水系统，由原水的收集、储存、处理和中水供给等工程设施组成的有机结合体，是建筑物的功能配套设施之一。建筑中水回用属城市污水回用的一种，是节约水资源、减少排污、防治污染和保护环境的有效途径之一，特别适用于缺水或严重缺水的地区。早在1982年青岛市就将中水回用于市政及其他杂用用途，以缓解所面临的淡水危机。北京市1984年开始进行中水回用工程示范。由于我国水资源分布不均，地区差别大，因此国内对于建筑中水系统的设置没有统一规定，仅在个别地区制定了一些中水系统设置的地方性政策和规定。如1987年出台的《北京市中水设施建设管理试行办法》中明确规定：凡建筑面积超过 $2\times10^4 \text{ m}^2$ 的旅馆、饭店和公寓以及建筑面积 $3\times10^4 \text{ m}^2$ 以上的机关科研单位和新建生活小区都要建立中水设施。以此为契机北京市的中水设施建设得到较快的发展，1995年北京市已有中水设施115个，日回用污水已达 $1.2\times10^4 \text{ m}^3$，中水建设已初具规模。此外，天津、深圳、上海和大连等城市的中水建设也已初见成效。2002年颁布实施的《建筑中水设计规范》(GB 50336—2002)是规范建筑中水回用的国家标准。目前建筑中水回用存在的问题是，规模较小的工程运行管理不可靠、经济性较差，一些工程建成后未能正常运行。

8.5.2.2 建筑中水系统

1) 建筑中水水质要求

建筑排出的全部污水通常称为混合污水，不含工业废水，成分相对简单，可生化性好，但水质随时间变化较大。建筑排水中除冲洗厕所水外，其余的排水一般称为杂排水，其中冷却水、游泳池排水、洗浴排水及洗衣排水等水质较好，称为优质杂排水。选取建筑中水原水水源时，应首先考虑采用优质杂排水，以降低投资与运行费用。建筑中水原水水质水量是进行建筑中水设计的基础，但一般随建筑类型和用途不同而异，有条件时应尽量实测或参考类似建筑的实际水质水量来确定，当无实测资料时，可选用设计规范及设计手册中提出来的水质水量参考值。建筑中水回用的主要用途是杂用水，包括冲厕、清扫、绿化喷洒、洗车和冷却水等。建筑中水回用的水质要求根据用途不同而定，每种用途都有相应的水质要求，国家标准主要有《城市污水再生利用城市杂用水水质》(GB/T 18920—2002)和《城市污水再生利用景观环境用水水质》(GB/T 18921—2002)，多种用途的中水水质标准应按照最高要求确定。

2) 建筑中水系统类型及组成

建筑中水系统是介于给水系统与排水系统之间，与建筑给水排水系统既相对独立又密切相关，由原水系统、处理系统和供水系统三部分组成。建筑中水系统的设计应与建筑给排水系统有机结合。建筑中水设计规范推荐原水集水系统采用废、污水分流系统；但当能源紧张、难以分流、污水无处排放及有充裕的处理场地时，也可采用合流系统。中水处理站(处理系统)是建筑中水系统的重要组成部分，单栋建筑内的处理站宜设在建筑物的最底层，小区的中水处理站宜设在中心建筑物的地下室或裙房内，并注意采取防臭、降噪和减震等措施。由于中水的特殊性，中水供水系统必须独立设置，并注意水池(箱)和管件的防腐，采取防止误饮误用和检测控制等措施。中水供水系统主要有变频调速供水、水泵水箱供水和气压供水三种形式(图 8.170)。原水来源和集水系统不同，建筑中水系统也有差别，图 8.171 为以杂排水为原水的分流式建筑中水系统流程图。

为确保建筑中水系统合理稳定运行，应采取水量平衡措施实现中水原水量、中水处理站处理量、中水供应量和中水使用量之间的平衡。水量平衡措施是指通过设置调贮设备使水量适应原水量和用水量的不均匀变化，来满足一天内的原水处理量和用水量的使用要求。常用的水量平衡方式主要有调节池、中水贮存池和自来水补充等。具体的设计计算可参照相关规范及给水排水设计手册进行。

3) 建筑中水处理工艺

建筑中水处理工艺的选用要结合国情及地区特点，主要应考虑中水原水水质、中水供应对象及水质要求、污泥处理方法、建筑环境的特点及要求和当地的技术管理水平等，通过技术经济比较选定合理的处

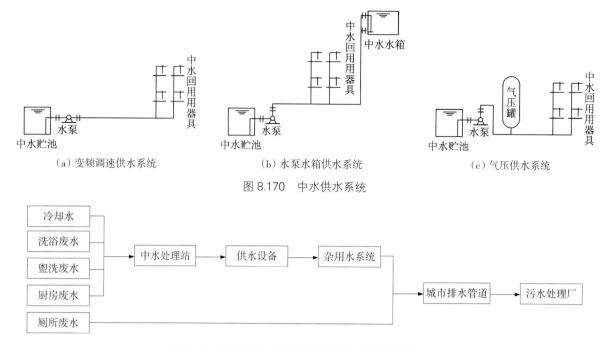

图 8.170 中水供水系统

图 8.171 杂排水为原水的分流式建筑中水系统流程图

图 8.170，图 8.171 资料来源：根据金兆丰，等.城市污水回用技术手册.北京：化学工业出版社，2004：443，444，张少辉绘

理工艺。目前中水处理范围多为小区和单独建筑物分散设置类型，在流程选择上不宜太复杂，工艺选择的基本要求如下：(1) 尽量选用定型成套的综合处理设备，以简化设计、紧凑布置、节省占地、提高可靠性、减少投资。(2) 为便于管理和维护，对于中小型规模的中水处理站，宜采用既可靠又简便的处理工艺流程，以减少工作人员工作量。(3) 中水处理设施一般设在人员较为集中的生活区，为减少臭味、噪声等对周围环境的影响，一般将中水处理站设在地下室、独立的建筑物或采用地埋式处理设备。(4) 应根据中水回用要求，尽量选择优质杂排水为原水，以便简化处理工艺流程，减少一次投资，降低处理成本；另外还要考虑处理后的回用水能够充分利用，以避免无效投资。

建筑中水处理采用的单元技术有格栅、调节池、生物处理、混凝沉淀、混凝气浮、过滤、膜分离、活性炭吸附和消毒等。《建筑中水设计规范》推荐：当以优质杂排水和杂排水为中水原水时，可采用以物化处理为主的工艺流程，或采用生物处理和物化处理相结合的工艺流程；当以含有粪便污水的排水为中水原水时，宜采用二段生物处理与物化处理相结合的处理工艺流程。图 8.172、图 8.173 为以优质杂排水或杂排水为原水时的典型处理工艺流程图。图 8.174 为某住宅小区以洗浴废水为中水原水的建筑中水处理工艺流程，该中水处理后主要用于冲洗汽车、厕所和浇灌绿地。处理设施置于地下处理间。

图 8.172 建筑中水物化处理工艺流程图

图 8.173 建筑中水生物—物化处理工艺流程

图 8.172，图 8.173 资料来源：GB 50336—2002

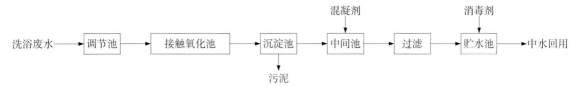

图 8.174 某小区建筑中水处理工艺流程
资料来源：金兆丰，等．城市污水回用技术手册．北京：化学工业出版社，2004：451．

8.5.3 农村生活污水处理组合型技术

8.5.3.1 农村生活污水处理的重要性

党中央高瞻远瞩，指出：没有农民的小康就没有国家的小康。大力开展农村生活污水处理设施建设，是新农村建设的重要基础设施，是建设全面小康与和谐社会的重要举措。清洁水资源是人类生存和工农生产不可或缺的资源，是保障经济社会可持续发展的基本条件。开展农村生活污水处理设施建设，是保护农村水环境的关键措施。改革开放以来，农民生活质量快速提高，洗衣机、洗涤器、卫生洁具走进了各家各户，生活污水随之迅速增加，已难用做农肥，大量排入水体，造成发黑发臭、蚊蝇孳生、疾病传播。开展农村生活污水处理设施建设，是改善农村环境、保护农民身体健康的民心工程，是执政为民的具体体现。

江苏省委、省政府对农村生活污水处理工作十分重视，亲自深入农村调研，于 2007 年下拨专款开展农村生活污水处理试点示范。2008 年省建设厅在总结试点经验基础上，编发了《农村生活污水处理指南》，筛选、推荐五项处理技术工艺。2009 年省建设厅将对指南进行完善，增加、推荐处理技术工艺，进一步促进农村生活污水处理的健康发展。

8.5.3.2 农村生活污水排放现状

根据形势发展，农村建设规划已多次修编完善，但基于经济力量和技术发展水平，多以排放为主线，加之相对集中建设居住区，新建排水管网多为合流制，就近分散排入河沟。由于缺少技术指导与监督，水泥管接头与检查井渗漏严重。另外农村很多室内排水管未接入室外排水管网，而是直接漫流渗入地下，呈现排水出口在旱季无污水流出，雨天或地下水位高时，排水量高于设计水量。近两年新建集中居住区污水排放管网已有较大改善。

农村生活污水排放量和污染物浓度变化极大，一方面由于平时外出务工人员多，居家人少，导致污水量少。但到逢年过节村民返乡之时，不仅排水量剧增，且由于杀鸡宰羊等，污水浓度成倍增长；另外，农村存在自建水井，多用井水洗涤，其排水量也较城市居民用水量大；经改厕，多数住户已建化粪池，但也有部分未建，污水直排管网；还有地区习惯使用公厕，室内卫生洁具仅有老年人与儿童使用，公厕粪便有的作农肥，有的直接排入管网；目前还有农民利用生活污水，化粪池水来浇灌，旱季时被拦截导致管网无污水排放。更突出的问题是：有些农民对生活污水危害及污水处理设施正常维护管理认识不足，存在与己无关的现象，因此时有占用和抛堆杂物、垃圾的现象。

对于上述情况，在选择设计农村生活污水处理技术时，要给予充分考虑，选用技术一定要有较强适应性。

8.5.3.3 农村生活污水处理技术工艺选用原则

目前广大农村仍存在缺资金、缺人才、缺技术和缺信息的状态，主动投资建设生活污水处理设施的尚不多，主要还是由各级政府在推动。部分地区由于经济实力强，存在一劳永逸的倾向，采用投资高，运行费高，设备多的工艺，使得经济实力差的地区望而兴叹。农村生活污水处理技术尚处在研究开发与优选推广阶段，应遵循以下几点原则：① 力促完善排水规划和室内外收集管网建设与改造。首先争取做到生活污水全收集、不渗漏；有条件的改造为分流制管网。② 坚持因地制宜，尽量利用地势和水体自净能力，设计为无动力和适应变化大的生活污水处理工艺。做到水体不发黑、不发臭，利用水生动植物防止富营养化，运行稳定，运行成本低，管理简便。③ 采用动力处理工艺，力争只用泵，不用曝气设备，做到维护管理容易，能耗少，减少能源生产新污染。④ 尽量利用低洼荒废地，少占耕地，争取处理与利用相结合，化害为利。

8.5.3.4 处理技术工艺优化组合

（1）地势差≥20 cm，对处理出水水质要求达 GB 18918—2002 标准的二级标准的地区，可选用厌氧+人工湿地工艺。厌氧池建在人工湿地下方，造型为花坛一体形式（图8.175）；也可将厌氧池与人工湿地分开建，厌氧池建在居住区，人工湿地远离居住区，环境安全性更佳（图8.176）。该工艺现已在如皋镇南村康居小区、山河新村和常州武进区建设新村等地应用。

合建型工艺流程示意图见图8.177；分建型工艺流程示意图见图8.178。

（2）地势差≥45 cm，对处理出水水质要求达 GB 18918—2002 标准一级 B 标准的地区，可选用厌氧+自流充氧接触氧化+人工湿地工艺。即在厌氧与人工湿地之间增建自流充氧接触氧化工艺（图8.179）。在大气复氧、流水充氧和藻类光合释氧三重作用下，可将进入人工湿地（图8.180）的污水溶解氧浓度提高到1.7~3.2 mg/L。溶解氧的增加不仅大大改善了湿地内微生物、植物根系生长条件，且更加有利于除磷脱氮。检测证明：与厌氧+人工湿地工艺相比，COD、TN、NH_3–N、TP 去除率分别提高 11.1%、16.1%、23.5%、6.7%。NH_3–N、TP 浓度平均降低 16.2 mg/L，2.5 mg/L。该工艺先应用于六合钱仓村、石庙村、钟林村和仪征双圩村等（图8.181）。加盖板型工艺流程图见图8.182；敞开式工艺流程图见图8.183。

（3）地势平坦，处理出水水质要求达 GB 18918—2002 标准一级 B 标准的地区，可用泵提升 2~3 m，采用第二种组合工艺，或采用厌氧+跌水充氧导流槽+人工湿地多级串联组合工艺（图8.184）。即将厌氧池建在人工湿地下方（图8.185），每级人工湿地前端设跌水充氧导流槽，污水经 30~40 cm 跌水充氧后导入湿地底层，再向上潜流至湿地表层，跌水充氧进入第二级湿地。依次进行，最终处理水质达到要求为止。这种工艺可以减少占地面积，布置紧凑。这两种组合工艺分别应用在灌南张庄村，如东掘港镇灯塔小区。工

图 8.175　厌氧人工湿地合建型　　　　　　　　　图 8.176　人工湿地分建型厌氧池

资料来源：江苏省住房和城乡建设厅2005年科研课题《村镇生活污水处理技术整合试点研究》总结报告

图 8.177　合建型工艺流程示意图　　　　　图 8.178　分建型工艺流程示意图

图 8.177，图 8.178 资料来源：钟秋爽绘

图 8.179　加盖板自流充氧接触氧化渠　　图 8.180　人工湿地

资料来源：江苏省住房和城乡建设厅2005年科研课题《村镇生活污水处理技术整合试点研究》总结报告

图 8.181 敞开式接触氧化渠与人工湿地

资料来源：江苏省住房和城乡建设厅 2005 年科研课题《村镇生活污水处理技术整合试点研究》总结报告

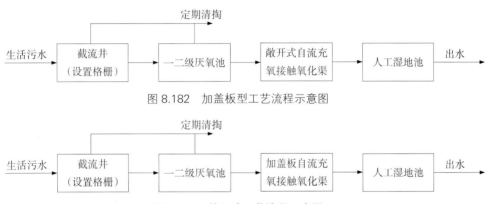

图 8.182 加盖板型工艺流程示意图

图 8.183 敞开式工艺流程示意图

图 8.182，图 8.183 资料来源：钟秋爽绘

图 8.184 跌水充氧导流槽　　图 8.185 人工湿地

资料来源：江苏省住房和城乡建设厅 2005 年科研课题《村镇生活污水处理技术整合试点研究》总结报告

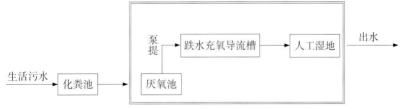

图 8.186 厌氧＋跌水充氧导流槽＋人工湿地多级串联组合工艺流程示意图

艺流程示意图（图 8.186）。另外，在东海薛团村利用住户化粪池作为厌氧池，利用村前排水渠，沿排水口在渠道内建设三组自流充氧接触氧化＋人工湿地串联组合工艺（图 8.187），运行效果良好。今后在不断研究开发过程中，将不断出现适合农村的新组合工艺，技术经济效益更好。

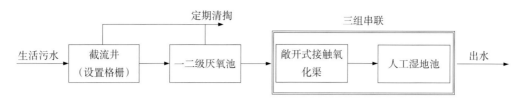

图 8.187 三组自流充氧接触氧化 + 人工湿地串联组合工艺流程示意图

图 8.186，图 8.187 资料来源：钟秋爽绘

8.5.3.5 运行效果分析

以上几个工程运行测试数据说明：厌氧+人工湿地组合工艺出水水质部分指标可以达到 GB 18918—2002 标准二级；厌氧+自流充氧接触氧化+人工湿地与厌氧+跌水充氧导流槽+人工湿地组合工艺出水水质基本达到 GB 18918—2002 一级 B 标准，在厌氧池与人工湿地之间增加自流充氧接触氧化渠和跌水充氧导流槽工艺段，DO 浓度增加明显。在冬季低温条件下，去除率有所降低。现已研究开发出除磷吸滤池，确保全指标达 GB 18918—2002 标准一级 B 标准。现在组合工艺多数为重力流，个别采用泵提升，耗电量仅为0.05~0.1 kW·h，约合 0.03~0.06 元/吨，其处理成本较低，更加节能环保。另外组合工艺若不含户建化粪池投资，用水量100~150 L/(人·日)，每户按照 3.5 人计算时，造价为 750~1 000 元/户，湿地占地 1 m²/户，且多为低洼荒地。其维护管理极为简便，较受当地群众和干部欢迎，平时只需雨天及时清除格栅拦截杂物和湿地杂草，冬天后收割湿地枯萎植株，每半年或一年清掏厌氧池内沉积污泥作农肥。

目前采用截流井方法，将混合制管网污水引入处理设施，大面积溢流排放，但使用中发现暴雨难以迅速排出，在截流井内形成滩水从而进入截流管后涌入厌氧池或湿地，容易对湿地造成很大冲击，也容易引起湿地堵塞。为此，研制开发出利用水位来自动启闭截流管装置。当截流管充满度大于设计值时，该装置自动关闭进水。目前，在 9 个农村生活污水处理工程中均已得到应用，且经过长时间运行，证明成功有效。

表 8.21 各组合工艺水质检测表(mg/L)

组合工艺	取样点	项目				备注
		COD	NH_3-N	TP	DO	
厌氧+人工湿地（化粪池进水）	进水	237~259(248)	96.65~97.8(96.8)	4.05~5.31(4.68)		皋张汽渡口
	出水	56~65(60.5)	42.1~45.9(44)	2.88~2.89(2.88)		
厌氧+人工湿地（二级厌氧进水）	进水	112.52~131.84(124.25)	11.34~38.84(28.87)	2.77~3.45(3.15)	0.23~0.24	南京一夫建材厂
	出水	17.3~58.2(31.6)	8.71~22.26(15.47)	0.76~2.05(1.26)	0.03~0.18	
厌氧+自流充氧接触氧化(加盖板)+人工湿地（进水为化粪池出水）	进水	107~247(124.35)	27.9~58.9(43.4)	2.89~4.41(3.65)	0.2	六合石庙村
	出水	34.3~61.8(48.05)	8.3~22.1(15.21)	0.65~4.14(2.38)	1.8	
厌氧+自流充氧接触氧化(敞开式)(无化粪池)	进水	173~212.16(203.3)	22.9~60(38.98)	2.02~3.36(2.74)	0.3~1.32	六合钱仓村
	出水	13~85.69(41.2)	7.9~24.03(15.45)	0.56~1.46(1.15)	1.5~2.3	
厌氧+跌水充氧导流槽+人工湿地（进水为化粪池出水）	进水	215.2~224.6(220.33)	68.5~74.18(71.6)	4.2~4.58(4.39)		如东灯塔小区
	出水	48.32~52.6(49.8)	9.2~30.4(22.73)	0.96~1.42(1.32)		

注：括号内为平均数

参考文献

[1] 地源热泵系统工程技术规范(GB 50366—2005).
[2] 徐伟. 中国地源热泵发展研究报告. 北京：中国建筑工业出版社，2008.

[3] 韩宝琦.制冷空调基础知识.北京：科学出版社，2001.
[4] Yuangao Wen, Zhiwei Lian. Influence of air conditioners utilization on urban thermal environment. Applied Thermal Engineering，2008.
[5] 陈大宏，等.多层住宅建筑空调室外机散热对上层设备的影响.暖通空调，2003(3).
[6] T T Chow, Z Lin. Prediction of on-coil temperature of condensers installed at tall building re-entrant. Applied Thermal Engineering, 1999, 2(19).
[7] 江亿.住宅节能.北京：中国建筑工业出版社，2006.
[8] 段双平，张国强，彭建国，等.自然通风技术研究进展.暖通空调，2004(3).
[9] 龚延风.住宅空调模式的选择研究.流体机械，2003(11).
[10] 热泵蓄能网
[11] 马最良，杨自强，姚杨，等.空气源热泵冷热水机组在寒冷地区应用的分析.暖通空调，2001(3).
[12] 饶荣水，谷波，周泽，等.寒冷地区用空气源热泵技术进展.建筑热能通风空调，2005(4).
[13] 田长青，石文星，王森.用于寒冷地区双级压缩变频空气源热泵的研究.太阳能学报，2004(3).
[14] 郭宪民，陈轶光，汪伟华，等.室外环境参数对空气源热泵翅片管蒸发器动态结霜特性的影响.制冷学报，2006(6).
[15] 韩慧秋，董威.空气源热泵机组除霜问题分析.长春工程学院学报(自然科学版)，2003(1).
[16] 张哲，田津津.空气源热泵蒸发器结霜及换热性能的研究.流体机械，2007(9).
[17] 吴清前，龙惟定，王长庆，等.风冷热泵冬季运行模拟与理论计算.能源技术，2001(5).
[18] 黄东，袁秀玲.风冷热泵冷热水机组热气旁通除霜与逆循环除霜性能对比.西安交通大学学报，2006(5).
[19] 石文星，李先庭，邵双全.房间空调器热气旁通法除霜分析及实验研究.制冷学报，2000(2).
[20] 梁彩华，张小松，巢龙兆，等.显热除霜方式与逆向除霜方式的对比试验研究.制冷学报，2005(4).
[21] 张旭等.热泵技术.北京：化学工业出版社，2007.
[22] 刘卫东，谷波.风冷热泵机组的应用及节能技术.制冷空调与电力机械，2007(4).
[23] 杨剑，侯普秀，蔡亮，等.疏水性表面抑制结霜的实验研究.见：全国暖通空调制冷2006年学术年会文集，2006.
[24] 雷江杭，丁小江.热泵空调器除霜分析.制冷，1999(4).
[25] 王铁军，刘向农，吴昊等.风源热泵模糊自修正除霜技术应用研究.制冷学报，2005(1).
[26] 陈汝东，许东晟.风冷热泵空调器除霜控制的研究.流体机械，1999(2).
[27] 韩志涛，姚杨，姜益强，等.空气源热泵热气除霜问题研究现状与进展.流体机械，2007(7).
[28] 徐京辉，庄表中，张杏华.分体空调器室外机减振降噪技术研究.环境技术，1992(5).
[29] 计育根，夏源龙，胡仰耆.常用风冷式热泵机组和冷水机组的噪声测量和分析.暖通空调，1999(3).
[30] 王庭佛.多台热泵机组的噪声治理.暖通空调，2000(6).
[31] 肖益民，付祥钊，杨李宁，等.重庆市商场类建筑空调工程设计能效比统计分析.暖通空调，2007(8).
[32] 余晓平，付祥钊，杨李宁，等.重庆市办公建筑空调工程设计能效比统计分析.暖通空调，2007(12).
[33] 刘轶.对建筑空调系统设计能效比的初步计算分析.暖通空调，2006(8).
[34] 李兆坚，江亿.暖通空调设计方案美观性评价分析.暖通空调，2006(4).
[35] 高胜跃.住宅空调室外机搁板设计.住宅科技，2005(3).
[36] 王国辉.空调与建筑风格.家用电器消费，2003(8).
[37] 金月梅，刘福智.自然通风在适宜地域建筑设计中的运用.见：2007全国建筑环境与建筑节能学术会议论文集，2007.
[38] 长江流域住宅节能与热环境示范工程研究报告集.
[39] 空气—水热泵冬季运行工况的判定.筑龙网.
[40] 姜益强，姚杨，马最良.空气源热泵结霜除霜损失系数的计算.暖通空调，2000(5).
[41] 柴沁虎，马国远.空气源热泵低温适应性研究的现状及进展.能源工程，2002(5).
[42] 庞卫科，马国远，李淮，等.寒冷地区用空气源热泵机组的运行特性研究.见：中国制冷学会2007学术年会论文集，2007.
[43] 连之伟，张欧.风冷热泵机组在西安地区运行效果测定.暖通空调，1998(6).
[44] 甄华斌，范新，冀冠华.秦皇岛市百信图书广场低温空气源热泵空调系统设计.见：全国暖通空调制冷2004年学术年会，2004.
[45] 张三明，武茜.热泵降噪措施研究与实践.噪声与振动控制，2005(8).
[46] 金兆丰，徐竟成.城市污水回用技术手册.北京：化学工业出版社，2004.
[47] 中国人民解放军总后勤部基建营房部.建筑中水设计规范(GB 50336—2002).北京：中国计划出版社，2003.
[48] 孙海如，王俊玉，钟秋爽，等.村镇生活污水处理技术整合试点研究.苏建科鉴字〔2009〕第19号，2009.

第9章 绿色建筑与景观

9.1 可持续景观设计

景观环境设计从不同层面折射出人类的自然观、环境观。近一个世纪以来，科学与技术产生了巨大的变化，与之相应，人类的自然观、审美观也在不断地发展着与丰富着，风景园林学(景观学)的发展早已突破了传统园林的研究范畴。在低碳经济时代，关注环境整体的可持续性是现代风景园林学的基本价值观；尊重自然、尊重场所、尊重使用者是现代景观设计的三项基本原则；创造生态安全、文化丰富的和谐"生境"是现代风景园林学科的主要任务。

"生境"一词在生态学中被解释为生物生存栖息的场所，包括生物所需的生存条件以及直接影响它的生态因素。人类是生物群体的构成要素之一，作为万物之灵，除了谋求人类自身与环境的友好相处之外，还肩负着尊重自然、协调人工环境的职责，以实现整体环境的圆融。"人居环境"以突出人为本体，具有强烈的主体意识；"和谐生境"则强调人作为环境的组成部分以及在其中发挥的能动作用。从"人居环境"到"和谐生境"是人类对于环境认知的嬗变，与之相应，景观之"道"其根本在于处理好包括人在内的生物群体与环境的关系，从这层意义上看，景观之道在于营造和谐生境。在经济高速发展的今天，人居环境建设日新月异，如何将提高人居环境品质与集约资源成本相结合成为可持续景观规划设计的关键所在。

9.1.1 可持续景观设计的构成

景观环境的构成要素大致可以分为三类：第一类是反映生态的自然要素，包括山体、水文、植被等；第二类是人工要素，主要包括人工环境和建构筑物等；第三类是文化要素，它是蕴涵于景观环境之中，长期生成与积淀的结果，其中包括人们对景观环境的感知。绿色景观主要涉及自然和人工环境中的绿色空间，涵盖城市、风景区以及城乡结合的区域开敞空间等。

9.1.1.1 绿色景观系统设计的相关理论及实践

1) 中国古代的"风水"学说

中国古代城市选地和建筑空间营造一般运用"风水"学，将人为建构筑物与自然环境巧妙结合。典型的城市风水格局是城市背山面水，两侧山脉环绕，形成相对"封闭"而完整的空间形态。建立在"宜忌说"基础上的风水理论，其实质在于强调城市、建筑、陵寝等选址建造与自然环境要素的有机融合，构成一个"圆融"的空间环境。

2) 西方城市十九世纪末的城市美化运动

随着工业化大生产导致的人口剧增和环境恶化，在19世纪末，西方国家通过城市公园系统建设来解决城市环境问题。1853—1868年期间，奥斯曼进行巴黎改建，对整个巴黎市中心进行了广泛的绿化带处理，特别是沿塞纳河岸的宽敞绿化带，以及众多的宽敞的林荫大道的建设，开辟了供市民使用的绿色空间。欧姆斯特德在1880年设计了波士顿公园体系，该公园体系突破了美国城市方格网络网格局的限制，以河流、泥滩、荒草地所限定的自然空间为界定依据，利用200~1 500英尺宽的带状绿化，将数个公园连成一体，在波士顿中心地区形成了优美、环境宜人的公园体系，被誉为波士顿的"蓝宝石项链"(图9.1)。纽约中央公园面积达843英亩，是一块完全人造的自然景观，这里不仅是纽约市民的休闲空间，更是全球人民所喜爱的旅游胜地(图9.2)。

3) 霍华德的花园城市和沙里宁的有机疏散理论

英国新城运动应始于1898年霍华德在他的作品《明天：真正改革的和平途径》里表述的"田园思想"。

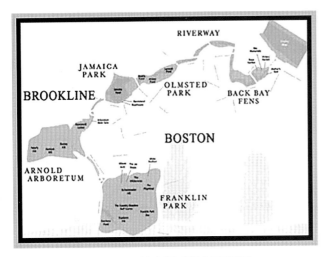

图 9.1 波士顿"蓝宝石项链"	图 9.2 纽约中央公园
资料来源：郭琼莹. 水与绿网路规划——理论与实务. 台北：詹氏书局，2003.	资料来源：http://travel.huanqiu.com/America/2008-06/132259.html

霍华德认为，新城建设应是世纪之交摆脱英国拥挤不堪城市生活的最佳途径(图 9.3)。在花园城市理论的影响下，1944 年的大伦敦规划，环绕伦敦形成了一道宽达 5 英里的绿带。沙里宁的有机疏散理论是针对大城市发展到一定阶段的向外疏散问题而提出的，他在大赫尔辛基规划方案中一改城市的集中布局而使其变为既分散又联系的有机体，绿带网络提供城区间的隔离、交通通道。花园城市理论和有机疏散理论为城市规划的发展、新城的建设和城市景观生态设计产生了深远的影响。

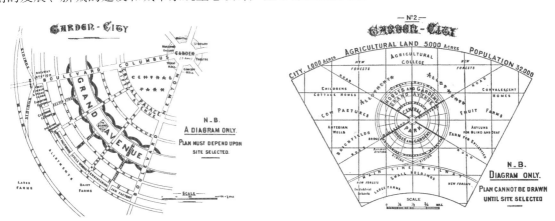

图 9.3 霍华德的田园城市与绿带

资料来源：[美]Elizabeth Barlow Rogers. Landscape Design–A Cultural and Architectural History. New York:Harry N. Abrams，2001

4）麦克哈格的设计结合自然理论

麦克哈格在 1969 年出版的《设计结合自然》，使景观设计师成为当时正处于萌芽状态的环境运动的主导力量。麦克哈格反对传统城市规划中功能分区做法，提出了将景观作为一个系统加以研究，其中包括地质、地形、水文、土地利用、植物、野生动物和气候等，这些决定性的环境要素相互联系，相互作用，共同构成环境整体。麦克哈格强调了景观规划应该遵从自然固有的价值和自然过程，完善了以环境因子分层分析和地图叠加技术为核心的生态主义规划方法；强调土地利用规划应遵从自然的固有价值和自然过程，即土地的适宜性，并因此完善了以因子分层分析和地图叠加技术为核心的规划方法论，俗称"千层饼模式"。

5）景观生态学理论

景观生态学理论始于 20 世纪 30 年代而兴于 80 年代，景观生态学强调水平过程与景观格局空间的相互关系，将"斑块—廊道—基质"作为分析景观的一种模式。景观生态学应用于城市及景观规划中特别强调维持和恢复景观生态过程及格局的连续性和完整性。

9.1.1.2 绿色景观设计的当代内涵

城市绿色景观系统指城市中的自然生态景观和以绿色开敞空间为主的人工景观共同构成的景观生态系

统。在当今城市环境恶化和城市特色贫乏的背景下，通过对城市绿色景观进行系统分析和构筑，来体现城市自然与人工的融合和"以人为本"的城市可持续发展是非常必要的。随着景观生态学原理、生态美学以及可持续发展的观念引入到景观规划设计中，景观设计不再是单纯地营造满足人的活动、建构赏心悦目的户外空间，更在于协调人与环境的持续和谐相处。因此，景观规划设计的核心在于对土地和景观空间生态系统的干预与调整，借此实现人与环境的和谐。自然生态规律是现代景观设计的基本依据之一。从更深层的意义上说，现代景观设计是人类生态系统的设计，是一种基于自然生态系统自我更新能力的"再生设计"，也是一种最大限度的借助于自然再生能力的"最少设计"，更是对于景观环境的"最优化设计"。可持续景观规划设计的重点在于既有资源的永续化利用。可持续景观规划设计并不是意味着投入最小，而是要求追求合理的投入以及产出效应的最大化，真正实现景观环境从"量"的积累转化为"质"的提升。

可持续设计理念意在最大限度地发挥生态效益与环境效益、满足人们合理的物质与精神需求，最大限度地节约自然资源与各种能源、提高资源与能源利用率，以最合理的投入获得最适宜的综合效益。通过集约化设计理念，引导景观规划设计走向科学，避免过度设计。景观环境中的各种生境要素和可再生材料是可持续景观设计的物质载体；景观工程措施是实现景观环境可持续发展的重要技术保障[①]。

9.1.2 可持续景观评价体系

9.1.2.1 "LEED评价体系"对绿色景观构建的借鉴意义

自20世纪70年代的能源危机以来，以节约能源与资源、减少污染为核心内容的可持续发展理念逐渐成为景观设计师们努力的方向。在生态科学与技术的支撑下，重新审视景观设计，突破传统的唯美意识的局限。LEED（Leadership in Energy & Environmental Design）认证作为美国民间的一个绿色建筑认证奖项，由于其成功的商业运作和市场定位，得到了世界范围内的认可和追随，虽然其中不乏质疑者屡屡不绝的批判的声音，比如质疑美国价值观的全球化对地方主义的影响，批评美国标准本身的粗犷和不严谨等等，但这些并没有阻碍LEED作为主流的绿色建筑评级体系得到世界上不同气候带的很多国家的认可。这些国家主要集中在北美和亚洲，其中也包含中国。LEED侧重于在设计中有效地减少环境和住户的负面影响，其内容广泛地涉及五个方面：可持续的场地规划；保护和节约水资源；高效的能源利用和可再生能源的利用；材料和资源问题；室内环境质量。

LEED体系使过程和最终目的能够更好的结合，正是由于LEED认证体系的这种量化过程，使得建筑的设计和建造过程更趋于可控化、可实践性。在旧城的更新改造和再生中，"转变"(Transformation)、"再生"(Revitalization)、"插入"(Infill)、"适应性再利用"(Adaptive reuse)成为近几十年欧美等发达国家城市建设的主体，正如旧城的产业用地、废弃用地、旧城历史特色街区的更新与改造，城市改造进入了一个功能提升和环境内涵品质全面完善的历史新阶段。其中对城市旧有功能与城市新的发展目标和环境现实的适应性再利用，特别是对一些未充分利用和已废弃的城市土地改造为各类景观用地，则是城市发展阶段面临的一个全新课题。通过对城市中这些有缺陷空间的积极改造，从而赋予其新的生机和活力，促进该地区的整体协调发展。

将LEED应用于景观环境建设中，不仅能够对景观进行合理评价，同时对于规划能耗最少、环境负荷最小、资源利用最佳、环境效能最大的城市景观有显著的指导意义。

9.1.2.2 绿色景观评价体系

景观规划设计范畴可以有风景环境与建成环境两大类，不论是哪一类环境，场所均有着自身的特征，包括空间、生态、文脉的遗存，所有环境均非"一张白纸"。景观规划设计是在有条件的场所中展开，结合场地区位条件、自然秩序、人工建设状况，对用地及现状赋予新的使用功能，因此景观设计的核心在于寻求场所与规划设计方法之间的适应性。

景观环境的调研与评价是一个信息采集与分析的过程，对影响环境的因素进行定性的确认与评估，并在可行的情况下加以量化，从而引导规划设计与场地环境能够相互适应。景观环境的调查与评价是科学规划的重要前提之一。对现有环境资源建立合理评价体系，明确场地适宜性及建设强度，尽可能避免设计过

[①] 成玉宁. 现代景观设计理论与方法. 南京：东南大学出版社，2009.

程的主观性和盲目性是现代景观设计方法着重解决的问题,也是实现景观资源综合效益的最大化以及可持续化的基本前提。

场地适宜性的评价目的最终表现在两个方面:一是针对于环境而言,对现有自然环境、空间形态以及历史人文背景的认知及评价,最大限度地利用环境自身的条件,因势利导,采取相应的规划设计策略。二是就设计而言,针对设计在开发定位、建设规模、使用功能以及空间形态等方面的具体要求,通过评价"环境条件"与"使用要求"之间的耦合性,进一步明确场地的使用价值,通过评审进而科学地去规划场地,在满足游憩与审美的同时实现环境的可持续发展。

由于风景环境中人为影响较少或无,自然条件对环境起决定作用,因此,对风景环境的研究主要是对其自然因素的分析与评估。而建成环境则不同,它是依据人的使用要求而营造的,较多的反映了人的意志,反映了人对环境的改造过程。但是任何一处建成环境中或多或少的仍然保留了原有场所的一些固有的自然属性,比如地形、地貌、水系乃至植物等等。因此建成环境较自然环境更为复杂,其中既反映了原有自然的基底,也反映了人的干预和自然环境之间的交互作用过程,更有人文因素的积淀。因此对建成环境的研究,除了对自然属性的考量之外,还包括对人为因素的分析与评估。

9.1.3 集约化景观设计策略

9.1.3.1 集约化景观设计体系

景观环境规划设计要遵循资源节约型、环境友好型的发展道路,就必须以最少的用地、最少的用水、适当的资金投入、选择对生态环境最少干扰的景观设计营建模式,以因地制宜为基本准则,使园林绿化与周围的建成环境相得益彰,为城市居民提供最高效的生态保障系统。建设节约型景观环境是落实科学发展观的必然要求,是构建资源节约型、环境友好型社会的重要载体,是城市可持续发展的生态基础。集约型景观不是建设简陋型、粗糙型城市环境,而是控制投入与产出比,通过因地制宜、物尽其用,营建彰显个性、特色鲜明的景观环境,引导城市景观环境发展模式的转变,实现城市景观生态基础设施量增长方式的可持续发展。建设集约化景观,就是在景观规划设计中充分落实和体现"3R"原则,即对资源的减量利用、再利用和循环利用,这也是走向绿色城市景观的必由之路。

(1)最大限度地发挥生态效益与环境效益。在景观环境建设中,通过集约化设计整合既有资源,充分发挥"集聚"效应和"联动"效应,使生态效益和环境效益充分发挥。

(2)满足人们合理的物质需求与精神需求。景观环境建设的目的之一是满足人们生活、游憩等需求。

(3)最大限度地节约自然资源与各种能源。随着经济社会的不断发展,资源消耗日益严重,自然资源面临着巨大的破坏和使用,不断退化,资源基础持续减弱。保护生态环境,节约自然资源和合理利用能源,是保证经济、资源、环境的协调发展是可持续发展的重点。

(4)提高资源与能源利用率。倡导清洁能源的利用,对于构筑可持续景观环境实为有效。集约化景观设计要求提高资源利用效率。

(5)以最合理的投入获得最适宜的综合效益。集约化景观设计追求投入与产出比的最大化,即综合效益的最适宜。集约设计不是意味着减少投入和粗制滥造,而是能效比最优化的设计。

推动集约化景观规划设计理论与方法的创新,关键要针对长久以来研究过程中普遍存在的主观性、模糊性、随机性的缺憾,还有随之产生的工程造价及养管费用居高不下,环境效应不高等问题。集约化景观设计体系以当代先进的量化技术为平台,依托数字化叠图技术、GIS技术等数字化设计辅助手段,由环境分析、设计、营造到维管,建立全程可控、交互反馈的集约化景观规划设计方法体系,以准确、严谨的指数分析、评测、监控景观规划设计的全程,科学、严肃的界定集约化景观的基本范畴,集约化景观规划设计如何操作,进行集约化景观规划设计要依据怎样的量化技术平台是集约化设计的核心问题之一,进而为集约化景观规划设计提供明确、翔实的科学依据,推动其实现思想观念、关键技术、设计方法的整合创新,向"数字化"的景观规划设计体系迈出重要的一步[1](图9.4)。

---

[1] 成玉宁,李哲,杨东辉,等. 基于量化技术的集约型风景园林设计方法研究. 国家自然科学基金课题,2009.

集约化景观环境设计方法研究以创建集约、环保、科学的景观规划设计方法为目标，以具有中国特色的集约理念所引发的景观环境设计观念重构为契机，探讨集约化景观规划设计的实施路径、适宜策略，及其技术手段，以实现当代景观规划设计的观念创新、机制创新、技术创新，进而开创可量化、可比较、可操作的集约化景观数字化设计途径为目的（图9.5）。

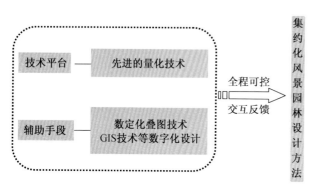

图9.4 集约化风景园林设计基本框架图
资料来源：成玉宁，等. 基于量化技术的集约型风景园林设计方法研究. 国家自然科学基金，2009.

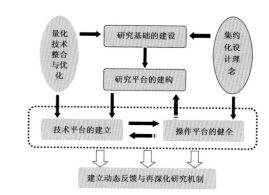

图9.5 集约化风景园林设计基本流程图
资料来源：成玉宁，等. 基于量化技术的集约型风景园林设计方法研究. 国家自然科学基金，2009.

景观环境分为风景环境与建成环境两大类。前者在保护生物多样性的基础上有选择的利用自然资源；后者致力于建成环境内景观资源的整合利用与景观格局结构的优化。风景环境由于人为扰动较少，其过程大多为纯粹的自然进程，风景环境保护区等大量原生态区域均属此类，对于此类景观环境应尽可能减少人为干预，减少人工设施，保持自然过程，不破坏自然系统的自我再生能力，无为而治更合乎可持续精神。另外，风景环境中还存在一些人为干扰过的环境，由于使用目的的不同，此类环境均不同程度地改变了原有的自然存在状态。关于这一类风景环境，应区分对象所处区位、使用要求的不同而分别采取相应的措施。或以修复生境，恢复其原生状态为目标；或辅以人工改造，优化景观格局，使人为过程有机融入风景环境中。在建成环境中，人为因素占据主导地位，湖泊、河流、山体等自然环境更多地以片段的形式存在于"人工设施"之中，生态廊道被城市道路、建筑物等"切断"，从而形成了一个个颇为独立的景观斑块，各个片段彼此较为孤立，缺少联系和沟通。因此，在城市环境建设中，充分利用自然条件，强调构筑自然斑块之间的联系。同时，对景观环境不理想的区段加以梳理和优化以满足人们物质和精神生活的需求。

长期以来，景观环境的营造意味着以人为主导，以服务于人为主要目标，往往是在所谓的"尊重自然、利用自然"的前提下造成了环境的恶化，诸如水土流失、土壤沙化、水体富营养化、地带性植被消失、物种单一等生态隐患。景观环境的营造并未能真正从生态过程角度实现资源环境的可持续利用。因此，可持续景观设计不应仅仅关注景观表象，关注外在形式，更应研究风景环境与建成环境内在的机制与过程。针对不同场地生态条件的特性展开研究，分析环境本身的优劣势，充分利用有利条件，弥补现实不足，使环境整体朝着优化的方向发展。

9.1.3.2 风景环境规划设计

1）风景环境的保护

生态环境的保护和生态基础设施的维护是风景环境规划建设的初始和前提。可持续景观环境规划设计的目的是维护自然风景环境生态系统的平衡，保护物种的多样性，保证资源的永续利用。景观环境规划设计应该遵循生态优先原则，以生态保护作为风景环境规划设计的第一要务。风景环境为人类提供了生态系统的天然"本底"。有效的风景环境保护可以保存完整的生态系统和丰富的生物物种及其赖以生存的环境条件，同时还有助于保护和改善生态环境，保护地区生态平衡。

根据对象的不同，风景环境的保护可以分为两种类型：第一类是保护相对稳定的生态群落和空间形态；第二类是针对演替类型，尊重和维护自然的演进过程。

（1）保护地带性生态群落和空间形态。生态群落是不同物种共存的联合体。生态群落的稳定性，可分为群落的局部稳定性、全局稳定性、相对稳定性和结构稳定性四种类型。稳定的生态群落，对外界环境条件的改变有一定的抵御能力和调节能力。生态群落的结构复杂性决定了物种多样性的复杂性，也由此构成了相应的空间形态。风景环境保护区保护了生物群落的完整，维护了生物群落结构和功能的稳定，同时还能够有效地对特定的风景环境空间形态加以保护。

要切实保护生态群落及其空间形态须做到以下两方面：一方面，要警惕生态环境的破碎化。尊重场地原有生态格局和功能，保持周围生态系统的多样性和稳定性。对区域的生态因子和物种生态关系进行科学的研究分析，通过合理的景观规划设计，严格限制建设活动，最大限度地减少对原有自然环境的破坏，保护基地内的自然生态环境及其内部的生境结构组成，协调基地生态系统以保护良好的生态群落，使其更加健康的发展。另一方面，要防止生物入侵对生态群落的危害。生物入侵是指某种生物从原来的分布地区扩散到一个新的地区，在新的区域内，其后代可以繁殖、维持并扩散下去。生物入侵会造成当地地带性物种灭绝，使得生物多样性丧失，从而导致原有空间形态遭到破坏。在自然界，生物入侵概率极小；绝大多数生物入侵是由于人类活动直接影响或间接影响造成的。

（2）尊重自然演替的进程。群落演替是指当群落由量变的积累到产生质变，即产生一个新的群落类型。群落的演替总是由先锋群落向顶极群落转化。沿着顺序阶段向顶极群落的演替为顺向演替。在顺向演替过程中，群落结构逐渐变得复杂。反之，由顶极群落向先锋群落的退化演变成为逆向演替。逆向演替的结果是生态系统的退化，群落结构趋于简单。保护自然的进程，是指在风景环境中对于那些特殊的、有特色的演替类型加以维护的措施。这类演替形式往往具有一定的研究和观赏价值。尊重自然群落的演替规律，减少人为影响，不应过度改变自然恢复的演替序列，保持自然特性。

景观环境中大量的人工林场，在减少或排除人为干预后，同样具备了自然的属性，亚热带、暖温带大量的人工纯林逐渐演替成地带性的针阔混交林是最具说服力的案例。以南京的紫金山为例，在经历太平天国、抗日战争等战火后，至民国初年山体植被毁损大半。于是，人们开始有选择地恢复人工纯林，以马尾松等强阳性树种为主作为先锋树种。随后近百年的时间里，自然演替的力量与过程逐渐加速，继之是大面积地恢复壳斗科的阔叶树，尤以落叶树为主。近30年来，紫楠等常绿阔叶树随着生境条件的变化，在适宜的温度、湿度、光照的条件下迅速恢复。南京北极阁的次生植被，在建设过程中遭到破坏。但随着自然演替的进行，次生群落得以慢慢恢复。由此可见，人与自然的关系往往呈现出一种"此消彼长"的二元对立局面。

作为一种生态退化类型，采石宕口是一类特殊而且极端的生境。宕口坡面高而陡峭，植物生长环境极度恶劣。由于缺乏对采石宕口生态系统的了解，目前一些宕口复绿工程往往带有一定的盲目性和随意性，一味的人为修复急于求成，未必合适。在采石宕口的修复设计中，应该充分了解这类严重受损生态系统自然演替早期阶段的土壤环境、水环境和植被特征，尊重自然演替过程，以自然恢复为主、人为过程为辅。

（3）科学划分保护等级

① 保护等级划分。保护原生植物和动物，首先应该确定那些重点保护的栖息地斑块以及有利于物种迁移和基因交换的栖息地廊道。通过对动植物栖息地斑块和廊道的研究与设置，尽可能将人类活动对动植物的影响降到最低点，以保护原有的动植物资源。

为了加强生态环境保护的可操作性和景区建设的管理，将生物多样性保护与生物资源持续利用有效结合，可以将景区划分为四个保护等级：

a. 生态核心区。指生态保护中的生态廊道和景观特色关键且具有标志性作用的区域。主要包括重点林区以及动植物栖息的斑块和廊道。该区域严格控制人为建设与活动，尽可能保持生态系统的自然演替，维护基因和物种多样性。

b. 生态过渡区。指生态保护和景观特色有重要作用的区域，包括一部分原生性的生态系统类型和由演替系列所占据的受过干扰的地段。包括人工林、山地边缘、大部分农业种植区和水域等。该区域应控制建设规模与项目，保护与完善生态系统。

c. 生态修复区。指生态资源和景观特色需要恢复保护的区域。该区域针对基地现状生态系统特征，有计划地加以恢复自然生态系统。

d. 生态边缘区。指受外界影响较大，生态因子欠敏感地带。主要分布在基地外围及道路边缘地区。该区域可以结合功能要求，适当建设相应的旅游活动区域与服务设施，满足游人的使用要求，完善景观环境。

② 风景区生境网络与廊道建设。景观破碎度是衡量景观环境破碎化的指标，亦是风景环境规划设计先期分析与后期设计的重要因子。在景观规划设计中应注重景观破碎度的把握，建立一个大保护区比具有相同总面积的几个小保护区具有更高的生态效益。不同景观破碎度的生境条件会带来差异化的景观特质。单个的保护区只是强调种群和物种的个体行为，并不强调它们相互作用的生态系统；单个保护区不能有效地处理保护区连续的生物变化，它只重视在单个保护区内的内容而忽略了整个景观环境的背景；针对某些特殊生境和生物种群实施保护，最好设立若干个保护区，且相互间距离愈近愈好。为了避免生境系统出现"半岛效应"（peninsula effect），自然保护区的形态以近圆形为最佳。当保护区局部边缘破坏时，对圆形保护区中实际的影响很小，因为保护区都是边缘；而矩形保护区中，局部边缘生境的丢失将影响到保护区核心内部，减少保护区的面积[①]。在各个自然景区之间建立廊道系统，满足景观生态系统中物质、能量、信息的渗透和扩散，从而有效提高物种的迁入率。

2）风景环境的规划设计策略

（1）融入风景环境。在风景环境中，自然因素占据主导地位，自然界在其漫长的演化过程中，已形成了一套自我调节系统以维持生态平衡。其中土壤、水环境、植被、小气候等在这个系统中起着决定性作用。风景环境规划设计通过与自然的对话，在满足其内部生物及环境需求的基础上，融入人为过程，以满足人们的需求，使整个生态系统形成良性循环。自然生态形式都有其自身的合理性，是适应自然发生发展规律的结果。

一切景观建设活动都应该从建立正确的人与自然关系出发，尊重自然，保护生态环境，尽可能少对环境产生负面影响。人为因素应该秉承最小干预原则，通过最少的外界干预手段达到最佳的环境营造效果，将人为过程转变成自然可以接纳的一部分，以求得与自然环境有机融合。实现可持续景观环境规划的关键之一就是将人类对这一生态平衡系统的负面影响控制在最低程度，将人为因子视为生态系统中的一个生物因素，从而将人的建设活动纳入到生态系统中加以考察。生态观念与中国传统文化有类似之处。生态学在思想上表现为尊重自然，在方法上表现为整体性和关联性的特点。中国传统文化中的"天、地、人"三者合一的观念，便是人从环境的整体观念中去研究和解决问题。

设计作为一种人为过程，不可避免地会对风景环境产生不同程度的干扰。可持续景观设计就是努力通过恰当的设计手段促进自然系统的物质利用和能量循环，维护和优化场地的自然过程与原有生态格局，增加生物多样性。实现以生态为目标的景观开发活动不应该与风景环境特质展开竞争或超越其特色，也不应干预自然进程，如野生动植物的季节性迁移。确保人为干扰在自然系统可承受的范围内，不致使生态系统自我演替、自我修复功能的退化。因此，人为设施的建设与营运是否合理是风景环境可持续的重要决定因素，从项目类型、能源利用，乃至后期管理都是景观设计师需要认真思考的内容。

① 生态区内建设项目规划。自然过程的保护和人为地开发从某种角度来讲是对立的，人为因素越多干预到自然中，对于原有的自然平衡破坏就可能越大。对于自然保护要求较高的地区，应该尽可能选择对场地及周围环境破坏小、没有设施扩张要求而且交通流量小的活动项目。场地设计应该使场地所受到的破坏程度最小，并充分保护原有的自然排水通道和其他重要的自然资源以及对气候条件做出反应。同时，应使景观材料中所蕴含能量最小化，即尽可能使用当地原产、天然的材料。种植设计对策应该使植物对水、肥料和维护需求最小化，并适度增加景观中的生物量。风景环境中的建设项目要考虑到该项目的循环周期成本，即一个系统、设施或其他产品的总体成本要在其规划、设计和建设时就予以考虑。在一个项目的整个可用寿命或其他特定时间段内，要使用经济分析法计算总体成本。应该尽可能在循环周期成本中考虑材料、设施的废弃物因素，避免项目建设的"循环周期"污染。

在安徽省滁州丰乐亭景区的规划设计中，项目建设以修复生境为基础。在维护原有地块内生态环境的基础上，改善和优化区域内的景观环境，重塑自然和谐的生态景观主题。同时突出以欧阳修为代表的地方历史文化景观特色，以生态优先为原则，结合各个地块的特色，对区域内的地块进行合理的开发和利用。

---

① 张恒庆. 保护生物学. 北京：科学出版社，2009.

② 生态区内的能源。可持续景观采用的主要能源为可再生的能源，以不造成生态破坏的速度进行再生。任何设施开发项目，无论是新建筑，还是现有设施的修缮或适应性的重新使用，都应该包括改善能源效益和减少建筑物范围内以及支撑该设施的机械系统所排放的"温室气体"。为了减少架设电路系统时对环境造成的破坏，生态区内尽可能多的采用太阳能、风能等清洁能源，既可以减少运营的后期开销，又可以减轻对城市能源供应的压力。以沼气为例，沼气作为一种高效的洁净能源已经在很多地区广泛使用，在生态区内利用沼气作为能源可以减少污染，使大量有机垃圾得到再次利用。

③ 废弃物的处理和再利用。在自然系统中，物质和能量流动是一个由"源—消费中心—汇"构成的、头尾相接的闭合循环流，因此，大自然没有废弃物。但在建成环境中，这一流动是单向不闭合的。在人们消费和生产的同时，产生了大量的废弃物，造成了对水、大气和土壤的污染。可持续的景观可以定义为具有再生能力的景观，作为一个生态系统它应该是持续进化的，并能为人类提供持续的生态服务。风景环境建设中，应该最高程度实现资源、养分和副产品的回收，控制废弃物的排放。当人为活动存在时，废弃物的产生也无法避免。对于可回收或再次利用的废弃物，我们应尽最大可能使能源、营养物质和水在景观环境中再生并得到多次利用，使其功效最大化，同时也使资源的浪费最小化。通过开发安全的全新腐殖化堆肥和污水处理技术，从而努力利用景观中的绿色垃圾和生活污水资源。对于不可回收的一次性垃圾，一方面加强集中处理，防止对自然过程的破坏；另一方面，通过限制游客的数量，减少对生态环境的压力。

（2）优化景观格局。风景环境的景观格局是景观异质性在空间上的综合表现，是自然过程、人类活动干扰促动下的结果。同时，景观格局反映一定社会形态下的人类活动和经济发展的状况。为了有效维持可持续的风景环境资源和区域生态安全，需要对场地进行土地利用方式调整和景观格局的优化。

优化景观格局的目的是对生态格局中不理想的地段和区域进行秩序重组，如林相调整改造等，使其结构趋于完善。风景环境的景观格局优化是在自然景观结构、功能和过程综合理解的基础上，通过建立优化目标和标准，对各种景观类型在空间和数量上进行优化设计，使其产生最大景观生态效益和实现生态安全。

风景环境的景观格局具有其自身的特点，因此，对其进行优化时需要掌握风景环境的生态特质和自然过程，把自然环境的生态安全格局保护和建设作为景观结构优化的重要过程。自然环境与人工环境均经历了长期的演变，是诸多环境要素综合作用的结果。环境要素之间往往相互影响、相互制约。景观规划设计应以统筹与系统化的方式处理、重组环境因子，促使其整体优化，突出环境因子间及其与不同环境间的自然过程为主导，减少对人为过程的依赖。

① 基于景观异质性的风景环境格局优化。景观格局优化过程中，人为过程不能破坏自然生态系统的再生能力；通过人为干扰，促进被破坏的自然系统的再生能力得以恢复。景观异质性有利于风景环境中物种的生存、演替以及整体生态系统的稳定。景观异质性导致景观复杂性与多样性，从而使景观环境生机勃勃，充满活力，趋于稳定。因此，保护和有意识地增加景观的异质性有时是必要的。干扰是增加景观异质性的有效途径，它对于生态群落形成和动态发展具有重要意义。在风景环境中，各种干扰会产生林隙，林隙形成的频率、面积和强度影响物种多样性。当干扰之间的间隔增加时，由于有更多的时间让物种迁入，生物多样性会增加。当干扰的频率降低时，多样性则会降低。生物多样性在干扰面积大小和强度为中等时最高，而当干扰处于两者的极端状态时则多样性较低。在风景环境的景观格局优化过程中，最高的多样性只有在中度干扰时才能保持。生态群落的林隙、新的演替、斑块的镶嵌是维持和促进生物多样性的必要手段。

增加异质性的人为措施包括控制性的火烧或水淹、采伐等。控制性的火烧是一种在森林、农业和草原恢复的传统技术。这种方式可以改善野生动物栖息地、控制植被竞争等。

② 基于边缘效应和生物多样性的风景环境格局优化。边缘效应是指在两个或两个不同性质的生态系统交互作用处，由于某些生态因子、系统属性的差异或协和作用而引起系统某些组成部分及行为的较大变化。边缘地带的生态环境往往具备以下特征：a. 边缘地带群落结构复杂，某些物种特别活跃，其生产力相对较高；b. 边缘效应以强烈竞争开始，以和谐共生结束，相互作用，从而形成一个多层次、高效率的物质、能量共生网络；c. 边缘地带为生物提供更多的栖息场所和食物来源，有利于异质种群的生存，这种特定的生境中生物多样性较高。

因具有较高生态价值或因特殊的地貌、地质属性而不适于建设用途的非建设用地，它们在客观上构成了界定建设用地单元的边缘环境区，与建设单元之间蕴藏源于生态关联的"边缘效应"。在风景环境格局优化中，重组和优化边缘景观格局对于维护生境条件、提高生物多样性具有重要意义。边界形式的复杂程度直接影响边缘效应。因此，通过增加边缘长度、宽度和复杂度，来提高丰富度。

③ 修复生境系统。生境破碎是指由于某种原因而使一块大的、连续的生境面积减少，并最终被分割成两个或者更多片段的过程。当生境被破坏后，留下了若干大小不等的片段，这种片段之间被隔离。生境的片段化往往会限制物种的扩散。一般来说，生态系统具有很强的自我恢复能力和逆向演替机制，但是，今天的风景环境除了受到自然因素的影响之外，还受到剧烈的人为因素的干扰。人类的建设行为改变了自然景观格局，引起栖息地片段化和生境的严重破坏。栖息地的消失和破碎是生物多样性消失的最主要原因之一。栖息地的消失直接导致物种的迅速消亡，而栖息地的破碎化则导致栖息地内部环境条件的改变，使物种缺乏足够大的栖息和运动空间，并导致外来物种的侵入。适应在大的整体景观中生存的物种一般扩散能力都很弱，所以最易受到破碎化的影响。风景环境中的某些区域由于受到人为的扰动和破坏而导致其生境质量下降，从而使得生物多样性降低。生境系统修复的目的是尽可能多地使被破坏的景观环境恢复其自然的再生能力。因此，生态恢复过程最重要的理念是通过人工调控，促使退化的生态系统进入自然的演替过程。自然生境的丧失，会引起生物群落结构功能的变化。人工种植生境的群落结构与自然恢复生境的群落结构相比具有较大的差异性。因此，应以自然修复为主、人工恢复为辅。自然生长可有效恢复生境，但是需要较长的时间。在自然生境演替的不同阶段适当引入适宜性树种，可以加快生境的恢复过程。

图9.6　南京大石湖景区总体规划图
资料来源：南京大石湖生态旅游度假区规划方案（成玉宁提供）

南京大石湖景区规划建设在维护原有地块内的生态环境特色的基础上，改善与优化区内的景观环境，重塑自然和谐的生态景观。景观规划设计结合各地块的特色，以生态优先为原则对区内的地块进行合理的开发和利用。从整体上考虑，以修复生态环境为宗旨，因地制宜，展现当代生态农业、生态林业以及生态养殖业的成就为依托，为城市居民提供生态化、多样化的休闲方式，营造可持续发展的风景环境。南京大石湖景区作为城市近郊的自然生态旅游度假区，除了在景观包括场地尺度的规划和设计上为人们提供休憩场所，更重要的是考虑到自然过程的保护与修复。区域内原有特色和规划中所要坚持的生态理念决定了对于其自然景观和生态环境的处理上坚持"以自然资源、环境生态保护利用为核心，重在自然生态的保育，实现可持续发展"的方针（图9.6）。

9.1.3.3　建成环境景观设计

1996年6月的土耳其联合国人居环境大会专门制定了人居环境议程，提出城市可持续发展的目标为："将社会经济发展和环境保护相融合，从生态系统承载能力出发改变生产和消费方式、发展政策和生态格局，减少环境压力，促进有效的和持续的自然资源利用。为所有居民，特别是贫困和弱小群组提供健康、安全、殷实的生活环境，减少人居环境的生态痕迹，使其与自然和文化遗产相和谐，同时对国家的可持续发展目标做出贡献。"[①]

---

① 王如松. 城市人居环境规划方法的生态转型. 见：中国科协2001年学术年会分会场特邀报告汇编，2001.

建成环境有别于风景环境，在这里人为因素转为主导，自然要素则屈居次席。随着经济社会的不断发展，有限的土地须承受城市迅速扩张的影响，土地承载量超负荷，工程建设造成环境污染导致城市河流、绿带等自然流通网络受阻，迫使城市中自然状态的土地必须改变形态。同时，大面积的自然山体、河流开发促使自然绿地消失以及人工设施的无限扩展，即便是增加人工绿地也无法弥补自然绿地消减的损失。自然因子以斑块的形式散落在城市之中，形成孤立的生境岛。缺乏联系，物质流、能量流无法在斑块之间流动和交换，导致斑块的生境结构单一，生态系统颇为脆弱。

可持续景观设计理念要求景观设计师对环境资源理性分析和运用，营造出符合长远效益的景观环境。针对建成环境的生态特征，可以通过3种方法来应对不同的环境问题：① 整合化的设计：统筹环境资源，恢复城市景观格局的整体性和连贯性；② 典型生境的恢复：修复典型气候带生态环境以满足生物生长需求；③ 景观设计的生态化途径：从利用自然、恢复生境、优化生境等三个方面入手，有针对性的解决不同特点的景观环境问题。

1) 整合化的设计

景观环境作为一个特定的景观生态系统，包含有多种单一生态系统与各种景观要素。为此，应对其进行优化。首先，加强绿色基质，形成具有较高密度的绿色廊道网络体系。其次，强调景观的自然过程与特征，设计将景观环境融入整个城市生态系统，强调绿地景观的自然特性，控制人工建设对绿色斑块的破坏，力求达到自然与城市人文的平衡。整体化的景观规划设计强调维持与恢复景观生态过程与格局的连续性和完整性，即维护、建立城市中残遗的绿色斑块、自然斑块之间的空间联系。通过人工廊道的建立在各个孤立斑块之间建立起沟通纽带，从而形成较为完善的城市生态结构。建立景观廊道线状联系，可以将孤立的生境斑块连接起来，提供物种、群落和生态过程的连续性。建立由郊区深入市中心的楔形绿色廊道，把分散的绿色斑块连接起来。连接度越大，生态系统越平衡。生态廊道的建立还起到了通风引道的作用，将城郊绿地系统形成的新鲜空气输入城市，改善市区环境质量，特别是与盛行风向平行的廊道，其作用更加突出。以水系廊道为例，水环境除了作为文化与休闲娱乐载体外，更重要的是它作为景观生态廊道，将环境中的各个绿色斑块联系起来。滨水地带是物种较为丰富的地带，也是多种动物的迁移通道。水系廊道的规划设计首先应设立一定的保护范围来连接水际生态；其次，贯通各支水系，使以水流为主体的自然能量流、生态流能够畅通连续，从而在景观结构上形成以水系为主体骨架的绿色廊道网络。

作为整合化的设计策略，从更高层面上来讲，是对城市资源环境的统筹协调。它涵盖了构筑物、园林等为主的人工景观和各类自然生态景观构成的城市自然生态系统。前者设计的重点在于处理城市公园、城市广场的景观设计以及其他类型绿地设计，融生态环境、城市文化、历史传统与现代理念及现代生活要求于一体，能够提高生态效益、景观效应和共享性。而各类自然生态景观的设计重点在于完善生态基础设施，提高生态效能，构筑安全的生态格局。在进行城市景观规划的过程中，我们不能就城市论城市，应避免不当的土地使用，有规律地保护自然生态系统，尽量避免产生冲击。我们应当在区域范围内进行景观规划，把城市融入更大面积的郊野基质中，使城市景观规划具有更好的连续性和整体性。同时，充分结合边缘区的自然景观特色，营造具有地方特色的城市景观，建立系统的城市景观体系。

建成环境的整合化设计策略须做到以下两点：一方面，维护城市中的自然生境、绿色斑块，使之成为自然水生、湿生以及旱生生物的栖息地，使垂直的和水平的生态过程得以延续；另一方面，敞开空间环境，使人们充分体验自然过程。因此，在对以人工生态主体的城市公园设计的过程中，以多元化、多样性，追求景观环境的整体效应，追求植物物种多样性，并根据环境条件之不同处理为廊道或斑块，与周围绿地有机融合。

在可持续发展思潮的推动下，美国城市生态学者认识到城市发展必须注重城市生态的变化，城市发展应该成为一种与"人"共生的自然体系。城市发展必须回归到特定的生态环境结构之上，并逐步发展成为一种与自然有机融合的城市空间结构。城市发展以景观生态学与城市生态学为理论基础，从而质变成更为具体、更具空间组织的生态城市。生态城市结构能够有效弥补城市规划在空间与自然生态系统之间的隔阂。将生态城市理念融入城市发展计划中，强化城市生态与城市绿地系统共生共营的规划理念。

生态城市(Ecological City)建设是基于可持续景观生态规划设计的建设模式(图9.7)。"生态城市"作为对传统的以工业文明为核心的城市化运动的反思、扬弃,体现了工业化、城市化与现代文明的交融与协调,是人类自觉克服"城市病"、从灰色文明走向绿色文明的伟大创新。生态城市建设是一种渐进、有序的系统发育和功能完善过程。促进城乡及区域生态环境向绿化、净化、美化、活化的可持续的生态系统演变,为社会经济发展建造良好的生态基础。德国的埃尔兰根(Erlangen)、澳大利亚哈利法克斯生态城(Halifax Ecocity)、巴西库里蒂巴生态都市(Curitiba Ecocity)、丹麦哥本哈根(Copenhagen)等都在规划建设架构、环境保护与建设方面表现突出,已经成为生态城市建设的典范(图9.8)。

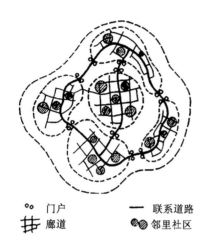

图9.7 生态城市结构图
资料来源:郭琼莹. 水与绿网路规划——理论与实务.
台北:詹氏书局,2003.

图9.8 巴西库里蒂巴生态城
资料来源:http://www.panoramio.com/photo/6501887.jpg

巴西库里蒂巴是联合国命名的"生态城市",是世界上绿化最好的城市之一,人均绿地面积581 m^2,是联合国推荐数的4倍。库里蒂巴市的居民和历届政府都极其重视保护环境,这已成为该地沿袭百年的优秀传统。库里蒂巴生态城市建设的主要策略:

(1)绿地系统规划:全市大小公园有200多个,全部免费开放。此外,库里蒂巴还有9个森林区。绿量大,自然与城市设施有机融合。

(2)植物配置:库里蒂巴的绿化注重地带性树种的选择,多样化的树种配置,既考虑到城市美化的视觉效果,也考虑到野生动物的栖息与取食。

(3)工业遗存改造和生境恢复:工业遗存改造成城市公共绿地。今日的库里蒂巴在市区和近郊已经没有工矿企业,原有的工厂都已迁至几十公里以外。城近郊原来有一处矿山,因为破坏生态环境被停业。人们对破损的生态环境进行结构梳理和修复。在矿山原址,库里蒂巴人把采矿炸开的山沟开辟成公共休闲地。

2)典型生境恢复

所谓物种的生境,是指生物的个体、种群或群落生活地域的环境,包括必需的生存条件和其他对生物起作用的生态因素,也就是指生物存在的变化系列与变化方式。生境代表着物种的分布区,如地理的分布区、高度、深度等。不同的生境意味着生物可以栖息的场所的自然空间的质的区别。生境是具有相同的地形或地理区位的单位空间。

现代城市是脆弱的人工生态系统,它在生态过程上是耗竭性的;城市生态系统是不完全的和开放式的,它需要其他生态系统的支持。随着人工设施不断增加,环境恶化,不可再生资源的迅猛减少,加剧了人与自然关系的对立,景观设计作为缓解环境压力的有效途径,注重对于生态目标的追求。合理的城市景观环境规划设计应与可持续理念相对应。

典型生境的恢复是针对建成环境中的地带性生境破损而进行修复的过程。生境的恢复包括土壤环境、水环境等基础因子的恢复以及由此带来地域性植被、动物等生物的恢复。景观环境的规划设计应当充分了解基地环境,典型生境的恢复应从场地所处的气候带特征入手。一个适合场地的景观环境规划设计,必须先考虑当地整体环境所给予的启示，因地制宜地结合当地生物气候、地形地貌等条件进行规划设计，充分使用地方材料和植物材料，尽可能保护和利用地方性物种，保证场地和谐的环境特征与生物多样性。

美国FO（Field Operations）景观事务所设计的弗莱士河公园（Freshkills），设计师在900 ha的区域内，恢复了当地典型生境，保护了生物多样性，创造出富有生命力的人文景观，从而赋予了未来使用者热情和想象力。

3）景观设计的生态化途径

景观环境的生态化途径从利用、营造、优化三个层面出发，针对设计对象中现有环境要素的不同形成差异化的设计方法。景观设计的生态化途径是通过把握和运用以往城市设计所忽视的自然生态的特点和规律，贯彻整体优先和生态优先原则，力图创造一个人工环境与自然环境和谐共存的、面向可持续发展的理想城镇景观环境。景观生态设计首先应有强烈的生态保护意识。在城市发展过程中，不可能保护所有的自然生态系统，但是在其演进更新的同时，根据城市生态法则，保护好一批典型而有特色的自然生态系统，对保护城市生物多样性和生态多样性、调节城市生态环境具有重要的意义。

（1）充分利用和发掘自然的潜力。可持续景观建设必须充分利用自然生态基础。所谓充分利用，一是保护，充分利用的基础首先在于保护。原生态的环境是任何人工生态都不可比拟的，必须采取有效措施，最大限度地保护自然生态环境。其次是提升。提升是在保护的基础上提高和完善，通过工程技术措施维持和提高其生态效益以及共享性。充分利用自然生态基础建设生态城市，是生态学原理在城市建设中的具体实践。从实践经验看，只有充分利用自然生态基础，才能建成真正意义上的生态城市。不论是建设新城还是旧城改造，城市环境中的自然因素是最具地方性的，也是城市特色所在。全球文化趋同与地域性特征的缺失，使得"千园一面"的现象较为突出。如何发掘地域特色，解读地景，有效利用场地特质成为城市景观环境建设的关键点。可持续城市景观环境设计首先是应做好自然的文章，发掘资源的潜力。自然生境是城市中的镶嵌斑块，是城市绿地系统的重要组成部分。但是由于人工设施的建设造成斑块之间联系甚少，自然斑块的"集聚效应"未能发挥应有的作用。能否有效权衡生态与城市发展的关系是可持续城市景观环境建设的关键所在。生态观念强调利用环境绝不是单纯地保护，如同对待文物一般，而是要积极地、妥当地开发并加以利用。从宏观上来讲，沟通各个散落在城市中和城市边缘的自然斑块，通过绿廊规划以线串面，使城市处于绿色"基质"之上；从微观上来讲，保持自然环境原有的多样性，包括地形、地貌、动植物资源，使之向有助于健全城市生态环境系统的方向发展。

南京帝豪花园紧邻钟山风景区，古树婆娑、碧水荡漾，原有景观环境很好，建筑充分理解自然条件，与环境有机融合（图9.9）。国外许多城市在建设过程中，都注重利用、发掘自然环境。巴黎塞纳滨河景观带在很多地段均采用自然式驳岸、缓坡草坪，凸显怡人风景，将自然通过河道绿化渗透到城市中，构成"城市绿楔"（图9.10）。奥地利、卢森堡等国家更是保护城市中的自然绿地，形成"城市绿肺"和"城市绿环"，绿化覆盖率很高。

图9.9 南京帝豪花园
资料来源：成玉宁摄

图9.10 巴黎塞纳河畔
资料来源：成玉宁摄

（2）模拟自然生境。在经济快速发展的今天，城市的扩张对自然环境造成了一定的破坏，景观设计的目的在于弥补这一现实缺憾，提升城市环境品质。"师法自然"是我国传统造园文化的精粹。自然生境能够较好为植物材料提供立地条件和生长环境，模拟自然生境是将自然环境中的生境特征引入到城市景观环境建设中来，通过人为的配置，营造土壤环境、水环境等适合植物生长的生境条件。生态学带来了人们对于景观审美态度的转变，20世纪60年代到70年代，英国兴起了环境运动，在城市环境设计中主张以纯生态的观点加以实施，英国在新城市和居住区景观建设中，提出"生活要接近自然环境"，但最终以失败告终。这种现象迫使设计者重新审视自己，其结果是重新恢复到传统的住区景象，所谓纯生态方法的环境设计不过是昙花一现。生态学的发展并非是要求我们在自然面前裹足不前、无所适从，而是要求在建设过程中找到某种平衡，纯粹自然在城市环境建设中是行不通的，生态问题也不仅仅是要多种树。人们在实践中不断修正思路，景观师更多地在探索"生态化"与传统审美认知之间的结合点与平衡点。

上海延中绿地占地面积23 hm²，该绿地以前是上海的旧房危房密度最高的地区之一，也是上海热岛效应最严重的地区。通过拆旧建绿，消减中心城区的热岛效应，提升城市品质。上海延中绿地人工群落将乔、灌、草复合配置作为植物群落景观的主要构建途径，模拟自然生境，群落绿量普遍较高（图9.11）。

图9.11　上海延中绿地
资料来源：成玉宁摄

（3）生境的重组与优化。针对建成环境中某些不具备完整性、系统性的生境进行结构优化、提升生境品质。生境的重组与优化目的明确，即为解决生境因子中的某些特定问题而采取的措施。

① 土壤环境。土壤环境是生境的基础，是生物多样性的"工厂"，是动植物生存的载体。微生物在土壤环境中觅食、挖掘、透气、蜕变，它们制造腐殖土。在这个肥沃的土层上所有生命相互紧扣，但在城市环境中，土壤环境往往由于污染而变得贫瘠，不利于植物生长。

a. 土壤改良。土壤改良技术主要包括土壤结构改良、盐碱地改良、酸化土壤改良、土壤科学耕作和治理土壤污染。土壤结构改良是通过施用天然土壤改良剂和人工土壤改良剂来促进土壤团粒的形成，改良土壤结构，提高肥力和固定表土，保护土壤耕层，防止水土流失。盐碱地改良，主要是通过脱盐剂技术盐碱土区旱田的井灌技术、生物改良技术进行土壤改良。酸化土壤改良是控制二氧化碳的排放，制止酸雨发展或对已经酸化的土壤添加碳酸钠、硝石灰等土壤改良剂来改善土壤肥力，增加土壤的透水性和透气性。采用免耕技术、深松技术来解决由于耕作方法不当造成的土壤板结和退化问题。土壤重金属污染主要是采取生物措施和改良措施将土壤中的重金属萃取出来，富集并搬运到植物的可收割部分或向受污染的土壤投放改良剂，使重金属发生氧化、还原、沉淀、吸附、抑制和拮抗作用。

b. 表土的利用。表土层泛指所有土壤剖面的上层，其生物积累作用一般较强，含有较多的腐殖质，肥力较高。在实际建设过程中，人们往往忽视了表土的重要性，在挖填土方时，将之遗弃。典型生境的恢复需要良好的土壤环境，表土的利用是恢复和增加土壤肥力的重要环节，生境恢复尽量避免客土。

② 水环境。水是生命之源，是各种生物赖以生存的物质载体。水环境的恢复意在针对某些存在水污

染或存在其他不适生长因子的地段加以修复、改良。因此，营造适宜的水环境对于典型生境的建构显得尤为重要。根据建成环境中各类不同典型生境的要求，有针对性的构筑水环境。

常熟沙家浜芦荡湿地，充分利用基地内原有场地元素和本底条件，注重生物多样性的创造，形成一处自然野趣的水乡湿地。景区的设计是在对现状基地大量分析的基础上进行的，无论从路线的组织还是项目活动的安排，都是在对基址特性把握的基础上作出的。通过竖向设计，调整原场地种植滩面宽度，形成多层台地，以满足浮水、挺水、沉水等各类湿地植物的生长需求(图9.12)。

美国西雅图奥林匹克雕塑公园(Olympic Sculpture Park)由韦斯·曼弗雷迪建筑事务所(Weiss Manfredi Architects)完成。越来越多的被废弃的城市滨水地区生境条件不断恶化。西雅图市中心北边临着艾略特海湾(Elliott Bay)的地块以前是加州联合石油公司用来储存石油的地方，土壤被严重污染。公园在筹划之初，就设立了两个主要的目标，其一当然是艺术，其二则是生态修复。设计使这些曾被污染的土地具有新的用途，既能服务广大的城市居民，又能把城市纳入一个绿色的生态系统中(图9.13)。

图9.12　常熟沙家浜湿地生境改造图

资料来源：常熟沙家浜湿地公园景观设计方案(成玉宁提供)

图9.13　美国西雅图奥林匹克雕塑公园

资料来源：美国景观设计师协会ASLA官方网站公布的2007年总体设计荣誉奖 http://www.asla.org/awards/2007/07winners/267_wmct.html

鲁尔是德国的工业重镇，上个世纪80年代后，鲁尔区工业衰退，留下的是大面积被工业设施污染的环境，生态条件很差。设计师把一些主要河流进行优化，恢复地带性生境，景观环境逐步改善。在鲁尔区工业遗存景观与自然景观和谐并存，成为莱茵河畔特殊的风景。彼得·拉兹(Peter Latz)设计的德国萨尔布吕肯市(Saarbrücken)港口岛公园保留了原码头上所有的重要遗迹，收集工业废墟、战争中留下的碎石瓦砾，经过处理后使之与各种自然再生植物相交融；园中的地表水被统一收集，通过一系列净化处理后得到循环利用。公园景观实现了过去与现在、精细与粗糙、人工与自然和谐交融，充分体现了可再生景观理念。

9.1.4 可持续景观的技术途径

实现生态可持续景观是景观设计的基本目标之一。可持续的生态系统要求人类的活动合乎自然环境规律，即对自然环境产生的负面影响最小，同时具有能源和成本高效利用的特点。生态的理性规划基于生态法则和自然过程的理性方法揭示了针对不同的用地情况和人类活动，需要营造出最佳化或最协调的环境，同时还要维持固有生态系统的运行。随着生态学等自然学科的发展，越来越强调景观环境设计系统整合与可持续性，其核心在于全面协调与景观环境中各项生境要素，如小气候、日照、土壤、雨水和植被等自然因素，当然也包括人工的建筑、铺装等硬质景观等。统筹研究景观环境中的诸要素，进一步实现景观资源的综合效益的最大化以及可持续化。

9.1.4.1 可持续景观生境设计

1）土壤环境的优化

（1）原有地形的利用。景观环境规划设计应该充分利用原有的自然山形地貌与水体资源，尽可能减少对生态环境的扰动，尽量做到土方就地平衡，节约建设投入。尊重现场地形条件，顺应地势组织环境景观，将人工的营造与既有的环境条件有机融合是可持续景观设计的重要原则。首先，充分利用原有地形地貌体现和贯彻生态优先的理念。应注重建设环境的原有生态修复和优化，尽可能地发挥原有生境的作用，切实维护生态平衡。其次，场地现有的地形地貌是自然力或人类长期作用的结果，是自然和历史的延续与写照，其空间存在具有一定的合理性及较高的自然景观和历史文化价值，表现出很强的地方性特征和功能性的作用。再次，充分利用原有地形地貌有利于节约工程建设投资，具有很好的经济性。原有地形形态利用包括地形等高线、坡度、走向的利用、地形现状水体借景和利用，以及现状植被的综合利用等。

青枫公园位于常州市城西新兴发展板块中，总面积约 45 hm²。设计师采用"森林涵养水，水成就森林"的森林生态能量交换与循环运动的思想，以"生态、科普、活力"为目标，充分利用场地内原有地形和植被条件。通过园林化改造，将青枫公园营造成一个真正有生命意义的场地，实现可持续发展的城市森林生态公园。在公园建设过程中，尽量保留了场地中的原有地形，依山就势，自然与城市和谐对话。既达到了围合空间的目的，又减少了土方挖填量，有效节约了建设投入（图 9.14）。

图 9.14 常州青枫公园
资料来源：http://www.czjsj.gov.cn/page/html_113_3877.htm

（2）基地表土的保存与恢复。通常建设施工首先是清理场地，"三通一平"，接着便是开挖基槽，由此而产生大量的土方，一般说来，这些表土被运出基地，倒往它处。这种做法首先改变了土壤固有的结构，其次是将富含腐殖质的表土去除，而下层土壤并不适宜栽植。科学的做法应该是将所开挖的表土保留起来，待工程竣工后，将表土回填至栽植区域，这样有助于迅速恢复植被，提高栽植的成活率，起到事半功倍的效果。

在进行景观环境的基地处理时,注意要发挥表层土壤资源的作用。表土是经过漫长的地球生物化学过程形成的适于生命生存的表层土,它对于保护并维持生态环境扮演了一个相当重要的角色。表土中有机质和养分含量最为丰富,通气、渗水性好,不仅为植物生长提供所需养分和微生物的生存环境,而且对于水分的涵养、污染的减轻、微气候的缓和都有着相当大的贡献。在自然状态下,经历100至400年的植被覆盖才得以1 cm厚的表土层,可见其难得与重要性。千万年形成的肥沃的表土是不可再生的资源,一旦破坏,是无法弥补的损失,因此基地表土的保护和再利用非常重要。另外,一定地段的表土与下面的心土保持着稳定的自然发生层序列,建设中保证表土的回填将有助于保持植被稳定的地下营养空间,利于植物的生长(图9.15)。

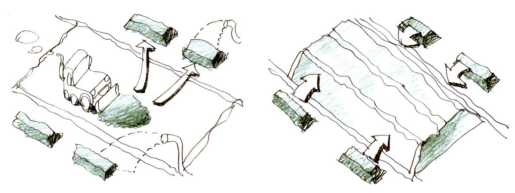

图 9.15 表土利用示意图
资料来源:成玉宁.现代景观设计理论与方法.南京:东南大学出版社,2009.

在城市景观环境设计中,应尽量减少土壤的平整工作量,在不能避免平整土地的地方应将填挖区和建筑铺装的表土剥离、储存,用于需要改换土质或塑造地形的绿地中。在景观环境建成后,应清除建筑垃圾,回填同地段优质表土,以利于地段绿化。日本横滨若叶台居住区在平整土地时,将原有的表层熟土先收集起来,然后再铺在改造后的地表上作为绿化基质,整个居住区共保存了这类表土约6 m³。

(3) 人工优化土壤环境。为了满足景观环境的生境营造,体现多样化的空间体验,需要人为添加种植介质,这就是所谓的人工土壤环境。这种人工土壤环境的营造并不是单一的"土壤"本身,为了形成不同的生境条件,通常需要多种材料的共同构筑。

作为旧金山首座可持续性建筑项目之一,新的加州科学馆拥有10 117 m²的绿色屋顶,它强调了生境的品质和连贯性。伦佐·皮亚诺(Renzo Piano)建筑工作室邀请了SWA和园艺顾问鲍尔·凯法特(Paul Kephart)共同设计"绿色屋顶"。项目的设计将周边的自然景观分三层设置,使之错落有致,跃然建筑屋顶之上,充满生机与活力。覆盖植被的屋顶轮廓与下面的设施、办公室和展厅相得益彰。由于部分山体坡度达60°,不利于植被种植,因此设计师在种植屋顶植被前进行了大量的测试,设计了等比模型,利用这些模型来测试锚固系统和构建植被生长基础的多层土壤排水系统。底部纵横交错的石笼网不仅可以充当屋顶的排水渠道,同时又支撑着由压缩椰壳做成的种植槽。植被首先在场地外被植入种植槽内,成活之后再运往现场,然后人工放置在石笼网内的防水绝缘材料上。这些种植槽作为支撑结构,随着植物的生长最终降解融于土壤之中。屋顶灌溉主要依靠自然灌溉,而非机械灌溉,除了采用节水的种植方式外,从屋顶收集的以及流失的雨水都被回收到地下水中[①](图9.16)。

2) 水环境的优化

景观环境中大量使用硬质不透水材料为铺装面,如传统沥青混凝土、水泥混凝土、湿贴石材等块状铺装材料等,这些铺装均会造成地表水流失。沟渠化的河流完全丧失滨河绿带的生态功能。一方面加剧了人工景观环境中的水缺失,导致了土壤环境的恶化;另一方面,则需要大量的人工灌溉来弥补景观环境中水的不足,从而造成浪费。

---

① April Kilcrease. 绿色的屋顶. 王玲,译. 景观设计,2009.

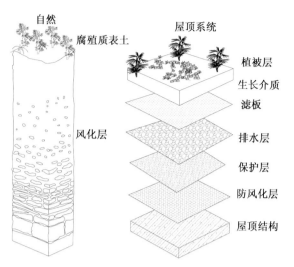

图 9.16(a) 加州科学馆屋顶花园
资料来源：April Kilcrease. 绿色的屋顶. 王玲, 译. 景观设计, 2009.

图 9.16(b) 加州科学馆屋顶花园
资料来源：http://www.panoramio.com/photo/36575104

改善水环境，首先是利用地表水、雨水、地下水，这是一种低成本的方式；其次是对中水的利用，然而中水利用成本较高，且存在着二次污染的隐患，生活污水中有害物质均对环境有害，而除去这些有害成分的成本高昂。根据研究，总面积在 5 万 m^2 上的居住区，应用中水技术具有经济上的可行性。如在南京某住区设计之初，期望将中水回用作为景观环境用水，结果由于中水回用设备运营费用过高，被迫停用。因此，在相关技术未有大幅改进的前提下宜慎用中水。

（1）地表水、雨水的收集。在所有关于物质和能量的可持续利用中，水资源的节约是景观设计当前所必须关注的关键问题之一，也是景观设计师需着力解决的。城市区域的雨水通常会为河流与径流带来负面的影响。受到污染的雨水落在诸如屋顶、街道、停车场、人行道的城市硬质铺装上，每一次降水，都会将污染物冲刷到附近的水道中。而且硬质铺装的表面使得雨水流动更快，量也更大，原本这些雨水都应该渗透到自然景观区域的土壤当中。城市中无处不在的硬质铺装地面也就加速了雨水流入河流，因此洪水泛滥的可能性也更大。

因为缺少相应的管理，城市发展的污染依然非常严重，世界上许多城市都面临着这个尚未解决的问题。面对中国城市普遍存在水资源短缺、洪涝灾害频繁、水污染严重、水生栖息地遭到严重破坏的现实，景观设计师可以通过对景观的设计，从减量、再用和再生三方面来缓解中国的水危机。具体内容包括通过大量使用乡土和耐旱植被，减少灌溉用水；通过将景观设计与雨洪管理相结合，来实现雨水的收集和再用，减少旱涝灾害；通过利用生物和土壤的自净能力，减轻水体污染，恢复水生栖息地，恢复水系统的再生能力等。可持续的景观环境应该努力寻求雨水平衡的方式，雨水平衡也应该成为所有可持续景观环境的设计目标。地表水、雨水的处理方法突出将"排放"转为"滞留"，使其能够"生态循环"和"再利用"。在自然景观中，雨水落在地上，经过一段时间与土地自身形成平衡。雨水只有在渗入到地下，并使土壤中的水分饱和后才能成为雨水径流。一块基地的地表面材料决定了成为径流的雨水量。开发建设会造成可渗水表面减少，使得雨水径流量增加。不透水材料建造的停车场阻碍了雨水渗透，从而打破了基地雨水平衡。不当的建设行为会使场地的雨水偏离平衡。不透水的表面会使得雨水无法渗透到土壤中，进而影响到蓄水层和与之相连的河流，从而产生污染。综合的可持续性场地设计技术能够帮助实现和恢复项目的雨水平衡，它强调雨水收集、贮存、使用的无动力性。最具有代表性的是荷兰政府 1997 年强调实施可持续的水管理策略，其重要内容是"还河流以空间"。以默兹河为例，具体包括疏浚河道、挖低与扩大漫滩、退堤以及拆除现有挡水堰等，其实质是一个大型的自然恢复工程。

改善基底，提高渗透性主要指通过建设绿地、透水性铺地、渗透管、渗透井、渗透侧沟等，令地面雨水直接渗入地下，涵养地下水源，同时也可缓解住区土壤的板结、密实，有利于植物的生长。日本早在 1980 年代初就开始推广雨水渗透计划。有资料表明，利用渗透设施对涵养地下水、抑制暴雨径流十分明显：东京附近面积达 22 万 m²，平均日降雨量 69.5 mm 的降雨区，由于实施雨水渗透技术，平均流出量由原来的 37.59 mm 降到 5.48 mm，储水效率大为改观，也未发现对地下水造成污染。

无论是单体建筑还是大型城市，应该严格实行雨洪分流制，针对不同地域的降水量、土壤渗透性及保水能力。首先，尽可能截留雨水、就地下渗；其次，通过管、沟将多余的水资源集中贮存，缓释到土壤中；再次，在暴雨期超过土壤吸纳能力的雨水可以排到建成区域外。

① 雨水收集面主要包括：屋面、硬质铺装面和绿地等三个方面。

屋面雨水收集系统类型与方式有：a. 外收集系统：檐沟、雨水管；b. 内收集系统：由屋面雨水斗和建筑内部的连接管、悬吊管、立管、横管等雨水管道组成。

屋顶雨水收集过程中，可以采用截污滤网、初期雨水弃流装置等控制水质、去除颗粒物、污染物。

硬质铺装面（道路、广场、停车场）雨水收集系统类型与方式有：a. 雨水管、暗渠蓄水：采用重力流的方式收集雨水；b. 明沟截流蓄水：通过明沟砂石截流和周边植被带种植不仅可以起到减缓雨水流速，承接雨水流量的作用，同时，借助生物滞留技术和过滤设施，还能够有效防止受污染的径流和下水道溢出的污染物流入附近的河流。在这些景观区通过竖向设计调整高程，以便收集雨水，并使雨水经过滤后渗入地下。明沟截流可以降低流速、增加汇集时间、改善透水性并有助于地下水回灌。同时，这些明沟可以增加动物栖息地，提高生物多样性。

② 街道雨洪设施：绿色基础设施是场地雨水管理和治理的一种新方法，在雨水管理和提升水质方面都比传统管道排放的方式有效。采用生态洼地和池塘等典型的绿色基础设施，可以为城市带来多方面的好处。通过道路路牙形成企口收集、过滤雨水，将大量雨水流限制在种植池中，通过雨水分流策略，减轻下水道荷载压力。避免将雨水径流集中在几个"点"，要将雨水分布到基地各处的场地中。同时考虑到人们集中活动和车辆的油泄露等污染问题，应避免建筑物、构筑物、停车场上的雨水直接进入管道，而是要让雨水在地面上先流过较浅的通道，通过截污措施后进入雨水井。这样沿路的植被可以过滤掉水中的污染物，也可以增加地表渗透量。线性的生态洼地是由一系列种有耐水植物的沟渠组成，通常出现在停车场或是道路沿线。还有一些通过植物和土壤中的天然细菌吸收污染物来提升水质的系统。洼地和池塘都可以在解除洪水威胁之前储存雨水。这些系统当中一些可以用于补给地下水，一些则在停车场上方，要保持不能渗透。绿色基础设施也可以与周围的环境一起构成宜人的景观，同时提升公众对于雨水管理系统和增强水质的意识。

NE Siskiyou 绿色街道被认为是波特兰市最好的绿色街道雨洪改造工程实例之一。这种形式在所有地方用雨洪收集管道代替典型的住宅街道停车区，以便收集流失的雨水。2003 年秋天建成的 NE Siskiyou 绿色街道，成为可持续雨洪管理原理的有效例证，并充分体现了简单、节约成本以及创新的设计解决方案的价值（图 9.17，图 9.18）。

③ 透水铺装：改善景观环境中铺装的透气、透水性，通过透水材料的运用，迅速分解地表径流，渗入土壤，汇入集水设施有三种铺装材料：

a. 多孔的铺装面：现浇的透水性铺装面层使用多孔透水性沥青混凝土和多孔性柏油等材料。多孔性铺

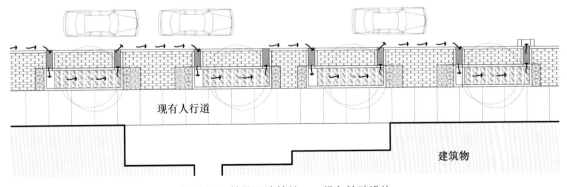

图 9.17 俄勒冈波特兰——绿色基础设施

资料来源：成玉宁. 现代景观设计理论与方法. 南京：东南大学出版社，2009.

图 9.18　俄勒冈波特兰——绿色基础设施
资料来源：美国景观设计师协会 ASLA 官方网站公布的 2007 年总体设计荣誉奖 http://www.asla.org/sustainablelandscapes/greenstreet.html

图 9.19　南京大石湖生态旅游度假区中透水边坡及停车场
资料来源：成玉宁摄

装的目的是从生态学上处理车辆的汽油，从排水中除去污染物质，把雨水循环成地下水，分散太阳的热能，让树根呼吸，也是在恢复城市自然环境的循环机能基础上确立的。但是多孔性柏油的半液体黏合剂堵塞透气孔，会使植物根系造成呼吸不良，影响植物的生长。而多孔性混凝土因为其多孔结构会降低骨料之间的黏结强度进而降低路面的强度及耐久性等性能指标，因此必须采用特殊添加剂改善和提高现浇透水性面层黏结材料的强度。多孔的铺装面能够增加渗透性，形成一个稳定的、有保护作用的面层。

b. 散装的骨料：如碎石路面、停车场等。在南京大石湖生态旅游度假区中，运用碎石作为路面铺装，有效提高了场地的透水性，减少了硬质材料对自然环境地表水流动的阻隔（图 9.19）。

c. 块状材料：用"干铺"的方式拼装块状材料，如道板细石混凝土、石板等整体性块状材料。透水性块材面层的透水性通过两种途径实现，一种是透水性的块材本身就有透水性，另一种是完全依靠接缝或块材之间预留孔隙来透水。这种方式中所使用的面层块材本身不透水或透水能力很有限，如：草坪格、草坪砖等。

上述三种常用的地面铺装方法均可达到透水的目的，其基本原理是通过面层、垫层、基层的孔洞、空隙实现水的渗透，从而达到透水的目的。在技术层面上应该注意区别道路铺装面的荷载状况而分别采用不同的垫层及基层。三种方法各有利弊，如透水混凝土整体性最强，其表面色彩、质地变化多，但随着时间的推移，由于灰尘等细小颗粒的填充，透水混凝土的透水率会逐渐降低，最终失去透水的意义。比较而言，散状骨料的适应面最宽，只要妥善处理面层、垫层及基层级配，此种铺装面几乎可以适用于任何一种景观环境，具有造价低、构造简单、施工便捷、易维护等多种优点。块状材料透水铺装面主要用于步行道，不适宜重荷载碾压，否则会由于压力不均而致路面塌陷变形。

北京北海团城是利用水资源的典范，体现着先人们的环境意识及驾驭工程技术的智慧。团城地砖呈倒梯形。把这些倒梯形的砖排列起来，砖与砖之间形成了一个三角形的通道，这个通道既便于透气，又便于渗水。不仅如此，砖与砖之间的缝隙也没有抹灰浆，这样做显然是为了让雨水更好地下渗。砖下面的垫层材料比较松软。在环绕团城的270多 m长城墙上，没一个泄水口。在团城全部5 900多 m²的地面上，除建筑物占地外，其余的地面都铺有地砖。铺砌样式分为两大类型。一小部分为甬道，由方砖铺成，它们质地致密，不渗水，专供人行走，地面绝大部分铺的是倒梯形方砖，供渗水集雨之用。团城地势北高南低，雨水从北往南流，铺在城北和城南的倒梯形砖在尺寸和质地上也不相同。城北的砖较厚，上表面还有一层两三厘米厚的致密层；城南的砖稍薄，没有致密层，砖体还遍布气孔，其吸水性比前者要强。此外，城南的砖体表面积也小于城北的砖，这样做可以使城南地面的缝隙更多更密，更利于雨水下渗。团城共有9个入水井口，呈椭圆环走向排列，每个井口均与地下涵洞相通。地面上雨水口所处位置均是涵洞走向的转折点，按逆时针方向经8号、7号、6号等井口，最后到达1号井口，整个涵洞走向呈"C"字形。每当大雨或暴雨来临时，雨水就顺着井口流入涵洞储存起来，形成一条暗河，使植物在多雨时不致积水烂根，在天旱时不致缺水干枯（图9.20）。

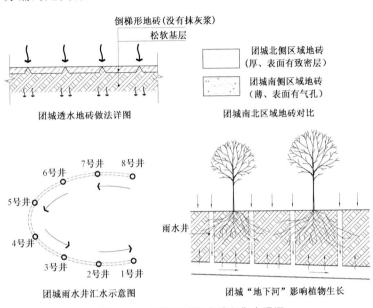

图 9.20 北海团城透水砖和集水涵洞
资料来源：成玉宁. 现代景观设计理论与方法. 南京：东南大学出版社, 2009.

（2）中水处理。中水回用景观设计是当今城市住区环境规划中体现生态与景观相结合的一项有着多重意义的课题，对于应对全球性水资源危机，改善城市环境有着非常重要的价值。将生活污水作为水源，经过适当处理后作杂用水，其水质指标介于上水和下水之间，称为中水，相应的技术称为中水处理技术。经处理后的中水可用于厕所冲洗、园林灌溉、道路保洁、城市喷泉等。对于淡水资源缺乏，城市供水严重不足的缺水地区，采用中水技术既能节约水源，又能使污水无害化，是防治水污染的重要途径，也是我国目前及将来重点推广的新技术、新工艺。目前，在景观环境运用较广的中水处理技术包括物理技术、生物技术和净水生境技术等。

9.1.4.2 可持续景观种植设计

近年来，景观环境建设过程中，过分追求"立竿见影""一次成型"的视觉效果，将栽大树曲解为移植成年树，从而忽略了植被的生态功能，大量绿地存在功能单一、稳定性差、易退化、维护费用高等问题。可持续景观种植设计注重植物群落的生态效益和环境效益的有机结合。通过模拟自然植物群落、恢复地带性植被、多用耐旱植物种等方式是实现可持续绿色景观的有效途径。建构起结构稳定、生态保护功能强、养护成本低、具有良好自我更新能力的植物群落。

1）地带性植被的运用

自然界植物的分布具有明显的地带性，不同的区域自然生长的植物种类及其群落类型是不同的。景观环境中应用的地带性植被，对光照、土壤、水分适应能力强、植株外形美观、枝叶密集、具有较强扩展能力，能迅速达到绿化效果且抗污染能力强、易于粗放管理，种植后不需经常更换的植物。地带性植物栽植成活率高，造价低廉，常规养护管理费用较低，往往无须太多管理就能长势良好。地带性植物群落还具有抗逆性强的特点，生态保护效果好，在城市中道路、居住区等生态条件相对较差的绿地也能适应生长，从而大大丰富了景观环境的植物配置内容；能疏松土壤、调节地温、增加土壤腐殖质含量，对土壤的熟化具有促进作用。

在立地条件适宜地段恢复地带性植物时,应该大量种植演替成熟阶段的物种,首选乡土树种,组成乔、灌、草复合结构,在一定条件下可以抚育野生植被。城市生物多样性包括景观多样性,是城市人们生存与发展的需要,是维持城市生态系统平衡的基础。城市景观环境的设计以其园林景观类型的多样化,以及物种的多样性等来维持和丰富城市生物生态环境。因此,物种配置以乡土和天然为主,这种地带性植物多样性和异质性的设计,将带来动物的多样性,能吸引更多的昆虫、鸟类和小动物来栖息。南京地铁一号线高架站广场景观环境设计中,大量使用地带性落叶树种,如榉树、朴树、黄连木等,形成四季分明的植物景象(图9.21)。

北京塞纳维拉居住区运用杨树来营造一种"白杨乡土景观"。在一个高档社区中使用了最便宜却具有地域特征的树木,在改善景观环境质量的同时,节约造价,科学合理的设计实现了景观的可持续(图9.22)。

图9.21 南京地铁一号线景观环境选用地带性树种
资料来源:成玉宁摄

图9.22 北京塞纳维拉居住区
资料来源:http://www.ddyuanlin.com/html/photo/2007-11/30/5531.html

强调地带性植物的意义,并非绝对排斥外来植物种类。但是,目前很多城市景观是由非本地或未经驯化培育的植物组成的。这些植物在生长期往往需大量的人工辅助措施,并且长势及景观效果欠佳。以南京鼓楼北极阁广场上的银海枣为例,保护它们正常越冬是每年必不可少的工作,这大大增加了养管费用。同时,这些新引进的树种,由于对气候的不适应,往往生长状况差,根本达不到原产地的效果。外来树种引种需有一个适应环境的过程,其周期较长,引种须慎重。

2）群落化栽植是生态演替与人工景观的结合

自然界树木的搭配是有序的，乔、灌、草呈层分布，树种间的组合也具有一定的规律性。它们的组合一方面与生境条件相关，另一方面又与树种的生态习性有关。对于景观师而言，通过模拟地带性自然植物群落以营造景观是相对有效的办法，一方面可以强化地域特色，另一方面也可以避免不当的树种搭配。模拟自然景观的目的在于将自然环境的生境特征引入到城市景观环境建设中来。模拟自然植物群落、恢复地带性植被的运用，可以构建出结构稳定、生态保护功能强、养护成本低、具有良好自我更新能力的植物群落。不仅能创造清新、自然的绿化景观，而且能产生保护生物多样性和促进城市生态平衡。

植物群落所营造的是模拟自然和原生态的景象。种植设计中，要注意栽植密度的控制，过密的种植会不利于植物生长，从而影响到景观环境的整体效果。在技术上，应尽量模拟自然界的内在规律进行植物配置和辅助工程设计，避免违背植物生理学、生态学的规律进行强制绿化。植物栽植须在生态系统允许的范围内，使植物群落乡土化，进入自然演替过程。如果强制绿化，就会长期受到自然的制约，从而可能导致灾害，如物种入侵、土地退化、生物多样性降低等。

生物多样性不是简单的物种集合，植物栽植应尽可能提高生物多样性水平。植物配置时，既要注重观赏特性对应互补，又要使物种生态习性相适应。尊重地带性植物群落的种类组成、演替规律和结构特点，以植物群落作为绿化的基本单元，再现地带性群落特征。顺应自然规律，利用生物修复技术，构建层次丰富、功能多样的植物群落，提高自我维持、更新和发展能力，增强绿地的稳定性和抗逆性，减少人工管理力度，最终实现景观资源的可持续维持与发展。

3）不同生境的栽植方法

进行植物配置时，要因地制宜，因时制宜，使植物正常生长，充分发挥其观赏特性，避免为了单纯达到所谓的景观效果而采取违背自然规律的做法。譬如大面积的人工草坪不仅仅建设与养管成本高，而且由于施肥，当大面积草坪与水体相临时，就难免使水体富营养化，从而带来水环境的恶化。生态位是指物种在系统中的功能作用以及在时间、空间中的地位。景观规划设计要充分考虑植物物种的生态位特征，合理选择、配置植物群落。在有限的土地上，根据物种的生态位原理实行乔、灌、藤、草、地被植被及水面相互配置，并且选择各种生活型以及不同高度、颜色、季相变化的植物，充分利用空间资源，建立多层次、多结构、多功能科学的植物群落，构成一个稳定的长期共存的复层混交立体植物群落。

树种的选择主要受生态因子的影响，就景观栽植而言，一方面是依据基地条件而选择相适宜的树种，另一方面是着眼于景观与功能，改善环境条件以栽植某些植物种。树木与环境间是一种"互适"的关系。以"适地适树"为根本原则，在确保植物成活率的同时，降低造价及日常的养护管理费用。合理控制栽植密度，植物配置的最小间距为 $(A+B)/2=D$。其中 A、B 为相邻两株树木的冠幅，D 为两株树木的间距。复层结构绿化比例，即乔、灌、草配植比例是直接影响场地绿量、植被、生态效应和景观效应的绿化配置指标。据调查研究，理想的景观环境为 100%绿化覆盖率，复层植物群落占绿地总面积的 40%~50%，群落结构一般三层以上，包括乔木、灌木、地被。

（1）建筑物附近的栽植。景观环境中，通过种植设计形成良好的空间界面，与建筑物达成一定的对话关系。建筑周边立地条件复杂，通常地下部分管线、沟池等占据了地下空间。自然生长的植物材料具有两极性，即植物的地下部分与地上部分具有相似性。树木的地上地下部分都在生长，因此，地上地下都必须留出足够的营养空间。因此在种植设计过程中，不仅要考虑到植物材料地上部分的形态特征，同时也要预测到植物生长过程中其根系的扩大变化，以避免与建筑基础管线产生矛盾。靠近建筑物附近的树木往往根系延伸至建筑室内地下，一方面会破坏建筑物的基础，另一方面由于树木的根系吸收水分，可引起土壤收缩，从而使室内地面出现裂纹。尤其是重黏土，龟裂现象更为明显。其中榆树、杨树、柳树、白蜡等树种容易造成此类现象，因此在种植设计时必须保持足够的距离。通常至少保持与树高同等的距离，至少保持树高 2/3 的距离。

（2）湿地环境植物的栽植。水生植物根据其生态习性的不同，可以划分为 5 种类型，其分别生长在不同水深条件中：挺水植物常分布于 0~1.5 m 的浅水处，其中有的种类生长于潮湿的岸边，如芦、蒲草、荷花等；浮水植物适宜水深为 0.1~0.6 m，如浮萍、水浮莲和凤眼莲等；沉水植物全部位于水层下面营固着生活的大形水生植物，如苦草、金鱼藻、黑藻等；沼生植物仅植株的根系及近于基部地方浸没水中的植物，一般生长于沼泽浅水中或地下水位较高的地表，如水稻、菰等；水缘植物生长在水池边，从水深 0.2 m 处到水池边的泥里都可以生长。

不同水生植物除了对栽植深度有所不同外，对土壤基质也有相应的要求，景观栽植中应注意根据不同水生植物的生态习性，创造相应的立地条件。

（3）坡面栽植。土石的填挖会形成边坡土石的裸露，造成水土流失，影响植被生长。坡面栽植可美化环境，涵养水源，防止水土流失和滑坡，净化空气，具有较好的环保意义。

坡面栽植效果如何在很大程度上取决于植物材料的选用。根系发达的固土植物在水土保持方面有很好的效果，国内外对此研究也较多。采用发达根系植物进行护坡固土，既可以达到固土保沙，防止水土流失，又可以满足生态环境的需要，还可进行景观造景，在城市河道护坡方面可借鉴。固土植物可以选择沙棘林、刺槐林、黄檀、胡枝子、池杉、龙须草、金银花、紫穗槐、油松、黄花、常青藤、蔓草等等，在长江中下游地区还可以选择芦苇、野茭白等，可以根据该地区的气候选择适宜的植物品种。

按栽种植物方法不同分为：栽植法和播种法。播种法主要用于草本植物的绿化，其他植物绿化适用栽植法。播种法按使用机械与否，又可分为机械播种法和人工播种法；按播种方式不同还可分为点播、条播和撒播。

（4）屋顶栽植。屋顶栽植作为一种不占用地面土地的绿化形式，其应用越来越广泛。屋顶栽植的价值不仅在于能为城市增添绿色，而且能减少建筑材料屋顶的太阳辐射热、降低城市的热岛效应、改善建筑的小气候环境、改善提高建筑物的热工效能、形成城市的空中绿化系统，对城市环境有一定的改善作用。屋顶栽植的技术问题是一个核心问题。对于屋顶绿化来讲，首先要解决的是屋顶的防水问题。不同的屋顶形式需选择不同的构造做法。倘若屋顶的种植植物还是按照地面的栽植方式则不适合。考虑到屋顶栽植存在置换不便的现实问题，因此植物选择上要注意寿命周期，尽量选取寿命长、置换便利的植物材料，置换期一般须达到 10 年以上。同时，屋顶基质与植物的构成是否合理也是需要慎重考虑。在一个大坡度的屋顶上覆土深度近 0.5 m，如果仅种植草本植物，从设计及绿化方式的选择上是不适当的。

屋顶栽植结构层一般分为：屋面结构层、保温隔热层、防水层、排水层、过滤层、土壤层、植物层等。① 保温隔热层：可采用聚苯乙烯泡沫板，铺设时要注意上下找平密接。② 防水层：屋顶绿化后应绝对避免出现渗漏现象，最好设计成复合防水层。③ 排水层：设在防水层上，可与屋顶雨水管道相结合，将过多水分排出，以减轻防水层的负担。排水层多用砾石、陶粒等材料。④ 种植层：种植层一般多采用无土基质，以蛭石、珍珠岩、泥炭等与腐殖质、草炭土、沙土配制而成。

9.1.4.3 可持续生物群落设计

生物多样性是可持续景观环境的基本特征之一，生物群落也是其中必不可少的一环。从生态链角度来讲，动物处于较高层次，需要良好的非生物因子(生境)和植被的承载。生物群落多样，且存在地域差异。总体而言，城市景观环境中常见生物群落可分为鸟类、鱼类、两栖类和底栖类。生物群落的恢复与吸引关键在于其栖息地的营造，通过对生物生态习性的了解，有针对性地生境创造(如水域的畅通)、植物栽植吸引更多的动物在"城市环境"中安家。

9.1.4.4 可持续景观材料及能源

莱尔(Lyle)指出，"生物与非生物最明显区别在于前者能够通过自身的不断更新而持续生存"。他认为，由人设计建造的现代化景观应当具有在当地能量流和物质流范围内持续发展的能力，而只有可再生的景观才可以持续发展[①]。正如树叶凋零，来年又能长出新叶一样，景观的可再生性取决于其自我更新的能力。城市景观环境规划设计过程中，不可避免地要处理这类问题。因此，景观设计应当采用可再生设计，即实现景观中物质与能量循环流动的设计方式。绿色生态景观环境设计提倡最大化利用资源和最小化排放废弃物，提倡重复使用，永续利用。景观材料和技术措施的选择对于实现设计目标有重要影响。景观环境中的可再生、可降解材料的运用、废弃物回收利用以及清洁能源的运用等是营造可持续景观环境的重要措施，

---

① 田宝江. 走向绿色景观. 城市建筑, 2007(05)

从上述诸措施着手，统筹景观环境因素间的关系，是构建可持续景观环境的重要保证。

可持续景观材料和工程技术：从构成景观的基本元素、材料、工程技术等方面来实现景观的可持续——包括材料和能源的减量、再利用和再生。景观建造和管理过程中的所有材料最终都源自地球上的自然资源，这些资源分为可再生资源(如水、森林、动物等)和不可再生资源(如石油、煤等)。要实现人类生存环境的可持续，必须对不可再生资源加以保护和节约使用。但即使是某些可再生资源，其再生能力也是有限的，因此，在景观环境中对可再生材料的使用也必须体现集约化原则。

景观环境中一直鼓励使用自然材料，如植物材料、土壤和水等，但对于木材、石材为主的天然材料的使用则应慎重。众所周知，石材是不可再生的材料，大量使用天然石材意味着对于自然山地的开采与破坏，以损失自然景观换取人工景观环境显然不足取；而木材虽可再生，但生长周期长，尤其是常用的硬杂木，均非速生树种，运用这类材料也是对环境的破坏。不仅如此，景观环境中使用过的石材与木材均难以通过工业化的方法加以再生和利用，一旦重新改建，大量的石材与木材又会沦为建筑"垃圾"而二次污染环境。因此，应注重探索可再生资源作为景观环境材料，金属材料是可再生性极强的一种材料。此类材料均有自重轻、易加工、易安装、施工周期短等优点，因此，应当鼓励钢结构等金属材料使用于景观环境。除此之外，基于景观环境特殊性，全天候、大流量的使用，因此除可再生性能外，还应注意材料的耐久性，可以长期无需要更换与养护的材料同样是符合可持续原则的。

景观环境中运用的可再生材料主要包括：金属材料、玻璃材料、木制品、塑料和膜材料等几种类型。正如金属材料一样，许多新材料的运用不是从景观设计中开始，所以关注材料行业的发展，关注其他领域材料的应用，有利于我们发现景观中的新材料，或传统景观材料的新用法。

9.1.5 结语

景观设计不仅仅是营造满足人们活动、赏心悦目的户外空间，而且更在于协调人与环境和谐相处。可持续景观设计通过对场地生态系统与空间结构的整合，最大限度地借助于基地潜力，是基于环境自我更新的再生设计。生态系统、空间结构以及历史人文背景是场地环境所固有的属性，对其认知是环境评价与调研的主要内容，切实把握场地特性，从而发挥环境效益，最大限度地节约资源。走向可持续城市景观，须建立全局意识，从观念到行动面对当前严峻的生态环境状况以及景观规划设计中普遍存在的局部化、片面化倾向，走向可持续景观已经成为人类改善自身生存环境的必然选择。在设计取向上，不应再把可持续景观设计仅仅视为可供选择的设计方式之一，而应使整体化设计成为统领全局的主导理念，作为设计必须遵循的根本原则；在评价取向上，应转变单纯以美学原则作为景观设计的评判标准，使可持续景观价值观成为最基本的评价准则。同时，可持续景观须尊重周围生态环境，它所展现的最质朴、原生态的独特形态与人们固有的审美价值在本质上是一致的。

9.2 绿色建筑与景观绿化

9.2.1 绿化与建筑的配置

首先我们从园林植物与建筑的配置中来看绿化与建筑的关系，一般资料中多以植物与建筑共同形成园林景观以及对植物材料的选择与应用为主要内容。园林建筑作为构成园林的重要因素和构成园林的主要因素——园林植物搭配起来，对景观产生影响。建筑与园林植物之间的关系是相互因借、相互补充，使景观具有画意，优秀的建筑在园林中本身就是一景。

9.2.1.1 园林建筑与园林植物配置

1) 园林建筑与园林植物配置的协调

我国历史悠久，文化灿烂，古典园林众多。由于园主人身份不同以及园林功能和地理位置的差异，导致园林建筑风格各异，故对植物配置的要求也有所不同。在北京大多为皇家古典园林，为了反映帝王的至高无上、尊严无比的思想,加之宫殿建筑体量庞大、色彩浓重、布局严整、选择了侧柏、桧柏、油松、白皮松等树体高大、四季常青、苍劲延年的树种作为基调,来显示帝王的兴旺不衰、万古长青是很相宜的。苏州园林有很多是代表文人墨客情趣和官僚士绅的私家园林,在思想上体现士大夫清高、风雅的情趣,建筑色彩淡雅,黑灰的瓦顶、白粉墙、栗色的梁柱、栏杆。在建筑分隔的空间中布置园林,因此,园林面积不大,故在地形及植物配置上力求以小中见大的手法,通过"咫尺山林"再现大自然景色。植物配置充满诗情画意的意境。

2) 园林建筑的门、窗、墙、角隅的植物配置

门是游客游览必经之处,门和墙连在一起,起到分割空间的作用。充分利用门的造型,以门为框,通过植物配置,与路、石等进行精细的艺术构图,不但可以入画,而且可以扩大视野,延伸视线。园林中门的应用很多,并有众多的造型,但是优秀的构图作品却不多。窗也可充分利用作为框景的材料,安坐室内,透过窗框外植物配置,俨然一幅生动画面。墙的正常功能是承重和分隔空间,在园林中利用墙的南面良好的小气候特点引种栽培一些美丽的不抗寒的植物,继而发展成美化墙面的墙园。

3) 屋顶花园的植物配置

在江南一带气候温暖、空气湿度较大,所以浅根性、树姿轻盈、秀美,花、叶美丽的植物种类都很适宜配置于屋顶花园中。尤其在屋顶铺以草皮,其上再植以花卉和花灌木,效果更佳。在北方营造屋顶花园困难较多,冬天严寒,屋顶薄薄的土层很易冻透,而早春的风在冻土层解冻前宜将植物吹干,故宜选用抗旱、耐寒的草种、宿根、球根花卉以及乡土花灌木,也可采用盆栽、桶栽,冬天便于移至室内过冬。

9.2.1.2 建筑环境绿化

1) 直接改善人居环境质量

人的一生中 90% 以上的活动都与建筑有关,改善建筑环境质量无疑是改善人居环境质量的重要组成部分。绿化与建筑有机结合,实施全方位立体绿化,从室内清新空气到外部建筑绿化外衣,好似给人类的生活环境安装了一台植物过滤器,氧气和负离子浓度提高了,病菌、粉尘含量减少了,噪声被隔离降低,这些都大大提高了生活环境的舒适度,形成了对人更为有利的生活环境。

2) 提高城市绿地率

在城市钢筋水泥的沙漠里,绿地犹如沙漠中的绿洲,发挥着重要的作用。在绿化空间拓展极其有限,高昂的地价成为城市绿地的瓶颈,对占城市绿地面积 50% 以上的建筑进行屋顶绿化、墙面绿化及其他形式绿化,可以充分利用建筑空间,扩大绿化量,从而成为增加城市绿化面积、改善建筑生态环境的一条必经之路。日本有明文规定,新建筑占地面积只要超过 1 000 m^2,屋顶的 1/5 必须为绿色植物所覆盖。

9.2.1.3 建筑、绿化与人之间的关系

环境的破坏越来越困扰着人类的生存,这说明人类在大力发展经济的同时忽视了建筑、自然环境和人之间的相互关系。这种违背了人类生存所依赖的生存环境而单纯地追求经济效益使人类付出巨大的经济和环境破坏的代价。人类从大自然"报复"的沉痛教训中觉醒,渴望绿色回归自然已成为人们的普遍愿望。绿色植物的代谢则可以稀释甚至吸收有害气体。通过绿色植物的呼吸作用,大气中才能产生游离的氧。事实上,人类生存所需的全部食物,所有空气中的氧,稳定的地表土和地表水系统,大气候的生成和小气候的改善,都依赖于植物的作用。从科学的角度更确切地讲,所有动物及其进化所产生的人类,都是依赖植物而生存的,人类和绿色植物是必须相互寄生在一起的。生态适应和协同进化是人类生存与绿化功能的本质联系。

所以建筑设计必须注重生态环境,必须注重绿化设计。将绿化融入建筑设计之中,尽可能多地争取绿化面积,充分利用地形地貌种植绿色植被,让人们生活在没有污染的绿色生态环境中,这是我们所肩负的环境责任。

9.2.1.4 建筑绿化的功能

1) 植物的生态功能

植物具有固定 CO_2 释放 O_2、减弱噪声、滞尘杀菌、增湿调温、吸收有毒物质等生态功能,其功能的特殊性使得建筑绿化不仅不会产生污染,更不会消耗能源,同时还可以弥补由于建造以及维持建筑的能源耗

费，降低由此而导致的环境污染，改善建筑环境质量，从而为城市建筑生态小环境的改善提供了可能性和理论依据。

2）建筑外环境的绿化

建筑外环境绿化是改善建筑环境小气候的重要手段。据测定，1 m^2 叶面积可日吸收 CO_2 15.4 g，释放 O_2 10.97 g，释放水 1 634 g，吸热 959.3 kj，可为环境降温 1~2.59 ℃。另一方面，植物又是良好的减噪滞尘的屏障，如园林绿化常用的树种广玉兰日滞尘量 7.10 g/m^2；高 1.5 m、宽 2.5 m 的绿篱可减少粉尘量 50.8%，减弱噪声 1~2 dB（A）。良好的绿化结构还可以加强建筑小环境通风，利用落叶乔木为建筑调节光照已是国内外绿化常用的手段。

3）建筑物绿化

一般而言，建筑绿化包括屋顶绿化和墙面绿化两个方面。建筑物绿化使绿化与建筑有机结合，一方面可以直接改善建筑的环境质量，另一方面还可以补偿由建筑物林立导致的绿化量减少，提高整个城市的绿化覆盖率与辐射面。此外，建筑物绿化还可为建筑有效隔热，改善室内环境。据测定：夏季墙面绿化与屋顶绿化可以为室内降温 1~2 ℃，冬季可以为室内减少 30% 的热量损失。植物的根系可以吸收和存储 50%~90% 雨水，大大减少了水分的流失。另据报道，一个城市，如果其建筑物的屋顶都能绿化，则城市的 CO_2 较之没有绿化前要减少 85%。

4）室内绿化

城市环境的恶化使人们越来越多地依赖于室内加热通风及空调（HVAC）为主体的生活工作环境。由 HVAC 组成的楼宇控制系统是一个封闭的系统，自然通风换气十分困难。据上海市环保产业协会室内环境质量检测中心调查，写字楼内的空气污染程度是室外的 2~5 倍，有的甚至超过 100 倍，空气中的细菌含量高于室外的 60% 以上，CO_2 浓度最高时则达到室外 3 倍以上。人们久居其中，极易造成建筑综合征（SBS）的发生。一定规模的室内绿化则可以吸收 CO_2、释放 O_2，吸收室内有毒气体，减少室内病菌含量。实验表明：云杉有明显的杀死葡萄球菌的效果；菊花可以一日内除去室内 61% 的甲醛、54% 的苯、43% 的三氯乙烯。室内绿化还可以引导室内空气对流，增强室内通风。可见，室内绿化大大提高了室内环境舒适度，改善了人们的工作环境和居住环境。另一方面，绿化将自然进入室内，满足了人类向往自然的心理需求，成为提高人们心理健康的一个重要手段。

9.2.2 室外绿化体系的构建

由上可知，绿化不仅可以调节室内外温湿度，有效降低绿色建筑的能耗，同时还能提高室内外空气质量，降低 CO_2 浓度，从而提高使用者的健康舒适度，并且能满足使用者亲近自然的心理。因此，绿化是绿色建筑节能、健康舒适、与自然融合的主要措施之一。构建适宜的绿化体系是绿色建筑的一个重要组成部分，我们在了解植物种的生物、生态习性和其他各项功能的测定比较的基础上，选择了适宜的植物种和群落类型，提出适宜于绿色建筑室外绿化、室内绿化、屋顶绿化和垂直绿化体系的构建思路。

室外绿化一般占城市总用地面积的 35% 左右，是建筑用地中分布最广、面积最大的空间。

9.2.2.1 植物的选择原则

植物的选择首先要考虑城市土壤干旱贫瘠以及上海市地下水位较高、土壤偏盐碱的特点，其次考虑生态功能，还需要考虑建筑使用者的安全，综合起来有以下几个方面：

(1) 耐干旱、耐瘠薄、耐水湿和耐盐碱的适宜生物种；
(2) 耐粗放管理的乡土树种；
(3) 生态功能好；
(4) 无飞絮、少花粉、无毒、无刺激性气味；
(5) 观赏性好。

9.2.2.2 群落配置原则

(1) 功能性原则：以保证植物生长良好，利于功能的发挥。
(2) 稳定性原则：在满足功能和目的要求的前提下，考虑取得较长期稳定的效果。

(3)生态经济性原则:以最经济的手段获得最大的效果。
(4)多样性原则:植物多样化,以便发挥植物的多种功能。
同时还要考虑特殊要求等。

9.2.2.3 适合绿色建筑室外绿化的植物

在实际调查并结合多方面资料的基础上,列出适合华东地区绿色建筑室外绿化的植物。

1)乔木

悬铃木、合欢、栾树、梧桐、三角枫、白玉兰、喜树、银杏、水杉、鸡爪槭、垂丝海棠、广玉兰、香樟、棕榈、枇杷、日本辛夷、八角枫、紫椴、女贞、大叶榉、紫薇、臭椿、刺槐、重阳木、丁香、旱柳、枣树、橙、红楠、天竺桂、桑、赤桉、白蜡、楸树、泡桐、樱花、丝棉木、龙柏、罗汉松、朴树、珊瑚朴、元宝槭等(图9.23~图9.34)。

图9.23 合欢

图9.24 栾树

图9.25 梧桐

图9.26 白玉兰

图9.27 鸡爪槭

图9.28 银杏

图9.29 垂丝海棠

图9.30 广玉兰

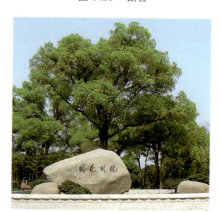

图9.31 香樟

第9章 绿色建筑与景观

图9.32 樱花

图9.33 罗汉松

图9.34 枇杷

2) 灌木

八角金盘、熊掌木、夹竹桃、栀子花、珍珠梅、含笑、石榴、无花果、木槿、八仙花、海桐、蚊母、红千层、金钟花、小叶女贞、小蜡、迎春、金叶女贞、云南黄馨、刺桂、浓香茉莉、洒金桃叶珊瑚、胡颓子、结香、柽柳、海滨木槿、木芙蓉、大叶黄杨、月季、火棘、金焰绣线菊、大花山梅花、蜡梅、亮叶蜡梅、美国夏蜡梅、洒金东瀛珊瑚、龟甲冬青、豪猪刺、小檗属、南天竹、火焰南天竹、伞房决明、欧洲荚蒾、金银木、锦带花、海仙花、红瑞木、棣棠、日本珊瑚、黄杨属、枸子属、红花檵木、日本木瓜、山茶、贴梗海棠、大花六道木、大叶醉鱼草、卫矛、石楠、佛顶珠桂、茂树等(图9.35~图9.49)。

图9.35 八角金盘

图9.36 含笑

图9.37 八仙花

图9.38 云南黄馨

图9.39 洒金桃叶珊瑚

图9.40 大叶黄杨

·431·

图 9.41　月季　　　　　图 9.42　火棘　　　　　图 9.43　蜡梅

图 9.44　豪猪刺　　　　图 9.45　南天竹　　　　图 9.46　红花檵木

图 9.47　山茶　　　　　图 9.48　石楠　　　　　图 9.49　贴梗海棠

3) 地被

美人蕉、紫苏、蓝花马鞭草、美女樱、虾夷葱、石蒜、晚香玉、一叶兰、羊齿天门冬、铃兰、火炬花、玉簪类、黄金菊、蓍草、荷兰菊、大花金鸡菊、黄花泽兰、花叶大吴风草、蛇鞭菊、鸢尾类、射干、白芨、岩白菜、花叶虎耳草、常夏石竹、紫娇花、小叶贯众、赤胫散、丛生福禄考、钓钟柳、芍药、筋骨草、葱兰、沿阶草、麦冬、亚菊、铺地百里香、花叶薄荷、玉带草、马蔺、火星花等(图 9.50~图 9.63)。

第9章 绿色建筑与景观

图 9.50 紫苏　　图 9.51 石蒜　　图 9.52 一叶兰

图 9.53 蓍草　　图 9.54 荷兰菊　　图 9.55 玉簪

图 9.56 蛇鞭菊　　图 9.57 鸢尾　　图 9.58 岩白菜

图 9.59 芍药　　图 9.60 筋骨草　　图 9.61 葱兰

图 9.62　常夏石竹　　　　　　　　　　　　　图 9.63　钓钟柳

9.2.2.4　功能性群落推荐

根据前面研究结果和部分植物资源信息库资料，推荐配置了一些生态功能较好的功能性植物群落。

1) 降温增湿效果较好的群落

（1）香榧+柳杉群落。具体的群落组成：香榧+柳杉——八角金盘+云锦杜鹃+山茶——络石+虎耳草+铁筷子+麦冬+结缕草+凤尾兰+薰衣草。

（2）广玉兰+罗汉松群落。具体的群落组成：广玉兰+罗汉松——东瀛珊瑚+雀舌黄杨+金叶女贞——燕麦草+金钱蒲+荷包牡丹+玉簪+凤尾兰。

（3）香樟+悬铃木群落。具体的群落组成：香樟+悬铃木——亮叶蜡梅+八角金盘+红花檵木——大吴风草+贯众+紫金牛+姜花+岩白菜。

2) 能较好改善空气质量的群落

（1）杨梅+杜英群落。具体的群落组成：杨梅+杜英——山茶+珊瑚树+八角金盘——麦冬+大吴风草+贯众+一叶兰。

（2）竹群落。具体的群落组成：刚竹+毛金竹+淡竹——麦冬+贯众+结缕草+玉簪。

（3）柳杉+日本柳杉群落。具体的群落组成：柳杉+日本柳杉——珊瑚树+红花檵木+紫荆——细叶苔草+麦冬+紫金牛+虎耳草。

3) 固碳释氧能力较强的群落

（1）广玉兰+夹竹桃群落。具体的群落组成：广玉兰+夹竹桃——云锦杜鹃+紫荆+云南黄馨——紫藤+阔叶十大功劳+八角金盘+洒金东瀛珊瑚+玉簪+花叶蔓长春花。

（2）香樟+山玉兰群落。具体的群落组成：香樟+山玉兰——云南黄馨+迎春+大叶黄杨——美国凌霄+鸢尾+早熟禾+八角金盘+洒金东瀛珊瑚+玉簪。

（3）含笑+蚊母群落。具体的群落组成：含笑+蚊母——卫矛+雀舌黄杨+金叶女贞——洋常春藤+地锦+瓶兰+野牛草+花叶蔓长春花+虎耳草。

9.2.3　室内绿化体系的构建

室内绿化是为人而设计的，其出发点是尽可能地满足人的生理、心理乃至潜在的需要。在进行室内植物配置前，先对场所的环境进行分析，收集其空间特征、建筑参数、装修状况及光照、温度、湿度等与植物生长密切相关的环境因子等诸多方面的资料是必需的。只有在综合分析这些资料的基础上，才能合理地选用植物，达到改善室内环境，提高健康舒适度。

9.2.3.1　植物选择的原则

室内绿化植物选择应注意到以下 4 点原则：

1) 适应性强

由于光照的限制，室内植物以耐阴植物或半阴生植物为主。应根据窗户的位置与结构以及白天从窗户进入室内光线的角度、强弱及照射面积来决定花卉品种和摆放位置，同时还要适应室内温湿度等环境因子。

2）对人体无害

玉丁香久闻会引起烦闷气喘、记忆力衰退；夜来香夜间排出的气体可加重高血压、心脏病的症状；含羞草经常与人接触会引起毛发脱落，应避免选择此类对人体可能产生危害的植物。

3）生态功能强

选择能调节温湿度、滞尘、减噪、吸收有害气体、杀菌和固碳释氧能力强的植物，可改善室内微环境，提高工作效率和增强健康状况。如杜鹃具有较强的滞尘能力，还能吸收有害气体如甲醛，净化空气。龟背竹夜间能大量吸收 CO_2，仙人掌科植物、兰科的各种兰花、石蒜科的君子兰和水仙都有这种奇特功能。美人蕉对 SO_2 有很强的吸收性能。石榴能降低空气中铅的含量，还能吸收 HS、HF、Hg 等。石竹有吸收 SO_2 和氯化物的本领。月季、蔷薇能较多地吸收 HS、HF、苯酚、乙醚等有害气体。吊兰、芦荟可消除甲醛的污染，紫薇、茉莉、柠檬等植物，可以杀死原生菌等。

4）观赏性高

花卉种类繁多，仪态万千，有的花色艳丽，有的姿态奇特，有的叶色优美，有的神韵不凡，也有的色、香、姿、韵俱佳。如超凡脱俗的兰、吉祥如意的水仙、高贵典雅的君子兰、色彩艳丽的变叶木等。在布置之前根据室内绿化装饰的目的、空间的变化以及周围人们的生活习俗，确定所需的植物种类、大小、形状、色彩以及四季变化的规律。

9.2.3.2 适合室内绿化的植物

适合华东地区绿色建筑室内绿化的植物有：

1）木本植物

米仔兰、硬枝黄蝉、桫椤、霸王桐、短穗鱼尾葵、董棕、散尾葵、玳玳、柠檬、螺旋叶变叶木、袖珍椰子、耐阴朱蕉、朱蕉、孔雀木、龙血树、富贵竹、银边富贵竹、假连翘、重瓣狗牙花、番樱桃、高山榕、垂叶榕、琴叶榕、印度橡皮树、酒瓶椰子、茉莉花、轴榈、蒲葵、棍棒椰子、白兰花、九里香、三角椰子、江边刺葵、太平洋棕、奇异皱子棕、国王椰子、棕竹、细叶棕竹、狗牙花、狐尾椰子、美洲苏铁、草莓番石榴、胡椒木等（图 9.64~图 9.74）。

图 9.64　桫椤

图 9.65　散尾葵

图 9.66　玳玳

图 9.67　柠檬

图 9.68　朱蕉

图 9.69　富贵竹

图 9.70　白兰花

图 9.71　茉莉花

图 9.72　垂叶榕

图 9.73　九里香

图 9.74　棕竹

2）草本植物

铁线蕨、斑马光萼荷、银后亮丝草、尖尾芋、海芋、三色凤梨、菠萝、花烛、银脉爵床、假槟榔、三药槟榔、洒金蜘蛛抱蛋、卵叶蜘蛛抱蛋、佛肚竹、银星秋海棠、铁叶十字秋海棠、花叶水塔花、苏铁蕨、鸳鸯茉莉、丽叶竹芋、斑叶竹芋、孔雀竹芋、中国文殊兰、花叶万年青、紫鹅绒、幌伞枫、龟背竹、香蕉、巢蕨、银边草、露兜树、西瓜皮椒草、春羽、花叶冷水花、泡叶冷水花、鹿角蕨、崖姜蕨、银脉凤尾蕨、旅人蕉、白蝶合果芋、老人须、刺通草、婴儿泪、波叶喜林芋、中国兰、凤梨类、佛甲草、金叶景天等（图 9.75~图 9.82）。

3）藤本植物

栎叶粉藤、常春藤、花叶蔓长春花、花叶蔓生椒草、绿萝等（图 9.83）。

图 9.75　佛肚竹

图 9.76　铁线蕨

图 9.77　海芋

| 图 9.78 孔雀竹芋 | 图 9.79 龟背竹 | 图 9.80 巢蕨 |

| 图 9.81 鹿角蕨 | 图 9.82 旅人蕉 | 图 9.83 绿萝 |

4) 莳养花卉

仙客来、一品红、西洋报春、蒲包花、大花蕙兰、蝴蝶兰、文心兰、瓜叶菊、比利时杜鹃、菊花、君子兰等(图 9.84~图 9.89)。

| 图 9.84 仙客来 | 图 9.85 一品红 | 图 9.86 蒲包花 |

图 9.87 蝴蝶兰

图 9.88 瓜叶菊

图 9.89 君子兰

9.2.4 屋顶绿化和垂直绿化体系的构建

9.2.4.1 屋顶绿化体系的构建

1) 植物选择原则

(1) 所选树种植物要适应种植地的气候条件并于周围环境相协调;(2) 耐热、耐寒、抗旱、耐强光、不易患病虫害等,适应性强;(3) 根据屋顶的荷载条件和种植基质厚度,选择与之相适应的植物;(4) 生态功能好;(5) 具有较好的景观效果。

2) 适合屋顶绿化的植物

推荐华东地区选用的屋顶绿化植物有:

(1) 地被类:垂盆草、佛甲草、凹叶景天、金叶景天、圆叶景天、德国景天、三七景天、八宝、筋骨草、葱兰、萱草、金叶过路黄、沿阶草、麦冬、亚菊、百里香、活血丹、丛生福禄考、玉带草、矮蒲苇、玉簪、吉祥草、钓钟柳、蓍草、荷兰菊、金鸡菊、蛇鞭菊、鸢尾、石竹、美人蕉、赤胫散、一叶兰、铃兰、羊齿天门冬、火炬花、络石、马蔺、火星花、黄金菊、美女樱、太阳花、紫苏、薄荷、罗勒、鼠尾草、薰衣草、花叶蔓长春花、常春藤类、美国爬山虎、西番莲、忍冬属等(图 9.90~图 9.100)。

(2) 小灌木:小叶女贞、女贞、云南黄馨、迷迭香、金钟花、豪猪刺、小檗、十大功劳、南天竹、双荚决明、伞房决明、山茶、珊瑚树、金银木、锦带花、夹竹桃、红瑞木、凯尔棘木、棣棠、石榴、胡颓子、结香、木槿、紫薇、金丝桃、大叶黄杨、黄杨、雀舌黄杨、月季、火棘、绣线菊属、海桐、八角金盘、栀子花、贴梗海棠、石楠、茶梅、蜡梅、桂花、粉红六道木、醉鱼草、铺地柏、金线柏、罗汉松、凤尾竹等(图 9.101~图 9.107)。

图 9.90 金叶过路黄

图 9.91 沿阶草

图 9.92 麦冬

图 9.93 吉祥草　　图 9.94 重瓣金鸡菊　　图 9.95 百里香

图 9.96 薄荷　　图 9.97 鼠尾草　　图 9.98 火炬花

图 9.99 美女樱　　图 9.100 石竹

图 9.101 迷迭香　　图 9.102 紫叶小檗

图 9.103 阔叶十大功劳　　图 9.104 雀舌黄杨

图 9.105 茶梅　　图 9.106 铺地柏　　图 9.107 桂花

（3）小乔类：棕榈、鸡爪槭、针葵等。

9.2.4.2 垂直绿化体系的构建

1）垂直绿化类型

垂直绿化一般包括阳台、窗台和墙面三种绿化形式。

（1）阳台和窗台绿化。住宅的阳台有开放式和封闭式两种，开放式阳台光照好，又通风，但冬季防风保暖效果差；封闭式阳台通风较差，但冬季防风保暖好，宜选择半耐阴或耐阴种类如吊兰、紫鸭跖草、文竹、君子兰等。在阳台内、栏板扶手和窗台上，可放置盆花、盆景，若在阳台或窗台建造各种类型的种植槽，种植悬垂植物如云南黄馨、迎春、天门冬等。既可丰富造型，又增加了建筑物的生气。

窗台、阳台绿化有4种常见方式：

① 在阳台上、窗前设种植槽，种植悬垂的攀援植物或花草；② 让植物依附外墙面花架进行环窗或沿栏绿化，构成画屏；③ 阳台栏面和窗台面上的绿化；④ 连接上下阳台垂直绿化。

由攀援植物所覆盖的阳台，按其鲜艳的色泽和特有的装饰风格，必须与城市房屋表面色调相协调，正面朝向街道的建筑绿化要整齐美观，避免杂乱无章，影响建筑的艺术性。

（2）墙面绿化。墙面绿化是利用垂直绿化植物的吸附、缠绕、卷须、钩刺等攀援特性，依附在各类垂直墙面上，进行快速的生长发育。用吸附类攀援植物直接攀附墙面，是常见经济实用的墙面绿化方式。较粗糙的表面可选择枝叶较粗大的种类，如爬山虎、崖爬藤、薜荔、凌霄等，而表面光滑、细密的墙面，则宜选用枝叶细小、吸附能力强的种类如络石、小叶扶芳藤、常春藤、绿萝等。除此之外，可在墙面安装条状或网状支架供植物攀附，使许多卷攀型、棘刺型、缠绕型的植物都可借支架绿化墙面。

选择攀援植物时，要使其能适应各种墙面的高度以及朝向的要求。对于高层建筑物应选择生长迅速、藤蔓较长的藤本如爬山虎、凌霄等，使整个立面都能有效地被覆盖。对不同朝向的墙面应根据攀援植物的不同生态习性加以选择，如阳面可选喜光的凌霄等，阴面可选耐阴的常春藤、络石、爬山虎等。

在墙面绿化时，还应根据墙面颜色的不同而选用不同的垂直绿化植物，以形成色彩的对比。如在白粉墙上以爬山虎为主，可充分显衬出爬山虎的枝姿与叶色的变化，夏季枝叶茂密，叶色翠绿，秋季红叶染墙，风姿绰约，绿化时宜辅以人工固定措施，否则易引起白粉墙灰层剥落。橙黄色的墙面应选择叶色常绿花白繁密的络石等植物加以绿化。泥土墙或不粉饰的砖墙，可用适于攀登墙壁向上生长的气根植物如爬山虎、络石，可不设支架；如果表面粉饰精致，则选用其他植物，装置一些简单的支架。在某些石块墙上可以在石缝中充塞泥土后种植攀援植物。

2）植物选择的原则

（1）生态功能强；（2）丰富多样，具有较佳的观赏效果；（3）耐热、耐寒、抗旱、不易患病虫害等，适应性强；（4）无须过多的修剪整形等栽培措施，耐粗放管理；（5）具有一定的攀援特性。

3）适合垂直绿化的植物

推荐选用的适合华东地区绿色建筑垂直绿化的植物有：铁箍散、金银花、西番莲、花叶蔓长春花、蔓长春花、扶芳藤、腺萼南蛇藤、藤本月季、重瓣黄木香、常春藤、五叶地锦、泰阁凌霄、比利时忍冬、川鄂爬山虎、常绿油麻藤、紫叶爬山虎、中华常春藤、猕猴桃、葡萄、络石、薜荔、紫藤、鸡血藤、大叶扶芳藤等（图9.108~图9.114）。

图9.108 西番莲

图9.109 蔓长春花

图9.110 紫藤

图 9.111　扶芳藤

图 9.112　五叶地锦

图 9.113　络石

图 9.114　薜荔

（图 9.23~图 9.114 的资料来源：芦建国.种植设计（含光盘）.北京：中国建筑工业出版社，2008）

参考文献

[1] 张璐，张尚武.浅谈城市屋顶绿化的功能和意义.城市减灾，2006，(1)：32-35.
[2] 张明丽，胡永红，秦俊.城市植物群落的减噪效果分析.植物资源与环境学报，2006，15(2)：23-98.
[3] 张卫军.绿色建筑绿化体系研究：[硕士学位论文].武汉：华中农业大学，2007.
[4] 刘滨谊.中国城市绿地系统规划评价指标体系研究.城市规划汇刊，2002(2)：27-29.

第 10 章　绿色建筑与声环境

　　由于噪声污染的不断加重，声环境已成为环境可持续发展的重要组成部分之一[①]，然而声学问题常被视为可持续发展过程中的障碍，而不是突破点。尽管无法将噪声污染在日常生活中完全消除，但是可以使用更绿色环保的方法来解决这一问题，从而为提高人们的生活质量提供良好的声舒适，为此不同领域的专家们需要协同工作来攻破技术上的障碍[②③]。

　　本章首先简述声环境的范畴及常用的声学模拟技术，然后系统地分析讨论建立舒适的声环境与全面的可持续发展之间的联系，并综述声学及噪声标准规范的基础，最后就几个典型的问题进行探讨，包括住宅建筑中声学材料全寿命周期（LCA）的分析、环境噪声屏障全寿命周期的评估模型，以及典型居住区风力发电机的噪声分布问题[④~⑩]。

10.1　声环境的范畴及声学模拟技术

　　本节首先界定与绿色建筑有关的建筑及环境声学的范畴，然后简述常用的声学模拟技术。关于建筑及环境声学的基础知识可见其他有关参考书[⑪⑫]。

10.1.1　建筑及环境声学的范畴

　　尽管建筑及环境声学在古希腊的建筑设计中已有提及[⑬]，但是一般认为这门学科正式始于 19 世纪末 20 世纪初，其涉及一系列与室内外声学环境有关的问题，包括房间声学、建筑隔声、环境声学、声学材料等几方面。

　　房间（室内）声学既考虑音乐厅、剧场、歌剧院、讲堂、录音室等声学空间的声学设计，也考虑餐厅、图书馆、体育馆、购物中心等非声学空间的声学设计。与此密切相关的是电声扩声系统设计。

　　建筑隔声设计考虑：室外到室内的声传播，如道路交通噪声对住宅的干扰；室内到室外的声传播，如工厂厂房对周围居民区的影响；以及同一建筑内不同房间之间的噪声干扰。隔声设计包括两部分，即空气

---

① UK Department for Communities and Local Government. Code for Sustainable Homes, 2008.
② J R Cowell. Sustainable design in acoustics. Proceedings of the Institute of Acoustics (IOA), UK, 2005, 27(2).
③ P Rogers. How does sustainability sound. Acoustics Bulletin, 2006, 31: 14–17.
④ C Yu, J Kang. Acoustics and sustainability in the built environment: An overview and two case studies. Proceedings of the 33rd International Congress on Noise Control Engineering (Inter-noise), Rio de Janeiro, Brazil, 2005.
⑤ C Yu, J Kang. Sustainability analysis of architectural acoustic materials. Proceedings of the 13th International Congress on Sound and Vibration (ICSV), Vienna, Austria, 2006.
⑥ C Yu, J Kang. Lifecycle analysis of acoustic materials in residential buildings. Proceedings of the Institute of Acoustics (IOA)(UK), 2007, 29(3), 1–16.
⑦ C Yu. Environmentally Sustainable Acoustics in Urban Residential Areas: [PhD Dissertation]. School of Architecture, University of Sheffield, UK, 2008.
⑧ J Joynt, J Kang. The integration of public opinion and perception into the design of noise barriers. Proceedings of the Passive and Low Energy Architecture Conference (PLEA), Toulouse, France, 2002.
⑨ J Joynt, J Kang. A customised lifecycle assessment model for noise barrier design. Proceedings of the Institute of Acoustics (IOA)(UK), 2006, 28(1), 392–401.
⑩ J Joynt. A Sustainable Approach to Noise Barrier Development: [PhD Dissertation]. School of Architecture, University of Sheffield, UK, 2005.
⑪ D Egan. Architectural Acoustics. New York: McGraw-Hill, 1988.
⑫ 中国建筑科学研究院建筑物理研究所. 建筑声学设计手册. 北京：中国建筑工业出版社, 1987.
⑬ K Chourmouziadou, J Kang. Acoustic evolution of ancient Greek and Roman theatres. Applied Acoustics, 2008, 69, 514–529.

声及不同楼层之间的撞击声。各个建筑构件，包括墙体、屋顶、门、窗户及通风口等，均应加以考虑。

与建筑内由各种机械和设备噪声源——包括通风空调等——引起的噪声与振动有关的声学设计，包括消声器、隔声罩，以及各种减振措施等。

环境噪声的研究关注噪声在户外的传播以及对建筑物的影响，包括温度、湿度、气流对声传播的影响、建筑物及景观因素如植物的作用、各种类型声屏障等对降低噪声的有效性等。

与以上几方面皆有关的是声学材料的研究，包括材料表面的声吸收、声反射、声扩散，以及材料或构件的隔声等几个方面。随着各种新材料的发展及鉴于各种规范的不同要求，声学材料亦成为一个不断发展的声学分支。

建筑及环境声学不仅考虑声音的物理特性，涉及社会、心理等因素的主观评价亦是一个非常重要的方面。有研究表明声音的物理指标只影响环境噪声评价结果的约 1/3，因此近年来在社会和心理因素对声学评价的影响方面进行了大量的研究。另外，噪声亦可引起社会和经济方面的问题，例如欧洲近期的几项研究表明房价与噪声级有显著的相关性[1]。

随着计算机技术及测试技术的发展，一系列计算机声学模拟模型及缩尺模型技术有了长足的发展，如下面几节所述。

10.1.2 房间声学计算机模拟

许多声学问题不能由直接的解析计算得出，因此计算机模拟得到了广泛应用。房间声学的计算机模拟始于 20 世纪 60 年代，这些技术直到今天还在不断地发展进步，有关的模拟技术包括虚声源法、声线法、声束法、辐射法(Radiosity)、有限元法和边界元法等[2]。

虚声源法把反射界面当作一面镜子，从而创造虚声源。反射声被假想成直接从虚声源发出，传给接收者。多重反射声可以假想成是虚声源发出的。在每次反射时，由于反射面的吸收，虚声源发出的声能都在减少。所有虚声源的共同作用决定了接收点处的声学指标。虚声源法的一个缺点是由于重复的反射导致虚声源不断增加，从而减慢了反射计算的速度。另外，检查虚声源是否在接收点处亦很费时。

一条声线可以认为是球面波从一个无限小的孔洞透射出一小部分，也可以认为是从一个点发射出来的。声线法创造出一束声线，在房间中不断地反射，并且测试是否到达接收点。粒子追踪法利用同样的原理，但是对接收点处声能的计算方法有所不同。声束是一组声线通过截面积不为零的截面形成的，由圆形截面形成圆锥形声束，或多边形截面形成棱锥形声束。

虚声源法和声线法主要考虑光滑界面上的几何反射，而辐射法对考虑扩散反射界面非常有效。辐射法把房间中的界面分成一些小单元，室内的声音传播被模拟成各个小单元之间的能量交换。每对小单元的能量交换取决于交换因子，此因子在每次声反射时是恒定的，因而辐射法可以大大加快计算速度。

虚声源法、声线法及辐射法仅考虑声能量，适用于空间尺度相对声音波长很大的情况，而有限元法和边界元法则考虑声的波动特性，是更精确的算法，已被成功地应用于体积较小的房间内，且随着计算速度的不断提高，拓展到一些更大的空间，甚至如城市街道。

除了上面的基本方法之外，还有一些综合的计算机模拟方法。例如用虚声源法或声线法来考虑几何反射，而用辐射法考虑扩散反射，或把声波干涉现象加入声能量模拟模型中。

10.1.3 环境声学计算机模拟

噪声预测对城市规划有非常重要的意义，其模型和方法可分为两类，分别针对大小面积的城市区域。对于比较小的城市区域，较好的方法是用房间声学中常用的声模拟法，如上节所述。在大面积城市噪声的传播和评价方面，通过大量的基础研究，例如地面吸声及气候条件对声传播的影响，已建立了一套较完整的计算方法并形成了技术规范。基于这些规范，近年来发展了不少相应的大面积噪声预测(Noise-mapping)

---

[1] J Kang. Urban Sound Environment. London: Taylor & Francis Incorporating Spon, 2006.
[2] J Kang. Acoustics of Long Spaces: Thomas Telford. London: Theory and Design Practice, 2002.

软件，例如德国的 SoundPlan、CadnaA、IMMI、LIMA，法国的 Mithra、GIpSynoise，英国的 Noisemap 和丹麦的 Predictor[1]。这些软件不仅可绘出噪声分布图，亦可与地理信息系统 GIS 结合，预测受噪声影响的区域和人口数量等。图 10.1 是英国谢菲尔德市中心的噪声分布图。以上软件对了解大面积噪声分布情况很有用处，但亦有其弱点，如具体到某一街道或某一建筑立面其精确度常常不够，一个重要的原因是由于计算量的限制，其算法做了大量简化，例如在建筑表面及地面之间的多次反射不能被精确地考虑。

图 10.1　英国谢菲尔德市中心的噪声分布图，不同颜色代表不同声级

资料来源：康健绘制

10.1.4　缩尺模型

与计算机模拟相比，声学缩尺模型的一个显著优势在于其可以研究许多复杂的声学现象，如声音遇到障碍物时发生的衍射。在一个 1∶n 的缩尺模型中，测量出的声传播时间需要被扩大 n 倍，频率也要提高 n 倍。而声级本身将不放大和缩小。从 1∶2 到 1∶100 的声学缩尺模型都曾被使用。

声源可以用电火花或者小的扬声器来代替，接收器可以是小的麦克风。主观测试也可以利用缩尺模型进行：在消声室中录制的干信号可在缩尺模型中通过提高播放速度重放，在模型中录制的信号可再被放慢速度还原播放。作为模型的材料，虽然理想的状态是准确地模拟边界的声阻抗，但是在实际中一般仅模拟吸声系数。可以采用模型混响室，测量适合模型频率的吸声系数。缩尺模型中存在的一个问题是提高频率后的过量空气吸声。在缩尺模型中加入湿度在 2%~3% 的干空气或者氮气，都可以模拟实尺时的空气吸收。过量空气吸声亦可用计算机来修正。

由于水波、光波与声波之间存在某些物理性质的相似，所以水波和光波模型也可以用来模仿声学现象。水模型对于示范特别有用，因为波速相对较慢。不过水波只有两个维度，并且能测量的波长范围相对较小。在声学中使用光波模型仅限于高频，这是由于光的波长相对于房间的尺度来说非常小。另外，由于光速很快，用光波模型很难得到反射到达时间或混响时间的相关信息。声音的吸收及扩散可用光的吸收和扩散来模拟，激光可以用来模拟声线。

10.2　声环境与综合的建筑环境可持续性

声环境与综合的建筑环境可持续发展之间有很多联系，包括城市规划、建筑设计、材料选择，以及与社会的可持续发展有密切关系的使用者的声环境主观评价等。

10.2.1　高密度城市环境中的噪声问题

世界上许多城市的人口密度和建筑密度都处在持续增长中。由于各种各样的原因，包括缺乏公众意识

---

[1]　J Kang. Urban Sound Environment. London: Taylor & Francis Incorporating Spon, 2006.

和有效的规范，以及噪声控制的难度，在许多发展中国家噪声污染愈演愈烈。在发达国家，相关的规范和管理措施可以减少暴露在非常高噪声级中的人数(例如等效连续噪声值L_{eq}>70 dB(A))，而暴露在高噪声级（例如L_{eq}=55~65 dB(A)）中的人数则在继续增加。一方面，一些例如开发更加安静的车辆、引入车辆噪声排放标准、使居民进入稍安静的区域、改进交通系统和一些降噪措施如隔声屏的努力，对减少环境噪声起了有效的作用。另一方面，一些趋势亦会增加环境噪声污染，包括高噪声设备的使用、更广泛的声源分布、早晚和周末噪声级的增加、道路的增加、交通流量的增加和车速的提高等，而这些亦伴随着与收入和受教育程度同步增加的公众减噪期望。

欧洲许多国家环境噪声级别经常高于法律限值，主要的原因是噪声污染控制主要针对新建项目以及道路系统扩建部分。英国每10年左右进行一次全国噪声调查，根据1999—2001年的调查结果[1]，英国住宅暴露在白天/傍晚/夜间等效连续噪声值[2]L_{den}<55、55~60、60~65、65~70 dB(A)的百分比是33%、38%、16%、13%。白天(07:00~23:00)54%±3%的英国住宅暴露于超出L_{eq}=55 dB(A)的世界卫生组织为保护人们免受噪声干扰的推荐值；在夜间(23:00~07:00)则有67%±3%的住宅超出世界卫生组织的推荐值L_{eq}=45 dB(A)。18%的被调查者认为在12个环境问题中噪声名列前五。21%的被调查者反映噪声在一定程度上影响了他们的生活，而有8%的被调查者认为噪声很大程度或完全影响了他们的家庭生活。

在我国，根据1995年的调查数据[3]，在超过100万居民的城市中，71.4%的街道旁噪声级为70 dBA以上，超过2/3的居民生活在超标的噪声环境中。随着机动车辆的快速增加，噪声情况日益严重。近期的一项调查表明[4]，北京街道旁的平均噪声级达到了L_{eq}=75.6 dB(A)，而交通、社区、施工和工厂在城市噪声中所占的比例分别为61.2%、21.9%、10.1%和6.8%。

在规划策略中权衡各方面的因素来进行优化设计是非常重要的。研究表明，如果城市结构设计得当，高建筑密度城市亦可达到较低的平均噪声水平[5][6]。另一个解决问题办法则是发展自降噪建筑，从图10.2所示的一些自降噪建筑的原则和例子，可以看出如果剖面设计合理，影响最大的直达声可得到有效的屏蔽[7]。

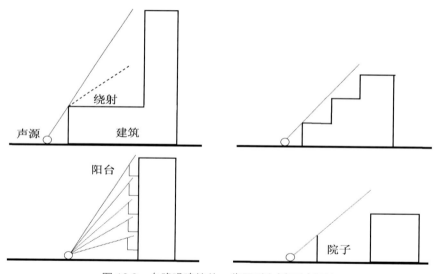

图10.2　自降噪建筑的一些原则和例子(剖面)
资料来源：康健绘制

---

[1] C J Skinner, C J Grimwood. The UK noise climate 1990–2001: Population exposure and attitudes to environmental noise. Applied Acoustics, 2005, 66, 231–243.
[2] J Kang. Urban Sound Environment. London: Taylor & Francis Incorporating Spon, 2006.
[3] 国家环境保护局. 中国环境保护21世纪议程. 北京：中国环境科学出版社，1995.
[4] B Li, S Tao. Influence of expanding ring roads on traffic noise in Beijing City. Applied Acoustics, 2004, 65, 243–249.
[5] J Kang. Acoustics of Long Spaces: Theory and Design Practice. London: Thomas Telford, 2002.
[6] B Wang, J Kang, J Zhou. Comparison of traffic noise distribution between high and low density cities. Proceedings of the 36th International Congress on Noise Control Engineering(Inter-noise), Shanghai, China, 2008.
[7] J Kang. Urban Sound Environment. London: Taylor & Francis Incorporating Spon, 2006.

10.2.2 利用自然的手段控制噪声

利用各种自然的手段来控制噪声对于总体的可持续发展来说非常重要。例如植物，除了可以满足美观及环境质量方面的要求之外，还可以起到降噪的作用。植物在城市环境中的降噪作用尤为明显[1]，主要体现在三个方面：声吸收和声扩散(声波撞击到植物时一部分能量被吸收，一部分能量被扩散反射)，以及声波穿过植物后声压级的降低。由于街道或广场均有包括建筑立面和地面在内的边界面，因而存在多重反射，可使植物的吸声效果大大提高。类似地，由于存在多重反射，即便在植被的扩散系数相对较低时，其扩散作用也会比较显著。研究表明[2]，若用扩散反射界面来代替几何反射界面，沿街道长度方向的声压级衰减会显著增加，例如当声源和接收点的距离为 60 m 时，可增加 4~8 dB；扩散反射界面亦可使混响时间明显减少 100%~200%。吸声和扩散在降低室外地面对声传播产生的不利影响方面也有一定作用。就声波穿过植物后声压级的降低而言，虽然在没有建筑物遮挡的室外开敞空间中，树木和灌木对声传播的影响一般可忽略，除非其厚度很大，然而当有多重反射导致多次声传播时，例如在街道里，植物对声传播的影响要大得多。

在没有建筑物遮挡的室外开敞空间中，具有一定高度的植被的降噪效果明显优于草地；同时树木和灌木的排列分布方式也很重要，随机排列时，树干和树枝的散射作用相对较弱。另外，若要达到较好的声衰减须将树叶垂至地面[3]。

10.2.3 建筑围护结构

设计绿色的建筑围护结构也常与声学问题相关。例如，双层或多层玻璃的窗户对于节能和降噪均有利。从另一角度来说，鼓励采用自然通风是绿色建筑的重要问题之一，但敞开窗户常会引起噪声问题。因此，研发既能保证自然通风和有效利用自然采光，又能达到降噪要求的窗户系统，可以提高建筑围护结构的总体可持续性。已有学者分别在被动式、主动式或混合式窗户系统的研制方面做出了许多尝试[4-7]。其中主动式控制是在窗户内安装扬声器以产生与室外噪声大小相等、相位相反的声音来抵消噪声。

最近开发出一种新型窗[8]，通过交错的玻璃形成通风道，并在通风道内加入微穿孔吸声体来降噪。此系统采用非纤维材料且表面光滑，有利于人体健康和通风。另外，该系统是透明的，因而对自然光的影响较小，并可随意将其安装于建筑立面上。该系统关注居住者对气流的舒适要求，而不仅仅是最低量的空气交换。

10.2.4 声学材料

不同的声学材料，包括吸声体、隔声体和扩散体，可以具有相似的声学性能，但它们的可持续性能如对环境的影响则可能是截然不同的。10.4 节对常用声学材料的全寿命周期进行了系统的分析，包括其对环境影响的评估。10.5 节对不同材质的环境噪声屏障进行了全寿命周期的分析，并发现了显著的区别。

另外，利用可循环使用的材料如轮胎和地毯等可制成一些有效且环保的吸声体，这方面已有不少产品[9]。

---

[1] J Kang. Urban Sound Environment. London: Taylor & Francis Incorporating Spon, 2006.
[2] 中国建筑科学研究院建筑物理研究所. 建筑声学设计手册. 北京: 中国建筑工业出版社, 1987.
[3] K Attenborough. A review of research related to noise reduction by trees. Proceedings of the 32nd International Congress on Noise Control Engineering (Inter-noise), Prague, Czech Republic, 2004.
[4] C D Field, F R Fricke. Theory and applications of quarter-wave resonators: A prelude to their use for attenuating noise entering buildings through ventilation openings. Applied Acoustics, 1998, 53, 117-132.
[5] A Jakob, M Möser. Active control of double-glazed windows – Part I: feed forward control. Applied Acoustics, 2003, 64, 163-182.
[6] D J Oldham, M H De Salis, S Sharples. Noise control strategies for naturally ventilated buildings. Building and Environment, 2002, 37, 471-484.
[7][8] J Kang, M W Brocklesby. Feasibility of applying micro-perforated absorbers in acoustic window systems. Applied Acoustics, 2004, 66, 669-689.
[9] K Horoshenkov, A Khan, H Benkreira, G Pispola. Acoustical and micro-structural properties of recycled grains and fibres. Journal of the Acoustical Society of America, 2008, 123(5), 3034.

10.2.5 绿色技术的噪声问题

在建立更加可持续的环境的趋势下，开发了多种新技术。但是，某些技术也可能会引起噪声问题，反而降低了总体可持续性。风力发电场就是典型的例子。

从环境的可持续性角度来说，作为重要可再生能源之一的风力发电有很多优点，但风力发电场可能引起的噪声是不可忽视的，主要表现为低频噪声。风力发电场噪声主要有两部分，分别是扇片旋转带来的噪声，以及变速箱和电机发出的噪声。强劲的风可以提高发电机的效率，但也增加了噪声级。风力发电场一般应至少距离居住区 200~400 m，距离村庄 1 000 m，距离城镇 2 000 m[1]。另外，还有一些关于在城区采用风力发电机的建议[2]。10.6 节对风力发电机在典型住宅区内的噪声分布做了分析。

10.2.6 建筑环境的声质量与声景的研究

绿色建筑环境不仅应考虑节约能量和资源，同时也应该具有良好的舒适性，而声舒适即为其中的一个重要方面。如果室内或室外空间存在声学问题，不仅改造的费用高，而且效果也常不理想。因而会对可持续发展产生不可忽视的影响。

不仅在厅堂、录音室等声学建筑中声质量和声舒适有重要的意义，而且在一些非声学建筑，如办公楼、实验室和购物中心，也要考虑声质量的影响[3]。另外，城市公共开放空间的声舒适对于城市的可持续发展也是至关重要的。

在许多城市公共开放空间中，除了控制噪声之外，引入好的声音也十分重要[4]。最近的研究表明，降低声压级并不一定能带来城市区域中更好的声舒适度[5]。所谓声景，不同于噪声控制工程，是关于人耳、人、声环境和社会之间相互关系的研究。声景的研究将环境声作为"资源"而不是"废物"，这将会给环境声学领域带来一步变革。声景研究涉及很多学科，涵盖工程学、社会科学、人文和艺术。研究者来自各个领域，包括声学、美学、人类学、建筑学、生态学、人种学、通讯、设计、人文、地理、信息、景观、法律、语言学、文学、传媒艺术、医学、音乐、噪声控制工程、哲学、教育学、心理学、政治学、宗教学、社会学、技术和城市规划。声景的研究将支持城市设计和实现那些可促进健康、吸引投资、传达文化独特性和提高生活质量的城市声环境[6][7]。

10.3 声学及噪声标准和规范

在英国政府新出台的可持续发展住宅规范的评分体系中[8]，声学性能为其中的一项重要指标，在满足建筑声学及噪声规范基本要求的前提下，若达到更高的标准，则会有额外的加分。本节简述声学及噪声规范，尤其是环境噪声方面的标准法规。

---

[1] H Barton, G Davis, R Guise. Sustainable Settlements-A Guide for Planners, Designers and Developers. Faculty of the Built Environment University of the West of England. The Local Government Management Board Arndale Centre, 1995.

[2] E Melet. Sustainable Architecture: Towards a Diverse Built Environment. Rotterdam: NAI Publishers, 1999.

[3] J Kang. Acoustic comfort in "non-acoustic" buildings: A review of recent work in Sheffield. Proceedings of the Institute of Acoustics (IOA) (UK), 2003, 25(7), 125-132

[4] J Kang. Urban Sound Environment. London: Taylor & Francis Incorporating Spon, 2006.

[5] W Yang, J Kang. Soundscape and sound preferences in urban squares. Journal of Urban Design, 2005, 10, 61-80.

[6] W Yang, J Kang. Acoustic comfort evaluation in urban open public spaces. Applied Acoustics, 2005, 66(2), 211-229.

[7] M Zhang, J Kang. Towards the evaluation, description and creation of soundscape in urban open spaces. Environment and Planning B: Planning and Design, 2007, 34(1), 68-86.

[8] UK Department for Communities and Local Government. Code for Sustainable Homes, 2008.

10.3.1 噪声法规的原则及现状

环境噪声法规主要有两类,一类是对噪声源例如轿车和设备等的限制,另一类是对接收点例如居住空间的允许噪声级。评估环境噪声的影响有两种典型的方法。一种方法是根据绝对噪声级评估,另一种是根据由于新的发展而引起的环境噪声的相对增加量评估。第一种方法假设人们有一个不可接受的最大噪声级,而后一种方法则假定人们习惯目前已存在的声环境,如果噪声的变动相对于现有的噪声级有显著增加,人们会感觉到有变化而抱怨。

现有的规范涉及不同层次,包括城市、地区、全国和全球。世界卫生组织(WHO)依据健康标准制定了社区噪声指导意见[1],旨在为噪声标准提供依据。表10.1列出一些典型空间的噪声标准建议值。在环境噪声的测量方法方面,国际标准组织(ISO)的1996号文件则被普遍采用[2]。值得注意的是,虽然标准的第三部分列出了噪声限度分类及核查噪声是否满足限值过程的指导方针,但并未给出具体的噪声限制值,相反,它默认噪声限值是由地方政府依据这些指南自行制定的。

表10.1 世界卫生组织(WHO)推荐的一些典型空间的噪声限值[3]

空间类型	对健康的影响	L_{Aeq}(dB)	时间段(小时)	L_{Amax}(dB)(快挡测试)
室外生活环境	严重的烦恼度,白天或傍晚	55	16	
	中等的烦恼度,白天或傍晚	50	16	
住宅室内 卧室内	语言清晰度及中等的烦恼度,白天或傍晚	35	16	
	睡眠干扰,夜间	30	8	45
卧室外	睡眠干扰,开窗(室外值)	45	8	60
医院病房室内	睡眠干扰,夜间	30	8	40
	睡眠干扰,白天或傍晚	30	16	
工业、商业、购物、交通(包括室内外)	听力障碍	70	24	110
庆典、节庆、娱乐活动	听力障碍(<5次/年)	100	4	110

近年来,欧洲对环境噪声问题给予了极大重视,例如1996年发表的《未来噪声政策绿皮书》[4],旨在引起对环境噪声的注意。该文件包括欧洲环境噪声情况的详细叙述,也给出了噪声政策的一些方向及实施计划。2002年推出的欧盟有关环境噪声的评价及管理指导书,涵盖了对噪声预测技术的建议以及噪声数据对公众的公布方法[5],另外也提出了一个新指标Lden,即白天—晚间—夜间加权平均噪声级,各成员国可对此三个时间段自行规定。虽然有统一的倾向,欧盟会员国之间在标准和规范上依旧存在很大差别。例如,根据土地利用的类别,在比利时有9个区域类别,远多于其他国家。即使是同一类别的土地,不同的国家也有不同的规定。

英国现在与城市规划有关的标准是PPG24《规划政策指南》[6],此文件给出了住宅噪声暴露分类的概念和方法,并给地方政府规划部门在规划系统中如何减少噪声作了指导。针对工业噪声的标准主要是《评价

---

[1] B Berglund, T Lindvall, D H Schwela. Guidelines for Community Noise. World Health Organization report, 1999.
[2] International Organisation for Standardization. ISO 1996: Acoustics-Description, Measurement and Assessment of Environmental Noise. Part 1 (2003): Basic Quantities and Assessment Procedures. Part 2(1998): Acquisition of Data Pertinent to Land Use. Part 3(1987): Application to Noise Limits, 2003.
[3] B Berglund, T Lindvall, D H Schwela. Guidelines for Community Noise. World Health Organization report, 1999.
[4] EU. Future Noise Policy. European Commission Green Paper, Brussels, 1996.
[5] EU. Directive (2002/49/EC) of the European Parliament and of the Council-Relating to the Assessment and Management of Environmental Noise, Brussels, 2002.
[6] UK Office of the Deputy Prime Minister. Planning Policy Guidance(PPG)24: Planning and Noise, 1994.

工业噪声对工业居住混合区影响的方法》(BS 4142)[1]，给出了评估潜在的噪声问题是否会引起附近居民抱怨的步骤。在刚出台的新建筑法规中噪声也被作为一个重要的因素考虑在内[2]。另外，英国有一种倾向，那就是针对不同建筑类型制定各自的细则规范，例如近期出台的娱乐场所噪声（扰民）标准[3]，及学校建筑声学设计标准[4]。

10.3.2 我国声学及噪声标准和规范概述

我国环境噪声方面的主要标准是《城市区域环境噪声标准》（2008年由《声环境质量标准》代替）及与其相应的《城市区域环境噪声测量方法》以及《城市区域环境噪声适用区划分技术规范》。表10.2为《声环境质量标准》中规定的环境噪声的限制值。另外有针对各种噪声的相应标准，例如《机场周围飞机噪声环境标准》及与其相应的《机场周围飞机噪声测量方法》、《工业企业厂界噪声标准》及与其相应的《工业企业厂界噪声测量方法》、《建筑施工场界噪声限值》及与其相应的《建筑施工场界噪声测量方法》等。

表10.2 《声环境质量标准》中规定的环境噪声的等效连续噪声级限制值（dB(A)）

声环境功能区类别		昼间	夜间
0 类：指康复疗养区等特别需要安静的区域		50	40
1 类：指以居民住宅、医疗卫生、文化教育、科研设计、行政办公为主要功能，需要保持安静的区域		55	45
2 类：指以商业金融、集市贸易为主要功能，或者居住、商业、工业混杂，需要维护住宅安静的区域		60	50
3 类：指以工业生产、仓储物流为主要功能，需要防止工业噪声对周围环境产生严重影响的区域		65	55
4 类：指交通干线两侧一定距离之内，需要防止交通噪声对周围环境产生严重影响的区域	4a 类为高速公路、一级公路、二级公路、城市快速路、城市主干路、城市次干路、城市轨道交通（地面段）、内河航道两侧区域	70	55
	4b 类为铁路干线两侧区域	70	60

建筑声学方面亦有一系列标准和规范，例如《体育馆声学设计及测量规程》、《电影院视听环境技术要求》、《地下铁道车站站台噪声测量》、《公共场所噪声测定方法》、《语言清晰度指数的计算方法》等。隔声也是标准和规范一个重要的方面，有《民用建筑隔声设计规范》等。在工作场所的听力保护方面，亦有《职业噪声测量与噪声引起的听力损伤评价》等一系列标准法规。声学标准也包括一些基础声学方面的内容，例如《听阈与年龄关系的统计分布》等。

与标准和规范相应的有一系列实验室和现场测量方法和标准，除以上提及的外，亦有通用的《建筑和建筑构件隔声测量》，包括建筑构件空气声隔声的测量、楼板撞击声隔声的测量、小建筑构件空气声隔声的测量等，以及针对特定建筑构件的测试法，如《建筑外窗空气声隔声性能分级及检测方法》、《建筑用门空气声隔声性能分级及其检测方法》等。吸声方面，有《驻波管法吸声系数与声阻抗率测量规范》、《建筑吸声产品的吸声性能分级》等。现场测量标准方面有《声屏障声学设计和测量规范》、《消声器现场测量》、《隔声罩的隔声性能测定》等。

针对设备和声源有一系列测试及限值标准，例如针对各种声源的声功率级测试法，包括声压法测定噪声源声功率级（反射面上方近似自由场的工程法、混响室精密法等）、声强法测定噪声源的声功率级、减速法测定噪声源声功率级等；亦有针对特定声源的测试法，如《汽车加速行驶车外噪声限值及测量方法》、《铁道机车和动车组司机室噪声限值及测量方法》、《内河航道及港口内船舶辐射噪声的测量》、《家用电器及类似用途器具噪声测试方法》、《纺织机械噪声测试规范》等。

---

[1] British Standards Institution. British Standard BS4142: Method for Rating Industrial Noise Affecting Mixed Residential and Industrial Areas, London, UK, 1997.

[2] UK Office of the Deputy Prime Ministers. The Building Regulations 2000–Part E, 2003.

[3] W J Davies, P Hepworth, A Moorhouse, R Oldfield. Noise from Pubs and Clubs. Report for the UK Department for Environment, Food and Rural Affairs(DEFRA), 2005.

[4] UK DfES(Department for Education and Skills), Acoustic Design of Schools: A Design Guide. Building Bulletin 93. London: The Stationery Office, 2003.

10.4 声学材料全寿命周期的分析

由于住宅建筑占整个建筑环境的比例很大，其设计对实现总体可持续性有重要意义。住宅建筑在声学方面的主要考虑包括室内外噪声的隔绝和不同室内空间内的吸声。英国最新的建筑规范在居住建筑方面有很多比较严格的条款[1]。在一定的声学标准下，许多材料具有相似的声学效果但其可持续性能及其对环境的影响则可能大不相同。本节就一些典型情况对此进行分析，考虑从围护结构到室内装饰的各种建筑声学材料及构件，旨在为声学工程师及绿色建筑设计师提供一些定量的依据[2][3]。

10.4.1 分析方法

本研究中的分析使用 Envest 软件[4]，其参数输入分为三个部分：

(1) 建筑基本数据，包括地理位置、建筑长度、宽度、层数、层高、建筑面积、外围护墙体的面积、内墙体面积、门的面积、窗墙比、地下室空间比例、建筑寿命和人均面积等；

(2) 建筑构造和结构，包括每个建筑构件材料的细节，并考虑维护情况；

(3) 建筑设备，包括采暖、照明和通风，考虑安装及维护。

Envest 软体多用于办公建筑，但本研究中对其做了一些调整以用于对住宅建筑做相对比较。输出结果考虑了环境影响的各个方面，包括气候变化、酸性沉积物、臭氧层破坏、对人有毒气体、低层臭氧生成、对人有毒水、生态毒水、藻生长、化石燃料消耗、矿物提取、水萃取、废物处理。最后结果给出各因素计权的总体评价分数，以生态点计算，每个英国公民年均对环境的影响为 100 个生态点。生态点越高表明对环境的影响越大。

分析分三个层次进行，包括建筑类型的比较，公寓式住宅不同围护结构的比较，以及单个房间不同装饰材料的比较。

首先，建筑类型比较包括平房、独立式住宅、双拼式住宅、联排式住宅及公寓式住宅，每种建筑类型的户型相似，均包括起居室、餐厅、厨房、卫生间及三个卧室，如图 10.3 所示，相关参数见表 10.3。作为典型建筑外围护墙体材料，砖和石具有相似的降低室外噪声的性能，因而每种住宅类型都对两者进行了比较。开窗率与采光、通风、热损失及噪声等方面均有关，提倡自然通风是绿色建筑的重要手段之一，但是敞开窗户又往往引起噪声问题，因而每种住宅类型均考虑三种开窗率，包括① 典型开窗率，即平房为15%，独立式住宅为 8%，双拼式住宅为 14%，联排式住宅为 7%，公寓式住宅为 13%；② 各种住宅类型的平均开窗率，10%；③ 最大开窗率，20%。

其次，就典型公寓式住宅进行了较详细的分析，包括不同建筑墙体（砖墙、混凝土墙及玻璃幕墙）、屋顶形式（坡屋顶、平屋顶）及建筑层数（2~4 层）等三个方面。

最后，针对两种典型房间，即起居室和卧室，比较了不同建筑材料和构件（墙体、天花板、地板）及其组合情况，这些建筑材料均可达到要求的混响时间和隔声量，但是在对环境的影响上则可能差别很大。这部分的分析中混响时间由伊林公式来计算，而隔声量则考虑房间整体围护结构的声传播损耗：

$$R = 10\log\left(\sum_{n=1}^{6} S_n \bigg/ \sum_{n=1}^{6} \tau_n S_n\right) \tag{1}$$

式中，τ_n 和 S_n 分别是构件 n 的透声系数和表面积。

---

[1] UK Office of the Deputy Prime Ministers. The Building Regulations 2000-Part E, 2003.

[2] C Yu, J Kang. Sustainability analysis of architectural acoustic materials. Proceedings of the 13th International Congress on Sound and Vibration (ICSV), Vienna, Austria, 2006.

[3] C Yu, J Kang. Lifecycle analysis of acoustic materials in residential buildings. Proceedings of the Institute of Acoustics (IOA)(UK), 29(3), 1-16, 2007.

[4] BRE (Building Research Establishment). ENVEST 2 User Manuel, Watford, UK, 2006.

图 10.3　5 种建筑类型的平面图
资料来源：康健绘制

表 10.3　5 种建筑类型相关计算参数

	平房	独立式住宅	双拼式住宅(2户)	联排式住宅(12户)	公寓式住宅(18户)
建筑面积(m^2)	148	132	231	1 530	1 892
建筑层数	1	2	2	3	3
建筑高度(m)	3	6	6	9	9
外墙面积(m^2)	155	200	258	1 244	1 775
内墙面积(m^2)	151	83	249	1 811	1 831
窗户面积(m^2)	23	15	36	93	232
开窗率(%)	15	8	14	7	13
门的面积(建筑内部)(m^2)	19	12	29	157	220
开门率(建筑内部)(%)	12	14	12	9	12
人均建筑面积(m^2/人)	50	40	40	50	35

		平房	独立式住宅	双拼式住宅(2户)	连排式住宅(12户)	公寓式住宅(18户)
结构		柱基础				
外墙	砖墙	205 mm 厚砖砌体,13 mm 厚水泥砂浆				
	石墙	275 mm 厚砂石砌体,13 mm 厚水泥砂浆				
内墙		102.5 mm 厚砖砌体,13 mm 厚水泥砂浆				
地面		225 mm 厚混凝土,25 mm 厚水泥砂浆				
楼板		150 mm 厚预制混凝土楼板,25 mm 厚水泥砂浆				
窗		PVCu 密封塑钢双层玻璃窗				
屋顶		坡屋顶				
地板饰面		尼龙地毯				
墙饰面		涂料				
顶棚饰面		轻质石膏板悬挂在金属骨架上,涂料				

除特殊注明外,本分析中设定使用自然通风、燃气中央散热器、照明 10 W/m²、365 天/年、建筑运行年限 60 年和最低标准维护费用,建筑位于英国 Thames 山谷。生态点的计算分材料及建造部分的生态点(以下简称内含生态点)及建筑运行过程的生态点(以下简称运行生态点)。

10.4.2 建筑类型的比较

表 10.4 为 5 种建筑类型每平方米建筑面积的生态点比较。就内含生态点而言,排序为联排式住宅(砖 3.57,石 3.70)、公寓式住宅(砖 4.14,石 3.73)、双拼式住宅(砖 4.27,石 4.58)、平房(砖 4.34,石 4.80)、独立式住宅(砖 4.58,石 4.81)。若从运行生态点来看,顺序则不同,即:平房(砖 12.95,石 13.16)、双拼式住宅(砖 13.48,石 13.67)、独立式住宅(砖 14.82,石 15.48)、公寓式住宅(砖 15.08,石 15.26)、联排式住宅(砖 15.56,石 16.33)。从表 10.4 中也可以发现,内含生态点与运行生态点的比值为 1:9,说明了运行过程中考虑可持续发展性能的重要性。综合考虑内含与运行生态点的总排序是:平房(砖 17.29,石 17.96)、双拼式住宅(砖 17.75,石 18.25)、联排式住宅(砖 19.13,石 20.03)、公寓式住宅(砖 19.22,石 18.99)、独立式住宅(砖 19.39,石 19.39)。由于输入到 Envest 软件中的不是详细的建筑平面信息,因而上述排序仅是一个粗略的比较。但是总的来说,5 种建筑类型之间的差异不太显著。

表 10.4 5 种建筑类型每平方米建筑面积的生态点,外墙材料分别为砖或石

	内含生态点									
	平房		独立式住宅		双拼式住宅		联排式住宅		公寓式住宅	
	砖墙	石墙	砖墙	石墙	砖墙	石墙	砖墙	石墙	砖墙	石墙
气候变化	1.29	1.22	1.42	1.14	1.33	1.28	1.13	0.99	1.49	1.10
酸性沉积物	0.25	0.28	0.27	0.28	0.25	0.33	0.21	0.22	0.24	0.23
臭氧层破坏	0.01	0.01	0.01	0.01	0.00	0.00	0.00	0.00	0.01	0.01
对人有毒气体	0.24	0.32	0.25	0.35	0.23	0.31	0.19	0.24	0.22	0.26
低层臭氧生成	0.09	0.09	0.08	0.08	0.09	0.09	0.08	0.08	0.05	0.04
对人有毒水	0.02	0.02	0.02	0.02	0.01	0.01	0.01	0.01	0.02	0.01
生态毒水	0.04	0.20	0.05	0.27	0.03	0.23	0.02	0.15	0.04	0.17
藻生长	0.09	0.14	0.09	0.14	0.08	0.13	0.07	0.10	0.09	0.11
化石燃料消耗	0.42	0.39	0.46	0.36	0.43	0.39	0.37	0.32	0.38	0.30
矿物提取	1.11	1.33	1.24	1.41	1.33	1.19	0.94	1.02	0.92	0.93

续表 10.4

内含生态点	平房		独立式住宅		双拼式住宅		联排式住宅		公寓式住宅	
	砖墙	石墙	砖墙	石墙	砖墙	石墙	砖墙	石墙	砖墙	石墙
水萃取	0.04	0.04	0.03	0.03	0.03	0.03	0.02	0.02	0.03	0.02
废物处理	0.75	0.76	0.67	0.73	0.64	0.59	0.53	0.54	0.66	0.56
小计	4.34	4.80	4.58	4.81	4.27	4.58	3.57	3.70	4.14	3.73
排序	4	4	5	5	3	3	1	1	2	2
运行生态点										
气候变化	6.95	7.08	7.98	7.83	7.26	7.38	8.73	8.84	8.12	8.24
酸性沉积物	1.59	1.59	1.77	1.77	1.60	1.61	1.36	1.95	1.78	1.78
臭氧层破坏	0.00	0.00	0.00	0.00	0.00	0.00	0.00	0.00	0.00	0.00
对人有毒气体	1.68	1.69	1.88	1.87	1.70	1.71	2.06	2.06	1.88	1.88
低层臭氧生成	0.02	0.02	0.02	0.02	0.02	0.02	0.02	0.02	0.02	0.02
对人有毒水	0.00	0.00	0.00	0.00	0.00	0.00	0.00	0.00	0.00	0.00
生态毒水	0.00	0.00	0.00	0.00	0.00	0.00	0.00	0.00	0.00	0.00
藻生长	0.39	0.40	0.45	0.44	0.41	0.41	0.49	0.49	0.45	0.46
化石燃料消耗	2.14	2.20	2.49	2.42	2.27	2.32	2.72	2.77	2.56	2.61
矿物提取	0.00	0.00	0.00	0.00	0.00	0.00	0.00	0.00	0.00	0.00
水萃取	0.18	0.18	0.23	0.23	0.23	0.23	0.18	0.18	0.26	0.26
废物处理	0.00	0.00	0.00	0.00	0.00	0.00	0.00	0.00	0.00	0.00
小计	12.95	13.16	14.82	14.58	13.48	13.67	15.56	16.33	15.08	15.26
排序	1	1	3	3	2	2	5	5	4	4
总生态点/m²	17.29	17.96	19.39	19.39	17.75	18.25	19.13	20.03	19.22	18.99
总排序	1	1	5	5	2	2	3	3	4	4

由表 10.4 亦可看出两种外墙材料砖和石的生态点差异。从内含生态点来看，它们在一些方面存在明显差异，如生态毒水 80%~85%，藻生长 20%~35%，对人有毒气体 13%~28%。总的差别为 4%~11%，5 种建筑类型各有不同。相对而言，砖和石在运行生态点上的差别很小，约为 1%~4%。考虑总的生态点，两种围护结构材料的差异约在 5%以内。

总的来讲，各建筑类型采用不同开窗率时的生态点排序与表 10.4 基本类似。开窗率为 20%时内含生态点比开窗率 10%高 3%~4%，但运行生态点要低 8%~13%，这可能是由自然采光和通风带来的影响。

10.4.3 公寓式住宅建筑围护结构的比较

对图 10.3 中的公寓式住宅，首先比较 3 种墙体材料：砖墙(厚 205 mm)、混凝土墙(厚 105 mm)及玻璃幕墙(两层 6 mm 厚的玻璃加 100 mm 厚空气层)。为方便起见，调整墙体的厚度以使其隔声量相近。3 种墙体的生态点比较表明，就建造部分的生态点而言，砖墙和混凝土墙相近，均比玻璃低 10%左右。混凝土墙运行过程的生态点最高，比砖墙高 20%左右。若仅考虑外墙本身，3 种墙体的生态点存在显著差异：砖墙为 1 192、混凝土墙为 1 297、玻璃幕墙为 1 761。应用另一个软件 Ecotect[1]作进一步分析得出，混凝土墙比砖墙释放的温室效应气体高 38%，且内含能耗高 24%。

---

[1] Square One. Ecotect User Manuel, v5.2, Cardiff, UK, 2004.

对平屋顶和坡屋顶的比较表明，就内含生态点来看，平屋顶比坡屋顶高约7%，而就运行生态点来看，两种屋顶形式的差异较小，在0.3%左右。平屋顶的主要构造为：150 mm厚混凝土结构层，上铺20 mm厚沥青，150 mm厚容重为80 kg/m³的岩棉保温隔热层。坡屋顶的主要构造为：人字形木屋架，上铺黏土瓦，150 mm厚聚氨酯保温隔热层。

建筑层数与城市声环境有关，表现在声源与接收点距离的变化，以及街道中声传播两方面。对2~4层公寓式住宅的比较表明，不同层数内含生态点的差别均在3%以内，运行生态点随着建筑层数的增加而增加，但增加量低于4%。

10.4.4 典型房间

典型房间的分析以一个5.6 m×3.2 m×3 m的起居室为例。其外墙为205 mm厚砖墙、内墙为102 mm厚砖墙、地面为150 mm厚混凝土板，采用钢结构、PVCu密封塑钢双层玻璃窗、木门。由于Envest软件主要适用于整个建筑的分析，因此关于单个房间的分析仅作为相对比较。表10.5所示为顶棚、地面和墙体各种饰面材料的内含生态点比较，表中同时也给出了各种组合时整个房间的总生态点比较。图10.4所示为不同材料组合时的混响时间，可以看出其混响特性极为相似。另外各种组合时的隔声性能亦很类似。从表10.5可以看出利用三种顶棚饰面时的总生态点比较接近，分别为468、470和468，但若只考虑顶棚本身时差别较大，如采用胶合板时内含生态点是采用石膏板的3倍。就地面和墙体材料来讲，情况亦类似。换言之，尽管各种材料的声学性能相似，但它们在环境影响方面则可能截然不同。

表10.5 典型起居室顶棚、地面及墙体各种饰面材料的内含生态点比较，以及各种组合时整个房间的总生态点比较

		墙体	地面	顶棚	总生态点
顶棚	LCC1	石膏抹灰	薄地毯	石膏板块（1）	468
	LCC2			胶合板块（3）	470
	LCC3			石膏板（1）	468
地面	LFC1	石膏抹灰	水磨石地砖（4）	木板	460
	LFC2		油地毡块（5）		461
	LFC3		木质拼花地板（14）		470
墙体	LWC1	纤维板（12）	薄地毯	石膏抹灰	449
	LWC2	石膏板（3）			441
	LWC3	胶合板（4）			442

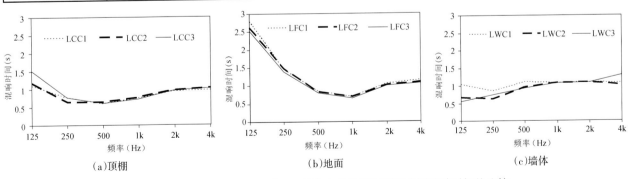

图10.4 典型起居室顶棚、地面和墙体各种饰面材料组合时混响时间的比较
资料来源：康健绘制

10.5 环境噪声屏障全寿命周期的评估模型

环境噪声屏障目前在全世界普遍采用[1]，但其选择主要根据其造价来决定，因而噪声屏障多由前期投入少、价格低廉的建筑材料制成，而整个寿命周期的价格，包括初始造价及对环境影响的价格两方面，则没有被充分地认识到，这包括原材料的来源以及成品的加工和运输过程，噪声屏障将会带来的长期作用，以及在使用过程的维护费用。随着法规对于低能效材料的使用和回收的更严格的限制，上述问题将更加凸现。此外，由于噪声屏障主要是用来降低环境污染的一种方法，其应用更利于整体环境。

英国公路管理处在噪声屏障的建造上建议考虑全寿命周期的费用[2]，但是并没有说明设计噪声屏的具体方法，也没有全寿命周期评估的具体方法。一些现有的对全寿命周期的分析方法和软件都是用来估算整个建筑或单一材料的，而没有特定的方法或软件来考虑噪声屏障[3~7]。

因此本节探讨了选择噪声屏障时考虑全寿命周期的评估模型，并对几种常用的噪声屏障材料进行了评估，其目的并不是找出最好的噪声屏障材料，而是要阐述噪声屏障设计中全寿命周期分析的方法及其重要性[8~10]。

模型的第一个阶段是从制造到出厂寿命周期的分析（摇篮→门），评估包括从材料开采到制成产品销售过程中的污染、温室效应气体排放、有限资源利用和水使用情况等方面，这个阶段不一定用具体的噪声屏障案例来研究。模型的第二阶段是出厂到拆除的寿命周期（门—坟墓），涉及具体的噪声屏障使用地点。

10.5.1 从制造到出厂寿命周期的分析（摇篮→门）

为分析方便，首先假设了典型的噪声屏障，其尺寸为 1 km 长、2 m 高。选用的材料有铝、钢、预制混凝土、PMMA 有机玻璃、木材和柳条。在所选的材料中包括可回收的与不可回收的铝和钢。另外，也包括生长和已砍伐的柳条。为了能够客观地在 CO_2 排放、能耗和污染排放等方面比较各种噪声屏，假设其在出厂后经过相同的距离，即 1 km 长，到达噪声屏障使用地。参考厂商提供的材料平均厚度以及美国联邦道路管理局的信息[11]，每种噪声屏障材料均选择其达到 20 dB 隔声量时的最小厚度。噪声屏材料密度可据此推算。根据对工业界的调查建立了每种噪声屏材料的 CO_2 排放、能耗和污染物排放的数据库，考虑从制造到出厂的周期，然后是维修要求、运输要求及到达使用寿命的分析。

环境噪声屏障全寿命周期的评估模型建立于已有的适用于一般建筑材料的通用模型，但其中不适用于噪声屏障研究的许多指标未予考虑，例如针对隔热材料的一些指标。就使用年限来讲，一个标准建筑的最小使用年限是 60 年，而噪声屏障约为 20~25 年，最好的也不过 40 年[12]。考虑选材、生产、销售、使用和处

---

[1] B Kotzen, C English. Environmental Noise Barriers: A Guide to Their Acoustic and Visual Design. London: E & FN Spon, 1999.
[2] Highways Agency. Building Better Roads: Towards Sustainable Construction. London, 2003.
[3] USA Federal Highways Agency. Noise Barrier Materials and Surface Treatments, 2003.
[4] N Howard, S Edwards, J Anderson. BRE Methodology for Environmental Profiles of Construction Materials, Components and Buildings. London: Construction Research Communications Ltd, 1999.
[5] D Brownhill, S Rao. A Sustainability Checklist for Developments: A Common Framework for Developers and Local Authorities. Watford: BRE Centre for Sustainable Construction, 2002.
[6] Thermie Program. A Green Vitrivus–Principles and Practice of Sustainable Architectural Design. London: James & James, 1999.
[7] J Anderson, D Shiers, M Sinclair. The Green Guide to Specification: An Environmental Profiling System for Building Materials and Components. 3rd ed. Oxford: Blackwell, 2002.
[8] J Joynt, J Kang. The integration of public opinion and perception into the design of noise barriers. Proceedings of the Passive and Low Energy Architecture Conference (PLEA), Toulouse, France, 2002.
[9] J Joynt, J Kang. A customised lifecycle assessment model for noise barrier design. Proceedings of the Institute of Acoustics (IOA)(UK), 28(1), 392–401, 2006.
[10] J Joynt. A Sustainable Approach to Noise Barrier Development:[PhD Dissertation]. School of Architecture, University of Sheffield, UK, 2005.
[11] USA Federal Highways Agency. Noise Barrier Materials and Surface Treatments, 2003.
[12] B Kotzen, C English. Environmental Noise Barriers: A Guide to Their Acoustic and Visual Design. London: E & FN Spon, 1999.

理等环节[1]~[4]，选定了一系列指标，每个指标都对各个材料进行排序，并从好到坏给一个相对应的数值。最后选定的指标如下所列：开采矿石(t)，废物(kg)，总能量(主要是化石燃料消耗)(MJ/kg)，排放到空气中的CO_2(g)，排放到空气中的SO_2(g)，排放到空气中的氮氧化物(g)，排放到空气中的重金属(g)，排放到水中的重金属(mg)，悬浮粒子(g)，用水量(L)，价格(£)，维护频率及费用，在各个阶段的运输和造成的污染(距离和运输方法)，生产中包含的可循环使用的材料的量，在寿命周期后潜在的可循环材料的量，最终的处理。

首先进行从制造到出厂寿命周期的分析评估(摇篮→门)。由于数据来源很多，并且各自有不同的度量单位，所以要把这些数据按照以上的方法统一成可以比较的量，然后就每种材料对每个指标的排序数值进行加权平均，加权的方式基本按照英国建筑研究院BRE给出的权重[5]。这是一套公认的权重系统，考虑环境、社会和经济等因素，均与噪声屏障的整个寿命周期有关。具体权重系为：气候变化(100年)38%，酸性沉积物5%，臭氧层破坏8%，对人有毒气体7%，低层臭氧生成4%，对人有毒水3%，生态毒水4%，藻生长4%，化石燃料消耗12%，矿物提取3.5%，水萃取5.5%，废物处理6%。

表10.6是从制造到出厂寿命周期典型噪声屏障的评估，其数据来源于有关厂家，并且都建立于ISO 14040标准[6]。可以看出，在可持续发展方面最不利的屏障包括不可循环利用的金属；其次是PMMA有机玻璃。当然，表中只考虑了"摇篮→门"阶段的评估结果，事实上这些材料中的一部分可以循环利用，甚至达到100%的循环。因此，在整个寿命周期的评估中，这些材料对环境所造成的危害会相对减少。表中一个值得注意的现象是柳条编屏障对环境的影响并不很低，这主要是因为岩棉夹心材料的影响。这些屏障常以环保产品出售，而事实上并非如此。不过，如果夹心材料可以改变，如用土，那么柳条编屏障应是对环境影响最小的。另外，柳条编屏障在其他一些方面有其他材料所不具备的环保作用，如可以为鸟类、昆虫及小型哺乳动物等提供生存环境。从表中亦可明显看出可循环金属材料在减少环境危害方面的优势。混凝土多被认为是不环保的材料，而表中的结果显示其并不是排在最后的。表中也显示出木材就"摇篮→门"阶段来讲，对环境的影响是最小的。

表10.6 考虑从制造到出厂寿命周期的典型噪声屏障的评估

	权重%	预制混凝土	PMMA有机玻璃	铝加岩棉	回收的铝加岩棉	回收的钢加岩棉	钢加岩棉	活的柳条编加岩棉	柳条编加岩棉	木材
NO_x(g)	7	5.35	8.56	6.42	3.21	1.07	4.28	7.49	7.49	2.14
垃圾掩埋(kg)	6	8.56	6.36	5.30	2.12	3.18	7.42	1.06	1.06	4.24
初级耗能(MJ)	12	7.84	8.96	5.60	2.24	3.36	4.48	6.72	6.72	1.12
排放到空气中的CO_2(g)	38	11.04	12.42	8.28	4.14	5.52	9.66	1.38	2.76	6.90
排放到空气中的SO_2(g)	5	8.40	7.35	6.30	4.20	2.10	3.15	5.25	5.25	1.05
CO(g)	4	2.08	3.12	6.24	5.20	4.16	7.28	8.32	8.32	1.04
排放到空气中的重金属(g)	7	2.14	3.21	6.42	4.28	5.35	7.49	8.56	8.56	1.07

---

[1] N Howard, S Edwards, J Anderson. BRE Methodology for Environmental Profiles of Construction Materials, Components and Buildings. London: Construction Research Communications Ltd, 1999.

[2] D Brownhill, S Rao. A Sustainability Checklist for Developments: A common Framework for Developers and Local Authorities. Watford: BRE Centre for Sustainable Construction, 2002.

[3] Thermie Program. A Green Vitrivus-Principles and Practice of Sustainable Architectural Design. London: James & James, 1999.

[4] J Anderson, D Shiers, M Sinclair. The Green Guide to Specification: An Environmental Profiling System for Building Materials and Components. 3rd ed. Oxford: Blackwell, 2002.

[5] D Brownhill, S Rao. A Sustainability Checklist for Developments: A common Framework for Developers and Local Authorities. Watford: BRE Centre for Sustainable Construction, 2002.

[6] British Standards Institution, BS EN ISO 14040:1997. London, 1997.

续表 10.6

	权重%	预制混凝土	PMMA有机玻璃	铝加岩棉	回收的铝加岩棉	回收的钢加岩棉	钢加岩棉	活的柳条编加岩棉	柳条编加岩棉	木材
PM(g)	7	2.14	7.49	8.56	3.21	5.35	6.42	4.28	4.28	1.07
水(L)	5.5	3.00	1.06	6.33	4.22	5.28	7.39	8.44	8.44	2.11
矿石(t)	3.5	8.28	1.04	5.18	2.07	3.11	4.14	6.21	6.21	7.25
以上各项所有排序值的总计		58.8	59.6	64.6	34.9	38.5	61.7	57.7	59.1	28.0

10.5.2 出厂到拆除的寿命周期（门→坟墓）

从出厂到拆除的寿命周期的评估考虑了运输、成本、维护和回收潜力等几部分关键要素。表10.7给出了将以上假定的噪声屏障运输1 km的距离时对环境的影响，虽然对更全面的分析来说，运输应考虑材料来源地点、屏障的实际使用地点及其使用寿命终结时的最终处置地点。

表10.7 利用铁路或公路每运行1 km内含的能量、CO_2及其他污染物

	反射性的木制屏障	吸收性的铝制屏障	吸收性的钢制屏障	PMMA有机玻璃	吸收性的柳条编屏障	反射性的混凝土屏障
铁路—CO_2	555	2 863	2 951	2 460	6 810	24 600
公路—CO_2	2 803	14 457	14 900	12 420	34 383	124 200
铁路—CH_4	1	4	4	4	10	36
公路—CH_4	4	21	22	18	50	180
铁路—NO_x	3	14	14	12	33	120
公路—NO_x	49	251	259	216	598	2 160
铁路—CO	1	3	4	3	8	30
公路—CO	33	168	173	144	399	1 440
铁路—VOCs	1	6	6	5	13	48
公路—VOCs	15	77	79	66	183	660
铁路—能量(kJ)	9 167	47 282	48 730	40 620	112 450	406 200
公路—能量(kJ)	39 131	201 838	208 022	173 400	480 029	1 734 000

表10.8 2004—2005年间2 m高的噪声屏障每平方米供应和安装的英国和欧洲的平均报价

材　料	平均报价(£)
预制混凝土(有吸声材料的)	180
PMMA 有机玻璃	128
ICI 有机玻璃(声反射性的)	190
铝(有吸声材料的)	175
钢(有吸声材料的)	100
木料(声反射性的)	55
木料(有吸声材料的)	104
柳条编屏障	120
活柳条编屏障	120

成本通常是影响材料选择的重要考虑因素，表10.8就每种材料列出了2004—2005年间包括购买和安装噪声屏障的实际费用，可用于在选择噪声屏障过程中与其他影响因素进行相对比较，这些数据来源于英国和欧洲15个不同的噪声屏障制造厂家和供应商。

维护是全寿命周期评估非常重要的一方面，因为它可显著增加材料使用周期内的经济成本和环境影响。表10.9根据英国公路管理处关于对各种类型噪声屏障的预期维护需求[1][2]对维护费用作了相对比较，如果进一步考虑地点、道路类型和当地气候等因素，可得出具体的维护费用。

---

[1] Highways Agency. Design Guidelines for Environmental Barriers. London: HMSO, 1995.
[2] Highways Agency. Environmental Barriers–Technical Requirements. London: HMSO, 1995.

表10.9 维护费用相对比较的评分(1—相当低；5—相当高)[1]

材 料	考虑因素	相对成本	评 分
木板屏障	检验/修理,定期处置	相当低	1
混凝土屏障	检验/修理,定期清洁	低	2
金属板屏障加吸声体	检验/修理/重粉刷/处置,紧固螺栓,检查接地	相当低	1
透明板屏障	检验/修理/定期清洁、处置	相当高	5
柳条编屏障	检查/修理,定期处置	相当低	1
活柳条编屏障	检查,浇灌,第一年修剪3次,之后一年一次,虫病管理,修理,春季施肥	适中	3

为了评估噪声屏障循环利用方面的情况，对以下三方面打分[2][3]：① 再循环材料的应用：其在噪声屏障产品的百分比；② 再循环能力：在噪声屏障报废后可再生部分材料的百分比；③ 当前材料再循环应用的百分比。以上的百分比均以重量计。随后可给出代表每种材料再回收方面潜在环保性能的总值，如图10.5所示。其中数值越大环境影响亦越大。

10.5.3 总指标

噪声屏障全寿命周期的评估用一个单独指标来表示对相对比较很重要，下面是一个示意性的综合公式：

$$LCA=(w \times T)+(1/R+D+M)+E \quad (2)$$

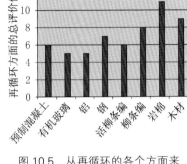

图10.5 从再循环的各个方面来比较每种材料的潜在环保性能
资料来源：康健绘制

式中，LCA为噪声屏障全寿命周期的评估指标，其数字越大，对环境的影响越大；w为重量；T为运输影响；R为再循环能力；M为维护；D为最后废弃的不可回收的材料；E为计权后的从制造到出厂阶段对环境的影响。

基于以上数据，若再给出实际案例的具体条件，比如材料的产地、回收场地的位置以及实际运输距离等，即可得出评估全寿命周期的单一总指标，用于各种类型噪声屏障的比较。

10.6 风力发电机的噪声影响

近年来风力发电机有用于住宅区附近的趋势。本节利用噪声图软件[4]，分析在典型住宅区中风力发电机的噪声影响，考虑地形、建筑类型、建筑排列和声源高度等主要影响因素，旨在探讨绿色建筑与声环境的关系[5][6]。

10.6.1 方法

如图10.6和表10.10所示，假设一个600 m×700 m的场地，考虑5种基本地形：中间凸起的2维斜面、

---

[1] B Kotzen, C English. Environmental Noise Barriers: A Guide to Their Acoustic and Visual Design. London: E & FN Spon, 1999.
[2] N Howard, S Edwards, J Anderson. BRE Methodology for Environmental Profiles of Construction Materials, Components and Buildings. London: Construction Research Communications Ltd, 1999.
[3] J Anderson, D Shiers, M Sinclair. The Green Guide to Specification: An Environmental Profiling System for Building Materials and Components. 3rd ed. Oxford: Blackwell, 2002.
[4] DataKustik GmbH. Cadna A for Windows-User Manual, Munich, 2004.
[5] C Yu, J Kang. Acoustics and sustainability in the built environment: an overview and two case studies. Proceedings of the 33rd International Congress on Noise Control Engineering (Inter-noise), Rio de Janeiro, Brazil, 2005.
[6] C Yu. Environmentally Sustainable Acoustics in Urban Residential Areas:[PhD Dissertation]. School of Architecture, University of Sheffield, UK, 2008.

中间凹入的 2 维斜面、中间凸起的 3 维斜面、中间凹入的 3 维斜面以及平地，每种斜面的高差均为 75 m。如表 10.10 所示，所有的地形中场地中央的一小片区域都假定为平坦的。建筑规划有两种类型：距场地中心 200 m 范围内无建筑物（类型 I）及此范围内有建筑物（类型 II）。场地由两条互相垂直的道路划分为四个区域，每个区域内有不同的建筑物排列类型。共考虑了三种建筑物排列类型，包括联排式住宅（6 m×44 m，12 m 高）、独立式住宅（8 m×8 m，12 m 高）以及公寓式住宅（15 m×15 m，36 m 高）。假设了两种声源分布：①位于场地中心的单一点声源，考虑处于地面以上 10 m 和 46 m 两种高度情况；②分别位于 6 个公寓式住宅屋顶以上 10 m 处的 6 个点声源。接收点设定在沿着从场地中心发出的 8 道线，间隔 45°，如图 10.6 所示。接收点高度为 4 m。由于研究主要考虑地形和建筑物排列等的影响，作为相对比较，计算中反射次数一般为 3，风的影响与来自地面和植被的吸收未被考虑，且每个点声源的声功率级假定为 95 dB。

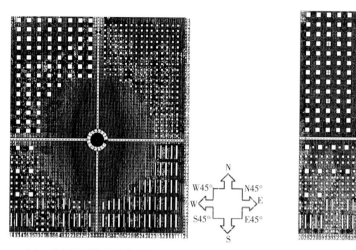
(a) I 型建筑规划，建筑排列类型 A

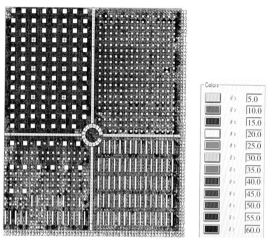
(b) II 型建筑规划，建筑排列类 B（见表 10.10）

6 个点声源的位置用"+"表示；▭ 表示连排式住宅；□ 表示独立式住宅；□ 表示公寓式住宅

图 10.6　计算中所用的场地及其噪声图
资料来源：康健绘制

表 10.10　计算中所用的案例，考虑场地、建筑规划类型及建筑排列类型

A		建筑规划类型 I 风力发电机在中心，高 10 m 中间凸起的 2 维斜面	B	建筑规划类型 I 风力发电机在中心，高 10 m 中间凹入的 2 维斜面
C		建筑规划类型 I 风力发电机在中心，高 10 m 中间凸起的 3 维斜面	D	建筑规划类型 I 风力发电机在中心，高 10 m 中间凹入的 3 维斜面
E		建筑规划类型 I 风力发电机在中心，高 10 m 平地面	F	建筑规划类型 II 风力发电机在中心，高 10 m 平地面
G		建筑规划类型 II 风力发电机在中心，高 10 m 中间凸起的 3 维斜面	H	建筑规划类型 II 风力发电机在中心，高 10 m 中间凹入的 3 维斜面
I		与 E 相同，但声源高 46 m	I'	与 I 相同，但 125 Hz
J		与 F 相同，但声源高 46 m	J'	与 J 相同，但 125 Hz
K		与 E 相同但有 6 个声源， 公寓式住宅高 36 m	K'	与 K 相同但公寓式 住宅高 12 m

10.6.2 地形的影响

图 10.7 比较了案例 A、B 和 E 之间沿着 8 个方向的声压级分布，图中声源至接收点距离是水平距离。从图中可以看出在距声源大约 80 m 的范围内 3 个案例中的声压级分布几乎是一致的，因为在此区域内它们都有一个平坦地面，且直达声起主导作用。在案例 A 中，超出此范围，沿着方向 N、E、S、W 的声压级衰减大约要比案例 B 和 E 中的大 5 dB 左右。主要原因是案例 A 中地面的平坦部分因为声源的位置而有噪声屏障效应。案例 B 和 E 之间的声压级衰减差异很小，说明在此情况下非水平方向声源至接收点距离的差异导致的影响无关紧要。

沿着 N45°方向，案例 A 中声压级衰减也比其他两个案例中的大 5 dB 左右。这可能是由于直达声可轻易进入此建筑物区域。相反，沿着 W45°和 S45°方向，由于较高的建筑密度，衍射起了更重要的作用，所以在三个案例间没有清楚的趋势上的差异。有意思的是在案例 E 中，即平坦地面条件下，沿着 E45°方向的声压级衰减要比案例 A 和 B 中的少得多，超过 10 dB。这可能是因为在这个建筑区域，案例 A 和 B 中的建筑物相当长而起到了很好的噪声屏障的作用。

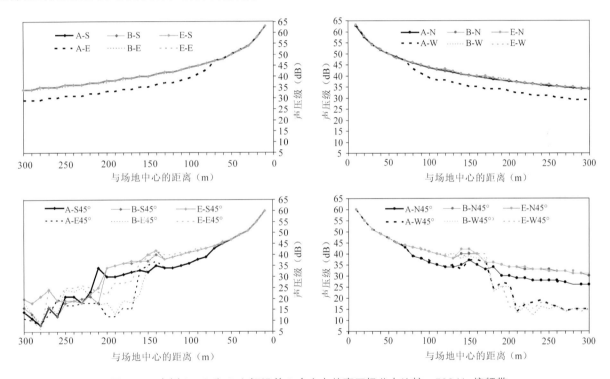

图 10.7 案例 A、B 和 E 之间沿着 8 个方向的声压级分布比较，500 Hz 倍频带
资料来源：康健绘制

图 10.8 比较了案例 C、D、E 间沿着 8 个方向的声压级分布。在距场地中心约 200 m 的范围内，声压级的变化与图 10.7 相似。超出此区域，沿着 N45°、E45°、S45°、W45°四个方向案例 D 中的声压级衰减要比案例 C 和 E 中的衰减大得多。这主要是因为在凹的地面条件下建筑物的屏障效应更显著，因为其有效屏障高度更大。案例 E 中沿着 W45°、S45°、E45°方向的声压级衰减比案例 C 中的大，这可能也是因为案例 C 中建筑物的屏障效应不太显著。相反，沿着 N45°方向，由于低建筑密度，案例 E 和 C 的差别较小。沿着 N、E、S、W 方向，案例 C、D、E 之间声压级的差异与案例 A、B、E 之间的差异相似。

综上所述，从图 10.7 和图 10.8 可以看出，相对于 10 m 处的声压级，100 m 处的声压级衰减大约为 25 dB，而 200~300 m 处约为 30~45 dB。

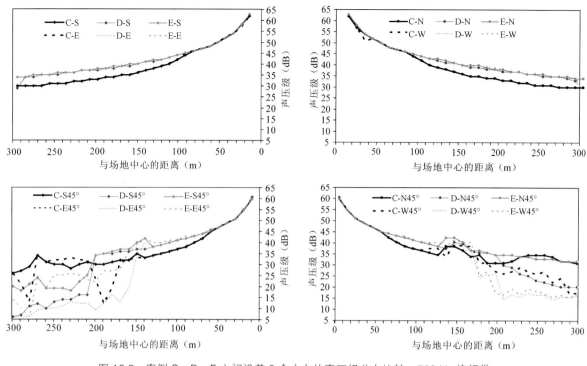

图10.8 案例C、D、E之间沿着8个方向的声压级分布比较，500 Hz倍频带
资料来源：康健绘制

10.6.3 建筑物排列的影响

在上面图10.7和图10.8的分析中已经提到了建筑物排列的影响。图10.9中对案例C和G，以及D和H之间做了比较，即距声源200 m范围内有建筑物和无建筑物条件下的比较。可以看出，200 m范围内的建筑带来了相当大的额外声衰减，大约超过5~15 dB，尤其是在距声源约80~200 m的区域内。沿着N45°方向E45°，由于低建筑密度，额外声衰减不显著。

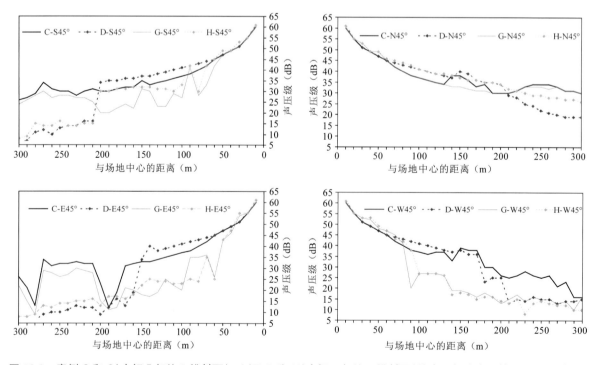

图10.9 案例C和G(中间凸起的3维斜面)，以及D和H(中间凹起的3维斜面)的声压级分布比较，500 Hz倍频带
资料来源：康健绘制

10.6.4 声源高度的影响

为了研究声源高度的影响,图 10.10 比较了案例 F 和 J,其中声源位于场地中心,在两个案例中的高度分别为 10 m 和 46 m。在距声源约 40 m 的范围内,由于声源至接收点距离的增加,在所有方向上,声压级在较高的声源高度时较低。超出此区域,沿着 W45°、E45°和 S45°方向,在提高声源高度时,建筑物屏障效应减小,声压级系统性增高,约 10~20 dB。沿着其他方向,差异则小得多。案例 E 和 I 之间的对比显示出相似的倾向。

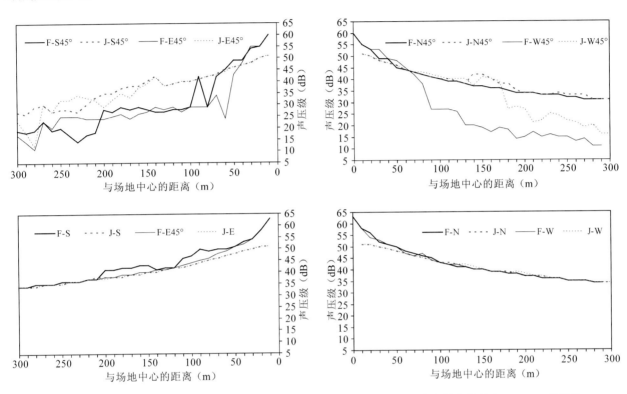

图 10.10　案例 F 和 J 的声压级分布对比,显示单声源时声源高低变化带来的影响,500 Hz 倍频带

资料来源:康健绘制

图 10.11 比较了案例 K 和 K′,考虑 6 个位于建筑物屋顶上的点声源(见图 10.6b)。沿着方向 E、N45°和 E45°,由于声源至接收点的距离相当远,两个声源高度的声压级之间没有明显的不同。在 N、S、W、S45°和 W45°方向上,当声源高度为 46 m 时,公寓建筑的屏障效应有所增加且声源至接收点距离变大,因此声压级一般比声源高度为 22 m 时要低。值得注意的是,与单个点声源相比,有 6 个声源时声压级随距离的衰减很不显著,在 200~300 m 处大约只有 20 dB。

以上的案例研究显示在一个较大区域内风力发电机可能会有严重的噪声影响,尤其是在有多声源时。地形、建筑规划类型、建筑排列和声源高度等均可显著地影响声压级分布,因此合理设计非常重要。比较两个典型频率,500 Hz 和 125 Hz,即案例 I 和 I′以及案例 J 和 J′,其声压级分布没有明显差异,但这方面仍需进一步的研究[①]。

---

① C Yu. Environmentally Sustainable Acoustics in Urban Residential Areas:[PhD Dissertation]. School of Architecture, University of Sheffield, UK, 2008.

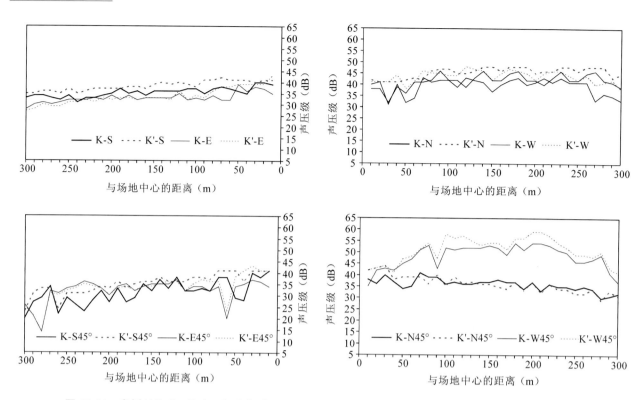

图 10.11 案例 K 和 K′ 的声压级分布对比，显示多声源时声源高低变化带来的影响，500 Hz 倍频带

资料来源：康健绘制

第11章 绿色建筑与绿色建材

11.1 绿色建筑对建筑材料的要求

11.1.1 绿色建筑与建筑材料的关系

建筑材料行业是建筑行业的基础，建筑的不可持续发展通常是因为建筑材料在生产和使用过程中的高能耗、高资源消耗和环境污染。因此，材料在很大程度上决定了建筑的"绿色"程度。发展绿色建材，将促进绿色建筑业的发展，建筑材料绿色化是绿色建筑的基础。

绿色建筑必须要通过绿色建材这个载体来实现。绿色建筑节能技术的实现有赖于建筑材料的节能性，要使建筑节能技术按照国家标准的规定进行推广和应用，必须依靠绿色建材的发展才能实现。

11.1.2 绿色建筑材料基本概念

绿色建材是指具有优异的质量、使用性能和环境协调性的建筑材料。其性能必须符合或优于该产品的国家标准；在其生产过程中必须全部采用符合国家规定允许使用的原燃材料，并尽量少用天然原燃材料，同时排出的废气、废渣、废液、烟尘、粉尘等的数量、成分达到或严于国家允许的排放标准；在其使用过程中达到或优于国家规定的无毒、无害标准，并在组合成建筑部件时不会引发污染和安全隐患；其使用后的废弃物对人体、大气、水质、土壤等造成较小的污染，并能在一定程度上可再资源化和重复使用。绿色建材又称生态建材、环保建材和健康建材等。绿色建材与传统的建材相比，可归纳为以下6个方面的基本特征：

（1）以相对最低的资源和能源消耗、环境污染作为代价生产出高性能的传统建筑材料；
（2）其生产所用原料大量使用废渣、垃圾、废液等废弃物；
（3）产品的设计是以改善生产环境、提高生活质量为宗旨，即产品不仅不损害人体健康，还应有益于人体健康，产品具有多功能化，如抗菌、灭菌、防霉、除臭、隔热、阻燃、调温、调湿、消磁、防射线和抗静电等；
（4）产品可循环利用或回收利用，如无污染环境的废弃物，在可能的情况下选用废弃的建筑材料，如拆卸下来的木材、五金和玻璃等，减轻垃圾处理的压力；
（5）材料能够大幅地减少建筑能耗，如具有轻质、高强、防水、保温、隔热和隔声等功能的新型墙体材料；
（6）避免使用会释放污染物的材料并将包装减少到最低程度。

根据绿色建材的基本概念与特征，国际上将绿色建材分成如下4种类型：

（1）基本型：满足使用性能要求和对人体无害的材料，这是绿色建材的最基本要求。在建材的生产及配置过程中，不得超标使用对人体有害的化学物质，产品中也不能含有过量的有害物质，如甲醛、氮气和VOC等；
（2）节能型：采用低能耗的制造工艺，如采用免烧、低温合成以及降低热损失、提高热效率、充分利用原料等新工艺、新技术和新设备，能够大幅度节约能源；
（3）循环型：制造和使用过程中，利用新技术，大量使用尾矿、废渣、污泥和垃圾等废弃物以达到循环利用的目的，产品可循环或回收利用，如无污染环境的废弃物；
（4）健康型：产品的设计是以改善生活环境，提高生活质量为宗旨，产品是对健康有利的非接触性物质，具有抗菌、灭菌、防霉、除臭、隔热、阻燃、防火、调温、调湿、消磁、防射线、抗静电和产生负离子等功能。

11.1.3 绿色建筑对建筑材料的要求

11.1.3.1 资源消耗方面的要求
（1）尽可能地少用建筑材料；
（2）使用耐久性好的建筑材料；
（3）尽量使用和占用较少的不可再生资源生产的建筑材料；
（4）尽量使用可再生利用、可降解的建筑材料；
（5）尽量使用利用各种废弃物产生的建筑材料，其主要目的是降低建筑材料生产过程中天然和矿产资源的消耗，保护生态环境。

11.1.3.2 能源消耗方面的要求
（1）尽可能使用生产能耗低的建筑材料；
（2）尽可能使用可减少建筑能耗的建筑材料；
（3）使用能充分利用绿色能源的建筑材料，其目的是降低建筑材料生产过程中的能源消耗，保护生态环境。

11.1.3.3 环境影响方面的要求
（1）建筑材料在生产过程中的CO_2排放量低；
（2）对大气污染的程度低；
（3）对于生态环境产生的负荷低，其目的是降低建筑材料生产过程中对环境的污染，保护生态环境。

11.1.3.4 室内环境质量方面的要求
（1）最佳地利用和改善现有的市政基础设施，尽可能采用有益于室内环境的材料；
（2）材料能提供优质的空气质量、热舒适、照明、声学和美学特性的室内环境，使居住环境健康舒适；
（3）材料具备很高的利用率，减少废料的产生。

11.1.3.5 材料本地化和旧建筑材料回收利用的要求
材料本地化，减少材料在运输过程中对环境的影响，促进当地经济的发展；旧建筑材料的回收利用，使用旧建筑拆除过程中原来形式无需再加工就能以同样或类似使用的建筑材料，以节约建筑成本和资源消耗等。满足《绿色建筑评价标准》（GB/T 50378—2006）对住宅建筑和公共建筑节能材料与材料资源利用的要求。

11.1.3.6 奥运建筑的5个绿色建筑评估指标
北京于2001年7月成功获得了2008年奥林匹克运动会的承办权，提出了"绿色奥运、科技奥运、人文奥运"的口号。清华大学、中国建筑材料科学研究院等9个单位于2003年编制出版的《绿色奥运建筑评估体系》中对绿色建筑材料提出了如下5个评估指标：

1）资源消耗

目的：降低建筑材料生产过程中的天然和矿产资源消耗，保护生态环境。

要求：评估所有建筑材料生产过程中天然和矿产资源的消耗量，鼓励选择节约资源的建筑体系和建筑材料。

指标：计算单体建筑单位建筑面积所用建筑材料生产过程中消耗的天然及矿产资源量C（t/m²）。

$$C=\sum_{i=1}^{n}X_iB_i/S$$

式中，X_i为第i种建筑材料生产过程中单位重量消耗资源的指标（t/t）；B_i为单体建筑用第i种建筑材料的总重量(t)；S为单体建筑的建筑面积(m²)；n为单体建筑所用建筑材料的种类数。C值越大，得分越低。

2）能源消耗

目的：降低建筑材料生产过程中能源消耗，保护生态环境。

要求：评价所有建筑材料生产过程中能源的消耗量，鼓励选择节约能源的建筑体系和建筑材料。

指标：计算单体建筑单位建筑面积所用建筑材料生产过程中消耗的能源量 $E(GJ/m^2)$，

$$E=\sum_{i=1}^{n}X_iB_i/S$$

式中，X_i 为第 i 种建筑材料生产过程中单位重量消耗能源的指标（GJ/t）；B_i 为单体建筑用第 i 种建筑材料的总重量(t)；S 为单体建筑的建筑面积(m^2)；n 为单体建筑所用建筑材料的种类数。E 值越大，得分越低。

3）环境影响

目的：降低建筑材料生产中对环境的污染，保护生态环境。

要求：评价所用建筑材料生产过程中对环境的影响，鼓励选择对环境影响小的建筑体系和建筑材料。

指标：计算单体建筑单位建筑面积所用建筑材料生产过程中排放的 CO_2 量 $P(t/m^2)$，

$$P=\sum_{i=1}^{n}X_iB_i/S$$

式中，X_i 为第 i 种建筑材料生产过程中单位重量排放 CO_2 的指标（t/t）；B_i 为单体建筑用第 i 种建筑材料的重量总和(t)；S 为建筑单体建筑面积总和(m^2)；n 为单体建筑所用建筑材料的种类数。P 值越大，得分越低。

4）本地化

目的：减少建筑材料运输过程中对环境的影响；促进当地经济发展。

要求：评价所用建筑材料中当地生产的建筑材料用量占总建筑材料用量的比例，鼓励使用当地生产的建筑材料，减少建筑材料在运输过程中的能源消耗和污染。

指标：计算距施工现场 500 km 以内生产的建筑材料用量 t_l(t) 与建筑材料总用量 T_m(t) 的比例 L_m，

$$L_m=\frac{t_l}{T_m}\times 100\%$$

L_m 大于所定值时可得分。

5）可再利用性

目的：延长建筑材料和建筑部件的使用寿命，减少固体废弃物的产生，降低建筑材料生产和运输过程中资源、能源的消耗和对环境的影响。

要求：评价对建筑材料的可再利用量。鼓励在拆除旧建筑时，对可再利用的建筑材料和建筑部件进行分选，最大限度地加以利用。

指标：计算可再利用的建筑材料用量 t_r(t) 与建筑材料总用量 T_m(t) 的比例 R_u，

$$R_u=\frac{t_r}{T_m}\times 100\%$$

R_u 分值越大，得分越高。

以上评估指标对绿色建筑设计方案中主要建筑材料的选用方案可进行定量评估。

11.2 绿色建材的评价体系与方法

11.2.1 绿色建材的评价体系

现有的绿色建材的评价指标体系分为两类：第一类为单因子评价体系，一般用于卫生类评价指标，包括放射性强度和甲醛含量等。在这类指标中，有一项不合格就不符合绿色建材的标准。第二类为复合类评价指标，包括挥发物总含量、人类感觉试验、耐燃等级和综合利用指标。在这类指标中，如果有一项指标不好，并不一定排除出绿色建材范围。

大量研究表明，与人体健康直接相关的室内空气污染主要来自于室内墙面、地面装饰材料以及门窗和家具制作材料等。这些材料中 VOC、苯、甲醛和重金属等的含量及放射性强度均会对人体健康造成损害，损害程度不仅与这些有害物质含量有关，而且与其散发特性即散发时间有关，因此绿色建材测试与评价指标应综合考虑建材中各种有害物质含量及散发特性，并选择科学的测试方法，确定明确的可量化的评价指标。

根据绿色建材的定义和特点，绿色建材需要满足4个目标，即基本目标、环保目标、健康目标和安全目标。基本目标包括功能、质量、寿命和经济性；环保目标要求从环境角度考核建材生产、运输、废弃等各环节对环境的影响；健康目标考虑到建材作为一类特殊材料与人类生活密切相关，使用过程中必须对人类健康无毒无害；安全目标包括耐燃性和燃烧释放气体的安全性。围绕4个目标制定绿色建材的评价指标，可概括为产品质量指标、环境负荷指标、人体健康指标和安全指标。量化这些指标并分析其对不同类建材的权重，利用ISO 14000系列标准规范的评价方法作出绿色度的评价。

我国现阶段的绿色建材评价体系是从材料寿命周期出发，采用数理统计的方法，从资源、能源、环境、使用性能、技术经济、环境负荷以及再生利用性能等方面进行综合评价。评价指标主要有产品质量指标、环境负荷指标、人体健康指标和安全指标等。

目前，我国有关绿色建材的评估标准大致根据以下3个方面确定：

1) ISO 14000体系认证

ISO 14000系列标准是由国际化组织(ISO)第207技术委员会组织制定的环境管理体系标准，由环境管理体系(EMS)、环境行为体系(EPE)、寿命周期评价(LCA)、环境管理(EM)、产品标准中环境因素(SAPS)等部分组成，共包括100个标准号，统称为ISO 14000系列标准。ISO 14000适用于任何性质和规模的组织，用于证明其产品或服务能达到相关方面和环保法规的要求，为环境管理提供一个系统化的管理思想和方法。

2) 环境标志产品认证

环境标志产品技术要求规定，获得环境标志的产品必须是质量优、环境行为优的双优产品，二者相辅相成，共同决定了环境标志产品双优特性这一基本特征。该认证具有权威性，但只是产品性能标准和环境标准的简单结合，难以在通过认证的产品中定量评价哪种性能指标和安全性更好。

3) 国家相关安全标准体系

国家质检总局委托相关单位起草制定了《室内装饰装修材料有害物质限量》等10项国家标准，这些标准部分现已强制实施。

上述3种评价体系在评价建材的过程中，内容上各有侧重，很难以一种体系对绿色建材进行定量分析、全面综合评价。国际上公认用ISO 14000标准中全寿命周期理论评价材料的环境负荷性能是最好的，能够通过确定和定量化的研究能量和资源利用及由此造成的废弃物的环境排放来对产品进行综合、整体、全面的评价。

11.2.2 绿色建材的评价方法

自从"绿色"材料的概念提出后，国内外都十分重视其评价方法和评价体系的研究。由于研究对象、研究目的和研究背景等不尽相同，提出的评价方法和评价体系也各不相同。关于衡量环境影响的定量指标，已提出的表达方法有单因子评价法、环境负荷单位法(ELU)、生态指数法(EI)、环境商值法(EQ)、生态因子法(ECOI)和寿命周期评价法(LCA)等。这些方法中对环境影响评价比较科学的方法是寿命周期评价法(LCA)。关于LCA的概念，尽管存在不同的表述，但各国国际机构目前已经趋向于比较一致的框架和内容，即LCA是贯穿产品生命全过程(从获取原材料、生产、使用直至最终处理)的环境因素及其潜在影响的研究。ISO在1997年颁布了ISO 14040标准，对LCA技术框架进行了阐述——寿命周期评价法是评价环境负荷的一种重要方法，但在评价范围和评价方法上也有局限性：

(1) LCA所做的假设与选择可能带有主观性，同时受假设的限制，可能不适用于所有潜在的影响；

(2) 研究的准确性可能受到数据的质量和有效性的限制；

(3) 由于影响评估所用的清单数据缺少空间和时间尺度，使其结果产生不确定性。

11.3 绿色建材制备与应用技术

11.3.1 水泥

11.3.1.1 高性能水泥的定义与用途

"十五"期间完成的"973"计划"高性能水泥制备和应用的基础研究"项目提出高性能水泥的概念。高性能水泥是由高胶凝性的水泥熟料和经过高度活化的辅助胶凝组分构成。在适宜的配料方案和烧成制度下，可以制成 28 d 强度大于 70 MPa 的高阿利特（C_3S 含量 65%~70%）硅酸盐水泥熟料，除了本身具有很高的强度外，还对辅助胶凝材料有较强而且持续的激发作用。采取不同方式对煤矸石和粉煤灰工业废渣进行活化并复合，形成辅助胶凝组分，并与熟料组成高强度、高性能水泥体系。

该项成果是我国建材领域的原创技术，可大幅度提高水泥基材料的性能，包括强度和耐久性，用较少的水泥熟料生产较大量的水泥，充分利用工业废渣的潜在胶凝性，使其在水泥混凝土的利用从单纯的增加产量为目的转化为既降低环境负荷又使之作为高性能水泥中不可或缺的性能调节组分。这种高性能水泥将成为我国 21 世纪水泥工业的发展方向，它将使水泥熟料产量降低，生产能耗下降，资源消耗减少和环境负荷减轻，同时水泥强度和耐久性大幅度提高，大力发展高性能水泥将使水泥工业走向以性能提高替代数量增长的绿色发展模式。

11.3.1.2 水泥生产的环境负荷

2006 年，我国水泥年产量达 12.4 亿 t 之巨，水泥工业年消耗石灰石 9.4 亿~10.8 亿 t，消耗黏土 1.5 亿 t 左右，标煤 1.31 亿 t 左右，排放 CO_2 8.4 亿 t 左右，占全国 CO_2 排放量的 16.2%，排放粉尘约 700 万 t，占全国粉尘排放量的 70% 以上。在循环经济系统中凸现两方面矛盾，一方面是传统水泥工业消耗大量的能源、资源，带来严重的环境污染，另一方面是大量可再生利用的其他工业废弃物被不合理地处理，造成资源浪费、能源浪费和环境污染无法定量评估。无论是从水泥工业自身"小循环"发展出发，还是从我国整个社会经济"大循环"，乃至全球经济的"循环"发展出发，水泥工业的节能降耗、减排、吸纳其他工业废弃物对循环经济的作用和潜力是巨大的。

1）水泥生产的资源、能源消耗和资本投入

水泥制造业是资源密集型产业，当大量生产水泥时，必然受到资源的制约。生产水泥熟料的主要原料是相对优质的石灰石。而我国符合水泥生产要求的石灰石虽从绝对量来看并不少，但与众多的人口和水泥生产量相比却显得非常贫乏。同时，作为生产水泥用的煤和电也是制约因素。

水泥工业消耗大量的石灰石及煤炭资源。我国已探明石灰石矿物储量约 450 亿 t，用于水泥生产的石灰石可采储量仅约 250 亿 t，而每年生产水泥就要消耗大约 6 亿 t 石灰石，40 年之后我国水泥生产的原料将难以为继。目前，2000 年水泥工业煤炭消耗量为 9 360 万 t，占全年原煤生产量的 8.5%，而我国煤炭储采比已经不足百年。由于设备的大型化和占地面积大等因素的影响，水泥厂的投资巨大。按 8 亿 t 水泥计算，需投资 6 000 亿元。新建大型水泥厂约 2 000 亿元，改造小型水泥厂约 4 000 亿元。

2）水泥生产对环境的污染

水泥厂一直被看做污染源，水泥生产时主要生态问题是粉尘和烟尘。烟尘中一般含有硫氮、碳的氧化物等有毒气体和粉尘。粉尘颗粒>10 μm 的，称为落尘；颗粒<10 μm 的称为飘尘。其中相当大一部分比细菌还小，尤其是直径在 0.5~510 μm 的飘尘，不能为人的鼻毛所阻滞和呼吸道黏液所排除，可以直接到达肺泡，被血液带到全身。同时，生产水泥时排放的大量 CO_2 是环境代价最高的"温室气体"。水泥生产污染情况见表 11.1。

表 11.1 水泥生产对环境的污染情况 （单位：万 t）

排放物	1995 年	2000 年	2010 年
粉 尘	1 050	1 380	2 010
CO_2	36 000	44 000	61 000
SO_2	45	59	78.4
氮氧化合物	92	120	160

水泥工业生产的粉尘排放量占全国工业生产粉尘排放量的 27.1%；CO_2 排放量占全国工业生产 CO_2 排放量的 21.8%；SO_2 排放量占全国工业生产 SO_2 排放量的 4.85%。水泥工业是造成温室效应的 CO_2 和形成酸雨的 SO_2 及 NO_x 的排放大户。从 1997 年到 2010 年，地球大气层将因我国的水泥生产而增加 CO_2 积累量 60 亿 t 之多，对人类环境将造成严重的危害。因此，水泥工业不仅在中国，在全世界也必须走优质、低耗、高效益、与环境相和谐的可持续发展道路。

综上所述，影响水泥工业"环境负荷值"的最大因素首先是燃料、电力、石灰石等资源和能源负荷，其次是 CO_2、粉尘、SO_2、NO_x 排放等污染物负荷。

11.3.1.3 水泥绿色制造的途径

21 世纪我国水泥工业发展的重点为用现代化干法水泥制备技术合理调整企业规模结构、行业技术和产品结构，强化节能、环保及资源利用，进一步提高和改善产品实物质量和使用功能。提高水泥的绿色制造应在以下 3 个方面开展工作：

1）研究开发大型新型水泥生产技术，提高水泥工业整体技术装备水平，减少污染物的排放，降低能源与资源的消耗。

（1）低品位矿山经合理搭配开采与均化，生产高强优质水泥熟料，可以节约高品位原料，使资源得到充分利用。此外，原料入场后，通过在线快速分析进行前馈控制，大大简化厂内预均化与生料均化，既保证生料质量，又可节省投资。

（2）新型烧成体系具有如下特点：① 高效、低阻预热预分解技术，无烟煤、劣质煤及替代燃料煅烧技术研究，以工业废弃物代替原生矿物资源烧制水泥熟料技术；② 低温余热发电技术与装备；③ 预分解短窑技术开发；④ 高效冷却机的研究；⑤ 使用垃圾的焚烧灰和下水道污泥的脱水干粉作为主要原料生产水泥的新技术；⑥ 利用回转窑温度高(火焰与物料温度可分别达到 1 850℃及 1 450℃)，热惯量大，工况稳定，气、料流在窑内滞留时间长以及窑内高温气体湍流强烈等优点，消解可燃性废料及化工、医疗行业排出的危险性废弃物；⑦ 研制开发新型多通道燃料燃烧器，进一步减少低温一次风量，更便于窑内火焰及温度的合理控制，有利于低质燃料及二次燃料利用，亦可减少 NO_x 生成量。

2）研究开发特种和新品种水泥，加强废弃物的综合利用，扩大和改进水泥应用范围和使用功能。

特种和新品种水泥的研究开发主要通过熟料矿物及水泥材料组成的优化匹配、利用工业及城市废弃物和低品位原料等，实现水泥性能与功能的合理调节及环境负荷的大幅度降低。重点发展的方向主要包括如下 4 个方面。

（1）具有反应控制功能、结构控制功能、环境调节功能和智能功能的特殊水泥。

（2）以节能、降耗、环保和提高水泥性能为主导的环境负荷减少型和环境共存型改性水泥体系和新型高性能水泥体系。

（3）先进水泥基材料。利用材料的复合与优化技术，如 DSP、MDF 类超高强水泥基材料，实现水泥基材料的高致密化和性能的突变，达到抗压强度 300~800 MPa，抗折强度 75~150 MPa。

（4）以工业废弃物替代原生矿物材料，如用矿渣、火山灰等做原料烧制水泥熟料，或者以粉煤灰、石灰石微粉、矿渣作混合料磨制混合水泥，并扩大使用量，这样可以减少普通硅酸盐水泥的用量，减少石灰石等天然资源的用量，节省烧制水泥所消耗的能量，降低 CO_2 的排放量。

3）强化水泥应用技术，大力发展高性能混凝土。

主要围绕进一步改善混凝土的工作性能、力学性能和耐久性能，进而提高混凝土工程的安全性能，延长工程的使用寿命，对作为混凝土中最主要的胶凝材料——水泥的高性能化进行研究开发，同时对作为混凝土第 5 组分的高效化学外加剂和第 6 组分的新型高活性矿物掺和料进行重点研发和应用。

通过对特种和新品种水泥体系的研发，进一步拓宽水泥及其制品的应用领域，提高水泥应用性能；并通过对混凝土新型高活性矿物掺和料和高效化学外加剂的研发和应用，大幅度改善水泥混凝土的施工性能、强度和耐久性。

从上面开展的工作可以看出，要从根本上实现水泥的绿色制造，应该从可持续发展的思想出发，在水泥行业开展清洁生产工作，推行 ISO 14001 环境管理体系，从技术上和管理上全面提升企业的水平，达到降低能源资源消耗、减少污染物排放和实现资源综合利用的目的，推进水泥工业的绿色化进程。

11.3.1.4 水泥绿色制造的经济效益

（1）通过推广新型干法预分解技术，淘汰落后的小水泥厂生产等措施，2010 年比 2004 年节省能源消耗 1 000 万 t 标准煤，能耗降低 8%，减排粉尘 500 万 t；2020 年将节省能源消耗 2 000 万 t 标准煤。

（2）通过现代开采技术的推广，2010 年减少石灰矿开采是 1.2 亿 t，2020 年减少石灰矿开采是 2.5 亿 t。

（3）推广高性能水泥，2010 年全国水泥生产减少熟料 2 800 万 t，石灰石量消耗减少 4 000 万 t，节约标准煤 400 万 t，提高工业废弃物利用数量 2 800 万 t，减少 CO_2 排放 2 200 万 t；2020 年减少熟料生产 6 000 万 t，石灰石量消耗减少 1.2 亿 t，节约标准煤 1 000 万 t，减少 CO_2 排放近 5 000 万 t。

（4）2010 年实现年替代燃料量 700 万 t 标准煤，节约燃料成本 2 100 万元，CO_2 的减排量 1 500 万 t，废弃物消纳总量 700 万 t；2020 年替代燃料 2 000 万 t 标准煤，节省成本 6 000 亿元，减排 CO_2 6 000 万 t，消纳废弃物 2 000 万 t。

（5）2010 年在日产 2 000 t 以上水泥生产线建设中低温余热发电装置 150 套以上，形成年节能 300 万 t 标准煤；到 2020 年余热发电推广率 80%，预计年可节约 1 000 万 t 标准煤。

在水泥行业实施节约能源、资源和保护环境的绿色制造技术后，2010 年减少石灰石开采量累计 1.6 亿 t，节约 2 400 万 t 标准煤，减排 CO_2 1 亿 t；2020 年减少石灰石开采量 3.7 亿 t，节约 6 000 万 t 标准煤，减排 CO_2 2.5 亿 t，我国将基本建成绿色水泥产业。

11.3.2 混凝土

11.3.2.1 绿色高性能混凝土的定义

高性能混凝土（High Performance Concrete，简称 HPC）是在高强混凝土（High Strength Concrete，简称 HSC）的基础上发展起来的。中国工程院院士吴中伟教授认为"高性能混凝土是在大幅度提高常规混凝土性能的基础上采用现代混凝土技术，选用优质原材料，除水泥、水、集料外，必须掺加足够数量的活性细掺料和高效外加剂的一种新型高技术混凝土"。

绿色高性能混凝土（Green High Perfomance Concrete，简称 GHPC）的概念，最早是吴中伟教授提出的。绿色高性能混凝土除了有高性能混凝土的优点外，还具有绿色、节能、环保等特性。

11.3.2.2 绿色高性能混凝土的特点

（1）所使用的水泥必须为绿色水泥，砂、石料的开采应以十分有序且不过分破坏环境为前提。这里的绿色水泥是针对绿色型水泥工业而言的。绿色型水泥工业是指将资源利用率和二次能源回收率均提高到最高水平并能够循环利用其他工业的废渣和废料，技术装备上强化了环境保护的技术和措施，产品除了全面实行质量管理体系之外还真正实行全面环境保护的保证体系，废渣、废气等废弃物的排放几乎为零的水泥工业。

（2）最大限度地节约水泥用量，从而减少水泥生产中所排放的 CO_2、SO_2 等气体，以保护环境。

（3）掺加更多的经过加工处理的工业废渣。如将磨细矿渣、优质粉煤灰、硅灰等作为活性掺和料，以节约水泥、保护环境，并改善混凝土的耐久性。

（4）大量应用以工业废液尤其是以黑色纸浆废液为原料改性制造的减水剂，以及在此基础上研制的其他复合外加剂，以助于处理其他工业企业难以处置的液体排放物。

（5）集中搅拌混凝土和大力发展预拌混凝土，消除现场搅拌混凝土所产生的废料、粉尘和废水，并加强对废料和废液的使用。

（6）发挥高性能混凝土的优势，通过提高强度，减小结构的截面积、结构体积等方法，以减少混凝土的用量，从而节约水泥、砂、石的用量；通过大幅度地提高混凝土的耐久性，延长结构物的使用寿命，进一步减少维修和重建费用。

（7）对拆除的废弃混凝土进行循环利用，发展再生混凝土。

11.3.2.3 绿色高性能混凝土的分类

1) 生态环境友好型混凝土

为满足高强度和高耐久性的要求,传统的混凝土始终在追求材料的密实性。这种密实性使城市中的混凝土结构(如各类建筑物、刚性路面等)缺乏透气性和透水性,调节空气的温度、湿度的能力差,加剧了城市热岛效应,劣化了人类的生活环境;雨水少,使城市地下水位下降,影响了地表植物的生长,结果造成城市生态系统失调。混凝土颜色灰暗,由混凝土材料构筑的生活空间给人以粗、硬、冷、暗的感觉。解决这些问题的根本出路在于开发、研制对生态环境友好,既能满足人类生产、生活的需要,又不破坏生态平衡的混凝土。根据使用功能的不同,生态环境友好型混凝土可以简单分为植被混凝土和透水性混凝土。

2) 再生骨料混凝土

旧建筑物或结构物解体的混凝土经破碎分级成为粗细骨料,代替混凝土中部分砂石配制的混凝土,称为再生骨料混凝土。利用再生骨料配制再生混凝土已被看作发展绿色混凝土的主要措施之一。

3) 大掺量粉煤灰高性能混凝土

掺入粉煤灰能提高混凝土的强度以及抗渗性和抗冻性,降低干缩性,对碱骨料反应起抑制作用。如能充分利用粉煤灰的形态效应、微集料效应和火山灰效应,在大量掺入粉煤灰情况下配制出高性能混凝土,将带来更大的经济效益和环境效益。

4) 减轻环境负荷型混凝土

(1) 利废环保型混凝土

该类混凝土的组成与传统混凝土的最大区别在于:采取一定技术措施,掺入大量的固体废弃物(工业废渣、废弃的砖石和混凝土以及固体垃圾等和以工业废液为原料的外加剂,实现了各类废弃物的再资源化,起到废物利用和减少环境污染的双重作用。

(2) 节能型混凝土

水泥生产过程中需要高温煅烧硅质原料(黏土或页岩)和钙质原料(通常是石灰石)等组分,这个过程要消耗大量的能源。如果采用无熟料水泥或免烧水泥配制混凝土,就能显著降低能耗,达到节能的目的。

11.3.2.4 混凝土绿色制造的途径

1) 降低水泥用量,开发新的水泥品种。

水泥是混凝土的主要原材料,一般每立方米混凝土中水泥用量在200~500 kg,而水泥工业不仅产出大量粉尘,还排放有害气体(CO_2,NO 和 SO_2)与有害毒质,其中 CO_2 是主要的温室气体。

因此,改变水泥品种,降低单方混凝土中的水泥用量,将大大减少由于混凝土需求量越来越大带来的温室气体排放和粉尘污染。特别是在混凝土强度标号和耐久性要求都越来越高的今天,设法降低混凝土中的水泥用量是十分有意义的。不仅能够降低混凝土的水化热、减少收缩开裂的趋势,而且对混凝土的绿色化生产具有积极的作用。

2) 大量利用工业废渣,减少自然资源和能源的消耗。

固体废渣的利用在建筑业占主导作用。如粉煤灰和煤矸石在我国年产量近3亿~4亿 t。要减少因水泥生产而排放的 CO_2、SO_3,唯一有效的措施是充分利用工业废渣。这些矿物掺和料不仅有利于水化作用、强度、密实性和工作性,增加颗粒密集堆积,降低孔隙率,改善混凝土的孔结构,而且对抵抗侵蚀和延缓性能退化等都有较大作用。充分发挥其有利作用(例如减少水泥的水化热,降低混凝土升温)将扩大高性能混凝土的应用范围。高性能混凝土科学地大量使用矿物掺和料,既可减少燃烧熟料时 CO_2 的排放,又因大量利用粉煤灰、矿渣及其他工业废料而有利于保护环境。

另一方面水泥厂也应生产高掺量混凝土的水泥以适应各种工程的需要。所谓高掺量混凝土是指掺和料的掺量达到50%~60%的混凝土。若能实现,即使我们将水泥熟料控制在5亿 t,则水泥产量可达10亿~12.5亿 t。这可能是我国建材行业既要保持熟料总量不变而又能满足经济快速增长需求的最有效的途径。

3) 使用人造骨料、海砂、再生骨料等多种代用骨料,保护天然资源。

人造骨料就是以一些天然材料或工业废渣、城市垃圾、下水道污泥为原材料制得的混凝土骨料,它对环境保护有着非常积极的作用。生产人造骨料的工业废料很多。日本已经开发利用城市下水道污泥生产骨料的技术，这种骨料配置砂浆的强度达到了普通河沙砂浆的90%，很有利用前景。除此之外，还有粉煤灰陶粒、黏土页岩陶粒等人造轻骨料。使用轻骨料还可以制造轻质混凝土材料，减轻结构的自重，提高建筑物的保温隔热性能，减少建筑能耗。

用海砂取代山砂和河沙作为混凝土的细骨料，是解决混凝土细骨料资源问题的有效办法，因为海砂的资源很丰富。但是海砂中含有盐分、氯离子，容易使钢筋锈蚀，硫酸根离子对混凝土也有很强的侵蚀作用。此外，海砂颗粒较细，且粒度分布均一，很难形成级配，而且有些海砂混有较多的贝壳类轻物质。目前已经开发出一些对海砂中盐分的处理方法。对于海砂的级配问题，主要采取掺入粗碎砂的办法进行调整，使之满足级配要求。

一般将废弃混凝土经过清洗、破碎分级，按一定比例相互配合后得到的骨料称为再生骨料。由于利用废弃的混凝土做再生骨料，需要一系列的加工和分离处理，成本较高，使我国废弃混凝土利用进展较慢，但是废弃混凝土的利用从保护环境、节省资源的角度有重要的社会效益。人造骨料、海砂、再生骨料是配置绿色混凝土的重要原料。

4) 使用绿色混凝土外加剂，防止室内环境污染，保护人体健康。

混凝土外加剂在现代混凝土材料和技术中起着重要作用，可以提高混凝土的强度，改善混凝土的性能，节省生产能耗，保护环境等。

外加剂材料组成中有的是工业副产品、废料，有的可能是有毒的，有的会污染环境。因此，明确混凝土外加剂可能存在的环境问题以及对人体的潜在危害，严禁使用对人体可能产生危害或对环境产生污染的物质用作外加剂，使用绿色混凝土外加剂是混凝土绿色化的重要途径。

另外，开发新型高性能减水剂，提高混凝土质量，配置绿色混凝土也是发展绿色混凝土的重要途径之一。减水剂是混凝土外加剂中最重要的一个品种，优异的减水性能可以减少混凝土中水泥用量，促进工业副产品(如磨细矿渣、粉煤灰及硅灰等)在胶凝材料中的应用，有助于节约资源和保护环境。

5) 注重混凝土的工作性，节省人力，减少振捣，降低环境噪音。

良好的工作性是使混凝土质量均匀、获得高性能因而安全可靠的前提，没有良好的工作性就不可能有良好的耐久性。工作性对混凝土和管理现代化有重大的影响。良好的工作性可使施工操作方便而加快施工的进度，改善劳动条件，有利于环境保护。因此，对混凝土的工作性应给予特别的重视。工作性的提高会使混凝土的填充性、自流平性和均匀性得以提高，并为混凝土的生产和施工走向机械化、自动化提供可能。

6) 推广预拌混凝土技术，减少环境污染。

预拌混凝土是一种在工厂将所有原材料按原料配比配合好的作为商品出售的混凝土，它采用集中生产与统一供应，能为采用新技术与新材料、严格质量控制、改进施工方法、保证工程质量创造有利的条件，在质量、效率、需求、能耗和环保等方面，具有无可比拟的合理性，与可持续发展有着密切的联系。

7) 大力推广高性能混凝土。

高性能混凝土是混凝土可持续发展的出路。绿色高性能混凝土是水泥基材料的发展方向。区别于传统混凝土，目前高性能混凝土用来代替传统的混凝土结构物和建造在严酷环境中的特殊结构，具有显著的经济效益。

高性能混凝土不仅是对传统混凝土的重大突破，而且在节能、节材、工程经济、劳动保护以及环境等方面都具有重要意义，是一种环保型、集约型的新材料，可称之为"绿色混凝土"，它将为建筑工程自动化准备条件。

11.3.2.5 开发研制和应用绿色高性能混凝土的展望

绿色高性能混凝土的概念提出在于加强人们的绿色意识，主要强调混凝土在节约能源、保护环境方面的作用。大力发展绿色高性能混凝土是现代混凝土发展的必然趋势。

从经济角度看，水泥用量的加大必将提高成本，而建筑所带来的污染也必将得到严格的管理。这双重因素大大增加了建筑的建造成本。然而，以强调更多地节约水泥熟料、减少环境污染和能源消耗及更多地掺加工业废渣为基础发展的绿色高性能混凝土，不仅仅节约了水泥的用量，还能享受国家的各项优惠政策，可谓是一举两得。

从社会发展要求看，随着时代的进步，人们要寻求与自然和谐、可持续发展之路。对混凝土材料也不仅仅要求其作为结构材料的功能，而是在尽量不污染、不破坏环境的基础上，进一步开发对环境保护、对人类与自然的和谐相处能起到积极作用的新型混凝土。

从技术角度看，绿色高性能混凝土利用无砂大孔混凝土的特点，通过改性研究，解决了它本身存在的强度与孔隙率的矛盾，改善了混凝土孔隙内部的碱环境，使它既可起到巩固堤防、防止水土流失的作用，同时还可以营造绿色、自然的生态环境，而且制作简单，施工方便，造价低，具有很高的技术水平。

11.3.3 建筑玻璃

近年来，由于我国经济高速发展，建筑业拉动和环保与节能的需求，促进了我国玻璃工业快速发展。进入新世纪以来(2001—2008年)8年间，新增产能3.7亿重量箱，成为历史上增长最快的时期。到2008年年底，全国共有191条浮法玻璃生产线，平板玻璃总产量达5.74亿重量箱，已连续19年居世界第一，目前占全球产量近一半左右，其中浮法玻璃产量为4.79亿重量箱，占平板玻璃总量83%以上，优质浮法玻璃占全部浮法玻璃的29%。

21世纪，房屋建筑快速发展，我国建筑围护结构的保温隔热和气密性能大有提高，人们越来越能够在更为优越和舒适的室内环境中生活与工作。据统计，在我国建筑能耗占社会总能耗的30%，而在建筑能耗中，通过门窗造成的能耗占到了建筑总能耗的50%左右。因而，提高玻璃的节能性能，已经成为实现建筑节能的关键所在。

11.3.3.1 绿色建筑玻璃的概念

建筑玻璃是体现建筑绿色度的重要内容，作为主要建筑材料之一的建筑玻璃需要满足采光、保温、隔热、隔音、安全等功能要求。

绿色建筑玻璃不是单一的节能，而是一个全系统、全生产加工过程和全寿命的节能降耗，减少对环境的负荷，提供人类安全、健康、舒适的工作与生活空间的一种建筑部品，从而达到建筑节能、舒适与环境三者的平衡优化和可持续发展。

11.3.3.2 介绍几种绿色建筑玻璃

(1) 吸热玻璃：吸热玻璃主要通过吸收太阳辐射能量，将它先转化为热能(玻璃自身温升)，然后再以对流、辐射的形式向室内外散发，减少透过玻璃的日射热量，实现夏季建筑节能。

(2) 热反射玻璃：热反射玻璃是一种镀膜玻璃，其表面镀有金属、非金属及其氧化物等薄膜，通过这些膜层透过可见光而把起加热作用的远红外光反射到室外，同时玻璃材料吸收的太阳热能被镀膜所隔离，使热主要散发到室外一侧，尽可能地减少太阳的热作用，使室内热环境得到控制，同时减少眩光和色散，降低室内空调负荷和减少设备投资，从而达到节约空调费用的目的。

(3) 辐射玻璃：辐射玻璃也是一种镀膜玻璃，即Low-E玻璃，其遮阳性能与热反射玻璃相同。低辐射玻璃不仅具有显著的遮阳性能，由于其传热系数K值小于其他类型的节能玻璃，其保温性能也比较优异，也是目前国内外应用较多的品种。

(4) 真空玻璃和中空玻璃：当在密封的2片玻璃之间形成真空时，玻璃与玻璃之间的传导热接近于零，这种玻璃即为真空玻璃。在密封的2片或3片玻璃之间形成空气层，并具有优良的保温隔热与隔声特性的玻璃，即为中空玻璃。两者在国外建筑中已大量应用。

(5) 调光玻璃：调光玻璃是一种新型的窗口节能材料，它通过调节太阳光透过率达到节能的效果。其作用原理是当作用于调光玻璃上的光强、温度、电场或电流发生变化时，调光玻璃的性能将发生相应的变化，从而可以在部分或全部太阳能光谱范围内实现高透过率状态和低透过率状态间的可逆变化。

(6) 泡沫玻璃：泡沫玻璃是由碎玻璃、发泡剂、改性添加剂和发泡促进剂等，经过细粉碎和均匀混合后，再经过高温熔化、发泡、退火而制成的，含有大量直径为1~2 mm的均匀气泡的无机非金属玻璃材料。泡沫玻璃材料内部充满无数个微小均匀的连通或封闭气孔，是集环保、保温、阻燃、隔潮和吸音于一体的新型建筑材料。

11.3.3.3 四种绿色建筑玻璃与传统建筑玻璃的性能比较

1）传统平板玻璃的性能：普通平板玻璃透光性很好，这也是它成为窗用材料的必要条件，但太阳光在普通平板玻璃的可见光谱和近红外线部分的透过率都很高，并且普通浮法玻璃的辐射系数很大（辐射系数 ε 约 0.84），所以传统平板玻璃窗的热传递中辐射传热占很大比例。

2）中空玻璃的性能：中空玻璃是目前广为采用的节能玻璃，由于两片玻璃中空气层的导热系数(λ)[0~100℃时 $\lambda=33\times10^{-5}$ W/($m^2\cdot K$)]比普通玻璃小得多，有效地降低了中空玻璃的传热系数。用氩、氪等惰性气体代替空气充填于玻璃中间，可进一步降低传热系数 0.1~0.2 W/($m^2\cdot K$)，但成本提高很多。

3）真空玻璃的性能：在节能性能方面，真空玻璃比中空玻璃又进了一步，两片玻璃之间的真空状态彻底解决了空气层的热传导和热对流，传热系数大为降低，建筑物安装真空玻璃具有显著的节能效果。真空玻璃与其他玻璃相比具有如下优点：使用寿命长、真空层比中空玻璃的空气层薄得多、抗风压强度高和隔声效果好。

4）低辐射(Low-E)玻璃：低辐射玻璃是一种表面镀膜玻璃，在可见光范围透过率高、反射率小、太阳热能的获得率(SHGC)高，而在近红外和远红外区反射率很大、透过率小，特别是它的辐射系数比玻璃原片小得多(0.15~0.2)，因此这种玻璃在允许可见光和太阳能进入室内的同时，能反射回室内背景发出的长波红外线，大幅度降低室内热量向寒冷的室外空间的散发和辐射。

5）热反射镀膜玻璃：热反射镀膜玻璃也称阳光控制膜玻璃。能够有效控制太阳直接辐射能入射量。在夏季白天太阳直接照射时，与普通透明玻璃相比，热反射镀膜玻璃可将向室内传递的太阳直接辐射减少15%~70%（依品种而异），同时具有丰富多彩的反射色调、极佳的装饰效果和良好的对室内物体和建筑结构的遮蔽作用，甚至可以减弱紫外线的透过。

11.3.3.4 绿色建筑玻璃的应用实例

天恒大厦项目坐落于北京市东城区东直门立交桥东北角，外立面使用真空玻璃幕墙，外观形象豪华。真空玻璃幕墙具有节能、防结露、减少室内温差、隔音性能好、抗风压等优势。天恒大厦是世界首座整栋真空玻璃高节能甲级写字楼，总建筑面积 57 238 m^2，地下 4 层，地上 22 层，大楼采用半隐框真空玻璃幕墙 7 000 m^2，采用真空玻璃铝合金断热窗 2 500 多 m^2。该楼真空玻璃全部由北京新立基真空玻璃技术有限公司提供。大厦整体采用真空玻璃，单项成本仅提高 10%~15%，由于真空玻璃在建筑节能上的优势，在投入使用后，预计年节电量 280 万 kW·h，节约中央空调电费 260 万元左右。由于节电，减少了发电燃煤而生产的污染，保护了环境，节约了后期成本，每年可节约 20%~30%的能耗。同时，真空玻璃这一环保节能材料的应用，营造了更加舒适的办公环境。

11.3.3.5 绿色建筑玻璃的展望

绿色建筑玻璃在我国应用的时间不长，《建筑玻璃应用技术规程》有关节能设计的内容也是 2002 年修订时新增加的。我国公共建筑节能标准于 2005 年 7 月 1 日实施，大多用户和设计人员对玻璃的热工性能了解不够全面，在多数建筑中，玻璃的选择并没有按有关节能标准进行认真考虑。同时，由于技术和价格等因素的影响导致了绿色建筑玻璃在我国未能大规模使用。据世界银行一份报告，2000—2015 年是我国民用建筑发展鼎盛期的中后期，预测到 2015 年后既有建筑有 1/2 的民用建筑都是在 2000 年后建起来的。可见，建筑节能环保将是我国面临的一个极其严峻的问题，因此作为建筑节能的一个重要方面——绿色建筑玻璃的大力开发和应用具有重大的意义。

11.3.4 建筑卫生陶瓷

传统陶瓷行业是高耗能、高污染、运输量大的行业，资源、能源过度消耗、环境严重污染。我国是陶瓷大国，自改革开放以来，建筑卫生陶瓷迅速发展，为推动国民经济和提高人民生活质量作出了重要贡献，已经成为世界建筑卫生陶瓷第一生产大国和消费大国(图 11.1)。

我国建筑卫生陶瓷行业近年来虽然得到了长足的发展，但资源消耗和环境污染状况仍然令人担忧。因此，其发展应从以下方向调整。

图 11.1 建筑卫生陶瓷
资料来源：www.baidu.com

建筑陶瓷：以资源节约为导向，倡导生产使用低质原料，减少消耗高档原料、能源和水源用量，加大利用工业废料、废渣和污泥等原料生产的陶瓷砖、红坯砖和透水砖等产品。

卫生陶瓷：将更强调节水型、卫生型和多功能型。

陶瓷产品将向着高技术含量的自洁、抗菌、蓄光、过滤、减噪和保健等功能发展，提高陶瓷产品的质量档次、设计水平和装饰水平，扶持和筹建国家陶瓷技术服务的平台，以技术进步推动行业可持续发展，帮助和引导企业开拓国内、国外两个市场，节约资源和能源将成为陶瓷行业健康可持续发展的关键。

11.3.4.1 绿色建筑卫生陶瓷的概念

过去 20 年我国建筑卫生陶瓷工业取得了巨大的变化和发展，从求数量向求质量和创品牌发展。在进入"十一五"以后，发展的主题更是"绿色环保"。所谓"绿色建筑卫生陶瓷"是指在原料选取、产品制造、使用或再循环以及废料处理等环节中对地球环境负荷最小并有利于人类健康的建筑卫生陶瓷。

11.3.4.2 绿色建筑卫生陶瓷的生产过程

传统的建筑卫生陶瓷生产方式是一个开放的系统，是一个从自然界获取资源和能源，同时又向自然界排放污染和废弃物的过程。此过程中大量废气、废水和残余杂质等污染物质进入环境，特别是某些产品或设备损坏后，往往形成废弃物，造成资源的极大浪费，同时有许多有毒有害及无法回收的材料，对环境会造成极大的破坏。绿色生产模式(图 11.2)是一种清洁生产方式和废弃物循环利用的闭环生产模式，它要求在一开始就对产品的设计用材、产品生产过程中的污染物处置、废弃物的回收利用、产品包装的回收再利用等环节加以考虑。把上一生产环节的废弃物作为下一道生产环节的原材料进行加工，就可以有效地提高对原材料的利用效率，节约资源，创造新的收益。例如佛山欧神诺陶瓷有限公司利用陶瓷废渣及铝型材废渣资源化生产节能建筑陶瓷板材的项目，就很好地解决了陶瓷企业生产过程中大量的抛光废渣等，变废为宝，实现了资源的再利用。同样，建

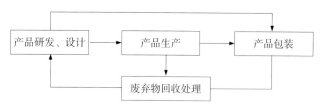

图 11.2 绿色建筑卫生陶瓷生产过程示意图
资料来源：谭洪波绘

设一个大型的污水循环处理池，对陶瓷厂的废水进行提取加工，循环利用水资源，既减少环境污染，又给企业带来可观的经济效益。即使有些废弃物无法继续加工利用，也可以使其转化为对环境无害的物质，重新回归自然。当然，由于受到现有技术的限制，目前，还无法做到完全杜绝有害物质的产生，但人们有意识地采用封闭式生产模式能够实现企业发展与环境和谐相处。

11.3.4.3 绿色建筑卫生陶瓷的实现途径

1) 矿物原料的有效综合利用

普通陶瓷的主要原料是天然矿物资源。我国陶瓷产业每年消耗的黏土、长石、石英等天然矿物的总量，按2006年计算，约1.2亿t，其中黏土类矿物约为3 600万t，钾长石、钠长石、霞石等矿物约为6 600万t，滑石、瓷石、透辉石、硅灰石等类矿物约为1 800万t，目前，优质的黏土如黑泥、球黏土、优质高岭土、优质长石等资源面临枯竭的危险。矿物原料属于不可再生的资源，必须加倍地珍惜，物尽其用，将优质原料用在高品位的产品上。对中、低档产品及产品中的非关键部位鼓励和提倡采用中低档原料如含铁、钛等着色矿物较多的黏土、长石等陶瓷原料及煤矸石等，鼓励和提倡采用红坯等，从长远发展的角度节约资源。

2) 陶瓷工业窑炉燃料清洁化

重油和煤等的燃料燃烧后污染大气，为避免污染产品已采用隔焰窑生产，但该窑烧成热耗是用清洁燃料明焰窑的2~12倍，不但能耗大，而且窑内温差大，成品率低，原料消耗量亦大，因此，改用烧清洁燃料的明焰窑炉是陶瓷工业节能减排的基础。

天然气、液化气和轻柴油都是理想的清洁燃料。陶瓷厂使用清洁燃料，其总量（按用原料计）仅占建筑卫生陶瓷行业的2%。建筑陶瓷行业物料量大、利润率低，少数高端厂是采用喷塔窑炉全烧天然气和轻柴油。在高位的油价压力下，大多数建陶厂的喷塔由烧重油改为烧水煤浆。实践证明，在控制水煤浆的含硫量为0.35%以下时，只要喷塔有完善的除尘、脱硫措施，喷塔尾气的含尘量和含硫量均可达标，即烧水煤浆也是可行的，但必须经过严格的工序处理，使其达到清洁燃烧的要求。我们需要开发燃料适应性广、设备简单、燃烧效率高、高效脱硫、NO_x排放低的安全、环保和高效的洁净技术产品，实现陶瓷行业的节能。

3) 大力推广节能工艺

(1) 干法制粉工艺[①]：干法制粉与喷雾干燥制粉相比可节约燃料70%~80%，节电30%~50%，节水70%~75%，节能减排效果显著。

(2) 陶瓷砖塑性挤压成形工艺[②]：干法、湿法制可塑泥，均比喷雾干燥制粉节能；挤压成形比液压、干压成型节能（尤其在制品规格大时）；挤压坯体干燥需热多于干压坯体，但可以用窑炉余热解决，塑压工艺无粉尘，其节能减排意义大于干压法。

(3) 陶瓷砖一次烧成工艺：釉面内墙砖传统用二次烧成，改进型的"一次半烧成"，实际也属于二次烧成。随着外资企业的进入，国内墙地砖一次烧成的比例在上升。一次烧成比二次烧成平均节能（综合能耗）30%左右，节能意义显著。

(4) 卫生陶瓷高压注浆工艺：因高压注浆模具不需要干燥，成形坯体水分低，尽管泥浆需要加热，用高压注浆的卫生陶瓷厂比用传统微压注浆的同类工厂燃耗降低约20%，但电耗高约10%，综合能耗低了约18%，节能意义明显。

建筑卫生陶瓷生产过程的绿色化重点是：① 陶瓷矿产资源的合理开发综合利用——保护优质矿产资源、开发利用红土类等铁钛含量高的低质原料及各种工业尾矿、废渣；② 推行清洁生产与管理——陶瓷废次品、废料的回收、分类处理与综合利用，洁净燃料的使用与废气治理，废水的净化和循环利用，粉尘噪声的控制与治理；③ 淘汰落后的开发推广节能、节水、节约原料、高效的生产技术及设备等。

11.3.4.4 绿色建筑卫生陶瓷的发展趋势

展望今后的陶瓷产品装饰技术、装饰材料的前景，将朝着下述5个方向发展：

1) 多样化——平面装饰和立体装饰、仿真装饰、金属化装饰、复合装饰、胶辊印花、喷墨印刷、花纸、雕花和刻花等。

2) 功能化——表面耐磨、防污、防滑，釉面荧光和蓄光、闪光、偏光、色彩变幻，表面抗菌环保和抗静电等。

---

① 石棋,李月明. 建筑陶瓷工艺学. 武汉:武汉理工大学出版社,2007.
② 章秦娟. 陶瓷工艺学. 武汉:武汉工业大学出版社,2003.

3）复合化——瓷和釉与玻璃、微晶玻璃、高分子等多元材料的复合。

4）环保型、无公害、人性化——无放射性和重金属溶出等危害，抗菌保健、防污、防滑等。

5）特种装饰技术——如喷镀、离子溅射、物理气相沉积法、化学气相沉积法和激光施釉等。

11.3.5 墙体材料的绿色化

绿色墙体材料主要发展固体废弃物生产绿色墙体材料、非黏土质新型墙体材料和高保温性墙体材料等三类新材料（图11.3）。

11.3.5.1 绿色墙体材料的概念和主要标志

绿色墙体材料基本上应具备以下4个主要特点：① 制造此类材料尽可能少用天然资源，降低能耗并大量使用废弃物做原料；② 采用不污染环境的生产工艺；③ 产品不仅不损害人体健康，而且应有益于人体健康；④ 产品达到其使用寿命后，可再生利用。

绿色墙体材料的主要标志：① 节约资源。制造所用原材料尽可能少用甚至不用天然资源，而多用甚至全部使用工业、农业或其他渠道的废弃物。

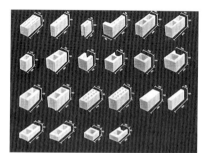

图 11.3 新型墙体材料
资料来源：http://www.baidu.com

② 节约能耗。既节约建材的生产能耗，又节约建筑物的使用能耗。③ 节约土地。既不毁地（田）取土做原料，又可增加建筑物的使用效果。④ 可清洁生产。在生产过程中不排放或极少排放废渣、废水、废气，大幅度减少噪声，实现较高的自动化程度。⑤ 具有多功能性。对外墙材料与内墙材料既有相同的，又有不同的功能要求。外墙材料：要求轻质、高强、高抗冲击、防火、抗震、保温、隔音、抗渗、美观与耐候等。内墙材料：要求轻质、有一定的强度、抗冲击、防火、有一定的隔音性、杀菌、防霉、调湿、无放射性、可灵活隔断安装与易拆卸等。⑥ 可再生利用。达到其使用寿命后，可加以再生循环使用，而不污染环境。

11.3.5.2 鉴别绿色墙体材料的要素

从以上绿色墙体材料的特色和主要标志可以看出，绿色墙体材料是指在产品的原材料采集、加工制造过程、产品使用过程和其寿命终止后的再生利用等4个过程均符合环保要求的一类材料。

通常，生产企业和消费者往往比较关注的是使用过程的环境保护，而对原材料来源、生产过程以及回收再利用等方面注意不够。随着人们对绿色环保建材认识水平的提高，这4个方面都是真正绿色墙体材料考核的基本要求。因此，新产品的开发中，一定要理解绿色建材的内涵和实质。对墙体材料而言，鉴别其是否是绿色材料主要从以下4点要素考虑：① 生产所用的主要原材料是否利废，主要原材料使用一次性资源是否最少。② 生产工艺中所产生的废水、废液、废渣、废气是否符合环境保护的要求，同时要考察生产加工制造中能耗的大小。③ 使用过程中是否健康、卫生、安全；主要考察材料在使用中的有机挥发物质、甲醛、重金属、放射性物质和石棉含量以及保温隔热、隔声等性能指标，不同的建筑材料有各自不同的要求。例如：最新制定的中国环境标志产品认证技术要求（建筑砌块、轻质板材）中，对环境认证产品除规定了其产品性能必须符合相应国标或行业标准外，还应当考虑固体废弃资源的使用量以及放射线核素含量、导热性能等指标。④ 资源的回收利用：从环境保护的角度还要考察该材料在其寿命终结之后，即废弃之后不能造成二次污染并可能被再利用。新型墙体材料大多可以再利用，一般不会产生二次污染。

由此可见，墙体材料如果成为真正意义上的绿色环保建材，应当考虑该产品寿命周期的全过程。大多数新型墙材可以利废或利用一年生植物的秸秆，生产工艺节约能源，使用性能也比较优异，符合绿色墙材的内涵要求。

11.3.5.3 实现墙体材料绿色化的途径和方法

1）利用工业废渣代替黏土制造空心砖或实心砖

近年我国每年的工业废渣总量近10亿t，累计总量已达66亿t，利用率仅40%左右。绝大部分废渣，如煤矸石、页岩、粉煤灰、矿渣等均可用以代替部分或全部黏土制造空心砖或实心砖。生产相当于1 000亿块实心黏土砖的新型墙材，1年可消纳工业废渣7 000万t，节约耕地3万亩，节约生产能耗100万t标煤。利用工业废渣制造空心砖，若孔洞率为36%，较之生产实心黏土砖可降低能耗30%左右。

我国是世界上粉煤灰排放量最大的国家，仅电力工业的年粉煤灰排放量已逾1亿t，目前利用率仅36%左右，主要用以筑路、回填，作水泥和混凝土的掺和料等。在用粉煤灰制造墙体材料方面尚未完全打开局面，近年有些制砖厂已在用粉煤灰代替30%~50%黏土制造烧结粉煤灰黏土砖方面取得成功。根据国外经验，若在混合料中掺以合适的增塑剂，并相应地改进成型设备与调整工艺，则完全有可能用粉煤灰代替80%~90%的黏土烧结砖。

2）用工业废渣代替部分水并使用轻集料制造混凝土空心砌块

混凝土空心砌块具有自重轻、施工方便、提高工效与造价较低等优点，是一种较适合中国国情的可持续发展的墙体材料。这种墙体在使用中出现的热、渗、裂等问题，是可以通过提高产品质量，采取有效的墙体构造措施予以解决的。

混凝土砌块在建筑施工方法上与黏土砖相似，在产品生产方面还具有原材料来源广泛、可以避免毁田烧砖并能消纳部分工业废料、生产能耗较低、对环境的污染程度小、产品质量容易控制等优点。砌块建筑具有安全、美观、耐久、使用面积较大、施工速度快、建筑造价与维护费用低等综合特色。

3）发展用蒸压法制造的各类墙体材料

其主要优点是：① 可少用或不用水泥，以石灰或电石泥代替全部或部分水泥，并掺和相当量的硅质材料，如石英砂（可用风化石英砂、河道沉积砂等）、粉煤灰与矿渣等；② 与蒸养制品相比，可使生产周期由14~28 d缩短至2~3 d；③ 制品的某些性能优于蒸养制品，如高强度、低干缩率等。

4）用工业副产品化学石膏代替天然石膏生产石膏墙体材料

利用各种废料生产石膏砌块是今后发展的趋势，在提高石膏砌块各种技术性能和使用功能的同时降低制造成本，保护和改善了生态环境。如在石膏砌块内掺加膨胀珍珠岩、超轻陶粒等轻集料，或在改用α型高强石膏的同时掺入大比例的粉煤灰，或掺加炉渣等废料，以提高产品强度及降低成本。或者在石膏砌块中掺加水泥及采用玻璃纤维，或在烟气脱硫石膏中掺加粉煤灰及激发剂，以提高制品耐水性。

5）发展符合节能、轻质、多功能与施工便捷等要求的建筑板材

建筑板材既可用作住宅建筑与公用建筑的灵活隔断，又可用作框架轻板建筑的外墙，有极为广阔的应用领域。我国今后每年竣工的住宅建筑为约10亿m^2，仅以内隔墙的需求量计，约为4亿m^2，故建筑板材的发展在很大程度上将以面向住宅建筑作为市场导向。

11.3.5.4 绿色墙体材料的发展前景

绿色墙体材料是今后墙体材料的发展方向。研究和开发绿色墙体材料是建材研究的重要课题之一。绿色墙材的发展将有助于我国可持续发展的实施，有助于推动我国小康住宅建设，是绿色建筑、生态建筑发展的基础。绿色墙材的发展需要同其他绿色建材的发展和绿色建筑的发展协调进行，需要建立一套新的价值观和行为规范，将绿色墙材纳入规范程序管理体系，在产品和结构设计中体现节省资源的观念，重视制定相关产业政策和配套法规，利用政府引导和市场行为，从根本上保障实现绿色目标。目前我国墙体材料的产品结构极不合理，实心黏土砖仍是主要的墙体材料，因此必须继续采取强有力的政策、法规措施限制实心黏土砖的生产与使用，发展节土、节能、节约资源、利废和有利于环境保护的新型绿色墙体材料。

11.3.6 建筑木材的绿色化

11.3.6.1 建筑木材工业生产与生态环境

木材工业是以木材及废弃物为主要原料，通过各种化学药剂处理或各种机械加工方式制成木制品的工业。木材工业生产的产品种类繁多，虽然加工方式不同，但在大多数木制产品的生产过程中，都会产生不同程度、不同性质的污染物，如空气污染、粉尘污染、水污染、废渣污染及噪声污染等环境污染，有的甚至对生态环境造成严重破坏，并很难再修复。如人造板生产过程中的污染源有木材加工中林地残材、加工产生的废料、旧建筑拆下的木材、新建筑物施工产生的废材等固体废弃物，一般木材工业中使用的木材可溶物、胶黏剂、酚类、甲醛和防腐剂等水污染以及人造板工业中大量使用脲醛、酚醛和三聚氰胺甲醛树脂等造成的大气污染。

木材加工需要干燥、切削、黏结等工艺，随着加工深度增加，能耗也增大。中密度纤维板生产过程中使用木材 $1.5\sim1.95\ m^3/(m^3 \cdot 板)$，脲醛树脂为 180 kg，固含量65%的树脂为 0.145 t，石蜡 0.012 t，蒸汽 2.84 t，电 340 kW·h/t，水 $4\ m^3/(m^3 \cdot 板)$。湿法纤维生产的用水量为 $55\ m^3/(m^3 \cdot 板)$，干法纤维生产的用水量为 $6\ m^3/(m^3 \cdot 板)$，树脂$65\sim70\ kg/(m^3 \cdot 板)$。刨花板生产单位产品用电 5.0 kW/d，煤 150 kg/m^3，干燥室消耗蒸汽 600 kg，煤 140 kg。一般情况下，单从木材量来讲，胶合板用木材量 2.8 m^3/m^3，纤维板为 2.6 m^3/m^3，中密度纤维板为 1.8 m^3/m^3，刨花板为 1.418 m^3/m^3。我国胶合板生产的能耗为发达国家的 3 倍以上，中密度纤维板生产能耗为 2.5 倍左右，刨花板能耗为 3.6 倍左右，原材料平均消耗为发达国家的 1.4~1.8 倍。

11.3.6.2 建筑木材的分类与特性

1）建筑木材的分类

木材的特征是质量轻，有一定的强度，弹、塑性较好，且加工的成品木纹自然美观，不仅应用在建筑、桥梁、公路等各项工程中，同时广泛应用在建房用梁、柱、支撑门窗、地板及室内装饰和日常生活等方面。木材来源于树木，按树种可分为阔叶树和针叶树两大类。按材种可将木材分为原木、原条、板方材、木质人造板等。

2）建筑木材的特性

木材的特性随分类的不同也不尽相同。"阔叶林"木质较硬，难于加工，质量较大，强度较高，涨缩翘曲变形大，易裂，建筑上常用来制作尺寸较小的构件，因具有自然美丽的木纹，可用作内部装饰、家具以及胶合板等。而"针叶林"树叶细如长针，多为常绿树，树干通直且高大，易成木材，纹理平顺，材质较均匀，木质软，易加工，有一定强度，涨缩翘曲变形小，有耐腐蚀的能力，是建筑工程中常用的用材，广泛用作承受重载荷构件的有柏、松、杉等。阔叶林与针叶林二者的区别主要是细胞结构和组织结构不同。"原木"是除皮、根、树梢的木料，并已按一定尺寸加工成规定直径和长度的材料，建筑工程直接使用其做屋架，可加工胶合板。"原条"就是除皮、根、树梢的木料，但尚未按一定尺寸加工成规定的种类，工程中常用于脚手架、建筑装饰用材。"板方材"是已加工成一定规格的木材。"木质人造板"，是利用木材木质纤维、碎料和其他植物纤维为原料，加胶黏剂和其他添加剂制成材。

11.3.6.3 建筑木材的绿色化生产

目前的木材生产工艺尽管有所区别，但可以归结为原料的软化、干燥、半成品加工和储存、施胶、成型和预压、热压、后期加工、深度加工等。木材的绿色化生产侧重于对工艺进行改造，以先进的和自动化程度高的工艺流程，降低木材工艺的污染和对环境的压力，并在后期使用过程中不会造成二次污染。

1）前处理

不同原料的软化方法由木材性质所决定。原材料和使用目的等决定使用高温或低温软化方法。木材主要成分的软化温度在干、湿状态下是不同的，在高温高压状态下，木素、半纤维素发生软化，随温度升高，发生降解导致强度下降。应尽量缩短高温阶段的时间，并适当延长低温软化时间。利用液态氨、氨气、氨水、微波加热技术和微波氨水进行木材软化。

2）生产过程

木材干燥是保证木制品质量的关键技术，干燥能耗最大，约占总能耗的 60%~70%。木材的干燥方法很多，常规干燥法因湿气随热风排入大气，能源利用率低，干燥成本高；红外及远红外辐射干燥，热量比较集中，干燥质量好；真空干燥缩短时间，干燥效果好；微波干燥投资和成本较高；真空微波干燥综合两者的优点。

木材干燥加工新技术包括真空高频干燥技术、真空过热蒸汽干燥技术、负压干燥技术、喷蒸热压技术与大片刨花传送式干燥技术。

3）产品成型

成品加工过程由传统的数控镂铣机械雕刻法、模压法、电热燃烧雕刻法发展为激光雕刻法。激光有效地雕刻木材、胶合板和刨花板，在成型过程中没有锯屑，没有工具磨损与噪声，加工的边缘没有撕切和绒毛。后处理过程如木材防腐、防白蚁、阻燃、染色漂白等，基本上依赖化学处理，会对人体造成危害。因此应以含磷、氮、硼等化合物作代替品，开发生物防腐技术，使用低毒防腐剂，使木制品便于处理，避免给环境带来负面影响。抑制甲醛散发的后期处理可采用化学处理和封闭处理。开发安全、对环境无害的防变色技术以代替苯酚。

4）人造板生产工艺的现代化

人造板生产过程中首推无胶胶合工艺。根据表面处理手段不同，无胶胶合制造人造板的方法大致可归纳为5种：氧化结合法、自由基引发法、酸催化缩聚法、碱溶液活化法、天然物质转化法。其中第5种最有前景。

绿色生态工艺侧重于研究木材与环境的友好协调性，用全周期分析法跟踪木材产品使用的全过程，包括生产、加工和其他活动给环境带来的负担，寻找其客观规律。生产中尽量达到4R原则，即应用再生资源、减熵、再利用和再回收利用。

11.3.6.4 绿色建筑木材的发展——清洁生产

清洁生产有两个含义，一是在木材的寿命周期中，木材制造阶段往往是对生态环境影响最大或比较大的阶段，所以用清洁的能源、原材料，通过先进的生产工艺和科学管理，生产出对人类和环境危害最小的木制品，对降低木材寿命周期的环境负载起着重要的作用。二是要改变生产观念，生产的终极目标是保护人类与环境，提高企业自身的经济效益。

清洁生产内涵的核心是实行源头消减和对产品生产实施全过程控制。它的最终完善必须通过技术改造来达到，因为清洁生产是一个相对的概念，通过企业管理和实施低费清洁生产方案后，其清洁生产达到某一程度，但其工艺水平还处在一个较低层次上，要使清洁生产达到更高一个层次，必须在工艺技术改造中或对某一关键部位进行较高投资的技术改造，不仅关系到提高原材料的转化系数，而且关系到如何降低污染物的排放量和排放浓度与毒性问题。

清洁生产方案的实施是否能够达到预期目的，还需对其进行评价。首先是技术评价，对技术的先进性、安全性、可靠性，产品质量的保证性，技术的成熟程度，设备的要求，操作控制的难易等加以评判。然后进行经济评价，估算开发和应用清洁生产技术过程中投入的各项费用和所节约的费用以及各种附加的效益，以确定该清洁生产技术在经济上的可赢利性和可承受性。评价时采用动态分析和静态分析，其深度和广度根据项目的规模及其损益程度而定。

11.3.7 建筑石材

随着文化的进步和建筑科技的发展，人们越来越意识到用绿色建材营造绿色家园的重要性。绿色建材是既能满足可持续发展，又做到发展与环保统一；既能满足现代人需要——安居乐业、健康长寿，又不损害后代人利益的一种材料。绿色建材已成为世界各国21世纪建材工业发展的战略重点。石材是人类历史上应用最早的建筑材料。天然石材具有很高的抗压强度、良好的耐磨性和耐久性，经加工后表面花纹美观、色泽艳丽、富于装饰性。石材资源分布广泛，蕴藏量十分丰富，便于就地取材，在建筑上得到广泛应用。所以研究建筑石材的开发应用与绿色化有着深远的意义。

11.3.7.1 建筑石材的定义与用途

人类的发展史同时也是人类利用石材的历史。从旧石器时代到新石器时代，从原始人类将石材用作谋生的手段而打造了石斧、石凿,居住在石洞中,到将石材用在建筑上作为装饰材料、作为人类历史上永恒的艺术品,在人类的发展史上几乎将石材的应用发挥到了极致。

11.3.7.2 建筑石材的分类

从传统的概念上来讲,建筑石材从形态上一般可分为规格石材(如板材、荒料、砌块、异型材)和碎石(如卵石、石米、石粉)。

从其形成过程来分,可分沉积岩、岩浆岩和变质岩石材;从化学成分上来分,可分为碳酸盐类石材和硅酸盐类石材;从工艺、商业上来分,一般分为大理石、花岗岩和板石;从硬度上来分,可分为硬石材、中硬石材和软石材;从其使用的基本方式来分,可分为干挂石材、铺贴石材、砌块及异型材。

到了现代,人们出于废物利用、节约石材自然资源、性能的改进以及艺术创造等目的而发明的各种人造石材。

11.3.7.3 实现建筑石材绿色化的途径

随着科学技术的进步,社会的发展,环境保护和维护生态平衡的重要性已经引起全人类的密切关注。绿色建筑材料已成为世界各国 21 世纪建筑材料工业发展的战略重点。制备绿色化的建筑石材,应当更多地从石材的生产、应用和回收等方面考虑。

1) 石材勘查的绿色化

要保证石材勘查的绿色化,必须依靠专业的地质队伍以充分了解区域地质情况。首先对区域地的石材矿进行普查,掌握石材的花色品种、荒料块度、大致开采条件、交通水电、放射性水平等。然后通过详查以掌握矿体的变化规律、分布状态、岩石结构构造、矿物成分、化学组成、放射性水平及分布,有针对性地进行性能测试,测算实际成荒率,探明开采技术条件,进行技术经济或可行性分析。储量至少要达到 C 级,以便为下一步的开采打下基础,从而提高荒料的出材率。石材放射性水平的高低是石材绿色化的重要标志,应充分考虑其应用安全性。

2) 石材开采的绿色化

石材开采中荒料的出材率和产生的矿渣的有效合理利用是评判石材开采绿色化的重要指标。在石矿开采中,必须采用先进的工艺及设备进行分离、分割、整形、吊装运输及石碴清理等生产,如以节理、裂隙尤其是主要节理、裂隙的产状和方向为切割、开矿等的依据,采矿爆破必须采用控制(预裂)爆破,如无声爆破等。为了提高石材的荒料率,应充分利用矿床的内在因素,选择最佳开采方案,使用先进的开沟技术、分离技术和解体技术等。

3) 石材加工的绿色化

石材加工的绿色化指标包括加工工艺流程是否先进,加工过程中所用的设备是否先进,如大板锯切加工设备。出材率的高低、对锯切过程中产生的下脚料的利用均是衡量石材加工的绿色化的重要指标。研磨工艺和设备的先进性、切割中噪声的控制也是石材加工绿色化的评价内容之一。目前国外研磨工艺在石材大板磨抛加工设备研制发展的动向如平稳摆动磨头、减磨材料等,降低噪声方面的新手段有哑声锯片、细缝锯片和双层锯片等。

4) 石材应用的绿色化

为保证使用石材的安全性,消费者在建材市场选购石材和陶瓷产品时,要向经销商索要产品放射性检测报告。对商家没有检测报告的石材和瓷砖,最好先请专家用先进仪器进行放射性检测,然后再决定是否购买。对于已经装修完的房间,可请专家到现场检测,如果放射性指标过高,必须立即采取措施,进行更换。另外在选用石材时,应结合不同的应用环境或场合,按使用要求分别衡量各个石材品种,以保证其在建筑中的适用性。

5) 石材废弃处置与回收

石材在废弃后是否有切实可行的回收利用手段是石材绿色化的重要标志。例如,将废石生产人造大理石、做建筑工程用石、做雕刻工艺品、生产石米、做化工原料、做涂料原料和制作小块饰材等。

11.3.7.4 绿色石材的评价方法

绿色石材是一个环境评价指标体系,是指石材工业在开发、生产、使用、维护和综合利用中是否科学文明利用资源，是否对环境造成破坏，是否能可持续发展和循环再利用。绿色石材指标体系通过打分的形式来评价。表11.2给出了评价石材是否绿色化的简单内容。内容还可以细化或增加环节。通过每一过程的分值与事先设定的分值比较，来判定这一阶段处于什么样的水平，小计反映该阶段水平，合计反映全过程水平。分值越高，绿色评价越高，也就越合理。全过程的合计反映出整个石材工业情况。

表11.2 绿色石材分值评价体系简表

生产过程	技术水平			环境结果			资源利用程度			小计
	高新	一般	落后	创新	保持	破坏	高	一般	少	
勘察阶段										
生产阶段										
建设阶段										
使用阶段										
维护阶段										
合 计										

11.3.8 建筑竹材

竹子具有生长快、强度高、韧性好等特点，在世界上有广泛分布。我国竹子种类、种植面积、生物储量都居世界首位，竹子资源利用也具有悠久的历史。随着科学技术的进步，竹材的用途日益广泛，已经由从原竹利用和制造生活用品进入了工程建材的行列。

竹材是一种可再生的工程材料，与传统的可再生工程材料——木材相比，具有强度高、韧性好、硬度高、生长快等优点，是一种具有良好前途的新型生物建材。

11.3.8.1 建筑竹材产品及分类

建筑竹材是以竹为原料制造的用于建筑领域的各类产品的总称，包括各类结构用承重竹构件（如梁、柱等）和非承重结构竹构件、型材和板材（如墙板、屋面板、地板和建筑模板等）。

1）建筑竹材按产品用途可以分为3类：

（1）主建筑结构材料：用于建筑结构的各类竹制板材、型材以及构件，如竹层积板、竹材集成材、竹胶合梁、竹柱体、竹墙体、竹工字梁、竹天花板和竹屋面板等。

（2）建筑竹装饰材料：包括各类竹装饰板和地板，如饰面竹胶合板、竹饰面材、集成材、竹木复合地板等。

（3）主建筑施工材料：包括脚手板和混凝土模板，如竹木复合脚手板、竹材胶合板模板、覆膜竹材胶合板和清水模板等。

2）建筑竹材按产品组成结构又可分为6类：

（1）竹胶合板：竹篾胶合板和竹材胶合板；

（2）竹层积板：竹篾层积板；

（3）竹碎料板：竹碎料板、竹刨花板和竹中密度板；

（4）竹复合板：竹木复合板、竹塑复合板、竹水泥板、竹石膏板和浸渍纸饰面竹材板；

（5）竹集成板：竹地板和竹集成板；

（6）竹构件：竹胶合梁、竹墙体、竹柱体、竹工字梁、竹屋面板和竹天花板。

11.3.8.2 木竹建材的环保特点

木材是从古到今都一直使用的建筑材料，它不仅在生长过程中能改善自然环境，而且加工过程能耗低，废弃后可自然降解，因此被称为绿色建材。据统计，每生产1 t材料，木材释放O_2 1 070 kg，固化CO_2 1 470 kg；钢铁释放CO_2 5 000 kg；水泥释放CO_2 2 500 kg。加工一个单位材料能耗，木材与水泥、钢铁、铝的比值为1:5:191:791。木材还是一种理想的保温材料，在同样厚度的条件下，其隔热值比标准的混凝土高16倍，比钢材高400倍，比铝材高1 600倍。即使采取通常的隔热方法，木结构房屋的隔热效果也比空心砖墙房高3倍。

竹材不仅具有上述优点，而且还具有生长速度快、成材早、产量高、强度高、弹性好、硬度大等特点。据统计全世界有竹林面积约1 700万 hm^2，种类1 200余种。我国竹林分布十分广泛，除了西部和东北少数省份外，27个省、市、自治区都有分布，具有开发利用的物质基础。

11.3.8.3 木竹建材的工程应用

目前建筑竹材在我国的建筑行业中主要有3方面的应用：建筑用混凝土竹模板、建筑竹材脚手架、房屋的竹填充墙体与受力构件。

建筑用竹脚手架主要用大型竹子加工，这类脚手架在我国和东南亚等国家应用较为广泛。竹脚手架与钢脚手架相比，有较强的抵抗风荷载能力，但是在搭建和拆卸方面不如钢脚手架方便快捷。

建筑用混凝土竹模板以竹席或竹帘为主要原料，通过浸胶、干燥、组坯、热压等竹材胶合层积板工艺生产。与钢模板和普通胶合板模板相比，竹材胶合层积板模板具有重量轻、价格低、安装容易、快捷、耐热、尺寸稳定性好以及易于得到平整光滑的水泥构件表面等优点。

我国建筑用竹材墙体的研究工作取得了可喜的成果，已经有利用竹材建造的试验性建筑和地震棚等临时建筑。中国林业科学研究院研发的竹材重组技术是把竹材应用于房屋建造的新实践。运用此项技术可以将原竹加工成各种高强度板材、型材和大型的建筑构件。试验表明，此类材料具有良好的保温隔热性，属于理想的节能材料。利用竹材重组技术制造的梁架、屋面及墙板已在云南省屏边县杉树希望小学工程中得到了应用。

11.3.8.4 木竹建材的展望

虽然木竹建材具有诸多环保优势，但是我国的人均林业资源还远远低于世界平均水平。发展木竹建材的前提是应该加强林业资源的科学管理，大力发展人造林技术，只要政策、规划得当，我国的林业资源一定可以健康、快速发展。现今，国际木材、竹材加工业已非常发达，进口价格甚至低于国产材料，通过进口，不但可以节约成本，还可以保护我国的森林资源。在水泥、钢材、砌体等建材的生产能耗以及建筑使用能耗不能有效降低的情况下，引进国外先进技术和经验，在我国适当发展木竹建材，是应该得到鼓励和支持的。

11.3.9 绿色屋顶材料

积极发展绿色屋顶，形成城市的空中绿化体系，不仅可增加城市绿地面积，美化城市环境，降低大气污染，而且可调节城市气候，缓解"热岛效应"，改善室内热环境。绿色屋顶的发展必将对城市环境和人居质量的改善起到积极作用。

11.3.9.1 绿色屋顶材料的概念及工作原理

绿色屋顶又称绿化屋顶或种植屋面。绿色种植屋面就是以绿色植物为主要覆盖物，配以植物生存所需的营养土层、蓄水层以及屋面所需的植物根阻拦层、排水层、防水层等所共同组成的一个完整的绿色屋面系统。

绿色屋面的工作原理是在钢筋混凝土屋面上种植植物。一方面借助栽培介质和植物吸收阳光进行光合作用，吸收二氧化碳放出氧气并遮挡阳光，达到降温隔热、建筑节能和改善城市热岛效应的目的；另一方面，对屋顶进行绿色化处理，既在屋顶增加了有效的保护层，保护混凝土屋面不受夏季烈日暴晒和冬季冰雪侵蚀，避免混凝土热胀冷缩而产生裂缝和变形，使防水层寿命延长2~3倍，同时也延长屋面材料和结构的使用寿命。

11.3.9.2 绿色屋顶材料的组成和分类

绿色屋顶一般由以下部分组成：

（1）种植植物层：如花草、灌木和乔木等。

（2）土壤层：植物赖以生存的种植土层，屋面荷载设计时要考虑种植植物和土壤层的重量，包括土壤在吸水饱和状态时的重量。

（3）滤水层：排水层上的过滤层可铺聚酯无纺布或是具有良好内部结构、可以渗水、不易腐烂又能起到过滤作用的土工布。它可阻挡种植土的微小颗粒通过，又能使土中多余的水分滤出，进入下面的排水层。

(4) 排水层：该层主要用以保护防水层不受结冰产生的应力影响。通常在防水层上铺 50~80 mm 厚粗炭渣、砾石或陶粒，作为排水层，将种植层渗下的水排到屋顶排水系统，以防积水。目前多用塑料架空排水板代替砾石或陶粒，它将排水层的荷载由 1 kN/m² 减少到 30 N/m²，厚度减少到 28 mm，大大降低建筑物种植屋面的荷载，又节省费用。

(5) 保湿和根阻拦层：起到保持土壤滋润及土中养分，阻拦植物根系穿透防水层的作用。

(6) 防水层：主要是防止水的渗透。

(7) 保温隔热层：主要是对外界的气温起到缓冲作用。

(8) 透气层。

(9) 承重结构层。

绿色屋顶有多种分类方法。① 按照使用要求分：公共游憩型、营利型、家庭型、科研和生产型；② 按照高度和位置分：高层建筑绿色屋顶、低层建筑绿色屋顶、建筑裙楼绿色屋顶和室内绿色屋顶；③ 按照屋顶形式分：绿色平屋顶、绿色坡屋顶和绿色拱或弧形屋顶；④ 按照绿色内容分：草坪屋顶、菜园屋顶、果园屋顶、水池屋顶、植物园屋顶和展览园屋顶等。

11.3.9.3 绿色屋顶材料国内外发展趋势

目前，很多国家已经意识到绿色屋顶的重要性，美国在 20 世纪 60 年代就开始以绿色屋顶缓解城市的"热岛效应"，如美国华盛顿水门饭店花园屋顶、美国标准石油公司花园屋顶等。其中，于 1959 年建成的美国奥克兰市凯泽中心花园屋顶，被认为是现代花园屋顶发展史上的一个里程碑。20 世纪 80 年代以后，随着性能良好的根阻材料及施工技术的改进，使得绿色屋顶的防植物根穿透和防水等问题得到了较完善的解决，绿色屋顶有了飞速的发展。德国和日本对种植屋面的普及和重视，使其技术得到充分发展，成熟的技术使这些国家大力推广了平屋面种植，甚至是坡屋面种植，并有较完善的法规政策出台。在德国，2003 年 30%~40% 的新建平屋面是绿色屋面，其中 80% 是轻型绿色屋面，20% 是重型绿色屋面。这些技术的引进，对我国绿色屋顶的发展将起到巨大的促进作用。我国绿色屋顶种植的研究起步较晚，20 世纪 70 年代我国第一个大型屋顶花园在广州东方宾馆第 10 层屋顶建成。1985 年在长沙召开绿色屋顶会议之后，各地城乡的绿色屋顶有了较大的发展。

11.3.10 化学建材的绿色化

11.3.10.1 化学建材的定义

化学建材通常是指以合成高分子材料为主要成分，配以各种改性材料和助剂，经加工制成的适合于建设工程使用的各类材料，其门类包括塑料管道、塑料门窗、建筑防水材料、建筑涂料、塑料壁纸、塑料地板、塑料装饰板、泡沫塑料隔热保温材料、建筑胶黏剂、混凝土外加剂和其他复合材料。化学建材是继钢材、木材、水泥之后兴起的第 4 大类建筑材料，在建筑工程中的应用十分广泛。

11.3.10.2 化学建材的种类和应用范围

化学建材主要包括建筑塑料、建筑防水密封材料、建筑涂料、建筑胶粘剂和混凝土外加剂。

1) 建筑塑料

建筑塑料是当代主要的化学合成建筑材料，是化学建材主要的产品门类。

塑料的分类：① 按塑料受热后性能可分为热塑性及热固性塑料两类；② 按应用范围分为通用塑料和工程塑料两类。

塑料加工方法主要有 5 种：① 挤出成型；② 注射成型；③ 压制成型；④ 压延成型；⑤ 吹塑成型。其他成型方法还有真空成型、滚塑成型、热成型、喷涂成型和二次加工成型等。

常用建筑塑料制品有：① 塑料门窗；② 塑料管材；③ 塑料地面材料；④ 墙面装饰材料；⑤ 塑料板材；⑥ 玻璃纤维增强塑料等。

2）建筑防水密封材料

目前常用的防水材料主要有卷材、油膏和涂料等3类。

防水卷材包括以纸板、织物、纤维毡或金属箔等为胎基，浸涂沥青而制成的各种有胎卷材和以橡胶或其他高分子聚合物为原料制成的各种无胎卷材。防水卷材的种类很多，比如普通原纸胎基油毡和油纸、三元乙丙橡胶防水卷材、超高分子质量PVC改性CPE防水卷材和聚氯乙烯耐低温油毡等。

防水油膏包括聚硫密封油膏、聚氯乙烯胶泥、丙烯酸密封油膏等。建筑防水油膏主要用于建筑物、道路等的接缝密封，尤其是地下建筑的防渗堵漏，管道及水库缝隙的密封等。

防水涂料可分为水乳型再生橡胶沥青防水涂料、SBS改性沥青乳液防水涂料、聚丙烯酸酯防水涂料、氯丁橡胶沥青防水涂料和聚氨酯防水涂料等。

3）建筑涂料

涂料是指应用于建筑表面而能结成坚韧保护膜的物料的总称。建筑涂料是涂料中的一个重要的门类，在我国，一般用于建筑物内墙、外墙、屋顶、地面和卫生间的涂料称为建筑涂料。

建筑涂料有多个不同的分类方法。① 按建筑部位分：内墙涂料、屋顶涂料、外墙涂料、地面涂料等；② 按涂料本身功能分：防水涂料、防霉涂料、防潮涂料、耐热涂料、防污染涂料、防射线涂料、防声波干扰涂料、杀菌涂料、芳香涂料等。建筑涂料具有装饰功能、保护功能和居住品质改进功能。

4）建筑胶黏剂

建筑胶黏剂是指能将相同或不同品种的建筑材料相互黏合并赋予胶层一定机械强度的物质。它广泛用于建筑施工中的墙面、地面装修、玻璃密封、防水防腐、保温保冷、新旧混凝土连接、结构加固修补以及新型建筑材料（如复合保温板、人造装饰板等）的生产。建筑胶黏剂成分复杂、品种繁多。从外观形态分，有溶液、乳液、糊膏状、粉状和固体等类型；从溶液性质分，有溶剂型、水基型和无溶剂型；从使用角度分，有能承受较高荷载的结构胶和用于非主要受力部位的非结构胶，还有特种用途的专用胶和导电胶、光敏胶、耐高低温胶、水下黏接胶等；从胶黏剂的主要成分可分为无机和有机胶粘剂两类，更能反映它的固有属性。

5）混凝土外加剂

混凝土外加剂是在拌制混凝土过程中掺入用以改善混凝土性能的物质。掺量一般不大于水泥质量的5%。按主要功能分为4类：① 改善混凝土拌和物和其性能的外加剂，包括各种减水剂、引气剂和泵送剂等；② 调节混凝土凝结时间、硬化性能的外加剂，包括缓凝剂、早强剂和速凝剂等；③ 改善混凝土耐久性的外加剂，包括引气剂、防水剂和阻锈剂等；④ 改善混凝土其他性能的外加剂，包括加气剂、膨胀剂、防冻剂、着色剂、防水剂和泵送剂等。

11.3.10.3 化学建材绿色化的途径

由于化学建材是高分子的合成材料，其老化性能、组成成分中是否含有对人体健康有害物质等问题一直为人们所担心，而绿色建筑对这些指标就有更高的要求。目前我国化学建材产品重点要解决的问题主要有以下4点：

（1）降低木材工业用胶粘剂的游离甲醛含量，研究开发非甲醛系木材用胶粘剂，以有效解决人造板甲醛含量超标现象。

（2）选用低毒溶剂替代传统的苯系列有机溶剂，这样既能保持水性产品不能代替的溶剂产品的优良特性，如高光泽、干燥时间短，又能减少对施工人员的危害和大气污染。

（3）研究功能性建筑涂料，以满足绿色建筑的功能要求，如防火隔声涂料、外墙隔热涂料、屋顶隔热涂料、防霉涂料、抗菌涂料等。

（4）研究改善和提高化学建材产品耐久性、抗冲击性、耐玷污性的技术。

同时，建立和完善应用技术研发体制是当务之急。

11.4 绿色建材发展趋势

11.4.1 绿色建材发展的现状

日本、美国及西欧等发达国家都投入很大力量研究与开发绿色建材。国际大型建材生产企业早就对绿色建材的生产给予高度重视，并进行了大量的工作。

水泥和混凝土是目前用量最大的建筑材料，传统水泥消耗大量矿产资源和能源，随着科技的进步，目前已经出现了生态水泥。生态水泥以各种固体废弃物包括工业废料、废渣、垃圾焚烧灰、污泥及石灰石等为主要原料制成，其主要特征在于它的生态性，即与环境的相容性和对环境的低负荷性。近年来开发出的以高炉矿渣、石膏矿渣、钢铁矿渣以及火山灰、粉煤灰等低环境负荷添加料生产的生态水泥，烧成温度降至 1 200℃~1 250℃，相比传统水泥可节能 25%以上，CO_2 总排放量可降低 30%~40%。虽然各掺和料本身化学成分的变异会造成生态水泥的化学成分有所波动，但基本矿物组成、性能与普通硅酸盐水泥相差不多。

建筑玻璃是现代建筑采光的主要媒介。普通平板玻璃透光性很好，但太阳光在普通平板玻璃的可见光谱和近红外线部分的透过率都很高，并不是一种绿色玻璃。目前研发应用于实体工程的中空玻璃、真空玻璃、真空低辐射玻璃等绿色玻璃使用寿命长，可选择性透过、吸收或反射可见光与红外线，是一种节能玻璃。

墙体材料是一种量大且面广的建材产品，我国某些地区墙材构成中主要的产品仍然是传统的实心黏土砖，而实心黏土砖是典型的耗能高、资源消耗大和使用过程中保温隔热效果差的产品。绿色墙体材料具有自重轻、强度高、防火、防震、隔声性能好、保温隔热、装配化施工、机械加工性能好、防虫防蛀等多种功能，目前已广泛应用的包括新型泰柏板、3E 轻质墙板、加气混凝土砌块条板、混凝土空隙砌块、蒸压纤维增强水泥板与硅酸钙板等。

化学建材是建筑给排水、装饰装修时大量使用的一类材料。目前化学建材的绿色化主要通过优化生产工艺，使用无污染的原配料，使用时不产生有害物质等方面来实现。主要绿色产品如水性涂料，天然织物墙纸，HDPE、PP 等树脂制成的给水管道等，PVC 塑料门窗及防水卷材等。

此外，发达国家开发出许多绿色建材新产品，如可以抗菌、除臭的光催化杀菌、防霉陶瓷，可控离子释放型抗菌玻璃，电子臭氧除臭、杀菌陶瓷等新型陶瓷装饰装修材料和卫生洁具。这些材料可用于居室，尤其是厨房、厕所以及鞋柜等细菌和霉菌容易繁殖产生霉变、臭味的地方，是改善居室生活环境的理想材料，也是公共场所理想的装饰装修材料。总之绿色建材在要求实用功能及外表美观之外，更强调对人体、环境无毒害、节能、无污染。

11.4.2 绿色建材的发展趋势

众所周知，环境问题已成为人类发展必须面对的严峻课题。人类不断开采地球上的资源后，地球上的资源必然越来越少，人类在积极地寻找新资源的同时，目前最紧迫的应是考虑合理配置地球上的现有资源和再生循环利用问题，走既能满足当代社会发展的需求又不致危害未来社会的发展之路，做到发展与环境的统一，眼前与长远的结合。绿色建材旨在建设资源节约型、环境友好型的建筑材料工业，以最低的资源、能源和环境代价，用现代科技加速建材工业结构优化、升级，实现传统建材向绿色建材产业的转变，着重解决消耗建材资源 90%和能源 85%的墙体材料和水泥的现代化，发展绿色建材——墙体新材料、节能玻璃窗、绿色屋顶和水泥等主要建筑材料，为节约型建筑业发展提供支撑。

11.4.2.1 资源节约型绿色建材

我国人口众多，土地资源十分紧张，而建材的生产则是消耗土地资源最多的行业之一。建材生产和使用过程中，排放出大量的工业废渣、尾矿以及垃圾，这不仅浪费了大量的资源，而且导致了严重的环境污染，对人类的生存产生了严重的威胁。建筑材料的制造离不开矿产资源的消耗，某些地区过度开采，导致局部环境及生物多样性遭到破坏。资源节约型绿色建材一方面可以通过实施节省资源，尽量减少对现有能源、资源的使用来实现，另一方面也可采用原材料替代的方法来实现。原材料替代主要是指建筑材料生产原料充分使用各种工业废渣、工业固体废弃物、城市生活垃圾等代替原材料，通过技术措施使所得产品仍具有理想的使用功能，如在水泥、混凝土中掺入粉煤灰、尾矿渣，利用煤渣、煤矸石和粉煤灰为原料生产绿色墙体材料等，这样不仅减少了环境污染，而且化废为宝，节约土地资源。

11.4.2.2 能源节约型绿色建材

节能型绿色建材不仅仅要优化材料本身制造工艺，降低产品生产过程中的能耗，而且应保证在使用过程中有助于降低建筑物的能耗。降低使用能耗包括降低运输能耗，即尽量使用当地的绿色建材，另一方面要采用有助于建筑物使用过程中的能耗降低的材料，如采用保温隔热型墙材或节能玻璃等。

建筑是消耗能源的大户，与建筑相关的能耗约占全球能耗的50%左右，建筑能耗与建筑材料的性能有着十分密切的关系，因此，要解决建筑的高能耗问题，开展绿色建材的研究和推广是十分有效的措施。第一，要研究开发高效低能耗的生产工艺技术，如在水泥生产中采用新法烧成、超细粉磨、免烧低温烧成、高效保温技术等降低环境负荷的新技术，大幅度提高劳动生产率，节约能源。第二，就是要研究和推广使用低能耗的新型建材，如混凝土空心砖、加气混凝土、石膏建筑制品、玻璃纤维增强水泥等。第三，发展一些新型隔热保温材料及其制品，如矿棉、玻璃棉、膨胀珍珠岩等。第四，还可以根据我国资源实际，利用农业废弃物生产有机、无机人造板，可用棉秆、麻秆、蔗渣、芦苇、稻草、稻壳、麦秸等作增强材料，用有机合成树脂(如脲醛、酚醛树脂、三聚氰胺甲醛树脂等)作为胶黏剂生产隔墙板，也可用某些植物纤维作增强材料，用无机胶黏剂(如水泥、石膏、镁质胶凝材料等)生产隔墙板。这些板的特点是原材料广泛、生产能耗低、密度小($0.9\sim1.3\ g/cm^3$)、导热系数低、保温性能好。用这些建材建造房屋，一方面，充分利用资源，消除废弃物对环境造成的污染，实现环境友好；另一方面这些材料具有较好的保温隔热性能，可以降低房屋使用时的能耗，实现生态循环和可持续发展。

11.4.2.3 环境友好型绿色建材

环境友好型是指生产过程中不使用有毒有害的原料，生产过程中无"三废"排放或废弃物可以被其他产业消化，使用时对人体和环境无毒无害，在材料寿命周期结束后可以被重复使用等。人们采用各种生产方式从环境中获得资源和能源，并把它们转变成为可供建筑使用的材料，同时向环境排放出大量的废气、废渣和废水等，对环境造成了严重的危害。传统的建材生产，物质的转变往往是单方向的，生产出的产品供建筑使用，排放的废弃物并未采取措施处理，直接污染环境。而绿色建材则采用清洁新技术、新工艺进行生产，在生产和使用的同时，必须考虑与环境友好，这不仅要充分考虑到生产过程污染少，对环境无危害，而且要考虑到建材本身的再生和循环使用，使建材在整个生产和使用周期内，对环境的污染减少到最低，对人体无害。

11.4.2.4 功能复合型绿色建材

建筑材料多功能化是当今绿色建材发展的另一主要方向。绿色建材在使用过程中具有净化、治理修复环境的功能，在其使用过程中不形成一次污染，其本身易于回收和再生。这些产品具有抗菌、防菌、除臭、隔热、阻燃、防火、调温、调湿、消磁、防射线和抗静电等性能。使用这些产品可以使建筑物具有净化和治理环境的功能，或者对人类具有保健作用，如以某些重金属离子(如Ag^+、Co^{2+}、Cu^{2+}、Cr^{3+})以硅酸盐等无机盐为载体的抗菌剂，添加到陶瓷釉料中，既能保持原来的陶瓷制品功能，同时又增加了杀菌、抗菌和除臭等功能。这种陶瓷建材对常见的大肠杆菌、绿脓杆菌、金黄色葡萄球菌和黑曲霉菌等具有很强的灭菌功能，灭菌率可达99%以上。这样的建材可以用于食堂、酒店、医院等建筑内装修，达到净化环境，防治疾病的发生和传播作用；也可在内墙涂料中加各种功能性材料，增加建筑物内墙的功能性，如加入远红外材料(Zr、Ni等)及其氧化物和半导体材料(TiO_2、ZnO)等混合制成的内墙涂料，在常温下能发射出$8\sim18\ \mu m$波长的远红外线，可促进人体微循环，加快人体的新陈代谢。

总之，绿色建材推进能源和资源的高效合理利用，实现废弃物资源化，为发展资源节约型和环境友好型现代建材和建筑业奠定基础。为了我国经济和社会的可持续发展，建筑材料必须寻求新的健康的发展道路。从产品设计、原材料替代和工艺改造入手，提高技术水平，提高资源和能源的综合利用率，开发使用节能、节地、节材、节水、环保的绿色建材将是建材业今后发展的方向。

第12章 绿色建筑能耗计算与模拟分析

12.1 绿色建筑综合能耗计算

12.1.1 概述

对于绿色建筑设计而言，建筑综合能耗计算是非常重要的支持工具。建筑能耗计算是对建筑环境、系统和设备进行计算机建模，并计算出逐时建筑能耗的技术，它可应用于新建建筑的绿色设计和既有建筑的绿色改造。对于新建建筑，通过建筑综合能耗的计算与分析，可对设计方案进行比较和优化，使其满足相关的标准、规范，进行经济性分析等；对于既有建筑，需进行建筑能耗的计算和分析，来得到基准能耗和绿色改造方案的能耗等。美国绿色建筑标准 LEED（Leadership in Energy and Environmental Design）Credit EA1——优化能耗性能中定义了三种评估建筑能耗性能的方法，建筑能耗计算就是其中之一。

12.1.2 《绿色建筑评价标准》中对建筑能耗的要求

我国国家标准《绿色建筑评价标准》[1]（GB/T 50378—2006）中有关建筑能耗的条款如表12.1所示。

表12.1 《绿色建筑评价标准》中有关建筑能耗的条款

建筑类别	条款号	具体要求
住宅建筑	4.2.10	采暖或空调能耗不高于国家批准或备案的建筑节能标准规定值的80%
公共建筑	5.2.16	建筑设计总能耗低于国家批准或备案的建筑节能标准规定值的80%

因此，在建筑规划和设计初期就进行综合能耗的计算，预测、分析、比较各设计方案的优劣，指导并优化绿色建筑设计，是必不可少的。

12.1.3 建筑模型

1）数学模型

建筑综合能耗计算的数学模型包括以下三部分：① 输入变量，包括可控制的变量和无法控制的变量（如气象参数）。② 系统结构和特性，即对于建筑系统的物理描述（如建筑物围护结构的传热特性、空调系统的特性等）。③ 输出变量，系统对于输入变量的反应，通常指能耗。

在输入变量、系统结构和特性这两个部分确定之后，输出变量（能耗）就可得以确定。

2）建模方法

考虑到应用的对象和研究目的的不同，建筑综合能耗计算的建模方法[2][3]可分为两大类：正向建模（Forward Modeling）和逆向建模（Inverse Modeling）。前者用于新建建筑的绿色设计，后者用于既有建筑的绿色改造。

正向建模方法：为经典方法，即在输入变量和系统结构与特性确定后预测输出变量（能耗），图12.1为计算流程图[4]。这种建模方法从建筑系统和部件的物理描述开始，例如，建筑几何尺寸、建筑类别、房间功能、地理位置、围护结构构成和传热特性、外遮阳设置、设备类型和运行时间表、空调系统类型、建筑

---

[1] 中华人民共和国建设部. 绿色建筑评价标准（GB/T 50378-2006）. 北京：中国建筑工业出版社，2006.
[2] 潘毅群，左明明，李玉明. 建筑能耗模拟——绿色建筑设计与建筑节能改造的支持工具之一：基本原理与软件. 制冷与空调，2008(3).
[3] 潘毅群，赖艳红. 建筑能耗模拟——绿色建筑设计与建筑节能改造的支持工具之二：案例分析. 制冷与空调，2009(2).
[4] 潘毅群，左明明，李玉明. 建筑能耗模拟——绿色建筑设计与建筑节能改造的支持工具之一：基本原理与软件. 制冷与空调，2008(3).

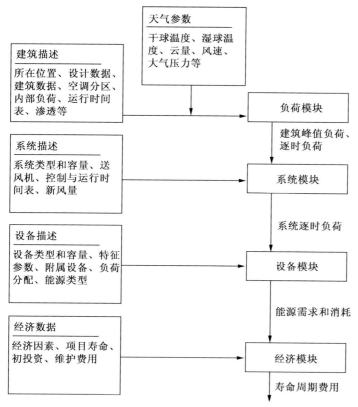

图12.1 正向建模方法的计算流程示意图

资料来源：李骥，邹瑜，魏峥.建筑能耗模拟软件的特点及应用中存在的问题.建筑学，2010(2).

运行时间表、冷热源设备等。建筑的峰值和平均能耗就可用建立的模型来预测和模拟。

逆向建模方法：为数据驱动方法，即在输入变量和输出变量已知或经过测量后已知时，估计建筑系统的各项参数，建立建筑系统的数学描述。与正向建模方法不同，这种方法用已有的建筑能耗数据来建立模型。建筑能耗数据可以分为两种类型：设定型和非设定型。所谓设定型数据是指在预先设定或计划好的实验工况下的建筑能耗数据；而非设定型数据则是指在建筑系统正常运行状况下获得的建筑能耗数据。逆向建模方法所建立的模型往往比正向建模方法简单，而且对于系统性能的未来预测更为准确。

12.1.4 能耗模拟软件

在进行建筑能耗计算时，能耗模拟软件具有不可替代的作用。建筑能耗模拟软件可分为五类：简化能耗分析软件、逐时能耗模拟计算引擎、通用逐时能耗模拟软件、特殊用途逐时能耗模拟软件、网上逐时能耗模拟软件[1]。

简化能耗分析软件采用简化的能耗计算方法，如度日法等，计算建筑的逐月、典型日或年总能耗。逐时能耗模拟计算引擎是详细的逐时能耗模拟工具，没有用户界面或仅有简单的用户界面，用户通常需要编辑ASCII输入文件，输出数据也需要自己进行处理，例如：DOE-2、BLAST、Energy Plus、ESP-r、TRNSYS等。通用逐时能耗模拟软件是在逐时能耗模拟计算引擎的基础上开发的具有成熟的用户界面的逐时能耗模拟工具，包括Energy-10、e QUEST、Visual DOE、Power DOE、Issi BAT等。特殊用途逐时能耗模拟软件是一些专门为某一种系统或在某一类建筑中应用的逐时能耗模拟软件，例如，Desi Calc（用来模拟商业建筑中的除湿系统）、SST（Supermarket Simulation Tool）等。网上逐时能耗模拟软件是在逐时能耗模拟引擎之上开发的具有网上计算用户界面的逐时能耗模拟软件，如，Home Energy Saver、RVSP、Your California Home等。

其中，DOE-2由美国劳伦斯·伯克利国家实验室（Lawrence Berkeley National Laboratory）开发，是公认的最权威、最经典的建筑能耗模拟软件之一，被很多能耗模拟软件借鉴和引用，已经成为世界上用得最多的建筑能耗模拟软件。DOE-2采用传递函数法模拟计算建筑围护结构对室外天气的时变响应和内部负荷，通过围护结构的热传递所形成的逐时冷、热负荷采用反应系数法计算；建筑内部蓄热材料对于瞬时负荷（如太阳辐射得热、内部负荷）的响应采用权系数计算。

目前在我国使用的建筑能耗模拟软件主要有：DOE-2、Energy Plus、TRANSYS、PKPM-CHEC、TBEC、BECS、DeST等。国家节能设计标准中明确规定，采用DOE-2软件作为建筑节能设计的节能综合性能指标的计算工具。国内为方便工程应用，研发了专业的建筑节能分析软件，比如PKPM-CHEC、TBEC、BECS等，这些软件以DOE-2作为计算内核，具有如下优点：第一，与国家地方标准规范紧密结合。第二，可生成符合标准要求的建筑节能设计分析报告书和审查备案登记表。第三，软件界面友好，输

---

[1] 潘毅群，左明明，李玉明.建筑能耗模拟——绿色建筑设计与建筑节能改造的支持工具之一：基本原理与软件.制冷与空调，2008(3).

入方便，和国内的多种建筑软件都有接口，设计人员可将 CAD 图纸转换成模型中需要的数据，同时，比较注重对工程实际的指导，在设计时能较好地结合能耗分析和经济指标进行最佳方案的选择。

12.1.5 建筑综合能耗计算中存在的问题

目前，建筑能耗计算在绿色建筑领域的应用越来越广泛，应用的同时，也存在一些问题[①]。

1）基础数据的匮乏

基础数据对于建筑能耗计算是相当重要的。在我国，气象参数数据库、材料热物性数据库以及设备在多工况下的数据库等基础数据还是很缺乏的，这给模拟带来了较大的困难。目前几乎所有的商业节能软件都是以 DOE-2 为内核，所采用的是美国国家情报局采集的气象参数，其准确性还值得商榷。目前国内较为详尽的气象参数是由中国气象局气象信息中心气象资料室与清华大学建筑技术科学系 2005 年编著的《中国建筑热环境分析专用气象数据集》比较接近国情，但其权威性目前国内暂未认证。根据《中国建筑热环境分析专用气象数据集》，南京典型气象年逐日气象数据见图 12.2。

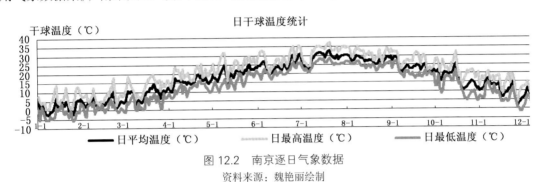

图 12.2 南京逐日气象数据

资料来源：魏艳丽绘制

2）计算结果的准确性问题

目前国内综合能耗计算软件都是按照规范的要求编制的，尽管能很好地反映规范所要求的程序，但从反映真实的建筑能耗的角度来讲，有用户发现有些偏离实际的情况，往往导致一些经济分析比较的数据与实际差别较大。

(1) 由于常用商业化软件内核的不开放，无法输入实际的空调开启时间及使用房间，这是和我国目前的居住建筑家用分体空调的间歇性使用相矛盾的。导致得到的数据只能反映每个空调房间全天都开启空调用能的数据。

(2) 对采用不同的空调末端形式、控制形式，特别是采用节能的空调以及采用太阳能热水这部分节省下来的能耗没有一个综合权衡的判断方法。

(3) 对于被动式节能（如自然通风、被动采暖）带来的节能效益也无判定方法。

3）建筑能耗模拟软件和经济性分析结合的不够

很多用户在模拟的时候，仅仅关注能耗的计算，没有关注经济性分析，一些软件甚至没有经济性分析模块，而且目前很少有软件和比较公认的寿命周期费用分析方法紧密结合。

12.1.6 工程实例

1）建筑概况

该建筑是位于南京市的典型绿色住宅建筑，共 19 层，两个单元，一梯三户，共 108 户，1~18 层的层高都是 3.0 m，第 19 层的层高是 4.8 m。建筑的总高度是 58.8 m，总建筑面积约 11 183 m²，体形系数 0.21，朝向正南。

在该建筑设计中采用了多项节能措施，具体如下：

(1) 建筑围护结构——外墙、屋面、外窗的 K 值，玻璃性能和遮阳措施等。

---

① 李骥，邹瑜，魏峥. 建筑能耗模拟软件的特点及应用中存在的问题. 建筑科学，2010(2).

（2）照明系统——降低照明负荷密度。

（3）空调系统——偏于保守考虑，采暖空调设备为家用气源热泵空调器，空调额定能效比 2.3，采暖额定能效比 1.9。

2）建筑模型

（1）建模方法

采用天正节能软件（以 DOE-2 为内核）计算，选取建筑围护结构的具体构造和热工参数见表 12.2，此外，东南西向外窗采用活动百叶外遮阳。建筑模型的标准层平面示意图和外轮廓图分别见图 12.3 和图 12.4 所示。

表 12.2 绿色建筑围护结构热工参数

围护结构	保温方案	传热阻（$m^2 \cdot K/W$）
外墙	XPS 板 50 mm	1.69
屋面	XPS 板 60 mm	1.99
外窗	断桥铝合金 Low-E 中空玻璃窗 5+12A+5	1/2.7

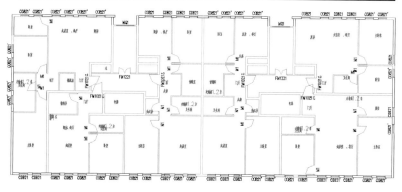

图 12.3 南京某绿色住宅建筑模型标准层平面示意图

资料来源：魏艳丽绘制

图 12.4 南京某绿色住宅建筑模型轮廓图

（2）边界条件

① 南京气象数据。建筑能耗与气象条件密切相关，气象数据是影响建筑室内热环境和采暖空调能耗的一个主要因素。模拟中，室外气象计算参数采用典型气象年。

② 计算模式。起居室、餐厅、主卧、次卧、厨房、卫生间均为采暖空调房间，冬季室内平均温度18℃，换气次数1.0 次/h；夏季室内平均温度 26℃，换气次数 1.0 次/h。采暖空调设备为家用气源热泵空调器，空调额定能效比 2.3，采暖额定能效比 1.9。室内其他得热平均强度为 4.3 W/m^2 [①]。

3）计算结果

该建筑绿色设计时，选用冬季建筑物耗电量、夏季建筑物耗电量指标对建筑物热工性能及建筑环境进行综合评价，以指导绿色建筑工作的开展。经过动态模拟后，得到该建筑的采暖、空调耗电量和标准限值对比（图12.5），

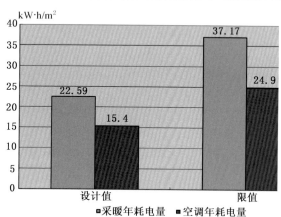

图 12.5 南京某绿色住宅建筑采暖、空调年耗电量与限值对比

资料来源：魏艳丽绘制

---

① 中国气象局气象参数信息中心气象资料室和清华大学建筑技术科学系. 中国建筑热环境分析专用气象数据集. 第 1 版. 北京：中国建筑工业出版社，2005.

设计值不高于国家批准或备案的建筑节能标准规定值的80%。通过工程实例分析说明，建筑能耗计算是绿色建筑设计和绿色建筑改造必不可少的分析工具。

12.2 绿色建筑自然通风模拟

12.2.1 概述

自然通风利用自然界空气的能量，通常对建筑进行制冷，降低室内温度，并且向室内补充新鲜、清洁的自然空气，带走潮湿污浊的空气；室内空气流动加强了人体的对流和蒸发散热，提高人体的舒适感，因而有利于人体的生理和心理健康[1]。自然通风不仅是重要的被动式建筑节能技术，更代表了健康、自然的生活方式。我国很多地区长久以来一直有着开窗通风的传统生活习惯。即使在家用空调机和取暖器基本普及的今天，大多数居民仍然在夏季在非高温日和过渡季节持续开窗进行自然通风，调节室内热舒适度；或在夏季夜间进行自然通风以冷却房间；即使在夏季空调制冷或冬季制热时，也会定时开窗通风，以改善室内空气质量。

12.2.2 自然通风的原理[2]

自然通风指由于建筑物的开口处（门、窗、过道等）存在着空气压力差，造成室内外空气流动和交换的现象。造成空气压力差的原因是热压作用和风压作用。

热压作用即通常讲的"烟囱效应"，利用热空气上升的原理，在建筑上部设排风口可将污浊的热空气从室内排出，而室外新鲜的冷空气则从建筑底部被吸入，其通风效果取决于室内外空气温度差导致的空气密度差和进出气口的高度差。热压作用与进、出风口的高差和室内外的温差有关，室内外温差和进、出风口的高差越大，则热压作用越明显。与风压式自然通风不同，热压式自然通风更能适应常变的外部风环境和不良的外部风环境。

风压作用是风作用在建筑物上产生的风压差，即"穿堂风"。当风吹向建筑时，因受到建筑的阻挡，会在建筑的迎风面产生正压力。同时，气流绕过建筑的各个侧面及背面，会在相应位置产生负压力。风压通风就是利用建筑的迎风面和背风面之间的压力差实现空气的流通。压力差的大小与建筑的形式、建筑与风的夹角以及建筑周围的环境有关。当风垂直吹向建筑的正立面时，迎风面中心处正压最大，在屋角和屋脊处负压最大。

在建筑的自然通风设计中，风压通风与热压通风往往是互为补充、密不可分的。一般来说，在建筑进深较小的部位多利用风压来直接通风，大多数建筑特别是住宅建筑较多利用风压通风；进深较大公共建筑可利用热压来达到通风效果。

12.2.3 《绿色建筑评价标准》中对自然通风的要求[3]

我国国家标准《绿色建筑评价标准》（GB/T 50378—2006）中有关自然通风的条款如（表12.3）：

表12.3 《绿色建筑评价标准》中有关自然通风的条款

建筑类别	条款号	具体要求
住宅建筑	4.1.13	住区风环境有利于冬季室外行走舒适及过渡季、夏季的自然通风
	4.2.4	利用场地自然条件，合理设计建筑体形、朝向、楼距和窗墙面积比，使住宅获得良好的日照、通风和采光，并根据需要设遮阳设施

---

[1] 刘加平.建筑物理.第4版.北京：中国建筑工业出版社，2009.
[2] 自然通风技术概述.http://wenku.baidu.com/view/48b44ad5360cba1aa811dac3.html.
[3] 中华人民共和国建设部.绿色建筑评价标准（GB/T 50378-2006）.北京：中国建筑工业出版社，2006.

续表 12.3

建筑类别	条款号	具体要求
住宅建筑	4.5.4	居住空间能自然通风，通风开口面积在夏热冬暖和夏热冬冷地区不小于该房间地板面积的 8%，在其他地区不小于 5%
公共建筑	5.1.7	建筑物周围人行区风速低于 5 m/s，不影响室外活动的舒适性和建筑通风
	5.2.6	建筑总平面设计有利于冬季日照并避开冬季主导风向，夏季利于自然通风
	5.5.7	建筑设计和构造设计有促进自然通风的措施

12.2.4 自然通风的模拟概述

1) 模拟的目的

建筑自然通风模拟的目的就是为了指导建筑设计。建筑中的自然通风是热压与风压共同作用的结果。热压作用相对稳定；但风压作用常常受到大气环流、地势地形、建筑形状、周围环境等因素的影响，具有不稳定性；所以当风压与热压同时作用的时候，两者作用的方向相同时，会相互促进；反之，则会相互阻碍，从而影响或减弱自然通风的效果。建筑自然通风效果的具体影响因素还包括建筑的朝向、间距、建筑群的布局、房间开口的位置和面积、门窗遮阳的装置构造、室内平面的布置等。而且，考虑建筑的自然通风的同时，必须兼顾日照、采光、绿化、隔噪、节能以及建筑冬季避风、防风等诸多要求。采用计算机对建筑自然通风效果进行模拟，为统筹考虑上述因素提供了可能。因此，在建筑规划和设计初期就进行自然通风的模拟、预测、分析、比较各设计方案的优劣，指导并优化建筑设计，是十分有必要的。

计算机模拟建筑自然通风技术对建筑设计的指导作用已经得到国家绿色建筑有关设计评价标准和技术细则的明确认可。在国家标准《绿色建筑评价标准》(GB/T 50378—2006)和住房和城乡建设部颁布的《绿色建筑评价技术细则》中，在评价有关自然通风的条款中，均要求进行自然通风模拟及优化分析(表 12.4)。

表 12.4 《绿色建筑评价标准》和《绿色建筑评价技术细则》中对自然通风模拟和评价的要求[1][2]

条款号	对自然通风模拟和评价的要求	
4.1.13	在规划设计时，进行风环境模拟预测分析和优化，并在模拟分析的基础上采取相应措施改善室外风环境	建筑物周围人行区距地 1.5 m 高处，风速 $v<5$ m/s，风速放大系数<2，严寒、寒冷地区冬季保证除迎风面之外的建筑物前后压差不大于 5 Pa，且有利于夏季、过渡季自然通风，住区不出现漩涡和死角
5.1.7	以建筑物周围人行区 1.5 m 处实测风速不高于 5 m/s 判定该项达标	在规划设计阶段对建筑室外风环境进行了模拟预测分析，并在模拟分析的基础上采取相应措施改善室外风环境；建筑物周围行人区 1.5 m 处实测风速 $v\leqslant 5$ m/s
5.2.6	建筑朝向为当地适宜方向，建筑总平面设计综合考虑日照、通风与采光，则判定该项达标	1. 选择当地适宜方向作为建筑朝向，建筑总平面设计综合考虑日照、通风与采光 2. 采用计算机模拟技术设计与优化自然采光与自然通风效果
5.5.7	建筑设计和构造设计有促进自然通风的措施，在自然通风条件下，保证主要功能房间换气次数不低于 2 次/h，得分不低于 12 分则判定该项达标	1. 建筑总平面布局和建筑朝向有利于夏季和过渡季节自然通风 2. 建筑单体采用诱导气流方式，如导风墙和拔风井等，促进建筑内自然通风 3. 采用数值模拟技术定量分析风压和热压作用在不同区域的通风效果，综合比较不同建筑设计及构造设计方案，确定最优自然通风系统设计方案

2) 模拟的内容

建筑自然通风模拟内容包括室外风环境和室内自然通风。

---

[1] 中华人民共和国建设部. 绿色建筑评价标准(GB/T 50378-2006). 北京:中国建筑工业出版社,2006.
[2] 中华人民共和国建设部. 绿色建筑评价细则,2007.

(1) 室外风环境。不恰当的室外风环境常常带来如下问题[1]：

① 室外风速过大，超出了人活动及行人舒适性要求，并且带来冬季外围护结构冷风渗透加大，导致建筑能耗增加。近年来，再生风和二次风环境问题逐渐凸现。由于建筑单体设计和群体布局不当而导致行人举步维艰或强风卷刮物体撞碎玻璃等的事例很多。研究结果表明，建筑物周围人行区距地1.5 m高处风速 $v<5$ m/s 基本不影响人们正常室外活动。

② 室外或单体建筑通风不畅，影响夏季和过渡季节室内通风、降温效果。室外通风不畅还会严重地阻碍空气的流动，在某些区域形成无风区或涡旋区，这对于室外散热和污染物消散非常不利。夏季大型室外场所通风不畅，会加剧局部区域的热岛效应；恶劣的室外热环境，不仅会影响人的舒适感，当超过极限值时，长时间停留还会引发高比例人群的生理不适直至中暑。

因此，室外风环境的模拟应关注建筑群体的局部风环境是否达到下述要求[2]：① 建筑物周围行人区1.5 m高度处风速小于5 m/s。② 冬季保证除迎风面外建筑物前后压差不大于5 Pa。③ 夏季保证75%以上的板式建筑前后保持1.5 Pa左右的压差，避免局部出现旋涡和死角，从而保证室内有效的自然通风。

(2) 室内自然通风。良好的室内自然通风效果包括：有足够的通风量，空气的流动路径尽量均布在室内空间，有利于室内污染物尽快排出，室内空气新鲜，能满足一定的室内热舒适度要求等。

3) 模拟的方法和软件

(1) 室外风环境模拟。室外风环境模拟主要采用CFD(Computational Fluid Dynamics)模拟技术。CFD模拟技术是利用物质、能量和动量守恒定律，将计算区域划分为小的控制体，把控制空气流动的连续的微分方程组通过有限差分或有限元方法离散为非连续的代数方程组，并结合实际的边界条件在计算机上求解离散所得的代数方程组，只要划分的控制体足够小，就可认为离散区域的离散值代表整个计算区域内空气分布情况。由于分割的控制体可以很小，所以它可详细描述流场，但由于求解的问题是非线性的，需进行多次迭代，计算工作量较大[3]。

针对建筑物风场和风压力的问题而采用的CFD数值模拟方法可以对建筑物单体进行模拟，得出建筑物在不同风向下的风场和风压力，也可以对建筑群进行模拟，得出风场在建筑群中的分布情况。通过图示可了解到漩涡分布、压力梯度、负压区域、建筑物之间的间距对风场的影响等一系列的问题。CFD数值模拟方法能较好地预测复杂建筑物的周围流线和表面平均风压的分布情况，模拟得到的结果与风洞试验结果总体上有较好的吻合。

常用的建筑风环境CFD模拟软件有Fluent、Phoenics、Flovent等。

(2) 室内自然通风模拟。通常采用CFD方法模拟室内自然通风状况，其原理和方法与室外风环境模拟相同。它可与建筑能源模拟软件如Energy Plus进行耦合。CFD方法能够得出室内气流分布、通风量、空气龄、室内热舒适度等图示。

12.2.5 自然通风的模拟流程

1) 初期工作[4]

为减少模拟计算工作量，在初期建筑规划和设计工作，应基本遵循以下原则：

(1) 房屋纵轴尽量与夏季主导风向垂直。

(2) 建筑群的平面布局以错列、斜列为佳，尽量避免行列式。

(3) 建筑规划时应避开冬季不利风向，并通过设置防风墙、板、植物防风带、微地形等挡风措施来阻隔冬季冷风。

(4) 防寒建筑物宜使主要房间，如卧室、起居室、办公室等主要工作与生活房间，避开冬季主导风向，

---

[1] 中华人民共和国建设部. 绿色建筑评价标准(GB/T 50378-2006). 北京：中国建筑工业出版社，2006.
[2] 中华人民共和国建设部. 绿色建筑评价细则，2007.
[3] 阳丽娜. 建筑自然通风的多解现象与潜力分析：[学位论文]. 长沙：湖南大学，2005.
[4] 住房和城乡建设部,绿色建筑设计规范(征求意见稿)，2010

防止冷风渗透；夏季防热建筑物宜使主要房间迎向夏季主导风向，将室外风引入室内。

(5) 主要房间宜迎向夏季主导风向，宜采用穿堂通风，避免单侧通风；使主要房间处于上游段，避免厨房、卫生间等房间的污浊空气随气流流入其他房间，影响室内空气品质；利用穿堂风进行自然通风的建筑，其迎风面与夏季最多风向宜成60°~90°角，且不应小于45°角。

2) 室外风环境模拟[①]

(1) 数学模型。建筑内外的空气流动属于不可压缩、低速湍流，故室外风环境模拟主要采用湍流模式理论，运用 SIMPLE 算法以及 QUICK 差分格式进行稳态计算。由于气流与建筑物的接触形成限制流，而标准 $K-\varepsilon$ 模型对于限制流（有壁面约束）具有较好的效果，并且标准 $K-\varepsilon$ 模型计算成本低、预测较为准确，因而常常选择标准 $K-\varepsilon$ 模型来模拟居住小区风环境。

(2) 物理模型与计算区域

① 物理模型建议采取原型尺寸，也可为了便于数值分析，提高计算速度，利用相似性原理，将建筑物按照一定的比例缩小。目标建筑边界 H 范围内应以合理的细节要求再现；建筑物形态尽量理想化为长方体组合；目标建筑边界 H 范围外物理模型等应合理简化。

② 计算区域要求：覆盖区域小于整个计算域面积 3%；以目标建筑为中心，半径 $5H$（最高建筑高度）范围内为水平计算域。建筑上方计算区域要大于 $3H$。

③ 网格划分要求：建筑的一边应划分 10 个网格或以上；重点观测区域要在地面以上第 3 个网格和更高的网格内。

(3) 边界条件

① 入口边界条件：给定入口风速的分布（梯度风）进行模拟计算，有可能的情况下入口的 K/ε 也应采用分布参数进行定义；

② 地面边界条件：对于未考虑粗糙度的情况，采用指数关系式修正粗糙度带来的影响；对于实际建筑的几何再现，应采用适应实际地面条件的边界条件；对于光滑壁面，应采用对数定律；

③ 出口的边界条件：假设出流面上的流体已充分发展，流体已恢复为无障碍物阻挡时的正常流动；出口压力为大气压；

④ 上侧面及两侧面的边界条件：由于选取的计算区域较大，上侧面和两侧面的空气流动几乎不受建筑物的影响，因此可设为自由滑移表面；

⑤ 建筑壁面边界条件：对标准 $K-\varepsilon$ 模型用壁面函数法加以修正建筑物边界区。

(4) 计算。按夏季主导风向、风速和冬季主导风向、风速用软件分别计算。

(5) 计算结果分析

① 根据夏季和冬季典型气象条件下计算出的室外 1.5 m 高度行人高度处的室外风速矢量分布图，判断是否有风速大于 5 m/s 的情况；② 根据冬季典型气象条件计算出的 1.5 m 高度处压力分布图判断建筑物前后压差是否大于 5 Pa；③ 根据夏季典型气象条件下计算出的 1.5 m 高度处压力分布图，判断是否有 75% 以上的板式建筑前后保持 1.5 Pa 左右的压差，并避免局部出现旋涡和死角。

(6) 方案比较和优化。根据计算结果比较和优化，调整建筑朝向、间距、建筑群的平面布局等。

3) 室内自然通风模拟

(1) 数学模型。可选择标准 $K-\varepsilon$ 模型、Indoor 零方程模型、零方程模型、RNG $K-\varepsilon$ 模型等。如需考虑处理由于温差而引起的浮升力项，可采用 Boussinesp 假设。

(2) 物理模型与计算区域

① 物理模型应采取原型尺寸，真实再现室内结构尺寸；② 计算区域为整个室内空间；③ 网格划分不大于整个计算区域实际尺寸的 1/20；应对气流入口和出口、热源附近等空气的流动状态复杂的区域进行加密处理。

---

① 住房和城乡建设部，绿色建筑设计规范（征求意见稿），2010

(3) 边界条件

① 入口、出口边界条件：入口、出口边界条件既可以采用室外风环境模拟得到的压力边界，也可在入口直接采用夏季主导风向和风速边界条件、出口采用无障碍的自由边界条件；② 建筑壁面边界条件：对标准 K-ε 模型用壁面函数法加以修正建筑物边界区。

(4) 计算结果分析

① 根据夏季典型气象条件计算出的室内通风总量；② 根据冬季典型气象条件计算出的室内空气龄云图；空气龄表示新鲜的空气从室外进风口到达室内某点的平均时间，代表了室内空气新鲜程度；③ 气流路径，表征了室内气流的组织和分布；④ 室内风速矢量分布图；⑤ 室内空气温度分布图；⑥ 室内 PMV 分布图。

(5) 方案比较和优化。根据计算结果比较、优化，调整房间开口位置、面积、室内套型的布局、门窗和外遮阳装置的构造等。

12.2.6 案例

下面一个简单的案例采用了 CFD 数值模拟的方法，比较了绿色建筑中不同的活动式建筑遮阳设施对室内自然通风的影响，得出绿色建筑中适用的活动式建筑外遮阳产品种类。

1) 模型和边界条件

案例研究的内容是模拟夏季非高温日、过渡季节时段，室内既需要遮阳隔热，又进行自然通风的状态下，不同的活动式建筑遮阳设施对自然通风效果的影响。为减少计算工作量，对选取的居住空间建筑模型、建筑遮阳设施模型、计算边界条件等均作了简化（图 12.6）。

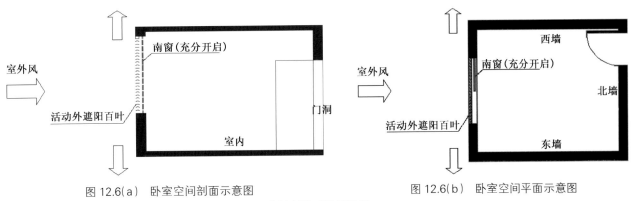

图 12.6(a) 卧室空间剖面示意图　　图 12.6(b) 卧室空间平面示意图

资料来源：张海瑕绘制

(1) 建筑模型。案例研究对象为一个南向卧室，室内未布置任何家具物品。卧室内部空间尺寸为 4.5 m（进深）×3.6 m（宽度）×2.8 m（高度）。外窗为带上亮的双扇推拉窗，位于南墙中部，处于充分开启的状态，窗扇均位于西侧；其尺寸为 1.8 m（宽）×1.8 m（高），上亮窗高度 0.45 m，窗台离地高度 0.9 m。卧室门洞在北墙西侧，尺寸为 0.9 m（宽）×2.1 m（高），门完全打开。

(2) 活动式建筑遮阳设施模型。活动式建筑遮阳设施模型分为活动式遮阳设施完全收起和活动式遮阳设施充分打开（下降到底部）两种状态。后者又包括叶片水平的活动外遮阳百叶、叶片倾斜的活动外遮阳百叶、透气孔完全打开的活动外遮阳卷帘等 3 种模型。

(3) 边界条件和控制方程。绝大多数居住空间为平层，风压驱动力决定了自然通风的效果。因此在进行计算时，假定室内外空气温度均为 28℃，无温差，仅考虑风压作用。室外气流的方向正对着卧室外窗；在窗洞外表面风压为 4.0 Pa（约相当于室外风速为 2.5 m/s）。卧室门洞处风压设为零。

计算采用标准 K-ε 双方程湍流模型，控制方程为连续性方程式、动量方程[①]。

---

① 陶文铨. 数值传热学. 第 2 版. 西安：西安交通大学出版社，2001.

表 12.5 活动式外遮阳 4 个模型的室内通风换气量

模型	室内通风换气量(m^3/s)
活动式外遮阳设施完全收起	2.16
活动外遮阳百叶、叶片水平	2.08
活动外遮阳百叶、叶片倾斜、水平倾角 30°	1.83
活动外遮阳卷帘、透气孔完全打开	0.77

（4）计算设定。对活动式建筑遮阳设施完全收起、叶片水平的活动外遮阳百叶、叶片倾斜（水平倾角30°）的活动外遮阳百叶和透气孔完全打开的活动外遮阳卷帘 4 个模型进行计算。四种模型的计算采用相同的湍流模型和边界条件；除遮阳设施模型本身外，其余物体和空间的网格划分均相同。因此计算结果的不同可以认为是由遮阳设施模型不同所导致。

2）计算结果

（1）室内通风换气量（表 12.5）。

（2）空气龄。图 12.7~图 12.10 为室内 1.5 m 高处（代表室内人体活动高度范围）的平均空气龄云图。

（3）气流路径。图 12.11~图 12.14 为开启的窗口气流路径图；气流路径表征了室内气流的组织和分布。

（4）室内风速。图 12.15~图 12.18 为室内 1.5 m 高处的风速矢量图。

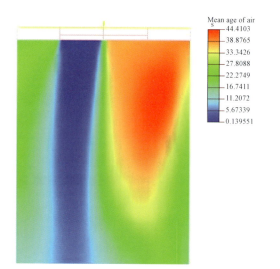

图 12.7 活动式遮阳设施完全收起

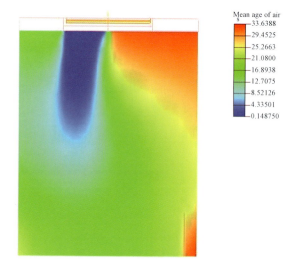

图 12.8 活动外遮阳百叶、叶片水平

资料来源：张海瑕绘制

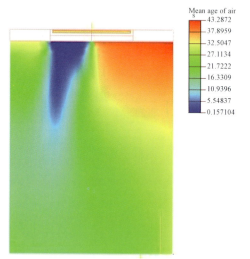

图 12.9 活动外遮阳百叶、叶片水平倾角 30°

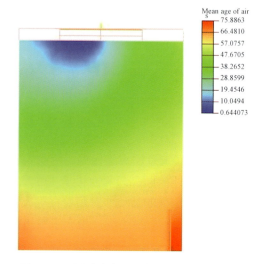

图 12.10 活动外遮阳卷帘、透气孔完全打开

资料来源：张海瑕绘制

第12章　绿色建筑能耗计算与模拟分析

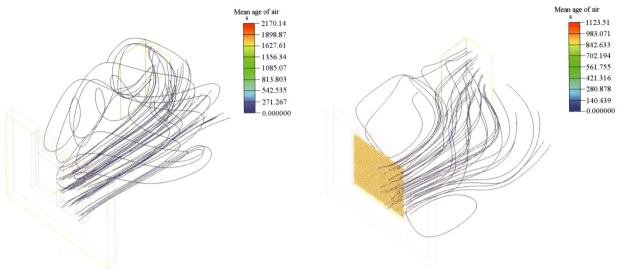

图 12.11　活动式遮阳设施完全收起　　　　图 12.12　活动外遮阳百叶、叶片水平

资料来源：张海瑕绘制

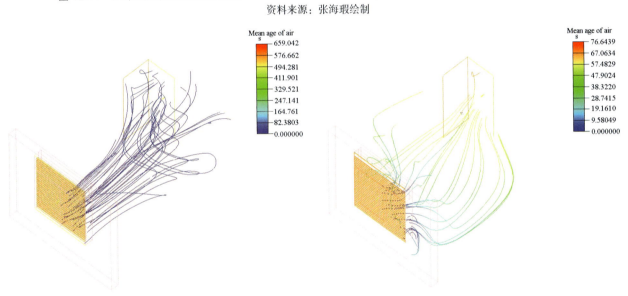

图 12.13　活动外遮阳百叶、叶片水平倾角 30°　　　图 12.14　活动外遮阳卷帘、透气孔完全打开

资料来源：张海瑕绘制

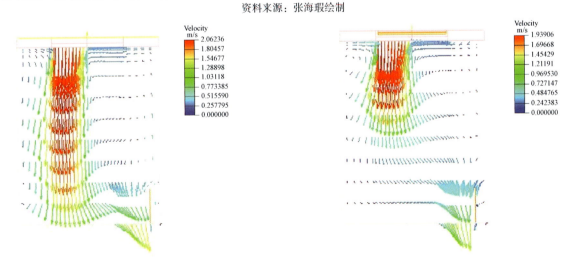

图 12.15　活动式遮阳设施完全收起　　　　图 12.16　活动外遮阳百叶、叶片水平

资料来源：张海瑕绘制

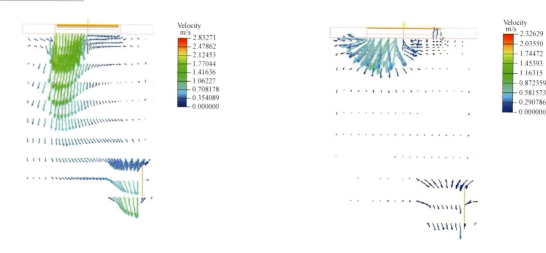

图 12.17　活动外遮阳百叶、叶片水平倾角 30°　　图 12.18　活动外遮阳卷帘、透气孔完全打开

资料来源：张海瑕绘制

3）方案比较结果

建筑物用活动式外遮阳百叶自然通风效果最为理想，基本不影响室内自然通风，既符合南京地区气候特点和用能习惯，又体现了健康、自然的生活态度；虽然活动式外遮阳卷帘对自然通风效果有一定程度的削弱。但还是建议选用活动式外遮阳百叶。

12.3　既有建筑绿色改造中自然采光优化应用模拟分析

12.3.1　概述

光是人类生存不可缺少的要素。适当将日光引进室内是保证工作效率、使人身心舒适的重要条件[①]。然而，光线太强或太弱都会对人产生不良影响，降低工作效率。光线太强，会产生眩光；光线太弱，会造成辨认困难。

我国的建筑节能工作起步较晚，而且既有建筑众多，大量既有建筑具有能耗大、节能潜力大等特点。因此，对既有建筑进行节能改造是当前我国建筑节能工作的重点之一。于 2009 年 12 月 1 日正式实施的《江苏省建筑节能管理办法》要求，应优先采用门窗改造、遮阳、改善通风等低成本改造措施对现有的不节能建筑进行改造。可见，对既有建筑进行采光设计、改造，适当增加遮阳措施是必要的。

遮阳技术的应用是当今实现建筑绿色化和建筑节能的重要措施之一，它能够有效减少进入室内的太阳辐射，降低空调负荷，减少光污染，避免产生眩光，改善采光均匀度[②]。

Ecotect 是一个用于分析建筑采光、日照的多功能分析软件，比较适合于前期方案的分析[③]。美国伯克利实验室开发的 Radiance 软件，是国际上公认的能够准确模拟自然采光的软件之一[④]，它作为自然采光方面的分析工具被广泛地应用[⑤][⑥]。

---

① 尤伟，吴蔚. 浅探运用 Radiance 模拟自然采光. 照明工程学报，2008，19（1）：25—32.

② 张新生. 铝合金百叶帘与建筑外遮阳. 江苏建筑，2008（5）：19—21.

③ 云鹏. Ecotect 建筑环境设计教程. 北京：中国建筑工业出版社，2007.

④ S Ubbelohde, C Humann. Comparative evaluation of four daylighting software programs. 1998 ACEE Summer Study on Energy Efficiency in Buildings. Proceedings, 1998.

⑤ Reinhart C, Fitz A. Find from a survey on the current use of daylight simulations in building design. Energy and Buildings, 2006, 38(7): 824–

⑥ Greg Ward Larson, Rob Shakespeare. Rendering with radiance. USA: Morgan Kaufmann Publishers, 1998.

12.3.2 遮阳措施的选择

建筑遮阳主要分为三类：外遮阳、本位遮阳和内遮阳[①]。

外遮阳有水平遮阳板、垂直遮阳板、综合遮阳板、挡板式遮阳、水平百叶以及垂直百叶遮阳等。对于南向日晒时间较长，太阳辐射角度较高，水平遮阳采用得较多；垂直遮阳板适合于阻挡角度较低的侧向太阳辐射，一般应用在北向、西北和东北方向；综合遮阳板是垂直遮阳板和水平遮阳板的综合体，兼具了两者的优点，可应用于东南和西南方向，但是设计上会阻碍视线；挡板式遮阳能有效遮挡各种角度的阳光辐射，遮阳效果好，造价便宜，但会影响视野；水平百叶是水平遮阳板的演化，其调节灵活，可以根据上、中、下不同的部位调节百叶片的角度，取得室内环境最佳的目的；垂直遮阳百叶在扩大视野的同时，可以在太阳辐射角度较低时打开，反射太阳辐射，应用较为灵活，以东西向较多。

本位遮阳是在窗的自身上采取措施，以达到遮阳或者保温的目的。本位遮阳的窗户玻璃主要分为吸热玻璃、热反射玻璃、Low-E 低辐射玻璃等。本位遮阳的造价相对较高，可以在比较富裕的地区住宅建设中采用。

内遮阳为在窗户的室内侧设置遮阳帘等措施。其优点是可调节性和装饰性强，增加私密性；缺点是不能阻止太阳辐射进入室内，不适用于夏季炎热的夏热冬冷地区。

综合比较多种遮阳方式的优缺点，并结合本项目的实际情况，选择铝合金外遮阳百叶帘作为本项目的建筑遮阳措施。

12.3.3 物理模型

1）建筑概况

该建筑位于南京市北京西路，东西向 72.4 m，南北向 12.6 m，南向临街，建于 1976 年，主要用于研究院科研人员办公、科研。建筑共 6 层，建筑面积 5 400 m²，框架结构。图 12.19、图 12.20 分别是该楼节能改造前后的外观，图 12.21 是办公楼平面示意图。

图 12.19 办公楼改造前外观

图 12.20 办公楼改造后外观

资料来源：张源、吴志敏等摄

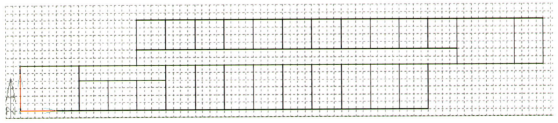

图 12.21 办公楼平面示意图

资料来源：张源、吴志敏等绘制

[①] 杨伟华，曹毅然，李德荣. 建筑遮阳的测试与研究. 住宅科技，2009（7）：7-9.

图12.22 办公楼外遮阳百叶帘
资料来源：张源、吴志敏等摄

2）工程概况

在夏热冬冷地区安装活动外遮阳系统是有效的建筑节能措施。夏季通过窗户进入室内的太阳辐射热构成了空调的主要负荷，设置外遮阳（尤其是活动外遮阳）是减少太阳辐射热进入室内、实现节能的有效手段。合理设置活动外遮阳系统能遮挡和反射70%~85%的太阳辐射热，大大降低空调负荷，降低能耗。在冬季可收起外遮阳，让阳光与热辐射透过窗户进入室内，减少室内的采暖负荷以及保证采光质量(图12.22)。

铝百叶活动外遮阳系统的百叶帘采用高等级铝合金帘片，帘片外涂层采用珐琅烤漆，具有高耐久性，能长期抵抗室外恶劣气候影响，外形美观，遮阳系数可达0.2以下，节能效果非常明显。系统安装在玻璃窗外侧，通过电动、手动装置或风、光、雨、温传感器控制铝合金叶片的升降、翻转，实现对太阳辐射热和入射光线的自由调节和控制，使室内光线均匀。外遮阳系统在工厂制作好后，运至现场直接安装，采用流水施工，不影响建筑的正常使用。

根据规划和业主的要求，该建筑将继续使用20~30年。建筑南向窗户面积较大，窗墙比为0.47；东向无外窗，西向窗很少；北向窗墙比为0.18。根据工程实际情况和计算结果，决定在南向采用铝百叶活动外遮阳系统。该科研楼活动外遮阳面积约510 m²。

12.3.4 模拟分析

1）分析原理、方法和指标

Ecotect软件中的采光计算采用的是CIE(国际照明委员会)全阴天模型，即最不利条件下的情况。以采光系数为核心分析指标，采用分项法对采光系数进行计算。分项法假设到达房间内任一点上的自然光包含三个独立的组成部分：天空组分(SC)、外部反射光组分(ERC)、反射光组分(IRC)；室内的采光系数是以上3个部分的总和[1]。通过采光系数和室外设计天空照度，可以由此计算出工作面照度。

在Ecotect中建立建筑平面模型，选择南京的气候环境。根据相关规范的要求[2]，该建筑以离地面0.75 m水平面作为评价的工作面，以采光系数和室内照度作为主要评价指标。为了分析外遮阳百叶帘的使用效果，本章将对同一建筑模型，不同的遮阳状态进行模拟分析；建筑的遮阳状态分别为：无遮阳（图12.23）、外遮阳(叶片角度0°)(图12.24)、外遮阳(叶片角度30°)(图12.25)、外遮阳(叶片角度45°)(图12.26)。

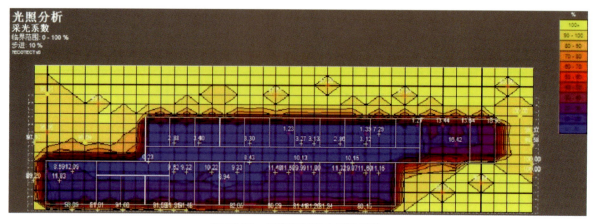

图12.23 无遮阳时室内采光系数
资料来源：张源、吴志敏等绘制

---

[1] 李芳，葛曹燕，杨建荣. 既有建筑天然采光模拟分析与初步应用. 住宅科技，2008(5)：46-49.
[2] 中华人民共和国建设部. 建筑照明设计标准(GB 50034–2004). 北京：中国建筑工业出版社，2004.

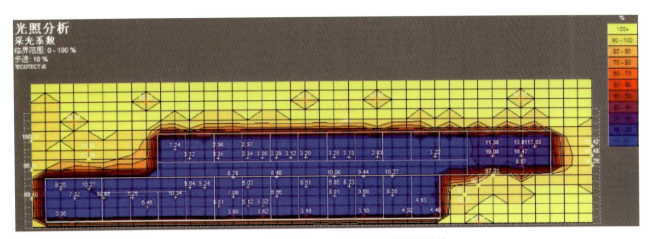

图 12.24　叶片角度 0°时外遮阳室内采光系数
资料来源：张源、吴志敏等绘制

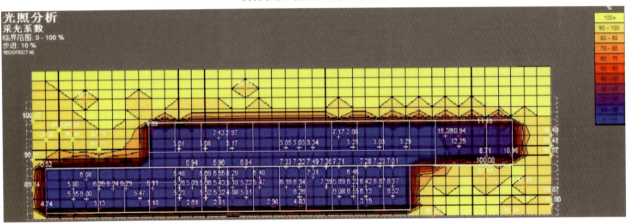

图 12.25　叶片角度 30°时外遮阳室内采光系数
资料来源：张源、吴志敏等绘制

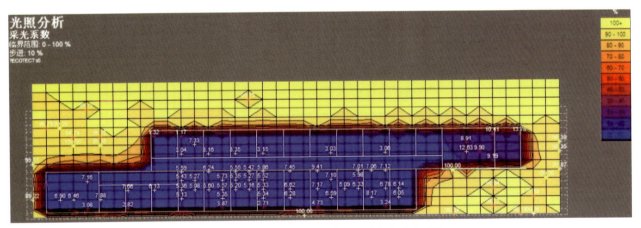

图 12.26　叶片角度 45°外遮阳时室内采光系数
资料来源：张源、吴志敏等绘制

2）模拟计算和分析

（1）采光系数计算和分析。根据《建筑采光设计标准》(GB/T 50033—2001)，侧面采光的普通办公室采光系数最低值为 2%。南京地区属于Ⅳ类光气候区，相对应的光气候系数 K 值取 1.10，所在地区的采光系数标准值应乘以光气候系数 K。因此，办公区域的最低采光系数应为 2.2%。

考虑到建筑各层平面结构基本一致，对建筑某层的四种不同遮阳状态进行了模拟分析，4 种遮阳状态的室内采光系数分布如图 12.23~图 12.26 所示。

从模拟结果可以观察和分析得到以下 7 点：

① 无论是否有遮阳措施，南向办公室内采光系数值均能够满足标准的要求；② 运用遮阳帘后，南向窗口附近采光系数变化梯度明显变大，这说明遮阳帘可以起到明显的遮阳效果；③ 无遮阳时，室内采光系数最大值可以达到 16.4%；采用外遮阳帘后，室内大部分区域的采光系数降到 5.0%~9.0% 之间；外遮阳时，叶片角度为 30°时室内采光系数最低，叶片角度为 0°时室内采光系数最高；相比而言，外遮阳帘叶片角度的变化对室内采光系数的影响较小；④ 在工作面的高度，从窗口位置沿房间进深方向，采光系数呈现"低→高→低"的分布规律；这是因为窗口位于墙面上端 1.5 m 高度位置，而工作面位于地面以上 0.75 m 处，所以距南向外墙较近位置的工作面的采光受到窗口以下的南墙遮挡，造成了这些地方的采光系数偏低；⑤ 受朝向的限制，北向房间的采光系数普遍较低，有少数部位的采光系数低于 2.2%；⑥ 建筑东北角的部分房间内的采光系数较其他房间明显变大，这是由于这些房间的南、北面外墙上均有窗口，南、北向的自然光相互补充，使得室内具有较高的采光系数；⑦ 中间走道内的采光系数非常低，局部区域接近于零；而根据规范的要求，走道、楼梯间的采光系数应达到 0.5% 以上；因此，走道内需要借助人工照明提供足够的照度。

（2）采光照度计算和分析。对无遮阳和外遮阳（叶片角度为 30°）时的室内采光照度进行了计算，并将结果图的建筑东部截取下来，以便分析，如图 12.27、图 12.28 所示。这是全年 9 时至 17 时间 85% 的时间能达到的照度分布状况。可以看到，室内照度的相对分布关系和采光系数基本一致。可以总结出以下 4 点：

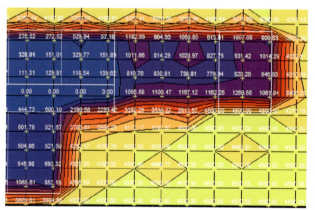

图 12.27　无遮阳时建筑东部室内采光照度(lx)
资料来源：张源、吴志敏等绘制

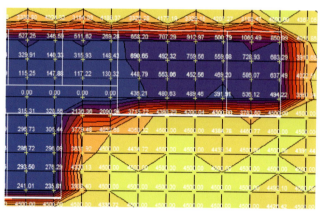

图 12.28　叶片角度 30°时建筑东部室内采光照度(lx)
资料来源：张源、吴志敏等绘制

① 以上两图左下角的南向房间的窗口附近，无遮阳时的采光照度达到了 1 500 lx 左右，而房间内部的采光照度仅为 500 lx 左右，照度相差甚远，易产生眩光，影响正常工作；采用遮阳帘后，室内的照度分布较为均匀，处在 300 lx 左右，自然光线分布合理；根据《建筑照明设计标准》(GB 50034—2004)，普通办公室 0.75 m 水平面照度值应达到 300 lx，也就是说，在一天中照度较强的时间段，自然采光的照度值已经可以满足办公室人员的工作需要；② 从两图左上角的北向房间可以看到，由于朝向的问题，北向房间只有距窗口较近的部位的采光照度在标准值附近，离窗口较远部位的照度不能满足要求，需要借助人工照明补充；③ 两图右上部的房间，由于南北均有开窗，无遮阳时室内照度普遍达到 800~900 lx，南向窗口附近的照度更是达到 2 000 lx 左右，这不仅仅会产生眩光，在夏季会给人灼热的感觉，光环境很差；采取遮阳帘后，窗口附近的照度下降明显，室内平均照度也下降明显，且分布更加均匀；④ 若办公室通向走道的门窗关闭，走道内的照度就会由于缺少光源而接近于零，因此走道内需要借助人工照明提供足够的照度。

（3）Radiance 亮度分析。选取任一南向房间，在软件模型里设置相机，视线由室内朝向室外，运用 Radiance 软件对夏至日中午 12 时的无遮阳和外遮阳（叶片角度为 30°）南向窗口的亮度进行了计算分析。分析结果如图 12.29~图 12.34 所示。

图 12.29~图 12.31 是某一南向房间无遮阳时南向窗口的亮度图像。可以看到，窗口处光线非常强烈，还有部分直射光线射入室内，亮度值最高达到 5 000Nit 以上，非常耀眼，极易产生眩光。

图 12.32~图 12.34 是遮阳(叶片角度 30°)房间南向窗口的亮度图像。窗口处的光线柔和了许多，相比于无遮阳窗口，最高亮度值降低了 1 500Nit 左右，而且避免了射入室内的直射光线，大大减少眩光的产生，优化了室内光环境。

(4) 结论。利用 Ecotect 和 Radiance 模拟软件，以室内采光系数、采光照度以及窗口亮度值作为评价指标，对外遮阳百叶帘的遮阳效果进行了分析和评价，得到如下主要结论：① 运用遮阳帘后，南向窗口附近采光系数、照度和亮度变化明显，遮阳帘的遮阳效果明显；② 相对于是否采用遮阳帘，遮阳帘叶片角度的变化对室内采光系数的影响较小；③ 无遮阳时，南向房间窗口处与房间内部的采光照度相差甚远，易产生眩光，影响正常工作；采用遮阳帘后，窗口处的采光照度下降明显，室内照度分布较为均匀，自然光线分布合理；④ 采用遮阳帘后，窗口处的最高亮度值降低了 1 500Nit 左右，避免了射入室内的直射光线，大大减少眩光的产生，优化了室内光环境。

图 12.29　无遮阳房间南向窗口亮度图像　　　　图 12.30　数字化伪彩色处理

资料来源：张源、吴志敏等绘制

图 12.31　数字化伪彩色处理等高线图　　　　图 12.32　叶片角度 30°房间南向窗口亮度图像

资料来源：张源、吴志敏等绘制

图 12.33　数字化伪彩色处理　　　　图 12.34　数字化伪彩色处理等高线图

资料来源：张源、吴志敏等绘制

第 13 章　绿色建筑耗能检测方法

绿色建筑的耗能检测主要包括可再生能源检测、常规能源检测、建筑内各个耗能系统能耗量分项检测。绿色建筑消耗的能源，既有可再生能源又有常规能源，我国的《绿色建筑评价标准》对可再生能源利用率作了明确的规定[1][2][3]，因此检测出常规能源利用量和可再生能源量具有很大的实际意义。建筑内各个耗能系统有暖通空调系统(包括冷热源系统能耗、水系统耗电量、空调末端三个子系统)、热水系统、照明系统和用电设备系统，其运行和能耗各有特点，因此，需要检测这些耗能系统各自的能耗，以便发现有节能潜力的系统。

13.1　绿色建筑的耗能特点

13.1.1　建筑能耗

关于建筑能耗目前有两种说法：一种说法是包括建筑材料的生产、建筑施工和建筑物使用等几个方面的能耗。这种说法，把建筑节能的范围划得过宽，与国际上通行的认识与统计口径不一致；另一种说法是建筑能耗指建筑使用过程中的能耗，包括采暖、空调、通风、照明、热水、饮食、供水、电梯、家电和办公等方面的能耗，其中，以采暖和空调能耗为主。本章所指的建筑能耗就是第二种说法。

建筑物消耗的能源有多种形式，主要包括煤炭、燃油、天然气、电、热能等。各种形式的能源品位是不一样的，品位与做功能力有关。根据热力学第二定律，能量的传递形式分为功和热，功不断地变为热，能量品位也在不断地贬值。可以用能质系数作为能量品位的量度。在《绿色奥运建筑评估体系》(GOBAS)中提出的能质系数即表示了不同能量在现有技术水平下对外所能够做的功与其总能量的比值[4]，计算公式为：

$$\lambda = \frac{W}{Q} \tag{13.1}$$

式中：λ 为能质系数；Q 为该种形式能源的总能量(J)；W 为总能量中可以转化为功的部分(J)。

电是最高品位的能源，可以完全转换为功，其能质系数 λ 为 1，其他形式的能源的能质系数则根据其对外做功的能力进行确定，其计算公式见表 13.1[5]。为了便于比较各种形式能源，对建筑能耗进行合理的评估，需采用统一的标准，我们可以将各种形式的能源乘以其能质系数，将其转换为电的形式，然后进行计算和比较分析。

表 13.1　各种能源的能质系数计算公式

能源名称	能质系数计算公式	备注
天然气	$\lambda = \eta\left(1 - \dfrac{T_0}{T-T_0}\ln\dfrac{T}{T_0}\right)$	T 是天然气完全燃烧的温度，K；T_0 为参考温度，K；η，平均转化效率
煤	$\lambda = \eta\left(1 - \dfrac{T_0}{T-T_0}\ln\dfrac{T}{T_0}\right)$	T 是煤在蒸汽动力装置中完全燃烧的温度，K；T_0 为参考温度，K_0；η，平均转化效率

---

[1] 中华人民共和国建设部. 绿色建筑评价标准(GB/T 50378—2006). 北京：中国建筑工业出版社，2006.
[2] 中华人民共和国建设部. 绿色建筑评价技术细则，2007.
[3] 中华人民共和国建设部. 绿色建筑评价技术细则补充说明，2008.
[4] 夏春海，朱颖心，林波荣. 建筑可再生能源利用评价方法. 太阳能学报，2007.
[5] 江亿，刘晓华，薛志峰，等. 能源转换系统评价指标的研究. 研究与探讨，2004.

续表 13.1

能源名称	能质系数计算公式	备注
市政热水	$\lambda = 1 - \dfrac{T_0}{T_1-T_2}\ln\dfrac{T_1}{T_2}$	T_1、T_2 供回水温度，K；T_0 为参考温度，K
市政蒸汽	$\lambda = 1 - \dfrac{T_0}{T}$	T 蒸汽压力所对应的饱和温度，K；T_0 为参考温度，K
冷冻水	$\lambda = \dfrac{T_0}{T_1-T_2}\ln\dfrac{T_1}{T_2} - 1$	T_1、T_2 供回水温度，K；T_0 为参考温度，K
耗冷量	$\lambda = \dfrac{T_0}{T} - 1$	T 室内环境露点温度，K；T_0 为室外环境温度，K
耗热量	$\lambda = 1 - \dfrac{T_0}{T}$	T 室内环境温度，K；T_0 为室外环境温度，K。

13.1.2 绿色建筑的耗能特点

绿色建筑因地制宜地采用了各项节能技术，尽可能地采用可再生能源，强调高效率地利用资料，最低限度地影响环境，与传统建筑相比，其耗能具有自身特点。

1) 环境友好

绿色建筑因地制宜地使用风能、太阳能、水能、生物质能、地热能、海洋能等可再生能源。这些可再生能源因其自身清洁、环保，可以大量减少 CO_2、SO_2、NO_2 这些酸性物质的排放，从而大大减小对环境的影响。

2) 可再生能源利用率高

为了减少对常规能源的消耗，促进人类可持续发展，绿色建筑根据当地气候和自然资源条件，充分利用可再生能源。我国《绿色建筑评价标准》对绿色居住建筑可再生能源的利用量作了规定[1]：一般项为可再生能源的使用占建筑总能耗的比例大于 5%；优选项为可再生能源的使用占建筑总能耗的比例大于 10%。对于绿色公共建筑，《绿色建筑评价标准》规定：一般项为采用太阳能、地热、风能等可再生能源利用技术；优选项为可再生能源的使用占建筑总能耗的比例大于 5%。

3) 能效比和能源利用率高

绿色建筑内的暖通空调系统及热水系统采用可再生能源技术、高性能系数的冷热源机组、变频泵等多项节能技术，从而极大地提高了其系统能效比。绿色建筑的照明和用电设备可以采用高效率的设备、先进的控制策略等节能技术，从而提高了能源利用率。此外设置在绿色建筑的 BAS，可以分项计量建筑内各系统的耗能量，全面掌握建筑能耗，便于发现有节能潜力的系统，提高系统管理水平和提出有针对性的改进措施，并且可以对设备的运行工况进行有效的调节，减少不合理的能源消耗，这些十分有利于提高绿色建筑的能源利用率。

13.2 居住建筑的热计量方法

13.2.1 居住建筑热计量方法

我国《绿色建筑评价技术细则(试行)》对绿色居住建筑作了明确规定："采用集中采暖和(或)集中空调机组向住宅供热(冷)的住宅，用户需支付采暖、空调费用。作为收费服务项目，用户应能自主调节室温，

---

[1] 中华人民共和国建设部. 绿色建筑评价标准(GB/T 50378—2006). 北京：中国建筑工业出版社，2006.

因此应设置用户自主调节室温的装置；收费与用户使用的热(冷)量多少有关联，作为收费的一个主要依据，计量用户用热(冷)量的相关测量装置和制定费用分摊的计算方法是必不可少的。"[1]

无论是在欧洲还是在国内的一些试点工程中，采暖热计量大都采用分户热量计量。分户热量计量的方式主要有两种：热量分配表分摊法和户用热量表分摊法[2]。居住建筑可以根据实际情况，合理确定热计量方式。

1) 热量分配表分摊法

（1）系统组成及分摊原理[3]。该分摊系统由各个热用户的散热器热量分配表，以及建筑物热力入口设置的楼栋热量表，或热力站设置的热量表组成。通过修正后的各热量分配表的测试数据，测算出各个热用户的用热比例，按此比例对楼栋或热力站热量表测量出的建筑物总供热量进行户间热量分摊。修正因素包括散热器的类型、散热量、连接方式等。

（2）特点及适用范围。散热器热量分配表的工作原理如下式[4]：

$$Q = AF\int (t_P - t_n)^{1+B} d\tau / \beta_1 \beta_2 \beta_3 \beta_4 \tag{13.2}$$

式中：Q 为散热器的散热量(W)；A、B 为由实验确定的散热器散热量特定系数；β_1 为散热器组装片数修正系数；β_2 为散热器连接形式修正系数；β_3 为散热器安装形式修正系数；β_4 为散热器其他修正系数；F 为散热器计算散热面积(m²)；t_P 为散热器热媒平均温度(℃)；t_n 为室内温度(℃)；τ 为计算仪表的采样时间(s)。

由式(13.2)可见，只要测得室内平均温度及散热器热媒平均温度，确定仪表的采样时间，即可得出散热设备放出的热量，测量 t_P 的方法不同，热量计量的方式也有所不同，可分为蒸发式热量分配表与电子式热量分配表两种基本类型[5]。

蒸发式热量分配表初投资较低，但需要入户读表。电子式热量分配表初投资相对较高，但该表具有入户读表与遥控读表两种方式可供选择。电子式热量分配表有传感式和一体式两种，若散热器被遮蔽，可选择安装传感式热量分配表。

热量分配表分摊法适用于以散热器为散热设备的室内采暖系统。

2) 户用热量表分摊法

（1）系统组成及分摊原理[6]。该分摊系统由各户用热量表以及建筑物热力入口或热力站设置的热量表组成。户用热量表测量出的每户供热量可以作为计量热费结算依据，也可以通过户用热量表测量出的每户供热量，测算出各个热用户的用热比例，按此比例对楼栋或热力站热量表测量出的建筑物总供热量进行户间热量分摊。

（2）特点及适用范围。户用热量表的工作原理如下式[7]：

$$Q = 1.163 \int G(t_g - t_n) d\tau \tag{13.3}$$

式中：t_g 为供水温度(℃)；t_n 为回水温度(℃)；G 为热水流量(kg/h)；τ 为采集时间(s)。

由式(13.3)可见，只要测得供回水温度及热水流量，确定仪表的采样时间即可得出管道供给建筑物的热量。根据热量表的流量计的测量方式不同，热量表的主要类型有机械式热量表、电磁式热量表、超声波式热量表[8]，3种表的优缺点见表13.2。

---

[1] 中华人民共和国建设部. 绿色建筑评价技术细则, 2007.
[2][3] 中华人民共和国建设部. 北方采暖地区既有居住建筑供热计量及节能改造技术导则, 2008.
[4] 熊文. 几种供热热计量方法在工程应用中的技术经济分析：[硕士学位论文]. 重庆：重庆大学, 2007.
[5] 中华人民共和国建设部. 北方采暖地区既有居住建筑供热计量及节能改造技术导则, 2008.
[6] 中华人民共和国建设部. 北方采暖地区既有居住建筑供热计量及节能改造技术导则, 2008.
[7] 熊文. 几种供热热计量方法在工程应用中的技术经济分析：[硕士学位论文]. 重庆：重庆大学, 2007.
[8] 中华人民共和国建设部. 北方采暖地区既有居住建筑供热计量及节能改造技术导则, 2008.

表 13.2　各类户用热量表的优缺点

热量表类型	优点	缺点
机械式热量表	初投资相对较低	对水质有一定要求
电磁式热量表	精度要高、压损小	初投资高；工作时需要外部电源，而且必须水平安装，还需较长的直管段，仪表的安装、拆卸和维护较为不便
超声波热量表	精度高、压损小、不易堵塞	初投资相对较高；流量计的精度易受管壁锈蚀程度、水中杂质含量、管道振动等因素的影响

户用热量表分摊法适用于分户独立式室内采暖系统及地面辐射供暖系统。

13.2.2　居住建筑集中采暖可再生能源检测

我国北方居住建筑传统供暖形式，主要消耗煤。绿色居住建筑集中供暖可利用可再生能源，其中较为成熟的技术为太阳能供暖系统。太阳能供暖消耗太阳能和常规能源(太阳能装置循环水泵和辅助系统耗能)，其中常规能源主要为电和煤。太阳能供暖系统相对于传统供暖系统，区别在于热源侧充分利用了太阳能，热水输配系统和末端设备耗能是一致的。检测思路是检测出太阳能替代的常规能源量，即作为可再生能源在建筑中的利用量。

1) 传统供暖系统耗能量

$$Q_C = \eta \times (d \times 24 \times q \times H)\lambda \tag{13.4}$$

式中：Q_C 为传统供暖系统耗能经折算后对应的电量(kW·h)；η 为传统供暖系统的平均负荷率；d 为传统供暖期采暖天数(天)；q 为传统供暖系统所选锅炉每小时耗煤量(kg/h)；H 为煤的热值(kJ/kg)；λ 为传统供暖系统所耗的煤的能质系数。

2) 太阳能供暖系统耗能量

$$Q_t = Q_f + Q_x = \eta_1 \times (d_1 \times 24 \times q_1) \times \lambda_1 + \eta_2 \times (d_2 \times 24 \times q_2) \tag{13.5}$$

式中：Q_t 为太阳能供暖系统耗能经折算后对应的电量(kW·h)；Q_f 为辅助系统耗能折算后对应的电量(kW·h)；Q_x 为太阳能装置循环水泵消耗的电量(kW·h)；η_1 为辅助系统的平均负荷率；d_1 为辅助系统运行天数(d)；q_1 为辅助系统单位时间耗能量(kW)；λ_1 为辅助系统耗能的能质系数；η_2 为太阳能装置的平均负荷率；d_2 为太阳能装置运行天数(d)；q_2 为太阳能装置循环水泵功率(kW)。

3) 太阳能供暖系统可再生能源利用量

$$Q = Q_C - Q_t \tag{13.6}$$

式中：Q 为太阳能供暖系统可再生能源利用量(kW·h)；Q_C 为传统供暖系统耗能折算后对应的电量(kW·h)；Q_t 为太阳能供暖系统耗能折算后对应的电量(kW·h)。

13.3　公共建筑的暖通空调耗能检测方法

13.3.1　公共建筑暖通空调耗能构成与形式

公共建筑暖通空调系统能耗的组成：暖通空调系统能耗=冷热源系统能耗+水系统耗电量+空调末端设备耗电量。绿色公共建筑与传统公共建筑空调系统的主要区别在于，绿色公共建筑的冷热源系统大量运用了可再生能源。

1) 传统公共建筑暖通空调冷热源主要形式及其耗能

传统公共建筑暖通空调冷热源主要形式为：冷水机组+锅炉、溴化锂直燃机组，其能耗构成：空调能耗=冷热源机组能耗+循环水泵耗电量+冷却水系统耗电量+空调末端设备耗电量。冷却水系统能耗包括冷却水泵耗电量和冷却塔耗电量。传统暖通空调冷热源消耗常规能源，其主要能源形式为：燃气和电。

2）绿色公共建筑的暖通空调冷热源主要形式及其耗能

绿色公共建筑的暖通空调冷热源主要形式有：热泵系统(地源热泵和空气源热泵)、太阳能制冷系统、太阳能供暖系统。绿色公共建筑可能根据实际情况，要增加传统形式的辅助系统。热泵系统机组水源侧循环水泵(空气源热泵除外)、太阳能装置循环水泵、辅助系统均消耗常规能源。绿色公共建筑的暖通空调冷热源用可再生能源替代了部分常规能源，其主要能源形式为：地热能、太阳能、燃气、油、电。此外利用夜空作为冷源也是一种可再生能源利用形式，具有一定的节能价值。

13.3.2 公共建筑可再生能源检测方法

将可再生能源替代的常规能源量，作为可再生能源在建筑中的利用量。

1）冷水机组+锅炉耗能量

$$Q_1=Q_{n1}+Q_{r1}=\eta_1\times(d_1\times24\times q_1)+\eta_2\times(d_2\times24\times q_2\times H)\times\lambda \tag{13.7}$$

式中：Q_1 为冷水机组+锅炉耗能折算后对应的电量（kW·h）；Q_{n1} 为冷水机组与冷却水系统消耗的电量(kW·h)；Q_{r1} 为锅炉耗能折算后对应的电量(kW·h)；η_1 为冷水机组的平均负荷率；d_1 为冷水机组运行天数(d)；q_1 为冷水机组与冷却水系统功率(kW)；η_2 为锅炉的平均负荷率；d_2 为锅炉运行天数(d)；q_2 为锅炉单位时间燃料消耗量(kg/h 或 m³/h)；H 为燃料的热值(kJ/kg 或 kJ/m³)；λ 为锅炉耗能的能质系数。

2）溴化锂直燃机组耗能量

$$Q_2=Q_{n2}+Q_{r2}=\eta_1\times(d_1\times24\times q_1\times H)\times\lambda_1+\eta_2\times(d_2\times24\times q_2\times H)\times\lambda_1 \tag{13.8}$$

式中：Q_2 为溴化锂直燃机组耗能经折算后对应的电量(kW·h)；Q_{n2} 为溴化锂直燃机组制冷耗能经折算后对应的电量(kW·h)；Q_{r2} 为溴化锂直燃机组制热耗能经折算后对应的电量(kW·h)；η_1 为溴化锂直燃机组制冷的平均负荷率；d_1 为溴化锂直燃机组制冷的运行天数(d)；q_1 为溴化锂直燃机组制冷时单位时间耗能量(m³/h)；H 为燃料的热值(kJ/kg)；λ_1 为燃气的能质系数；η_2 为溴化锂直燃机组制热的平均负荷率；d_2 为溴化锂直燃机组制热运行天数(d)；q_2 为溴化锂直燃机组制热耗能量(m³/h)。

3）热泵系统耗能量

$$Q_3=Q_n+Q_r=\eta_1\times(d_1\times24\times q_1)+\eta_2\times(d_2\times24\times q_2) \tag{13.9}$$

式中：Q_3 为热泵系统耗能经折算后对应的电量(kW·h)；Q_n 为热泵系统制冷消耗的电量(kW·h)；Q_r 为热泵系统制热消耗的电量(kW·h)；η_1 为热泵系统制冷的平均负荷率；d_1 为热泵系统制冷的运行天数(d)；q_1 为热泵机组制冷时单位时间耗能量（kW）；η_2 为热泵系统制热的平均负荷率；d_2 为热泵系统制热运行天数(d)；q_2 为热泵系统制热耗能量(kW)。

4）太阳能制冷系统耗能量

$$Q_4=Q_{f1}+Q_{x1}=\eta_1\times(d_1\times24\times q_1)+\eta_2\times(d_2\times24\times q_2)\times\lambda \tag{13.10}$$

式中：Q_4 为太阳能制冷系统消耗的电量(kW·h)；Q_{f1} 为辅助系统消耗的电量(kW·h)；Q_{x1} 为太阳能装置循环水泵消耗的电量(kW·h)；η_1 为太阳能制冷系统的平均负荷率；d_1 为太阳能制冷系统运行天数(d)；q_1 为太阳能装置循环水泵消耗单位时间耗能量（kW）；η_2 为辅助系统的平均负荷率；d_2 为辅助系统运行天数(d)；q_2 为辅助系统单位时间耗能量(kW)；λ 为辅助系统耗能的能质系数。

5）太阳能供暖系统耗能量

$$Q_5=Q_{f2}+Q_{x2}=\eta_1\times(d_1\times24\times q_1)+\eta_2\times(d_2\times24\times q_2)\times\lambda \tag{13.11}$$

式中：Q_5 为太阳能供暖系统消耗的电量(kW·h)；Q_{f2} 为辅助系统消耗的电量(kW·h)；Q_{x2} 为太阳能装置循环水泵消耗的电量(kW·h)；η_1 为太阳能供暖系统的平均负荷率；d_1 为太阳能供暖系统运行天数(d)；q_1 为太阳能装置循环水泵单位时间耗能量(kW)；η_2 为辅助系统的平均负荷率；d_2 为辅助系统运行天数(d)；q_2 为辅助系统单位时间耗能量(kW)；λ 为辅助系统耗能的能质系数。

6）可再生能源利用量

将冷水机组+锅炉耗能量 Q_1 或溴化锂直燃机组耗能量 Q_2 减去热泵系统耗能量 Q_3 就得到热泵系统可再生能源利用量；将冷水机组耗能量 Q_{n1} 或溴化锂直燃机组制冷耗能量 Q_{n2} 减去 Q_4，就可得到太阳能制冷系统可再生能源利用量；将锅炉耗能量 Q_{r1} 或溴化锂直燃机组制热耗能量 Q_{r2} 减去 Q_5，就可得到供暖系统可再生能源利用量。

13.3.3 公共建筑暖通空调常规能源检测方法

为了全面掌握暖通空调常规能源能耗，提高管理水平和提出有针对性的改进措施，从而减少对常规能源的消耗，很有必要分项检测测出公共建筑暖通空调常规能源各个子系统的逐时动态能耗。这些子系统具体为冷热源系统（包括冷却水系统）、水系统、风系统、末端设备量。可以通过设置自动采集系统来实现这些功能，其方法如下：

在配电设计划分回路或支路时，将需要分开检测的系统分别构成回路或支路，在这些回路或支路上安装电能表。对于冷源机组和耗电的热源机组，在其配电支路上设备电能表；分别在循环水泵和冷却水系统的配电支路上设置电能表；空调末端设备或通风风机应按楼层或设置电能表。图 13.1 给出了电能计量装置常用典型接线图。对于消耗燃气、油的热源机组，在其燃料供应管路上设置流量计。

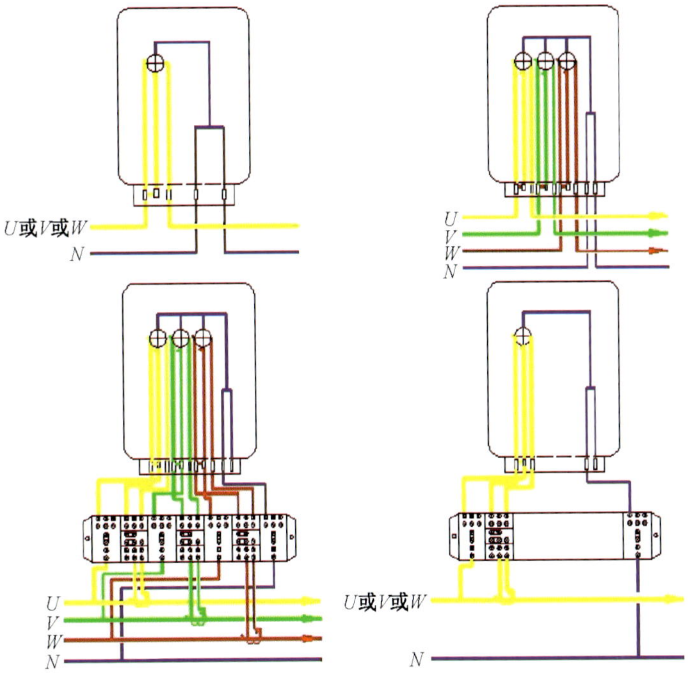

图 13.1 电能计量装置常用典型接线图
资料来源：中华人民共和国建设部.国家机关办公建筑和大型公共建筑能耗监测系统楼宇分项计量设计安装技术导则，2008.

所有计量装置精确度等级不低于 1.0 级，具有数据远传功能，至少应具有 RS—485 标准串行电气接口，采用 MODBUS 标准开放协议或符合《多功能电能表通信规约》（DL/T 645—1997）中的有关规定。计量装置构成网络，并入 BAS，通过数据采集器将数据传入数据中转站或数据中心中，通过调整采样频率（一般 10 分钟到 1 小时一次），可以实现逐年、逐月、逐日、逐时的能耗统计，利用能耗分析软件，就可以进行能耗的动态分析，绘制各个时段的能耗曲线[①]。将所检测到的各子系统的能耗数值，乘以相应的能质系数，得出其对应的电量即为暖通空调系统常规能源利用能耗。

13.3.4 公共建筑暖通空调能效比计算

前面检测出了公共建筑暖通空调系统可再生能源利用量和常规能源消耗量，需要进一步计算暖通空调系统及其子系统的能效比，这样才能全面评价暖通空调的耗能状况。能效比的计算式如下，其中全年耗冷量、耗热量可由楼宇冷、热量计量系统测出，目前我国已出台了楼宇冷、热量计量设计安装技术导则。

暖通空调系统能效比　　$DEER=(\lambda_1 \times Q_1 + \lambda_2 \times Q_2)/\Sigma N$　　(13.12)

冷热源系统能效比　　$DEER=(\lambda_1 \times Q_1 + \lambda_2 \times Q_2)/\Sigma N_1$　　(13.13)

水系统能效比　　$DEER=(\lambda_1 \times Q_1 + \lambda_2 \times Q_2)/\Sigma N_2$　　(13.14)

风系统（末端设备）能效比　　$DEER=(\lambda_1 \times Q_1 + \lambda_2 \times Q_2)/\Sigma N_3$　　(13.15)

式中：Q_1 为全年耗冷量（GJ）；Q_2 为全年耗热量（GJ）；λ_1 为耗冷量的能质系数；λ_2 为耗热量的能质系数；ΣN 为暖通空调系统全年常规能源能耗（可由前面的检测得到）（GJ）；ΣN_1 为冷热源全年常规能源能耗（可由前面的检测得到）（GJ）；ΣN_2 为水泵配用电机全年能耗（可由前面的检测得到）（GJ）；ΣN_3 为所有空气输送设备所配用电机全年能耗（可由前面的检测得到）（GJ）。

---

① 中华人民共和国建设部.国家机关办公建筑和大型公共建筑能耗监测系统楼宇分项计量设计安装技术导则，2008.

13.4 绿色建筑照明、热水和用电设备耗能检测方法

13.4.1 绿色建筑照明耗能检测方法

照明分为三种类型：普通照明、应急照明和景观照明。绿色建筑根据照明场所的实际情况，在一部分区域采用可再生能源替代常规能源(电能)。因此绿色建筑照明能耗也分为可再生能源与常规能源，其耗能检测要分别检测出可再生能源和常规能源。绿色建筑照明可再生能源利用技术目前主要有两种：太阳能光伏发电技术和自然采光利用技术，下面将分别介绍其可再生能源检测方法。

1) 太阳能光伏发电技术可再生能源检测

太阳能光伏发电系统太输出功率为 50 Hz±0.2 Hz，电压为 220 V±10 V，可以与绿色建筑照明一体化。检测方法：在照明配电路上设置多功能电能表并与绿色建筑的 BAS 系统相连，即可检测出太阳能光伏发电系统产生的电量，将这些电量作为是太阳能光伏发电系统可再生能源利用量。

2) 自然采光利用技术可再生能源检测

自然采光利用技术主要是对于地下室而言的，其利用太阳光为地下室提供采光，减少白天照明电耗。自然采光利用技术可再生能源检测可以通过下式进行计算得到。

$$Q = t \cdot q \tag{13.16}$$

式中：Q 为自然采光利用技术可再生能源全年利用量(kW·h)；t 为灯具全年减少的开启时间(h)；q 为灯具功率(kW)。

3) 绿色建筑照明常规能源耗能检测

绿色建筑照明系统常规能源为电能，其检测通过可以通过设置自动采集系统来实现。在配电设计中应该将照明系统回路与其他系统(如空调，电梯等)分开，在实际工程中，为了降低工程造价，常照明和插座划分为一个回路，在照明插座回路上单独安装电能表进行能耗检测计量。对于规模很大的建筑，配电时在低压侧设计几条照明插座主出线回路，每相分配至几个层配电箱，这种形式在主出线回路设置三相电能表即可满足要求。在实际工程中，一些建筑的配电设置不很清晰，没有单独分出照明插座回路，而是直接设置一路供电至层配电箱，从层配电箱中采用放射形式直接敷设至户配电箱。当建筑层数很多时，如果要非常准确地计量某分项耗电量则需要设置很多电能表，这样造价很高。此时应采用选择标准层计量的方法，即在相同功能、面积等均相差不多的层中，挑选具有代表性的 2~3 层进行计量，然后采用下面的方法间接计量此分项电耗。

如图 13.2 所示，$A_1 \sim A_m$、$B_1 \sim B_n$、$C_1 \sim C_k$ 分别代表 a、b、c 三种类型用电量相关的所有配电支路，支路数量分别为 m、n、k。

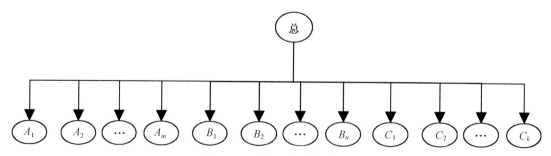

图 13.2 配电支路层次结构图

资料来源：中华人民共和国建设部. 国家机关办公建筑和大型公共建筑能耗监测系统楼宇分项计量设计安装技术导则. 北京：中国建筑工业出版社, 2008.

如果目的是获得 a 类型用电量：一种方法是在 A_1、A_2、…、A_m 各支路上安装电能表，并求和获得，这就是加法原则；另一种方法是在总用电支路、B_1、B_2、…、B_n 及 C_1、C_2、…、C_k 各支路上安装电能表，在

总用电中减去 b 类及 c 类用电量，即可获得 a 类能耗量，这就是减法原则。

若只为获得 a 类用电量，则按加法原则和减法原则设计方案的优劣可以通过装表总数多少来评价。

4）绿色建筑照明的能源利用率

我国的《建筑照明设计标准》对各种不同功能房间的照明功率密度（LPD 值）进行了规定，用 LPD 值可以对各种功能房间照明设计的能效进行评价，但一栋建筑的房间功能是多样的，而且不同的建筑，各功能房间的数量、面积大小有很大的差别，因此 LPD 值难以对一栋建筑的照明整体能效进行有效的评价。为对一栋建筑的照明整体能源利用率进行评价，可用单位照度单位面积的全年能耗进行评价，其计算式如下：

$$e = \frac{Q}{\Sigma S \cdot E} \tag{13.17}$$

式中：e 为单位照度单位面积的全年能耗[GJ/(m²·lx)]；Q 为照度全年常规能源耗能量(GJ)；S 为某类功能房间的总面积(m²)；E 为某类功能房间照度(lx)。

13.4.2 绿色建筑热水耗能检测方法

热水耗能包括热源耗能和热水泵耗能，绿色建筑热水耗能与传统建筑的主要区别在于热源耗能。传统建筑热水系统热源方式有：电热锅炉、燃气锅炉、燃煤锅炉和城市热力网。绿色建筑热水热源包括太阳能热水系统、热泵系统以及相应的常规能源辅助系统，常规能源辅助系统主要为电热锅炉和燃气锅炉。因此绿色建筑热水能耗也分为可再生能源与常规能源，耗能检测也分为可再生能源检测和常规能源检测。

1）绿色建筑热水可再生能源耗能检测

将计算出的可再生能源替代的常规能源量，作为可再生能源在建筑中的利用量。传统建筑热水系统热源耗能量可以采用与前面传统供暖系统耗能量一样的方法，得到其耗能量记为 Q_C。太阳热水系统可再生能源利用量与前面的太阳能供暖系统是一样的。

下面主要介绍热泵系统可再生能源检测：

$$Q_t = Q_f + Q_x = \eta_1 \times (d_1 \times 24 \times q_1) \times \lambda_1 + \eta_2 \times (d_2 \times 24 \times q_2) \times \lambda_2 \tag{13.18}$$

式中：Q_t 为热泵系统消耗的电量(kW·h)；Q_x 为循环水泵消耗的电量(kW·h)；Q_f 为热泵辅助系统耗能折算后对应的电量(kW·h)；q_1 为热泵辅助系统消耗的电量(kW·h)；η_1 为辅助系统的平均负荷率；d_1 为热泵系统辅助系统运行天数(d)；q_2 为辅助系统单位时间耗能量(kW)；λ_1 为辅助系统耗能的能质系数；η_2 为热泵机组的平均负荷率；d_2 为热泵机组运行天数(d)；λ_2 为热泵系统耗能的能质系数。

$$Q = Q_C + Q_t = \eta_1 \times (d_1 \times 24 \times q_1) \times \lambda_1 + \eta_2 \times (d_2 \times 24 \times q_2) \times \lambda_2 \tag{13.19}$$

式中：Q 为热泵系统可再生能源利用量(kW·h)；Q_C 为传统建筑热水系统热源消耗的电量(kW·h)；Q_t 为热泵系统消耗的电量(kW·h)。q_1 为热泵辅助系统消耗的电量(kW·h)；η_1 为辅助系统的平均负荷率；d_1 为热泵系统辅助系统运行天数(d)；q_2 为辅助系统单位时间耗能量(kW)；λ_1 为辅助系统耗能的能质系数；η_2 为热泵机组的平均负荷率；d_2 为热泵机组运行天数(d)；λ_2 为热泵系统耗能的能质系数。

2）绿色建筑热水常规能源能耗检测

绿色建筑热水所耗的常规能源主要包括热泵机组（地源热泵机组包括取水循环水泵）和电热锅炉以及生活热水泵消耗电能。在配电时将热泵机组或电热锅炉的回路与其他用电回路分开，在回路上设电能表；和采暖空调、照明用电检测一样，在经济条件允许的条件下应尽可能地采用多功能电能表；燃气锅炉消耗城市燃气，在燃气供应支管让设流量计计量燃气消耗量；将这些计量装置接入绿色建筑 BAS 系统，将得出的能耗数据，乘以相应的能质系数，转换为电量，即可得出绿色建筑常规能源消耗量。

3）绿色建筑热水能效比

绿色建筑热水能效比可以用下式进行计算：

$$DEER = (\lambda \cdot Q) / \Sigma N \tag{13.20}$$

式中：$DEER$ 为绿色建筑热水能效比；Q 为全年耗热量（可由楼宇冷、热量计量系统测出）(GJ)；λ 为耗冷量的能质系数；ΣN 为热水全年常规能源能耗(折算为电量之后)(GJ)。

13.4.3 绿色建筑用电设备能耗检测方法

此处的用电设备能耗是指除暖通空调和照明之外的用电设备能耗,包括动力用电和特殊用电。动力用电是集中提供各种动力服务(包括电梯、非空调区域通风、自来水加压、排污等)的设备用电的统称。动力用电包括电梯用电、生活水泵用电和通风机用电,共三个子项。电梯是指建筑物中所有电梯(包括货梯、客梯、消防梯、扶梯等)及其附属的机房专用空调等设备。水泵是指除空调采暖系统和消防系统以外的所有水泵,包括自来水加压泵、排污泵、中水泵等。通风机是指除空调采暖系统和消防系统以外的所有风机,如车库通风机、厕所排风机等。特殊用电是指不属于建筑物常规功能的用电设备的耗电量。特殊用电包括办公设备、信息中心、洗衣房、厨房、餐厅、游泳池、健身房和其他特殊用电。

1)用电设备能耗检测

用电设备能耗检测就是检测出其用电量,要分别测出动力用电三个子项的能耗和特殊用电的能耗,在配电设计时,把动力用电三个子项和特殊用电设置在不同的回路上,不与其他用电共同用回路,在各个回路上安装电能表。和采暖空调、照明用电检测类似,用电设备用电量的检测通过自动采集系统来实现。如果这些电是采用水能、风能、太阳能等可再生能源发电而成的,则电量就是绿色建筑可再生能源利用量。

2)用电设备能源利用率

下面主要介绍动力设备风机,水泵和电梯的能效。

风机的能源利用率可以用效率进行评价:

$$\eta_f = (P \times Q)/N \tag{13.21}$$

式中:η_f 为风机能源利用率;P 为风机实际工况下全压(Pa);Q 为风机实际工况下输出的风量(m^3/s);N 为风机实际工况下所耗电功率(kW)。

水泵的能源利用率也可以用效率进行评价:

$$\eta_s = (H \times G \times 9.8)/N \tag{13.22}$$

式中:η_s 为水泵能源利用率;H 为水泵实际工况下扬程(m);G 为水泵实际工况下输出的流量(kg/s);N 为水泵实际工况下所耗电功率(kW)。

电梯的能源利用率仍然可以用效率进行评价。电梯是断续工作的,电梯经常处于非额定负载工况,而且待机工况的耗电也很大不容忽略,所以电梯的效率测试比较复杂。下面介绍电梯效率的测试方法。

规定一个测试周期和电梯工作图谱,轿厢按工作图谱的规定运送不同重量的载荷,运行至不同的层站,其工作状况能代表大多数电梯实际运行的负载率。以测试周期内轿厢运送荷重与移动垂直距离之乘积的总和,除以在此运行周期内该电梯所耗费电能的总和[①]。

1)能源利用率计算

$$\eta = W_z / [3.67 \times 10^5 (E_c - E_r)] \tag{13.23}$$

式中:η 为电梯的能源利用率;W_z 为电梯在测试周期内,轿厢运送有效载荷完成的工作量,即每次运送的有效载荷重量与被移动的垂直距离之乘积的总和(kgm);E_c 为电梯在测试周期内,从电网输入的电能(考核值)(kW·h);E_r 为电梯在测试周期内,向电网回馈的电能(考核值)(kW·h);3.67×10^5 为功、能换算系数,$1 \text{ kW·h} = 3.67 \times 10^5 \text{ kgfm}$。

2)完成的工作量计算

$$W_z = \Sigma(Q_n \times S_n) \tag{13.24}$$

式中:W_z 为电梯在测试周期内,轿厢运送有效载荷完成的工作量(kgm);Q_n 为第 n 次运行轿厢加入的有效载荷(kg);S_n 为第 n 次运行轿厢运送有效载荷的垂直距离(m);n 为电梯在测试周期内,轿厢运行的次数。例如,轿厢分别加入0%、25%、50%、75%、100%额定载荷,运行区段分别按照首层至2层、首层至3层、首层至中间层、首层至顶层;向上、向下运行各2次。载荷变换之间停靠10 min,运行停靠站停留6 s。

---

① 孙立新.关于电梯能效评价的探讨.中国电梯,2008.

3）从电网输入电能的计算

从电网输入电能的计算，应主要考核电梯消耗的有功电能数值。如果考虑电梯无功电能所带来的供电系统线损耗，可以将无功电能乘以加权系数加进去，则：

$$E_c = E_y + 0.1 E_w \tag{13.25}$$

式中：E_c 为电网输入电能考核值（kW·h）；E_y 为电网输入电能有用功数值（kW·h）；E_w 为电网输入电能无用功数值（kvarh）；0.1 为对无功电能带来的供电系统线损耗加权系数（参考值）。

4）向电网回馈的电能的计算

$$HRV_n = (U_n/U_1) \times 100\% \tag{13.26}$$

$$HRI_n = (I_n/I_1) \times 100\% \tag{13.27}$$

式中：HRV_n 为第 n 次谐波电压含有率；HRI_n 为第 n 次谐波电流含有率；U_n、I_n 为第 n 次谐波电压、电流有效值；U_1、I_1 为基波电压、电流有效值。

$$E_r = E_{ry} \times (1 - HRV_n) \tag{13.28}$$

式中：E_r 为向电网回馈的电能（考核值），kW·h；E_{ry} 为向电网回馈的有功电能，kW·h；HRV_n 为第 n 次谐波电压含有率。

参考文献

[1] 中华人民共和国建设部. 绿色建筑评价标准（GB/T 50378—2006）. 北京：中国建筑工业出版社，2006.

[2] 中华人民共和国建设部. 绿色建筑评价技术细则，2007.

[3] 中华人民共和国建设部. 绿色建筑评价技术细则补充说明，2008.

[4] 夏春海，朱颖心，林波荣. 建筑可再生能源利用评价方法. 太阳能学报，2007.

[5] 江亿，刘晓华，薛志峰，等. 能源转换系统评价指标的研究. 研究与探讨，2004.

[6] 中华人民共和国建设部. 北方采暖地区既有居住建筑供热计量及节能改造技术导则，2008.

[7] 熊文. 几种供热热计量方法在工程应用中的技术经济分析：[硕士学位论文]. 重庆：重庆大学，2007.

[8] 中华人民共和国建设部. 国家机关办公建筑和大型公共建筑能耗监测系统楼宇分项计量设计安装技术导则，2008.

[9] 杨李宁，付祥钊，肖益民，等. 重庆市公共建筑集中空调工程设计能效比限值（夏季）. 制冷空调与电力机械，2007.

[10] 孙立新. 关于电梯能效评价的探讨. 中国电梯，2008.

第 14 章　既有建筑的绿色生态改造

14.1　既有建筑室外物理环境控制与改善

14.1.1　室外风环境控制与改善

影响风的环境因素有地形、坡度、建筑物布局、朝向、植被、建筑形态及相邻的建筑形态等。风的流动会影响建筑内部的冷暖及建筑内外气候环境，室外风还会影响室外人的活动及人体舒适性。建筑物布局不合理，会导致住区局部气候恶化。高层建筑由于单体设计和群体布局不当而导致强风卷刮物体撞碎玻璃的报道屡见不鲜。在某些情况下，高速风会转向地面，对建筑周围的行人造成不舒适，甚至导致危险的风情况[1]~[6]。

良好的室外风环境，不仅意味着在冬季风速太大时不会在住区内出现人们举步维艰的情况，还应该在炎热夏季有利于室内自然通风（即避免在过多的地方形成旋涡和死角），促进夏季建筑物的散热，使室内凉爽舒适、空气洁净，并改善建筑物周围的微气候[7]。大量的既有建筑在设计时没有考虑室外风环境状况。

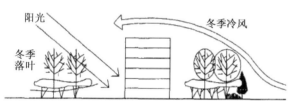

图 14.1　绿化树木改善风环境
资料来源：周岚，江里程.江苏省建筑节能适宜技术指南.南京：江苏人民出版社，2009.

对于既有建筑，其地形、建筑物布局、朝向、间距、建筑形态及相邻的建筑形态等均已固定，一般难以改变，主要可通过种植灌木、乔木、人造地势或设置构筑物等方法来优化室外风环境。利用树木、构筑物等设置风障可分散风力或按照期望的方向分流风力、降低风速，合适的树木高度和排列可以疏导地面通风气流，如在不是很高的既有建筑单体和既有建筑群的北侧栽植高大的常绿树木可阻挡控制冬季强风（图 14.1）[8]。

常用的风环境优化设计方法有风洞模型实验或计算机数值模拟。风洞模型实验的方法周期长，价格昂贵，结果比较可靠，但难以直接应用于室外空气环境的改善设计和分析。对既有建筑进行风环境优化改善，采用计算机数值模拟是较好的方法。一般采用 CFD（计算流体力学）软件如 Fluent、Phoenics 等进行整体风场评估，包括气流场、温度场与浓度场模拟，通过建构 3D 数值解析模型，在模型中布置树木、构筑物等，通过模拟分析及方案的调整优化，确定合理的种植植物及布置，设计出合理的建筑风环境[9][10]。计算机数值模拟相比于模型实验的方法周期较短，价格低廉，同时还可用形象、直观的方式展示结果，便于非专业人士通过形象的流场图和动画了解小区内气流流动情况。此外，通过模拟建筑外环境的风流动情况，还可进一步指导建筑内部的自然通风设计等。

---

① 柳孝图.建筑物理.北京：中国建筑工业出版社，2000.
② 宋德萱.建筑环境控制学.南京：东南大学出版社，2003.
③ 荆其敏，张丽安.生态的城市与建筑.北京：中国建筑工业出版社，2005.
④ 杨维菊.夏热冬冷地区生态建筑与节能技术.北京：中国建筑工业出版社，2007.
⑤ 陈飞.建筑风环境——夏热冬冷气候区风环境研究与建筑节能设计.北京：中国建筑工业出版社，2009.
⑥ 杨维菊，徐尧，吴薇.办公建筑的生态节能设计.建筑节能，2006，(2)：27-31.
⑦ 中华人民共和国建设部.绿色建筑评价标准(GB/T 50378—2006).北京：中国建筑工业出版社，2006.
⑧ 周岚，江里程.江苏省建筑节能适宜技术专业指南.南京：江苏人民出版社，2009.
⑨ 温正等.FLUENT 流体计算应用教程.北京：清华大学出版社，2009.
⑩ CHAM 公司.流体模拟通用 CFD 软件(CHAM Phoenics)V2009.英国 CHAM 公司，2010.

14.1.2 室外热环境控制与改善

室外热环境除受建筑物本身布局、朝向、用能等影响以外，还受所处地形、坡度、建筑群的布局、绿地植被状况、土壤类型、材料表面性质、环境景观等的影响。各种影响因素下的温度、湿度、风向、风速、蒸发量、太阳辐射量等形成建筑周围微气候状况。微气候状况影响室外人的活动及人体舒适性，影响住区的热岛强度。

微气候的调节和室外热环境的改善有助于提高室外人体舒适性，对区域而言，有助于降低热岛效应。建筑周围绿地植被、地面材料、环境景观等对室外热环境有较大的影响。既有建筑和既有居住区一般人口密度较大，人均占有绿地率低。对于既有建筑，可因地制宜，通过增加绿地植被、设置景观水体、更换地面材料等措施改善建筑物室外的热环境。设计时也可采用CFD软件Fluent、Phoenics等进行温度场等模拟，结合既有建筑的实际情况设计绿地和景观等。

1）增加绿地植被、设置景观水体①

绿化植物是调节室外热环境，提供健康居住环境的重要因素。植物在夏季能够把约20%的太阳辐射反射到天空，并通过光合作用吸收约35%的辐射热；植物的蒸腾作用也能吸收掉部分热量，如图14.2所示。合适的绿化植物可以提供遮阳效果，如落叶乔木，茂盛的枝叶可以阻挡夏季阳光，降低微环境温度，并且冬季阳光又会透过稀疏枝条射入室内。墙壁的垂直绿化和屋顶绿化可以有效阻隔室外的辐射热，增加绿化面积，可以有效改善室外热环境。

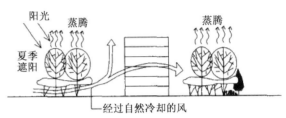

图 14.2　绿化调节局部微气候
资料来源：周岚，江里程. 江苏省建筑节能适宜技术指南. 南京：江苏人民出版社，2009.

景观水体的蒸发也能吸收掉部分热量，在炎热的夏季降低微环境温度，改善室外热环境。水体也具有一定的热稳定性，会造成昼夜间水体和周边区域空气温差的波动，从而导致两者之间产生热风压，形成空气流动，夏季可降温及缓解热岛效应；冬季还可利用水面反射，适当增加建筑立面日照得热。有条件的情况下，既有建筑改造时可增加室外景观水体。在降雨充沛的地区，进行区域水景改善的同时，还可以结合绿地和雨水回收利用，在建筑(特别是大型公共建筑)南侧设置喷泉、水池、水面、露天游泳池等，有利于在夏季降低室外环境温度，调节空气湿度，形成良好的局部微气候环境。

2）地面材料选择性更换

室外地面材料的应用对室外热环境有很大的影响。不同材料热容性相差很多，在吸收同样的热量下升高的温度也不同。如木质地面和石材地面相比，在接受同等时间强度的日光辐射条件下，木质地面升高的温度明显低于石材地面。日本已开发出使沥青路面温度下降的建筑材料，将这种材料涂在路面上后，路面积蓄的热量减少。在炎热的夏天，一般路面温度会高达60℃左右。试验结果表明，涂过这种材料的路面温度比普通路面大约低15℃。因此，在既有建筑和既有住区中，有选择地更换不合理的地面材料，或增加合适的涂面材料，会在一定程度上调节室外热环境。增加透水地面可增强了地面透水能力，降低地表温度，缓解热岛效应，调节微气候，增加区域雨水与地下水涵养，补充地下水量，改善生态环境，还可减少雨水的尖峰径流量，改善排水状况。透水地面包括自然裸露地面、公共绿地、绿化地面和镂空面积大于等于40%的镂空铺地(如植草砖)等。可采用室外铺设绿化、采用透水地砖等透水性铺装，用于改造传统不透水地面铺装。对人行道、自行车道等受压不大的地方，可采用透水性地砖；对自行车和汽车停车场，可选用有孔的植草土砖；在不适合直接采用透水地面的地方，如硬质路面等处，可以结合雨水回收利用系统，将雨水回收后进行回渗。

---

① 张磊等. 室外热环境研究中景观水体动态热平衡模型及其数值模拟分析. 建筑科学，2007(10).

14.1.3 室外光环境控制与改善

正常情况下，人的眼睛由于瞳孔的调节作用，对一定范围内的光辐射都能适应。但光辐射增至一定量时，将会对人的生活和生产环境以及身体健康产生不良影响，这称之为光污染。建筑室外光环境污染主要来自建筑物外墙，典型的是玻璃幕墙。玻璃幕墙的光污染属于眩光污染。太阳光入射到光滑的玻璃幕墙上时，发生镜面反射，反射光沿一个方向传播，在该方向上光强较强，看起来非常耀眼，形成反射眩光。玻璃幕墙大多由一块块高反射率的玻璃构成，表面光滑，对太阳光进行镜面反射而形成的眩光射入人眼就会使人看不清东西，射向地面就会使地面的光照度增大，形成光污染。一般玻璃幕墙的反光率都较高，反射下来的光束足以破坏人眼视网膜上的感光细胞。外光线被反射到室内，强烈的刺目光线最容易破坏室内原有的良好气氛，而长期在白色光亮污染环境下工作和生活的人，容易出现视力下降，产生头昏目眩、失眠、情绪低落、心悸、食欲不振等类似神经衰弱的症状，长此以往就会诱发某些疾病(图14.3)[1][2]。

图 14.3 玻璃幕墙光污染
资料来源：风水家网站 http://www.fsjia.com

既有建筑改造中，应根据建筑实际情况，采取合理的措施，选择合理的外墙饰面材料，避免眩光污染，改善建筑室外光环境，营造良好的室外光环境。

1) 合理限制玻璃幕墙的使用

玻璃幕墙过于集中，是玻璃幕墙光污染严重的主要原因之一，因此，应从环境、气候、功能和规划要求出发，控制安装地区，避免玻璃幕墙的无序分布和高度集中，尤其是城市主干道两侧和居住区及居民集中活动区，学校周围则不应采用玻璃幕墙，防止反射光进入教室；限制安装面积，沿街首层外墙不宜采用玻璃幕墙，大片玻璃幕墙可采用隔断、直条、中间加分隔的方式对玻璃幕墙进行水平或垂直分隔；避免采用曲面幕墙，减少外凸式幕墙对临街道路的光反射现象和内凹式幕墙由于反射光聚焦引起的火灾。

2) 采用特殊玻璃，降低反射率

高反射率是玻璃幕墙光污染的主要原因之一，因此可采用低辐射玻璃即Low-E玻璃。Low-E玻璃具有较高的可见光透射比(80%以上)和较低的反射比(11%以下)，同时具有良好的隔热性能，既保证了建筑物的采光，又一定程度上减轻了光污染。还可以采用各种性质的玻璃贴膜和回反射玻璃，减弱反射光对周围环境的影响。

3) 合理选择幕墙材质

幕墙的材质从单一的玻璃发展到钢板、铝板、合金板、大理石板、陶瓷烧结板等。将玻璃幕墙和钢、铝、合金等材质的幕墙组合在一起，经过合理的设计，不但可使高层建筑更加美观，还可有效地减少幕墙反光带来的光污染。

4) 加强绿化

在路边或玻璃幕墙周围种植高大树冠的树木，将平面绿化改为立体绿化，遮挡反射光照射，可有效防止玻璃幕墙引起的有害反射，改善和调节采光环境。同时，尽量减少地面的硬质覆盖（柏油路、砖路、水泥路面等），加大绿化面积。

14.1.4 室外声环境控制与改善

城市环境噪声污染已经成为干扰人们正常生活的主要环境问题之一。噪声与水污染、垃圾污染并列，被世界卫生组织列进环境杀手的黑名单。噪声污染不但会引起神经系统功能的紊乱、精神障碍，对心血管、视力水平等均会造成损伤，对人们工作和生活造成干扰，还会引起邻里纠纷，给正常生活带来很多烦

---

[1] 孙静等. 玻璃幕墙光污染的原因及对策. 河北建筑工程学院学报, 2005, 23(4): 70-71, 76.
[2] 赵云云. 玻璃幕墙的光污染与防治措施. 门窗, 2008(3).

恼。噪声对临街建筑的影响最大。各种噪声干扰中，交通噪声居于首位，危害最大，数量最多。城市化高速发展中城市干道与车流量大幅增长，有很大一部分是临街甚至临近城市干道的建筑，外部车流量大，噪声污染严重，常常达到 70 dB 以上，影响正常的生活或工作[1][2]。

对于既有建筑，可根据实际情况，采取绿化隔声带和声屏障等阻挡措施，来减小环境噪声，改善室外声环境[3]。

1）绿化隔声带

采用种植灌木丛或者多层森林带构成茂盛的成片绿化带，则主要声频段内达到平均降噪量 0.15~0.18 dB/m 的效果。一般第一个 30 m 宽稠密风景林衰减 5 dB(A)，第二个 30 m 也衰减 5 dB(A)，取值的大小与树种、林带结构和密度等因素有关。不过最大衰减量一般不超过 10 dB(A)。虽然隔声量有限，但结合城市干道的绿化设置对临近城市干道的建筑降噪还是有一定的帮助(图 14.4)。

图 14.4 城市干道绿化带
资料来源：风水家网站 http://www.fsjia.com

2）声屏障

声波在传播过程中，遇到声屏障时，就会发生反射、透射和绕射三种现象。屏障能够阻止直达声的传播，并使绕射声有足够的衰减，而透射声的影响可以忽略不计。因此，设置声屏障可以起到明显的减噪效果。根据声屏障应用环境，声屏障分为交通隔声屏障、设备噪声衰减隔声屏障、工业厂房隔声屏障、城市景观声屏障、居民区降噪声屏障等。按照材料分，声屏障分金属声屏障（金属百叶、金属筛网孔）、混凝土声屏障（轻质混凝土、高强混凝土）、PC 声屏障、玻璃钢声屏障等(图 14.5)。

声屏障的减噪量与噪声的频率、屏障的高度以及声源与接收点之间的距离等因素有关。声屏障的减噪效果与噪声的频率成分关系很大，对大于 2 000 Hz 的高频声比 800~1 000 Hz 左右的中频声的减噪效果要好，但对于 25 Hz 左右的低频声，则由于声波波长比较长而很容易从屏障上方绕射过去，所以效果就差。声屏障高度在 1~5 m

图 14.5 交通隔声屏障
资料来源：无锡道远交通隔音设备有限公司网站
http://www.daoyuans.com

间，覆盖有效区域平均降噪达 10~15 dB(A)(125~40 000 Hz，1/3 倍频程)，最高达 20 dB(A)。一般来讲，声屏障越高，或离声屏障越远，降噪效果就越好。声屏障的高度，可根据声源与接收点之间的距离设计。为了使屏障的减噪效果更好，应尽量使屏障靠近声源或接收点。

14.2 既有建筑围护结构节能综合改造

14.2.1 外墙节能改造

外墙保温包括外保温、内保温和自保温（含夹芯保温）等。外墙节能改造则主要采用外保温或内保温。外墙内保温主要采用石膏基内保温砂浆或其他无机保温砂浆，技术较成熟。外保温具有保温隔热效果好、能基本消除热桥、不影响室内正常使用等优点，比内保温更适于节能改造，特别是对于外立面需要翻新的既有建筑，外墙节能改造宜以外保温为主(图 14.6)。

图 14.6 保温装饰板外墙立面效果
资料来源：吴志敏摄于改造工程现场

---

[1] 王娇琳，郑洁. 重庆市主城区室内噪声环境状况的调研. 重庆建筑，2006(5)：8-17.
[2] 交通部公路科学研究院. 公路建设项目环境影响评价规范(JTG B03—2006). 北京：人民交通出版社，2006.
[3] 赵松龄. 噪声的降低与隔离. 上海：同济大学出版社，1989.

常见的外墙外保温主要包括聚苯颗粒保温砂浆外保温、粘贴泡沫塑料(如EPS、XPS、PU)保温板、现场喷涂聚氨酯硬泡等,这些系统技术成熟,在新建建筑中被广泛应用。[1] 用于节能改造只需对基层进行适当的处理,其他做法与新建建筑外墙外保温做法类似。缺点是耐久性、防火性能差,外墙开裂、渗水、保护层脱落、保温层脱落等质量通病时有发生,难以做到与建筑物同寿命。

近年来,相关科研院所及部分生产企业研制出集保温与装饰于一体的建筑外墙保温装饰板、高耐久性发泡陶瓷保温板、高性能建筑反射隔热涂料等保温隔热产品、材料,并开发了相关的应用技术。这些产品、材料和应用技术在新建建筑外墙保温工程中已开始发挥重要的作用,同样也适用于既有建筑外墙节能改造。

1) 采用保温装饰板的节能改造

外墙保温装饰板是将保温板、增强板、表面装饰材料、锚固结构件以一定的方式在工厂按一定模数生产出成品的集保温、装饰一体的复合板。保温装饰板中的保温层可由XPS、EPS、PU、酚醛发泡板、轻质无机保温板等中的一种构成。面层可由无机板材或金属板材构成,面层板材与保温材料采用高性能的环氧结构胶黏结。表面装饰材料可由装饰性、耐候性、耐腐蚀性、耐玷污性优良的氟碳色漆、氟碳金属漆、仿石漆等中的一种构成,可达到铝塑板幕墙的外观效果,或直接采用铝塑板、铝板作装饰面板。保温装饰板外将常规外墙保温装饰系统的工地现场作业变为工厂化流水线作业,从而使系统质量更加稳定和可靠,施工方便快捷。粘贴加侧边机械锚固使安装固定安全可靠。外饰面采用氟碳漆、氟碳金属漆以及仿石漆饰面可达到幕墙外观,成为独具特色的"保温幕墙"[2]。保温装饰板外墙外保温系统基本构造见图14.7。

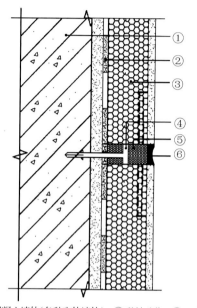

① 混凝土墙体(各种砌体墙体);② 黏结砂浆;③ I型保温装饰板;④ 锚固件;⑤ 聚乙烯泡沫条;⑥ 密封胶

图14.7 保温装饰板外墙外保温系统基本构造
资料来源:朱殿奎等.保温装饰板外墙外保温系统应用技术规程.南京:江苏科学技术出版社,2009.

2) 采用高耐久发泡陶瓷保温板的节能改造

发泡陶瓷保温板是采用陶瓷工业废物——废陶瓷和陶土尾矿,配以适量的发泡添加剂,经湿法粉碎、干燥造粒,颗粒粉料直接进入窑炉烧制,在1 150℃~1 250℃高温条件下熔融自然发泡,形成均匀分布的密闭气孔的具有三维空间网架蜂窝结构的高气孔率的无机多孔陶瓷体。具有孔隙率大、隔热保温、轻质、高强、不变形收缩、可加工性好、不吸水、不燃、高耐久性(不老化)、与水泥制品高度相容等优点。发泡陶瓷保温板是以其整体均匀发布的闭口气孔发挥隔热保温功能,防火等级为A1级(图14.8)。

用于建筑外墙保温隔热工程的发泡陶瓷保温板主要性能指标满足表14.1的要求[3]。

表14.1 发泡陶瓷保温板主要性能指标

序 号	项 目	单 位	性能指标	备 注
1	干密度	kg/m³	≤280	
2	导热系数	W/(m·K)	≤0.10	
3	蓄热系数	W/(m²·K)	≥1.60	计算指标
4	抗拉强度	MPa	≥0.25	
5	吸水率(V/V)	%	≤2	
6	燃烧性能	—	A级	

资料来源:江苏康斯维信建筑节能技术有限公司产品资料

图14.8 发泡陶瓷保温板
资料来源:江苏康斯维信建筑节能技术有限公司产品资料

---

[1] 建设部科技发展促进中心.外墙外保温工程技术规程(JGJ 144—2004).北京:中国建筑工业出版社,2005.
[2] 江苏丰彩新型建材有限公司.保温装饰板外墙外保温系统应用技术规程(DGJ 32/TJ 86—2009).南京:江苏科学技术出版社,2009.
[3] 江苏省建筑节能技术中心.混凝土复合保温砌块(砖)非承重自保温系统应用技术规程(DGJ 32/TJ 85—2009).南京:江苏科学技术出版社,2009.

发泡陶瓷保温板外墙外保温适合我国夏热冬冷、夏热冬暖地区新建建筑外墙保温和既有建筑节能改造。该系统具有常规外保温所不具备的优点：① 各组成材料均为无机材料，耐高温、不燃、防火。② 耐久性好，不老化。③ 与水泥砂浆、混凝土等很好地黏结，采用普通水泥砂浆就能很好地黏结、抹面，无需采用聚合物黏结砂浆、抹面砂浆、增强网，施工工序少，系统抗裂、防渗，质量通病少。④ 吸水率极低，与水泥砂浆、饰面砖黏结牢固，外贴饰面砖系统安全、可靠。⑤ 与建筑物同寿命，全寿命周期内无需再增加费用进行维修、改造，最大限度地节约资源、费用，综合成本低。⑥ 施工工序少，施工便捷。

对于既有建筑节能改造，发泡陶瓷保温板采用粘贴的方式，每层还设支托使保温系统的更加稳定和可靠，做法见图14.9。

发泡陶瓷保温板外墙外保温系统在无锡某大酒店得到成功的应用，该工程外墙为干挂石材幕墙系统，防火要求较高，设计要求保温材料燃烧性能须达到A级（图14.10）。

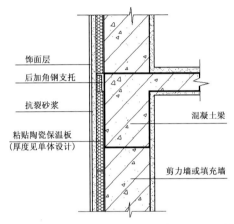

图14.9 节能改造中发泡陶瓷保温板保温处理构造
资料来源：江苏康斯维信建筑节能技术有限公司产品资料，吴志敏绘制

图14.10 发泡陶瓷保温板在无锡某大酒店中的成功应用
资料来源：江苏康斯维信建筑节能技术有限公司技术资料，吴志敏摄

3）采用建筑热反射隔热涂料的节能改造

建筑反射隔热涂料是在特种涂料树脂中填充具有强力热反射性能的填充料而形成的具有热反射能力的功能性涂料。该涂料在澳洲、日本等国应用较为广泛，我国在石油管罐、船舶、车辆等的外防护中有所应用，在建筑节能中的应用是近几年的事。

建筑反射隔热涂料是以合成树脂为基料，与功能性颜料（如红外颜料、空心微珠、金属微粒等）及助剂等配置而成，施涂于建筑物表面，具有较高太阳光反射比和较高半球发射率，对建筑进行反射、隔热、装饰和保护的涂料。外墙反射隔热涂料主要性能主要表现为对辐射换热的影响，即对环境热负荷的辐射分量具有较好的反射作用。由于反射作用的存在，可以反射掉相当部分的太阳辐射热，在夏季起到节约空调能耗的作用。建筑反射隔热涂料的太阳光反射比（白色）不小于0.80，半球发射率（白色）不小于0.80，适用于夏热冬暖及夏热冬冷地区，尤其适用于夏热冬暖。反射隔热涂料对夏热冬暖及夏热冬冷地区的外墙隔热效果有明显作用。对夏热冬暖地区建筑节能效果显著，对夏热冬冷地区建筑节能效果视冬夏季日照量变化，如夏季日照强烈，则效果显著[①]。

建筑反射隔热涂料构造主要由墙面腻子、底涂层、反射隔热涂料面漆层及有关辅助材料组成，具体构造见图14.11。热工计算时，建筑外墙反射隔热涂料的节能效果可采用等效热阻计算值来体现。

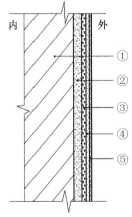

① 基层（混凝土墙及各种砌体墙）；
② 水泥砂浆找平层；③ 墙面腻子；
④ 底涂层；⑤ 建筑反射隔热涂料面漆

图14.11 建筑反射隔热涂料系统基本构造
资料来源：江苏康斯维信建筑节能技术有限公司技术资料，吴志敏摄

---

① 江苏省建筑科学研究院有限公司.建筑反射隔热涂料应用技术规程（苏JG/T 026—2009）.南京：江苏科学技术出版社，2009.

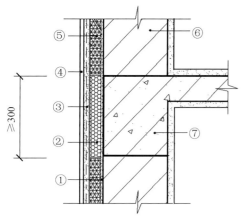

①粘贴砂浆；②发泡陶瓷保温板；③抹面砂浆层（含增强网）；④外饰面层；⑤保温系统保温材料；⑥基层墙体；⑦楼层梁

图 14.12 发泡陶瓷保温板防火隔离带基本构造
资料来源：江苏康斯维信建筑节能技术有限公司技术资料，吴志敏绘制

一般在夏热冬冷地区，等效热阻可取 0.10~0.20 $m^2·K/W$。建筑外墙反射隔热涂料既是隔热材料，又是外装饰材料，用于节能改造满足节能的同时还达到外立面翻新的目的。对夏热冬暖及夏热冬冷地区的大部分砖混结构的既有居住建筑，仅增加反射隔热涂料基本就能满足节能要求，造价低，经济性好，施工便捷。

4）外墙节能改造应采取防火措施

外墙外保温系统中大部分采用 EPS 板、XPS 板、PU 等作保温材料，这些材料大部分为 B2 级材料，耐火性较差。近年来，由外墙外保温引发的火灾时有发生，外保温的防火安全问题已经成为业内关注的焦点。外墙节能改造时也应采取防火措施，可采用 A 级保温材料做外保温系统或设置防火隔离带。目前可应用的既满足外墙保温隔热要求又满足防火要求的 A 级材料寥寥无几。国外主要采用岩棉板做防火外保温系统，采用岩棉条做防火隔离带，对岩棉板和岩棉条的要求较高。在夏热冬冷地区也可采用防火、耐久的发泡陶瓷保温板作防火隔离带材料，结合外保温系统进行设置。发泡陶瓷保温板防火隔离带基本构造见图14.12。

14.2.2 外窗节能改造

建筑外门窗是极其重要的围护构件，承担了采光、通风、防噪、保温、夏季隔热、冬季得热、美化建筑等多项任务。外门窗设置不合理或功能单一、老化会导致能耗大、室内热舒适性差、空气质量差、声环境差、光环境差等各种问题，影响正常使用。既有建筑外门窗大部分为单层玻璃窗，有木窗、钢窗、铝合金窗、PVC 塑料窗等，普遍存在保温性能差、气密性差、外观陈旧等缺点，难以满足建筑节能的要求。因此，既有建筑门窗改造是既有建筑节能改造的重点之一[1][2]。

既有建筑外窗节能改造方法有原窗更换为节能窗和原窗改造两种。

1）原窗更换为节能窗

既有建筑外窗大都是不节能的单层玻璃窗，目前节能改造中对外窗的改造大多是采用全部更换的方法，特别是对于使用年代长久、维护较差的外窗，其利用价值已经很小，变形严重、气密性差、外观陈旧，一般采用彻底更换。

可替代的节能窗有中空玻璃塑料窗、中空玻璃断热铝合金窗、Low-E 中空玻璃塑料窗、Low-E 中空玻璃断热铝合金窗等等，技术成熟，目前已大量应用，此处不再详述。

2）原窗改造

对使用时间短、维护保养较好的单层玻璃窗，虽然热工性能满足不了节能的要求，但仍有很好的利用价值，在改造中应利用相关的功能提升和绿色改造技术，充分发挥其原有的功能，达到节约资源、保护环境的目的。具体有以下技术措施：

（1）加装双层窗。一般在原窗的内侧增加一道单玻窗或中空玻璃窗，传热系数可减小一半以上，气密性也大大提高。这种方法施工方便、快捷，工期短，但后加窗能否加装取决于墙的厚度及原窗的位置，墙的厚度过小、原窗位置居中，后加窗就没有安装空间。

（2）单层玻璃改造为中空玻璃。在原有单层玻璃塑料窗上将单层玻璃改为中空玻璃、放置密封条等，将单玻窗改造为中空玻璃节能窗，使外窗传热系数大大降低，气密性改善。如一般单玻塑料窗可以改造成

---

[1] 刘永刚等.既有办公建筑绿色改造技术研究与应用实践,国家十一五科技支撑计划项目——既有建筑综合改造关键技术研究与示范项目交流会,2009 年 11 月.

[2] 吴志敏等.既有建筑外窗功能提升与绿色改造应用技术研究,国家十一五科技支撑计划项目——既有建筑综合改造关键技术研究与示范项目交流会,2009 年 11 月.

为 5+9A+5 的中空玻璃塑料窗，传热系数由 4.7 W/m²·K 降低到 2.7~3.2 W/(m²·K)，气密性达到 3~4 级。玻璃改造适合单层玻璃钢窗、铝窗和塑料窗，要求既有外窗框有足够的厚度（如塑料推拉窗型材一般在 80 mm 宽以上）以放置中空玻璃。这种改造保留了原来外窗的利用价值，延长窗的使用寿命，节约改造资金，实现环保节能。改造不动原来的结构，不用敲墙打洞，没有建筑垃圾，施工方便、快捷、工期短，基本上不影响建筑物正常使用。中空玻璃在工厂制作好，运至现场直接安装，采用流水施工（图 14.13）。

图 14.13 改造后的中空玻璃塑料窗
资料来源：吴志敏拍摄于改造工程现场

（3）型材改造。单玻钢窗或单玻铝窗也可以改造成为中空玻璃窗，但由于钢型材或铝型材均是热的良导体，仅仅玻璃改造，保温性能往往不一定满足节能要求，如 5+9A+5 的中空玻璃钢窗或铝窗窗传热系数在 3.9 W/(m²·K) 左右。对钢型材或铝型材也应进行改造。改造措施为对钢型材或铝型材进行包塑（给窗框包上塑料型材）。通过型材改造、单层玻璃改为中空玻璃、放置双道密封条等措施，窗的传热系数大大降低、气密性提高。传热系数由 6.4 W/(m²·K) 降低到 3.2 W/(m²·K) 以下，气密性达到 3~4 级。

（4）采用 Low-E 中空玻璃。Low-E 玻璃镀膜层具有对可见光高透过及对中远红外线高反射的特性。普通中空玻璃的遮阳能力有限，如 5+9A+5 的普通中空玻璃遮阳系数约 0.84。Low-E 玻璃对太阳光中可见光透射比可达 80% 以上，而反射比则很低。Low-E 中空玻璃遮阳系数最低可达 0.30。单玻外窗改造时可将单层玻璃更换成 Low-E 中空玻璃，使得保温性能提高，遮阳系数大大降低。但利用 Low-E 玻璃进行遮阳时，必须是关闭窗户的，房间无法自然通风，滞留在室内的部分热量无法散发出去。另外，冬季 Low-E 玻璃同样阻挡太阳辐射进入室内，室内无法充分获得太阳辐射热，室内采暖负荷因此将增加。故采用 Low-E 玻璃遮阳应慎重，须经性能综合比较分析认为确实有效后再确定。

（5）玻璃贴膜。贴膜玻璃的原理与 Low-E 玻璃相似，普通中空玻璃贴膜后可使得保温性能进一步提高，遮阳系数大大降低。对于既有的普通中空玻璃窗，贴膜是简单而行之有效的遮阳改造措施。

14.2.3 屋面节能改造

屋面节能改造主要有增加倒置式保温屋面、喷涂聚氨酯保温屋面、平屋面改坡屋面和屋顶绿化等方法。倒置式保温屋面的保温层为 XPS 板、EPS 板、PU 板等，施工时铺设在防水层上面，此类屋面造价较低，防水效果好且方便维修。目前，倒置式保温屋面技术发展较成熟，此处不再详细叙述。喷涂聚氨酯保温屋面、平屋面改坡屋面和屋顶绿化等技术可结合屋面防水、排水、装饰、绿化进行，特别适宜屋面的节能改造。

1）采用喷涂聚氨酯硬泡体的节能改造

喷涂聚氨酯硬泡体是指现场使用专用喷涂设备，使异氰酸酯、多元醇（组合聚醚或聚酯）、发泡剂等添加剂按一定比例从喷枪口喷出后瞬间均匀混合，反应之后迅速发泡，在外墙基层上或屋面上发泡形成连续无接缝的聚氨酯硬质泡沫体。聚氨酯硬泡体在工业化国家已使用多年，应用相当普及。喷涂聚氨酯具有隔热保温和防水双重功效，材料重量轻，力学性能好，抗侵蚀、耐老化，施工操作方便，工序少，施工周期短，既适用于墙体，又适用于屋面[1]。

聚氨酯坡屋面系统的基本构造见图 14.14。聚氨酯平屋面系统的基本构造见图 14.15。

2）"平改坡"节能改造

"平改坡"是将多层住宅平屋面改建成坡屋顶，并结合外立面整修粉饰，达到改善住宅性能和建筑物外观视觉效果的房屋修缮行为。"平改坡"能够改善城市面貌，改善建筑的排水，有效防止渗漏，有效提高屋顶的保温、隔热功能，提高旧房的热工标准，达到节约能源，改善居住条件的目的。

---

[1] 烟台同化防水保温工程有限公司. 硬泡聚氨酯保温防水工程技术规范（GB50404—2007）. 北京：中国计划出版社，2007.

绿色建筑设计与技术

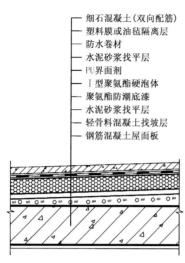

图 14.14 聚氨酯坡屋面系统基本构造
资料来源：吴志敏绘制

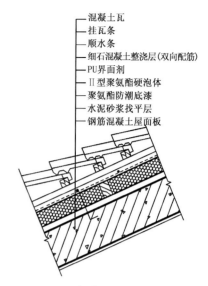

图 14.15 聚氨酯平屋面系统基本构造
资料来源：吴志敏绘制

图 14.16 增加木屋架的平改坡工程
资料来源：吴志敏拍摄于改造工程现场

"平改坡"工程中，坡屋面结构与原结构的连接主要在原屋面圈梁或砖承重墙内植筋的方法，植筋前需将原屋面防水层及保温层局部铲除，露出原屋面结构，植筋后浇筑作为新增钢屋架的钢筋混凝土支墩或联系梁，并埋设支座埋件，不能将钢屋架直接落于原屋面板上。

房屋的"平改坡"工程还大量采用了木屋架。木屋架的龙骨全部由木结构组成，木结构上再铺设屋面板，然后在屋面板上铺设陶瓦，该方法改变了过去用钢材和混凝土修建屋顶的传统工艺，将铁屋架变成了木屋架。与传统的铁屋架相比，木屋架具有更好的优势，具体表现在：安装较方便，由于木屋架的龙骨可在工厂加工好，而铁屋架的钢材龙骨需要现场焊接；保温隔热性能较好；重量较轻，降低了老住宅楼的屋面荷载（图14.16）。

平改坡后的坡屋顶宜设通风换气口（面积不小于顶棚面积的1/300），并将通风换气口做成可启闭的，夏天开，便于通风；冬天关闭，利于保温。

3）采用绿化屋面的节能改造

绿化屋面是指不与地面自然土壤相连接的各类建筑物屋顶绿化，即采用堆土屋面，进行种植绿化。该技术利用绿色植物具有的光合作用能力，针对太阳辐射的情况，在屋面种植合适的植物。种植绿色植物不仅可以避免太阳光直接照射屋面，起到隔热效果，而且由于植物本身对太阳光的吸收利用、转化和蒸腾作用，大大降低了屋顶的室外综合温度；绿化屋面利用植物培植基质材料的热阻与热惰性，还可以降低内表面温度，从而减轻对顶楼的热传导，起到隔热保温作用。绿化屋面增加城市绿地面积，改善城市热环境，降低热岛效应。绿化屋面有利于吸收有害物质，减轻大气污染，增加城市大气中的氧气含量，有利于改善居住生态环境，美化城市景观，达到与环境协调、共存、发展的目的。

绿化屋面不仅要满足绿色植物生长的要求，而且最重要的是还应具有排水和防水的功能，所以绿化屋面应进行合理设计。绿化屋面的主要构造层包括基质层、排水层和蓄水层、防根穿损的保护层与防水密封层。

（1）基质层(植物生长层)。其主要功能是满足植物的正常生长要求。为了降低屋顶荷载总值，一般采用一种比天然土壤轻得多的混合土壤，主要是由耕作土壤、腐殖质、有机肥料及其他复合成分等组成。按照种植植物的方式和结构层的厚度，绿化屋顶可分为粗放绿化和强化绿化。粗放绿化的植物生长层比较薄，仅有20~50 mm厚，可以种一些生长条件不高的植物、低矮和抗旱的植物种类；强化绿化选种的植物品种一般有草类、乔木和灌木等，其基质层的厚度需要根据植物的生长性能要求确定。

(2)排水层和蓄水层。其多采用沙砾,并在该层中铺有膨胀黏土、浮石粒或泡沫塑料排水板等。其主要功能是调节屋顶绿化层中的含水量。排水层和蓄水层的厚度,不仅受当地年降水量的影响,还需根据种植绿化植物生长性能的要求进行设置,一般为 30~60 mm。

(3)防止根系穿损的保护层与防水密封层。一般情况下,植物的根系均具有较强的穿透能力。为了防止根系穿损屋面的防水密封层,或将根系对屋面密封层的损害减少到最低程度,一般需在排水层与密封层之间设一层抗穿透层,或将密封层表面设一层抗穿透薄膜与密封层共同作为屋顶的复合式密封层。设计中的一般做法是,在结构基层上先做一层 20 mm 厚 1:3 水泥砂浆找平层,再做一层聚氨酯防水涂料三度或铺贴一层氯丁橡胶共混卷材,作为防水密封层。同时为了减少紫外线对密封材料的辐射,延长其使用寿命,还需要在密封材料上加铺一层 30~50 mm 厚的砾石层,有时也可抹 30 mm 厚的水泥石英砂浆。

绿化屋面与传统保温隔热屋面不同,其需要日常维护与管理。粗放绿化屋面基本上不需要维护与管理,是因为栽种的植物都比较低矮,不需要剪枝,干枯和落叶变成腐殖质肥料。如果是强化绿化,将绿化屋顶作为休息场所,种植花卉和其他观赏性植物,就需要定期浇水等维护和管理工作,应当把浇水管道埋入基质层中,设置必要的自动喷淋或手动浇水设备。另外,还应经常检查排水措施的情况,尤其是落水口是否处于良好工作状态,必要时应进行疏通与维修。

近年来发展起来的轻型屋面绿化是在现有屋顶面层上,铺设专用结构层,再铺设厚度不超过 50 mm 的专用基质,种植佛甲草、黄花万年草、卧茎佛甲草、白边佛甲草等特定植物。该技术与传统的绿化屋面相比具有总体重量轻、屋面负荷低、施工速度快、建设成本低、适用范围广、使用寿命长、养护管理简单和管理费用低等优点,只要简单的日常维护,便能长久维持生态和景观效果,特别适用于既有建筑的节能和绿色改造,具有广阔的应用前景(图 14.17)。

图 14.17 轻型绿化屋面
资料来源:周岚、江里程.江苏省建筑节能适宜技术指南.南京:江苏人民出版社,2009.

14.2.4 楼板节能改造

既有建筑需节能改造的楼板主要包括与室外空气直接接触的外挑楼板、架空楼板、地下室顶板等。目前大部分既有建筑的外挑楼板、架空楼板、地下室顶板一般都无保温措施,常见的楼板节能改造措施主要包括:保温砂浆楼板板底保温、楼板板底粘贴泡沫塑料(如 EPS、XPS、PU 等)保温板或楼板板底现场喷涂聚氨酯硬泡体等。地下室顶板位于室内的情况,在节能改造时应充分考虑室内防火。

保温砂浆楼板板底保温施工便捷,造价较低,但其导热系数较高,一般在 0.06~0.08 W/(m·K),对于保温性能要求较高的楼板而言,较难达到要求。粘贴泡沫塑料保温板板底保温的做法技术成熟、适用性好,应用范围广,缺点是耐久性、防火性能差、易脱落。板底现场喷涂聚氨酯保温是一种较好的做法,聚氨酯具有优良的隔热保温性能,集保温与防水于一体、重量轻、黏结强度大、抗裂性能好,着火环境下碳化,火焰传播速度相对较慢。

14.2.5 增加外遮阳

外遮阳在夏热地区是很有效的建筑节能措施。夏热地区夏季通过窗户进入室内的太阳辐射热构成了空调的主要负荷，设置外遮阳尤其是活动外遮阳是减少太阳辐射热进入室内、实现节能的有效的手段。合理设置活动外遮阳能遮挡和反射70%~85%的太阳辐射热，大大降低空调负荷。

外遮阳按照系统可调性能分固定遮阳、活动外遮阳两种。固定遮阳系统一般是作为结构构件（如阳台、挑檐、雨棚、空调挑板等）或与结构构件固定连接形成，包括水平遮阳、垂直遮阳和综合遮阳，该类遮阳系统应与建筑一体化，既达到遮阳效果又美观，故运用在新建建筑较方便。活动遮阳系统包括可调节遮阳系统（如活动式百叶外遮阳、生态幕墙百叶帘和翼形遮阳板）和可收缩遮阳系统（如可折叠布篷、外遮阳卷帘、户外天棚卷帘）两大类，但有的可调节遮阳系统也具有可以收缩的功能。活动外遮阳可根据室内外环境控制要求进行自由调节，安装方便、装拆简单。夏天可根据需要启用外遮阳装置，遮挡太阳辐射热，降低空调负荷，改善室内热环境、光环境；冬季可收起外遮阳，让阳光与热辐射透过窗户进入室内，减少室内的采暖负荷并保证采光。

既有建筑节能改造宜采用活动外遮阳。常见的活动外遮阳系统有活动式外遮阳百叶帘、外遮阳卷帘、遮阳篷等。活动式外遮阳百叶帘可通过百叶窗角度调整控制入射光线，还能根据需求调节入室光线，同时减少阳光照射产生的热量进入室内，有助于保持室内通风良好，光照均匀，提高建筑物的室内舒适度，可丰富现代建筑的立面造型。增加活动式外遮阳百叶帘是一种极佳的被动节能改造技术措施，宜优先选用。

利用垂直绿化遮阳在夏热地区也是一种很好的遮阳措施，夏天绿叶能起到很好的遮阳效果，冬天叶落也不遮挡太阳光，可结合外立面改造进行。

14.2.5.1 增加活动外遮阳

以铝合金外遮阳百叶帘为例，遮阳系数可达0.2以下，节能效果极佳。安装在玻璃窗外侧，通过电动、手动装置或风、光、雨、温传感器控制铝合金叶片的升降、翻转，实现对太阳辐射热量和入射光线自由调节和控制，使室内通风良好、光线均匀。铝合金外遮阳百叶帘具有高耐候性，能长期抵抗室外恶劣气候，经久耐用、外形美观。外遮阳百叶帘在工厂制作好，在节能改造现场直接安装，采用流水施工，不影响建筑正常使用，不影响正常的办公工作。

外遮阳百叶帘系统由铝合金罩盒、铝合金顶轨、铝合金帘片、铝合金轨道、驱动系统（电动和手动）等组成，宽度约为120 mm，一般在节能改造中不宜嵌装，宜采用明装方式安装。为加强百叶帘的抗风能力，叶片两端采用钢丝绳导向装置支承。安装时在窗外墙面上用膨胀螺栓安装百叶帘悬吊架，再将百叶帘安装在悬吊架内侧。将导向钢丝绳的上端固定在传动槽上，悬吊架及传动槽外侧安装彩色铝合金上罩壳。窗下沿墙面上设置下支架作为钢丝绳下端的锚固点，下支架外侧安装彩色铝合金下罩壳。上、下罩壳既可隐蔽传动槽，又可作为建筑物外立面的装饰线条。百叶帘采用电动机驱动，控制开关布置在便于操作内墙上。外遮阳百叶帘安装节点大样见图14.18。

铝合金活动外遮阳百叶帘外形美观，结合外墙立面改造能达到很好的装饰效果，是集隔热、装饰一体的极佳的节能技术措施（图14.19）。

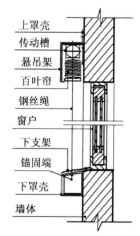

图14.18 外遮阳百叶帘安装节点大样图
资料来源：吴志敏绘制

图14.19 某工程安装铝合金外遮阳百叶帘后的外观效果
资料来源：吴志敏拍摄于改造工程现场

14.2.5.2 垂直绿化遮阳

垂直绿化遮阳是指建筑附近种植落叶树木、攀缘植物、灌木并与一些建筑结构如藤架、梁架形成建筑墙面上的垂直绿化。夏天能充分利用植被在建筑物表面形成遮挡，有效地降低建筑物的夏季辐射得热；冬天植物叶落，不遮挡太阳光，不影响建筑获得太阳辐射热，是一种有效的被动式节能手段。

垂直绿化又叫立体绿化，就是为了充分利用空间，在墙壁、阳台、窗台、屋顶、棚架等处栽种攀缘植物，以增加绿化覆盖率，改善居住环境。垂直绿化可减少阳光直射，降低温度。绿色植物在夏季能起到降温增湿、调节微气候的作用。据测定，有紫藤棚遮阳的地方，光照强度仅有阳光直射地方的几十分之一。浓密的紫藤枝叶像一层厚厚的绒毯，降低了太阳辐射强度，同时也降低了温度（图14.20）。城市墙面、路面的反射甚为强烈，进行墙面的垂直绿化，墙面温度可降低2℃~7℃，特别是朝西的墙面绿化覆盖后降温效果更为显著。同时，墙面、棚面绿化覆盖后，空气湿度还可提高10%~20%，这在炎热夏季大大有利于人们消除疲劳、增加舒适感。

垂直绿化的立地条件都比较差，所以选用的植物材料一般要求具有浅根性、耐贫瘠、耐干旱、耐水湿、对阳光有高度适应性等特点。例如，属于攀缘蔓性植物的有爬墙虎、牵牛、常春藤、葡萄、茑萝、雷公藤、紫藤、爬地柏等；属于阳性的植物有太阳花、五色草、鸢尾、景天、草莓等；阴性植物有虎耳草、三叶草、留兰香、玉簪、万年青等。

图14.20　垂直绿化
图片资料来源：中国城市规划行业信息网.
http://www.china-up.com

垂直绿化的设计，要因地而异。通常在大门口处搭设棚架，再种植攀缘植物；或以绿篱、花篱或篱架上攀附各种植物来代替围墙。阳台和窗台可以摆花或栽植攀缘植物来绿化遮阳。墙面可用攀缘蔓生植物来覆盖。

14.3　既有建筑室内物理环境的控制与改善

14.3.1　室内空气环境控制与改善

室内空气品质是室内建筑环境的重要组成部分，根据美国供热制冷空调工程师协会(ASHRAE)1998年颁布的标准《满足可接受室内空气品质的通风》(ASHRAE 62—1989)中兼顾了室内空气品质的主观和客观评价，给出的定义为：良好的室内空气品质应该是"空气中没有已知的污染物达到公认的权威机构所确定的有害物浓度标准，且处于这种空气中的绝大多数人($\geqslant 80\%$)对此没有表示不满意"。室内空气污染按其污染物特性可分为化学污染、物理污染和生物污染。化学污染主要为有机挥发性化合物(VOCs)和有害无机物引起的污染，包括醛类、苯类、烯等300种有机化合物及氨气、燃烧产物CO_2、CO、NO_x、SO_x等无机物。物理污染主要指灰尘、重金属和放射性氡、纤维尘和烟尘等的污染。生物污染主要指细菌、真菌和病毒引起的污染。

室内空气品质恶化可能引发病态建筑综合症(SBS)、与建筑有关的疾病(BRI)、多种化学污染物过敏症(MCS)等，严重者还会危及生命。据美国环境保护署(EPA)统计，美国每年因室内空气品质低劣造成的经济损失高达400亿美金。而我国室内空气品质问题较发达国家更为严重。据中国室内环境监测中心提供的数据：我国每年由室内空气污染引起的超额死亡数可达11.1万人，超额门诊可达22万人次，超额急诊数可达430万人次。

室内空气环境控制与改善措施主要包括：控制污染源、建筑通风稀释和空气净化等措施。

1) 控制污染源

我国已制定了《室内建筑装饰装修材料有害物质限量》(GB18580—2001)~(GB9673—1996)。该国标限定了室内装饰装修材料中一些有害物质含量和散发速率，对于建筑物在装饰装修材料使用做了一定的限定，改造和装修时选用有机挥发物含量不超标的材料。另外，对于一些室内污染源，可采用局部排风的方法。譬如，厨房烹饪可采用抽油烟机解决，厕所异味可通过排气扇解决[①]。

2) 建筑通风稀释

建筑通风是通过自然风或通风设备向室内补充新鲜和清洁的空气，带走潮湿污浊的空气或热量，稀释和排除室内气态污染物，并提高室内空气质量、改善室内热环境的重要手段。建筑通风包括自然通风和机械通风。自然通风无需能耗，应优先考虑利用。改善自然通风的措施有：合理设置和开启门窗、合理设置天井和开启天窗等，可结合室内热环境改善措施进行。

空调或采暖条件下为提高室内空气质量，同时减少能耗，可增加通风器。通风器可安装在外窗的顶部或下面、窗框上或窗扇上，在平常情况下，利用室内外的大气压差进行空气流通置换(图14.21)。当室内外气压差微小的时候，通过启动一套加压装置来进行室内空气的强制流通置换。通风器具有安装快、体积小、能耗少、使用维护方便等特点，尤其适用于严寒和寒冷地区采暖季节。

图 14.21 窗式通风器
资料来源：吴志敏摄于改造工程现场

3) 空气净化

空气净化是采用各种物理或化学方法如过滤、吸附、吸收、氧化还原等将空气中的有害物清除或分解掉。目前的空气净化方法主要有：空气过滤、吸附方法、紫外灯杀菌、静电吸附、纳米材料光催化、等离子放电催化、臭氧消毒灭菌和利用植物净化空气等。

(1) 空气过滤是最常用的空气净化手段，主要功能是处理空气中的颗粒污染。

(2) 吸附方法对于室内VOCs和其他污染物是一种比较有效而又简单的消除技术。目前比较常用的吸附剂是活性炭物理吸附。活性炭包括粒状活性炭和活性炭纤维。与粒状活性炭相比，活性炭纤维吸附容量大，吸附或脱附速度快，再生容易，不易粉化，不会造成粉尘二次污染。对无机气体如SO_2、H_2S、NO_x等和有机气体如(VOCs)都有很强的吸附能力。

(3) 紫外灯杀菌是常用的空气中杀菌方法，在医院已被广泛使用。紫外光谱分为UVA (320~400 nm)、UVB(280~320 nm)和UVC(100~280 nm)，波长短的UVC杀菌能力较强。185 nm以下的辐射会产生臭氧。一般紫外灯安置在房间上部，不直接照射人，空气受热源加热向上运动缓慢进入紫外辐照区，受辐照后的空气再下降到房间的人员活动区，在这一过程中，细菌和病毒会不断被降低活性，直至灭杀。

(4) 臭氧消毒灭菌这种方法主要是利用交变高压电场，使得含氧气体产生电晕放电，电晕中的自由高能电子能够使得氧气转变为臭氧，但此法只能得到含有臭氧的混合气体，不能得到纯净的臭氧。由于其相对能耗较低，单机臭氧产量最大，因此目前被广泛应用。

(5) 光催化技术是近年来发展起来的空气净化方法。利用光催化反应来把有害的有机物降解为无害的无机物。光催化反应的本质是在光电转换中进行氧化还原反应。

(6) 利用植物净化空气。绿色植物除了能够美化室内环境外，还能改善室内空气品质。美国宇航局的科学家威廉发现绿色植物对居室和办公室的污染空气有很好的净化作用。他发现：24 h照明条件下，芦荟吸收了1 m^3空气中90%的醛；90%的苯在常青藤中消失；龙舌兰则可吞食70%的苯、50%的甲醛和24%的三氯乙烯；吊兰能吞食96%的CO，86%的甲醛。威廉的实验证实：绿色植物吸收化学物质的能力来自于盆栽土壤中的微生物，而不主要是叶子。与植物同时生长在土壤中的微生物在经历代代遗传后，其吸收化学物质的能力还会加强。

---

① 河南省建筑科学研究院. 民用建筑工程室内环境污染控制规范(GB 50325—2001). 北京：中国计划出版社, 2001.

14.3.2 室内热环境控制与改善

室内热湿环境是建筑物理环境中最重要的内容。主要反映在空气环境的热湿特性中。建筑室内热湿环境形成的最主要原因是各种外扰和内扰的影响。外扰主要包括室外气候参数如室外空气温湿度、太阳辐射、风速、风向变化,以及邻室的温湿度,均可通过围护结构的传热、传湿、空气渗透使热量和湿量进入室内,对室内热湿环境产生影响。内扰主要包括室内设备、照明、人员等室内热湿源。

既有建筑大部分是不节能建筑,大量存在围护结构热工性能差、室内热舒适度差、采暖空调能耗较高的现象。当前既有建筑室内热环境质量普遍较低,据对武汉市 182 户住宅室内热环境的调查研究(样本住宅的平均建筑面积为 68.8 m^2,平均居民数为 3.6 人/户,住宅的平均建成时间为 10.8 年,大多数住宅形状为长方形,南北朝向):如果没有空调和采暖设备,人们普遍感到难以忍受,严重影响了人们的工作与生活;冬天热舒适问题没有夏天那么严重,但家中无供暖设备或未供暖时,任有约 1/3 的居民感到身心受到很大影响。从调查中还了解到,在无统一规划和建筑设计未加以重视的情况下,普通百姓自发地改善室内热环境,冬季用电暖气、空调采暖,夏季用电扇、空调降温,由此需要消耗大量的能源。

热湿环境改善措施包括围护结构的改造和设备系统的改造,主要通过改善围护结构的隔热保温性能、提高设备系统的效率等得以实现。

建筑通风可对建筑进行制冷,降低室内温度,改善室内热环境,并有效提高室内空气质量。夏季在非高温日和过渡季节开窗进行自然通风,调节室内热舒适度;夜间对房间进行冷却,能有效减少空调的开启时间,达到节能目的。自然通风是重要的被动式建筑节能技术手段,代表了生态、绿色的生活方式,应优先考虑利用。改善自然通风的措施有:合理设置和开启门窗、合理设置天井和开启天窗等,可结合围护结构的改造进行。门窗的合理设置和开启能有效利用风压在建筑室内产生空气流动,形成"穿堂风"。合理设置天井或中庭、开启天窗能利用热压形成"烟囱效应",产生自然通风。大部分建筑主要靠门窗的合理设置和开启改善自然通风,改造时应尽量增加外窗可开启面积,使可开启面积不小于外窗面积的 30%[①]。

14.3.3 室内声环境控制与改善

城市环境噪声污染已经成为干扰人们正常生活的主要环境问题之一。噪声对临街建筑的影响最大。临街建筑噪声常常达到 70 dB 以上,影响室内正常的办公工作。门、窗是围护结构的薄弱环节,常常为声传播提供了便利条件。使室外噪声轻易地传到室内或缺乏隔绝外界噪声的能力,导致室内声环境受到破坏。另外,室内电梯、变压器、高楼中的水泵、中央空调(包括冷却塔)设备也会产生低频噪声污染,严重者会极大地影响正常的居住、工作等[②]。

既有建筑室内声环境控制技术及方法有:

1)降低噪声源噪声

主要通过噪声源的控制、减振。降低声源噪声辐射是控制噪声最根本和有效的措施,但主要针对室内的噪声源。在声源处即使只是局部地减弱了辐射强度,也可以使控制中间传播途径中或接收处的噪声变得容易。可通过改进结构设计、改进加工工艺、提高加工精度等措施来降低噪声的辐射,还可以采取吸声、隔声、减振等技术措施,以及安装消声器等控制声源的噪声辐射。

2)传播途径降低噪声

主要有吸声、隔声、消声、隔振四种措施。传播途径中的噪声控制有以下五种方法:① 利用噪声在传播中的自然衰减作用,使噪声源远离安静的地方;② 声源的辐射一般有指向性,因此,控制噪声的传播方向是降低噪声的有效措施;③ 建立隔声屏障或利用隔声材料和隔声结构来阻挡噪声的传播;④ 应用吸声材料和吸声结构,将传播中的声能吸收消耗;⑤ 对固体振动产生的噪声采取隔振措施,以减弱噪声的传播。

---

① 钟军立,曾艺君. 建筑的自然通风设计浅析. 重庆建筑大学学报,2004(2).
② 吴静,林泰勇. 住宅、宾馆高层建筑室外声环境评价与分析. 见:第十届全国建筑物理学术会议,2008.

既有建筑外窗是降噪的薄弱环境。外窗降噪措施主要有：采用中空玻璃、提高窗户密封性、型材改造等。中空玻璃的隔声量要比单玻大 5 dB 左右。密封胶条的好坏直接影响窗的隔声量，低档胶条使用一段时间后会出现老化、龟裂、收缩等现象，产生缝隙，影响隔声效果，应及时更换。铝型材和钢型材的隔声效果较差，采用包塑进行型材改造，除改善热工性能外，还能改善隔声效果。通过各种降噪措施，应使外窗隔声量达到 25~30 dB，基本满足相关标准的要求。

3）掩蔽噪声

即主动在室内加入掩蔽噪声。遮蔽噪声效应也被称为"声学香水"，用它可以抑制干扰人们宁静气氛的声音并提高工作效率。适当的遮蔽背景声具有这样的特点：无表达含义、响度不大、连续、无方位感。低响度的空调通风系统噪声、轻微的背景音乐、隐约的语言声往往是很好的遮蔽背景声。在开敞式办公室或设计有绿化景观的公共建筑的门厅里，也可以利用通风和空调系统或水景的流水产生的使人易于接受的背景噪声，以掩蔽电话、办公用设备或较响的谈话声等不希望听到的噪声，创造一个适宜的声环境，也有助于提高谈话的私密性。

14.3.4 室内光环境控制与改善

建筑的采光包括自然采光和人工采光。自然光较人工光源相比具有照度均匀、持久性好、无污染等优点，能给人更理想、舒适、健康的室内环境。但大部分既有公共建筑主要采用人工光源，没有充分利用自然光，光环境不理想且耗能。如广州市办公室的照度大部分低于 70 lx，大部分办公室没有很好地利用自然光源，只采用日光灯作照明设备；在使用空调的时候，为了减少太阳辐射，采用内窗帘，挡住太阳光的直射与漫射，从而就降低了照度。其他地区既有公共建筑也存在类似的情况。应根据建筑实际情况对透明围护结构及照明系统进行改造，充分利用自然光，营造良好的室内光环境[1][2]。

光环境改善措施有改善自然采光和改善人工照明两种。

1）改善自然采光

自然采光能够改变光的强度、颜色和视觉，它不但可以减少照明用电，通过关闭或调节一部分照明设备，节约照明用电，同时还可以减少照明设备向室内的散热，减小空调负荷。自然采光还可以营造一个动态的室内环境，形成比人工照明系统更为健康和兴奋的工作环境，开阔视野，放松神经，有益于室内人员身体和身心健康。不恰当的自然采光、不合理的光亮度、不恰当的强光方向、都会在室内造成眩光现象。

既有建筑自然采光受原建筑设计的制约。既有建筑室内光环境控制的目的一方面是通过最大限度地使用天然光源而达到有效地减少照明能耗的目的；另一方面是避免在室内出现眩光，产生光污染干扰室内人员的工作生活。改造设计可采用通用的 Ecotect 软件，建立建筑平面模型，选择地区的气候环境，参照《建筑采光设计标准》等规范，选择适当的措施进行计算机模拟[3][4]。Ecotect 软件中的采光计算采用的是 CIE（国际照明委员会）全阴天模型，即最不利条件下的情况。

既有建筑改善自然采光的方法有：采光口改造、遮阳百页控制、反射镜控制、光导管与光导纤维等[5-9]。

（1）采光口改造。采光口主要指建筑围护结构的透明部分位置。分侧向采光口（如外窗洞、透明幕墙位置）和顶部采光口（如天窗、天井）。采光口设置不合理会导致采光不足或过量、眩光、阳光辐射强烈、

---

[1] 中国建筑科学研究院. 建筑照明设计标准(GB 50034—2004). 北京:中国建筑工业出版社,2004.
[2] 周孝清,梁晔荣. 广州市民用建筑室内环境状况分析研究. 制冷空调与电力机械,2002,23(2).
[3] 云鹏. Ecotect 建筑环境设计教程. 北京:中国建筑工业出版社,2007.
[4] 李芳,葛曹燕,杨建荣. 既有建筑天然采光模拟分析与初步应用. 住宅科技,2008(5):46-49.
[5] 刘丛红,李翔. 天津大学建筑馆中庭改造后的采光分析. 新建筑,2009(1):85-88.
[6] 陈红兵,李德英,涂光备,等. 天然采光影响因素分析与照明节能. 照明工程学报,2004,15(4):1-5.
[7] William Grise, Charles Patrick. Passive solar lighting using fiber optics. Journal of Industrial Technology,2002-2003,19(1):786-789.
[8] A K Athienitis. A Tzempelikos.A methodology for simulation of daylight room illuminance distribution and light dimming for a room with a controlled shading device.Solar Energy,2002,72(4):271-281.
[9] Francis Miguet, Dominique Groleau. A daylight simulation tool for urban and architectural spaces-application to transmitted direct and diffuse light through glazing. Building and Environment,2002(37):833-843.

闷热等问题。采光口改造措施包括增加采光口、增加采光口面积、改变采光口位置、改善采光构件等。

增加采光口是一种常用的措施。天津大学建筑馆的采光口改造是一个成功的案例。改造时增加了一个狭长反月形采光天井，解决了中庭加建中普遍存在的压抑、厚重、封闭等问题，创造了丰富而灵动的空间，并同时解决了采光和通风等问题，成为系馆中庭改造中的点睛一笔(图14.22)。

(2) 遮阳百叶控制。水平遮阳百叶可以把太阳直射光折射到天花板上，增加天然光的透射深度，保证室内人员与外界的视觉沟通以及避免工作区亮度过高。同时，遮阳百叶也起到避免太阳直射的遮阳效果，可以遮挡东、南、西三个方向一半以上的天然光。一般窗口处与房间内部的采光照度相差甚远，易产生眩光。计算机模拟结果表明，运用遮阳帘后，窗口附近采光系数、照度和亮度变化明显，采用遮阳帘后，窗口处的采光照度下降明显，避免了射入室内的直射光线，大大减少眩光，室内照度分布较为均匀，自然光线分布合理。图14.23是某改造工程外窗采用了遮阳百叶控制自然采光实测的效果。测试结果表明，外窗采用遮阳百叶后，室内照度大部分时间均在100 lx以上，并减小了眩光，室内照度更均匀，获得更好的光环境。

图14.22 天津大学建筑馆增加采光天井后的效果
资料来源：刘丛红，李翔. 天津大学建筑馆中庭改造后的采光分析. 新建筑，2009(1).

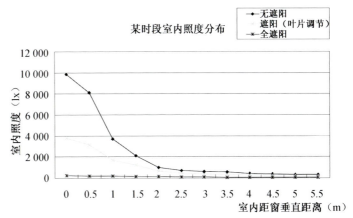

图14.23 某工程典型时段各工况自然采光时室内照度分布
图片资料来源：江苏省建科院工艺楼节能改造示范工程技术资料，吴志敏绘制

(3) 反射镜控制。反射镜控制是采用采光搁板、棱镜组、反射高窗等对自然光进行合理的引导以满足室内正常的采光要求。

采光搁板是水平放置的导光板，主要是为解决大进深房间内部的采光而设计的。它的入射口起聚光作用，一般由反射板或棱镜组成，设在窗的顶部；与其相连的传输管道截面为矩形或梯形，内表面具有高反射比反射膜。这一部分通常设在房间吊顶的内部，尺寸大小可与管线、结构等相配合。为了提高房间内的照度均匀度，在靠近窗口的一段距离内，向下没有出口，而把光的出口开在房间内部，这样一来就不会使窗附近的照度进一步增加。实验证明，配合侧窗，采光搁板能在一年中大多数时间提供充足(大于100 lx)均匀的光照。若房间开间较大，可并排地布置多套采光搁板系统。

用棱镜组进行光线多次反射是用一组传光棱镜将集光器收集的太阳光传送到需要采光的部位。如美国加州大学的伯克利试验室提出用于解决一座十层大楼的采光问题的方法；澳大利亚用这种方法把光送到房间10 m进深的部位进行照明；在英国用于解决地下和无窗建筑的采光等，都达到了较好的采光效果。

反射高窗是在窗的顶部安装一组镜面反射装置。阳光射到反射面上经过一次反射，到达房间内部的天花板，利用天花板的漫反射作用，反射到房间内部。反射高窗可减少直射阳光的进入，充分利用天花板的漫反射作用，使整个房间的照度和均匀度均有所提高。太阳高度角随着季节和时间不断变化，而反射面在某个角度只适用于一种光线入射角，当入射角度不恰当时，光线很难被反射到房间内部的天花板上，甚至有可能引起眩光，因此反射面的角度一般是可变的。

图14.24是香港汇丰银行采用反光镜采光的照片和示意图。

(4) 导光管与光导纤维。用导光管将太阳集光器收集的光线传送到室内需要采光的地方，如中国建筑

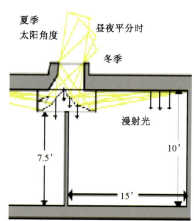

图 14.24　香港汇丰银行利用反光镜照射内区图
资料来源：朱颖心.建筑环境学.第 2 版.北京：中国建筑工业出版社，2005.

科学研究院的无窗厂房和地下建筑自然采光、深圳设计之都、北京奥林匹克森林公园、北京师范大学附属实验中学等项目，就是用此法进行自然采光的。光导管照明系统的结构主要分为三部分：一是采光部分，采光器由透明塑料注塑而成，表面有三角形全反射聚光棱；二是导光部分，一般是由三段导光管组合而成，导光管内壁为高反射材料，反射率可达 92%~95%，导光管可以旋转弯曲重叠来改变导光角度和长度；三是散光部分，可避免眩光现象的发生。光导管照明系统结构简单方便安装，成本较低，实际照明效果很好。

图 14.25 是日照市海星针织服装有限公司厂房采用导光管进行了照明系统改造的实例。

图 14.25　山东省日照市海星针织服装有限公司厂房采用导光管进行照明改造
(左图，屋面上的采光罩；右图，室内天棚上的散光器)
资料来源：北京东方风光新能源技术有限公司拍摄于改造工程现场

光导纤维又称导光纤维，是一种利用光的全反射特性把光能闭合在纤维中而产生导光作用的纤维。光纤照明系统可分成点发光（即末端发光）系统和线发光（即侧面发光）系统。光纤纤维采光具有很多优点：单个光源可形成具备多个发光特性相同的发光点；光源易更换，也易于维修；无紫外线、红外线光；可以制成很小尺寸；无电磁干扰、无电火花、无电击危险等。然而，由于现阶段的制造成本较高，多用在有特殊需要的技术中，还未普及使用。

图 14.26 是清华大学节能中心示范楼采用光导纤维照明系统的实例。

2）改善人工照明

人工照明也就是"灯光照明"或"室内照明"，它是夜间主要光源，同时又是白天室内光线不足时的重要补充。建筑的照明能耗在建筑总能耗中也占据了重要的份额，如在现代的办公建筑与大型百货商场，照明能耗均约占整个建筑能耗的 1/3 左右。改善人工照明应满足室内光环境要求，应提倡采用"绿色照明"，采用效率高、寿命长、安全和性能稳定的照明电器产品（电光源、灯用电器附件、灯具、配线器材，

  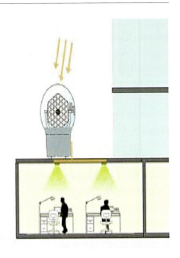

图 14.26　清华大学节能中心示范楼光导纤维照明系统实例
（左—室外采光罩；中—地下室内照明；右—系统示意图）
资料来源：朱颖心. 建筑环境学. 第2版. 北京：中国建筑工业出版社，2005.

以及调光控制调和控光器件），可采用以下措施：

（1）采用高效节能的电光源。包括用紧凑型荧光灯取代白炽灯、普通直管型荧光灯（节电 70%~80%），推广高压钠灯和金属卤化物灯，推广低压钠灯，推广发光二极管-LED 等；

（2）采用高效节能照明灯具。选用配光合理、反射效率高、耐久性好的反射式灯具，选用与光源、电器附件协调配套的灯具；

（3）采用高效节能的灯用电器附件。用节能电感镇流器和电子镇流器取代传统的高能耗电感镇流器。电子镇流器通过高频化提高灯效率、无频闪、无噪声、自身功耗小；

（4）智能照明控制系统。智能照明控制系统可节约能源，降低运行维护费用。就照明管理系统而言，它不仅要控制照明光源的发光时间、亮度来配合不同应用场合做出相应的灯光场景，而且还要考虑到管理智能化和操作简单化以及灵活适应未来照明布局和控制方式变更等要求。由于系统中采用了红外线传感器、亮度传感器、定时开关以及可调光技术，智能化的运行模式，使整个照明系统可以按照经济有效的最佳方案来准确运作，不但大大降低运行管理费用，而且最大限度地节约能源，与传统的照明控制方式相比较，可以节约电能20%~30%。有一些智能照明控制系统如 I-Bus 系统，还采用软启动、软关断技术，可使每一负载回路在一定时间里缓慢启动、关断，或者间隔一小段时间（通常几十到几百毫秒）启动、关断，避免冲击电压对灯具的损害，成倍地延长了灯具的使用寿命。如果使用智能化照明管理系统，无疑将获得许多潜在的收益。

14.4　既有建筑暖通空调节能改造

14.4.1　采用高效热泵

作为自然现象，热量总是从高温端流向低温端。如同水泵把水从低处提升到高处那样，人们可以用热泵技术把热量从低温端抽吸到高温端。所以热泵实质上是一种热量提升装置，它本身消耗一部分能量，把环境介质中储存的能量加以挖掘，提高温位进行利用，而整个热泵装置所消耗的功仅为供热量的 1/3 或更低，这就是热泵节能的关键所在[①]。

根据热泵的热源介质，热泵可分为空气源热泵和水源热泵，而水源热泵又分为水环热泵和地源热泵。

---

① 徐邦裕等. 热泵. 北京：中国建筑工业出版社，2009.

14.4.2 空调输送系统变频改造

由于受气象条件、建筑使用情况等因素变化的影响,在实际运行过程中,空调系统的负荷大多小于其设计负荷。大型公共建筑暖通空调系统的输送设备风机水泵类负载多是根据满负荷工作需用量来选型。实际应用中大部分时间并非工作于满负荷状态。因此空调运行过程中的变工况运行,对于暖通空调系统的节能运行有显著的效果[①]。

空调制冷能耗中,大约40%~50%由外围护结构传热所消耗,30%~40%为处理新风所消耗,25%~30%为空气和水输配所消耗。因此对于大型公共建筑,有效的变风量(VAV)和变水量(VWV)技术的应用能够有效降低建筑部分负荷下运行时的输送能耗。

1)水泵变频控制改造

根据监测空调末端运行负荷变化,控制末端水流量或末端的启闭,达到合理分配冷负荷的目的。同时,水泵根据整个水力管网流量或压力的变化,调整水泵工作状态,达到节能的目的。

图14.27 某工程空调箱水系统电磁阀变流量控制改造
[左图,入水管道的电磁阀;右图,控制柜(电磁阀动作)]
资料来源:黄凯摄于改造工程现场

采用变频器直接控制风机、泵类负载是一种科学的控制方法,利用变频器内置控制调节软件,直接调节电动机的转速保持一定的水压、风压,从而满足系统要求的压力。当电机在额定转速的80%运行时,理论上其消耗的功率为额定功率的51.2%,去除机械损耗、电机铜、铁损等影响。节能效率也接近40%,同时也可以实现闭环恒压控制,节能效率将进一步提高。

图14.27和图14.28为某工程变水量控制系统的改造现场图。

本工程经改造后,暖通空调输送系统能耗次年下降30%,达到了良好的节能效果。

2)变风量控制改造

变风量系统(Variable Air Volume System,即VAV系统)20世纪60年代诞生在美国,根据室内负荷变化或室内要求参数的变化,自动调节空调系统送风量,从而使室内参数达到要求的全空气空调系统(图14.29)。

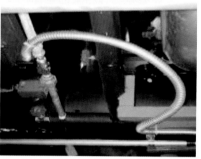

图14.28 某工程水泵变频改造(VWV)
资料来源:黄凯摄于改造工程现场

图14.29 变风量风口(带电磁阀调节)
资料来源:吴志敏摄

VAV系统有如下优点:

(1)由于VAV系统通过调节送入房间的风量来适应负荷的变化,同时在确定系统总风量时还可以考虑一定的同时使用情况,所以能够节约风机运行能耗和减少风机装机容量。有关文献介绍,VAV系统与

---

① 薛志峰. 既有建筑节能诊断与改造. 北京:中国建筑工业出版社,2007.

CAV 系统相比大约可以节能 30%~70%，对不同的建筑物同时使用系数可取 0.8 左右。

（2）系统的灵活性较好，易于改、扩建，尤其适用于格局多变的建筑，例如出租写字楼等。当室内参数改变或重新隔断时，可能只需要更换支管和末端装置，移动风口位置，甚至仅仅重新设定一下室内温控器。

（3）VAV 系统属于全空气系统，它具有全空气系统的一些优点，可以利用新风消除室内负荷，没有风机盘管凝水问题和霉菌问题。

同时，VAV 系统也存在着一些缺点：房间内正压或负压过大导致室外空气大量渗入，房门开启困难；影响室内气流组织；系统运行不稳定；系统的初投资比较大等缺点。因此使用 VAV 系统时应统筹性能和经济等因素，合理设计使用。

14.4.3 蓄冷蓄热技术

蓄冷空调系统是合理利用峰谷电能，削峰填谷，制冷机在夜间利用电网多余的谷荷电力继续运转，并通过介质将冷量储存起来，在白天用电高峰时释放该冷量提供空调服务，从而缓解空调争用高峰电力的矛盾。目前，我国已将空调蓄冷作为十大重点节能技术措施之一在全国推广，因此，蓄冷技术有广阔的发展前景[①]。

与常规空调系统相比，蓄冷空调有如下特点：① 减少了冷水组的容量，装设功率一般小于常规空调系统；② 能够转移制冷机组用电时间，起到转移电力高峰期用电负荷的作用；③ 冷水机组高负荷运行，同时利用电网的峰谷电价差，减少了中央空调系统的运行费用。

常见的蓄冷方式为冰盘管、冰球、水、冰片滑落式及冰晶等。

蓄冷、蓄热双功能空调系统初投资高于常规的空调的系统。对于一些大型公共建筑，空调系统昼夜运行的空调负荷悬殊较大，如果工程所在地区的电力部门能提供优惠的政策和电价，且达到的投资补偿能被业主接受，选用蓄冷蓄热的这种空调方式，是一种国家、业主都受益的好方式（图 14.30）。

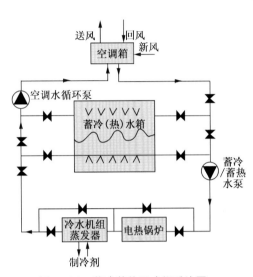

图 14.30 蓄冷蓄热双功能系统图
资料来源：吴志敏绘制

14.4.4 热回收利用

空调制冷能耗中 30%~40% 为处理新风所消耗。因此新风一直都是暖通空调系统节能的重点。主要的新风节能的主要方法为：冷热回收技术、过渡季节通风技术、新风变频技术等。对于新风量要求较大的建筑如：大型商场、超市、大会堂等使用冷热回收技术，可大大降低空调的能耗（图 14.31）。由于新风能耗占空调制冷能耗较大，新风的节能成为建筑节能中一个重要的组成部分。

送风侧温度回收率
$$\Phi_2 = \frac{t_{22}-t_{21}}{t_{11}-t_{21}}$$

送风侧湿度回收率
$$\psi_2 = \frac{X_{22}-X_{21}}{X_{11}-X_{21}}$$

其中：t 代表空气温度（℃）
X 代表空气湿度（g/kg）

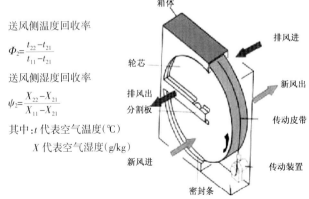

图 14.31 转轮式热交换器
资料来源：南京洁能缘环境科技发展有限公司网站 http://nnjjny.com

14.4.5 空调末端节能改造

1）采用辐射采暖空调

低温辐射供冷系统是指通过在竖直墙壁内、天花板或地板中安装盘管，利用墙体、天花板、地板材料的热容性（热惰性），同时利用水循环冷却的作

---
① 薛志峰. 既有建筑节能诊断与改造. 北京：中国建筑工业出版社，2007.

用从而达到控制室温的目的，维持室内温度在人体舒适度范围内的一种供冷方式。这种辐射供冷系统主要利用辐射方式来使房间达到舒适性要求。目前应用和研究相对比较成熟的系统有：冷却顶板、地板供冷、空调墙系统。

通常认为辐射供冷可比常规空调系统节能30%~40%。例如，美国劳伦斯·伯克利实验室在使用美国全境各地气象参数对商用建筑进行模拟计算的基础上得出结论，辐射供冷的耗能量可以节省30%。他们的另一项研究表明，一个制冷量在20~60 W/m² 的置换通风加冷却顶板系统与变风量系统相比，节能20%~50%；与定风量系统相比节能40%~60%。

与辐射采暖相类似，室内围护结构表面温度的降低使平均辐射温度和作用温度降低，从而可以提高室内设计温度，在相同的舒适度前提下，要比传统空调系统节省能量。与辐射采暖有所不同的是，对于夏季日射负荷大的建筑来说，辐射供冷的能力将有显著提高，甚至超过100 W/m²，其节能作用将进一步得到发挥。例如，泰国曼谷新机场的设计方案表明，由于采用地板辐射供冷可以大幅度降低玻璃穹顶的内表面温度，辅以其他措施，每年可节能226 kW·h/m²，注意到该机场面积为550 000 m²，则总节能量是相当可观的（图14.32）。

图14.32 毛细管顶棚和墙体供冷供热现场改造
资料来源：黄凯摄于改造工程现场

顶棚地板辐射供冷供暖需要辅助的新风系统调节湿度并保证空气品质。因此在采用辐射采暖空调的同时也应使用热、湿独立控制空调系统。

2）温、湿度独立控制空调系统[①]

温、湿度独立控制空调系统即建筑房间内热负荷和湿负荷分开处理。

显热负荷的"排热"采用中温冷水机组制冷系统。该制冷机生产"高温"冷水为干式风机盘管提供冷源，由于"高温"冷水的温度高于室内空气的露点温度，消除了传统风机盘管表冷器结露现象，根本改善了室内空气品质，设备的卡诺制冷机效率可以达到8，而传统方式下设备的效率在5左右。

潜热负荷的"除湿"采用溶液除湿等新型除湿方法。

目前温、湿度独立控制空调系统在招商地产等项目上已经得到应用（图14.33）。

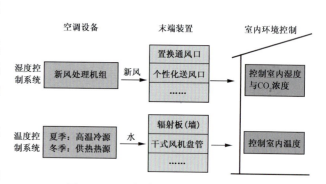

图14.33 温湿度独立控制空调系统图
资料来源：刘晓华，江亿.温湿度独立控制空调系统.北京：中国建筑工业出版社，2006.

---

① 刘晓华，江亿.温湿度独立控制空调系统.北京：中国建筑工业出版社，2006.

14.4.6 智能控制与分项计量

1）智能控制

在建设部与科技部联合发布的《绿色建筑技术导则》中明确指出，建筑的智能化系统是建筑节能的重要手段，它能有效地调节控制能源的使用、降低建筑物各类设备的能耗、延长其使用寿命、提高效率、减少管理人员，从而获得更高的经济效益，保证建筑物的使用更加绿色环保、高效节能。

通过有关专家研究建筑全寿命周期成本的分析表明，在建筑的建设过程中，规划成本占总成本的2%、设计施工成本占23%；而在运营使用过程中的成本占75%。而智能建筑技术的优势之一在于能帮助建筑管理者提高管理效率，降低建筑能耗和人工成本。同时暖通空调负荷的运行是随着建筑内负荷和室外环境的变化而变化的。由于其运行的不确定性和复杂性，设备运行人员对暖通空调设备无法实现有效的节能运行管理。

楼宇智能控制包括以下系统的集成和集中控制，以及提高建筑的运行管理水平（图14.34）。

（1）设备自动化系统：将建筑物或建筑群内的空调、电力、给排水、照明、送排风、电梯等设备或系统，以集中监视、控制和管理为目的，构成楼宇设备自动化系统。对于自有控制系统的设备系统，通过高阶接口集中到楼宇设备自动化系统统一管理，对于部分系统可做到只监不控。

（2）安全自动化系统：包括闭路电视监控系统，保安防盗系统，以及出入口控制、巡更、停车场管理等一卡通系统。

（3）通信自动化系统：包括综合布线系统，计算机网络系统，卫星/有线电视系统以及公共电话系统。

图14.34 智能化控制系统图
资料来源：江苏某大厦分项计量节能改造技术资料

（4）办公自动化系统：包括 INTERNET/INTRANET 系统，电视会议系统以及多媒体信息互动系统。

（5）管理自动化系统：包括水电气空调计费系统（分项计量），停车场管理系统以及楼宇集成管理系统，楼宇集成管理系统上将建筑物内不同功能的子系统在物理、逻辑和功能上连接在一起，以实现信息、资源共享。

2）分项计量[①]

能耗监测及分项计量项目不仅可以实现能耗数据远程传输功能，对既有监测建筑进行能耗动态监听，及时发现问题、完善用能管理；也可以通过对建筑实际用能状况的定量分析，以及同类建筑的能耗指标比较，评估和诊断建筑的能耗水平，充分挖掘被监测建筑的节能空间，提供有效的节能改造方案。

分项计量的好处是可以明确能耗在用能终端的分配情况，从而有利于加强管理，发现节能潜力所在，检验各项节能措施的效果等。对于节能策略的制定、实施和检验具有重要的意义。它从一个方面体现了建筑节能管理水平的高低（图14.35）。

江苏某大厦总计安装了51块电表、2个热量表、4个采集器，能耗分项计量至二级。现场的数据采集器通过大楼网络远传至江苏省建筑能耗监测平台，通过后台数据分析，分析和诊断大楼高能耗环节，充分挖掘大楼节能潜力。

通过对大厦安装分类和分项能耗计量装置，采用远程传输等手段及时采集能耗数据，实现建筑能耗的在线监测和动态分析功能的方法。通过能耗监测和节能诊断，不断优化建筑的运行管理（图14.36）。

[①] 季柳金等. 能耗监测系统及分项计量技术的应用与研究. 建筑节能, 2009(8).

图 14.35 能耗监测流程示意
资料来源：江苏某大厦分项计量节能改造技术资料

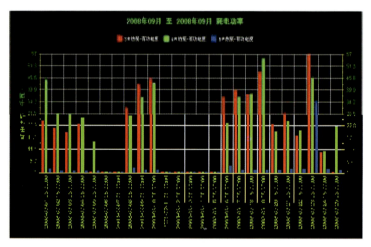

图 14.36 监测数据图表
图片资料来源：江苏某大厦分项计量节能改造技术资料

14.5 既有建筑绿色改造中的可再生能源利用

可再生能源包括水能、生物质能、风能、太阳能、地热能和海洋能等，资源潜力大，环境污染低，可永续利用，是有利于人与自然和谐发展的重要能源。20世纪70年代以来，可持续发展思想逐步成为国际社会共识，可再生能源开发利用受到世界各国高度重视，许多国家将开发利用可再生能源作为能源战略的重要组成部分，提出了明确的可再生能源发展目标，制定了鼓励可再生能源发展的法律和政策，可再生能源得到迅速发展。

目前，我国建筑中可再生能源的利用主要有太阳能光热、光电、地水源热泵和污水源热泵等[1]。

14.5.1 太阳能热水应用

太阳能光热在建筑中应用，主要体现在太阳能热水器与建筑一体化应用。目前，太阳能在居住建筑和

---

[1] 付祥钊. 可再生能源在建筑中的应用. 北京:中国建筑工业出版社,2009.

公共建筑中已大量使用。居住建筑主要用于生活用热水。而公共建筑中，太阳能热水可作为大楼热水的补充，用于厨房热水、洗澡热水或锅炉热水补充等[①]。

在建筑中太阳光热利用的领域主要有利用太阳能供热水，发展太阳能采暖、太阳能制冷空调等。目前应用最多的是太阳能热水供应系统。现有的系统分为集中式与分散式。其中集中式所需补热量大，水循环系统能耗较高，其补热方式是目前有待深入研究的问题。分散式是目前采用较多的，但是其热水供应保障性有时较差，效率也有待提高。

太阳能光热可用于空调和供暖，如图14.37所示。

某游泳馆在文体中心大楼游泳池项目采用锅炉与太阳能热水综合利用技术。项目中设计配备平板太阳能系统与燃气锅炉组合，为游泳池热水进行能源补充。该太阳能热水工程可实现全天候24 h保持水温28℃恒定。

游泳池750 m³，水温保持28℃恒定。由燃气锅炉初次加热，保持水温28℃，当水温降低2℃时，太阳能储热水箱热水与游泳池换热循环泵自动打开，通过板式换热器向游泳池补充热量；当游泳池温度超过28℃时，循环泵停止运行(图14.38)。

图 14.37 游泳馆太阳能热泵与室内图
资料来源：周岚等.江苏省建筑节能示范工程案例集.南京：江苏人民出版社，2009.

图 14.38 太阳能热水系统照片
资料来源：周岚等.江苏省建筑节能示范工程案例集.南京：江苏人民出版社，2009.

14.5.2 太阳能光伏发电应用

太阳能发电系统的应用类型有3种：独立型系统、蓄电型系统和并网型系统。独立型系统比较简单，供电范围小；蓄电型系统设备较多，系统复杂，蓄电池要占一定空间，工程造价高；并网型系统是与城市电网并网，灵活性好，工程造价低[②]。

太阳能光伏与建筑一体化(BIPV)是应用太阳能发电的一种新概念：在建筑围护结构外表面上铺设光

---

① 刘辉.太阳热水器与住宅建筑一体化设计探讨见：中华人民共和国建设部.中国建设动态.北京：科学出版社，2004(8)：32-34.
② 王长贵.中国光伏产业的发展与挑战.太阳能，2008(9)：6-10.

图 14.39 太阳能光伏建筑一体化

资料来源：周岚等.江苏省建筑节能示范工程案例集.南京：江苏人民出版社，2009.

伏阵列或代替围护结构提供电力。太阳能光伏与建筑一体化（BIPV）的应用见图 14.39。

目前，江苏省地区 1 kW 太阳电池发电系统年发电量约在 1 000 kW·h/a，具有一定的节能效益。随着太阳能光伏系统成本的下降和国家政策的大力支持，其将成为今后绿色建筑改造中可再生能源利用的重要手段。

14.5.3 浅地层热泵[①~⑤]

浅地层热泵是一种利用地下浅层地热资源（也称地能，包括地下水、土壤或地表水等）的既可供热又可供冷的高效节能空调系统。浅地层热泵通过输入少量的高品位能源（如电能），实现低温位热能向高温位转移。地能分别在冬季作为热泵供暖的热源和夏季空调的冷源，即在冬季，把地能中的热量"取"出来，提高温度后，供给室内采暖；夏季，把室内的热量取出来，释放到地能中去。

1）地源热泵应用

地源热泵机组可利用的大地土壤常年恒温（长江流域地下土壤温度约 17℃~19℃）的特点，将 35℃和 10℃的水同土壤进行换热。热泵循环的蒸发温度不受环境温度限制，提高了能效比。

对于小型工程，地源热泵系统既有建筑改造应考虑到建筑周围可用于打井的空地面积以及当地的地质构造情况。综合造价和节能效果进行节能改造。而对于大型建筑节能改造不仅应考虑以上问题的同时，配合冷却塔使用减低地下冷热不均衡度，则节能效果更佳。

图 14.40 为某建筑空调系统地源热泵系统改造现场。

图 14.40 既有建筑地源热泵改造现场施工

资料来源：江苏省建科院工艺楼节能改造示范工程技术资料，黄凯摄于改造工程现场

---

① 徐伟.中国地源热泵发展研究报告（2008）.北京:中国建筑工业出版社,2008.
② 孙强.浅谈水源热泵技术的国内外发展现状及趋势.佳木斯大学学报（自然科学版）,2007,25(3):433-434.
③ 孙博,王坚飞,何荒震,等.地源热泵空调技术及其在杭州的应用.浙江建筑,2008,25(1).
④ 徐伟译.地源热泵工程技术指南.北京:中国建筑工业出版社,2001.
⑤ 马最良.地源热泵系统设计与应用.北京:机械工业出版社,2006.

2）水源热泵应用

水源热泵机组工作原理就是利用地球表面浅层地热能如土壤、地下水或地表水（江、河、海、湖或浅水池）中吸收的太阳能和地热能而形成的低位热能资源，采用热泵原理，通过少量的高位电能输入，在夏季利用制冷剂蒸发将空调空间中的热量取出，放热给封闭环流中的水，由于水源温度低，所以可以高效地带走热量；而冬季，利用制冷剂蒸发吸收封闭环流中水的热量，通过空气或水作为载冷剂提升温度后在冷凝器中放热给空调空间。通常水源热泵消耗 1 kW 的能量，用户可以得到 4 kW 以上的热量或冷量。

水源热泵机组可利用的水体温度冬季为 12℃~22℃，水体温度比环境空气温度高，所以热泵循环的蒸发温度提高，能效比也提高。而夏季水体为 18℃~35℃，水体温度比环境空气温度低，所以制冷的冷凝温度降低，使得冷却效果好于风冷式和冷却塔式，机组效率提高。

但水源热泵也有一些不足之处，既有建筑改造时候受可利用的水源条件限制，受水层的地理结构的限制，受投资经济性的限制。虽然总体来说，水源热泵的运行效率较高、费用较低。但与传统的空调制冷取暖方式相比，在不同地区不同需求的条件下，水源热泵的投资经济性会有所不同。既有建筑可根据周围水体情况，进行科学分析选择水源热泵。

第 15 章　绿色建筑性能的智能设计

15.1　建筑性能的智能设计发展趋势

未来建筑性能的智能设计首要目标是，营造绿色建筑空间。基点应是从用户的切身利益出发，营造健康、安全、文明的工作和使用环境，提高用户的工作效率和使用空间的质量，是涵盖环境生态和可持续发展的一个过程。应该做的工作是：要把空气、阳光、绿色引进建筑空间。未来建筑空间的建筑性能设计，将会创造一切硬件条件来享受大自然的恩赐，而且通过设计师的创新，改善居住的舒适程度和绿色的环境。它的含义为：健康、有益、节能、低耗和低污染，是涵盖于环境生态和可持续发展的一个概念，利用自然，减少污染，保护自然，回归自然，强调"人与自然环境和谐共生"。随着对建筑空间的要求越来越高，建筑性能的设计也就越来越重要，如建筑节能设计，就是建筑性能的优化的表现。今后我国建筑节能的任务就是在保证使用功能、建筑质量和室内环境符合小康目标的前提下，采取各种有效的节能技术与管理措施，降低新建房屋的单位建筑面积能耗，同时，对既有建筑物进行有计划的节能改造，达到提高居住热舒适性、节约能源和改善环境的目的。

建筑性能也是公共建筑设计和运营中的重要指标。大型公共建筑包括展览、会议、办公、餐饮、物流管理、仓储、商务服务和信息网络服务等，以能够承办大型综合性展览和大规模商贸活动为其基本功能，兼顾会议、办公、物流仓储、餐饮娱乐，以及与展览会议有关的展示、演示、表演、宴会等功能。为达到建筑节能的目的，其能源的利用和选择的重要性是不言而喻的。

与以往任何时期相比，建筑性能的智能设计的重要性越来越突出，建筑性能设计是建筑空间设计的重要基础，是能给建筑带来绿色的、可持续发展的点睛之笔。

要建设智能化且符合绿色建筑要求的建筑空间，须重视建筑环境物理条件，须对热、声、光以及室内空气质量提出更高的要求，无论是在哪个地方，特别是在夏热冬冷地区，对建筑节能和建筑性能的要求更为突出。当代信息技术与环境技术设备的发展使得对建筑的物理条件进行参数化设计和数字化精确调控成为可能，而且可以借助数字虚拟现实技术，在方案阶段便可以对整个建筑的能源消耗和生态效应有一个准确的估算，最大限度减少不可再生能源的消耗和相对机械耗能，真正实现绿色高技术建筑。主动地应用高新技术手段，对建筑物的物理性质（光线控制、通风控制、温湿度控制以及建筑新材料特性等）进行最优化配置，合理地安排并组织建筑与其他相关环境因素之间的联系，使建筑与外界环境统一成为一个有机的、互动的整体。

建筑性能的智能设计，或者说是建筑性能的模拟设计智能化，是在各建筑性能的数学模型的基础上，通过计算机的数值计算和图像显示的方法，在时间和空间上定量描述建筑性能的数值解，从而得到对各种建筑性能的仿真结果。

在国内外，建筑性能的智能设计，一般都是在建筑热工计算、建筑光学、建筑声学，以及与这些建筑性能相关的因素，如太阳运行图、气象数据的参数、舒适度的研究等设计上进行模拟。时下为了更好地研究建筑节能，用 CFD(Computational Fluid Dynamics)的方法，使用相关软件，对建筑内、外的环境，进行风洞模拟，也属于这部分的工作。现在，国内外都开发了很多的软件，做了许多有关方面的研究。使用建筑性能的模拟设计，无论是在建筑设计中，还是建筑设计后，都能较为清晰地了解建筑性能的变化情况，对建筑设计有很好的辅助作用。这些软件的编制基础，都是在有关方面多年来的研究上，首先建立数学模型，然后根据这些数学模型编制软件的计算部分，再用计算机的图形显示功能，或者说是利用计算机虚拟现实的技术，将结果在屏幕上显示出来。显然，这对于需要满足具体建筑性能要求的建筑设计，比如要满足建筑节能的要求，是极为有用，也是极为必要的手段[①]。

为了满足人们对舒适度提升的迫切要求，建筑空间的建筑性能的智能设计日渐兴起并走向专业化。下列问题就是建筑性能的智能设计所考虑的问题：

（1）建筑性能、室内人群、建筑材料、外部环境、建筑形式等对建筑本身的影响；

（2）分析建筑空间的能源应用模型，分析过程中进行各项节能设计，这是建筑性能计算机辅助设计的理论基础；

（3）对自然能源采用主动设计手段，采用数字化依据和效率利用的优化方法，选用合适的建筑体形和围护结构；

（4）建筑性能的智能设计的基本数据库的建立，该数据库包括建筑性能、室内人群、建筑材料、外部环境、建筑形式在设计中的基本参考数据；

（5）对现在已经成熟的各项主要节能技术，如双层玻璃幕墙、围护结构外的可控遮阳、玻璃围护结构（含屋顶）、屋顶植被和相变材料等各项技术在各种类型建筑中应用的可行性；

（6）用计算机模拟程序，对各项设计的关键因素进行设计中的模拟，采用设计—模拟—再设计—再模拟的循环手段，进行主动性设计；

（7）根据建筑特点，用上述计算机模拟程序，对建筑节能的主要部分，即地点、气候、围护结构、门窗大小及其位置、建筑的体形和体形系数、建筑材料的使用、照明设施的影响、空调设施的使用以及节能建筑部件的采用等进行全面节能评估；

（8）对建筑的综合经济分析是通过对节能建筑和常规建筑的全寿命周期费用的各组成部分进行比较，求出建筑全寿命周期内节能建筑的费用节减的现值，并求出其投资回收期；

（9）节能费用相对增加值的评估，即采取节能技术和节能构造以及材料而导致的增加费用，评价建筑物系统设计、建筑物改造、能源预算以及寿命周期成本和收益；

（10）用系统科学中的最优理论和方法，用上述的数值结果，在设计选择中搜索优化方案，对建筑物各系统变量进行详细的参数研究，使得设计者提高收益并降低初期投资。

15.2　建筑幕墙智能化设计方法

以建筑性能较为特殊的双层玻璃幕墙的武汉市某办公大楼为例，说明建筑性能的智能设计基本过程。

15.2.1　某办公大楼双层玻璃幕墙特点及建筑性能基本要求

建筑性能与气候条件关联性大，所以，一定要先了解地区气候参数。但只有基本参数还不能满足建筑性能的智能设计要求，还必须要能满足计算机模拟软件所要求的具体气候参数。

武汉市属于夏热冬冷地区，所处地理位置是东经114°12′，北纬30°47′，属北亚热带季风性湿润气候区，具有雨量充沛、日照充足、四季分明等特点。一年中，1月平均气温最低，1℃；7、8月平均气温最高，28.7℃，夏季长达135天。由于武汉处于北纬30°，夏季正午太阳高度可达83°，居于内陆且距海洋远，周围地形如盆地，集热容易散热难，河湖多、晚上水汽多，加上城市热岛效应和伏旱时气候由副热带高压控制，因而城区气温最高可以达到42℃，十分闷热，是中国三大火炉之一。初夏梅雨季节雨量较集中，年降水量为1 050~1 200 mm。武汉活动积温在5 000℃~5 300℃之间，年无霜期240天。基本气象参数见表15.1。

表15.1　武汉地区室外基本气象参数

室外气象参数	年平均温度	16.3℃
	冬季计算温度平均值	−5℃
	冬季平均风速	2.6 m/s
	夏季计算温度平均值	35.2℃
	夏季计算温度最高值	39.4℃
	夏季计算温度波幅值	6.3℃

---

① 余庄.建筑智能设计——计算机辅助建筑性能的模拟与分析.北京：中国建筑工业出版社，2006.

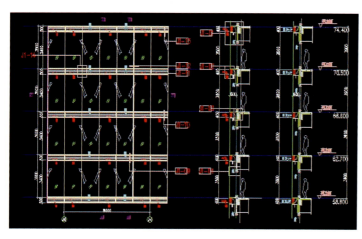

图15.1 某办公大楼双层皮玻璃幕墙基本结构图
资料来源：上海美特幕墙有限公司提供

某办公大楼设计为双层玻璃幕墙，原因是由于单层玻璃幕墙热工性能较差，在建筑师追求通透型建筑的过程中，单层玻璃围护结构建筑的能耗和热舒适性难以满足建筑室内热环境的要求。因此，双层玻璃幕墙的概念应运而生。双层玻璃幕墙之间的空气间层为建筑物形成了一层"缓冲层（Thermal Buffer）"。这个缓冲层改善了透明围护结构的热工性能，使透明围护结构建筑能够逐渐协调建筑功能与形式的矛盾。玻璃幕墙的特点为：建筑通透，空间效果好；隔声降噪性能强；防沙尘效果好；幕墙清洁卫生；但通风设计及控制要求高。图15.1为某办公大楼幕墙的基本结构图。

某办公大楼所采用的双层玻璃幕墙，外层玻璃幕墙采用8+1.52PVB+8的加胶玻璃，内层幕墙采用6+12A+6的Low-E玻璃，内外幕墙间存在一个600 mm宽的空气通道。气流形式为每层下进上出，进风口与排风口分别位于相邻的幕墙分隔单位，交叉错开，下部两个进风口，上部三个出风口，双层玻璃之间形成的通道内部加装遮阳百叶。大楼的双层外呼吸式玻璃幕墙结构与材料热工计算参数见表15.2：双层呼吸式玻璃幕墙遮阳铝质百叶导热系数240.0 kW/(m·K)。

表15.2 幕墙玻璃的热工参数

玻璃规格	可见光(%)			太阳能(%)		遮阳系数
	透射比	反射比		透射比	反射比	
		室内	室外			
8 mm 高透	88	8	8	76	7	0.93
8+1.52PVB+8	76	9	9	46	21	0.53
6+12A+6Low-E	63	9	10	28	8	0.44

15.2.2 某办公大楼双层玻璃幕墙动态耗能分析与智能设计

1）模型及计算条件

在计算中取空调的较低能效比，有利于突出建筑围护结构在建筑节能中的作用。办公室室内计算温度，按照公共建筑节能标准夏季为25℃的标准计算，室内照明得热为0.014 1 kW·h/(m²·d)，室内其他得热平均强度为4.3 W/m²。

室外气象计算参数采用武汉市典型年的气象报告，由武汉市气象局提供。空调使用时，室内换气次数为1.0次/h。室内照明得热为每天14 W/m²，室内设备得热平均强度为6 W/(m²·d)（实际情况要高于此值）。夏季会增大空调负荷，在计算时应将内部得热分为照明和其他设备两类来考虑，没有考虑人在建筑中的发热量。实际上，人的发热量为104 W，当多人聚集时，产生的热量也很大，但此处主要考虑围护结构，对空调系统的设计不作详细考虑，故也简化此处计算。

作为一座办公楼建筑，白天工作，晚上休息。房间内的设备使用周期与办公时间相同。办公室具体的使用周期如下：周一至周五工作，周六、周日以及节假日休息，工作时间为每天上午8:00—下午6:00，照明设备、空调设备和其他设备的运行时间也一样。

本分析采用空调耗电量作为简略评价指标（只做上述因素的评估）。

模拟计算程序为DOE2-PLUS，输出结果以输出报告中大楼的夏季峰值耗冷量以及空调系统各个月份的耗电量为依据，对建筑围护结构进行分析。为了能够更好地分析建筑幕墙围护结构对建筑环境的影响，选取6、7、8、9、10月五个月份的数据作为参考进行对比分析。

2）围护结构 U 值计算

建筑围护结构的隔热性能对于建筑环境以及建筑内部的设备能耗指标有着重要的影响。在进行模拟分析时，选取以下四种类型的围护结构形式进行对比分析（图15.2）：

TYPE 1：正常窗墙比（南 0.35，北 0.25，东、西 0.3，墙体采用外保温）；

TYPE 2：外层采用中空 Low-E 玻璃幕墙，内层为薄水泥墙；

TYPE 3：双层中空玻璃幕墙；

TYPE 4：双层中空玻璃幕墙+遮阳。

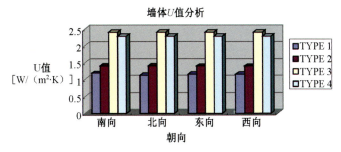

图 15.2　四种类型的围护结构形式 U 值对比分析图

资料来源：余庄绘制

通过模拟分析来看，采用传统窗墙比类型、并有外保温措施的围护结构，其围护结构性能明显要好于其他三种类型，在不同朝向的传热系数均为 1.1 W/(m²·K)左右；而外层采用中空 Low-E 玻璃幕墙，内层薄水泥墙的围护结构，其传热性能有明显的下降；采用全玻璃幕墙以后，建筑标准层的窗墙比为 0.692，在无遮阳的情况下，其整体围护结构传热系数均在 2.4 W/(m²·K)；而采用遮阳板后其传热系数下降了 0.12，说明遮阳的效果，整个墙的传热系数应为 2.2 W/(m²·K)，遮阳系数也为<0.15，达到基本的公共建筑节能设计标准要求。

3）不同朝向幕墙间（室内地面）小时最大得热量分析

由于是玻璃幕墙，所以考虑室内地板得热量（表15.3）。

表 15.3　建筑内部（幕墙间）地面小时最大得热量（W/m²）

月　份	南　向	北　向	东　向	西　向
6月	952.2	774.1	2 373.1	1 846.4
7月	1 000.3	777.1	2 426.8	1 780.9
8月	1 503.7	739.5	2 475.9	1 854.0
10月	2 316.8	653.2	2 361.7	1 667.5
11月	2 433.4	588.6	2 163.7	1 689.5

相对日最大太阳辐射得热量不同，小时太阳辐射得热量主要针对幕墙围护结构（室内地面）在夏天最高时段（1 h）内极限得热的大小。从分析来看，东向幕墙的得热相对较高，均达到 2 400 W/m² 以上，因此需要在夏季的某些时段加强对东向幕墙的控制；而在9、10月份的某个时段，南向幕墙的得热量也会有所增加，这与上面的分析相一致，因此有必要根据不同朝向以及季节时段进行可调节控制，以减少幕墙围护结构对建筑环境及设备能耗的影响。

4）使用的工作空间耗电量分析（表15.4）

表 15.4　单位面积用电量对比　　　　　　　　　　　　　　　　　单位：(kW·h/m²)

月　份	6月	7月	8月	9月	10月	共　计
耗电量	9.92	12.41	13.36	11.29	10.10	57.08

在模拟分析时，采用某种空调设备情况下，温度的设定标准为公共建筑节能标准的空调设定标准：夏季办公环境设定25℃，日平均气温37℃，对建筑内部的耗电量进行对比分析。通过基本分析，忽略照明、人流、设备、不能开窗而全年新风和空调开启等因素，6月份单位面积用电量达到 9.92 kW·h，7月份单位面积用电量达到 12.41 kW·h，8月份单位面积用电量达到 13.36 kW·h，9月份单位面积用电量达到 11.29 kW·h，10月份单位面积用电量达到 10.10 kW·h，5个月总的单位面积耗电量达到了 57.08 kW·h。

15.2.3 某大楼双层玻璃幕墙 CFD(计算流体动力学)分析与智能设计

由于上述计算限制，有必要采用 CFD 来仔细研究玻璃幕墙的性能，需要采用必要的措施和优化方法来调整幕墙的传热性能和隔热性能。

选取了该大楼南面一个开间和东南面转角一个开间，建立模型，进行模拟计算。每个室内空调进风口面积为 1 m×0.1 m ×2，风速为 2 m/s，风的温度为 20℃，出风口为自然通风口。室外进风口模拟自然风，风速为武汉市夏季的平均风速 2.8 m/s，出风口为自然通风口。其余建筑的尺寸根据提供的图纸，1:1 建立模拟模型，包括双层玻璃幕墙以及幕墙中的遮阳百叶。室内还增加 3~5 个人体模型。由于玻璃幕墙的特点，在武汉市只做夏天的模拟，且只研究遮阳百叶全部放下时的情况。以上假设都是典型情况的初始条件。

1) 初夏时段的模拟

室外空气温度 32℃，辐射温度 30℃，幕墙风口自然进风时的情况。相当于夏季中午太阳直射时的情况。

从图 15.3 和图 15.4 可见，玻璃幕墙内温度在 32℃以上，仍然较高，而室内温度分布状况均匀，在 25℃~27℃之间，接近幕墙的温度 30℃，室内温度舒适。

从图 15.5 可见，玻璃幕墙间层内的辐射温度在 35℃左右，主要是受到室外气温和太阳辐射的影响；而建筑室内平均辐射温度在 27℃左右，较为均匀，变化幅度不大。

从图 15.6 可见，室内大部分空间风速在 1 m/s 以内，空气流动适度，但靠玻璃幕墙处风速较低。

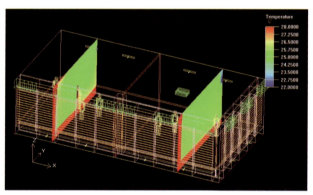

图 15.3 某大楼室内纵截面空气温度分布(22℃~28℃范围)
资料来源：余庄绘制

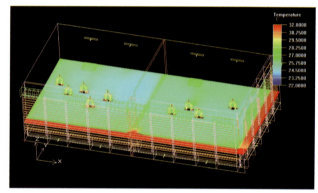

图 15.4 某大楼室内水平截面空气温度分布(22℃~32℃范围)
资料来源：余庄绘制

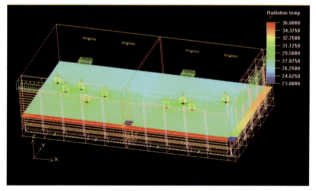

图 15.5 某大楼室内水平截面辐射温度分布(23℃~36℃范围)
资料来源：余庄绘制

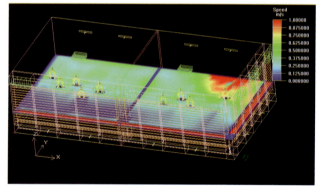

图 15.6 某大楼室内水平截面风速分布(0~1 m/s 范围)
资料来源：余庄绘制

PMV(Predicted Mean Vote)即预测平均热感觉指标，是评价室内环境的一种相对全面的热舒适指标，反映人体对热平衡的偏离程度，有 7 个程度等级：0 表示室内热环境处于最佳的热舒适状态，+1、+2、+3 热感觉逐渐增强，-1、-2、-3 冷感觉逐渐增强。国际标准化组织推荐的热舒适环境的 PMV 范围在-0.5 到 0.5 之间；而目前在国内，一般认为 PMV 的值在-1 到+1 之间可以视为热舒适环境。本模拟的测试条件为人穿着衬衫、长裤，人员基本没有活动(坐姿或站立不动)的前提条件下的热感觉情况。

从图 15.7 和图 15.8 中可见,室内空间的 PMV 值在 0.625 以下,处于很好的热舒适状况,甚至会处于 −0.5~1 之间。

小结:此组计算是模拟空气温度 32℃,辐射温度 30℃,幕墙风口自然进风时的室内热环境状况,相当于初夏时段或夏季阴天时的状况。从模拟计算结果可见,该情况下室内温度和风速值都处于舒适的范围,受到玻璃幕墙内部热辐射的影响,使得室内热舒适状况分布不均,但总体处于较为舒适的状态。

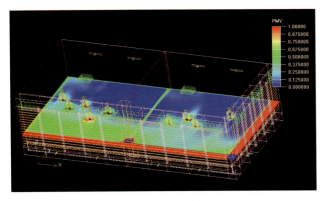

图 15.7 某大楼室内水平截面 PMV 值分布(PMV 值 0~1 范围)
资料来源:余庄绘制

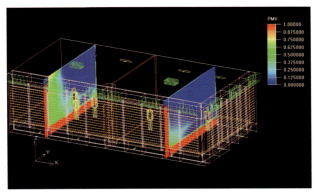

图 15.8 某大楼室内水平截面 PMV 值分布(PMV 值 0~1 范围)
资料来源:余庄绘制

2) 盛夏时段的模拟

空气温度 35.2℃,辐射温度 40℃,幕墙风口自然进风时的情况,除提高室外辐射温度和空气温度外,其余情况同上。

模拟结果显示,玻璃幕墙的空气间层内部温度很高,平均温度达到 36.5℃;室内大部分区域呈黄色,平均温度约为 29℃。室内温度高于上节中当室外辐射温度为 30℃时的室内温度,这是受到玻璃幕墙间层辐射高温的影响所致。

玻璃幕墙间层内的辐射温度较高,东端转角处开间的玻璃幕墙辐射温度更是接近 40℃,可见即使在有百叶遮阳的情况下,室外辐射仍然对室内影响很大;而室内平均辐射温度在 29℃左右。

室内风速较为均匀,仅在空调出风口附近风速略大,而由于室内风口高度在 2.5 m 以上,在人体高度处风速不大,对人体没有太大影响。室内大部分空间风速在 0.25~0.75 m/s 之间,空气流动适度,有吹风感,符合室内环境的舒适标准。

室内大部分空间的 PMV 值在 0.35~1.25 之间,但从玻璃幕墙处至房间内部,PMV 值在 1 左右。这主要是由于室外太阳辐射温度较高,传导到室内,对室内产生了导热和辐射热作用的结果。

小结:此组计算是模拟空气温度 35.2℃,辐射温度 40℃,幕墙风口自然进风时的室内热环境状况,相当于盛夏的状况,这种天气在武汉夏天是时间最长、最普通的情况。从模拟计算结果可见,该情况下玻璃幕墙间层内部温度较高,受到室外热辐射的影响较大;室内温度分布较不均匀,靠近玻璃幕墙部分的区域,温度较高,PMV 值为偏热。

3) 酷夏时段的模拟

空气温度 35.2℃,室外辐射温度 50℃,幕墙风口自然进风时的情况,除提高室外辐射温度外,其余情况同上。酷夏时段每年在武汉市有 5~15 天,有的年份天数可能更多一些。

模拟结果显示,主要在玻璃幕墙间层内部,计算温度在 36℃以上,而室内大部分温度约为 29℃,局部温度接近 30℃,室内环境热。

建筑室内辐射温度较高,即使在有百叶遮阳的情况下,室内接近玻璃幕墙外窗的部分辐射温度仍然很高,可达 31℃以上,这主要是由于夏季室外太阳辐射的影响过于强烈,使得建筑外围护结构温度较高,对室内产生了不良的热辐射影响。

室内出风口和玻璃幕墙空气间层中的风速较大,可达 2 m/s 以上,而由于室内风口高度在 2.5 m 以上,对人体没有太大影响。室内大部分空间风速在 0.5 m/s 左右,空气流动适度,没有吹风感,符合室内环境的舒适标准。

室内大部分空间的 PMV 值在 0.75~1.25 之间，即感觉热；而从玻璃幕墙处至房间内部，PMV 值逐渐降低，分布并不均匀。

小结：此组计算是模拟空气温度 35.2℃，辐射温度 50℃，幕墙风口自然进风时的室内热环境状况。从模拟计算结果可见，该情况下玻璃幕墙间层内部温度很高，室内温度偏热并且分布不均匀，从玻璃幕墙至内墙温度逐渐降低，波动较大。室外太阳辐射导致玻璃幕墙的间层内部温度过高，热辐射通过玻璃幕墙传导到室内，对室内产生较大影响，使得室内热环境不是十分理想。

15.2.4 玻璃幕墙的模拟分析与智能设计

1) 改进措施一：加大室内空调进风

扩大进风口，每个房间进风口从 2 个共 0.2 m² 扩大到 2 个共 1.08 m²，风口风速为 2 m/s 不变，风的温度为 20℃ 不变。进风量扩大 5 倍，室内换风次数也相应扩大，可根据室内体积进行换算，在这里，不做具体分析。

室外空气温度 35℃，辐射温度为 50℃。同酷夏时段条件。

此改进措施效果很好，但不节能，耗电量大大增加。

加大室内空调进风后，模拟结果显示：室内温度分布均匀，平均温度约为 24℃，人体感觉舒适；室内辐射温度分布均匀，平均为 26.5℃，可见加大空调进风抵消了室外太阳辐射的影响；室内空间 PMV 值分布均匀，在 -0.75~0 之间，热环境舒适，甚至偏冷。但这也是以消耗大量能源为代价的。

小结：本组为室外空气温度 35℃，室外辐射温度 50℃，但将 2 个室内空调进风口从 0.2 m² 加大到 1.08 m² 的情况。可见在此情况下空调功率增大，抵消了室外太阳辐射的影响，使得室内的空气温度、辐射温度都有了很大的改善；但同时室内风速提高，建筑消耗的能量也大大增加。

2) 改进措施二：幕墙内主动通风，风速为 10 m/s

在室外空气温度 35℃，室外辐射温度为 50℃ 的外部条件不变的前提下，其他条件与上述 50℃ 辐射的条件相同。仅在幕墙的出风口处安装一个风扇，不改动幕墙现有的所有结构，便将幕墙内（幕墙已与室内完全隔绝）的辐射热量带走，提高幕墙的隔热性能（实际上是增加幕墙内传播热量的时间），幕墙的保温性能已在内层的 Low-E 玻璃中体现了。

风扇向外的风量是 9 m³/s，送风口的面积为 0.9 m²，风速为 10 m/s。单个房间幕墙的体积为 20 m³ 左右，两秒钟将其中的空气换一次（仅出风口处）。相当于 5 级风（劲风最高为 10.7 m/s），即小树摇摆，海面中浪，浪高 2 m。

幕墙内主动通风，风速 10 m/s 时的模拟结果显示：室内平均温度约为 28℃，比酷夏时段的情况有所降低，而室内温度分布的均匀度则有较大提高，这主要是因为幕墙出风口处安装风扇后，幕墙内辐射温度降低，对室内影响程度也随之减弱；室内辐射温度分布均匀，平均约为 29℃，属于室内环境舒适的范围之内；室内的 PMV 值在 1.0 左右，略有偏热，但跟酷夏时段 PMV 分布的情况相比较，PMV 值在室内变得较为均匀，室内情况改善。

小结：本组为室外空气温度 35℃，辐射温度 50℃，在原幕墙的出风口处安装一个风扇排风，变被动式排风为主动式排风，风量为 9 m³/s。在此情况下可见，建筑室内温度有所降低，由于玻璃幕墙内辐射温度降低，使得热环境均匀度有了很大的改善，而增加的能耗仅为排风扇的功率。

3) 改进措施三：幕墙内主动通风，风速为 5.5 m/s

风扇向外的风量是 5 m³/s，送风口的面积为 0.9 m²，风速为 5.5 m/s。单个房间幕墙的体积为 20 m³ 左右，4 s 将其中的空气换一次（仅出风口处）。相当于 5 级风（和风），即吹起尘土，海面小浪白沫波峰，浪高 1 m。

幕墙内主动通风，风速 5.5 m/s 时的模拟结果显示：室内平均温度约为 28℃ 左右，与酷夏时段相比有所降低，而室内温度分布的均匀度有一定提高，可见出风口处风量 5 m³/s 时，仍能使幕墙内辐射温度有所降低；室内辐射温度与酷夏时段相比较，靠近围护结构区域的辐射温度明显降低，进而改善整个房间的温度分布，基本上在 30℃ 以内，属于室内环境舒适的范围之内，仅在人员密集处辐射较高；室内的各部分

PMV 值在 1.1 左右，仅略有偏热，但与酷夏时段的情况相比，舒适度有所提高，整个房间的舒适度水平有较为明显的改善。

4）幕墙内层玻璃下部改为 90 cm 高的砖墙

从模拟结果来看，将内层玻璃下部改为 90 cm 高的砖墙，对室内影响很小，幕墙内的辐射温度相当于外部温度为 40℃时的情况。

小结：本组为室外空气温度 35℃，辐射温度 50℃，在幕墙的出风口处安装一个风扇排风，风量为 5 m³/s，送风口的面积为 0.9 m³，风速为 5.5 m/s 的情况。与排风扇风量 9 m³/s 时相比，建筑室内温度基本相当，整体处于舒适范围之内，室内热环境的均匀度有较大提高。

15.2.5 双层玻璃幕墙智能设计策略

根据上述的模拟和分析，将相同条件下的温度和 PMV 值进行比较，提出武汉（夏热冬冷地区）双层玻璃幕墙建筑的智能设计策略。

1）温度比较

以酷热时段的条件为例，比较离地面 90 cm（坐姿的胸部）左右的温度。图 15.9 依次为：（a）没有任何辅助设施；（b）幕墙内主动通风，风口风速 10 m/s；（c）幕墙内主动通风，风口风速 5 m/s。

小结：可以看到，幕墙内主动式通风的确可以影响到室内温度，幕墙内的风可以将遮阳百叶挡住的太阳辐射产生的热量带至室外，相当于改善了玻璃幕墙在建筑节能上的最大缺点——隔热性能不够，也就是说，没有让热量在第二层玻璃集聚，当集聚到玻璃的极限后，就会传递到室内；而玻璃幕墙的保温性能却能发挥，即能保持室内的温度。

从风口风速变化的情况看，东南角的房间 10 m/s 风速对室内的影响要比 5 m/s 风速对室内温度的影响要大，南向房间的情况则相反。东南角房间有两面围护结构墙面，南向房间则只有一面围护结构墙面。

2）舒适度比较

同样以酷热时段的条件为例，比较离地面 90 cm（坐姿的胸部）左右的 PMV 值。图 15.10 依次为：（a）没有任何辅助设施；（b）幕墙内主动通风，风口风速 10 m/s；（c）幕墙内主动通风，风口风速 5 m/s。

小结：幕墙内主动式通风可以影响到室内舒适度，总体上说，改善了室内的舒适度。无论是东南角房间还是南向房间，总体上 10 m/s 风速对室内的影响要比 5 m/s 风速的对室内温度的影响要小。

3）智能设计策略

至此，建议采用幕墙内主动式通风的智能设计策略。考虑到现实可行性和现有工程中的施工，

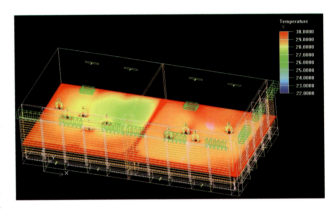

图 15.9(a) 没有任何辅助设施时的温度
资料来源：余庄绘制

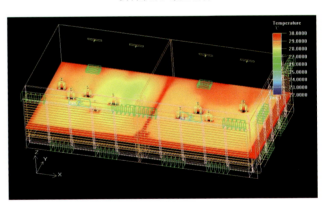

图 15.9(b) 幕墙内主动通风、风口风速 10 m/s 时的温度
资料来源：余庄绘制

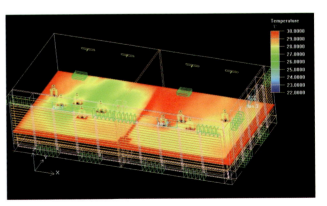

图 15.9(c) 幕墙内主动通风、风口风速 5 m/s 时的温度
资料来源：余庄绘制

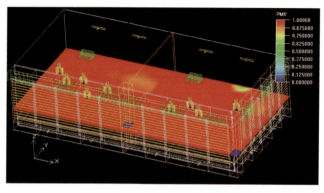

图15.10(a) 没有任何辅助设施时的PMV
资料来源：余庄绘制

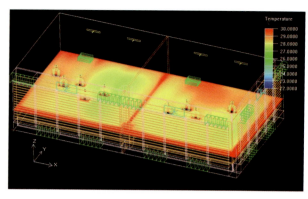

图15.11(a) 未将新风出口30℃废气引入幕墙时的温度
资料来源：余庄绘制

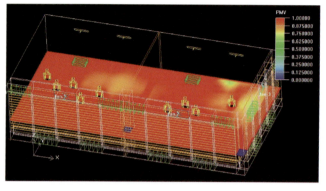

图15.10(b) 幕墙内主动通风、风口风速10 m/s时的PMV
资料来源：余庄绘制

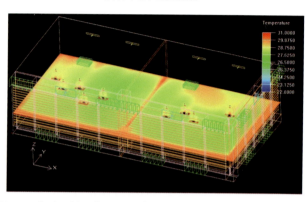

图15.11(b) 新风出口30℃废气引入幕墙(温度22℃～30℃)
资料来源：余庄绘制

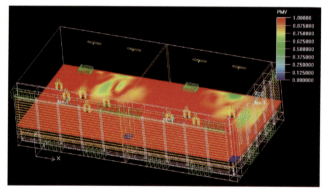

图15.10(c) 幕墙内主动通风、风口风速5 m/s时的PMV
资料来源：余庄绘制

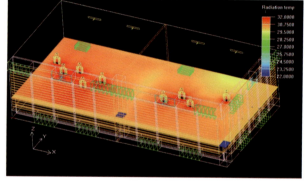

图15.12 新风出口30℃废气引入幕墙后的辐射温度(辐射温度22℃～32℃)
资料来源：余庄绘制

具体策略是：东、南、西向的玻璃幕墙内，在现有的被动式通风口里侧，安装小型普通风扇，风扇的控制与遮阳百页的控制同步，即遮阳百叶放下时，风扇启动，当然也可手动或是另外编制程序控制，即东、南、西向的玻璃幕墙内风扇无需同时打开，一般只需一个方向的风扇启动，最多两方向的风扇同时工作。风扇的规格为至少让每个房间的玻璃幕墙内的空气4~5 s换一次气。而风扇的电源由安装在建筑上的太阳能电池产生的可再生能源供给，采用太阳能电池与电网联动的方式（可以无需蓄电池组，保护环境），由于屋顶是玻璃屋顶，不影响太阳能电池的安装。具体太阳能电池的安装功率，根据风扇的总功率确定。

将每层楼都有的新风换气系统排风口，放在东、南面幕墙的交界处，或者就放在南向幕墙中，以利用室内已使用过的废气，增加幕墙内调节的效果。因为无论如何，室内排出的废气温度，总是与室内的温度温差小，而与室外温差大，加强排风扇带走幕墙内热量的调温作用。图15.11到图15.13为采用智能设计

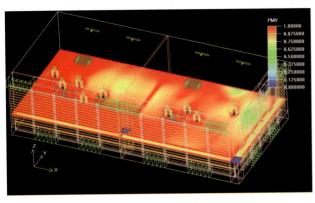

图 15.13(a) 没有将新风出口 30℃废气引入幕墙时的 PMV

资料来源：余庄绘制

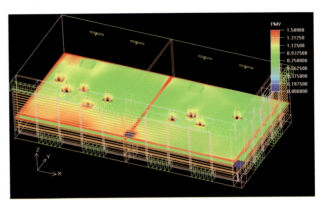

图 15.13(b) 将室内已呼吸过的 30℃废气引入幕墙时的 PMV 0～1

资料来源：余庄绘制

策略后的预测效果图，主要是给出将室内已呼吸过的废气（温度为 30℃）引入玻璃幕墙之间时室内温度的比较结果、辐射温度以及 PMV 的比较结果，与没有引入新风的结果相比较，效果有明显改善。

15.3 智能设计与可再生能源建筑实例

财政部、建设部可再生能源建筑应用示范项目，华中科技大学建筑与城市规划学院教学办公楼扩建和既有建筑改造工程，称之为 000PK 建筑（零能耗、零排放、舒适度 PMV 为零、Popular 大众化、Key 共性关键技术）。项目的主要目标为：夏热冬冷地区全年使用可再生能源进行温度和舒适性调节的教学、办公建筑示范工程；以全年屋顶太阳能电池板的总发电量等于或大于示范建筑用于室内舒适度调节、照明和大部分办公的耗电量总和为能源使用评判标准。太阳能电池板的所有发电都送入电网，而用电则从电网输入。由于本建筑的使用特点，春、秋季以及寒、暑假的太阳能所产生的全部电能都回馈电网，用于补足夏、冬季开启室内舒适度调节系统的缺额部分、全年照明系统及部分办公用电的电能消耗。

主动式动态空心墙作为围护结构的示范，其最大特点是拥有一个流动的空气间层，在冬、夏两季，采用主动式送风的方法，让一定温度的空气不断从墙体内部通过，有效地阻隔室外冷、热量通过墙体集聚，提高墙体的保温和隔热功效。通往空气间层的有一定温度的空气是与室外有较大温差的室内废气；玻璃窗的改造，则是在玻璃窗上增加一个附件，夏天以玻璃窗遮阳，而冬天则反射太阳辐射取暖和反射光线改善照明。由于围护结构的自适应能力加强，用于室内舒适度调整所需要的时间大为减少，这也是减少整个室内用能的重要手段，也是减少建筑总用电量的前提条件。

地下可再生能源的利用，依气候而论，用采集到的地下冷、热源去调整进入室内的新风温度，即将室内地板下散热器中的水与地下冷、热源采集水管中的水进行循环，将冷、热量带入室内，用风送入室内。然后，收集建筑内部已经使用后的废风，并通过新风冷热交换系统进行热交换后，输送到动态空心墙的空气间层当中。

整个可再生能源利用系统是一个整体，它充分利用夏热冬冷地区地温年度总平衡的优势，变夏热冬冷地区气候双向影响的劣势为优势，以土壤中的冷、热源，用水循环方式带至室内地板下，再用地板送风的方式，进行夏热冬冷时的室内舒适度调节，这也是夏热冬冷地区不用压缩机技术的热舒适度调整技术；而增强的围护结构自适应性减少了需要进行室内舒适度调节的时间，这也是该系统不可或缺的部分（图 15.14）。再加上整个系统中还有一个储能器，故还能将秋、春季（无需室内温度调节时段）的热、冷量储存地下，反季节应用。

项目充分采用了建筑性能的智能设计技术，特别对围护结构的建筑性能以及舒适度调整系统的设计提供了较为充分的数字设计基础。

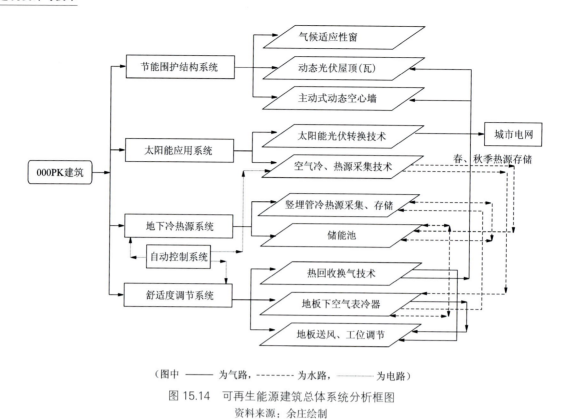

(图中 ——— 为气路，------- 为水路，——— 为电路)

图15.14 可再生能源建筑总体系统分析框图

资料来源：余庄绘制

15.3.1 可再生能源建筑围护结构

围护结构的具体做法是：围护结构内层使用轻质内墙板，由内外两层防火板+聚苯颗粒与黏接剂+水泥、粉煤灰等构成，厚度为100 mm；导热系数为0.078 W/(m·k)。围护结构外层的主要材料为30 mm聚氨酯，内外用防火材料和外墙材料包裹，与内层之间形成60 mm的空气间层。如图15.15所示。

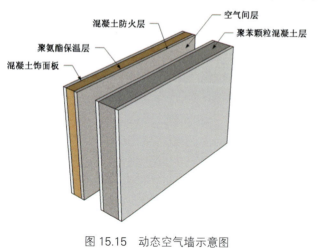

图15.15 动态空气墙示意图

资料来源：余庄绘制

主动式动态空气墙的构成原理，还用在与光伏电池板一起组成的动态空气屋顶，其内层与主动式动态空气墙体一样，外层为太阳能光伏电池板(薄膜太阳能光伏玻璃)。电池板既是建筑结构的瓦，也是动态空心屋顶的外层。主动式动态空心墙的出风口由屋顶无动力风机构成，它既是动态空气墙，也是动态空气屋顶的出风口，既调整墙体的保温、隔热性能，又为太阳能电池降温，提高发电效率。

主动式动态空气墙的特点是内层隔热，外层保温，空气间层调节与气候之间的适应性，且施工方便，外层可使用聚氨酯块干挂，建筑和安装费用低，符合建筑框架结构特征的建造，还能减轻建筑的总重，配套设备费用较低，整个建筑寿命周期中的使用费用也较低。另外，它适应性广，由于有防火板夹住易燃的有机物，且在工厂进行预制，故防火性能好。作为光伏屋顶，光伏电池板替代瓦片，使得建筑的建造费用降低。使用膜电池，由于对光亮度的要求低，发电时间长，总发电量高，且能达到屋顶的防水要求，所以适于本纬度地区的太阳光照具体情况。另外，其屋顶施工也较为方便。

在既有建筑的改造与新建建筑的设计建造中，围护结构中窗的改造都是建筑节能的关键点。开窗通风既是符合人们生活习惯的做法，也是中国亚热带地区建筑的要求。气候适宜时，特别是春、秋天，可开窗通风，呼吸大自然的空气。窗的可开启性，是创造与自然和谐的室内环境的必要条件。但气候不适宜时，开窗通风会成为调节室内环境的弱点。本项目在经过详细的计算机计算以及模拟后，在实测数据的支持下，夏季合理使用遮阳和冬季反射太阳辐射进室内，在夏热冬冷地区的窗的改造中有着重要的意义。在南向窗上增加遮阳附件，夏天可完全遮阳，冬天可将反射阳光直接引进室内，提高室内温度和照度，同时又不影响玻璃的视觉效果，满足了对太阳辐射利用的两面性要求，将夏热冬冷变为夏凉冬暖。窗的改造做法是：南向窗内侧（主体）为普通中空玻璃窗，窗外侧（附件）为两层，即活动上、下层的遮阳附件；东、西、北向窗内侧也为普通中空玻璃窗，外侧遮阳为遮阳天窗和遮阳侧窗附件。所有遮阳附件只需满足一个参数，即它的阳光反射参数。那么，调节遮阳附件的角度，夏天或在需要遮阳时间段里，将它对准太阳，即能将太阳辐射反射回天空；而冬天，调整遮阳附件与窗垂直，同样利用它的反射特性，将太阳辐射的热和太阳光线反射至室内天花板，再反射至室内地板，用以调整室内温度和自然光线。符合中国人开窗的生活习惯，又满足建筑节能的要求（图15.16、图15.17）。

图15.16　气候适应性南向窗
资料来源：余庄摄

图15.17　南向窗冬季反射阳光效果
资料来源：余庄摄

气候适应性窗的特点就是外遮阳附件只要玻璃的一个特性，即阳光反射性。它夏天遮阳，冬天将反射热量和光线引入室内，特别适合长江以南地区使用。它对内窗没有任何特别要求，只需保证一定的密封性（冬季使用），采用普通中空玻璃即可。这样，玻璃窗的价格能大幅降低，还不影响窗的采光。由于遮阳附件的反光对准太阳，春、夏、秋天的光反射回天空，不会对附近建筑产生光污染，故也特别适合既有建筑的改造，只需在旧墙和旧窗上安装遮阳（反射）附件即可，且价格低廉，制造简单，施工容易。

15.3.2　室内舒适度调节系统

建筑要满足中国人的生活习惯，又要达到建筑节能的要求，特别强调"部分时间，部分空调"的应用。这要求围护结构能满足室内舒适度调整，又达到建筑节能的要求，而且还能亲和大自然。如何在不舒适的气候条件下调节室内舒适度，同时又能尽量利用自然条件和可再生能源，以达到建筑节能、和谐自然的室内环境要求，这就是本项目的目标。

地下勘探资料表明，建筑周边地区没有地下水，从地下15~70 m左右为石灰石岩层。这是有代表性（无地下水作冷热量交换）的地质条件。所以，采用"竖埋管+地下冷热源缓冲器（地表浅层水池）+热回收换气技术+地板送风系统+智能控制系统"的集成方案，利用各自的优点进行互补，避免各自的缺点，是本项目解决室内舒适度调节的又一策略。

在我们所处地区，常年有18℃~20℃的冷、热（循环水）源，对于夏、冬两季对室内舒适度调节要求不高的建筑空间，冷热源本身基本能满足要求（特别是冬季采暖）。地下冷热源采出后，再与热回收换气技术和地板送风系统进行集成，形成不使用热泵（压缩机）的建筑空间舒适度调节技术，把舒适度调节中最耗电的部分去掉，此技术可应用在全年对室内环境要求不是非常高的建筑。该策略不仅为城市所用，而且对农村和城镇未来舒适度的调整，也可起到关键示范作用。该地区城市、农村和城镇的部分建筑应用此策略，可以解除未来使用化石燃料调节建筑舒适度的后顾之忧。

图 15.18　地板送风系统
资料来源：余庄摄

室内舒适度调节系统，采用自循环回路通过地下竖埋管采集地下冷(热)源，将冷热源储存在储水池中，该储水池也可称为储能池，在建筑中，可由建筑中的消防水池来代替。另一自循环回路再将该储能池中的水(也是冷、热源)循环送到室内地板下的表冷器，其冷(热)源再由新风系统吹出的新风带进室内。然后新风系统将室内的废风，送进主动式动态空气墙，调节围护结构的气候适应性，提高保温、隔热性能，实现可再生能源梯级使用。地板送风系统由地下静压箱缓冲风压和风量，其能耗是传统空调系统能耗的66%，还可提高工作区空气品质。新风去湿由新风机解决，机内有特殊材料的过滤器，可以去除一定程度的湿气，能进行相互的热交换。新风机的新风进口可在室外或室内二层上部，新风出口在室内地板风冷器下，新风出口风将温度带进室内（图15.18）。新风机污风进口则抽取室内一层顶部的空气，与新风进口的风进行热交换后，送入动态空气墙中的空气间层，增强围护结构的气候适应性。

15.3.3　太阳能与建筑一体化

建筑改造坡屋顶的角度经计算，采用23°的坡度，以利于阳光的收集。太阳能电池板与屋顶空气间层的支撑节点结构为钢结构，屋顶空气间层的气流能冷却太阳能板，从而提高了太阳能板的发电效率，主要解决春季末期、夏季、秋季早期的发电效率问题，因为太阳能电池板超过一定温度后，发电效率会下降。而本地区上述季节时间段内，特别是夏天，太阳直射下的温度，经实测，高达50℃~60℃，致使在太阳光最丰富的季节，太阳能电池板发电效率较低。因此，采用排出室外的废风(温度大约在30℃~34℃)去冷却太阳能电池板背面的部分，实现可再生能源梯级利用，调整太阳能电池板的发电效率。这也是本项目要解决的可再生能源应用关键问题之一。

主动式动态空心墙和动态空气屋顶的出风口都采用无动力屋顶风机。它一机三用，微弱风力即可旋转，形成机内负压，引导动态空气墙内和屋顶内的空气逸出，既利用了风力，又发挥了热烟囱作用，引导了废气排出。

建筑北面设有室外平台。平台栏杆准备采用细铜管和铁翅片做成的空气冷源采集系统构成，实际上就是去掉外罩的平板式太阳能热水器。在这里，空气冷源采集系统采集冬天和春天空气中的冷源，其中的循环水与储能池相连。等储能池达到一定水温后，再被另一条循环水路将冷量带到地层的岩石中去，实现空气和地下的冷源反季节储存和使用。另外，还在建筑的东、西墙面预留安装了空气冷、热源采集系统的位置。在冬天，若室内温度需要提升，空气冷、热源采集系统中的热水将补充至室内循环水管路中去。在夏末和秋季，空气冷、热源采集系统可将空气中的热量送至储能池，将热量储存在地下岩石层，以备冬季使用。

15.3.4　建筑自动化部分

对地下冷、热源采集系统的调控，由地下水循环马达的变频调速进行监控；对储能池中水温变化，室内舒适度调节系统的循环水泵调速，室外空气冷、热源采集系统的监控，所有这些子系统都将组成完整的计算机控制系统，用现代控制理论进行一系列研究，形成较为完整的可再生能源利用的系统。

15.3.5　实测结果

该办公楼建筑总空调面积为250 m^2，从2009年4月15日开始进行建筑能效标识方面的记录，至10月13日止，共进行了连续6个月的记录。太阳能电池共向电网输送3 959 kW·h，太阳能电池实际面积为

1.08×1.28×74=102.30 m² （也是屋顶面积）。由于没有空调压缩机，用电大为减少，只有循环水泵和风机马达的用电，期间记录为 1 240 kW·h；期间所有插座用电，包括 2 个输入功率为 65 W 的风扇、4 个 48 W 的电扇、5 台计算机，以及一些电器（如开水壶等），共用电 785.0 kW·h；所有照明共用电 117.1 kW·h。按此计算，半年（夏季）单位耗电量为 8.6 kW·h/m²，大大低于同类建筑同期采用室内分体空调的单位耗电量 13.69 kW·h/m²，该建筑已达到节能 50%的节能要求。

选取 2009 年较热的 7 月 17 日全天温度监测值为例，说明建筑热天的围护结构建筑性能（图 15.19）。室外气温清晨最低为 30℃，此时室内温度为 32.6℃；在建筑完全开窗情况下，窗的遮阳附件把阳光照进室内的热辐射挡在室外，主动式动态空心墙开始工作。当室外气温随着太阳辐射的增强，遮阳气温为 36.4℃，阳光下温度最高升至 46.5℃，此时南墙外面的温度为 43.8℃，屋顶温度（太阳能板）高达 63.5℃，而此时南墙内的温度仅比清晨最低温度升高 1.5℃，为 34.1℃，说明围护结构的性能完全满

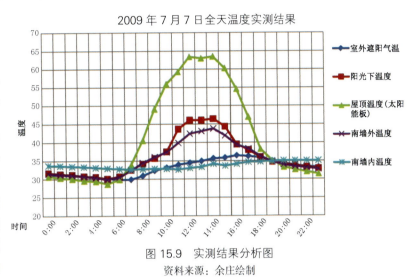

图 15.9　实测结果分析图
资料来源：余庄绘制

足要求，在完全开窗的前提下，能够把太阳辐射很好地挡在窗户和墙外面，产生了很好的隔热作用，减少了外热对室内环境的影响，达到了建筑节能的要求。

本项目的服务目标是对室内舒适度调节条件要求不高的公共建筑，也是在非空调环境下，既能保证室内舒适度，又能实现建筑节能的一次尝试。

第16章　国内外绿色建筑评价体系和标准

对绿色建筑的评价不属于强制性规范标准约束的范畴，这一点国内外是相同的。因此需要有专门的标准对建筑项目的设计、建造和运营进行评价，确定哪些建筑是绿色建筑，哪些不是，并对属于绿色建筑的建筑进行进一步的分级。绿色建筑评价标准对于绿色建筑事业的发展具有重要的意义，首先，它对绿色建筑给出了一个统一的且具有一定权威性的定义，使得"绿色"变为一个可衡量、可验证的概念，避免了大量似是而非的绿色建筑的产生。其次，绿色建筑评价标准还以具体条文的方式给绿色建筑的设计、建造和运营提供了指导，具有强烈的导向性。再次，绿色建筑评价标准也反映了所在国家根据本国国情所制定的建筑业节能、环保、可持续的发展思路，在一定意义上反映了该国绿色建筑发展的水平。

目前，国内外较有影响的绿色建筑评价标准已不下 10 种，本章对其中的几种进行论述，主要是：中国的《绿色建筑评价标准》、美国的 LEED 体系、英国的 BREEAM 体系和瑞士的 Minergie 体系等。

16.1　中国绿色建筑评价标准

16.1.1　中国绿色建筑评价标准的诞生

中国绿色建筑是世界绿色建筑发展的重要一环，由于建设量巨大，对于全球节能环保可持续的建筑产业具有重要的意义。进入 21 世纪以来，随着绿色建筑的理念在中国被普遍接受，更由于绿色建筑的实践运动在中国的普及，中国的绿色建筑事业急需一份纲领性文件，这是中国绿色建筑评价标准诞生的时代背景。同时，西方发达国家的绿色建筑已步入蓬勃发展的成熟期，且已制定了各种表现形式相异但核心思想趋同的绿色建筑评价体系，这为中国绿色建筑评价标准的诞生奠定了可参照的先例。在这样的时代背景下，中国第一部绿色建筑评价标准的诞生也就水到渠成了。

2006 年建设部(今为住房和城乡建设部)主编并颁布了中国第一部《绿色建筑评价标准》(GB/T 50378—2006)(以下简称《绿标》)[1]。在《绿标》的前言里明确说明"本标准是为贯彻落实完善资源节约标准的要求，总结近年来我国绿色建筑方面的实践经验和研究成果，借鉴国际先进经验制定的第一部多目标、多层次的绿色建筑综合评价标准"。这一段话是对《绿标》性质的最好解释。

自《绿标》颁布以后，我国又陆续颁布了一系列与《绿标》配套的技术细则、补充说明等，其中比较重要的有：① 2007 年 6 月颁布的《绿色建筑评价技术细则》[2]；② 2008 年 6 月颁布的《绿色建筑评价技术细则补充说明(规划设计部分)》[3]；③ 2009 年 9 月颁布的《绿色建筑评价技术细则补充说明(运行使用部分)》[4]。

上述文件与《绿标》一起基本完成了我国第一套绿色建筑评价标准体系的构建。

16.1.2　中国《绿色建筑评价标准》的内容

1)《绿标》的基本体系结构

在探讨《绿标》具体技术内容之前，需要对其基本体系结构做一简单考察。我国的现行《绿标》按照住宅和公共建筑对所有建筑进行分类评价。很显然，作为中国第一部绿色建筑评价标准，该分类方法尚显粗犷，有待未来进一步细化和完善。不论是住宅还是公共建筑，《绿标》都从 6 个方面对建筑项目进行评价，

---

[1] 中华人民共和国建设部. GB/T 50378—2006　绿色建筑评价标准. 北京：中国建筑工业出版社，2006.
[2] 中华人民共和国建设部科学技术司. 绿色建筑评价技术细则，2007.
[3] 中华人民共和国住房和城乡建设部. 绿色建筑评价技术细则补充说明(规划设计部分)，2008.
[4] 中华人民共和国住房和城乡建设部. 绿色建筑评价技术细则补充说明(运行使用部分)，2009.

分别是：① 节地与室外环境；② 节能与能源利用；③ 节水与水资源利用；④ 节材与材料资源利用；⑤ 室内环境质量；⑥ 运营管理。在评价指标上，《绿标》分为控制项、一般项、优选项。控制项是那些必须全部满足的评价指标，即使只有一条不满足，项目也无法通过评价。而一般项和优选项则根据项目评价等级的高低确定需要满足的数量。《绿标》按照建筑项目满足一般项和优选项的程度高低，将其分为三个等级：一星级、二星级、三星级。具体要求参见《绿标》的3.2节，此处引用如下，其中表16.1适用于住宅，表16.2适用于公共建筑。

表16.1 划分绿色建筑等级的项数要求（住宅建筑）

等 级	一般项（共40项）						优选项（共9项）
	节地与室外环境（共8项）	节能与能源利用（共6项）	节水与水资源利用（共6项）	节材与材料资源利用（共7项）	室内环境质量（共6项）	运营管理（共7项）	
★	4	2	3	3	2	4	—
★★	5	3	4	4	3	5	3
★★★	6	4	5	5	4	6	5

表16.2 划分绿色建筑等级的项数要求（公共建筑）

等 级	一般项（共43项）						优选项（共14项）
	节地与室外环境（共6项）	节能与能源利用（共10项）	节水与水资源利用（共6项）	节材与材料资源利用（共8项）	室内环境质量（共6项）	运营管理（共7项）	
★	3	4	3	5	3	4	—
★★	4	6	4	6	4	5	6
★★★	5	8	5	7	5	6	10

2）《绿标》的技术内容

我国绿色建筑评价标准体系的技术内容在《绿标》及与其配套的3份文件中有详尽的阐释，读者可直接阅读《绿标》中的条文及条文说明。由于我国《绿标》是在借鉴西方发达国家经验的基础上，兼顾中国国情制定出的绿色建筑评价标准，因此有必要对其特色和若干需要改进的地方进行剖析。

首先，我国《绿标》在各类绿色指标的分配方面进行了较好的协调和均衡处理。以住宅建筑为例，6大类指标的"一般项"项数分别是8、6、6、7、6、7，充分反映了《绿标》试图在各类评价指标间取得一个大致平衡的编制思路。而在美国LEED v3版本里，节水类（Water Efficiency）的最高得分是10分，而节能类（Energy and Atmosphere）的最高得分达到了35分，两者的差距十分明显。

《绿标》按照住宅和公共建筑对建筑项目进行分类评价，显然这一分类方式略显粗犷，尤其是公共建筑，事实上涵盖了多种不同类型且在绿色设计上有不同要求的建筑。因此，下一步《绿标》的完善应当在细化建筑类型上下工夫。据悉，住房和城乡建设部将出台专门适用于办公建筑的绿色建筑评价标准。

《绿标》中有些规定和国外绿色建筑评价标准的原则相异，其中比较突出的一点就是将浅层地源热泵认可为可再生能源。严格地说，浅层地源热泵或水源热泵并不属于可再生能源，它们只是利用了浅层土壤或表面水体温度较稳定的特性，从而提高了系统运行效率，本质上仍是依靠传统制冷循环的热泵。关于这一点，美国LEED v2.2的参考手册里特意给予了强调。

此外，《绿标》中的有些评价指标在执行过程中也引起了争论。例如在传统水源利用率上，《绿标》的一般项规定"办公楼、商场类建筑非传统水源利用率不低于20%"，优选项更进一步规定"办公楼、商场类建筑非传统水源利用率不低于40%"。在实践中发现，极少有办公楼建筑能真正做到非传统水源利用率不低于40%，即使达到了，也会导致初始投资和运行管理费用大幅上升。因此，如何优化《绿标》中的一些评价指标，兼顾先进性和可操作性是未来完善《绿标》的又一重要任务。

16.2 美国的 LEED 体系和标准

LEED 的全称为 Leadership in Energy and Environmental Design，可译为"能源与环境设计先锋奖"。LEED 是由 USGBC(United States Green Building Council，美国绿色建筑委员会)制定、颁布并监督实施的一个绿色建筑评价体系。之所以称 LEED 为体系是由于它包括多个适用于不同建筑类型的标准，同时还涵盖 LEED AP(LEED Accredited Professional，LEED 注册咨询师)的注册和管理，受理建筑项目 LEED 认证申请、LEED 宣传和培训等事宜。因此，LEED 不仅是一个单纯的标准，更是一个内容丰富的绿色建筑体系。

16.2.1 LEED 的起源、发展和最新动态

1994 年，美国自然资源保护协会(Natural Resources Defense Council)的资深科学家 Robert Watson 领导各类机构和组织发起了 LEED 的研究和筹备工作。这些机构和组织包括非赢利组织、政府部门、建筑师、工程师、开发商、施工单位、材料生产厂商、建筑部品部件生产厂商等。Watson 从 1994 年到 2006 年期间一直担任 LEED 技术委员会主席。早期的 LEED 技术委员会委员还包括 USGBC 的另外几个创始人，例如 Mike Italiano、Bill Reed、Sandy Mendler、Gerard Heiber、Richard Bourne 等[1]。通过约 4 年时间的研究、讨论和试运行，USGBC 于 1998 年颁布了 LEED 的第一个版本，即 LEED 1.0，正式标志 LEED 的诞生。最早的 LEED 仅包括新建建筑的评价标准，也就是 LEED NC(LEED for New Construction)，后来才逐渐涵盖建筑改造、住宅等其他类型的建筑项目。

自 1998 年 LEED NC 1.0 颁布以来，LEED 在美国迅速发展和壮大，并很快扩展到世界其他国家。1994 年 LEED 刚处萌芽状态时，其技术委员会仅包括 6 名志愿者；而到 2006 年，LEED 已有 200 余名委员，分别负责 20 余个技术分委会，同时还有超过 150 名正式员工。根据 USGBC 在 2009 年 4 月提供的一份报告，目前全球有约 2 万个组织和机构成为 USGBC 会员，这一数字比 2000 年翻了四番。全球申请进行 LEED 认证的建筑项目近 2 万个，其中已有近 3 000 个项目获得批准，这些项目遍布美国的 50 个州和世界上 91 个国家[2]。

LEED 是一个不断发展的绿色建筑体系，其最新动态之一就是 USGBC 在 2009 年 4 月 27 日正式发布的 LEED 最新版本即 LEED 3。根据 USGBC 官方网站的宣传，LEED 3 是一部具有更大灵活性的绿色建筑评价标准，能够汲取建筑科学领域最新的技术和进展，同时突出强调节能和减少 CO_2 排放[3]。伴随 LEED 3 的推出，USGBC 还计划对 LEED 注册咨询师制度进行调整，拟将以前的 LEED AP 保留，同时增加两类新的 LEED 注册专业人士，即 LEED Green Associate(LEED 基础注册咨询师)和 LEED Fellow(LEED 资深注册咨询师)。目前，LEED Green Associate 和 LEED AP 的注册程序、考试内容等已经正式颁布和执行，而 LEED Fellow 仍在酝酿阶段。

16.2.2 LEED 评价标准简介

LEED 体系的核心内容是其评价标准，LEED 的理念、思想、技术在评价标准里得到了充分的反映。由于 LEED 评价标准规定了绿色建筑从设计到运营管理的诸多环节，并且被世界众多国家采纳，因此具有引领性和前瞻性的特点。USGBC 最新颁布了 LEED 评价标准的第三版，但由于其实施时间尚短，缺乏足够数量的建筑项目案例，因此本章将以上一个版本(2.2)为基础[4]，讲述 LEED 评价标准的分类、内容、技术特点等。

---

[1] Jason McLennan. The Philosophy of Sustainable Design. Washington:Ecotone Publishing Company LLC,2004.
[2] 美国绿色建筑委员会报告. Green Building by Numbers,2009.
[3] http://www.usgbc.org.
[4] USGBC,New Construction & Major Renovation Version 2.2 Reference Guide,2007.

1）LEED 评价标准的分类

USGBC 按照建筑项目的不同类型分别颁布了 9 部 LEED 评价标准。它们分别是新建建筑 LEED 评价标准（New Construction）、既有建筑 LEED 评价标准（Existing Buildings）、商用建筑内装修 LEED 评价标准（Commercial Building Interior）、Core-Shell 类型建筑 LEED 评价标准（Core-and-Shell）、住宅 LEED 评价标准（Home）、居住区 LEED 评价标准（Neighborhood Development）、学校建筑 LEED 评价标准（School）、医疗建筑 LEED 评价标准（Healthcare）、零售商业建筑 LEED 评价标准（Retail）。

2）LEED 评价标准的基本架构

在 LEED 的 9 部评价标准里，最早颁布和实施的一部是新建建筑 LEED 评价标准（简称 LEED NC）。LEED NC 也是 LEED 所有评价标准的核心和基石。

LEED NC 2.2 是一个分类分项打分的评价标准，总计 69 分（Credit），另外还包括 7 个先决条件（Prerequisite）。所谓先决条件，即申请认证的项目必须满足的条件，满足并不能得分，但不满足则可"一票否决"，类似我国建筑规范里的强制性条文。在所有的评分项目评价完毕并统计总分后，USGBC 按照得分高低授予不同等级的 LEED NC 认证。具体标准为：

(1) LEED NC 认证级（Certified）　　　26~32 分
(2) LEED NC 银级（Silver）　　　　　33~38 分
(3) LEED NC 金级（Gold，图 16.1）　　39~51 分
(4) LEED NC 铂金级（Platinum）　　　52~69 分

图 16.1　LEED 金级认证奖章
资料来源：http://www.thegreenporch.com

LEED NC 2.2 将所有的评分项目和先决条件分成 6 大类，分别是：可持续场地（Sustainable Design）、节约用水（Water Efficiency）、能源与大气（Energy & Atmosphere）、材料与资源（Materials & Resources）、室内环境品质（Indoor Environmental Quality）、设计创新（Innovation in Design）。其中节约用水和设计创新里没有先决条件，只有评分点；其他 3 类既有先决条件，又有评分点。需要注意的是，大多数评分点对应的分值为 1，少数评分点对应的分值超过 1。例如，能源与大气类里的评分点 EA-1 为节能最优化，其可能最高得分就有 10 分。这 6 类指标包括的先决条件、评分点数量和最高得分如下：

(1) 可持续场地　　　　1 个先决条件，14 个评分点，最高得分 14 分；
(2) 节约用水　　　　　无先决条件，5 个评分点，最高得分 5 分；
(3) 能源与大气　　　　3 个先决条件，6 个评分点，最高得分 17 分；
(4) 材料与资源　　　　1 个先决条件，13 个评分点，最高得分 13 分；
(5) 室内环境品质　　　2 个先决条件，13 个评分点，最高得分 15 分；
(6) 设计创新　　　　　无先决条件，4 个评分点，最高得分 5 分。

3）LEED 评价标准的内容

以上是对 LEED NC 2.2 基本架构的简要介绍。研究 LEED 评价标准更重要的是研究其具体条目，理解每一评分点规定的绿色指标和涉及的技术内容，从而体会 LEED 背后反映的绿色、生态、环保的建筑设计、开发和运营及管理理念。学习 LEED NC 2.2 的具体内容之前，首先需要明确以下几点：

LEED 是基于美国的建筑实际制定和颁布的绿色建筑评价标准，因此其中部分内容未必符合中国国情，但其反映的基本思想和理念大体是一致的。

LEED 评价标准里经常引用或参考其他美国颁布的规范标准。这些规范标准大多在我国可找到其对应的版本。也有少部分引用或参考的规范标准在我国尚未颁布。

LEED NC 2.2 的每一评分点都涉及目的、要求、可采用的技术和策略、参考标准、实施方案、计算、卓越性能、提交文件、其他考虑、资源、定义等内容。限于篇幅，本章无法讨论所有内容，只就评分点名称和目的进行阐述。

第一类：可持续场地（1个先决条件，14个评分点，最高得分14分）

可持续场地的评价要点参见表16.3，以下各类评价指标也采用表格的方式论述。

表16.3 可持续场地类评价指标的内容与目的

评分点代号	评分点名称	评分点目的
SSp1	施工污染控制	通过控制土壤流失、水中沉积物和空气中灰尘产生，减少施工中产生的污染
SSc1	场址选择	避免开发不合适的场地，减少建筑对场地的影响
SSc2	开发密度与区域连接	利用已有基础设施将开发项目向城市区域导引，保护从未开发过的自然土地，保护原始生态系统和自然资源
SSc3	污染土地的再开发	对遭受环境污染的土地进行生态修复，减少对未开发土地的压力
SSc4.1	替代交通（公共交通可达性）	减少因机动车使用产生的污染和土地开发影响
SSc4.2	替代交通（自行车存放和更衣室）	减少因机动车使用产生的污染和土地开发影响
SSc4.3	替代交通（低排放和低油耗车辆）	减少因机动车使用产生的污染和土地开发影响
SSc4.4	替代交通（停车空间）	减少因单人使用车辆产生的污染和土地开发影响
SSc5.1	场地开发（保护或修复栖息地）	保护既有自然区域并修复遭损坏的区域以提供栖息地并促进生物多样性
SSc5.2	场地开发（开敞空间最大化）	提供占开发面积较大比例的开敞空间以促进生物多样性
SSc6.1	地表排水设计（数量控制）	通过减少不透水铺面、提高场地透水、控制地表水流量以限制对自然水文的干扰
SSc6.2	地表排水设计（质量控制）	通过减少不透水铺面、提高场地透水、消除污染源、去除地表水流中污染物以降低或消除水污染
SSc7.1	热岛效应（非屋面）	降低热岛效应以将对微气候和人及野生生物栖息环境的影响降至最小
SSc7.2	热岛效应（屋面）	降低热岛效应以将对微气候和人及野生生物栖息环境的影响降至最小
SSc8	减少光污染	将来自建筑和建设场地的光侵入降至最小，降低对天空的照明以提高夜空可视性，通过降低眩光提高夜间可视度，降低开发项目对夜间环境的影响

第二类：节约用水（无先决条件，5个评分点，最高得分5分）见表16.4。

表16.4 节约用水类评价指标的内容与目的

评分点代号	评分点名称	评分点目的
WEc1.1	节水型景观（降低50%）	限制或不使用饮用水，利用在项目场地上或周边的其他自然表面或地下水资源进行景观灌溉
WEc1.2	节水型景观（不使用饮用水或免灌溉）	不使用饮用水，利用在项目场地上或周边的其他自然表面或地下水资源进行景观灌溉
WEc2	创新污水技术	降低污水产量和饮用水使用量，同时增加对当地地下水的补充
WEc3.1	降低用水量（降低20%）	实现建筑用水效率最大化，以降低城市供水和污水处理系统的负担
WEc3.2	降低用水量（降低30%）	实现建筑用水效率最大化，以降低城市供水和污水处理系统的负担

第三类：能源与大气（3个先决条件，6个评分点，最高得分17分）见表16.5。

表 16.5 节能与大气类评价指标的内容与目的

评分点代号	评分点名称	评分点目的
EAp1	建筑能源系统的基本检测和调试	证实建筑能源系统的安装、调试和性能符合用户项目要求、设计标准和施工文件
EAp2	最低能效性能	建立建筑和系统的最低能效等级
EAp3	基本制冷剂管理	降低臭氧破坏
EAc1	能效性能最优化	实现比先决条件里规定的最低标准逐级升高的能效性能，降低由过度用能导致的对环境和经济的影响。本评分点最高得分为10分，按照比最低能效标准高的百分比确定得分。例如，比最低能效标准更节能10.5%可得1分，更节能14.5%得2分，以后以3.5%为一个等级累加，直到最高得分10分，对应超出最低能效标准42%
EAc2	现场可再生能源	鼓励并认可现场可再生能源逐级递增的供给，以降低使用化石能源对环境和经济造成的影响。本评分点最高得分为3分，可再生能源比例占总能源的2.5%得1分，占7.5%得2分，占12.5%得3分
EAc3	高级检测和调试	在设计过程的早期开始检测和调试，在系统性能验证完成后继续执行额外的检测与调试
EAc4	高级制冷剂管理	降低臭氧破坏，支持尽早遵守蒙特利尔协议，同时尽可能降低全球温室效应
EAc5	测量与验证	提供长时期运营中建筑能耗的实测数据
EAc6	绿色能源	在净污染为零的基础上鼓励开发和使用并网的可再生能源技术

第四类：材料与资源(1个先决条件，13个评分点，最高得分13分)见表16.6。

表 16.6 材料与资源类评价指标的内容与目的

评分点代号	评分点名称	评分点目的
MRp1	储藏和收集可循环垃圾	降低由建筑使用者生产的被丢弃至填埋场的垃圾
MRc1.1	建筑再利用（保持75%的现有墙、楼面和屋面）	延长既有建筑的寿命，节约资源，保护文化资源，降低垃圾产生，降低新建建筑所使用材料在生产和运输过程中产生的环境影响
MRc1.2	建筑再利用（保持95%的现有墙、楼面和屋面）	延长既有建筑的寿命，节约资源，保护文化资源，降低垃圾产生，降低新建建筑所使用材料在生产和运输过程中产生的环境影响
MRc1.3	建筑再利用（保持50%的室内非结构构件）	延长既有建筑的寿命，节约资源，保护文化资源，降低垃圾产生，降低新建建筑所使用材料在生产和运输过程中产生的环境影响
MRc2.1	施工垃圾管理（分流50%的被丢弃垃圾）	分流在施工和拆除过程中产生的被填埋和焚烧的垃圾，将可循环资源引导回生产过程，将可再利用材料引导致适宜场地
MRc2.2	施工垃圾管理（分流75%的被丢弃垃圾）	分流在施工和拆除过程中产生的被填埋和焚烧的垃圾，将可循环资源引导回生产过程，将可再利用材料引导致适宜场地
MRc3.1	材料再利用（5%）	再利用建筑材料和产品，降低对新材料的需求和废物的产生，以此降低在开采和生产新资源中产生的不利影响
MRc3.2	材料再利用（10%）	再利用建筑材料和产品，降低对新材料的需求和废物的产生，以此降低在开采和生产新资源中产生的不利影响
MRc4.1	可循环内容〔10%(消费后+1/2消费前)〕	增加对含可循环材料的建筑产品的需求，以此降低在开采和生产新资源中产生的不利影响
MRc4.2	可循环内容〔20%(消费后+1/2消费前)〕	增加对含可循环材料的建筑产品的需求，以此降低在开采和生产新资源中产生的不利影响
MRc5.1	当地材料(10%当地开采、处理和加工)	增加对在当地开采和加工生产的建筑材料和产品的需求，以此支持对当地资源使用并降低因运输产生的环境影响

续表 16.6

评分点代号	评分点名称	评分点目的
MRc5.2	当地材料(20%当地开采、处理和加工)	增加对在当地开采和加工生产的建筑材料和产品的需求，以此支持对当地资源使用并降低因运输产生的环境影响
MRc6	迅速可再生材料	通过使用迅速可再生材料，降低对有限的原材料和再生周期较长的材料的使用和消耗
MRc7	认证木材	鼓励对森林实施环境友好的管理

第五类：室内环境品质(2 个先决条件，13 个评分点，最高得分 15 分)见表 16.7。

表 16.7 室内环境品质类评价指标的内容与目的

评分点代号	评分点名称	评分点目的
EQp1	最低室内空气品质(IAQ)性能	建立最低室内空气品质性能，以提升室内空气品质，由此促进使用者的舒适度和健康
EQp2	环境烟草雾(ETS)控制	实现建筑使用者、室内表面、通风送风系统对环境烟草雾暴露程度的最小化
EQc1	室外新风输送监测	提供通风系统检测能力，以维持使用者舒适度并保证健康
EQc2	增加通风	提供额外的室外新风，以提升室内空气品质，促进使用者舒适度、健康和工作效率
EQc3.1	施工室内空气品质管理计划（施工中）	降低因施工或改造过程导致的室内空气品质问题，以此帮助维持施工人员和建筑使用者的舒适度和健康
EQc3.2	施工室内空气品质管理计划（入住前）	降低因施工或改造过程导致的室内空气品质问题，以此帮助维持施工人员和建筑使用者的舒适度和健康
EQc4.1	低排放材料(黏结剂和密封材料)	降低有异味、刺激性和/或对施工人员及建筑使用者有危害的室内空气污染物
EQc4.2	低排放材料(油漆和涂料)	降低有异味、刺激性和/或对施工人员及建筑使用者有危害的室内空气污染物
EQc4.3	低排放材料(地毯)	降低有异味、刺激性和/或对施工人员及建筑使用者有危害的室内空气污染物
EQc5	室内化学和污染源控制	实现建筑使用者对潜在有危害的颗粒和化学污染物暴露程度的最小化
EQc6.1	系统可控性(照明)	为个人使用者或多功能空间里特定使用群体（教室或会议区域）提供高等级照明系统控制，以此促进建筑使用者的生产效率、舒适度和健康
EQc6.2	系统可控性(热舒适)	为个人使用者或多功能空间里特定使用群体（教室或会议区域）提供高等级热舒适系统控制，以此促进建筑使用者的生产效率、舒适度和健康
EQc7.1	热舒适(设计)	提供舒适的热环境，以支撑建筑使用者的生成效率和健康
EQc7.2	热舒适(验证)	为长时期评价建筑热舒适提供验证
EQc8.1	自然采光和视野(为75%空间提供自然采光)	将自然光线和室外景观引入建筑内部经常性使用区域，以此为建筑使用者提供沟通室内与室外的连接
EQc8.2	自然采光和视野(为90%空间提供自然采光)	将自然光线和室外景观引入建筑内部经常性使用区域，以此为建筑使用者提供沟通室内与室外的连接

第六类：创新与设计流程(4个评分点，最高得分5分)

评分点 IDc1.1~1.4：设计中的创新，为设计团队和项目提供额外得分的机会，这些分数代表着对超过LEED新建建筑评价标准、具有卓越性能的奖励，或者代表着对在具体规定的绿色建筑类型以外具有创新性能的奖励。

16.2.3 LEED在我国的发展情况

LEED进入我国的历史并不长，第一个中国注册LEED的项目在2001年。图16.2反映了从2001年到2009年在我国的LEED注册项目数量的变化情况。可以清晰地看出，LEED于2005年前在我国的注册项目可用"凤毛麟角"形容。从2005年开始，LEED注册项目开始了大幅增长，尤其是从2006年到2007年，LEED注册项目从7个增加到38个，增幅达到500%以上。至2009年截至8月，中国LEED注册项目已达82个（图16.2）。在总计200余个LEED注册项目中，目前已有34个项目获得认证，其中金级19个，银级13个，认证级2个，覆盖全国30个城市。下面以两个案例介绍我国LEED项目的概况(均由北京启迪德润能源科技公司提供)。

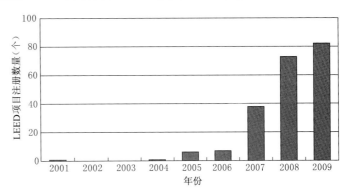

图16.2 我国LEED注册项目数量变化趋势
资料来源：石邢绘制

1) 中国湿地博物馆项目

(1) 基本情况。中国湿地博物馆位于杭州西溪国家湿地公园(图16.3)东南部西溪旅游服务中心内，由日本建筑师矶崎新设计，总建筑面积15 000 m²。西溪湿地水网交错，芦荻茂密，水鸟栖息，千百年来在高强度人类活动和湿地生态过程的长期交互作用下，形成了以大水面、多鱼塘为主体的罕见的城市次生湿地，是寓科普教育和观光旅游于一体的大型公建项目。本项目由杭州西溪投资发展有限公司开发，于2009年11月份开始投入使用。

(2) 绿色建筑及LEED认证实施。保护湿地、研究湿地、宣传湿地是湿地博物馆兴建的初衷所在。为充分保护环境，减少湿地博物馆在兴建和运营过程中对环境的破坏，体现湿地博物馆的历史使命和功能需求。该项目采用了覆土式建筑形式，其建筑主体位于地下，整个屋面在建成之后将恢复成绿地景观。顶部观光塔通过透明变截面管状通道形式与地下主体结构相通，腾空于湿地之上，并通过螺旋楼梯和内部扶梯连接(图16.4)。

根据项目特点，咨询顾问公司北京启迪德润选择了LEED-NC体系对项目进行认证评价，并计划实现金级认证目标。通过充分的环境影响论证，因地制宜地采用了地表水源热泵技术，为建筑提供空调和采暖

图16.3 西溪国家湿地公园及中国湿地博物馆
资料来源：北京启迪德润能源科技公司提供

图16.4 湿地博物馆透明变截面采光通道
资料来源：北京启迪德润能源科技公司提供

所需冷、热负荷。同时通过 CO_2 监控系统，根据室内人员密度需求来自动调节新风送风量，并且在良好保温和立体式植被绿化的综合作用下，大幅减少了空调采暖能耗。通过顶部采光井和透明观光塔通道的合理设计，增强了地下的自然采光，减少了照明能耗。除此之外，还通过专业能耗模拟软件对项目能耗情况进行了综合分析，并根据模拟分析结果进行优化设计，以期在 LEED 认证方面获得更优异的表现。

除此之外，该项目在减少热岛效应、恢复绿化植被、集中排水处理、无水小便器技术的应用、雨水回收和节水灌溉等方面，都有良好的表现。经过各种生态节能技术的合理应用和有机结合，较好地实现了 LEED 追求的良好建筑功能和生态节能的绿色建筑目标。

2）罗氏制药办公楼

（1）基本情况。罗氏制药办公楼是上海罗氏制药有限公司张江园区扩建工程的主要建筑之一，位于上海张江高科技园区中（图 16.5）。项目建成后将作为上海罗氏制药的主要办公场所。业主旨在为其员工提供一个节能、舒适的绿色办公空间。

（2）绿色建筑及 LEED 认证实施。项目申请的认证体系为 LEED NC 2.2 认证，目前正处在施工图设计和 LEED NC 2.2 设计审核资料准备阶段。项目的目标为获得 LEED NC 2.2 金级认证。图 16.6 为 LEED NC 2.2 预评价得分情况。

图 16.5 罗氏制药办公楼及所在园区

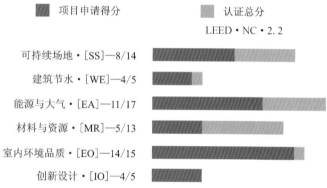

图 16.6 罗氏制药办公楼 LEED NC 2.2 预评价情况

资料来源：北京启迪德润能源科技公司提供

项目周边虽然有数条公交线路，但还是不能满足园区员工出行的需求。而张江地铁站与园区之间也有 3 km 左右的距离。业主通过为整个园区员工提供多条班车线路的方式减少员工的私车使用。上下班高峰期期间，这些班车中有 1 条线路在项目与张江地铁站之间往返，方便员工利用公共交通服务。项目还通过设置自行车停车位和提供淋浴设施鼓励员工使用自行车出行。

项目还将通过全部使用地下车库和屋面的全面绿化（屋顶设备区域除外）有效地减少了因开发而导致的区域热岛效应。项目范围内的景观绿化将通过选用本地耐旱植物来降低至少 50% 的灌溉用水需求。同时，项目还将采用节水洁具进一步降低生活用水的需求。项目在节能设计方面进行了充分的考虑和研究。为了突出典雅细致的高档行政楼风范，项目采用三层双中空 Low-E 玻璃幕墙和智能控制的室外卷帘遮阳来提升自身的节能性能。

综合上述各类节能设计和技术的应用，通过计算机模拟分析计算得出项目较之传统空调系统全年可节省能源费用约人民币 30 万元。同时，LEED 咨询顾问就项目设计模型与 ASHRAE 90.1—2004 规定之基准模型的比较进行了能耗模拟和计算（图 16.7）。

此外，项目使用的水冷冷水机组、地源热泵机

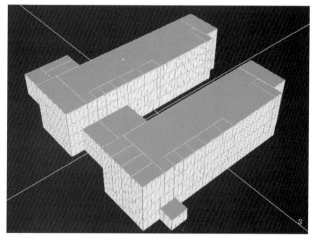

图 16.7 罗氏制药办公楼能耗模拟分析和计算

资料来源：北京启迪德润能源科技公司提供

组制冷剂将采用氨，分体空调采用 C290（丙烷）作为制冷剂。上述两种制冷剂的臭氧层破坏值和全球变暖效应值均为零，有极好的环保性能。

项目在利用自然采光和提升室内空间对外视野两方面保障了项目的良好表现。通过计算机模拟分析，项目 75%以上常用空间都具有良好的自然采光。同时，BAS 系统将根据室外太阳辐射强度的监测情况自动调整遮阳设置的开启度，从而起到控制眩光和降低建筑传热对空调能耗负面影响的作用。

从项目总体的设计情况而言在各个方面都契合了 LEED 认证绿色设计的技术要求，因而才能为项目确立争取金级认证的目标。业主、项目管理公司、LEED 顾问、总包单位以及其他相关各方将通力配合以保证项目的优良设计能够在施工阶段落到实处，提升项目施工活动的环保性能以求实现绿色施工的目标。项目后续针对绿色建筑的公众教育和员工培训将为项目投入使用后的绿色运营打下坚实的基础。

16.2.4　LEED 在中国的适用性

作为一套在美国起源的绿色建筑评价体系，LEED 在中国得到了广泛的应用，随之而来的适用性问题也引起了广泛的关注。不可否认的是，作为 LEED 的执行机构，美国绿色建筑委员会在推广 LEED 的商业运作上获得了极大的成功，使得 LEED 成为目前国际范围内影响最大、注册项目最多的一套绿色建筑评价体系。截至本书撰写之日，LEED 在中国的注册项目（含已通过认证和正在进行认证的项目）数量超过使用我国自己《绿标》的项目数量。要求进行 LEED 认证的甲方有着各不相同的目的和出发点，例如，有些外向型企业希望将他们的生产厂房进行 LEED 认证，以创造一个被国际认可的绿色环保的企业形象，促进产品的外销；面向国际大公司的写字楼希望通过 LEED 认证吸引更多的租户。

从技术角度分析，LEED 体系无疑具有它的先进性，同时也有一些不符合我国国情的地方，国内有专家学者已开始了 LEED 和我国《绿标》的比较研究。限于篇幅，这里无法对一问题作深入探讨，简要叙述 3 点如下：

（1）LEED 体系中的有些得分点比重较大，但在中国的项目上却较容易获得。例如在社区连通性和替代公共交通方面，LEED 2009 一共设置了 11 分，占到了总得分的约 10%，比重很高。由于中国的大中城市普遍人口密集，公共交通普及，因此想获得这 11 分显得比较容易。在老城区周边新开发的区域里的项目倒是有可能遇到一些困难。

（2）LEED 体系普遍引用美国的规范标准，有些标准的要求较之我国的现行标准更为严格，导致一些得分点的获得有较大难度，不得不增加投资，带来一定的成本增量。

（3）LEED 认证不要求现场检查，基本属于一种建立在诚信基础上的评价体系，这一点与中国目前的国情存在一定的冲突。

由此可见，在具备先进性和国际影响力的同时，LEED 也有一些不适合中国现阶段国情的地方。LEED 2009 里增加的"区域优先"得分类就是为了改进这一问题作出的努力，其实际效果还有待实践的检验。

16.3　加拿大绿色建筑新评价体系（LEED® NC & CS 2009）

2002 年，加拿大设计和建筑业的团体和个人代表，组建了一个加拿大绿色建筑委员会，它是一个国家性质的、非盈利性的组织。加拿大绿色建筑委员会（CaGBC[①]）是一个完全的志愿者和基层组织，通过研讨会和 LEED®标准体系以及专业化发展来推行绿色建筑。加拿大绿色建筑委员会已经在传播加拿大绿色建筑领域成为领导者，并作为世界绿色建筑委员会的建立成员之一，而成为国际性的领军人[②]。

---

① Canadian Green Building Council 的简称。
② 参见程乃立.加拿大绿色建筑：标准、组织、技术及实例.朱馥艺，译.现代城市研究，2006(12)：84.

16.3.1 加拿大能源与环境设计主导认证体系[①]的发展历史

在加拿大广泛使用的第一个绿色建筑评价系统是加拿大 LEED 新建筑和主体翻新的版本 1.0[②]，出版于 2004 年 12 月。这个系统改编自美国绿色建筑委员会(USGBC)LEED 新建筑和主体翻新的 2.1 版本(2002 年)(USGBCs LEED for New Construction and Major Renovations version 2.1)。加拿大绿色建筑委员会专门针对加拿大的气候条件、施工做法和法规，并在第一个版本中吸收了美国 LEED 新建筑和主体翻新 2.2 版本(2005 年)的一些改动计划。在 2007 年，加拿大绿色建筑委员会发布了增编的 LEED® NC 1.0 版本评价体系和参考指南，引入和吸纳了美国 LEED® NC 2.2 版本，以及基于加拿大用户体验的一些变动。

2006 年，美国绿色建筑委员会发行了 LEED Core and Shell[③]（核心和框架）版本 2.0，在试点后，由于它和 LEED NC 的相似性，2008 年加拿大绿色建筑委员会发布了新的评价系统，作为加拿大 LEED NC 1.0 版本的一个改版。这使得绿色建筑的发展进程加快，业主也可以根据居住者的预期在两个评价系统中转换和选择。

2009 年，美国绿色建筑委员会重新推出了一套评价系统把 LEED 新建筑和主体翻新(NC)与 LEED 核心和框架(CS)合并成一个参考指南。加拿大绿色建筑委员会以此形式重编了 LEED 加拿大 NC 2009 和 LEED 加拿大 CS 2009，这个合并不仅作为一个参考指南，同时也是易于使用的绿色建筑评价系统的文件，并于 2010 年 6 月 21 日公布。

绿色设计领域的发展和变化日新月异，新技术新产品不断进入市场，创新性的设计都在证明其有效性，项目团队希望他们的项目是其注册时采用的标准体系，故而绿色建筑的评价系统和参考指南也在与时俱进地逐步发展。

16.3.2 新评价体系的内容

LEED 绿色建筑评价系统是自愿的，它以协商一致为基础，以市场为导向。

基于现有的可靠的技术，加拿大 LEED 以整个建筑预期的寿命周期为目标，提供了在建造绿色建筑设计与施工，以及投入使用过程中的明确标准。LEED 绿色评价系统专为新的和现有的商业、机构、住宅提供评价标准。他们的依据是公认的能源和环境原则以及平衡已有的熟悉的做法和新出现的概念。各评价系统都有 5 个环保种类组成：可持续的场地，提高用水效率，能源和大气，材料和资源，室内环境质量；外加创新设计和可持续的建筑专业内容。它不包括涉及前五类的各种建造手段的创新。地域性方面的奖励分是加拿大 LEED 评价系统的另一个重要方向，对于基于当地条件的环境设计和施工活动都是很重要的。

1) 加拿大 LEED 新建筑和主体翻新(NC)与 LEED 核心和框架(CS)评价系统有 7 大主题：

(1) 可持续的场地　　　　Sustainable Sites（SS）　　　　28 分
(2) 用水效率　　　　　　Water Efficiency（WE）　　　　10 分
(3) 能源和大气　　　　　Energy and Atmosphere（EA）　　37 分
(4) 材料和资源　　　　　Materials and Resources（MR）　　13 分
(5) 室内环境质量　　　　Indoor Environmental Quality（IEQ）　12 分
(6) 创新的设计　　　　　Innovation in Design（ID）　　　6 分
(7) 地域优先　　　　　　Regional Priority（RP）　　　　4 分

2) 加拿大 LEED 新建筑和主体翻新(NC)与 LEED 核心和框架(CS)评价系统的评分等级分为 4 级：

(1) 基础认证　　　　　　40~49 分
(2) 银级认证　　　　　　50~59 分
(3) 黄金级认证　　　　　60~79 分

[①] 以下简称"能环认证"或 LEED。
[②] LEED® Canada for New Construction and Major Renovation，简称 LEED NC。
[③] 简称 LEED CS。

（4）铂金级认证　　　　　　　80分和80分以上

3）加拿大LEED新建筑和主体翻新(NC)评价系统的范围

加拿大LEED新建筑和主体翻新(NC)评价系统之前用于商业和办公楼建筑，但经过LEED从业人员的大量实践，它已经被用于许多其他的建筑类型。所有按照规范定义下的商业建筑，都有资格被认证为加拿大LEED新建筑和主体翻新(NC)认证体系的建筑。举例而言，商业体可以包括办公室、机构大楼（如图书馆、博物馆、教堂、学校等）、酒店多单元的居住建筑（MURBs[①]），甚至超出国家建筑规范第9部分之外的内容。然而，在国家建筑规范第9部分内的建筑如果是一个部分混合使用的，其主体部分有资格获得加拿大LEED新建筑和主体翻新(NC)认证，那就可以被认为是后者的一部分。不过在加拿大，学校就没有单列的LEED评价系统。如果学校想要获得新建筑LEED的认证必须在加拿大LEED新建筑和主体翻新(NC)系统下申请。如果项目的范围不涉及重大的设计和施工活动，更多地集中在操作和维护活动，加拿大LEED的现有建筑物认证体系(EX[②])运作与维护更合适，因为它可以解决使用中建筑物的运作与维护问题。如果项目的范围只是室内装修，加拿大LEED的商业室内装饰更适合(CI[③])。

当选中合适的评价系统后，确保项目能够实现预期要求和认证的足够评分是申请人的责任。有些项目的设计和施工只是部分由开发商或业主占用，部分被租户占用，在这些项目中，业主或开发商对他们所占有的部分有直接影响。这种情况下如果要求加拿大LEED新建筑和主体翻新(NC)认证，那就要求至少50%的楼层面积要申请认证。那些建筑楼层面积不足50%的项目（且业主或开发商对设计与建造不能控制的条件下）则适合加拿大LEED核心和框架(CS)的认证系统。

CS评价系统可被用于那些开发商控制全部核心和框架基础建设（例如电气、管道和消防系统）项目，而不是租户设计装修。这种类型的建筑工程实例，可以是商业建筑、医疗办公楼、零售中心、仓库和实验室设施。如果一个项目的设计和建造部分被开发商或业主占用，那么对业主或开发商有直接的影响，超过内部建筑装修的比例。对于这些想要加拿大LEED CS认证的，所有者必须占有50%以下的楼层面积。超过50%的楼层建筑面积则需要加拿大LEED新建筑和主体翻新(NC)的认证。由于CS项目类型和范围的性质，加拿大LEED CS评价系统有些独特的方面。

许多项目仅适合一项LEED评价系统的定义范围，剩下的或许适合两个或更多。如果一个项目满足所有先决条件并且实现了所给评价系统的最低点，那么就可能通过LEED的认证。如果有多个评价系统适用时，项目团队决定定位其中一个。

16.3.3　新评价体系的特点

1）认证评级的权重

在LEED 2009的评级体系中分数的配置基于对环境的潜在影响，以及一系列影响下从每一个得分中人们所能得益的内容。影响的内容包括设计、施工、运营中环境或人的影响，例如绿色建筑的气体排放、化石燃料的使用、有毒和致癌物质、空气和水污染物、室内的环境条件等。一种综合的设计方法，包括能源模型、寿命周期评价、交通分析，都用于量化每一种对环境的影响。这种在认证中产生的得分结果就称为认证评级的权重。

LEED 2009使用美国环境保护署的TRACI[④]环境影响类别作为每个评分的权衡基础。TRACI的开发是为了协助评价寿命周期、生态工业、工艺设计和污染预防的影响。LEED 2009还考虑到国家标准与技术研究院(NIST)开发的比重权衡。他们通过比较每个菜单条目下的影响来分配相应的得分。这两种方法同时为LEED 2009中每一项认证的分值提供了坚实的基础。

---

① Multi-Unit Residential Buildings 的简称。
② Existing Buildings 的简称。
③ Commercial Interior 的简称。
④ Tools for the Reduction and Assessment of Chemical and Other Environmental Impacts 的简称，意指减少和评价化学的和其他环境的影响之工具菜单。

LEED 2009 的认证评级在整个评价系统中都强调一致性和可用性，其过程是基于以下的参数：

（1）所有 LEED 评分最低点为 1 分。

（2）所有 LEED 评分是积极的，整数的，不设小数点或负值。

（3）所有 LEED 评分接受在每一个评价系统中单一的和静态的权重，没有基于项目地点的个性化积分。

（4）所有的 LEED 评级系统有 100 个基点分，设计的创新（或运营）和地域优先的评分提供不超过 10 分奖励的机会。

鉴于上述标准，2009 年 LEED 的评分权重的过程包括以下三个步骤：

（1）通过一个参照建筑来评价 13 项环境方面的影响，这些影响相关联于要获取绿色认证的典型建筑。

（2）每一条建筑影响环境的相对重要性要体现出 NIST 权重体系的价值标准。

（3）量化建筑影响环境和人类健康的数据要用于分配在各项认证的分数中。

每一项认证都是基于建筑影响其所处环境的相对重要性所分配的分数值。这样的结果是一个加权平均值，它反映的是结合了建筑影响环境及其在影响条目中的相对价值。根据上述系统的设计参数，最直接、影响最重大的评分点占认证中最大的比重。评分比重也反映了 LEED 认识到市场对分配点的影响。与以前版本的 LEED 评价系统相比较，这样的分数配置结果是目前版本的重大改变。总体而言，这种变化突出强调了降低能源消耗和温室效应的气体排放方面，而这些又与建造系统、交通运输、水和材料的内含能源以及在适合情况下的固体垃圾等相关联。

不同评价系统之间权重方法的细节略有不同，例如，加拿大的 LEED 现有建筑的评价体系中运营与维护一项的评分包括建造中固体垃圾的处理，而加拿大的 LEED 新建筑和主体翻新评价系统则没有。这就导致了每一个评价系统和相对分配的点数列出的环境足迹的比率不同。每个评价系统的评分权重程序都被记录在认证手册上。随着时间的推移，基于现实的市场与不断进化的建筑科学知识，评分权重程序会被重新评价，以求包含那些反映不同的建筑对环境的影响以及建筑类型引起的价值变化。

2）地域优先的认证

以解决地理学意义上特定环境问题为动机，加拿大绿色建筑委员会为 LEED 的项目团队提供追求地域优先认证的机会。加拿大绿色建筑委员会通过网站提供一系列关于地域优先认证的合格认证评级条目和指导。这个明显的变化是 LEED 系统第一次考虑到项目具体地点的重要环境问题，项目可以在获得基础的 100 分值上加权最多 4 分附加分。当然，取得这个分数前必须先通过认证体系各条目的所有测试，且获得 40 以上的基础分，才可以进入地域优先的认证中获利。这个措施虽然有些临时性，但是使得项目评价体现出特定场所的特征，一定程度反映了设计和运营策略的效率和合理性，并有望在以后的版本修订中纳入到主体中去。

总之，加拿大 LEED 评价系统基本上可以看成是美国 LEED 系统的姐妹版，他们在制定特点和角度方面保持较大的一致性，所不同的是加拿大政府出于资源优良的宜居环境考虑，强调在建造中减少对环境的压力方面更显示了其作为寒带国家地理位置的独特性和操作理念。

16.4 瑞士可持续建筑标准

瑞士建筑一向以其设计独到、性能卓著、做工精良著称，如今在全球可持续发展的大潮下，瑞士建筑依然低调地引领着发展的趋向。极少能源（Minergie）——明日建筑的标准，即是 1997 年制定并得到不断优化的瑞士可持续建筑标准，远早于如今大多数有国际影响的绿色建筑标准。

16.4.1 Minergie 标准的背景

1）背景

极少能源（Minergie）标准是针对建筑设计或建筑类型的、全球公认能有效实现低能源资源消耗、高舒适度的可持续建筑标准。它是由瑞士联邦政府、各州政府、商业和产业部门共同支持和维护，并在瑞士注册了商标的标准。如今 Minergie® 已然成为可持续发展建筑的标签，适用于新建及改造更新的建筑。在其标准制定国瑞士，已有超过 15 万个建筑项目自愿申请得到认证。由于拥有全球其他地区无与伦比的广泛的国内各级政府支持，其可持续建筑的市场认可度极高。Minergie 成功的关键在于，瑞士高度完善的职业培训体系造就的高水平的建筑产业劳动力具有足够的技能来保证可持续建筑标准的充分实施。

瑞士是个严肃对待可持续发展问题的国家。它在耶鲁大学的环境性能指标体系中位列全球第一[①]，在公共交通、循环和有机食品工业以及建筑方面都是世界一流的。与 LEED——目前商业运作较成功的美国绿色建筑评分分级系统相比较，瑞士 Minergie 标准的市场渗透率更能证明其推动绿色建筑的成功。LEED 目前大约在全球有 2 000 个认证项目，而 Minergie 在相对小得多的瑞士市场上就有大约 80 倍，拥有超过 15 000 个已经认证的不同类型和规模的建筑项目。

2）Minergie 标准的内容和方法

Minergie® 的认证标准包括 Minergie®、Minergie® –P 和 Minergie® –ECO 三级。Minergie® 标准始于 1997 年，是最基本的认证标准。它最初要求建筑的总体能耗不可高于常规建筑平均的 75%，化石燃料的消耗必须低于 50%。而瑞士常规建筑的节能标准原本就远远高出我国，可以看出这一标准的制定主要着眼于减少建筑建造和使用的能源消耗，尤其是针对环境影响比较大的化石燃料的使用加以限制。Minergie® –P 的标准对能耗提出了更高要求，尤其针对采暖所需的能耗。这一标准相当于国际知名的德国被动住宅（Passive House）标准。Minergie® –ECO 是更高一级的标准，加入了更多生态因子的考虑，比如材料的可循环性、室内空气质量、降噪措施等。还有一类是针对建筑部件和建筑设备的标准，称之为 Minergie® –Modules，即模块化"极少能源"，这意味着能效性高、性能优异的建筑的部件和设备系统也可以申请认证。

如今，一幢 Minergie 认证的瑞士建筑比该国普通建筑的能耗要少约 60%，它已成为全世界最高级别的建筑监管标准。这样的能源效率必须通过综合的规划设计方法，并关注寿命周期成本和质量效益才能达到，从最初的规划设计阶段就需要参照 Minergie 标准，同时还可以选用 Minergie 的模块解决方案来应对设计中存在的特殊的问题，诸如窗户和通风等。

在具体的技术层面上，Minergie 整合了以下 10 项关键技术要素：① 紧凑的建筑形体，即建筑的体形系数要小；② 建筑外围护的致密构造；③ 墙体和屋顶的强力保温隔热；④ 密封性好，多层玻璃并带涂层的窗；⑤ 高能效的、无风感通风系统，可以提供大量的过滤新风，以保证高品质的室内环境；⑥ 水源冷暖系统，可以平均并有效地冷却或加热楼板、墙体、梁柱和天花等；⑦ 一体化的可再生能源利用，比如地热、太阳能、风能及生物质能等；⑧ 建筑物余热利用；⑨ 精心选材以避免产生室内外污染并促进其绿色价值（绿值）；⑩ 高能效的家用电器和灯光照明。

Minergie 的各级标准为材料、能效和舒适度制定出了明确的性能指标体系。Minergie 的策略不是仅仅去认证几个"明星梦幻项目"，而是通过有限的一些关键性能指标的控制来达到建筑最大的整体功效。比如，通过计算输送到场地的能源总量来衡量特定的能耗。大量的建筑业主会被建筑贴上 Minergie 的标签而吸引，这不仅是因为建筑的性能标准大大超过了强制性的地区建筑规范标准，而且在经济性上与常规建筑相比也颇具竞争力。与地方建筑设计规范相比较，同样的条目 Minergie 提出了更高的标准，因此整体提升了建筑的性能。由此，十多年来，Minergie 不断引导建筑业向更为可持续的方向发展。不同于其他的绿色建筑标准，Minergie 的认证并不是基于各项得分点分值的累加，而是所有关键性的指标都必须达到一定的门槛水平。这就意味着，若有个别关键性指标不达标，如能效未能涉及，即使其他方面做到最佳也不可能得到 Minergie 的认证。

十多年来，Minergie 的推广已经表明了建筑可以既是可持续的，同时也是经济的。即便如位于苏黎世的 IBM 欧洲总部大楼这样的大型公建，其针对 Minergie 标准的建设也只增加了 1% 的投资成本。明智的设计和合理的选材可以导致能源利用和废气废物排放的效率提高，同时非常经济。经验显示，建筑空间的可持续性改善只要肯用心思，还是易于实现的。

Minergie 的技术标准清晰地表明了一个态度，那就是可持续建筑的主要效益应是营造出更高水平的室内空间质量。室内空间质量在很多层面上都很重要。城市居民一天有 90% 的时间都是在室内度过的，因此

---

① See http://epi.yale.edu

我们的建筑在很大程度上决定了我们呼吸的空气质量，我们身体感受的温度、风感和光照质量，而这些正是决定我们舒适感和效率的关键因素。在家中，这些意味着更健康的睡眠、更好的学习环境和更高的舒适度，这些有价值的效益是无法用价格来估算的。在办公室，良好的室内环境能调动工作的积极性，减少病假，延长有效工作的能力和持续性。由于薪酬代表着一般商业租户最大的开销，可持续建筑所能创造的价值远远超过他需要为租赁一处非常可持续的建筑所花费的一点点超额租金。也就是说，租住 Minergie 认证的建筑需多花费一点点超额租金，可无论是居住或是办公，它所带来的额外的价值是远远超出这点租金的，甚至是无法计量的。

Minergie 标准使得建筑的使用者拥有更高的生活质量和效率，因而它也大大提升了建筑寿命周期的价值。同时，房产主、建筑师和规划师们仍然享有设计、选材和室内外结构的设计自由度。

3）对瑞士能源政策的推动

Minergie 是一个私营的组织，也是一个注册了的商标，属于非盈利的 Minergie 协会，其认证是经法律保护的。这个协会有大约 400 个成员共同支持，包括很多建筑师事务所、工程施工和制造企业以及银行财团。它有一个正式的董事会、一个执行的决策层、一个技术机构、几个有执行力的中心和一个注册认证师的网络。Minergie 联系着瑞士境内大约 900 家地方企业在亲历 Minergie 标准的建筑建造。Minergie 的品牌给它的客户提供了积极正面的形象，并赋予更高、更持久的价值。世界一流的大公司，诸如 SwissRE、IKEA（宜家）、IBM 等都是它的成员，他们在瑞士境内的新建筑都必须遵循 Minergie 标准。此外，诸如 Credit Suisse（瑞士信贷银行）、ZKB（苏黎世州立银行）、Bank Coop（库珀银行）以及其他金融机构亦纷纷以优惠条件给 Minergie 提供贷款。

瑞士所有 26 个州的州政府也都是 Minergie 协会的成员，参与整个认证过程。绝大多数的州政府会给 Minergie 住房的房主发放补贴。比如州政府平均会给 Minergie-P 级别的私家住宅每户补贴 12 100 美元。

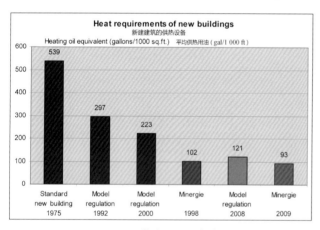

图 16.8　供热所需平均油量

资料来源：Konferenz Energiedirektoren，2009. http://www.endk.cn/kantone.html

如今，有超过 15 000 个项目得到了 Minergie 的认证，这一标准逐渐成为影响瑞士能源政策的主要因素。不同于最初定位的是可持续住宅的标准，如今它已经应用于更为广泛的建筑类型和领域之中，从私家住宅到商业中心，甚至地标性的有历史价值的建筑改造。带 Minergie 标签的建筑从荒漠中到阿尔卑斯山上比比皆是，既有山中小屋，也有价值数百万美元的豪宅。因为这个标准被广泛认可，为提升建筑物性能，新的瑞士州立建筑规范（2008 年版）将法定的建筑性能标准提高到接近 Minergie 1998 年的标准，即将现行标准的能耗降低到 60%（图 16.8）。

近来，Minergie 开始在国际推广其在瑞士成功的经验，希望能够在推动建筑的可持续发展、充分挖掘和平衡建筑各方面的潜力(尤其是未来在城市规划方面的潜力)做些切实的贡献。一个国际化的试点项目，阿布扎比的 Swiss-village 已经在实施中。对于国际化的推广，Minergie 都是基于合作的方式，寻求与当地政府和独立机构共同制定符合于当地情况的、定制式的标准，例如环境控制、专有技术、气候、文化因素等，但同时又具有国际可比性。

16.4.2　与其他主要绿色建筑标准的比较

Minergie 标准的制定最早可以追溯到 1995 年，远远早于绿色建筑议题的全球热潮，这充分说明了瑞士的远见。同时它也较早进入房产市场并推动了整个产业的发展。Minergie 是一个标签，就像其他瑞士著名的商标一样，它表明了一种高水准的建筑品质。最早这一标准是针对住宅而提出的，它强调生活的舒适度，能源的效率和经济性。这体现了它更重视人文性而非科技性，因为科技最终只有为人服务才能凸显其价值。

美国绿色建筑委员会于 2000 年推出的 LEED 是美洲最早的绿色建筑标准，是当今世界上全球范围内商业运作最成功的一个。它和 Minergie 一样，也适用于设计阶段和建造阶段，建筑本身和建造者可以凭借评分系统的得分总和来得到铂金、金、银或通过的不同级别认证。然而，由于申请认证的过程是需要不菲支出的（而这也正是其商业推行的主要目的之一），在 2 000 个左右的认证项目中，只有 540 个是关乎民生的居住项目，大多数都是耀眼的、大量应用绿色高科技、耗资的大型公共建筑项目，诸如全玻璃幕的摩天大楼等。

德国的"被动式住宅"(Passive House)是一个没有注册的品牌，这限制了它的商业认可度和市场推广力。虽然德国的科学家们倾注了大量的心血，被动式住宅也集合了很多的科技成果，但它在德国本土的市场渗透率仍然只有 Minergie 的 10% 左右。缺少广泛的政府、商业和产业的联盟和支持是其进一步发展的掣肘。

Minergie 不像 LEED 或是"被动式住宅"主要依赖于高科技高技术，它是以让使用者受惠为目标的，讲求人的舒适度和技术的适宜性。正是因为本国大量的私有业主对其感兴趣并受益于此，它才会比其他的标准在本国的建筑产业中推广得更好。

16.4.3 结论

（1）Minergie 标准真正强调以人为本，以使用者的舒适为首要目标，采用整合技术，讲求建造与运行的经济性，而不是高科技及其产品的堆砌。技术可以为建筑增值，为生活质量增值，技术为生活服务，切实可行地惠及大众。

（2）Minergie 在技术层面强调整合的概念，强调一体化与高能效性，认证标准亦非简单的技术子项的分值相加。这个整体的概念，符合建筑本身就是综合体现的特征。建筑的性能并非简单的单项指标相加而得，它必须是整体的性能表征，因为性能各异，很难实施互补。而分值相加型的绿色建筑指标容易产生漏洞，长处得分，短处忽略，总分达标为目标。就好像木桶原理的"短板效应"，最终决定性能的恰恰是所谓的"短板"，即最薄弱处。

（3）Minergie 是个非盈利的独立机构，然而同时又得到国家各级政府、商业及建筑业多方（设计方、建造方、使用方等）的支持，这使得它在多方参与和互动中能迅速得到认可，实现可持续建筑从理念到实践的大力推广，也体现了其商业价值。

（4）Minergie 绿色建筑标准对国家能源及建设政策以及建筑市场均产生了积极而巨大的推动力，自身也在不断地完善和细化，实现了良性循环。

16.5 英国及其他国家绿色建筑评价标准

16.5.1 英国 BREEAM 绿色建筑评价标准

BREEAM 是 BRE Environmental Assessment Method（BRE 环境评价方法）的简称，其中 BRE 代表 Building Research Establishment（建筑研究会）。BRE 的前身是由英国政府建立的一个从事建筑产业研究、咨询和检测的机构，现在已经私有化。BREEAM 实质上是由 BRE 制定和颁布的一部绿色建筑评价标准。

BREEAM 诞生于 1990 年，是世界上最早出现的一部关于绿色建筑的评价标准，美国的 LEED 和其他国家的绿色建筑评价标准都或多或少地受到 BREEAM 的影响。BREEAM 最初的两个版本分别适用于办公建筑和住宅。其后伴随着英国建筑规范标准的发展，BREEAM 不断推出新的版本。但这些版本关注的都是建筑对环境的影响，具体包括如下 8 类：① 管理；② 舒适和健康；③ 能源；④ 交通；⑤ 水；⑥ 材料和垃圾；⑦ 土地使用和生态；⑧ 污染。

使用 BREEAM 进行评价时，按照以上 8 类指标对建筑的性能进行评价并打分，再根据权重计算总得分，以此将建筑按照4个等级进行评定：通过、好、很好、优秀或卓越。从这个角度说，BREEAM 和 LEED 都是一种分类打分的绿色建筑评价标准。所不同的是，LEED 的各类分数间没有权重的区分，BREEAM 则按照一定的权重计算最终的总得分。BREEAM 现在覆盖各类型的建筑，具体包括办公建筑、零售商业建筑、教育建筑、监狱、法院、医疗建筑、工业建筑和住宅等。

16.5.2 世界其他国家和地区绿色建筑评价标准

除了以上介绍的绿色建筑评价标准外，世界其他国家和地区也纷纷推出了结合本国绿色建筑发展实际的评价标准。这些评价标准在技术细节上既有相同之处，亦有差异。下列的世界其他国家和地区绿色建筑评价标准及官方网站地址可供读者参考：

（1）日本 CASBEE（Comprehensive Assessment System for Built Environment Efficiency）http://www.ibec.or.jp/CASBEE/english/index.htm

（2）德国 DGNB（German Sustainable Building Council）http://www.dgnb.de/en/

（3）澳大利亚 NABERS（National Australian Built Environment Rating System）http://www.nabers.com.au

（4）香港 HKBEAM（Hongkong Building Environmental Assessment Method）http://www.hk-beam.org.hk/general/home.php

（5）新加坡 Green Mark http://www.bca.gov.sg/GreenMark/green_mark_buildings.html

（6）新西兰 Green Star NZ（Green Star New Zealand）http://www.nzgbc.org.nz/main/greenstar

（7）台湾绿建筑标章 http://www.taiwangbc.org.tw/

（8）马来西亚 GBI（Green Building Index） http://www.greenbuildingindex.org/green_building_index.htm

参考文献

[1] 中华人民共和国建设部. GB/T 50378—2006 绿色建筑评价标准. 北京：中国建筑工业出版社，2006.
[2] 中华人民共和国建设部科学技术司. 绿色建筑评价技术细则，2007.
[3] 中华人民共和国住房和城乡建设部. 绿色建筑评价技术细则补充说明（规划设计部分），2008.
[4] 中华人民共和国住房和城乡建设部. 绿色建筑评价技术细则补充说明（运行使用部分），2009.
[5] Jason McLennan. The Philosophy of Sustainable Design. Washington：Ecotone Publishing Company LLC, 2004.
[6] 美国绿色建筑委员会报告. Green Building by Numbers, 2009.
[7] http://www.usgbc.org.
[8] USGBC. New Construction & Major Renovation Version 2.2 Reference Guide, 2007.
[9] Franz Beyeler, Nick Beglinger, Ursina Roder. Minergie, The Successful Swiss Building Standard. London: MIT Press, 2009.
[10] Faltblatt Minergie Standard. http://www.Minergie.com.
[11] A Swiss-UK Dialogue: Sustainable Urbanality. http://www.ffgs.org/images/div.

第17章 国外绿色建筑实例分析

17.1 美国绿色建筑实例

17.1.1 哈佛绿色校园促进会和哈佛校园可持续发展的新探索

哈佛大学建于1636年,是美国历史最早的大学,经过近400年的发展,已成为世界上最负盛名的大学之一。不仅如此,哈佛大学一直以推动可持续发展,实现人类与环境的健康和谐发展为己任,在此领域进行着不懈的探索。她的学术实力和运行机制为其在校园可持续发展方面的探索提供了坚实的基础,使其可以将经济、环境和人三要素成功地结合在近年来校园的相关项目建设中,开展颇具先锋性的探索。这些探索不仅已经影响着哈佛校园建设的方方面面,而且对于世界范围内其他大学的建设同样具有重要的借鉴意义。

在哈佛探索可持续发展之路的过程中,一些基本原则已成为共识并贯彻到校园建设的各个环节,如建筑的设计施工、老建筑改造、景观建设、节约能源、水资源保护、废弃物处理、交通组织以及促进师生健康、提高工作效率等。哈佛还设有一个由教师、员工、行政人员和学生组成的校级组织——哈佛绿色校园促进会(Harvard Green Campus Initiative,简称HGCI)来促进各项可持续发展目标的实现。哈佛绿色校园促进会的目标是减少校园建设和日常行为对于环境的影响,促进校园各项工作实现可持续发展。

17.1.1.1 哈佛绿色校园促进会(HGCI)及其运行机制

哈佛绿色校园促进会成立于2000年,其组成成员来自哈佛的各个院系,其核心目标是建立一种机制来促进哈佛各界广泛参与到实现可持续发展的各项努力中。其主要措施有两项:一是哈佛绿色校园促进会负责管理绿色校园贷款基金(Green Campus Loan Fund),该基金总额300万美元,以无息贷款形式滚动使用,用以资助校园范围内以实现可持续发展为目标的相关项目,条件是这些项目必须保证5年内收回投资。迄今为止,哈佛绿色校园促进会已经产生了相当可观的经济和社会效益,包括每年为学校减少能源开支80万美元,以及每年减少温室气体排放约450万kg。由于其不懈地努力,哈佛绿色校园促进会所产生的效益还在不断增加[1]。

1) 绿色校园贷款基金(GCLF)及其运行机制

为了资助那些兼具经济性和环保性的项目,哈佛大学创立了总额为300万美元的绿色校园贷款基金为相绿色项目提供了有力的经济激励机制。基金设立于2002年1月,至今基金的使用额已达到170万美元,资助了18个项目[2]。该基金用于资助校园范围内的相关绿色项目,条件是项目的经济回报期必须小于等于5年。这一机制试用于1993—1998年,结果相当成功,然后1999年起再次实施。绿色校园贷款基金由哈佛绿色校园促进会(HGCI)以及由各个院系成员组成的顾问委员会负责管理使用。除哈佛绿色校园促进会之外,顾问委员会的成员同样是各个领域的专家,为项目各个环节提供咨询,如项目工程和各类设施、环境、健康和安全、运行和维护、经营管理和维护等等。截至2003年4月,这一基金已取得了如下成果[3]:

据哈佛绿色校园促进会预测,基于绿色校园贷款基金15个月的运作时间段的运作情况,未来每年可以为学校节省支出509 058美元,其明细如下:① 能源支出可节省410 296美元;② 水费支出可节省47 583美元;③ 运行维护费用支出可节省43 179美元。

---

[1] 丽斯·夏普(Leith Sharp,哈佛绿色校园促进会主任).哈佛绿色校园促进会概述,2000—2003.
[2][3] 美国环境保护协会.大学建设管理最佳实践,管理工作研究,环境保护项目滚动贷款基金,2003,04.

此外，这些相关项目所产生的其他效益也相当可观：① 每年节电 4 222 579 kW·h；② 每年 CO_2 排放量减少 3 484 163 kg(7 700 000 P)；③ 每年用水量减少 20 358 338 L(5 293 168 gal)；④ 每年废弃物排放量减少 90 498 kg(200 000 P)。

2）哈佛绿色校园促进会（HGCI）的综合使命及其变化

哈佛绿色校园促进会的根本使命是促进全校范围内绿色项目的开展，并展开相关交流、教育和培训活动，开展各项相关研究工作，建立环境信息系统和相应的评价机制，以及进一步制订绿色校园发展计划和资金募集计划等。事实证明，哈佛绿色校园促进会在成立后近 18 个月中已经极大地促进了绿色项目在哈佛的展开。哈佛希望成为一个不断学习型机构以及校园可持续发展探索的实验室，哈佛绿色校园促进会在此方面进行了不懈地研究，解决了很多系统性的问题。目前，哈佛绿色校园促进会的研究重点已发生了新的变化，更侧重于研究制定相关的经济激励机制、高性能建筑培训服务系统、校园设施审核系统、建筑设计和运行中的环境导则等[①]。

根据哈佛绿色校园促进会的统计，截至 2007 年 4 月 12 日，哈佛已经有 1 项 LEED NC（新建项目）铂金奖获得项目、1 项 LEED NC 银奖项目、3 项 LEED NC 认证项目，另有 11 个项目正在 LEED NC 的参评过程中。此外还有 1 项 LEED CI（商业室内）认证项目、1 项 LEED CI 银奖项目和 1 项 LEED CI 参评项目[②]。

17.1.1.2 哈佛奥尔斯顿（Allston）新校区规划设计——符合可持续原则的综合性新校园

哈佛奥尔斯顿新校区位于查尔斯河南岸，基于已建成的哈佛商学院和体育中心（图 17.1）。2007 年 1 月，哈佛正式公布了其总体规划，全面描述了学校未来 50 年的发展蓝图（图 17.2）。这一总体规划包括两个阶段内容：第一阶段为前 20 年，有着明确的发展目标；第二阶段为后 30 年，其发展框架相对灵活，由严谨的学术发展规划加以控制[③]。该总体规划有如下特点：

1）新校园总体规划不仅强调哈佛自身在未来的发展，而且同样强调哈佛和奥尔斯顿城周围社区的邻里关系，乃至与波士顿都市圈范围内的关系问题

波士顿市长（托马斯·米·曼宁诺 Thomas M. Menino）指出："这一规划为波士顿提供了巨大的发展机遇。再过 20 年左右，哈佛将成为我们城市中最重要的力量之一"，"这一规划不仅将强化奥尔斯顿社区，同样有助于加强波士顿作为世界科学和文化中心的地位，进而为市民创造成百上千的新工作岗位，并促进哈佛和当地社区的良好合作"[④]。

规划中的一期校园占地约 130 英亩（52.65 hm²），包括哈佛现有校园的部分用地，还利用了一些曾经的工业用地。一期计划建设四五百万平方英尺（37 万~46 万 m²）的建筑面积，预计可创造 4 000~5 000 个新的永久性工作岗位，此外项目建设期间每年提供 700~800 个建筑相关职位。就整个 50 年而言，奥尔斯顿新

图 17.1 哈佛大学奥尔斯顿新校区周围环境

图 17.2 哈佛大学奥尔斯顿新校区 2050 年远景规划效果图

资料来源：http://www.greencampus.harvard.edu/

---

① ② 丽斯·夏普（Leith Sharp，哈佛绿色校园促进会主任）. 哈佛绿色校园促进会概述，2000—2003.
③ 哈佛大学新闻和公共事务办公室. 哈佛公布其奥尔斯顿（Allston）新校区的总体规划，2007，01.
④ 哈佛公报档案. 哈佛公布其奥尔斯顿（Allston）新校区的总体规划，2007，01.

校区的建设将建成 1 000 万 ft²(93 万 m²)的建筑面积，产生 11 000 到 12 000 个新的工作岗位，以及几千个与建筑相关的职位。

项目一期包括新的科学设施、职业教育学院、对公众开放的公共空间、艺术文化中心、学生宿舍以及公共交通系统、改良后的步行系统以及专用的自行车道等设施（图 17.3~图 17.7）。哈佛大学奥尔斯顿新校区建设集团的首席执行官（克里斯托弗·米·戈登 Christopher M. Gordon）指出："我们建设的不仅是校园，而是促进哈佛教学和研究任务的实现，并在奥尔斯顿乃至波士顿建设新型的学术社区，增进奥尔斯顿居民和哈佛师生的交流，促进学校和地方的共同发展。"[①]

图 17.3 哈佛大学奥尔斯顿新校区商业和文化中心图
资料来源：http://www.greencampus.harvard.edu/

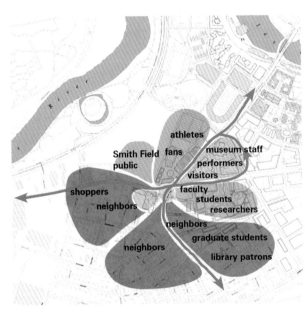

图 17.4 哈佛大学奥尔斯顿新校区主要开放空间系统规划 资料来源：http://www.greencampus.harvard.edu/

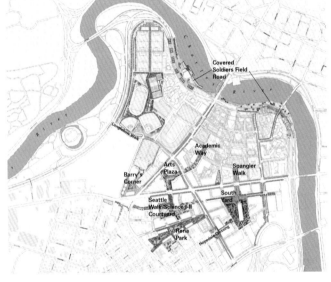

图 17.5 哈佛大学奥尔斯顿新校区功能结构图

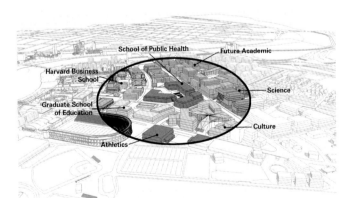

图 17.6 哈佛大学奥尔斯顿新校区多学科交叉的综合校园环境
资料来源：http://www.greencampus.harvard.edu/

图 17.7 哈佛大学奥尔斯顿新校区商业和文化中心图
资料来源：http://www.greencampus.harvard.edu

---

① http://www.greencampus.harvard.edu.

2）哈佛大学奥尔斯顿校园的规划设计诠释着其办学宗旨以及在实现校园可持续发展方面的不懈探索

哈佛大学奥尔斯顿校园的规划设计不仅保证着哈佛的学术未来以及为城市经济发展所作的贡献，它同样展示着哈佛在实现环境可持续发展和建设绿色校园方面的责任感。在规划中，哈佛将实现如下目标：① 采取措施降低能耗、减少 CO_2 排放量并对雨水进行利用；② 对现有沥青路面进行改造，新增 30 英亩以上的公共空间；③ 校园建筑的建设要力求得到 LEED 金奖认证；④ 对相关城市街道进行改造，提供新的步行系统、自行车道以及绿化系统。

哈佛大学奥尔斯顿新校区规划的制定不仅得到波士顿当地政府的支持，也得到许多著名设计事务所的支持和帮助，如 Cooper, Robertson and Partners, Gehry Partners 以及 the Olin Partnership[①]。

17.1.1.3 黑石街（Blackstone）46 号改造——LEED 新建项目（LEED NC）铂金奖获主

黑石街（Blackstone）46 号改造项目从一开始就秉承可持续发展原则，是哈佛历史上最为雄心勃勃的绿色建筑项目。该项目于 2007 年 4 月获得美国绿色建筑委员会（USGBC）LEED 认证系统最高奖——铂金奖，成为哈佛第一个获此殊荣的建筑项目。

该项目位于查尔斯河畔，是哈佛剑桥（Cambridge）校区的最南端，以前曾是电厂用地。改造项目共 40 000 平方英尺（3 7037 m^2），完成于 2006 年 5 月，用作学校一些后勤服务部门（University Operations Services，简称 UOS）的办公室，哈佛绿色校园促进会的办公地点目前也在这里。在改造项目的最初阶段，实现可持续发展原则就是最重要的要求之一，这一要求被明确地传达给建筑师，要求体现在设计方案中。这一措施确保了可持续原则贯穿于设计和建造过程的各个环节。

1）项目最重要的特点[②] ① 与规范相比，建筑在夏天可以节能 42%；② 利用地源热泵作为空调制冷系统；③ 用水量减少 43%；④ 以前的地面停车场改造为绿化空间；⑤ 建筑垃圾的转化率达到 99.42%；⑥ 使用环境友好型材料；⑦ 精确的计量设备实时监测能源使用情况。

2）可持续发展方面的措施

（1）场地组织

① 灰色地带（Brownfield）的利用和复兴

黑石街改造项目的基地是已有近百年历史的电厂（图 17.8）。重新利用并复兴灰色地带以及现有建筑而不是去占用新的土地资源是该项目的一大核心思想。经过重新利用和改造，这一区域一跃成为查尔斯河畔一处环境宜人、绿树成荫的场所（图 17.9，图 17.10）。设计中保留了原有建筑的外壳和周围建筑的氛围，其内部空间按照当今的能耗标准和舒适性指标进行重新设计。

图 17.8 改造项目之前的场地照片
典型的工业用地
资料来源：http://www.greencampus.harvard.edu/

② 减少绿化的灌溉用水量

在美国马萨诸塞州（Massachusetts），大部分绿地在每年 4 月 15 日至 9 月 30 日之间需要灌溉，其用水量为每英亩（0.405 hm^2），每周 10 000~15 000 gal（45 455~68 182 L）。按此计算，每年每英亩绿地所需的灌溉用水量比一个奥林匹克标准游泳池所盛的水还要多。为了避免这种浪费，该项目的设计者在绿化空间的设计中尽量选用本地生耐旱的植物品种，因而项目中的绿化空间根本无需灌溉。

③ 减少被污染的地表径流量，避免其污染查尔斯河

---

① 哈佛大学新闻和公共事务办公室. 哈佛公布其奥尔斯顿（Allston）新校区的总体规划，2007，01.

② Harvard Green Campus Initiative. High Performance Building Resource. http://www.greencampus.harvard.edu.

图 17.9 改造项目之后的场地照片
已成为环境宜人的场所

图 17.10 改造后的黑石街 46 号项目

资料来源：http://www.greencampus.harvard.edu/

该改造项目中设计有生物过滤系统，用以过滤旁边 25 000 ft²（合 23 148 m²）停车场上的地表径流，避免污染查尔斯河。雨水经这一系统将过滤后渗入地下。土壤中的微生物系统可以分解地表径流中的油脂，植物吸收了地表径流中的磷元素从而避免水体富氧化，而富氧化是导致水体中藻类重生、含氧量降低、动物大量死亡的关键因素。雨水直接渗入地下有助于补充地下水源，缓解地下水位降低所带来的一系列问题。事实证明，该项目可以减少地表径流量达 37%。

生物过滤池池底的沙子可以过滤雨水，也可以成为城市中一些动物的栖息地。由于大量雨水直接渗入地下，所需的排水管管径也大大减少。

④ 透水铺地

该项目原基地均为沥青等不透水铺地，在改造项目中大量使用了透水铺地，促进雨水直接渗入地下。这样做的好处有以下几点：一是避免地表径流所带来的二次污染，因为雨水在与不透水地面接触中会带走大量地面上的污染物，形成二次污染，如果直接排入水体就会给水体造成极大的污染；二是地表径流经污染后还需治理并排入相应的管网（图 17.11）。

（2）建筑能耗

① 地源热泵系统

该项目运用地源热泵系统作为空调制冷系统（建筑采暖用热水则来源于旁边的电厂）。两个深达 1 500 ft（525 m）的深井利用地底下的恒温为建筑空调系统供冷。

② 高性能的建筑保温隔热系统

图 17.11 透水铺地使雨水可以直接渗入地下
资料来源：http://www.greencampus.harvard.edu/

该项目采用高性能的保温隔热系统来实现节能目标，不仅是外墙，而且基础部位也采取了泡沫绝缘板等隔汽又保温的材料。建筑屋面的太阳辐射热反射率达 65%。

③ 日光、景观和室内环境质量

该项目中设有两个采光井将日光引入建筑深处。一个是主要楼梯的上部，另一个位于原有的两个建筑之间。这些光线充足的空间也成为使用者喜爱的交流空间，也促进了各部门员工之间的交流。建筑中 90% 使用者的办公空间都有自然采光和自然景观，此外还有相当数量的可开启的窗户，使用者可以根据自身需要进行调节，促进了室内自然通风和室内空气质量的提高（图 17.12）。

④ 能耗监测系统

建筑装有能耗监测系统，可以实时掌握建筑的实际耗能情况，推算出其与理论耗能值之间的差别，为进一步降低能耗提供科学依据。

图 17.12　建筑之间的光庭将日光引入建筑深处，有助于使用者之间的交往

资料来源：http://www.greencampus.harvard.edu

17.1.1.4　哈佛校园建设经验给我们的启示

哈佛在校园可持续发展方面进行了卓有成效的探索，这一方面是基于她的社会责任感，视推动可持续发展、实现人类与环境的健康和谐发展为己任，另一方面也得益于她在学术领域的地位和资产运作方面的丰富经验。其探索给了我们诸多有益的启示。

1) 可持续发展战略目标应该与具体经济效益相结合，这样才能实现真正长期的可持续发展。

以哈佛绿色校园贷款基金为例，其中很重要的一个申请条件就是要保证在 5 年之内收回投资。这一方面是基金本身资金运作的要求，另一方面也体现了经济效益在实现可持续发展中的重要作用。绿色建筑推广中的一个困难就是造价问题，尤其是在我国，人们对绿色建筑的一大顾虑就是这类建筑似乎总比普通建筑造价高出不少。现在人们开始越来越关注建筑在"寿命周期"内的综合造价，为绿色建筑的推广提供了良好的社会环境，在此基础之上，绿色建筑只有达到或优于普通建筑的经济性才会得以推广，哈佛经过测算将这种效益的周期量化，使之明确可见，不仅有力地展示了绿色建筑是可以"盈利"的，也为绿色建筑本身提出了更高的要求。

2) 就实现建筑环境的可持续发展而言，宏观层面上好的机制的建立重于微观层面上个别案例的探索

通过对于哈佛相关案例的研究发现，哈佛绿色校园促进会以及绿色校园基金等机制对于实现整个校园可持续发展的作用远大于个别案例。因为个别案例固然有很高的技术含量，很值得推广，但是好的机制往往可以激发更多人的兴趣，促进更广泛的参与，从而在更大的范围内实现可持续发展的目标。这一点对于我国推广绿色建筑，实现可持续发展也有很重要的意义，尤其是在我国绿色建筑技术和产品刚刚起步的阶段，好的机制有助于吸引各方面的兴趣和力量，实现各个层面上的探索。

3) 就个别案例的设计而言，设计师同样应该胸怀城市，立足环境，大处着眼，小处着手，才能做出符合可持续发展原则的设计

可以看到，无论是哈佛大学奥尔斯顿新校区的规划还是黑石街 46 号改造项目的设计，设计师都很关注项目在所处城市中的地位和作用，关注基地的历史和未来。只有将项目置身于广阔的城市和历史发展背景中，才能得出建筑最恰当的定位，从而在更高层次上解决设计所面临的各种问题，实现可持续发展的目标。

综上所述，哈佛校园实现可持续目标的新探索是具有前瞻性的，也是全方位的，从总体规划到建筑单体设计、从运行机制到个案探索，其中体现的不仅是积极求是的学术态度，同样是以推动社会发展为己任的社会责任感。好的运行机制、积极的探索精神和强烈的社会责任造就了哈佛大学世界领先的学术地位，对于我国高校的发展乃至可持续发展目标的实现有着很强的借鉴意义。

17.1.2　Genzyme 中心，革新设计改变人们的工作与生活

Genzyme 中心，一栋 12 层高楼，350 000 ft² 的建筑，位于马萨诸塞州 Cambridge 市 Kendall 广场，是

Genzyme 公司的总部。Genzyme 公司是世界顶级生物技术公司，主要从事生物医学领域的研究和创新。凭借一系列价值观——创新、透明、合作和企业精神，Genzyme 从 1981 年的一个刚起步的小企业成长成为拥有 7 500 员工、年利税额达到 20 亿美元的跨国公司(图 17.13)。

Genzyme 中心的设计具有非常深远的意义，因为 Kendall 广场的建设是 1996 年《灰色地带法案》通过后马萨诸塞州最为雄心勃勃的工业污染废地再开发项目之一。这一地块早先被煤电工厂使用。位于曾经的工业用地上，新建的大楼运用创新型设计和尖端技术用以创造出一个令人激动的、健康和富有效率的工作场所，来为 Genzyme 公司的 900 多名员工服务。这有助于将受污染的灰色地带转化成一个兴旺繁荣的多功能城市社区。它同时也是美国仅有的 13 栋获得绿色建筑认证（LEED）铂金奖项目中的规模最大的集团办公楼。Genzyme 中心将成为美国最具环保责任感的办公大楼之一(图17.14~图 17.16)。

图 17.13　Genzyme 中心的外观

图 17.14　底层平面图
表达与周围环境的关系

资料来源：Behnish, Behnish & Partner. Genzyme Center. Stuttgart: FMO Publishers, 2004

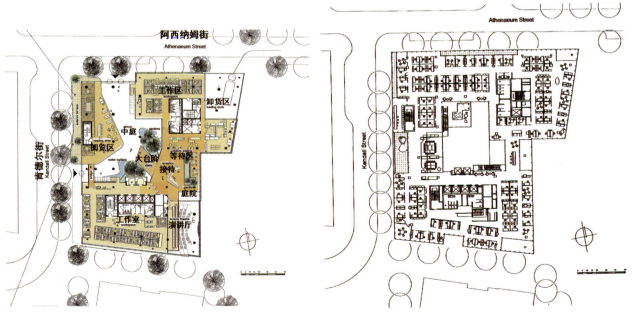

图 17.15　二层平面图
表现出大厅、接待和办公空间

图 17.16　五层平面图
表现办公空间布局

资料来源：Behnish, Behnish & Partner. Genzyme Center. Stuttgart: FMO Publishers, 2004

17.1.2.1 革新设计——自内而外的设计

由于企业一贯勇于创新，Genzyme集团想要的不是一座普通的建筑，相反，她所需要的是一座能够表达其不断走向事业成功背后的价值观的大胆的建筑。Behnisch赢得该项目正是基于他们"自内而外"的设计观点，着力于为员工创造一种积极向上的工作环境，内部空间设计体现着公司倾力合作的文化内涵。整个建筑就像一个阳光明媚而绿色环保的巨大机器。

1) 信息时代办公空间的革命

从以制造业为基础的经济向以信息业为基础的经济的变革过程也导致了工作空间设计的变革。

在电子时代的初期，电子技术似乎可以让人们在家工作而无需花太多时间在上班的路上，这样人们就可以获得更多的休闲时间，并且有更多的机会促进个人发展和创作性的发挥。然而事实是因为竞争环境更加激烈，人们的压力更加大，现在的人们要在办公室花更多的时间，还经常加班。大量的信息以及技术的飞速革新使工作更加繁杂，导致获取知识所耗费的时间与单位时间创造价值之间的矛盾趋于悬殊。我们非但没有被解放出来，反而被那些我们相信可以掌控的信息所控制。在很多情况下，复杂的产品需要许多人合作才能创造。在这种状况下，合作要比单干更加可取。

现在的办公空间的室内环境要比以前更加重要，经常还涵盖了引入室内的室外环境，这是因为员工能接触自然环境的时间比以前更少了。现在的工作空间必须弥补因为长期伏案工作而失去的社会活动时间，因而需要设置一系列交流空间，让长时间在电脑屏幕前工作的人们得以休息和放松。建筑师须提供一种视觉转移，有意识地引入自然光，为大量工作在电脑前的人们提供舒缓的室内环境。

2) 信息时代的办公空间设计

（1）中庭设计

中庭作为这一方案建筑设计的核心理念，是新Genzyme中心空间的重心。中庭自底层起，形成一种宽阔的多层入口大厅，螺旋向上贯穿整个建筑的十二层空间。太阳光从中庭顶部照射下来。中庭对于每个在这里工作的人都是一个充满生机的空间，因为这里不仅有花园、有自然光增强系统，还有一个可以饱览整个查理河和波士顿城市风光的咖啡厅（图17.17）。

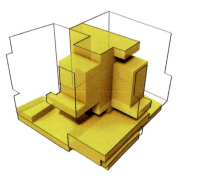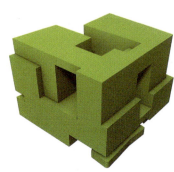

图17.17 中庭中空空间和建筑概念的关系

资料来源：Behnish, Behnish & Partner. Genzyme Center. Stuttgart: FMO Publishers, 2004

中庭可以让在不同楼层和不同位置工作的人们彼此看到对方。环绕中庭设计有很多用以交流合作的空间供人们小聚，不管是要去商务中心还是要去花园和咖啡厅，在这类更加休闲空间的路上都会有交流产生。中庭边还设有楼梯连接不同的楼层，更加提高了人们碰面的可能性。Genzyme中心通过加强建筑内各种公共交流空间的设计促进人们随时随地进行交流，例如花园空间和足以享受波士顿全景的顶层咖啡厅都是促进人们交往的好去处。各式各样的退台空间、角落空间和人行步道的设计都是为了人们随时进行交流而服务的。办公空间相对较小，然而每个员工拥有的平均公共空间却远远高于典型美国办公楼的指标。这一特色有助于促进更高水平的交往、合作和创造。

中庭完美地表达了Genzyme的透明和合作的理念，强化了其以人为本的信条，"整个大楼就是我们的办公室"[1]。

吸引眼球的外部玻璃立面和高耸的中庭空间可以让自然光线充盈于整个Genzyme中心的内部，为员工营造非凡的工作环境，并且显著地减少了对人工光的需要。

日光通过一套自然光增强系统引入并分布到大楼的各个空间。

---

[1] Behnish, Behnish & Partner. Genzyme Center. Stuttgart: FMO Publishers, 2004: 50.

(2) 办公空间的光线和景观设计

在屋顶，被称作日光反射装置的复杂镜片系统追随太阳照射的路径并帮助光线引入室内。在中庭空间，由棱镜做成的枝形吊灯将进入中庭的自然光射向周围的工作空间。反射装置由反射体组成的"光墙"组成，反射体表面抛光以提高光线传播效率。沿着外立面玻璃幕墙，由电脑控制的遮阳百叶可以自动跟随太阳的位置确定所需的角度，既引入光线又避免热传导和眩光。

员工们喜欢明媚的自然光、可开启的窗户，而且可以自己控制办公空间温度和光照。大多数办公室和办公空间都具有良好的景观(图17.18~图 17.26)。

(3) 办公空间的日光和景观设计

① 外部造型

大楼的设计着眼于内部空间，其外部形象也同样受到关注。Genzyme 中心外立面全部使用玻璃幕墙，以便将室内外空间更好地联系起来，更明确地表达透明的理念。这种联系又被一系列人性化设计所加强，例如可开启的窗户以及流动的室内空间。

② 建筑技术

无论对于建筑师还是对于业主来说，创造性地使用建筑技术、理解建筑技术并不是抽象的技术手段，而是具有社会学含义且会在人们中产生反响的。技术是活生生的东西，其背后蕴含着创造力的延伸，而不是一种机械的决定因素。

Genzyme 的案例证明了我们有

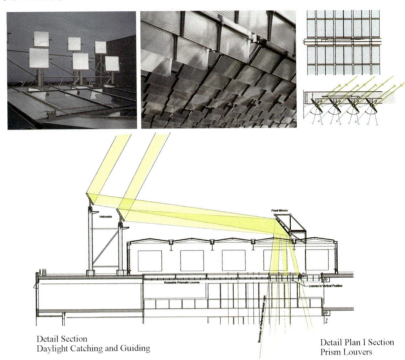

图 17.18 屋顶的日光反射装置
镜子和百叶窗吸获太阳光并将其反射到中庭
资料来源：Behnish, Behnish & Partner. Genzyme Center. Stuttgart: FMO Publishers, 2004.

图 17.19 棱镜做成的枝形吊灯将自然光射入中庭周边的工作空间和光墙

图 17.20 从上部楼层俯视中庭

资料来源：Behnish, Behnish & Partner. Genzyme Center. Stuttgart: FMO Publishers, 2004.

图17.21 可观赏城市景观的公共空间　　　　　　　　　　图17.22 第一剖面

资料来源：Behnish, Behnish & Partner. Genzyme Center. Stuttgart: FMO Publishers, 2004.

图17.23 第二剖面　　　　　　　　　　　　　　　　图17.24 中庭和前厅

资料来源：Behnish, Behnish & Partner. Genzyme Center. Stuttgart: FMO Publishers, 2004.

图17.25 环绕中庭的公共空间　　　　　　　图17.26 环绕中庭，连接不同楼层的的楼梯

资料来源：Behnish, Behnish & Partner. Genzyme Center. Stuttgart: FMO Publishers, 2004.

能力利用技术来规划未来。尽管这项设计的效果尚未被查证，可是非常明显，建筑师在这个项目中利用每个契机使每一个人成为主角，让人类而不是机器去成就我们的环境。

17.1.2.2 一种新的有利于环保的设计与施工模式

从一开始，Genzyme 和 Behnisch 就达成一致，新的大楼要体现 Genzyme 对环境和社区的关注。Genzyme 与 Behnisch 紧密合作，确保 Genzyme 中心可以达到或超出绿色建筑评估体系（LEED）对环境的最高要求。结果，Genzyme 中心达到了绿色建筑评估体系的最高级铂金认证。

绿色建筑评估体系对于环境友好型设计的评价标准基于5个核心领域：可持续发展的场地设计、节约水资源、能源使用效率、材料选择和室内环境质量。Genzyme 中心结合了尖端技术和创新性设计满足或超出了这5个核心领域的各项要求（图17.27）。

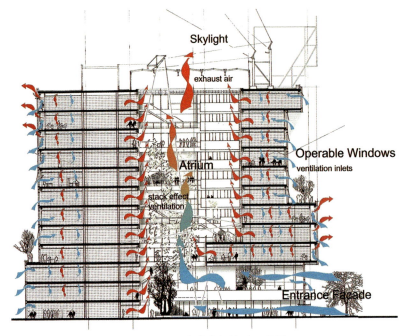

图17.27　中庭空气流动示意图

资料来源：Behnish, Behnish & Partner. Genzyme Center. Stuttgart: FMO Publishers, 2004.

1）可持续发展的场地

Genzyme 选择了 Kendall 广场作为极富战略性位置，周围配套设施完善，交通便捷。Genzyme 引以为傲的是该建筑可以在将"灰色地带"转化为生机勃勃的城市社区的过程中贡献力量。大楼的特色还有绿色屋顶，有效地减少了雨水流失以及该区域的热岛效应。

2）水资源节约

通过紧密地结合设计与水资源节省技术，Genzyme 办公楼在用水方面比传统的办公大楼节约34%，在用水效率上取得很大成功。二次冲洗厕所和无水小便池降低了楼内的水资源消耗，而景观中的水分传感器减少了不必要的灌溉用水，这也是公司用水方面大大节约的一个重要因素。

3）能源效率

Genzyme 办公楼的能耗预计比类似大楼低42%。大楼综合多种方法取得了如此成果，包括使用混凝土板式结构保证了大楼内温度的适度变化，独特的制冷系统利用附近电厂排放的废气为大楼进行冷却，以及屋顶上安装的由马萨诸塞州可再生能源信托基金（Massachusetts Renewable Energy Trust）部分资助的太阳能板。

覆盖了整栋大楼22%表面积的双层玻璃幕墙的使用对于节约能源同样有重要作用，幕墙既增强了保温隔热效果，又使新鲜的空气贯穿整个大楼。一些人性化设计措施，诸如可开启的窗户和大规模自然光增强系统使75%的员工在相对独自工作时享受自然光，这些设计特色同时又使能耗进一步降低。

4）材料选择

Genzyme 大楼对于材料的精心选择出于两个核心目标：使用可持续的材料，无论何时都尽可能使用可回收的材料，并且确保这些材料可以满足或超出国家对易挥发有机化合物排放（Volatile Organic Compounds）的最高限制等级，而恰恰是这类有机化合物造成非常不健康的工作环境。

通过这些努力，超过75%的大楼建筑材料包含了可回收成分，并且全部材料的50%是来自500 mile 以内的当地资源，大多数木材来自经过林业管理委员会认证的管理完善的森林资源。Genzyme 中心的施工现场90%以上的废料得到回收再利用。所有材料满足或打破了国家对易挥发有机化合物排放的标准。

5）室内环境质量

Genzyme 中心致力于为员工打造一个积极、健康的和充满激情的工作场所，因此室内环境成为最重要的环节。Genzyme引进使用了尖端的监控系统以确保大楼内的空气质量。最重要的是，所有大楼内部使用的材料(如地毯、油漆等)同样满足了易挥发有机化合物排放最严格的标准。

其他以人为本的设计使整个办公楼成为舒适的工作场所：局部温度控制、可操控的窗户，而最重要的是每个工位都可以看到楼外美丽的景色。

17.1.3 美国戴尔儿童医疗中心

戴尔儿童医疗中心(以下简称"中心")位于美国得克萨斯州首府奥斯汀市，是世界上首家获得LEED铂金认证的绿色医院，于2007年6月建成并投入使用。该中心占地12 hm²，主建筑楼高4层，总建筑面积4.4万 m²，投资为2亿美元，由总部在俄亥俄州的卡尔斯伯格（Karlsberger）事务所设计和奥斯汀怀特（White）建筑公司施工。作为中等规模的儿童医院，其设施一应俱全，拥有门诊、急诊、治疗及影像检查等多个部门和169张病床(图17.28)。

中心坐落在奥斯汀旧机场约300 hm² 地块的西北角，距离市中心大约5 km。1999年，由于新机场落成，旧机场停止了运营。1997年，市府当局成立专门委员会负责制订旧机场片区再开发规划。规划的目标是把该地块建设成集商业、居住与休闲为一体，以公共交通为主体，适宜于步行的多功能综合区域，使之成为全美乃至全世界可持续发展的示范项目。规划的重要条款之一是区域内的每一栋建筑均需得到LEED绿色建筑的认证。在规划制定的前期，委员会得知萨登医疗公司（Seton Network Facilities）正在为儿童医疗中心选址，便主动接触并成功说服他们将其落户于旧机场片区，成为该区龙头项目。之后，项目决策者与设计、建造及工程技术等各方面专家进行广泛深入的讨论，对绿色医院建设运营有了全面的认识，进而认定以LEED铂金认证作为此项目追求的首要目标。

迄今为止，取得LEED认证的医院为数不多。作为绿色医院领域的标杆，戴尔儿童医疗中心从规划设计到建造的全过程，低碳、节能、环保和可持续的理念均贯穿其中。

图 17.28　美国奥斯汀市戴尔儿童医疗中心
资料来源：http://www.greenkonnect.com

17.1.3.1　一体化设计(Integrated Design)

一体化设计的实质是在设计的过程中，综合各专业(如建筑、结构、水电、施工等)技术力量，共同合作，力图把各方面的产出效益最大化。一体化设计伴随可持续发展建筑概念的提出而产生和发展，并在世界范围内广泛应用。

当时，由于医疗中心的设计没有现成的绿色医院规划和设计导则可供遵循，需要设计和施工人员在过程中摸索，这凸显了一体化设计过程在项目中的重要性。项目伊始，卡尔斯伯格事务所的设计师和怀特公司的施工负责人组成了一个团队，并邀请多位知名专家，对如何获得LEED铂金认证进行了两天的研讨。此后，这个团队每四周在施工现场开一次会，讨论工程和组织协调问题，明确近期目标及细化各成员的责任。团队还制定了LEED得分跟踪系统，从经济和环境角度测算与LEED相关的工程效益。一体化设计的实施有利于团队在设计和施工过程中及时发现问题，寻求令各方满意的最佳解决方案。

17.1.3.2　健康原则

对绿色建筑的追求，不应以牺牲医院的基本功能，即治病救人为代价。好的医院环境能在保证医护质量、缩短病人康复时间及提高医护人员工作满意度等方面起促进作用。医疗中心的设计是健康原则和LEED评价标准的有效结合，具体体现在对自然光及景观的利用和室内空气质量的控制上。

首席建筑师科斯班（Joseph Kuspan）指出，医疗中心的最大建筑特色在于其六个风格各异的庭院（图17.29）。庭院的主要功能有三：其一，它们保证了建筑内部大部分区域（手术室、影像室及设备用房等除外）均有自然光线覆盖，减少了不必要的人工照明；且大量的研究证据表明，自然光有益于身心健康，减缓病人的抑郁症状(图17.30)。其二，庭院给病人及医护人员提供了接触和观赏自然的机会(图17.31)。自然景观可以有效分散病人的注意力，减轻疼痛感并减少止痛药物的使用；同时，自然要素能使长期处于紧张状态的医护暂时舒缓压力，提高工作效率，减少医疗事故的发生(图17.32)。其三，作为整个建筑组群的"绿肺"，庭院提供了大量富氧的新鲜空气，后者经过处理由中央空调系统进入室内循环。科斯班认为，从庭院吸纳新风也是实现节能目标的一个重要举措。一般而言，新风处理设备通常安放在楼顶；而医疗中心的设计师把笨重的设备化整为零，分散安置于庭院中，令不同的部分负责不同的功能区。这样既提高设备各部分的运作效率，又可降低吸入新风的温度（奥斯汀的夏天气温高达45℃，庭院的温度要比屋面低10℃以上)，以减低中央空调的运作负荷。

室内综合症，具体表现为咳嗽、头晕和坐立不安，通常是由室内污浊的空气及装饰或家居材料散发出的有害气体(如甲醛和氡气等)引起。在医院，空气中的细菌和病毒极有可能使病人遭受新的且致命的感染。医疗中心的设计从多方面消除了这些由于室内空气污染而产生的消极影响。如前所述，其中央空调系统从庭院中导入大量富氧的新风以更新室内空气；而且，空调系统所采用的高效空气微粒过滤器(High

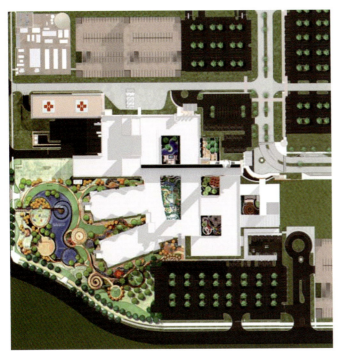

图 17.29　戴尔儿童医疗中心总平面

资料来源：http://www.healthcaredesignmagazine.com

图 17.30　中庭自然采光及当地材料的应用
（石灰石及红砂岩石）

资料来源：http://greensource.construction.com

图 17.31　庭院内景

资料来源：http://www.jetsongreen.com

图 17.32　医护人员休息室的自然采光及景观

资料来源：http://www.greenkonnect.com

图 17.33 室内使用环保油漆及亚麻油毡
资料来源：http://www.greenkonnect.com

图 17.34 供能中心
资料来源：http://www.datacenterdynamics.com

Efficiency Particulate Air Filter，简称 HEPAF）可以吸附直径小至 0.3 μm 的有害微粒及微生物，有效控制其在空气中的传播。另外，设计师对室内装修材料制定了严格的标准：使用无挥发性有毒化合物（VOC）的油漆；选用亚麻油地毡作为主要地面材料而非医院里常用的聚乙烯塑料（图 17.33）。相对于普通的塑料地板，亚麻油地毡的最大好处是极易清洗，不需使用特殊的清洁剂，也不必经常打蜡保养。以上措施取得了良好的效果，中心落成时，使用者均反映其室内没有一般新建筑常有的异味。

17.1.3.3 能源供应及节能设施

医院是全天候满负荷运作的机构，比其他类型建筑耗能更大，因此如何节省能源成为医院建筑能否通过 LEED 评估的关键。戴尔儿童医疗中心采取的节能措施包括利用太阳能、安设热回收系统以及采用高能效设备等。尤为值得一提的是奥斯汀市政府出资 100 万美元由奥斯汀能源公司在基地上兴建专为医疗中心提供暖气、冰水和电力的供能中心（图 17.34）。这个供能中心利用天然气发电，效率比燃煤高 75%，CO_2 的排放量也要低得多。再者，供能设备邻近主体建筑，避免了长距离输送引起的能量损耗，也节省了应急发电机的购买与安装费用。另外，医疗中心通过两条专用线路与城市电网连接，以便在供能中心发生故障或维修保养时直接从城市电网取电。

17.1.3.4 建筑材料

评估一栋建筑是否符合绿色及可持续发展的标准，不仅要看其建成后是否节能，而且还要看其在建造的过程中是否采取了有效措施使之对环境的影响控制在最低水平。建筑材料的选用是其中关键的一环，因为在生产和运输这些材料的过程都对环境产生或多或少的负面影响。医疗中心的设计和建设者们深思熟虑，试图从多方面减少这些影响。采取的措施包括：

（1）就近取材。中心选用了大量当地常见的建筑材料，包括石灰石与红沙岩石（图 17.30）。就近取材省却了长距离的地面运输，也因而减少了与此相关的汽车尾气排放并节省了费用。

（2）利用粉煤灰。粉煤灰(Fly Ash，也译作飞尘)，即煤燃烧后的残余物，无需特别的生产程序且极为易得，通常在混凝土的制作过程中用此替代水泥，减少水泥的用量。建设医疗中心所耗的 3 万余 m^3 混凝土中，32% 水泥用量由粉煤灰取代。

（3）回收利用旧建筑材料。整理场地时，在原有机场跑道上清理出来近 4 700 t 的沥青和垫层材料，经特殊处理去除机油及其他有毒物质后，用于停车场的修建或者用做回填材料。更为难得的是，医疗中心建设过程中产生的建筑废料，92% 得以回收和再利用。

（4）摒弃有毒物质。中心选用亚麻油地毡及环保油漆降低了室内有毒气体的含量。同时，其决策者也十分关注所选用材料在生产的过程中是否危及人类及地球的健康。例如，他们决定最大限度控制 PVC 塑料的使用。因为 PVC 在生产过程中会产生大量的致癌物（主要是二氧芑），严重影响婴儿、儿童及青少年的健康。

17.1.3.5 投资回报

一般认为，绿色建筑，尤其是医院，一次性投资大且回收周期较长。在建设阶段，戴尔儿童医疗中心的决策、设计和施工团队严格审核每一项绿色措施的必要性，以有效控制成本，避免为片面追求LEED认证而造成不必要的浪费。科斯班指出，一项措施的投资回报率如果低于12%则不会在此项目中予以采用。通过计算，中心的绿色投资回收期在6年左右，仅供能中心一项，每年就可节省近30万美元。不仅如此，绿色医院相对于一般医院的明显优势是无法用具体数字去衡量的，包括节省运作与维护费用、提高工作效率、提升医护人员工作满意度、促进病人健康、提升医院及社区形象等。

作为全球首家LEED铂金认证的绿色医院，戴尔儿童医疗中心从规划、设计和建造的过程中严格地遵循了健康及绿色原则，并创造性地解决了投资回报、节能和环保等多项难题。中心的建成，为奥斯汀旧机场片区的后续开发改造树立了新的标杆，也为今后绿色医院的建设提供了观摩和学习的典范。

项目简介

项目业主：萨登医疗公司(Seton Network Facilities)；项目施工：奥斯汀怀特(White)建筑公司；建筑师：卡尔斯伯格(Karlsberger)事务所，约瑟夫·科斯班(Joseph Kuspan)；总建筑面积：4.4万 m²；项目总投资：2亿美元；建成时间：2007年6月。

17.2 德国绿色建筑实例

17.2.1 法兰克福商业银行大厦

商业银行大厦是一座位于德国法兰克福的摩天大楼。自从1997年建成之后，它被列为欧洲最高建筑，此项记录一直保持到2004年[①]。由于制热和制冷新技术的使用，这座建筑常被人们视为世界上首座"生态摩天大厦"，许多人甚至认为它重新定义了摩天大楼(图17.35~图17.38)。

这座高层建筑通过弯曲面围合为三角形体块，使空间的使用效率大大提高。所有的必需设施诸如电梯、楼梯和其他服务设施都位于建筑标准层三角形的3个转角处(图17.39)。其中最重要的特点之一是玻璃顶覆盖下的三角形光庭贯穿了整座建筑，并一直延伸到地面层。这个空间连接了位于建筑边缘的9个空中花园。4层楼高的空中花园位于建筑物周围，服务于附近的几层楼，是商业银行区别于其他建筑最重要的特点。4层通高的花园在建筑周围螺旋上升排列，使每个办公室的3个面中都有一个面向中庭。即使身

图17.35 商业银行大厦鸟瞰

资料来源：http://web.mit.edu/meelena/www/urban-nature/images/foster/1.jpg

图17.36 商业银行大厦与其周围的传统建筑

图17.37 商业街大厦的建设体现对相邻建筑的尊重

资料来源：彼得·布坎南(Peter Buchanan).绿色建筑十书：建筑与自然.纽约建筑联盟，2005

① http://en.wikipedia.org/wiki/Commerzbank_Tower.

处内部空间的工作人员也可以享受到来自花园的自然光线。所有的办公室都可以拥有自然光和可开启的窗户。

该建筑整合运用了各种新思想和新技术，不仅可以为在此工作的人提供良好的环境，同时通过空中花园、中庭空间、双层表皮和楼宇电子管理系统等实现了高的能源利用率。这座建筑据说是在欧洲最具能源效益的建筑物之一，其消费的能源比德国一般办公楼能源要少 25%~30%［总能源用量为 185 kW·h/(m^2·a)］[①]。德国建筑已经

图 17.38 法兰克福的商业银行大厦
资料来源：http://web.mit.edu/meelena/www/urban-nature/images/foster/1.jpg

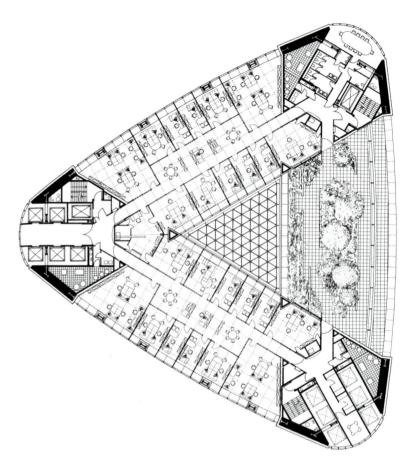

图 17.39 大厦标准层平面，显示办公空间和花园的关系
资料来源：彼得·布坎南（Peter Buchanan）.绿色建筑十书：建筑与自然.纽约建筑联盟，2005.

是世界上同类型建筑中消耗最小的建筑物，这表明商业银行大厦在绿色建筑层面上的努力是成功的，尽管它是一座摩天大楼。

通过中庭，花园和大堂向公众开放，体现了设计的主要思想，即通过营造一个公共空间系统来促进社会交往和团队精神。交流和美好的环境有利于提高员工的工作效率以及为他们提供舒适的工作环境。媒体的评论可以说明人们对该建筑的看法。来自《建筑实录》的评论说："这座高楼已引起了这么多的争论，因为它在努力将环境友好型技术引入高层建筑并重新定义高层建筑方面进行了最为雄心勃勃的尝试，从而使得工作人员和周边城市环境共同受益。"[②]而来自业主的意见是："我们收到很多肯定的评价，很多员工在晚间离开大楼并告诉我们，他们一点不觉得劳累——这意味着其生产率的提高。对我来说这比设计伟大建筑或空中花园更为重要。"（图 17.40~图 17.44）[③]

---

① Sheila J. Bosch. 绿色建筑：可持续发展或深绿色设计，2000, 12.
② http://web.mit.edu/meelena/www/urban-nature/template-mainframe-commerzbank.html.
③ Horst Gruneis 博士，商业银行中央建筑署主任，来源：http://web.mit.edu/meelena/ www/urban-nature/template-mainframe-commerzbank.html.

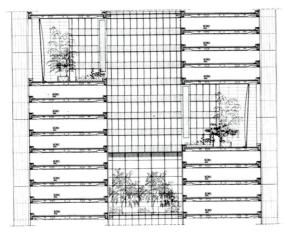

图 17.40 大厦建筑剖面图表明了中庭、花园和办公的相互关系

图 17.41 大厦中庭、花园和办公空间

资料来源：http://web.mit.edu/meelena/www/urban-nature/images/foster/1.jpg

图 17.42 建筑师的构思草图，显示沿三角形内核展开的螺旋式空中花园和办公空间，从每一个办公桌前望去，都可以看到至少两个空中花园和另一个办公室，从而为人们提供美妙的景观，促进员工之间的交流

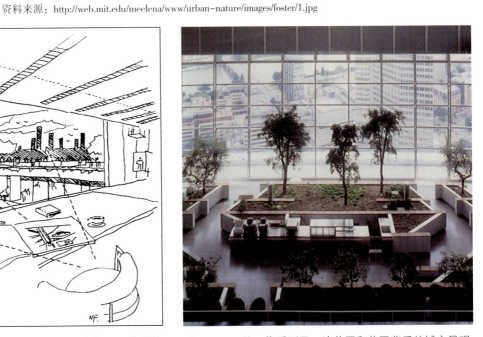

图 17.43 从工位看到另一边花园和花园背后的城市景观

图 17.42、图 17.43 资料来源：http://web.mit.edu/meelena/www/urban-nature/images/foster/1.jpg

17.2.1.1 绿色策略

这座办公楼像是将常规办公楼切开，将内部露出，于是通常布置在核心筒内的电梯、楼梯、洗手间等布置在三角形塔楼的转角，中间则留下一个由系列空中花园围绕着的中庭空间。通过这些做法，自然光线和新鲜空气进入塔楼中空的核心部分和面向它的一个个办公空间，进而到达建筑的各个部分，使人们获得与植物的亲近以及在半室外空间交流的机会（图 17.45，图 17.46）。

1）植物与自然

9 个 50 ft 高的花园，总计面积 4 800 ft^2，为各个楼层引入绿色和城市景观。此外，它们已经被赋予了不同的社会功能，有些含有自助式餐厅，另外一些有自动售货机和休息座位。

图 17.44 在相邻的花园中观赏中庭

资料来源：http://web.mit.edu/meelena/www/urban-nature/images/foster/1.jpg

图 17.45　空中花园一角
空中花园是该建筑节能和员工社会交往的重要场所
资料来源：彼得·布坎南.绿色建筑十书：建筑与自然.纽约建筑联盟.2005.

图 17.46　在办公空间尽享花园与城市美景
资料来源：彼得·布坎南.绿色建筑十书：建筑与自然.纽约建筑联盟，2005.

花园里的植物配置取决于各自的朝向，为建筑提供了物种的多样性。为了节省能源，洗手间只有冷水，并利用来自冷却塔的二次用水冲洗厕所。将自然引入建筑的想法严格遵循相应的建筑法规，成就了这座非同凡响的高层建筑，同时也为员工提供一个愉快和健康的工作环境。

2）双层皮立面和自然通风

该大楼的策略是使用自然通风（图17.47）。立面的外层是一层固定的单层玻璃，内部是一个可开启的低辐射双层玻璃（图 17.48~图 17.50）。室外的空气通过厚 7 in（233 mm）的空腔进出，从而带走办公室的热的和混浊的空气。在这个空腔内，楼宇管理系统控制通风百叶，可以调整叶片角度以适应天气情况，可以阻止过多的热气，可以最大限度地将阳光引入建筑。这种包括空中花园和其他措施的节能系统，预计将比传统建筑减少一半至三分之二的能耗[贝利（Bailey），1997]。由于室外空气流动的空腔和可开启的窗户都在双层皮结构的内层，商业银行大厦建筑在压力平衡方面存在着同样的问题，当腔内的空气温度高于室内温度时，这一系统的性能将变得不稳定。

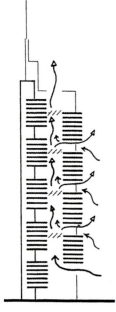

图 17.47　大厦的自然通风系统
资料来源：彼得·布坎南.绿色建筑十书：建筑与自然.纽约建筑联盟，2005.

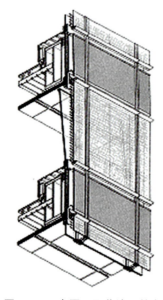

图 17.48　大厦双层幕墙及其中的窗户轴测
资料来源：彼得·布坎南.绿色建筑十书：建筑与自然.纽约建筑联盟，2005.

图 17.49　可开启窗户

双层皮幕墙拦截雨水和阻止风力,使得位于外侧的办公室可以自然通风。在一年的大部分时间里,建筑在白天可以获得足够的自然采光和通风。在炎热的夏季,办公室通过冷却的天花板降温,并在冬季供暖。只有在这两个季节之间建筑会进行自动密闭空调开启,但监测显示,节能效果比预计30%好了很多。

空中花园和中庭促进了大厦内的空气流动,为了防止气旋,大厦每12层进行了分隔。带有可开启的窗户的双层表皮配备了符合空气动力学的气窗以保证通风时的安静。虽然窗户和窗帘是可以单独控制的,大厦管理系统偶尔会进行系统调节,以防止气压不平衡、过热、冷凝等问题。办公室通过制冷机组提供的、直接通向市政蒸汽网络的冷却天花板降温。

3) 日光

建筑形式在很大程度上取决于对德国建筑法规的要求,如法规规定所有工作人员距离窗口不能超过7.5 m。中庭贯穿整个建筑高度,空中花园的建设使得每层有三分之一的空间可以让光线从各个方向渗入办公室。所有窗户都配备了可以随太阳角度调节的活动百叶帘遮阳系统。通过玻璃分隔体现办公室的开放性,强调了该银行的最高原则:透明度。

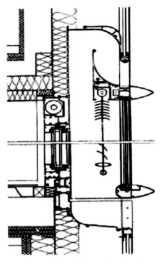

图 17.50 双层立面和其内可开启窗的细部

资料来源:http://web.mit.edu/meelena/www/urban-nature/images/foster/1.jpg

17.2.1.2 能源效率与策略

能源效率绝不是绿色建筑的唯一要求。它要顺应既是作为一栋高楼,又符合街道及其所处环境城市轮廓线的双重要求。更重要的是使用做喝咖啡、休闲和小聚空间的空中花园成为社交空间系统的一部分,这个社交空间系统还包括各个办公室内部的和大堂中的公共空间、底层向公众开放的餐饮广场,这些都成为空间的亮点,为社会带来了活力,形成完整意义上的绿色建筑。

(1) 自然通风。这也许是最重要的节能策略,因为以前从未在如此大规模的建筑中使用自然通风[布坎南(Buchanan),1998]。这一系统还增加了空调装置作为补充,配有使用者可开启的窗户,但是当室外温度达到极端时,窗户会自动关闭,模拟控制器会打开(图 17.51)。

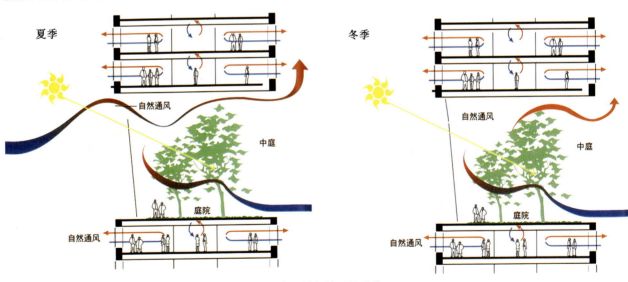

图 17.51 大厦的自然通风系统
左:夏季的自然通风系统 右:冬季的自然通风系统
资料来源:http://web.mit.edu/meelena/www/ urban-nature/images/foster/1.jpg

(2) 三重覆层表皮。建筑提供了自然通风,同时在较热的月份为建筑遮挡不需要的热量(布坎南,1998)。有趣的是,建筑外层还可以吸收德国保障飞行安全的雷达信号。

(3) 暖通空调。建筑制冷靠的是提供"低于露点温度的冷却水控制系统",旨在防止结露(布坎南,1998),冷水位于穿孔金属天花上方的网格上[派普辰斯基(Pepchinski),1998]。所有在夏天夜间的冷却都是通过自然通风,从而减少能源需求。冬天依靠来自城市供暖系统提供采暖。

(4)照明。整座建筑采用的是根据日光调光的节能照明控制系统(埃文斯,1997)。

(5)楼宇管理系统。该系统监视室内和室外环境,取代了手动控制的百叶帘、窗户等(戴维,1997)。

(6)水效率。来自冷却塔的二次用水用于冲厕(派普辰斯基,1998)。

17.2.2 马普协会总部大楼

马普协会总部大楼位于德国慕尼黑市中心的历史保护地段——皇家马厩广场(Marstall Platz)以北、皇家花园和巴伐利亚办公厅以南,西邻国家大剧院后台和皇宫(现用做西班牙文化研究所)东翼,东临FJ环路干道(图17.52)。建筑不仅为协会提供了低能耗、高效率、舒适的现代化办公场所,同时也完成了复兴历史广场、赋予老城中心新活力的重任。

17.2.2.1 平面布局:成角度嵌套的双U形平面

马普协会总部大楼采用了成角度嵌套的双U形平面(图17.53,图17.54),外U与西侧皇宫、国家大剧院同向,内U则正对皇家马厩广场,借助三角形的建筑内部空间完成两套网格的转换。这种平面布局以谦逊的姿态纳入两条体现历史格局的控制线,同时重整了该区段的空间秩序:皇宫东侧院扩展为比例适宜的公共广场,融入城市空间;内U形则作为皇家马厩广场的北端界面,与周边建筑一起围合出清晰的城市空间(图17.55)。

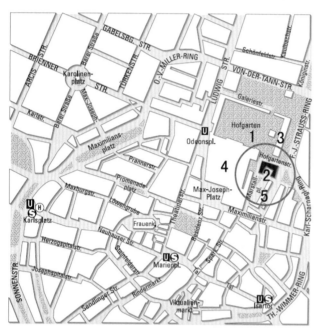

图17.52 马普协会总部大楼的地区位置图
1-皇家花园;2-皇家马厩广场;3-巴伐利亚办公厅;
4-国家大剧院;5-原皇家马厩

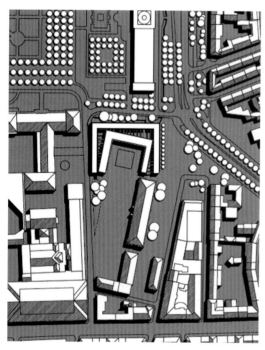

图17.53 马普协会总部大楼双U行平面;内U明确界定了马厩广场的北端,围合广场空间
资料来源:http://www.shejimi.com/images/20091205/84a44cbb378817a1.jpg

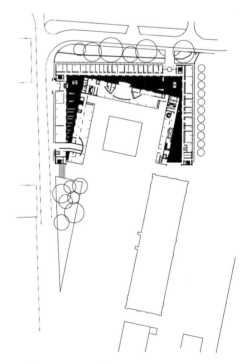

图17.54 马普协会总部大楼一层平面
资料来源:Max-Planck-Haus am Hofgarten. Max-Planck-Gesellschaft zur Foerderung der Wissenschaften e.V., 1999.5

图 17.55 马普协会总部大楼的内立面明确界定了皇家马厩广场的范围
资料来源：张慧摄

17.2.2.2 立面划分：三段式经典立面的现代诠释

马普总部大楼采用经典的三段式立面划分作为新建筑与历史建筑对话的基础。新建筑双层表皮的外层玻璃幕墙与广场建筑的石柱同高，上方的玻璃挑檐与克伦茨建筑的梁底平齐（图 17.56），外墙的其余部分用天然石材贴面与传统建筑呼应。

大面积水平划分的玻璃幕墙将办公建筑小单元的内部空间结构统一成整体，以弱化现代办公建筑与传统纪念性建筑在空间尺度上的反差；透过玻璃幕墙，隐约可见各办公室的内部活动，视线多层延续穿透可获得与历史建筑相应的进深感；玻璃幕墙同时又能映射出周围环境，如同舞台上的布景一样，让历史建筑成为城市空间的主角（图17.57）。新建筑既是城市空间的主角，又是纪念性历史建筑的衬景，现代与历史的对比使各自的建筑艺术特征更为突出。

图 17.56 马普协会总部大楼三段式经典立面的现代诠释——玻璃挑檐与传统建筑的梁底平齐

资料来源：Max-Planck-Haus am Hofgarten. Max-Planck-Gesellschaft zur Foerderung der Wissenschaften e.V., 1999.5.

图 17.57 马普协会总部大楼玻璃幕墙映射出周围环境，让历史建筑成为城市空间的主角

资料来源：张慧摄

17.2.2.3 绿色策略

马普协会总部大楼摒弃了将建筑全封闭、由中央空调调控室内气候的做法，而是以被动式技术为主，辅以使用清洁可再生能源的主动技术，并借助双层玻璃幕墙作为气候调节器，以较低的建筑能耗获取令用户满意的较高舒适度。

大楼双层表皮的内层幕墙为通高的单元式绝热玻璃窗，窗宽约 0.9 mm，采用铝制竖框、不锈钢横档；外层为单层安全玻璃幕墙，局部为可调控的活动窗扇；两层玻璃幕墙之间设有 1.25 m 宽的空腔（图 17.58，图17.59）。这种多层次围护结构集通风、保温、遮阳、降噪等功能于一身，用户可以根据不同的气候条件和自身需求调控幕墙、自主调节室内微环境。

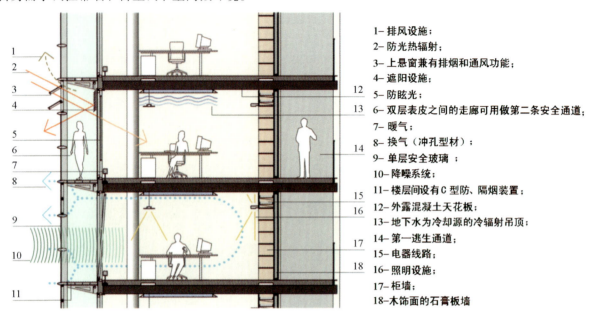

图 17.58　马普协会总部大楼剖面示意图

资料来源：Energieeffizientes Planen und Bauen. Muenchen: Oberste Baubehoerde im Bayerischen Staatsministerium des Innen & Technische Universitaet Muenchen, 2008(77).

图 17.59　马普协会总部大楼玻璃幕墙局部

资料来源：Generalverwaltung der Max-Planck-Gesellschaft. Muenchen: Projektdokumentationen WSP CBP Tragwerksplanung（http://www.wspcbp.de），2009.

17.2.2.4　被动式太阳能采暖和可再生能源制冷

慕尼黑属于大陆性气候，由于受到阿尔卑斯山的强烈影响，昼夜和冬夏的温差都非常大，而且慕尼黑冬季寒冷、持续时间长（12月至3月），建筑的采暖能耗需求通常较高。

马普协会总部大楼主要采用了被动式太阳能采暖。建筑主体的钢筋混凝土楼板、大厅内的素混凝土墙体以及天然石材铺地都是具有高蓄热性能的实体，为直接利用太阳能得热系统创造了有利条件。在冬季，透明的双层玻璃幕墙可使射入室内的太阳辐射热加热室内空气，蓄热体蓄热保温；两层玻璃表皮之间空腔在办公室的外侧形成温度缓冲区，可有效地减少热量散失。

在通常情况下，被动式太阳能采暖加上双层玻璃幕墙的保温作用可使整座建筑无需消耗常规能源即可维持适宜的室内温度。严冬的少量采暖需求可由城市远程热网提供。

在夏季，内层幕墙的窗外遮阳百叶可减少夏季辐射得热；两层幕墙之间的空腔两端可以完全开放，加强空气流通，带走多余的热量；内外幕墙上的活动窗扇也可以开启，调节自然通风（图 17.60）。此外，以地下水为冷源的冷辐射吊顶也可以冷却室内空气，降低室温，避免室内过热。

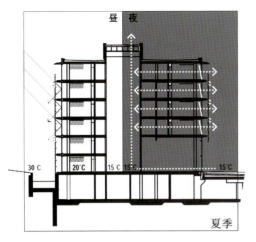
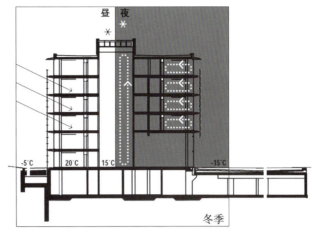

图17.60　马普协会总部大楼夏、冬季被动式供冷与采暖示意图

资料来源：Max-Planck-Haus am Hofgarten. Max-Planck-Gesellschaft zur Foerderung der Wissenschaften e.V., 1999.5.

17.2.2.5　可调控的自然通风和天然采光

大楼双层表皮的外层幕墙有约 1/3 面积的幕墙为可调控的上悬窗，活动窗扇的规格为 2.7 m×0.5 m[1]；内层幕墙的外侧设有遮阳装置（图 17.61）。用户可以根据自身需求控制外层活动窗和遮阳装置的开合状态，自主调节通风和采光，以满足个性化的舒适度要求。而在内外层幕墙窗扇全部关闭的情况下，型材中的冲孔可以保证恒定通风，空气流通不受个性化控制的窗户通风的制约。

除会议厅、250 人的餐馆和图书馆阅览室等封闭空间采用机械通风之外，马普协会总部大楼的大部分区域都可实现自然通风和采光。

17.2.2.6　技术参数[2]

(1) 制冷用地下水抽取量：最大 98 480 m³/a、13 L/s；
(2) 远程蒸汽供暖：高峰期 1 500 kW；
(3) 通风：最大新风量 72 000 m³/h；
(4) 总通风量：最大 93 000 m³/h；
(5) 独立机械通风装置：16 个。

图17.61　马普协会总部大楼双层表皮的外层幕墙的上悬窗和内层幕墙的遮阳装置

资料来源：张慧摄

项目简介：

地点：德国，慕尼黑；建筑高度：6 层；建筑面积：26 800 m²；业主：马普协会（Max-Planck-Gesellschaft）；建筑师：Doranth Post 建筑师事务所和 Graf Popp Streib 建筑事务所；完成时间：1998 年。

17.2.3　弗莱堡太阳船

太阳船（Sonnenschiff）项目坐落在德国南部城市弗莱堡市南部，它是太阳能居住小区（Sonnensiedlung）中的一栋商业、办公、居住综合楼，2006 年落成，整个小区共有 50 座联排或独栋住宅及 9 座屋顶露台住宅，居住面积总计 7 903 m²。商业办公居住综合建筑"太阳船"总长 120 m，地上 6 层，两层地下车库，建筑面积 4 800 m²。总投资 4 000 万欧元（图 17.62，图 17.63）。

17.2.3.1　"产能建筑"(Plusenergiehaus)

弗莱堡太阳能居住小区的建筑师是弗莱堡的罗夫·迪施（Rolf Disch），他发明了德语"产能建筑"这一名词，其意义指建筑运行过程中尽量少地使用常规能源，其所使用的能源 100% 为可再生能源，建筑达到

---

[1] Generalverwaltung der Max-Planck-Gesellschaft. Muenchen: Projektdokumentationen WSP CBP Tragwerksplanung(http://www.wspcbp.de), 2009.
[2] Max-Planck-Haus am Hofgarten. Max-Planck-Gesellschaft zur Foerderung der Wissenschaften e.V., 1999.5(25).

图 17.62 弗莱堡太阳船商业办公居住综合楼外景
资料来源：卢求摄

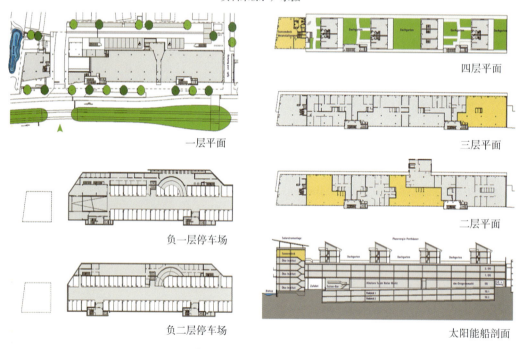

图 17.63 弗莱堡太阳船建筑各层平面及剖面图
资料来源：Rolf Disch Solar Architektur

零碳排放。建筑产生的能源不仅能够满足自用之需求，还能将多余的能源提供给城市公共电网。

"产能建筑"不仅关注节能、产能，同时要求采用生态环保材料、低碳足迹，最大限度实现自然采光、自然通风，达到健康、舒适的室内环境标准。"产能建筑"理念进一步拓展到整个社区开发，围绕能源与环保主题，为社区的规划、交通、用水、垃圾，以及社会文化、人口结构等问题提供全新的解决方案。

罗夫·迪施早期设计建造的自用住宅"向日葵房"已获得很大知名度，它可以跟踪太阳轨迹旋转，获得最大的太阳能发电效果，这栋小住宅已达到了"产能建筑"的标准。"太阳船"项目是世界上首个较大规模的产能公共建筑（图 17.65~图 17.67）。

弗莱堡太阳能居住小区设置了总共 445 kW 的光伏发电设备，每年太阳能发电量可达 420 000 kW·h。同时，住宅区的一次性能源消耗却相对较少，根据武珀塔尔建筑物理学研究院研究测试结果，该公共建筑用电量只有 79 kW·h/（m²·a）。而弗莱堡太阳能小区平均每年太阳能发电量可达 115 kW·h/m²，结果是建筑

图 17.64　弗莱堡太阳能居住小区鸟瞰
资料来源：Rolf Disch Solar Architektur

图 17.65　弗莱堡太阳船—屋顶露台住宅细部
资料来源：卢求摄

图 17.66　弗莱堡太阳船立面细部之一
资料来源：卢求摄

图 17.67　弗莱堡太阳船立面细部之二
资料来源：卢求摄

平均每年每平方米净产能 36 kW·h。

达到这一成果的基本原则是：精心设计建筑外围护结构，减少冬季散热和夏季得热，精确计算屋檐出挑面积及阳台结构，夏季做到有效遮阳，而在冬季则充分利用阳光供暖，安装较大面积光伏发电设施。

17.2.3.2　被动式房屋（Passivhaus）

被动式房屋是德国微能耗建筑的一种标准。达到被动式房屋标准需要进行精心的设计，特别是通过先进的建筑构造和建筑材料的应用达到标准要求，太阳船建筑的微能耗也是通过一些高效建材和特殊的建造技术来实现的。这些材料和技术即使在其被使用 10 年之后仍然是"领先的"（State of the Art）。

（1）南向立面木质的窗户都安装了高透光性、红外反射、具有保温绝缘隔断的 3 层玻璃窗；

（2）全部建筑外墙达到高度气密性，没有热桥，住宅部分外立面矿棉保温层厚约 30 cm，U 值为 0.12 W/(m²·K)，非常高效；

（3）"太阳船"外墙使用了真空隔热保温板（Wakuumisolierpaneele），尽管这种特殊保温层只有 3 cm，但它在立面上的 U 值高达 0.5 W/(m²·K)；

（4）"太阳船"的内部温度控制主要依靠特殊的内墙相变涂层（PCM）：通过充满石蜡的微型胶囊来吸收

图 17.68　弗莱堡太阳船立面细节——带热交换功能的通风构造
资料来源：卢求摄

热量，当温度高达 23 摄氏度时就会融化，这也是弗兰霍夫研究院与巴斯夫共同研发的产品；

（5）所有空间都设置了先进的可以回收热量的通风系统，在新风与废气循环的过程中，热量同时被保存下来（图 17.68，图 17.69）；

（6）产能建筑的采暖系统要实现低价且高效，按照罗夫·迪施的观点，是与其规模、使用目的及基地环境密不可分的，可以考虑的技术包括木屑压缩条集中燃烧炉、高效太阳能热水采暖系统、沼气提纯输送技术，提纯的沼气还可以燃烧采暖，同时也可以用来发电（图 17.70~图 17.73）。

就经济性而言，弗莱堡太阳能居住小区也是很成功的。小区建筑将太阳能发电多余的电量并入共同电网，按照德国的《可再生能源法》，住房用不完的电公共电网必须接受，从而给主人创造收入。据统计，每户居民大约可得年收入 1 100 欧元到 1 800 欧元不等。另外，小区还设立了"太阳船基金"，以 5 000 欧元起价出售，为期 20 年，用于有关环保项目的投资，年利率 6.2%以上，这为生态节能项目的融资开创了一种新的途径。

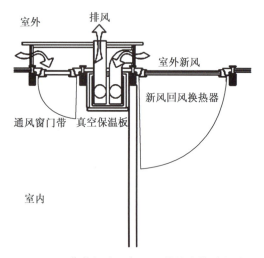

图 17.69　弗莱堡太阳船——带热交换功能的通风构造水平剖面图
资料来源：Rolf Disch Solar Architektur

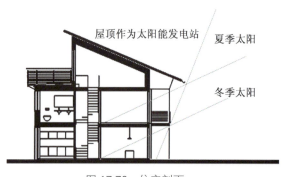

图 17.70　住宅剖面
资料来源：Rolf Disch Solar Architektur

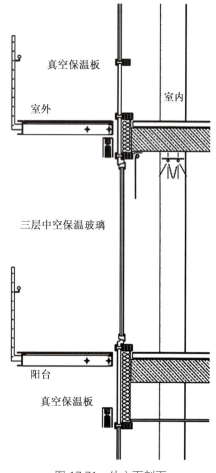

图 17.71　外立面剖面
资料来源：Rolf Disch Solar Architektur

图 17.72　安装在屋顶下的太阳能发电交直流转换器
资料来源：卢求摄

图 17.73　弗莱堡太阳船室内
资料来源：Rolf Disch Solar Architektur

17.2.4　德国汉堡联合利华总部大楼（Unilever Headquarters in Hamburg, Germany）

17.2.4.1　项目概况

联合利华（Unilever）是欧洲一家著名日用品和食品公司，其产品出现在大大小小的商铺货架上，然而它却一直缺少一个独立的公众形象。德国汉堡联合利华总部大楼的落成，使其拥有了一个现代化的新颖开放、生态环保的公众形象。

联合利华的新总部大楼坐落于汉堡港口城的显著位置，游轮的终点码头和施汤德凯（Strand-kai）步行大道交汇处。在建筑密集的市区，公共开放区域本身就是一种珍贵的资源，在汉堡炙手可热的易北河地区尤其如此。联合利华总部大楼在楼内和楼外部开辟了大片的公共区域，这一点是欧洲许多业主和建筑师在新近落成的大型建筑中努力追求的方向，它能够明显提升城市环境质量，改善人们在城市中活动的舒适性，它已成为欧洲绿色可持续建筑的一个重要评价标准。

大楼的外部采用了ETEF张拉膜，它的充满张力的线条使人联想到航海的船帆，造型新颖独特。这一造型和构造形式的选择同建筑的使用功能与节能设计是密切相连的（图17.74）。

图 17.74　德国汉堡联合利华总部大楼外景
资料来源：Behnisch Architekten

17.2.4.2　建筑空间布局

大楼的一层可以自由出入，并与上层行政区相连，一层设计了SPA、咖啡馆、商铺和展览空间等。员工餐厅也设置在这一层，设有外置楼梯，在CEO讲话或者举行会议和晚会时，外置楼梯可以作为通往舞台的通道（图17.75）。

大楼中庭通过玻璃屋顶采光。经过精细的优化模拟计算，有效地控制屋顶阳光的入射强度，同时为办公区提供充足的自然采光。办公区通过人行桥、坡道及楼梯连接。屋顶的玻璃部分全部在北边，南面是封闭的。屋顶钢结构的最大跨度为37 m，它的框架结构是通过圆井解决的。玻璃顶建于钢结构的支架上（图17.76）。

中庭旁边靠近中心交通核的地方是开敞空间，即会客区。它主要作为办公区的入口，并连接中心功能

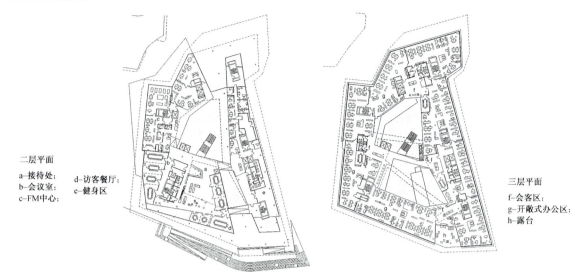

图 17.75　联合利华总部大楼二层、三层平面
资料来源：Behnisch Architekten

二层平面
a—接待处；
b—会议室；
c—FM中心；
d—访客餐厅；
e—健身区

三层平面
f—会客区；
g—开敞式办公区；
h—露台

图 17.76　联合利华总部大楼中庭内景
资料来源：Behnisch Architekten

图 17.77　中庭会客区
资料来源：Behnisch Architekten

区，如复印区、邮递区及茶水间，同时也是员工短时会面的优选场所。内墙上的轻质木刨花板、金属格子栅板大大降低了混响时间，尽管人事繁多，但中庭却非常安静。大楼开创了一种水平和竖直的连接关系，方便人们的非正式会面。充满活力的气氛有助于员工间畅快的交流，并加强了企业的凝聚力（图17.77）。

图 17.78　办公室内景
资料来源：Behnisch Architekten

　　大楼的设计极具灵活性，使用者可根据自身需要非常方便地进行改装。办公区35 cm厚的钢筋混凝土楼板是由2排8.10 m×8.90 m的柱网支撑，并且两边皆有最大到3.5 m的出挑。建筑仅通过电梯井及楼梯间获得横向支撑，梯井刚性地连接到两层的地下室。因为整个建筑是无缝的，所以加强筋可以达到最小值。不仅是建筑结构方面，在办公设施及建筑技术设备方面也提供了足够的空间灵活性，使用者可以根据自己的需要进行调节或改造。每位员工可以根据自己的需要，调节规则的散热器，或者调节遮阳板以及可以向外开启的窗户（中庭也是如此），而办公区布置也可以由同一模数的办公家具系统自行装配组合完成（图17.78）。

17.2.4.3 生态节能方案

联合利华总部大楼遵循着整体可持续性的原则，其能源概念集中体现于在适当的地方采用被动式节能技术，以避免采用复杂的工业技术解决方案。为使所有区域都能最大限度获得自然采光，建筑对于每一层的安排都独具匠心。大楼的设施在功能上也高度灵活性地考虑了未来的需求，每一区域的设计都符合最佳室内微气候的要求。

联合利华大厦距离汉堡油轮码头只有一步之遥，停港船只排出的废气是其主要问题。根据环评结果，控制性详规要求建筑设有机械通风系统（考虑到码头环境有害气体排放），通过新风系统的过滤器可以把 SO_2 从新风中过滤掉。因为业主与建筑师都不想放弃可开启的窗户，因此最终设计了自然通风和机械通风的混合系统，这样何时开窗，开多长时间都可以由在此工作的员工自主决定。机械通风系统使用了地下管道对外部空气进行预热或预冷，接着处理过的空气通过办公层的双层地板，流向中庭并最终通过中庭的顶部开口排出建筑外。排风口处设置了热交换器，热交换器回收的热量将带回热循环中(图 17.79)。

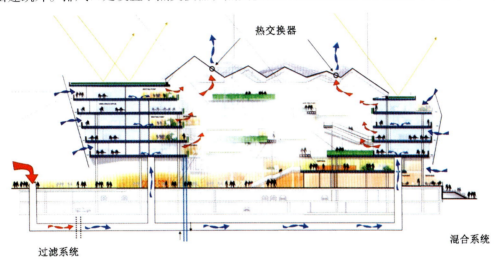

图 17.79　建筑节能系统设计
资料来源：Behnisch Architekten

大楼在设计中非常注重用户的需求，所有区域的设计都充分考虑建筑如何使用。中庭更是重中之重，历经仔细分析才在室内声学方面获得了最舒适的效果并进行了相关优化。由于采用了手动控制散热器，手动调节遮阳帘与防眩光保护，以及可朝向中庭开启的窗户，每位员工都可以直接改变自己的实时工作环境。办公区的供冷及供暖都通过钢筋混凝土楼板辐射系统控制，同时也安装了暖气系统，以满足特殊时段峰值荷载的需求和根据工作区的需要自主调节。对于间歇性使用的区域，如会议室、餐厅等（约占总建筑面积的 7%~8%）安装了冷吊顶系统。大楼冬季采用城市供暖（一次性能源转换系数 0.59），因为基地情况不允许采用地源热泵，因而安装了大功率高效变频压缩制冷机提供夏季冷源（能效比 COP=7）。为了不影响楼板辐射供冷供暖效果，大楼办公区域没有设计吊顶，专门为此项目研发的双层地板系统不仅用于满足送风系统、综合布线等的要求，同时也有改善室内声学环境的效果。

17.2.4.4 LED 照明

联合利华总部大楼是世界上最大的几乎完全使用 LED 照明的建筑之一。在 9 个月内厂商研发、生产并最终提供了大约 3 000 套 LED 照明设备及特殊照明设备，仅一种吊灯就由 13 种不同磨具生产。

由 Behnisch Architekten 与 Licht 01 灯具公司联合研发设计的两只大型 LED 吊灯，其光圈直径分别为 7.5 m 和 9 m，这是中庭的焦点。它是由铝质结构构成，覆盖人造蜂窝板，大灯装有 1 680 个 LED 灯，小灯装有 1 344 个 LED 灯。办公区总共有 1 400 个 LED 灯用于照明。每个直接/间接立式照明包括 180 个 LED，而它的直射光仅需要 70 W，与之相比，传统的节能灯则需要 240 W，而这些足够满足 2 倍的工作照明需求了（要求 500 lx）。如果员工愿意的话，在一般的运营过程中照明灯可以用 300 lx，从而节省更多电量。

在走廊、商铺及厨房也安装了 LED 灯。使用者通过 LED 的使用在照明方面节省了 70%的电量，而开发商为此所多付出的成本只提高了 20%~30%。只有员工餐厅的吊灯及中庭基础照明的射灯没有使用LED，这也说明 LED 的不足之处：在高强射灯方面，目前的 LED 灯还不能满足需要（图 17.80）。

图 17.80　联合利华总部大楼室内 LED 灯照明效果
资料来源：Behnisch Architekten

17.2.4.6　外立面膜结构

大楼的外部采用了 ETEF（Ethylen –Tetrafluorethylen）张拉膜结构，这也是一种双层幕墙构造形式，ETEF 膜能够保护优化的电动遮阳设施免受大风和其他天气的影响，同时可以使大楼达到自然开窗通风。与双层玻璃幕墙不同，这种立面构造不需要进行水平分区来进行防火处理，因为火灾时 ETEF 膜会熔化，这就满足了相关防火规范的要求。除了满足通风与节能方面的要求，也形成了新颖独特的建筑形象（图17.81）。

ETEF 膜张拉在建筑外墙上的钢结构杆件之上，为抵抗风力变形，膜结构采用双曲面形式，它的厚度为0.25~0.30 mm，可见光透射率为 95%，并可以透过紫外线，最大承载能力为 50 N/m²，足够抵御汉堡港的强风，使用寿命可达 25~30 年（图 17.82，图 17.83）。

17.81　联合利华总部大楼的外部采用了 ETEF 张拉膜结构
资料来源：Behnisch Architekten

17.82　膜结构后侧的空间效果
资料来源：Behnisch Architekten

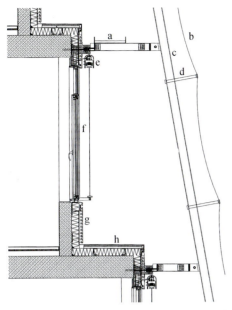

外墙剖面图
a—围护通道钢格栅 100 m×50 m×6 mm,水平铰接立柱,矩形钢管 120 m×5 mm,断桥隔热方式与钢筋混凝土连接;
b—ETFE 膜;
c—嵌板架,圆钢管 140 mm;
d—受压杆,不锈钢,后方交叉斜拉;
e—遮阳百叶,收纳箱带丙烯酸护盖,不锈钢张拉缆绳,外设保护层;
f—窗玻璃:8 mm 单片钢化玻璃 ESG-H(外玻)—16 mm 空隙内填充氩气—10 mm 夹胶安全玻璃(内玻);
g—铝嵌板断桥隔热方式固定在后部结构上,140 mm 岩棉保温层,200 mm 钢筋混凝土;
h—铝质花格板 3.5~5 mm,50 m×30 m×3 mm 的铝立面上敷 24 mm 胶合板,密封膜,140 mm 岩棉保温层,350 mm 钢筋混凝土楼板

图 17.83　联合利华总部大楼外墙钢杆件与张拉膜节点图
资料来源:Behnisch Architekten

17.2.4.7　其他生态措施

项目成功地利用了原先港口码头废弃用地,生态评估方面也为此获得加分因素。总部大楼采用无水小便器和中水系统减少了耗水量;尽量采用生态优化建筑材料,尽可能减少对环境的危害;同时考虑了以后的建筑材料拆除和相关的处理费用。由于采取了上述种种措施,联合利华总部大楼获得了汉堡港口城市生态金奖。总部大楼运行时的一次性能源消耗低于 100 kW·h/(m^2·a)。

项目简介:

建筑师:Behnisch Architekten,业主:Strandkai 1 Projekt Gesellschaft c/o Hochtief Projektentwicklung,使用者:Unilever Deutschland GmbH,竣工时间:2009 年 9 月,建筑面积:39 000 m^2。

17.2.5　德国联邦环境署大楼

17.2.5.1　项目概况

1992 年 5 月,德国联邦议会下院独立委员会提出将联邦环境署搬迁至萨克森-安哈尔特州,1996 年 5 月宣布德绍被选为新址。位于德绍的环境署大楼建设分为 2 期,首期于 1997 年 11 月开工,德国联邦政府组织招标,首期工程有 160 家,二期则有 29 家单位入选。1998 年 5 月 8 日,评委会宣布 Sauerbruch Hutton 建筑事务所中标。2000 年 7 月,经过两年的规划与设计,事务所提交了最终设计和建筑预算。工程于 2002 年 4 月奠基,2003 年 7 月举行封顶仪式,整栋大楼于 2005 年 5 月 11 日落成并交付使用。令人惊叹的是,尽管对生态和环境有前所未有的要求,工程却能如期顺利完工,总体费用也控制在预算以内。

位于德国北部小城德绍的德国联邦环境署大楼,能容纳 800 人办公。其公共区域包括礼堂、自助餐厅、展厅、问询中心以及欧洲最大的环保图书馆(图 17.84)。

该项目的整体设计要求与办公系统都

图 17.84　德国联邦环境署大楼鸟瞰图
资料来源:Michael Erxleben, ER+TE Stahl- und Metallbau

遵循了最高的生态标准,清晰的平面规划、多样的功能和灵活性,创造了愉悦的办公环境。生态技术的运用并没有增加过多成本,并在公共资金紧缩的条件下得以建成。其目的在于节约和灵活运用土地,同时建设对生态系统具有良性影响的现代建筑,使其成为未来建筑综合体整体规划的样板。

该建筑物对能源和材料的利用、对建筑物的管理和保护尽可能高效,使用过程中最大限度地运用可再生能源。在竞标阶段,要求大楼的运行能耗至少要比当时德国国家能源保护法所要求的目标值低50%,它的年均热能耗不得超过30 kW·h/m²。此外,建筑物的材料选择亦要考虑生态环保。总而言之,设计理念要求该项目在各个阶段均要达到最佳效果,包括建设、运行(以及改变用途)和可能的拆除,特别强调在大楼的运行阶段中能源、水的消耗和污水的管理、保洁、维护、服务和检验。

该建筑的外立面犹如蛇行一般流畅自然,并弯曲成封闭的带状物。中庭具有巨大的空间,由连接周边建筑的玻璃穹顶围合而成,成为抵御外界恶劣气候的蔽护所。中庭作为一个室内的公共空间,处于整个建筑的中心,同时具备交通、交流、集会以及会展的功能。

该建筑的色彩在一开始就成为竞标环节的一个不可缺少的部分。这个建筑不能被人一下子看完整,因为其色彩是不断变化的。这种对色彩的运用给周围环境带来了一种特殊的品质和氛围。基本的规则是:建筑的立面通过纵横垂直和水平的色彩、肌理的交替变换而完成。

建筑的立面由木质材料和玻璃组成带状,玻璃的色彩渐进变化(无规则),而这些玻璃"盒子"的宽度也在不断变化,从60 in 到1.5 ft。这些彩色的玻璃和木质的条带组合起来,玻璃好像算盘上的彩色珠子被穿在了木色条带上,并迂回伸展(图17.85,图17.86)。

图17.85 德国联邦环境署大楼外观
资料来源:姜成晟摄

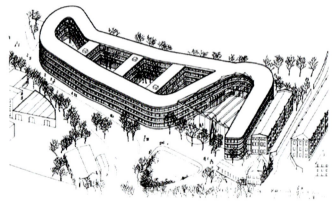

图17.86 德国联邦环境署大楼建筑设计方案
资料来源:索尔布鲁赫·胡顿建筑事务所(Sauerbruch Hutton)绘制

该项目获得德国可持续建筑协会(DGNB)颁发的德国可持续建筑金级认证。作为全球第二代可持续建筑认证体系,DGNB涵盖生态和经济性、社会文化和功能以及场地、设计和技术等几个方面。

17.2.5.2 煤气供应区域

德国联邦环境署位于原煤气供应区域的北部。1855年前后德绍的工业化发展起步于此,无数工厂在此落户。二战期间1945年,德绍地区被炸毁,战后进行了重建。1991年最后的一批工厂被关闭,留下来了空置的建筑、被严重污染的土壤和地下水。1995年市议会将大多数空置建筑拆毁,之后联邦环境署决定将总部落户德绍。

让中心城区重新焕发活力的愿望如此强烈,促使政府投入大量的工作净化土壤和地下水。德国联邦环境署把总部设立于此,为当地褐色土壤带的可持续发展树立了标准。

17.2.5.3 能源方案

根据最新的一次模拟结果,德国联邦环境署的实际能耗水平与最初设计的能源需求基本吻合。建筑物20%的能源需求由可再生能源提供,如太阳能、地热能、热交换器等等,每年供暖用能需求不超过30 kW·h/m²。

节能措施主要包括以下方面:

1)建筑围护结构的热损失最小化 ① 紧凑的建筑外形并利用中庭作为能量缓冲器;② 高标准的外围

护结构的保温隔热(图17.87)。

2)通风设备的热损耗最小化　① 建筑密闭性；② 废气的余热回收；③ 冬季利用地热对入室新风进行预热。

3)优化夏季的热工性能　① 夏季利用地热对新风进行预冷；② 在三层玻璃窗外加设外遮阳；③ 高效的玻璃屋顶加设内遮阳；④ 夏季夜间利用自然通风进行制冷。

4)太阳能的被动式利用最大化　① 办公区域内可灵活调节的遮阳系统把冬季低入射角的阳光引入室内；② 通过太阳能集热器主动地利用太阳能；③ 通过光电板主动地利用太阳能。

5)利用中庭调节室内微气候　① 朝向中庭的办公室：可通过开启窗户进行自然通风，也可通过对流把废气排放到中庭；② 朝向外立面的办公室：可通过对流把废气排放到中庭(图17.88)。

图17.87　大楼高效密封节能窗
资料来源：姜成晟摄

图17.88　大楼的中庭玻璃屋顶
资料来源：姜成晟摄

6)优化自然光的利用　① 尽量压缩建筑宽度(11.8 m)；② 优化窗墙比：外立面玻璃面积占35%，中庭内立面玻璃面积占60%；③ 利用表面材料反射日光。

7)其他生态措施　① 区域供暖来自垃圾填埋场的沼气；② 利用可再生的、可降解及可循环利用的建筑材料；③ 屋顶绿化。

17.2.5.4　可再生能源的利用

该大楼20%的能源需求由源自垃圾填埋场的沼气区域供暖、地热能、太阳能制冷及光电系统提供。高、低端可再生能源的组合经济合理，具有可行性。

1)利用垃圾填埋场的沼气进行区域供暖

固体废弃物在分解腐烂过程中产生高含量的沼气。德绍附近的垃圾填埋场及其管网对沼气进行回收和提取。这样，原本对环境有害的沼气被收集并转换成宝贵的能源。区域供暖为联邦环境署提供9%的能源需求。

2)地热

长达5 km的地埋管利用土壤的温度对进风进行预加热及预制冷，以取代传统空调系统，同时采暖用能也大幅降低。地热交换器的冬季供暖输出量约为86 000 kW·h/a，夏季供冷输出量约为125 000 kW·h/a（图17.89，图17.90）。

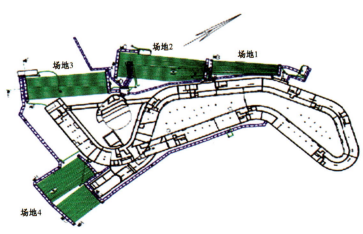
图17.89　大楼地热交换器总图
资料来源：德国联邦环境署绘制

图 17.90　大楼地热交换器埋管
资料来源：德国联邦环境署摄

图 17.91　德国联邦环境署大楼光伏屋顶
资料来源：姜成晟摄

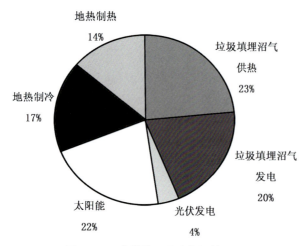

图 17.92　大楼的可再生能源的运用
资料来源：德国联邦环境署绘制

3）太阳能辅助制冷

主楼屋顶上安装的太阳能集热器朝南，与屋面呈 30°角，确保在该地理位置最大限度地吸收太阳能。利用真空集热管几乎可以全年提取 100℃以下的可利用太阳能热水。

4）光伏发电

太阳能光伏组件只安装在中庭玻璃屋顶朝南斜坡的上半部分，这样做是为了避免被邻近的玻璃顶斜坡的阴影遮挡。太阳能光伏组件的安装面积为 400 m²，每年可以提供 24 000 度电（图 17.91，图17.92）。

17.2.5.5　楼宇技术

1）供热系统

建筑热源来自于德绍的区域热站。冬季的热负荷为 1 730 kW，夏季的冷负荷为 200 kW（用于制冷机）。

2）给排水

从厕所排出的污水随同排污系统排走，从玻璃屋面径流的雨水被引入绿化灌溉及冲厕。

3）热水制备

建筑物没有中央热水制备系统，而仅在个别区域如各层厨房和盥洗室等处安装分散式热水器。

4）照明

办公区域由标准的吊顶灯进行照明，每处照明都装有自然光感应插件，存在探测器和红外端口。存在探测器会记录室内的移动，十个不同程序的安装能够确保照明系统与自然光进行互动，从用户实际需求出发有效进行节能照明控制。红外端口可同时控制 8 盏灯而无需额外布线。每盏灯的强度也可根据实际需求进行调节，尤其可以满足较大房间内不同人员对灯光强度的不同需求。办公室的平均照明水平为 300 lx/m²，工作区域为 500 lx/m²。

5）自动化

楼宇自动化采用直接数字控制系统（DDC），可以有效简化运行操作并对技术设备进行中央实时监控。

17.2.5.6　建筑材料

联邦环境署的全部建材均符合经济性、技术指标和美观方面的测试要求。除了考虑建材在生产制造和运营过程中产生的能耗、可循环利用性和在拆除回收过程中产生的能耗外，还重点考虑了避免有害材料的使用，如卤素、氯氟烃、杀虫剂等。所有室内材料均符合高标准的卫生要求。

图 17.93　大楼内部走廊
资料来源：姜成晟摄

图 17.94　大楼办公室室内
资料来源：姜成晟摄

整个建筑立面采用的木材全部来自于经过认证的可持续森林。用镀锌铜板取代镀锌钢板作为立面挡雨板，地板材料选用天然橡胶，避免使用溶剂型涂料等等均考虑了环保对建材的要求。室内家具采用落叶松木材（图17.93，图17.94）。

17.2.5.7　外立面

外立面的窗间墙采用落叶松木板与透明的彩色玻璃组成连贯的条形带状窗，玻璃部分不仅包括窗户，还有夜间通风板及幕墙板。

为了满足隔音和保温隔热的要求，在双层保温隔热玻璃的外面加设了玻璃板。外遮阳安装在双层玻璃和玻璃板之间。玻璃板起到隔音和保护外遮阳装置免受气候影响的作用。除了可以随意开启窗户，在彩色玻璃的后面还安装了中央控制的夜间通风板，新鲜空气通过窗侧的通风口进入。外立面的窗户（透明玻璃部分）面积占35%。

立面的设计采用预制构件，窗间墙、主体结构和窗框采用预制木板。该项目第一次把高科技和电脑支持的低科技预制木板大规模地组合运用（图17.95）。

图 17.95　大楼外立面（左）和外立面细部（右）
资料来源：姜成晟拍摄

17.2.5.8　内立面

内立面与中庭相连。中庭不仅温度适宜，而且不受外界噪音影响。具有吸音功能的窗间墙可以改善中庭的声环境。内立面的窗户面积（透明玻璃部分）占60%。由于中庭屋顶已经设有遮阳系统，内立面的窗户只需设置防眩光的百叶即可，该百叶也引导日光以一定角度进入室内。同样，内立面采用的也是预制木板。

项目简介：

设计方：索尔布鲁赫·胡顿建筑事务所（Sauerbruch Hutton）；业主：德国联邦环境署；建筑类型：行政办公楼；建造成本：6 880万欧元；建筑面积：35 000 m²；使用面积：17 800 m²；开工时间：2002年4月；竣工时间：2005年5月。

17.3 英国绿色建筑实例

总结英国近年来的绿色建筑实践，可以发现从高科技（High-tech）思潮正在向生态科技（Eco-tech）转变，从关注单体绿色建筑向关注绿色规划转变。经过十几年的实践，人们意识到可持续发展的目标只有站在相对宏观的城市及区域角度上才能更好地去实现。绿色建筑不仅需要建筑师，而且也需要其他多学科专业人士的共同努力。单体的绿色建筑固然可以做到CO_2零排放，但是城市的人口和规模、城市的空间形态、各种生产生活设施的布局，以及城市绿地和湿地的构成和面积等要素往往决定了人们的生活模式、交通需求和对环境的感受，从而影响城市的微气候和经济的发展方向，而这些因素都会左右社会整体对资源的消费和对环境的影响。

自 1995 年苏·鲁夫（Sue Roaf）教授设计建造牛津生态住宅[1]（Oxford Ecohouse，图 17.96）以来，英国出现了一大批优秀的绿色建筑，如费尔登·克莱格（Feilden Clegg）设计的 BRE 办公楼（BRE Office of the Future，图 17.97），肖特·福特（Short Ford）设计的蒙特福特大学女王楼（Queen Building，University of DeMontfort，图 17.98）[2]，诺曼·福斯特（Norman Foster）设计的伦敦市政厅（London City Hall，图 17.99）[3]，罗伯特·威尔（Robert Vale）和布兰达·威尔（Brenda Vale）夫妇设计的豪其顿生态住房项目（Hockerton Housing Project，图 17.100）[4]，以及迈克尔·霍普金斯事务所（Michael Hopkins & Partners）设计的诺丁汉大学朱比丽校园（Jubilee Campus，图 17.101）[5]，比尔·邓斯特（Bill Dunster）设计的贝丁顿零能耗开发项目（Beddington Zero Energy Development，简称 BedZED，图 17.102）[6]，以及由 BRE、Kingspan、奥雅娜、威宁、麦克法兰怀尔德和 CCB Evolution 共同设计的 Lighthouse 零碳住宅（图 17.103）[7]等。

鉴于朱比丽校园是将一废弃的自行车厂厂址改造成英国第一个绿色校园项目，在建筑和城市的可持续性方面进行了有益的尝试，获得 2001 年英国皇家建筑师协会杂志的年度可持续性奖（RIBA Journal Sustainability Award）；BedZED 因集当前各种成熟的环保技术和理念于一身，为住宅小区的发展做出了革命性贡献，使其成为有史以来英国斯特林建筑大奖入围建筑中唯一的住宅小区；Lighthouse 则通过新技术、新材

图 17.96　牛津生态住宅图
资料来源：http://www.windandsun.co.uk

图 17.97　英国 BRE 办公楼
资料来源：http://www.projects.bre.co.hk

---

[1] 陈冰. 英国可持续发展住宅设计案例回顾. 城市建筑,2005(3):30-34.
[2] 戴海峰. 英国绿色建筑实践简史. 世界建筑,2004(8):54-59.
[3] 廖含文,康健. 英国绿色建筑发展研究. 城市建筑,2008(4):9-12.
[4] http://www.hockerton.demon.co.uk.
[5] 窦强. 生态校园——英国诺丁汉大学朱比丽分校. 世界建筑,2004(8):64-69.
[6] BedZED in http://www.arup.com.
[7] http://www.jetsongreen.com/energy_efficiency.

第17章 国外绿色建筑实例分析

图 17.98　蒙特福特大学女王楼
资料来源：http://www.environmentcity.org.uk

图 17.99　伦敦市政厅
资料来源：http://www.fosterandpartners.com

图 17.100　豪其顿生态住房项目
资料来源：http://www.chinagb.net

图 17.101　诺丁汉大学朱比丽校园
资料来源：范宏武摄

图 17.102　贝丁顿零能耗开发项目（BedZED）
资料来源：http://www.arup.com

图 17.103　Lighthouse 零碳住宅
资料来源：http://www.jetsongreen.com/energy_efficiency

·609·

料和新理念的尝试,被称为英国第一个零碳建筑,主要倡导一种节约资源、保护环境的生活方式,被认为是英国有史以来最先进的住宅。因此,本节实例剖析中将重点介绍这三个项目,以充分展示英国在绿色建筑方面所做出的贡献。

17.3.1 诺丁汉大学朱比丽生态校园

1)项目概况

诺丁汉大学朱比丽分校(Jubilee Campus)位于英国诺丁汉,由迈克·霍普金斯建筑师事务所(Michael Hopkins & Partners)设计、结构工程公司奥雅娜(Ove Arup & Partners)和景观建筑师 B.麦卡锡(Battle McCarthy)共同合作完成,获得2001年英国皇家建筑师协会杂志的年度可持续性奖(RIBA Journal Sustainability Award)。

诺丁汉大学朱比丽分校建于老罗利自行车厂原址,整个校园建筑面积约41 000 m²。校园信息中心位于基地中央,为一"漂浮"在水面上的螺旋倒锥形建筑物,包括图书馆和计算机设施,是整个校园的视觉焦点。与信息中心相对的是中心教学与服务设施,包括银行、学生会和会议演示厅等。北侧为带有两个中庭的建筑物,为商业学院所用。南侧并联三个带中庭的建筑为教育学院使用。位于中央的大中庭是开放式学生餐厅及多功能活动室。基地两端为学生公寓,可提供给600个本科生和150个研究生使用[①]。

项目从1998年3月开展建造,于1999年9月建成,历时18个月。项目总投资为5 000多万英镑,折合建筑面积约为1 400英镑/m²[②]。

2)设计目标

朱比丽校园是诺丁汉大学最新的环境友好型校园,当时霍普金斯和奥雅娜竞争的口号是建造最小能耗和良好通风的建筑(Minimum Energy Consumption and Well Ventilated Buildings),从那时起,环境和可持续建造就成为影响朱比丽校园设计的影响因素之一。

根据相关资料,该项目设计目标主要包括[③]:① 实现 CO_2 减排75%;② 节能率达到50%以上;③ 将一个曾受污染的土地转换成生态多样化区域。

3)绿色策略

(1)废弃场地生态修复利用

项目基地是在原有自行车工厂用地基础上再造利用的,基地的东北面是工业仓储设施,西南面是典型的英国郊区住宅,如何有机地衔接这两个完全不一致的城市肌理,是设计师必须解决的首要问题。

霍普金斯的设计亮点是通过引入1.3万 m² 的人工湖,将新建筑与郊区住宅连接起来,为城市成功营造出一处新的"绿肺"(图17.104)。在水体设计上,设计师通过沿湖廊道将人工环境与自然环境有机衔接起

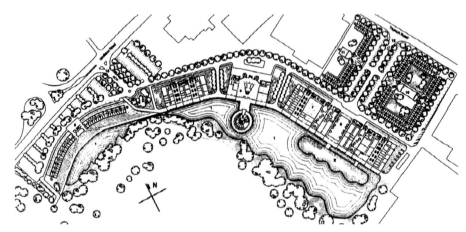

图17.104 朱比丽校园平面设计示意图
资料来源: http://www.eco-city.gov.cn

---

① 窦强. 生态校园——英国诺丁汉大学朱比丽分校. 世界建筑, 2004(8):64-69.
②③ Jim McCarthy. Towards sustainability good practice case sheets university of Nottingham Jubilee Campus-the first green campus development. ICE Architectural Review, Feb. 2000.

来，从而营造了一种人工与自然环境的平衡，重新为野生动植物的生存提供了良好的自然空间，图17.105为基地改造前后的照片对比[1]。

(2) 围护结构节能

该项目外墙采用具有良好保温与透气功能的、预制木材贴面的"Warmcell"保温体系(图17.106)，传热系数约为 0.287 W/(m²·K)。"Warmcell"保温材料由废弃的旧报纸制成，节能环境效益明显[2]。玻璃采用欧洲高效节能玻璃，屋面采用覆土种植屋面(图17.107)。

(3) 良好的自然通风设计

任何大型建筑中能耗最大的系统之一是空调通风系统，为了减少建筑能耗需求，该项目在基地通风设计方面进行了建筑布局和朝向的优化设计，同时在建筑内安装特殊通风系统，为项目的有效节能提供了良好的措施。

在营造自然环境的同时，通过优化建筑朝向实现良好的自然通风效果是该项目生态设计的亮点之一。根据设计情况，教学建筑朝向西南主导风方向，以获得最大的对风源与日照的利用，建筑内部则通过设置中庭形成"风道"。夏季时主导风经过湖面自然冷却后进入室内（图17.108），冬季则由靠近住宅区的树林构成有效挡风屏障(图17.109)[3]。

改造前

改造后

图 17.105 朱比丽校园基地改造前后情况对比
资料来源：http://www.eco-city.gov.cn

图 17.106 朱比丽分校建筑外墙外观图
资料来源：http://www.eco-city.gov.cn

图 17.107 朱比丽分校种植屋面外观图
资料来源：范宏武摄

---

[1][3] Jim McCarthy. Towards sustainability good practice case sheets university of Nottingham Jubilee Campus-the first green campus development. ICE Architectural Review, Feb. 2000.

[2] http://www.hopkins.co.uk.

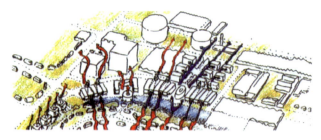

图 17.108　朱比丽校园基地夏季通风示意图
资料来源：http://www.eco-city.gov.cn

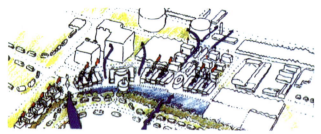

图 17.109　朱比丽校园基地冬季通风示意图
资料来源：http://www.eco-city.gov.cn

为提高建筑通风能力，降低空调使用能耗，该项目采用了奥雅娜公司设计的一个独特风帽通风系统（图 17.110，图 17.111）[①]。空气通过屋顶安装的风力捕捉器和静电过滤器进入空调箱，然后通过垂直通风井进入公共区域。空调箱内安装有转轮，冬季从排风中回收热量加热输入的空气，夏季则反过来运行。该系统由 450 m² 的光伏发电系统驱动，用来为 100%新鲜空气循环提供电力。图 17.112 为该系统工作原理示意图。

图 17.110　光伏驱动的风帽通风系统
资料来源：http://blog.sina.com.cn/s/blog_60629f980100f5l4.html

图 17.111　风帽通风系统内部
资料来源：范宏武摄

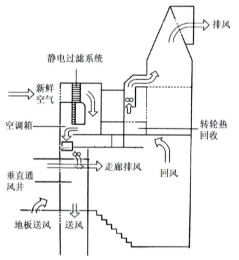

图 17.112　机械通风系统工作原理示意图
资料来源：范宏武绘制

（4）自然采光优化设计

采光设计的目的是在提供室内舒适的光环境情况下，尽可能降低人工照明需求。为达到这一目的，设计师们通过对建筑的形状、布局、开窗方式、大小与位置进行优化设计，并通过在主要教学建筑内部安置被动式红外线移动探测器和日照传感器进行照明智能控制，当教室有人时照明控制系统会自动判断是否需要使用人工照明，如果室内有足够的自然光线，人工照明就会自动关闭，从而节约能源。图 17.113 为某一教室内部自然采光与人工照明效果[②]。

（5）独特的建筑遮阳

该项目在建筑遮阳设计方面有其独特的诠释，首先在信息中心采用建筑自遮阳的方式，使建筑在实现良好遮阳效果的同时，实现了建筑美学的追求（图 17.114）。其次在教学楼中采用活动外遮阳设施（图 17.115），在中庭采用光伏玻璃遮阳形式（图 17.116）。

---

①② http://blog.sina.com.cn/s/blog_60629f980100f5l4.html.

图 17.113 教室内部采光效果
资料来源：http://blog.sina.com.cn/s/blog_60629f980100f5l4.html。

图 17.114 采用自遮阳的校园信息中心
资料来源：范宏武摄

图 17.115 活动外遮阳使用情况
资料来源：范宏武摄

图 17.116 透明光伏遮阳组件使用情况
资料来源：范宏武摄

这些都为建筑遮阳技术的推广提供了有益借鉴。

(6) 太阳能光伏利用

该项目除了在机械通风设备中使用光伏发电提供电力外，还在中庭屋顶安装有 9 个不同的光伏模块，模块大小从 0.92 m^2 到 2.62 m^2 不等，组件为 BP 公司生产的单晶硅电池，封装在 6 m 钢化玻璃之间。总装机容量为 53.3 kWp，全年发电量为 51 000 kW·h[①]。

(7) 能源分项计量系统

为弄清楚该项目的能源消耗与系统运行情况，建筑环境学院研究人员在建筑内部安装有 40 多个数据点，用来收集和监测包括内部温度、水、电力和燃气消耗在内的相关参数[②]。

4) 效果验证

表 17.1 为校园使用后的监测结果。从表中可以看出，该建筑能耗约为 85 kW·h/(m^2·a)，与英国 Good Practice 基准建筑相比节能超过了 50%，CO_2 减排量达到了 72% 左右，基本实现了设计目标。

---

①② Jubilee Campus. Nottingham University. http://www.iea-pvps.org/cases/ index.htm.

表 17.1　朱比丽校园节能减排效果对比[1]

	基准建筑(Good Practice)	朱比丽校园
燃气年消耗量，kW·h/m²	100	66
电力年消耗量，kW·h/m²	91.1	17.6
CO_2 年排放量，kg/m²	96	27

5）启示

朱比丽校园是英国第一个绿色校园项目，其在建筑和城市的可持续性方面进行了有益的尝试，并将城市景观环境、建筑与技术有机地结合在一起，不仅实现了绿色设计方面的创新，也为人们讨论、学习与发展绿色建筑提供了多维的思考与探索空间。

17.3.2　BedZED 零能耗发展社区

1）项目概况

BedZED 零能耗发展社区位于英国伦敦附近的萨顿(Sutton)市，是"贝丁顿零能耗开发项目"(Beddington Zero Energy Development)的简称，由英国著名的生态建筑师比尔·邓斯特(Bill Dunster)设计[2]。

项目于 2002 年建成，占地约 1.7 hm²，包括 82 个单元(271 套公寓)和 2 369 m² 的办公、商用建筑，被誉为英国最具创新性的住宅项目[3]。

项目开发成本共约 1 700 万英镑，其中建造成本约 1 400 万英镑，税收约 250 万英镑，规划和审计费用约 50 万英镑，总成本超出预期约 30%。与同一区域公寓的平均价格相比，BedZED 住宅价格大约高出 20% 左右[4]。

2）设计目标

为尽可能降低对环境的影响，项目在不牺牲现代生活的舒适性的前提下，提出如下设计目标：完全不使用矿石能源，能源消耗全部由可再生能源提供；与普通英国家庭相比能耗降低 60%，供热能耗降低 90%；交通能耗降低 50%；节水 30%；减少垃圾和鼓励循环利用；采用本地的建筑材料；生物多样化[5]。

3）绿色策略

(1) 被动式建筑节能设计

建筑师通过各种措施减少建筑的热损失，并尽可能多地使用太阳能热量。具体措施为：

① 建筑布局合理设计，降低建筑能耗需求。研究认为，办公建筑拥有较高的人员密度、设备得热，如果再考虑太阳得热，夏季很多时候室内温度会很高从而造成人工供冷需求，因此认为办公区域最佳朝向为北向，并尽可能利用自然采光降低人工照明需求，以及通过夜间自然通风实现舒适的室内环境温度。而对于住宅建筑，其人员密度相对较低，内部得热量较少，因此朝向设计为南向，以便获得较多的太阳得热，具体如图 17.117 所示[6]。

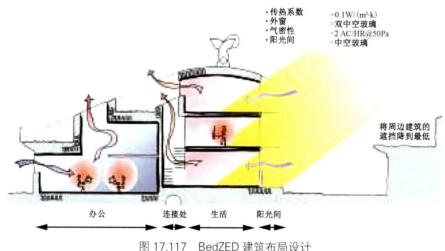

图 17.117　BedZED 建筑布局设计
资料来源：http://www.greenlineblog.com

---

① Jim McCarthy. Towards sustainability good practice case sheets university of Nottingham Jubilee Campus–the first green campus development. ICE Architectural Review, Feb. 2000.
② 夏菁，黄作栋. 英国贝丁顿零能耗发展项目. 世界建筑，2004(8)：76-79.
③ BedZED in http://www.arup.com.
④⑤ BedZED in http://www.energie-cites.eu-img.
⑥ BedZED in http://www.arup.com.

② 紧凑建筑体型设计，提高建筑保温性能。建筑设计采用紧凑形体，有效地控制了体型系数，降低了建筑的总散热面积。同时为了减少建筑物围护结构的热损失，建筑物屋面、外墙和楼板都采用了 300 mm 厚的超级绝热材料，外窗选用内充氩气的三层玻璃木窗，并对建筑门窗的气密性进行了控制，保证了建筑物具有良好的保温性能[①]。表 17.2 为该项目围护结构热工性能设计指标与实现方法。

表 17.2 建筑围护结构传热系数指标

构 件	传热系数,W/(m^2·K)	实现方法
屋 顶	0.10	300 mm 厚泡沫聚苯乙烯(Styrofoam)
楼 面	0.10	300 mm 厚发泡聚苯乙烯(Expanded polystyrene)
外 墙	0.11	300 mm 厚矿棉(Rockwool)
门 窗	1.20	氩气填充 3 层玻璃(Argon-filled triple-glazing)

③ 充分利用阳光间，有效利用太阳热能。为获得更多太阳热能，建筑外形设计时，采用了退台式设计手法，避免建筑之间的相互遮挡。住宅部分则在建筑南面设置阳光间，这样冬天可有效吸收大量的太阳辐射热量来提高室内温度，夏季则打开窗户使其变成开敞式阳台，组织气流强化建筑散热。

④ 借助无源风帽系统，强化自然通风效果。在 BedZED 设计中，其采用了一种特殊的风帽(Wind Cowl)系统(图 17.118)。该系统可随风向的变化而转动，在无任何能源驱动的情况下，利用风压给建筑内部提供新鲜空气，排出室内污浊空气的同时，风帽中的热回收装置可用废气中约 70%的热量预热室外寒冷的新鲜空气，最大限度地降低通风热损失。

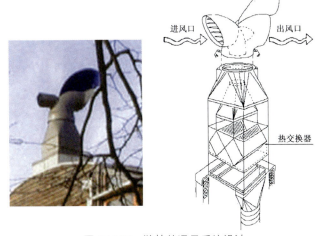

图 17.118 独特的通风系统设计
资料来源：夏菁、黄作栋. 英国贝丁顿零能耗发展项目. 世界建筑，2004(8)：76-79.

(2) 零温室气体排放能源系统设计

根据设计资料，整个社区的生活用电和热水供应全部由一台 130 kW 以木材为燃料的热电联产系统提供，木材预测需求量为 1 100 t/a，主要来源于周边地区的木材废料和邻近生态公园中管理良好的速生林。整个社区计划种植一片 3 年生约 70 hm^2 的速生林，每年砍伐其中的 1/3，并补种上新的树苗，以此循环，由于树木在燃烧过程中释放出来的 CO_2 与其成长过程中吸收的 CO_2 量基本相当，因此是一种零温室气体排放的清洁能源系统[②]。图 17.119 为燃烧木材的热电联产系统示意图。

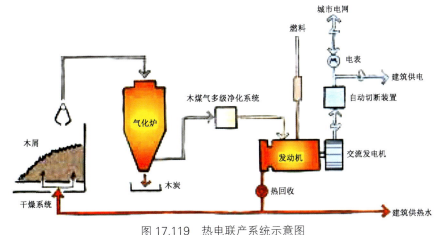

图 17.119 热电联产系统示意图
资料来源：http://www.arup.com.

---

① 夏菁、黄作栋. 英国贝丁顿零能耗发展项目. 世界建筑, 2004(8):76-79.
② BedZED in http://www.arup.com.

（3）太阳能建筑一体化光伏发电系统

考虑到成本问题与生态足迹，降低交通的碳排放是非常重要的。根据研究结果，所有住户出行距离在40 km以内的约占95%，而这个距离刚好处于电动汽车的范围内，为建筑光伏发电提供电力给电动汽车实现零碳排放提供了可能。分析结果显示，采用PV为建筑提供电力的回收期约为75年，而代替高税燃油的回收期可降为13年，若考虑到欧盟50%的政府补贴，其理论回收期约为6.5年。因此，设计师们在玻璃阳台和屋顶上安装了107 kWp的太阳能光电板（图17.120，图17.121），面积共计777 m²，可产生109 kW·h的峰值电量，供40辆电动车使用[①]。

图17.120　阳台太阳能光电板　　　　图17.121　屋顶太阳能光电板

资料来源：夏菁，黄作栋.英国贝丁顿零能耗发展项目.世界建筑，2004(8)：76-79.

（4）能源计量系统

为了掌握住户和工作的热量和电力使用情况，每家住宅和办公区域都安装有计量表。

（5）实施绿色交通计划

为降低社区的交通能耗，BedZED制定了"绿色交通计划"[②]，具体为：

① 减少居民出行需要。为减少居民驾车外出需求，社区内通过多方努力，解决居民的多样化生活需求。首先，开发商将公寓和商用、办公空间联合开发，尽可能为居民提供在社区内工作的机会，并实现徒步上班的可能，减少社区内的交通需求；其次，物业管理公司通过提供新鲜的环保蔬菜、水果等食品，以及提供露台或花园鼓励居民种植蔬菜和农作物等措施，降低居民的外出交通需求；另外，社区内还设置多种公共场所——商店、咖啡馆和带有儿童看护设施的保健中心，满足居民多样化的生活需要。

② 推行步行公交优先政策。在遵循"步行者优先"政策的情况下，开发商建造了宽敞的自行车库和自行车道，人行道上设有良好的照明设备，四处都设有婴儿车、轮椅通行的特殊通道。为鼓励使用公共交通，社区建有良好的公共交通网络，包括两个通往伦敦的火车站台和社区内部的两条公交线路，并为电动车辆设置免费的充电站。

③ 提倡合用或租赁汽车出行模式。为满足远途出行需要，社区鼓励居民合乘一辆私家车上班，改变一人一车的浪费现象。当地政府也在公路上划出专门的特快车道（Car Pool），专供载有两人以上的小汽车行驶。同时，社区内设有汽车租赁俱乐部，目的是降低社区内的私家车拥有量，让居民习惯于在短途出行时使用电动车。

（6）采用综合节水技术

为了实现对水资源的充分利用，BedZED采用欧盟A级节水器具，并设计有独立完善的中水处理系统和雨水收集系统（图17.122）。雨水通过屋顶收集后储存在地下室水箱中用来灌溉和冲厕，中水则通过处理

---

① 夏菁,黄作栋.英国贝丁顿零能耗发展项目.世界建筑,2004(8):76-79.

② BedZED in http://www.arup.com.

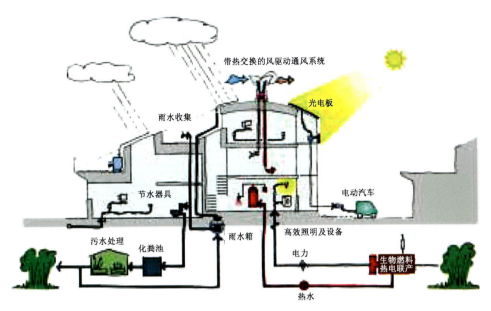

图 17.122　中水处理与雨水收集系统
资料来源：http://www.melstarrs.com

后流入雨水水箱进行利用。为防止地面雨水因车辆、动物等污染，采用了透水地面，可实现就地保水功能。设计数据显示，采用节水器具、雨水收集和中水回用系统后，可实现节水 1/3 左右[1]。

(7) 强调使用绿色建材

BedZED 选材方面强调"当地获取"原则，并要求采用环保建筑材料，甚至使用了大量回收或是再生的建筑材料。根据统计，52%建筑材料来自 56.3 km 范围内，15%的建筑材料为回收或再生的，其中 95%的结构用钢材都是再生钢材，是从 56.3 km 范围内拆毁建筑场地回收的。选用木窗框而不是 PVC 窗框可减少大约 800 t 制造过程中的 CO_2 排放，相当于整个项目排放量的 12.5%[2]。

4) 效果验证

根据入住第一年的监测数据，小区可节约 88%的采暖能耗、57%的热水能耗、25%的电力需求、50%的用水和 65%的普通汽车行驶里程。而对住户而言，每年仅账单就可减少 3 847 英镑。环境方面的收益则更多，每年仅 CO_2 排放量就减少 147.1 t，节约水 1 025 t[3]。

相比传统生态社区的高造价带来的低收益，BedZED 社区在经济上的成功更令人鼓舞。以一栋典型的小区建筑单元(由 6 套三居室复式公寓、6 套一居室公寓和 6 套办公单元组成)为例，与相同面积的传统房产项目相比，其总投入虽然增加了 52.12 万英镑，但由于市场反响强烈和政府的鼓励，开发商在地价和售价方面双重得益，车位减少和规划上的高密度提高了土地的利用率，增加收入 20.88 万英镑，平均房价高于普通住宅 15.75%，增加收入 48 万英镑，最终开发商大约获得 66.8 万英镑的回报[4]。

5) 启示

BedZED 在英国获得了巨大的成功，它集当前各种成熟的环保技术和理念于一身，为住宅小区的发展作出了革命性贡献。这使其成为有史以来英国斯特林建筑大奖入围建筑中唯一的住宅小区。在全世界对能源问题高度关注的今天，BedZED 的建成和杰出表现让我们看到了希望，也许它就是人类未来居住模式的雏形。虽然目前英国还只有此一处，但其在全世界都有广泛的推广前景[5]。

人们往往把生态社区或节约型的生活方式想象成"苦行僧"式的小区，或握有建设节能建筑的技术，却在市场面前步履维艰。贝丁顿社区的成功表明，建设环保的和谐社区，并不能仅仅停留在美好的愿望上，必须要考虑到市场关系，要使参与各方都能够得到利益。在利益机制的诱导下，使经济活动当事人主动去参与社区的建设。

---

[1]　BedZED in http://www.energie-cites.eu-img.
[2][3][4][5]　夏菁,黄作栋. 英国贝丁顿零能耗发展项目. 世界建筑,2004(8):76-79.

总之，BedZED 提供了一种生活和工作完全零碳的机会，并使这种机会具有吸引力、成本合适以及适当的现代生活，为可持续生活问题提供了一种可实践和实现的手段。

17.3.3 Lighthouse 零碳建筑

1）项目概况

Lighthouse 是英国第一个零碳建筑（图 17.123），建造于英国建筑研究院 BRE 创新园内，主要是为了倡导一种节约资源、保护环境的生活方式。

该建筑由 BRE、Kingspan、奥雅娜、威宁、麦克法兰怀尔德和 CCB Evolution 共同设计建造[①]，结构形式类似谷仓，其 40°倾角的屋顶安装有光伏组件，整个屋顶围成一个巨大的、开放的、拥有两倍层高的空间作为起居室，卧室位于一楼（图 17.124）[②]，建筑面积约 93 m²，于 2007 年完工。

图 17.123　Lighthouse 实景图
资料来源：http://www.jetsongreen.com/energy_efficiency

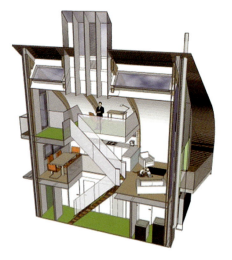

图 17.124　建筑内部构造图
资料来源：http://www.jetsongreen.com/energy_efficiency

2）设计目标

Lighthouse 是有史以来最先进的住宅，其主要用来寻求应对未来气候变化和防治夏季过热的解决方案[③]。在设计过程中，设计团队通过采用被动式通风、适度的窗户面积、有效的遮阳、先进的蓄能建材和节能电器，得以率先实现英国政府颁布的可持续住宅标准最高的 6 级。

3）绿色策略

为实现预期的设计目标，建筑采用了节能围护结构、相变材料应用、被动式通风设计、节能照明系统、能源智能计量系统、雨中水回用和可再生能源利用等措施。

（1）高效节能的围护结构体系

该建筑外墙采用 Kingspan 公司的 TEK 建筑系统，可提供良好的保温和气密性。根据文献[④]，其外墙和屋面平均传热系数均达到 0.11 W/(m²·K)，气密性小于 1 m³/(h·m²)（50 Pa 压力下），与标准建筑相比，热损失降低了 2/3。

为实现更好的节能效果，该建筑除了采用传热系数为 0.8 W/(m²·K)的窗户外，在窗墙比方面也进行了有效的优化设计。相关资料显示，该建筑窗墙比仅为 18%，而传统建筑窗墙比在 25%~30%（图17.125）。

鉴于将来英国的气温可能会与南欧相类似，但英国太阳高度角相对较低，因此该建筑西立面采用可收缩的百叶窗为夏季提供有效遮阳以限制直射太阳光进入，减少太阳得热，冬季和过渡季则尽可能提高太阳得热和自然采光效果。

---

①② http://www.jetsongreen.com/energy_efficiency.

③ http://www.caa.uiaho.edu/arch504ukgreenarch/2009archs-casestudies/jessicashoemaker-case study- BRE lighthouse.

④ http://www.kingspanlighthouse.com.

图 17.125　Lighthacse 的建筑西、东立面窗户情况
资料来源：http://www.kingspanlighthouse.com

（2）采用相变材料调节室内温度

建筑通过在天花板中封装卫星相变材料胶囊来调节室内热量，白天主要通过从固体变为液体吸收房间热量，晚上当房间被室外空气冷却时，则通过逆反应将热量排出室外[①]。其工作原理如图 17.126 所示。

该项目采用巴斯夫公司生产的相变石膏板，采用微型胶囊封装方式，其相变温度为 26℃，相变热为 110 J/g，其材料形状如图 17.127 所示。为验证相变材料的效果，项目组测试了夏季室内外实际温度，结果如图 17.128 所示。从图中可以看出，相变材料对于缓解室内高温具有明显作用。

（3）被动式通风系统设计

安装于楼梯中央上方屋顶的通风井（图 17.129）可提供被动式冷却与通风，当风口打开

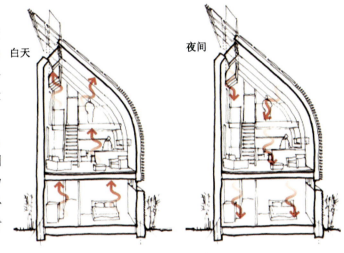

图 17.126　相变材料工作原理
资料来源：http://www.kingspanlighthouse.com

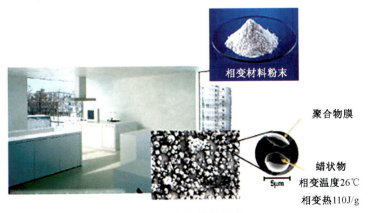

图 17.127　相变材料构造图
资料来源：http://www.kingspanlighthouse.com

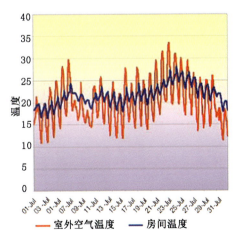

图 17.128　相变材料对室内温度的影响
资料来源：http://www.kingspanlighthouse.com

---

① http://www.kingspanlighthouse.com.

绿色建筑设计与技术

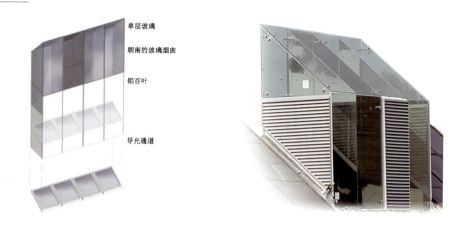

图 17.129　通风井构造图
资料来源：http://www.kingspanlighthouse.com

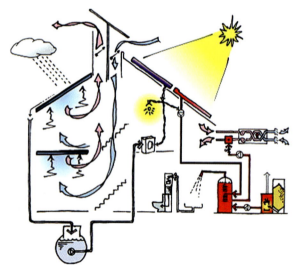

图 17.130　Lighthouse 的建筑通风效果示意图
资料来源：http://www.kingspanlighthouse.com

时，冷空气进入房间内部、起居室和卧室，而将热空气排出室外（图17.130）。通风系统白天还可将可见光引入房间内部，晚上为卧室提供安全通风。

（4）智能计量与监测系统

集成有智能计量与监测系统的建筑服务系统可记录能源的消耗情况，从而帮助使用者判断是否有浪费现象发生，有助于形成良好的环保生活方式。监测系统示意图如图 17.131 所示[①]。

（5）可再生能源利用

该项目共使用了三种可再生能源利用系统[②]，分别是太阳能热水系统、太阳能光伏发电系统和燃木屑的生物质锅炉，如图 17.132 所示。

项目采用真空式太阳能热水系统，集热面积为 4 m²，主要提供生活热水；太阳能光伏发电系统采用多晶硅

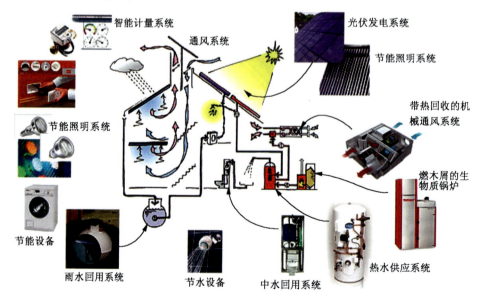

图 17.131　Lighthouse 的智能计量与监测系统示意图
资料来源：http://www.kingspanlighthouse.com

---

①② http://www.kingspanlighthouse.com.

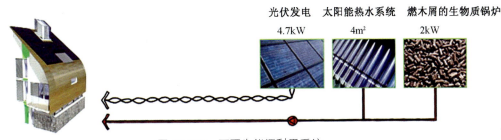

图 17.132　可再生能源利用系统

资料来源：http://www.kingspanlighthouse.com

并网发电系统，装机容量约为 4.7 kWp，可为整栋建筑提供电力供应，多余部分将出售给城市电网；燃木屑的生物质锅炉以可再生的木屑为燃料为建筑提供冬季生活热水和采暖。

(6) 可再生建筑材料应用

为尽可能优化建筑整体可持续发展能力，减少能源消耗和最大限度地回收和再利用，建筑采用了木结构体系，外墙采用木材装饰板，楼板采用浮动地板代替混凝土板，地板采用天然橡胶地板等(图17.133)[①]。

4) 效果分析

根据相关文献，该建筑低能耗照明实现率达到 100%，电辅助加热率为 0，通风热回收效率达到 88%，风机功耗约为 0.92 W/(L·s)，建筑热水能耗绝大部分由太阳能集热器提供，电力由太阳能光伏发电系统免费提供[②]。通过核算，该建筑得到了欧盟建筑能效标识的最高 A 级，实现了零碳排放目标。图 17.134 为其能效标识证书[③]。

图 17.133　建筑可再生材料利用

资料来源：http://www.caa.uiaho.edu/arch504ukgreenarch/2009archs-casestudies/jessicashoemaker-case study- BRE lighthous

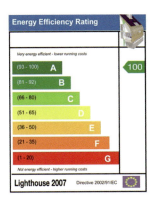

图 17.134　Lighthouse 建筑能效标识证书

资料来源：http://www.kingspanlighthouse.com

5) 启示

低碳经济是目前认为解决人类社会可持续发展的唯一途径，Lighthouse 通过新技术、新材料和新理念的尝试，为世人展示了建筑如何有效降低碳排放，以实现建筑领域的可持续发展。

17.4　丹麦绿色建筑实例

17.4.1　丹麦哥本哈根 Hedebygade 街区

Hedebygade 街区是迄今为止丹麦最引人注目的绿色社区建设项目之一，其独特之处在于通过建筑生态化改造成功地实现旧城街区的更新。

---

① ② http://www.caa.uiaho.edu/arch504ukgreenarch/2009archs-casestudies/jessicashoemaker-case study-BRE lighthouse.

③ http://www.kingspanlighthouse.com.

图 17.135　Hedebygade 街区现状及其周边环境　　图 17.136　Hedebygade 窗户四周安装太阳能电池板
资料来源：Kurt Kj Christensen 提供

Hedebygade 街区为欧洲传统式内院格局，由 19 幢 5~6 层的公寓楼围合而成，设施老化，房屋陈旧，内院中塞满了各种搭建建筑，密度很大(图 17.135)。改造计划的核心内容旨在探求多层住宅改造中全面节能和有效利用资源的方法。Hedebygade 街区改造项目综合运用了多项低能耗技术，并展示了整合的途径，既为住户提供良好舒适的室内小气候，又能通过使用可再生能源达到可观的节能效果。具体措施包括如下几方面。

1）改造中的太阳能利用技术

公寓单体立面上都整合了太阳能技术，而利用的方式又有所不同。例如 1 号公寓的窗下墙部分设计了总面积为 60 m^2 的太阳能电池板，补充部分电能。电池板壁后的空气预热后可辅助自然通风，电池板的冷却过程亦可以提高发电效率（图 17.136）。2 号单体在此基础上进一步在屋顶上安装了用于局部空间加热和提供热水的太阳能集热器。3 号楼为楼内 12 套公寓配置了一种新型的带反向热流回收装置的太阳能集热墙，并和地区供热系统相连。带热回收装置的太阳集热墙仅仅 25 cm 厚，外覆毛玻璃和太阳能电池板。

2）通风、采暖和热水供应一体系统

为创造良好的室内小气候以及提高常规热辐射采暖方式的效率，该项目采用了一套通风、采暖和热水供应的整体系统。

地区供暖：所有公寓楼都通过各楼里的锅炉房与地区供暖系统相连。供暖系统采用低温分流系统，即管道和散热片中的水温较常规供暖方式要低。因此，散热片和管道系统的表面积相应比普通系统要大。散热器配有温度控制阀，并设置在房间中央以减少成本。

通风和热交换：供暖输送管道是与通风系统整合在一起设计的，即向各户输送热水时通过热交换器加热进风。此外，这套通风系统还包括高效的热回收装置，能够重复利用废气中的余热，效率可达 90%。

3）山墙的节能措施

街区南面的山墙集中使用了太阳能电池，充分利用南向阳光积蓄电能用于晚间提供后院照明。此外端部的墙体还安装了可更换的保温材料。除了以上这些措施，还采用垂直绿化以及其他城市生态措施，改善住户室内小气候，提高节能效果。

4）结合太阳能利用措施的灵活立面

为增加使用空间，沿内院一侧的起居和厨房部分向外拓展。扩建采用太阳能玻璃单元体结构，展示了先进的立面建造技术：立面和阳台部位使用由太阳能电池板（光电板）、集热墙或其他板式构件组成的玻璃外皮（图 17.137）。部件具有高度的灵活性，可自由组合和拆卸添加，适用于各种不同的建筑类型。评估结果显示，该项技术可帮助住户每年节省大约 160 欧元的能耗费用。

5）自然采光

该项目考虑了如何在多层住宅楼捕捉阳光来改善建筑物内部的自然采光和户内小气候的问题。措施的

图 17.137 Hedebygade 改造后面向内院的建筑立面之一　　图 17.138 Hedebygade 楼顶安装的日光追踪和反射装置

资料来源：Kurt Kj Christensen 提供

关键在于设计了一套安装在楼顶的日光反射装置。该装置由计算机控制，可跟踪太阳的位置，通过棱镜将阳光从屋顶引导至井筒内的镜面上再反射至公寓内部（图 17.138）。

6）能耗消费分户计量

用水用电和采暖的计量工作旨在通过统计每户的能耗量和能耗管理来确保最小的环境影响。其目标是将家庭资源消耗量减少 25% 以上。该系统可以精确统计节约量，以确保住户利益，同时也对随后开展的评估工作有利。各户的总计量表被放置于每栋公寓楼的显眼处，通常设在门厅。从计量表的面板上住户可以清楚读到每日、每月或每年的资源消耗量，即使是当前状态也可即刻知晓。这些数据来自于各套公寓内的散热器计量、热水表和电表，无线接收器将数据传输至中心计算机再显示到各户的总计量表上。丹麦的法规要求该街区每户的供暖和供电收费必须参照每户计量表上的实测数据。

7）垃圾分类

街区建立了一套由简单垃圾分类点和公用环境站构成的基本生活垃圾处理系统。在这里，环保型分类回收箱分为 8 个类别，户外还设有公用垃圾堆肥点（图 17.139）。这一系统的目标是将垃圾减至原体积的 60%。所有住户和管理人员都接受了有关如何使用这套系统的指导，以确保垃圾分类的效果。

8）植物净化空气

这项措施反映了项目对于城市生态建设整体思路的考虑。户内空气通过植物和花床吸附得到净化，同时也减少了机械通风净化空气的能耗。同样地，沐浴后的"灰水"经循环处理后用做植物灌溉。

9）社区公共用房

社区公共用房位于院落中央，包括活动室、厨房和利用雨水的公共洗衣房等设施，供所有住户使用（图 17.140）。建筑设计主要从生态角度考虑资源的有效利用，材料选择也立足简单环保的性能要求（图 17.141）。洗衣房利用雨水作为漂洗的补充用水。朝南立面的大面积玻璃利用被动式太阳能为活动室和咖啡间提供采暖。部分空气的净化通过室内外垂直绿化棚架实现。厨房安装有采用自然通风冷却的食物储存柜。

图 17.139 Hedebygade 内院中的公用垃圾堆肥点
资料来源:Kurt Kj Christensen 提供

10）基于生态原则的公共活动场地设计

该项目基于生态原则对街区内院的开放空间和景观进行设计和营造。开放空间整合了社区用房和环

图 17.140　Hedebygade 社区公共用房　　图 17.141　Hedebygade 中央社区公共用房覆土屋面和聚会广场

资料来源：Kurt Kj Christensen 提供

境站，方便维护。场地上的生态措施包括雨水收集，用于环绕整个场地的小型水渠、水池和雕像。同时，场地的植物配置遵循多样化原则，以此吸引多种鸟类和昆虫。

11）绿色厨房计划

在老街区建设"绿色厨房"，提倡减少资源消耗的绿色生活方式。厨房使用环保、健康和天然材料的设备。其特色之一在于厨房的垂直种植架较好地利用了太阳能，并为住户提供栽种花草的空间。此外，每套公寓配有一个空气自然冷却的食物储存柜，街区公共用地开辟有专门的堆肥处。

尽管此次改造综合利用了多项先进的生态建造技术，但实施过程中十分注重贯彻维持历史街区形态和外观的原则。除墙体和窗户进行修缮和保温处理外，沿街立面的改造得到严格控制，未进行其他改动。扩建的玻璃单元体和外表皮仅限于朝向内院的立面，从而使改造后的面貌与整个旧街区统一协调。Vestrbro 区其他街区的更新改造工作目前仍在推进之中，作为计划一部分的 Hedebygade 街区生态化改造无疑为此大规模的项目提供了宝贵的经验。

项目简介：

地址：哥本哈根 Vesterbro 区；项目性质：350 套老旧住房的改造；建筑师：Arkitektgruppen Købhavenn A/S, C.F. Møllers Tegnestue, Box 25 Architects, Peter Holst tegnestue, Karsten Pålssons Tegnestue, Arkitekter MAA, Domus Arkitekter A/S, Plan 1 tegnestue, Byens Tegnestue Aps, Niels Peter Flint Design, Gruppen for by-og landskabsplanlægning；工程咨询机构：Erik K. Jørgensen A/S Rådgivende Ingeniører, Esbensen Consulting Engineers, Wissenberg A/S, Cenergia Energy Consultants; TransForm Aps-Dansk Rodzone teknik, Carl Bro A/S; Wissenberg A/S, Cowi Rådgivende Engineerer A/S; Cowi, Rådgivende Ingeniører A/S；地方管理部门：哥本哈根市建设局；建设时间：1996—2002 年；工程承包：哥本哈根 SBS Byfornyelse 公司；工程造价：5 300 000 欧元；项目资助：丹麦住房署和哥本哈根市政府。

17.4.2　Big "8 House" 和谐公寓

"8 House" 位于丹麦哥本哈根城区南部的奥雷斯塔德（图 17.142），建筑体量庞大，呈现出阿拉伯数字8的平面形状（图 17.143），功能以居住为主，配有一定的城市商业功能，是目前丹麦规模最庞大的居住建筑。该建筑将宁静的居住功能与充满活力的城市商贸活动很好地结合为一体，户型种类丰富，适合不同类型人群的需要。不仅给处于不同人生阶段的人们提供适合的居住场所，也给城市商务贸易活动提供了独具特色的办公空间。总面积达 1 700 m² 的屋顶绿地，不仅有良好的节能生态效益，也成为该建筑的重要标志，使该建筑获得 2010 年斯堪的纳维亚绿色屋顶奖。8 House 体现了 21 世纪现代居住理念的精华，服务设施的当地化是大规模高密度城市项目的开发要求，整个综合体也宛如一个绿色生态村落（图 17.144）。

第 17 章　国外绿色建筑实例分析

图 17.142　"8 House"和谐公寓区位图
资料来源：李冰根据 Google 地图绘

图 17.143　"8 House"和谐公寓总平面图
资料来源：http://files.big.dk

图 17.144　和谐公寓西南入口效果图
资料来源：http://files.big.dk

17.4.2.1　设计构思

8 House 以传统街区的形态为基础，在此基础上对其进行反转与扭曲。从高空俯视，整个建筑如同一个巨大的标志，沿着整个建筑形成一条 1.5 km 长的道路。建筑师最大限度地给予未来居民以社区感，在整个建筑中都设置了共享公共设施，成体系的花园和树木，并用一条道路将这些功能联系起来，这条道路从底层一直到顶层，开放连续的大片屋顶绿地，使人仿佛在山地中行走，房屋也好像是建在山地之中。

在这栋 60 000 m² 的居住综合体中，宁静的郊区生活与充满活力的城市贸易共存，公共空间、公共设施与人们生活相融合。8 House 由 BIG 事务所设计，设计灵感部分来源于经典别墅以及开放自然的功能主义建筑。建筑师们设计了一个长长的、紧密相连并具有高差跌落的房屋，以此方法创造了强烈的光影效果和一个有着许许多多小花园和小路的独特的社区，唤起了人们对欧洲南部山脉以及儿时居住场所的回忆（图 17.145~图 17.148）。

17.4.2.2　建筑平面

8 House 包含 475 个居住单元、50 000 m² 的居住面积。底层包含 10 000 m² 的商业面积，沿着主要街道展开。从总平面来看，8 House 呈现阿拉伯数字 8 的形状。整个建筑可以看做由两个弓形空间构成，被中

图17.145 从和谐公寓内部庭院看层层跌落的公寓
资料来源：李冰摄

图17.146 和谐公寓内部庭院
资料来源：李冰摄

图17.147 和谐公寓联系整个建筑的坡道，庭院内部部分
资料来源：李冰摄

图17.148 从外部看和谐公寓的东北立面
资料来源：李冰摄

心500 m²的公共设施分隔，这个位置穿插一道9 m宽的通道，连接周边两个城市空间：西部公园区和东部运河区。建筑中心的公共空间在漫长的冬天为居民提供交往场所。公寓的户型尺度以及价格幅度很大，为不同层次的居民提供了共同居住的可能（图17.149）。

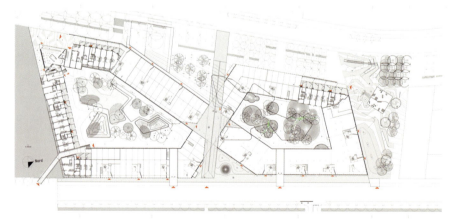
图17.149 和谐公寓一层平面图
资料来源：http://files.big.dk

17.4.2.3 功能布局

8 House 有两个主要功能,即居住功能与商业功能,这两种功能分别布置在不同的建筑层上。公寓设置在上层,而商业功能在建筑底部展开,这样,不同水平层即有了各自不同的品质以满足功能需要,如较高的位置使公寓层有较好的视野景观、阳光和新鲜空气,底层则是一个商业广场。办公和零售空间在建筑底层,从这里的步行道人们可以在整个建筑中穿行。通过这个步行道也可到达建筑的屋顶,人们不仅可以锻炼身体,更能站在高处俯瞰美丽的哥本哈根景观(图 17.150)。

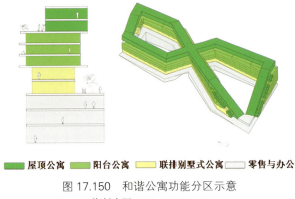

图 17.150　和谐公寓功能分区示意
资料来源:http://files.big.dk

17.4.2.4 种类繁多的居住单元

8 House 不是一个简单的居住单元集合体,它更像是叠加了不同居住类型的山体。在这样庞大的建筑综合体中,处处都能发现设计者对细节的关注:8 House 充分考虑了处于不同人生阶段的使用者的需求,设计了种类繁多的居住单元,无论是年轻人还是老年人,丁克家庭还是单身族,正在壮大的或正在缩小的家庭,8 House 都有针对不同人群需求的户型设计。这些不同的居住单元主要可以分成三类:带有庭院的双拼排屋、带有阳台的公寓以及带有屋顶平台的顶层公寓。融合了郊外的宁静以及城市的活力,排屋是现代家庭的理想住房选择,而公寓则对单身族和年轻夫妇更加有吸引力。对于那些享受生活的人们,顶层住宅以其接近活动场地以及拥有运河与哥本哈根南部的绝佳景观成为他们的首选。不同类型的房屋被这种独特的 8 字形态统一为一体,更能激发人们的探索精神并激发人们的社区感。

17.4.2.5 特殊的坡道统一整个建筑

整个建筑被一条长 1 km 左右的坡道联系起来,这条双环路线一直蜿蜒到建筑顶部。这条路的设计意图是为居民提供自然见面的场所以及儿童玩耍的安全通道。这条道路也成为一条十分吸引人的建筑游览流线,就好像是生活在山村中的人们在山路中行走,不时地可以停歇下来欣赏四周的风景(图 17.151)。

17.4.2.6 阳光、新鲜空气的引入

BIG 的这项设计无论从建筑形态还是设计理念上看都无比优雅。在设计中,设计者还通过建筑形体的整体把握,即"台高"东北角,"压低"西南

图 17.151　联系整个和谐公寓的坡道和建筑外围环境
资料来源:http://files.big.dk

角,以此为中心庭院注入阳光和新鲜空气。外部形态在水平和垂直方向都被打断,绿色空间主导着整个庭院和屋顶,减少城市热岛效应,缓解视觉疲劳。此外,东西方向每个居住单元都能享受充足的阳光(图 17.152)。

图 17.152　设计构思(组合—整合—扭转—变形)
资料来源:http://files.big.dk

17.4.2.7 绿色屋顶

8 House 的另一个显著特征即华丽的绿色屋顶设计。这个面积达 1 700 m² 的巨大绿色屋顶从 11 层一直到底层，成为与建筑不可分割的重要视觉语言，是该建筑的重要识别特征（图 17.153），此外，绿色屋顶在各方面都为环境带来良好的效益：它能促进生物多样性，净化空气，降低噪音，降低温度，以此达到减少能源消耗的作用；种植植被也是处理雨水的一种既经济又美观的方法，减轻城市排水系统压力。

图 17.153　和谐公寓绿色屋顶鸟瞰
资料来源：http://files.big.dk

1）能源与经济性

绿色屋顶可以从多个方面为建筑节约能源，主要是绿色植被屋顶在夏天可以起到降温的作用。即使是在斯堪的纳维亚，普通的黑色沥青屋顶在夏天也很容易达到 80℃ 的高温。然而一层土壤以及遮阳的植被可以保护屋顶，使其温度不高于周围的气温，此外，植物和土壤蒸发水分，也可起到降温作用，同时又可以增加空气湿度，使呼吸的空气更加清新舒适。

在冬天，土壤层可以起到隔温作用和降低风寒的作用，具有客观的经济效益。

绿色屋顶的经济节能性还体现在它可以保护屋顶的保护层。以沥青防水层为例，一般寿命为 25 年，之后就要对其进行更新，因为紫外线会将其表面脆化，之后随着气温的波动沥青防水层会扩张或收缩，弹性降低，导致断裂。绿色屋顶可以保护防水层不受紫外线以及气温波动的影响，使其使用寿命可达到至少 60 年，从而达到节约材料和能源、降低造价以及减少废物排放的作用。

2）暴雨的吸收与处理

城市中，绿色屋顶的另一个重要作用就是吸收并延缓暴雨时期的雨水排放，降低其对城市排水系统的压力。由于城市土地大多是雨水很难渗透的硬质地面，绝大部分雨水要通过城市排水设施排走，然而城市排水排污设施用量有限，雨水过多可能导致雨水未净化处理便排到自然环境中。然而即使绿色屋顶的土壤含水量达到饱和，它仍然可以延缓雨水排放的时间，降低城市排水系统负荷，使雨水可以更好地净化，然后排入自然环境中，从而达到降低污染的作用。屋面上，铺展开的厚度为 5 cm 的绿顶，可以处理全年 50% 的降水量，将其蒸发到空气之中。

3）健康与环境效益

缓解热岛效应：城市热岛效应是指城市温度高于周边乡村温度，原因是城市大量混凝土建筑及沥青铺地等在白天吸收大量热量，夜晚释放这些热量，导致城市夜晚温度较高，在夏天使人难以入眠，这种热量波动甚至导致了一些老人的死亡。此外，由于城市热空气上升，冷空气由四周流向城市，同时也将工业区的污染带到了人口密集的城市中心。绿色屋顶可以为建筑遮阳，阻隔建筑吸收大量的热量，同时增加空气湿度，从而起到降温作用，也起到改善微气候的作用。

降低噪音：城市中另一个危害我们健康的即是噪音。连续的交通噪音在建筑和铺装表面反射，对我们产生影响，这是我们很熟悉但却难以注意到的。而草坪、绿色屋顶等形成软质表面，可以吸收噪音而不是反射噪音。

项目简介：

地点：丹麦哥本哈根；建筑高度：11 层；建筑面积：60 000 m²（其中商业设施约 10 000 m²）；业主：Høpener A/S, Danish oil company A/S, Store Frederikslund；建筑师：BIG 建筑师事务所（BIG-Bjark Ingels Gracp）；造价：92 000 000 欧元；建成时间：2010 年。

17.5 瑞典绿色建筑实例

17.5.1 "卡桑"怀特建筑师事务所办公楼

怀特(White)建筑师事务所的这栋新办公楼——"卡桑"位于斯德哥尔摩北哈默比码头西端,斯堪司都尔大桥在其背后横空越过,下面是连接波罗的海与梅尔伦湖的哈默比水闸。"卡桑"(Katsan)的设计利用了简明适用的生态技术,取得了很好的节能效果。

"卡桑"的形体简洁明了,是一个窄长的方形玻璃盒子。四面为轻盈的玻璃幕墙,顶部的木质体量退后,周围是屋顶花园。建筑的主入口位于靠近水岸的底层中间,在另一侧,一座步行天桥把人们从斯堪司都尔大桥的桥面直接引入建筑的第四层。严谨的结构性思维、表达清晰的技术系统、素面的自然材料与精确的构造细部组成了"卡桑"形式语汇。在类型上它与附近的阳光的工业建筑具有某种历史性的联系,而简单的平面形态则让人联想起典型的码头仓棚所具有的规则结构(图17.154,图17.155)。

"卡桑"项目中包含了高标准的环境要求。尽管通体采用玻璃幕墙,这个建筑仍然维持着低能耗。它的整体能耗目标由两部分组成,建筑物本身 85 kW·h/(m²·a),使用能耗 35 kW·h/(m²·a),总能耗为 120 kW·h/(m²·a)。

取得能量平衡的办法,其基础是所谓"重房子"的概念,也就是拥有大蓄热体量的建筑。在"卡桑"中,5 000 m² 的混凝土楼板充当了蓄热体量,它们成为建筑

图 17.154 "卡桑"怀特建筑师事务所新办公楼
资料来源:张彤摄

室内的温度调节器。T形的预制楼板匣将混凝土的表面积增加了50%。裸露的混凝土楼板吸收和释放着热量,减小了室内温度的波动。白天人们开始工作时,室温上升。空气与混凝土的温差激发了楼板的制冷效果,多余的热量被楼板吸收转移。夜间的过程正好相反,白天积蓄在楼板中的热量释放出来,加热较冷的空气(图17.156)。

图 17.155 "卡桑"东面夜景
资料来源:张彤摄

图 17.156 "卡桑"工作室空间的密肋楼板
资料来源:怀特建筑师事务所提供

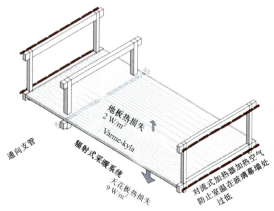

图 17.157　辐射式采暖系统
资料来源：怀特建筑师事务所

图 17.158　"卡桑"会议室的吸音处理
资料来源：怀特建筑师事务所提供

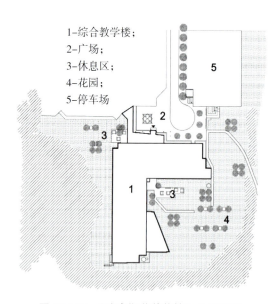

图 17.159　"瑞克斯艾普莱特"总平面图
资料来源：TEMA 建筑事务所

这种技术的经验来自于传统的石建筑。在"卡桑"中，"重房子"的被动式效应因为浇筑在楼板中的水管得到加强。水管中的水温为夏季 18℃、冬季 20℃。由于里面的水来自于邻近的哈默比运河，这部分能源基本是免费的（图 17.157）。

既然混凝土楼板起到了室温调节器的作用，建筑物的通风就只剩下保证空气卫生洁净的单一功能了。管道系统是循环流动的。送风管井在建筑的两个端头，与每一层的主管道相连。这套通风系统是"末端压力"系统，压力在管道的尽端，也就是出风口降低，这样就无需节气闸，减小了空气压力在管道输送中的损失，降低了能耗。

为了保证对室内温度的有效控制，建筑的外立面上设计了由垂直遮阳幕帘构成的外遮阳系统。

"卡桑"的电气设备由 BUS 系统实施智能化控制。办公空间的照度根据日光的强度自行调节。出于对环境健康度的考虑，所有的电气缆线都不含卤素。露明的缆线穿套在 OMG 金属套管中。

高质量的声学设计是"卡桑"室内环境的又一特点。在较小的房间中，每两片相对的内墙，其中一面安装微空吸声板，以防止声反射。在大空间中，墙面之间的距离已经足够大，无需安装吸声板。露明的 T 形楼板，其轮廓有助于防止声音的扩散。在管道和接近幕墙的顶棚区域特别采取了吸声措施。织物幕帘和家具、书架背后的软木板以及书籍本身都有助于室内优质声学环境的创造（图 17.158）。

项目简介：

项目业主：怀特建筑师事务所；项目管理：怀特建筑师事务所；建筑师：怀特建筑师事务所，本特·斯文森（Bengt Svensson）；总建筑面积：6 700 m²；项目总投资：102 000 000 瑞典克朗；建成时间：2003 年。

17.5.2　瑞典皇家工学院南校区综合教学楼

位于瑞典皇家工学院汉宁南校区的综合教学楼"瑞克斯艾普莱特"（Riksäpplet II），其独特之处是它是欧洲使用自然通风系统规模最大的教育建筑。TEMA 建筑事务所的竞赛中标方案，整合了自然空气、光线和空间，通过采用自然通风系统和环保材料等非传统的解决方案和建设方法，达到了对环境友好、对健康有益、有舒适的室内小气候和低能耗等生态目标。

该建筑基地靠近汉宁中心火车站，交通便捷，环境优美。瑞克斯艾普莱特与原有建筑汉宁中心通过一个精心设计的主入口小广场和连廊联系起来。L 形体量使建筑与草地、森林和湖泊等自然要素充分融合，师生们可以享受阳光，在靠近地面的木平台上阅读、休憩（图 17.159）。

17.5.2.1 光和空间

从主入口经过一个宽敞的大厅可以进入"光庭"。"光庭"是一个连接办公室与教室的L形的中庭空间。通过狭长高耸的中庭，自然光被引入到建筑的每一层，促进了建筑核心宜人的交往场所的形成。狭长的L形中庭使位于尽端的自然景观非常醒目，促进了内外空间的融合。为了减少直射阳光进入，教室朝西和朝北布置，而办公室朝东和朝南布置，并设计了遮阳设施。所有教室和办公室都可以从光庭得到间接采光（图17.160~图17.162）。

17.5.2.2 材料和环境

瑞克斯艾普莱特的建设有特别的环境目标。为使建筑全寿命循环中达到最大程度地对环境友好，设计师广泛地选择材料和建造方法，建成了一栋优美实用、能抵御恶劣气候环境的建筑。材料使用主要关注颜色、肌理和对环境的影响，尽可能减少胶水、涂料和合成材料的使用。现场浇筑的混凝土结构很重，可以作为蓄热体减少白天和晚上的温度波动。为了使混凝土显得更轻些，在其表面使用了一种硅酸盐类的涂料。教室之间是用石灰砂浆砌筑的砖墙，楼地面使用油地毡、地砖和橡木地板。门窗内侧采用油漆的松木，外侧采用阳极电镀处理的铝材（图17.163，图17.164）。

17.5.2.3 自然通风和能量

建筑主要使用自然通风，简单实用。建筑设计与自然通风系统紧密结合，功能和形式的整合体现在房间的高度、开窗、开孔和表面设计等方面。新鲜空气从庭院引入，在建筑地下室的空气预处理房间，进行温度调节和除尘，再通过一排风口进入光庭。

办公室通过设在顶部和底部的通风窗直接面对光庭通风。教室有独立的风道也有面对光庭的通风窗以

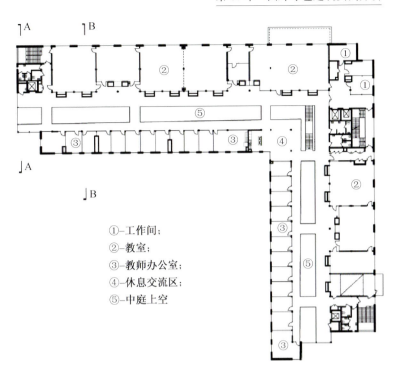

①—工作间；
②—教室；
③—教师办公室；
④—休息交流区；
⑤—中庭上空

图 17.160　南区综合教学楼五层平面图
资料来源：TEMA 建筑事务所

图 17.161　南区综合教学楼东侧外观
资料来源：TEMA 建筑事务所

图 17.162　南区综合教学楼光庭
资料来源：张彤摄

图 17.163　光庭（底层一侧为进风口）
资料来源：张彤摄

图 17.164　楼梯细部
资料来源：TEMA 建筑事务所

1-冬季热循环回收；
2-机械控制的通风窗口；
3-教室；
4-蓄热墙体和楼板；
5-再流通/冬季回收热；
6-采集新风调节室内温度；
7-图书馆；
8-办公室；
9-手动通风口；
10-外部遮阳板；
11-新风输送和回风抽排

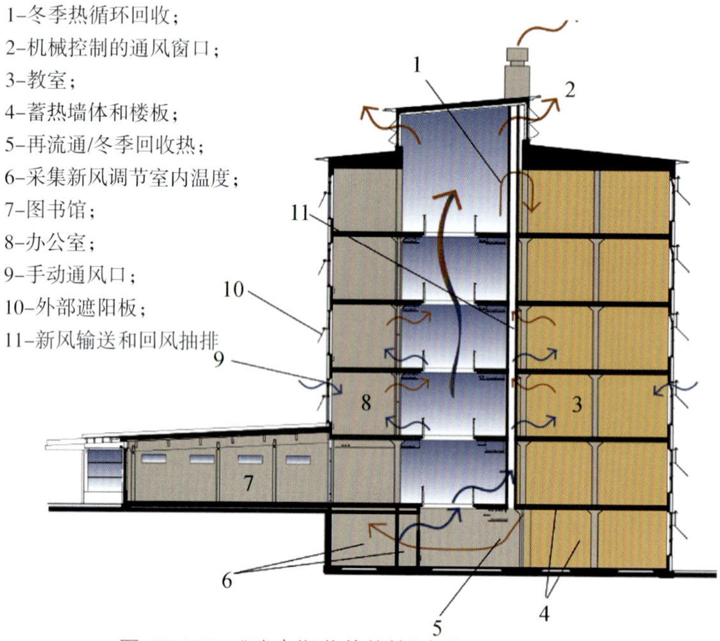

图 17.165　"瑞克斯艾普莱特"自然通风系统示意图
资料来源：TEMA 建筑事务所

得到充足的通风。教室和办公室都从高窗得到更多的通风。这种通风系统非常有效，不需要额外的冷却，只有计算机房因为额外的热负荷而例外。冬季，特别的系统回收热空气循环使用，楼梯间被当成连接地下层的风道，在地下层回收的热空气与新鲜空气混合后再利用。这栋建筑每平方米所需要的能耗只有常规建筑的一半（图 17.165）。

17.5.2.4　声音

没有噪音是自然通风系统的一个非常重要的特性。这栋建筑除去了通风扇、风道等带来的噪声污染。

项目简介：

设计团队：TEMA 建筑事务所；总建筑面积：14 000 m²；项目总投资：14 000 万瑞典克朗；建成时间：2000 年。

17.6　瑞士绿色建筑实例国际自然保护联盟总部保护中心

国际自然保护联盟（IUCN）是最早成立也是规模最大的国际自然保护组织，其总部位于瑞士美丽的日内瓦湖边小城格朗德（Gland）。随着工作人员的增加及使用功能的复合，原建于 20 世纪中叶的总部办公楼已不能满足使用。于是，在联邦政府 50 年无息贷款以及地方政府和众多企业团体的支持下，于 2006 年启动了集办公、图书馆、展览、会议培训中心和咖啡厅等于一体的保护中心扩建工程（图 17.166）。

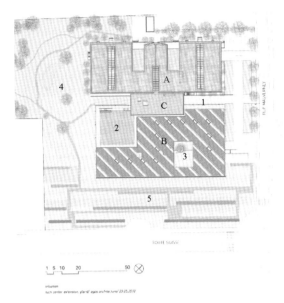

A-总部原有办公楼；
B-保护中心扩建；
C-Holcim 研究所；
1-主入口；
2-大庭院；
3-小庭院；
4-自然花园；
5-自然花园扩建：生态农田

图 17.166　国际自然保护联盟总部保护中心总平面(左图)及模型(右图)

资料来源：Holcim Foundation

扩建设计由瑞士苏黎世联邦高等工业大学的 Marc Angelil 教授所领导的 AGPS 建筑设计事务所主持，经多方合作，该工程于 2010 年 3 月建成投入使用。项目通过了目前全球绿色建筑最高标准——LEED 铂金级和瑞士 MINERGIE P-ECO® 的认证，是瑞士及欧洲第一个获得 LEED 铂金奖的建筑，代表了当前欧洲可持续建筑的最高水准[1]。

17.6.1　设计理念和目标

AGPS 建筑设计事务所的竞赛中标方案，意图在极其有限的预算制约下整合一系列的绿色设计策略，以实现高水准、高舒适的建筑空间。因此采用经济可行的措施是设计的基础，也是整个建设过程的根本原则，尤其讲求各类相关资源的部署、配置和管理效率。

为达到这一目标，设计伊始就确定了由建筑师、设备工程师、结构工程师等多专业合作的工作模式，力求在材料和技术应用最小化的同时达到工作空间质量和建筑性能的最优化。其关键还在于建筑的观念，即建筑本身需满足功能性、经济性以及建筑标准等多重要求。例如，外围的阳台，既是遮阳措施、个性化的户外空间，同时又是紧急逃生出口，后者是减少建筑物内消防设施的重要手段。因而，整个内部空间可以尽可能地开敞以促进人员的交往互动。

该中心与其主体机构的目标是一致的——保护环境与自然，即采用一系列的设计措施尽量减少能源和资源的消耗，保护环境与自然，以确立一个建筑新标准。

17.6.2　建筑设计

总部办公楼的西南侧为联盟的示范花园，为尽可能地保留这个花园，也为取得较小的体形系数，建筑采取了与原有建筑类似的正方体型，入口即设在新旧结合的连廊处(图 17.167，图 17.168)。

78 m×48 m 的二层体量因设置了两个院落，使得主要使用空间进深均为 16 m 宽，这一合理尺寸保证了室内良好的自然采光和通风条件。主要交通以三个楼梯为核心，宽宽的走道成为人们可以轻松交流的空间。所有办公空间都直接对外，可以直接通向建筑周边的阳台，这就可以实现室内消防疏散设施的简化，同时室内空间可以做到最大限度地开放和灵活。而阳台本身是很好的气候调节缓冲带，夏季能遮阳，冬季则能保证较多的日照。阳台与同层楼板间的构造是脱开的，因而不致产生冷热桥(图 17.169~图 17.172)[2]。

---

[1] http://www.iucn.org.

[2] http://www.agps.ch/projects/type/all/all/iucn/.

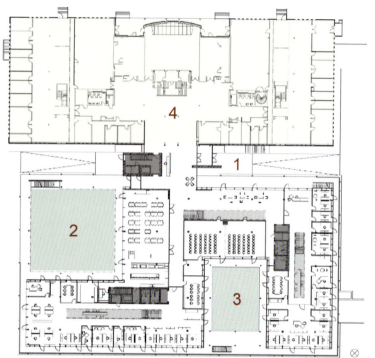

图 17.167　一层平面（1- 入口；2- 大庭院；3- 小庭院；4- 老建筑）
资料来源：IUCN Conservation Centre in Gland

图 17.168　新老建筑连接处，主入口
资料来源：Holcim Foundation

图 17.169　面向生态农田
资料来源：Holcim Foundation

图 17.170　楼梯及交流空间
资料来源：Holcim Foundation

图 17.171　大庭院及廊道
资料来源：Holcim Foundation

可以看出，建筑师用大量建筑设计方法减少建筑对技术的依赖和对能源的需求，用被动的设计手段减少主动技术的运用，以降低建造和运行使用的成本。

17.6.3 设备工程

整个设备系统是与建筑高度一体化的创新性系统，也是建筑最终可以获得 LEED 铂金和 Minergie P Eco 认证的重要保障。

1) 暖通空调系统（HVAC）

由于建筑师在建筑空间设计、材料构造设计等方面采用了大量有效的被动式设计，该保护中心的主动式暖通空调系统就成为补充性的能源补给设计（图 17.173）。保护中心采用了地源热泵系统来补充供冷供暖，15 根 180 m 深的管子中流动的是水与乙二醇混合体的冷热媒，主要是考虑冬季供热、夏季供冷。管路与热泵相连，在温度允许的情况下则可不经过热泵以提高能效。地热可以供三路不同的 HVAC（空调系统）终端：天花板式对流器、地板上的空气盒以及地下室的大型送风系统。对流器是建筑内最基本的空调系统组成部分，主管从走道部分延伸到每一个楼层，再由水平支管通到每一个空间的天花板下。

图 17.172　国际自然保护联盟总部保护中心小庭院
资料来源：Kinnarps Redshift photography

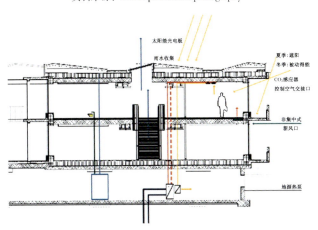

图 17.173　保护中心主动式暖通空调系统示意图
资料来源：IUCN Conservation Centre in Gland

密闭性好的建筑需要解决的是新风问题。沿着外墙地板上设置的空气盒是控制空气交换用的。每一个空气盒包括过滤器、风扇和热交换器。它们通过阳台下的送风口吸入新风，过滤、加热或降温后再通过短管送到各层的新风口。这些空气盒位于每扇门前以保证不被覆盖，同时空气盒上有活动盖板便于检修更换。排气口位于天花板下。空气交换频率由室内的 CO_2 感应器来监测确定。智能感应器也是提高能效的设备，一旦 CO_2 含量低于设定值，新风调节器自动启动，减少甚至停止排气。这意味着，有人活动时，换气次数增加，空无一人时，建筑也停止"呼吸"[1]。这个通风系统均由机械智能控

图 17.174　保护中心室内实景
资料来源：IUCN Conservation Centre in Gland

制完成，改变了门窗作为常规的通风设施的概念。在极端气候条件下，以往由使用者来开关门窗调节通风的做法往往会与保温隔热的目标相悖。

送风口、感应器、排风口等与灯具、烟感器、多孔吸声板等被一体化设计成一个悬挂在天花之下的金属整板，与建筑的素混凝土风格相得益彰，同时也便于空间的灵活分隔，体现了瑞士风格的技术美学（图 17.174）。

2) 电气系统

整幢建筑的运行都依赖于绿色能源：水电及光伏发电。屋顶的太阳能光电板产生 150 kW·h 的电能，

---

[1] Daniel Wentz. IUCN Conservation Centre in Gland, Switzerland, Holcim Foundation for Sustainable Construction, 2010.04, Stäubli Verlag AG

可满足70%的建筑用电。

人工照明是主要用电方式。但大玻璃窗、院落的设置以及走道天窗使得尽可能多的区域可以享受到自然采光，出挑的阳台和电动百叶窗可以削弱夏季强光的影响。有限的人工照明采用了符合欧盟能源标准最高等级的ClASS A级新型低能耗照明系统，由两种不同的照明灯具协同工作。细长的荧光灯管提供日常照明，并配以日光感应器来自动优化调节人工照明；可调的LED射灯则是提供暖色温的光源。两套系统可独立运行。

17.6.4　可再生能源的一体化利用[①]

可再生能源的利用一直是瑞士本国绿色建筑认证的重要指标。本项目整合了太阳能利用、地热能利用和水资源处理等技术，最终实现了建筑100%的能耗取自于可再生能源。

由于场地与正南向形成了一定的角度，因而为顺应最佳的日照方向，水平延展的平屋面上的太阳能光伏发电板组是斜向有序排列的，既可达到最大的太阳能光电转化效应，又形成了富有韵律和特点的建筑造型，体现了技术和艺术的完美结合。每一组太阳能光电板一年可产出145 MW的电量，其中27%用于建筑自身的运行，其余的可贡献给市政电网。这套价值100万瑞士法郎的太阳能系统是由设计师和Romande Energie公司合作设计的。由于在太阳能的建筑一体化利用方面做出了创新性的探索，该建筑获得2010年度瑞士太阳能大奖(图17.175，图17.176)[②]。

场地内共钻有15口180 m深的热泵井以充分利用丰富而稳定的地热，保证了冬夏两季的供暖和供冷需求。

水资源利用方面，主要体现在高效的饮用水系统、平屋面雨水回收系统（卫生间冲刷或花园灌溉）、新型非冲水小便斗等，此外利用冰箱的余热来提供热水也是能源一体化利用的有效途径。

图17.175　太阳能光电板
资料来源：Holcim Foundation

图17.176　自三层Holcim研究中心看外景
资料来源：Holcim Foundation

17.6.5　结构材料

在有限的预算中，材料使用的经济性也是设计的出发点之一，这也是符合绿色建筑设计要求的。在大量的建筑材料混凝土中，该建筑采用了多种新材料，如CO_2减排混凝土、环保回收混凝土、预应力混凝土、绝缘混凝土、预制混凝土、速成混凝土等，而建筑内外没有粉刷和饰面，以素混凝土面貌呈现，表里如一，去繁从简。

整体建筑的40%混凝土用料是环保回收混凝土。它们取材于方圆几公里内的一栋刚刚拆除的建筑废料以取代不可再生的砾石骨料，这种环保回收混凝土用在了除地下室部分外的所有楼板中，仅这一项就节约了大量的混凝土造价。而创新的保温型混凝土则提高了墙体的自身保温性能，直接在最根本的外围护保温

---

① http://www.iucn.org.
② Daniel Wentz.IUCN Conservation Centre in Gland,Switzerland,Holcim Foundation for Sustainable Construction,2010.04,Stäubli Verlag AG.

隔热方面大大降低了能源的需求。这两种取材于当地的新型混凝土技术均由全球顶级的 Holcim 公司提供[①]。厚实的混凝土结构具有良好的蓄热性和散热滞后性，进一步减少了对暖通空调系统的依赖。

17.6.6 室内

素色的建筑室内布置了一些颜色鲜亮各异的家具组，起到点缀的作用，这些家具都是由著名的生产办公、医疗家具的瑞典 Kinnarps 公司捐赠的。Kinnarps 公司是全球为数不多的具有从原材料到成品制作安装生产链的家具制造商。他们的原木材料采伐都是在有监测的条件下进行，或直接来自有认证的轮伐、轮植林；产品运送中使用的保护外皮是可以反复回收使用的，家具包装尽量简洁，包装材料亦可回收（图17.177）。[②]

项目简介：

地点：瑞士，格朗德（Gland）；建筑高度：地上 2 层，局部 3 层，地下 1 层；建筑面积：5 400 m²；业主：IUCN(International Union for Conservation of Nature，国际自然保护联盟)；建设周期：2008.06—2010.03；建筑造价：约 2 000 万瑞士法郎（合人民币 1.35 亿）；建筑师：AGPS 建筑师事务所；合作：能源利用策划 Hansjürg Leibundgut；设备工程：Amstein+Walthert；结构工程：Ingeni Sa；景观设计：Nipkow Landschaftsarchitektur；自然种植：Florian Meier，生物学家 Leed；顾问：Architectural Energy Corporation

图 17.177　室内空间，Kinnarps 提供的家具
资料来源：Kinnarps Redshift photography

技术指标：采暖用电量：25 kW·h/(m²·a)[SIA 的标准是 45 kW·h/(m²·a)]；墙体 U 值（传热系数）：0.1 W/(m²·K)；三层中空玻璃 U 值（传热系数）：0.5 W/(m²·K)；组合窗 U 值（传热系数）：0.7 W/(m²·K)。

17.7　加拿大绿色建筑实例

17.7.1　温哥华会议中心扩建工程（Vancouver Convention Centre Expansion Project）

17.7.1.1　项目概况

位于温哥华煤港海滨的温哥华会展中心坐落在无与伦比的繁华港口及山水风光之中。这个温哥华市的新地标融合了水、光、玻璃幕墙所营造的图像，既反映了其壮观的环境建设，又体现了会展中心的现代感，并以此成为所有应用项目的创意基础（图17.178）。这项工程将原建筑扩建了 359 000 ft²，使总面积达到 492 000 ft²，包括会议室、剧院、展览大厅和舞厅（图 17.179）。它与加拿大航海地标相毗连，占地 3.25 hm²，是一个整合了规划、建筑设计和可持续性的独特场所，起着连接商业中心到海边的作用。重要的雨水处理系统是其精华所在，它支撑了 2.4 hm² 的绿化屋顶和多样的西海岸植物。扩建

图 17.178　温哥华会议中心全景
资料来源：http://www.vancouverconventioncentre.com

---

① http://www.iucn.org.

② http://www.kinnarps.com.

绿色建筑设计与技术

工程还包括了污水处理系统、深水冷却及脱盐技术。

温哥华会议中心共有四层，像一艘巨轮停靠在海湾(图17.180)，四周是落地的玻璃幕墙和满眼纯净的海景（图17.181）。用捐赠的木材装饰的墙和天花板（图17.182，图17.183），与另一面的玻璃幕墙形成对比，体现了极具艺术气息的设计(图17.184)，绿色屋顶非常环保(图17.185)。

会议中心的绿色设计主要表现在：

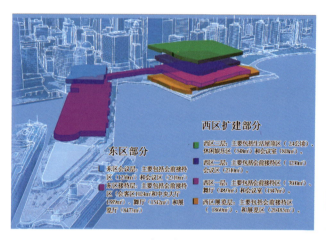

图 17.179　温哥华会议中心项目内容构成示意

资料来源：根据http://www.vancouverconventioncentre.com，范晓燕制作

图 17.180　会议中心外观

资料来源：http://www.buildipedia.com

图 17.181　由会议中心大厅看海景

资料来源：http://www.vancouverconventioncentre.com

图 17.182　会议中心木质墙体艺术

资料来源：http://www.vancouverconventioncentre.com

图 17.183　会议中心木制天花与玻璃幕墙的对比

资料来源：http://www.vancouverconventioncentre.com

图 17.184　大厅的艺术设计

资料来源：Clayton Perry，http://www.flickr.com/photos/

图17.185 会议中心绿色屋顶与环境连为一体
资料来源：PWL Partnership Landscape Architects Inc.
"Green Roofs for Healthy Cities（http://www.greenroofs.org）"

图17.186 会议中心的设备系统
资料来源：http://www.buildipedia.com.

① 拥有北美最大的非工业建筑屋顶；② 拥有领先的海水供热和供冷系统（图17.186）；③ 拥有一套创新的废水循环系统；④ 比国家建筑能源标准（MNECB）多57%的节能率；⑤ 拥有固定于海洋地基之上的海洋环境设计；⑥ 执行广泛的绿色运营计划，包括废弃物处理、清洁、交通需求管理、绿色电力和教育。

17.7.1.2 场地处理（Sustainable Sites）

这项工程坐落于一个环境复育区。2.6 hm² 的屋顶恢复了鸟类和昆虫的栖息地，减少场地中约30%的不能渗透的表面，减轻了雨水径流中总悬浮物和磷的含量，从而减轻热岛效应。屋顶大约有40万棵植物，每个物种都是本地生长或者是适应本地气候的。

该项目中，任何潜在的内部和外部光污染已经得到减轻。大量的公共艺术项目通过内外设备进行协调（图17.187）。

17.7.1.3 能源和大气

① 能源效率比国家建筑能源标准（MNECB）多57%的节能率；② 独特的、高性能的结构玻璃系统，包括严谨的外包层设计充分展现了极好的北海岸山脉景致，且保持能源效率设计的平衡（图17.188）；③ CO_2 探测器和一个广泛的自动化控制系统进行自动通风，排除余热，冷却高温，保证室内环境舒适健康；④ 外围的空间采用被动通风；⑤ 大部分情况下，会议中心区域气温和湿度的平衡通过内部平板加热或冷却系统由海水运行双热泵系统完成；⑥ 所有南向和西向的建筑外立面都配备太阳能集热系统平衡太阳能供暖效应。

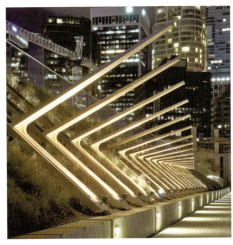

图17.187 景观艺术照明
资料来源：Maggie.W, http://www.flickr.com/photos

图17.188 会议中心建筑与地域环境
资料来源：http://www.vancouverconventioncentre.com

17.7.1.4 水资源效率

所有污水在现场得到治理，水用来灌溉屋顶，场地中的展览会议区和各个零售点都尽量降低用水率，与基线建筑物相比用水率大约减少了73%。

17.7.1.5 材料与资源

温哥华会议中心主要特色在于玻璃和木材的运用(图17.189)。项目中，采用捐赠的木材在室内形成整片的木饰墙和天花板，达到回收再利用的目的，节约了能源，又具有一定的艺术效果(图17.190)。

图17.189 会议中心玻璃与木饰墙的艺术
资料来源：nobase2010，http://www.flickr.com/photos.

图17.190 会议中心室内木饰艺术
资料来源：http://www.vancouverconventioncentre.com

17.7.1.6 获加拿大绿色屋顶2010年大奖[①]

温哥华会议中心设计最出色之处在于它的绿色屋顶。以下是获奖的评价：

绿色屋顶部分拥有一套先进的仿效自然的排水系统，创造了一个高效、优质的解决方案(图17.191)。

温哥华会议中心绿色屋顶的沿海草地部分是基于自然的不可分割的一部分。绿色的大片台地区域吸引了鸟类、蜜蜂和其他昆虫在温哥华城市的自然环境中巢居。而来自社会各界更多的说法则是：这个天衣无缝的设计连同其雨水处理系统共同打动了评委(图17.192)。

雨水处理方面，设计团队采取了三个策略：将特制的"超级"排水沟投入减至最少；尽可能保持住屋顶平面的水；让水分慢慢释放，沿着屋檐分布均匀的排水沟流淌，最终汇入临近的煤港水域。基于汇水面

图17.191 会议中心屋顶绿化施工
资料来源：http://www.nxtbook.com.

图17.192 会议中心绿化屋顶全景
资料来源：PWL Partnership Landscape Architects Inc and DA Architects and Planners, "Green Roofs for Healthy Cities (http://www.greenroofs.org)".

---

① http://www.greenroofs.org.

积、雨水容量和流速,会议中心的屋顶平均分配为 800 m² 的区块。这样的面积大小也是能够在容纳种植条件下且使排水达到最优状态的最大屋顶分块(图 17.193~图 17.194)。

从每个屋顶区域汇流的超量雨水直接经由雨水管道输送至主屋顶运输沟渠系统。屋顶沟渠由 30 cm 宽的铝皮包边构成,位于坡顶是打孔的用碎石填充的排水管道,而坡底则是封闭体。沟渠顺着斜屋顶曲折而下,就像草原景观中的溪流一样沿途收集过量的雨水(图 17.196),防止雨水涌入到市政设施。

项目简介:

场地位置:温哥华市,不列颠哥伦比亚省;认证级别:加拿大 LEED NC 铂金认证;认证时间:2010 年 2 月;项目开发及拥有者:不列颠哥伦比亚 Pavillion 公司(BC Pavillion Corporation);LEED 顾问:可持续性方案解决组织(Sustainability Solutions Group);建筑师:Musson Cattell Mackey / DA & LMN;建筑工程师:Glotman Simpson 顾问工程师(Glotman Simpson Consulting Engineers);机械工程师:Stantec 有限公司;电气工程师:Schenke/Bawol 工程公司(Schenke/Bawol Engineering);土木工程师:Sandwell 工程公司(Sandwell Engineering & Intercad Services Ltd.);景观设计师:PWL 合作景观建筑有限公司(PWL Partnership Landscape Architects Inc.);室内设计师:LMN 建筑和 MCM 室内设计有限公司;承包商:PCL 西海岸施工有限公司(PCL Contractors Westcoast Inc.);委任代理:KD 工程公司(KD Engineering);造价顾问:BTY 集团(BTY Group);环境顾问:EBA 工程咨询公司(EBA Engineering Consultants);建筑包装顾问:Morrison Hershfield;照明设计:Horton Lees Brogden 照明设计公司(Horton Lees Brogden Lighting Design);室内空气质量

图 17.193 屋顶绿化栽植　　　　　图 17.194 绿化屋顶的艺术

资料来源:nobase2010, http://www.flickr.com/photos

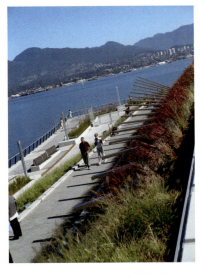

图 17.195 屋顶绿化景观　　　　　图 17.196 会议中心屋顶景观绿化分块

资料来源:http://www.vancouverconventioncentre.com

(IAQ)测试：Christopher Collett & Associates；绿色屋顶面积：284 650 ft²；景观合约商：Holland 景观有限公司(Holland Landscapers Ltd.)；NATS 苗圃有限公司(NATS Nursery Ltd.)；屋顶合约商：加拿大 Flynn 有限公司(Flynn Canada Ltd.)；斜屋顶供应者：美国 Hydrotech 股份有限公司(American Hydrotech, Inc.)。

17.7.2　不列颠哥伦比亚癌症研究中心(BC Cancer Agency Research Centre)

17.7.2.1　项目概况

由 BC 癌症基金会(The BC Cancer Foundation)投资的温哥华 BC 癌症研究中心作为里程碑式的建筑已经被加拿大政府授予享有声望的 LEED 黄金认证(图 17.197，图 17.198)。投入 9 500 万美元的 BC 癌症研究中心以其极具开创性的癌症研究而闻名于世，它的建筑特色则于它的圆碟形窗户（图 17.199）和双螺旋楼梯（图 17.200），是加拿大第一个新建的赢得 LEED 黄金排名等级的卫生保健和实验室建筑。

加拿大绿色建筑委员会(CaGBC)，对这幢综合了可持续性环保设计、施工和操作、在环境冲击性方面的先进建筑物，给予 LEED 黄金认证(图 17.201)。

图 17.197　加拿大不列颠哥伦比亚癌症研究中心
资料来源：http://www.bccrc.ca

图 17.198　癌症研究中心外观
资料来源：Fboudville, http://www.flickr.com

图 17.199　癌症研究中心圆碟形的窗户

图 17.200　癌症研究中心双螺旋的楼梯

资料来源:Ruth and Dave,http://www.flickr.com

董事长兼首席执行官玛丽·麦克内尔说："BC癌症基金会一直表现得特别积极！这个项目不仅是建立一个巨大的设施，而是要创造一种环境，从而让研究人员能达到他们的最佳研究状态。我们所有的人都认为努力争取创建这样一个可持续性建筑是极其重要的，尤其是一个专门服务于癌症研究的建筑。"

温哥华 Keen 工程有限公司（Keen Engineering）的项目设计师 Blair McCarry 说："这个项目的成功对于 BC 癌症基金会和 BC 癌症研究中心来说是一个关乎长远的有力见证。对于设计团队匠心独具的设计，它的远见性关键表现

图 17.201　不列颠哥伦比亚癌症研究中心与周围环境
资料来源：Ruth and Dave, http://www.flickr.com

在——建筑者的技术、设计者的灵感以及在这个世界一流设施中所拥有的先进的建筑体系和可持续性设计。"

BC 癌症基金会是一个独立的慈善机构，它通过 BC 癌症研究中心筹集资金以支持研究和医疗。BC 癌症研究中心是省健康服务机构的一个成员组织，它为英属哥伦比亚的人民提供综合性的癌症控制服务。这座建筑由 BC 癌症基金会拥有，BC 癌症代理研究中心负责创建。BC 癌症研究中心是不列颠哥伦比亚省健康服务机构（PHSA）的代理。这个研究中心在 2005 年 3 月开放，预算 600 万美元。BC 癌症基金会捐赠人曾为这项 1997 年开建的工程举办过一次重大的募集资金活动。

加拿大 LEED 项目经理 Ian Theaker 认为该建筑之所以达到加拿大 LEED NC 黄金排名等级是由于它有大量值得效法的特色。

17.7.2.2　场地处理（Sustainable Sites）

（1）提供自行车存放场所和更衣室，以倡导骑自行车作为一种替换交通方式。

（2）在停车场为电动车提供电子插件，并且引导人们在那里购买电动工具。

17.7.2.3　能源与大气（Energy and Atmosphere）

① 约 7 200 J（6800 000 000 Btu）的能量通过冷却装置被回收利用，用来给空间提供热量。这可以抵消 60% 的空间供热负荷。② 热回收从实验室排出的废气。③ 高性能、低辐射系数的窗口系统。通风设备安排在窗口位置进行控制，其他综合性送风装置系统满足室内新鲜空气的需求（图 17.202）。④ 高效照明，具有日光感应器的照明控制系统节约了超过国家能源标准约 23% 的照明功率（图 17.203）。⑤ 不使用 HCFCs（氢氯氟烃），达到节省 42% 的能源效率。整个建筑能源消耗的 49.9% 优于国家能源法规，年节约能源费用达到 381 269 美元。对于空间供热方面，比国家能源法规少 85%（图 17.204）。

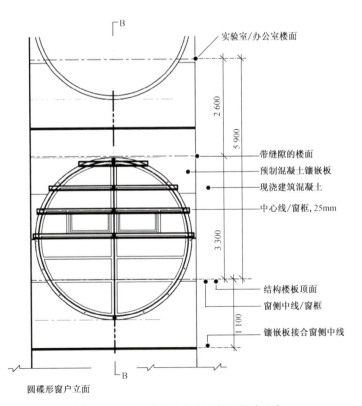

图 17.202　圆碟形窗户立面部分构造示意
资料来源：http://www.bccrc.ca

图17.203　癌症研究中心高效照明　　　　　　图17.204　癌症研究中心设备系统
资料来源：http://www.flickr.com　　　　　　　资料来源：http://www.cabgc.org

17.7.2.4　水资源效率（Water Efficiency）

在加拿大，水资源的节约面临三个方面的现状：① 据统计，只有一小部分（约3%）经过处理的饮用水提供到建筑中供人们使用。这就意味着项目在提取水、使用水的过程中，通过建筑物降低了水资源的质量，把污水排到了室外环境中去。② 在这样一个稠密的城市环境中，任何一个景观都可能被创造，虽然绿化城市，但却使灌溉率加大。③ 温哥华本是以常湿气候闻名，但事实上，在夏季却尤其干燥。

针对现状，在设计中，景观用水量被要求减少。采用高效灌溉和自动化管理方法，使景观绿化用水量减少了76%。室内环境中，安装双冲水的厕所和免冲洗的小便器，节水效率达到43%。

17.7.2.5　建筑材料和资源（Materials and Resources）

在温哥华大部分地区，约32%的垃圾堆是拆迁废料、场地清理物和建筑垃圾。为了避免拆迁浪费以及给后人带来的麻烦，工程建设期间对废料进行了回收再利用。这些材料被收集、加工、制造、运输，最后应用在建筑物中，得到有效处理。

场地中的混凝土、钢、其他金属和纸板都被分离开来，现场各种废料经过收集、分类、恢复，然后再利用到其他建设中。许多再加工的产品，如不同用途的钢制品、石膏板、绝缘材料和各种木产品，都可以再次与一些老顾客进行交易。混凝土、钢产品和小金属件材料，如玻璃板、模板和砌体，直接在现场进行制作。

整个工程项目中，98.5%的建筑废料都被有效迁移并得到处理，这个比例已经相当罕见。在施工过程中，尽量使用当地材料以减少运输成本。而且24%的材料在现场制作和处理，这对于生产建筑材料来说也是一项颇有意义的成就。

17.7.2.6　室内环境质量 IEQ（Indoor Environmental Quality）

世界卫生组织表明，人类日常接触到的空气污染物大多数来源于室内空气。而在加拿大，人们大约90%的时间都在室内度过。

这个项目中的IEQ策略，主要表现在空气质量、日光采用和室内景观上。在施工阶段，主要包括几个内容：严格控制污染物来源的计划，保证空气传输系统和良好的清洁卫生措施；室内材料的选择主要集中在低挥发性有机化合物（VOC）的黏合剂、涂剂和地毯等；建筑物使用之前，必须保证两周的室内外空气流通时间；室内禁止吸烟；实验室区域保持高窗户、充足的日光和室外风景。

这些改善室内环境质量的措施提供了一个舒适和健康的空间。90%的室内空间通过绿化带直接通往室外，实验室的充足光线也为实验研究提供了优越的条件。

17.7.2.7　创新与弹性设计（Innovation & Design Process）

与拆迁和采用新材料新建一座建筑相比，再利用和恢复现有建筑物来改变原有的用途已经是公认的对周围环境影响最小的方式。许多建筑类型，如研究实验室，在内部已经有一些固定的高效率的改变（大约平均每9个月重新配置一次）。集体拆迁再重建会有大的影响，但是这些将会通过设计进行缓和处理。

（1）采用有空隙的检修地面（Interstitial Service Floors），满足技术和服务变化时工作空间再配置的需要。

（2）在安全等级三级的实验室中心安装高空灭菌器。

（3）走廊和门厅紧靠实验室，没有任何墙体和门介入，更好地引导人从一个空间到另一个空间，而且走廊开通之后，不同功能之间的实验室增加了互动性，方便协作。

（4）在双层高的墙体和窗户直角处周围安排实验室工作台，更好地利用了光线。

（5）设备与实验室是分开的，更加方便清洁和维修。

项目简介：

建筑场地：加拿大不列颠哥伦比亚省；认证级别：加拿大LEED NC（1.0版本）黄金认证；认证时间：2005年8月；建筑类型：新建建筑；建筑位置：温哥华市；建筑物用途：办公室，接待室，2和3层为实验室；基地面积：14 500 m²；建筑面积：21 800 m²；地上建筑层数：15；设计容量：600人；总投入：9 500万美元（低于预算600万美元）；开放时间：2005年3月。

17.7.3 加拿大文托住宅区（The Vento Residences）

17.7.3.1 项目概况（Project Overview）

加拿大文托住宅区是第一个获得LEED铂金认证的多户住宅工程（图17.205）。

坐落在阿尔伯塔省卡尔加里市，由风力发展集团（Windmill）开发的这个风力住宅区是由三个不同用途的工程组成的。3 600 m²的住宅楼坐落在0.2 hm²的场地上，主要包括可零售的主体楼层，地下停车场，两个经济适用房单元，20栋两层楼的连栋房屋（图17.206）。从2006年2月到5月之间，楼房的住宅区域已经陆续入住。

通过采用多种优化能源成本的措施，例如隔音玻璃窗、热回收排气、居住区和地下储藏区的照明感应器等，工程能源消耗最终达到比国家能源法规标准还低47%的水平。日光的采用以及屋顶和庭院装饰材料的高反射率大大减轻了热岛效应引发的温度应力（图17.207）。

使用低水流量的盥洗盆和喷淋头，收集雨水运用到双冲水马桶中，使室内用水量减少了50%。室内家具材料和成品家具的供给为住户提供了一个无与伦比的室内环境质量。落叶植被和自然景观形成的树荫，减少了水分流失，降低了灌溉的需求。

一直在进行的实验结果也已经得到认可，风力集团在实践中，通过了一系列的调整、测试和验证。当工程完成时，这些策略将被允许继续以最佳的状态执行下去。风力集团这种独特的环境成果也会通过宣传和教育的方式与专家、开发商以及市民共享。

绿色是城市景观的未来趋势，加拿大文托住宅区已经成为这种趋势的代表。

图17.205　加拿大文托住宅区临街景观

资料来源：http://www.cagbc.org.

绿色建筑设计与技术

图 17.206　加拿大文托住宅区庭院内景
资料来源：http://www.cagbc.org

图 17.207　住宅屋顶和庭院装饰
资料来源：http://www.cagbc.org

图 17.208　文托住宅区项目总平面
资料来源：http://www.cagbc.org

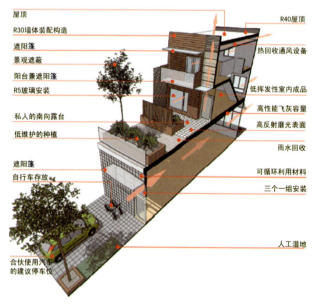

图 17.209　文托住宅区住户单元剖析图
资料来源：http://www.cagbc.org

17.7.3.2　场地处理（Sustainable Sites）

场地位于一个名为"桥"的总体规划重建项目的区域内，这里先前是由卡尔加里市开发和管理的医院。文托住宅区是这个重建项目的第一个阶段，位于场地西北角的第一现场（图 17.208）。

2004 年，当项目被确定后，开始规划设计风力住宅区。第一阶段有两个场地。每处建筑物都包括 20 栋两层楼的别墅单元，带有屋顶平台和庭院（图 17.209）。

风力集团选择这个站点是因为其优越的位置，包括：停车场的重建，公共运输方便，靠近大量的便利设施，位于总体规划的新绿色社区内部。开发此项目的另一个出发点是文托住宅区接近城市轻轨交通站（仅 565 m 远），方便出行。这个项目在设计、开发和建设高效的绿色城市体系方面越来越被认可。

17.7.3.3　能源与大气（Energy and Atmosphere）

采用高效窗户和外墙保温层设计。窗户（以及灯管）被用来收集太阳能和保证通风。住宅区的地面辐射采暖通过公共机械房的集中供暖系统提供。持续的热回收主要靠热回收通风系统（HRV）重新回流散发的空气，提供给住户。

套房内部照明通过安装一些荧光灯提供。停车处、楼梯以及其他一些普通区域的照明则通过光电管、定时开关在需要的时候提供照明。

为了确保项目运行效率，最基本的方法就是从供应商那里购买可再生的绿色能源，而不使用任何消耗氧气的冷却系统。

17.7.3.4　水资源效率（Water Efficiency）

设计团队对于如何使用水资源基于创造一种整体的创新计划。屋顶和住宅区的二层庭院的雨水被收集，直接储存到停车场。收集到的雨水会被重新分配，运用高效的固定装置，输送到商铺或者住宅内冲刷厕所。根据加拿大 LEED 标准，由于一部分污水得到合理应用，预计市政提供的饮用水减少 67.4% 就可以满足住户需要。所有多余的雨水将会控制流量地释放到城市用水系统。此外，通过低流量的喷淋头和洗手间以及其他有效装置，这种低工程用水需求将使 52.9% 的建筑物产生高效率。

道路景观设计采用当地的植物和树种，减少灌溉需求。更重要的是水循环系统得到重视，水循环速度加快，从而使水供应变得更方便快捷（图 17.210，图 17.211）。

图 17.210　导识景观　　　　图 17.211　文托住宅区景观绿化

资料来源：http://www.cagbc.org。

17.7.3.5　建筑材料和资源（Materials and Resources）

风力集团与建筑、室内的设计和施工队紧密联系起来，创建一种规范体系和一系列产品，从生态、健康学以及经济的角度去靠拢绿色建筑设计的方向。在这种规范体系中，项目的内容包括规格物料需求的回收和地方制作需求。室内装修阶段必须最大程度地实现回收和再循环，在当地采集和提取可再生材料。根据加拿大 LEED 模式，工程从垃圾堆中转移了 61% 的建筑废弃物，项目指定使用的可循环材料占整个建筑材料成本的 15%，使用的快速可再生材料仅占总成本的 5%。此外，项目中 28% 的材料来源于该工程的工地。还有一部分从 800 km 以内通过公路运输提货，另一部分则从 2 400 km 之内通过铁路运输至此。设计者确保建筑在其寿命周期的耐久性，并且在该方向已获得 8 个认证分来证明他们的工作。

工程采取了相关措施，以保证住户有适当的设施来方便暂存和收集可回收利用的垃圾（图 17.212~图 17.214）。在风力集团之后，这种收集方法被很好地运用起来，并且还额外地满足了住宅区人们的需求。

图 17.212　住宅底层工具房　　　图 17.213　户外垃圾收集点　　　图 17.214　短料拼接利用

资料来源：http://www.cagbc.org

房屋建设一般含有大量的化学物质，影响人的身体健康。文托住宅区采用的材料都必须经过严格的筛选和订购。这些材料包括：低排放的油漆、抛光剂、黏合剂、密封剂；无甲醛产品；惰性材料，如玻璃和金属等。迅速再生材料，如竹地板和羊毛地毯的应用可以达到保温效果，而且耐用，易于清洁，使环境高雅。回收再利用的混凝土和水磨石由于其经久性和使用年限长的优点而被采用。森林管理委员会（FSC）对该住宅区的木产品进行认证，碎木屑板和废弃木材将被用于细木家具的加工。

17.7.3.6　室内环境质量 IEQ(Indoor Environmental Quality)

文托住宅区的设计和施工程序确保了一个高质量的环境。在施工环节中，一套室内环境质量管理方案就已经被制定和遵守，随后不断地进行空气质量测试（包括风口测试、烟雾测试、具体的化学跟踪等）。组合式家具活动墙的测试确保了套房封闭性，以防止漏气。建筑材料的选择要基于低挥发性有机化合物（VOC）材料的标准。竣工后的空气质量检测措施也已经提前做好，包括公共场合禁止吸烟，并在住宅区内装置标识牌表明住宅使用权中禁止吸烟。不使用任何机械冷却装置，而是被动地维持住宅的热舒适性。

如前所述，热回收通风系统为每个住宅套房提供 100% 的新鲜空气。最大限度地采用自然光（根据加拿大 LEED 的标准，要求 91% 的视觉工作区域的采光系数至少达到 2%）（图 17.215）。一些固定的 CO_2 传感器也已经安装在每个零散的租户房间和机动车停车处。这些措施保证了最大限度地利用自然光，提高了照明效率（图 17.216）。

图 17.215　自然采光的住宅室内环境　　　　图 17.216　住宅底层最大限度利用自然光

资料来源：http://www.cagbc.org

17.7.3.7　创新与弹性设计(Innovation & Design Process)

对于废水处理和饮用水管理，该工程创立了"绿色家政计划"（Green Housekeeping Program）。这个计划的目的在于使住户和维修人员尽量少接触污染的空气，防止化学污染物的潜在危险，降低它对空气质量、住户生活和环境产生的负面影响。住宅区和商业租户都被要求贯彻一整套的合格性能标准，如绿色密封标准 GS-37[1]。新住户入住之前必须接受绿色清洁计划的教育，并会得到 6 个月的供应绿色清洁产品的服务。

据称，文托住宅区已经致力于从不列颠哥伦比亚省的"绿色建筑"购买绿色能源，它直接提供持久的绿色建筑授权计划。这个计划的基金得益于绿色能源的销售，通过发展风力集团提供绿色能源的权限进行市场交换。

在该领域的新工程项目中，"桥"总体规划重建项目已经取得了可持续性的成就。自从文托住宅区得到使用之后，当地和区域性的建筑行业可持续性发展目标被广泛认可。

---

[1]　资料来源：http://www.greenseal.org。

项目简介：

建筑场地：加拿大阿尔伯塔省卡尔加里市；认证级别：加拿大 LEED NC 铂金奖；完成时间：2005 年；认证时间：2007 年 10 月；项目开发及拥有者：Windmill 开发有限公司（Windmill Development Group Ltd.）；建筑师：Busby，Perkins 和 Will；机械和电力工程师：KEEN 工程有限公司；结构工程师：Read, Jones, Christofferson；室内设计师：Penner 和 Associates；建筑顾问：BuildGreen 咨询公司（BuildGreen Consulting）；生态顾问：Aqua-tex 技术公司（Aqua-tex Scientific）；景观设计师：Riparia；空气质量测试：Theodor Sterling 联合公司（Theodor Sterling Associates）。

17.8 澳大利亚绿色建筑实例（墨尔本市政府 2 号办公楼）

17.8.1 项目概况

墨尔本市政府 2 号办公楼（以下简称 CH2，图 17.217）位于墨尔本市中心，2004 年初开始建设，2006 年 8 月正式启用，可容纳 540 名政府职员办公。总建筑面积 1.25 万 m^2，包括 1 995 m^2 的地下室，一层零售区约 500 m^2，标准层的建筑面积为 1 064 m^2。建筑正南朝向，办公室南北通透，东端是咖啡室、卫生间、会客室、设备室，西端是大门、会客室、电梯间和资料室。

该建筑经澳大利亚绿色建筑理事会评定，评为澳大利亚第一幢六星级绿色建筑，被澳方称为"澳大利亚最为绿色、健康的办公大楼，为未来的高层建筑树立了典范，为可持续建筑的设计和施工树立了标准"[1]。

17.8.2 设计目标

CH2 办公楼以"营造健康、舒适和高效的办公环境"为设计目标，将被动式的绿色建筑技术应用放在首位进行概念设计，突出适应当地气候环境、具有当地特色乃至朴实的被动式技术策略的整体应用。

以"节能减排"为技术目标，达到节电 85%，节气 87%，减少 87% 的温室气体排放，节水 72% 并减少 80% 的污水排放等技术指标[2]。

图 17.217 CH2 办公楼建筑西南侧面
资料来源：韩继红摄

17.8.3 启示与借鉴

17.8.3.1 建筑立面凸显绿色特征

作为澳大利亚首个六星级绿色办公大楼的典范，该项目在建筑外形设计上注重绿色建筑技术应用的建筑一体化整体设计，四个建筑立面上分别采用了不同的实用技术符号，如西面外墙采用旧木材再生遮阳百叶立面（图 17.218），南北外墙采用色彩迥异的自然通风塔（图 17.219，图 17.220），建筑北立面建有 10 个深色抽风管道，吸收太阳的热量，提升室内的热空气，并通过屋顶涡轮风机把热空气带出建筑物。建筑南立面建有 10 个浅色管道，从屋面吸进新鲜空气，往下送进建筑物各层。南部管道提供全楼的新风，而建筑底部的管道只提供几个楼层的新风。东立面的穿孔金属板使卫生间能自然通风，给阳台提供了栏杆，将电梯间隐蔽（图 17.221）。

---

[1] CH2：Council House 2，Green Building Council Australia.
[2] Green Gauge. The Architectural Review，2007(4)：72-75.

图17.218 CH2办公楼西立面

图17.219 CH2办公楼南立面
资料来源：韩继红摄

图17.220 CH2办公楼北立面

图17.221 CH2办公楼东立面
资料来源：韩继红摄

这些技术符号本身并没有削弱建筑的整体美感，反而丰富了建筑立面，赋予建筑外形以鲜明的绿色特征和时代感，体现了绿色设计理念、方法和手段的升华和凝聚。

17.8.3.2 被动式技术为先，营造舒适高效室内环境

CH2办公楼以被动式技术为主，除了关注节能、节水、节材外，对营造"健康、舒适、高效"的办公建筑室内环境给予了充分的关注和考虑。通过合理运用各种适应气候和环境特征的被动式技术策略，达到了项目的设计目标。

具体技术应用时并不局限在突出技术本身的亮点，而是关注技术所能带来的直接效果，如设计者采用了一系列增强室内通风、采光和控制室内空气质量的技术理念和策略，采用的技术并不是最新的，如夜间通风的智能控制等，但却取得了良好的使用效果。

1）自然通风

自然通风设计是该楼的一大亮点。由于澳大利亚位于南半球，大楼的南面是阴面，南面外墙有10个从底楼到顶楼的浅色管道与每层办公室的地板相连接，将来自顶层的新鲜空气输送到地板下的管道中，输送管的直径从上到下逐渐变小。大楼北面外墙有10个从底楼到顶楼的黑色管道，分别与各层办公室的吊顶棚相接，在吸收太阳热量时将室内空气抽出，而排气所需要的能量则由屋顶的涡轮风机提供。排气管道从下到上逐渐变宽，在外观上形成错落有致的立面效果，与南面的管道遥相呼应。

在传统的空调房间内，大部分空气是循环对流使用的，新风量低必定造成室内空气质量的下降，给使用者的健康带来不利影响。而在CH2办公楼内采用100%循环新风，新风从南墙管道往下送，排风通过北墙往外抽，采用置换送新风方式，同时装有风速传感器，在夜间打开北墙和南墙的窗户让空气进入。该建筑的新风量达到22.5 L/(s·人)，远高于7.5 L/(s·人)的澳大利亚国家标准要求[①]。

2）自然采光

办公室的自然光都是从北面和南面的窗户进入的，每层楼的窗户大小都不一样，较低楼层的窗户比高楼层的窗户大。室内和室外采用反光板，材料是穿孔钢板，提高了自然采光效果。每层楼的办公区间都有自动的光线强度感应器，能根据自然光的强度来调节照度，最大限度地节约照明能耗。

---

① 修龙，任霏霏，程志军.墨尔本市政府2号办公楼的绿色特征.建筑科学，2007，23(02).

17.8.3.3 全寿命周期系统考虑，实现综合节能减排

该项目的设计符合绿色建筑全寿命周期设计理念，通过整合设计和系统思考将建筑在运营过程中的节能减排放在首位，在节能方面突出设备系统节能和可再生能源利用等方式，在减排上除了关注 CO_2 的减排等问题，还通过采用废水综合回用、回收再利用建筑办公废弃物和不采用臭氧层消耗物质的制冷剂等措施，减少建筑在使用运营过程中对环境的影响。

该项目的可再生能源利用具有显著的特点，利用可再生能源补偿绿色技术运营能耗，根据每一个可以实现的绿色建筑技术手段，采用可再生能源满足能耗。可再生能源和建筑的结合是绿色建筑发展的趋势，但在结合的过程中需要借鉴该项目的做法，从项目的实际需求出发，充分考虑后期的使用和维护，真正将可再生能源的利用和建筑进行一体化地结合。

1）外遮阳

该项目采用了再生木材制作的活动百叶遮阳、垂直绿化遮阳等手段增强围护结构系统的节能效果，一方面可以显著遮挡夏季日照，同时采用垂直绿化可以丰富建筑立面和改善微气候的效果。北面的窗户每层楼的阳台上用特制花盆种植了绿色的攀援植物，这些植物沿阳台上的钢网漫生，层层相接，从一层到顶层再到楼顶形成一个垂直的空中花园。它们不但遮挡了夏季的阳光直接照射，还能有效过滤眩光（图17.222）。

用再生木材制成的百叶窗覆盖着大楼的西面，它们能随太阳的位置而自动转向，在保证室内光线的同时避免了西晒，窗户转动的电能来自太阳能光电系统。

图 17.222　CH2 办公楼立面绿化遮阳
资料来源：韩继红摄

2）设备节能

屋顶上的燃气、热、电联产装置用来发电和产生热量，满足了建筑 30% 的用电需求。联产产生的热（约 100 kW·h）可用于建筑的空调设备系统或用来直接供热，或通过吸收式制冷机来降温。对办公室排出的热空气进行热回收，经过简单的热交换过程，利用办公室排出的空气可加热或冷却要送的新风。

3）可再生能源

该建筑采用 48 m^2 的太阳能集热器供应全楼 60% 的生活热水，同时采用 26 m^2 约 3.5 kW 的太阳能光伏发电系统，该系统的发电主要用于驱动遮阳系统，另外建筑的北墙的抽风管道设有 6 个风机，高 3.5 m，产生的能量用于建筑的通风。

4）节水和废弃物回用

该建筑采用污水回用系统，这套系统每天从下水道抽取 10 万 L 废水，经过净化处理后生产出回用水，供大楼的植物浇灌、卫生间冲洗和大楼的循环冷却等用途，多余的水还可用于其他市政大楼、城市喷泉、街道清洗和植物浇灌等。同时在该建筑中对消防用水进行了回收利用，处理后可提供大楼的 25% 饮用水。

采用回收后再利用的木材制作外遮阳材料，并对办公废弃物进行分类回收再利用，在施工建造过程中尽量减少 PVC 材料的使用，同时使用经过认证过的环保木材。

目前，我国正在大力推广发展绿色建筑，在发展过程中应当从自身特点和需求出发，因地制宜地采用适宜技术和被动式的绿色建筑技术措施和策略，不应该照搬照抄已有的示范案例，从建筑的全寿命周期角度进行系统地思考，将绿色建筑的技术和设计进行整体协调。总之，该项目采用了一系列的绿色建筑技术策略，成为世界范围内绿色办公建筑的经典作品，采用的被动型绿色建筑技术和理念值得我国在发展绿色建筑过程中借鉴和思考。

17.9 法国绿色建筑实例(阿谢尔火车站改造)

法国的绿色建筑评估体系——HQE[①](Haute Qualité Environnementale)即高品质环境评价体系。该体系致力于指导建筑行业在实现室内外舒适健康的基础上将建筑活动对环境的影响最小化。

法国每年的新建建筑只占总建设量的少部分，大部分是对既有建筑进行改造。HQE 的认证对建筑的舒适度和周边的环境都有很高的要求，而已建成建筑因受周边环境和本身条件的局限，很少有在改造时进行 HQE 认证的。因此下面介绍的法国阿谢尔(Gared'Achères)火车站，不仅是法国第一座获得 HQE 认证的火车站，其积极意义还在于对更多类似建筑物的改造和进行 HQE 认证，起到一个示范、促进和推广作用。

17.9.1 阿谢尔火车站

法国国营铁路公司大巴黎地区分公司(下面简称 Transilien SNCF)的客运线上，每天客流量低于 500 人的车站大约有 80 个，这些小站通常很少或不能给旅客提供舒适的环境和服务，而且老的车站建筑受其建设年代的局限，已不能满足节能的要求。因此，在遵循可持续发展的前提下，对既有火车站进行大力改造，成为 Transilien SNCF 公司努力的目标[②]。

17.9.2 为什么选择阿谢尔火车站作为试点项目？

阿谢尔(Achères)市，位于大巴黎地区的伊夫林(Yvelines)省，有大约 20 000 人口(1999 年人口普查)，正处于高速发展阶段。

阿谢尔火车站每天客流量达 6 000 人，Transilien SCNF 的郊区线火车 RERA 线和 L 线（巴黎圣拉扎站—塞尔吉高地站)高峰时间段每小时都有 12 列火车通过此站。

① 选择阿尔谢火车站，因为其紧邻圣日耳曼昂莱森林公园(la forêt de Saint-Germain-en-Laye)和一个正在被城市化的生态开发区(ZAC, Zone d'Aménagement Concerté)，大多数住宅和办公楼都是按照生态节能或 HQE 的要求设计和建造的；② 车站本身已经不能满足日常客流的需求，周边环境也需要重新规划，以适应区域发展的需要；③ 车站不能满足残障人士正常、舒适的出行需求。

17.9.3 阿谢尔火车站改造前的状况

2005 年末，为了确立车站重建项目内容，一项针对当时车站状况的研究得出的结论是：① 整个车站及周边环境需要进行整体重新规划；② 旅客活动的空间缺乏舒适感；③ 旧车站已不能满足对旅客服务的需求；④ 需要重新提升车站地下空间的品质，既有的照明不足，光线昏暗；⑤ 车站前广场需要更新；⑥ 既有车站不符合无障碍设计要求；⑦ 建筑物不保温，耗能惊人，已经不能满足节能要求。

17.9.4 阿谢尔火车站改造目标

为了响应 HQE 认证的 4 个方面，即对建设者而言的"生态建设目标"(包括处理好建筑和它周边环境的关系、材料的选择、施工方法、环境的影响等内容)、"生态管理目标"(包括能源管理、水的管理、废物处理等内容)和对使用者而言的"舒适度目标"(包括温度、声学、视觉等舒适要求)、"健康卫生目标"(包括室内空间的卫生质量、空气质量和水的质量要求)，首要的任务是将在施工过程中对周边环境的干扰降至最低。为此采取了各种措施，如对现场各种垃圾进行分类收集；用沉淀池对冲洗用水进行回收、沉淀、再利用；控制粉尘的排放；将噪音降至最低；为周边居民设立一部热线电话，以便及时沟通；有计划地减少建筑对能源的依赖等手段(图 17.223，图 17.224)。

---

① http://www.assohqe.org.
② http://www.Google.fr/gare d'acheres/la premiere gare haute qualite environnementale de France est en travaux.

图 17.223　车站大厅中新添加的垂直升降电梯

图 17.224　从站台俯视车站大厅一角

资料来源：http://www.creargos.com

　　整个施工过程被分为两个阶段：① 2008 年 11 月至 2009 年 3 月，主要是进行节能方面的改造。② 2009 年 1 月至 9 月，主要是进行无障碍的优化设计，为行动不便或携带过多行李的旅客提供便捷。整个改造分为以下几个项目：① 对旧火车站进行全面修缮和改造，使之符合节能减排的目标；② 改善接待与服务空间，提供舒适、美观和安全的客运大楼；③ 对车站进行无障碍设计，为行动不便、有残障的乘客或有过重行李或有婴儿车的旅客，提供可走轮椅或手推车的通道；④ 设计添加一台新的升降电梯；⑤ 对地下通道和站台进行优化改造；⑥ 工程项目满足尊重环境的要求，对车站环境设施实施整治评估，并考虑它在其他项目推广的可行性。

17.9.5　阿谢尔火车站在改造中的创新设计和特色（图 17.225）

1) 175 m^2 的太阳能光伏膜板

位于车站候车大厅屋顶部分的 12 块太阳能光伏膜板共 175 m^2，它们将太阳光能转换成电能，太阳能光伏膜板所产生的电力将被法国国家电网（National EDF）回收，可满足 25% 的建筑用电。

2) 供热水的太阳能集热器

太阳能是取之不尽、用之不竭的绿色能源。经太阳能集热器，太阳能被充分吸收，转化为水的热能。蓄热水箱收集太阳能集热器中的热水，将热能储备起来。受到太阳能资源的利用限制，太阳能蓄能供热系统中加入了辅助电加热设备，不仅卫生，而且大大降低了新车站电力消耗。

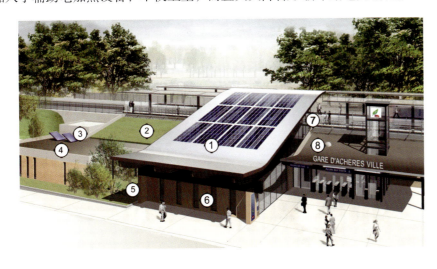

1—太阳能光伏膜板；
2—生态绿色屋顶；
3—太阳能热水器；
4—热泵（空气源）；
5—雨水回收装置；
6—外墙保温；
7—自动控制气窗；
8—自然光导光管

图 17.225　阿谢尔火车站创新和特色设计示意图

资料来源：http://www.creargos.com

3）绿色屋顶

屋顶的绿色植被就像一块覆盖在屋顶的绿色海绵，将雨水收集并进行生态净化，不仅减少了车站的污水处理量，同时为城市提供了多样化的生态，对车站建筑也起到了隔热保温作用。

这里要注意的是：种植土我们将选择一些含各种植物生长所需的元素，用比较轻质的人工土壤；在种植土下会铺设一层无纺布，既可以防止小颗粒的营养土随水分流失，又可以保证雨水或灌溉水的畅排，起到过滤层的作用；在结构顶板和防水布之间的滤水层，我们将采用一些轻质陶粒作为填充物，对所收集的雨水起到生态过滤作用。

4）保温隔热的双层玻璃

充氩气的中空低辐射双层玻璃，为办公楼部分提供了良好的隔热保温效果。

5）自动控制的玻璃气窗

根据热压作用下的自然通风原理，将上升的热空气通过设在车站大厅上部的气窗，排出室内被污染的空气，吸入室外新鲜的空气。控制车站大厅温度的恒温器根据需要将温度设定在一定的范围，玻璃气窗的开闭，根据大厅内的温度变化自动调节，既可以满足车站大厅自然通风的需要，又满足了节能的需要。

6）墙体保温

西立面的墙将采用多孔黏土砖（Monomur）。这种有着一排排蜂窝状小孔的砖，其特点是像有控热魔法一般，将空气中的热量对流层控制起来。夏天，它可以把白天吸收并储存的热散发出去，起到隔热的效果；冬天，它又可以阻止室内的暖气散发到室外，起到蓄热、稳定的效果（图17.226）。

7）自然导光

通过一根内管壁上都是镜子的管道，将外部的自然光线通过管壁内的镜面折射到地下，直接导入站内通往站台的走廊，进行自然照明（图17.227）。

 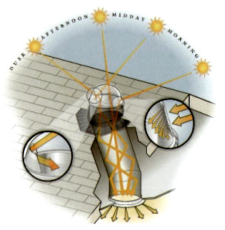

图17.226　Monomur多孔黏土砖用于车站西立面外墙　　图17.227　自然导光系统示意图图

资料来源：http://www.creargos.com.

8）雨水回收

雨水将被回收集中排放至沉淀池，经过滤净化后用于浇灌植物和卫生间用水，从而节约了城市供水管网中的可饮用水水量。

9）运动探测器和光敏探头

对办公区域和公共区域的自动化照明设施进行监控，可以起到节约用电的作用。

10）生态卫生间

采用"旱厕"，用回收的雨水供应给卫生间做定时冲厕用水。"旱厕"技术是用一个"液体封闭"系统或是一种类似于橡胶膜的东西将小便和空气隔绝，同时也可以起到除臭的作用。这种系统降低了用水量和卫生清洁费用。

11）热泵（空气源）

之前使用的燃油锅炉将被空气源热泵所取代。空气源热泵和太阳能一样是免费的，是目前最先进的能源之一。其工作原理就是利用逆卡诺原理，以极少的电能，吸收空气中大量的低温热能，通过压缩机的压缩变为高温热能，是一种节能高效的热泵技术。这种设备夏天可以送新风，冬天可以供暖，不仅起到节能作用，而且可以将污浊的空气从建筑内部排出（图17.228）。

改造后车站的自来水用水量比改造前减少了59%，城市管网的自来水将只被用于车站卫生间水龙头用水和一些为旅客提供餐饮服务的小厨房用水。

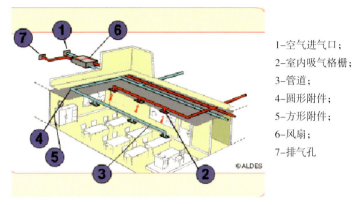

1-空气进气口；
2-室内吸气格栅；
3-管道；
4-圆形附件；
5-方形附件；
6-风扇；
7-排气孔

图17.228 涡扇发动机通风原理示意图

资料来源：http://www.creargos.com

17.9.6 改造后的阿谢尔火车站的一些节能技术数据[①]

作为一个火车站的绿色改造试点项目，阿谢尔车站（Gare d'Achères）成功地通过了HQE认证，成为法国第一座高环境质量（HQE）认证的车站。而且光伏膜屋顶的设计也为它赢得法国第一座"太阳能"火车站的荣誉。从阿谢尔火车站改建前后的数据和图表比较（图17.229~图17.234）可知：① 改造后的火车站比原来火车站的耗能减少64%。② 温室气体排放量减少84%，相当于汽车行驶90 000 km（可以环绕地球2.2圈）所产生的温室气体排放量。③ 比改造前的火车站节水59%。④ 得益于175 m²的光伏膜，它每年满足25%

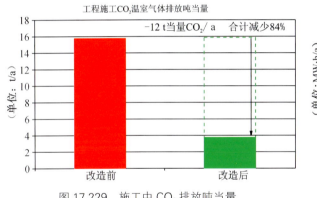

图17.229 施工中CO_2排放吨当量

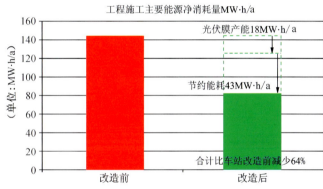

图17.230 施工中主要能耗量

资料来源：http://www.creargos.com.

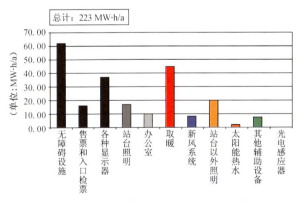

图17.231 改造前年主要终端的能源消耗量

资料来源：http://www.creargos.com

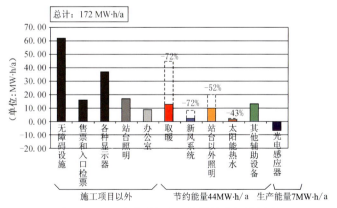

图17.232 改造后年主要终端的能源消耗量

资料来源：http://www.creargos.com

---

① 图表及数据来源：http://www.sncf.com/resources/fr_FR/press/kits/PR0002_20090130.pdf.

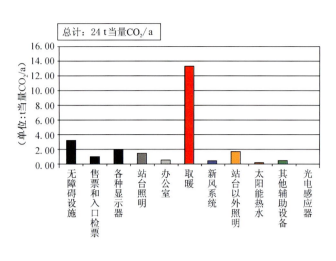

图 17.233　改造前每年 CO_2 温室气体排放吨当量
资料来源：http://www.creargos.com

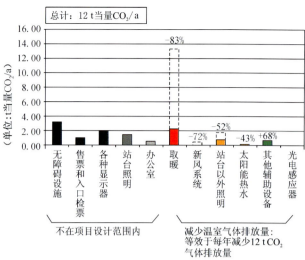

图 17.234　改造后每年 CO_2 温室气体排放吨当量
资料来源：http://www.creargos.com

的建筑用电。

从以上这些建成后获得的数据，我们不难看出，HQE 认证对绿色环保建筑的建设和改造，起到积极的推动作用。新技术、新材料和新能源的应用，不仅给我们今天的生活创造了舒适、健康、卫生和环保的空间，也为可持续发展的建筑业提供了新的发展空间。

"这是第一次我们在一个车站的改造项目中尽可能多地考虑环境的要求"，SNCF 的城市规划和建筑设计部建筑师，也是阿谢尔车站 HQE 改造项目的首席建筑师克劳迪娅·诺德曼这样告诉我们："对于我们来说也是一次尝试，帮助我们在法国未来更多的类似建筑项目中进行实践和推广。这确实是一次尝试。"

从克劳迪娅·诺德曼的话中我们不难看出，绿色建筑的认证中既有建筑中的推广和实践，才刚刚起步，未来还有很大的发展空间。对于我国类似的建筑活动，也会起到借鉴作用。

项目简介：

项目所在地：法国，大巴黎地区伊夫林省阿谢尔市；业主：法国 SNCF 和 RFF；建筑师设计师：Claudia Nordmann；设计单位：法国大巴黎地区（Transilien SNCF）车站研究所规划与建筑设计部；2008 年 10 月中开工，2009 年 6 月底竣工，工程周期 8 个月；耗资：3.2M€：大巴黎地区（la Region IL-de-France）出资占 57%，法国国家铁路协会（SNCF）占 40%，法国铁路网络协会（RFF）占 3%。

17.10　日本绿色建筑实例

长期以来，日本社会各届十分注重提高建筑物在建设及使用阶段中各类能源与资源的利用效率，并致力于加强环境保护，多年来积累了大量行之有效的方法和措施。为了更好地借鉴其成功经验，本节从建筑节能、废旧资源的再生利用以及建筑与环境的共生等方面介绍日本的典型实例。

17.10.1　建筑节能

建筑物在使用阶段的耗能一般远多于建设阶段，因此减少建筑物在使用过程中的耗能应是建筑节能的重点。日本的经验表明，通过有效利用自然条件、提高能源的利用效率以及增强建筑物的保温隔热性能等方式可以显著减少建筑物使用过程中的能源消耗。

17.10.1.1　有效利用自然条件

自古以来，人类就一直尝试在建筑物中充分利用日光、自然风及天然水源的各种方法。近期的考古发现表明，几千年前的库尔德人曾通过将夏季的溪水引入建筑屋顶下的夹层中来降低室内温度。有理由相信，应用最新的科技手段，人类可以在各类建筑物中更加合理有效地利用日光、风能、地热等各种自然资源，从而显著降低不可再生能源的消耗。

根据日本的经验，在建筑物中有效利用自然资源的关键在于因地制宜地采取相应的策略。对于城市高密度地区，宜优先采用太阳能照明系统、太阳能供热系统以及地源热泵系统等节能技术。而对于城市近郊的低密度地区，建筑节能设计的重点则是积极利用自然通风和日光，并辅之以相应的节能设备来创造舒适的室内环境。

曾获 2004 年日本医疗福祉建筑奖的日本弥生老年公寓（图 17.235~图 17.237），东侧是老人居室，西侧是老人日间活动场所，是近年来成功利用自然条件来创造适宜人居环境并降低能耗的一个典范。公寓采用了双重屋面形式，上层屋面可保证室内空间有足够的净高，与这种高扬的空间感受相对，下层空间则通过抑制空间尺度来达到平和的空间体验效果。日光透过两重屋面之间可开启的高窗照射室内，不仅能在相当程度上取代电灯照明，即使置身房间深处，也能充分感受到木材材质所产生的柔和的光线效果（图17.239~图 17.241）。

利用热空气上行、冷空气下行的原理，高窗的另一个作用是可以大大增强室内外通风换气的效果。在夏季傍晚室外温度下降时，

图 17.235　日本弥生老年公寓的平面
资料来源：大建设计 MET 事务所提供

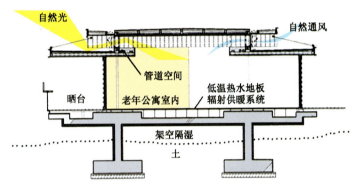

图 17.236　日本弥生老年公寓的剖面
资料来源：大建设计 MET 事务所提供

室内外存在一定的温度差，此时即使室外无风，室内热空气也可顺利从高窗排出。而当寒冷的冬季来临时，只要关闭高窗，在导入室外日光的同时，其良好的隔热效果可以阻止室内热量的向外散发。

此外，为增强室内的通风与采光效果，公寓内还设置了内庭院（图 17.238），并通过架空地面的形式来隔绝湿气（图 17.236）。可以说，弥生老年公寓设计中的最大亮点就是巧妙利用了各种自然条件中的有利因素。

利用自然条件与采用的节能设备之间并不相悖，但必须合理选择节能设备。仍以该老年公寓为例，通过采用耗能较低、热损失较少的低温热水地板辐射供暖系统，不仅保证了室内地面温度均匀，各房间还可独立调节室内温度，因而可充分满足室内舒适度的要求。

图 17.237　日本弥生老年公寓的外观

图 17.238　日本弥生老年公寓的内庭院

资料来源：周颖摄

图 17.239　日本弥生老年公寓的室内屋顶效果

图 17.240　日本弥生老年公寓的活动室

资料来源：周颖摄

图 17.241　日本弥生老年公寓的居室

图 17.242　日本弥生老年公寓夏日供冷的冷水隔断墙

资料来源：周颖摄

另外，如图17.242所示，该公寓中还采用了冷水隔断墙供冷系统，利用冷水循环时的辐射和对流作用将夏季的室内温度维持在满足人体舒适度的范围内。与传统的空调系统相比，该系统在提供令人满意舒适度的前提下，而且可省电20%~50%。

17.10.1.2　提高能源利用效率

为提高能源的利用效率，至2000年左右，日本各类建筑物的空调系统中已广泛使用了全热交换器来收集由于换气而损失的能源并加以再利用。近年的研发重点是夜间电力的有效利用，以及在确保人体活动范围内舒适度的情况下减少建筑物中的总能源消耗。

1）夜间电力的有效利用

由于白天与夜间电力消耗量相差甚大，而电厂的发电机组却要按照最大电力负荷来持续运转，因此如果能将一部分夜间电力储存起来以备白天使用的话，就可以大大降低发电厂的发电量，从而减少能源消耗。为实现这样的目标，日本的通常做法是在建筑物中安装能储存大量能量的蓄热设备。截至目前为止，日本已在各类建筑物中应用了2 000套以上的蓄热系统，其中约90%是较先进的冰蓄热系统。据相关报导，这类系统储存的能量为传统水蓄热系统的10倍左右。下面以难波花园为例来介绍冰蓄热系统在建筑节能中的应用。

建成于2003年的大阪难波花园是以绿为主题的大型商业设施。该建筑地上10层、地下3层,商业设施面积为51 800 m²。除了用做热源设备的3台离心式冷冻机(总容量为2 850RT)和5台直燃型吸收式冷温水机组(总容量为5 480RT)外,该建筑物中的地下室中还安装了4台水冷螺杆式冷水机组(总容量为400RT)以及415 m³的冰蓄热槽用做蓄热系统[1]。该蓄热系统可将大部分夜间廉价电力储存下来供日间使用,取得了相当明显的节能效果。

另外,难波花园商业设施中还通过设置中庭来增强自然通风与采光效果(图17.243,图17.244);通过导入中水系统,平均每天可回收利用水资源200 m³。如图17.245,图17.246所示,在1~9层的屋面种植了70 000多棵各类植物[2],在容积率为8的大阪市中心建成了大型阶梯状的屋顶花园,有效改善了自身环境。图17.247为2004年8月2日14时(该市当日最高气温为31.1℃)该建筑周边的温度测量结果,可以看出,难波花园商业设施屋顶绿化部分(绿化部)和非绿化部分(混凝土)的表面温度分别为29.2℃和45.6℃,而周围沥青路面的温度更高达52.6℃,屋顶绿化对建筑物的降温效果可见一斑。

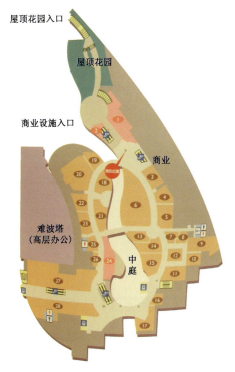

图17.243 大阪难波花园商业设施四层平面示意图

图17.244 大阪难波花园商业设施中庭

资料来源:周颖摄

图17.245 大阪难波花园商业设施入口

资料来源:周颖摄

图17.246 大阪难波花园商业设施屋顶花园

资料来源:http://ja.wikipedia.org

---

① なんばパークス省エレ対策計画書. http://www.epcc.pref.osaka.jp/ondanka/jourei/h18_1/k_10502H18.html.
② 南海電気鉄道株式会社.南海電鉄環境報告書, 2007. http://www.nankai.co.jp/company/csr/kankyou_report/pdf/kankyo2007_all.pdf.

2）适宜的环境温度及背景照度

另一个值得关注的现象是，对于采用空调系统的房间，室内温度随高度而不同。因此，对于净高较大的公共建筑来说，只要能确保人体活动范围内的适宜温度，就可以通过设置合理的空调送风口和回风口位置来减少不必要的空调耗能。为此，日本冈山县立图书馆阅览室就采用了"下送风上回风"方式，将空调的送风口设在书架的踢脚板处（图12.248，图17.249）。图17.250显示的是夏季某日该阅览室中温度随高度而变化的情况，因此对于阅览者而言，适当提高送风温度也可获得与传统"上送风"方式相同的制冷效果。

在照明系统方面，日本通过广泛在公共建筑中设置自动感应开关来保证只对有人利用的空间实施照明，从而减少了不必要的照明能耗。当前日本建筑界普遍关注的则是在避免因照度对比过大而导致眼疲劳的情况下，用远低于作业面照明的照度进行背景照明来达到降低能耗的效果。

图17.251为日本清水建设公司新本部大楼的照明系统示意图。具体做法为：在上下两段窗户之间设置

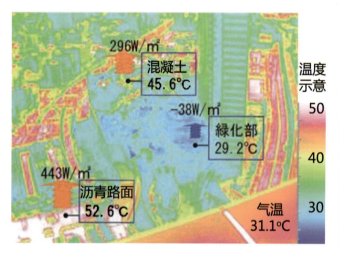

图17.247 大阪难波花园商业设施周边的表面温度及散热量
资料来源：南海电气铁道株式会社.南海电铁环境报告书，2007

图17.248 日本冈山县立图书馆阅览室
资料来源：http://www.libnet.pref.okayama.jp/index.htm

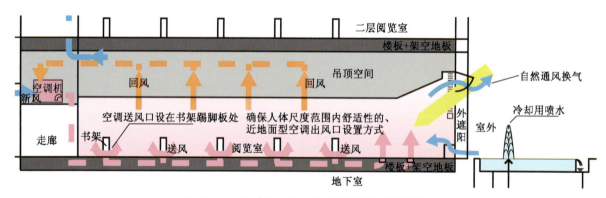

图17.249 日本冈山县立图书馆阅览室空调系统
资料来源：根据资料http://www.yasui-archi.co.jp/pdf/environment02.pdf自绘

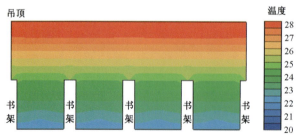

图17.250 日本冈山县立图书馆阅览室中温度随高度而变化
资料来源：http://www.yasui-archi.co.jp/pdf/environment02.pdf

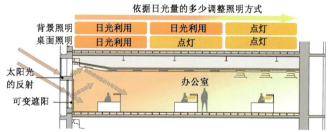

图17.251 日本清水建设公司新本部大楼的照明系统
资料来源：京桥二丁目16地区计画.住宅建築物省CO_2推進モデル事業採択プロジェクト．www.kenken.go.jp/shouco2/pdf/presen3-3.pdf

窗檐，既遮挡了一部分直射光进入房间，还能利用窗檐上表面将日光反射并通过上部的扩散窗进入室内，再经室内顶棚的反射，变成了柔和的扩散光，最终该光线可抵达室内深处。这样不仅可以节约照明能源，还可降低制冷的负担，因而是建筑节能的有效手段。此外，该大楼还采用了智能背景照明控制系统，既能自动控制开关，又能根据实际需要调节照度。

17.10.1.3 增强建筑物的保温隔热性能

为增强建筑物的保温隔热性能，除注重外墙的保温性外，还应增强建筑外表面的密闭性并提高其日光遮蔽性能。增强密闭性后可通过减少室内外冷热空气的对流来达到节能的效果，而提高日光遮蔽性能则可降低夏季室内制冷所需的能源消耗。

图 17.252 显示了位于埼玉县和光市的日本保健医疗科学院办公楼的外遮阳体系。由于夏季与冬季的日光照射角度不同，通过合理设计外遮阳体系的尺寸，就可显著降低夏季照射在建筑物外墙及室内的日光量而不影响冬季的日光照射。

因窗户是保证外墙密闭性的薄弱环节，该办公楼外墙上所有的窗户均采用密闭窗（图 17.253，图 17.254）即只能采光而不能通风，而在窗户旁另设通风口。由于通风口盖板的保温性能和密闭性能都远远高于玻璃窗，当使用空调时，可以通过关闭通风口来保证密闭性；而在不使用空调时，开启通风口后就可进行自然通风。

图 17.252　日本保健医疗科学院办公楼的外遮阳体系

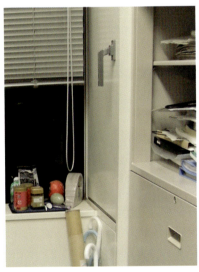

图 17.253　日本保健医疗科学院办公楼的通风口（关闭时）
资料来源：周颖摄

图 17.254　日本保健医疗科学院办公楼的通风口（开启时）

17.10.2　废旧资源的再生利用

除建筑节能外，建造绿色建筑的另一个主题就是节省各类资源。其中废旧建筑材料的再生利用近年来在日本引起了越来越多的关注。

图 17.255 是新近建成的日本东京团地平和岛仓库。为节省自然资源，建设该仓库所用的大部分混凝土骨料来自拆卸旧仓库所产生的废料。据相关文献，拆卸旧仓库共产生了 4.3 万 t 的废料，其中 3.5 万 t 砂石材料被成功回收并现场加工成了 1.25 万 m³ 完全按日本规范要求的混凝土，其他碎石则用做路基材料。此前拆卸旧建筑产生的废料一般只能用于道路的铺装，据称该做法在世界上还是首次使用。由于新仓库在原仓库的旧址上建成，据估计，该项目的建成除节省大量资源外，还减少了 24% 的搬运车次（约 6 300 车次）及数千吨的 CO_2 的排放量[1]，因而非常有利于环境保护。

---

[1] 東京团地倉庫平和岛事業所.http://www.danchisoko.co.jp/warehouse/index.html.

图 17.255　东京团地平和岛仓库
资料来源：東京団地倉庫平和島事業所.http://www.danchisoko.co.jp/warehouse/index.html

17.10.3　建筑与环境的共生

为提高城市绿化率，减少热岛效应，近年来日本许多新建的建筑都尝试通过屋顶绿化及墙面绿化的手法来减少建筑物对太阳光的吸收量及对周围环境的排热量。为此，东京都及兵库县政府还编制了相关实施条例。前文所述的大阪难波花园的屋顶绿化就在改善城市局部生态环境中起到了积极的作用。图 17.256，图 17.257 所示的东京二番町花园大厦更是采用了所谓"立体绿化"的手法，其基本构想是通过全方位增加建筑物的绿化空间，来达到吸收太阳热能并显著降低建筑物表面温度的目的。

图 17.256　日本二番町花园大厦的屋面绿化

图 17.257　日本二番町花园大厦的墙面绿化

资料来源：三菱地所設計.二番町ガーデンの環境共生.環境共生への取り組み，2004，3（10）：14-15.

17.10.4　结语

综上所述日本在绿色建筑领域中有许多成功经验值得我国学习借鉴。必须指出，日本取得的成就，除与其发达的科技基础分不开，更深层次的原因则是来自其国民深厚的节能环保意识。从这个意义上来说，如何提升我国建筑师、工程师、相关技术人员乃至全国民众的节能环保意识也是我们今后最重要的课题之一。具体到技术层面，由于建筑物的节能、省材与环保涉及方方面面的内容，因此从建筑物的设计、施工到运营管理的各阶段均需要各专业人员的通力合作；而对于在其中起核心作用的建筑师来说，其职业素养、知识结构和技术能力等诸方面都被提出了更高的要求。

参考文献

[1] [美]丽斯·夏普（Leith Sharp）. 哈佛绿色校园促进会概述：2000-2003. 哈佛大学官方网站，2006.

[2] 美国环境保护协会. 大学建设管理最佳实践，管理工作研究，环境保护项目滚动贷款基金. 2003.04.

[3] 哈佛大学新闻和公共事务办公室. 哈佛公布奥尔斯顿（Allston）新校区的总体规划，2007.01.

[4] Harvard Green Campus Initiative. High Performance Building Resource. http://www.greencampus.harvard.edu.

[5] Kuspan J F, Mann G J. Dell Children's Medical Center of Central Texas: Truly groundbreaking. Medical Construction & Design, 2007(9/10): 34-38.

［6］Minutllo J. Design professionals follow the physician's precept:"First,do no harm." Architectural Record, 2008（8）：124-129.

［7］Patterson R. Green hospital has high hopes:Dell Children's Center takes the health care lead in LEED, 2006. http://texas.construction.com/features/archive/0603_feature3.asp.

［8］Schwartz E. Green guidelines take root in Austin: central texas hospital inspires New sustainable standards for health care building, 2007. http://texas.construction.com/features/archive/0702_cover.asp.

［9］The City of Austin. Transforming a brownfield:Dell Children's medical center of central texas, 2006. http://www.healthcare-designmagazine.com.

［10］Weisel S. Texas Hospital turns creen, 2008. http://www.children shospitals.net.

［11］ST raum a., Zibell Willner & Partner, Ingenieurbuero Lehr, IEMB Institut fuer Erhaltung und Modernisierung von Bauwerken e.V., Krebs und Kiefer, Hans-Joachim Haertel, Elisabeth Meindl, Michael Sellmann.德绍联邦环境署. 德绍. 索尔布鲁赫·胡顿建筑事务所(Sauerbruch Hutton),2005.

［12］Gerd Schablitzki. 德绍环境署新政府办公楼——设计,施工及初步运营结果,2007.

［13］なんばパークス省エレ対策計画書. http://www.epcc.pref.osaka.jp/ondanka/jourei/h18_1/k_10502H18.html.

［14］南海電気鉄道株式会社. 南海電鉄環境報告書，2007.http://www.nankai.co.jp/company/csr/kankyou_report/pdf/kankyo2007_all.pdf.

［15］岡山県立図書館の自然エネルギー利用空調システム. 空気調和衛生工学会振興賞.第21回技術振興賞受賞業績(中国四国支部). http://www.yasui-archi.co.jp/pdf/environment02.pdf.

［16］岡山県立図書館.http://www.libnet.pref.okayama.jp/index.htm.

［17］京橋二丁目16地区計画. 住宅建築物省CO2推進モデル事業採択プロジェクト. http://www.kenken.go.jp/shouco2/pdf/presen3-3.pdf.

［18］東京団地倉庫平和島事業所.http://www.danchisoko.co.jp/warehouse/index.html.

［19］三菱地所設計. 二番町ガーデンの環境共生. 環境共生への取り組み, 2004, 3(10):14-15.

［20］维基百科事典. http://ja.wikipedia.org/wiki.

第 18 章 国内绿色建筑实例浅析

18.1 清华大学节能中心示范楼

清华大学节能中心示范楼是北京市科委科研项目,作为 2008 年奥运建筑的"前期示范工程",是国家"十五"科技攻关项目"绿色建筑关键技术研究"的集成平台,用于展示和实验如图 18.1 所示的各种低能耗、生态化、人性化的建筑形式及先进的技术产品,并在此基础上陆续开展建筑技术科学领域的基础与应用性研究,示范并推广系列的节能、生态、智能技术在公共建筑和住宅上的应用。

项目包括建筑物理环境控制与设施研究(声、光、热、空气质量等)、建筑材料与构造(窗、遮阳、屋顶、建筑节点、钢结构等)、建筑环境控制系统的研究(高效能源系统、新的采暖通风和空调方式及设备开发等)以及建筑智能化系统研究。

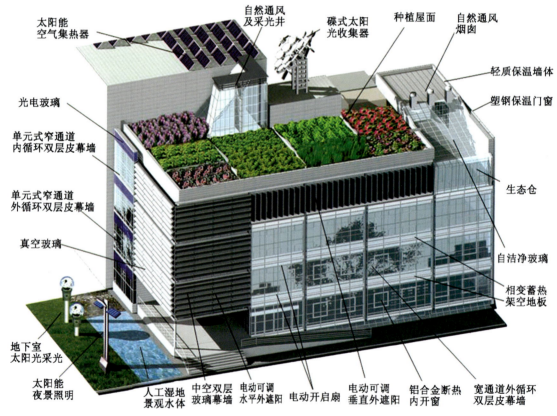

图 18.1 清华大学节能中心示范楼展示和实验的项目
资料来源:薛志峰绘制

18.1.1 建筑外围护结构设计

清华大学节能中心示范楼建在清华大学建筑馆东侧,建设用地约 560 m²,建筑面积 3 000 m²(图 18.2)。在建筑设计中选择生态策略时,主张"被动式策略优先,主动式策略优化"。从建筑全寿命周期的观点出发,建筑的北向和西向采用高保温隔热墙体,外饰面为铝幕墙,内部为保温棉和石膏砌块,组成了多层复合轻质墙体和玻璃幕墙,钢构件支承外遮阳百叶,体现了钢结构建筑精密、细致的技术美感(图

图 18.2 清华大学节能中心示范楼东南立面
资料来源：杨维菊摄

图 18.3 节能中心示范楼钢结构施工过程
资料来源：薛志峰摄

18.3）。同时尽可能选择可回收利用的材料，如石膏、加气混凝土、金属、玻璃等，在不同的方向，甚至相同朝向的不同开间围护做法也不尽相同，门窗和外门采用多腔结构的 PVC 塑钢窗，外设保温卷帘[①]。

在建筑围护结构中，南向采用了两项建筑节能技术。其一，高性能真空玻璃幕墙，外置自控垂直百叶遮阳，综合对太阳总辐射的遮挡率>85%；其二，宽通道双层皮玻璃幕墙（箱式、多层串联式），内置自控遮阳帘及阳光反射板[②]。东向部分采用隐框中空 Low-E 玻璃幕墙，设内平开窗，窗框采用断桥窗框，幕墙外部设可控水平遮阳百叶（图 18.4）。

图 18.4 清华大学节能中心示范楼宽通道外循环双层皮玻璃幕墙
资料来源：杨维菊摄

主体建筑地上部分采用了钢框架结构，楼板和屋面板采用现浇混凝土楼板，主体建筑地下室和附属地下室为现浇混凝土结构。这种体系具有自重轻、强度高、施工速度快和抗震性能好等优点。图 18.3 为建筑剖面及钢结构施工过程，钢结构防腐涂料采用无毒、无 VOC 排放并可带涂层焊接的水性无机富锌底漆，防火涂料选用无机原材料及无毒无味无害物质的原料构成的环保型产品，施工及使用过程均无污染物排放[③]。

18.1.2 智能围护结构

超低能耗楼的外围护结构体系主要是针对可调控的"智能型"外围护结构进行研究，使其能够自动适应气候条件的变化和室内环境控制要求的变化。从采光、保温、隔热、通风、太阳能利用等进行综合分析，给出不同环境条件下的推荐形式。图 18.1 标明了示范楼外各个外立面采用的围护结构方式。

[①③] 栗得祥, 周正楠. 解读清华大学超低能耗示范楼. 建筑学报, 2005(9).
[②] 李海英, 洪菲. 可持续建筑围护设计——以清华大学低能耗建筑为例. 建筑科学, 2007, 23(6).

示范楼作为技术展示和效果测试，选用了近十种不同的外围护结构做法，基本的热工性能要求为透光体系部分（玻璃幕墙、保温门窗、采光顶）综合传热系数 $K<1$ W/(m²·K)，太阳得热系数 SHGC<0.5；非透光体系部分（保温墙体、屋面）传热系数 $K<0.3$ W/(m²·K)。在设计阶段利用 DeST 建筑节能模拟分析软件优化计算结果为冬季建筑物的平均热负荷仅为 0.7 W/m²，最冷月的平均热负荷也只有 2.3 W/m²，如果考虑室内人员灯光和设备等的发热量，基本可实现冬季零采暖能耗。夏季最热月整个围护结构的平均得热也只有 5.2 W/m²。由于围护结构导致的建筑耗冷耗热量仅为常规建筑的 10%。

为增加建筑热惯性，以使室内热环境更加稳定，示范楼采用了相变蓄热地板的设计方案（图 18.5）。具体做法是将相变温度为 20℃~22℃ 的定形相变材料（用石蜡作为芯材，高分子材料作为支撑和密封材料将石蜡包在其组成的一个个微空间中，在相变材料发生相变时，材料能保持一定的形状）放置于常规的活动地板内作为部分填充物，由此形成的蓄热体在冬季的白天可蓄存由玻璃幕墙和窗户进入室内的太阳辐射热，晚上材料相变向室内放出蓄存的热量，这样室内温度波动将不超过 6℃。

图 18.5 清华大学节能中心示范楼相变蓄热地板
资料来源：杨维菊摄

18.1.3 室内环境控制系统方案

18.1.3.1 自然通风利用

室内环境控制系统优先考虑被动方式，用自然手段维持室内热舒适环境。根据北京地区的气候特点，春秋两季可通过大换气量的自然通风来带走余热，保证室内较为舒适的热环境，缩短空调系统运行时间。

利用热压通风和风压通风的结合，根据建筑结构形式及周围环境的特点，在楼梯间和走廊设置 3 个通风竖井，负责不同楼层的热压通风。在建筑顶端设计玻璃烟囱，利用太阳能强化通风，图 18.6 为全楼热压通风示意图。

18.1.3.2 温湿度独立控制的空调末端设备

示范楼的空调末端为温度湿度独立控制方式。湿负荷由干燥新风带走，室内送风末端根据不同房间功能分别为个性化工位送风和置换通风。而房间风机盘管和辐射吊顶末端装置仅负责显热部分，并按照干工况运行，不存在结露现象，彻底避免了潮湿表面滋长霉菌，恶化空气质量（图 18.7）。

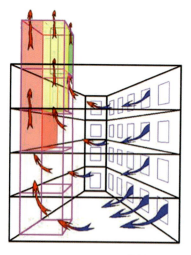

图 18.6 示范楼热压通风示意和屋顶玻璃烟囱
资料来源：左图清华大学节能中心提供，右图杨维菊摄

图 18.7 辐射吊顶
资料来源：杨维菊摄

湿度和温度控制末端按照模块化方式配置，可根据房间实际使用功能灵活组合。示范楼空调末端根据负荷需求调节，其中新风量根据室内 CO_2 浓度或湿度调节，新风机变频调速，排风机与新风机同步变化。普通干式风机盘管由用户通过电脑设定三速风机，水路则由电动阀连续调节。贯流型干式风机盘管水路不调节，贯流风机根据房间温度状态无级变速。辐射网栅则由末端微型混水泵调节水温，水量保持不变，保证网栅内水量始终均匀分配（图18.8）。

图 18.8　左图为辐射网栅　右图为贯流型干式风机盘管
资料来源：薛志峰摄

18.1.4　能源和设备系统方案

示范楼能源和设备系统采用多项节能措施和可再生能源技术，图 18.9 为能源和设备系统总图。

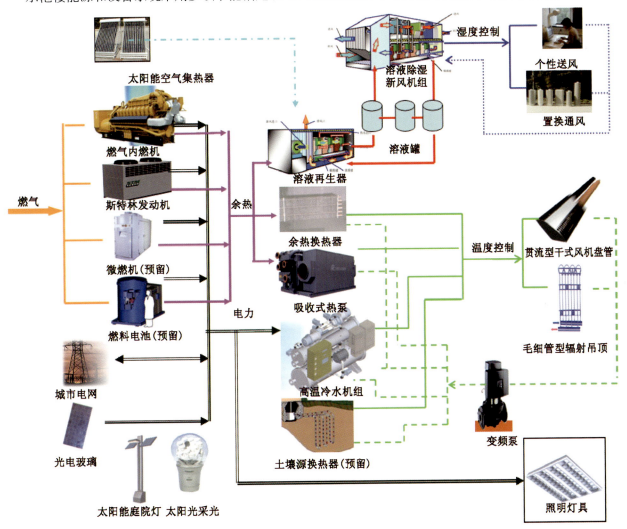

图 18.9　清华大学节能中心示范楼能源和设备系统总图
资料来源：薛志峰绘制

18.1.4.1　楼宇式热电冷联供系统 BCHP

示范楼的能源系统采用楼宇式热电冷联供系统 BCHP，大楼所发电力除供应本楼使用，还可并入校园电网供校内其他建筑使用。作为技术展示，示范楼内放置了一台 125 kW 卡特比勒内燃机和一台 20 kW 的斯特林发动机，今后还将安装一台微燃机和一台 10 kW 的固体氧化物燃料电池。

能源系统的配置重点考虑能量的梯级利用，BCHP系统发电后的废热在冬季可直接用于供热或用于驱动吸收式热泵，此外烟气冷凝余热充分回收，热电联产系统的总用能效率可达到95%。夏季系统运行策略与冬季不同，溶液除湿系统提供承担室内潜热负荷的干燥新风，而承担显热负荷的干式风机盘管和冷辐射吊顶所需的18℃~21℃的冷冻水则可以通过三种方式（微离心式电制冷机、利用内燃机废热的吸收式热泵、直接利用溴化锂浓溶液产生冷冻水的制冷机）产生。由于溶液除湿系统的再生器利用低品位废热的效率就已经很高，因此热电联产的低品位废热全部用于再生溶液，高品位的余热则用于驱动吸收式热泵制冷，这样制冷机利用高温排烟热量，可达到较高的COP。

冬季四种热电联产方式交替运行，夏季三种制冷机可联合或交替运行，这样冬季及夏季为满足试验需求及负荷特性，可有近十种不同的运行模式，通过多种组合的详细运行数据可为北京市乃至全国各类建筑的能源系统总结推荐的系统方案。

18.1.4.2　高温冷水机组或地源利用

由于多项节能措施的采用，示范楼夏季最大供冷量仅需120 kW，而且大多数时间为部分负荷。另外，由于采用了独立湿度控制的新风机组，除湿任务由溶液除湿系统承担，冷机仅承担显热负荷，夏季冷水温度18℃即可满足要求。基于这样的供冷需求，示范楼选用小型高效率离心式压缩机"Micro Turbo"，该技术将成熟的离心机高性能化引入超小型压缩机，额定工况下COP可达5.7，与通常条件下适用于这一制冷范围的螺杆机相比，提高了近40%，而部分负荷下，COP最高可达14。根据设计阶段利用DeST软件的模拟计算结果，示范楼选用这种小型高效离心式制冷机在一个夏天的运行后，可比常规的制冷方式节省50%以上的电量。另外冷机选用破坏臭氧层系数为零的制冷工质HFC134a，有利于保护地球环境。

另一种方式更为简单，就是直接利用土壤内贮存的冷量。超低能耗楼所在清华大学校园东区地表浅层温度基本稳定在15℃，通过土壤埋管换热方式就能获取温度为16℃~18℃的冷水，这样，夏季可不使用冷机而直接利用地下贮存的能量实现供冷。

18.1.4.3　溶液除湿的新风处理系统

超低能耗示范楼共设置4台4 000 m³/h新风机组，通过溶液除湿设备的处理，可提供干燥的新风，用来消除室内的湿负荷，同时满足室内人员的新风要求。

目前空调工程中采用的除湿方法基本上是冷冻除湿，这种方法首先将空气温度降低到露点以下，除去空气中的水分后再通过加热将空气温度回升，由此带来冷热抵消的高能耗。此外为了达到除湿要求的低露点，要求制冷设备产生较低的温度使得设备的制冷效率低，因而也导致高能耗。

溶液除湿方式是利用空气与具有吸湿能力的盐溶液直接接触，空气中的水蒸气被吸附于溶液中，实现空气的除湿。在采用溶液后，除湿剂在除湿的同时可以被冷却，因而大大提高了除湿剂的除湿能力。溶液除湿方式可以非常方便、有效地利用低品位的热能，具有很好的蓄能能力，同时能够对空气起到一定清洁作用。溶液除湿方式能够将除湿过程从降温过程中独立出来，利用较低品位能源进行除湿，同时减少显热冷负荷，不仅能够保证室内环境质量，而且还能降低空调能耗。

此外为保证室内空气质量要求有足够的新风，随之而来的新风负荷是空调系统高能耗的原因。示范楼的新风机组同时可实现全热回收效率超过80%的高效热回收，图18.10为新风机组的空气处理过程和功能段示意。溶液在送风处理单元和排风处理单元间循环，浓溶液首先经过与排风接触降温，之后经过送风处理单元对新风除湿，实现全热回收，为使送风进一步冷却和除湿，最后一级使用再生器提供的浓溶液和18℃~21℃冷水对空气进行进一步降温除湿，实现所要求的送风参数。而当室外湿度低于要求的送风湿度时，停止排风侧的喷淋，送风侧改为喷水降温，停止最后一级

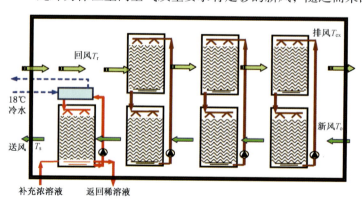

图18.10　溶液除湿新风机组流程
资料来源：清华大学节能中心提供

的降温除湿。冬季仍利用上下间的溶液循环实现排风的全热回收，而最后一级改为喷水加湿，换热器内也改为通热水来满足送风的温度要求。

18.1.5 可再生能源利用

18.1.5.1 光电玻璃

光电玻璃是一种最新颖的建筑用高科技玻璃产品，采用光伏电池、光电板技术，把太阳光转化为能被人们利用的电能。玻璃面板可采用单晶硅、多晶硅和非晶硅材料进行复合。其中单晶硅材料的光电转换效率最高，多晶硅材料其次，非晶硅材料最低。光伏玻璃峰值发电功率为 100~200 W/m²，设计光电转换率 10%~20%，输出频率为 50±0.5 Hz，电压 220±10 V，通过逆变器可与城市供电系统连接，使用状态时为建筑提供电力，晚间或阴雨天自动切离。

超低能耗楼南立面装有约 30 m² 的单晶硅光电玻璃，设计峰值发电能力为 5 kW。位于结构夹层外侧，不影响采光，同时与单元式双层皮幕墙结合组成光电幕墙，作为集合太阳能光伏发电技术与幕墙技术的新型功能性建筑幕墙示范（图 18.11）。光电幕墙的电能是一种清净能源，发电过程中不消耗宝贵的自然能源，也无废气，无噪声，不会污染环境，是一种"绿色幕墙"，既能满足装饰、围护的功能，同时又产生电能，达到环保、节能的目的。

图 18.11 清华大学节能中心示范楼光电幕墙
资料来源：杨维菊摄

18.1.5.2 太阳能庭院灯

示范楼选用的太阳能庭院灯为大楼入口处提供夜间照明，蓄电池容量通过优化后能够满足夜晚照明并把白天太阳能电池组件的能量尽量存储下来，同时还要能够存储满足连续阴雨天夜晚照明需要的电能。光源则选用 LED 光源。

18.1.5.3 太阳能空气集热器

示范楼利用联集管式太阳能空气集热器，日集热效率可达到 50%。集热器单片面积为 2 m × 2.3 m，超低能耗楼空气集热器总面积约 260 m²，峰值产热量为 140 kW。通过太阳能获取的热风在夏季用作溶液除湿系统再生器的热源，而冬季则作为空调送风可直接送入室内。

18.1.5.4 光导管采光系统

示范楼南侧室外设置自动跟踪太阳光的阳光采集系统，利用太阳光为地下室提供采光，减少白天照明电耗(图 18.12)。该系统如图 18.13 所示，由太阳跟踪、阳光采集、光线传导和专用灯具组成，最远阳光传导距离可达 200 m。整个系统可最大程度利用自然光，当自然光照度低于设定要求的下限时自动补充人工照明。

图 18.12 光导管采光系统（左—室外采光器；右—地下室采光）
资料来源：杨维菊摄

图18.13 太阳光采光系统示意图
资料来源：清华大学节能中心提供

此外在示范楼屋顶还设置碟式太阳光收集器，利用抛面的反射镜将平行的太阳光汇聚。汇聚后的光线通过小凸透镜还原成光强大的小直径平行光束，然后通过高效反射镜进行传输，通过屋顶的太阳光收集和平面镜反射传输后，在地下室区域，通过散光器就可以进行局部的照明，整体的光传输效率在30%左右。这套系统利用了太阳光收集器汇聚太阳直射光，牺牲极少空间的光井进行传输，对地下室区域进行照明，节省了照明电耗。

18.1.5.5 生态舱

作为被动式太阳能利用技术，冬季通过顶窗玻璃大量得热，减少供暖能耗；夏天采用内遮阳或外遮阳方式遮挡太阳辐射；室内布置微型植物群落，增加人与自然的接触，改善室内空气质量（图18.14）。

18.1.6 植被屋面

植被屋面除对室外环境增加绿量、改善生态与环境质量外，还能有效地提高屋面隔热保温性能、减少建筑能耗，具有积极的作用。节能中心示范楼屋顶种植土厚为250 mm，构造依次向下为滤水层（无纺布）、排水层（陶粒30~50 mm）、防水保护层、防水层（EPDM）、找坡层、保温层（130 mm厚聚氨酯）、防水层（SBS）和结构层，综合传热系数达到0.1 W/(m²·K)。在靠近女儿墙部位及屋顶中间纵横双向每6 m距离设600 mm宽走道，走道以两道砖墙架空，上铺活动盖板作为人行通道，走道下设屋面内排水口，砖墙最下一皮留空隙，以便滤水[①]。屋顶的绿色植物选用以种植低矮的灌木、地被植物和宿根花卉、藤本植物为主，为防止植物根系穿破建筑防水层，宜选择须根发达的植物（图18.15）。

图18.14 顶窗生态舱
资料来源：杨维菊摄

图18.15 植被屋面
资料来源：杨维菊摄

清华大学节能中心示范楼的设计理念、生态策略与节能技术，已成为绿色建筑设计的技术支撑和依据。它是生态技术展示的平台，也是各项技术和新产品的集成应用成功范例。我们说，低能耗建筑是基于各项绿色技术而形成的，所以应遵循技术本身的规律，在造型中充分表达技术的特点。在实际工程中，力求在建筑全寿命周期中实现高效率利用资源，提高材料的循环利用效率，并减少对环境的破坏和污染，结合实际，因地制宜。

18.2 环保部履约中心大楼

中国国家环保部履约中心办公大楼，位于北京市德胜门西大街，建筑面积29 290 m²，建筑总层数为

---

① 李海英,洪菲.可持续建筑围护设计——以清华大学低能耗建筑为例.建筑科学,2007,23(6).

11层（地上9层，地下2层），高度36 m，绿化率27%。建筑设计师和能源分析师互相配合综合考虑了采光、通风、保温和建筑美观的要求，利用模拟仿真技术辅助建筑师进行外形设计，进行围护结构性能的优化，与公共建筑节能标准规定的参考建筑相比，该建筑方案的全年冷热需求量节省了4%。中央空调采用了温湿度独立控制，从而实现热环境、湿环境和空气品质三个环节的最优化处理。选择了一台常规冷机制取7℃冷水，一台高温冷机制取16℃冷水，满足不同末端的需求，与常规方案相比（两台相同大小的低温冷水机组，通过换热获得高温冷水），该方案节能24%。

18.2.1 风场环境优化

国内建筑流程中常规的做法是建筑师根据业主的需求提出外形方案，但由于节能专业知识的缺乏，造成建筑的"先天不足"。为了解决这一问题，根据所处的地形、北京的自然气候条件，利用计算机仿真模拟的先进技术，按照1:1的尺寸，通过电脑技术搭建虚拟的实验平台，综合考虑采光、通风和传热的要求，在不以牺牲建筑美观为代价的基础上，选出最佳的节能建筑方案。

如图18.16所示，建筑师巧妙地利用了几何图形，矩形与环形交替连接，摆脱了"方盒子"或"铁棒子"的思维定势，流线型和弧形的设计融合了东西方文化的色彩，立面东南角采用低合金高强耐大气腐蚀考登钢（Corten钢），其表面的垂直褶皱/纹理和立面水平分隔交替布置，结合陶土红色为背景主题的立面，典雅又不失现代气息，给人一种耳目一新的感觉。建筑外形设计中参照了能源分析师外环境的分析结果，如图18.17所示，解决了冬季人员活动区域风速过大和门窗渗风的问题，又有效避免了夏季自然通风的死角。

为了解决建筑内区的自然采光和过渡季节的自然通风问题，建筑内区设置了两个通风采光中庭，能源分析师经过反复论证比较，如图18.18和图18.19所示，最终确定了中庭的数量、位置和尺寸。这种建筑方案，大大缩短了夏季供冷的时间，一般公共建筑的供冷时间从4月到10月，而履约大楼供冷时间缩短了1/3，从6月到9月。并且，可以利用自然采光的区域大大拓宽，有效降低了人工照明电耗。设置在中庭内的人工喷泉和绿树青草，提高了室内的观赏性。

图18.16 环保部履约中心大楼建筑效果图
资料来源：环境保护总局环境保护对外合作中心

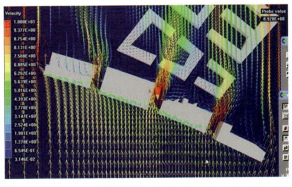

图18.17 环保部履约中心大楼建筑外环境风场模拟仿真
资料来源：北京唯绿建筑节能科技有限公司制作

图18.18 建筑中庭剖面图和自然通风示意图
资料来源：北京唯绿建筑节能科技有限公司制作

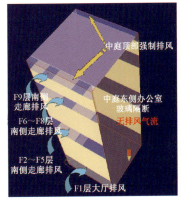

图18.19 中庭与办公区域之间气流组织

18.2.2 高性能的外围护结构

倘若把建筑形式和结构材料比作"骨架",那么围护结构就可认为是"衣服",它很大程度上影响甚至决定了使用者的冷暖能量消耗。在意大利知名机电公司 Favero 大力支持下,履约大楼采用了玻璃幕墙、石材通风幕墙、金属外挂立面等七种幕墙立面,符合了不同的朝向的得热保温特征,如图 18.20 所示。蜂窝石-铝面板制成的石材表面,增加了墙面厚度同时又减轻了重量,达到了节约石材的目的。屋顶和外墙的传热系数为 0.4~0.45 W/($m^2 \cdot K$),满足了公共建筑节能设计标准。

图 18.20 履约大楼外立面
资料来源:张永宁摄

对于透明的外围护结构,窗户、玻璃幕墙和天窗,从多个角度进行了优化,保证尺寸不得超过强制规范,采用了先进的高性能的玻璃和密封性强的窗框,并灵活利用了外遮阳,大大减少了夏季的太阳辐射得热,降低了冬季的热损失。

18.2.3 高效节能的机电设备系统

履约大楼采用了照明节能控制器,办公室按照高档办公室进行照明设计。办公区采用感光传感器和移动传感器相结合的主动探测器,根据室外光强和室内有人与否对办公区内灯光及空调末端进行自动控制,并在墙壁上设智能照明控制面板,用于手动和调光控制、设置室温等,以达到节能的目的,与同类建筑相比节能 15%。

节能咨询专家和机电设计人员在耗电大户中央空调系统上耗费心思,克服了诸多困难,设计出一套高效节能的空调系统来。采用了温湿度独立处理和控制的节能理念,由新风系统除去湿负荷,先进的终端设备——冷梁(Cooling Beam)带走显热负荷,提高了房间的温湿度控制的精度,空气品质也得到了有力的保障。另一大优点是提高了冷冻水温度,从常规的 7 ℃ 冷水提高到 16 ℃,冷机的制冷效率翻了一番,切实降低了冷机耗电。会议室采用了全空气变风量系统,降低了机组容量,节省了部分负荷下的运行费用,为内区过渡季节的机械通风创造了条件。冷源采用了特灵的一台大容量的离心机和一台小容量的螺杆机,两者巧妙配合,整个供冷期间,冷机的效率始终处于高效区域,估计节能量在 10% 左右。在运行过程中,风机和水泵变频运行,节能量会更大。

18.2.4 可再生能源

大楼的生活热水加热避免了直接电热或者天然气热水锅炉等"高质低用"的热源方式,大厦屋顶上设有 112 m^2 的太阳能集热器作为热源,充分利用可再生清洁能源,同时采用带蓄热功能的电加热器作为辅助热源,全年生活热水量加热用能节约了 80%。大楼立面还设置了 1 374 m^2 的光伏发电板,如图 18.21 所示,配电总功率为 17.66 kW,一天发电能力为 40~50 kW·h,全年发电量 14 600 kW·h。

图 18.21 履约大楼光伏发电板现场照片
资料来源:张永宁摄

18.2.5 长效的节能措施

建筑节能是一个连续的工作,为了确保长期的节能效益,还需要在运行与监管方面下工夫,才能真正地把一个优秀的设计作品变成实实在在的成功典范。履约大楼的能耗分项计量这一措施,实现了"分类计量""分租户计量"和"分系统计量",显示出了其业主与设计团队的高瞻远瞩。其中,"分类计量"是指电、气、热等等不同种类的能源进行总量计量;"分租户计量"是指出租的区域也装有了计量电表,便于收费和统计;"分系统计量"是针对一些耗能较高的冷机、风机、水泵和照明等进行计量。履约大楼中,将这些能耗数据传输到自控中心,业主可以逐时观看能耗数据,及时找出能耗黑洞,有助于避免了夜间和节假日的待机现象。

建筑热最大值为 910 W/m²。全年累积得热,南向为 4.6 GJ/m²,北向为 4.1 GJ/m²。光电转换率设为 10%,南向坡屋顶上每年光电玻璃可发电 138.4 kW·h/m²,北向坡屋顶光电玻璃可发电 114 kW·h/m²。如果直供期间,水泵耗电由光电玻璃承担,实现"夏季制冷零能耗",则需要 1 000 m² 的光电玻璃。履约大楼的坡屋顶面积为 310 m²,假设有光电玻璃的覆盖率为 60%,则光电玻璃面积为 185 m²。

18.3 科技部大楼

18.3.1 建筑概况

18.3.1.1 地理位置

由中国科技部和美国能源部共同筹建的示范工程"21世纪节能楼"即科技部大楼,总设计师:北京市城市规划设计研究院高霖教授;总承包:中建一局土木公司;工程监理:中国国际咨询公司;建筑性质:办公建筑;用地面积:2 200 m²;楼基面积:1 400 m²;建筑面积:13 000 m²;建筑密度:22%;建筑高度:34.1;建筑层数:10层(地下2层,地上8层)。图18.22)。位于北京市玉渊潭南路,总投资6 200万元人民币。该建筑规

图 18.22 "21世纪节能楼"(左)和 LEED 认证(右)
资料来源:科技部物业管理部门提供

划建设用地面积 2 200 m²,容积率为 4.4,建筑面积为 13 225 m²,建筑总层数为 10 层(地上 8 层,地下 2 层),高度 30.3 m。绿地总面积 8 817 m²,绿地率 30.1%,绿化覆盖率 35.9%。其中屋顶花园占了相当大的比重,也是该建筑的特色之一。该节能示范楼在建设前进行了两年多的方案研究,中美两国 12 家大学研究所和设计院参加了这项工作,设计方案经过五次国际研讨会的专家论证,并依据北京地区 50 年的气象记录,建前进行了 3 轮计算机全年实时能效模拟分析,对方案进行了优化选择。在充分考虑性价比因素后,将多科学、节能技术、绿色技术综合集成,其中包括建筑保温材料、防水材料、太阳能应用、采光玻璃材料、节水系统、中水利用等。做到相互协调补充,在中低造价上实现高效节能,整体绿色的目的,通过对运行效果的智能化管理,实现使用上的高舒适度和运行的低成本。2005 年 3 月,该节能示范楼被建设部评为"全国绿色建筑创新奖",综合类二等奖[①]。

科技部节能大楼建成后,能源消耗量比国家颁布的建筑节能新标准再降低 30%~50%,能源利用效率相当于国内同类现有建筑的 3 倍,其节能水平已经居于国际领先水平,获得了 LEED 金奖。

---

① 杨国雄,高霖,孟繁军,Robert Watson,等. 建筑节能工程案例. 2008.12.智能网.

18.3.1.2 围护结构技术

该建筑采用良好的外围护结构，以降低建筑主体能耗。采用的外围护形式和传热性能如下：

（1）墙：亚光型的浅色外墙即反射阳光，减少外墙的吸热，并采用双层的空心砖，砖的中间灌注了聚氨酯泡沫，即舒布洛克复合型墙体 $k=0.62$ W/(m²·K)；

（2）外窗：采用70系列热断桥铝合金窗框，低辐射绝热的Low-E玻璃 $k=1.65$ W/(m²·K)，太阳辐射系数 SHGC=0.28，可见光透射系数 TVIS=0.41；南向外窗一律采用遮阳板和反光板。在高透光下做到高绝热，并对容易出现冷桥的薄弱部位做保温隔热的构造措施，实现了围护结构的有效节能。

（3）外门：普通落地玻璃外门（双层门斗）；

（4）屋面的防水做法是底部两层5BS改性沥青防水材料，上铺5 cm厚的聚氨酯屋面，地面防水层 $k=0.57$ W/(m²·K)，防水层上再铺设3 cm厚钢筋混凝土砂浆保护层兼找平层[①]。

该楼在2004年初，全楼在无人使用的情况下曾停电，停止供暖58 h。室外环境温度为-4℃~-13℃。期间各楼道在58 h内降温1℃，有窗办公室降温1℃~2℃，充分证明了节能示范楼良好的保温围护性能[②]。

18.3.2 建筑方案优化

科技部节能示范楼采用十字形的平面设计，因为考虑到春秋季节可依靠自然通风，这样的楼型比其他楼型可以节能5%。美国能源部利用能耗模拟软件DOE2评判设计方案的优劣，根据北京往年的气候状况，计算不同建筑形状下的照明、通风、制冷和采暖能耗，从而得出"十字形"的建筑外形方案（图18.23）最大程度的降低人工照明和机电设备的能源需求。建筑外墙和外窗的保温隔热性能达到了同种气候条件下发达国家水平，外窗可以进行自由开启，从而延长自然通风的时间。

为了降低顶层与其他层的冷热温度差异，进行屋顶植被绿化(图 18.24)。因为科技楼屋顶绿化面积较小，绿化景观要求高，所以造景以植物为主，重视城市生物多样性的恢复和植物共生性原则。植物选择生长特性和观赏价值相对稳定的种类。从而降低了屋顶表面的温度，增强了其热工性能，同时增大了建筑的绿化率。

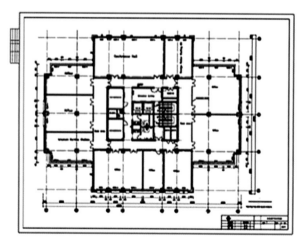

图 18.23 科技部大楼"十字形"的建筑平面方案
资料来源：科技部物业管理部门提供

图 18.24 科技部大楼屋顶植被绿化
资料来源：张永宁摄

18.3.3 高效的机电系统

该示范楼冬季采用城市市政热网提供供暖热水，夏季采用冷水机组提供冷冻水。冷源采用二台高效双机头电制冷水机组，COP=4.4，制冷剂采用氟利昂替代产品R134a。空调制冷系统利用夜间的谷电蓄冰储

---

① 韩丽莉, 李连龙, 马丽亚. 国家科技部节能示范楼屋顶绿化. Aechicreation, 2004(8).
② 杨国雄, 高霖, 孟繁军, Robert Watson, 等. 建筑节能工程案例. 2008.12.智能网.

存冷量，白天融冰，起到削峰填谷的作用。输配系统的水泵和风机根据各区域的负荷状况进行变频控制，降低输送电耗。

首层门厅、休息厅及三至八层办公及会议区采用风机盘管加变风量的新风系统，二层展厅部分采用架空地板下送风。屋顶设备层内设转轮式全热回收机组，其功能是在转轮旋转过程中，让排风与新风以相逆方向流过转轮（蓄热体）而各自释放和吸收能量，在采暖和空调季节，新风和排风进行全热回收，利用废热对新风进行预热和预冷，降低新风处理能耗，如图 18.25 所示，新风从新风入口 2 进入转轮箱，经过转轮除去部分负荷，再经过风机增压，送入新风竖井；排风从排风竖井进入转轮箱，经过转轮，从屋顶排风口排出。在过渡季节起到强制通风的作用，利用室外凉爽的新鲜空气，消除室内的余热，转轮和该处的风机关闭，新风从新风入口 1 直接送入新风竖井，排风走三通排到室外，从而减少电制冷的时间。

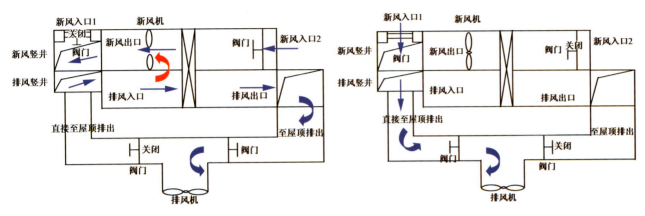

图 18.25 转轮式热回收：冬夏季热回收工况（左）和过渡季自然通风工况（右）
资料来源：张永宁绘制

建筑照明采用带电子镇流器的 T5 灯和部分 T4 灯，设计 LPD 为 6.7 W/m²，实际仅为 4 W/m²，所有照明器具由感光器、人体感应器结合计算机中央控制，根据室外的照度以及房间的人员位置进行照明智能控制，实现全自动 0~100% 数字调光，降低人工照明电耗，如图 18.26 所示。

建筑内的通风、供水、空调制冷，供暖等系统采用了楼宇自控系统，以实现分散控制、集中管理。

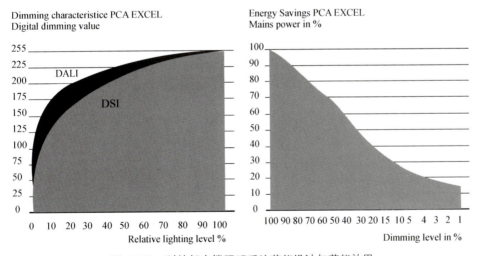

图 18.26 科技部大楼照明系统节能设计与节能效果
资料来源：科技部物业管理部门提供

18.3.4 生活水系统与雨水回收

生活水系统有两种供水方式：首层至三层以及地下室部分的生活水给水由市政供水管道引入系统直接供给；三层以上的各层生活水给水利用设置于地下二层的生活水给水池以及变频供水装置供给。核心筒楼梯间九层的上空设置了两个现浇混凝土的雨水收集水池，主要收集九层机房顶屋面的雨水，雨水收集水池设置溢流管道,溢水流向为八层屋面通过八层的屋顶雨水排水系统排入里外雨水系统。

18.3.5 空调水系统

1)冷站概况

科技部节能示范楼冷站的冷冻水系统为一级泵系统(图18.27),两台冷机,一台冷冻介质为水(简称:水机),另一台冷冻介质为浓度为20%的乙二醇水溶液(简称:乙二醇机)。其运行模式如表18.1所示。

夏季工况下,若负荷不大,则进行单机(水机)制冷;负荷较大时采用双机制冷;考虑冰蓄冷,则增加了蓄冰和融冰两种工况,在负荷较大时还可以采用融冰+单机制冷甚至融冰+双机制冷的工况(图18.28)。

冬季工况下,采用两台冷冻泵循环,通过板式换热器从外网取热。

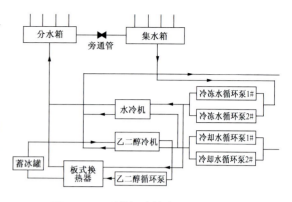

图 18.27　科技部大楼水系统示意图
资料来源:张永宁绘制

表 18.1　水系统运行模式

名称		冷冻泵开启	冷却泵开启	乙二醇循环泵开启
夏季工况	单机(水机)制冷	1台	1台	
	双机制冷	2台	2台	
	蓄冰		1台	1台
	融冰	1台		1台
	融冰+单机制冷	2台	1台	1台
	融冰+双机制冷	2台	2台	1台
冬季工况	供暖	2台		

表 18.2　各层空调系统形式

	地下二层	首层	二层	三~八层	九层
风机盘管	Yes	Yes	Yes	Yes	Yes
全新风机组	Yes	Yes		Yes	
空调机组(带回风)			Yes		

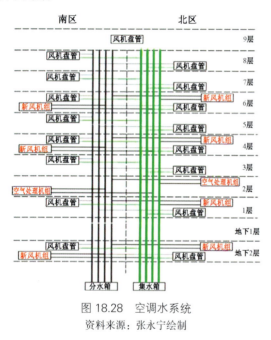

图 18.28　空调水系统
资料来源:张永宁绘制

由于自控系统没有实际运行,以上工况的切换完全由工人师傅根据经验手动完成。

2)楼内管网及末端概况

大厦内的供冷区域分为南北两区,分别负责南北工作区的制冷。除去地下一层,其他各层均有风机盘管,其中二层只在电梯间有一个的风机盘管,实际运行时没有开;地下二层,首层,二层,四层和六层有空调机房,如表18.2所示。

地下二层,首层和二层的空调机房仅负责该层的供冷,四层空调机房负责三,四五层的供冷,六层空调机房负责六七八三层的供冷;首层仅有一个空调机房,其他各层均有两个空调机房,分别供应其负责区域的南北两区,二层的空调机房有回风和新风,其他均为新风机组,见图18.28。

18.3.6 空调风系统

空调系统中的风系统包括空调部分和排风部分,以下分别介绍。

1)空调箱

首层门厅、休息厅及三~八层办公及会议区、地下二层物业管理区均采用风机盘管加变风量新风系统的吊顶空调方式，只有二层展厅采用架空地板下送风方式。图18.29为科技部节能示范楼的空调风系统原理图，空调系统约承担10 000 m²的办公区域面积，设计新风量为20 000 m³/h。

二层为一次回风机组，地下二层南区为定风量空调机组，其余均为变风量新风机组。地下二层北区机房、二层、四层、六层机房直接由竖井引入新风，一层机房新风由大厅回风口引入，地下二层南区机组处理室内回风（图18.30~18.34）。

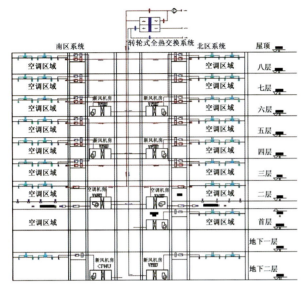

图18.29 科技部大楼空调风系统示意图
资料来源：张永宁绘制

图18.30 冷却塔风口
资料来源：张永宁摄

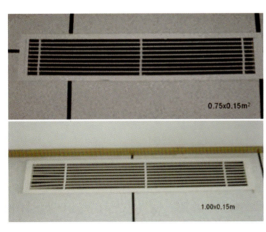

图18.31 二楼地板送风口样式
资料来源：张永宁摄

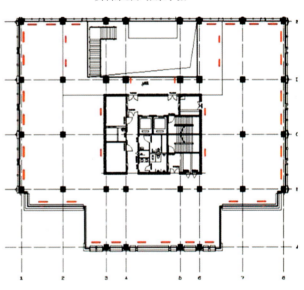

图18.32 二层地板送风风口位置图
资料来源：张永宁绘制

图18.33 二层地板送风风口风量测量
资料来源：张永宁摄

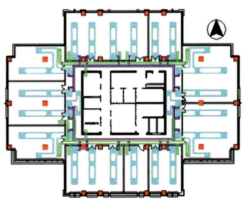

图18.34 标准层风系统
资料来源：张永宁绘制

图 18.35　太阳能光伏组件(左)和太阳能集热系统(右)
资料来源：张永宁摄

2) 二层风量测试

二层共有 10 个 0.75 m×0.15 m 的小送风口和 29 个 1.00 m×0.15 m 的大送风口，送风口样式见图 18.31，位置见图 18.32。我们在每个风口上套一个纸箱(如图 18.33)，以保证其送风出口气流稳定，然后在其上面取 12 个均布的点用风速仪测其风速(图 18.34)。

18.3.7　可再生能源利用

在太阳能利用上，科技部大楼也很有特点。屋顶除绿化外，大部分用于太阳能光状发电和太阳能热水系统。建有 154 W 太阳能光电池板阵列，全年可提供 3 万度的电力，用于大楼的电需求以及绿化屋顶中安置的太阳能草皮灯等。同时收入的电能还可并入城市电网，如图 18.35 所示。太阳能屋顶还设置了热水系统，收集的热量可用于楼内卫生间的洗手池和沐浴的热水。

18.3.8　楼宇智能化

该节能大楼采用智能化的数字控制技术，达到国际先进水平。首先是数字化的楼宇自控系统，包括全数字调光系统在内，全楼设置了 2 000 余个各类型的传感器，采集楼宇运行的水、电、空调、电梯等设备的状态，空气质量和温度、灯光照明、消防安全的各种信号，实现自动化运行。办公室的空气质量包括二氧化碳浓度，温度都受到有效监测和控制。运行状态、能源消耗实况数据等均可在中央控制室的计数机中得到反映。自动控制系统在保证了全楼的高使用舒适度的同时，又可实现节能 15%~17%[①]。其他的还有办公自动化的网络信息系统，以及绿色无害材料的运用，节水技术等等。科技部大楼的实践表明，一个绿色智能化的建筑不仅可以在中低价位上实现，而且综合运行费用也可以大幅度降低。从中我们也看到科技部大楼的成功建造无处不体现节能低碳和绿色设计的理念和思想。

18.4　台湾绿色建筑实例

18.4.1　暨南国际大学研究生宿舍

台湾暨南国际大学位于台湾省南投县埔里镇位居台湾地理中心。该校以"开阔"、"关怀"、"开创"的价值观，希望成为一所具有特色、小而美的优质大学。为达成强化人才培育、增进侨教功能、平衡区域发展、推展国际学术交流等目标而成立。新建研究生宿舍为两栋地下一层，地上五层，钢筋混凝土建筑，

---

① 杨国雄，高霖，孟繁军，Robert Watso，等. 建筑节能工程案例，2008.12. 智能网.

为考虑快速增长的学生人数，又因研究所的先行设立政策，对校务发展计划之落实具有检验意义。基于强调前瞻性与国际观的培养、兼顾科技化与人文观的平衡、发扬中华文化与强化侨教功能等三项理念，以培养高级人才为努力方向(图18.36)。

18.4.1.1 园中有景、景中有园之双L形平面

男女生宿舍各以L形配置围塑，为提供良好的视觉条件，开口朝向开阔之原生树林以争取最大景观面，使学生宿舍也可以像乡村别墅。入口的迎宾广场，作为公共交流空间，以铺面的设置制造视觉变化，增加入口广场之空间氛围(图18.37)。配置弯折且私密内庭，塑造蝶翼配置建筑群，以观景广场联系两宿舍空间动线，让平面单元之两侧都拥有最大之视觉景观条件(图18.38)。绿茵停车场空间集中设置，以利管理留设于西侧基地，以绿树为篱，举目所及皆是浓荫无限，且考虑未来汽车禁止进入校园，与汽车停车场将来转移作为学生停放机动车之可行性(图18.39)。

图18.36 暨南国际大学校园鸟瞰
资料来源：暨南国际大学官方网站

图18.37 双L型宿舍群围合广场空间、宿舍群鸟瞰(左)、外景(右)
资料来源：池体演建筑师事务所自摄

图18.38 宿舍群观景广场弯折状错开配置，平面布置(左上)、夜景(左下)、树景(右)
资料来源：池体演建筑师事务所暨南国际大学研究生宿舍规划报告书

18.4.1.2 流线设计

1）外部流线

（1）男女研究生宿舍大楼，共同以一大型入口迎宾广场连接面前14 m宽道路作为主要之进出口方向。

（2）主要贵宾驻车区置于西侧基地，并以绿荫美化视觉环境，以提供美观及无障碍之人群进出口。

2）内部流线

（1）男女生宿舍以L形平面之中点设置主要服务核，大门采用读卡门禁与管理中心24 h联机，利于人员进出及管理。

（2）各层两端设置一座半户外之垂直流线以利于楼间联系及采光通风，并作为紧急疏散之用图18.40。

（3）水平方向则以简洁之两方向流线通达各宿舍单元，并且在双向联系流线前段，扩宽走廊之宽度，以导入交流活动，增加空间之趣味及联系图18.41。

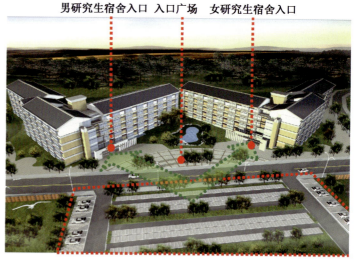

图18.39 宿舍群绿茵停车场空间集中设置
资料来源：池体演建筑师事务所暨南国际大学研究生宿舍规划报告书

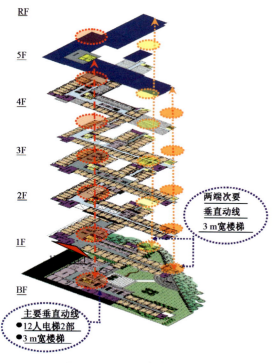

图18.40 垂直流线示意图
资料来源：池体演建筑师事务所暨南国际大学研究生宿舍规划报告书

图18.41 水平流线示意图
资料来源：池体演建筑师事务所暨南国际大学研究生宿舍规划报告书

18.4.1.3 绿色造型设计

1）建物体量亲切化

研究生宿舍运用设计手法，颠覆学生宿舍传统印象，建筑立面外观应表现活泼、亲切，故特将整栋建筑以切割的方式，将其量体、尺度，缩小降低，并以轻快、柔和的色彩搭配虚实对比的手法（图18.42），表达活力动感及愉悦休闲的意象，以利于与整体环境及校园建筑融合。

2）传统精神及斜屋顶

配合校园设计准则，表达中国文化精神，在建筑语汇转化传统建筑元素，顶部以斜屋顶设计，以表达乡村建筑意象；中西合璧、新旧合一，并融合新建筑材料及自然界生物蝶翼平面造型，配合光影变化之效果使其造型更丰富多元(图18.43）。

图 18.42　宿舍楼实体墙面搭配深开口示意图
资料来源：池体演建筑师事务所暨南国际大学研究生宿舍规划报告书

图 18.43　传统意象及斜屋顶
资料来源：池体演建筑师事务所暨南国际大学研究生宿舍规划报告书

图 18.44　利用造型板塑造宿舍入口空间
资料来源：池体演建筑师事务所暨南国际大学研究生宿舍规划报告书

3）宿舍入口意象

利用造型板，塑造入口空间，强化宿舍的进出口，因连接入口迎宾广场，营造出亲切人性尺度，以强调整体建筑物的舒适门面（图 18.44）。

18.4.1.4　绿色材料设计（图 18.45）

1）建筑物主体以砖色二丁挂版岩砖为主，配浅色抿石子做局部之点缀以活化立面。

2）户外广场、步道、花台采用灰色烧面陶板砖搭配本色洗石子收边，采自然原石色彩配合景观计划。

3）室内建材选择讲求美观之外，隔声、防火、耐震、坚固、安全等特性，并防霉、防菌，易于保养清洁。

4）室内色彩应活泼、清爽、明亮、典雅脱俗。

18.4.1.5　住宿单元规划构想

1）分区式住宿单元

将住宿单元分为玄关、盥洗、住宿、睡眠、读书及休闲等独立空间，提高居住质量（图 18.46~图 18.48）。

云田瓦

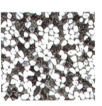
抿石子

南方松防腐材

陶板砖

4.5 m×9.5 m 版岩砖

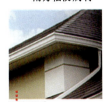
外墙面采4.5 m×9.5 m 版岩砖，搭配顶部深灰色之屋瓦

图 18.45　立面材料示意图
资料来源：池体演建筑师事务所暨南国际大学研究生宿舍规划报告书

绿色建筑设计与技术

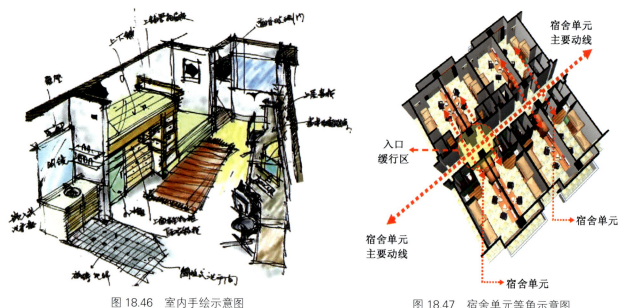

图 18.46　室内手绘示意图

图 18.47　宿舍单元等角示意图
资料来源：池体演建筑师事务所暨南国际大学研究生宿舍规划报告书

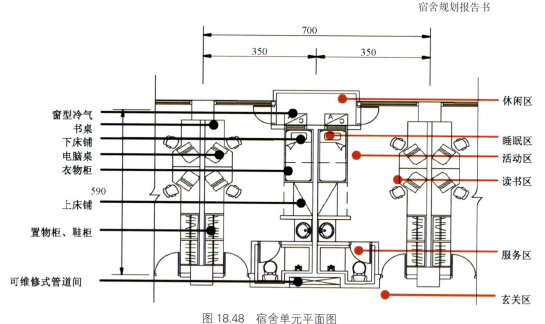

图 18.48　宿舍单元平面图
资料来源：池体演建筑师事务所暨南国际大学研究生宿舍规划报告书

2）玄关处理

将大门自走廊退缩以作为出入的缓冲，创造如旅馆般舒适性。

3）分离式卫浴空间

将盥洗空间内的使用机能分离，以增加使用弹性，淋浴间分为淋浴及更衣两区，以达人性化之考虑。

4）立体式床铺摆设

铺交叉立体化，让室内空间达到变化的可能，缓冲上铺登高的不安感，利用下方作为置物柜充分使用空间。

5）方便维护之设备空间

卫浴管道间装设门片以利平时之检修，冷气室外主机设至于外墙上，并以格栅遮掩，减少排风、噪音等问题。

6）无障碍住宿单元

为便于行动不便者活动，住宿空间较大，且设有扶手、紧急用按钮等辅助器材，作为安全性之考虑。

18.4.2 台湾电力公司材料处北部储运中心

台湾电力公司材料处北部储运中心位于桃园县观音乡大潭村，大潭滨海特定工业区东侧，小饭坜溪北侧。推动台北南港高铁沿线新生地暨外围土地整体再开发计划，由原库区台北市忠孝东路六段39号，计划于2012年底前搬迁至桃园县观音乡大潭滨海特定工业区（图18.49）。其建筑规模为五栋(材料仓库及行政空间、油品库、车库、警卫室)；主要建筑物用途为材料储放、管理、转运。

18.4.2.1 平面布局

基地位于沿海地区，冬季东北季风湿冷，夏季酷热，另有强风、盐害或地质等问题，设计时特别考虑气候对建筑物、仓储使用之影响与防治方法，以延长建筑与设备之使用年限（图18.50）。配置上避免冬季东北季风湿冷、夏季酷热的气候特性，将货物装卸服务空间以骑楼式设计，将开口留设于南向，有利于日后仓储使用的舒适性。

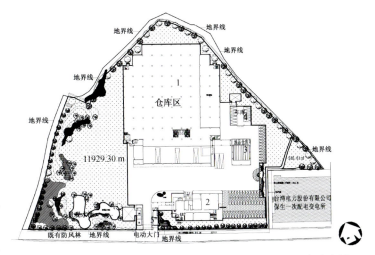

图18.49 台湾电力公司材料处北部储运中心总平面(1—仓储大楼；2—办公室；3—油品库；4—车库；5—警卫室)
资料来源：池体演建筑师事务所北部储运中心服务建议书

主要出入口以警卫室进行人员进出及货物安全管制，搭配仓储大楼前方之中央回车空间，将货物装卸服务空间配置于仓储大楼的南向开口，缩短货车进出提取货的动线，利用计算机提取货物或软件登记管理，建立良好物流运输流线设计。未来规划导入相关仓储管理之系统(含作业流程、仓储软硬件设备)，计划采单一仓库集中储放管理之型式(油品仓库、角钢材料除外)，以二层楼为原则，并使空间利用符合最大之效益。

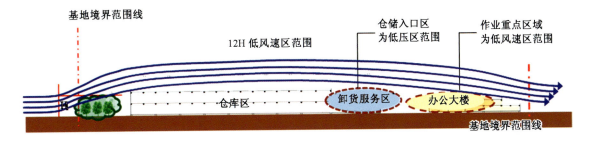

图18.50 北部储运中心东北季风舒缓构想剖面图
资料来源：池体演建筑师事务所北部储运中心服务建议书

18.4.2.2 流线设计配置计划

考虑目前使用情形及未来发展之最大弹性，建筑簇群围绕中央回车场（图18.51），除方便货车出入回旋外，未来之增建仓库亦可利用其进出货物。建筑群体配置于基地之内侧即东北角，在冬天可用建筑群遮蔽东北季风，充分利用畸零之基地角落。行政空间独立于仓储大楼，可获得较佳之通风采光效果，配置于入口大门之东侧，亦利于一般办公(图18.52)。基地东侧配置油品仓库，室内设计必要消防设备及沙沟坑，与车库相邻，妥善利用基地畸零空间。

18.4.2.3 立面处理原则

仓储大楼的屋顶突出物及机械设备空间利用造型板将空调、通风设备加以遮蔽美化。除了仓储大楼较宽大之体量外，其他主要建筑搭配斜屋顶营造趣味之天际线(图18.53)。

行政大楼之正立面处理运用多样化水平带状横饰，突显现代化、新颖之意象厂房的意象(图18.54)。立面表面材应考虑乃以浅色陶瓷面砖为主之材料。色调搭配彩度较低的深色文化瓦及明亮度较高局部金属烤漆版色彩。

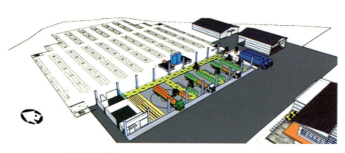

图18.51 将货物装卸服务空间以骑楼式设计,开口留设于西南向,增加仓储使用的舒适性
资料来源:池体演建筑师事务所北部储运中心服务建议书

图18.52 建筑群体配置于基地之内侧即东北角,冬天可用建筑群遮蔽东北季风
资料来源:池体演建筑师事务所北部储运中心服务建议书

水平勾缝

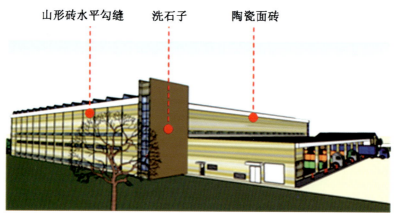

图18.53 北部储运中心斜屋顶营造趣味天际线
资料来源:池体演建筑师事务所北部储运中心服务建议书

小口砖

山形砖

文化瓦

水平隔栅

图18.54 行政大楼正立面水平带状横饰分割
资料来源:池体演建筑师事务所北部储运中心服务建议书

18.4.2.4 基地配置策略

1) 环境气候对策

西南侧保留道路景观延续工业区的绿带及人行道距离,大型开口引进夏季西南季风进行建筑冷房。货物装卸服务空间,留设于建筑西南向之开口部,避开东北季风侵袭(图18.55)。

2) 建物导风计划

仓储大楼前方大型开口引进夏季西南季风进行建筑冷房,左右侧立面利用条状百叶窗及屋顶通气墩形成对流通风(图18.56)。

图 18.55　避开东北季风影响出入库作业示意图
资料来源：池体演建筑师事务所北部储运中心服务建议书

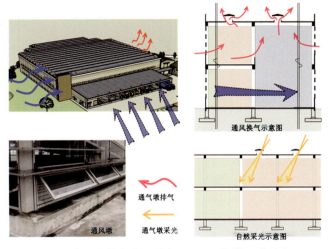

图 18.56　仓储大楼条状百叶窗及屋顶通气墩形成对流通风
资料来源：池体演建筑师事务所北部储运中心服务建议书

18.4.2.5　植栽规划与生态思维

1）植栽对策

本案基地西侧距台湾海峡仅 1.7 km，属于多雨多风的气候特性，因此借由植栽的隔离作用，以减轻强风、噪音及不良视景影响，所以在植栽的选择上以耐风、抗旱且低维护管理的植栽种类为主。以乔木树种以落叶树与常绿树、速生树与长寿树种相互搭配。距离海滨第一线植栽可配合防风定砂网，第二线植栽则避免种植纯种单一种防风林带，而以混植方式改造替代（图 18.57）。

2）基地保水课题

对于人车流线必须铺设地面构造部分，为了增加基地的保水性，摒弃传统铺面的施工方式，建议采用透水性较佳的衬垫砂与级配来减低基地开发时对环境所造成的冲击，并提高基地的保水率。

3）排水系统构想

基地排水考虑过滤、截流、滞流与分散暴雨，并避免不透水面过多影响地表径流量。顺应基地地势，因势利导划分集水分区，分区排水增加透水面积，区内边界设置草沟截蓄洪峰径流路侧，人行道采用透水铺面，结合缘石与水沟设施，强化水源涵养功能水沟可暂时存蓄暴雨径流，发挥带状滞洪池效果。以自然草沟取代滞洪池，平时与草坪结合使用，提高开放空间利用率（图 18.58）。

图 18.57　储运中心生物多样性复层植栽示意图
资料来源：池体演建筑师事务所北部储运中心服务建议书

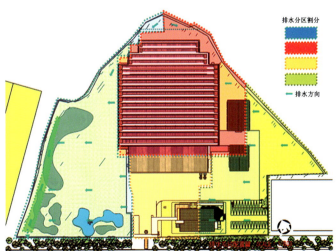

图 18.58　北部储运中心排水系统构想示意图
资料来源：池体演建筑师事务所北部储运中心服务建议书

18.5 上海市建筑科学研究院绿色建筑工程研究中心办公楼

18.5.1 项目概况

2004年9月，我国首幢绿色建筑示范楼"上海生态办公示范楼"在上海市建筑科学研究院莘庄科技园区内落成。通过综合分析上海的经济发展水平、地域气候特征、场址环境特点和建筑使用功能，研发并集成国内外最新绿色技术及产品，实现与建筑一体化匹配的设计和应用，全面体现了绿色建筑"节约资源、节省能源、保护环境、以人为本"的基本理念，形成"超低能耗、自然通风、天然采光、健康空调、再生能源、绿色建材、智能控制、(水)资源回用、生态绿化、舒适环境"等十大技术体系，成为具有国际先进水平的绿色建筑关键技术集成平台和对公众开放的绿色建筑展示、教育基地，为我国绿色建筑的研究和推广提供技术平台。

图18.59 上海生态办公示范楼实景
资料来源：韩继红. 上海生态建筑示范工程：生态办公示范楼. 北京：中国建筑工业出版社，2005.

该工程于2003年11月动工，2004年9月竣工，是依托于上海市建筑科学研究院的建设部"绿色建筑工程技术研究中心"办公实验大楼。总建筑面积1994 m²，主体采用钢混结构，南面两层、北面三层。西侧为建筑环境实验室，东侧为绿色建筑技术产品展示区和员工办公区，中部为采光中庭与天窗（图18.59）。

该项目获2005年建设部首届"全国绿色建筑创新奖"一等奖和"全国十大建设科技成就"奖、2006年上海市科技进步一等奖、2008年首批中国绿色建筑设计评价标识三星级工程，2009年首批中国绿色建筑运营评价标识三星级工程，并作为"上海生态建筑示范基地"和建设部"绿色建筑工程技术研究中心"办公大楼，自2004年10月始向社会开放，成为我国生态建筑科技示范、技术交流和后续研发平台，得到国内外的广泛关注和认同，对推动我国生态建筑的科技进步、理念传播和推广应用发挥了重要作用。

18.5.2 技术目标

围绕绿色建筑"节约资源、节省资源、保护环境、以人为本"的基本理念，上海生态办公示范楼的总体技术目标：① 综合能耗为同类建筑的25%；② 再生能源利用率占建筑使用能耗的20%；③ 再生资源利用率达到60%；④ 室内综合环境达到健康、舒适指标。

18.5.3 绿色建筑技术策略

18.5.3.1 节地与室外环境

通过对室外噪声评价和室外风环境模拟分析，合理选址、布局规划，保证预留用地完整性。项目施工前对建设场地的背景噪声进行了模拟分析和测试，了解室外环境噪声的现状并为建筑隔声设计提供相关指导。

对室外气流组织进行模拟分析并采用风洞试验验证模拟分析的结果，从而了解建筑在主导风向和主导风速作用下外表面的风压系数，为进一步优化自然通风设计提供可靠的依据。

采用生态绿化植物群落配置技术，设计9个屋顶花园、1个室内中庭绿化和西墙垂直绿化多种绿化形式，共计400多平方米。通过屋顶花园、垂直绿化、室内绿化和室外绿化等多种生态绿化植物群落配置技术，有效改善建筑微环境(图18.60)。

(a) 屋顶绿化

(b) 室内中庭绿化

图18.60 上海生态办公示范楼绿化实景
资料来源：韩继红.上海生态建筑示范工程：生态办公示范楼.北京：中国建筑工业出版社，2005.

18.5.3.2 节能与能源利用

1) 围护结构节能

根据夏热冬冷地区的气候环境特点，采用适宜的低能耗建筑围护结构(外墙、屋面、门窗、遮阳)节能技术，包括4种不同外墙外保温体系应用技术及高效电动遮阳技术，实现建筑有效节能。

根据生态示范楼各种建筑工况，通过能耗指标和节能效果模拟分析，将多种低能耗建筑围护结构合理节能设计方案进行比较，确定适合生态示范楼的超低能耗节能技术系统：多种复合墙体保温体系+屋面保温体系+双玻中空Low-E窗+多种遮阳技术。

(1) 4种复合墙体保温体系

从隔热保温性能考虑，生态办公示范楼采用了不同的保温体系。其中东西向采用砌块复合外墙构造体系，以240混凝土空心小砌块或砂加气砌块+90混凝土空心小砌块为主墙体，中间填充发泡尿素、聚氨酯等高效保温层，构成一种隔热保温性能优异的新型复合外墙构造体系，传热系数分别为0.3W/(m²·K)、0.34 W/(m²·K)。南北向采用聚苯板外墙外保温体系，传热系数分别为0.39W/(m²·K)、0.38 W/(m²·K)。

(2) 3种复合型屋面保温体系

生态示范楼的绿化平屋面采用倒置式保温体系，保温层采用耐植物根系腐蚀的XPS板和泡沫玻璃板置于屋面防水层之上，再利用屋面绿化技术，形成一种冬季保温、夏季隔热又可增加绿化面积的复合型屋面。其传热系数分别为0.3、0.24 W/(m²·K)。

坡屋面采用硬质聚氨酯泡沫塑料作为保温层，设计厚度为180 mm，传热系数分别为0.16 W/(m²·K)。

(3) 节能门窗(图18.61)

外门窗采用断热铝合金双玻中空Low-E窗，天窗采用三玻安全Low-E玻璃，其表层玻璃具有自清洁功能；南向局部外窗采用充氩气中空Low-E玻璃和阳光控制膜，提高外窗的保温隔热性能(表18.3)。

表18.3 节能门窗汇总表

序号	应用部位	窗户类型	玻璃传热系数 W/(m²·K)	玻璃遮阳系数	可见光透过率(%)
1	坡屋面天窗	PET Low-E 双中空玻璃窗	1.82（考虑窗框）	0.6	69
2	各向外门窗	Low-E 中空双玻璃窗	1.6~1.89	0.52~0.7	41~73

(4) 多种遮阳技术(图18.62)

根据生态办公示范楼的建筑形式与日照规律，采用户外电动遮阳百叶、水平/垂直铝合金遮阳百叶、

图 18.61　生态办公楼天窗、南立面遮阳系统实景
资料来源：韩继红.上海生态建筑示范工程：生态办公示范楼.北京：中国建筑工业出版社，2005.

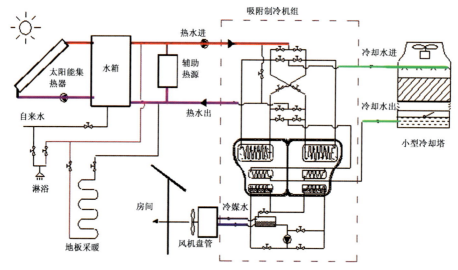

图 18.62　上海生态示范楼太阳能热水吸附式空调、采暖复合系统
资料来源：《生态建筑办公楼与住宅关键技术研究与综合示范》研究报告

电动天顶篷遮阳、曲臂式电动遮阳篷等多种遮阳形式，以提高外窗的保温隔热性能。

① 天窗根据节能与采光的要求，外部采用可控制软遮阳技术达到有效节省空调能耗的作用；

② 南立面根据当地的日照规律采用可调节的水平铝合金百叶外遮阳技术，通过调节百叶的角度，既能够阻挡多余光线的照射，达到节能效果；又能使光线进入室内深处，提高舒适性；

③ 西立面主要考虑到西晒对室内的影响，根据太阳光入射角度采用可调节垂直铝合金百叶遮阳技术。

2）热湿独立空调系统

采用了一种全新的空调系统方式，通过热湿负荷独立处理，取消冷凝水换热表面，避免霉菌产生，提高室内空气品质。该系统通过送、排风全热回收等方式实现建筑节能的目的，通过溶液蓄能实现"削峰填谷"的目的，对城市能源结构的调整具有积极意义。通过在示范楼中的实际应用，提出了新系统的运行模式。通过对其基本性能的实测，为此类系统的设计、控制和进一步完善提供了依据。

2007 年夏季对该空调系统进行了现场测试，结果表明除湿新风机组制冷效率通常在 5~8 左右。除湿新风机若能配合大型高温冷水机组使用，等效于制冷主机制冷效率能达到 7 左右。比目前大型离心冷水机组提高效率近 40%，比风冷热泵提高效率近 80%。整个系统能实现热湿独立处理的要求，达到提高室内空气品质的目的。

3）再生能源利用建筑一体化

（1）太阳能光热技术（图18.62）

该项目建立了世界上第一个集太阳能空调、辐射采暖、强化自然通风，以及全年热水供应功能于一体的太阳能复合能量系统。斜屋面放置太阳能真空管集热器（150 m²），实现太阳能光热光电综合利用与建筑一体化。该系统的主要作用是：夏季利用太阳能吸附式空调与溶液除湿空调耦合，分别负担一层面积为265 m²的生态建筑展示厅的显热冷负荷以及潜热冷负荷（15 kW）；冬季利用太阳能地板采暖系统负担一层生态建筑展示厅以及二层大空间办公室的热负荷。太阳能地板采暖系统负担的总采暖面积为390 m²，采暖设计热负荷25 kW；在过渡季节，利用太阳能热水强化自然通风。

根据实验得到的不同季节太阳能复合能量系统的太阳能利用分数以及系统在各个季节的运行时间，通过加权平均可得到，在上海市的气候条件下，针对所负担的建筑空间，太阳能复合能量系统全年可以承担建筑负荷的60%以上。

（2）太阳能光电技术

在斜屋顶下部选用光电转换效率≥14%的高效率多晶硅太阳能光电板，该系统采用总共60块太阳电池组件，实际功率为5 044 W，采用12串5并连接方式，并在上海首次实现了太阳能的并网发电应用。采用一套对并网逆变电源进行测试的数据测试系统，可以对各子方阵输入的直流工作电压、电流及整个系统的直流和交流发电累计总量进行测量和记录。5 kW太阳能光伏发电系统全年发电量4 681 kW·h，折合CO_2减排5.62 t。

（3）可再生能源利用率

根据生态办公示范楼中应用的太阳能复合能量系统和太阳能光电系统的实际运行情况，并考虑自然通风对节能的影响效果，综合以上因素得出生态办公示范楼的可再生能源利用率，其中太阳能采暖每年节省电量2 927 kW·h，太阳能空调制冷节省电量5 424 kW·h，自然通风节省4 169 kW·h，太阳能发电节省电量4 681 kW·h，可再生能源系统的利用率达到18.5%。

18.5.3.3 节水与水资源利用

该项目采用收集屋面雨水，并对整个办公楼中的污水进行处理回用。回用处理系统的处理水量为20 m³/d，污水源为生态示范楼全部建筑污水、部分幕墙检测中心的实验冲墙污水及雨水。

该系统主要装置包括调节池、ICAST反应池、二沉池、中间池、过滤柱及消毒设备，ICAST反应池由兼氧区和好氧区组成，运行方式可采用连续方式，也可采用间歇方式，其工艺流程及运行方式如图18.63所示。

该系统设有雨污水收集、处理和回用等3个子系统，将生态示范楼雨污水收集后经调节池进入ICAST池生化处理并由过滤消毒后的出水（其水质达到中水回用标准）用于回用，如用于生态示范楼顶平台浇灌绿化、景观水池用水、冲厕所和清洁道路等。

对生态办公示范楼的自来水和中水按照用途进行分项计量。其中办公楼中自来水用水点主要包括：卫生间洗手盆、墩布池，冷却塔补水和实验用水等；中水用水点为卫生间冲厕、绿化灌溉，多余中水溢流至园区景观水池。通过在以上用水点安装水表，实现对全楼用水量进行分项计量的目标，为节水运营奠定了基础。

18.5.3.4 节材与材料资源利用

生态示范楼中3R材料（Reduce、Reuse、Recycle）使用率达到60%，采用大量绿色工程材料，如墙体采用再生骨料混凝土空心砌块；基础应用了C20垫层再生混凝土和C30再生混凝土；上部结构混凝土采用了C40大掺量掺和料混凝土，可降低水泥用量60%~70%；砌筑、抹灰和地面砂浆采用了再生骨料、粉煤灰等制成的商品砂浆，可减少25%砂用量，减少15%水泥用量。

绿色装饰装修材料100%采用环保低毒产品，旧木材回收用于建筑装饰；并采用防霉、抗菌、吸声等环保功能材料。选用速生木材加工制成的"科技木材"，既完全保留了木材隔热、绝缘、调温、调湿等所有的自然属性，又避免了天然木材的自然缺陷，同时还可仿制出各种天然珍贵树种甚至更具艺术感的纹理和颜色，大大提高木材利用率和装饰功能。

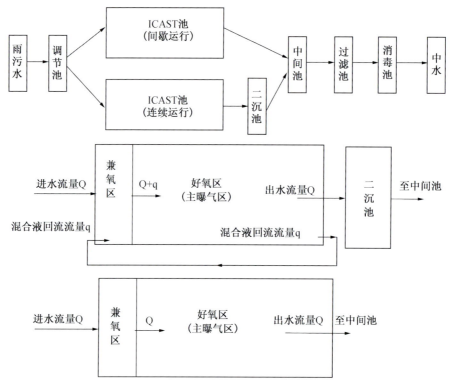

图18.63　上海生态办公示范楼中水回用系统工艺流程和运行方式
资料来源：《生态建筑雨污水回收处理技术与示范》研究报告

18.5.3.5　室内环境质量

1）自然通风设计策略及气流组织模拟技术

通过室外气流组织的模拟计算及建筑物外形的风洞实验，对不同风向和风压下建筑各部分的自然通风效果进行分析，改进和优化建筑外形及房间功能。同时利用面积达15 m²的屋顶排风道代替排风烟囱，保证良好的自然通风效果。最后在排风道内设置7组翅片管式换热器，在过渡季节，利用太阳能热水加热排风道内的空气，产生热压，提供自然通风所必需的动力，强化自然通风。

2）天然采光设计优化及模拟评价技术

采用天然采光模拟技术优化中庭天窗、外墙门窗等采光及遮阳设计，冬季北面房间可透射太阳光，夏季通过有效遮阳避免太阳直射。白天室内纯自然采光区域面积达到80%、临界照度100lx，在营造舒适视觉工作环境的同时降低照明能耗30%（图18.64，图18.65）。

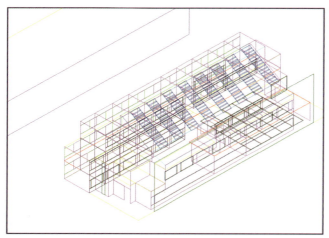

图18.64　天然采光模拟优化　　　　图18.65　上海生态办公示范楼中庭天窗天然采光效果
资料来源：《生态建筑办公楼与住宅关键技术研究与综合示范》研究报告

3）室内舒适环境

通过室内污染源浓度分布预评估、环保建材和室内设备的选择和新风量的控制，确保室内空气品质；通过热环境模拟评估，确定满足热舒适的空调系统运行参数和气流组织、风口的选择；通过室内外噪声调研和建筑隔声模拟，并综合考虑噪声控制与节能、通风、采光之间的协调，提出室外交通噪声、室内设备房、中庭、管道、电梯等重点区域隔声降噪控制方案。最终通过室内环境综合智能调控系统，实现健康、舒适的室内环境控制目标。

18.5.3.6 运营管理

以数据采集、通信、计算、控制等信息技术为手段，运用成套先进的智能集成控制系统，包括室内环境综合调控系统及软件，照明及空调节能监控系统，安全保障及办公设备控制系统的集成平台和应用软件等，实现大型遮阳百叶的转动控制，空调等设备的节能监控，照明采光监控，室内空气质量、温湿度、个性化通风，噪声等室内环境的动态调节，确保生态建筑运行的节能、舒适和高效。

整个智能控制系统的架构分为三层，底层为现场设备层，包括空调设备，通风设备，太阳能等设备；中间层为各个智能化子系统，包括太阳能监控子系统、太阳能发电子系统、环境综合调控子系统、节能监控子系统等；最上层为集成管理系统，它与中间层通过网关进行通讯，负责对各子系统进行数据集中管理和各系统协调动作，并建立后台数据库，对系统运营数据进行统计分析管理(图18.66)。

18.5.4 推广价值

通过对在上海生态办公示范楼中应用的技术进行实验验证和合理评估分析后，结合上海地区的经济环境特征，将绿色建筑适用技术在工程中推广应用，从而达到推动绿色建筑适用技术实际应用的目的。目前，已经开展了许多绿色建筑适用技术推广应用示范工程，总建筑面积超过了180万 m^2；同时5年累计完成节能建筑应用推广面积760万 m^2。

该项目实现了多学科领域的最新研究成果与建筑的一体化，全面展示了具有中国特色、时代特征的绿色建筑理念和集成创新技术体系，已成为"上海生态建筑示范基地"和国内外生态技术交流和后续研发平台，向社会各界开放。示范基地已接待来自全国各地的政府部门、设计院、房产商、研究机构、大学、产品供应商、行业协会以及来自国外的专家和朋友14 000余人次，在国内外同行中赢得良好的声誉、获得普遍的好评，产生了重大的社会效益。

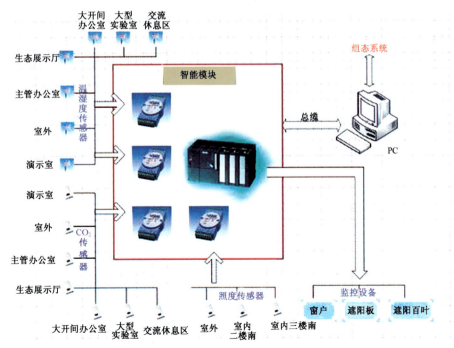

图 18.66 室内环境综合智能调控系统示意图
资料来源：《生态建筑智能集成控制系统研究》研究报告

18.6 深圳市建筑科学研究院建科大楼

18.6.1 项目概况

深圳市建筑科学研究院科研办公楼项目是在夏热冬暖地区探索切实可行的绿色建筑实现方案的尝试，也是深圳市可再生能源利用城市级示范工程。通过在绿色生态理念指导下的全过程策划、设计、施工、运行，应用目前成熟并可行的各种技术措施、构造做法和管理运行模式，将先进模拟技术和传统建筑设计理论充分整合，使该项目成为一座有地域特色和时代美感的绿色办公建筑。建科大楼贯彻了"本土化、低成本、低资源消耗、可推广"的绿色建筑理念，是深圳市建筑科学研究院员工实践绿色生活、绿色办公方式的重要基地，落成后作为建筑技术、艺术的展示基地和绿色建筑技术的全国科普教育基地，向市民开放。

图 18.67 建设中的建科大楼
资料来源：深圳市建科院拍摄

项目基地位于深圳市福田区北部梅林片区，总建筑面积 1.82 万 m^2，地上 12 层，地下 2 层，建筑功能包括实验、研发、办公、学术交流、休闲、生活辅助设施及地下停车等。建筑设计采用功能立体叠加的方式，将各功能板块根据性质、空间需求和流线组织，分别安排在不同的竖向空间体块中，附以针对不同需求的建筑外围护构造，从而形成由内而外自然生成的独特建筑形态（图 18.67）。

建科大楼是我国首批（2 个）三星级（最高等级）绿色建筑，第一批国家级民用建筑能效测评标识（三星级）项目，首个通过验收的国家级可再生能源示范工程项目，首个获得国家"双百工程"（百项绿色建筑与百项低能耗建筑示范工程）称号的项目，同时还是国家"十一五"科技支撑计划之"华南地区绿色办公建筑室内外综合环境改善示范工程·绿色建筑技术集成平台"、"降低大型公共建筑空调能耗关键技术研究示范项目"和"城镇人居环境改善与保障综合科技示范工程"、联合国开发计划署（UNDP）"低能耗和绿色建筑集成技术示范与展示平台"、深圳市循环经济示范工程、深圳市可再生能源利用城市级示范工程。建科大楼荣获 2011 年全国绿色建筑创新奖一等奖、第三届百年建筑优秀作品公建类·绿色生态建筑设计大奖、广东省注册建筑师第四届优秀建筑创作佳作奖、2010 香港环保建筑奖新建建筑类优异奖、美国《商业周刊》及《麦格劳—希尔建筑信息》第三届双年"好设计创造好效益"中国奖之"最佳绿色建筑奖"、2010 中国建筑节能年度发展研究报告公共建筑节能最佳实践奖。

18.6.2 场地的可持续利用策略

项目用地面积 3 000 m^2，容积率达到 4，为典型的较高密度城市建设开发模式。建筑设计将首层架空 6 m，形成开放的城市共享绿化空间。空中第 6 层和屋顶设置整层的绿化花园，标准层的垂直交通核也与开放的绿化平台相联系，共同形成超过用地面积 1 倍的室外开放绿化空间。在大楼的西面，设计竖向的由爬藤植物组成的绿叶幕以及水平方向的花池，成为建筑西面的热缓冲层。这样一来，分布在整个大楼的"绿肺"组成了一个立体的绿化系统，缓解了区域热岛效应（图 18.68）。

图 18.68 建科大楼绿化系统
资料来源：深圳市建科院绘制

18.6.3 节水技术运用策略

深圳是一个缺水城市，建科大楼采用雨水回收、中水回用、人工湿地、场地回渗涵养等措施，以积极的态度实现系统化节水技术的综合运用。

首层架空绿化结合人工湿地系统，作为中水处理系统的一部分，与周边水景和园林景观相协调。屋面雨水经轻质种植土和植物根系自然过滤后，与场地透水构造层多孔管收集汇合后流至地下生态雨水回收池，用于室外景观绿化浇洒。

场地必须的硬质铺装部分（如消防通道）采用新型高透水构造设计（图 18.69），充分涵养地下水资源，对雨水进行有效回渗和收集，减少地面雨水径流。

室内污水采用污、废合流，经化粪池处理后排入人工湿地前处理池，处理后提升至人工湿地。经人工湿地处理后的水达到中水回用水水质，可回用于大楼各卫生间冲厕及屋顶花园绿化浇洒。通过形成内部用水自循环系统，大大降低了对市政给水排水的压力。

图 18.69 建科大楼铺地的透水构造设计
资料来源：深圳市建科院摄

18.6.4 节能和可再生能源的应对策略

建科大楼从设计到建设共采用 40 多项绿色建筑技术，2009 年 4 月通过竣工验收并投入使用。运行两年以来，与一般办公建筑相比，在造价降低 1/3 的前提下，节能达到 65.9%，节水达到 53%，年减少 CO_2 排放 1 097.85 t。

18.6.4.1 自然通风节能设计

深圳属亚热带海洋性气候，长夏短冬，气候温和，年平均气温为 22.5℃，最高气温为 38.7℃。深圳的自然通风条件优越，年平均风速为 2.7 m/s，年主导风向为东南风。自然通风对于建筑节能的贡献很大。根据现场测试显示，由于受山地和周围建筑的影响，该项目所在地夏季主导风向为东南偏南风，冬季主导风向为东北偏北风。针对这种条件，经优化后采用了"吕"字形平面（图 18.70），为室内自然通风创造良好条件，经初步测算，自然通风节能贡献率超过 10%。

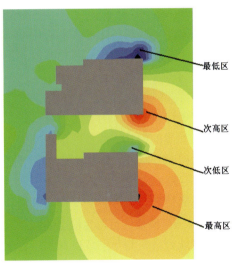

图 18.70 建科大楼采用"吕"字形平面优化自然通风
资料来源：深圳市建科院绘制

18.6.4.2 照明节能设计

由于大楼采用"吕"字形平面布局，使建筑进深控制在合适的尺度，提高室内可利用自然采光区域比例。通过在外窗的合适位置设置遮阳反光板，适度降低临窗过高照度的同时，将多余的日光通过反光板和浅色顶棚反射向纵深区域，相对传统方案，20%的室内面积采光得到改善，理想情况下可节约用电约 6 万度。

18.6.4.3 围护结构设计

设计通过对多种可能的窗墙比组合进行模拟计算分析，并结合竖向功能分区，确定建筑外围护构造选型。在人员较少或对人工照明依赖度较高的低层部分（展厅和实验室），设计不同规格的条形深凹窗（图 18.71），自由灵活地适应不同的开窗面积需求。人员密集的办公区域则采用能充分利用自然光的水平带窗（图 18.72）设计，结合外置遮阳反光板和隔热构造窗间 LBG 铝板幕墙，在窗墙比、自然采光、隔热防晒间找到最佳平衡点。

西向立面采用多种遮阳防晒措施，利用光伏双通道幕墙将防晒与隔热、通风、清洁能源利用有机整合；利用外墙悬挑的花坛，将垂直绿化与防晒相结合；利用全部布置在西面、开放通透的"景观楼梯间"

图 18.71　建科大楼挤塑式水泥板立面
资料来源：深圳市建科院摄

图 18.72　建科大楼中悬窗
资料来源：深圳市建科院摄

和减少依赖电梯、鼓励上下两层走楼梯的健康工作方式相配套，尝试各种解决建筑西向空间利用的可能。

18.6.4.4　空调系统节能设计

为使大楼的空调系统具有示范作用，并可进行实测和研究，设计中根据房间使用功能和时间使用上的差异，对不同功能的区域采取不同的空调方式。

地下1层、首层空间采用水环式空调+室外水景冷却，由于靠近景观水池，管路系统简单，运行可靠，在使用时间上也可以灵活运行。

2层、3层、4层、7层、8层、9层、10层、11层北区均属大空间办公区域，大空间办公场所人员较多，湿负荷较大，采用温度和湿度分开处理的方法。即高温冷水机组+冷却塔+干式风机盘管（辐射顶板）+溶液新风除湿的模式。溶液除湿的动力采用热泵驱动或太阳能驱动，干式风机盘管（或辐射吊顶）所使用的高温冷水（18℃）采用高温冷水机组进行制备，而高温冷水机组的能效比较传统7℃/12℃冷水机组有较大提高。

9层和11层南区为小开间办公室，空调总面积约 400 m²，空调负荷约 60 kW。考虑到院部办公除平时正常时间使用空调外，某些房间还会在节假日不定期使用，故采用风冷变频多联空调系统+全热新风系统。

18.6.4.5　清洁、可再生能源的利用

在能源危机与生态危机双重压力下，如何在能耗大户——建筑物中开发利用清洁、可再生能源，减少对传统能源的依赖，是目前建筑科研单位的重要研究方向。该项目尝试在太阳能、风能等新能源利用与建筑一体化设计上，探索出可行的实现方案。

太阳能光电利用方面——结合屋面活动平台遮阳构架设置单晶、多晶硅光伏电池板及HIT光伏组件（图18.73）；西立面结合遮阳防晒，采用透光型薄膜光伏组件，在发电的同时还具有隔声和隔热功能，充当了双通道玻璃幕墙。此外，还将光伏发电板和遮阳构件结合，见缝插针的将遮挡与利用充分结合。太阳能光伏系统总安装功率为 80.14 kW，年发电量约 73 766 kW·h。

太阳能光热利用——针对不用太阳能集热产品的特性，分别采用半集中式热水系统、可承压的U型管集热器、集中式热水系统、分户式热水系统、热管式集热器等，供应厨房、淋浴间、公寓和空调系统的需要。专家工作区采用太阳能高温热水溶液除湿空调系统，以浓溶液干燥空调新风，降低空调除湿负荷并减少空调能耗（图18.74~图18.76）。

图 18.73　建科大楼 HIT 光伏组件
资料来源：深圳市建科院摄

图 18.74 平板式太阳能热水器

图 18.75 冷却塔

资料来源：深圳市建筑科学研究院摄

屋架顶部安装五架 1 kW 微风启动风力发电风机，并对其进行监测，为未来城市地区微风环境风能利用前景进行研究和数据积累。

18.6.4.6 建筑智能节能设计

建科大楼的控制系统本着舒适、节能的原则，根据建筑环境的变化调节建筑物各部分运行状态。实现智能化控制和实时计量，包括电梯用电计量、办公用能分层计量、照明分层计量、饮水机的集中计量与控制以及雨水收集和使用的计量，同时将采集的数据提供相关研究部门统计分析，为未来设计、优化系统提供基础资料支持。

图 18.76 逆变器

资料来源：深圳市建筑科学研究院摄

18.6.5 人性化办公空间

在整个建筑环节中，技术和社会意义是建筑设计的两个重要方面，设计将各种适合夏热冬暖地区的建筑做法与结构、设备等有机结合，从建筑的全寿命周期出发，从建筑本体出发，倡导一种绿色的工作和生活模式，以最节约的资源，最少的污染创造现代健康舒适的办公环境，营造高效、快乐、人性化的工作氛围，感悟绿色人生观。所有的办公室和会议室都围绕着中庭，本着"每间房间都能看到阳光"的理念，每个办公室和会议室都能自行"光合作用"，为员工们创造最舒适的工作环境。

18.6.6 材料、资源与室内环境质量

大楼的各项选材优先采用本地材料和 3R 材料，同时采取措施将废旧材料对环境的影响减至最小。主要措施有：主体结构采用高强钢筋和高性能砼技术，每层均设有废旧物品分类回收空间，鼓励办公用品的循环使用；办公家具、桌椅均采用符合可循环材料标准的产品等。减少装修材料的使用，局部采用土建装修一体化设计（图 18.77，图 18.78）。

1~5 层围护结构采用 ASLOC 水泥纤维板+内保温系统，整个围护结构系统 140 mm，比传统的外墙装饰材料（30 mm）+砌块墙体（200 mm）+内保温材料（30 mm）要薄约 120 mm，节约了使用空间，7~12 层围护结构采用带型玻璃幕墙+砌体墙+LBG 板（外墙外保温与装饰铝板的结合体），窗墙比达到了 70%，有效地增大了室内采光面，同时由深圳市建筑科学研究院与厂家共同研发的 LBG 板解决了高层建筑外墙外保温系

图 18.77 土建装修一体化之井字梁天棚
资料来源：深圳市建筑科学研究院摄

图 18.78 木材的使用

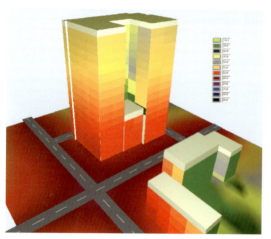
图 18.79 建科大楼噪声模拟分析图
资料来源：深圳市建筑科学研究院摄

统容易脱落、开裂等问题。

室内环境充分体现人性化设计。大楼在每层下风向的西北角设有专用吸烟区，也是建筑北座在西面的一个热缓冲层。为研究和能耗审计的需要，建立墙体内表面温度、房间温度、湿度长期监控，同时对 CO_2 长期监控与预测并定期监测噪声等级；建筑采用中悬外窗，强化自然通风。内部功能房间装修时采用低 VOCS 与低甲醛的涂料和黏结剂，使用不含甲醛的复合木质材料；办公区中的复印机、打印机集中设置，并设置排风措施。

18.6.7 声环境控制措施

为避免室外交通噪声对室内环境的影响和不同工作空间之间的相互影响，提升办公空间的声环境品质，设计对门窗、楼板、地面、天花、室内隔墙均采用构造措施做隔音降噪处理，并对噪音进行计算机声学模拟以精确指导建筑噪声控制设计。从大的功能空间分布到针对性的适度减少某些特殊位置的开窗面积，探索在城市交通干道临近区域营造舒适办公声环境的途径(图 18.79)。

18.6.8 结语

大楼目前已进入内装修阶段，希望将平时只有建成运行时才有机会暴露的问题和矛盾，提前发现和解决，真正到达我们的初衷——将适应于夏热冬暖地区的各项绿色、节能、可持续建筑技术整合运用到一座我国目前典型城市条件下实际运行的办公楼中，将真正的节能、环保优势全面发挥出来，形成可立刻复制推广的"示范"效应，真正推动南方地区的绿色、节能建筑的普及(图 18.80)。

深圳建科大楼建成后，与城市公共空间融合开放的建筑形态和开放的展示流线，将以积极的态度向每一个前来参观的市民实时展示绿色、生态、节能技术的应用、运行情况，用更直观的、"可触摸的"方式普及宣传绿色建筑，使绿色、生态、可持续发展理念深入人心。

图 18.80 建科大楼西立面遮阳构件
资料来源：深圳市建筑科学研究院摄

18.7 南京锋尚国际公寓

南京锋尚国际公寓位于南京下关区小桃园，南接秦淮河，东临保存完整的明古城墙及护城河，周围树木林立，河水环绕具有得天独厚的古迹景观资源（图18.81）。因此，"传承与创新"这一思想贯穿了整个规划、景观和建筑设计之中。在全球范围内零能耗建筑还基本上处于试验阶段的情况下，南京锋尚将是中国一个具有相当规模的实用型高舒适度零能耗的低密度住宅项目[①]。

南京锋尚国际公寓总建筑面积20万m²，以Town House别墅为主的高档住宅区，在提供了舒适的居住环境（室内全年维持恒温恒湿）、空气新鲜的基础上，针对南京地区夏季高温多雨的气候特征，在项目中实现了零能耗。

18.7.1 南京锋尚的设计理念与建筑风格

南京锋尚在规划设计中体现人、建筑与自然环境和谐共生，充分尊重当地城市特色和历史文脉；并把景观与规划设计相结合，处处都渗透着"生态、环保、可持续发展"的设计理念。规划中最大限度地保留基地原有的树木，避让了原有大型梧桐老树数十棵，并将其有机组织到新的居住环境中。住区内设计因地制宜地布置和组织住宅的院落，临河一侧尽量开敞，并在沿河设置不同的景观绿化和建筑小品。河中设有小桥，使水、桥、公园城墙与公寓住宅区互为相应，景色宜人，环境优美（图18.82，图18.83）。

建筑立面体现对历史文化的尊重，将人们对古老的城墙、茂盛的树木、蜿蜒流淌的护城河的记忆引入到建筑中，充分运用最具代表性的本土元素：白墙、灰瓦、木格栅的搭配，形成色调简洁明快的现代中式风格（图18.84~图18.86）。

图18.81 南京锋尚国际公寓临明古城墙

图18.82 南京锋尚国际公寓周围树木茂盛，河水环绕

图18.83 南京锋尚国际公寓沿河售楼部

图18.84 南京锋尚国际公寓外景

图18.81~图18.84资料来源：杨维菊摄

---

① 刘飞，卢求. 南京锋尚，中国. 世界建筑，2006(03)：90.

图 18.85　南京锋尚国际公寓地下室采光

图 18.86　南京锋尚国际公寓地下室

资料来源：杨维菊摄

18.7.2　南京锋尚国际公寓的技术体系[①]

南京锋尚采用的技术系统基本上是在北京锋尚成熟技术的基础上加上可再生能源的应用技术构成的。其中的辐射采暖制冷、置换式新风技术和外围护系统的保温隔热技术是国际上公认的先进成熟技术。

18.7.2.1　复合外墙保温隔热体系

南京锋尚采用复合外墙外保温隔热做法，该组合保温系统从结构墙体向外分三部分（图 18.87）：

第一部分是保温层。为 100 mm 厚自熄型模压聚苯板（EPS 板）或玻璃棉，板与结构墙体进行粘结加钉结。

第二部分为 50 mm 厚流动空气层。它的作用主要是隔热及将保温材料上的水分和湿汽蒸发掉，保证保温材料的干燥和延长保温材料的使用寿命，并且因为有开放式幕墙，雨水不会在压差的作用下进入保温层。同时因为南京的潮湿天气将会导致保温材料的水分增加，由于流动空气层的存在，能够将湿气和水分尽快挥发，保证保温材料的干燥和耐久。

第三部分为开放式石材干挂幕墙。它直接通过龙骨和预埋件与主体结构联结，与保温材料之间没有受力的关系，而抗风压、抗冻融、抗展能力强，它保护保温层不受外界太阳辐射和雨水的影响，而且容易清洁，美观大方，可实现多种颜色和质感的表现。

18.7.2.2　组合外窗保温隔热技术

南京锋尚所采用的窗户，不仅要考虑采光、通风，还要考虑保温、隔热、观景及安全等方面。锋尚外窗系统构成如下：

1）断热铝合金窗框（图 18.88）

在铝合金窗框型材之间装有阻热的尼龙 66 隔热条，来阻断热桥，从而将铝合金的高强度、耐久性与良好的保温隔热性能有机结合起来。该系统要求传热系数 ≤2.2 W/(m²·K)，气密性超过 v 级。同时具备内平开和上悬开两种开启方式。这种做法在开启时有利于自然通风，在关闭时能够创造良好的室内温度环境和新风气

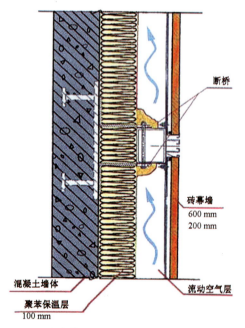

图 18.87　南京锋尚国际公寓外墙外保温构造示意图

资料来源：南京锋尚地产项目管理团队提供

[①] 史勇. 南京锋尚绿色建筑技术路线. 百年建筑, 2007(05): 91-92.

流条件。

2) 低辐射(Low-E)中空玻璃

南京锋尚所有朝向的窗户均采用高透型中空(6+12Ar+6)充氮气的低辐射(Low-E)中空玻璃,玻璃上面镀有一层氧化银膜,玻璃传热系数达到≤1.6 W/(m²·K)。该玻璃的使用将有效地保护室内的温度环境尽量不受外界炎热或寒冷气候的影响,提高玻璃内表面温度,提高抗辐射能力(图18.88)。

3) 铝合金活动外遮阳

由于南京地区夏季室外温度高,太阳辐射强度高,而且超出舒适范围的时间长,这种过强的太阳辐射得热正是建筑物室内空调能耗增加的主要原因之一。建筑物的遮阳设置将显得尤为重要,是否具有遮阳,对夏季空调负荷有明显的差异。因此,需要回避强烈的太阳辐射,并有效地解决住宅建筑的遮阳问题。

南京锋尚解决这个问题的有效方法是使用活动可调式外遮阳设施,将太阳辐射热量屏蔽在窗户玻璃之外,遮阳窗帘可阻挡80%以上的太阳辐射,同时可以调节过强的太阳光线,而且也可以起保温、隔热作用,同时可遮挡视线,兼有安全作用(图18.89)。南京锋尚各个朝向的窗户均装配这样的外遮阳卷帘,让太阳漫射辐射的热量也尽量不影响室内的热环境。

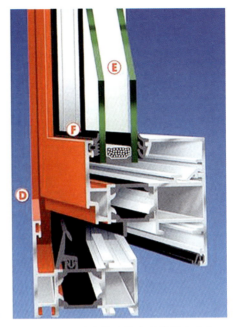

图18.88 南京锋尚住宅断热铝合金窗
资料来源:南京锋尚地产项目管理团队提供

18.7.2.3 混凝土辐射供暖供冷技术

选择混凝土辐射供暖供冷系统是基于辐射比对流传热更有效,对人体更健康舒适。该技术充分利用混凝土的热惰性来平衡室内的温度波幅、降低用电高峰。为此,锋尚通过控制室内混凝土楼板的表面温度以达到基本的舒适度要求。

这种供暖和供冷的系统构造是:房间的混凝土楼板(天棚)内都埋有φ25 mm聚丁烯盘管(PB管),盘管经过各户的分集水器通过φ32 mm的主管连接到中央机组,盘管间距在200~300 mm之间。盘管中的水在冬季保持22℃~26℃左右(最大28℃),在夏季保持20℃以上。用这种方法,通过散热和吸热,该系统可以持续24 h以40 W/m²功率工作。

这个系统还具有一定的恒温及温度调节特征。不需要因为供暖过热而关闭系统,系统自动停止放热,供冷也是如此。这种方法将会良好运行并能实现自动调节。这种辐射供暖供冷技术比传统仅靠风来传热的系统要再节能30%~40%以上。

图18.89 南京锋尚国际公寓室外遮阳帘

18.7.2.4 置换式健康通风技术

该技术是将室内的空气系统当作一个单独体系,仅仅为了人体的健康舒适卫生,而与传统的依赖空气流动来供暖供冷的系统脱离。为此,送风只是保证空气质量和除湿,置换式通风是能够用最少的空气量达到这个目标。

置换式新风就是将所有房间的新风都从房间下部送出,新风以非常低的速度和略低于室内温度的温度(-2℃左右)流入房间。低温,就是依靠空气的密度差来实现新风的自动流动,不用依赖风机的动力。低速,就是不产生明显的气流,避免气流产生的对人体体表微循环的不利影响(图18.90,图18.91)。

置换式新风能充分替代传统的回风运作,摆脱传统内循环微量新风的空调,确保居住者在不适宜开窗通风的时刻,依然能够呼吸到新鲜而安全的空气。

南京锋尚的新风系统采用新型的溶液除湿技术,让常年多湿的南京地区能够以非常低的运行成本地解

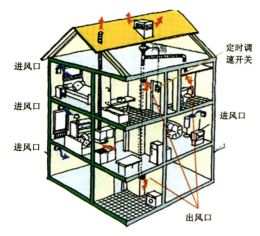

图 18.90　南京锋尚国际公寓新风系统示意图
资料来源：刘飞，卢求.南京锋尚，中国.世界建筑，2006（03）.

图 18.91　南京锋尚国际公寓空调系统送风口
资料来源：杨维菊摄

决适宜的湿度要求。仅此就比该地区的传统空调系统节省 1/2 的除湿成本。

18.7.2.5　土壤源热泵技术

南京锋尚采用地源热泵体系作为空调系统冬季供热、夏季供冷的冷热系统。小区按楼分设热泵，每栋楼分设两套热泵主机，一套供冬季室内空调辐射末端（夏季经系统切换，不用热泵），另一套供冬夏季新风机组使用。同时需由蒸发器分支路供新风机组再热盘管。热泵主机接各户管道通过竖向管井连接。

该系统形式中，夏季尽量不开启热泵，直接从地下取冷水供入室内，实现夏季空调的低能耗。夏季从地下取冷，冬季则灌入地下冷量，生活热水热泵产生的冷量直接供入室内，或者灌入地下（图 18.92）。

18.7.2.6　太阳能光伏发电技术

太阳能光伏发电技术用在部分住宅上，利用太阳能产生的电能来替代传统不可再生能源（图 18.93）。

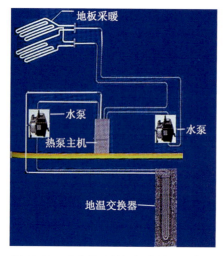

图 18.92　南京锋尚地源耦合热泵示意图
资料来源：刘飞，卢求.南京锋尚，中国.世界建筑，2006(03).

图 18.93　建筑屋顶上利用太阳能光伏发电
资料来源：杨维菊摄

18.7.3　南京锋尚的物理环境模拟计算

18.7.3.1　南京的气候特征

南京最高气温为 37.2℃，最低气温为 -5.6℃；最热月的平均温度为 28.6℃，最冷月的平均温度为 2.18℃（图 18.94）。南京月平均相对湿度在 70%~85% 范围内，处于高湿状态，空气湿度大于 18 g/kg 的时间接近 1 200 h，因此南京夏季非常潮湿，有 2~3 个月处于高温高湿状态。而室外低于 3 g 的时间不到 800 h，仅 10%。因此在南京，基本上不需要加湿，空调的主要任务是除湿。怎样降低湿度，有效除湿，防止由于各种原因导致的结露现象，是夏季空调面临的主要问题。

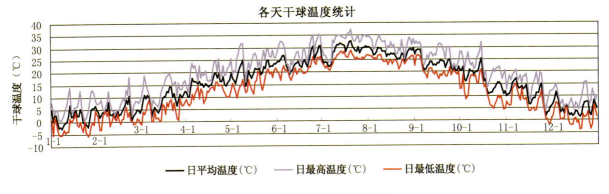

图 18.94 南京室外逐日温度曲线
资料来源：张永宁制作

18.7.3.2 南京锋尚 15 号楼模拟计算模型

南京锋尚住宅坐北朝南，建筑高度为 17.7 m，建筑面积为 3 500 m²，其中空调面积 3 300 m²，地上五层（跃层），地下一层，一层~四层层高 3 m，五层层高 5.7 m，地下室层高 3.6 m。一层~四层，每层四户，每户的面积约为 200 m²。图 18.93 是采用 DeST-h 搭建的物理模型，用于动态模拟 15 号楼全年 8 760 h 的冷负荷、热负荷以及新风负荷，该软件是由清华大学建筑节能研究中心开发的，已经通过了国家相关的鉴定。图中左侧是 15 号楼的三维模型，右侧是标准层模型（图 18.95）。

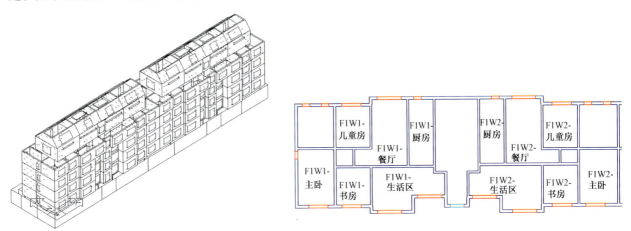

图 18.95 南京锋尚国际公寓空调负荷模拟计算模型
资料来源：张永宁制作

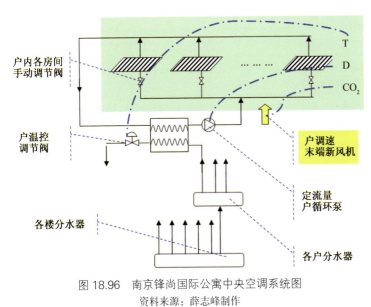

图 18.96 南京锋尚国际公寓中央空调系统图
资料来源：薛志峰制作

空调系统为吊顶毛细管冷辐射加新风，采用土壤源热泵作为冷源，新风机为溶液除湿机，除承担新风的负荷外，还承担室内的湿负荷，辐射板仅承担室内的显热负荷（图 18.96）。本机电系统方案适应于负荷指标较小的建筑，为了最大程度的降低本住宅的冷热负荷指标（尤其是空调冷负荷指标），采取了多种技术手段和节能产品。本项目的重点是夏季空调零能耗，所以对于南京这种高湿同时冬季不太冷的地区，关键是降低夏季冷负荷，同时冬季又能在地下多蓄冷。因此围护结构优化的重点是减少夏季冷负荷，当冬季对围护结构要求矛盾时，完全从夏季要求出发。

以15号楼为例，利用动态模拟软件计算建筑的全年空调采暖负荷，表18.4表示了典型年365天每天24 h的负荷，其中空调负荷为正值，采暖负荷为负值。在南京地区，夏季供冷往地下灌入热量大于冬季供热往地下灌入冷量。为了达到夏季直供，必须要满足全年灌入地下的冷量与灌入地下的热量相当，实现地下热平衡。因此首先采取蓄冷手段：生活热水热泵，产生的冷量直接供冷，过渡季与冬季则灌入地下；冬季的新风负荷也靠土壤源热泵来承担(图18.97)。

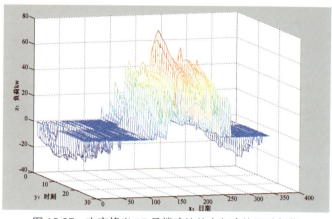

图18.97 南京锋尚15号楼建筑的全年冷热逐时负荷
资料来源：张永宁制作

南京锋尚15号楼南向坡屋顶，倾角37°，面积为130 m²；北向坡屋顶，倾角21°，面积为180 m²；由于北向屋顶倾角较小，因此辐射得热也较大。南向坡屋顶逐年辐射得热最大值为999 W/m²，北向坡屋顶逐年辐射得热最大值为910 W/m²。全年累积得热，南向为4.6 GJ/m²，北向为4.1 GJ/m²。光电转换率设为10%，南向坡屋顶上每年光电玻璃可发电138.4 kW·h/m²，北向坡屋顶光电玻璃可发电114 kW·h/m²。如果直供期间，水泵耗电由光电玻璃承担，实现"夏季制冷零能耗"，则需要1 000 m²的光电玻璃。15号楼的坡屋顶面积为310 m²，假设有光电玻璃的覆盖率为60%，则光电玻璃面积为185 m²。

表18.4 南京锋尚15号楼建筑地下热平衡表（全年）

空调季取冷量(GJ)	157.24	生活热水采暖季和过渡季取热(GJ)	63.89
—	—	采暖季负热荷	22.9
—	—	新风取热GJ	111.39
取冷量合计(GJ)	157.24	取热量合计GJ	198.18

18.8 南京聚福园住宅小区

18.8.1 项目概况

南京聚福园住宅小区位于南京河西新城区，西距长江0.5 km，东临江东北路，南临湘江路，北临闽江路，区位地势平坦，风光秀丽，交通便捷(图18.98)。

该项目由银城房地产股份有限公司开发，南京城镇建筑设计咨询有限公司和中国建筑标准设计研究院设计。小区于2000年12月完成设计并开工，2002年9月竣工，是国家首批"康居示范工程"和"建筑节能试点示范工程"，2005年3月获首届国家绿色建筑创新奖。

作为早期的绿色建筑创新实践，项目设计初期是在国家没有颁布建筑节能和绿色建筑标准的条件下探索绿色建筑的设计开发。小区结合气候特点、地形地貌和人文环境采用了被动式优先的设计策略，建筑和园林设计运用新材料新技术在优化室内外热环境的同时传承了江南民居风格，营造了温润、秀雅的小气候氛围。

小区由19栋多层住宅（4-6层）、4栋小高层住宅（9-11层）、1栋幼儿园、1栋康乐中心、地下车库（兼人防）、自行车库及设备用房等(地下一层)组成，主要技术经济指标见表18.5。

18.8.2 绿色建筑特征

18.8.2.1 节地与室外环境

1) 规划布局

小区规划充分利用现有地形和周边交通条件合理布局，在保证居住功能和舒适度的条件下，提高住宅

图 18.98　南京聚福园住宅小区总体鸟瞰
资料来源：原设计方案银城地产提供

表 18.5　南京聚福园小区主要技术经济指标

项　目	单　位	数　量	备　注
住宅总套数	套	831	
居住总人口	人	2 659	每户 3.2 人
规划用地面积	hm²	7.09	
总建筑面积	m²	125 300	包括地下车库
住宅建筑面积	m²	107 100	
其中　多层	m²	74 783	607 套
高层	m²	32 317	224 套
公共建筑面积	m²	4 500	含底层架空
容积率		1.57	
绿地率	%	41	
地下停车位	个	360	预留立体机械停车库
地面泊车位	个	70	

用地的利用率。建筑以多层为主，在小区北部、东北部布置小高层。建筑布局满足室内采光、通风要求，满足国家和地方有关住宅建筑日照标准的要求（图 18.99）。

2）地上和地下空间利用

小区控制合理的容积率，容积率为 1.57，人均综合用地指标为 26.65 m²。通过优化建筑设计，顶层设计跃阁楼层居住空间，阁楼增加有效建筑面积 7 800 m²，占地上总建筑面积 7%。

小区多层及小高层住宅全部设计有一层地下室，地下人防及泊车车库利用住宅地下建筑向外延伸，扩大地下建筑面积（表 18.6）。小区实际设计地下建筑面积为 2.554 万 m²，占总建筑面积 20%；地下及阁楼总建筑面积（计入地下仓储用房建筑面积）为 3.334 万 m²，占总建筑面积的 25%，占地上总建筑面积的 30%。

3）配套设施建设

小区在服务设施配套建设时，充分调研分析周边社区配套设施的现状和需求，在南京河西新城区规划条件下，统一配建商业和教育设施，引进知名小学和幼儿园，与生活社区统一配套，节约投资，避免重复建设和资源浪费。

小区通过对地上和地下建筑空间的开发利用以及生活配套设施的优化设计，实现了节约土地资源的目标。

4）交通组织

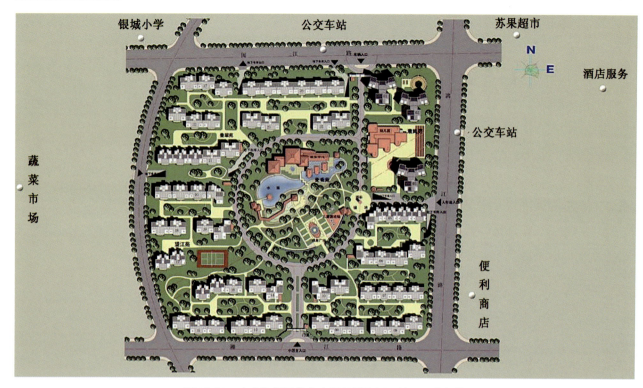

图 18.99 南京聚福园住宅小区总平面图及社区配套设施
资料来源：原设计方案银城地产提供

聚福园小区四周被城市道路围合，邻近有四路公交车站和城区相通，交通便利。小区南侧为主入口，东侧和北侧为次入口，区内基本做到人车分流。

小区充分利用地下空间，80%的机动车和非机动车位设置在地下室，并预留立体机械停车库，提高土地利用率。小区分别在东侧、西侧和北侧设计地下汽车库，总泊位430辆，占总户数830户的52%。自行车库按每户2辆设计，利用地下空间分散在每个组团，方便业主存取。

5）园林绿化

（1）绿化布局

小区中央集中设有约1万 m² 开敞园林，住宅建筑采用组团围合布置，中心园林和组团绿化相通，形成大绿化、小庭院、多层次的建筑园林空间。小区绿地率为41%，人均公共绿地面积 4.02 m²（图 18.100~图 18.102）。

（2）绿化配置

小区绿化适应南京气候和土壤条件，以种植和配置本土植物为主，调节居住区室外微小气候，改善热环境。中央公共绿地种植和配置有常绿和落叶植物，而住宅建筑南向靠窗以落叶乔木为主，使住户窗前夏天有遮阳，冬天有日照。

根据园林工程决算统计，小区每 100 m² 绿地

表 18.6　地下建筑的开发及利用

地下车库分类	建筑面积（万 m²）
多层地下一层建筑面积	1.65
小高层地下一层建筑面积	0.32
另建地下车库（兼人防）建筑面积	0.584
总计	2.554
地下车库建筑面积分配	
机动车库	0.987 万 m²（兼部分人防）
设备用房及非机动车库	0.383 万 m²
业主仓储用房	1.184 万 m²

注：业主仓储用房 1.184 万 m² 按建筑高度低于 2.20 m 设计，未计入总计建筑面积。

图 18.100　聚福园住宅小区中心景观
资料来源：张瀛洲摄

图 18.101　乔木种植
资料来源：张瀛洲摄

图 18.102　灌木种植
资料来源：张瀛洲摄

种植乔木达 5.6 棵。常绿乔木 13 种 220 余棵，主要有香樟、女贞、桂花、夹竹桃、石楠、广玉兰、柑橘、棕榈、深山含笑和加拿大海枣等；落叶乔木 16 种 230 余棵，主要有银杏、榉树、合欢、樱花、枫树、樱桃、枇杷、紫薇、梅花、天目琼花和石榴等。

小区灌木有近 50 余种，基本都是常绿品种，并有四季花色，密实度高，现都已形成造型板块。主要有金叶女贞、龟甲冬青、小叶黄杨、大叶黄杨、金边黄杨、海棠和杜鹃等；草坪种植以高羊茅为主，约 2.5 万 m^2，局部有马尼拉约 800 m^2，保持冬季青色。

（3）绿化维护

小区绿化浇水采取插管喷洒浇灌和移动浇灌结合的方式，并在绿地中分块布置接水点。用水取自雨水回收系统，防冻、防渗漏，便于管理。

小区物业管理每年春季除虫喷药，基本没有病虫害。肥料、农药的使用尽量减少对环境的污染。农药以生物药剂、高效低毒者优先，保护、利用天敌，禁用剧毒药物。主要采用的生物药剂品种有：苏云金杆菌、多杀霉素和苦参碱等。肥料则以有机复合肥为主，化学肥料为辅，主要采用的有机肥料有超大有机复混肥和发酵油粕肥料等。现小区植物成活率 90% 以上。7 年来，所植乔木已绿树成荫，草灌植物也四季常绿、四季有花。

（4）园林道路

小区内道路优先选用渗透性好、保水性好的舒布洛克砖铺设，下小雨不积水，雨后保潮润，有效调节室外湿度、温度，有利于改善居住区微小气候环境。

园林绿化在夏季有效降低了室外热辐射。据测试，当夏季高温时，马路温度约 50℃，草地和水面附近温度约 35℃，而且草坪的地面温度在午后下降得很快，到 18:00 以后低于气温。许多业主都习惯午后在中心园林散步纳凉活动，而不是待在家里的空调房间。

6）施工中的环境保护措施

小区施工依据有关环境管理标准，建立环境管理体系，制定环境方针、环境目标和环境指标，控制由于施工引起的大气污染、水污染、噪音污染。具体包括全部采用预拌混凝土避免现场搅拌，减少空气和噪音污染；严禁受污染的车辆驶出工地；合理安排施工工期，严格控制夜间施工；加强对施工废弃物管理等措施。同时，小区施工期间加强日常环境监控与测量工作，保证环境因素处于可控制状态，确保项目环境体系有效运行。小区各单项工程施工均达到南京市"标准化合格现场"标准，并在中间检查时受到表扬。

18.8.2.2　节能与能源利用

1）场地布局节能

小区充分利用地势条件和自然季节风向合理设计建筑体形、朝向、楼距，使住宅获得良好的日照、采光和自然通风条件。图 18.103 和图 18.104 分别为多层住宅和小高层住宅外景。

根据国家和省有关标准和规范，南京地区住宅建筑有利朝向为南偏西 5°—南偏东 30°。住宅建筑布局全部为南北朝向，在围绕中心花园的院落布置中，保证最小日照间距大于 1:1.2，个别在院落收口位置采用退层错节的建筑方法，使底层住户在冬季大寒日满窗日照不少于 2 h。

小区规划有中心花园，多层集中分布在南部，小高层在北部。北部的小高层又将塔式布置在东，板式布置在中西段，形成北高南低、北密南疏和中心开敞的规划布局；同时，住宅建筑长轴和夏季东南风成 30°~45°夹角，南部楼栋以 3 单元、2 单元拼接结合消防间距留出 8~20 m 间距，形成楼栋通风道，总体规划布局有利于夏季东南风畅通，并阻挡冬季东北风。

图 18.103　聚福园多层住宅
资料来源：张瀛洲摄

图 18.104　小高层住宅
资料来源：张瀛洲摄

2）建筑单体节能

小区共有 25 栋单体建筑，其中 2 栋为公共建筑，23 栋为住宅。住宅建筑中有 4 栋小高层，其余为 4~6 层多层。小高层建筑外围墙为钢筋混凝土剪力墙，多层建筑为钢筋混凝土异形框架结构，其余为 KP1 多孔砖和页岩模数砖外墙。建筑外墙全部采用外墙外保温做法。多层用 R.E.(rare earth)复合保温材料（水泥基聚苯颗粒保温砂浆），小高层用欧文斯科宁挤塑聚苯板保温隔热系统。平坡屋面全部采用欧文斯科宁挤塑板保温隔热系统（平屋面为倒置式屋面做法）。外饰面有水性涂料薄抹灰、贴面砖和仿石砖系统。

幼儿园和康乐中心也采用和多层住宅楼相同的节能设计。

（1）体形系数（表 18.7）

建筑单位面积对应的外表面积越小，外围护结构的热损失就越小。《江苏省民用建筑热环境与节能设计标准》在关于围护结构规定性指标的条文说明中指出，当体形系数超过 0.32 时，每增加 10%，增加能耗 7%~8%。

根据《江苏省民用建筑热环境与节能设计标准》的规定，节能建筑的体形系数宜控制在 0.32 以下，高于国标 0.35、0.40 的标准（0.40 为点式建筑）。此外，该标准提出：当体形系数超过 0.32 时，外围护结构的传热阻应按建筑物总的传热阻的要求作相应提高，且体形系数不得超过 0.38。

表 18.7　体形系数及窗墙面积比

楼栋编号	体形系数	窗墙面积比		
		南	北	东、西
01、02、03	0.32	0.32	0.22	0.08
05	0.32	0.30	0.22	0.10
06	0.31	0.31	0.23	0.09
08、09、12、15、16、27	0.32	0.31	0.21	0.10
26	0.29	0.28	0.22	0.15
07、20、21、22	0.30	0.32	0.21	0.11
23、25	0.31	0.31	0.22	0.05

小区多层建筑进深采用 12.30 m，大部分为 3 单元组合，平面规整，对控制体形系数有利。11 层板式小高层用 15.0 m 进深，6 单元组合，全长 98 m，体形系数只有 0.29。

（2）窗墙面积比（表 18.7）

旧有建筑外围护结构中门窗的热损失约是墙体的 4 倍。据测试，门窗产生的热损失约占建筑总耗能的 30%~40%，所以国家和地方标准都把控制窗墙面积比和提高外门窗的热工性能列为强制性标准。

小区首次在南京采用阻断型铝合金中空玻璃窗（包括阳台封闭开启系统），样窗检测 K=2.8 W/(m²·K)，保温性能好。但为了提高节能效率，设计中仍然控制了窗墙面积比。

小区住宅建筑全部为南北朝向，东西山墙只有卫生间开局部小窗。在南向，阳台采用封闭可开启方式，虽然开窗面积大，经加权计算分析仍然控制在指标以内。

（3）外墙外保温

小区住宅外墙外保温采用地方墙改材料和保温材料及技术，并和承重墙体一体化施工，施工简便，造价不高，达到了超过50%的节能效果。

多层建筑外墙采用了页岩模数节能砖，并采用R·E复合保温材料进行外层保温处理，是江苏省建设厅和江苏省墙改办组织的墙材科研开发项目，2003年8月通过国家级鉴定，本小区是最早的用户。页岩砖砌体检测资料显示，外墙采用页岩砖砌体，南向外墙大面积已达到节能热工指标，只需处理冷热桥部位。外墙传热阻为0.92（$m^2·K$）/W，惰性指标为4.81。

中高层剪力墙采用欧文斯科宁挤塑聚苯板外保温系统，外墙的传热阻值为1.07（$m^2·K$）/W，超出国家标准76%，其中北墙超出省标42%。

外墙外保温系统有效地解决了外墙隔热的冷热桥问题，比内保温增加室内使用面积，同时对外墙的保护作用可延长建筑的使用寿命。

（4）屋面隔热保温

建筑屋面采用欧文斯科宁挤塑板（XPS）保温隔热系统（图18.105，图18.106）。欧文斯科宁挤塑聚苯板是闭孔板，体积吸水率低于1%，强度高且保温性能持久，使用50年以后，其保温绝热性能仍能保持80%以上，是目前市场上倒置式屋面最为有效的一种材料。斜坡屋面传热阻为1.23（$m^2·K$）/W，热惰性指标2.69，平屋面传热阻为1.43（$m^2·K$）/W，热惰性指标为3.75。

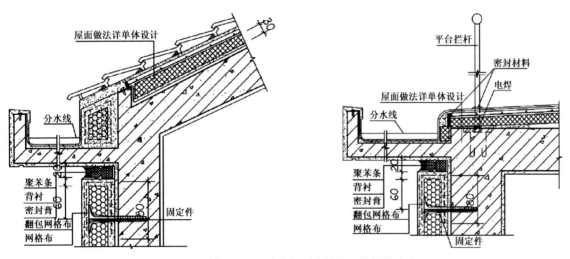

图18.105 斜、平屋面欧文斯科宁挤塑聚苯板构造详图
资料来源：原设计图纸

图18.106 斜屋面和外墙欧文斯科宁挤塑聚苯板施工
资料来源：施工照片

3）可再生能源利用

太阳能热水器集热板往往因为影响建筑外观而被限制使用。为此，银城地产结合聚福园工程设立了《太阳能热水器集热板和建筑屋面结合方式研究》课题。小区住宅是平坡结合的屋面造型。设计中利用建筑斜坡面排列太阳能集热板，屋脊设挡墙并留出检修通道和管道区。各户独立安装太阳能热水器，统一设计，同步施工（图18.107）。在冬季每户每天可供应120 L热水（一般水温高于50℃），满足三口之家洗澡用水要求。在其他季节家庭热水全部由太阳能供应，不需要辅助加热。幼儿园安装太阳能热水系统，供小朋友洗浴热水，减少幼儿园管理费用。

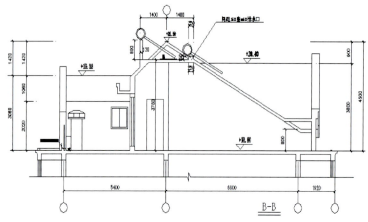

图18.107 聚福园住宅小区太阳能热水器
资料来源：张瀛洲摄和原设计图纸（南京城镇建筑设计咨询有限公司提供）

4）电梯成套技术的应用

小高层住宅（26幢）选用KONE（芬兰通力）无机房电梯，载重量为1 000 kg，速度为1.6 m/s。该电梯启动电流低，匹配功率小，节能显著。其采用的扁平碟式曳引机固定于电梯井道内的轨道上，无需电梯机房。因此，该项技术的采用对合理利用空间、节省建筑成本及长期运行的节能方面都起到一个积极的作用。KONE电梯与传统曳引电梯主要性能比较见表18.8。

小高层住宅（01幢、02幢、03幢）采用KONE（芬兰通力）小机房电梯。小机房电梯技术性能与无机房电梯相似，只是将碟式曳引机和控制柜设置在与电梯井道尺寸相同的机房内。

根据小区物业电梯用电的统计数字，一梯两户无机房电梯全年用电量为5 640 kW·h，与5 700 kW·h的理论数据基本一致。与传统电梯比较，同等条件下可节电30%。

5）供水水压水质的保障技术

整个小区取消屋顶水箱，采用IA型射流辅助节能直供水系统（图18.108）。该系统利用现有城市管网供水压力，保障了供水正常压力，降低了供水系统水泵扬程，减少了日常运行费用。根据对运行情况和有关数据的分析，该供水系统与常规变频调速恒压供水装置相比，

表18.8 KONE电梯与传统曳引电梯主要性能比较

载重量1 000 kg	传统VVVF曳引机	KONE碟式马达机
速度（m/s）	1.6	1.6
马达功率（kW）	15	10.5
启动电流（A）	60	47
年耗量（kW·h）（一万次）	8 100	5 700
重量（kg）	650	330

可节省电能 35%，减少贮水池容积 30%。

6) 公共区域照明的节能

小区内住宅楼梯间的公共空间全部采用电子延时开关控制照明，减少无用电耗，节约电能。公共部分的照明灯具大部分采用节能灯具，有效节省能源。

18.8.2.3 节水与水资源利用

小区采用景观用水循环处理、雨水回用作为景观用水的补充水源。雨水处理系统采用先进的 MBR 技术，使水质达到景观水水质的要求，积蓄雨水作为景观用水的补充用水，在运行中维护方便，经济适用。

开展的《雨水利用与城市景观用水的设计应用研究》2003 年 12 月通过江苏省科学技术厅组织的鉴定（鉴定证书号：苏科鉴字〔2003〕第 1263 号）。鉴定意见为："通过该项目的研究和工程示范近一年时间的成功运行实践，成果对小区雨水利用、降低小区水环境的运行费用具有示范作用，并能产生较好的社会环境和经济效益，具有推广作用"。该项研究成果获 2005 年国家首届绿色建筑创新奖三等奖。图 18.109 为雨水回收利用系统。

根据该系统运行情况有关数据的统计，全年可利用雨水约 30 600 m^3，雨水利用率达到 39.6%，节约水资源 235 550 m^3，节约水费约 29.27 万元，具有良好的环境效益和经济效益。

图 18.108　IA 型射流辅助节能供水系统
资料来源：张瀛洲摄

图 18.109　聚福园雨水回收利用系统
资料来源：张瀛洲摄

18.8.2.4　节材与材料资源利用

1) 建筑结构体系性能高材耗低

在小区的建设过程中，采用静压混凝土薄壁预制管桩，取代常用的混凝土沉管灌注桩，节省了混凝土和钢材，在施工的过程中减少了噪音污染。小区施工全部采用当地产建筑材料。现浇结构采用预拌混凝土，减少空气和噪声污染。建筑的混凝土结构均采用高强冷轧带肋钢筋，节约钢材，降低成本。

2) 建筑材料的可再循环利用

充分考虑了材料选用对环境的影响，减少黏土材料的使用，以保护耕地。非承重墙体和内隔墙一律使用粉煤灰加气混凝土砌块，屋面瓦采用水泥大平瓦。

外门窗全部采用断热铝合金材料,隔热性能好并可循环使用,主要材料见表18.9。

表18.9 主要材料一览表

主要材料名称	技术特性	备注
砼薄壁预制管桩	高强省材,无噪音,无污染	地方产
烧结页岩节能模数砖	保温隔热;高强质轻	非粘土质,地方产
蒸压粉煤灰加气混凝土砌块	保温隔热,耐火隔音;质轻	应用于内隔墙,地方产
水泥大平瓦	可循环使用,防水性能好	非粘土质,地方产
主要材料名称	技术特性	备注
冷轧带肋钢筋	高强,节约钢材,降低成本	
R·E复合保温材料	抗裂抗渗,抗冻抗冲击	聚苯回收材料
欧文斯科宁挤塑聚苯板	保温隔热,耐久性强,高强质轻	地方产
断桥铝合金型材	隔热性能好,可循环使用	无锡加工
舒布洛克地面砖	透水性、保水性好	地方产

3)注重一次性装修设计的推广

注重一次性装修设计,为实现节材、防噪、防污染、环保节能的室内装修目标取得经验。2001年7月,南京市建委以宁建房字〔2001〕457号发文,决定在小区举办"银城杯"住宅装修优秀设计和工程竞赛活动,以推广住宅一次性装修。通过此次活动,评选出优秀设计方案和工程,提高了住宅装修设计和施工水平,对一次性装修进行了有益的探索和实践。

4)施工中对垃圾实行分类处理

在正式开工前先做各栋的化粪池,以利用其做沉淀池和储水池。回收雨水,减少浑浊水的排放。严格禁止生活区及施工现场的长流水。在施工过程中严格禁止边角料成为建筑垃圾。将建筑垃圾统一集中后,用作车行道的路基处理。

18.8.2.5 室内环境质量

1)室内日照采光

小区有80~210 m² 10多种套型。在平面设计中,小套型朝南面宽不小于7.2 m,大中套型面宽大于8.1 m和10.0 m。南北朝向和每户不小于7.2 m的朝南面宽,保证了每户的室内日照、采光和自然通风的要求。

2)室内温度环境

建筑节能设计提高了室内的舒适度,结合高能效比的空调及供暖设备,使室内热环境达到了舒适度标准。根据东南大学建筑系所作的《聚福园住宅小区热环境测试分析与总结报告》及住户两年的使用访问,在空调条件下,夏季温度控制在26℃~28℃,冬季控制在16℃~18℃,冬季被动式采暖南朝向房间自然温度可控制在大于12℃;空调除湿时,南京梅雨季节室内相对湿度可控制在60%以内。

3)室内空气环境

夏季在室内通风降温是南京居民的传统。小区在整体规划时注意导入夏季主导风。平面设计除满足功能分区外,也要有户内的"穿堂风"。流畅的户内自然通风不但可有效降温除湿,而且充足的新鲜空气有利于人们的身体健康,自然风吹入也有利于满足人和大自然交往的心理需要。

南京夏季夜晚静风率较高,白天吹风是热风。在这样的天气状况下,全天连续自然通风是不科学的。近几年普遍都安装空调机以后,间接通风换气是设计中应解决的问题。在冬季保暖时更需要换气。除了间断开窗外,还有机械送风或排风的方法来解决室内新风问题。

在设计机械排风时,利用厨房排烟机和卫生间排气扇组合排风的办法。厨房、卫生间全部设有专用排气道升出屋面,户内平面设计时组织风流从卧室、工作室、起居室进卫生间、厨房排出,连同厨卫污浊空气一次由排气道排出。

18.8.2.6 运营管理

自小区建成投入使用以来,住宅建筑各项性能和小区各系统运行良好。2003年12月,小区通过了建设部专家组对建筑节能示范工程的验收。专家们一致认为"聚福园小区节能系统完善，性能达到国家行业和地方节能标准要求，节能选材先进，对夏热冬冷地区的建筑节能有着良好的示范作用"。同时，聚福园小区还入选南京城市优秀物业管理小区。

2005年6月，物业管理公司对住户进行了问卷调查。发放问卷77份，收回67份。问卷内容主要包括：夏季开空调时间；冬季开空调时间；全年空调制冷、取暖电费(用电量)；对居住舒适度评价。根据问卷调查的结果，小区节能建筑在提高居民居住舒适度方面已基本接近国际标准的热舒适指标。

1) 节能节水系统运行创造良好的综合效益

小区供水采用 IA 型射流辅助节能供水系统，保障了供水压力，降低了供水系统水泵扬程，减少日常运行费用，与常规变频调速恒压供水装置相比，可节省 35% 的电能，可减少 30% 的贮水池容积。运行时对城市管网压力不产生影响，同时避免生活用水的二次污染。

小区采用雨水回收及景观水处理系统。根据该系统运行情况有关数据的统计，全年可利用雨水约 30 600 m^3，雨水利用率达到 39.6%，节约水资源 235 550 m^3，节约水费约 29.27 万元，具有良好的环境效益和经济效益。

2) 智能化系统营造安全祥和的社区环境

小区智能化系统按三星级标准设计，共由安全防范系统、信息管理系统、信息网络系统三大系统和 14 个子系统组成。

小区智能化系统设备运行后验收，被评定为三星级标准。

3) 制定物业管理措施和规定，确保小区有效运行

小区物业公司根据小区规划建筑特点，制定了多项措施，保证小区的有效运行。

为保证智能化设施的正常使用，发挥其在物业管理、治安防范和便利生活等方面的重要作用，智能化设施管理规定对住户装修、入住前后智能化系统的安装和使用以及注意事项等方面做了明确的规定和要求。

垃圾管理规定对住户垃圾摆放的时间和地点提出明确的要求。垃圾分类袋装处理，定时收集。小区设有袋装垃圾中转站，及时清运，保障小区整洁卫生。另在小区公共区域设置分类垃圾箱，实行垃圾分类回收和处理，每天清运，保持清洁。

绿化管理规定明确了绿化工作的职责和范围，规范了绿化工作的内容和相关程序。通过规范和加强小区绿化管理工作，整个小区绿化环境优美，乔灌木草藤搭配得当，三季花开，四季常青，户户有景，季季有景。2003年，聚福园小区被授予"江苏省园林式居住区"奖牌。

18.8.3 建筑节能的有关数据

18.8.3.1 节能工程增加投资分析

以围护结构为例，建筑节能增加工程投资情况见表 18.10。

表 18.10 围护结构建筑节能增加工程投资分析(2003 年结算价)

项 目	多层砖混建筑	小高层建筑	备 注
外墙	页岩砖代替 KP1 增加 4.0 元/m^2		
外保温	R·E 保温砂浆 增加 7.0 元/m^2	挤塑板外保温 增加 33.0 元/m^2	
屋面	倒置式隔热保温 增加 8.3 元/m^2	倒置式隔热保温 增加 5.0 元/m^2	
外窗	断桥铝合金中空玻璃窗 增加 32 元/m^2	断桥铝合金中空玻璃窗 增加 35 元/m^2	
增加投资合计 (按建筑面积计)	79.3 元/m^2	98.0 元/m^2	不计人工和税金
计入人工税金	约 100 元/m^2	约 130 元/m^2	

18.8.3.2 建筑热工性能检测

2002年7月，东南大学建筑系结合研究课题对小区的多层房屋进行了热环境测试。测试报告显示，围护墙体的热工性能指标达到或超过了设计要求。

2003年3月和7月，江苏省建筑科学研究院检测中心对75#、113#楼分别进行了冬季、夏季气候条件下的围护系统热工检测。75号楼检测数据见表18.11，均超过国家规范及江苏省标准的规定性指标要求。

113号楼夏季检测在7月下旬，正好是6天持续高温。坡屋面外表温度达60℃，太阳辐射在北坡，南坡照度最大值为665~819 W/m²。检测结论如下：

（1）该建筑由于采用了在重型围护结构上增加保温处理的方法，不仅具有良好的保温性能，而且具有良好的夏季隔热性能。现场测试结果证实坡屋面的衰减倍数为52.3，墙体的衰减倍数为45.6。

（2）实测阶段恰遇南京地区数十年罕见的高温，现场的室外空气温度最大值高达40.3℃，平均值为34.7℃。按照南京地区标准的夏季设计条件计算出各围护结构内壁面的最高温度 $\theta_{i,max}$ 如表18.12。

实测外墙热阻为1.219（m²·k）/W，坡屋面热阻为1.461（m²·k）/W。

表18.11　75号楼检测热工数值（冬季）

位置	$R(m^2·K)/W$	$R_o(m^2·K)/W$
屋面	1.311	1.461
南墙	1.117	1.267
西墙	1.021	1.171

表18.12　实测坡屋面与外墙最高温度

部位	南坡	北坡	南墙	东墙
$\theta_{i,max}$(℃)	35.7	35.6	35.1	35.2

18.8.3.3 空调用电量分析

小区住户用电是双月银行卡收费，每户反映的电费真实性不容置疑，但电费中包含了家庭照明、电视、电脑及其他电器用电，有部分住户还包含了电热水器用电。这样严格区分空调用电量不容易办到，故采用全年用电量和夏季制冷、冬季取暖分别计算比较的办法。在电费换算为用电量时，考虑住户采用峰谷电价，平均电价按0.44元/(kW·h)计算。

在67份问卷表中，统计全年用电量(电费)的有35份。按全年用量分析，平均值为40.94 kW·h/m²，该值相当于国家夏热冬冷地区节能标准的67%。按国家节能50%标准，南京地区住宅全年用电量为62 kW·h/m²，该值比国家标准低34%。除了证实围护结构热工性能优越外，经分析，空调用电量节省还有以下因素：

1）家庭没有老人、小孩的住户取暖和制冷没有达到18℃和26℃标准，或者达到这一温度标准的时间短；

2）有些住户住房面积大，人员少，卧室空调不是全开。一般工薪收入家庭还注意节电省钱。在调查中，有一对中年夫妇，儿子在南京上大学，家中南房间冬季温度一般高于12℃，夜间很少开空调；在夏季高温时，也只在前半夜开空调，凉下来后就关掉，室内热稳定性很好。这一户包括照明、电器及电热洗浴全年用电量只有33 kW·h/m²，低于统计的平均水平。

3）国家规范中对原有建筑的空调COP值在计算时采用夏季2.3，冬季1.9，而近几年家用空调器质量稳定COP值一般都高于2.6。

另外，对两个有代表性的住户做了对比如表18.13所示。

关于表18.13的说明如下：① 多层住户热水用电热水器，小高层住户用燃气热水器；多层住户老人都在70岁以上，身体状况较差，所以冬季供暖耗电值较高；② 两户用电都含有照明、电视机用电；③ 小高层住户总用电量少于多层住户，小高层围护结构和体形系数均好于多层是其中的一个因素。

表18.13　典型住户用电量分析

房号、户型	聚福园125号楼402室 三房二厅二卫(小高层)	聚福园41号楼402室 三房二厅一卫(多层)
建筑面积(m²)	125	105
常住人员结构	两退休老人、两青年夫妇、一个上小学儿童	两退休老人、节假日孙辈儿媳常来
全年用电量(kW·h)	3 225	4 315
每平米用电(kW·h/m²)	25.8	41.1
夏季供冷耗电(kW·h)	1 367	1 090
夏季每平米用电(kW·h/m²)	10.9	10.38
冬季供暖耗电(kW·h)	1 049	2 682
冬季每平米用电(kW·h/m²)	8.4	25.5

18.8.4 结语

聚福园小区居民全面入住已经有8年了,8年来,在银城物业的规范管理下,园内建筑如新,花木茂盛,四季景色宜人。业主体验到了节能绿色带来的舒适、健康与和谐。当地人们把聚福园称为"南京河西第一园"。

18.9 苏州朗诗国际街区

苏州朗诗国际街区由朗诗地产建设而成。苏州朗诗国际街区获得多项国家和地方殊荣,如国家绿色建筑设计评价标识的最高等级——三星级、第五届精瑞住宅科学技术奖最高奖项——绿色生态建筑奖金奖、绿色亚洲人居奖——建筑科技应用奖、住房和城乡建设部2008年科学技术项目计划、江苏省建设领域科技示范工程等。

苏州朗诗国际街区总投资10亿人民币,于2008年开工建设,2010年已全部竣工交付。该项目位于苏州工业园区津梁街东,设计地段南侧的斜塘河与东侧的河道与金鸡湖水系相连。东侧沿河是河滨风景,河岸线长达300 m;南侧沿河是风景如画的和滨河森林公园(图18.110~图18.114)。

图 18.110　苏州市朗诗国际街区位置区图
资料来源：优派克斯广告公司绘制

图 18.111　朗诗国际街区设计方案鸟瞰图
资料来源：江苏省设计院绘制

图 18.112　朗诗国际街区模型鸟瞰
资料来源：王明摄

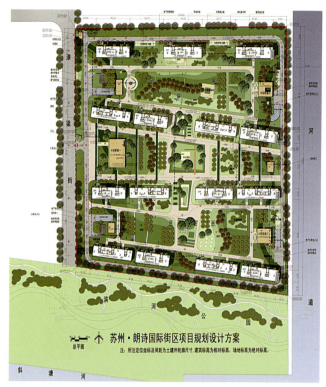

图 18.113　苏州朗诗国际街区规划方案
资料来源：江苏省设计院绘制

图 18.114　苏州朗诗国际街区外景（上、下）
资料来源：杨维菊摄

18.9.1　项目概述

18.9.1.1　工程概况

苏州朗诗国际街区项目总占地面积 110 亩，容积率 1.8，总建筑面积约 18 万 m²。项目共包括 18 层的住宅楼 9 栋和 11 层的住宅楼 6 栋；可容纳居住人口 3 210 人（按 3.2 人/户）；小区绿地率大于 45%，人均集中绿地面积 10.3 m²；机动车位 1 048 个、自行车位 850 个（表 18.14）。

表 18.14　苏州朗诗国际街区经济技术指标

经济技术指标			
用地面积(m²)		73 546.3	
总建筑面积(m²)		180 399.65	
计算容积面积(m²)	132 381.26	住宅建筑面积	130 632.4
		配套设施面积	1 401.58
		其他建筑面积	347.28
不计容积率面积	48 018.39	架空层建筑面积	4 305.17
		地下室建筑面积	43 713.22
容积率		1.8	
覆盖率		13.05%	
绿化率		45.07%	
总户数		1 003 户	
底层架空面积比		39.89%	
机动车停车位	1 048	地上	28
		地下	1 020

资料来源：江苏省设计院方案文本

该项目建筑单体采用剪力墙结构，结构设计使用年限50年，抗震设防烈度6度，建筑防水类别：地下2级、屋面2级。

该项目采用了朗诗地产的地源热泵+天棚辐射的供暖供冷系统、室内同层排水系统、全热回收置换新风系统、外遮阳系统、24小时生活热水系统等十大绿色建筑科技系统，从而向业主提供高舒适度和低能耗的绿色宜居环境。

18.9.1.2 整体景观

在整体规划上，努力营造中国庭院式的布局风格，通过对内部环境的营造及半围合庭院的设计，使得社区内纵横交织的绿化带最大限度的满足居住景观的共享性。同时，为了使尽可能多的住户可俯瞰到社区周边的河滨美景，将十八层高的住宅楼尽量沿用地东、北侧布置，东侧尽端户型设置东向客厅及观景阳台。正是这样的设计，构建出既体现苏州园林雅致深沉的底蕴，又蕴含江南水乡温婉灵秀特质的水岸社区、花园社区、风景社区。

小区的整体绿化以南北纵向的绿轴作为中心绿地，结合多条东西横向绿带，把整个小区联结为一个整体。这样的设计别具匠心：苏州位于北亚热带湿润季风气候区，温暖潮湿多雨，季风明显，东南风居多，南北纵向的绿轴顺应主导风向，将自然风导入社区，有利于调节小区内部小气候，且充足的阳光也有利于植物的生长；中心绿地融合周边自然风水，形成绿网，使得绿化率达到45.07%，并且也有利于南侧滨河森林公园及斜塘河景观向小区中心的渗透。

街区人均集中绿地面积10.3 m²，并合理配置乔、灌、藤、草、地被等植物。其中的乔木品种36种，灌木品种61种。主要乔木品种有：池杉、垂柳、栾树、广玉兰、水杉、香樟、银杏等。行道树以乐昌含笑、喜树为主。此类植物易养护管理，可隔声减噪、吸收废气、净化空气。同时，利用微地形的设计手法，通过植物错落有致的布置设计，使得植物与建筑景观相结合，形成了七贤园、地近蓬莱、梧桐林、海棠春坞、玉兰园、万山园等意境各异的区内景观。观者仿佛置身于姑苏园林之中，可感受到"横看成林侧成峰，远近高低各不同"的情趣(图18.115，图18.116)。

图18.115 苏州朗诗国际街区绿化环境
资料来源：王明摄

图18.116 苏州朗诗国际街区水景
资料来源：杨维菊摄

18.9.2 绿色建筑特征

18.9.2.1 节地与室外环境

小区规划主入口位于西侧津梁街，小区会所正对主入口，适当后退，周边有大片绿化带，形成了主入口的绿色休闲广场。独立的设置既有利于会所经营，又形成一道屏障，隔绝城市道路对社区生活的干扰。住宅全部为11层和18层，沿正南向和沿斜长河向西的偏角间隔布置。与北侧地块相邻为三幢短板式高层，南面12幢高层分别为18层和11层。18层住宅和11层住宅前后左右错开，保证了每个单元的采光和通风。

18.9.2.2 节能与能源利用

1）围护结构的节能措施

苏州朗诗国际街区作为一个高节能型居住小区，采用了大量节能技术，其中建筑围护体系和土壤源热泵系统发挥了重要作用。外围护体系包括外墙、屋顶、地面、外窗等部分。

外围护系统作为建筑的表皮，是人类生活空间的保护者也，是节能设计的重点。苏州朗诗国际街区采取系统化的节能措施，使用聚苯颗粒保温砂浆、EPS、XPS、硬泡聚氨酯发泡、岩棉板等外墙保温材料，使得外墙、屋顶、地面、门窗以及外遮阳等外围护系统形成了一个闭合的保温体系。房子就像是穿了保温隔热的外衣，能量流失明显减少，使用成本也明显下降（图18.117~图18.120）。

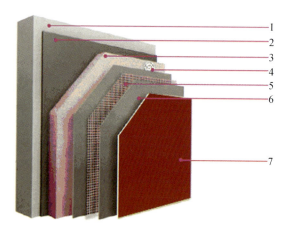
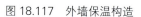

1— 基层墙体；　　　5—耐碱玻纤网格布；
2— 特用粘结剂；　　6—聚合物抹面砂浆；
3— 界面剂预处理过XPS板；　7—涂料饰面层
4— 固定件；

图 18.117　外墙保温构造

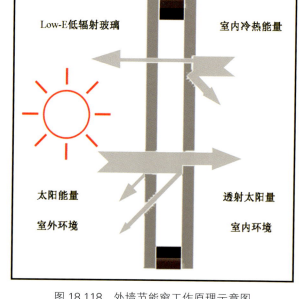

图 18.118　外墙节能窗工作原理示意图

图18.117，图18.118资料来源：江苏省设计院方案文本

图 18.119　住宅外窗

图 18.120　外窗遮阳卷帘

图18.119，图18.120资料来源：王明摄

我们将朗诗的具体做法与常规做法的不同效果进行了比较，详见下表18.15。

表18.15 朗诗国际街区的外围护结构做法与常规做法比较

		比较参数	朗 诗	常 规	效果比较
外墙	外墙挤塑保温板	容重	30 kg/m³	30 kg/m³	在外墙保温方面采用7 cm的挤塑保温板，较传统做法有很大的提高，从而降低了墙体的传热系数达49%，节能效果明显提高
		厚度δ_1	70 mm	25 mm	
		导热系数$\lambda_1=0.029\times1.15$	0.033 W/(m·℃)	0.033 W/(m·℃)	
		热阻$R_1((m^2·K)/W)$	2.41/1.15=2.10	0.86/1.15=0.75	
	钢筋混凝土墙体	厚度δ_2	200 mm	200 mm	
		导热系数λ_2	1.74 W/(m·℃)	1.74 W/(m·℃)	
		热阻R_2	0.115 W/(m²·℃)	0.115 W/(m²·℃)	
	墙体的总热阻	总热阻$R_墙=R_1+R_2+R_0$	4.365 (m²·K)/W	3.015 (m²·K)/W	
		室内外空气热阻R_0	2.15 (m²·K)/W	2.15 (m²·K)/W	
		墙体的传热系数$k_墙$	0.229 W/(m²·℃)	0.332 W/(m²·℃)	
屋顶	屋顶挤塑板保温板	容重	30 kg/m³	30 kg/m³	屋顶保温采用10cm的挤塑保温板，使屋顶的传热系数值较传统做法降低了48%，屋顶节能效果显著
		厚度δ_1	100 mm	40 mm	
		导热系数$\lambda_1=0.029\times1.15$	0.033 W/(m·℃)	0.033 W/(m·℃)	
		热阻$R_1((m^2·K)/W)$	3.45/1.25=2.76	1.38/1.25=1.104	
	屋面钢筋混凝土楼板	厚度δ_2	200 mm	200 mm	
		导热系数λ_2	1.74 W/(m·℃)	1.74 W/(m·℃)	
		热阻R_2	0.115 W/(m²·℃)	0.115 W/(m²·℃)	
	屋面的总热阻	总热阻$R_顶=R_1+R_2+R_0$	5.025 (m²·K)/W	3.369 (m²·K)/W	
		室内外空气热阻R_0	2.15 (m²·K)/W	无	
		屋面的传热系数$k_顶$	0.2 W/(m²·℃)	0.297 W/(m²·℃)	
地面	首层地面挤塑板保温板	容重	30 kg/m³	无	较传统做法，考虑了地面的保温，使建筑外围护的整体节能效果显著提高
		厚度δ_1	50 mm		
		导热系数λ_1	0.029×1.15=0.033 W/(m·℃)		
		热阻R_1	1.724/1.25=1.38 m²·℃/W		
	地面钢筋混凝土	厚度δ_2	140 mm		
		导热系数λ_2	1.74 W/(m·℃)		
		热阻R_2	0.115 m²·℃/W		
	地面的总热阻	$R_地=R_1+R_2$	1.495 m²·℃/W		
		地面的传热系数$k_地$	0.67 W/(m²·℃)		
外窗		传热系数k	塑钢表面=2.0 W/(m²·℃)	普通窗超过3.5 W/(m²·℃)	塑钢框和中空Low-E玻璃窗，有效阻挡热量传递
		玻璃的传热系数k	中空Low-E=1.45 W/(m²·℃)		
		整窗传热系数k	1.85 W/(m²·℃)		

资料来源：江苏省设计院方案文本

2）土壤源热泵系统——摆脱传统空调的束缚

常规空调多是牺牲对室内湿度的控制，只满足温度的要求。住户为了节约电费，在开空调时通常都不会开窗来改善室内空气质量。使空调房内空气不流通，二氧化碳的量会来越多，长期处于这样的环境中会导致感到头晕、思维迟钝、人体生理机能减退，"空调病"即因此产生。

地源热泵供热系统的运用使得问题迎刃而解：作为一种可再生能源的节能环保型的系统，地源热泵供热系统可利用地球表面浅层地热资源，在冬季通过吸收大地的能量，包括土壤、井水等天然能源，向建筑物供暖；夏季向大地释放热量，给建筑物供冷。用户得以告别温度不均衡而产生的空调病和皮肤病问题，以及气温变化时引发的关节炎等病症。

同时地源热泵供热系统还有着污染少、投资少、节省空间等诸多优点。该项技术的应用使项目整体能耗节省达到70%以上。

3）混凝土顶棚辐射供冷供热系统——住宅像人体一样调节温度

混凝土顶棚辐射系统（图18.121）是土壤源热泵系统的热交换终端。经土壤源热泵系统产生的热交换媒介，能够通过混凝土顶棚的加热盘管，进行热交换。通过常温水不断循环，冷却夏天闷热的混凝土楼板，加热冬季干冷的顶棚。通过辐射效应，调节室温，使室温维持在20℃~26℃之间（夏季在25℃左右，冬季在21℃左右）。住宅内所有的房间都会同样舒适，业主一进门就感觉如沐春风，穿着轻薄，家里只需一床薄被，从此生活变得极为方便。

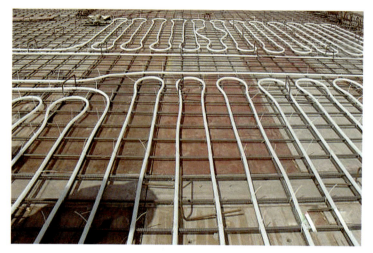

图 18.121　混凝土顶棚辐射系统施工现场
资料来源：王绍刚摄

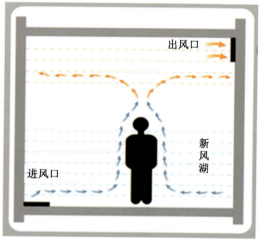

图 18.122　置换式新风工作示意图
资料来源：优派克斯广告公司绘制

整个系统从设计到材质全面隔音，室内无机械运转的噪音，无吹风感，置身其中，使人有着一份"身在闹市中，而无车马喧"的惬意。这样一个小小的世外桃源，对缓解精神压力、减除身体疲劳有着实际的作用。

4）健康新风系统——换风无痕，清新常在

新风口设置在卧室、客厅等地面上，冬夏均从墙角地面以小于 0.3 m/s 的风速将室外新鲜空气送入室内。空气经过了除尘、温度及湿度处理，灰尘、细菌、花粉等对人体有害的颗粒都被过滤排净。风由地面缓缓送入室内，蔓延形成"新风湖"，全天候带给人"森林般的呼吸"，再通过卫生间、厨房等顶部的排风口排出。

夏季新风机械制冷温度为14℃，相对湿度为100%，送入室内为16℃，相对湿度为90%，保持室内温度在24℃~26℃，湿度在50%~65%之间；冬季新风机械加热温度为20℃，通过加湿器后相对湿度为40%左右，以18℃，相对湿度48%左右的状态送入室内。冬天洗澡出来皮肤会有紧绷感，甚至起皮、脱落。均衡的温度对皮肤有保湿作用，在冬天体现得尤其明显。不吸烟的人也能通过空气流通、置换而避免二手烟的危害。另外，南方城市黄梅季节空气湿度大，衣物、被褥容易发潮、发霉、散发霉味，衣服洗后也极不容易干，而在恒湿环境中，就不会出现此类问题。恒湿也能使家里的植物、餐桌上摆放的水果等保持的新鲜度较久。因为恒温、恒湿，平时不必开窗，也减少了打扫灰尘的次数。

除此之外，新风系统中所采用的全热回收装置能够有效地回收排风中70%左右能量，使用成本比传统的空调系统要低40%~60%（图18.122，表18.16）。

表 18.16　苏州朗诗科技系统运行费用比较

使用方式		每日运行(h)	全年运行时间	全年总费用(元)
空调形式	挂壁式分体空调 家用中央	8	冬季3个月 夏季3个月	3 560
	家用中央空调 +燃气炉地暖	8	冬季3个月 夏季3个月	4 580
朗诗科技系统		24	全年12个月	2 100

数据来源：江苏省设计院方案文本

5) 太阳能热水系统——星级酒店般服务与享受

苏州朗诗国际街区采用集中太阳能热水系统，在屋顶安装太阳能集热板，24小时提供热水。苏州地区年均日照时数为2 130.2 h，年平均太阳能辐射量为12 497 kJ/m²，年平均气温15℃；热水系统为单元整体式太阳能集热系统，采用燃气炉作为辅助热源；整个单元式热水系统配有2个水箱，分别为集热水箱和恒温水箱，两个水箱的水量为该单元的日用水量；恒温水箱的水温保证在55℃左右，其热水容量为最大小时用水量，24 h向用户提供温度恒定的热水。集热水箱用于白天从集热模块收集热量，集热循环采用温差循环；考虑到在热水输送过程中的热损失，在供水干管上架设循环泵，采用定时和最低温度控制启动，以确保供水立管内的水温不低于50℃(图18.123，图18.124)。

图 18.123　屋顶太阳能集热板
资料来源：杨维菊摄

图 18.124　屋顶太阳能集热板
资料来源：王明摄

18.9.2.3　节水与水资源利用

1) 雨水回收

为了避免雨水的酸性腐蚀建筑外观，小区屋面防水材料是非沥青防水屋面，天沟和水落管采用UPVC塑料管材，并选用坡屋顶结构；同时，小区道路两侧雨水口使用水篦，以拦截大块杂质，保持管道通畅。

为了节能节水，直接利用小区雨水管道收集雨水(雨水水落管收集屋面雨水，雨水口收集路面和绿地雨水)。收集的雨水将经过初期弃流装置→水池→泵→加药→滤池→消毒装置→变频加压装置等工序，成为景观用水和绿化用水，降低了植物的日常维护费用(图18.125)。

苏州位于北亚热带湿润季风气候区，温暖潮湿，降水量充沛。朗诗国际街区通过屋面、水面、路面及绿地的雨水回收，平均全年可收集雨水26 724 m³，雨水利用17 103 m³，年雨水年处理水量达到46 967 m³，雨水的平均利用率为64%。朗诗国际街区2010年以来根据管理人员目前的统计报表，雨水利用46 967 m³，按照水价3.2元/m³计算，共计15.02万元，扣除电费、人工及设备折旧，同比节约11.2万元，环境效益和经济效益非常可观。

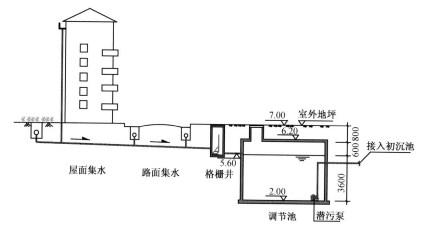

图 18.125　苏州朗诗国际街区雨水收集系统示意
资料来源：南京工业大学雨水收集方案书

2）其他节水措施

（1）节水器具

建筑内部全部选择节水器具。如：坐便器：6 L 或 6 L/3 L 低位水箱；水龙头为节水型掺气龙头；淋浴器为节水器莲蓬头，不用超大流量淋浴器。日常生活中，冲洗坐便器和淋浴用水约占全日用水量的 70%，因此，选对节水器具非常重要。

（2）绿化灌溉

采用喷灌式，比地面漫灌式省水 30%。

18.9.2.4　节材与材料资源利用

朗诗提倡体现节能、节水、节电、节材、保护环境的绿色建筑理念，致力于打造自然和谐、健康舒适安全、环保的住宅。整个项目是精装修。每套户型的精装修设计分为深浅套系，根据墙面乳胶漆、踢脚线、门及门套提供成套选择以满足不同年龄层次的人群需要。为了减少二次装修产生的人力物力的浪费，在规划阶段——方案设计——扩初设计——施工图设计的过程中，建筑师会和室内设计师充分沟通，从客户的角度出发，进行土建和装修一体化设计，建筑、结构、水电等方面不断进行调整和优化。

在装潢选材上尽量选择环保、耐用的材料，严格控制人造板材、木器涂料、胶粘剂、壁纸、地毯等主要造成室内环境污染的物质。主要材料有：墙砖、地砖、乳胶漆、实木复合地板等。墙面采用彩色环保乳胶漆，色彩多样，品质可控，后期易维护；地板采用实木复合地板，外形美观，污染较低；瓷砖效果接近天然大理石，硬度和耐磨性优于天然大理石，而放射性危害极小。另外，实木复合木地板、门及门套、踢脚线、橱柜、洗手台、墙地砖均为国际国内著名品牌厂家成品定制现场安装，节约了成本和时间，质量也更易控制。

对于施工中产生的垃圾、废弃物，则进行分类处理和回收利用，以减少垃圾的产生和外运，并尽量采用本地制造的建筑材料，以减少运输费用。本项目的水泥、砌块等均为江苏本地名牌产品。

18.9.2.5　室内环境质量

本项目采用了天棚辐射系统及全置换新风系统，室内温度常年保持在 20℃~26℃，相对湿度保持在 30%~70%，空气新鲜，环境安静，音量控制在 35 dB，舒适度非常高，而单位能耗仅为 9.72 kgce/m²，典型的节能、高舒适性的科技住宅，创造的良好健康室内环境。

内部环境的设计规划可谓尽善尽美，细致入微，既考虑了舒适度、又兼顾了舒适性：所有功能房间如卧室、客厅、书房等，均采用 200 mm 厚隔墙砌筑，可有效阻止各房间的相互干扰；混凝土楼板共计厚度达 320 mm，使上下楼层间不受干扰；外墙在 200 mm 厚填充墙外另有 70 mm 保温层，可有效阻隔外界对户内的影响；外窗采用塑钢窗，玻璃为 5+15A+5(mm) 中空玻璃，镀有 Low-E 涂层，内充惰性气体有效降低热能的传递并有相当好的隔声效果；采用同层排水系统，排水管不穿越楼板，通过后夹墙，在本层户内与管井中排水立管连接，可有效降低排水噪声对下层住户的影响。外窗外侧设置金属外遮阳卷帘，遮阳率高达 80%，有效阻挡太阳直辐射和漫辐射，通过设置在室内的拉绳可拉起和放下卷帘，并可自由调控室内光线。

本项目所用建筑材料、装饰材料,均符合健康、环保和可持续发展的要求。装修过程中全部采用满足绿色环保要求的黏合剂、密封剂、涂料、油漆、合成材料等,绝大部分家具和部品都采用工厂化制作。室内污染物浓度完全符合《民用建筑工程室内环境污染控制规范》(GB 50325—2001)中Ⅱ类建筑的限量值。

18.9.2.6 运行管理

由于苏州朗诗国际街区采用了众多高技术含量的节能设备和设施,这就需要专业的物业管理公司来管理,为此朗诗专门配备了专业的物业管理人员,并结合绿色建筑要求制定节能、节水、节材与绿化管理制度、垃圾分类收集管理等制度。正是基于朗诗物业丰富的专业系统运行管理经验,可以将本项目的系统运行费用定在 1 元/(m^2·月),也就是说,一个 100 m^2 的房子,一年的空调费用只需要 1 200 元钱,比传统的空调运行费用大大降低了,在经济上为业主实现了绿色服务的理念。

小区不但拥有苏州园林式的优美环境,而且配备了智能化系统。通过高效的传输网络,将多元化的信息服务与管理、物业管理与安全防范、住宅智能化进行系统集成,建立集中的社区综合智能化体系,进行完善的综合物业管理和提供全方位的信息服务。

18.9.3 绿色建筑成本增量分析(该工程按三星级绿建标准评价)

苏州朗诗国际街区采用了大量的先进绿色节能技术,但与普通房屋相比平均增量成本只有 345 元/m^2,只占平均建造成本的 17%(平均建造成本为 2 000 元/m^2),但所获得的社会效益、经济效益以及给业主带来的舒适体验远超普通房屋(表 18.17)。

表 18.17 绿色建筑成本增量分析

类 别	技术措施	总增量成本(万元)	单方增量成本(元/m^2)
节 地	透水地面	透水砖、植草格	100	6
节 能	围护结构	外墙、屋面保温	500	28
		中空Low-E玻璃窗	420	23
		外遮阳	900	50
	可再生能源利用	地源热泵	1 300	72
		集中太阳能热水	500	28
节 水	雨水回收	屋顶、道路雨水收集	100	6
室内环境质量	室内环境控制	置换新风系统	1 200	67
		天棚辐射空调	1 200	67
合 计			6 220	345

数据来源:朗诗国际内部结算资料

18.9.4 创建绿色建筑的思考

在苏州朗诗国际街区这个项目建设中,朗诗地产广泛地采用了土壤源热泵系统技术,混凝土顶棚辐射供冷供热系统、置换新风系统等环保节能的系统;在外墙、屋顶、地面、外窗等围护结构系统方面广泛地采用了节能型的材料和技术,并以太阳能作为公共外采光照明系统。不仅减少了建筑的能耗,大大降低了使用成本,而且通过构建舒适度高、安全性强的室内环境,给予用户全新的体验。

18.10 无锡山语银城住宅小区

18.10.1 项目概况

无锡山语银城住宅小区位于无锡市滨湖区,基地北侧紧邻惠山四季常青的森林公园,其余三面有城市

图 18.126　无锡山语银城小区总平面图
资料来源：南京城镇建筑设计咨询有限公司提供

道路围合。该地块原是江南大学龙山校区旧址，交通便利，水、电、通讯、燃气及各项市政设施齐全。小区向南 200 m 是无锡城市干道梁溪路，之间有新建成的滨湖区少年宫、育红小学及商业生活配套设施，已发展为成熟的城市生活区。小区占地 17 hm²，总建筑面积 25 万 m²（表 18.18）。小区共有 38 栋建筑，由小高层和少量多层组成。除沿街商业外，还有社区办公、文化会所及一所 12 班幼儿园（图 18.126）。幼儿园和会所对社会开放，是社区配套建筑。

山语银城项目由银城地产股份有限公司投资建设，南京城镇建筑设计咨询有限公司设计。2006 年完成设计并开工。2009 年底全部竣工并交付使用。该项目 2007 年被列为江苏省科技示范工程和建筑节能引导资金项目。2008 年被列为国家绿色建筑示范工程。2009 年获江苏省绿色建筑创新奖。

项目设计遵守国家《绿色建筑评价标准》（GB/T 50378—2006）的要求，采用被动式优先的策略，并结合工程实际对以下绿色设计方法进行了研究和实践：① 小区总体规划和建筑设计中的被动式建筑节能技术应用；② 65%节能标准条件下围护结构热工设计研究；③ 分户式太阳能热水系统和建筑一体化设计；④ 小区雨水回收及景观水循环处理技术；⑤ 小区园林景观的本土化生态技术。

表 18.18　无锡山语银城住宅小区主要技术经济指标

项　目		单　位	数　量	备　注
规划用地面积		hm²	17.71	
规划总建筑面积		万 m²	31.63	
其中	地上总建筑面积	万 m²	25.15	
	地下总建筑面积	万 m²	6.48	
住宅总建筑面积		万 m²	23.43	1 750 户
社区配套面积		m²	3 060	社区办公
商业文化会所		m²	9 191	
幼儿园		m²	3 652	12 班
地下车库面积		m²	38 360	泊车 1 635 辆（含立体车位）
地下非机动车库		m²	10 270	2 000 m²为公共建筑地下停车
建筑容积率		%	1.42	
建筑密度		%	18.6	
绿地率		%	42	

18.10.2 小区总体规划和建筑设计中的被动式节能技术

小区总体规划设计中被动式节能技术是指基于气候特征和周边地形地貌条件下，通过建筑空间概念分析和计算机模拟技术对小区风环境、热环境、光环境等进行优化，营造适宜的小气候环境，提高人们室外活动的舒适度，并有利于单体建筑减少能耗。

无锡属于北亚热带季风气候区。夏季受来自海洋的夏季季风控制，盛行东南风，天气炎热多雨；冬季受大陆盛行的冬季季风控制，大多是偏北风；春秋是冬夏季风交替时期，春季天气多变，秋季则秋高气爽。对应无锡夏热冬冷地区的气候特征，小区在总图方案设计比选中遵循以下原则：① 小区建筑空间在夏季导入东南主导风，以利降温除湿和户内自然通风；② 冬季结合惠山屏障阻挡北风、东北季风，防寒风侵入；③ 建筑全部南北朝向或南偏东少于 15 度布置，除满足规范标准日照间距外，通过计算机动态日照分析，以最大日照时数设计，使住户在冬季能更多享受阳光，以利被动式采暖；④ 园林景观、道路布置、选材及植被设计注重遮阳、防噪、防尘、保水，提高用地生态补偿，降低夏季热岛效应。

在整体空间布局方面，建筑和园林同步设计，小区采用大园林、小庭院、多层次的方法，把美化景观视线和优化室内外热环境结合起来。

如何利用好北面惠山森林公园是小区总体规划和空间布局设计的重点。从鸟瞰（图 18.127）中可以看出，建筑布置沿 45°斜线，让出一个宽约 50 m，长约 400 m 的空间走廊（图 18.128），走廊的两端布置文化会所和幼儿园两幢低层建筑，在视觉上把走廊空间和惠山连接起来，组团空间又和走廊空间相通。不但形成了推窗见山的视觉效果，同时起到了组织小区内风流的作用。空间走廊作为小区的中心景观，利用北高南低地形设计了 6 000 m² 跌落水景。沿组团空间婉转流淌的水面与四季花木形成多变的环境景观。

图 18.127　山语银城小区鸟瞰图
资料来源：南京城镇建筑设计咨询有限公司提供

图 18.128　山语银城空间走廊
照片来源：张瀛洲摄

东南大学建筑学院对小区进行的风环境及热微环境计算机模拟显示，在 7 月份最热月气温条件下，水面上空及周边的降温效果明显，树荫下草地涡旋区保持低温（图 18.129）。夏季东南风的导入把中心景观的低温空气引入组团空间，提高了户内自然通风的降温除湿效果（图 18.130）。

住宅平面设计在控制体形系数和窗墙比时，适当提高南向窗面积，采用 5+12A+5 断桥中空玻璃，窗户开启面积大于 30%。组织自然通风，户型南北通透，便于形成穿堂风，结合活动遮阳，促使室内通风遮阳降温。冬季被动采暖，在夏热和冬冷月份里，住户可以分空间分时段开启空调，减少空调的运行时间。

这里需要阐明的是，在总图规划和单体建筑设计中，建筑师和工程师运用被动式节能技术的同时并没有削弱建筑形象的表现。相反由于"建筑节能"题目的挑战促使建筑师挖掘建筑的创意。走进小区人们将感受到一个多变有序的空间序列。透过错落有致的斜板屋檐可以望见背面的山影。眼前的建筑灰、白墙面相间，有节奏感的凹凸阳台，木色栏板的线谱构图，阳光下大面积玻璃窗的轻松明快……使人们感受到山脉在这里延伸，本土文脉和现代建筑在这里融合，给人以诗意的愉悦和贴近大自然的温馨（图 18.131，图 18.132）。

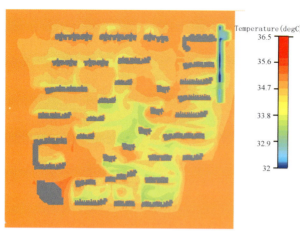

图 18.129　夏季热岛强度模拟分析结果
资料来源：东南大学建筑学院提供

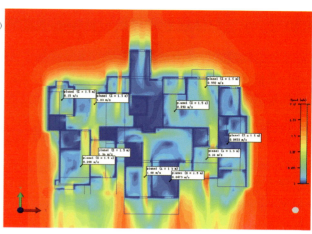

图 18.130　典型户通风图
资料来源：东南大学建筑学院提供

图 18.131　山语银城小区文化会所
资料来源：张瀛洲摄

图 18.132　山语银城小区水景旁的住宅

18.10.3　节能 65% 标准条件下围护结构热工设计研究

在夏热冬冷地区，建筑围护结构热工性能的提高是提升节能标准的重要方面。山语银城小区按 65% 节能标准设计，当空调采暖设备能效比确定时。主要研究外墙、屋面、外门窗及建筑遮阳几方面合理热工参数的确定和选材。参照《江苏省居住建筑热环境和节能设计标准》(DGJ32/J 71—2008)，围护结构热工指标控制值如表 18.19。

表 18.19　山语银城小区居住建筑热工指标控制值

围护结构部位		传热阻 $R_0[(m^2 \cdot K)/W]$	热惰性指标 D	备 注
体形系数≤0.4	外　墙	1.2	2.5<D≤4.0	ρ 值以外墙材质色泽确定
	屋　面	≥1.67	>3.0	6—11 层
外　窗		采用断桥铝中空玻璃窗(5+12A+5，λ≤3.1 W/$(m^2 \cdot K)$) 南、东、西方向外窗采用夹芯铝材卷帘活动遮阳		

小区建筑由小高层和多层组成，高度在 36 m 以下，主体结构采用钢筋混凝土剪力墙和框架系统。外墙采用欧文斯科宁外墙外保温隔热系统[①]。屋面采用倒置式 XPS 隔热保温系统(图 18.133)。两个系统的应用研究在 2000 年就开始了，都有相应的执行标准。本次工程对外墙外保温的黏结力进行了改进，提高了安全度。

---

① 张瀛洲. 欧文斯科宁保温隔热系统在建筑围护结构中的应用分析. 建筑节能, 2005(45).

图 18.133　外墙外保温做法模型和屋面外保温做法模型
资料来源：张瀛洲摄

通过"BECS"及"天正"节能设计软件计算分析比较，确定了外墙、屋面、外门窗及外遮阳的选材和做法。

南京城镇建筑设计咨询有限公司绿色建筑技术应用研究中心对两个典型套型的11层住宅进行计算比较（图 18.134），当节能标准从 50% 提高到 65% 时，不同的体形系数，窗墙面积比条件下，对围护结构热工性能的要求有较大差异（表 18.20）。

计算分析在节能标准 50% 和 65% 时，两栋楼对外窗、外墙、屋面及外遮阳热工数值如表 18.21 所示。

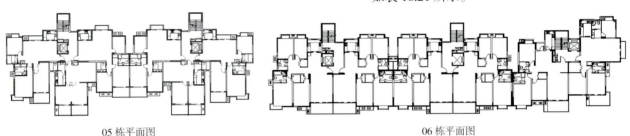

图 18.134　山语银城小区 05 栋和 06 栋平面图
资料来源：南京城镇建筑设计咨询有限公司绿色建筑技术应用研究中心

表 18.20　体形系数和窗墙面积比

项　目		05 栋	06 栋
体形系数		0.35	0.31
窗墙面积比	东　向	0.05	0.08
	西　向	0.05	0.04
	南　向	0.42	0.36
	北　向	0.34	0.24

表 18.21　不同节能标准时围护结构热工值

项　目	05 栋		06 栋	
	50%标准	65%标准	50%标准	65%标准
外窗传热系数 k [W/(m²·K)]	3.2	2.5	4.0	3.2
外墙 xps 厚度（mm）	21	38	15	30
屋面隔热 xps 厚度（mm）	35	80	35	45
活动外遮阳	无	有	无	有

表 18.20 也说明两个典型套型的不同体形系数和窗墙比对节能标准的影响。通过权重分析，图 18.135 表明了 05、06 栋楼从 50% 节能标准提升到 65% 时各部分的贡献率（空调 COP 值 50% 时夏季取 2.3，冬季取 1.9；65% 时夏季取 2.5，冬季取 2.1）。

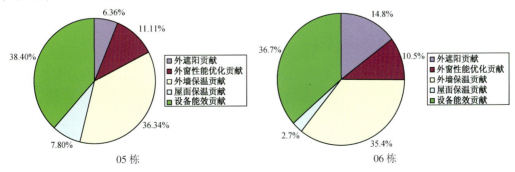

图 18.135　当节能标准从 50% 提升到 65% 时各项技术的贡献率
资料来源：南京城镇建筑设计咨询有限公司绿色建筑技术应用研究中心提供

18.10.4 分户式太阳能热水系统和建筑一体化应用

无锡的地理位置和南京相近，日照时数大于 1 200 h，年太阳辐射量大于 3 500 MJ/m²，有利于太阳能热水系统的应用。太阳能设备和建筑一体化设计是多年来建筑师一直追求建筑造型完美的目标。钢筋混凝土平屋面布置太阳能集热器便于安装和日常维护检修。太阳能集热器和平屋面夹角 40°能获得高效接收太阳能的效果(图 18.136)。

山语银城住宅屋顶设计成大板斜坡出檐，在出檐板下加构造斜撑。错落的屋面板坡造型构成丰富的天际线，并且从地面向上观看时，避免看到屋顶零乱的形象(图 18.137)。

小区分户式太阳能热水系统引进整体管理、厂家包修和终身维修(在售楼合同中约定)，免去日常维修给物业管理带来的人力及经费的压力，自然分户计量和明晰的权益方便了用户的使用和维护。

小区选用光芒牌热水器系统。建筑设计将水管和电力线综合布置在楼层管道区，屋面设有检修通道。集热管及水箱(含辅助加热)固定在混凝土柱墩上(图 18.138)。在暴雨、积雪及大风情况下，不会影响屋面防水，不产生坠落安全隐患。正常日照下每户每日可供应 120 L 50℃热水，满足三口之家冲淋洗浴。遇阴雨雪天启动电辅助加热系统。太阳能热水器与普通家用燃气、电热水器使用的经济比较如表 18.18。在正常使用条件下每台太阳能热水器每年可节电约 2 100 度，小区共配置了 1 046 台，全年共可节电约 220 万度。

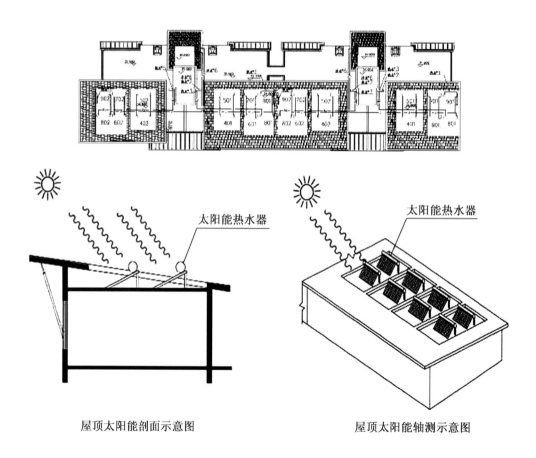

图 18.136　屋面太阳能热水器布置示意图(上图)和太阳能热水系统与建筑屋顶关系示意图(下图)

资料来源：南京城镇建筑设计咨询有限公司提供

图 18.137 屋顶造型

图 18.138 屋顶太阳能

照片来源：张瀛洲摄

表 18.22 太阳能热水器、燃气热水器、电热水器使用的比较

项 目	金属导管太阳能热水器	燃气热水器(10 L)	电热水器(100 L)
投资概算	4 100 元	≥2 000 元	≥2 000 元
平均寿命	15 年	6 年	8 年
每年平均使用天数	300 天	300 天	300 天
每户每天平均费用	0.65 元	2.29 元	4.35 元
15 年总费用	7 025 元	15 305 元	23 325 元

18.10.5 雨水回收及景观水处理技术

作为课题研究，2000 年在南京聚福园住宅小区设计了雨水回收及景观水处理系统。该课题由南京工业大学吕伟娅教授主持[①]，2003 年通过江苏省科技厅鉴定，2005 年 3 月获国家绿色科技创新奖，近年来在多项工程中应用推广。本项目雨水利用的主要设计内容是：

1）雨水收集系统设计

本项目直接利用小区雨水管道收集雨水。由落水管收集屋面雨水，雨水口收集路面和绿地雨水。采用 UPVC 管材，道路两侧雨水口设铁篦子拦截杂物，保证管路畅通。由于有住户将洗衣机放在阳台影响排雨水质，管线综合设计时将阳台排水汇入污水管，道路初期雨水作为弃水，以保证收集雨水的基本水质。

2）雨水的调蓄容积

采用 400 m³ 地下蓄水池和约 8 000 m³（中心水景加组团水面）景观池溢流储存调蓄雨水，可贮水容积有 3 600 m³。利用景观水池储水降低了贮水工程造价，提高了地下建筑的利用率。

3）雨水处理工艺

本项目水处理系统有三种工作模式，兼有雨水和景观水循环处理双重功能。景观水需要补水时，将调节池贮存水进行提升处理进入景观水池；平常可进行景观水的循环处理，保证景观水的水质和景观效果；绿化用水时，直接启用绿化泵，经处理后的雨水直接进入绿化管网（图 18.139，图 18.140）。

4）雨水水量平衡

屋面、水面、路面雨水径流系数 Ψ_1=0.9，绿地径流系数 Ψ_2=0.15，综合径流系数 Ψ_3=0.555。计算全年基地降水量 Q_1=182 589 m³，可收集雨水 Q_2=101 337 m³，每年回用雨水量 Q_3=51 516 m³，回用雨水量占全年雨水 28.20%，占可收集雨水总量 50.8%。

根据分析，全年降水量和可收集雨水量均多于用水量，在 10 月份二者数值接近，因此，在调蓄 18.7

---

① 吕伟娅等. 利用雨水作为景观用水源的设计与应用研究. 给水排水, 2004(4).

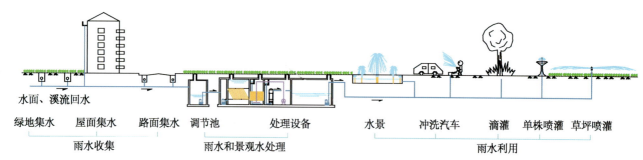

图 18.139　山语银城小区景观用水循环与雨水回用工艺流程示意图

资料来源：南京工业大学吕伟娅教授提供

图 18.140　雨水处理机房
资料来源：张瀛洲摄

天的前提下，除极端气候条件外，均可满足景观水补水量和绿化需水量。

5）数据分析

2010 年以来雨水收集系统进入正常运行。根据管理人员 1~9 月的统计报表，在保持景观用水的情况下，雨水回用处理 44 561 m^3，其中绿化用水 38 448 m^3，循环用水 6 113 m^3，（耗电 11 061 kW·h）。按水价 3.2 元/m^3 共计 14.26 万元，扣除电费、人工及折旧费，同比节约 10.55 万元，产生很好的环境效益和经济效益。

18.10.6　园林景观的本土化生态技术

在城市建设中，生态补偿是一个日益受到广泛关注的课题。山语银城小区园林景观不但要达到居民室外休闲观赏的效果，还要起到调节改善小区小气候的作用。在园林景观规划设计中，确定园林生态与惠山森林公园相连接的思路，把小区的园林生态营建作为本地区整个生态网络的一个节点，提高住宅小区建设中生态补偿的功能：

1）保留原生态植被

小区所在地块为江南大学旧址，项目建设中，尽可能保留场地原生树木。移栽乔木 300 多棵，为了对场地西侧道路两边的香樟树全部予以保留，规划设计时调整了道路线的位置。保留树木在施工中加强保护，竣工后交给物业公司进行管理，成活率在 90%以上，不但很快形成景观效果，同时节约了园林投资（图 18.141，图 18.142）。

图 18.141　道路保留树木

图 18.142　移栽的树木

资料来源：张瀛洲摄

图 18.143　原先场地排水系统改造后的实景
资料来源：张瀛洲摄

2）改造原有排水系统

结合改造原场地排水系统，小区四周退让用地红线 10~15 m，让出绿地 23 000 m²，种植灌木和乔木，形成道路和住宅的过渡林带，还起到遮挡道路灰尘和噪音的作用（图 18.143，图 18.144）。

3）建造复层混合型绿地

在周边林带和小区园林中，合理配置乔、灌、藤、草、水面，形成以复层混合型绿地为主的绿化格局。种植适应当地气候和土壤条件的本土植物，如榉树、朴树、香樟、桂花、石榴、垂柳、樱花、碧桃、栾树、山茶、杜鹃、紫藤等 30 余种乔木和花卉，这些乔、灌木抗病虫害强，易养护管理。

从生态学的角度加强小区绿地规划，引种浆果类、种子类植物，如冬青、火棘、枇杷、杨梅等，给各种鸟类和小型野生动物提供食源、蜜源，吸引鸟类在此栖息、繁衍，实现和惠山林区的生态链接，同时减少植物病虫害，构建良好的生态环境。

植物配置常绿与落叶、速生与慢生相结合。建筑物南向以落叶乔木为主，起到夏季遮阳、冬季采光的作用。建筑东西侧以常绿乔木为主，起到遮阳的作用。建筑阴影区种植耐阴植物，通过合理的植物群落配置达到遮阳降噪、净化空气的作用。小区内规划乔木每 100 m² 不少于 5 株。

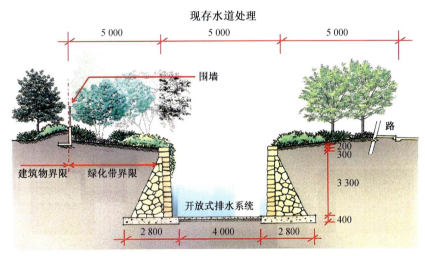

图 18.144　排水系统改造图
资料来源：南京城镇建筑设计咨询有限公司提供

18.10.7　其他绿色节能技术应用

1）山语银城地下建筑面积约 605 万 m²，占总建筑面积 20%，除地下人防外，其余都是地下车库（人防平时也做车库）。工程采用 17 m 跨高强度大孔钢筋混凝土预应力厚板技术，扩大了地下有效利用空间，节省材料和投资（图 18.145）。

2）小区内安装了 2 kW 光伏发电设备，提供主干道的路灯照明（图 18.146，图 18.147）。

3）小区配置了智能化系统，主要由三大系统和十四个子系统组成。

安全防范系统。包括周界防越报警、闭路电视监控、电子巡更、智能家居（门禁、对讲、防盗）、消防报警；

信息管理系统。包括公共背景音乐、耗能表远程抄报、电子显示屏、停车管理、公共设备监控；

图 18.145　地下车库大空间
资料来源：张瀛洲摄

绿色建筑设计与技术

图 18.146　太阳能光伏发电

资料来源：张瀛洲摄

图 18.147　太阳能路灯

信息网络系统。包括电子网络、宽带网络、有线电视、房地管理综合平台；

智能化管理节省人力，全面提升了小区管理水平，使业主享受到便捷、高效的科技生活。

4) 小区为业主提供一次性装修服务，装修风格材料可菜单式选择，满足业主个性化需求。设计了每平米 800~1 500 元不同的装修标准，装修材料统一采购，降低造价保证质量。一次性装修避免了对建筑的破坏和邻里干扰，便于对电梯等公共区域的成品保护，也有效保证室内环境质量。

山语银城住宅小区 2010 年 10 月通过了江苏省组织的科技示范工程验收和建筑节能引导资金工程验收。该项目在被动式优先的建筑节能技术方面做了有益的探讨。设计组和开发单位将继续跟踪小区的运营管理，回访住户对室内外环境舒适、健康的体验诉求，积累各种能耗数据。继续探讨适合本地发展的绿色建筑设计方法。

18.11　杭州绿色建筑科技馆

图 18.148　杭州绿色建筑科技馆

资料来源：水晶石公司绘制

杭州绿色建筑科技馆位于浙江省杭州钱江经济开发区能源与环境产业园西南区，占地 1 348 m²，总建筑面积 4 679 m²，建筑高度 18.5 m，其中地上 4 层，设半层地下室（图 18.148）。该项目作为绿色建筑技术集成应用示范项目，本着"被动技术优先，主动技术优化"的原则，注重成熟、因地制宜、可示范推广的绿色节能技术集成，追求建筑本体、机电系统及运行管理的有机结合。项目于 2007 年被列入建设部建筑节能和可再生能源利用示范试点项目，并获得三星级绿色建筑设计标识，目前正在申报美国能源与环境设计先锋奖 LEED 铂金级认证。

为了减少建筑能耗以及对环境的影响，构建健康、舒适的室内环境，实现环境、人与建筑的和谐，针对科技馆的地理位置、使用功能，绿色科技馆采用 6 个系统化的设计方法对绿色节能建筑技术进行了优化集成，从而提升建筑物整体系统的效率（图 18.149）。

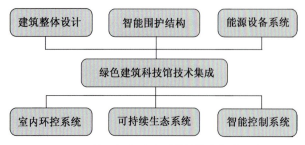

图 18.149　杭州绿色建筑科技馆技术集成示意图

资料来源：水晶石公司绘制

18.11.1　建筑整体优化设计

该项目主体结构采用钢框架结构体系（图 18.150），

现浇混凝土全部采用预拌混凝土，从而控制工程质量、减少施工噪声和粉尘污染，节约能源以及降低建材损耗。同时严格控制混凝土外加剂有害物质含量，避免建筑材料中有害物质对人体健康造成损害，以达到绿色环保的要求[①]。

在建筑单体设计方面，建筑物整体向南倾斜15度，具有很好的自遮阳效果：夏季太阳高度角较高，南向围护结构可阻挡过多太阳辐射；冬季太阳高度角较低，热量则可以进入室内，北向可引入更多的自然光线（图18.151）。另外，屋顶为非上人屋面，其上设计有18个拔风井烟囱用于过渡季节自然通风，南向东西两端的拔风烟囱顶部各自设置有1个直径300 mm的垂直式风力发电机(图18.152)。

图 18.150　杭州绿色建筑科技馆施工现场
资料来源：管荣卫摄

图 18.151　杭州绿色建筑科技馆立面
资料来源：杨维菊摄

图 18.152　杭州绿色建筑科技馆拔风烟囱和风力发电机
资料来源：管荣卫摄

项目实现土建与装修工程一体化设计与施工，通过各专业项目提资及早落实设计、做好预埋件处理。即使有所调整，及时联系变更做到尽早修正，再加上各单位依据绿色施工原则结合自身特点制定相应绿色施工技术方案，指导项目施工施行，有效避免拆除破坏和重复装修。

18.11.2　智能围护结构

该项目围护结构部分保温隔热设计为：坡屋面采用防水透气膜加岩棉保温非透明幕墙，其中岩棉板 90 mm，传热系数 K=0.49 W/(m²·K)；建筑物南北立面、屋面采用钛锌板，东西立面采用陶土板，这两种材料皆为具有自洁功能的绿色、环保型建材。东、西向外窗、天窗为隔热金属型材多腔密封窗框，低透光双银玻璃，传热系数 1.91 W/(m²·K)，自身遮阳系数 0.29，气密性为 4 级，水密性为 3 级，可见光透射比 0.57；南、北向外窗类型：隔热金属型材多腔密封窗框，高透光双银玻璃，传热系数 2.27 W/(m²·K)，自身遮阳系数 0.44，气密性为 4 级，水密性为 3 级，可见光透射比 0.7。而建筑物的窗墙比设计分别为：南立面 0.29，北立面 0.38，东立面 0.07，西立面 0.1，合理的窗墙比既满足建筑物内的采光要求，防止直射造成的眩光对室内人员产生不利影响，又不会形成较大的空调负荷，达到节能降耗目标[②]。

该馆的外遮阳系统为南北立面窗采用智能化机翼型外遮阳百叶(图18.153，图18.154)，遮阳百叶长度 3.59 m，宽度 0.45 m，采用德国技术、意大利电机，在机翼型百叶上按23%左右开孔率打微孔，孔径为

---

① 杭州绿色建筑科技馆——绿色建筑设计标识申报表. 中国城市科学研究会, 2009, 09.
② 杭州绿色建筑科技馆建筑外窗开启面积比计算书. 杭州市城建设计研究院, 2009, 09.

图 18.153　外遮阳百叶（一）
资料来源：杨维菊摄

图 18.154　外遮阳百叶（二）
资料来源：管荣卫摄

φ2.5，实现了遮阳不遮景，保持室内视觉通透感，有效降低建筑能耗；夏季控制光线照度及减少室内得热，冬季遮阳百叶的自动调整可以保证太阳辐射热能的获取。东西立面采用干挂陶板与高性能门窗的组合，采用垂直遮阳，减少太阳热辐射得热，保证建筑的节能效果和室内舒适性[①]。

通过动态能耗计算软件 Energyplus 模拟分析，由于设计建筑高效节能的围护结构设计，计算结果显示夏季空调负荷与参照建筑（按照《公共建筑节能设计标准》GB 50189—2005 设置）相比降低了 38%，冬季采暖负荷降低了 15%，负荷减少十分显著[②]。

18.11.3　能源设备系统

18.11.3.1　温湿度独立控制空调系统

该馆为满足不同房间热湿比不断变化的要求，克服了常规空调系统中难以同时满足温湿度参数的问题，避免了室内湿度过高或过低的现象，采用温湿度独立控制的空调系统。由于地表浅层地热资源的温度一年四季比较稳定，相对于环境空气温度冬暖夏凉，故空调系统冬季从土壤中吸收热量，夏季热量则传回土壤，是非常好的热泵热源和空调冷源。故温度控制采用由地源热泵机组、地埋管换热系统和空调末端（采用辐射毛细管、冷吊顶单元、吊顶式诱导器、干式风机盘管等 4 种形式）组成的空调系统。该系统冷热源为地源热泵系统，选用一台制冷量 127 kW，COP=6.15，共 64 根埋深 60 m 的单 U 形地埋管（DN25），并采用水作为输送媒介，其输送能耗仅是输送空气能耗的 1/10~1/5。

湿度控制由 4 台热泵式溶液除湿新风机组、送风末端装置组成，其中每台热泵式溶液除湿新风机组的除湿量为：80 kg/h，加湿量为：25 kg/h，COP 一般在 5.5 以上。该系统通过盐溶液向空气吸收或释放水分，实现对空气湿度的调节，采用新风作为能量输送的媒介，同时满足室内空气品质的要求（图 18.155）。

18.11.3.2　太阳能、风能、氢能发电系统

该馆屋顶设置风光互补发电系统，多晶硅光伏板 296 m²，装机容量 40 kW，采光顶光电玻璃 57 m²，装机容量 3 kW，屋顶光伏发电系统产生的直流电，并入园区 2 MW 太阳能发电网。2 台风能发电机组装机容量为 600 W，系统产生的直流电接入氢能燃料电池，作为备用电源，实现了光电、风电等多种形式的利用。其中氢能燃料电池工作原理是通过电解水的逆反应过程，即氢气和氧气结合生成水、产生电这一过程，将化学能直接转换成电能。燃料电池产业成为继太阳能、风能之后的又一新能源产业热点。

18.11.3.3　能源再生电梯系统

该馆选用奥的斯 GeN2 能源再生电梯，采用 32 台能源再生变频器，可以将原消耗在电阻箱上的电能清洁后反馈回电网，供其他用电设备使用；曳引机采用植入式稀土永磁材料，不需要碳刷，因此也就没有碳

---

① 杭州绿色建筑科技馆建筑遮阳分析报告. 杭州市城建设计研究院, 2009.04.
② 杭州绿色建筑科技馆项目能耗模拟分析报告. 中国建筑科学研究院上海分院, 2009.09.

尘。电机的效率为90%（碳刷式电机的传动效率为80%~85%）；电机采用密封轴承，没有齿轮箱，所以无需润滑油，不存在润滑油污染的问题；双重节能较普通有齿轮乘客电梯最大节能可达到70%。

18.11.4 室内环境控制系统

18.11.4.1 被动式通风系统

该馆运用了地下室、拔风井、中庭以及屋顶烟囱等建筑形式，通过风压和热压实现自然通风换气。在被动式通风时，室外新鲜空气进入地下室后，充分利用地下室这个天然的大冷库进行一定的冷却，然后沿着布置在南北向的14个拔风井以及东西向的4个拔风井进入各个送风风道，在热压和风压共同驱动下，沿着各个风道经由布置在各个通风房间的送风口依次进入各个房间，然后室内污浊的空气通过每个空间的出风口，进入中庭周围的天花板；聚集的带有热量的气体将透过天花板进入中庭，最后通过屋顶专门设计的烟囱排向建筑外部。而在室外温度或湿度较高的时刻，被动式通风系统关闭，利用建筑物的隔热性能，保持室内较低的温度或湿度。同时该建筑还采用了裸露混凝土吊顶，由于其能储存大量的热量，可加强建筑物夜间冷却效应，这样可以有效减少室内的空调负荷，减少空调机组运行时间和空调冷负荷，达到节约能源的目的。

18.11.4.2 主动通风装置

在夏季制冷时，空气处理装置将预先对新鲜空气进行冷却和除湿，并通过控制阀(确保每个空间空气交换的独立性)将处理后的空气分配到独立空间，并由地源热泵(GSHP)提供能源的辐射制冷天花板(图18.156)，将进一步控制室内环境。在空间内部遭遇突然性热量积聚时，混合风扇将被启动协助制冷，例如1层展示厅和报告厅使用的几率不是很大，为节约能耗，1层展厅和报告厅的新风支管上设置了电动风

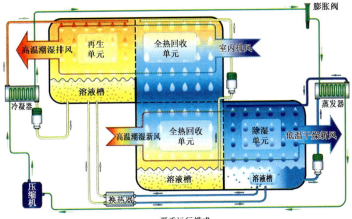
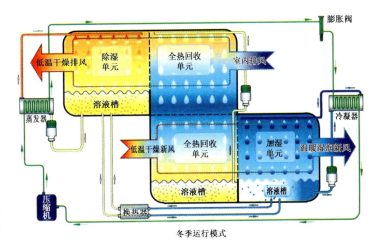

图 18.155 热泵式溶液调湿新风机组工作原理
资料来源：水晶石公司绘制

图 18.156 冷吊顶单元空调末端
资料来源：杨维菊摄

阀：当1层展示厅和报告厅使用时，打开全部新风阀，新风机组工频运行；当1层展示厅和报告厅不用时，关闭全部新风阀，新风机组通过变频器使其在设定好的频率下运行，每台新风机组设变频器1台。在冬季供暖时，空气处理机组将预热进入室内的新鲜空气，并且地源热泵将被切换成冬季供暖模式，夏季供冷天花板也相应的转变为热辐射形式。当绿色科技馆在机械模式下运行时，必须尽量确保地下室的密闭

性，避免室内热量的流失。中庭周围 18 个拔风井中的 14 个用于排放中庭内各楼层积聚的空气；而南北面各两处拔风井分别用于第 3、4 层的通风换气（图 18.157，图 18.158）。

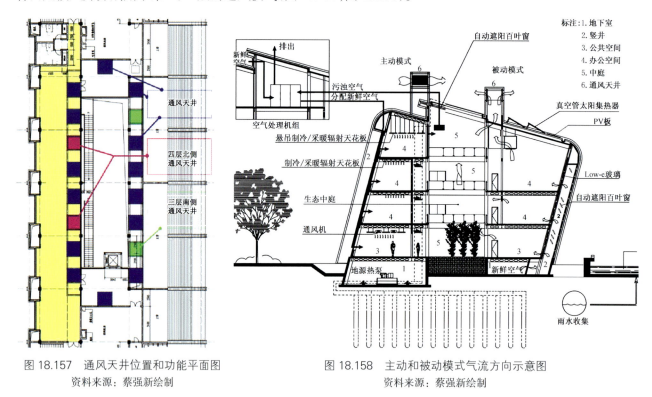

图 18.157　通风天井位置和功能平面图
资料来源：蔡强新绘制

图 18.158　主动和被动模式气流方向示意图
资料来源：蔡强新绘制

18.11.4.3　自然采光系统

该馆自然采光系统综合考虑了照明、遮阳与日照、植物生长等需求，并通过中庭采光（遮阳型双银 Low-E 玻璃/柔性非晶硅光电玻璃）、侧窗采光（东西遮阳型双银 Low-E 玻璃/南北高透光双银 Low-E 玻璃）以及屋顶导光管采光(阳光经采光罩聚集并直接折射到传输管道，光线沿管道向下反射穿越房顶到达吊顶，最后经漫反射洒落在房间的每个角落)（图 18.159）。

通过模拟分析，建筑室内主要功能空间的采光效果较好，在遮阳板开启时，全楼采光系数大于 2.2% 的区域面积为 2 353.21 m²，占主要功能空间面积 85.47%；在遮阳板闭合时，全楼采光系数大于 2.2% 的区域面积为 2 254.82 m²，占主要功能空间面积 81.90%，均达到 80% 以上。且该项目采用无眩光高效灯具，并

图 18.159　杭州绿色建筑科技馆中庭环境
资料来源：管荣卫摄

图 18.160　杭州绿色建筑科技馆中庭照明
资料来源：杨维菊摄

设置智能照明灯控系统。

18.11.4.4 智能控制绿色照明系统

照明系统设计中充分考虑利用天然采光、每个房间照明分内外区，外区照明由BA控制；内区由手动控制。每层外区每个房间各设一个室内照度计，在室内照度足够时关闭外区照明。主要功能模式：有办公室主要采用背景照明和岗位照明，局部办公室采用遮阳采光联动互动体验照明，会议室和接待室采用场景照明，走廊等公共部位采用智能感应照明等（图18.160）。

18.11.5 可持续生态系统

18.11.5.1 雨水收集、中水回用系统

该馆以办公、展览为主，排水量不大，且杭州地区降雨较为丰沛（降水量在1 100~1 600 mm之间），能够保证中水处理原水水量；在充分考虑能源节约、保证水质和用水量前提下，采用雨水收集及中水回用技术。中水处理总体规划如下：

（1）中水水量收集的主要方式：建筑屋面收集雨水、卫厕排水、河道补水；

（2）利用建筑旁边的河道改造成人工蓄水池，用于调蓄和存储收集的雨水，作为中水处理的补充水源，雨水经人工蓄水池后进入中水处理系统；

（3）卫厕排水经化粪池后，取上清液直接进入中水处理系统；

（4）根据处理后中水的水质要求，采用膜处理的中水处理设置；

（5）处理后的中水的主要用途：冲厕用水、室外绿化灌溉用水（设计用水额为5.25 t，占总用水量的22%）、道路冲洗与洗车。

具体处理措施如下：生活污水通过化粪池后，进入格栅池，去除生活垃圾后，流入调节池（处理后的地面雨水和屋面雨水一起进入调节池），污水经调质调量后，通过调节池提升泵，提升至水解酸化池后，流进MBR膜生物反应池，经处理后达到去除氨氮的作用，剩余的污泥排到污水池，污泥作为绿化肥料外运。MBR池出水通过膜抽吸泵抽吸出水，并经消毒后流入清水池，通过中水回用系统回用作为绿色建筑科技馆的厕所冲洗用水，及其周边的洗车用水、花草浇灌、景观用水、道路清洗，实现本项目非传统水源利用率达到73.7%（图18.161）。

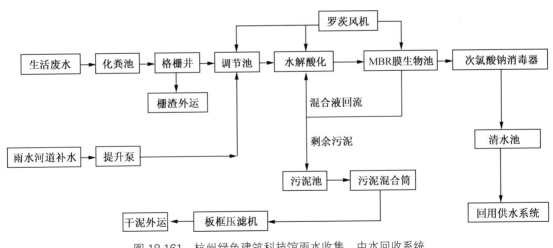

图18.161 杭州绿色建筑科技馆雨水收集、中水回收系统
资料来源：杭州城建院绘制

18.11.5.2 景观绿化系统

该项目景观绿化采用大香樟、香樟、乐昌含笑、杜英、榉树、广玉兰、垂柳、大桂花、桂花、山茶花、水杉、雪松、黄山栾树、红白玉兰、樱花、垂丝海棠、红枫、红梅、碧桃、红叶李、紫薇、红继木球、含笑球、枇杷、黑松桩景、无刺构骨球、南天竹、八角金盘、洒金珊瑚、小叶栀子、金丝桃、春鹃、夏鹃、丰花月季、金森女贞、金边黄杨、红叶石楠、茶梅、八仙花、矮美人蕉、鸢尾、花叶蔓、阔叶麦

冬、玉簪、兰花三七、黄馨、红花酢浆草、白花三叶草、果岭草等乔灌乡土植物及适宜树种，通过乔灌草搭配，形成复层绿化形式，同种或不同种苗木高低错落，植后同种苗木相差 30 cm 左右。在人行道区域铺设了透水地砖等，室外透水地面面积比为 56.7%，远大于 40% 的要求标准。

18.11.6 智能控制系统

该馆的智能控制系统包括楼宇自控系统、楼宇测量系统和通讯网络系统。楼宇自控系统主要针对科技馆内主要运行设备，包括被动式通风系统及主动空调系统，其他包括外遮阳的控制、照明的控制、与地源热泵系统的通讯接口、变频水泵的状态检测、无动力通风系统的测量、地源热泵系统性能的测量、光伏电池和风力发电的参数检测、智能窗启闭的监控、电梯的状态检测和各种用能设备的能耗检测，建立统一的监控管理系统（工程涉及的第 3 方系统达 15 个子系统），进行集中管理和监控。楼宇测量系统同时对室内环境，室外气象参数，建筑能耗状况，以及系统的运行特性等进行逐时的测量，为建筑节能研究提供数据。系统中安装 38 个分项计量智能化仪表，实现了全面掌控系统状况，动态能耗分析，控制调节和节能优化，改善设备管理。据统计系统实际现场监控点为 1 600 点，系统软件配置为 1 400 点，合计监控点为 3 000 点。

通讯网络系统提供一个集成的、公共的信息传递平台，收集和发送来自各子系统中传感器、执行器等控制设备的信息（图 18.162）。系统能够通过互联网在每天的某个时间将指定的数据表自动发送到指定的 email 邮箱中。系统网络架构采用 3 层集散控制系统标准进行设计，即管理层、控制层和现场层进行设计。

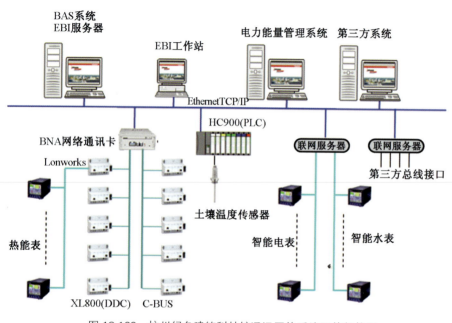

图 18.162　杭州绿色建筑科技馆通讯网络系统网络架构图
资料来源：杭州城建院绘制

18.12　中冶赛迪大厦

18.12.1　项目概况

赛迪大厦是中冶赛迪工程技术股份有限公司自建的设计大楼（图 18.163，图 18.164），位于重庆市重点打造的市级商务中心——金山国际商务广场。工程占地面积 9 950 m²，总建筑面积 6.2 万 m²，地上 23 层，地下 3 层，建筑高度 96.60 m，是以办公为主的，配置会议、展示、培训、健身、餐厅等功能的智能化高级写字楼。该大厦已于 2009 年 1 月竣工投入使用。

该项目充分体现"可持续"的设计理念，并通过主动与被动相结合的方式，采用适宜重庆地区气候条件的绿色生态设计技术，践行"可持续发展"的理念。如通过加大层高，保证室内充足的自然采光；在电梯大堂、楼梯及公共区域使用自然照明，节约能源；通过较"薄"的平面使员工在过渡季节享用自然通风；通过双层玻璃幕墙系统降低建筑在冬季和夏季的供暖和供冷的能耗。

图 18.163　赛迪大厦与金山国际商务广场　　　　　图 18.164　赛迪大厦实景
资料来源：中冶赛迪与 ATKINS 绘制　　　　　　　资料来源：中冶赛迪周文、高玲莉摄

18.12.2　美国能源与环境设计先锋奖 LEED 认证

赛迪大厦正在申请美国能源与环境设计先锋奖 LEED 认证。按照最新版 LEED NC 2009 评估系统，经初步自评分析，赛迪大厦得分为 57 分，为银奖级别。获批后，中冶赛迪大厦将成为重庆首例获得 LEED 认证的建筑。

此项目中，对 LEED 认证有突出贡献的设计技术如下：① 屋顶绿化系统，减少城市热岛效应；② 种植本地植物，保持物种多样性；③ 禁烟大楼，维持室内良好空气品质；④ 通过双层玻璃幕墙系统、高效空调系统、节能照明设计、智能控制、自然通风等一系列节能措施，赛迪大厦可实现节能 30%；⑤ 节水器具和雨水、中水回收系统，保证了赛迪大厦的节水 40%；⑥ 双层玻璃幕墙在实现节能的同时也保证了赛迪大厦视野的通透性，实现建筑内部 75%室内常规区域视野的可达性。

18.12.3　技术体系

可持续发展是本设计的核心目标，"以人为本"是本设计的核心理念，并通过因地制宜的"节能减排、绿色生态、低碳宜居、高效智能"技术体系的二十余个专项技术率先实现建筑节能 50%的目标、可再生能源利用对建筑节能的贡献率达 30%、非传统水源利用率达 60%、室内环境达标率 100%等技术指标。

"赛迪大厦"注重绿色生态、宜居等技术与建筑的一体化设计，并形成十大技术为亮点的设计体系：① 适宜当地气候（夏热冬冷）的维护结构设计技术；② 高效空调系统设计技术；③ 过渡季节的自然通风强化设计技术；④ 中水、雨水回收利用技术；⑤ 节能低碳的结构体系；⑥ 自然采光设计技术；⑦ 室内垂直交通系统设计技术；⑧ 屋顶绿化设计；⑨ 智能集成控制与管理技术；⑩ 建筑活动外遮阳设计技术。

18.12.3.1　围护结构节能设计

属夏热冬冷地区的重庆市是长江上游的经济中心，我国西部的工业基地，城市化进程空前，建筑的可持续发展是重庆城市可持续发展的关键。因此，建筑的节能、绿色生态及宜居性能是建筑设计的关键要素，围护结构的节能设计更是重中之重。

重庆地区建筑围护结构的隔热性能对建筑能耗具有较大影响，且基于重庆地区的酸雨天气特色，为了确保节能性能，赛迪大厦围护结构采用双层玻璃幕墙系统（图 18.165），双层幕墙间距约 600 mm，中间设置约 500 mm 的活动遮阳百叶（兼具外遮阳和自然采光调节的双重作用），夏季可以控制室外太阳辐射热的射入，冬天可以有效地防止室内热量的损失（图 18.166），在降低能耗的同时，降低能源的损失。有效防止噪音以及空气污染是该围护结构的又一优越性能。

图 18.165　赛迪大厦双层玻璃幕墙围护结构
资料来源：中冶赛迪周文、高玲莉拍摄

图 18.166　赛迪大厦双层玻璃幕墙节能原理示意图
资料来源：ATKINS方案设计效果图——自然通风

18.12.3.2　高效空调系统设计技术

根据公司职员加班较多，空调使用要求极灵活的特点，在办公室部分采用VRV变频多联机+新风系统的空调方式，夏季制冷，冬季制热。室内可通过温控器控制冷媒流量，从而调节室温。此外，每层设置热回收式新风换气机，提供新风的同时，回收冷（热）量，降低新风能耗。过度季节，可以只开启新风换气机，对各房间进行置换通风。

该空调方案可实现在集中控制、室内分别对每个空调房间内的空调设备实行有效的单独运行控制与使用授权，以达到高效节能、降低运行成本的效果。

18.12.3.3　过渡季节强化自然通风的设计技术

具有自然通风功能的室内中庭是本建筑设计的特色之一。设计还使用低速地面管道送风系统，强化中庭空间的降温效率，同时带走办公空间产生的污浊空气，从屋顶排放，起到环境调控作用（图 18.167~图 18.169）。

第 18 章 国内绿色建筑实例浅析

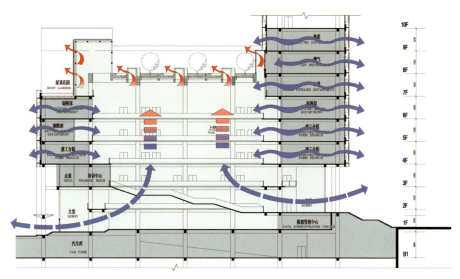

图 18.167 赛迪大厦春秋季节气流组织
资料来源：ATKINS 方案设计效果图——自然通风

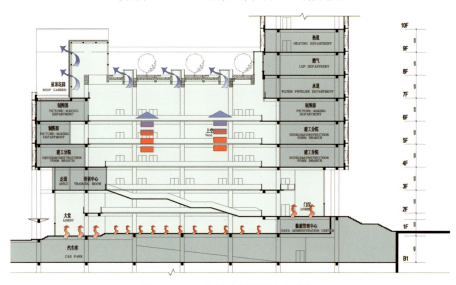

图 18.168 赛迪大厦夏季气流组织
资料来源：ATKINS 方案设计效果图——自然通风

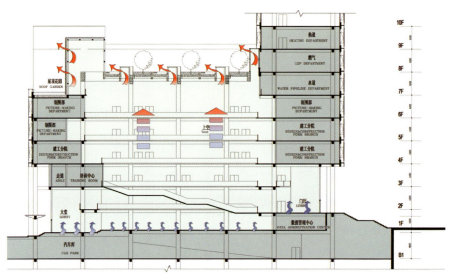

图 18.169 赛迪大厦冬季气流组织
资料来源：ATKINS 方案设计效果图——自然通风

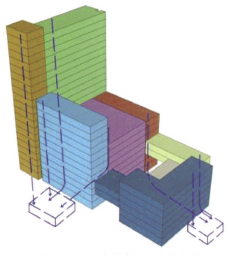

图 18.170 赛迪大厦雨水收集利用
资料来源：中冶赛迪中水系统设计示意图

18.12.3.4 中水、雨水回收利用技术

1）雨水回收系统

将屋面和路面雨水经处理后，收集到水池里，用于绿化灌溉用水和清洁用水。当雨水量不足时，中水自动补偿保证水池的水量。

2）中水回收系统

在该项目的游泳池和厨房用水增设中水处理系统（图 18.170，图 18.171），用于绿化灌溉和清洁用水。

18.12.3.5 节能低碳的结构体系

建筑结构体系的设计，不仅仅考虑建筑的功能需求，同时兼顾其回收利用问题，以降低建筑在全寿命周期的碳排量。因此，赛迪大厦采用钢结构框架作为主体结构（图 18.172），取代了常用的钢筋混凝土，在提供灵活多变的室内使用空间的基础上，降低建筑碳排量。

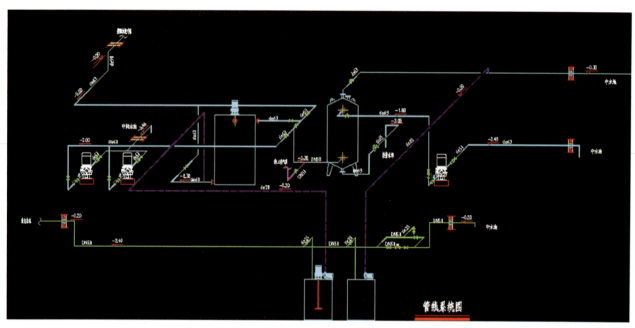

图 18.171 赛迪大厦中水回收利用系统
资料来源：中冶赛迪中水系统设计施工图

图 18.172 赛迪大厦钢结构局部图
资料来源：周文摄

18.12.3.6 自然采光设计技术

自然采光是降低建筑能耗的主要方法，也是提高室内人居环境品质的关键技术，赛迪大厦首先通过建筑间合理的间距控制来实现（图 18.173），其次通过高大空间的采光中厅来实现。厦内所有的公共电梯厅、楼梯间和卫生间都能实现良好的自然采光，以此降低每日因为照明和空调产生的建筑能耗。此外，所有办公室均采用自由的开放型平面，允许工作空间的再次划分，并通过减小房间进深实现自然采光；同时设置有自然采光功能的室内中庭，充当建筑的社交和功能核心，通过增加层高强化自然采光的设计，达到降低人工照明能耗的目的。

18.12.3.7 室内垂直交通系统设计技术

大厦室内交通空间和非正式的小会客空间均围绕采光中庭设计，目的是创造有可视性办公环境，同时鼓励员工之间的交往。围绕室内中庭设置有开放式楼梯(图 18.174),倡导员工步行,降低电梯运行能耗。

18.12.3.8 屋顶绿化设计

赛迪大厦的种植屋面具有良好的保温隔热作用,在夏天阻挡屋顶太阳辐射热进入室内,冬季防止室内热量从屋顶散失大厦。屋顶对所有的员工开放,为员工提供高品质的活动空间(图 18.175)。

18.12.3.9 智能集成控制与管理技术

赛迪大厦工程作为一个现代化高档办公建筑,其弱电系统遵照甲级智能化建筑进行设计和施工、建设。

该项目的自动控制系统可实现各用电系统的能耗分项计量,以便建立能源审计制度。

① 分项计量系统包括:办公与照明用电系统、空调系统、电梯系统和遮阳系统用电。

② 暖通空调系统的每台室外机与室内机的用电量可实现分项计量。

③ 设立专家小组指导运营管理,总结经验,优化运营方案,推广技术。

图 18.173 赛迪大厦的采光中庭
资料来源:(中冶赛迪)周文、高玲莉摄

图 18.174 赛迪大厦垂直室内交通系统
资料来源:(中冶赛迪)周文、高玲莉摄

图 18.175 赛迪大厦的种植屋面
资料来源:(中冶赛迪)周文、高玲莉摄

赛迪大厦智能控制系统详见图 18.176 和图 18.177。

中冶赛迪大厦作为重庆乃至西南地区绿色建筑的典范,已于 2010 年 3 月正式投入使用,它以先进的设计理念,因地制宜的技术手段,展示了人性化的室内功能格局,凸显了宜人的室内环境品质,并通过优化的运行管理方法完美地演绎了资源节约、绿色生态、低碳环保及可持续发展与建筑人居环境的和谐统一。

18.12.3.10 建筑活动外遮阳设计技术

具有"呼吸"功能的宽腔外循环双层玻璃幕墙在空气腔偏外侧 1/3 处设有 50 mm 宽铝合金金属百叶,金属百叶完全展开时,既是实现空气腔夏季温升功能的主要构件,同样也具有外遮阳功能。每三组金属百叶受控于一台电机组控器,既可以通过控制中心实现对每组金属百叶的开启,也具有本地对每组百叶的开

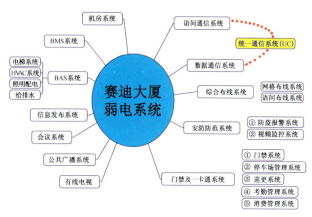

图 18.176　赛迪大厦弱电系统图
资料来源：中冶赛迪智能控制系统设计图

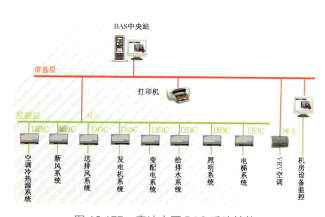

图 18.177　赛迪大厦 BAS 系统结构
资料来源：中冶赛迪工程技术股份有限公司智能控制系统设计图

启进行控制的功能。

作为建筑外围护体系的明框玻璃幕墙外侧设有 214 mm 宽机翼铝合金遮阳百叶，每组百叶间距为 300 mm。控制百叶转动的电机与阳光控制器联动，阳光控制器根据室外太阳照射高度角适时调整百叶转动角度，达到外遮阳的最佳效果。

18.13　"2010 年上海世博会"绿色建筑实例

2010 年上海世博会的规划和建筑都围绕"城市，让生活更美好"（Better City, Better Life）的主题，展现"低碳、和谐、可持续发展的城市"，是第一次正式提出"低碳世博"这一概念并全力实践的世博会。

大力提倡绿色可持续发展已成为全世界有识之士的共识，上海世博会在整体规划中体现了低碳、和谐、可持续发展的理念，在场馆建筑设计建造中，无论是主办方设计建造的"一轴六馆"（世博轴、中国馆、主题馆、世博中心、文化中心、城市足迹馆、城市未来馆），还是参展国家、国际组织、地区的自建馆、租赁馆和联合馆，或是企业馆和城市案例馆，都充分展现了绿化、节能、环保的未来建筑发展方向（图 18.178）。

各国的场馆规划设计，在力求体现现代城市的文化内涵、实现建筑与现代科技发展及生态环境和谐共处的基础上，建筑本身也在努力追求低碳节能。例如：世博轴上的 6 个倒锥形钢结构的"喇叭花"就是世博轴的"阳光谷"和"雨水收集器"；融合了最先进的环境控制、材料技术及先进的"发电膜"技术的日本馆；"感性"的法国馆以"立体花园"的方式体现人、建筑、自然三者之间的微妙关系；在最佳城市实践区，马德里馆的"竹屋"和"空气树"，以及法国阿尔萨斯馆的垂直花园和光伏发电墙等。

上海世博会真正成为各国争相表达建筑及人类居住可持续发展概念与潮流的舞台，也为世界带来了一场丰富多彩的节能建筑技术的思维盛宴。

下面我们介绍世博会的规划、景观设计和典型实例。

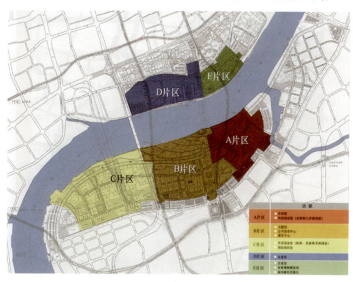

图 18.178　2010 上海世博会园区总图
资料来源：中国 2010 上海世博会官方网站发布的世博会规划资料

18.13.1 上海世博会生态规划设计[①]

18.13.1.1 上海世博会生态规划设计理念

作为历史上首届以"城市"为主题的世博会，中国2010年上海世博会提出了"和谐城市"的理念来回应对"Better City, Better Life"的诉求，反映了我国乃至全球未来城市发展的趋势。传统的工业城市从大自然中吸取能源、水资源、物质资源，却用废气、废水、废物回报自然。上海世博会在园区规划和场馆建设中，充分践行绿色、低碳、环保理念，从基地选址、规划设计到场地设计、建筑设计，充分实验、示范和展示了因地制宜的生态规划与绿色建筑技术体系，探索新的绿色设计模式，在能源、水资源和物质资源的生态运营中实现城市和谐发展（图18.179）[②]。

18.13.1.2 上海世博会园区生态体系构建

为了落实"城市"主题和"生态世博"理念，在规划中从技术维度、时间维度、空间维度建构了世博园生态区体系（图18.180）。

1) 园区生态技术总表

在技术维度上对城市生态技术进行了分类研究，在此基础上对世博园区进行适宜性生态技术的配置和遴选组合[③]。

（1）空间层

将生态技术纳入空间体系，根据技术适用的空间范围大小对之进行分类，分为城市层面、园区层面、场地地块层面以及展馆建筑层面四个类型。

① 城市。适用于城市层面的生态技术指的是城市在其开发、建设、运营过程中所运用的生态技术。此类生态技术在城市建设过程中被采用，这些建设成果不只服务于单体建筑或城市局部地区，更是为整个城市所共享。

② 园区。此类生态技术适用于整个世博园区，在园区的建设、使用过程中被采用，而这些建设成果为园区本身服务。

图18.179 上海世博会生态城区运营模式
资料来源：吴志强.上海世博会可持续规划设计.北京：中国建筑工业出版社，2009.

图18.180 上海世博会园区生态体系建构
资料来源：吴志强、干靓.上海世博会可持续规划.建设科技，2010.05：14-25.

---

① 本论文课题支持——科技部"十一五"国家科技支撑计划重点项目课题《城市重大项目生态设计综合技术集成及应用示范》（课题编号：2007BAC28B05）.
② 吴志强.上海世博会可持续规划设计.北京：中国建筑工业出版社，2009.
③ 宋雯珺.城市重大项目适宜生态技术的分类、选择和集成研究——以上海世博会"城市最佳实践区"为例：[硕士学位论文].上海：同济大学，2009.

③ 场地。此类生态技术适用于世博园区内的局部场地。

④ 展馆。此类生态技术适用于园区中的各个展馆，是建筑单体在建设和使用过程中所采用的生态技术。

（2）功能系统建构

根据城市的不同功能类型对生态技术进行划分，分为道路交通、基础设施、绿化、居住、公共设施系统五大类型。

（3）要素系统建构。要素系统包括能、水、物、气、地五大类型。

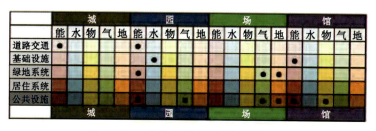

图18.181 上海世博园区生态技术总表
资料来源：吴志强.上海世博会可持续规划设计.北京：中国建筑工业出版社，2009.

（4）三维度的城市生态技术总表。将空间层次、功能系统和技术要素作为构建生态技术表的三个维度。针对具体项目进行分析，剥离其中所包含的生态技术。分别判定生态技术所属的空间层次、功能系统和技术要素，然后归入表中（图18.181）。

2）园区生态建设全过程控制

在国内外经验研究基础上，以规划控制为主线，以建设空间为载体，针对世博会自然和经济生态内容，因地制宜确立三维生态评价标准体系框架，构建了涵盖世博规划建设全过程的三维生态评价标准体系，指导世博园区生态规划设计理念在各阶段各层面的有效落实。

这三个维度分别是（图18.182）：

（1）规划控制时间维：园区选址、规划设计、建设控制、运营管理、后续利用；

（2）建设空间维：全市规划、地区规划、园区用地、园区交通、园区市政、场地设计、建筑单体、构筑设施、地下空间、室内设计；

（3）环境维：大气环境、声环境、光环境、电环境、热环境、水环境、土环境、生物环境、资源、材料。

通过以规划控制为主线，在环境向度和空间向度的基础上，以适用性、简明性、可操作性、国际相容性和系统性这五个方面为指标的选用原则，构建了全新的三维体系框架岛。

这个三维体系是一个动态和开放的发展过程，对于不同指标的权重设定可以结合城市的发展现状和目标做相应的改变，根据世博会建设周期和上海城市发展的政策等而做出相应的调整和不同侧重[①]。

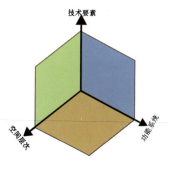

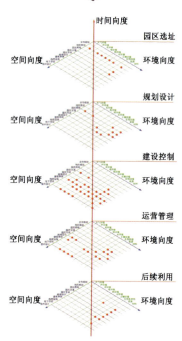

图18.182 园区生态建设全过程控制框架
资料来源：吴志强.上海世博会可持续规划设计.北京：中国建筑工业出版社，2009.

3）五大系统的生态设施布局

（1）能

如采用传统空调设备为大量场馆降温，将消耗大量的石化能源，给上海夏季本已负荷满载的用电高峰带来极大的压力。在建筑和人流密集的世博园区中，空调废热的排放又将进一步提高温度，形成恶性循环，增加空调降温的能耗。

针对上述问题，通过园区风环境和日照辐射两项要素的模拟，

---

① 吴志强，车乐.上海世博会生态评价标准体系研究//智能与绿色建筑文集——第二届国际智能、绿色建筑与建筑节能大会论文集.北京：中国建筑工业出版社，2006.

对场馆的布局和建筑林带朝向进行优化，大规模组织自然风道，在整个园区中布局江水地源热泵的制冷管廊系统和太阳能发电体系，减少园区的整体能耗和高碳排放，对未来城市产能系统空间配置完成突破性实验与示范。

① 基于风环境模拟的自然通风组织（图18.183）

首次通过城区层面的大规模风环境模拟，模拟每一层建筑可以得到最佳风向的布局，组织自然通风系统，完成世博园区内不同尺度、不同功能、不同朝向建筑群体的规划设计优化，将风通过每个窗户送到室内，在相对湿度、相对温度的状态下，尽可能保障建筑内部不依赖空调设备而使用自然微风降温，从而大规模减少世博园区中空调的使用，即通过空间布局的优化实现节能减排。

② 基于日照辐射模拟的太阳能设施空间配置（图18.184，图18.185）

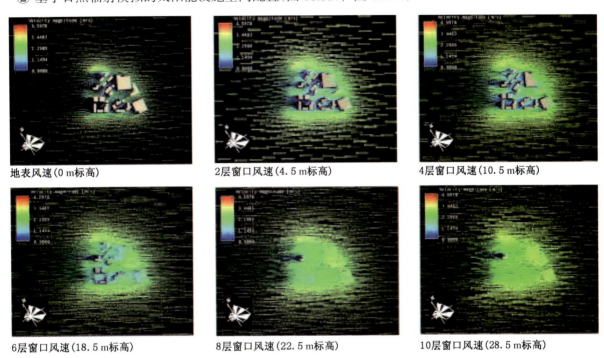

图 18.183　不同楼层风速矢量图组

资料来源：吴志强.上海世博会可持续规划设计.北京：中国建筑工业出版社，2009.

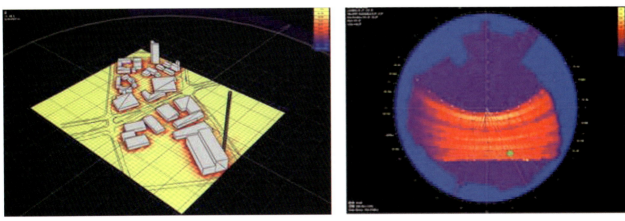

图 18.184　"城市最佳实践区"日照辐射模拟　　　图 18.185　世博期间日均采光系数分析

资料来源：吴志强.上海世博会可持续规划设计.北京：中国建筑工业出版社，2009.

首次大规模模拟不加任何遮阳措施的情况下，世博期间地面接收太阳辐射的强度，在规划设计中推敲场馆的布局方式，为太阳能发电技术系统的布局提供有力支撑，包括多晶硅和单晶硅光伏发电、光伏薄膜、低温发电以及光热电等系统的空间配置。

通过对世博会期间的各个广场节点的采光系数进行分析，调整窗户采光位置，提高日光的利用效率，节约采光能耗[①]。

③ 基于虚拟仿真的江水源热泵管道预埋规划

在世博园区的规划中，预留从黄浦江向整个园区的场馆建筑暗埋地源热泵的管道通廊，使得大规模垂直于黄浦江的地源热泵管网，可以具有整个园区的辐射和连接能力。在黄浦江两岸的各类大型活动设施如城市未来馆、城市最佳实践区、世博文化中心和世博中心等重要场馆中，直接利用江底水的温度实现夏季制冷，大规模降低空调的使用，节省了大量的空调用电能耗。

④ 清洁能源全公共交通

修建大运量电力轨道交通连接外部，承担到达交通50%左右的客流；地面公共交通（公交专线、接驳巴士、常规公共汽车、旅游巴士等）分担35%~40%左右的客流；水上交通作为"亮点"分担5%左右的客流量，其他交通方式（VIP、步行、自行车）5%~10%，基本实现全公共交通到达园区的驳运方式。

内部公交系统主要采用纯电动公交客车（图18.186），由动力电池向驱动电机提供电能驱动汽车行驶，具有零排放、振动噪音小、能效高等特点，采用在充电站快速更换电池的运行模式，从而保证连续不间断地运行，并可利用波谷电在夜间对电池充电，即可提高电池使用寿命，又可以平衡电网负荷[②]。

图18.186　正在充电中的园区内纯电动公交车

资料来源：吴志强摄

⑤ 大规模LED照明技术示范应用，降低夜景照明能耗（图18.187）

通过合理的规划与设计，实现高效节能的世博园区夜景系统，大规模示范应用LED半导体照明技术。目前世博园区内共有10.3亿颗LED芯片使用，世博场馆室内照明光源中约有80%采用了LED绿色光源，相较于普通白炽灯省电达90%左右。在中国馆、世博轴、演艺中心和城市最佳实践区等场馆区域使用了半导体照明LED。这是LED照明首次在中国城市街区大规模集中使用。在一公里长的世博轴上用了200多万颗LED，9万多套各种不同类型的全彩灯具和灯带，充分体现低碳世博、绿色世博的理念[③]。

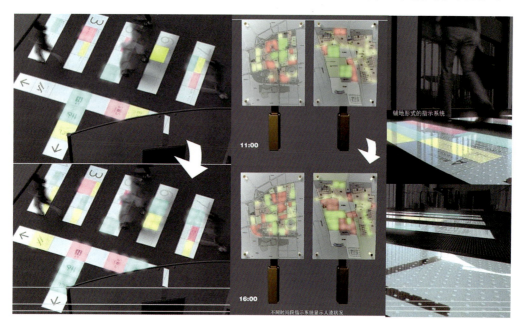

图18.187　LED铺地指示系统

资料来源：上海市建设和交通委员会，上海世博会事务协调局.上海世博会规划.上海：上海科技出版社，2010.

---

① 吴志强.上海世博会可持续规划设计.北京：中国建筑工业出版社，2009.

②③ 洪浩，寿子琪.上海世博会科技报告.上海：上海科学技术出版社，2010.

(2) 水

① 黄浦江净水实验

根据黄浦江的潮汐河现象,规划提出"保育滨江生态湿地"和"净化浦江试验水渠系统"。净化浦江试验水渠系统是和谐城市生态系统的重要组成部分,通过采用现代水处理技术,展示浦江之水是如何进行处理和利用,最后将干净的水流还给黄浦江。其过程本身除了生态技术展示外,也强调景观、文化的互动体验价值。特别是结合文化主题广场等形成了独特的水迷宫、水螺旋、一渠多流、人工湿地、千米旱喷泉、喷泉景观区、大型腾泉和大型瀑布等景观,同时,喷雾、人工湿地等也是调温系统的一部分(图18.188,表18.23)。

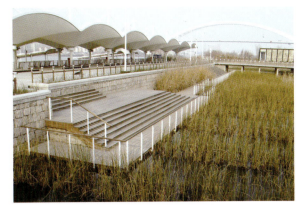

图 18.188 建成后的净水湿地公园
资料来源:吴志强摄

表 18.23 "净化浦江试验水渠系统"生态技术流程组织及景观规划

步 骤	位置或区域	主要技术	景观表征
1. 取水区	堤防外黄浦江中	自流为主	隐蔽,且不影响通航,可结合外码头设置
2. 格栅过滤区	堤防外滨江绿地内,沉淀池之前	格栅过滤	隐蔽,滤出物可以用于园区植物之养分
3. 沉淀池	堤防外滨江绿地内	沉沙,祛除异味	上部覆盖绿化,沉淀之淤泥可以用于园区植物之养分
4. 提升区	堤防外和内	水泵	出水截面较小,可见激流景观,利用动能运转大水车,形成水车动水景观
5. 砂滤区	星月广场区域、绿化廊道区	砂滤	通过交错的十字形水渠,布置砂滤层,进行过滤处理,大量十字形水渠组合,亦可形成直线形水迷宫景观
6. 转刷过滤区	绿色廊道区	刷过滤	为增加水的流程,该处规划设置水螺旋,亦可形成渐开线性水迷宫;转刷既可以是动力装置,也可结合休闲娱乐,组织游客进行人工踩动
7. 人工湿地塘	绿色廊道区	生物处理	人工湿地+特色植物+荷塘+鱼塘
8. 活化曝气区	联合展馆、世博轴	空气型和臭氧发生技术,主要曝气法、射流法	水雾喷泉群、千米旱喷泉景观、大小不同的泉水喷泉沸腾景观、中国园林理水艺术
9. 排水区	自建馆	提升、自流	水从堤防甚至更高处落下,形成浩大的滨江瀑布组群景观

② 雨水收集利用系统

世博会核心区域的世博中心、演艺中心、主题馆、中国馆等四大永久场馆和世博轴,都设置了屋面雨水利用系统,对雨水加以收集利用。同时,通过推广和使用全生态透水道路系统,对降低城市热岛效应、减缓地表沉降、改善生态环境、提高路面行车安全系数等有着广泛而长远的社会效益[①]。

(3) 物

① 垃圾分类与气力管道输送系统(图18.189)

在垃圾处理方面,园区内采用可回收利用垃圾和其他垃圾两类垃圾分类方法,除了传统收集处理方法外,还设置了垃圾气力管道输送系统,利用环保型抽风机制造气流,通过埋设在地下的管道网络,将各个垃圾投放口投入的垃圾输送至垃圾收集站实行分类收集,再装进相连的集装式垃圾收集箱进行处理。整个

---

① 洪浩,寿子琪. 上海世博会科技报告. 上海:上海科学技术出版社,2010.

图 18.189　气力管道输送垃圾系统示意图
资料来源：洪浩,寿子琪.上海世博会科技报告.上海：上海科学技术出版社，2010.

过程系统无需人工收集，被投入室内外垃圾投放口的垃圾可自动"排队"进入管道，在气力"押送"下到达压缩站，经过分离、压缩、过滤、净化、除臭等，最终脱胎换骨排到户外①。

② 垃圾再生利用

世博园区废弃物利用具有显著的废弃物处置减量效益，可节省建筑垃圾处置占地 10 000 m² 以上。再生建材替代等量的建材原料矿物资源，可避免表土和河床因建材矿物开采而破坏，具有显著的社会效益和环境效益。世博园区建筑垃圾的资源化利用，对这一潜在的产业起到技术支撑和示范作用，有利于废弃物再生建材产业的进步与发展②。

(4) 气

控温降温技术集成(表 18.24)

世博园区室外控温降温综合技术，立足于世博会期间的气候特征、参观人流特点、室外空间分布等情况，结合世博会总体规划和运营管理，从室外环境人体舒适度评价方法入手，提出了通过园区规划和现代技术应用来改善园区室外热环境，并在系统进行日照和风场模拟分析的基础上，形成了具创新性和可操作性的世博园区控温降温的总体策略，届时将通过遮阳系统、控温降温材料、绿化降温、自然风场、地下空间地道风、水体与喷雾降温等技术集成，综合应用于世博会的场馆规划和工程建设，对解决世博会大规模人流在室外的防暑降温将起到重要作用③。

表 18.24　上海世博园区控温降温主要技术方法

技术名称	技术特点	技术示例
遮阳系统	采用各种户外遮挡物遮挡太阳直射，通过反射和吸收大部分太阳能，避免太阳辐射直接照射在人体上，对提高室外热舒适度发挥着重要作用	
控温降温材料	运用绿色、节能、环保型的新材料达到空间降温的效果，包括墙体保温隔热材料、低辐射地坪材料等	

---

①② 洪浩,寿子琪.上海世博会科技报告.上海：上海科学技术出版社，2010.
③ 吴志强,徐吉浣,干靓等.基于室外热舒适度的世博园区控温降温技术研究.智能与绿色建筑文集——第四届国际智能、绿色建筑与建筑节能大会的文集.北京：中国建筑工业出版社，2008.

续表 18.24

技术名称	技术特点	技术示例
绿化降温	通过绿化的合理布置，利用植物能够吸收大部分可见光和太阳能以后，通过光合作用把能量储存起来，减少了反射到大气中的红外线辐射，从而降低温度	
自然风场	通过建立建筑物的数值模型，对空间中的自然风场进行模拟和评价，从而对空间中易形成静风的区域采取适当措施	
地下空间地道风	利用地道冷却空气，然后通过机械送风或诱导式通风系统送至地面上的建筑物，达到降温目的	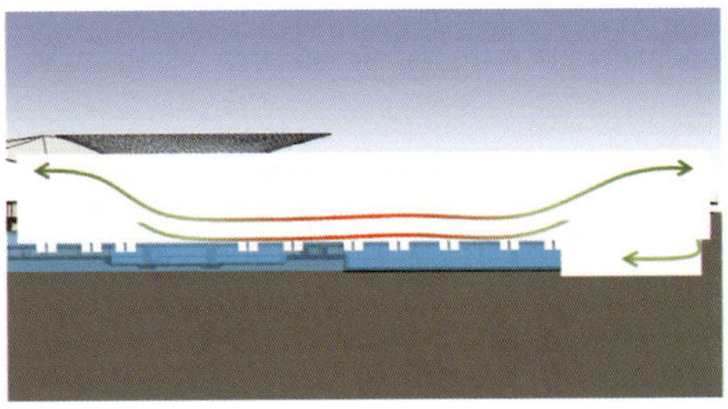
水体降温	利用水体蒸发冷却的基本原理，利用其溶化潜热大的特点，达到调节周围环境气候的效果，水体降温形式主要包括水池、水幕、喷水等	

资料来源：洪浩，寿子琪．上海世博会科技报告．上海：上海科学技术出版社，2010．

(5) 地

① 地下空间

以"叠合城市"理念，充分利用土地资源，将无人活动的空间、人短时活动的空间、园区基础设施等建设在地下，开发地下综合空间应用。以"生态"替代传统地下空间"豪华"的设计理念，最大限度地扩大园区绿化面积，构筑多层次生态型园林化园区。以世博轴为例，整体构架采用钢结构形式，让自然光透过倾泻入地下，满足部分地下空间的采光，形成"阳光谷"，同时采用地源热泵、江水源空调，有效节约能源（图 18.190）。

② 多层次立体化的绿化生态

世博园的绿地生态结构体现了"都市生态"的概念，由"底、网、核、轴、环、带、块、廊、箱"九类构成。大比例的底层架空使全园大部分悬浮在绿网和绿底之上。"绿核"、"绿轴"、"绿环"构成了"和谐城"的标志性绿色空间。"带"、"块"、"廊"穿插于全园，并集中展示了采能、增绿、净水、调温的作用，而"绿箱"体现了生态建筑和立体绿化（图 18.191）。

18.190 世博轴阳光谷
资料来源：吴志强拍摄

图 18.191 绿悬浮
资料来源：上海世博会总规划师团队绘制

图 18.192 生态控规指标体系框架
资料来源：吴志强.上海世博会可持续规划设计.北京：中国建筑工业出版社，2009.

4）生态控规指标体系

在构建了三维评价标准体系的基础上，进一步将"人"作为核心对象，基于人体舒适度，构建了生态控制指标体系，对世博园区的室外空间要素进行生态技术手段引导（图18.192）。

为了更好地控制世博园区室外空间的生态建设，将控规指标划分为总体指标与分块指标两个方面。其中总体指标用来宏观地展示生态园建设的成效。而分块指标又分为两个维度：按地块分布和按要素分布。

通过生态控规导引的构建，体现了在园区规划管理上的"以人为本"，对园区总体规划、建设施工、招展运营进行全面指导。

5）生态目标导向的重点场馆建筑设计导则

在世博会总体规划和控制性详细规划的基础上，综合上海世博会生态评价标准体系研究、室外空间设计导则和世博会城市设计等各项研究成果，针对世博会六大重要场馆建筑（主题馆、中国馆、城市文明馆、城市未来馆、世博中心、文化中心），做出了场馆建筑设计导则，指导其设计任务书的编制、修正和补充，使其在进一步的设计和施工中，达到世博会"成功、精彩、难忘"的目标，充分体现"城市让生活更美好"的世博会主题以及"生态世博"的世博理念（表18.25）。[1]

表 18.25 上海世博会场馆各项目标汇总表

			主题馆	中国馆	世博中心	文化中心	城市足迹馆	城市未来馆
1. 安全保障目标	疏散要求	消防通道						
		相邻展馆间通道						
		坡道连接高差						
	室内安全要求	极端容量弹性						
		室内空间的导向性、标识性						
		室内外铺装与防滑条						
		地面起伏不宜过大						
		室内空间的可监视性						

[1] 薄力之. 世博会重要场馆设计可持续导则研究：[硕士学述论文]. 上海：同济大学，2008.

续表 18.25

			主题馆	中国馆	世博中心	文化中心	城市足迹馆	城市未来馆
2. 游客容量目标	建设量要求	设计范围						
		占地面积						
		建筑面积						
	密度要求	建筑密度						
		绿地率						
	成本要求	总投资						
3. 集散交通目标	与周边交通衔接要求	与周边道路衔接						
		与周边步行道路衔接						
		与周边轨道交通衔接						
		与高架步道衔接						
	出入口要求	地块人行出入口						
		地块车行出入口						
		建筑人流出入口						
		建筑物流出入口						
	流线要求	参观流线						
		物流流线						
		等候区						
	静态交通要求	地上停车位						
		地下停车位						
4. 功能运行目标	社会效益要求	期望社会效益						
	场馆功能要求	世博会召开期间功能						
		世博会结束后功能						
	功能对房间展厅要求	各房间/展厅功能						
		同种功能房间						
		室内空间净高						
		地面负荷承载量						
		房间/展厅可分割						
		房间/展厅多功能						
5. 协调目标	与基地现状协调要求	基地自然环境现状						
		地质/土壤/污染现状						
		周边建筑现状						
		市政设施现状						
		动拆迁现状						
	与周边环境协调要求	建筑风格						
		退界						
		高度控制						
		竖向设计						
	与项目进度协调要求	项目进度						

续表 18.25

			主题馆	中国馆	世博中心	文化中心	城市足迹馆	城市未来馆
6. 控温目标	遮阳控温要求	建筑物遮阳	○	○		○	○	○
		生态技术整合遮阳	○	○		○	○	○
	绿化控温要求	生态绿色铺装	○	○	○	○	○	○
		建筑墙面立体绿化	○	○	○	○	○	○
		建筑屋顶绿化	○	○	○	○	○	○
	水体控温要求	喷雾控温	○	○	○	○	○	○
		水幕控温	○	○	○	○	○	○
	建筑控温要求	外墙保温体系	○	○	○	○	○	○
		窗户保温	○	○	○	○	○	○
		建筑窗墙比控制	○	○	○	○	○	○
		外窗可开启面积	○	○	○	○	○	○
		透明屋顶面积控制	○	○	○	○	○	○
	风场控温要求	自然通风	●	○	○	○	○	○
		场馆底层架空	○	○	○	○	○	○
		地冷风降温技术	○	○	○	○		
7. 展示目标	主题演绎要求	主题演绎内容阐述	●	●	●	●	●	●
	室内外展示主题要求	室外空间展示	○	○		○	○	○
		室内空间展示	○	○	○	○	○	○
		室内外主题内容和设计风格的协调	○	○		○	○	○
	展示特殊要求	色彩与主题相关	○	○	○	○	○	○
		视线联系	○	○	○	○	○	○
		接口	●	○	○	○	○	○
8. 保护目标	建筑改造要求	立面改造					○	○
		室内改造					○	○
		声环境改造					○	○
		采光系统改造					○	○
		通风系统改造					○	○
9. 生态目标	场地生态保护要求	建筑周边不出现风的漩涡或死角	○	○	○	○		
		结合季节考虑日照	○	○	○	○	○	○
	节约能源要求	利用可再生能源	●	●	●	●	○	●
		自然采光	●	○	○	○	○	○
		围护结构设计	●	●	●	○	●	○
		外墙气密性	○	○	○	○	○	○
	节约资源要求	空调凝结水系统	●	●	●	○	●	
	材料生态要求	建筑材料生态	●	●	●	●	○	○
		装饰材料生态	●	○	●	○	○	○
		选用设备设施中的生态考虑	○	○	○	○	○	○

续表 18.25

			主题馆	中国馆	世博中心	文化中心	城市足迹馆	城市未来馆
9. 生态目标	材料生态要求	旧材料利用	■	■	■		■	■
		新型生态墙体材料	■	■	■			
		尽量采用本地材料	■	■	■			
	其他生态要求	防噪音	■	■	■	■	■	■
		防振措施	■	■	■	■	■	
		油烟处理	■	■	■			

资料来源：同济大学、上海世博会事务协调局."上海世博会重要场馆建筑设计导则"研究报告，2008.01

18.13.1.3 结语：上海世博会——走向"低碳生态城市"（图18.193，图18.194）

上海世博会是世博会历史上占地规模最大、预期参观人数最多的一届综合博览会，其生态规划设计是一个动态的过程，很多的工作需要在实际运营中得到检验。作为历史上首次以"城市"为主题的世博会，上海世博会生态规划在"和谐城市"与"正生态"的理念下，实验生态城区，示范城市更新，建设舒适健康的园区热环境，营造浦江两岸的生态滨水空间，完善城市能级的提升与城市空间的优化，努力推动城市向"低碳化"、"生态化"的目标前行，演绎人类21世纪城市中的人与自然和谐发展方向。

18.13.2 沪上生态家

上海世博会主题体现在建筑领域，可诠释为"生态建筑，让城市生活更美好"。"城市最佳实践区"在世博会的首次设立，堪称本届世博会的创举和亮点，以"可持续发展—生态城市"为展示主题，在全球范围内征集提高城市生活质量的公认、创新和有价值的最佳实践案例，并经过国际遴选委员会的专家评议，最终确定若干优秀案例入选，形成生态街区的模拟场景，对各项生态城市的理念和技术进行整合展示（图18.195）。

图 18.193　上海世博园区规划总平面
资料来源：上海世博会总规划师团队绘制

图 18.194　上海世博园区规划鸟瞰图
资料来源：上海世博会总规划师团队绘制

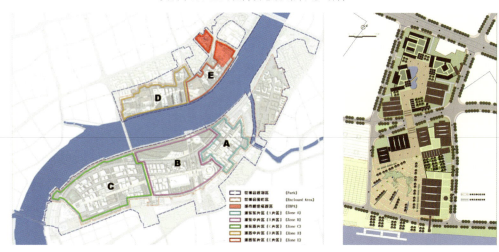

图 18.195　2010 上海世博会园区总图（左）和城市最佳实践区规划图（右）
资料来源：中国 2010 上海世博会官方网站发布的世博会规划资料

举办地上海，在其百年城市发展史中，也创造出了独具特色的民居文化。明清住宅，根据江南独特气候悉心设计，滨水而居，注重采光通风；近代里弄，中西合璧，以低层高密度的模式，解决了城市人口激增带来的居住问题；当代一系列的住宅改造，响应国家建设节约型社会的号召，缓解了高消耗高污染问题。纵观住宅演进的历史，彻上明造、去热除湿、耦合空间、相容共生，天井中庭、通风采光，围廊挑檐、遮阳避雨，以土养水、草木葱郁，大量的文化精髓和生态要素值得在今天继续传承和发扬。

从地域气候特征、经济文化发展水平上来看，上海是发展中国家之夏热冬冷地区高密度大城市代表，并且在资源匮乏、能源短缺、城市垃圾迅速增加的情况下，面临着可持续发展的严峻考验，迫切需要尽快改变高污染高消耗的发展模式，寻求一条自然和谐的发展之路。（因此，上海在本次世博会上展示的建筑，必然与生活的和谐美好息息相关，必然是生态建筑，能够代表上海实现城市可持续发展、建设"资源节约、环境友好和以人为本"型城市、为国内外所公认的最佳实践，能够展现上海在城市建设和运营管理中提升人居生活品质、有效节能降耗减排取得的因地制宜自主创新成果和具有推广应用示范价值的解决方案，给发展中国家以有益借鉴。）

"沪上生态家"作为代表上海城市参展的唯一实物案例，紧扣城市最佳实践区主题演绎需求，遵循"天和——节能减排、环境共生，地和——因地制宜、本土特色，人和——以人为本、健康舒适，乐活——健康可持续价值观"的主题，提出了"关注环保节能，倡导乐活人生"的全新生态居住理念。作为上海生态建筑示范楼的传承创新，"沪上生态家"采用因地制宜设计原则和自主创新关键技术，应对"夏热冬冷地区、高密度、大城市"的地域特点,制定了节能减排、资源回用、环境宜居、智能高效的技术目标,展现上海的本土特色、成功经验和最高水平,最终形成可供全球城市交流、借鉴、推广的适宜技术体系[①]。

18.13.2.1 建筑概况

"沪上生态家"选址于城市最佳实践区北部区块内,东侧紧邻住宅案例门户入口,南侧遥望成都活水公园案例,与奥登赛案例相邻。北侧、西侧有马德里和伦敦两个案例相邻(图18.196)。项目建筑红线内面积774 m²,总建筑面积3 017 m²,地上4层,地下1层,建筑屋面高度为18.9 m[②]。

方案充分汲取江南民居的传统文化精髓,提炼了山墙、里弄、老虎窗等上海住宅要素并进行了符号化的展示。趋风避寒、流水不腐、以土养水、草木葱郁等本土生态手法也在建筑设计中得到了传承和演绎,例如,通过楼梯井形成竖向拔风,强化过渡季节建筑内部的自然通风;南面的景观水体通过生态浮床等技术实现水体自然净化,达到生态保持的效果;人行步道采用透水铺地,涵养地表水源;南向模块绿化、西墙爬藤绿化、屋面轻型绿化等立体配置的绿化策略,使建筑物融入绿色盎然之中(图18.197)。

图18.196 "沪上生态家"区位图
资料来源:智能化生态建筑技术集成研究课题总结报告

图18.197 "沪上生态家"外景
资料来源:张颖摄

18.13.2.2 技术体系

"沪上生态家"以满足国家《绿色建筑评价标准》(GB/T 50378)最高等级三星级为设计目标,通过30%前瞻技术研发集成和70%成熟技术应用,因地制宜地形成"节能减排、资源回用、环境宜居、智能高效"4大技术体系共30个技术专项,达到建筑综合节能60%、可再生能源利用率占建筑设计能耗值的50%、非传统水源利用率60%、固废再生的墙体材料使用率100%、室内环境达标率100%等技术指标[③]。

"沪上生态家"强调生态技术的建筑一体化设计,突出10大技术亮点:自然通风强化技术、夏热冬冷气候适应性围护结构、天然采光和室内LED照明、燃料电池家庭能源中心、PC预制式多功能阳台、BIPV非晶硅薄膜光伏发电系统、固废再生轻质内隔墙、生活垃圾资源化、智能集成管理和家庭远程医疗、家用机器人服务系统等。

1) 夏热冬冷气候适应型围护结构(表18.26)

上海地区居住建筑的发展趋势为高密度,常规的外墙外保温体系存在安全性、耐久性、防火与失效修复问题,而内保温则需要占用一定室内空间。为解决外墙节能的保温隔热、安全、防火、抗冲击、修复问题,该项目采用了一种新型的无机保温砂浆内外复合节能体系。外墙采用长江淤泥砖作为填充墙,建筑外墙外立面将采用隔热涂料或隔热砂浆,保温层采用无机保温砂浆,内立面采用相变材料与脱硫石膏复合系

[①] 上海市建筑科学研究院.智能化生态建筑技术集成研究课题总结报告,2008.
[②] 上海现代建筑设计集团有限公司.智能化生态建筑技术集成研究课题子课题研究报告——展区规划设计和个性化住宅套型设计研究,2008.
[③] 上海市建筑科学研究院.智能化生态建筑技术集成研究课题总结报告,2008.

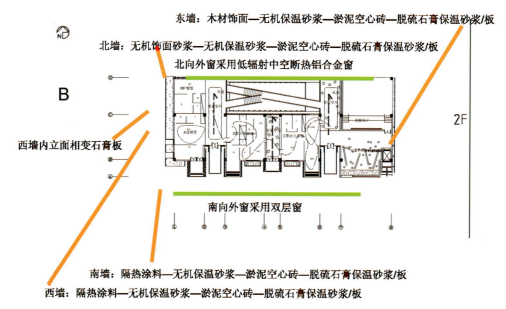

图 18.198 "沪上生态家"外墙节能体系示意图

资料来源：上海市建筑科学研究院.智能化生态建筑技术集成研究课题子课题研究报告——建筑节能研究，2008.

统，在保护环境的同时，使建筑外墙具有随室外环境变化而变化的复合节能系统(图 18.198)。该体系在满足节能设计标准要求的前提下，充分发挥无机保温砂浆以及内外保温的综合优势，实现高舒适性、低能耗的要求。

南向外窗采用双层窗体系，其他朝向选用常规断热铝合金低辐射中空玻璃窗。双层窗是由内外两层窗构成的双层透明围护结构，中间层可安装遮阳系统，由于中间层的气体流动是有序和可控的，因此能够调整室内的光线、热量、空气和噪声等[①]。

表 18.26 外围护结构热工性能一览表

序号	围护结构部位	保温做法	平均传热系数[W/(m²·K)]
1	外墙	无机保温砂浆+淤泥空心砖+脱硫石膏保温砂浆/板	0.87
2	屋面	种植屋面	0.55
		反射涂料+节能倒置式屋面	
3	底面接触室外空气的架空楼板	挤塑聚苯板	1.0
4	地面	挤塑聚苯板	1.2（m²·K）/W(热阻)

2）非晶硅薄膜光伏发电系统

"沪上生态家"采用了建筑一体化非晶硅薄膜光伏发电系统，探索高密度建筑模式下的太阳能利用途径。根据整个建筑的布局和造型设计的光伏发电系统包括两个子系统：光伏屋顶发电系统和南立面阳台一体化光伏外墙发电系统。光伏系统采用非晶硅薄膜太阳电池组件，具有优良的弱光性能和较低的温度系数，系统产生的电力通过并网的方式输送给电网。两个子系统布置如图 18.199 和图 18.200 所示。

屋面光伏系统采用架空安装方式，钢结构支撑的光伏走廊美观大方，后期维护方便，且有助于改善屋面隔热性能，系统总安装功率约 12 kW，预计年发电量 10 971 kW·h。南立面光伏阳台发电系统利用楼层阳台立面进行嵌入式安装，和建筑整体风格和谐统一，系统安装功率为 1.2 kW，预计年发电量 673 kW·h[②]。

---

① 上海市建筑科学研究院.智能化生态建筑技术集成研究课题子课题研究报告——建筑节能研究,2008.
② 上海市建筑科学研究院.智能化生态建筑技术集成研究课题子课题研究报告——建筑节能研究,2008.

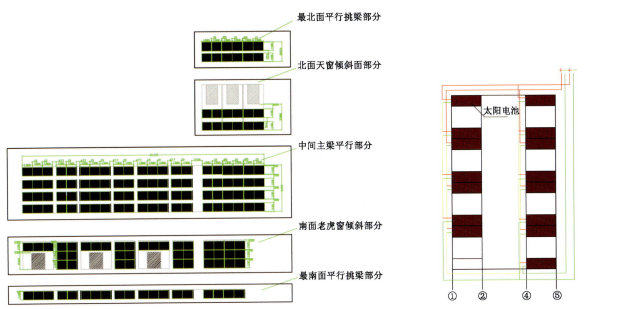

图 18.199 "沪上生态家"屋面光伏系统布置　　　图 18.200 "沪上生态家"阳台光伏系统布置

资料来源：上海市建筑科学研究院.智能化生态建筑技术集成研究课题子课题研究报告——建筑节能研究，2008.

3) PC 预制多功能阳台

根据单元布置、立面风格、展示需求等，对建筑南立面的 PC 阳台进行一体化设计，集成太阳能光伏发电板安装构件、阳台绿化开槽、电线水管及通讯线路的预留通道等，在工厂进行整体预制并进行外装饰处理，在现场进行整体吊装，从而缩短施工周期、提高施工效率、实现标准化、工厂化、装配化和一体化（图 18.201）[①]。

PC 阳台技术具有较大的环境效益，节约能源，减少污染，符合可持续发展的方向。目前已在个别住宅小区项目中进行试点，未来有望进行规模化生产，PC 阳台的生产成本可大幅降低。

4) 固废再生轻质内隔墙

针对上海"盛产"量大面广、利用率低的建筑垃圾和工业废渣等资源现状，该项目采用了绿色工程材料整体解决方案，包括利用废旧混凝土生产的再生骨料、粉煤灰商品砂浆等。其中，该项目中的内隔墙将全部应用新型的固废再生墙体材料，如长江淤泥砖、粉煤灰加气砌块、再生骨料多孔轻质砌块和纸面脱硫石膏板等[②]。

5) 生活垃圾资源化处理

为体现将城市固废变废为宝的理念，重点展示城市生活垃圾资源化处理的新技术，可将有机垃圾和无机垃圾同时转变为建材，生产路基材料、人行道砖以及砌块、防浪石等，垃圾处理率达到100%，实现垃圾处理的减量化、无害化和资源化。

6) 自然通风强化和天然采光技术

沪上生态家建筑为南北朝向，总平面布置利于春秋季的自然通风，通过合理的开窗设计形成南北贯穿风道，贯穿地下层到地上层的绿化楼梯井顶部设置机械拔风装置，强化竖向空气流动。充分利用天然采光，建筑室内 75% 以上的主要功能空间室内

图 18.201 预制阳台堆放
资料来源：张颖摄

[①] 上海建科建设监理咨询有限公司. 智能化生态建筑技术集成研究课题子课题研究报告——未来生态住宅施工模式和关键技术研究. 2008.

[②] 上海市建筑科学研究院. 智能化生态建筑技术集成研究课题子课题研究报告——绿色建材适用技术研究, 2008.

采光系数满足现行国家规范要求。同时通过分区照明设计及控制方式辅以人工照明，节约照明能耗并提升室内光环境品质，实现"自然与人工的交影"效果[1]。

7）燃料电池家庭能源中心

根据"高质高用、能级对口"的原则，引入燃料电池系统，以热电联产的方式提高能源利用效率。具体为：屋顶设置采用 1 kW 的燃料电池，利用燃料电池供应照明用电，同时利用发电后的尾气余热回收利用供应热水，实现未来家庭能源复合利用[2]。

8）智能服务系统

"沪上生态家"将建成能源管理、环境监测、设备管理和信息管理 4 个智能管理中心，并由智能集成管理平台统一调控。其中，能源管理中心、环境监测中心、设备管理中心底层数据基于楼宇自控系统和信息管理中心的人流数据基于采用 RFID 和红外技术的人流引导系统。同时，在居室中还将现场展示家庭远程医疗系统[3]。

在共享区域、住宅单元中，将运用多功能家用机器人服务系统，充分展示家用机器人给人带来安康、便捷的生活享受。拟采用的机器人包括：迎宾和娱乐机器人、智能清洁机器人、助老机器人（诊疗床机器人、家居监控机器人）、烹饪机器人、教育机器人等[4]。

图 18.202 "沪上生态家"展示策划主题表达
资料来源：智能化生态建筑技术集成研究课题总结报告

18.13.2.3 展示策划

紧紧围绕世博会城市最佳实践区参与性、趣味性、体验性的展示要求，以"住宅科技时空之旅"为策展主题，在建筑垂直高度上组织"过去、现在、未来"三部曲式的展示空间。"过去篇"以上海的母亲河苏州河为线索，展示上海从明清时期的传统民居、近代里弄住宅、当代住宅改造一直到近期现代化生态节能住宅的历年住宅演进之路；"现在篇"旨在展示全寿命周期住宅理念，探索普适型的绿色宜居模式，以贯穿人生全过程的"青年公寓、两代天地、三世同堂、乐龄之家"等 4 个主题单元，给每个人一个理想的家（图 18.202）；"未来篇"以虚拟现实影片畅想未来绿色人居生活，展现科技的发展对于居民生活理念和生活方式的革命性影响。在高科技策展的氛围中，让观众在参观过程中穿越时空，感受住宅科技发展的魅力，再次呼应世博会"城市，让生活更美好"的主题。

18.13.2.4 推广价值

"沪上生态家"以 2010 年上海世博会展示旨在提高城市生活质量的建筑科技发展成果为需求，提出"关注节能环保、倡导乐活人生"的主题，确立了"节能减排、资源回用、环境宜居、智能高效"的 16 字技术理念。该项目建成之后，将成为 2010 年上海世博会期间展示发展中国家之夏热冬冷地区超大城市的智能化生态住宅发展理念、先进科技产品的普及教育基地和国内外合作交流平台，其技术集成体系将为未来住宅建设提供有益借鉴，有助于进一步提升我国生态建筑相关领域的技术水平，拉动相关产业发展。

18.13.3 宁波滕头案例馆

进入 21 世纪，中国的城市化进程日益加快，但是也不可避免地带来了资源短缺、能耗增加、环境污

---

[1] 上海市建筑科学研究院. 智能化生态建筑技术集成研究课题子课题研究报告——建筑环境的关键技术研究, 2008.
[2] 上海市建筑科学研究院. 智能化生态建筑技术集成研究课题子课题研究报告——建筑节能研究, 2008.
[3] 上海市建筑科学研究院. 智能化生态建筑技术集成研究课题子课题研究报告——智能化系统研究, 2008.
[4] 上海市建筑科学研究院. 智能化生态建筑技术集成研究课题子课题研究报告——家用机器人在智能化生态住宅中的应用研究, 2008.

染等一系列问题,这些问题会导致城市生活质量下降。因此,采用低碳技术,减少能源损耗,保护生态环境,走可持续发展的道路已经成为城市发展的必然方向。

在上海世博会城市实践区的众多展览馆中(如德国的汉堡之家、英国伦敦零碳馆等等),通过各种低碳技术应用,实现了节能减排,甚至达到零碳排放,向人们展示了技术改造城市生活居住环境的巨大潜力。但是,并不是只有高科技才是唯一的改造方法,世博会中乡村案例馆-宁波滕头案例馆以独特的姿态向世人展示了:不是只有城市的生活才是美好的,乡村的生活也一样美好,通过乡村适宜技术的应用,也能创造舒适宜人的人居环境。

宁波滕头案例馆位于上海世博会城市最佳实践区 E 区最北部,为两层高 12 m 的独立建筑,建筑面积约为 1 500 m²。案例馆以宁波市滕头村为蓝本,运用体现江南民居特色的建筑元素如砖、竹等材料,以中国传统建筑、空间、园林和生态化的有机结合,表现了宁波"江南水乡、时尚水都"的地域文化;展示生态环境、现代农业技术成就以及宁波滕头人与自然和谐相处的生活;表达了"城市现代化中的未来乡村,梦想中的宜居家园"主题。滕头案例馆从设计理念和技术手段上都体现了以中国传统建筑美学和对未来乡村模式的向往。

滕头案例馆整体造型方正,简单而平实。慢慢走近,游览,细细品味后,才会体会到隐藏在建筑内部的精彩,外部平实朴素,内在气象万千,正是建筑师要表达的中国传统的精髓(图 18.203)。滕头案例馆的适宜性技术应用体现在对传统建筑材料的选择和建造工艺的应用。

图 18.203 宁波滕头案例馆入口

资料来源:董凌摄

18.13.3.1 瓦

整个滕头案例馆采用浙东最具代表性的"瓦爿"来装饰三面墙体,是用 50 多万块废瓦残砖砌而成的。这些废瓦片是建筑单位的员工历经半年时间,奔走于象山、鄞州、奉化等地的大小村落,从废弃的工地里收集来的,其中包括元宝砖、龙骨砖、屋脊砖等,"瓦龄"全部超过百年。形状各异、色彩多样的砖瓦组成了滕头案例馆个性鲜明的具有中国民居特色的外墙(图 18.204)。

18.13.3.2 竹

走近内部,在厚厚的水泥墙上,凸显的纹理竟是竹片肌理,仿佛是排排并列的圆竹从中剖开后固化在了墙上。这是宁波工匠采用独有的竹片模板制作技艺制成的"竖条毛竹模板清水混凝土墙"(图 18.205)。竹

图 18.204 废瓦残砖砌建的外墙

图 18.205 用毛竹模板成型的清水混凝土剪力墙

资料来源:董凌摄

图 18.206　滕头馆的竹墙(左)和竹栏杆(右)
资料来源：董凌摄

子这一传统材料在滕头案例馆得到了充分应用，竹不仅被用于墙体、栏杆，还被巧妙地建造雨篷。暖色的竹和冷色的拉毛混凝土形成鲜明对比，赋予建筑强烈的乡村特色(图 18.206)。

滕头馆所采用的"瓦爿"、竹片都是中国传统建筑中常用的材料，并且是从废弃物中收集过来的，因此大大减少了生产过程中的碳排放，同时这些材料在建筑拆除后还可以进行循环利用，完全符合可持续的、再生利用的生态理念。作为世博会临时性建筑，应当充分考虑建筑拆除后的废弃物利用问题。因此，滕头案例馆在材料的选择和工艺的应用方面，既展现了中国传统建筑材料的美学精神，又充分考虑了建筑材料的循环利用，一定程度上实现了建筑全寿命周期的低碳排放，是乡村适宜性技术的成功范例。

18.13.3.3　庭院

庭院，作为具有中国特色的传统建筑空间艺术，通过合理的建筑群体布置，景观要素组织，形成自然宜人的居住环境。滕头案例馆中，借鉴了传统园林的布局方式，结合现代化生态技术手段，创造了舒适宜人的乡村居住环境。滕头案例馆通过一座小桥引入庭院，庭院两层通高，下有水池，由坡道缓缓引向二楼，由顶上垂落的"天籁之音"音响装置，12个音罩播放出高清晰度的自然之音，表现出中国农历中二十四节气的田园之声。不规则的门洞设计体现层层景深，让人体会到传统园林曲径通幽的趣味(图 18.207)。

走到二楼，眼前豁然开朗，一个开敞的小院子组成了展览的第二部分——自然体验空间。在这里，建筑完全向自然敞开，营造了一种浓浓的乡村气息，可以看见绿树成荫，蓝天白云。滕头馆的屋顶有 1.5 m 厚的覆土，上面种植了高低错落的草木，让人感觉不到已经离开了地面。

院落的中心种上了绿油油的水稻，东面的墙上种满了垂直绿化，(图 18.208) 每隔 5 分钟喷出水雾，起

图 18.207　层层套叠的切割门　　　　　图 18.208　屋顶和墙体绿化
资料来源：董凌摄

到调节空气湿度和温度的作用，借助水雾弥漫的介质作用，利用光技术在水雾中形成一道彩虹，参观者穿行其间仿佛置身于彩虹之间。每隔半小时，工作人员还会放飞一次蝴蝶，让人真正体会到彩蝶飞舞、鸟语花香的自然气息，仿佛置身世外桃源中(图18.209)。

图18.209　建筑被绿色的植物完全包围
资料来源：董凌摄

在这里，建筑完全通过传统园林景观布置的方法，形成了具有原创建筑文化的中国乡村风景，应用简单的技术，改善了建筑微环境。

除了适宜性技术的应用，在展示部分，滕头案例馆也以新颖的方式向人们展示了未来乡村的美好设想。一楼主要以互动展厅来表现乡村生活的主题。第二展厅的视觉互动区，游客沿水装置生态模拟墙斜梯步道缓缓向下，便可在两面高墙上，看到三百户宁波人家的大型电子相册，每一本都记录着一户人家的今昔变迁。参观者可点击相册，走进感兴趣的宁波人家。在一楼中央演播厅，12台高清投影设备将投放出蓝天白云和快乐的飞鸟。当观众席地而坐，先后有两片 8 m² 的移动视幕，承载着100名滕头村民手绘的动画作品徐徐而来，两片最终合成一幅 16 m² 的彩绘动画影视作品。在第二展厅的"动地之情"地动装置区，110 m² 的演播厅地面采用气动装置，当观众席地而坐，波浪涌来形成 40 s 地面波浪变化。波浪平息后天动影像开始，此时地面悄悄隆起几处大小不一的坡峰，形成差落有序的高低座位。观众可选多种姿势来欣赏头部上方的移动影像和四面墙体中发出的美妙音乐。

游览宁波滕头案例馆的过程就是对远离城市喧嚣的清新朴素的乡村生活的真实体验，而其对传统适宜性技术的合理应用为创造舒适宜人的环境提供了技术支持。宁波滕头案例馆是对于未来农村生活模式的美好构想，也是城乡和谐、文明发展理念的体现。

滕头案例馆为当前一种以城市标准覆盖乡村，把"城市化"解释成"消灭乡村，变乡为城"的"新农村建设模式"提出了质疑。在城市化、新农村建设中，建设的浪潮正在抹去乡村的原有属性和历史记忆。乡村发展应有自己的评价体系，应该发展成和城市不同的另外一种生产、生活形态，而不是简单地模仿城市。如何在乡村改造中，既保留乡村独有的传统文明形态，呈现出不同的特质和风貌，又能提高居民的居住环境和质量，从传统技术和建造工艺中提炼出适宜性生态技术，这是一个重要的设计理念和方法。

18.13.4　日本馆

上海世博会日本馆是世博会亚洲展区最具鲜明个性的建筑之一，同时它也是各国家馆中面积最大的展馆之一。日本馆犹如一个巨大的紫色蚕茧卧在黄浦江边，故又得名"紫蚕岛"(图18.210)。展馆主色调紫红色象征着自然的颜色，仿佛是由太阳的红色与水的蓝色交融而成。紫色在中国和日本都是一种代表着高贵的色彩，而蚕丝则是由中国传入日本的，因此"紫蚕岛"便成为中国与日本之间源远流长的"连接"关系的象征。日本馆占地 6 448.8 m²，总建筑面积为 8 397.1 m²，展馆主体为地上 2 层，局部 3 层，整个建筑由穹顶覆盖，主体建筑高度为 23.85 m。日本馆为单层网壳充气膜结构，外部穹顶采用型钢空间网壳结构体系，围护材料为双层ETFE膜气枕，内部采用钢结构框架支撑体系[①]（图18.211）。

图18.210　2010年上海世博会日本馆实景
资料来源：杨维菊摄

---

① 曹发恒,孙海东,花炳灿.2010年上海世博会日本馆.建筑结构,2009(12):67.

图 18.211　日本馆钢结构施工现场
资料来源：梁飞，李斯特."心之和，技之和"2010年上海世博会日本馆设计.时代建筑,2010(03)：123.

日本馆的所蕴含的建筑理念是"心之和，技之和"，即通过先进的科学技术来创造人类和谐的生存环境。日本馆采用了全方位的节能环保技术系统，以体现日本未来的建筑发展方向。

18.13.4.1　技之和

日本馆所采用的一系列生态节能技术，使建筑仿佛成为可以自由呼吸的生命体。贯穿建筑内部的六根呼吸柱是建筑"呼吸"功能的核心载体，也是建筑中空气和水循环的主要通道（图18.212）。在白天呼吸柱作为采光天井，阳光从室外直接射到建筑底层；而在夜晚呼吸柱又作为景观光塔，将灯光投射到夜空中，营造出炫目的夜景灯光效果（图18.213）。

图 18.212　日本馆的呼吸柱
资料来源：www.flickr.com

图 18.213　日本馆的夜景效果
资料来源：丛勐摄

日本馆在建筑底层设置地热箱与外部空间直接贯通。在夏季室外新风首先要经过预处理，室外热空气通过地热箱被冷却降温，然后经过呼吸柱底部被导入室内，再利用呼吸柱的拔风效果将新鲜空气向上拔升送风；而建筑内部产生的热空气，则利用"烟囱效应"通过呼吸柱从建筑的屋顶排出，并在屋顶局部区域设置热交换器回收排风中的能量[1]。这种方式使室内外空气形成完整的循环通路，使建筑真正做到了自主的"呼吸"。日本馆的通风系统，直接降低了夏季的室内温度和电力负荷，是一种创新的低能耗通风系统。

日本馆对屋面雨水采用了循环回收利用的方式，使雨水用作水景用水和清洁用水等。雨水通过屋面孔洞，经过呼吸柱被导入底部的沉沙槽内，再经排水管流入雨水蓄水槽，然后通过一系列的水处理工艺后汇聚到杂用水槽和水景用水槽内，再经潜水泵输送至各用水点。在雨水的处理工艺中，采用了纳豆菌净水技术，它是日本生化科技研究的新成果。纳豆菌砖的工艺原理是将纳豆菌群、银离子以及昆虫生长抑制剂加入混凝土砖块中，通过纳豆菌群的有机物降解，以及银离子和抑制剂的杀菌防虫的功能达到净化水质的目的，其成本低廉且效果显著。日本馆的屋面还采用了洒水系统，它以处理过的雨水为主要水源，以市政给水为补充水源。洒水系统主要通过位于屋面的洒水喷头，利用连续喷水或间隔喷水的方式，在建筑外表面形成一层流动的水膜，通过水分的蒸发带走建筑表层的热量，与此同时它还起到了清洁建筑表面，降低表面温度，减少电力能耗的作用[2]。

日本馆半室外的等候区中设置了空调喷雾降温系统。它是利用高压泵对经过净化处理过的纯净水进行

---

[1]　梁飞,李斯特."心之和,技之和"2010年上海世博会日本馆设计.时代建筑,2010(03)：119.
[2]　梁飞,李斯特."心之和,技之和"2010年上海世博会日本馆设计.时代建筑,2010(03)：119-122.

加压,通过极细孔径的喷头将雾化水喷洒在人体上部空间,雾化水汽化后带走了近人空间中的热量,可使环境温度降低3℃~4℃。空调喷雾加湿专用风机安装在靠近喷头一侧,加快了空气流动,大大减少了水雾气化的时间。空调喷雾降温系统提高了炎热夏季室外环境的舒适度,降低了空调系统的能耗和运行费用。

日本馆中构成建筑表皮的ETFE双层膜气枕是一种新型的节能围护构造。ETFE膜是一种纳米材料,具有高强、质轻、透射性高的特性。它作为建筑的外围护构造,具有自重轻的优势,因此作为支撑结构的钢框架可以选用更经济节约的断面型号,从而大大减少了钢材的用量。ETFE双层膜气枕的外层膜为全透明,而内膜采用紫红色,双层膜之间为空气层。这种构造,有效阻止了室外热量过多地进入建筑内部,大幅减少了空调制冷的能耗。此外,双层ETFE膜气枕构造也为太阳能的利用提供了有利条件。在屋顶的ETFE双层膜气枕的空气层中设置了太阳能光电板,它所产生的电能通过集电箱、接线箱等设备汇至太阳能控制配电柜,为馆内照明提供部分电力(图18.214)。

图18.214 日本馆的ETFE双层膜气枕表皮
资料来源:www.flickr.com

18.13.4.2 心之和

日本馆分为三个展区和一个活动大厅。三个展区分别代表了过去、现在与未来。参观者经过曲折有序的参观路线,通过视觉、触觉、听觉全方位的感官体验,充分地感受到日本馆的魅力和它传递的信息。观众参观的主要入口位于建筑一层南侧,入口前有将近1 200 m²的观众排队等候区。通过主入口乘坐自动扶梯便进入了由展览长廊构成的"过去"展区,自动扶梯置于由幕布包裹的隧道中,通过幕布上的视频投影,参观者能够看到中日历史渊源中具有代表性的遣唐使、汉字以及中国传统的建筑样式等(图18.215)。观众乘坐自动扶梯到达第三层第一展厅,便进入了"现在"展区,在"现在"展区中有6组展示空间,分别展示节能技术、净水技术、屋顶绿化、节约用水等与普通人关系最紧密的科技成果,让参观者体会到人与技术之间的和谐。接下来,通过环绕的坡道参观者被引导至位于二层的最大展示空间"未来"展区中,这里的精彩表演具体呈现出人们对美好未来的期待(图18.216)。第三展示厅是位于二层端部的一座相对独立的可容纳600人的剧场。在这里通过中国传统昆曲形式的表演,让参观者体会到中日两国人民心灵上的联结,以体现"心之和"的理念。参观完毕后,顺着离场通道(设于第二、三展示厅之间)最后回到一层的等候区。

图18.215 日本馆入口展览长廊
资料来源:www.flickr.com

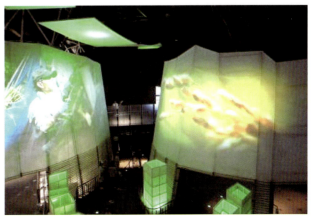

图18.216 日本第二展厅"未来"展区
资料来源:www.flickr.com

2010年上海世博会日本馆的建筑设计充分体现了"心之和,技之和"的理念,将技术、艺术与文化进行了完美的结合,它具有探索性的生态节能建筑系统为将来绿色生态建筑的发展起到了很好的示范。

18.13.5 法国馆

上海世博会法国馆体现了法国人一贯的浪漫情调,它的设计好像是未来大都市的原型,集中体现了可持续发展、自然、技术创新以及城市生活的乐趣。

18.13.5.1 法国馆概况

法国馆由法国著名建筑师雅克·费尔叶(Jacques Ferrier)设计,方案设计中体现"感性城市"的设计理念,通过"感官体验"作为参观的主题,其中包括视觉、听觉、味觉、嗅觉、触觉、运动及平衡感。这种人与建筑、自然之间的互动体验正是法国人浪漫的体现。在空间体验上,建筑师采用"回"字形的空间布局及底层架空的设计手法,形成外立面和内立面两种界面,空间上相互贯通流动,增加了空间的层次和趣味性(图18.217)。外立面采用网状的混凝土构架,与建筑主体脱离形成双层皮结构。整个网架漂浮在水面之上,使建筑经过水的反射尽显水韵之美和轻盈飘逸(图18.218)。内立面采用"立体园林"的主题,绿意盎然,与外立面形成鲜明的对比,将法国传统的园林景观与现代建造技术相结合,使参观者从感官上体验与建筑、自然的交融与互动(图18.219)。

这种内外互动的设计手法也用于展览流线的处理上,展览流线将庭院立体绿化和屋顶花园串联在一起,整个动态的流线过程中,一侧是以外

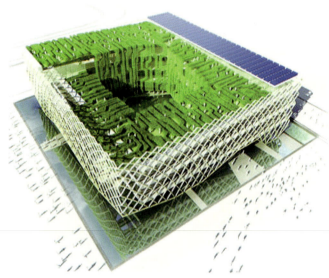

图18.217 上海世博会法国馆鸟瞰图
资料来源:http://blog.163.com/guohxh

(a) 法国馆外观

(b) 法国馆入口

图18.218 上海世博会法国馆外观与入口
资料来源:金磊摄

立面内侧墙体为背景显示的高科技动态投影，展示了法国的历史变迁；另一侧则是点缀着繁花的立体花圃和透射进来的自然光线，参观者、建筑和自然在这里相互对话，交融在一起(图 18.220)。

18.13.5.2 技术体系

作为环保大国，法国馆在设计理念上强调"城市中的自然存在"，凸显"创新、环保、再利用"，与上海世博会"城市，让生活更美好"的主题不谋而合。法国馆建筑外立面犹如篱笆的白色混凝土网架，使用的是一种叫玻璃纤维加强混凝土的新材料。这种混凝土网架，不仅有防风、抗震的效果，抗压能力和弯曲度等属性也比一般的混凝土要好许多。而且，除了加强建筑结构之外，整个网架被细分为模数化构件，经过工厂预制，现场组装的方式进行建造，易于回收利用，绿色环保(图 18.221)。

图 18.219 上海世博会法国馆内庭院

资料来源：王波.回归感官 走近2010年上海世博会法国馆.时代建筑，2010(03).

建筑内天井的绿色立体园林融合了法国古典园林和现代建筑技艺，打造了立体的"凡尔赛花园"，屋顶也被绿色所覆盖，郁郁葱葱，动感十足。屋顶的景观绿化蔓延而下仿佛形成一道绿色瀑布，延伸到整个建筑内院，仿佛使人身临绿色森林之中。在建筑材料方面，使用了可降解、可循环的材料，如固定花圃的网架，采用模数化的构件，以尽可能达到最大限度的环保（图 18.222)。这些绿色植物，除了有让人们富有亲近自然的感觉外，还能有助于调节室内温度，让参观者更加舒适。法国馆屋顶设置的太阳能电池板，则提供了清洁而免费的能源(图 18.223)。

(a) 上海世博会法国馆展馆入口

(b) 上海世博会法国馆展馆室内效果

图 18.220 上海世博会法国馆室内

资料来源：http://news.163.com/10/0406/19/63K1ST9G000146BB.html http://bbs6.zhulong.com/forum/detail6784240_1.html

图 18.221 法国馆外立面预制构件

资料来源：王波.回归感官 走近2010年上海世博会法国馆.时代建筑,2010(03).

图 18.222 法国馆内庭院立体绿化预制构件

资料来源：网络资源

法国馆中采用的太阳能光伏发电技术，在上海世博会园区各展馆的设计中被广泛采用。除此之外，园区各展馆的设计中还使用了屋面光电幕墙系统、雨水收集系统等技术，以减少 CO_2 的排放、降低水资源的消耗。在这些技术中，世博会建设广泛地应用了太阳能系统，园区实施了太阳能光伏发电与建筑一体化工程，整个世博会园区的太阳能总装机容量近 5 MW，系统设计寿命 25 年，每年可减排 CO_2 5 600 t（图 18.224）[①]。

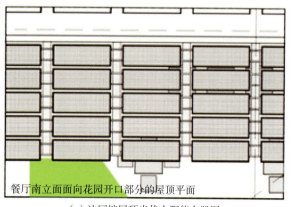 

（a）法国馆屋顶光伏太阳能布置图　　　　　　　（b）法国馆屋顶光伏太阳能鸟瞰图

图 18.223　法国馆屋顶光伏太阳能发电系统

资料来源：朱晓琳. 科技与感官的浪漫之旅——法国馆. 建筑技艺，2010(9).

（a）世博会主题馆　　　　　　　　　　　（b）世博会中国馆（彩色光伏电板）

图 18.224　2010 上海世博会太阳能光伏一体化工程

资料来源：http://www.smg.sh.cn/Index_News/；http://news.cntv.cn/20100926/images/1285483004436_3949704_2.jpg

18.13.6　法国阿尔萨斯馆

阿尔萨斯是法国本土面积最小的行政区域，山地丘陵遍布，自然风光优美。但在 20 世纪初的工业时代，环境污染开始影响阿尔萨斯人的自然生态，于是，当地政府开始鼓励环保节能。这个"水幕馆"的原型，来自阿尔萨斯地区一所普通高中的太阳能发电墙，在这届世博会上，设计师将这一概念进一步深化，巧妙地融合了太阳能发电、水源降温等技术，使这栋金属钢架结构的建筑实现了真正意义上的冬暖夏凉。

18.13.6.1　建筑概况

位于"城市最佳实践区"北部的阿尔萨斯馆，典型地体现了生态设计的理念。该馆的参展方是法国阿尔萨斯大区。阿尔萨斯馆占地 504 m²，地上 3 层（局部 4 层），地下 1 层，建筑高 16.45 m，地上建筑面积 1 546 m²，总建筑面积 2 010 m²，场馆以展览、休闲功能为主。

作为本届世博会为数不多的永久性建筑，阿尔萨斯馆在设计立意、设计手段、建造过程等方面比较全面地体现了生态设计的原则，在减少对自然的不良影响、实现模数化和循环利用方面进行了很多尝试，有不少值得借鉴的经验。建筑造型并没有传统建筑的样式，而是让设计中的墙面与地面呈一定角度。从剖面

[①]　建筑低碳节能——上海世博会新亮点 江苏省科学技术情报研究所，2010 年 3 月.

看，形状接近于平行四边形。其南立面采用双层表皮，分别是被青枝绿叶覆盖的"绿墙"和被太阳能光伏板覆盖的玻璃幕墙，整个建筑富有现代感，新颖、简洁，同时又形成一个绿色生态的空间腔体(图18.225)。

18.13.6.2 技术体系

在普通建筑中，玻璃幕墙是形成现代建筑夏天"温室效应"的主要因素，但在法国阿尔萨斯馆内，设计师巧妙地将这个劣势转化为优势，使它成为建筑节能的关键。从剖面分析，玻璃幕墙从外到内分为三个层次，依次包括太阳能光伏电板、第一层玻璃和中间的空气层以及最后一层的玻璃，上面有水流过，构成一层水幕。设计中将每一层玻璃都加厚，尽量力降低因热传递造成的

图18.225 法国阿尔萨斯馆外景
资料来源：陈易.2010年上海世博会城市最佳实践区的建筑生态设计浅析.时代建筑,2010(3).

能量损失。外层玻璃，采用两层玻璃黏合而成，厚度约5 cm。玻璃幕墙上的太阳能光伏发电板所产生的电量，虽然无法完全满足这幢建筑的所有能量需求，但在水幕的共同作用下，世博会建筑运行所产生的能耗，建筑的能耗已经比常规同类建筑少了很多。

1) 适应夏热冬冷气候区建筑的可调节幕墙结构

该建筑幕墙系统工作有两种模式，分为冬季模式和夏季模式。

"冬季模式"：水幕停止流动，太阳能光伏发电板运作，供给空调用电，双层表皮的所有通风口关闭，中间层形成一个密闭空气舱。通过阳光辐射以及太阳光在光电板上转换成电产生的余热，空气层被迅速加热，通过风机将新鲜的热空气源源不断地送往室内(图18.226(a))。

"夏季模式"：太阳能光伏发电板产生的电输送给水泵，双层表皮的玻璃向室外打开，水幕从上而下流动为建筑物带走热量，也达到对外通风的效果；同时经位于屋顶的水泵抽送，两层玻璃之间形成一个水帘，再加上太阳能光伏发电板产生的阴影，三管齐下降低，中间空气层的温度，从而起到给建筑降温的作用。此时，太阳能光电板产生的能量将成为水泵的动力源(图18.226(b))。

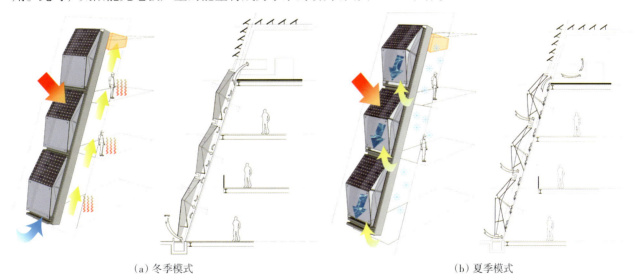

(a) 冬季模式   (b) 夏季模式

图18.226 法国阿尔萨斯馆幕墙系统工作的两种模式
资料来源：陈易.2010年上海世博会城市最佳实践区的建筑生态设计浅析.时代建筑,2010(3).

光电建筑在实际运行中，光伏电池的光电转换效率随着工作温度的上升而下降。如果直接将光伏电池铺设在建筑表面，将会使光伏电池在吸收太阳能的同时，工作温度迅速上升，导致发电效率明显下降。理论研究表明：标准条件下，单晶硅太阳电池在0℃时的最大理论转换效率可达30%，在一定的光强条件下，硅电池自身温度升高时，硅电池转换效率约为12%~17%。照射到电池表面上的太阳能83%以上未能转换为有用能量，相当一部分能量转化为热能，从而使太阳能电池温度升高，若能将使电池温度升高的热量加以

回收利用，使光电电池的温度维持在一个较低的水平，既不降低光电电池转换效率，又能得到额外的热收益，于是太阳能光伏光热一体化系统（PVT系统）应运而生[①]。在建筑的外表皮设置光伏光热PVT构件或光伏光热PVT组件，能达到既提供电力又提供热水和采暖的双重作用，解决了光伏发电板的冷却问题，甚至可以减少建筑室内的空调负荷，进一步增加BIPV的多功能性。法国阿尔萨斯案例馆水幕光电幕墙就是一个较好的案例。

法国设计方表示，原来的设计构思是：在夏季模式下，装有太阳能板的外层玻璃会根据太阳的方位改变开启角度，以求得最佳角度、最大照射面积，获得最多的太阳能。但由于成本等各种因素，这项"智能控制"方案最终并未实施。

2）适应夏热冬冷性气候的立体绿化体系

阿尔萨斯位于法国东北部地区，气候属半大陆性气候，冬季寒冷，夏季湿热，属于夏热冬冷性气候。展馆设计很注重模数化的应用，虽然主体结构采用钢筋混凝土框架和剪力墙体系，但大面积窗和局部四层的外墙均采用了钢结构，有利于材料的模数化；同时，大量的玻璃和铝合金构件也都利于材料的模数化和循环利用。

该馆的植物幕墙系统采用专用种植箱和土袋盛装轻质种植土，并整合施肥功能的自动控制微灌系统。整个系统采用模块化的标准构件，仅需螺栓固定，安装拆卸速度快，有利于模数化和平时的维护保养。另外在阿尔萨斯馆内采用了一些可以循环使用的材料和设备，如整个植物幕墙系统采用了可回收的环保材料和设备，无有害物质释放，符合生态的理念，同时也可以方便地各种供水系统（图18.227）。

18.13.6.3 建筑的自遮阳体系

建筑造型方面，阿尔萨斯馆采用墙面倾斜的处理手法，南面形成合理的倾角，更有利于太阳能光伏电板获得能量。北面墙体内倾自然形成自遮阳作用，将建筑的遮阳体系、太阳能光伏体系、建筑造型设计三者融为一体（图18.228）。

图18.227 阿尔萨斯馆植物幕墙系统的安装过程
资料来源：http://1872.img.pp.sohu.com.cn

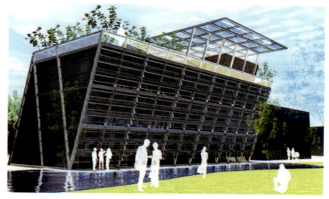

图18.228 阿尔萨斯馆的自遮阳体系
资料来源：http://xmwb.xinmin.cn/xmwb

18.13.6.4 生态设计的思考

从阿尔萨斯馆的建筑设计中，我们可以看到绿色生态设计思想完全融入建筑设计的各个阶段和各种层次，生态设计和技术已经成为建筑造型的有机组成，它是艺术造型、材料运用和新技术选用的集成作品，也是综合技术的范例。设计师将被动技术和主动技术两者有效结合起来，采用被动设计的手法，能达到减少对主动技术的依赖，降低成本；而通过主动技术的应用，又能进一步提高建筑的节能效果，凸显科技的引领作用。

法国阿尔萨斯馆对于生态设计的一些探索，回应了当代"可持续发展"的要求，给参观者以启发，他们在生态建筑方面的经验值得我们关注与学习。

---

① 季洁,程洪波,何伟,等.太阳能光伏光热一体化系统的实验研究.太阳能学报,2005,26(2):170~173.

18.13.7 上海世博会的绿地景观

绿地景观的设计表达出一种对环境的美化，一种对环境的态度，一种对环境的造就；上海世博会绿地景观设计反映出绿地与城市生活的紧密，与环境的一体，与生态的一致。它的成功已成为中国风景园林界永久的话题，也必将作为样板对全国的绿地景观设计产生一种长远的示范作用。

18.13.7.1 绿化系统布局与结构

世博园区绿化系统以世博公园为核心，以轴线大道、步行景观带、浦江景观带和网状道路绿化为主体骨架，构建"蓝绿相依，绿网交织，绿楔深嵌，绿链相接"的生态网络布局。通过绿化体系的生态网络布局，强化各功能片区和场馆间特色景观林的紧密联系，形成完整的绿化景观系统。同时，绿地也是组织人流、保障安全的重要场所空间。

世博园区绿地总体结构以"一核、一轴、两带、多楔"为主，由黄浦江向两侧城市空间延伸，其中绿化用地面积约 135 hm²，广场用地面积约 69 hm²。一核——世博公园，世博公园是全园最主要的公共活动区域，位于世博园中心滨江区块，是一处大型生态型游憩公园，也是园区的绿色核心；一轴——世博大道，世博大道绿化是世博区绿化景观空间层次上南北向轴线的重要复合型绿化广场型空间，轴线与黄浦江交汇处形成景观高潮；两带——滨江绿带和缓冲绿带。滨江绿带：黄浦江两侧各有一条滨江绿带沿江展开，同时串联起世博园区各展馆组团绿化。缓冲绿带：世博园区与城市相接地区设置大型缓冲绿带，满足停车等功能要求；多楔——多个楔形绿地，核心区域外的场馆内有多条楔形绿带垂直于黄浦江，使江面景观和滨江绿带渗透到园区。同时利用沿江防汛标高和自然标高的落差，塑造高低起伏的坡地景观。

按区位划分，世博园区绿地景观主要包括五个部分：四个滨江公园、一轴四馆及世博村绿化景观、浦东国家展馆绿化景观、浦西企业馆绿化景观和道路广场绿化景观。四个滨江公园是园区绿地景观的重点，即世博公园、江南公园、白莲泾公园和后滩公园。其中前三个公园的设计是由在全球设计竞赛中胜出的荷兰 NITA 设计集团主持的。

18.13.7.2 世博公园(图 18.229~图 18.236)

世博公园基本结构是以"滩"的形式及"扇骨"状均匀分布于基地上的乔木林为主体结构，以地形的山脊形成的步道为主要交通主框架，贯穿水、林、丘、桥等主要景观元素，在其沿线组织出不同的生态景观，在水与林的相互交叉、丘与桥的相互交织中，形成了世博公园的整体格局。"滩"的形式即在地块中将所有的自然条件、人为活动互相交融，利用"滩"的概念将自然生态与城市人类活动完美的融合。"扇骨"即整个基地如同中国传统折扇优雅地在轻舞的微风中打开，在雅致的扇骨下呈现出立体的水墨山水画。整个扇面缓缓从江面升起并展开。抬升的扇形基地如折扇的扇面，按风向走势而特意设置的乔木引风林似为扇骨。

图 18.229　世博公园的"滩"

图 18.230　世博公园乔木林

图 18.231　世博公园丘陵起伏

图 18.232　世博公园水与林交织

图 18.233　世博公园的湿地景观

图 18.234　世博公园的滨江景观

图 18.235　世博公园的构筑物

图 18.236　世博公园人工栽植

"山为骨架，水为血脉"，山水构架是设计的重要理念之一。选择基地的东西两端向中部堆土造山，在中部进行扭转形成高潮，结合公共演艺中心缩小土方量，使公园地形有丘陵起伏之势。强调山水环绕，互相交融。

通过对风向、遮阳及视线等因素的综合考虑，设计以人工的植栽方式创造出较为现代的栽植艺术。以折扇骨架为创作原型，均匀地在基地中布置整齐的南北向带状林地。选择季向性有特殊色彩变化的色叶大乔木，强调弧线分区与直线守边的种植方式，分布于起伏的基地中，创造出黄浦江边亮丽的植物虹。结合滩的设计概念，创造最新的地被植物"混播"方式并结合上海的本土植物和"花境"的方法，创造出色彩斑斓的底层植被景观。既创造沿江序列性植物景观，又有利于江面视线的渗透，起到引导视线，将江面之景引入园内的作用。

18.13.7.3　白莲泾公园

白莲泾公园处于世博公园和世博村之间，有过渡、补充和延续的功能。它位于世博围栏区以外，是永久性城市绿地，不仅在展会期是参观世博人群游憩和休闲的重要场所，也是一个向市民开放的绿地空间。该绿地的主要功能是世博园入口接待、生态调节、补充配套、过渡协调和缝合整理。针对公园本质的功能需求，设计师抽象地提出了此次设计理念——"漾"，其主要象征着一种冲击后逐渐地平静、一种破碎后有机的梳理、一种缝隙中从容的生长。

滨江视线资源是基地最大的优势条件，基地滨江岸线长达 1.56 km，原码头有 13 个之多，利用现状码头对驳岸线进行整合改造，创造出独一无二的水岸风景线。码头除保留利用作为游船泊位外，也成为市民亲水休闲的特色观江平台。另外，塔吊是工业文明的产物，因为它特殊的地理位置和形象特征，已成为上海工业时代的象征，是上海港口城市发展的见证物。为了充分挖掘基地滨水工业烙印的特色文化，设计师将基地中原有的工业元素加以保留并利用。

在现有的条件下，选用流动的水纹曲线对其进行软化，结合地形与防洪墙塑造出流淌的绿色双曲面，与世博公园"滩"的概念有机地联系在一起。在白莲泾河口处，地形蜿蜒直上形成视线的焦点，突出江河交汇的区位与动感。在地形上以人工草坪为主，在江河交汇处创造出一个绿色的观江平台，此处地形开阔，除可遥看外滩外，还有卢浦、南浦两座大桥最佳的观赏视线（图 18.237，图 18.238）。

图 18.237　白莲泾公园水岸风景

图 18.238　白莲泾公园草坪及雕塑

18.13.7.4　后滩公园（图 18.239~图 18.244）

后滩公园位于世博会围栏区西南角，公园采用立体分层布局的方式，以场地发展的时间脉络、空间背景和场地禀赋作为线索，采用"滩"的回归、场所记忆、多重体验的规划设计理念，将公园分为湿地生态景观、梯地景观、工业遗存和现代休闲体验四个功能层次，并将它们叠加形成总体功能布局。其中湿地生态景观层担负着湿地保护与恢复的生态功能，是黄浦江滩地景观的回归。湿地生态景观由原生湿地保护区、滨江芦荻带、内河净化湿地带和梯地禾田带四部分共同构成，并形成以"双滩谐生"（即外水滩与内水滩）为结构特征的湿地生态系统。原生湿地保护区和滨江芦荻带与黄浦江直接相邻的外水滩地，滨江码头及几个休息平台周围种植芦苇、镳草与蒲苇、荻等呈野生状生长的观赏草与荻形成的植物基调相统一，共

图 18.239　后滩公园漫滩散植的耐水乔木景观

图 18.240　后滩公园种植芦苇的植物景观

图 18.241　后滩公园梯地禾田景观

图 18.242　后滩公园生态湿地景观

图 18.243　后滩公园盛开的绿地

图 18.244　后滩公园盛开的绿地

同构成气势恢宏的统一的临江植物景观。内河净化湿地带主要由各种当地乡土湿生及水生植物组成，在滨江芦荻带和梯地禾田带之间形成蜿蜒曲折的带状湿地景观，沿内河坡地一侧上层乔木为耐水湿的水杉、池杉、落羽杉等沿漫滩散植，下层为水生和湿生植物。梯地禾田带通过高低错落的梯田台地自然化解场地高差，并形成丰富的景观界面，同时为水体的净化提供了更多途径。外水滩地和内水滩地之间通过潮水涨落、无动力的自然渗滤进行联系，一同营造着具有地域特征、能够可持续发展的后滩湿地生态系统。

18.13.7.5　江南公园

江南公园由船台、船坞、半月状高架平台及垂直向高架平台构成，延续并强化船坞、船台和高架平台的垂直向空间特质，同时将半月状高架平台作为水平向联系的主干，辅以曲线式的步道，将垂直向分散空间串联整合，从而使整个用地构成十字网络，形成适用性强、可达性高的有机体系。

设计师利用现状码头对驳岸线进行整合改造，把原来凌乱的景观整体化，将原有的一些特色工业码头构件保留利用，如小型的运货传送架、船栓、起吊架等改造为特色艺术雕塑小品，留下了工业水运码头的印记。同时，垂直向空间体系既延续了场地的固有肌理与特征，利于世博会后期的历史建筑保护性规划，又与浦东片区世博公园的"扇骨"垂直向体系形成呼应，保证黄浦江两岸的风貌统一和景观协调。水平向空间体系整合了带状绿化和江南公园两块用地，保证了黄浦江滨江岸线的畅通，又与浦东世博公园和白莲泾公园的下层曲线肌理遥相呼应，使两岸的景观空间得到立体化整合。

18.13.7.6　庆典广场

世博园区内的庆典广场成为连接世博轴、演艺中心、世博公园等重大世博项目的焦点空间和景观节点，在更大范围的浦江滨水空间体系中，它也成为开放空间的亮点及纽带，因此，其满足了世博会期间大型庆典活动、接待活动和户外观演等功能的需求。

庆典广场绿化以现代的设计元素为基础，条形的广场肌理以自由布置的大树为特色，西侧与世博公园自然起伏的地形相结合，并与合兴仓库形成多层次的景观空间，东侧与演艺中心的辅助出入口相衔接，使庆典广场与出入口形成一个相对独立但又相互贯通的绿化空间，东西两侧的大树与世博轴的绿化形成一个连续空间。

庆典广场为一处完全平整的、与周边建筑标高齐平的方形广场，形成一处眺望黄浦江及黄浦江对岸世博园区的平台，同时它又倾向世博公园，公园茂密的绿化形成了对广场的围合。它是具有亲和力的，因采用了生态色系的深色和浅色相间的石材铺地，水平简洁的条形拼法，不仅与周边的建筑形成相互间的协调，也减少了夏季烈日下铺地产生眩光。它同样是壮观的有特色的，广场中间那富有特色的水镜，可以倒映建筑、绿化和天空，还可喷出茫茫的水雾，当举行大型表演时，薄薄的水层可以迅速收干，空出大片场地供观演使用（图18.245）。

18.13.7.7 园区道路景观绿化

浦东道路景观重点围绕一轴四馆展开，重点突出世博滨江公园大道、场馆周边景观道路和世博轴之路的景观。浦西以世博绿带大道（龙华东路）为重点景观道路。

世博滨江公园大道：上木选用黄山栾树，高大挺拔、分支点高、抗风耐湿，9~10月开花，突出滨水道路空间的整体性和世博期间的观赏性。下木在会展期间以耐践踏地被为主，会后可根据需要种植花灌木，此道路景观与滨江三大公园交相辉映。

世博轴之路：借用世博轴绿坡用地，形成两排高大乔木树阵，强化空间导向性和气势感。世博轴两侧选用高大的树形整齐的以胸径大于30 cm的实生银杏为主，烘托世博轴恢宏的气势，代表了中国植物的特色。道路外侧：嫁接银杏、大香樟，突出常绿落叶搭配。

场馆道路：中国馆，中国馆前的绿地，加植白皮松作为点缀树种，增强绿化气势。中国馆门前广场，种植胸径超过45 cm的超大规格银杏，和建筑大空间形成呼应；云台路，选用杂交马褂木作为行道树种，在世博开园期间景观效果突出，树形挺拔，中国特有，与东侧世博轴的银杏形成交相辉映的效果；北环路，选用香樟作为行道树，树形挺拔，上海乡土树种；南环路，选用榉树作为行道树种，树形挺拔，上海乡土树种；主题馆，广玉兰是近代引进中国的外来树种，现已成为上海本地成熟品种，在世博开园期间效果极佳；浦西龙华东路，以自然式、组团式和中心式植物造景为主要形式，突出和谐生境和生态城市概念，行道树以悬铃木为主（图18.246~图18.248）。

18.13.7.8 世博村

上海世博会世博村通过对住区环境的塑造，提升居住者对"村"的认知感。"村"不是一幢楼，一套

图 18.245　世博园内的庆典广场

图 18.246　世博大道绿化和造景

图 18.247　世博大道乔、灌、草搭配的绿化

图 18.248　世博大道绿化造景小品

绿色建筑设计与技术

图 18.249　世博村道路绿化

公寓，而首先是一片完整的社区，一个美丽的家园。在高层、多层环抱的建筑围合出的人工空间中营造出一片现代的生态绿洲，通过有机的组织，自身形成一个可循环的生态环境，调节区域性的小气候，让人能最大限度地回归自然，整个社区达到了人与自然的和谐共生。

设计者强调对植物、水体、小品和铺装的表达，"东方"、"西方"、"工业"和"现代"等四个组团体现不同的个性，特别是植物的配置强调组团营造的都市氛围，表达出不同的主题：在"东方"组团中植物选择有竹、梅、莲等，具有较强中式搭配，突出了东方文化的安静、平和；"西方"组团中选用一些修剪整齐的植物，强调对称感、序列感；"工业"组团中选用本地色叶树种，以落叶树种为主，强调季相景观，如梧桐、银杏，突出历史的厚重与沧桑，结合现状的改造建筑，将一些工业废材二次转换使用；"现代"组团中除了简约的图案和几何构图外，在灯光声效上相对突出，色彩鲜亮、明快（图 18.249）。

18.13.7.9　场馆的立体绿化（图 18.250~18.256）

世博会展示了丰富的历史文化，体现出对历史的传承和建筑的可持续理念，也是先进的技术和产品的大展台，突出了生态世博、绿色世博的主题。寸土寸金的上海，立体绿化在增加绿量、美化景观、改善生态等方面有着积极的作用。立体绿化是全方位美化城市、降低温室效应、节能减排和充分利用城市垂直墙面资源，缓解土地紧缺矛盾的最佳途径之一。

世博会众多场馆（如主题馆、法国馆、瑞士馆和印度馆等）外立面设计充分考虑美观、遮阳、防雨和隔热等多重功能的综合应用，充分利用种植墙面、种植屋面的绿化与生态设计来体现场馆和改造厂房的绿色主题。其中，生态绿墙采用绿墙支撑结构系统、绿墙栽植盘技术、绿墙灌溉系统技术和绿墙后期管养等目前较为领先和成熟的技术，是一整套具有较高生态理念的垂直绿化系统。

图 18.250　瑞士馆的立体绿化

图 18.251　新西兰馆的立体绿化　　　　图 18.252　印度馆的立体绿化

2010年上海世博绿地面积之大、设计理念之新、技术应用之广是前所未有的。在绿地实施中采用了众多的生态技术：如土质改良技术；生物物种选用、群落设计和保育技术；水处理和水循环利用技术；场地透水技术；节能产能技术；物质循环利用技术；生态型新材料运用；夏季场地降温技术；垂直绿化技术和屋顶绿化技术；草地耐践踏与即时更换技术；以及绿地承载防洪墙功能技术等等。

图 18.253　加拿大馆的立体绿化

图 18.254　主题馆的立体绿化

图 18.255　法国馆的立体绿化

图 18.256　爱尔兰馆的立体绿化

(资料来源：图 18.246~图 18.256 由翁雷摄)

18.13.8　上海世博会的景观设计

18.13.8.1　绿色生态世博

1) 绿色生态世博的含义

"绿色生态世博"蕴含了上海世博会要实现的三大和谐：人与自然的和谐，人与社会的和谐，历史与未来的和谐。人与自然的和谐是核心，也是景观设计的主要目标。

2) 绿色生态世博理念的表达途径

绿色生态世博的理念从宏观和微观两个层面给予表达。宏观表达即人类与自然在全球大环境中的和谐；微观表达即人与自然在世博园区和在主办城市小环境中的和谐。

(1) 人类与自然在全球大环境中的和谐

人类与自然在全球大环境中的和谐又可以分为保护生态环境和修复生态环境两部分，在景观设计中表达的主要方法和途径如下：

① 保护生态环境

大气——户外设施减少污染气体的排放；

水——污水全部收集，处理达标后排放；运用节水设施和技术，如滴灌技术；运用雨水管理技术，补给地下水，如透水路面技术等；

生物——保护乡土树种、生态群落和生物资源(图 18.257)；

土地——节约使用土地，采用高密度景观的处理方法；

资源——使用节能设施，如LED照明技术等；使用再生能源，如江水源热泵、太阳能等；直接利用园区内废弃材料，如用建筑垃圾建造景观地形；使用循环再生材料，如再生木和钢渣透水砖等。

② 修复生态环境

大气——户外空间增加绿量，种植改善大气环境的植物；

水——采用湿地净化水体，如后滩湿地公园；

生物——恢复滨江湿地、滨江林地，重造生态群落结构（图18.258）；恢复乡土植物和生物，提高生物多样性；建设集中绿地，营造生物栖息绿岛；

土地——土壤改良，恢复被重金属污染的土地。

图18.257　保护和利用后滩原生湿地

图18.258　世博公园营造近自然滨江林地

资料来源：胡玎摄

图18.259　遮阳降温的高架步道

资料来源：王越摄

（2）人与自然在世博园区和主办城市小环境中的和谐

绿色生态世博的理念的微观层面表达是人类与自然在世博园区和主办城市小环境中的和谐。在景观设计中表达的主要方法和途径如下：

大气——夏季通风降温，如滨江扇骨林带和空气树生态设施等；通过绿化、吸音设施减少噪声；

阳光——荫蔽处利用自然采光，如阳光谷；暴晒处采用遮阳设施，如高架步道、乔木林（图18.259）；

水——以水为媒介降低夏季户外温度，如景观水体、喷雾降温等；创造亲水空间，让人回归自然；

生物——营造立体绿化，尽力增加绿化空间；

土地——固体垃圾全部收集，循环处理或达标后填埋；

主观感受——在建设客观生态的基础上，巧妙地增加自然、绿色的主观感受；

公众参与——融入生态教育，实现快乐生态[①]。

18.13.8.2　上海世博会园区景观绿化设计中的技术创新

面临时代的机遇和挑战，上海世博会以点带面，作出了积极的探索，在世博园区的景观设计中进行技

---

① 吴志强. 上海世博会景观·绿化. 上海：上海科技出版社，2010.

术创新和实践。

1)自然和人文环境的保护和利用

自然环境的保护和利用以后滩原生湿地保护和利用为代表。在黄浦江被码头、仓库、防洪堤占据的岸线中,后滩区域竟然还留存着一小片原生湿地,弥足珍贵。后滩公园通过一系列技术手段保护完善原生态湿地:清理垃圾、翻耕平整、土质改良;疏理枯枝死树;补植防风固土和鸟嗜植物;生态技术固土护岸等,发展成为一座拥有一套自然生物净水系统的湿地公园。

人文环境的保护和利用以园区工业遗产的保护和利用为代表。作为中国民族工业的发源地,在 5.28 km² 红线规划范围内,约有 25 万 m² 老建筑纳入了保护范围,其中包括上海开埠后建造的优秀老民居,如位于浦东白莲泾地区保存比较完好的多幢老别墅,还有能见证中国工业发展进程的工业遗产,如上钢三厂部分老厂房与江南造船厂的厂房、船坞、船台等。世博园区内的工业遗产分三级进行保护:一是文物保护单位与优秀历史建筑;二是保留历史建筑;三是其他保留建筑。这些老建筑将被用于展馆、管理办公楼、临江餐馆和博物馆等,大幅度降低建设费用,也完成了从工业厂房到博览业之间的转换。一大批历史建筑

图 18.260 上海南市发电厂被保护利用为城市未来馆及城市最佳实践区
资料来源:王越摄

在当代和未来得以全新的利用,而且成为世界各国友人汇聚、交流、欢庆的场所。上海世博会对历史建筑的保护和利用面积创历届世博会之最,25%的建筑面积由老建筑改造后提供。一些典型历史建筑和场所的保护和利用可以代表本届世博会的理念和实践。比如始建于 1897 年的南市发电厂,保留下来的主厂房和烟囱成为城市未来馆及城市最佳实践区的核心和标志。在 19 世纪科技进步的支撑下,中国人首次在上海创建官办发电厂。21 世纪,世博会在同一片土地上建立城市最佳实践区,汇集已经取得成效的几十个全球生态城市和项目案例,对未来城市生活作出示范(图 18.260)。

上海世博会在自然和人文环境的保护和利用上有如下特点:① 人文资源、工业遗产的保护突出,历史建筑的保护和利用面积创历届世博会之最。② 把握保护和利用的关系,对历史建筑和场所采用分级保护,将其区分为世博会期间保护利用世博会后永续利用等梯度。③ 人文和自然保护和主题演绎相结合,创造出有历史底蕴,更有当代特色的魅力空间,并凸显本届世博会的主题。

2)营造近自然林地、湿地

世博会在黄浦江滨江营造"滨江森林和滨江湿地"景观,采用近自然林地和湿地的建造技术,以高大的乔木为骨架,以丰富多彩的湿地水生植物为铺垫,发挥植物生态功能,展示自然生态群落结构。

世博园区近自然湿地的代表是后滩公园,通过沿江滩涂生态护岸和近自然湿地植物两种手段重造滨江湿地。将百年一遇、千年一遇的防汛墙远离黄浦江边,留出与江水互动的自然滩涂。沿江边滩涂的固土护岸采用两种形式,钢筋石笼护坡与块石抛石护坡,重新营造出黄浦江边自然的"上海滩",植物可以在其间亲水生长。内河湿地区域则利用天然黏土的防渗特性作为河道基床,配合铺设砾石砂层加强水体过滤,以及铺设种植土层,便于种植水生植物以净化水质。利用黏土在可控范围内的渗透率,使地表水和地下水一定程度地交融。植物配置上,借鉴上海地区的自然湿地群落,有针对性地配置净水湿地植物。比如植物综合净化区配置沿岸浅水区挺水植物:芦苇、水葱。中心区沉水植物:轮叶黑藻、苦草、伊乐藻、眼子菜、聚草、金鱼藻。点缀性浮水植物:睡莲、王莲、菱。利用鱼类、虾类、螺类和贝类等底栖生物的不同生活特点进行食物链构建,利用微生物分解吸收垃圾和有害物质。

世博园区近自然林地的代表是世博公园。对地形改造、水系布局、植物配置等做出合理的布局设计,

尽量恢复自然平衡的、多样化的生态环境。人工营造出多种形式的自然生态环境，如江谷、小溪、水池、湿地、山林、坡地和树林等。对活动区域进行划分与界定，让人为活动尽量少的影响生态系统。树种选用符合植被地理特征的适生物种，基本上采用乡土树种，强化立体群落配置。此外，还选用健康保健树种、特色品种和新品种。

上海世博会在近自然林地、湿地营造方面有如下特点：

①巧妙处理防汛墙，还滩于江，借鉴上海原生林地、湿地，在滨江营造近自然林地、湿地，产生降温、降尘、杀菌的综合效益（图18.261~图18.263）。②结合世博会使用功能需要，适当调整林地、湿地的布局和构成方式，如扇骨林地、世博期间林下层控制灌木量，世博会后再补充中下层植物，形成完整的群落结构。③近自然林地、湿地与主题演绎相结合，融入中国折扇的文化元素和湿地净水的生态元素等。

图18.261 后滩湿地公园净水系统
资料来源：胡玎摄

图18.262 防汛墙隐藏于绿坡之中
资料来源：王越摄

图18.263 隐形防汛墙施工的过程
资料来源：胡玎摄

3) 室外空间控温降温

上海市属于夏热冬冷地区，世博会的举办期是2010年5月1日至2010年10月31日，这是上海气温最高的几个月份，尤其7、8、9三个月份是上海的酷暑季节。上海典型气象年的资料显示：夏季极端最高气温为38.9℃，最热月平均气温为27.8℃，相对湿度为83%，气温日较差为6.9℃。本地区夏季的气候特征为"高温、高湿"[①]。因此，上海世博会设立课题，专门开展了控温降温综合技术研究。通过世博园区室外热环境影响因素及评价指标研究，确定了空气干球温度、空气相对湿度、空气流速（风速）、平均辐射温度四个核心因素。通过对世博园区规划方案环境模拟评价，有针对性地选择了世博园区六类控温降温方法与技术应用。最终形成了世博园区控温降温技术评价标准，以及基于控温降温技术的世博园区生态规划设计导则。

上海世博会在实践中系统应用了设计导则，对六类技术集成应用。

（1）遮阳系统设计与技术应用上，主要有高架平台系统、展馆等候遮阳系统、绿化遮阳系统等实践。高架平台系统是指沿着浦东、浦西主要交通轴设置复层高架平台，提高人流通行能力，而且为平台下层创

---

① 同济大学课题组. 世博园控温降温综合技术研究报告, 2006.

造了大面积遮阳空间。展馆等候遮阳系统设置于各展馆出入口附近，利用建筑灰空间及外挑遮阳棚等提供隐蔽空间。绿化遮阳系统分布于各类公共空间，选择伞形树冠乔木，形成林下遮阳区域。在生态技术集成应用上，很多地方巧妙地用太阳能光电板作为遮阳篷。

（2）基于控温降温功能的材料选择与应用上，户外空间避免目前普通的混凝土或沥青路面，机动车路面多采用生态混凝土。世博公园采用大面积胶彩石地坪，通过下渗雨水带走了热量。在休闲平台等人行区域采用塑木复合材料，避免材料温度的骤升骤降。

（3）绿化降温空间布局与对策上，除了提高绿量、提高绿化覆盖率实现蒸腾吸热、遮阳作用外。重点通过绿化布局实现绿廊引风，如世博公园采用折扇扇骨布局的林带，顺应上海夏季东南风向，形成绿化引风廊道，促进空气流动，促进人体表面的热交换。

（4）自然风场数值模拟与规划对策上，针对研究确定的问题区域如园区出入口、人流活动区、人流休闲停留区，采用绿化、建筑架空、喷雾等综合手段予以改善。

（5）地道风则一定程度地运用于世博主要公共建筑和周边场地内，如世博主题馆及下沉广场。

（6）水体降温技术上，综合运用点、线、面状水体。点状区域水体是指在园区及各场馆入口排队等候区运用喷雾、景观喷水等降温。线状区域水体位于高架平台和各场馆建筑之间的步行通道上，结合喷雾和小型景观水体降温。面状区域水体主要布局于后滩公园和世博公园，形成较大的内河湿地和景观水面（图18.264）。

图18.264　增加水体降低世博园区室外温度
资料来源：胡玎摄

上海世博会在室外空间控温降温上有如下特点：① 基于深入研究，本届世博会室外控温降温的方法系统、多样，并集成使用，产生较强的效果。② 室内降温和室外降温协同，并尽可能采用自然控温降温手段。③ 控温降温重要的水、绿空间与视觉景观、行为使用的需要紧密结合，产生综合效益。

4）构建生态水系

上海世博会园区内构建了各类生态水系，综合运用了湿地水体净化技术、雨洪管理技术和节水型灌溉技术等。

后滩公园构建可持续发展的湿地生态系统：园内直接取引劣Ⅴ-Ⅴ类水质黄浦江水源，经内河水系纯生态净化处理后，达到地表水Ⅲ类水质标准，以满足后滩公园和世博公园每日绿化浇灌及生活杂用水的需要。具体流程包括：黄浦江水→① 取水→② 预处理池（蓄水、沉淀、生物降解、浮床植物）→③ 梯田生态净化（土壤过滤、水生植物、水生动物）→④ 植物综合净化（水生植物、水生动物）→⑤ 土壤生态净化（土壤过滤、水生植物、水生动物）→⑥ 植物生态深度净化→⑦ 生物沸石净化及清水蓄水→⑧ 消毒和加压（压力过滤和消毒）及提水供世博公园[①]。水生植物的净化分综合净化、生态净化、重金属净化、病原体净化和营养物净化等。除了最基本的水生植物的净化体系外，还采用了"生态浮岛"技术吸收水体中的氮、磷等元素，采用"生物操纵"技术抑控富营养化等特色技术。

世博园区全面采用透水地面和透水绿地，如高耐压力、透气性、渗水性结合的胶彩石地坪，在保证路面的强度的情况下，有良好的透水、透气性能，可使雨水迅速渗入地下，补充土壤水和地下水，保持土壤湿度，改善城市地面植物和土壤微生物的生存条件。可吸收水分与热量，调节地表局部空间的温湿度，对调节城市小气候、缓解城市热岛效应有较大的作用。

---

① 俞孔坚,凌世红,金圆圆. 滩的回归——上海世博会园区后滩公园. 城市环境设计,2007(5).

在室外环境中尽最大可能循环利用雨水，比如世博轴和主题馆的跌水景观和水池，就是通过雨水收集系统先将屋面上的雨水回收、处理后供给的。水通过跌水顶部隐蔽的出水口均匀地缓缓流下，再经过水池进行循环（图 18.265）。

世博园区针对不同植物类型采用喷灌和滴灌等节水的灌溉技术。

上海世博会在生态水系统构建上有如下特点：① 模拟上海自然的内河湿地营造后滩湿地净水系统，规模大，示范性强；② 采用雨洪管理技术，充分利用雨水，并在雨水花园中营造出趣味的景观和便于参与的条件；③ 生态技术协同使用，如资源型透水路面，利用一些再生资源作为铺设透水路面的材质。

图 18.265　世博轴的雨水搜集和利用系统
资料来源：蔡立文摄

5) 立体绿化

立体绿化是以建、构筑物空中顶面、侧面甚至底面为依托，栽种植物的一种绿化形式。上海世博会大量运用了立体绿化技术，就运用的空间位置而言，既有大型的公共建筑和各国展馆、也有户外空间的构筑物等。比如主题馆沿建筑东西立面设计的垂直绿化墙面，单面长 190 m，高 26.3 m，总绿化面积接近 5 000 m^2，为世界上目前最大的生态绿化墙面之一（图 18.266）。立体绿化增加了园区绿量，冬季为墙体提供保温，更能在夏季起到良好的隔热效果，大大地降低了建筑的能耗。立体绿化采用精准控制的微滴灌系统，利用屋面的雨水回收系统回收的雨水经过处理后用于灌溉。目前，国内外大多数垂直绿化是待建筑完工或土建结构施工完成后加建形成的，而世博会场馆的立体绿化以建筑和立体绿化同步设计施工为目标。比如主题馆垂直绿化作为建筑最初构思之一，通过整合土建、安装、幕墙、园林等各方面的因素，使绿化成为建筑物密不可分的一部分。

图 18.266　主题馆建设居于全球前列的立体绿化
资料来源：胡青摄

在立体绿化的技术上，也有创新和突破。比如屋顶绿化覆土技术中，绿坡造型是一个施工难点，雨水和刮风都会对绿坡造成泥土流失。在完成护坡造型后，在绿坡上使用了"三维土工网垫"。三维土工网垫是一种由多层塑料凹凸网与高强度平网复合而成的网状三维结构，适用于水土保持的新型坡面植草防护用材料，可有效地防止水土流失，增加绿化面积，改善生态环境，固土作用十分明显。又比如屋顶绿化的种植土壤（基质），上海世博园采用了人工轻质保水营养土壤。该土壤由一些植物纤维有机质经过脱脂发酵和特殊功能的非金属矿物组成，具有较强的稳定性、多孔隙、离子交换性能好、重量轻、不板结等优异性能。对屋顶进行地毯式绿化，运用轻质施工材料，彻底避免屋顶花园施工后造成的屋顶荷载增大而造成的顶层含水，根系破坏等结构性缺陷。此外，采用新型反渗反滤技术，杜绝了传统屋顶花园的水土、营养流失，做到了一次培土，长久使用。

上海世博会在立体绿化上有如下特点：① 园区普遍使用，类型多样，技术比较成熟。② 建筑与立体绿化一体化，同步设计施工，密不可分，并创造出独特的景观效果。③ 立体绿化生态技术与其他生态技术协同运用，如主题馆与雨水利用技术结合运用。④ 立体绿化技术的各环节、各元素在当代科技支撑下进一步优化。

6) 应用 3R 技术（再利用 reuse、减量化 reduce 和再循环 recycle）

上海世博会对历史遗产建筑的保护本身就是对再利用最好的诠释。此外，上海世博公园用近 20 万 m^3 的拆迁的建筑垃圾分类处理后分层填埋，完成一期土方造型。拆迁的建筑垃圾不外运，除了节约建设投资外充分体现了生态世博的科技理念。

在减量化方面，上海世博园区大量采用发光二极管照明技术，降低能耗。同时利用和展示可再生能源：太阳能、潮汐能和生物能等。上海世博会主题馆和中国馆的光伏发电项目是我国乃至亚洲最大的光伏建筑一体化发电项目，总装机容量达 3127 kW。项目建成投运后，每年可向国家电网发送 284 万度电，年均节约标煤约 1 000 t，减排二氧化碳 CO_2 约 2 500 t。而在浦西的南市发电厂保留建筑中，采用了江水源热泵，利用黄浦江表层和深层水体的温差，产生水的流动，获得能量。

在再循环方面，世博园区室外木平台多采用再生木地板，不仅符合环保理念，而且在硬度、防水性、防腐性等材料性能上都有明显的优势。世博会主题馆立体绿化的模块材料也采用可回收 PVC 塑料（图 18.267）。

上海世博会在 3R 技术应用上有如下特点：① 历史建筑和场所的保护和利用成为本届世博会最重要的 3R 技术载体。② 节约和循环利用资源为先，同时兼顾可再生资源的利用。③ 3R 技术渗透到细部，且与其他生态技术联动运用。

图 18.267　世博公园采用循环利用的地面材料
资料来源：胡玎摄

18.13.8.3　结语

上海世博会获得了成功、精彩、难忘的高度评价。景观设计的理念与技术创新是重要的组成部分。然而，城市的发展只有更好，没有最好。上海世博会所取得的进展只是全球城市发展中的一个里程碑，在"城市，让生活更美好"的理念引领下，如何使景观设计为全球可持续发展作出更重要的贡献，仍是未来业界进行理论研究和实践探索的命题。

18.14　大庆市林甸县胜利村绿色农宅

18.14.1　基本信息

房屋类型：砖混结构，一层农宅；房屋建造地址：黑龙江省大庆市林甸县胜利村；建筑面积：124 m²；法国全球环境基金会资助中国　法国合作项目；中方设计：中国哈尔滨工业大学建筑学院金虹；法方设计：法国巴黎拉维兰特建筑大学 Alain Enard，节能咨询公司 Robert Celaire；施工单位：当地农民施工。

18.14.2　设计策略

18.14.2.1　以人为本，在恶劣的气候条件下创造舒适的居住空间

建筑是为人服务的场所，它是因人产生，又因人而发展的。所以本项目设计本着"以人为本"的精神，满足人的舒适、健康和便利，符合农民生活、生产和学习，同时尊重当地风俗习惯。北方严寒地区的农民居住质量较差，许多农户冬季薪柴不够维持室内达到舒适温度，全家人只能围绕火炕活动和休息。因此适应当地经济条件、气候与地理特点，力争在恶劣的气候条件下创造舒适的居住空间与物理环境，提高冬季室内热舒适水平与空气质量，营造舒适与健康的绿色住宅是本项目的主要目标。

18.14.2.2　与环境共生，最大限度地减少对环境的负面影响

我国政府在《中国 21 世纪议程——中国 21 世纪人口、环境与发展白皮书》中指出"必须努力寻找一条人口、经济、社会、环境和资源相互协调的，既满足当代人的需求而又不对满足后代人需求的能力构成威胁的可持续发展"。因此在设计中力求降低建筑能耗，减少对大气的污染及周围环境的干扰，协调人与

自然生态的关系，尽可能保护各种不可再生资源，营造高质量的生态环境与建筑。

18.14.2.3 因地制宜，发展本土中间技术

北方严寒地区农村经济发展水平较低，住宅建设相对滞后，缺乏配套的基础设施，多数地区的住宅施工仍停留在亲帮亲、邻帮邻的传统的低技术手工状态，缺少专业施工队伍。对于偏远地区，由于道路交通不发达，更加阻碍了住宅建设的发展。因此北方农村绿色住宅建设，首先应适应当地的经济条件和生产力发展水平，根据当地的施工技术、运输条件、建材资源等来确定建筑方案与技术措施，尽可能做到因地制宜，就地取材，采用本土中间技术，降低建造费用。可以说，只有在本土技术的基础上，才可能发展为完善的生态技术。

18.14.3 生态技术

18.14.3.1 可再生资源利用技术

1）充分利用太阳能

北方寒地农村有着丰富的太阳能资源，住宅无遮挡，太阳能利用得天独厚。考虑到当地技术条件与农民的经济状况，我们采用经济有效的被动式利用太阳能的方案，即增加南向卧室窗的尺寸，同时起居室外墙采用大玻璃窗构成阳光房。此方案在实际使用中获得了很好的效果。尽管房间进深很大，在寒冷的冬天，阳光仍充满室内各个角落（图18.268，图18.269），住宅景观与室内舒适性比传统民居有明显提高，深受农民的欢迎。同时为减少夜间室内热量通过大玻璃窗的散失，在起居室加设一道玻璃隔断及保温窗帘，有效地解决了阳光房夜晚保温的问题。

图18.268　胜利村绿色农宅外景

图18.269　胜利村绿色农宅阳光房冬季内景

资料来源：金虹摄

2）开发当地绿色建材

北方严寒地区农村民居中采用当地可再生材料的本土做法（如草板保温复合墙、草屋顶等）给了我们很大的启发。实地调查中发现：北方农村多数盛产稻草，有的地方有生产稻草板的能力（图18.270，图18.271）。如果在技术上处理得当，稻草板与稻壳是一种非常理想的可再生的绿色保温材料。它具有就地取材、资源丰富可再生、节省运输、加工费低与能耗少等优势，因此本项目采用了稻草板和稻壳作为绿色农村住宅围护结构的保温材料。同时研发了一系列相关技术（如加设空气层、透气孔及防虫添加剂等），以防止稻草板、稻壳受潮和受虫蛀等问题。该套技术施工简单，农民易操作，经实践检验效果很好，目前已大量推广，深受农民欢迎（图18.272~图18.274）。

18.14.3.2 建筑节能技术

1）控制对流热损失

农宅入口是建筑的主要开口之一，是使用频率最高的部位。严寒地区冬季，入口成为农村住宅的唯一

图 18.270 稻草板制作间

图 18.271 农民自制的稻草板生产线

图 18.272 中法专家正在现场指导施工

图 18.273 稻草板稻壳复合保温屋顶

图 18.274 稻草板复合外墙

图 18.270~图 18.274 资料来源：金虹摄

开口部位，也是控制对流热损失的主要部位。入口的设计既应避免冷风直接吹入室内，又要减少风压作用下形成空气流动而造成室内热量的损失。因此我们将入口朝向避开当地冬季的主导风向——西北向，并在入口处加设门斗，不仅大大减弱了风力，同时门斗形成了具有很好保温功能的过渡空间（图 18.275）。

2）在满足使用功能的前提下合理布局，在设计中改变传统民居一明两暗的单进深布局，采取双进深平面布置，将厨房、储藏等辅助用房布置在北向，构成防寒空间，卧室、起居室等主要用房布置在阳光充足的南向。

3）降低体形系数，减少建筑散热面

体形系数是影响建筑能耗的重要因素，它的物理意义是单位建筑体积占有外表面积（散热面）的多少。由于通过围护结构的传热耗热量与传热面积成正比，显然，体形系数越大，说明单位建筑空间的热损散失面积越大，能耗就越高。北方严寒地区农村民居通常是以户为单位的一层独立式住宅，以目前几种典型户型（建筑面积 60~120 m²）为例，其体形系数分布范围在 0.7~0.88 之间，超出城市多层住宅一倍以上，显然过大的体形系数对于农村住宅的节能是极为不利的。因此，我们

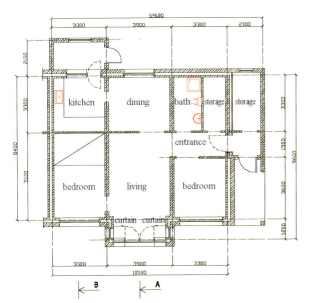

图 18.275 胜利村绿色农宅平面图

资料来源：金虹绘制

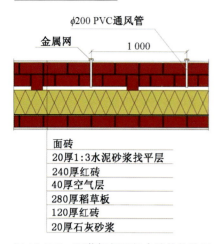

图 18.276 稻草板保温复合墙体构造图
资料来源：金虹绘制

在与当地农民协商后加大住宅进深并采用两户毗连布置方式，使体形系数降至 0.63。

4）提高围护结构保温性能

严寒地区农村住宅户均占有外围护结构面积大的特点，因此农村生态住宅设计的一个重要方面，是提高住宅围护结构的保温隔热性能。我们在设计中采取了以下技术措施（图 18.276）：

（1）墙体：将传统的单一材料墙改为草板保温复合墙体。在严寒地区，以户为单位的独立采暖的农村住宅以采用内保温墙体构造为最佳方案，但由于农户经常在内墙面上钉挂一些饰物及农具等，为保证墙体的耐久性与适用性，墙体内侧采用 120 红砖作为保护层。

（2）屋顶：考虑到适用经济性、施工的可行性以及当地传统构造作法，屋顶采用坡屋顶构造，保温材料使用稻草板与稻壳复合保温层。

（3）地面：地面的热工质量对人体健康的影响较大，但通常被人们所忽视。据测量，人脚接触地面后失去的热量约为其他部位失热量总和的 6 倍。因此，为改善舒适度，增强地面保温，在地面层增加了钢丝网架聚苯板保温层。

（4）窗：为改善传统木窗冷风渗透大的状况，南向窗采用密封性能较好的单框三玻塑钢窗，北向为单框双玻塑钢窗附加可拆卸单框单玻木窗（只在冬季安装）。同时，加设厚窗帘以减少夜间通过窗的散热。

（5）合理切断热桥：显然，复合墙体如果不加处理，将在墙体门窗过梁处及外墙与屋顶交接处、外墙与地面交接处存在热桥。我们采用聚苯乙烯泡沫板切断了可能存在的全部热桥。为保证结构的整体性与稳定性，在内外两层砌体之间每隔 0.5 m 处及两个窗过梁之间设 $\phi 6$ 拉结钢筋。

5）高效舒适的供热系统

火炕是寒地农村民居中普遍使用的采暖设施。它是利用做饭的余热加热炕面，从而使室温升高。灶、炕联体的"一把火"既解决了做饭火源又解决了取暖热源，热效率高，节省能源。经测试，虽然室外达到零下 30℃ 的气温，炕面仍可以保持 30℃ 以上的温度，并在其周围形成一个舒适的微气候空间。长期实践证明，火炕对于人体是非常有益的，因此我们保留了北方民居中的传统采暖方式——火炕（图 18.277）。

图 18.277 绿色农宅的火炕
资料来源：金虹摄

18.14.3.3 改善室内气环境技术

寒地农宅冬季门窗紧闭，多数农民冬闲在家有吸烟的嗜好，室内空气质量受到严重影响；同时烧饭期间，室内炊烟难以排出，甚至出现倒烟现象，造成室内空气质量在短时间内迅速恶化。通过调查，71.4% 的居民家中厨房内没有排烟设施，烧饭时往往通过敞开外门排烟，这种情况在冬季使室内热量大量外溢，室温急剧下降，对室内热环境造成了不良影响。

为改变这一状况，我们设计了室内自然换气系统（图 18.278）。该系统主要为室内补充新鲜空气，其关键技术是：① 自然对流；② 根据需求调节流量；③ 避免空气过冷，影响室内热环境。

由于门斗是室内外的过渡空间，在冬季，它具有新鲜空气充足但温度明显高于室外的特性，因此为避免过冷空气进入室内，我们将住宅新鲜空气的取气口设在门斗，通过埋入地面的三条新风管线进入厨房与卧室，为室内补充必需的氧气。其中，进入卧室的两条管线贴近炉灶使管内冷空气预热后再输送至卧室，并在进气口均设有可调节的阀门以控制风量。

18.14.4 有效性分析

18.14.4.1 测试分析

胜利村绿色农宅于 2003 年底竣工，2004 年 2 月 15 日~4 月 30 日测试，为了便于分析比较，对当地一

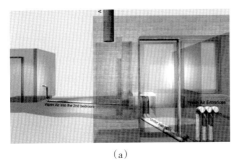 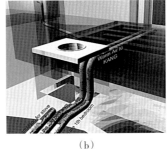 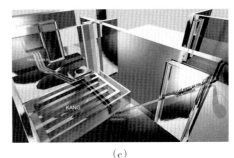

(a)　　　　　　　　　　　(b)　　　　　　　　　　(c)

图 18.278　室内换气技术设计

资料来源：金虹绘制

典型的传统民居进行同步测试，验证绿色农宅生态技术的有效性。

测试仪器由法国提供，中方负责数据收集和分析。中法专家于 2004 年 2 月 14~16 日现场安装，2004 年 4 月 30 日由中方专家收回。记录器安置在每户住宅的各个房间中，每日能耗(稻草，煤)数值由居民记录在由法方提供的记录表中，由中国专家收集。以下测试分析只集中于 2004 年 3 月的 28 天，数据以平均温度给出（图 18.279，表 18.27）。

表 18.27　传统农宅与绿色农宅的能耗分析

	建筑面积	平均温度	使用能源		总能耗	单位能耗	单位度数日能耗费用
			稻草	煤			
	m²	°C	kg	kg	kW·h	W·h/(°C·d·m²)	元/(°C·d)
绿色农宅	124	8.5	156.2	10.5	604.3	15	0.009 7
传统农宅	79	15.1	489	266	3 174.5	78	0.155

测试结果显示：

(1) 绿色农宅达到了很高的节能水平，与传统农宅相比节能达 80.8%，如果稻草充足，供暖能源可达到自给自足，不需要任何费用。

(2) 与传统农宅相比，绿色农宅的平均温度保持较低水平，主要因为：① 绿色农宅竣工已接近年底，农户并未全部搬入其中居住，只使用了主要卧室，因此平均室温不高；② 围护结构较好的绝热性能导致其冷辐射对人造成的影响很小，使农民对火炕的热辐射更加敏感，从而降低了对室温的要求。

图 18.279　2004 年 3 月 1 日～28 日平均温度逐日变化曲线

资料来源：金虹绘制

18.14.4.2　使用反馈

1) 使用舒适性评价

绿色农宅设计突破传统民居的束缚，符合现代农民的生活特点与要求，尤其是阳光房的设置深受农民欢迎；门斗的设置解决了困扰寒地农村农民已久的"摔门"现象，减少了冷风渗透；通风技术简单适用，使绿色农宅在门窗紧闭的冬季也仍保持室内空气新鲜。经测试，室内夜间 CO_2 含量比传统住宅减少一半以上，有效地改善了室内的空气质量。同时做饭时炉灶不再出现倒烟现象；外围护结构处于干燥状态，无结露、结冰霜出现。

总之，被当地农民概括为"温暖、明亮、舒适"的绿色农宅从使用上、布置上以及视觉上都较传统住宅有明显改善，居住舒适度大大提高，尤其是冬季室内热环境和室内空气质量得到了很大的改善，这对于冬闲在家的北方农村居民来说非常重要。

2) 可操作性评价

建筑材料就地取材，技术上简单易行，施工方法易被当地农民接受，符合我国严寒地区农村建房施工水平相对落后的实际情况。

3) 社会价值评价

有利于严寒地区农村人居生态环境与建筑的可持续发展。改进后的住宅设计不仅提高了居住舒适度，减少了能源的使用，而且相应减少了 CO_2 排放及其对环境的负面影响。同时由于所选用的保温材料是农作废弃物，是取之不尽、用之不竭的可再生绿色材料，既减少了加工运输保温材料所带来的能耗和污染，也减少了每年春季烧稻草所带来的大气污染。

绿色农宅从功能使用到立面形象均受到当地农户的一致好评，所采用的技术适合于严寒地区的恶劣的气候条件。目前已经过两个冬天的使用，使用效果很好，并已经在当地迅速推广。

18.14.4.3 绿色评估

通过我们编制的北方寒冷地区农村生态住宅评估体系评价，绿色农宅总分为71.65分，虽未达到A级，主要是由于困扰当前北方农村的基础设施问题没有得到根本解决（图18.280）。但从农宅本身看，仍然比传统住宅（47.2分）高出24.25分，已达到绿色生态的示范标准。

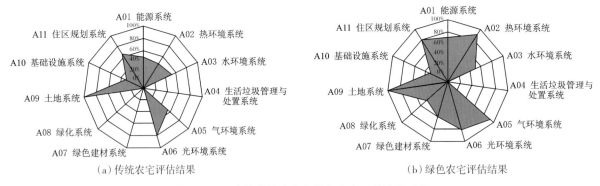

图18.280　寒地传统农宅和绿色农宅评估结果对照

资料来源：金虹绘制

18.15　苏南蒋巷村生态环境建设

18.15.1　项目概况

江苏省常熟市支塘镇蒋巷村位于阳澄水网地区的沙家浜水乡，全村186户，户籍人口800人，常住人口2 000人，村辖面积3 km^2，拥有江苏常盛集团等一批村办企业。蒋巷村经过几十年的艰苦创业和经营，尤其是改革开放20多年来，以农业原始积累发展村级企业，又以村级工业的积累反哺农业和社会主义新农村建设，因此已拥有各类村级集体资产和较为雄厚的经济实力。

在项目实施前，村内已建有186幢别墅，部分村民已安装太阳能热水器，生活污水收集后未经处理直接排放到村中心河中，导致中心河水体有富营养化现象。另外，村里有农家乐生态旅游，2007年为拓展旅游内容，拟建科技馆和学生宿舍，并为常盛集团的职工建集体宿舍。村里还有年产2 000头猪的养殖场，有1 000亩绿色水稻生产基地，每年产生大量的秸秆。

2007年3月，江苏省科技厅把蒋巷村新农村建设立项为"社会主义新农村建设科技综合示范工程"。为实施该项目，蒋巷村将当年超过800万元村级集体可支配收入用于实施新农村建设的生态环境建设项目（图18.281）。

18.15.2　整体思路

蒋巷村新农村建设都是采用成熟技术，由于新技术很多，所以在该项目的实施中，通过调研，选择适合本村经济能力的技术方案，并集成应用。在实际应用中，遵循以下几个原则：①重视村庄规划，保证生活需要的原则，在以前村庄规划的基础上，根据当今村庄的发展和村民生活的需要，研究优化村庄规

图 18.281　江苏省常熟市蒋巷村农民住宅新貌

资料来源：李向峰摄

划。② 经济可行，集约建设的原则。选择新技术时要统筹兼顾本村经济社会发展和资金筹措能力，与村庄的实际需求相适应，按照节地、节能、节水、节材和环境治理的要求，做到经济适用，便于实施。③ 因地制宜，以人为本的原则。通过深入本村调查研究，切实了解村民需求，从有利于农业生产、方便农民生活出发，因地制宜地选择应用技术。④ 注重乡土特色，保护农村文化的原则。围绕保留和彰显乡村风貌，充分利用原有地形地貌，尊重本村乡风民俗，保护村庄自然肌理，从村庄路网、街道空间、住宅及院落组合、绿化以及建筑材料等方面营造浓郁的乡土风情（图18.282，图18.283）。

图 18.282　蒋巷村生态园一角

图 18.283　蒋巷村生态园鸟瞰

资料来源：李向峰摄

18.15.3　技术目标

在蒋巷村的新农村建设中，统筹兼顾当地经济水平和资金筹措能力，围绕农村人居环境改善、农民生活水平提高，重点运用住区生态绿化技术，提高村庄的绿化覆盖率；运用水环境修复技术，改善村庄的河流水质；运用建筑节能技术，提高住宅的舒适度；利用太阳能等可再生能源，在住宅中安装太阳能热水系统；利用垃圾无害化处理技术，实现垃圾资源化；利用生活污水无害化处理技术，提高生产污水再生利用率；利用大中型沼气技术，使农村畜禽场和农户养殖粪便得到高效的集中处理；利用秸秆气化技术，处理村庄大量秸秆等农业废弃物。最终创建一个产业特色明显、经济实力雄厚、村容村貌整洁、人居环境友好，设施配套齐全、村民素质良好的具有浓郁乡土特色的社会主义新农村科技示范模式。具体技术指标如下：① 住区绿化率达到55%；② 新建建筑达到节能50%；③ 有机生活垃圾实行分类收集，非有机生活垃圾的收运率达到100%；④ 蒋巷新村太阳能热水器的户安装率达到100%；⑤ 生活污水处理率100%，生活污水处理后的出水水质达到《城镇污水处理厂污染物排放标准》一级 B 类标准要求，生活污水回用率达到 100%。

18.15.4 绿色建筑技术策略

18.15.4.1 运用住区生态绿化技术，提高村庄的绿化覆盖率（图 18.284，图 18.285）

蒋巷村生态绿化中，把村庄绿化与村庄建设整治、美化环境结合起来，运用生态绿化与景观营造技术，提高村庄的绿化覆盖率。主要措施有：① 突出基础绿化建设，多种乔木，重点解决绿量不足的问题；② 充分利用村头、宅旁、庭院、路旁、河流等，加强村庄绿化建设，合理选取绿化品种，坚持以乡土品种为主，通过树种、植被的选择，让人感觉到四季分明，并降低养护成本，呈现简洁、朴素、自然和错落有致、乡土气息浓郁的村庄绿化景观，彰显村庄特色；③ 调动农民积极投入村庄绿化建设，鼓励和引导农民结合生产、生活，利用房前、屋后种植经济类植物品种，发展庭院果林经济，把村庄绿化与农民增收有机结合起来。通过以上三项措施，逐步实现了"村在林中、院在树中、人在绿中"的目标，整个住区绿化率达到 55%。

图 18.284　蒋巷村水面绿化景观
资料来源：李向峰摄

图 18.285　蒋巷村水岸绿化
资料来源：吴晓春摄

18.15.4.2 运用水环境修复技术，改善村庄的河流水质

实施前，蒋巷村村民产生的大部分污水都直接排放到中心河中，造成河道中有机物含量很高，水体富营养化严重。实施后，首先将生活污水全部收集到村污水处理站集中处理，另外，采用水环境修复技术，提高河水的自然净化功能。

实施水环境修复技术有：① 进行河道的清淤，将淤泥用于农田耕作的肥料；② 对一些河道通过恢复河流两岸的植被，恢复河流的自净能力；③ 对河道采用生态护坡技术（图 18.286），用根系发达的植物在坡面构建一个具有自身生长能力的防护系统，通过植物的生长对边坡进行加固，有效地防止了塌方，减少了水土流失等造成的损失。具体选栽的植物有香根草、香蒲等，同时在河中栽种莲花。由于生态护坡不仅具有传统护坡的功能，而且还融入了村庄景观，实现了人与自然的和谐统一。

图 18.286　蒋巷村生态护坡
资料来源：吴晓春摄

18.15.4.3 运用建筑节能技术，提高住宅的舒适度

蒋巷村新建学生科技馆和宿舍楼，为保证建筑节能的效果，在设计阶段严格执行《江苏省居住建筑热环境和节能设计标准》(DGJ32/J 71—2008)，把建筑节能重点放在外围护结构材料的选用，全部采用塑钢中空玻璃节能门窗(5+9+5)和膨胀聚苯板薄抹灰系统，达到了夏热冬冷地区的节能要求，大大

提高了这些新建建筑的舒适度。在科技馆周围还安装了太阳能路灯,既提升了科技馆的科技含量,又节省了照明用电(图18.287)。

蒋巷村在既有建筑和新建建筑中,大量应用太阳能光热技术。村内已建186户村民别墅,在项目的实施中,每户都安装太阳能热水器,并做到统一安装,以确保外观的整齐(图18.288)。新建的职工宿舍和学生宿舍,还注意采用建筑与太阳能一体化技术设计,在职工宿舍集中安装了80台太阳能热水器,既保证了外观与建筑物的协调,又保证了职工春、夏、秋三季无能耗热水的供应。

图18.287　蒋巷村太阳能路灯
资料来源:吴晓春摄

图18.288　蒋巷村太阳能热水器
资料来源:李向峰摄

18.15.4.4　采用垃圾分类收集,提高垃圾资源化利用率

蒋巷村积极推行垃圾分类收集,村庄设置可回收和不可回收两类垃圾箱,可回收垃圾经整理后送往废品收购站,不可回收垃圾都采用"村收集、镇转运、县集中处理"的模式全部收集转运出去,垃圾收运率达到100%。另外,蒋巷宾馆和村民家中的有机垃圾分类收集后送往养殖场的沼气池,既增加了沼气池的原料,又为有机垃圾资源化利用开辟了新的途径。通过分类收集,蒋巷村生活垃圾明显减量化,不仅减少了转运成本,还使垃圾得到资源化利用。

18.15.4.5　利用生活污水处理技术,提高生活污水再生利用率

农村宜采用高效低耗的处理技术来处理生活污水。蒋巷村排放生活污水水量100 m³/d,水量大,同时排放也较为集中,收集系统在建设时已完善,因此,可在其管网末端建设低耗高效的污水处理系统。本项目采用滴滤床+曝气滤池的处理工艺,将所有生活污水收集处理,处理后的水一方面作为蔬菜种植基地的用水,另一方面作为蒋巷宾馆前水池的景观用水。生活污水处理率100%,生活污水处理后回用率100%。蒋巷村污水处理站运行两年多来,常年直接运行费用低于0.3元/m³,污水站不设专职人员,只要一人兼管,取得了良好的社会、经济和环保效益。

18.15.4.6　利用大中型畜禽场沼气技术,使农村养殖粪便能得到高效的集中处理

畜禽场沼气工程是一种农村生物质资源化综合利用技术,随着农村集约化养殖业的发展,生产过程中排出的畜禽粪便的综合利用,已成为社会普遍关注的问题。在农村,一般情况下,养殖粪便都是经化粪池停留一段时间后,直接外运作为有机农肥,使用率低,不易控制。大中型畜禽场沼气工程是采用集中处理方式,将所有的牲畜粪便都收集起来,送入低动力的发酵池中,对粪便中的有机物进行消化,熟化后的粪便作为高效有机农肥送往生态种植基地,在消化池内产生的沼气可作为附近农村公用事业有效的能源使用(图18.289,图18.290)。

蒋巷村有一个年产2 000头养猪场,并建成了一座200 m³折流隧道式沼气池,还配套建设了40 m³储气柜,不仅产生的沼气可供养殖场生产生活使用,而且还可消纳处理村庄内有机生活垃圾,发酵后的粪便是无害化绿色肥料,不含有被农作物吸收的有害物质,能真正满足绿色蔬菜种植的要求。

18.15.4.7　利用秸秆气化技术,保证村民的生活用气

秸秆类生物质(如稻秆、麦秸、玉米秸等)主要被农村作为一次性炊用能源直接燃烧或废弃,其燃烧不

图 18.289　蒋巷村秸秆气化站设备

图 18.290　蒋巷村养殖场沼气池

资料来源：吴晓春摄

完全，热源转换率低，浪费严重；而采用秸秆气化集中供气技术，其热源转换率在 75% 以上，实际热源利用率大于直接燃烧利用率的 3 倍以上。秸秆气化是利用农作物秸秆、木屑、稻壳等在缺氧状态下，发生热解反应，产生的燃气通过输配管网输送到各个村民家中。蒋巷村秸秆年产量丰富，过去绝大部分秸秆废弃田间地头，利用率极低。秸秆气化集中供气工程实施后，气化站年秸秆利用量近 365 t，建成一个 500 m^3 的储气罐，一方面为当地农民增收节支，另一方面又提高了村民的生活和环境质量。该系统建成一年，全年运行正常。

18.15.5　推广价值

蒋巷村社会主义新农村建设可作为苏南经济发达地区以及江苏省新农村生态环境设计的示范模式，同时该村多次被中央电视台报道，也是全国新农村生态环境建设的典范。总结实施经验，① 村庄生态绿化与水环境修复技术的应用示范；② 村庄新建建筑节能技术和太阳能技术的应用示范；③ 村庄生活垃圾及生活污水资源化的应用示范；④ 村庄养殖场沼气工程的应用示范；⑤ 秸秆气化集中供气工程的应用示范。可在其他新农村生态环境建设中推广。

18.16　四川省蒲江县鹤山镇梨山村节能示范住宅

18.16.1　示范住宅概况

2008 年 5 月 12 日，汶川大地震对四川地区尤其是农村造成了毁灭性打击，大约 300 万套住宅受到损毁，我国政府制订计划，地震灾区恢复重建工作将在两年内逐步完成。为较好地引导灾区重建房屋的建筑质量，确保重建后的建筑满足抗震、环保、节能等方面的要求，选定成都市郊区蒲江县鹤山镇梨山村某农户重建房屋作为示范住宅，整个工程从建筑规划设计、施工质量、竣工验收、测试评价等各个阶段进行监管，从而保证建筑达到预期的节能效果。

18.16.1.1　区位与气候条件

蒲江县位于四川盆地西南部、成都平原西南缘，介于东经 103°19′ 至 103°41′，北纬 30°05′ 至 30°20′ 之间，东西长 37 km，南北宽 27.5 km。境内地势平坦，南高北低，平均海拔高度 534 m，最高 1 022 m，最低 465 m。地貌以浅丘为主。

蒲江全县幅员 583 km^2，其中耕地面积 22.22 万亩；辖 8 镇 4 乡、192 个村、14 个居委会、1 420 个社、98 个居民小组，总人口 25.6 万人。县城鹤山镇距成都 68 km，距西南航空港 60 km，距彭山青龙场火车站 35 km，108 国道和成雅高速公路贯穿全县，交通十分便利。

蒲江属亚热带湿润季风气候，冬无严寒，夏无酷暑，气候温和，雨量充沛。年平均气温 16.4 ℃，日照

1 122 h，降雨 1280 mm，相对湿度 84%，常年无霜期 302 天。

18.16.1.2 示范住宅基本情况

建造地址：四川省蒲江县鹤山镇梨山村；建筑朝向：南向；建筑面积：140 m²；建造年代：2009 年 4 月；房屋类型：砖混结构；设计单位：中国建筑西南设计研究院建筑环境与节能研究中心；施工单位：梨山村建筑队，中国建筑西南设计研究院对建筑队进行技术培训和指导。

蒲江县鹤山镇梨山村节能住宅平面、立面的选择充分考虑了建筑朝向、自然通风以及遮阳的需要，符合当地的风俗习惯，同时满足房屋的抗震要求。建筑包括卧室、客厅、厨房、车库(储藏室)等功能用房，在建筑设计时充分利用"迁徙"的理念——冬季和夏季在不同的房间居住，提高居住热环境质量。即冬季在楼下南向房间居住，楼下的居住房间只有南向外窗，可充分引进太阳辐射热，减少热损失和冷风渗透。夏季在楼上居住，楼上房间充分利用穿堂风，可利用夜间通风降温。屋顶平台在夜间由于长波辐射作用，可较快冷却，形成纳凉的良好去处(图 18.291~图 18.294)。

(a)

(b)

图 18.291 梨山村节能示范住宅外观
资料来源：冯雅摄

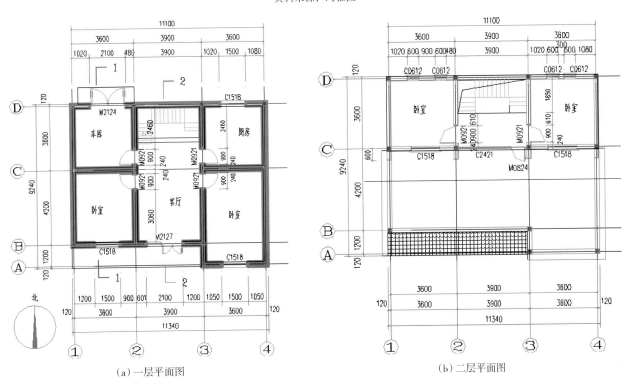

(a) 一层平面图　　(b) 二层平面图

图 18.292 梨山村节能示范住宅平面图
资料来源：冯雅绘制

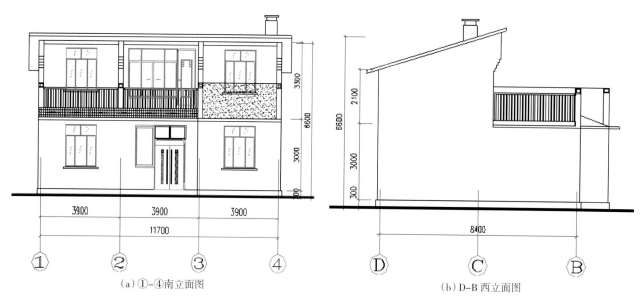

(a) ①-④南立面图 (b) D-B 西立面图

图 18.293 梨山村节能示范住宅立面图
资料来源：冯雅绘制

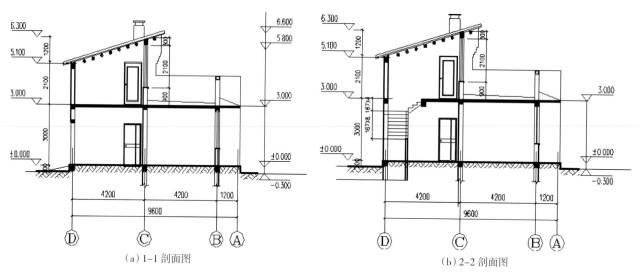

(a) 1-1 剖面图 (b) 2-2 剖面图

图 18.294 梨山村节能示范住宅剖面图
资料来源：冯雅绘制

18.16.2 节能示范内容

18.16.2.1 围护结构节能技术措施

1) 外墙

建筑外墙基层采用 240 mm 页岩空心砖，导热系数 0.58 W/(m·K)，墙体自身具有良好的保温隔热效果，同时，墙体外侧涂抹 30 mm 厚无机保温砂浆做外保温处理，外墙平均传热系数约为 1.2 W/(m²·K)（表 18.28，图 18.295）。

表 18.28 梨山村节能示范住宅外墙构造及物理性能参数

序 号	材料名称（自外而内）	导热系数 W/(m·K)	材料厚度(mm)	热阻值 R (m²·K)/W	蓄热系数 W/(m²·K)	热惰性指标 D=R·S	修正系数
1	外表面换热阻	—	—	0.040	—	—	—
2	石灰水泥抗裂砂浆	0.87	20	0.023	10.75	0.247	1.0
3	无机保温砂浆	0.07	30	0.357	1.1	0.471	1.2

续表 18.28

序号	材料名称 （自外而内）	导热系数 W/(m·K)	材料厚度(mm)	热阻值 R $(m^2·K)/W$	蓄热系数 W/(m^2·K)	热惰性指标 $D=R·S$	修正系数
4	水泥砂浆找平层	0.93	20	0.022	11.37	0.250	1.0
5	页岩多孔砖	0.58	200	0.345	7.92	2.732	1.0
6	混合砂浆内抹灰	0.87	20	0.023	10.75	0.247	1.0
7	内表面换热阻	—	—	0.11	—	—	—
	汇 总			0.810		3.947	
墙体传热系数 K=1.235 W/(m^2·K)							

2）屋面

平屋面结构层采用120 mm厚现浇钢筋混凝土板，保温层利用60 mm厚珍珠岩保温浆料，上铺40 mm厚细石混凝土作为保护层，由于房屋附近有竹林，充分利用当地资源，在细石混凝土保护层内，采用竹筋网代替钢筋网来抵抗温度应力。同时，铺设覆土层，种植佛甲草，增强屋面保温隔热性能（图18.296，表18.29）。

考虑到当地夏季晴天是太阳高度角大，辐射强烈，同时夏季多雨的气候特点，坡屋面采用通风瓦屋面构造，由上、下两层屋面组成，下层作为主要屋面，满足结构需要，保温层采用100 mm厚稻草，上层铺设旧房拆除回收利用的120 mm砖，构成通风孔，黏土瓦具有吸湿和蒸发热湿调节作用，坡屋面通过通风间层流动的空气，达到隔热效果（图18.297，表18.30）。

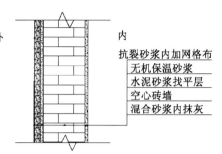

图 18.295 外墙构造层次
资料来源：冯雅绘制

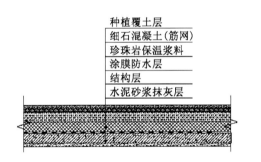

图 18.296 平屋面构造示意图
资料来源：冯雅绘制

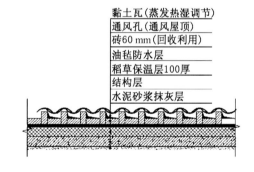

图 18.297 坡屋面构造示意图
资料来源：冯雅绘制

表 18.29 梨山村节能示范住宅平屋顶构造及物理性能参数

序号	材料名称 （构造层次自上而下）	导热系数 W/(m·K)	材料厚度 （mm）	热阻值 R $(m^2·K)/W$	蓄热系数 W/(m^2·K)	热惰性指标 $D=R·S$	修正系数
1	外表面换热阻	—	—	0.04			
2	种植土	1.16	200	0.172	12.99	2.240	1.0
3	细石混凝土	1.51	40	0.026	15.36	0.399	1.0
4	无机保温砂浆	0.07	60	0.714	1.1	0.943	1.2
5	防水层			不计入			
6	钢筋混凝土结构层	1.74	120	0.069	17.2	1.187	1.0
7	水泥砂浆内抹灰	0.93	20	0.022	11.37	0.250	1.0
8	内表面换热阻	—	—	0.11	—	—	—
	汇 总			1.153		5.019	
墙体传热系数 K=0.867 W/(m^2·K)							

表 18.30 梨山村节能示范住宅坡屋顶构造及物理性能参数

序号	材料名称 （构造层次自上而下）	导热系数 W/(m·K)	材料厚度 （mm）	热阻值 R $(m^2·K)/W$	蓄热系数 W/(m^2·K)	热惰性指标 $D=R·S$	修正系数
1	外表面换热阻	—	—	0.04	—	—	—
2	黏土瓦	不计入					
3	通风间层	—	—	0.15	—	—	—
4	页岩多孔砖	0.58	60	0.103	7.92	0.819	1.0
5	防水层	不计入					
6	稻草	0.13	100	0.513	2.33	1.792	1.5
7	钢筋混凝土结构层	1.74	120	0.069	17.2	1.187	1.0
8	水泥砂浆内抹灰	0.93	20	0.022	11.37	0.250	1.0
9	内表面换热阻	—	—	0.11	—	—	—
	汇总			1.007		4.048	
墙体传热系数 K=0.993 W/(m^2·K)							

3）门窗

外窗采用普通单层塑钢窗，传热系数 4.7 W/(m^2·℃)，外门采用双层金属保温门。同时，在外门窗的框与扇之间加设橡胶密封条，改善外门与外窗密封性能。

4）地面（图 18.298，表 18.31）

蒲江地区平均相对湿度较大约 70%~80% 左右，受潮湿气候的影响，地面容易产生结露现象，因此在原土夯实后铺设 100 mm 厚炉渣进行保温处理，并浇注 40 mm 厚 C20 细石混凝土作为整体面层，细石混凝土的设置位置在标高为-0.06 m，有效隔断地面湿气进入室内。

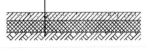

图 18.298 地面构造示意图
资料来源：冯雅绘制

表 18.31 梨山村节能示范住宅地面构造及物理性能参数

序号	材料名称 （构造层次自上而下）	导热系数 W/(m·K)	材料厚度 （mm）	热阻值 R $(m^2·K)/W$	蓄热系数 W/(m^2·K)	热惰性指标 $D=R·S$	修正系数
1	细石混凝土	1.51	40	0.026	15.36	0.399	1.0
2	炉渣保温层	0.26	100	0.256	3.92	1.508	1.50
3	素土夯实	不计入					
	汇总			0.282		1.907	
地面构造热阻 R=0.282 W/(m^2·K)							

18.16.2.2 采暖通风方式技术方案

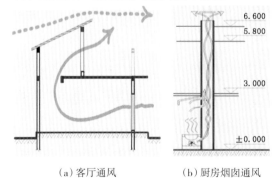

（a）客厅通风　（b）厨房烟囱通风
图 18.299 梨山村节能住宅自然通风示意图
资料来源：冯雅绘制

结合当地的气候特点，并尊重居民的生活习惯，未设置集中采暖和机械通风装置。

夏季楼上两个房间可形成穿堂风，增强通风，通风的调节可通过门窗的开启来进行调节。

利用热压原理进行客厅的自然通风，即冷空气从一层进风口进入室内，吸收室内的热量后变成较轻的热空气上升从二层出风口排出室外，一层不断流入的冷空气在室内被加热后再在二层出风口排出，形成自然通风（图 18.299）。

蒲江地区风速较小，造成室内风速亦较小，为避免厨房的烟气进入客厅，提高厨房的换气效果，充分利用烟囱的热压通风来增强通风效果。即炉灶产生的热气进入烟囱,在烟囱内形成较大的风速,同时会在标高2.7 m位置产生较大的负压,烹饪时产生的烟气和水蒸气进入烟道,排出室内,同时新鲜空气从窗口进入室内。

18.16.2.3 施工过程与质量控制

示范工程施工安装由梨山村建筑施工队完成,在整个施工过程中,完全按照中国建筑西南设计研究院建筑环境与节能设计研究中心设计的图纸进行。为确保建筑施工质量,采取如下控制措施:① 考虑到农村建筑施工队的总体水平,在施工开始前,选择具有一定施工能力及经验的施工队伍,并进行前期指导、作业培训及安全教育。② 工程中所使用的建筑材料,必须符合设计要求和有关规定,严禁使用国家明令禁止使用或淘汰的材料,并出具相应生产单位的证明及检测报告(图18.300)。③ 无机保温砂浆、稻草、炉渣等保温材料,需贮存在阴凉干燥的地方,材料进场后存放时底下垫起,上面盖上彩条布,避免水分、阳光对材料的影响。④ 施工全过程由中国建筑西南设计研究院建筑环境与节能设计研究中心进行定期检查,尤其是对通风屋面、外墙体保温等部位的施工,必须严格按照设计意图进行操作(图18.301)。

(a) 页岩多孔砖

(b) 无机保温砂浆

(c) 单层塑钢窗

图18.300 梨山村节能示范住宅采用的建筑节能材料与部件
资料来源:冯雅摄

(a)

(b)

(c)

图18.301 梨山村节能示范住宅建筑施工现场照片
资料来源:冯雅摄

18.16.3 示范住宅现场测试与分析

示范住宅于2009年4月竣工并通过验收,并分别于2009年12月—2010年1月进行冬季现场测试,2010年7月—2010年9月进行夏季现场测试,测试内容包括室内外空气温度与湿度;墙体、屋顶内外表面温度。

18.16.3.1 室内外空气温度及湿度

利用温湿度记录仪对示范建筑冬夏两季室外空气温度、客厅空气温度、一楼卧室空气温度、二楼左卧室、二楼右卧室空气温度及相对湿度进行现场测试。同时为便于比较分析,根据施工图纸以及示范建筑围护结构节能技术措施选取成都最冷月1月份、最热月7月份典型日的室外气象参数,对该房屋客厅、卧室的室内温度进行了数值模拟计算,模拟软件采用美国劳伦斯 DOE2.1E 软件,各房间冬、夏季典型日室内外温度曲线如图 18.302,图 18.303 所示。

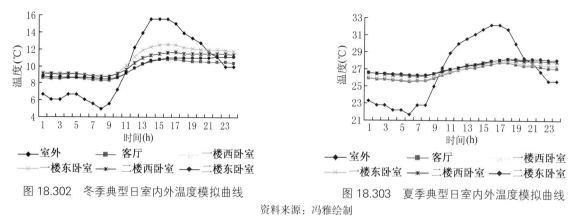

图 18.302 冬季典型日室内外温度模拟曲线　　图 18.303 夏季典型日室内外温度模拟曲线

资料来源:冯雅绘制

测试数据和模拟分析结果表明:

(1)冬季由于二层黏土瓦具有吸湿和蒸发热湿调节作用,坡屋面利用通风间层加速空气流动,一楼和二楼卧室的温度相差不大,通风屋面保温隔热效果明显。该房屋采用重质围护结构,且加强了保温隔热处理,整体热稳定性较好,大大改善了房间室内热环境。

(2)夏季自然通风状况下室内温湿度波动范围相对较小,该建筑各房间室内空气温度无论是实测值还是模拟计算值均低于32℃,达到了预期改善室内热环境的节能效果。

18.16.3.2　墙体、屋顶内外表面温度

采用热电偶布点的方法分别对示范建筑冬季北向外墙、冬夏两季坡屋顶、平屋顶内外表面及坡屋顶空气间层空气温度进行实测,为避免外界因素的影响,采用铝箔纸对热电偶进行密封处理。同时为便于比较分析,利用中国建筑科学研究院开发的可进行围护结构热工性能分析评价程序 K-value 软件,采用数值分析方法,输入全天 24 h 逐时室外、室内空气温度,室外太阳辐射,内、外表面放热系数、太阳辐射吸收系数,即可得到墙体结构内外表面的温度、热流逐时变化值、围护结构的衰减倍数、延迟时间等热工性能参数(图 18.304,图 18.305)。

测试数据和模拟分析结果表明:冬夏两季模拟值与实测值的变化趋势吻合较好,实测值和理论计算值在温度波幅、最高温度峰值出现时间上偏差较大。出现这样的误差主要是受以下因素影响:①材料层实际物理性能与理论值之间存在误差。②测试结果本身存在误差。③内、外表面综合换热系数误差。由于 K-value 适用于通风条件整昼夜不变的围护结构动态计算,另一方面,墙体的表面换热系数受墙体表面辐射系数、粗糙程度、气流速度等的影响,实际值与理论值有一定的差别。④理论计算模型与实际模型的

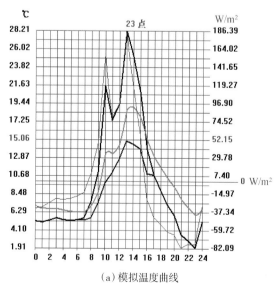

(a)模拟温度曲线

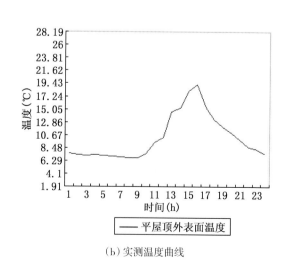

(b)实测温度曲线

第18章　国内绿色建筑实例浅析

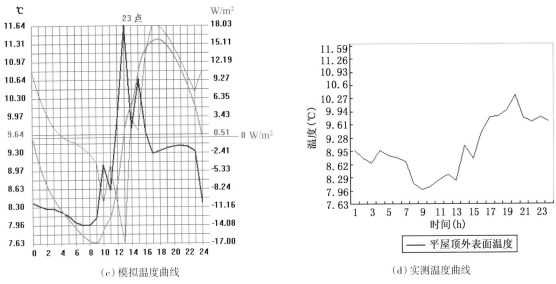

(c) 模拟温度曲线　　　　　　　　　　(d) 实测温度曲线

图 18.304　冬季平屋顶模拟与实测对比曲线

资料来源：冯雅绘制

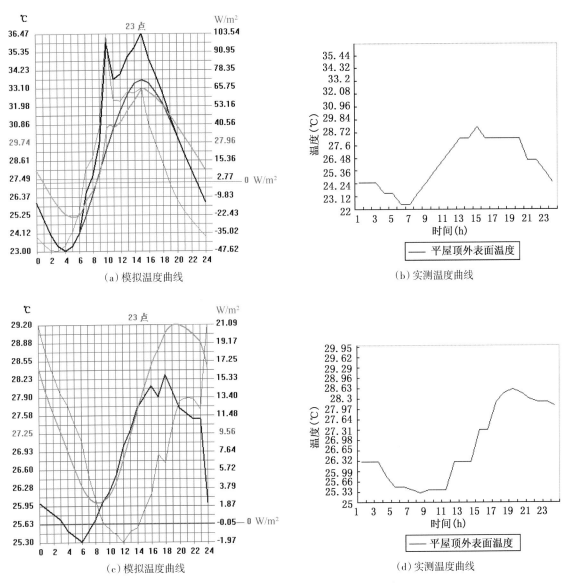

图 18.305　夏季平屋顶模拟与实测对比曲线

资料来源：冯雅绘制

误差。由于室内外空气温度随时间而变化，必然决定墙体、屋顶的温度也要随着时间而变化，理论计算的室内外空气温度、太阳辐射量都是取用现场实测值的小时平均值，与逐时值有一定的差异。

18.16.4 示范住宅评估

对示范住宅的节能效果进行评价，主要从以下两个方面进行：① 假设建筑冬季采暖、夏季空调，对比分析采取示范住宅围护结构形式与当地普通住宅围护结构形式两种情况下的全年耗电量。② 建筑处于自然通风状态下，室内热环境状况。

18.16.4.1 建筑全年耗电量计算

据调研资料显示，当地几乎所有的村镇住宅外墙、屋面均未采用保温措施，外窗采用木窗或单层铝合金窗，传热系数和密封性能较差，归纳村镇住宅比较典型的围护结构构造措施，热工性能计算如下表18.32所示。

表18.32 梨山村示范住宅与普通住宅围护结构热工性能对比表

围护结构	示范住宅	普通住宅
外 墙	200 mm 厚页岩多孔砖+30 mm 无机保温砂浆 1.235 W/(m²·℃)	120 mm 厚页岩实心砖 2.923 W/(m²·℃)
平屋顶	种植层+60 mm 无机保温砂浆 0.867 W/(m²·℃)	120 mm 预制钢筋混凝土板 3.802 W/(m²·℃)
坡屋顶	通风间层+100mm 厚稻草 0.993 W/(m²·℃)	120mm 预制钢筋混凝土板 4.419 W/(m²·℃)
外 窗	普通塑钢单层玻璃窗 （5mm 单层） 4.7 W/(m²·℃)	木窗或单层铝合金窗 （3mm 单层） 6.4 W/(m²·℃)
地 面	100 厚炉渣 0.282(m²·℃)/ W	无 0.026(m²·℃)/ W

利用中国建筑科学研究院开发的 PBECA 建筑节能设计分析软件，分别对示范住宅与普通住宅进行全年耗电量分析（图18.306，图18.307）。计算参照《夏热冬冷地区居住建筑节能设计标准》建筑室内热环境设计指标：冬季：卧室、客厅室内设计温度取 18℃；换气次数 1.0 次/h。夏季：卧室、客厅室内设计温度取 26℃；换气次数 1.0 次/h。

由上述计算结果可知，普通建筑全年耗电量达到 117.20 kW·h/m²，示范建筑全年耗电量为 58.11 kW·h/m²，降低了 59.09 kW·h/m²，总节能率 50.42%（图18.308~图18.309）。

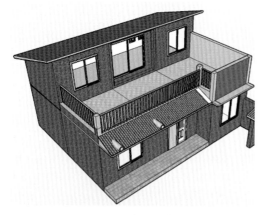
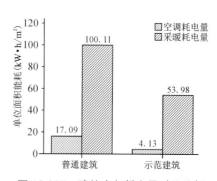

图 18.306　建筑计算模型　　　　图 18.307　建筑全年耗电量对比分析

资料来源：冯雅绘制

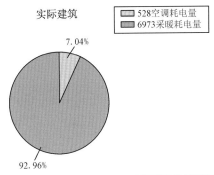
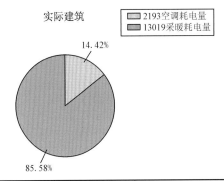

图 18.308 示范建筑年能耗值　　　　　　　　图 18.309 普通建筑年能耗值

资料来源：冯雅绘制

（1）该示范建筑为2层住宅，体形系数高达0.74，远远高于《夏热冬冷地区居住建筑节能设计标准》(JGJ 134—2001) 中点式建筑物体形系数不超过0.40的限值制要求。建筑外围护结构面积大，增加了建筑物的热损失，致使普通建筑与示范建筑的全年耗电量指标均较大。

（2）示范建筑中外墙基层采用了页岩空心砖，导热系数0.58 W/(m·K)，墙体自身具有良好的保温隔热效果，墙体外侧采用30 mm厚无机保温砂浆做保温，外墙平均传热系数约为1.2W/(m²·K)，远小于普通建筑外墙平均传热系数2.9 W/(m²·K)。平屋面、坡屋面分别采用60 mm珍珠岩保温浆料和100 mm厚稻草，且设置了种植屋面与通风屋面，传热系数在0.70 W/(m²·K)左右，而普通建筑屋面传热系数在3.0 W/(m²·K)以上，屋面保温性能有了较大改善。采用了保温隔热性能好的塑钢窗和金属保温外门，并在门窗的框扇中加设橡胶密封条，外门窗密封性能大大提高。同时，在地面加设了炉渣保温层，并将细石混凝土设置在标高−0.06 m，有效隔断地面湿气进入室内，避免地面产生结露现象。通过外墙、屋面、外门窗、地面的保温隔热措施，示范建筑各部位传热系数比普通建筑大大降低，总节能率达到了50%以上。

18.16.4.2　室内热环境状况分析

1）墙体热稳定性能分析

假设室内外空气温度相同，太阳辐射相同，分别对200 mm厚页岩多孔砖+30 mm厚无机保温砂浆外墙[简称墙体（一）]和120 mm厚页岩实心砖外墙[简称墙体（二）]进行模拟计算，重点比较两种墙体内外表面温度、热流及最高最低温度出现的时间(图18.310，图18.311)。

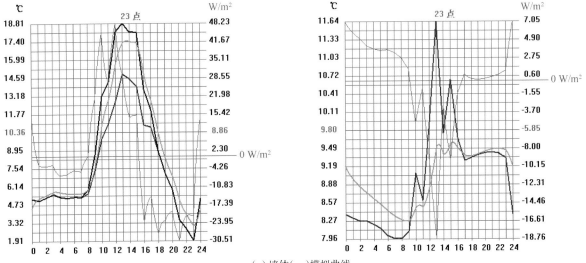

(a) 墙体（一）模拟曲线

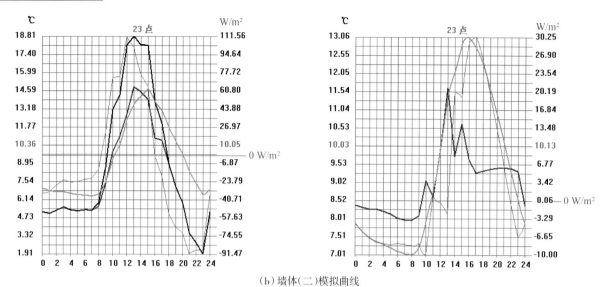

(b)墙体(二)模拟曲线

图18.310 冬季自然工况墙体模拟曲线对比

资料来源:冯雅绘制

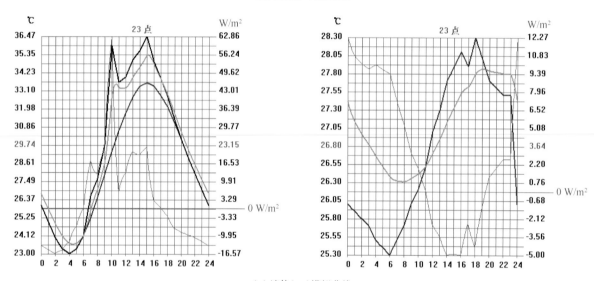

(a)墙体(一)模拟曲线

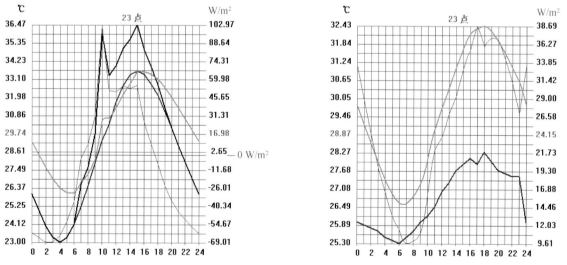

(b)墙体(二)模拟曲线

图18.311 夏季自然工况墙体模拟曲线对比

资料来源:冯雅绘制

通过对冬夏两季室内热环境状况模拟分析可得出：

(1) 冬季自然通风工况条件下，墙体(一)保温性能、热稳定性优于墙体(二)，对室内热环境的改善有利。

(2) 夏季自然通风工况条件下，墙体(一)隔热性能、热稳定性优于墙体(二)，对室内热环境的改善有利。

2) 屋面热稳定性能分析

假设室内外空气温度相同，太阳辐射相同，分别对200 mm覆土层+40 mm细石混凝土保护层+60 mm厚无机保温砂浆+120 mm钢筋混凝土屋面板，简称屋面(一)和120 mm钢筋混凝土屋面板，简称屋面(二)进行模拟计算，重点比较两种屋面内外表面温度、热流及最高最低温度出现的时间(图18.312，图18.313)。

通过对冬夏两季室内热环境状况模拟分析可得出：

(1) 冬季自然通风工况条件下，屋面(一)保温性能、热稳定性优于屋面(二)，对室内热环境的改善有利。

(2) 夏季自然通风工况条件下，屋面(一)隔热性能、热稳定性优于屋面(二)，对室内热环境的改善有利。

18.16.4.3 评估结果分析

通过上述对示范建筑全年耗电量以及墙体、屋面内外表面温度和热流量的模拟计算，可以得出以下结论：

(1) 示范建筑对外围护结构(外墙、屋面、外窗等)进行了适当保温隔热处理，与未采取节能措施的当地建筑相比，建筑全年耗电量由117.20 kW·h/m² 降到58.11 kW·h/m²，节能率在50%以上，节能效果明显。

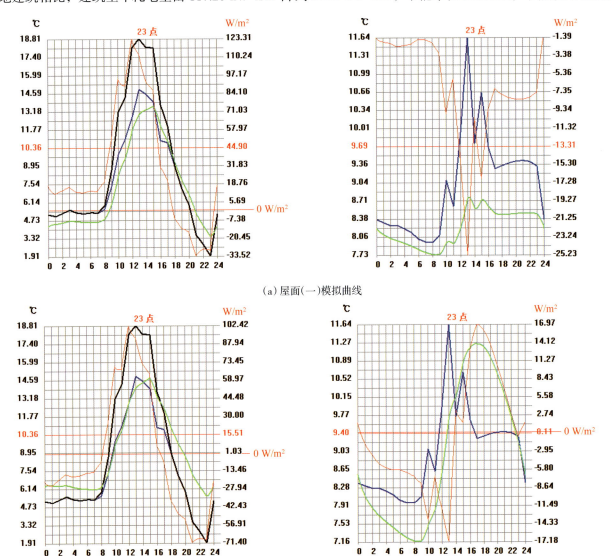

图18.312 冬季自然工况屋面模拟曲线对比

资料来源：冯雅绘制

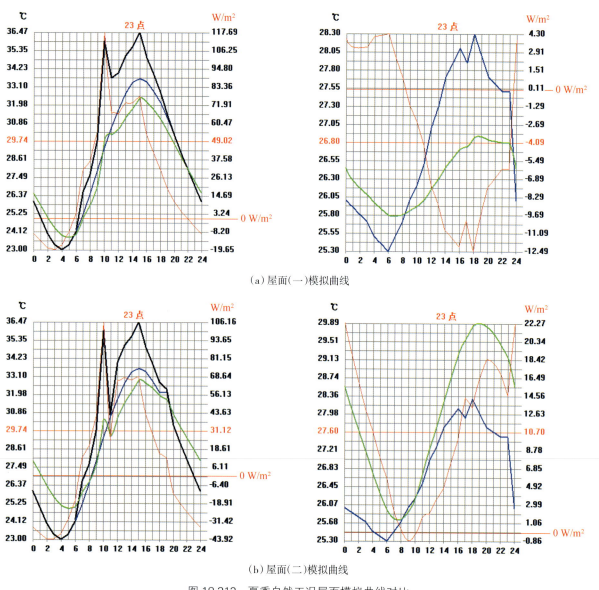

图 18.313 夏季自然工况屋面模拟曲线对比
资料来源：冯雅绘制

（2）从建筑热环境状况来讲，在自然通风工况条件下，示范建筑冬季室内空气温度在7℃~10℃之间波动；夏季室内空气温度在25℃~30℃之间波动，低于32℃。冬季和夏季的室内空气温度均在人体能够承受的温度范围内，而且建筑内表面温度的波幅在2℃左右，室内热稳定性较好，室内热环境有较大改善。

18.16.5 示范住宅推广

随着建筑节能工作的逐步推进，我国农村地区的建筑节能工作已经得到了广泛关注。我国南方农村地区同北方地区相比，气候特征、经济发展水平、能源现状及使用情况均存在较大差别。北方地区以采暖为主，加强外围护结构保温性能是建筑节能的重点，而南方地区主要考虑夏季防热，兼顾冬季保温或一般不考虑冬季保温。因此，在对该示范住宅规划设计施工过程中，充分考虑农村经济水平和生活习惯等因素，从围护结构隔热、自然通风、环境绿化、被动蒸发等方面出发，在不大幅增加建筑造价成本的同时，尽可能地改善住宅室内热环境状况，其具体优势在于：① 住宅为4~5人户型，户型结构方正，满足抗震安全需求。独户独栋的居住模式，露台可以作为晾晒功能使用，住宅适应当地农业模式和生活习俗。② 建筑南北朝向，夏季可充分利用穿堂风，窗墙面积比合理，既满足住宅采光需求，同时又能保证住宅冬季、夏季的保温隔热要求。③ 充分利用了热压、风压通风原理，加强客厅、卧室、厨房的自然通风效果。④ 围护结构节能均采用施工方便的节能措施，建筑节能成本增量不高于工程总造价20%，基本控制在农民可承受能力范围内。⑤ 充分利用通风屋面、种植屋面、垂直绿化等经济有效的措施，改善住宅的室内热环境状况。

通过对示范住宅的实测、数值模拟计算以及对农户居住使用情况的调查了解，该示范住宅节能效果明显，室内热舒适性得到了较大提高。在自然状态下，冬季、夏季的室内空气温度基本能够达到农户可承受的温度范围，冬季不需要采暖措施，夏季在极端高温天气仅需开启风扇局部降温就能保证人体的承受范围。

总体来讲，梨山村节能示范住宅对南方地区村镇住宅的建造，具有一定的借鉴意义。

18.17 西藏自治区定日县扎西宗乡示范农宅

18.17.1 基地条件

示范农宅所在的扎西宗乡位于西藏自治区定日县境内喜马拉雅山脉北侧的珠峰自然保护区内（图18.314）。该地区平均海拔在5 000 m以上，自然气候恶劣（表18.33），生态环境脆弱。该地区属于高原温带半干旱季风气候区，昼夜温差大，气候干燥，年降雨量少，蒸发量大，日照时间长。年平均气温为2.8℃~3.9℃，年均风速达58.4 m/s，在建筑设计时应解决采暖、保温和抗风措施的问题。

图18.314 西藏自治区定日县扎西宗乡示范农宅基地全景
资料来源：李纯刚摄

表18.33 定日县自然气候参数

项　　目	定日县	项　　目	定日县
年平均气温	2.8℃~3.9℃	日照百分率*	77%
最冷月份	1月，平均-7.4℃	太阳总辐射	202.9 kCal/m²
最热月份	7月，平均12℃	年均降水量**	319 mm
极端最高气温	24.8℃	年均总蒸发量	2 527.3 mm
极端最低气温	-27.7℃	年均风速	58.4 m/s
年日照时数	3393.3 h	最大风速	90 m/s

* 某时段内实际日照时数与该地理论上可照时数的百分比，百分比愈大，说明晴朗天气愈多
** 降水多集中于6-10月

资料来源：http://www.weather.com.cn/cityintro/101140205.shtml

18.17.2 现状和需求

该案例对一个具有代表性的当地低收入者的旧农宅进行改建。所选择的改建旧农宅面积仅为 40 m²，主人信奉佛教，墙体破损严重，门窗密封性差，室内空间局促，生活条件艰苦，户主饲养着一些牲畜，所需要的饲料及生活燃料就堆放在院内及狭小的屋内，只有卧室使用燃烧牛粪的炉子进行取暖，冬季室内温度最低在 0℃以下。针对改建对象的现状，改建方案从如下方面入手：① 保留藏式建筑风格与宗教需求；② 完善功能空间，满足生活与生产的需求；③ 提升室内的舒适度；④ 改善能源结构，加大清洁能源，尤其是太阳能的利用程度。

18.17.3 技术应用

18.17.3.1 建筑设计

建筑设计强调对当地历史文化的传承，在满足居民传统生活需求的同时，注重提升住宅功能扩展的能力。

1) 注重传统建筑风格的延续

保留藏式建筑特有的门楣、窗楣以及女儿墙下的密椽。尊重传统色彩选用，黄褐色的基石意味着高贵，白色墙体象征着纯洁与吉祥，黑色的女儿墙与窗套代表了威严震慑，屋顶上红色的四角墙代表轻快明朗（图 18.315，图 18.316）。

图 18.315 传统藏式民居中的窗套　　图 18.316 窗楣以及女儿墙下的密椽

资料来源：曾雁摄

2) 符合藏民生活方式

(1) 设置了两个独立院落，改善居住条件，分别用于日常生活、晾晒农作物及圈养牲畜，实现人畜分区；

(2) 考虑宗教需求，设有祭祀空间(佛堂)；

(3) 将客厅设为中心，卧室、厨房、粮草仓库布置在其周围，形成主次有别的格局，符合当地传统风格(图 18.317)。

3) 扩展旅游接待功能需求

由于该地区距离珠峰登山大本营仅 50 km，每年都有大量的登山旅游者经过，因此设计者改建老宅时也考虑到房屋旅游接待的可能性。

① 将室内居住面积大幅提升（从 40 m² 提升到 146.3 m²）。② 将卧室与客厅布置在整个空间的东南侧，利用辅助空间（储藏室、厨房、佛堂）有效抵御冬季的西南风和西北风的直吹，形成缓冲空间，提升客厅与卧室的舒适度。③ 主、客卧分居客厅两侧，满足住户的私密性和安全性的需求。

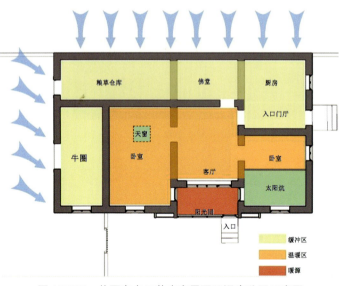

图 18.317 扎西宗乡示范农宅平面及温度分区示意图

资料来源：鞠晓磊绘制

18.17.3.2 建材选用

选择价廉、环保、热工性能良好的本地建材是使建筑具有推广价值的基础。旧宅改建中采用了当地特有的黏土制成砌块作为墙体材料，屋面由木材和黏土构成，起到良好的保温作用。窗户采用抗紫外线的双玻璃塑钢窗建材都是就地取材，价格便宜，热工性能较好，建筑拆除后，建材可以回归大地，不对环境造成破坏。围护结构类型与传热系数，如表 18.34 所示。

表 18.34　示范农宅外围护结构材料性能

类　型	建筑面积	外　墙	屋　顶	外　窗
新农宅	146.3 m²	400 mm 厚黏土砌块，K=0.6W/(m²·℃)	胶合板，150 厚覆土，K=0.5W/(m²·℃)	单框塑钢中空玻璃窗 K=2.7 W/(m²·℃)

资料来源：鞠晓磊绘制。

18.17.3.3　建材昨用

该地区是地球上太阳能资源最丰富的地区之一，应当将太阳能利用技术与建筑充分结合，加大清洁能源的使用率，有效改善住户能源使用结构的同时不增加环境负担，旧农宅改建中应用的被动技术包括如下几种：

1) 阳光间

阳光间位于建筑南侧，充分利用阳光直射获取太阳的热能，并将热能储存在与之相邻的墙体和蓄热体之中。在阳光间内设置通往卧室和客厅的门和窗。冬季，白天阳光间内温度高于客厅与卧室温度时开门和窗，利用自然对流的空气提高卧室和客厅的温度，其余时间关闭形成空气缓冲层，起到保温作用。另外，阳光间设置上下两排可开启的窗户，在夏天可以将窗户全部打开流通空气，再利用遮阳帘进行遮阳，避免阳光间内温度过热(图 18.318)。

2) 相变蓄热天窗

将相变材料（杜邦™ Energain）贴附在卧室屋顶天窗开启扇及墙面上，白天打开窗扇接收阳光的照射，温度上升材料开始液化，并将热量储存在材料中，到了夜晚气温下降将天窗关闭，在材料由液态变为固态的过程中，热量开始向室内释放，为室内取暖(图 18.319)。

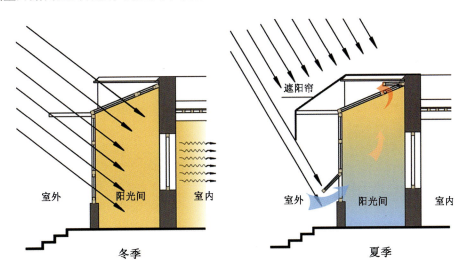

图 18.318　扎西宗乡示范农宅阳光间工作原理

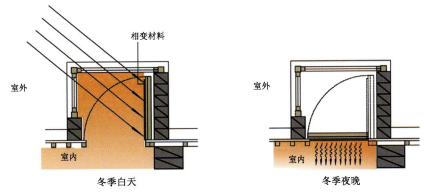

图 18.319　扎西宗乡示范农宅蓄热天窗工作原理

图 18.318，图 18.319 资料来源：鞠晓磊绘制

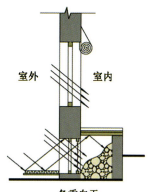
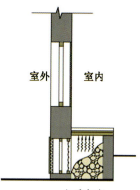

图 18.320 （a）示范农宅蓄热炕工作原理图　　　　图 18.320 （b）示范农宅蓄热炕实景
资料来源：（a）鞠晓磊绘制；（b）曾雁拍摄

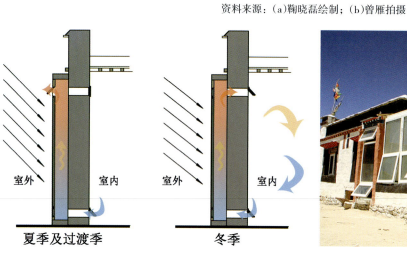

图 18.321 （a）示范农宅空气集热器工作原理图　　图 18.321 （b）示范农宅空气集热器工作原理和实景
资料来源：鞠晓磊绘制　　　　　　　　　　　　　　资料来源：曾雁摄

3）卵石蓄热太阳能炕

在建筑中采用蓄热性能好的卵石材料作为蓄热体放置在炕内（炕是中国寒冷地区农村特有的采暖工具）。在墙体上开采光用的小窗洞，并在窗洞处设置可开关的挡板，上附保温材料和反光材料。白天，阳光经小窗洞的直射和挡板的反射照到卵石上，卵石开始蓄热；夜晚，关闭挡板来保温，随着气温下降，卵石开始释放热量，加热炕板（图 18.320）。

4）平板型空气集热器

示范农宅还采用了平板空气集热器技术。在冬季，关闭集热器表面的洞口，阳光照射在集热器的表面，腔内空气温度上升并进入室内，提高室内温度。在夏季和过渡季，关闭墙体上方洞口，打开墙体下方洞口和集热器上方洞口形成热压通风（图 18.321）。

5）防风防水透气膜

高原传统建筑受到承重结构的限制，原农宅屋顶的防水材料多为塑料布或编织袋等材料，其防水、透气、抗老化能力均较差，为解决此问题，在示范农宅屋顶的维护结构中增加一层极轻的防水透气膜，在不增加承重的前提下加强房屋的气密性、水密性，同时又令围护结构及室内潮气得以排出，从而达到防风、防水、透气，提高建筑耐久性、保证室内空气质量的作用（图 18.322）。

图 18.322　防风防水透汽膜
资料来源：杜邦中国集团有限公司

18.17.4 技术评估

为了对示范农宅中所采用的技术效果进行评估，对旧农宅在改造前后的性能进行了跟踪测试与模拟评估，主要内容包括室内温度变化及采暖能耗量，同时技术成本也是评估的重要因素。

18.17.4.1 室内温度

室内温度是热环境舒适度最重要的指标。通过对室温的连续监测可以了解到在没有采暖的情况下，冬季室内平均温度从改造前的 5.1℃ 上升到 9.0℃，其中卧室、客厅等主要的生活空间有了显著提高，能够接近 12℃；而在夏季，改造前后的温度变化不大，且平均温度都在 16℃，说明在该地区冬季采暖是首要解决的问题（图 18.323）。

从室内温度频数分布图上可以看到，改建后的示范农宅室内热环境属于舒适状态（14℃~28℃）的时间段比改建之前延长了 11.3%，低温环境（<14℃）时间段缩短了 18.5%，可见室内热环境得到大幅度的改善（图 18.324）。

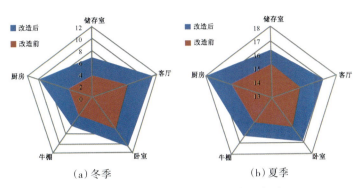

(a) 冬季　　(b) 夏季

图 18.323　扎西宗乡示范农宅室内温度对比
资料来源：鞠晓磊绘制

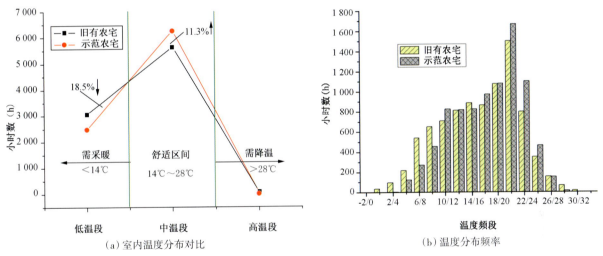

(a) 室内温度分布对比　　(b) 温度分布频率

图 18.324　扎西宗乡示范农宅年均室内温度分布
资料来源：张鹏绘制

18.17.4.2 能耗量及二氧化碳排放

由于当地的夏季气温不高，没有空调降温的需求，因此建筑所产生的能耗及二氧化碳排放主要集中在冬季采暖期间。利用环境模拟工具搭建模型对改建前后建筑的采暖负荷（heating load）进行计算，改建前的旧农宅热负荷为 90 W/m²，改建后示范农宅的热负荷为 63 W/m²，负荷需求下降了 30%（图 18.325）。

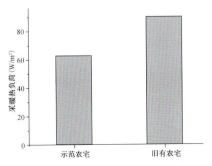

图 18.325　示范农宅与旧农宅热负荷比较

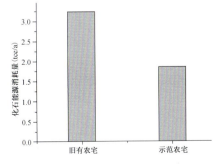

图 18.326　示范农宅与旧农宅热采暖能耗及 CO_2 排放

资料来源：张鹏绘制

采暖负荷需求的下降，同时结合太阳能的利用，使得采暖能耗从改造前旧农宅的 3 240 kgce/a 降到改造后示范农宅的 1 850 kgce/a，能耗下降了 42.9%。按照这个数量进行测算，CO_2 排放量从 8.0 t/a 下降至 4.6 t/a，从而减少 3.47t 的 CO_2 排放（1 kgce=2.493 kg CO_2），节能减排的作用十分明显（图 18.326）。

18.17.4.3 建造成本

成本是评判示范农宅是否具有推广前景的决定性因素。根据示范农宅建成后的统计，成本增加 11 650 元，其中高性能玻璃帘与蓄热材料的费用占到了成本增加额的 75%，当地普通农宅的土建造价为 450 元/m²，示范农宅的造价为 523.9 元/m²，增加幅度为 16.4%，具体成本情况如表 18.35 所示。

表 18.35　旧农宅改建成本一览（单位：元）

基础结构	外窗及阳光间	太阳炕	相变蓄热材料	空气集热器	总费用	单位面积建造成本
65 000	4 200	950	4 500	2 000	76 650	523.9

资料来源：鞠晓磊绘制

18.17.5 结论与讨论

对扎西宗乡旧农宅改建所进行的技术尝试，对青藏高原地区农宅的建设具有积极的意义：首先，将廉价的、有效的技术与清洁环保的可再生能源引入普通农民的家庭之中，改善了他们的生活；其次，建造过程实现了专业技术人员与当地住户的紧密配合，许多当地居民在专业人员的指导下直接参与了房屋建造，深入了解技术原理，有利于技术得到更多人的接受；最后，改建后的示范农宅不但可以成为居民生活的场所，还满足了居民从事旅游服务接待的需求，利用住房功能的拓展来实现收入的增加（图 18.327，图 18.328）。

图 18.327　扎西宗乡示范农宅改建，技术人员与住户共同商议改建方案

资料来源：李纯刚摄

图 18.328　改建之后的扎西宗乡示范农宅

资料来源：曾雁摄

18.18　深圳南海意库 3 号楼——旧厂房的绿色改造

18.18.1　老树逢冬——产业转型，既有建筑有待改造

我们处于一个城市化快速发展的时代，城市人口快速增长，

我们处于一个城市化快速发展的时代，城市人口快速增长，城区规模迅速扩大和城市生存环境是 21 世纪中国城市可持续发展面临的巨大挑战。改革开放以来，中国经济的高速发展促进了城市化水平的快速提高，目前，中国的城市化水平从 1980 年的不到 20% 提高到 2006 年的超过 40%，年平均约 1% 的发展速度。深圳作为改革开放最早的城市，其经济发展速度在全国名列前茅，城市的发展速度也是最快的。在深圳开发的早期，工业化是其最早的城市发展动力，早期的工业使这个边陲小镇迅速的崛起，经过近 30 年的高速发展，深圳已由原来的几十万人口的小城镇壮大成为城市人口过千万的特大型城市。

南海意库 3 号楼，位于改革开放的前沿城市深圳，前身是建于 1980 年的深圳蛇口日资三洋厂房（图

18.329），是深圳特区为吸引境外投资者的最早的多层通用厂房之一。原总占地面积 44 125 m²，总建筑面积 95 816 m²，容积率 2.17，为 6 栋工业群落，框架结构，每栋标准层面积约 4 000 m²。

20 世纪 90 年代中期以来，深圳市大力发展高新技术产业、调整产业结构和优化社会资源，每年都有大批技术含量低、生产能耗大以及劳动密集型的企业外迁，并进入生产成本相对低廉的龙岗、宝安、东莞和惠州等地区，原有的厂区人去楼空，税收锐减，产业亟待转型。

图 18.329　项目历史与现状
资料来源：招商局地产控股股份有限公司提供

18.18.2　春风乍起——产业转型与复兴的机遇

深圳经过 27 年的发展，经历了几次重大的产业结构调整，成功的转型为蛇口的发展带来了新的生机，但也留下了约 80 万 m² 80 年代初建设的工业厂区。在这种转型下，在土地资源稀缺，房价高涨的市场环境下，拆除重建，无疑可以为企业带来很高的商业利润。然而，数十万平方米、仅仅使用了 20 年的厂房就需要在这种转型中被拆掉，不仅仅是对环境的破坏，更是对资源的浪费。

我们面临的问题，恰恰是整个深圳及珠三角地区的一个缩影，仅深圳特区内，面临改造的厂房就超过 500 万 m²，在短短 20 多年的时间里，大量的既有建筑就要面对重建、改造的选择，既向世人展现了改革开放的速度，也流露出快速发展背后的尴尬。

项目所在的深圳南山区，集中了深圳的高新技术产业、旅游产业、高等教育产业和物流业等，代表了深圳最强势的主流产业，蛇口作为南山最南端的片区，随着西部通道、港澳珠大桥、沿江高速公路等大型项目的落实，也将成为珠三角经济的主要分享者和主力参与者。将原有的产业升级换代，将其打造成国际商贸、高新科技产业和居住为主的综合性现代国际人文社区，实现区域土地价值的提升。而唯有这种综合性的开发策略，才能实现各种产业、各个功能之间的有机平衡，实现更新城区的持续发展。

18.18.3　老枝的历史价值——城市文脉的传承与可持续

城市的既有建筑传承了城市发展的历史，一个城市在其诞生和演进过程中会形成多样的城市特质，产生不同的生活方式，留存很多的历史印记，这就是城市文脉，是城市间彼此区分的重要标志。文脉是一个城市的根，是城市的灵魂，有往日发展积累的宝贵经验，也有城市未来发展的前进方向。

这些记录着深圳记忆的老厂房、旧社区不应该成为僵硬城市标本，在城市化大车轮的碾压下苟延残喘。它们有权利获得新的生命意义，吐故纳新，传承城市文脉，持续城市功能。因此我们要充分理解、利用、改造、传承这些老厂房，旧社区才能实现它的最大价值，重新焕发青春。

18.18.4 新绿迎春——城市更新的绿色改造实践

是拆除重建,还是建筑改造?我们决定采纳后者。保留旧厂房主体结构并对其进行功能改造,使其重新焕发新时代建筑的活力。当年的三洋厂房已更名为蛇口南海意库,我们期望它成为代表新世纪创意产业的科技园区,其中的 3 号厂房作为该园区最先启动的示范项目采用了大量的绿色建筑技术,在节能、节材、节水、保护环境等方面做了许多尝试,让老厂房在既有建筑改造的春风中重生。

18.18.4.1 繁茂的绿叶——最大化的利用自然资源

1)建筑设计

本项目方案设计共邀请境内外 8 家设计公司(清华苑、加拿大毕路德、都市实践、深圳建研院、法国欧博、澳大利亚伍兹贝格等)进行设计方案投标和多个方案的比较;并邀请境内外大学(深圳大学、东南大学、维也纳技术大学等)学生进行绿色建筑设计竞赛。在方案设计的前期就把绿色节能作为建筑改造设计的前提条件提出来,还相应提出了保存有城市记忆的建筑符号作为改造设计语言的一个重要部分(图 18.330)。

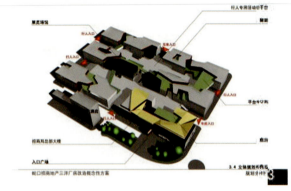

图 18.330 多个建筑投标方案的比较
资料来源:招商局地产控股股份有限公司提供

图 18.331 前厅
资料来源:招商局地产控股股份有限公司提供

原来的厂房没有前厅,进深达 36 m,十分压抑,与办公空间需要良好的采光和通风有很大的不同,没有停车空间,还需要增加垂直电梯等。经过多轮的设计比较论证和调整,修改了原有设计方案的不足之处,增设了前厅、中庭和地下停车库等,前厅解决了入口和垂直交通的问题,半地下的停车场解决停车问题,通过将底层设为饭堂和停车库,把入口设置在二层,解决了入口问题。

(1)前厅的设计

把原有的方盒型前厅修改为阶梯形,在阶梯形前厅屋面采用屋顶绿化,大大降低了前厅的辐射得热和传导得热。通过设计优化,前厅的制冷功率减

第18章 国内绿色建筑实例浅析

少了2/3，通过在前厅采用冷辐射毛细管制冷，更是大大提高了空调的效率。前厅除了目前的交通组织功能之外，还有艺术品展示，开发成就展示，绿色节能技术展示，工作间隙的休憩等等功能，大大丰富原有的工作和生活内涵（图18.331）。

（2）生态中庭的设计

生态中庭的设计可以解决进深太大的问题，同时，景观化的中庭成为很好的视觉场所，同时这个生态中庭还具有采光功能，中庭的顶部采用太阳能拔风烟囱，具有强化自然通风的功能，减少了开空调的时间，中庭顶部的太阳能光电板除了发电功能之外，还有遮阳的作用，由于其挡住了大量的直射光线，使原来需要设置空调的中庭，完全采用了自然通风的方式，同时，生态中庭也大大降低了辐射热，形成了宜人的环境（图18.332）。

（3）屋顶绿化和垂直绿化

南方建筑之中，屋顶绿化和垂直绿化可以大大降低热岛强度，实现建筑节能，通过前厅的顶部采用了屋顶绿化，西立面采用垂直绿化，大大降低了建筑本身的得热，美化了建筑环境（图18.333）。

图18.332 中庭
资料来源：招商局地产控股股份有限公司提供

图18.333 中庭
资料来源：招商局地产控股股份有限公司提供

（4）采光水池设计（图18.334）

2）外围护结构——原有材料的重新利用和新材料的使用

改造过程中，尽量保留外墙墙体，减少拆除量。在原有内墙内侧砌筑100 mm厚加气混凝土砌块结合原有墙体内墙保温。屋外为聚苯板隔热层和岩棉隔热层。部分拆除下的砌体废料则被碾碎后用于场区地坪回填，仅此一项可就地消化处理建筑废料近千立方。

Low-E中空玻璃是南方建筑节能的主要材料之一，可以大大降低通过玻璃窗的建筑得热，本项目主要部位采用Low-E中

图18.334 采光水池
资料来源：招商局地产控股股份有限公司提供

·811·

空玻璃幕墙为主，局部热镜或智能玻璃等多种玻璃幕墙组合。中空玻璃滑拉窗或中空加中间 Low—E 膜玻璃断热结合金窗框或玻璃钢窗框。主要技术指标应可达到抗风压强度 $P \geqslant 2.5$ kPa，气密性 $q \leqslant 1.5$ m³/(m·h)，水密性 $\Delta P \geqslant 250$ Pa，隔声性 $Rw \geqslant 30$ dB，传热系数 $K \leqslant 3.0$ W/(m²·K)，达到国家建筑节能设计标准要求.防火及刚性良好，采用三元乙丙胶条密封，空腹型材应采用增强板或局部加强板的铰链连接技术。经计算，节能率达 8%，每年节电约 19 万~21 万 kW·h。

3）自然通风

深圳市全年空气温度低于 28℃ 的累计小时数占全年总时数的 60%，改造中采用 6 个截面为 3 000 mm× 3 000 mm 的屋面热压拔风烟囱；在过渡季节实现自然通风，以 4 月份（过渡季节）为例来分析被动式太阳能通风烟囱的通风效果，假设太阳能烟囱内的集热装置可以把 30% 左右的太阳辐射吸收并加热空气，并设置室外环境温度为 28℃，室内热负荷为 50 W/m²。太阳能拔风系统可以延长过渡期近两个月，按 15~20 kW·h/(m²·月) 计算，每年可以节约电耗约 60 万~80 万 kW·h，下面是利用计算机模拟技术完成的室内热压、温度、风速和空气龄效果分析图（图335）。

4）遮阳采光设计

在遮阳设计上，西立面生态绿化墙，生态绿化墙的附着植被可以随季节的繁茂和衰减，使遮挡阳光的效果在夏秋季节比冬春季节要多，适应深圳气候变化对建筑的影响。东立面采用"垂直+水平"遮阳，通过日照方位角计算固定式垂直遮阳角度，优化遮阳的降低辐射效率（图 18.336）。

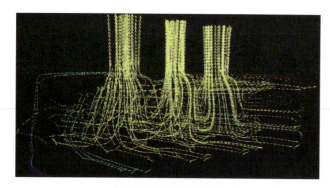

(a) 拔风烟囱通风流线图

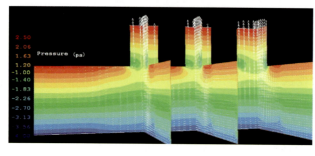

(b) 拔风烟囱室内压力场图

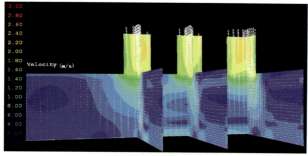

(c) 拔风烟囱室内速度场图

图 18.335 拔风烟囱模拟组图
资料来源：招商局地产控股股份有限公司提供

图 18.336 东、西立面遮阳
资料来源：招商局地产控股股份有限公司提供

图 18.337 中庭采光及遮阳
资料来源：招商局地产控股股份有限公司提供

中庭顶部为玻璃采光天井且上面布满太阳能光伏电池板，使得顶棚具有良好的遮阳效果又有一定的透光率。就全大楼而言，累计可减少约 40 kW 的照明用电功率。按照每天工作 10 h 计算，每天可以减少约 400 kW·h/天，按每年工作时间 250 天计算，每年可节约照明用电约 10 万 kW·h（图 18.337）。

18.18.4.2 新发的嫩枝——绿色机能的延伸

1）太阳能光电

深圳市全年太阳能辐射总量平均值为 5 225 MJ/m²·年，本项目采用 365 m² 单晶硅太阳能光伏板，有效使用率按 80% 计，有效面积 292 m²。使用无框标准太阳电池组件，按 130 W/m² 计算，安装总功率达到 38 kW。目前为国内科技部示范项目用于既有建筑改造项目中光电功率最高、面积最大的示范项目，每年可以发光电约 4 万 kW·h（图 18.338）。

2）太阳能光热和地源热泵技术

太阳能是清洁、环保的廉价能源，在能源供应日趋严峻的形势下，利用太阳能光热系统制备生活热水是必然趋势。太阳能是清洁、环保的廉价能源，本项目中，主热源为太阳能光热装置，光热板面积约 100 m²，地源热泵作为辅助能源，其工作原理是：利用地下浅层土壤温度不被扰动时常年保持在 10℃~20℃ 的特点，地下储热通过压缩机的作用；制取生活热水，把低品位的热能转化成高品位的热能，制备生活热水。日生产 55℃ 热水近 5 000 L，热水主要用于 400 人的员工餐厅洗涤用热水以及每天约 30 人的冲凉热水（图 18.339）。

图 18.338　太阳能光电
资料来源：招商局地产控股股份有限公司提供

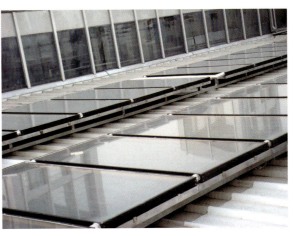

图 18.339　太阳能光热
资料来源：招商局地产控股股份有限公司提供

3）雨水收集

屋面雨水经虹吸排水系统收集后分三路排至室外渗透井，渗透井设有水平渗透管沟，雨水经渗透管沟回渗地下，补充地下水；回渗不及的多余雨水排至收集池（100 m³，雨水收集池溢流水排至市政雨水管），经过滤、消毒后存储进地下室中水箱，经变频给水装置加压后供至冲厕用水、冷却塔补水，地面及道路冲洗等（图 18.340）。屋面每年理论上可收集雨水 8 000 余 m³，按 35%~38% 的收集率计算，每年可以利用雨水 2 750~2 900 m³。

4）人工湿地和中水回用

各层冲凉沐浴排水、盥洗排水等优质杂排水经单独收集后排至 2 号人工湿地处理，处理后出水用作水景补水、绿化（图 18.341）。

各层冲厕排水经收集后排至化粪池、一层厨房排水收集经隔油池处理后排至 1 号人工湿地，处理后经过滤、消毒后出水进地下室中水箱，经变频给水装置加压供给 1~3 层冲厕用水等。本项目的中水运用将开深圳地区中水厕所用水的先例。按每日处理水 25 m³ 计算，每年可以节约用水 5 000~6 000 m³。

18.18.4.3 奔腾的绿芯——先进适宜的技术的采用

1）温湿度独立控制空调新风系统

改造采用了温湿度独立控制空调系统，显热负荷的"排热"采用高温热泵型制冷系统（图 18.342），潜热负荷的"除湿"采用新风溶液除湿系统，其主要功能包括以下三个方面，其一，对室外新风进行除湿处理；其二，溶液浓缩再生；其三，化学蓄能装置。因此，这种不需要采取任何保温措施的浓溶液就被视为

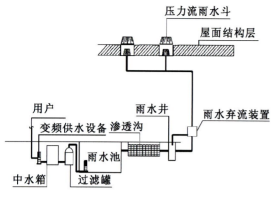

图 18.340　雨水收集利用原理图
资料来源：招商局地产控股股份有限公司提供

图 18.341　人工湿地
资料来源：招商局地产控股股份有限公司提供

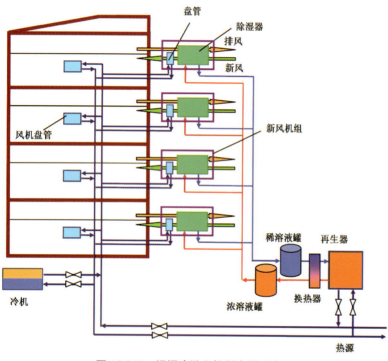

图 18.342　温湿度独立控制空调系统图
资料来源：招商局地产控股股份有限公司提供

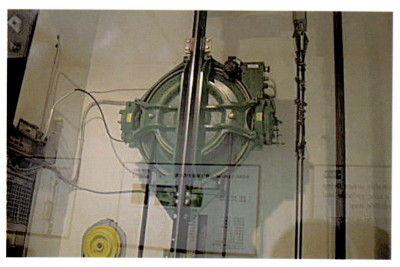

图 18.343　无机房电梯
资料来源：招商局地产控股股份有限公司提供

"高温冰块"在高温湿热季节中随时提取用以处理室外新风。

与传统空调制冷设备比较，采用温湿度独立控制空调系统的节能率可达 30% 左右，属国际先进水平，具有空气品质好、舒适度高、高效节能等优点。本项目在深圳乃至华南地区公共建筑节能应用中具有重要的示范作用。经计算，节能率达 30%，每年节电约 110 万~118 万 kW·h。

2）高效照明

室内照明灯具按照内区与外区进行配置，且外区灯具可以实现控制。在全阴天不利情况下，整个楼层工作面约有 2 000 m² 的面积照度高于 300 lx，白天基本可以不开灯。相对未加天井的情况，约 1 000 m² 的面积得到改善，按照平均每平方米 10 W/m² 的照明耗电功率计算，可减少 10 kW 的照明用电功率。

3）节能电梯

南海意库 3 号采用 2 台无机房和 1 台小机房电梯，与普通电梯相比节约机房面积约 12 m²。电梯采用的无级调速碟式电机为无齿结构，无需润滑，维护工作量较小，属电梯行业领先技术。每年还可节省电费 1 万元以上。加之我们后期安装的电梯馈电器，在电梯正常运行过程中进行能量反馈发电，每年可以节电 2 000 kW·h（图 18.343）。

18.18.5 硕果累累——经济效益、环境效益和社会效益的统一

经过节能软件 DEST 和 DOE2 等对建筑能耗进行模拟计算，找出对节能贡献率大小不同的因素，根据适宜成本下技术最可靠的优选原则，对节能技术优化组合，可以初步得出以下既有建筑改造的分项节能率分析(图 18.344)。

① 围护：围护结构的节能率为 12%，其中遮阳的节能率为 4%；② 空调：80 年代空调冷源设定为水冷机组，离心机能效比 4.2，设计建筑空调能效比为 7，由于空调制冷消耗占总能耗的 60%，空调制冷的节能率约 30%；③ 制冷期：采用了自然通风和对流措施，使得室内舒适度提高，适当缩短空调制冷期，使制冷耗电量为普通的 90%，即减少掉 10% 的制冷耗电，由此得出缩短空调制冷期的节能率为 60%×10%=6%；④ 照明：基准建筑参数为 25 W/m^2，设计建筑为 15 W/m^2，即为原来的 60%；采用节能灯，采用智能开关，比普通开关保守估计节能 15%，即为普通的 85%。照明在能耗中占 35%，得出设计建筑照明耗的节能率为 16%；⑤ 可再生能源 太阳能光电利用节能率约为 2%。

综上分析，设计建筑比基准建筑节能 66%。

经过一年分析测算，本项目节能率达到 66%，单位建筑面积年能耗为 60~70 kW·h，与同类地区甲级大型办公建筑约 130~200 kW·h 的能耗相比较，能耗仅有 1/3。本项目建筑面积 2.5 万 m^2，通过计算可知，每年可以节电 240 万 kW·h，节约电费约 240 万元，折合每年可以节省标煤 1 000 t，每年可以减排 CO_2 约 2 000 t。本项目绿色技术增量成本约为 900 万元，通过节能减排 5 年内即可收回增量成本（资金按 5.5% 年利率），经济效益十分明显。

由前面的节水分析可知，非传统水源回用率达到 60%~70%，雨水收集、节水和中水回用等措施使每年节水约 10 000 m^3。

18.18.6 后记与展望

城市有兴衰，建筑也如树木有生长和枯荣的过程。循环经济的理念，就是让我们衰败的城区在资源优化、社会和谐的条件下实现社区的更新，在保留有城市记忆的城市环境基础上，实现资源的循环利用，并将绿色建筑技术有机运用于既有建筑改造中(图 18.344)。

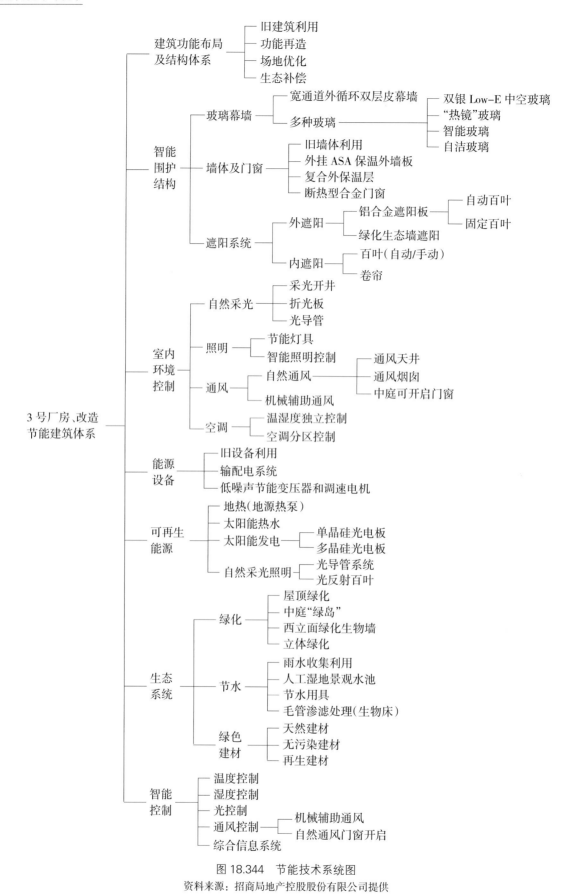

图 18.344 节能技术系统图
资料来源：招商局地产控股股份有限公司提供

参考文献

[1] 韩继红,汪维,安宇,等.绿色公共建筑评价标准与技术设计策略.城市建筑,2007(4).
[2] 韩继红,等.上海生态建筑示范楼—生态办公示范楼.北京:中国建筑工业出版社,2006.
[3] 汪维,韩继红,刘景立,等.生态建筑的基本理念与技术示范// 智能与绿色建筑论文集.北京:中国建筑工业出版社,2005
[4] 魏一鸣,等.中国能源报告(2008)碳排放研究.北京:科学出版社,2008.
[5] LEED2009 For New Construction and Major Renovations.
[6] 吴志强.上海世博会可持续规划设计.北京:中国建筑工业出版社,2009.
[7] 吴志强.世博规划中关于'和谐城市'的哲学思考.时代建筑,2005(5).
[8] 吴志强.上海世博会园区规划设计及其哲学思考.建筑学报,2007(10).
[9] 吴志强,车乐,邓小兵.2010上海世博会规划的绿色思考// 智能与绿色建筑文集——首届国际智能与绿色建筑技术研讨会论文集.北京:中国建筑工业出版社,2004.
[10] 吴志强,姬凌云.从绿色中找寻快乐——上海世博会快乐生态规划及其智能与绿色建筑设计体系探索// 智能与绿色建筑文集——首届国际智能与绿色建筑技术研讨会.北京:中国建筑工业出版社,2004.
[11] 吴志强,冯凡.2010上海世博会规划同济国际联合体方案构思解读.城市规划汇刊,2004(5).
[12] 吴志强,车乐.上海世博会生态评价标准体系研究// 智能与绿色建筑文集——第二届国际智能、绿色建筑与建筑节能大会论文集北京:中国建筑工业出版社,2006.
[13] 吴志强,干靓,庞磊.基于环境模拟评价的世博园区室外空间控温降温技术研究.工业建筑,2007(增刊).
[14] 吴志强,徐吉浣,干靓,等.基于室外热舒适度的世博园区控温降温技术研究// 智能与绿色建筑文集——第四届国际智能、绿色建筑与建筑节能大会论文集.北京:中国建筑工业出版社,2008.
[15] 吴志强.世博会:城市转向永续的催化剂.时代建筑,2008(4).
[16] 吴志强,干靓.上海世博会生态规划设计的研究与实践.城市与区域规划研究,2009(1).
[17] 吴志强,李欣,于泓.2010年上海世博会园区规划与城市发展// 建设科技,2007(11).
[18] 吴志强,干靓.上海世博会可持续规划.建设科技,2010(05):14-25.
[19] 吴志强,周俭,夏南凯.2010上海世博会规划同济作品专辑——理想空间.上海:同济大学出版社,2004.
[20] 洪浩,寿子琪.上海世博会科技报告.上海:上海科学技术出版社,2010.
[21] 上海市建设和交通委员会,上海世博会事务协调局主编.上海世博会规划.上海:上海科技出版社,2010.
[22] 车乐.2010上海"生态世博"规划导引指标体系研究:[硕士学位论文].上海:同济大学,2006.03.
[23] 薄力之.世博会重要场馆设计可持续导则研究:[硕士学位论文].上海:同济大学,2008.06.
[24] 宋雯珺.城市重大项目适宜生态技术的分类、选择和集成研究——以上海世博"城市最佳实践区"为例:[硕士学位论文].上海:同济大学,2009.03.
[25] 张林军.城市规划设计中计算机生态模拟技术的评价与优化——以上海世博会"城市最佳实践区"为例:[硕士学位论文].上海:同济大学,2009.03.
[26] 中国2010年上海世博会官方网站.
[27] FAR2000自由建筑报道.
[28] 曹发恒,孙海东,花炳灿.2010年上海世博会日本馆.建筑结构,2009(12):67.
[29] 梁飞,李斯特."心之和,技之和"2010年上海世博会日本馆设计.时代建筑,2010(03):118-123.
[30] 戴军.2010年上海世博园区绿地景观.北京:中国建筑工业出版社,2010.
[31] 世博绿化是呈现给世界的展品.www.china.com.cn/fangtan/2010-06/01/content_20157980.htm.

第 19 章 中国绿色建筑的发展与展望

19.1 中国建筑事业发展的现状和挑战

19.1.1 高速度、高密度、高强度的城镇化

自 1978 年我国改革开放以来，伴随着经济快速增长，特别是工业和服务业的快速推进，我国进入了城镇化的快速发展时期。1978 年到 2009 年，中国城镇人口从 1.7 亿增加到 6.22 亿，全国城镇化水平从 1978 年的 17.9%提高到 2009 年的 46.6%，并由此引发大规模人口跨越城乡、跨越区域的流动。伴随着城镇化进程，建筑业及相关产业也获得快速发展，对国民经济增长和社会发展、城乡居民生活条件的改善和城乡环境可持续发展作出了重要贡献。

在我国，高速的工业化进程是伴随着快速的城镇化同时发生的。城镇化水平从 20%提升到 40%，中国仅用了 22 年，而日本为 30 年，美国为 60 年，德国为 80 年，法国为 100 年，英国则是 120 年(图 19.1)。

城镇化促进了农村富余劳动力向城市和非农产业的转移。按照当前的城镇化发展速度，全国每年约 1 500 万农民在流向城市。根据农业部门统计，2006 年进城务工的农民已达到 1.19 亿人，在乡镇企业就业人数达到 1.48 亿人，扣除重复计算部分，农村劳动力转移人数达 2.1 亿人左右。2007 年上半年，农村外出务工劳动力人数比前一年同期增加 860 万人，同比增长 8.1%[①]。

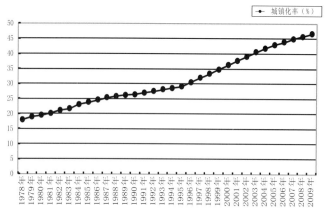

图 19.1 1978—2009 年中国城镇化发展
资料来源：根据国家统计局网站统计数据整理绘制

截至 2008 年，全国城镇建设总用地 3.91 万 km^2，仅占国土面积 0.4%左右，但却产生了全国 GDP 总量的 74%。2008 年全国城镇固定资产投资为 148 167 亿元，占全社会固定资产投资的 86%，城镇人均全社会资产投资约 24 422 元，是改革开放初期(1980 年)的 60 倍。城镇化的快速发展为建设业的发展提供了良好的契机。

城镇化引发的人口流动带来了巨大的建设需求，1985—2004 年期间，全国城乡竣工的建筑总面积达到 105.6 亿 m^2，约占现有建筑总面积的四分之一，城乡既有建筑面积达到 400 亿 m^2。按照目前的建设速度，预计到 2020 年全国城乡还将新增建筑约 300 亿 m^2[②]。

19.1.2 高能耗带来的高碳排放压力

急速的工业化伴随的大规模自然资源消耗过程，也带来高能耗和高碳排放的问题。历史上，所有国家的工业化都是以高能耗、高碳排放为主要特征的"高碳经济"。与此同时，快速发展的我国建筑业也面临着巨大的挑战，分析中国 1953—2009 年间的能源消耗量与 GDP 和城镇人口总量的关系可知，城镇化对能源消耗总量的影响比经济增长更大(图 19.2)。

[①] 中国城市科学研究会. 绿色建筑 2008. 北京：中国建筑工业出版社，2008：7.
[②] 中国城市科学研究会. 绿色建筑 2008. 北京：中国建筑工业出版社，2008：9.

高能耗尤其是煤炭等非清洁能源的广泛使用，又带来了大量的CO_2排放，尽管人均碳排量相对于欧美发达国家仍然处于较低的水平，但总量的增长还是引起了国际社会的日益关注。联合国人居署《和谐城市——世界城市状况报告 2008/2009》引自荷兰环境评价机构（Netherlands Environmental Assessment Agency, 2007）的数据显示，"2007年中国超过美国成为世界上CO_2排放量最高的国家，这一增长主要是受到燃煤量和工业生产增加的影响。"[1]而根据联合国的预测，如果中国按照现有发展模式，到2030年的CO_2排放量将达到114亿t，超过欧盟与美国的总和（图19.3）。

建筑领域是各行业中的能耗大户。据统计，到目前为止，中国的建筑能耗约占全国能源消耗的25%左右，大力发展建筑节能刻不容缓。中国既有建筑400多亿平方米，其中大部分是在实施建筑节能标准前完成建设的，至少有三分之一既有建筑需要进行节能改造。[2]在新建建筑方面，目前我国的城市建筑规模持续以5%~8%的速度增长，每年新增10多亿平方米的新建建筑。根据2005年全国新建建筑的主要建材消耗总量（水泥、钢材、玻璃和陶瓷），以及全国新建建筑的数量，计算得到新建建筑间接消耗的建材而导致的能耗总量为26 094万t标煤，占当年全国社会能源消耗总量的11.7%，其中住宅消耗13 564万t，占新建建筑建造能耗的52%，占社会总能耗的6.1%；非住宅消耗12 529万t，占新建建筑建造能耗的48%，占社会总能耗的5.6%；资源消耗总量为172 645万t，其中61%由新建住宅消耗，39%由新建非住宅消耗；CO_2排放量约为81 110万t，其中住宅排放52%，非住宅排放48%，总计占我国当年CO_2排放总量（51亿t）的16%[3]。

这就要求在保证经济发展的前提下，一方面需要发展以低排放、低能耗、低污染为特征的绿色生态经

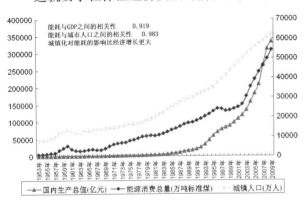

图19.2 1953—2009年能源消耗量与城镇化和经济发展的拟合关

资料来源：根据国家统计局网站统计数据整理绘制

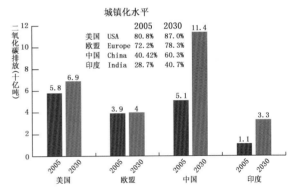

图19.3 2005年和2030年美国、欧盟、中国、印度的碳排量

资料来源：转引自 UN-Habitat. Harmonious Cities-State of World's Cities 2008/2009. Earthscan, 2008: 136.

济发展模式的低碳经济；另一方面，需要加大控制新建建筑能耗的力度和改造既有建筑降低其能耗。

19.1.3 环境污染及资源危机

环境污染和资源危机是世界共同面临的两大问题，在中国近年来的快速工业化进程同样带来了高资源的消耗和沉重的环境压力。在建筑领域，具体体现在用地供需矛盾尖锐，城市供水的压力巨大，建筑材料消耗量激增，建筑能耗不断增长，建筑带来固废、声、光、热的污染等等一系列问题。

① 用地供需矛盾尖锐，需求缺口较大：城镇化率每上升1%，建成区面积将增加1 000 km²，同时耕地将减少4 000 km²。② 水资源紧缺，城市供水压力增大：全国660多座城市中，400座以上缺水，近100座城市严重缺水，缺水总量60亿 m³。全国城市公共供水系统管网漏损率平均达21%，全国年漏损量近100亿 m³。在可饮用的水资源中，建筑用水占80%左右，使水资源供需矛盾进一步突出。③ 建筑材料消耗

---

[1] UN-Habitat. Harmonious Cities-State of World's Cities 2008/2009 [M]. Earthscan, 2008: 134.
[2] 中国城市科学研究会. 绿色建筑 2008. 北京：中国建筑工业出版社, 2008: 21.
[3] 中国城市科学研究会. 绿色建筑 2010. 北京：中国建筑工业出版社, 2010.

量继续增多：我国每年为生产建筑材料要消耗各种矿产资源 70 多亿吨，其中大部分是不可再生矿石、化石类资源，每年因建筑消耗的水泥、玻璃、钢材分别占全球的 40%、45%、35%。④ 城市建筑垃圾量大面广：2007—2020 年，中国还将新增建筑面积约 300 亿 m²，将至少产生 15 亿吨建筑垃圾。⑤ 城市噪音污染问题突出：交通噪声污染居高不下，2/3 的交通干线噪声值达 70 dB 以上；建筑施工噪音污染严重。⑥ 光污染问题加大：中国建筑幕墙年生产量达 5 000 多万平方米，白天建筑玻璃幕墙产生强烈的反射光污染。⑦ 大气环境形势依然严峻：2006 年，空气质量达到一级标准的城市占 4.3%，二级标准的城市占 58.1%，三级标准的城市占 28.4%，低于三级标准的城市占 9.1%，37.6% 的城市处于中度或重度空气污染。⑧ 环境灾害频繁发生：2005 年松花江水污染事件，2007 年太湖蓝藻事件，2008 年汶川地震灾后堰塞湖事件等，环境灾害不仅是城市内部的问题，对整个区域也造成了影响①。

19.1.4 特殊的高硫排放压力

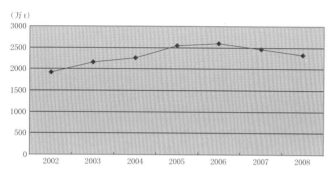

图 19.4 2002—2008 年中国 SO_2 硫排放量
资料来源：根据国家统计局网站统计数据整理绘制

我国的能源结构是以煤为主要能源，煤炭在我国能源消费中的比例占到了 70% 左右，而煤的使用带来的 CO_2 和各类硫化气体的排放更远远高于其他能源。2005 年，我国 SO_2 排放总量高达 2 549 万 t，居世界第一（图 19.4）。每吨 SO_2 造成的经济损失约为人民币 20 000 元（约合 2 500 美元），也就是说，我国每年遭受 600 多亿美元与 SO_2 排放有关的经济损失。这就使得我国的节能减排及绿色建筑发展需要有其特殊的方向，即通过新能源的置换降低硫排放对环境的污染。

19.2 中国绿色建筑发展战略

19.2.1 国家层面的可持续发展战略

全球能源、资源与环境问题已经成为所有国家共同面对的挑战，各国在国家层面对于基本的行动框架也达成共识。中国，面对自身特殊的快速城镇化发展背景，作为负责任的大国，逐步形成了国家可持续发展战略和科学发展观。

"十一五"规划提出建设资源节约型、环境友好型社会，在发展循环经济的章节中专门提到了建筑节能。《国家中长期科学和技术发展规划纲要（2006—2020 年）》中将"建筑节能与绿色建筑"作为重点领域"城镇化与城市发展"下的优先项目。党的十七大报告提出"建设生态文明"，作为全面建设小康社会奋斗目标的新要求之一。建设部近年来提出大力发展节能省地型住宅。这都说明中国政府非常重视可持续发展，并已经从国家层面开始实际行动，地方政府全面积极响应。

19.2.2 国家层面的节能减排战略

根据"十一五"规划纲要，"节能减排"是国家重要战略，"十一五"期间单位国内生产总值能耗要降低 20% 左右，主要污染物排放总量要减少 10%，到 2010 年，中国万元国内生产总值能耗将由 2005 年的 1.2 t 标准煤下降到 1 t 标准煤以下。目前我国能源消费总量庞大，节能减排的形势十分严峻。这其中，作为能耗大户之一的建筑的节能减排是国家节能战略中的必然选择。

2009 年 8 月 27 日全国人大常委会表决通过了关于积极应对气候变化的决议。胡锦涛总书记 9 月 22 日

---

① 数据引自：中国城市科学研究会. 绿色建筑 2008. 北京：中国建筑工业出版社，2008：18—22.

在纽约联合国总部出席气候变化峰会开幕式时发表重要讲话,指出"全球气候变化深刻影响着人类生存和发展,是各国共同面临的重大挑战……应对气候变化,涉及全球共同利益,更关乎广大发展中国家发展利益和人民福祉。"总书记还指出,"中国将进一步把应对气候变化纳入经济社会发展规划,并继续采取强有力的措施,争取到2020年单位国内生产总值 CO_2 排放比2005年有显著下降。"11月26日,中国政府在哥本哈根气候变化大会前夕正式宣布控制温室气体排放的行动目标:到2020年GDP的碳强度比2005年相比下降40%~45%。由此可知,国家的"十一五"计划是以降低能源强度20%为目标,"十二五"计划将代之以降低 CO_2 排放强度,作为国家经济与社会发展的目标之一。

19.2.3 国家层面的绿色建筑战略

在国家可持续发展战略、科学发展观、"建设资源节约型、环境友好型社会"、"建设生态文明"等国家宏观发展重要思想指导下,绿色建筑发展正面临前所未有的机遇。同时,绿色建筑发展也有利于国家建设资源节约型和环境友好型社会、发展循环经济、构建节约型消费模式、推进健康城镇化,是实现国家发展方式转型的重要抓手。

关于绿色建筑的定义,国际上尚无一致的意见,其范围界定亦有所差别。中国《绿色建筑评价标准》中定义绿色建筑是"在建筑的全寿命周期内,最大限度地节约资源(节能、节地、节水、节材)、保护环境和减少污染(简称"四节一环保"),为人们提供健康、适用和高效的使用空间,与自然和谐共生的建筑"[①]。

19.2.3.1 中国绿色建筑发展的战略目标

中国绿色建筑发展总体战略目标是以实现国家节能减排约束性指标为契机,促进绿色建筑发展,大力发展节能省地型住宅,通过实现绿色建筑的"四节一环保"推动中国可持续发展。

中国绿色建筑发展的具体目标是大力推动新建住宅和公共建筑严格实施节能50%设计标准,直辖市及有条件地区实施节能65%标准。根据《节能中长期转型规划》,"十一五"期末建筑节能1.1亿吨标准煤,这一目标将分别落实到新建建筑、既有建筑节能改造和可再生能源规模化应用三大领域之中。《建设部关于发展节能省地型住宅和公共建筑的指导意见》则指出到2010年,全国新建建筑对不可再生资源的总消耗量比现在下降10%;到2020年,新建建筑对不可再生资源的总消耗量比2010年再下降20%。在节地方面"十一五"规划提出耕地保有量1.2亿 hm^2,国家推行新建住房结构比例调整,要求套型建筑面积90 m^2 以下住房(含经济适用住房)建设所占比重必须达到70%以上。《节水型社会建设"十一五"规划》提出节水目标为单位GDP用水量比2005年降低20%以上,全国设市城市供水管网平均漏损率不超过15%,生活节水器具在城镇得到全面推广使用,北方缺水城市再生水利用率达到污水处理量的20%,南方沿海缺水城市达到5%~10%,"十一五"期间节水690亿 m^3,其中,农业节水200亿 m^3、工业节水134亿 m^3、城镇生活节水18亿 m^3。环保目标为到2010年,主要污染物排放降低10%,所有城市都要建设污水处理设施,城市污水处理率不低于70%,全国城市污水处理能力达到1亿 t/日。

19.2.3.2 中国绿色建筑发展的战略重点

中国绿色建筑发展的战略重点可分为政策法规、科技创新和建筑实践3个层面[②],具体如下:

1)政策法规战略:以全方位的政策法规推进绿色建筑

(1)积极推进建筑节能:绿色建筑必须首先解决建筑节能问题。建立健全建筑节能政策体系和法规体系,政府强制要求所有新建建筑必须执行建筑节能设计标准;完善建筑节能技术支撑体系,编制了适合中国寒冷地区、夏热冬冷地区及夏热冬暖地区居住建筑节能设计标准;设立了墙体材料专项基金,支持各种新型高效节能墙体材料的开发应用。

(2)引导绿色建筑健康发展:设立"全国绿色建筑创新奖",通过一套科学、规范的评价体系和办法,对绿色建筑工程项目或技术产品予以确认;逐步推行绿色建筑性能评定认证制度,推动绿色建筑认证机构发展。

(3)完善绿色建筑关键技术支撑体系:编制符合中国国情的绿色建筑规划设计导则,制定绿色建筑评

---

① 绿色建筑评价标准(GB/T 50378—2006)
② 吴志强,邓雪湲.中国绿色建筑发展战略规划研究.建设科技,2008:20-22.

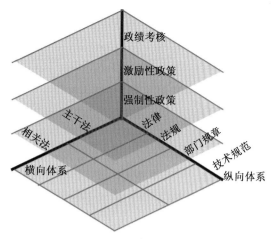

图 19.5　绿色建筑法规体系
资料来源：中国城市科学研究会.绿色建筑 2008.北京：中国建筑工业出版社，2008：36.

估体系，建立结构体系绿色评价、绿色建材分析评价、水的综合利用、建筑室内环境污染控制和绿化等关键技术集成平台，为绿色建筑的测试、实验、展示及技术改进创造条件。研究开发推广建筑新材料、新技术、新产品、新工艺，提高绿色建筑的科技含量。

在基本政策的指导下，近年来中国政府一直积极出台绿色建筑相关法律法规，以推进绿色建筑发展。绿色建筑法规体系应逐步健全，形成一套完善的三维体系框架。第一维度是横向体系，横向体系由主干法和相关法组成；第二维度是纵向体系。纵向体系由法律、法规、规章和规范性文件四个层次构成；第三维度是绿色建筑政策法规的类型，除了强制性办法，还应该包括激励性办法和政绩考核办法。

强制性的政策规定，比如建筑物必须达到具体的节能标准，否则，就不能通过验收，将可能面临高额罚款。激励性政策，包括政策扶持型或经济激励型的规定，如达到房屋建筑节能标准的开发商可以享受税收优惠、优惠贷款和电价的优惠等。另外，在政策法规体系中，需要特别提出的是通过政绩考核手段实施节能减排，通过对地方政府和大型国有企业的考核手段促进他们切实推进绿色建筑。

绿色建筑法规体系是各个部分是互相依赖形成的完整系统，激励和处罚手段需要主干法和相关法相互配合以及部门间的合作，因此法律法规的完善需要长期的建设过程。

2）科技创新战略：以适宜性关键技术研发支撑绿色建筑

在国务院 2005 年颁布的《国家中长期科学和技术发展规划纲要（2006—2020 年）》中，"城镇化与城市发展"作为十一个重点领域的第九项，首次与农业、国防等同时成为国家科技发展的关键领域。在"城镇化与城市发展"重点领域中有 5 个优先发展领域包含了建筑节能与绿色建筑。绿色建筑（包括建筑节能）科技创新的主要突破应在关键技术和适宜性技术两方面。

关键技术研发。《纲要》提出建筑节能与绿色建筑的关键技术研发包括以下 6 个方面：绿色建筑设计技术，建筑节能技术与设备，可再生能源装置与建筑一体化应用技术，精致建造和绿色建筑施工技术与装备，节能建材与绿色建材，建筑节能技术标准。

适宜性技术研发。绿色建筑的许多关键技术在西方是比较成熟的，但普遍存在增加建筑造价的问题。因此在引进西方技术基础上，中国科技人员更重要的是选择与创造本土化的适宜性绿色技术。这里的适宜性技术是指合理的工艺手段与新技术产品组合、低技术与高技术结合。低技术如自然通风、外遮阳措施、科学的使用能源、雨水收集等，这些技术的应用不一定会增加成本，而是多一些设计或心思就可以解决。

3）建设实践战略：以全寿命周期的视角实践绿色建筑

按全寿命周期的理念，在绿色建筑中需要研究六个环节：一是绿色建筑的规划，二是绿色建筑设计，三是绿色建筑施工，四是运行和管理，五是维修和养护，六是拆除后的再利用。6 个环节涵盖了中国广义建筑业各种不同类型的企业，包括规划编制企业、勘察设计企业、建材生产企业、工程施工企业、工程安装企业、物业管理企业等。这些企业都将参与到建设绿色建筑的各个环节，负有推进绿色建筑实践的社会责任。

19.2.3.3　中国绿色建筑发展战略的推进成效

1）政策法规方面：部门规章与标准规范大量出台

从绿色建筑法规的纵向体系看，近年出台了大量的部门规章和技术规范，绿色建筑标准已经基本成形，但是高层面的法律法规还比较少（表 19.1）。

从横向体系的建设来说，建筑业的核心法《中华人民共和国建筑法》是 1997 年通过的，其中仅 41 条对绿色施工有所要求，与绿色建筑相关的内容还比较少；相关法包括《中华人民共和国城乡规划法》《中华人民共和国能源法》《中华人民共和国节约能源法》《中华人民共和国可再生能源法》《中华人民共和国环境保护法》《环境影响评价法》《中华人民共和国城市房地产管理法》《中华人民共和国固体废弃物污染环境防治法》

《中华人民共和国水法》《中华人民共和国防震减灾法》等，均涉及绿色建筑相关内容。

表19.1 绿色建筑相关政策法规纵向体系

纵向体系	法规名称		颁布单位	实施日期
法律	《中华人民共和国建筑法》		国务院	1998-03-01
法规	《建设工程勘察设计管理条例》	国务院令第293号	国务院	2000-09-20
	《建设项目环境保护管理条例》	国务院令第253号	国务院	1998-11-29
	《城市供水条例》	国务院令第158号	国务院	1994-07-19
	《城市绿化条例》	国务院令第100号	国务院	1992-06-22
部门规章	《民用建筑节能管理规定》	建设部令第143号	建设部	2006-01-01
	《城市规划编制办法》	建设部令第146号	建设部	2005-10-28
	《城市建筑垃圾管理规定》	建设部令第139号	建设部	2005-03-23
	《建设领域推广应用新技术管理规定》	建设部令第109号	建设部	2001-11-02
	《建筑装饰装修管理办法》	建设部令第46号	建设部	1995-01-01
技术标准与技术规范	《环境标志产品技术要求-生态住宅(住区)》	HJ/T 351—2007	国家环保总局	2007-11-01
	《建筑节能工程施工质量验收规范》	GB 50411—2007	建设部	2007-10-01
	《绿色建筑评价技术细则(试行)》		建设部	2007-06-28
	《绿色建筑评价标准》	GB/T 50378—2006	建设部	2006-06-01
	《住宅性能评定技术标准》	GB/T 50362—2005	建设部	2006-03-01
	《公共建筑节能设计标准》	GB 50189—2005	建设部	2005-07-01
	《采暖通风与空气调节设计规范》	GB 50019—2003	建设部	2004-01-01
	《夏热冬暖地区居住建筑节能设计标准》	JGJ 75—2003	建设部	2003-10-01
	《民用建筑室内环境污染控制规范》	GB 50325—2001	建设部	2002-01-01
	10项《室内有害物质限量标准》	GB 18680—2001	国家质检总局、国家标准委	2002-01-01
	《采暖居住建筑节能检验标准》	JGJ 132—2001	建设部	2001-10-01
	《夏热冬冷地区居住建筑设计节能标准》	JG J134—2001	建设部	2001-10-01
	《民用建筑节能设计标准(采暖居住建筑部分)》	JGJ 26—95	建设部	1996-07-01
	《民用建筑热工设计规范》	GB 50176—93	建设部	1993-10-01

资料来源：中国城市科学研究会.绿色建筑2008.北京：中国建筑工业出版社，2008:39.

除了制定强制性规定外，激励性政策也在出台。《中华人民共和国节约能源法》修订稿将于2008年实施，其中增加了建筑节能的内容，第二章"节能管理"的第14条，第三章第三节为"建筑节能"，包括第34~40条，其中第40条：国家鼓励在新建建筑和既有建筑节能改造中使用新型墙体材料等节能建筑材料和节能设备，安装和使用太阳能等可再生能源利用系统。财政部、国家发改委印发了关于《节能技术改造财政奖励资金管理暂行办法》的通知，明确了建筑节能的资金激励办法。依据《中华人民共和国可再生能源法》，2007年可再生能源利用补贴超过9亿元。

在政绩考核办法方面，国务院同意并转发了《单位GDP能耗统计指标体系实施方案》、《单位GDP能耗监测体系实施方案》、《单位GDP能耗考核体系实施方案》(以下称"三个方案")和《主要污染物总量减排统计办法》、《主要污染物总量减排监测办法》、《主要污染物总量减排考核办法》(以下称"三个办法")，将节能减排的目标任务的实施、检测与考核落到实处，通过《省级人民政府节能目标责任评价考核计分表》和《千家重点耗能企业节能目标责任评价考核计分表》明确了对地方政府和企业的责任和考核方法，发挥了节能政策指挥棒作用。

2）科技创新方面：适宜性关键技术体系基本确立

绿色建筑设计与技术

在绿色建筑设计与技术研究方面已进行了大量投入,开展了一批国家级科技重大攻关项目,涉及科研资金超过数十亿元。这些科研项目包括:① "十五"国家科技重大攻关项目——"绿色建筑关键技术研究",包括8个课题:课题一"绿色建筑的规划设计导则和评估体系研究",课题二"绿色建筑的结构体系评价方法研究",课题三"绿色建材技术与分析评价方法研究",课题四"绿色建筑水的综合利用关键技术研究",课题五"降低建筑能耗的综合关键技术研究",课题六"绿色建筑室内环境污染控制与改善技术研究",课题七"绿色建筑绿化配套技术研究",课题八"绿色建筑技术集成与平台建设";② "十一五"国家中长期科学与技术发展规划启动项目:2006年国家科技支撑计划重大(点)项目"现代建筑设计与施工关键技术研究",包括8个课题,其中与绿色建筑相关的有:课题一"绿色建筑全寿命周期设计关键技术研究",课题五"建筑材料与设备系统施工安装关键技术研究",课题六"绿色建筑设计与施工的标准规范研究";③ 项目"建筑施工设备研究与产业化开发";④ 项目"建筑节能关键技术研究与示范";⑤ 项目"环境友好型建筑材料与产品研究开发";⑥ 项目"既有建筑综合改造关键技术研究与示范"。

评估体系方面的主要成果有:《绿色建筑评价标准》、《绿色奥运建筑评估体系》、《中国生态住宅技术评估手册》。《绿色建筑评价标准》明确提出了绿色建筑"四节一环保"的概念,提出发展"节能省地型住宅和公共建筑",评价指标体系包括以下六大指标:① 节地与室外环境;② 节能与能源利用;③ 节水与水资源利用;④ 节材与材料资源利用;⑤ 室内环境质量;⑥ 运营管理(住宅建筑)、全寿命周期综合性能(公共建筑),各大指标中的具体指标分为控制项、一般项和优选项三类。《绿色奥运建筑评估体系》根据奥运建设项目在规划、设计、施工、验收与运行管理四个阶段不同的特点和要求,分别从环境、能源、水资源、材料与资源、室内环境质量等方面阐述了如何全面地提高奥运建筑的生态服务质量并有效地减少资源与环境负荷,出版的图书还提供了与评估体系配套的评估软件。《中国生态住宅技术评估手册》参考世界各国关于生态住宅技术研究和评价方法,提出了生态住宅的完整框架,于2001、2002、2003、2007年连续推出第一版、第二版、第三版和最新的第四版。

技术导则方面:① 2005年中国第一部《绿色建筑技术导则》发行,由中国建筑科学研究院主编,参编单位有清华大学、城市建设研究院和中国建筑材料科学研究院。该《导则》从绿色建筑应遵循的原则、绿色建筑指标体系、绿色建筑规划设计技术要点、绿色建筑施工技术要点、绿色建筑的智能技术要点、绿色建筑运营管理技术要点、推进绿色建筑技术产业化等七方面阐述了绿色建筑的技术规范和要求。绿色建筑指标体系由节地与室外环境、节能与能源利用、节水与水资源利用、节材与材料资源、室内环境质量和运营管理六类指标组成。这六类指标涵盖了绿色建筑的基本要素,包含了建筑物全寿命周期内的规划设计、施工、运营管理及回收各阶段的评定指标的子系统。该《导则》用于指导绿色建筑(主要指民用建筑)的建设,适用于建设单位、规划设计单位、施工与监理单位、建筑产品研发企业和有关管理部门等。② 2007年住房和城乡建设部发布了《绿色施工导则》,确定了绿色施工的原则、总体框架、要点、新技术设备材料工艺和应用示范工程,适用于建筑施工过程及相关企业。③ 2010年建设部印发《绿色工业建筑评价导则》作为指导绿色工业建筑规划设计,施工验收运行管理,规范绿色工业建筑评价工作的重要技术依据。

通过这些研究成果初步确立了"四节一环保"的绿色建筑适宜性关键技术体系。

3)建设实践方面:试点工程与全面改善同步推进。

10多年来,中国建筑节能工作得到长足发展,在技术规范指导下的建筑节能水平普遍提高。根据住房与城乡建设部最新发出的通报,截至2009年底,全国累计建成节能建筑面积40.8亿m^2,占城镇建筑面积的21.7%,比例逐年增长。其中,2009年新增节能建筑面积9.6亿m^2,可形成900万t标准煤的节能能力。

到2009年底,全国城镇新建建筑设计阶段执行节能强制性标准的比例为99%,施工阶段执行节能强制性标准的比例为90%,基本完成国务院提出的"新建建筑施工阶段执行节能强制性标准的比例达到90%以上"的工作目标。

强制性技术规范推进了中国建筑节能水平整体进步,与此同时,大量试点工程建设逐渐将节能技术推广至绿色建筑的各个方面。"绿色建筑关键技术研究"项目建成了位于北京和上海的两座示范性建筑,作为绿色建筑技术集成与示范平台,试验并集成展示上述各项研究成果。2005年3月北京清华大学3 000 m^2的绿色建筑技术与产品试验建筑平台——清华大学节能中心示范楼已经投入使用。2004年9月1 800 m^2的上海建筑科学研究院示范办公楼也已建成,并在建设部首届绿色建筑创新奖评奖中获得一等奖。2007年5月上海市历史保护建筑"同济大学文远楼"完成生态更新,显示了中国在既有建筑节能改造方面的努力与突破。

建设部设立了"全国绿色建筑创新奖",该奖项于2004年9月启动,每两年评审一次,目前已举办了三届,获奖的绿色建筑创作实践包括办公建筑、高等院校图书馆、城市住宅小区、农村住宅等建筑类型,并都已建成投入使用。

此外,为贯彻落实《国务院关于印发节能减排综合性工作方案的通知》的要求,根据《建设部关于落实〈国务院关于印发节能减排综合性工作方案的通知〉的实施方案》的工作部署,建设部在"十一五"期间启动"一百项绿色建筑示范工程与一百项低能耗建筑示范工程",这些绿色建筑与低能耗建筑示范工程项目以科技为先导、节能减排为重点,功能完善,特色鲜明,具有很好的辐射带动作用。

2010年,中国成功举办上海世博,"城市让生活更美好"的主题与推广绿色建筑相结合,为世界奉献了一届精彩的世博会,并广泛地推广了绿色建筑的理念;2010年,四川汶川地震后一批绿色学校、低碳县城相继建成,为了指导震后学校设计和重建,《绿色学校设计导则》和评价细则也相继完成。

19.3 中国绿色建筑发展推进机制

19.3.1 组织机构建设:中国绿色建筑委员会

为了与国际接轨,推动中国绿色建筑业的发展,2008年3月,中国城市科学研究会成立中国绿色建筑与节能专业委员会(简称:中国绿色建筑委员会,英文名称China Green Building Council,缩写为CGBC)。截止2010年底,中国绿色建筑委员会累计已有绿色规划与设计、绿色技术、绿色工业建筑、绿色产业、绿色智能建筑、绿色人文、绿色公共建筑、绿色建筑材料、绿色建筑结构、绿色施工、绿色建筑理论与实践、绿色建筑政策法规、绿色校园等14个专业学组,10多个地方委员会,另成立绿色建筑青年学组,会员已经达到130余人。从2008年起,每年出版《绿色建筑》年度报告。

19.3.2 交流平台建设:绿色建筑大会

中国绿色建筑大会自2005年来已经召开了六届,作为全国性的绿色建筑行业交流平台,完成了从最初的概念推广到标准法规和示范激励的出台,进一步上升到国家政策,再到国家财政的大力补助,全程见证了中国绿色建筑的发展(表19.2)。

表19.2 2005—2010年六届中国绿色建筑大会一览表

	时间	名称	重要活动
第一届	2005年3月28日-30日	国际智能与绿色建筑技术研讨会暨首届国际智能与绿色建筑技术与产品展览会	发表《北京宣言》 首届"绿色建筑创新奖"颁奖
第二届	2006年3月28日-30日	国际智能、绿色建筑与建筑节能大会暨新技术与产品博览会	绿色建筑协会国际研讨会 International Workshop on National Green Building Council 颁布"绿色建筑评价标准"
第三届	2007年3月26日-28日		颁发中国人居奖 开展试点示范工程
第四届	2008年3月30日-4月2日		颁布《绿色建筑研究报告2008(白皮书)》 成立绿色建筑委员会
第五届	2009年3月27日-29日		财政部、建设部联合推进太阳能光电建筑,印发财政补助办法
第六届	2010年3月29日-31日		与其他国家绿建委的广泛合作

资料来源:根据六届绿色建筑大会资料整理

六届中国绿色建筑大会的主题随着绿色建筑理论和实践的发展，亦有发展和进步，从下表中可以看出，大会关注的绿色建筑领域越来越广，主题内容越来越深入，与应用实践的关系越来越紧密。尤其是2010年，对于绿色建筑和生态城市评价体系的关注体现出中国绿色建筑向更为体系化、法制化的方向发展（表19.3）。

表19.3 2005—2010年六届中国绿色建筑大会论坛一览表

分类	2005	2006	2007	2008	2009	2010
设计	绿色建筑整体设计理论、方法和实例	绿色建筑设计理论和方法	绿色建筑设计理论、方法和实践	绿色建筑设计理论、方法和实践	绿色建筑设计理论、方法和实践	绿色建筑设计理论、技术和实践
智能化	建筑智能化技术与产品	绿色建筑与建筑智能化	绿色建筑与建筑智能化	绿色建筑与建筑智能化	绿色建筑与建筑智能化	绿色建筑智能化技术
节能	建筑节能技术与产品	绿色建筑与建筑节能	绿色建筑与建筑节能	可再生能源利用	可再生能源在建筑的利用与工程实践	可再生能源建筑应用技术理论与实践
生态环境	建筑生态环境技术与产品	绿色建筑与建筑生态	绿色建筑生态专项技术	绿色建筑生态专项技术		
低碳社区						低碳社区与绿色建筑
房地产		绿色建筑与房地产业	绿色建筑与住宅房地产业健康发展	绿色建筑与住宅房地产业健康发展	绿色建筑与住宅房地产业健康发展	绿色建筑与住宅房地产健康发展——低碳木结构专题
建材	绿色建材技术与产品	绿色建筑与绿色建材	绿色建筑与绿色建材	绿色建筑与绿色建材		绿色建材在绿色建筑中的应用
外墙保温			新型外墙保温材料技术	新型外墙保温材料技术	新型外墙保温材料技术与绿色建材	外墙保温研究及新进展
供热体制			供热体制改革与建筑节能	供热体制改革与建筑节能	供热体制改革与建筑节能	供热计量改革与建筑节能
评价				绿色建筑评价与标识		绿色建筑标准研讨会 生态城市指标体系构建与生态城市示范评价
监管					大型公共建筑的节能运营、监管与节能服务市场	大型公共建筑的节能运行与监管
照明						绿色照明中的新光源和新技术
施工						绿色施工最新进展
绿色人文						绿色建筑人文理念与评价实践研讨会
结构						新型建筑结构体系

续表19.3

分 类	2005	2006	2007	2008	2009	2010
专题				既有建筑改造	既有建筑改造的工程实践	既有建筑节能改造技术及工程实践
				德国创新的建筑节能技术	德国制造:建筑节能技术与创新	新建建筑节能——德国品质
				应对气候变化——建筑领域减少温室气体的先进能源技术		
				美国绿色技术论坛		
				太阳能在建筑中的应用	太阳能在建筑中的应用	
					北京市住宅产业化高峰论坛	
					CDM对中国建筑节能的促进	

注：黄色底纹表明该论坛第一次在绿色建筑大会出现
资料来源：根据六届中国绿色建筑大会资料整理

19.3.3 评价制度建设：绿色建筑评价与标识管理

2006年建设部发布《中国绿色建筑评价标准》，2008年又颁布《绿色建筑评价与标识实施细则》同年绿色建筑委员会成立了绿色建筑评价标识管理办公室，主管绿色建筑设计标识的评分管理工作，将标识制度分为绿色建筑设计标识与绿色建筑标识两种进行评价和挂牌。从2008年开始第一批绿色建筑评标至今，获得绿色建筑评价标识的项目（含设计标识），累计达到85项；地方开展绿色建筑一、二星评价的省市，达到了22个；国家绿色建筑示范工程总数超过80项，总面积超过1 000万 m^2；绿色建筑委员会又相继完成了《绿色建筑评价标准框架体系》的研究，开展了《绿色办公建筑评价标准》、《绿色工业建筑评价导则》、《绿色医院建筑技术细则》的编写；《绿色校园评价标准》也在编写中。

19.4 中国绿色建筑的未来展望

绿色建筑如今的发展态势，是未来城市环境对建筑自身发展的要求，也是可持续发展的必然需求。从国内外绿色建筑领域的研究和判断，中国绿色建筑行业的发展有以下三个趋势：

1）从绿色建筑到生态城市

随着可持续发展的思想逐渐发展成熟。对绿色建筑的关注已经从单体建筑的"绿色"发展到绿色建筑群乃至生态城市的建设，绿色建筑的视野已经大大扩展。

如今绿色建筑关注的是建筑的全寿命周期中的绿色程度，从各种绿色建筑的评价标准体系中也可以发现，绿色建筑的评价已经从建筑本身设计、建造、运营等环节扩大到对建筑周边环境的关注。也就是说只关注独立的绿色建筑，而不对建筑之外的活动，如交通等的评估，就无法做到真正的绿色控制。绿色建筑是生态城市的基本组成单元之一，生态城市是绿色建筑的有机延伸。城市层面的绿色整合解决方案决定了绿色建筑和城市各种要素能否在更大的层面上形成合力，实现城市社会的可持续发展。

2）中国传统智慧与现代科技的融合

绿色建筑未来的发展，不仅需要创新，也需要传承；不仅是新材料新技术在建筑全寿命周期中的应用,也是对传统文化、生活方式等非物质内容的传承和尊重。建筑作为中国历史文化中的重要一部分,其渊源的发展里程就是数千年的积累,这些积累在可持续性上亦有其内在的价值,很多尚待认识和发掘。

欧美发达国家的绿色建筑体系多以"高技"为目标,甚至出现了追求高新技术堆积而忽视使用者舒适度的倾向。我国绿色建筑的发展,经历了对这些所谓"先进"、"高技"绿色建筑体系从崇拜到反思的过程,逐渐意识到绿色建筑并非一定是最新的技术、最贵的技术,而更应该是因地制宜、与自然融合的建筑技术和产品。

在近年全球最大的绿色建筑盛会——上海世博会上,既包含了世界范围内最新的建筑技术实验,尤其是新材料采用与新系统的示范,也可以看到从中国传统建筑中汲取的"低碳智慧",例如中国的出挑自遮阳设计、主题馆的老虎窗、沪上生态家的再生砖等,都获得了一致的好评。由此可见,这些从中国"天人合一、适宜朴素"的传统文化价值观出发的低成本、被动式设计技术也将成为未来的发展重点。

3)新建建筑的绿色设计与既有建筑的绿色改造相结合

绿色建筑包括两类基本对象,一是需要进行绿色生态建造的新建建筑,另一是需要进行绿色生态改造的既有建筑。绿色建筑作为近几十年来随着可持续理念发展才出现的新需求,目前我国既有建筑中有95%以上是高耗能建筑。针对新建建筑的绿色设计已经有了很大的发展,其规范标准也相对较为成熟;而针对既有建筑绿色改造的相关规范和标准还亟待进步,因此我们必须下大力气对既有建筑进行节能改造。在世界城市化已经超过50%,中国城市化率也接近50%的宏观发展背景下,如何使用尽可能小的物耗能耗,最大程度的降低既有建筑使用能耗水平,是与绿色建筑设计同样重要的一大议题,并且对于绿色建筑和生态城市的发展更具现实意义。

参考文献

[1] 中国城市科学研究会. 绿色建筑2008. 北京:中国建筑工业出版社,2008.
[2] 中国城市科学研究会. 绿色建筑2009. 北京:中国建筑工业出版社,2009.
[3] 中国城市科学研究会. 绿色建筑2010. 北京:中国建筑工业出版社,2010.
[4] UN-Habitat. Harmonious Cities-State of World's Cities 2008/2009. Earthscan,2008
[5] 绿色建筑评价标准(GB/T 50378—2006)
[6] 吴志强,邓雪湲. 中国绿色建筑发展战略规划研究. 建设科技,2008(06):20-22.
[7] 中国绿色建筑与节能专业委员会官方网http://www.chinagbc.org.cn

后　记

　　《绿色建筑设计与技术》一书是齐康院士申请的"十一五"期间国家重大出版工程规划项目，并由齐康院士亲自组织人员编写和审稿。该书从 2007 年 1 月至 2010 年 12 月历经三年多时间，经过大家的共同努力现已按照编写大纲顺利完成全书的编写工作。在编写工作中，我们得到许多单位、作者和领导的支持，高等院校包括清华大学建筑学院、同济大学建筑城规学院、重庆大学城市建设与环境工程学院、哈尔滨工业大学建筑学院、华南理工大学建筑学院、华中科技大学建筑与城市规划学院、南京工业大学建筑与城市规划学院、南京林业大学风景园林学院、武汉理工大学土木工程与建筑学院等；建筑科研和设计单位包括中国建筑科学研究院、国家住宅与居住环境工程技术研究中心、上海建筑科学研究院、深圳建筑科学研究院、江苏省建筑科学研究院、西南建筑科学设计研究院、中国建筑设计研究院、北京市建筑设计研究院、北京五合国际、东南大学建筑设计研究院、南京城镇建筑设计研究院、金宸建筑设计有限公司等。另外，感谢东南大学建筑学院王建国院长和学院领导及师生的关心，东南大学建筑研究所、东南大学出版社对本书出版的关心、支持与帮助！同时对在本书出版过程中给予热忱帮助和支持的所有的专家、作者和编审者表示衷心的感谢！

本书主要编审人员有：

- 总　编：齐　康　中国科学院院士、东南大学建筑研究所所长、东南大学教授、博士生导师；
- 主　编：杨维菊　中国建筑学会建筑师分会建筑技术专业委员会副主任、中国建筑业协会建筑节能分会常委、东南大学建筑技术研究所所长、东南大学教授、博士生导师；
- 主　审：陈衍庆　中国建筑学会建筑师分会建筑技术专业委员会名誉主任、清华大学教授；
- 审稿人：林海燕　中国建筑业协会建筑节能分会会长、中国建筑科学研究院副院长、研究员；
- 　　　　王建国　东南大学建筑学院院长、城市规划设计研究院院长、东南大学教授、博士生导师；
- 　　　　吴志强　同济大学建筑与城市规划学院院长、教授、博士生导师；
- 　　　　冯　雅　中国建筑西南设计研究院技术处处长、教授级高级工程师；
- 　　　　付祥钊　重庆大学城市建设与环境工程学院教授、博士生导师；
- 　　　　许锦峰　中国绿色建筑委员会建筑技术专业委员会委员、国家和地方建筑节能标准主要参加者、江苏省建筑科学研究院教授级高级工程师；
- 　　　　龚延风　南京工业大学城建学院副院长、南京工业大学暖通空调研究所所长、江苏省智能建筑学术委员会秘书长；
- 　　　　张瀛洲　江苏省建设厅科学技术委员会建筑节能专业委员会委员、南京城镇建筑设计咨询有限公司董事长、教授级高级工程师；
- 　　　　赵和生　南京工业大学建筑与城市规划学院教授；
- 　　　　李　青　金宸建筑设计有限公司、教授级高级建筑师；
- 　　　　石　邢　东南大学建筑学院副教授、硕士生导师；
- 　　　　唐厚炽　东南大学建筑学院教授；
- 　　　　杨维菊　东南大学建筑学院教授。

本书作者有：

- 序：齐康　前言：杨维菊
- 第 1 章：杨维菊、石邢
- 第 2 章：李浈（同济大学建筑与城规学院教授、博士生导师）
- 第 3 章：王建国、徐小东（东南大学建筑学院副教授、博士）、段进（东南大学建筑学院教授、博士生导师)、**马宁**(东南大学建筑学院研究生)、**刘博敏**(东南大学建筑学院教授、东南大学城市规划设计研究院副院长)

第4章：**金虹**(哈尔滨工业大学建筑学院教授、博士生导师)、**周辉**(中国建筑科学研究院建筑物理研究所副研究员)、**冯雅、许锦峰、赵立华**(华南理工大学建筑学院教授、博士生导师)、**王静**(华南理工大学建筑学院副教授)、**付祥钊、冯骏**(重庆大学城市建设与环境工程学院研究生)

第5章：**尹伯悦**(住房和城乡建设部住宅产业化促进中心高级工程师、博士后)、**曹晓昕**(中国建筑设计研究院教授级高级建筑师)、**肖晓丽**(中国建筑设计研究院建筑师)、**韩冬青**(东南大学建筑学院教授、博士生导师)、**顾震弘**(东南大学建筑学院讲师、博士)、**卢求**(北京五合国际高级建筑师)、**张姗姗**(哈尔滨工业大学建筑学院教授)、**齐康、王兵**(北京市建筑设计研究院副总建筑师)、**邵韦平**(中国建筑学会理事兼建筑师分会副理事长、教授级高级建筑师)、**柳澎**(北京市建筑设计研究院高级建筑师)、**杨维菊、梁博**(东南大学建筑学院研究生)

第6章：**杨维菊、叶佳明**(东南大学建筑学院研究生)、**齐双姐**(东南大学建筑学院研究生)、**刘泉泉**(东南大学建筑学院研究生)、**付祥钊、居发礼**(重庆海润节能研究院总工程师助理)、**张谦**(重庆大学城环学院研究生)、**史勇**(北京绿色百分建筑技术研究院院长、住建部专家委员会委员)、**曹彦斌**(北京绿色盾安建筑环境技术研究院副院长)、**黄振利**(北京振利集团董事长)、**胡永腾**(北京振利高新技术有限公司技术部经理)、**季广其**(中国建筑科学研究院防火研究所高级工程师)、**任琳**(北京振利高新技术有限公司总裁助理)

第7章：**赵建平**(中国建筑科学研究院副院长、建筑环境与节能研究所研究员)。

第8章：**宋德萱**(同济大学建筑城规学院教授、博士生导师)、**王旭**(同济大学建筑城规学院研究生)、**陈文华**(无锡尚德能源工程有限公司高级工程师)、**龚延风、付祥钊、李百浩**(武汉理工大学土木工程与建筑学院教授、博士生导师)、**张少辉**(武汉理工大学土木工程与建筑学院副教授、博士)、**王俊玉**(江苏省住房和城乡建设厅原科研设计处高级工程师)、**钟秋爽**(江苏省住房和城乡建设厅科技发展中心工程师)

吴晓春：(江苏省住房和城乡建设厅科技发展中心高级工程师)

第9章：**成玉宁**(东南大学建筑学院教授、博士生导师)、**张青萍**(南京林业大学风景园林学院教授、博士生导师)

第10章：**康健**(哈尔滨工业大学建筑学院教授、博士)

第11章：**谭洪波**(武汉理工大学材料学院副教授、博士后)、**李百浩**

第12章：**许锦峰、张海瑕**(江苏省建筑科学研究院高级工程师)、**魏燕丽**(江苏省建筑科学研究院工程师)、**吴志敏**(江苏省建筑科学研究院高级工程师)、**张源**(江苏省建筑科学研究院工程师)

第13章：**付祥钊、张华廷**(重庆大学城市建设与环境工程学院研究生)

第14章：**吴志敏**

第15章：**余庄**(华中科技大学建筑与城市规划学院教授、博士生导师)

第16章：**石邢、沈宏明**(北京启迪德润能源科技有限公司总经理)、**鲍莉**(东南大学建筑学院副教授、博士)、**郭赟**(澳大利亚迪恩兹景观国际(集团)有限公司首席设计师)

第17章：**吴锦绣**(东南大学建筑学院副教授、博士)、**吕志鹏**(美国得克萨斯A&M大学建筑系讲师、博士)、**朱雪梅**(美国得克萨斯A&M大学建筑系助理教授、博士)、**张慧**(东南大学建筑学院讲师、博士)、**卢求、冷晓**(德国工商大会上海代表处建筑工程师)、**范宏武**(上海市建筑科学研究院教授级高级工程师、博士)、**韩继红**(上海市建筑科学研究院教授级高级工程师、博士)、**董卫**(东南大学建筑学院副院长、教授、博士生导师)、**汪晓茜**(东南大学建筑学院副教授、博士)、**张彤**(东南大学建筑学院建筑系主任、教授、博士生导师)、**陈宇**(东南大学建筑学院副教授、博士)、**鲍莉、朱馥艺**(南京师范大学美术学院副教授、博士)、**安宇**(上海市建筑科学研究院高级工程师、硕士)、**郭赟、周颖**(东南大学建筑学院副教授、博士)、**孙耀南**(南京理工大学土木工程系讲师)

第18章：**薛志峰**(北京唯绿建筑节能科技有限公司高级工程师、博士)、**张永宁**(北京唯绿建筑节能科技有限公司工程师)、**池体演**(台北市建筑师公会理事)、**韩继红、安宇、汪维**(上海市建筑科学研究院教授级高级工程师)、**刘明明**(上海市建筑科学研究院教授级高级工程师)、**叶青**(深圳市建筑科学研究院院长、教授级高级工程师)、**袁小宜**(深圳市建筑科学研究院工程师)、**张炜**(深圳市建筑科学研究院高级工程师)、**史勇**、**张瀛洲**、**谢远建**(朗诗集团副总裁、首席技术官)、**于昌勇**(上海朗诗建筑科技有限公司研发部经理)、**陶敬武**(南京城镇建筑设计研究院高级建筑师)、**肖鲁江**(南京城镇建筑设计研究院高级建筑师)、**蔡强新**(中节能实业发展有限公司经理)、**张红川**(中冶赛迪工程技术股份有限公司院长、总建筑师)、**陈健**(中冶赛迪工程技术股份有限公司高级工程师)、**杨李宁**(中冶赛迪工程技术股份有限公司工程师、博士)、**张颖**(上海市建筑科学研究院工程师)、**董凌**(东南大学建筑学院研究生)、**丛勐**(东南大学建筑学院研究生)、**张宏**(东南大学建筑学院建筑技术科学系主任、教授、博士生导师)、**杨维菊**、**王明**(东南大学建筑学院研究生)、**张青萍**、**金虹**、**吴晓春**、**李向峰**(东南大学建筑学院讲师、博士)、**冯雅**、**曾雁**(国家住宅与居住环境工程技术研究中心教授级高级建筑师)、**张磊**(国家住宅与居住环境工程技术研究中心高级工程师)、**鞠晓磊**(国家住宅与居住环境工程技术研究中心建筑师)、**林武生**(招商局地产控股有限公司策划设计中心绿色建筑总监)、**董瑾**(招商局地产控股股份有限公司策划设计中心设计师)、**吴远航**(招商局地产控股股份有限公司策划设计中心设计师)

第 19 章：吴志强

后记：杨维菊

编委会名单

总　　编　齐　康

主　　编　杨维菊

主　　审　陈衍庆

审　稿　人（按姓氏笔画为序）
　　　　　王建国　石　邢　付祥钊　冯　雅　许锦峰　杨维菊
　　　　　李　青　吴志强　张瀛洲　林海燕　赵和生　唐厚炽
　　　　　龚延风

撰　稿　人（按姓氏笔画为序）
　　　　　于昌勇　马　宁　王　旭　王　兵　王　明　王　静
　　　　　王建国　王俊玉　尹伯悦　石　邢　卢　求　叶　青
　　　　　叶佳明　史　勇　付祥钊　丛　勐　冯　骏　冯　雅
　　　　　成玉宁　吕志鹏　朱雪梅　朱馥艺　任　琳　刘明明
　　　　　刘泉泉　刘博敏　齐　康　齐双姐　池体演　安　宇
　　　　　许锦峰　孙耀南　杨李宁　杨维菊　李　浈　李百浩
　　　　　李向峰　肖晓丽　肖鲁江　吴远航　吴志敏　吴志强
　　　　　吴晓春　吴锦绣　余　庄　冷　晓　汪　维　汪晓茜
　　　　　沈宏明　宋德萱　张　彤　张　宏　张　炜　张　谦
　　　　　张　颖　张　源　张　慧　张　磊　张少辉　张永宁
　　　　　张华廷　张红川　张青萍　张姗姗　张海瑕　张瀛洲
　　　　　陈　宇　陈　健　陈文华　邵韦平　范宏武　林武生
　　　　　季广其　金　虹　周　辉　周　颖　居发礼　赵立华
　　　　　赵建平　胡永腾　柳　澎　钟秋爽　段　进　袁小宜
　　　　　顾震弘　徐小东　郭　赟　陶敬武　黄振利　曹彦斌
　　　　　曹晓昕　龚延风　康　健　梁　博　董　卫　董　凌
　　　　　董　瑾　韩冬青　韩继红　曾　雁　谢远建　鲍　莉
　　　　　蔡强新　谭洪波　薛志峰　鞠晓磊　魏燕丽

工作人员（按姓氏笔画为序）
　　　　　王　明　王　陶　王　强　王伟成　王祖伟　叶佳明
　　　　　朱　堃　任怀新　刘泉泉　孙晓娟　李德慧　肖　虎
　　　　　张　华　张　军　陆　莉　林　挺　郑　帅　赵忠超
　　　　　姜宇平　高　晶　梁　博　彭梦婕　甄开源